中国煤炭工业协会重大研究项目

中国煤炭工业安全高效矿井建设年度报告(2020)

(上 册)

中国煤炭工业协会 编

应 急 管 理 出 版 社

· 北 京 ·

内 容 提 要

本书是中国煤炭工业协会对2018—2019年度中国煤炭工业安全高效矿井建设工作的总结报告。全书系统分析了2018—2019年度煤炭工业安全高效矿井建设情况，介绍了部分先进煤炭企业和典型煤矿安全高效矿井（露天）的创建经验。同时，为让读者更全面地理解报告，进一步把握煤炭工业安全高效矿井建设的发展方向，还对2020年国际国内经济运行和煤炭行业改革发展进行了简介，并录了部分相关国家政策文件。

本书可供煤炭行业管理部门（协会）及煤矿企事业单位管理和生产技术人员参考阅读。

编　委　会

前　　言

煤炭是我国的基础能源和重要原料，煤矿安全生产关系矿工生命财产安全，煤炭工业的健康发展关系国家经济命脉和能源安全。回顾“十三五”，淘汰落后产能、释放先进产能是煤炭行业工作的主旋律之一。煤炭行业在切实发挥兜底保障作用的同时，坚定不移地以供给侧结构性改革为主线，以推动煤炭安全绿色智能化开采和清洁高效低碳集约化利用为重点，攻坚克难、主动作为，持续优化产业结构，不断提高供给体系质量，有力有序释放煤炭优质先进产能，为国民经济的平稳运行提供了坚实保障。

煤炭工业安全高效矿井（露天）是我国煤炭工业改革发展的中坚力量和稳定供给的先进产能。煤炭工业安全高效矿井（露天）的基本内涵是单产水平高、劳动效率高、资源利用率高、安全状况好、劳动条件好、经济效益好、环境治理好，其本质是要求煤矿达到保证安全、绿色开采、集约高效（提高单产、减头减面、减人提效）的标准。开展安全高效矿井（露天）建设工作，符合国家产业政策和经济社会发展的要求，是煤炭行业积极转变发展方式、加快推动结构调整、提升发展质量和效益的一个重要抓手，对我国煤矿的安全生产、科学化水平的提高、核心竞争力的提升起到重要作用。

多年来，中国煤炭工业协会致力于推进煤炭工业安全高效矿井（露天）建设工作，不断完善评审办法和标准，组织开展评审验收、命名表彰、经验交流活动，得到了政府的支持和全行业的广泛认同及参与。“十三五”期间，在国家有关部门和主要产煤省区地方政府的领导和推动下，持续推动化解过剩产能、淘汰落后产能、建设先进产能，安全高效矿井（露天）建设工作也取得了重大进展。2018—2019 年度安全高效矿井（露天）共 973 处，比“十二五”末增加了 210 处，增长了 27.5%。安全高效矿井（露天）的产量从“十二五”末的 1856 Mt 提高到 2304 Mt，其原煤产量占当年全国原煤产量的比例从 49.5% 提高到了 59.8%。安全高效矿井（露天）的百万吨死亡率从 2015 年的 0.0026 下降至 0.0013，远低于同年全国煤矿百万吨死亡率，达到了世界先进水平。973 处安全高效矿井（露天）中，井工矿共计产量 1888 Mt，平均单井产量 2143000 t/a，综合单产 144020 t/(个·月)，原煤工效 13.916 t/工；露天矿共计产量 416 Mt，平均产量 4526500 t/a，综合单产 186600 t/(个·月)，原煤工效 44.105 t/工。这些煤矿在自身提质增效的同时，还有力带动了技术装备、智能化建设、绿色开采等行业进步，推动了煤炭工业的转型升级和高质量发展。

为巩固建设成果，保持良好势头，不断提高安全高效矿井（露天）建设整体水平，中国煤炭工业协会决定在命名表彰 2018—2019 年度煤炭工业安全高效矿井（露天）的基础上，组织编写《中国煤炭工业安全高效矿井建设年度报告（2020）》，旨在系统客观地反映我国煤炭工业安全高效矿井（露天）建设情况，总结宣传我国煤炭工业安全高效矿井（露天）建设经验，为煤炭行业企业和全国煤矿提供借鉴，引领和带动更多的煤矿进入煤炭工业安全高效矿井（露天）行列，为“十四五”煤炭行业奋进新征程贡献力量。

在开展安全高效矿井（露天）评审工作和本书编写过程中，得到了广大会员单位、煤矿和专业工作者的大力支持，在此一并表示衷心的感谢。限于编者水平，本书如有疏漏之处，敬请煤炭行业专家、技术人员和广大读者指正，以便在今后的工作中改进。

编　者

2021 年 6 月

目　　录

上　　册

下　　册

第一章　2020年国际国内经济运行和煤炭行业改革发展

第一节　2020年世界经济运行的主要特点

2020年，新冠疫情导致世界经济经历了21世纪30年代大萧条以来最严重的衰退，2020年世界经济产出下降4.3%。相比而言，2009年全球金融危机期间，世界经济产出仅下降1.7%。全球的失业率开始上升，同时世界主要经济体通货膨胀率均有所下降，部分经济体出现了通货紧缩。疫情及疫情防控导致各国供给和需求同时减少，通货膨胀率普遍下降的现象表明，各国需求受到的负面影响更大一些，全球宏观经济形势总体上表现为总需求不足。同时，世界经济还表现出世界贸易显著萎缩、全球金融市场大起大落、国际直接投资断崖式下降、全球债务水平快速攀升等特征。

一、经济增速显著下降

世界各经济体都遭受不同程度的打击，经济下滑、失业率上升、通货膨胀率下降。各国在防控疫情、刺激经济方面所采取的应对措施不尽相同，使得各国经济放缓程度出现了较大的差异（表1-1）。

表1-1　2020年世界GDP前十国家/地区增速排行榜

排名	经济体	GDP/万亿美元	实际增速/%	排名	经济体	GDP/万亿美元	实际增速/%
1	美国	20.95	-3.3	6	印度	2.62	-7.0
2	中国	14.73	2.3	7	法国	2.6	-8.2
3	日本	5.05	-4.8	8	意大利	1.89	-8.9
4	德国	3.81	-4.9	9	加拿大	1.64	-5.0
5	英国	2.71	-9.9	10	韩国	1.63	-1.0

数据来源：IMF及各国政府统计公告。

（一）发达国家经济增速大幅下滑

2020 年发达经济体 GDP 增速为 -5.6%，比 2019 年下跌 7.2 个百分点。在主要发达经济体中，美国 2020 年 GDP 实际增速 -3.3%，为 2009 年以来首次录得负值，创 1946 年以来新低；欧元区 19 国完成的名义 GDP 约为 11.32 万亿欧元，折合 12.93 万亿美元，实际下跌 6.6%；日本 2020 年 GDP 较 2019 年下降 967 亿美元，实际增速萎缩 4.8%。英国和法国的 GDP 增长率分别为 -9.9% 和 -8.2%。

（二）中国经济“一枝独秀”，成为世界经济最突出的亮点

由于中国采取了严格的疫情防控措施，得以率先控制疫情、率先复工复产、率先实现经济正增长。20 国集团经济总体萎缩 4.1%，中国是 20 国集团中唯一取得正增长的经济体，增幅约 2.3%。

（三）发展中国家的经济萎缩相对较少，各个地区差异较大

2020 年发展中国家的产出整体萎缩 2.5%。最不发达国家的经济萎缩 1.3%。拉美和加勒比及南亚经济体的经济降幅最大，东亚经济体的经济增速则优于其他发展中国家，2020 年其经济增长为 1%。

二、世界贸易显著萎缩

受中美两国经济贸易摩擦以及美国与其他国家的贸易冲突影响，全球国际贸易 2019 年出现了萎缩。2020 年受新冠疫情冲击，国际贸易继续萎缩，且萎缩幅度显著扩大。2020 年，单边主义、贸易保护主义明显抬头，国际需求大幅下降，国际产业链、供应链受阻，加剧了国际贸易投资环境的恶化，经济全球化遭遇逆流，严重影响了世界经济的健康发展。国际贸易的紧张气氛被重新燃起，关税壁垒和非关税壁垒被重新拾起，阻碍了全球贸易的正常发展。

2020 年全球货物贸易量下降 9.2%，低于 2009 年国际金融危机期间的下降幅度（12.8%）。但是与国际金融危机时期不同，新冠疫情对服务贸易冲击更大，运输和旅游等领域的服务贸易几乎停滞，全球服务贸易下降约 16.5%，下降幅度明显大于 2009 年。同时，发达国家跨国公司 2020 年盈利预期下降 1/3 左右，盈利前景断崖式下滑将使全球对外直接投资下降 30%~40%。

三、金融市场大幅震荡

2020 年初，新冠疫情暴发，引发全球金融市场剧烈震荡。2 月 12 日至

3 月 23 日，短短一个多月的时间，MSCI 全球股市指数从 581 点的高点大幅下挫至 384 点，跌幅超 30%。2020 年 3 月 9—18 日，美国股市在 8 个交易日内 4 次熔断，两周之内，美国道琼斯工业平均指数、标准普尔 500 指数和纳斯达克指数分别下跌 25%、22% 和 20%。

为应对疫情冲击，全球主要国家迅速出台大规模救助政策，财政、货币政策空前扩张，全球债务占 GDP 比重创历史新高。世界各主要中央银行也纷纷降息，甚至实施零利率和负利率政策，加大量宽力度。全球市场流动性极度宽松，带来金融市场大幅反弹，MSCI 全球股市指数又从低点快速回升至 630 点以上的历史高点，多种资产波动性达到甚至超过 2008 年以来的高点。

美元指数波动下行，人民币显著升值。外汇市场方面，受疫情及美联储宽松货币政策的拉锯影响，美元指数波动加剧，2020 年下半年加速下行并跌破 90 关口，较年初贬值约 7%。中国抗疫成功，并领先全球取得经济复苏，为全球资本看好中国资产与资金流入中国提供基本面的支撑，人民币汇率全年先跌后升，2020 年年底较年初升值幅度约 6%。

四、大宗商品价格涨跌不一

全球大宗商品市场总体表现不及股市。至 2020 年 12 月 17 日，标普高盛商品指数较年初仍有 8.84% 的差距。回顾全年走势，大宗商品市场呈现两大趋势。一是能源与基础金属的分化。至 2020 年 12 月 16 日，铝、铜、锌价格分别较年初上涨 42.74%、69.42% 和 22.68%。WTI 原油价格在 4 月下旬下探至负数后逐步回升，至 12 月 17 日升至 47.82 美元/桶，但仍较年初下跌 22.03%。二是原油、基础金属走势与贵金属走势分化。全年原油和基础金属走势呈现先低后高的态势，而黄金等贵金属则呈现先高后低的态势。2020 年前三季度，受到全球投资寻求安全资产的支撑，金银等贵金属价格不断走高。进入第四季度，贵金属价格呈现下降趋势。至 2020 年 12 月 15 日，伦敦金属交易所金价较第三季度末下降 2.2%。

五、国际直接投资活动低迷

2020 年，全球外国直接投资急剧下挫，在 2019 年 15000 亿美元的基础上下降 42%，降至 8590 亿美元。外国直接投资的水平比 2009 年全球金融危机后的谷底还低 30% 以上，回落至 20 世纪 90 年代的水平。

投资下降主要集中在发达国家，外国直接投资流量下降了 69%，估计为2290亿美元。流入欧洲的资金完全枯竭，至－40亿美元，其中包括多个国家出现巨额的负流入。美国也出现了49%的大幅下降，流入资金降至1340亿美元。

相比之下，发展中经济体外国直接投资的下降幅度为12%，估计为6160亿美元。发展中经济体在全球外国直接投资中所占的份额达到72%，为有记录以来的最高份额。中国对外资仍保持强劲的吸引力，吸引外资量逆势增长4%，达1630亿美元。中国超过美国成为全球最大外资流入国（图1－1）。

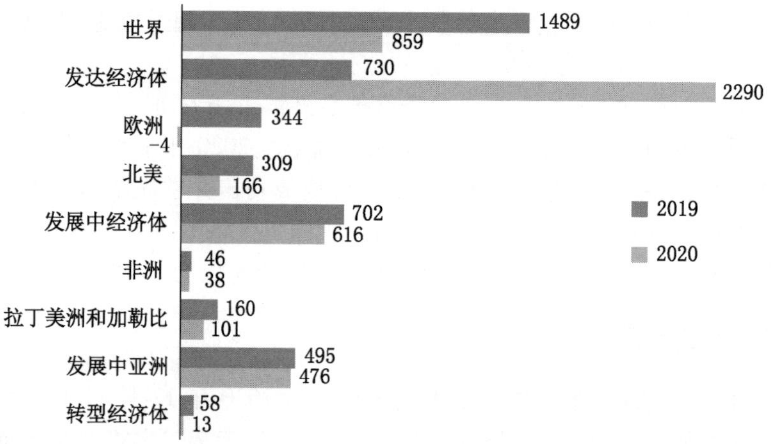

（数据来源：贸发会议FDI/MNE数据库（2020年为预测值））

图1－1　按区域和发展状况分列的2020年外国直接投资流入趋势（十亿美元）

六、全球债务水平快速攀升

受大规模经济救助和刺激政策的影响，2020年全球政府债务水平大幅度攀升，且发达经济体政府债务水平上升幅度明显高于新兴市场和发展中经济体。发达经济体政府总债务与GDP之比从2019年的105.3%上升至2020年的125.5%；政府净债务与GDP之比从2019年的76.7%上升至2020年的96.1%，提高近20个百分点。美国政府总债务与GDP之比显著提高，2019年为108.7%，2020年约为131.2%。日本政府债务状况继续恶化，政府总债务与GDP之比从2019年的238.0%上升到2020年的266.2%。欧元区政府总债务与GDP之比自2014年开始一直处于回落中，但2020年再度明显恶化，从2019年的84.0%大幅度升高至2020年的101.1%。

新兴市场与中等收入经济体总债务与 GDP 之比从 2019 年的 52.6% 上升到 2020 年的 62.6%，提高约 10 个百分点，总体上超过 60% 的国际警戒线。低收入发展中国家的政府总债务与 GDP 之比从 2019 年的 43.3% 上升到 2020 年的 48.8%，提高 5.5 个百分点。新兴市场与发展中经济体的政府债务水平总体上升幅度虽然比发达经济体低，但其出现主权债务违约的风险较大，特别是那些债务水平本来较高且继续大幅上升的国家。新兴市场与中等收入经济体中政府总债务与 GDP 之比超过 60% 国际警戒线且继续上升的国家数目，从 2019 年的 7 个增加到了 22 个，且有 3 个国家超过 100%。

第二节　2020 年我国经济运行的主要特点

2020 年是新中国历史上极不平凡的一年。面对严峻复杂的国际形势、艰巨繁重的国内改革发展稳定任务特别是新冠疫情的严重冲击，以习近平同志为核心的党中央统揽全局，保持战略定力，准确判断形势，精心谋划部署，果断采取行动，付出艰苦努力，及时作出统筹疫情防控和经济社会发展的重大决策。各地区各部门坚持以习近平新时代中国特色社会主义思想为指导，全面贯彻党的十九大和十九届二中、三中、四中、五中全会精神，按照党中央、国务院决策部署，沉着冷静应对风险挑战，坚持高质量发展方向不动摇，统筹疫情防控和经济社会发展，扎实做好“六稳”工作，全面落实“六保”任务，我国经济运行逐渐改善、逐步恢复常态，在全球主要经济体中唯一实现经济正增长，脱贫攻坚战取得全面胜利，决胜全面建成小康社会取得决定性成就，交出一份人民满意、世界瞩目、可以载入史册的答卷。

一、经济总量再上新台阶

2020 年，世界经济深度衰退，多重冲击前所未有，我国经济重压之下表现出了强大韧性和抗冲击能力。2020 年国内生产总值达 101.5986 万亿元，经济总量突破百万亿大关，比 2019 年增长 2.3%，是全球唯一实现经济正增长的主要经济体（图 1－2）。按年平均汇率折算，2020 年我国经济总量占世界经济的比例预计超过 17%。我国经济恢复走在世界前列，在一季度国内生产总值大幅下降的情况下，二季度增速由负转正，增长 3.2%，三季度增长 4.9%，四季度增长 6.5%，走出了一条令世界惊叹的 V 型曲线，成为推动全球经济复苏的主要力量。三次产业全面恢复，发展基础持续加强，“六稳”“六保”有力有效，经济基本盘稳固夯实。

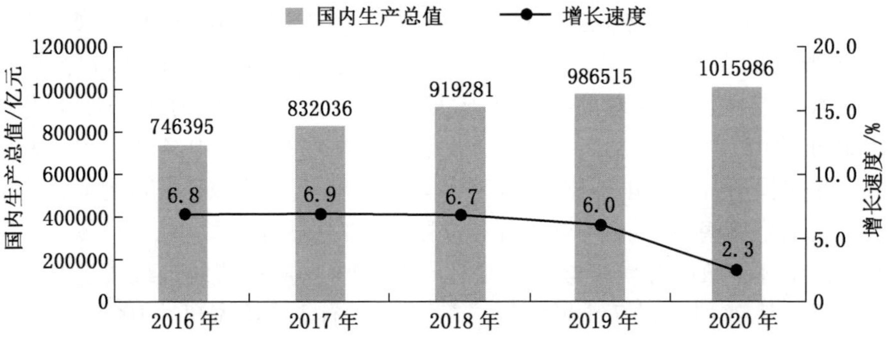

（数据来源：2020 年国民经济和社会发展统计公报）

图 1－2　2016—2020 年国内生产总值及其增长速度

二、经济结构持续优化

2020 年国内生产总值中，第一产业增加值 77754 亿元，增长 3.0%；第二产业增加值 384255 亿元，增长 2.6%；第三产业增加值 553977 亿元，增长 2.1%，连续 6 年成为经济增长最大动能（图 1－2）。第一产业增加值占国内生产总值比例为 7.7%，第二产业增加值占比 37.8%，第三产业增加值占比 54.5%（图 1－3）。第三产业增加值占国内生产总值比例比 2019 年度上升 0.2 个百分点，连续 9 年第三产业增加值超过第二产业。新冠疫情对服务业的影响较大，第三产业能够保持较好的增长势头实属不易。2016—2020 年服务业增加值及其增长速度如图 1－4 所示。

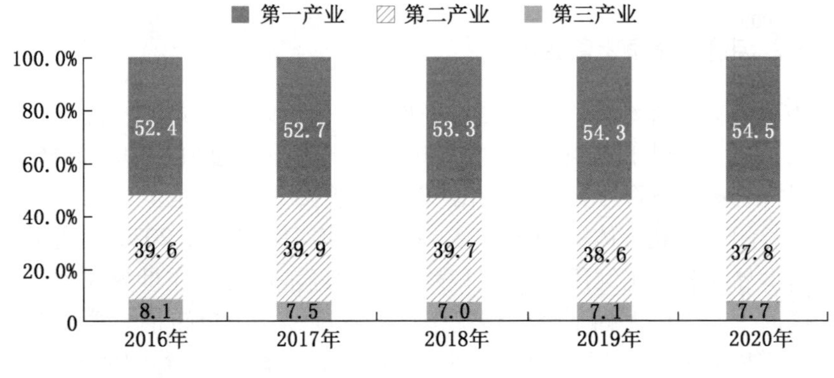

（数据来源：2020 年国民经济和社会发展统计公报）

图 1－3　2016—2020 年三次产业增加值占国内生产总值的比例

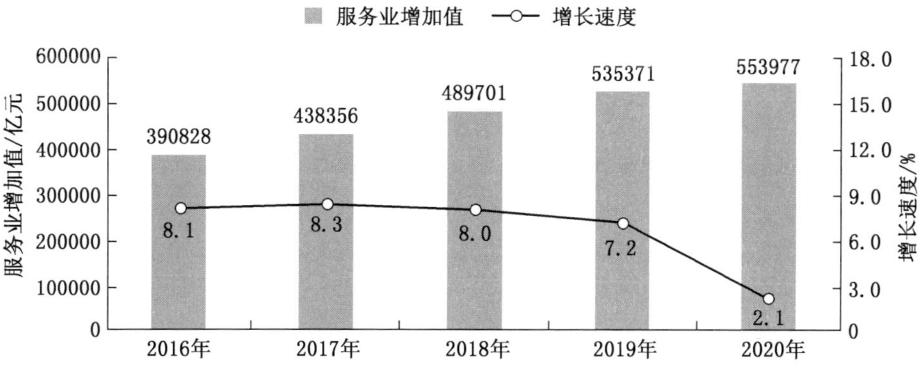

（数据来源：2020 年国民经济和社会发展统计公报）

图 1-4　2016—2020 年服务业增加值及其增长速度

三、工业生产稳中向好

全年全部工业增加值 313071 亿元，比 2019 年增长 2.4%，如图 1-5 所示。规模以上工业增加值增长 2.8%。在规模以上工业中，分经济类型统计，国有控股企业增加值增长 2.2%，股份制企业增长 3.0%，外商及港澳台商投资企业增长 2.4%，私营企业增长 3.7%；分门类统计，采矿业增长 0.5%，制造业增长 3.4%，电力、热力、燃气及水生产和供应业增长 2.0%。

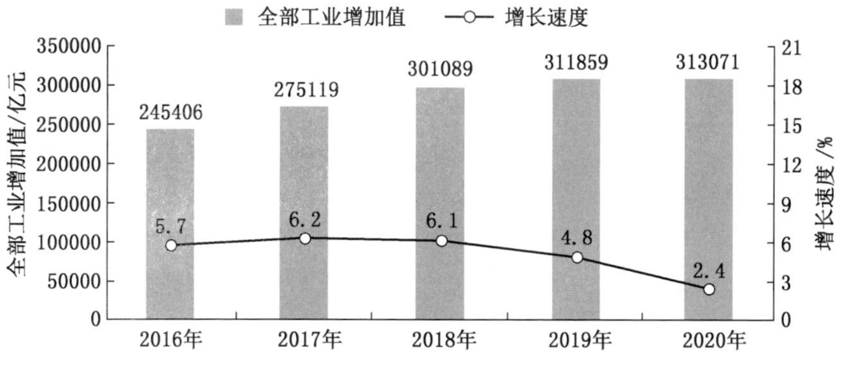

（数据来源：2020 年国民经济和社会发展统计公报）

图 1-5　2016—2020 年全部工业增加值及其增长速度

工业结构持续优化升级。全年规模以上工业中，高技术制造业增加值比 2019 年增长 7.1%，占规模以上工业增加值的比例为 15.1%；装备制造业增加值增长 6.6%，占规模以上工业增加值的比例为 33.7%。

四、对外贸易再上新水平

全年货物进出口总额 321557 亿元，比 2019 年增长 1.9%。其中，出口 179326 亿元，增长 4.0%；进口 142231 亿元，下降 0.7%（图 1－6）。在全球贸易大幅萎缩的情况下，中国进出口贸易实现逆势增长，贸易总值、出口总值双双增长并创历史新高。中国出口占全球的比例有望上升到 14% 左右，连续 7 年成为全球最大出口国。货物进出口顺差 37096 亿元，比 2019 年增加 7976 亿元。对“一带一路”沿线国家进出口总额 93696 亿元，比 2019 年增长 1.0%。其中，出口 54263 亿元，增长 3.2%；进口 39433 亿元，下降 1.8%。

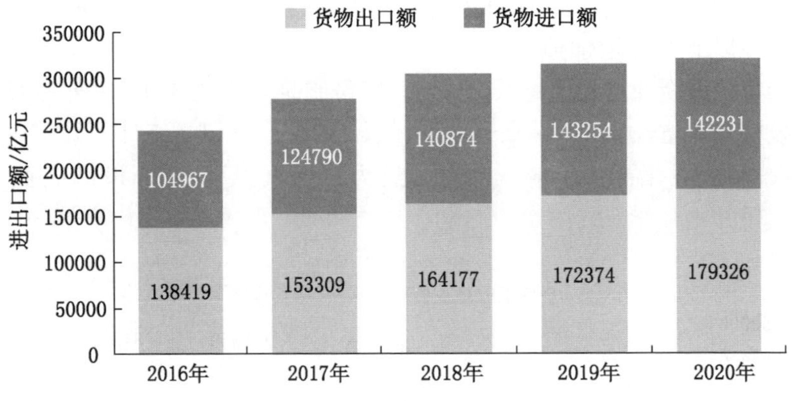

（数据来源：2020 年国民经济和社会发展统计公报）

图 1－6　2016—2020 年货物进出口额

2020 年，我国有进出口实绩企业 53.1 万家，增加 6.2%。其中，民营企业进出口 14.98 万亿元，增长 11.1%，占我国外贸总值的 46.6%，比 2019 年提升 3.9 个百分点，成为稳外贸的重要力量。外商投资企业进出口 12.44 万亿元，占 38.7%。国有企业进出口 4.61 万亿元，占 14.3%（图 1－7）。

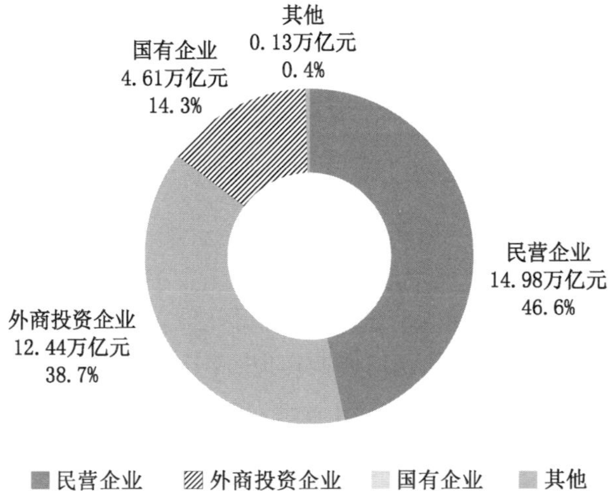

（数据来源：海关总署）

图1－7　2020年中国对外贸易企业结构（按贸易总额）

五、就业物价整体稳定

全年城镇新增就业1186万人，比2019年少增166万人（图1－8）。年均城镇调查失业率为5.6%，低于6%左右的预期目标。2020年12月全国城镇调查失业率为5.2%，与2019年同期持平，失业率已经恢复到疫情之前水平。稳就业、保就业作为“六稳”“六保”宏观调控的首要目标，坚持实施就业优先政策取得了积极成效。

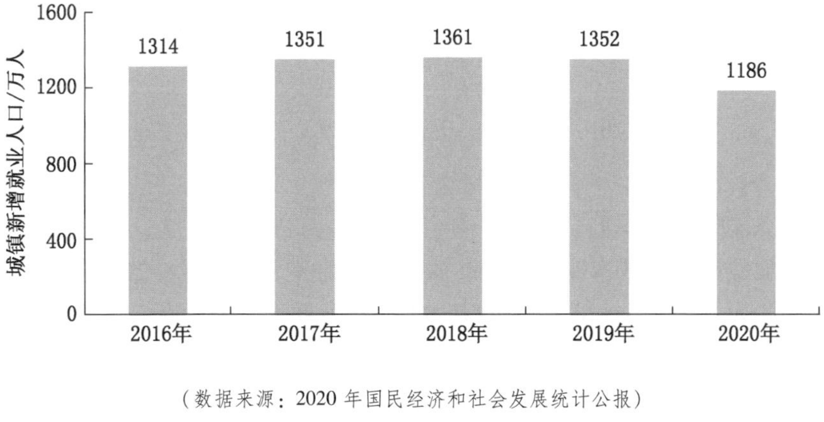

（数据来源：2020年国民经济和社会发展统计公报）

图1－8　2016—2020年城镇新增就业人口人数

在就业扩大的同时，物价水平总体稳定。2020 年居民消费价格上涨 2.5%，低于 2019 年 2.9%，也低于 3.5% 的年度控制目标。主要受到猪肉价格波动的影响，CPI 全年走势前高后低。剔除食品和能源以外的核心 CPI 波动相对较小，整体保持低通胀状态。

六、民生福祉持续增强

2020 年全国居民人均可支配收入 32189 元，比 2019 年增长 4.7%，扣除价格因素，实际增长 2.1%，大于人均国内生产总值增速，我国城乡居民人均收入比 2010 年翻一番的目标如期实现。2020 年城镇居民人均可支配收入 43834 元，名义增长 3.5%；农村居民人均可支配收入 17131 元，名义增长 6.9%，农村居民收入增速大于城镇居民，城乡居民人均收入比值缩小到 2.56（图 1－9）。

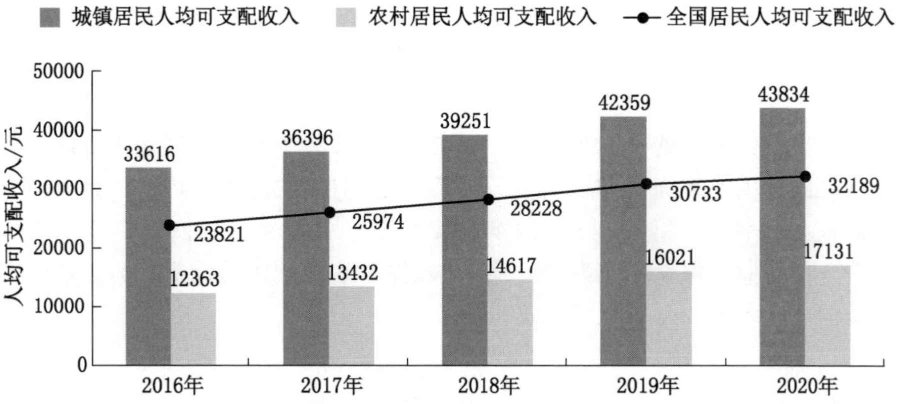

（数据来源：国家统计局）

图 1－9　2016—2020 年全国/城镇/农村居民人均可支配收入

社会保障体系不断完善，社会保险覆盖面进一步扩大。2020 年年末，全国参加城镇职工基本养老保险、城乡居民基本养老保险、基本医疗保险、失业保险人数分别比 2019 年年末增加 2150 万人、978 万人、693 万人和 1147 万人。全国基本养老保险参保人数近 10 亿人，基本医疗保险参保率稳定在 95% 以上。现行标准下农村贫困人口全部脱贫，832 个贫困县全部摘帽，绝对贫困现象历史性消除。

七、社会固定资产投资持续增长

2020 年全社会固定资产投资 527270 亿元，比 2019 年增长 2.7%。其中，固定资产投资（不含农户）518907 亿元，增长 2.9%。分区域统计，东部地区投资比 2019 年增长 3.8%，中部地区投资增长 0.7%，西部地区投资增长 4.4%，东北地区投资增长 4.3%。

三次产业投资增速全部转正，其中第一产业投资 13302 亿元，增长 19.5%，第二产业投资 149154 亿元，增长 0.1%，第三产业投资 356451 亿元，增长 3.6%（图 1－10）。民间投资 289264 亿元，增长 1.0%。基础设施投资增长 0.9%。高技术产业投资增长 10.6%，大于全部投资 7.7 个百分点，其中高技术制造业和高技术服务业投资分别增长 11.5% 和 9.1%。社会领域投资增长 11.9%，快于全部投资 9.0 个百分点，其中卫生、教育投资分别增长 29.9% 和 12.3%。

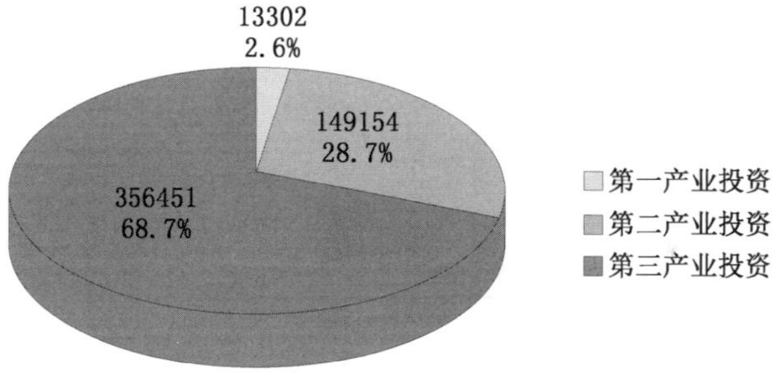

（数据来源：2020 年国民经济和社会发展统计公报）

图 1－10　2020 年三次产业投资占固定资产投资（不含农户）比例

八、节能减排成效显著

初步核算，2020 年能源消费总量 4.98×10^9 tce，比 2019 年增长 2.2%。煤炭消费量增长 0.6%，原油消费量增长 3.3%，天然气消费量增长 7.2%，电力消费量增长 3.1%。煤炭消费量占能源消费总量的 56.8%，比 2019 年下降 0.9 个百分点；天然气、水电、核电、风电等清洁能源消费量占能源消费总量的 24.3%，上升 1.0 个百分点（图 1－11）。重点耗能工业企业单位电石综合能耗下降 2.1%，单位合成氨综合能耗上升 0.3%，吨钢综合能耗下降 0.3%，单位电解铝综合能耗下降 1.0%，每千瓦时火力发电标准煤耗下降 0.6%。全国万元国内生产总值能耗比 2019 年下降 0.1%。全国万元国内生产总值二氧化碳排放下降 1.0%（图 1－12）。

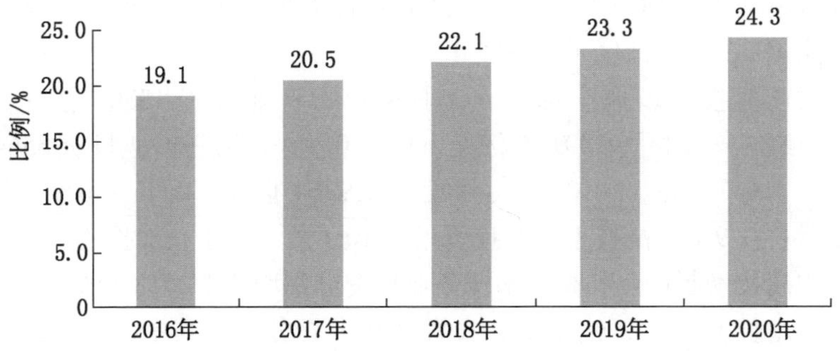

（数据来源：2020 年国民经济和社会发展统计公报）

图 1－11　2016—2020 年清洁能源消费量占能源消费总量的比例

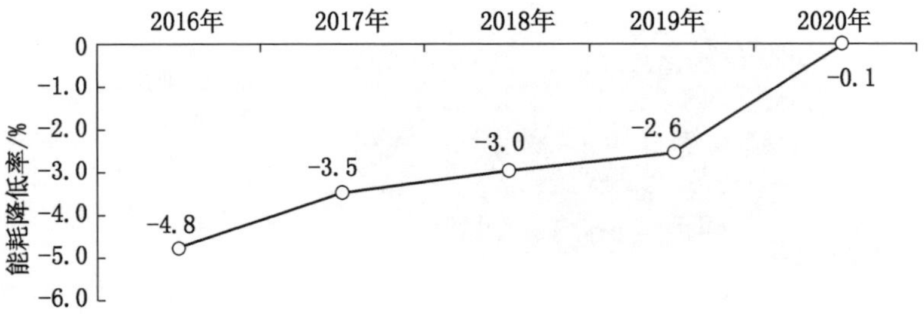

（数据来源：国家统计局）

图 1－12　2016—2020 年万元国内生产总值能耗降低率

九、安全形势稳定向好

2020 年，全国安全形势总体平稳，全国生产安全事故起数和死亡人数与 2019 年同期相比分别下降 15.5% 和 8.3%。全年各类生产安全事故共死亡 27412 人。工矿商贸企业就业人员 10 万人生产安全事故死亡人数 1.301 人，比 2019 年下降 11.7%；煤矿百万吨死亡人数 0.059 人，下降 28.9%。道路交通事故万车死亡人数 1.66 人，下降 7.8%。

第三节　2020 年煤炭行业改革发展和经济运行情况

一、行业改革发展情况

（1）超额完成去产能目标任务。持续推动化解过剩产能、淘汰落后产能、建设先进产能，全国煤炭供给质量显著提高。截至 2020 年年底，全国累计退出煤矿 5500 处左右，退出落后煤炭产能 1000 Mt/a 以上，安置职工 100 万人左右，超额完成《国务院关于煤炭行业化解过剩产能实现脱困发展的意见》（国发〔2016〕7 号）提出的化解过剩产能奋斗目标。

（2）煤炭资源开发布局持续优化。煤炭生产重心加快向资源禀赋好、竞争能力强、开采条件好的“晋陕蒙地区”集中。2020 年西部地区煤炭产量 2330 Mt，占全国的 59. 7%，中部地区占全国的 33. 4%。14 个大型煤炭基地产量占全国总产量的 96. 6%。内蒙古、山西、陕西、新疆、贵州、山东、安徽、河南等 8 个亿吨级（省区）煤炭产量约 3500 Mt，占全国的 89. 7%，其中，晋陕蒙原煤产量 2790 Mt，占全国的 71. 5%（图 1－13）。全国煤炭净调出省（区）减少到晋陕蒙新 4 个省（区），其中，晋陕蒙三省（区）调出煤炭 1730 Mt 左右。

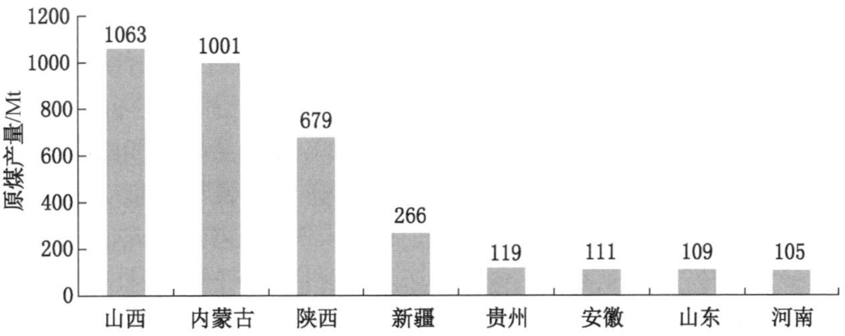

图 1－13　2020 年亿吨省（区）规模以上企业原煤产量

（3）现代产业体系建设取得新进展。煤炭供给体系质量显著提升。截至 2020 年年底，全国煤矿数量减少到 4700 处以下，平均单井（矿）产能提高到 1. 10 Mt/a 以上。大型现代化煤矿成为全国煤炭生产的主体。全国建成年产 1.20 Mt 以上的大型现代化煤矿 1200 处以上，产量占全国的 80% 左右，其中，建成年产千万吨级煤矿 52 处，产能 820 Mt/a。前 8 家大型企业的原煤产量 1855 Mt，占全国的 47.6%。

煤炭企业战略性重组步伐加快。山东能源与兖矿集团联合重组成立新山东能源集团，山西省战略重组成立晋能控股集团和山西焦煤集团，国家能源集团、晋能控股集团、山东能源集团、中煤能源集团等 4 家企业煤炭产量超过 200 Mt，陕西煤业化工集团、山西焦煤集团等 2 家企业产量超过 100 Mt。煤炭产业集中度大幅提升，培育打造了一批具有创建世界一流能源企业潜力的大型煤炭（能源）企业集团。

新兴产业和生产服务性产业加快发展。新能源、新材料、先进制造、科技环保、现代金融等产业不断培育发展，形成一批新兴产业增长新引擎。人工智能、大数据、机器人等现代信息技术与煤炭开发利用深度融合，煤矿数字化智能化绿色化转型全面提速。截至 2020 年年底，建成 400 多个智能化采掘工作面，采煤、钻锚、巡检等 19 种煤矿机器人在井下实施应用，71 处煤矿列入国家首批智能化示范建设煤矿。

产业链供应链现代化水平明显提高。截至 2020 年年底，煤炭企业参股控股电厂权益装机容量达 3.3×10^8 kW，比 2015 年增加 1.8×10^8 kW，占全国燃煤电力装机的 26.5%；参股控股焦化规模占全国焦化总产能的 30% 以上；煤制油、煤制烯烃、煤制气、煤制乙二醇产能分别达到 9.31 Mt/a、15.82 Mt/a、5.1×10^9 m^3/a、4.89 Mt/a。

（4）科技创新能力显著增强。煤炭行业技术创新体系不断健全完善，科技创新驱动发展的能力显著增强。截至 2020 年，全行业共建成国家级、省部级和行业级研发平台达 170 余家，其中国家重点实验室和国家工程技术研究中心共 23 家，科技创新支撑煤炭行业高质量发展的能力显著增强。2020 年，全行业共获国家科技进步奖、技术发明奖 6 项，其中，“400 万吨/年煤间接液化成套技术创新开发及产业化”项目荣获国家科技进步特等奖；获得中国专利奖 14 项，其中，中国矿业大学（北京）申报的“恒阻大变形缆索及其恒阻装置”荣获中国专利金奖，国家能源集团申报的“一种脱硝催化剂的再生方法和一种再生脱硝催化剂及其应用”荣获中国专利银奖。

（5）煤炭清洁生产水平明显提升。煤炭清洁生产机制不断完善，充填开采、保水开采、煤与瓦斯共采、无煤柱开采等煤炭绿色开采技术得到推广，煤炭资源回收率显著提升。2020 年，原煤入洗率达到 74.1%，同比提高 0.9%。矿井水综合利用率、煤矸石综合利用处置率、井下瓦斯抽采利用率达到 78.7%、72.2%、44.8%，比 2019 年分别提高 1.9%、1.2%、2.4%；大型煤矿原煤生产综合能耗、生产电耗分别为 10.51 千克标煤/吨、20.2 kW·h/t；煤矸石及低热值煤综合利用发电装机达 4.2×10^{7} kW；土地复垦率达到57%左右，同比提高5%（图1－14）。矿区主要污染物排放量明显降低，生态环境修复治理持续推进，促进了矿区资源开发与生态环境协调发展。

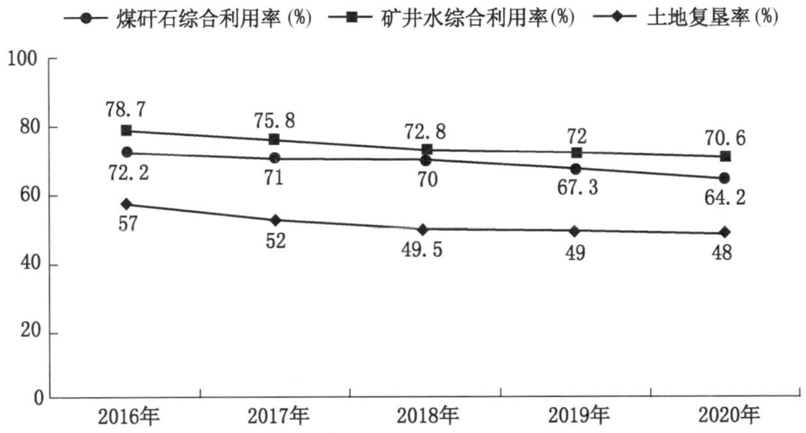

图1－14　2016—2020年煤矸石、矿井水综合利用率及土地复垦率

（6）煤炭清洁高效利用步伐加快。燃煤电厂超低排放改造持续推进。截至2020年年底，全国燃煤电厂完成超低排放和节能改造 9.5×10^{8} kW，占全国燃煤电厂总装机的76%左右。具有自主知识产权的高效煤粉型锅炉技术得到推广应用，锅炉燃料燃烬率达到98%，比普通燃煤锅炉提高28%，主要污染物排放指标达到天然气锅炉排放标准。散煤综合治理和煤炭减量替代成效显著，“十三五”期间散煤用量消减超过200 Mt。

（7）煤炭市场化改革取得实质性进展。全国煤炭交易市场体系不断完善，煤炭价格指数体系逐步健全，煤炭期货市场不断培育发展，市场运行机制、交易规则、监管体制不断建立和完善。特别是，在政府有关部门的推动下，逐步建立了符合煤炭工业改革发展方向的产能置换、中长期合同制度和“基础价＋浮动价”定价机制、最高最低库存和政府行业企业共同抑制煤炭价格异常波动、行业诚信体系建设等一系列基础性制度。2021年煤炭中长期合同签约量达到2100 Mt，占全国煤炭产量的50%以上。中长期合同制度和“基础价＋浮动价”定价机制，发挥了维护煤炭经济平稳运行的压舱石作用。行业诚信体系建设进一步加强，市场交易行为得到规范。截至2020年年底，共有1070家煤炭行业企业通过信用等级评价，其中，862家获得“AAA”级称号。

（8）安全生产形势明显好转。煤矿安全法律法规标准体系不断完善，煤矿安全生产责任制度体系不断健全，安全科技装备水平大幅提升，安全生产投入大幅增加，煤矿职工安全培训不断强化，促进了煤矿安全生产形势持续稳定好转。2020年，全国煤矿事故总量、较大事故数量、百万吨死亡率持续下降，煤矿安全生产形势持续稳定向好。2020年共发生煤矿事故122起、死亡225人，同比下降28.2%和28.8%。其中，较大事故10起、死亡49人，同比减少12起、56人，分别下降54.5%和53.3%；重大事故3起、死亡52人，同比持平。全国煤矿百万吨死亡率降至0.059，同比下降28.9%（图1－15）。全年未发生重特大瓦斯事故，是新中国成立以来首次。

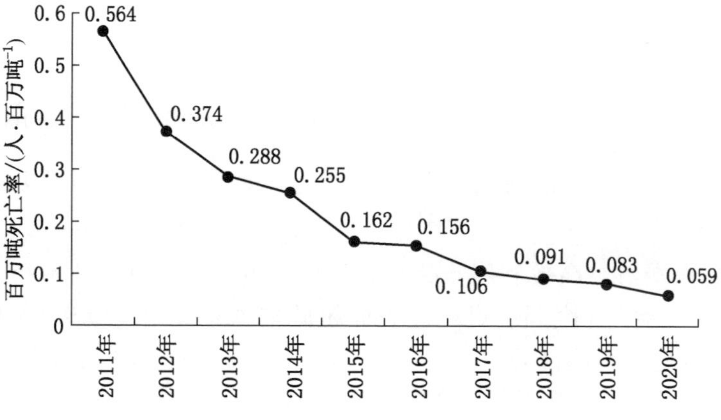

图1－15　2011—2020年全国煤矿百万吨死亡率变化情况

二、煤炭行业经济运行情况

2020年是煤炭行业发展历程中极不平凡的一年。受新冠疫情冲击影响，煤炭经济运行形势复杂多变，供需阶段性错位失衡矛盾突出。随着疫情防控取得显著效果，宏观经济稳步恢复增长，加之气候因素、水电出力、进口煤月度不均衡等多种因素影响，煤炭供需关系出现了阶段性市场偏紧或宽松的现象，市场现货价格出现了较大幅度波动，但煤炭中长期合同价格始终稳定在合理区间。

（1）煤炭消费。据国家统计局数据，2020 年全国煤炭消费量同比增长 0.6%。从主要耗煤行业分析测算，电力行业、钢铁行业、建材行业、化工行业耗煤分别同比增长 0.8%、3.3%、0.2%、1.3%，其他行业耗煤同比下降 4.6%。

（2）煤炭供应。一是国内产量增加。2020 年全国煤炭产量 3900 Mt，同比增长 1.4%（图 1－16）。其中，规模以上煤炭企业原煤产量 3840 Mt，同比增长 0.9%。二是进口量增加。全年煤炭进口量 304 Mt，同比增长 1.5%，创 2014 年以来新高（图 1－17）；出口煤炭 3.19 Mt，同比下降 47.1%；净进口 30 Mt，同比增长 2%。三是煤炭转运量保持稳定。2020 年全国铁路累计发运煤炭 2360 Mt，同比下降 3.9%。主要港口发运煤炭 747 Mt，同比下降 3.3%（图 1－18）。

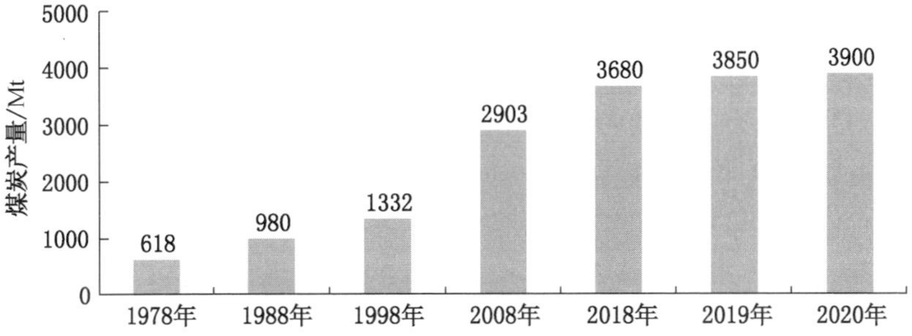

图 1－16　1978—2020 年全国煤炭产量变化情况

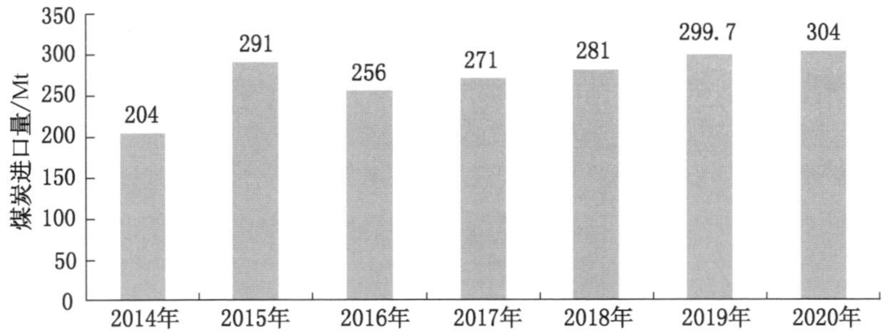

图 1－17　2014—2020 年全国煤炭进口情况

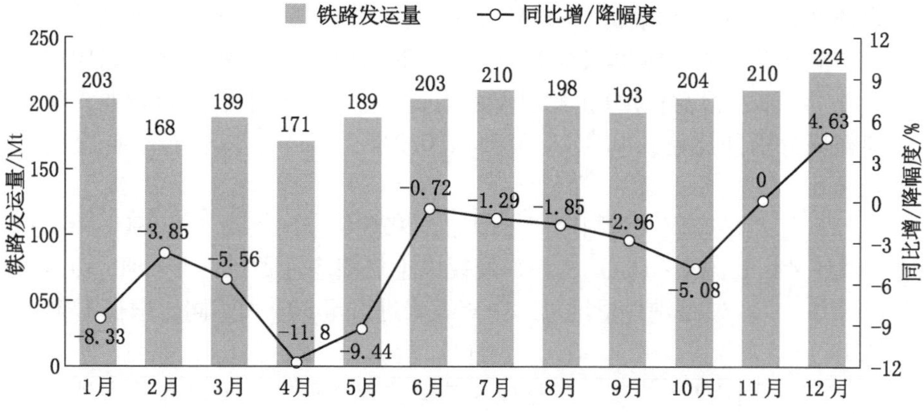

图 1－18　2020 年全国铁路煤炭发运情况

（3）煤炭库存。截至 2020 年 12 月末，煤炭企业存煤 53 Mt，环比减少 8 Mt，下降 15%；全国主要港口存煤 49.87 Mt，环比减少 3.87 Mt，下降 7.76%；全国统调电厂存煤 130 Mt，环比减少约 22 Mt，下降 16.9%，存煤可用 17 d，库存水平基本合理。

（4）煤炭价格。一是煤炭中长期合同价格稳定在绿色区间。2020 年动力煤中长期合同（5500 kcal 下水动力煤，1 kcal＝4.1868 kJ）全年均价为 543 元/t，同比下降 12 元/吨，始终稳定在绿色区间，充分发挥了保供稳价的“压舱石”作用（图 1－19）。二是煤炭市场现货价格出现较大波动。2020 年 5 月上旬 5500 kcal 动力煤价格最低 470 元/t，从 9 月份开始价格出现回升，经过短期波动后回落到 600 元/t 以下。三是炼焦煤价格同比下降。CCTD 山西焦肥精煤综合售价全年平均 1309 元/t，同比下降 187 元/t。

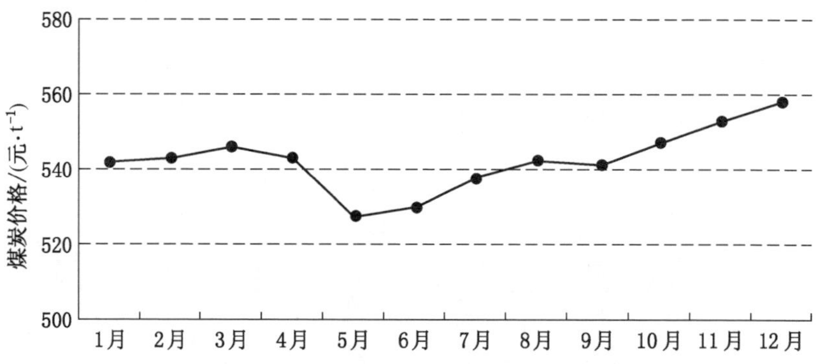

图 1－19　2020 年 5500 kcal 下水动力煤年度长协价格变化

（5）行业效益。2020 年，全国规模以上煤炭企业营业收入 20001.9 亿元，同比下降 8.4%（图 1－20）；应收账款 2675.5 亿元，同比增长 16.3%；资产负债率 66.1%；利润总额 2222.7 亿元，同比下降 21.1%。大型煤炭企业利润总额（含非煤）1196.9 亿元，同比下降 25.2%。

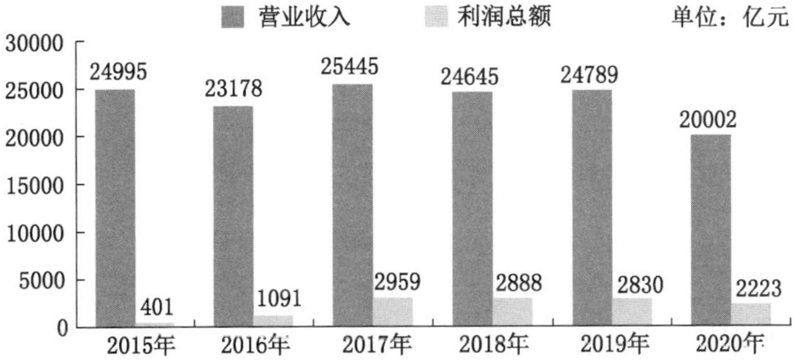

图 1－20　2015 年以来规模以上煤炭企业营业收入及利润情况

（6）固定资产投资下降。煤炭开采和洗选业固定资产投资自 2013 年至 2017 年持续下降，2018 年和 2019 年企稳回升后再次滑落，2020 年固定资产投资同比下降 0.7%，其中民间投资同比下降 15.4%（图 1－21、图 1－22）。

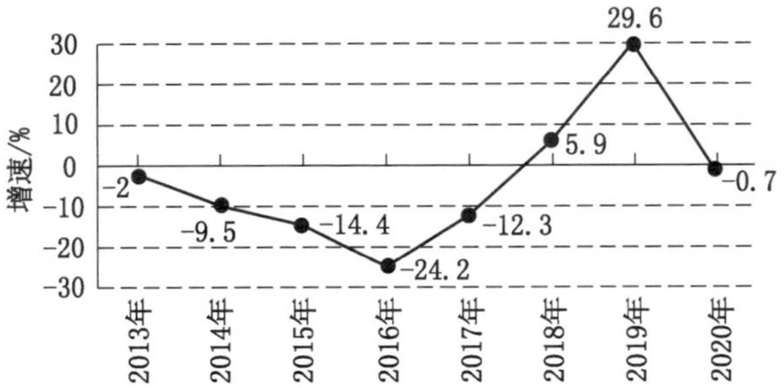

图 1－21　2013—2020 年煤炭开采和洗选业固定资产投资同比增速

三、行业抗疫保供情况

2020 年，煤炭行业克服疫情带来的不利影响，疫情初期复工复产保供，年中优化产业结构，寒冬旺季挖潜增产、释放优质产能，多措并举保障煤炭

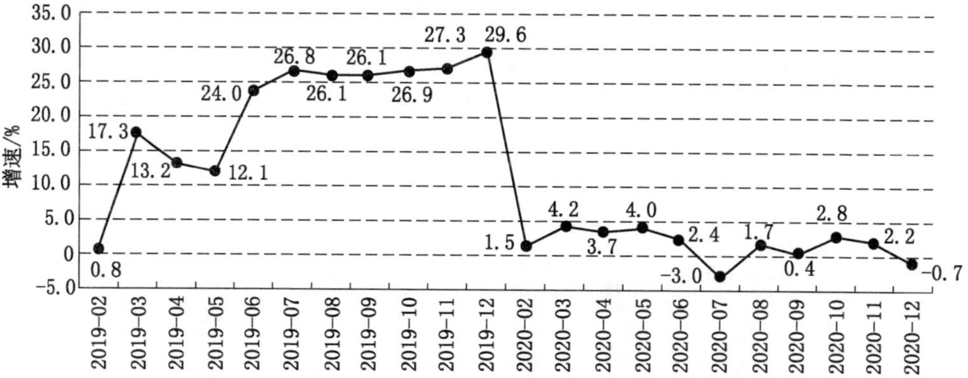

图 1-22　2019—2020 年煤炭开采和洗选业固定资产投资同比增速

供应，为我国疫情防控阻击战取得重大战略成果、经济社会稳步发展提供了能源保障。

2020 年年初，突如其来的新冠疫情对我国经济社会发展造成严重冲击。煤炭行业讲政治、顾大局、讲奉献，积极应对新冠疫情挑战，做好常态化疫情防控和安全生产工作，加快推进煤矿复工复产。2020 年 1 月 30 日中国煤炭工业协会、中国煤炭运销协会联合向煤炭行业发出了《关于做好疫情防控工作的倡议书》，提出了在抗击疫情期间做好煤矿复工复产等各方面工作的意见。煤炭企业特别是大型煤炭企业充分发挥国家能源支柱企业的责任担当，尽快实现了复工复产，截至 3 月中旬，国家能源、中煤能源、陕煤化、晋能控股、山西焦煤、山东能源等亿吨级煤炭企业煤矿复工复产率达到 100%；协会统计的 90 家大型煤炭企业（占全国煤炭产量的 68.7%）煤矿复工复产率超过 96%。同时，煤炭企业主动对接运力和下游企业，严格执行煤炭中长期合同及“基础价 + 浮动价”的定价机制，重点保障了湖北等重点疫区及东北、京津唐等地区的煤炭供应。

在抗击疫情阻击战中，煤炭行业企业积极主动向武汉等湖北重点疫情地区捐款捐物。据中国煤炭工业协会不完全统计，会员单位累计捐款超过 5.6 亿元，捐赠消毒液、大米、食用油、尿素等物资；冀中能源集团华北制药厂加班加点生产抗疫药品、针剂等，支援抗疫一线；国家能源集团、中煤能源集团等紧急调整生产计划，生产口罩、防护服等医用防护品的原料——聚丙烯 S2040 高熔指纺丝材料。近 20 家煤炭企业按照所在省份部署，派出医护经验丰富、业务素质过硬的医护人员 230 余名，参加援鄂医疗队奔赴抗疫一线。

入冬以后，用电需求快速增长，国家电网用电负荷创历史新高，电煤需求增加，煤炭供需出现结构性偏紧，煤炭市场价格快速上涨。面对煤炭经济运行波动，行业协会与煤炭产运需企业一起，在保障疫情防控和安全生产的前提下，全力挖潜增产，保供应、稳价格、保民生，煤炭企业春节期间坚持正常生产，保障煤炭中长期合同履约，全力以赴打好保暖保供攻坚战，彰显了煤炭行业企业的责任担当。

第二章　2018—2019年度煤炭工业安全高效矿井建设

第一节　2018—2019年度煤炭工业安全高效矿井综合分析

一、2018—2019年度安全高效矿井评审工作简述

为深入贯彻落实党的十九大和十九届二中、三中、四中全会精神，落实《煤炭工业发展“十三五”规划》及《煤炭工业“十三五”相关领域发展指导意见》，持续推动煤矿集约、安全、高效、绿色和智能开采，引领煤炭工业供给侧结构性改革和转型升级，促进高质量发展，中国煤炭工业协会开展了2018—2019年度煤炭工业安全高效矿井（露天）申报评审工作。

2020年3月9日，中国煤炭工业协会印发《关于申报2018—2019年度煤炭工业安全高效矿井（露天）的通知》，启动申报工作，有关省（自治区、直辖市）煤炭行业管理部门（协会）和有关中央企业高度重视，积极组织煤矿申报。2020年，全国共申报2018—2019年度煤炭工业安全高效矿井（露天）992处，其中：井工煤矿895处，露天煤矿97处，分布在河北、山西、内蒙古、辽宁、吉林、黑龙江、江苏、安徽、山东、河南、四川、贵州、云南、陕西、甘肃、青海、宁夏、新疆及新疆生产建设兵团等19省（自治区）。

为保证安全高效矿井建设质量，根据《煤炭工业安全高效矿井（露天）评审办法》规定，2020年9月，中国煤炭工业协会组织专家评审会，对申报材料进行严格审查，部分煤矿被降级或取消资格。在资料审查的基础上，9－10月开展了安全高效矿井现场验收工作。本次验收工作采取申报单位交叉互检验收和中国煤炭工业协会专家组验收相结合的方式，共组织43个验收组，对11个省份的132处煤矿（其中露天煤矿9处）进行了现场抽查验

收。各验收组由企业选拔具有丰富现场经验的采掘、通风、安全、防治水和劳资等专业的专家组成，验收内容主要有各申报煤矿安全生产责任制落实情况、矿井安全生产标准化工作开展情况、矿井是否存在重大安全隐患、安全高效矿井申报表与相关原始基础表数据核实等。

2020 年 11 月底，根据工作进度安排，中国煤炭工业协会对评审验收的安全高效矿井（露天）进行上网公示。2020 年 12 月，中国煤炭工业协会在资料评审、现场验收及公示的基础上，先后发布了《中国煤炭工业协会关于命名 2018—2019 年度煤炭工业安全高效矿井（露天）的决定》和《关于公布 2018—2019 年度煤炭工业安全高效集团（矿区）的通知》，对 973 处安全高效煤矿和 51 家安全高效集团进行公告命名。

992 处申报煤矿中有 19 处被取消等级，11 处被降低等级，最终通过评审的安全高效矿井（露天）共计 973 处，与 2016—2017 年度安全高效矿井相比，增加了 72 处，增长 8%。按开采方式划分为井工矿 881 处，露天矿 92 处；按评审级别划分为特级安全高效矿井（露天）735 处，行业一级矿井（露天）184 处，行业二级矿井 54 处，分别占 75.54%，18.91%，5.55%。

二、2018—2019 年度煤炭工业安全高效矿井总体指标

2019 年煤炭工业安全高效矿井（露天）共计生产原煤 2304 Mt，占 2019 年全国原煤生产总量的 59.84%，百万吨死亡率 0.0013。井工矿共计产量 1888 Mt，平均单井产量 2.143 Mt/a，综合单产 0.14402 Mt/(个·月)，原煤工效 13.916t/工，百万吨死亡率 0.0016，多数矿井实现了一井一面（两面）集中生产，平均工作面个数为 1.17 个，基本达到了国际先进水平。露天矿共计产量 416 Mt，平均产量 4.5265 Mt/a，综合单产 0.1866 Mt/(个·月)，原煤工效 44.105 t/工，百万吨死亡率为 0。2018—2019 年度安全高效矿井（露天）主要指标见表 2-1。

表 2-1　2018—2019 年度安全高效矿井（露天）主要指标

项　　目	单　　位	2018—2019 年度
一、技术经济指标		
原煤产量	Mt	2304
百万吨死亡率	%	0.0013
平均综合单产：井工	t/(个·月)	144020

表2-1（续）

项　　目	单　　位	2018—2019 年度
平均综合单产：露天	t/(个·月)	228160
平均原煤工效：井工	t/工	13.916
平均原煤工效：露天	t/工	44.508
二、安全高效矿井数量		
总数	处	973
特级	处	735
一级	处	184
二级	处	54

（一）原煤产量占比增加

本轮973处安全高效矿井（露天）2019年原煤产量约2304 Mt，占2019年全国煤炭总产量的59.84%，与上一轮相比，占比增加3.42%，如图2-1所示。973处安全高效矿井（露天）核定产能2583 Mt，单井规模约2.65 Mt/a。共有48处煤矿核定产能达到千万吨以上，其中井工32处，露天16处，见表2-2。

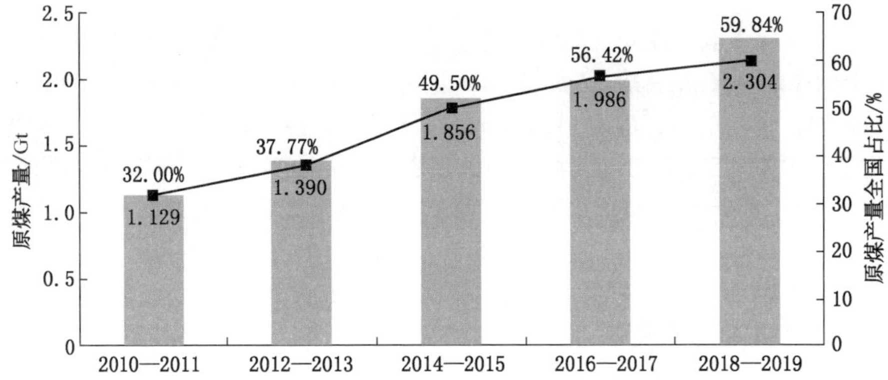

图2-1　近5轮安全高效煤矿产量及占全国比例

年产量超过5 Mt的综采队有37处，超过10 Mt的综采队有7处。年产量最高为伊泰京粤酸刺沟矿业公司综采一队，为15.04 Mt，其次是中国神华能源股份有限公司上湾煤矿综采一队，年产量12.94 Mt；神东集团补连塔矿综采一队，年产12.15 Mt，见表2-3。

表2-2　2019年千万吨级安全高效矿井（露天）核定能力和原煤产量

序号	煤　矿　名　称	级别	核定能力/Mt	原煤产量/Mt
井工煤矿			**436.30**	**395.25**
1	中国神华能源股份有限公司补连塔煤矿	特级	28.00	27.30
2	中国神华能源股份有限公司布尔台煤矿	特级	20.00	20.00
3	内蒙古伊泰京粤酸刺沟矿业有限责任公司酸刺沟煤矿	特级	18.00	17.99
4	陕煤集团神木柠条塔矿业有限公司	特级	18.00	17.98
5	陕西国华锦界能源有限责任公司锦界煤矿	特级	18.00	17.94
6	中国神华能源股份有限公司大柳塔煤矿大柳塔井	特级	18.00	17.73
7	中国神华能源股份有限公司上湾煤矿	特级	16.00	15.99
8	中国神华能源股份有限公司哈拉沟煤矿	特级	16.00	15.55
9	山西西山晋兴能源有限责任公司斜沟煤矿	特级	15.00	15.00
10	陕西未来能源化工有限公司金鸡滩煤矿	特级	15.00	15.00
11	陕煤集团神木红柳林矿业有限公司	特级	15.00	14.94
12	同煤大唐塔山煤矿有限公司	特级	15.00	14.63
13	中国神华能源股份有限公司大柳塔煤矿活鸡兔井	特级	15.00	14.17
14	内蒙古蒙泰不连沟煤业有限责任公司不连沟煤矿	特级	15.00	13.04
15	中国神华能源股份有限公司榆家梁煤矿	特级	13.00	9.52
16	安徽省淮河能源控股集团淮矿煤业分公司张集煤矿	一级	12.30	12.23
17	中国神华能源股份有限公司石圪台煤矿	特级	12.00	10.60
18	国家能源集团宁夏煤业有限责任公司羊场湾煤矿	特级	12.00	10.19
19	大同煤矿集团轩岗煤电有限责任公司麻家梁煤矿	特级	12.00	9.67
20	国家能源集团宁夏煤业有限责任公司梅花井煤矿	特级	12.00	9.12
21	中煤新集能源股份有限公司刘庄煤矿	特级	11.00	10.31
22	中煤平朔集团有限公司井工一矿	特级	10.00	10.00
23	陕煤集团神木张家峁矿业有限公司	特级	10.00	10.00
24	神华亿利能源有限责任公司黄玉川煤矿	特级	10.00	9.98
25	榆林市榆神煤炭榆树湾煤矿有限公司	特级	10.00	9.95

表2-2（续）

序号	煤矿名称	级别	核定能力/Mt	原煤产量/Mt
26	陕西华电榆横煤电有限公司小纪汗煤矿	特级	10.00	9.85
27	神华包头能源有限责任公司万利一矿	特级	10.00	9.51
28	鄂尔多斯市转龙湾煤炭有限公司转龙湾煤矿	特级	10.00	8.40
29	霍州煤电集团吕临能化有限公司庞庞塔煤矿	特级	10.00	6.15
30	中煤平朔集团有限公司井工三矿	特级	10.00	5.08
31	国网能源哈密煤电有限公司大南湖一矿	特级	10.00	4.84
32	鄂尔多斯市国源矿业开发有限责任公司	特级	10.00	2.62
露天煤矿			**313.00**	**274.78**
1	神华宝日希勒能源有限公司露天煤矿	一级	35.00	28.05
2	中国神华能源股份有限公司哈尔乌素露天煤矿	特级	35.00	20.11
3	神华准能集团黑岱沟露天煤矿	特级	34.00	30.81
4	华能伊敏煤电有限责任公司伊敏露天矿	特级	22.00	22.00
5	中煤平朔集团有限公司安家岭露天矿	特级	20.00	20.00
6	中煤平朔集团有限公司东露天矿	特级	20.00	20.00
7	中煤平朔集团有限公司安太堡露天矿	特级	20.00	18.77
8	神华北电胜利能源有限公司胜利露天煤矿	特级	20.00	13.74
9	扎鲁特旗扎哈淖尔煤业有限公司	特级	18.00	18.00
10	内蒙古霍林河露天煤业股份有限公司南露天煤矿	一级	18.00	18.00
11	内蒙古锡林郭勒白音华煤电有限责任公司露天矿	特级	15.00	14.99
12	内蒙古白音华蒙东露天煤业有限公司	特级	14.00	13.97
13	内蒙古平庄煤业有限公司元宝山露天煤矿	特级	12.00	10.90
14	内蒙古霍林河露天煤业股份有限公司北露天煤矿	特级	10.00	9.99
15	陕西神延煤炭有限责任公司西湾露天煤矿	特级	10.00	8.24
16	云南省小龙潭矿务局布沼坝露天矿	特级	10.00	7.19

表 2－3　2019 年年产量超过 10 Mt 的综采队

序号	煤　矿　名　称	采煤队伍	采煤工艺	年产量/Mt
1	内蒙古伊泰京粤酸刺沟矿业有限责任公司酸刺沟煤矿	采煤一队	综放	15.04
2	中国神华能源股份有限公司上湾煤矿	综采一队	综采	12.94
3	中国神华能源股份有限公司补连塔煤矿	综采一队	综采	12.15
4	山西西山晋兴能源有限责任公司斜沟煤矿	综采一队	综放	10.80
5	中国神华能源股份有限公司补连塔煤矿	综采三队	综采	10.72
6	中国神华能源股份有限公司大柳塔煤矿大柳塔井	综采五队	综采	10.32
7	陕西未来能源化工有限公司金鸡滩煤矿	综采一区	综放	10.19

（二）综合单产有所提升

881 处井工矿平均综合单产 144020 t/(个·月)，平均综合单产较上轮 2016—2017 年度提高 5440 t/(个·月)。其中，最高单产为榆林市榆神煤炭榆树湾煤矿有限公司创造的 786565 t/(个·月)。综合单产超过 500000 t/(个·月)的井工矿有 22 个，比 2016—2017 年度增加 6 个，见表 2－4。92 处安全高效露天矿平均综合单产为 228160 t/(个·月)，比 2016—2017 年度提高 66180 t/(个·月)，露天矿最高单产是由华能伊敏煤电有限公司伊敏露天矿创造的 732686 t/(个·月)。综合单产超过 500000 t/(个·月)的露天矿有 7 处，比 2016—2017 年度增加 3 处，见表 2－5。

表 2－4　2019 年综合单产超过 500000 t 安全高效井工矿

序号	煤　矿　名　称	原煤产量/Mt	综合单产/[t·(个·月)$^{-1}$]
1	榆林市榆神煤炭榆树湾煤矿有限公司	9.95	786565
2	内蒙古伊泰京粤酸刺沟矿业有限责任公司酸刺沟煤矿	17.99	747079
3	中国神华能源股份有限公司上湾煤矿	15.99	744519
4	中国神华能源股份有限公司补连塔煤矿	27.30	732564
5	中国神华能源股份有限公司大柳塔煤矿大柳塔井	17.73	729038
6	鄂尔多斯市转龙湾煤炭有限公司转龙湾煤矿	8.40	675000

表2-4（续）

序号	煤矿名称	原煤产量/Mt	综合单产/[t·(个·月)$^{-1}$]
7	鄂尔多斯市华兴能源有限责任公司唐家会煤矿	8.1467	668648
8	陕西有色榆林煤业有限公司	7.99	665733
9	中国神华能源股份有限公司哈拉沟煤矿	15.55	644767
10	中国神华能源股份有限公司大柳塔煤矿活鸡兔井	14.17	614423
11	同煤大唐塔山煤矿有限公司	14.63	611111
12	陕西未来能源化工有限公司金鸡滩煤矿	15	599417
13	内蒙古蒙泰不连沟煤业有限责任公司不连沟煤矿	13.04	589153
14	山西西山晋兴能源有限责任公司斜沟煤矿	15	584843
15	中煤平朔集团有限公司井工一矿	10.00	533295
16	华能扎赉诺尔煤业有限责任公司灵东煤矿	6.41	526192
17	榆林神华能源有限责任公司郭家湾煤矿分公司	5	522204
18	满世煤炭集团罐子沟煤矿	5.89	521062
19	中国神华能源股份有限公司布尔台煤矿	20	520833
20	陕煤集团神木柠条塔矿业有限公司	17.98	510380
21	内蒙古鄂尔多斯永煤矿业投资有限公司马泰壕煤矿	5.93	509574
22	乌审旗蒙大矿业有限责任公司	7.96	508877

表2-5　2019年综合单产超过500000 t安全高效露天矿

序号	煤矿名称	原煤产量/Mt	综合单产/[t·(个·月)$^{-1}$]
1	华能伊敏煤电有限责任公司伊敏露天矿	22.00	732686
2	陕西神延煤炭有限责任公司西湾露天煤矿	8.24	688666
3	中煤平朔集团有限公司安家岭露天矿	20.00	555514
4	中煤平朔集团有限公司东露天矿	20.00	555508
5	山西煤炭进出口集团河曲旧县露天煤业有限公司	6.58	548428
6	中煤平朔集团有限公司安太堡露天矿	18.77	521389
7	神华准能集团黑岱沟露天煤矿	30.81	513500

（三）煤巷掘进平均单进水平有所下降

2018—2019 年度，881 处安全高效井工矿平均月进尺达 274.17 m/(个·月)，比上轮降低 16.44 m/(个·月)，降幅 5.56%。超过 1000 m/(个·月)的煤巷掘进工作面共有 15 处，见表 2-6。其中，最高平均月进尺、最高月进尺和最高日进尺均是陕西未来能源化工有限公司金鸡滩煤矿创造，分别为 1530 m/(个·月)、2152 m/(个·月)、116 m/(个·日)，其次是中国神华能源股份有限公司大柳塔煤矿大柳塔井，平均月进尺 1450 m/(个·月)。

表 2-6　煤巷掘进工作面平均月进尺超过 1000 m/(个·月)的矿井

序号	煤矿名称	掘进队伍	平均月进尺/[m·(个·月)$^{-1}$]	最高月进尺/[m·(个·月)$^{-1}$]	最高日进尺/[m·(个·日)$^{-1}$]
1	陕西未来能源化工有限公司金鸡滩煤矿	连采工区	1530	2152	116
2	中国神华能源股份有限公司大柳塔煤矿大柳塔井	连掘一队	1450	1650	58
3	中国神华能源股份有限公司大柳塔煤矿活鸡兔井	连掘二队	1350	1620	56
4	陕西国华锦界能源有限责任公司锦界煤矿	连掘一队	1325.78	1527.9	77
5	中国神华能源股份有限公司乌兰木伦煤矿	连掘队	1323	1614	84
6	榆林市榆神煤炭榆树湾煤矿有限公司	连采一队	1266	1848	78
7	内蒙古蒙泰煤电集团有限公司满来梁煤矿	连采队	1213.74	1352	55.4
8	中国神华能源股份有限公司榆家梁煤矿	连掘一队	1135.95	1466.7	50
9	陕西陕北矿业韩家湾煤炭有限公司	掘进队	1112	1312	59.8
10	中国神华能源股份有限公司哈拉沟煤矿	连掘一队	1109	1645	59.82

表2－6（续）

序号	煤矿名称	掘进队伍	平均月进尺/[m·(个·月)$^{-1}$]	最高月进尺/[m·(个·月)$^{-1}$]	最高日进尺/[m·(个·日)$^{-1}$]
11	陕煤集团神木红柳林矿业有限公司	掘进一队	1100	1200	40
12	鄂尔多斯市转龙湾煤炭有限公司转龙湾煤矿	综掘工区	1078	1872	74
13	中国神华能源股份有限公司上湾煤矿	连掘二队	1077	1251	54
14	陕煤集团神木柠条塔矿业有限公司	一工区	1064	1102	41
15	中国神华能源股份有限公司石圪台煤矿	连掘一队	1028.8	1800.2	73

（四）原煤生产人员效率相对稳定

881处井工矿平均原煤工效达到13.916 t/工，较2017年的原煤工效13.256 t/工略有提升。94处露天矿平均原煤工效达到44.508 t/工，较2017年的原煤工效44.858降低0.35 t/工。共有15处煤矿原煤工效超过100 t/工，较2017年增加7处，其中井工矿9处，露天矿6处（表2－7、表2－8）。原煤工效最高的井工矿是榆林神华能源有限责任公司郭家湾煤矿，达到129.139 t/工，2019年原煤产量5 Mt；最高的露天矿是中煤平朔集团东露天矿，达到258.24 t/工，2019年产量18.77 Mt。

表2－7　原煤工效超过100 t/工的安全高效井工矿

序号	煤矿名称	原煤产量/Mt	综采/综掘机械化程度/%	原煤生产期末人数/人	原煤工效/(t·工$^{-1}$)
1	榆林神华能源有限责任公司郭家湾煤矿分公司	5.00	100/100	168	129.139
2	榆林市榆神煤炭榆树湾煤矿有限公司	9.95	100/100	328	121.341
3	中国神华能源股份有限公司上湾煤矿	15.99	100/100	621	115.511
4	中国神华能源股份有限公司大柳塔煤矿大柳塔井	17.73	100/100	572	114.065

表 2－7（续）

序号	煤矿名称	原煤产量/Mt	综采/综掘机械化程度/%	原煤生产期末人数/人	原煤工效/（t·工$^{-1}$）
5	陕西国华锦界能源有限责任公司锦界煤矿	17.94	100/100	642	112.658
6	中国神华能源股份有限公司补连塔煤矿	27.30	100/100	912	112.358
7	中国神华能源股份有限公司哈拉沟煤矿	15.55	100/100	534	110.509
8	陕西未来能源化工有限公司金鸡滩煤矿	15.00	100/100	607	106.412
9	内蒙古伊泰煤炭股份有限公司塔拉壕煤矿	6.00	100/100	186	102.142

表 2－8　原煤工效超过 100 t/工的安全高效露天矿

序号	煤矿名称	原煤产量/Mt	剥采比/（m^3·t^{-1}）	原煤生产期末人数/人	原煤工效/（t·工$^{-1}$）
1	中煤平朔集团有限公司安太堡露天矿	18.77	4.56	537	133.830
2	中煤平朔集团有限公司安家岭露天矿	20.00	5.37	578	124.063
3	中煤平朔集团有限公司东露天矿	20.00	6.86	303	258.239
4	山西煤炭进出口集团河曲旧县露天煤业有限公司	6.58	5.02	197	133.604
5	神华宝日希勒能源有限公司露天煤矿	28.05	4.64	827	132.927
6	陕西神延煤炭有限责任公司西湾露天煤矿	8.24	5.58	416	122.074

（五）智能化工作面建设加速推进

截至 2019 年末，全国共建成智能化采煤工作面约 200 处。973 处安全高效矿井中，共有 99 处煤矿建成智能化采煤工作面 141 处，占全国的

70.5%。141 处智能化工作面 2019 年原煤产量 192 Mt。

（六）安全状况持续向好

973 处安全高效矿井中，970 处煤矿实现了安全生产，2019 年共发生死亡事故 3 起，死亡 3 人，百万吨死亡率为 0.0013（事故煤矿均为井工矿）。与 2017 年相比，事故起数和死亡人数相同，百万吨死亡率下降 15.4%。按评审级别划分，行业一级安全高效矿井（露天）发生事故 1 起，死亡 1 人，行业二级安全高效矿井（露天）发生事故 2 起，死亡 2 人。

（七）企业效益略有增长

973 处安全高效矿井（露天）2019 年共实现利润 2340.25 亿元，单井盈利 2.4 亿元。共有 52 处安全高效矿井（露天）单矿（井）盈利超过 10 亿元，较 2017 年增加 1 处。井工矿中，17 处煤矿盈利超过 20 亿元，其中神东煤炭集团补连塔矿盈利最多，达到 53.38 亿元；露天矿盈利最多的是神华准能集团黑岱沟露天煤矿，全年盈利 16.11 亿元，见表 2－9。

表 2－9　2019 年度盈利水平超过 20 亿元的安全高效矿井（露天）

序号	煤矿名称	原煤产量/Mt	实现利润/亿元	人均收入/万元
1	中国神华能源股份有限公司补连塔煤矿	27.30	53.38	28.67
2	中国神华能源股份有限公司大柳塔煤矿大柳塔井	17.73	38.8	25.9
3	中国神华能源股份有限公司哈拉沟煤矿	15.55	36.71	26.88
4	中国神华能源股份有限公司上湾煤矿	16.00	33.77	20.30
5	同煤大唐塔山煤矿有限公司	14.63	33.5	15.85
6	陕煤集团神木柠条塔矿业有限公司	17.98	32.19	17.04
7	中国神华能源股份有限公司大柳塔煤矿活鸡兔井	14.17	31.66	25.6
8	陕西未来能源化工有限公司金鸡滩煤矿	15.00	30.5	15.3
9	陕煤集团神木红柳林矿业有限公司	14.94	28.46	16.4
10	榆林市榆神煤炭榆树湾煤矿有限公司	9.95	27.73	19
11	山西西山晋兴能源有限责任公司斜沟煤矿	15.00	25.58	12.6
12	陕西黄陵二号煤矿有限公司	8.00	25.5	15
13	山西中煤华晋能源有限责任公司王家岭矿	5.44	24.01	16.10
14	兖州煤业股份有限公司东滩煤矿	7.49	23.09	8.09

表2－9（续）

序号	煤　矿　名　称	原煤产量/Mt	实现利润/亿元	人均收入/万元
15	安徽省淮河能源控股集团淮矿煤业分公司张集煤矿	12.23	23	12.83
16	陕西有色榆林煤业有限公司	7.99	22.2	18.8
17	陕西陕煤黄陵矿业有限公司一号煤矿	5.98	21.9	12.80

973处安全高效矿井（露天）2019年人均收入9.87万元，其中881处井工煤矿人均收入达到9.79万元，92处露天煤矿人均收入达到10.62万元。共有83处煤矿年人均收入超过15万元，23处煤矿年人均收入超过20万元。

第二节　2018—2019年度安全高效矿井分布分析

一、2018—2019年度安全高效矿井（露天）所属地区分布

2018—2019年度，973处安全高效矿井从分布区域看，分布在19个省（区），如图2－2所示。其中山西、内蒙古、河南、陕西、山东、安徽、河北等7个省份达标煤矿数量均超过20处，山西省高达496处，占安全高效矿井总数的50.97%，其次是内蒙古173处，第三是陕西省和河南省，均为64处。

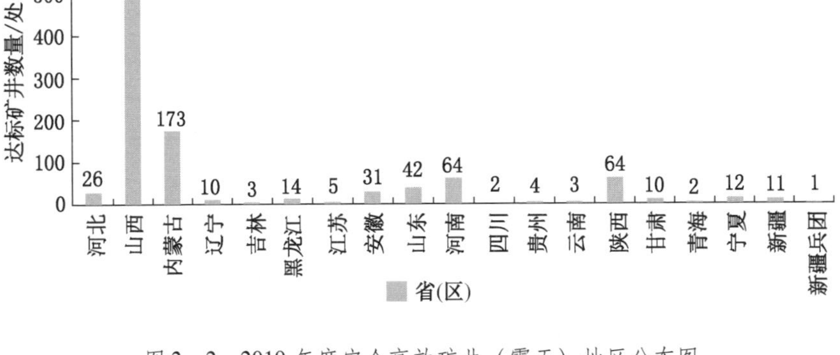

图2－2　2019年度安全高效矿井（露天）地区分布图

2018—2019年度，安全高效矿井（露天）地区分布情况见表2－10，其中特级矿井主要分布在山西、内蒙古、陕西、河南、山东、安徽、河北7省区的大型煤炭基地。

表2－10　2018—2019年度安全高效矿井（露天）地区分布

序号	省份（区）	安全高效矿井数量（处）				占全国比重/%
		总数	特级	一级	二级	
合计		973	735	184	54	100
1	河北	26	9	14	3	2.67
2	山西	496	446	39	11	50.98
3	内蒙古	173	108	44	21	17.78
4	辽宁	10	5	4	1	1.03
5	吉林	3	0	3	0	0.31
6	黑龙江	14	5	6	3	1.44
7	江苏	5	2	3	0	0.51
8	安徽	31	22	8	1	3.19
9	山东	42	28	11	3	4.32
10	河南	64	19	35	10	6.58
11	四川	2	0	2	0	0.21
12	贵州	4	1	3	0	0.41
13	云南	3	2	1	0	0.31
14	陕西	64	56	8	0	6.58
15	甘肃	10	8	1	1	1.03
16	青海	2	2	0	0	0.21
17	宁夏	12	11	1	0	1.23
18	新疆	11	10	1	0	1.13
19	新疆兵团	1	1	0	0	0.10

973处安全高效矿井（露天），2019年度核定生产能力合计2583 Mt，原煤产量2304 Mt。其中2019年山西、内蒙古、陕西3个省份安全高效矿井（露天）原煤产量1810 Mt，占全部安全高效矿井（露天原煤）产量的78.56%，占2019年全国煤炭产量的47%，如图2－3所示。

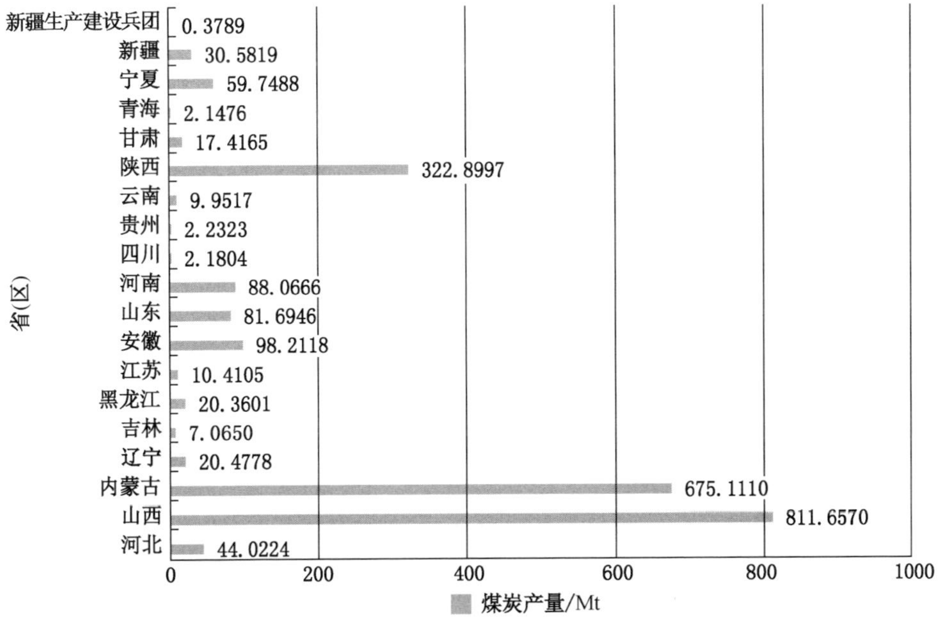

图2－3 2019年安全高效矿井（露天）煤炭产量按地区分布

二、2018—2019年度安全高效矿井（露天）所属企业分布

从企业类型看，省属国有煤炭企业申报积极，安全高效矿井数量较多，占2018—2019年度安全高效矿井总数的49.85%。中央企业、国有重点和地方国有煤矿取得的安全高效矿井（露天）等级70%以上为特级，二级安全高效矿井占比很少。在973处安全高效矿井中，民营企业（乡镇煤矿）285处，占总数的29.29%，取得的安全高效等级相对偏低。在54处二级安全高效矿井中，乡镇煤矿28处，占比51.9%，见表2－11、图2－4。

表2－11 2018—2019年度安全高效矿井（露天）所属企业类型分布

企业类型	安全高效矿井		特级		一级		二级	
	数量/处	占比/%	特级/处	占比/%	一级/处	占比/%	二级/处	占比/%
中央企业	139	14.29	117	15.92	16	8.7	6	11.1
国有重点	485	49.84	371	50.48	96	52.17	18	33.3

表2－11（续）

企业类型	安全高效矿井		特级		一级		二级	
	数量/处	占比/%	特级/处	占比/%	一级/处	占比/%	二级/处	占比/%
地方国有	64	6.58	55	7.48	7	3.8	2	3.7
民营企业（乡镇煤矿）	285	29.29	192	26.12	65	35.33	28	51.9

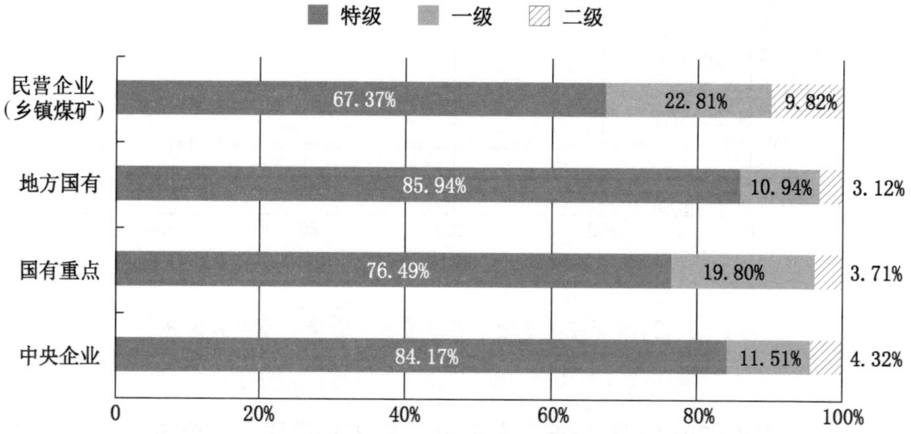

图2－4　不同所有制性质煤矿企业安全高效矿井等级分布情况

2018—2019年度安全高效矿井数量超过20处的企业集团共有12家，均为中央企业或国有重点企业，12家煤矿企业集团共有450处煤矿达到安全高效矿井，占全国安全高效矿井总数的46.25%，其中特级376处，一级62处，二级12处。晋能集团共有安全高效矿井55处，为各企业安全高效矿井数量之最，其次为国家能源集团54处，山西焦煤51处，见表2－12。

表2－12　2018—2019年度安全高效矿井（露天）数量超过20处企业类型分布

序号	企业集团	安全高效矿井数量/处	安全高效矿井数量占总数比/%	安全高效矿井/处		
				特级	一级	二级
1	晋能集团	55	5.65	52	0	3
2	国家能源	54	5.55	50	3	1

表 2－12（续）

序号	企业集团	安全高效矿井数量/处	安全高效矿井数量占总数比/%	安全高效矿井/处		
				特级	一级	二级
3	山西焦煤	51	5.24	48	2	1
4	中煤能源	46	4.73	33	10	3
5	同煤集团	46	4.73	45	1	0
6	河南能源	36	3.70	15	19	2
7	山东能源	36	3.70	25	10	1
8	冀中能源	30	3.08	17	12	1
9	潞安集团	28	2.88	28	0	0
10	阳煤集团	25	2.57	25	0	0
11	晋煤集团	22	2.26	20	2	0
12	陕煤集团	21	2.16	18	3	0

第三节　2018—2019 年度安全高效矿井分级分析

一、特级安全高效矿井（露天）

2018—2019 年度，特级安全高效矿井共有 735 处，其中井工矿 682 处，露天矿 53 处。按所属地区分，主要分布在山西（446 处）、内蒙古（108 处）、陕西（56 处）、山东（28 处）、安徽（22）处、河南（19 处）、宁夏（11 处）、新疆（10 处）8 个省区（表 2－10）。

（一）生产技术指标

735 处特级安全高效矿井（露天）原煤产量 1982 Mt，占当年全国原煤生产总量的 51.48%，占全部安全高效矿井（露天）生产总量的 86%。其中，682 处特级安全高效井工矿核定生产能力 1827.98 Mt，平均规模 2.68 Mt/a，生产原煤 1561.139 Mt，平均产量 2.29 Mt/a；53 处特级安全高效露天矿核定生产能力 377.2 Mt，平均规模 7.117 Mt/a，生产原煤 333.6525 Mt，平均产量 6.2953 Mt/a。735 处特级煤矿 2017 年均实现安全生产，百万吨死亡率为 0。

682 处特级井工矿平均单产 166030 t/(个·月)，原煤工效 15.703 t/工，采煤机械化程度 99.4%。其中，神东煤炭集团补连塔煤矿是目前世界生产规模最大的现代化井工矿，核定生产能力 28 Mt，2019 年全年原煤产量 27.30 Mt，矿井综合单产达到 732560 t/(个·月)，原煤工效达到 112.358 t/工，采煤机械化程度 100%。该矿为一井三面生产模式，其中，综采一队 2019 年产煤 12.1497 Mt，综采设备为引进的 EKF SL1000/6595 采煤机、国产 ZY18000/32/70D 液压支架、DBT3×1600kW 刮板输送机；综采二队年产煤 3.4979 Mt，综采设备为 EKF SL1000/6629 采煤机、ZY11000/25/50D 液压支架、JOY3×1000kW 刮板输送机；综采三队年产煤 1072.47 万 t，综采设备为 EKF SL1000/6659 采煤机、ZY21000/36.5/80D 液压支架、SGZ1400/4800 刮板输送机。

37 处特级露天矿平均单产 271340 t/(个·月)，原煤工效 51.429 t/工，开采最大剥采比 14.26:1，最小剥采比 1.06:1，平均剥采比 6.79:1；最大煤层平均厚度 82.84 m。神华集团准能公司哈尔乌素露天煤矿为目前我国生产规模最大的现代化露天矿，核定生产能力 35 Mt，2019 年原煤产量 20.11 Mt；该矿剥离采用单斗挖掘机—自卸卡车间断工艺，煤炭开采采用单斗挖掘机—自卸卡车—半固定式破碎站—带式输送机半连续工艺；煤层平均厚度 33 m，剥采比 8.17:1，原煤工效 67.47 t/a，实现利润 90950 万元。神华集团准能公司黑岱沟露天煤矿为 2019 年产量最高的露天煤矿，核定能力 34 Mt，产量 30.81 Mt；该矿表层岩土剥离采用单斗—卡车开采工艺，下部岩石(距离煤层顶板高 45 m)采用抛掷爆破吊斗铲倒堆开采工艺，煤层采用单斗—卡车—地面半固定破碎站—带式输送机的半连续开采工艺；煤层平均厚度 28.8 m，剥采比 6.01:1，原煤工效 86.03 t/a，实现利润 161113 万元。

（二）经济效益

735 处特级安全高效矿井中 715 处煤矿实现盈利，共盈利 2123.31 亿元，平均每矿盈利 2.89 亿元。其中，神东煤炭集团补连塔煤矿盈利 55.38 亿元，位居特级安全高效矿井第一。735 处特级安全高效矿井 2019 年人均年收入达到 11.46 万元。

二、一级安全高效矿井（露天）

2018—2019 年度煤炭工业一级安全高效矿井共有 184 处，其中井工矿 166 处，露天矿 18 处，主要分布在山西、内蒙古、河南、河北、陕西、山东、安徽等省区。

（一）生产技术指标

184 处煤炭工业一级安全高效矿井（露天）原煤产量 281 Mt，占当年全国原煤生产总量的 7.3%，占全部安全高效矿井原煤生产总量的 12.2%。其中，166 处煤炭工业一级安全高效井工矿核定生产能力 252.01 Mt，平均 1.5181 Mt/a，生产原煤 214.4164 Mt，平均 1.2917 Mt/a。18 处煤炭工业一级安全高效露天矿核定生产能力 77.3 Mt，平均 4.1278 Mt/a，生产原煤 66.6248 Mt，平均 3.7014 Mt/a。

166 处煤炭工业一级井工矿平均单产 80110 t/(个·月)，原煤工效 8.396 t/工，采煤机械化程度 98.51%，死亡 1 人，百万吨死亡率 0.0047，为当年全国煤矿百万吨死亡率 0.083 的 5.66%。其中，安徽省淮河能源控股集团淮矿煤业分公司张集煤矿原煤产量最高，产量达到 12.23 Mt。

18 处煤炭工业一级露天矿平均单产 191780 t/(个·月)，原煤工效 39.2 t/工，平均剥采比 7.34∶1，百万吨死亡率为零。其中，神华宝日希勒能源有限公司露天煤矿原煤产量最高，产量达到 2805 万 t。

（二）经济效益

在 188 处煤炭工业一级安全高效矿井中有 180 处煤矿实现盈利，共盈利 196.87 亿元，平均每矿盈利 1.07 亿元。其中，安徽省淮河能源控股集团淮矿煤业分公司张集煤矿盈利 23 亿元，经济效益名列煤炭工业一级安全高效矿井第一。188 处一级安全高效矿井 2019 年人均年收入达到 11.46 万元。

三、二级安全高效矿井（露天）

煤炭工业二级安全高效矿井共有 54 处，其中井工矿 33 处，露天矿 21 处，主要分布在山西、内蒙古、河南、陕西、山东、黑龙江、辽宁、甘肃等省区。

（一）生产技术指标

54 处煤炭工业二级安全高效矿井原煤产量 0.41 亿 t，占全国原煤生产总量的 1.06%，占全部安全高效矿井原煤生产总量的 1.78%。33 处煤炭工业二级安全高效井工矿核定生产能力 34.04 万 t，平均 1.0321 Mt/a，生产原煤 25.0136 Mt，平均 758000 t/a。21 处煤炭工业二级安全高效露天矿核定生产能力 17.7 Mt，平均 842900 t/a，生产原煤 16.165 Mt，平均 769800 t/a。

33 处煤炭工业二级井工矿平均单产 45510 t/(个·月)，原煤工效 4.862 t/工，采煤机械化程度 97.35%，死亡 2 人，百万吨死亡率 0.08。其中，开滦能源化工股份有限公司范各庄矿业分公司原煤产量最高，达到 3.9 Mt。

21处煤炭工业二级露天矿平均单产65140 t/(个·月)，原煤工效13.824 t/工，平均剥采比9.95∶1，百万吨死亡率为零（表2－13）。其中，内蒙古恒东集团汇隆煤炭有限责任公司原煤产量最高，达到300万t。

表2－13　2018—2019年度安全高效矿井（露天）分级别指标统计表

类别	井工煤矿			露天煤矿		
	平均工作面个数/个	综合单产/[t·(个·月)$^{-1}$]	原煤工效/(t·工$^{-1}$)	平均剥采比	综合单产/[t·(个·月)$^{-1}$]	原煤工效/(t·工$^{-1}$)
特级	1.15	166030	15.703	6.79∶1	271340	51.549
一级	1.24	80110	8.396	7.34∶1	191780	39.200
二级	1.26	45510	4.862	9.95∶1	65140	13.824

（二）经济效益

54处煤炭工业二级安全高效矿井中51处煤矿实现盈利，共盈利20.07亿元，平均每矿盈利0.37亿元。其中，开滦能源化工股份有限公司范各庄矿业分公司盈利8.4亿元，名列煤炭工业二级安全高效矿井第一。54处二级安全高效矿井2019年人均年收入达到9.13万元。

第四节　2018—2019年度安全高效矿井规模分析

2019年973处煤炭工业安全高效矿井（露天）核定生产能力2583 Mt，平均核定生产能力2.65 Mt/a，共计生产原煤2304 Mt。其中，881处井工矿共计产量1888 Mt，平均产量2.33 Mt/a；露天矿共计产量416 Mt，平均产量4.52 Mt/a。973处安全高效矿井（露天）平均综合单产154850 t/(个·月)，原煤工效15.89 t/工。

一、特大型煤矿

973处安全高效矿井（露天）中，生产能力3 Mt/a及以上煤矿共246处，占安全高效矿井总数的25.28%，其中生产能力5 Mt/a及以上的煤矿125处，生产能力10 Mt/a及以上的煤矿48处。246处特大型煤矿2019年原煤产量1504 Mt，占本轮安全高效矿井（露天）产量的65.28%。

246 处特大型安全高效矿井（露天）中，225 处为特级，占比 91.5%，18 处为一级，3 处为二级。246 处特大型安全高效矿井（露天）平均综合单产 273230 t/(个·月)，原煤工效 25.247/工，其综合单产和原煤工效约为 973 处安全高效矿井平均单产和工效的 1.6 倍。其中 39 处 1000 万 t/a 及以上的安全高效矿井（露天）平均综合单产高达 430800 t/(个·月)，原煤工效达到 53.149 t/工，分别是本轮安全高效矿井（露天）平均水平的 2.65 倍和 3.34 倍（表 2－14）。

表 2－14　2018—2019 年度特大型安全高效矿井（露天）指标统计表

生产能力(A)/Mt	安全高效矿井/处	安全高效矿井数量/特/一/二/处	核定产能/($Mt \cdot a^{-1}$)	2019 年产量/Mt	平均综合单产/[$t \cdot (个 \cdot 月)^{-1}$]	平均原煤工效/($t \cdot 工^{-1}$)
$3 \leq A < 5$	121	107/11/3	424.07	376.52	164370	14.600
$5 \leq A < 10$	77	73/4/0	504.70	457.29	271150	21.500
$A \geq 10$	48	45/3/0	749.30	670.04	430800	53.149
合计：$A \geq 3$	246	225/18/3	1678.07	1503.85	273230	25.247

二、大型煤矿

973 处安全高效矿井（露天）中，生产能力在 1.2 Mt/a（含）与 3 Mt/a（不含）之间煤矿共 399 处，占安全高效矿井总数的 41%。399 处大型煤矿 2019 年原煤产量 572 Mt，占本轮安全高效矿井（露天）产量的 24.83%。

399 处大型安全高效矿井（露天）中，297 处为特级，占比 74.4%，94 处为一级，8 处为二级。399 处大型安全高效矿井（露天）平均综合单产 102410 t/(个·月)，原煤工效 10.615t/工，其综合单产和原煤工效约为 973 处安全高效矿井（露天）平均单产和工效的 63% 和 66.8%。

三、中型煤矿

973 处安全高效矿井（露天）中，生产能力在 0.3 Mt/a(不含)与 1.2 t/a（不含）之间煤矿共 325 处，占安全高效矿井总数的 33.4%。325 处中型煤矿 2019 年原煤产量 228 Mt，占本轮安全高效矿井（露天）产量的 9.9%。

325 处中型安全高效矿井（露天）中，213 处为特级，占比 65.54%，其余72处为一级，40处为二级。其中，生产能力0.6 Mt以下矿井无特级安全高效矿井。323处中型安全高效矿井（露天）平均综合单产5948 t/(个·月)，原煤工效10.827 t/工，其综合单产和原煤工效约为973处安全高效矿井（露天）平均单产和工效的36.6%和68.14%（表2－15）。

表2－15　2018—2019年度中型安全高效矿井（露天）指标统计表

生产能力(A)/Mt	安全高效矿井总数/处	安高数量特/一/二/处	核定产能/($Mt \cdot a^{-1}$)	2019年产量/Mt	平均综合单产/[t·(个·月)$^{-1}$]	平均原煤工效/(t·工$^{-1}$)
0.3A＜0.6	13	0/8/5	5.76	5.15	31080	4.663
0.6≤A＜1.2	312	213/64/35	251.60	223.20	60700	11.167
合计：0.3＜A＜1.2	325	213/72/40	257.36	228.35	59480	10.827

四、小型煤矿

973处安全高效矿井（露天）中，生产能力在0.3 Mt/a（含）以下的煤矿仅3处，均为二级安全高效矿井。其平均综合单产17810 t/(个·月)，原煤工效1.362 t/工。不同规模安全高效矿井指标统计表见2－16。

表2－16　2018—2019年度不同规模安全高效矿井（露天）指标统计表

生产能力(A)/Mt	安全高效矿井总数/处	安高数量特/一/二/处	核定产能/($Mt \cdot a^{-1}$)	2019年产量/Mt	平均综合单产/[t·(个·月)$^{-1}$]	平均原煤工效/(t·工$^{-1}$)
A≤0.3	3	0/0/3	0.90	0.76	17810	1.362
0.3＜A＜0.6	13	0/8/5	5.76	5.15	31080	4.663
0.6≤A＜1.2	312	213/64/35	251.60	223.21	60700	11.167
1.2≤A＜3	399	297/94/8	646.92	571.65	102410	10.615
3≤A＜5	121	107/11/3	424.07	376.52	164370	14.600
5≤A＜10	77	73/4/0	504.70	457.29	271150	21.500
A≥10	48	45/3/0	749.30	670.04	430800	53.149

第五节　2018—2019 年度安全高效矿井开采技术条件分析

2019 年，881 处安全高效井工煤矿有采煤工作面共 1244 个，煤层情况既有超薄煤层，也有特厚煤层，既有近水平煤层，也有急倾斜煤层，地质条件既有构造简单的，也有极复杂的。这些煤矿依靠科技进步、管理创新，因地制宜大力发展机械化生产和自动化控制，提质增产、降本提效，实现了安全、高效、绿色开采。

一、煤层条件

2019 年的 881 处安全高效井工煤矿有采煤工作面 1244 个，其中薄煤层工作面 74 个（占比 5.95%），中厚煤层工作面 480 个（占比 38.58%），厚煤层工作面 690 个（占比 55.47%）。

在薄煤层工作面中，内蒙古伊泰同达煤炭有限公司丁家渠煤矿平均月产最高，达到 118500 t/(个・月)，该矿在平均厚度 1.24 m 的工作面，采用 MG2×200/890－WD1 型采煤机，配以 SGZ800/2×525 型刮板运输机和 ZY6800/09/18 液压支架，最高月产可达 13100 t/(个・月)。在中厚煤层工作面中，神木汇森凉水井矿业有限责任公司平均月产最高，达到 573300 t/(个・月)，该矿在平均厚度 3.37 m 的工作面，采用 MG900/2400－WD 型采煤机，配以 SGZ1000/3000 型刮板运输机和 ZY12000/20/40D 液压支架，最高月产 645700 t/(个・月)。在厚煤层工作面中，内蒙古伊泰京粤酸刺沟矿业有限责任公司平均月产最高，达到 1250000 t/(个・月)，该矿在平均厚度 15 m 的工作面，采用 MG650/1620－WD 型采煤机，配以 SGZ1200/2×1000 型刮板运输机和 ZF21000/25/45 液压支架，最高月产 1340000 t/(个・月)。

在 1244 个采煤工作面中，煤层倾角为近水平的工作面有 866 个（占比 69.61%），缓倾斜煤层工作面 328 个（占比 26.37%），倾斜煤层工作面 48 个（占比 3.86%），急倾斜煤层工作面 2 个（占比 0.16%）。其中，急倾斜煤层工作面均为中厚煤层，最高月产量 13500 t/(个・月)。倾斜煤层中，共 4 个超薄煤层工作面，其中龙煤七台河矿业有限公司新兴煤矿采用高档普采工艺，工作面平均月产 25500 t/(个・月)。新汶矿业集团有限责任公司华丰煤矿采用综采工艺，工作面平均月产 11000 t/(个・月)。

多数采煤队采煤工作面煤层赋存条件较好，其中大多数为厚煤层或中厚煤层，煤层倾角多为近水平或缓倾斜，但是也有少数采煤队在倾斜煤层和急倾斜煤层的工作面年产超过百万吨，见表2－17。霍州煤电集团吕临能化有限公司庞庞塔煤矿综采一队在煤层平均倾角25°、最大倾角45°，煤层平均厚度11.8 m、最大厚度13.1 m条件下，采用综放开采工艺，全年生产原煤3.19 Mt，创造了2019年倾斜煤层工作面最高生产纪录。

表2－17　2019年安全高效矿井大倾角开采百万吨采煤队

序号	采煤队伍	采煤工艺	煤层平均厚度/m	煤层平均倾角/(°)	工作面年产量/Mt
1	霍州煤电集团吕临能化有限公司庞庞塔煤矿综放一队	综放	11.8	25	3.19
2	国家能源集团宁夏煤业有限公司梅花井煤矿综采二队	综放	4.63	25	2.78
3	上海大屯能源股份有限公司孔庄煤矿综采队	综采	3.5	25	1.48
4	黑龙江龙煤双鸭山矿业有限责任公司东荣二矿综采一队	综放	4.4	26	1.31
5	华亭煤业集团有限责任公司东峡煤矿综采队	综放	7.5	28	1.21
6	华亭煤业集团有限责任公司砚北煤矿综采一队	综放	5.13	28.8	1.17
7	霍州煤电集团汾源煤业有限公司综放队	综采	3.6	30	1.15
8	河南平禹煤电有限责任公司一矿综采队	综放	7	34	1.14
9	内蒙古蒙西库里火沙兔煤矿综采队	综放	10.5	35	1.08
10	上海大屯能源股份有限公司徐庄煤矿采煤一队	综放	19.1	40	1.05

二、主要灾害

881处安全高效井工矿中，煤与瓦斯突出矿井124处，占安全高效矿井（露天）总数的12.7%，2019年原煤产量248 Mt，其中，特级73处，一级45处，二级6处；高瓦斯矿井197处，占安全高效矿井（露天）总数的20.25%，2019年原煤产量392 Mt，其中，特级163处，一级29处，二级5处。

881处井工矿中，冲击地压矿井41处，占安全高效矿井（露天）总数的4.2%，2019年原煤产量103 Mt，其中，特级31处，一级8处，二级2处。

881处井工矿中，水文地质条件极复杂矿井26处，占安全高效矿井（露天）总数的2.67%，2019年原煤产量62 Mt，其中，特级13处，一级13处；水文地质条件复杂矿井66处，占安全高效矿井（露天）总数的6.78%，2019年原煤产量220 Mt，其中，特级43处，一级18处，二级5处。

881处井工矿中，1处煤矿为煤与瓦斯突出、冲击地压、水文地质条件复杂矿井；5处煤矿为煤与瓦斯突出/高瓦斯、冲击地压、水文地质条件极复杂/复杂矿井，见表2－18。

表2－18　2018—2019年度不同灾害安全高效矿井指标统计表

灾害类型	数量（特/一/二）/处	2019年产量/Mt	综合单产/[t·(个·月)$^{-1}$]	原煤工效/(t·工$^{-1}$)
煤与瓦斯突出	73/45/6	248	104190	8.603
高瓦斯	163/29/5	392	130190	11.463
水文地质极复杂	13/13/0	62	120440	11.136
水文地质复杂	43/18/5	220	170270	13.865
冲击地压	31/8/2	103	138720	11.241

三、开采工艺

从开采工艺上看，881处安全高效井工矿涵盖了我国煤矿常用的较为先进的采煤工艺，有综采一次采全高，也有综采放顶煤和分层综采，有刨煤机综采，也有高档普采和炮采。881处安全高效井工矿中，582处煤矿实行一井一面的生产模式，占安全高效井工煤矿数量的66.1%。1244个采煤工作面中，炮采工作面1个，柔性掩护支架采面2个，高档普采工作面11个，综采工作面1230个，其中442个综采工作面采用放顶煤工艺。神东煤炭集团公司上湾煤矿综采一队采取一次性采全高全部垮落法回采，工作面年产量12.94 Mt，最高月产达1.46 Mt/(个·月)。内蒙古伊泰京粤酸刺沟矿业有限责任公司采煤一队采用综采放顶煤工艺，工作面年产量 15.04 Mt，最高月产达 1.34 Mt/(个·月)。

92 处露天煤矿开采有 67 处采用间断式开采工艺，主要采用单斗—卡车间断式开采工艺，部分采用单斗—汽车工艺。20 处煤矿采用半连续工艺，5 处煤矿采用综合开采工艺。

准格尔能源公司黑岱沟露天煤矿采用单斗—卡车—地面半固定破碎站半连续开采工艺，2019 年产量 30.81 Mt，为半连续开采工艺中年产量最高的煤矿。中煤平朔集团有限公司东露天矿为半连续开采工艺中原煤生产效率最高的煤矿，达到 258.24 t/工。山西煤炭进出口集团河曲旧县露天煤业有限公司采用单斗—卡车间断工艺，为间断工艺中年产量最高的煤矿，2019 年产量 6.58 Mt。大雁矿业集团有限公司扎尼河露天矿为间断开采工艺中原煤生产效率最高的煤矿，达到 153.11 t/工。神华宝日希勒能源有限公司露天煤矿为综合工艺中年产量和原煤生产效率最高的煤矿，2019 年产量 28.05 Mt，原煤生产效率 132.93 t/工。

四、开拓方式

从开拓方式上看，881 处安全高效井工矿中，228 处采用混合开拓方式，平均单井产能规模 3.11 Mt，2019 年产量 638 Mt；201 处采用立井开拓方式，平均单井产能规模 2.52 Mt，2019 年产量 448.5 Mt；437 处采用斜井开拓方式，平均单井产能规模 1.88 Mt，2019 年产量 727 Mt；15 处采用平硐开拓方式，平均单井产能规模 5.28 Mt，2019 年产量 74.8 Mt。采用平硐开拓方式的矿井平均综合单产 29.698 t/(个·月)，原煤工效 32.229 t/工，是 4 种开拓方式中综合单产和原煤工效最高的，见表 2-19。

表 2-19　2018—2019 年度安全高效矿井不同开拓方式指标统计表

开拓方式	数量/个	平均单井规模/Mt	2019 年产量/Mt	综合单产/[t·(个·月)$^{-1}$]	原煤工效/(t·工$^{-1}$)
混合	228	3.11	638	168030	16.148
立井	201	2.52	448.5	125490	10.864
斜井	437	1.88	727	132230	13.828
平硐	15	5.28	74.8	296980	32.229

五、设备配套

2018—2019 年度安全高效井工矿共 1244 个采煤工作面，其中采用全套国产设备的采煤工作面达到 1121 个，产量约 1292 Mt；部分采用引进国外设备的采煤工作面有 120 个，产量合计约 477 Mt；全套引进国外设备的采煤工作面有 3 个，产量合计为 12 Mt。

（一）采用全套国产设备的生产工作面

全套使用国产设备的工作面共 1121 个，产量前 10 名装备配套见表 2－20。其中，年产量最高的采煤队是内蒙古伊泰京粤酸刺沟矿业有限责任公司采煤一队，年产量 15.04 Mt，月平均产量 1250000 t/(个·月)。其次为陕西未来能源化工有限公司金鸡滩煤矿综采一区队，年产量 10.19 Mt，月平均产量 849333 t/(个·月)。

（二）引进部分国外设备，配以部分国产设备的生产工作面

共有 120 个采煤工作面使用国外和国产设备相结合的配套方式生产，其中 4 个工作面支架采用国外设备，117 个工作面采用进口采煤机，使用进口采煤机的采面中 61 个采用德国艾柯夫（EKF）采煤机，55 个采用久益（JOY）采煤机，另有 1 个采面采用德博特（DBT）采煤机。17 个工作面选用进口刮板运输机，主要厂商是久益（JOY）和用德博特（DBT）。

120 个引进部分国外设备的采面中，有 5 个工作面年产量超过千万吨。中国神华能源股份有限公司上湾煤矿综采一队使用 EKF SL900 型采煤机，配套 ZY26000/40/88D 型国产液压支架和 SGZ1388/3×1600 型刮板运输机，工作面年产量达到 12.94 Mt，平均月产量 1078400 t/(个·月)。此外还有 5 个工作面年产量均达到了 8 Mt 以上，见表 2－21。

（三）全套引进国外设备的生产工作面

2018—2019 年安全高效井工矿中有 3 个采煤工作面全部采用引进全套国外综采设备。其中，陕西有色榆林煤业有限公司综采工作面，全套采用久益（JOY）的 RS198 液压支架、LWS733 采煤机和 AFC3×1000 刮板运输机，工作面年产量 7.37 万 t，平均月产量 614044 t/(个·月)，见表 2－22。

表 2－20　2019 年安全高效矿井采用全套国产设备的采煤工作面（产量前 10 名）

序号	采煤队名称	采煤工艺	地质条件		工作面产量			工作面设备		
			煤层平均厚度/m	煤层平均倾角/(°)	年产量/Mt	平均月产量/[t·(个·月)$^{-1}$]	平均日产量/(t·工$^{-1}$)	液压支架型号	采煤机型号	刮板输送机型号
1	内蒙古伊泰京粤酸刺沟矿业有限公司采煤一队	综放	15	3	15.04	1250000	43103	ZF21000/25/45	MG650/1620－WD	SGZ1000/2×1000 SGZ1200/2×1000
2	陕西未来能源化工有限公司金鸡滩煤矿综采一区	综放	9.4	1	10.19	849333	28873	ZFY21000/35.5/70D	MG1000/2650－GWD	SGZ1400/4800
3	鄂尔多斯市转龙湾煤炭有限公司综采工区	综采	5.5	1	8.10	675000	24500	—	MG900/2245－GWD	SGZ1250/3×1000
4	神木汇森凉水井矿业有限公司综采一队	综采	3.37	1	6.88	573292	20264	ZY12000/20/40D	MG900/2400－WD	SGZ1000/3000
5	华能扎赉诺尔煤业有限公司灵东煤矿综采队	综放	14.2	2	6.31	526189	13857	ZF11000/23/37	MG650/1560－WD	SGZ1000×2

表 2-20（续）

序号	采煤队名称	采煤工艺	地质条件		工作面产量			工作面设备		
			煤层平均厚度/m	煤层平均倾角/(°)	年产量/Mt	平均月产量/[t·(个·月)$^{-1}$]	平均日产量/(t·工$^{-1}$)	液压支架型号	采煤机型号	刮板输送机型号
6	山西怀仁联顺玺达柴沟煤业有限公司综采队	综放	12.5	3	5.71	476027	17310	ZF13000	MG400/930-WD	SGZ1000/1200
7	满世煤炭集团罐子沟煤矿综放队	综放	15.5	3	5.69	523000	17218	ZFY8600/25/42	MG650/1605-3.3WD	SGZ900/2×525 SGZ1000/2×700
8	内蒙古汇能集团尔林兔煤炭有限公司综采二队	综采	3.6	1	5.40	450167	16987	ZY12000/22/45	MG750/1760-WD	SGZ1000/2×1000
9	神华亿利能源有限责任公司黄玉川煤矿综采一队	综放	4.5	1	5.32	515310	17177	ZF21000	MG900	SGZ1000/2000 SGZ1200/2000
10	兖州煤业股份有限公司东滩煤矿综采一区	综放	8.17	4	5.27	459191	15097	ZF12000/22/42	MG750/1860-WD	SGZ1000/1710

表 2-21　2019 年安全高效矿井国产设备和进口设备相结合的采煤工作面（产量前 10 名）

序号	采煤队名称	采煤工艺	地质条件		工作面产量			工作面设备		
			煤层平均厚度/m	煤层平均倾角/(°)	年产量/Mt	平均月产量/[t·(个·月)$^{-1}$]	平均日产量/(t·工$^{-1}$)	液压支架型号	采煤机型号	刮板输送机型号
1	中国神华能源股份有限公司上湾煤矿综采一队	综采	9.05	1	12.94	1078400	39453	ZY26000/40/88D	EKF SL900	SGZ1388/3×1600
2	中国神华能源股份有限公司补连塔煤矿综采一队	综采	6.35	1	12.15	1007700	33129	ZY18000/32/70D	EKF SL1000/6595	DBT 3×1600/2.05
3	山西西山晋兴能源有限公司斜沟煤矿综采一队	综放	14.56	8.1	10.80	899895	32823	ZF15000/26/40	EKF SL750	SGZ1000/2400 SGZ1200/2400
4	中国神华能源股份有限公司补连塔煤矿综采三队	综采	6.47	1	10.72	907158	29824	ZY21000/36.5/80D	EKF SL1000/6659	SGZ1400/4800
5	中国神华能源股份有限公司大柳塔煤矿大柳塔井综采五队	综采	7	1	10.32	859713	28265	ZY18000/32/70D	EKF SL1000/6770	DBT 3×1600

表2-21（续）

序号	采煤队名称	采煤工艺	地质条件		工作面产量			工作面设备		
			煤层平均厚度/m	煤层平均倾角/(°)	年产量/Mt	平均月产量/[t·(个·月)$^{-1}$]	平均日产量/(t·工$^{-1}$)	液压支架型号	采煤机型号	刮板输送机型号
6	榆林市榆神煤炭榆树湾煤矿有限公司综采队	综采	10.83	1.5	9.25	770935	25841	ZY12000/27/58D	EKF SL900	DBT PF6/1142
7	中煤平朔集团有限公司井工一矿综采队	综放	13.2	5	8.79	732500	24082	ZFY12000/23/40D ZFP11000/25/40D	EKF SL750	SGZ1000/2000 SGZ1200/2400
8	中国神华能源股份有限公司哈拉沟煤矿综采一队	综采	5.36	1	8.71	725733	26390	ZY10800/28/63	EKF SL1000/6.3/6575	DBT 3×1000
9	中国神华能源股份有限公司大柳塔煤矿活鸡兔井综采二队	综放	6	1	8.23	646020	21239	ZFY10200/25/42D	JOY 7LS6C	JOY 4×1050
10	中国神华能源股份有限公司布尔台煤矿综采一队	综放	5.91	1	8.11	600000	19800	ZFY18000/25/39D	JOY 7LS6C	天明 4×1200

表 2-22　2019 年煤炭工业安全高效矿井全部采用进口设备的采煤工作面

序号	采煤队名称	采煤工艺	地质条件		工作面产量			工作面设备		
			煤层平均厚度/m	煤层平均倾角/(°)	年产量/Mt	平均月产量/[t·(个·月)$^{-1}$]	平均日产量/(t·工$^{-1}$)	液压支架型号	采煤机型号	刮板输送机型号
1	陕西有色榆林煤业有限公司综采队	综采	9.13	0.5	7.37	614044	22328	JOY RS198	JOY LWS733	JOY AFC3×1000
2	山西亚美大宁能源有限公司晋城市大宁煤矿综采队	综采	4.24	3.4	2.94	245133	87643	DBT2550/5500/2×3926/1750	JOY 7LS6C	LA-0530PF4
3	中国神华能源股份有限公司乌兰木伦煤矿综采一队	综采	2.51	2	1.53	127133	4238	DBT 2×4412	JOY 7LS2A-LWS639	JOY 3×700

第三章　煤炭企业推进安全高效矿井建设经验介绍

安全为天　绿色发展　建设具有高智慧、高技术、高效率的煤炭生产企业

——国能神东煤炭集团有限责任公司

一、公司概况

神东公司是国家能源集团核心煤炭生产企业，地处晋、陕、蒙三省区能源富集区，主要负责国家能源集团在神府东胜煤田骨干矿井和山西保德煤矿，以及配套项目生产运营。公司煤炭产品主要是块煤、混煤，特征是“三低一高”，即低硫（≤0.5%）、低磷（≤0.05%）、特低灰（≤8.5%）、中高发热量（23027 kJ/kg 左右），是优质动力、化工和冶金用煤。

神东公司高度重视安全高效矿井建设，2018 年、2019 年全年安全生产零死亡，取得连续安全生产 975 d 历史最好成绩；公司采掘机械化率 100%，原煤工效最高 124 t/工，回采工效最高 1173 t/工，主要指标达到国内第一、世界领先水平。2020 年，神东公司 14 处矿井全部被评为 2018—2019 年度煤炭工业安全高效矿井（露天），且均为特级。

二、创建安全高效矿井的做法和经验

（一）强基固本落实责任，提升安全环保管理水平

（1）树立先进的安全理念，为安全生产奠定坚实的思想基础。神东公司坚决树牢“煤矿可以做到不死人”“瓦斯超限就是事故”的安全理念，坚持“无人则安”“零事故生产”，始终把“零伤害”作为奋斗目标，把“煤矿能够做到平安无创伤”作为坚定信念，将安全理念融入制度体系，贯穿于生产实际，教育引导广大干部员工自觉把安全放在首位，把安全红线作为

“底线”和“生命线”，内化于心，外化于行。在工作中，坚持从思想源头抓起，加大安全教育力度，突出安全理念渗透和行为养成，使广大员工不仅要对安全理念熟读熟记，而且要入脑入心，着力解决制约安全工作的基础性、根本性问题。坚持警钟长鸣，敬畏生命、敬重安全，坚决杜绝盲目生产，坚决摒弃心无敬畏、漠视生命的不良心态，坚决摒弃麻痹大意、心存侥幸等思想“顽疾”，持续用理念引领，凝聚全员思想共识；用制度约束、提高广大员工的安全意识和安全责任，切实将安全第一的思想植入每位员工心灵深处，并且转化为自觉行动。

（2）推行安全风险预控管理体系，为安全管理提供有效手段。神东公司在先后实施了多种管理体系的基础上，结合自身特点，建立了一套适合煤矿安全生产特点、科学的管理方法和手段——安全风险预控管理体系，有效解决了安全管理责任落实不到位、隐患排查不彻底、操作程序不清晰、管控重点不突出、防治措施不得力等突出问题。安全风险预控管理体系 2009 年获得了中国煤炭工业科学技术一等奖，2011 年形成行业标准——《煤矿安全风险预控管理体系规范》（AQ/T 1093—2011），并在全国推广。特别是 2017 年以来，神东公司与时俱进，结合工作实践，将习近平总书记提出的“安全风险分级管控与事故隐患排查治理双重预防性工作机制”，以及国家相关部门推行的煤矿安全生产标准化有机融合和实践转化，构建了要素更为完备、要求更细更高、举措更严更实的安全管理体系。

（3）构建安全生产责任体系，压紧压实安全生产职责。神东公司在系统梳理岗位职责和制度体系的基础上，自上而下建立健全“机构职能明确、岗位职责清晰、考核追责并重、责任落实到位”的责任体系。逐级细化界定责任清单，明确各层级、各岗位 1100 多项安全责任和工作标准，确定 1700 多项追责情形，以及配套的追责流程、处罚标准、处理对象，出台了《安全生产责任制管理办法》和《责任追究管理办法》。神东公司按照一般、中等、重大三个事件等级，实施责任追究，有效解决“责任追究执行不追决策、追下级不追上级、追客观不追主观”和“重经济处罚，轻管理问责”等问题，将责任追究由事后向事前延伸，以追责促担当、以追责促尽责，确保人人头上有指标，人人肩上有责任，坚持问题导向，追根溯源，达到“追责一个、警醒一片”的效果，全面推动各级责任的有效落实。

（4）深入践行“绿水青山就是金山银山”的理念，打造绿色神东。神东公司对矿区进行大范围水土保持治理，面积达到 330 km^2，植物由 16 种增加到近 100 种，矿区风沙天数由 25 d 以上减少为 3 ~ 5 d，降水量由 200 mm

增加到400～600 mm以上，构建了“山水林田湖草”的生态空间结构。分别在大柳塔矿、上湾矿、哈拉沟矿、布尔台矿采煤沉陷区建设了水土保持示范园、生态示范基地、“采煤沉陷区光伏+生态修复利用”示范区。公司获第十二届中国企业社会责任峰会“绿色环保奖”。研发了超纯水介质液压系统，并在锦界煤矿31408综采工作面成功应用，每年可减少乳化液消耗129.78 t，解决了乳化液对地下水的污染问题。积极研发和推广新能源防爆电动车，截至2020年，在大柳塔煤矿、补连塔煤矿、哈拉沟煤矿、上湾煤矿等12个煤矿投入使用防爆电动车210台，百公里能耗成本约60元，井下综合工况满载续航里程大于95 km，能耗成本仅为同类型柴油车的13%，杜绝了柴油车辆尾气体对员工造成的伤害。

（二）采用先进的矿井设计理念，最高程度地实现系统优化和集约生产

根据地质条件，采用斜硐式开拓，条带式布局，简化生产系统，将工作面长度延长到240～450 m，走向长度3000～6000 m；采用大断面、多通道的巷道布置方式，降低通风阻力；采用快速掘进、综合机械化开采相结合的高效生产方式，实现了安全高效开采，大大提高安全保障能力。神东公司先后建设了世界上第一个7 m大采高、8 m大采高、8.8 m大采高重型工作面、第一个中厚煤层综采自动化工作面和国内第一个千万吨矿井、第一个千万吨综采工作面，率先建成国内首个亿吨、200 Mt矿区，形成了具有神东特色的“五高”“四化”新型集约化千万吨矿井群的安全高效生产模式。

（1）8.8 m超大采高综采工作面成功实施。针对神东矿区特厚煤层，探索研究出了多项技术创新，总结出了一套适合8.8 m超大采高开采条件的成功经验，形成了成熟的8.8 m超大采高开采成套技术。该技术资源回收率同比7 m支架提高20%，生产能力每天达46000～52000 t，单个工作面最高日产可达65500 t，单月最大产量达1506000 t，回采工效1050 t/工。该项创新成果填补了行业技术空白，是开采技术和采掘装备国产化的又一次历史性革命。

（2）首创薄煤层工作面自主智能割煤新技术。神东公司通过多信息融合构建了薄煤层工作面空间模型，精准指导采煤机自主割煤，解决了长期困扰智能化开采煤岩无法识别的难题，实现了我国薄煤层工作面自主智能割煤新技术的重大突破，将工作面生产班人数由10人减为6人，直接生产工效提升了15.08%。同时还建成了国内首个薄煤层等高采煤机无人全自动化综采工作面，在薄煤层安全高效智能化生产方面又迈上了一个新的台阶。

（3）首创特厚硬煤层顶层综采下层放顶煤开采技术。将放顶煤开采技术应用于复合区下段煤层开采，有效解决了 10 m 以上特厚硬煤层顶层开采后无人工假顶条件下下分层无法开采的技术难题，为类似特厚煤层安全高效开采探索了一条技术途径。目前已安全回采 5 个工作面，累计生产煤炭 2900 多万吨，工作面回采率接近 100%。

（4）全断面快速掘进系统的研发及应用。为了提高现有掘进工艺的效率，实现减人提效目的，神东公司联合有关单位自主研发了首套全断面快速掘进系统并投产试用。该掘进系统集全断面切割、装运、行走、灭尘、支护、锚固等多重功能于一体，月最高进尺 3088 m，创造了煤巷大断面单巷掘进的世界纪录。

（三）提升矿井智能化水平，打造智能化示范煤矿

神东公司搭建覆盖全矿区的信息网络通信系统，各矿井、洗煤厂、装车站全部建成了综合自动化系统，实现了远程控制、监测和故障诊断，保证了安全高效运行。井下应用了移动通信系统，井上下通信更加方便快捷；各矿井全部实施了人员、车辆跟踪定位系统，实现了实时监控。

（1）区域中央自动化控制系统。利用 PSI 公司的先进技术理念，把公司现有的监测、控制和管理系统整合成为整体的生产指挥管理系统，系统将构建集约化、专业化程度更高的生产组织模式，实现生产数据和信息的共享。同时，将生产、监测和控制信息以矿井采掘平面地图为载体，在平面地图上分层集中显示，实现集中显示、集中控制和数据管理分析，为生产决策提供数据依据，实现自动化控制、系统自动报警和人力物料管理。

区域中央自动化控制系统项目实现了海量数据资源的共享利用、关联分析和生产优化排程；将现有分立系统高度集成，提高综合分析能力和应急响应速度；建立专业生产控制指挥系统，进一步减人提效；项目最终实现四个矿井的生产指挥统一调度。

（2）智能化示范煤矿建设。神东公司重点进行了智能化工作面建设、研发推广矿用机器人、自主研发与升级智能矿山应用平台、建设智能矿山标准体系等，涵盖综采、掘进、主运输、辅助运输、供电、通风、供排水、安全环保、大数据等各大系统。通过技术创新、管理创新和体制机制创新，全面提升矿井智能化开采水平，实现少人、无人化生产。2021 年率先将锦界煤矿、上湾煤矿、补连塔煤矿建设成首批智能化示范煤矿。

（四）创新安全生产管理模式

神东公司整合了设备、人员、技术和管理等资源，对设备搬家倒面、煤

质洗选、设备维修、物资供应、车管运营、井下供电、地质测量、后勤服务等方面实施专业化集中管理，各专业化队伍通力协作，相互支撑，形成了神东的大专业化管理模式，让企业运营变得更为快捷，高效，有力地促进了神东专业化水平的提升，为公司安全高效生产发挥了重要作用。

控风险　添绿色　增精益
努力建设安全高效矿井

——国能包头能源有限责任公司

一、公司概况

包头能源公司是集煤炭开采、煤炭洗选、煤炭产品储运与销售、矿建、勘探与设计、建筑安装为一体的国有煤炭专业化生产企业。公司前身是内蒙古自治区包头矿务局，成立于1958年，是“一五”计划时期为包钢配套建设的国有重点煤炭企业，隶属于内蒙古自治区煤炭工业厅，1998年划归神华集团公司管理，2001年5月，神华集团公司批准改制为包头矿业公司，2011年5月，中国神华收购包头矿业公司优质资产成立神华包头能源有限责任公司，同年12月包头能源公司完成工商注册，注册资金6.6亿元。公司先后建成并开采16座矿井，为国家和地方经济建设和社会发展做出了重要贡献。

公司现有资产总额72.52亿元，在岗员工3467人，二级生产经营单位7个，其中煤炭生产矿井4座，分别是位于鄂尔多斯市东胜区罕台镇的生产能力为6 Mt/a的李家壕煤矿及配套选煤厂（被评为2018—2019年度煤炭工业安全高效特级矿井），位于鄂尔多斯市东胜区铜川镇的生产能力为10 Mt/a的万利一矿及配套选煤厂（被评为2018—2019年度煤炭工业安全高效特级矿井），位于包头市土右旗的生产能力为1.2 Mt/a的水泉露天煤矿（被评为2018—2019年度煤炭工业安全高效一级矿井），位于鄂尔多斯市准格尔旗的生产能力为0.6 Mt/a的神山露天煤矿（被评为2018—2019年度煤炭工业安全高效二级矿井），1座筹建煤矿为鄂尔多斯市乌审旗境内的设计能力为8 Mt/a的梅林庙煤矿。

公司现有矿井保有储量4933.02 Mt，可采储量1097.86 Mt（不包括梅林庙煤矿），其中：万利一矿保有储量1484.98 Mt，可采储量884.19 Mt；李家壕煤矿保有储量1477.52 Mt，可采储量168.13 Mt；水泉露天煤矿保有储量

49.73 Mt，可采储量 33.92 Mt；神山露天煤矿保有储量 14.32 Mt，可采储量 11.62 Mt；梅林庙煤矿保有储量 1906.48 Mt。

万利一矿、李家壕煤矿、神山露天煤矿煤质为低硫、低灰、特低磷、中高热值的长焰煤和不黏结煤，是优质的工业动力用煤。水泉露天煤矿煤质为中灰、低硫、中高热值弱黏结煤，用于火力发电、各种工业锅炉。

二、安全高效矿井做法及经验

（一）2019 年主要技术经济指标完成情况

公司全年未发生重伤及以上人身事故、二类以上非人身事故及一般社会影响的环保事件，完成原煤生产 17.08 Mt，安全技术措施费用支出 2.3 亿元，营业收入 48 亿元，完全成本 139.56 元/t，利润 11.93 亿元，缴纳税费 9.47 亿元，净资产收益率 14.91%，资产负债率 16.32%。

李家壕煤矿原煤工效 23 t/工，回采工效 212 t/工，单产水平 36.7 t/(个·月)，单进水平 580 m/月；万利一矿原煤工效 50.7 t/工，回采工效 245 t/工，单产水平 41.3 t/(个·月)，单进水平 575 m/月；水泉露天煤矿原煤工效 79 t/工；神山露天煤矿原煤工效 16.7 t/工。

（二）安全生产环保管理

公司牢固树立安全生产红线意识，始终把员工的生命安全放到首位，始终把绿色发展和保护环境放到首位，坚决做到依法合规生产。截至 2019 年 12 月 31 日，公司实现安全生产 2190 d，其中：万利一矿 6375 d，安全生产 17 周年以上；水泉露天煤矿 4109 d，安全生产 11 周年以上；神山露天煤矿 3866 d，安全生产 10 周年以上；李家壕矿 3166 d，安全生产 8 周年以上。

（1）持续推进安全生产环保责任落实。全面理清公司、各矿作业场所与业务范围，通过网格化划分，做到责任到单位、到区队、到岗、到人，公司、矿、区队、班组分层次签订《安全环保目标管理责任书》《员工自保、互保、联保责任承诺书》。每年根据集团 1 号文件，结合公司实际制定包头能源公司安全生产环保 1 号文件，对涉及公司的各项工作明确具体责任部门和工作要求。各职能部门按要求组织评比、考核，积极推进责任落实及各项指标完成，将安全生产责任层层分解，做到人人有责。

（2）加大重大安全风险管控力度。公司各级按照风险管控要求，建立了《风险分级管控管理办法》，成立了风险分级管控组织机构，明确各级管控职责，开展年度安全风险评估与危险源辨识，将辨识出的危险源按照风险等级和分管范围划分各层级管控责任人。

（3）加强重大灾害防治，确保生产系统运行可靠。每年年初，公司根据上一年度矿井安全生产及重大灾害防治情况，结合当年矿井生产接续计划，组织各矿井和公司相关业务部门开展矿井生产系统及重大灾害防治评估工作，确定本年度重大灾害防治重点项目。同时对“一通三防”、供排水、提升运输、采掘及安全用电等系统按照集团要求定期开展系统性危险源辨识与评估，由各分管领导组织到现场查系统、查线路，还要查看台账、完善记录等内业资料，及时发现配置上的缺失和管理上的不足，确保系统的稳定可靠。

（4）进一步强化隐患排查治理。积极构建“双控”机制。一是由公司安全环保监察部牵头对各二级单位进行每月一次安全检查、每季度一次安全生产标准化验收及安全考核；二是由生产技术部、机电管理部牵头分别组织各自分管专业的专业化安全检查；三是由安全环保监察部、机电管理部、生产技术部轮流安排人员驻矿对特殊时段、重点工程进行安全监管；四是各二级单位严格按照各分管领导的安全责任分工组织进行安全巡查，进行系统性安全隐患排查与治理。

（5）进一步推进安全生产标准化建设。每逢年初，制定公司和各生产单位的安全生产标准化达标规划，每季度按照安全生产标准化标准进行定期的检查考核验收，要求各二级单位按月考核验收，督促各单位积极开展安全生产标准化基础创建，实现安全生产标准化动态达标。目前李家壕煤矿保持国家一级标准化，神山露天煤矿、水泉露天煤矿保持国家二级标准化。

（6）进一步加强日常安全管理。一是持续开展安全教育培训。按照“缺什么补什么”的原则，每至年初，公司根据实际需求制定安全教育培训计划并认真组织实施，充分利用网站、微信公众号、班前会、报刊、安全知识竞赛和技术比武等对员工开展安全环保教育，入心入脑，形成良好的安全生产环保氛围。二是强化安全文化渗透。利用建党、国庆开展的安全文艺会演活动，把安全文化、理念融入文艺作品中，对员工进行潜移默化的教育。三是举办事故警示教育。积极收集全国、集团内部发生的安全事故案例，在全体员工中进行事故过程情景复原、原因剖析，查找各岗位存在的不足与今后的改进思路。四是开展生产安全事故应急演练。公司按照“统一领导，分级管理，分线负责”的原则，不断完善应急管理体系，提升全体员工应对突发事件的能力。

（7）进一步加强生态环境治理。公司和二级单位都成立了以一把手为组长的节能环保领导小组，成立了环保机构，制定了《包头能源公司节约能源管理办法》《包头能源公司环境保护管理办法》等十二项主要管理制度，有效推进绿色矿山建设，让生态文明思想进一步深入人心。环保工程的整体推进弥补了生态治理历史遗留问题，万利一矿、水泉露天矿、神山露天矿的生态复垦和李家壕煤矿矸石山治理等一批环境治理工程相继完工，全年完成生产领域各类投资 2.54 亿元，工程质量合格率 100%。李家壕煤矿进入国家级绿色矿山行列；神山露天煤矿达到内蒙古自治区级绿色矿山标准；万利一矿积极对照标准，开展绿色矿山建设工作。

（三）生产工作精细化、高效化

（1）稳步提升生产运销一体化运营效能。精准分析市场需求，及时调整销售策略，积极争取提高出区煤比例；积极拓展区内社会用户，增加销售收益，保证公司销售效益最大化。

科学调度，加强生产接续组织，最大限度缩短搬家倒面时间；提升机电运输设备开机率，保障生产连续性，最大限度保障外运装车。

在工作面生产中严格控制割顶割底，禁止杂物入煤，做好煤质源头管控；充分发挥洗选作用，实现充分排矸，提高煤质；实施机械化采样机和火车皮带采样系统智能化改造，实现了精准掺配，保障外运煤质量达标。

（2）不断增强科技创新创效能力。集团和公司批复的 16 项科技创新项目稳步推进，申请的 5 项发明专利全部落实，1 项获集团科技进步二等奖。公司评出科技创新成果 48 项，获得一等奖的“万利一矿快速掘进装备改造技术”实现了单班进尺 27 m、全天进尺 50 m 的最新纪录，比年初计划多掘 3000 m，节约资金 1347 万元；“李家壕煤矿 31113 工作面 6.3 m 成套综采设备应用与改进技术”进一步降低设备故障率，提高了开机率，全年累计多回收煤炭 670000 t，增加效益约 6700 万元。

（3）进一步提升工程项目建设能力。公司在质量管理方面不断强化落实安全管理主体责任，明确公司相关部门及二级单位职责，规范考核行为。一是狠抓工程项目制度建设。修订完善管理制度，进一步明确严把“五个关口”，落实“五个统一”的实施细则。二是狠抓“三同时”落地管理。工程建设从设计开始，严格落实安全、健康、环保“三同时”规定，各相关部门采取定期及不定期方式，对建设施工过程中“三同时”的执行情况进行安全监察。三是狠抓工程建设现场监管。各矿每日带班矿领导到施工作业点进行指导检查，每旬矿组织对现场进行系统性安全环保大检查，每月、每季由公司组织对其进行定期检查，对所查隐患全部按照“五定”原则落实整改。全年，工程质量合格率达到 100%，项目建设保持安全“零事故”。

三、取得成果

截至2019年末，公司累计生产商品煤230 Mt，累计上缴税金64.7亿元。公司先后被中煤政研会授予“思想政治工作先进单位”；被中华全国总工会授予“全国五一劳动奖状”；被中华全国总工会授予“模范职工之家”荣誉称号；被中华全国总工会和国家安全生产监督管理总局联合授予全国“安康杯”竞赛活动优胜单位；被全国煤炭行业共青团工作指导和推进委员会授予“全国煤炭行业五四红旗团委”。公司下属企业公路分公司台阁收费站荣获“全国青年文明号”。

贯彻新发展理念　构建新发展格局
全力推进安全高效矿井建设

——国能准能集团有限责任公司

一、公司概况

准能集团公司是集煤炭开采、坑口发电及煤炭循环经济产业为一体的能源企业。公司拥有核定能力分别为 34 Mt/a、35 Mt/a 的黑岱沟露天煤矿、哈尔乌素露天煤矿，以及配套的选煤厂和设备维修中心，核定生产能力 145000 t/a 的炸药厂，装机容量 960 MW 的煤矸石发电厂，年产 4000 t 的粉煤灰提取氧化铝工业化中试工厂。露天矿采用包含半连续、间断和抛掷爆破－吊斗铲无运输倒堆工艺的综合开采工艺。采矿设备：斗容 20～90 m^3 的各类大型挖掘机 30 台，载重 154～363 吨级的自卸卡车 180 台，其他先进的钻机、工程及辅助设备近 280 台套。截至 2020 年底，公司资产总额 499. 28 亿元，累计自产商品煤 790 Mt；实现利润 532. 5 亿元；上缴税费 482. 66 亿元。

多年来，准能集团持续大力推动安全高效矿井建设，其中黑岱沟露天煤矿、哈尔乌素露天煤矿多次被评为特级安全高效矿井。

准能集团以提高质量和效益为目标，以煤炭安全高效绿色智能化开采为重点，不断夯实安全基础，努力提高技术、工艺和装备水平，优化设计，科学组织生产，持续推进安全高效矿井。其中，黑岱沟露天煤矿多次被评为“煤炭工业特级安全高效露天矿”，连续 3 年被评为“国家级安全质量标准化煤矿”，多次被中国煤炭工业协会评为“双十佳”煤矿，入选“国家级绿色矿山”名录。哈尔乌素露天煤矿多次被评为“煤炭工业特级安全高效露天矿”，荣获全国煤炭系统“文明煤矿”等荣誉称号，连续 5 年被评为国家级安全质量标准化达标煤矿，入选“国家级绿色矿山”名录。

二、安全高效矿井做法及经验

（一）煤炭安全高效生产情况

1. 采用先进开采工艺，实现高效生产

黑岱沟矿引进了抛掷爆破－吊斗铲倒堆工艺，该工艺具有能力大、成本低、无运输和节能环保等优点，年生产能力 3.1×10^7 m^3，其中，约 1.1×10^7 m^3 的岩石直接抛掷到采空区，有效抛掷率平均35%，剩余 2.0×10^7 m^3 的剥离量通过电铲配合吊斗铲倒堆到内排土场。该工艺的应用有利于打造“低碳高效型”绿色露天煤矿。

2. 设备大型化，提高原煤工效

公司按照“设备大型化、生产规模化、管理现代化、效益最大化”的方针，不断引进大型设备，实现高产高效。目前，两露天煤矿主力采矿设备：斗容20～60 m^3 的大型挖掘机28台，载荷154～400 t的运输卡车193台，187～311 mm孔径的钻机24台。设备大型化有利于安全生产，有利于提高效率，有利于节能减排。两矿原煤生产工效达到80 t/工以上；吨煤开采综合能耗为3.1 kg/tce，远低于煤炭行业露天开采8.2 kg/tce的能源消耗限额标准，达到国内同行业先进水平。

3. 加强安全管理，确保安全生产

（1）强化风险预控管理，安全生产持续稳定。围绕国家能源集团安全环保工作会和1号文件精神，以“风险管控年”活动为主线，落实安全责任，加强风险预控管理，巩固安全基础管理，推进岗位标准作业流程应用，提升班组管理等举措，确保了安全生产持续稳定。

（2）加强科技保安，提高运输安全保障。研究开发了露天矿车辆超速管理系统、露天矿车辆防撞预警系统、露天矿卡车疲劳驾驶预警系统、毫米波雷达防碰撞系统等，对进入生产作业现场的车辆行驶速度进行实时监测；对生产指挥车辆靠近大型设备时给出图像和语音预警；对驾驶员的驾驶行为进行监测；对本车与前方车辆或设备之间的距离与速度进行实时探测，通过配套的“刹车机械装置”，实现自动减速或刹车。通过以上科技成果的应用，事故得到有效控制，使矿内道路交通运输安全得到保障。

（3）加强边坡监测，确保边坡安全。准能公司两露天煤矿建立了边坡雷达监测系统，实现抛掷爆破高台阶边坡监测，建立了GNSS边坡监测系统，实现非工作帮边坡监测。两矿形成了常态化的边坡管理机制，对采场、排土场边坡，非工作帮和特殊重点区域边坡进行24 h不间断监测、预警，保证了人员和设备的安全。

（二）智能矿山建设情况

1. 信息化、智能化建设情况

准能集团利用“数字矿山”项目新建或整合了 60 多个信息系统，形成了集中统一的“数据中心”，做到了数据的共享和高效利用，实现了生产、安全、经营、机电、技术等各个管理领域的信息化全覆盖，规范了管理，提高了效率。在此基础上，公司在露天煤矿的穿、采、运、排各个环节，建设了自动采集、监测和智能调度等系统，初步实现了原煤生产、洗选装车、辅助生产等联动管理。

目前各工艺环节已经全面实现数字化、信息化，部分环节实现了智能化。在采矿装备的自动化、智能化方面，已经建成的智能化项目有大型设备能耗一体化智能管理；正在实施的装备智能化项目有露天矿用自卸车无人驾驶系统、露天矿电铲远程智能控制系统、矿山设备预测性大数据分析系统、矿用卡车轮胎自动拆装机器人、矿用大设备结构件自动焊修机器人等。

2. 智能选煤厂建设情况

准能集团选煤厂自动控制功能已经实现；针对各关键工艺环节的智能化建设，已展开全面布局。在原煤破碎运输环节，正在实施“智能输送系统的研究应用”项目。在煤炭洗选加工环节，正在实施“跳汰机智能洗选的研究应用”项目。在产品配煤装车环节，“智能装车系统的研究应用”项目现已实现自动装车功能，正在开展智能配仓、精准配煤的研究工作。在智能巡检机器人方面，“管带机智能巡检机器人”项目现处于准备招标阶段。

（三）生态环境修复情况

准能集团从响应“植树造林　绿化祖国”的号召，到践行“绿水青山就是金山银山”理念，持续强化复垦绿化，做到“边开采、边复垦”，绿化复垦不欠账。截至目前，完成复垦累计总面积 3040 hm^2，累计投入 15.2 亿元，矿区复垦率达到 100%，水蚀模数由环评的 13000 $t/(m^2 \cdot a)$ 下降到现在的 1500 $t/(m^2 \cdot a)$，植被盖度由原始地表的 25% 提高到 80% 以上，水土流失控制率 80%。经过多年的生态重建，露天矿区生态系统形成良性循环，两矿均被评为“国家级绿色矿山”。准能集团探索发展现代农牧业，目前已建立示范园区。“准格尔国家矿山公园”资格获批，生态文明建设新增一张“国字号”名片，目前正在全面推进矿山建设，初步形成“采—复—牧—园”协同发展格局，正探索走出一条以“生态优先、绿色发展”为导向的高质量发展之路。

安全第一　创新务实　绿色协调
争创高产、高效、高质量煤炭生产企业

——中煤平朔集团有限公司

一、公司概况

中煤平朔集团有限公司是中煤能源集团的隶属企业，矿区实施露井联采。1987年中美合作安太堡露天煤矿建成投产，推动中国煤炭工业露天开采水平一步跨越30年，被誉为中国改革开放的试验田。安家岭露天矿于2001年7月建成，2006年完成国家验收。东露天矿2009年开始建设，2016年12月完成国家验收。井工一矿2004年12月建成，首创露井联采模式，被誉为中国煤炭工业的新标杆。井工三矿2009年5月建成。北岭煤业于2019年4月完成国家验收。小回沟煤业于2019年9月完成国家验收。经过30年的建设发展，产量不断提升，企业的市场地位、行业地位和社会地位得到了稳步提升。

平朔矿区位于平鲁区境内，属宁武煤田北端，井田面积178.4 km^2，截至2019年底剩余地质储量4200 Mt，属全国14个亿吨级煤炭大基地之一。矿区主要含煤地层为石炭系太原组，主要可采煤层4号、9号、11号煤。地表至4号煤覆盖层厚度100 m左右，4号煤厚度平均9.9 m，4~9号煤夹岩厚度平均35 m，9号煤厚度平均13.28 m，9~11号煤厚度夹岩5~10 m，11号煤厚度平均4.2 m。

煤层赋存稳定，构造简单，倾角一般小于5°，煤种为长焰煤和气煤。4号煤原煤发热量平均18422~19678 kJ，9号煤原煤发热量平均20097~21353 kJ，11号煤原煤发热量平均17584~19259 kJ，硫分0.38%~3.0%，灰分21%~29%，洗选后的产品是国内优质动力煤。

露天矿穿爆、采装、运输、排土各环节机械化程度为100%。剥离采用单斗—卡车间断工艺；采煤为半连续工艺，即电铲采掘—卡车运输—半固定破碎站—胶带运输至选煤厂。目前采装设备主要有斗容25~35 m^3的

P&H2800 电铲、斗容 55.8 m^3 的 P&H4100 电铲以及斗容 55 m^3 的 W－K55，运输主要由载重 154～195 t 的 170D、685E、789、730E 卡车及载重 290 t 的 930E 卡车完成。

井工矿破煤、装煤、运煤、支护、采空区处理等各环节机械化程度为 100%。采煤工作面采用倾斜长壁布置，综采放顶煤回采工艺。回采工作面采用德国艾柯夫 SL750 型采煤机，前部刮板输送机、后部刮板输送机、转载机、放顶煤液压支架均采用国产设备。综掘机选用三一重工的综掘机，配套原煤运输选用带式输送机运输至主运皮带。矿井主井运输系统设施为钢绳芯带式输送机。副井提升系统采用无轨防爆胶轮车完成辅助运输任务，利用无轨胶轮支架搬运车担负矿井工作面的支架搬运任务。

矿区配套 7 座选煤厂，采用全重介的洗选工艺，创出了“优质平朔煤，服务全世界”的牌子，赢得了国内外用户的赞誉，屡获殊荣。

2019 年生产原煤 82.54 Mt，实现销售收入 265 亿元，利润总额 28.7 亿元，缴纳税费 38.7 亿元。2018 年、2019 年连续实现安全生产“零死亡”，公司所属安家岭矿、东露天矿、井工一矿、井工三矿评为安全生产质量标准化一级矿井。

二、安全高效矿井做法及经验

（1）中煤平朔集团有限公司始终把安全生产摆到“高于一切、重于一切、先于一切”的位置，认真落实国家安全方针、政策、法律法规和各类行业标准，坚定“安全是最大的福利、安全是最大的政治、安全是最大的效益”的安全理念，坚持“不要没有安全保障的速度、不要没有安全保障的产能、不要没有安全保障的效益”的安全态度，通过健全优化技术管理、现场执行、安全监管、风险预控、党管安全、应急救援体系，实现了体系管控无遗漏。中煤平朔集团有限公司进一步强化公司层面安全监管职能和基层单位管理主体，全面提升安全管控力；明确责任，强化落实，持续强化安全执行力；创新方式，丰富载体，扎实开展安全专项活动；细化措施，动态达标，全面提升标准化水平；盯紧现场，抓住关键，全面提升安全保障力；提升技能，科技保安，全面提升安全应急能力；党建引领，构建网络，有效发挥党管安全作用；着力推进“系统”“装备”“管理”“素质”四大工程，打造可靠的系统，依靠先进的技术装备，创建具有平朔特色的安全文化，安全基础管理水平持续提升。

（2）受开采工艺影响，露天矿原煤质量优于井工矿；同一矿井的不同煤层的质量也存在差异，4 号煤硫分较低、9 号、11 号煤硫分较高；受地质构造不同的影响，各矿井、煤层质量差异性进一步明显。近年来，公司致力于提升资源回收率，做到好煤出好，杂煤尽收，强化多煤层配采，实现均衡开采；统筹规划加工路径，主再洗系统满负荷运行，保障优质煤量，选矸系统保证不丢煤，提高洗选回收率，按照“减两头、增中间”的生产组织原则，全力增加中间热值煤种发运，利用装车配煤方式，优化产品结构；争取新煤源，增加外购量，实现配煤降硫增效。控制成本既是企业管理永恒的主题，也是求生存、保效益的利器，公司紧紧围绕提效降本、提质降本、技术降本、降耗降本、管理降本，在提高效率上花力气，在提升质量上谋实招，在技术优化上做文章，在控制消耗上不懈怠，做到生产上精耕细作，经营上精打细算，挖潜上精雕细琢，真正做到了出好煤、效益好。

（3）中煤平朔集团有限公司深入学习贯彻习总书记关于科技创新重要论述，大力实施科技创新战略，坚持用创新思维推动公司高质量发展，切实提高科技创新对生产经营的贡献度，实现了优势领域和关键技术突破。30 多年前秉承科技引领理念，引进技术、管理和工艺装备，建成了安太堡矿；煤炭“黄金十年”实现跨越式发展，形成了亿吨级规模，同样离不开露井联采、综采放顶煤等一系列行业领先的科技成果运用。近年来务实开展了技术攻关和创新，科技创新实现了增创效益，科技成果转化为现实生产力，真正成为看得见、摸得着的“真金白银”，为公司经营业绩持续好转发挥了关键作用。当前围绕信息化、智能化，积极稳步推进相关工作。一是构建矿区三维地质地理信息系统，将分散、零碎的地质地理信息整合在一个平台上，利用无人机测量、三维激光扫描技术定期更新，使防治水、采空区探测、边坡监测等生产技术计划更精准，应急救援更精准。二是构建基于 5G 的信息系统，建立智能安全监控系统，通过高清摄像头 + 智能识别，实现故障诊断、“反三违”、隐患管理全覆盖、智能识别、闭环管理；建立设备故障实时诊断系统，将主要设备故障实时上传，提高设备可用率，降低维修成本；升级调度系统，实现实时配煤，精准调度。三是利用露天矿遗留采坑，真实模拟露天矿不同气候条件下的各种作业场景，进行钻机无人操控、卡车无人驾驶等试验。东露天矿依托无人驾驶卡车、钻机远程操控、智能装车等建设可视化、信息化、无人化智能露天矿样板。

（4）进一步树牢“绿水青山就是金山银山”的发展理念，既立足当前，迅速解决眼前的各种问题，又着眼长远，建立环保治理的长效机制。平朔矿区生态环保工作重点是治气、治水、治土，治气就是抓好大气污染防治，治水就是抓好水达标排放，治土就是抓好土地复垦。近年来，通过将环保工作、环境治理纳入生产环节，做到生产、安全、环保不分家，明确监督、监管和责任主体三者的责任划分，基层单位切实担负起生态环境保护主体责任，环保部门认真履行监督管理职能，对年度生态环保目标及重点工作任务落实情况进行严格考核，未按要求完成严肃问责；同时“加强协同作战，不搞单打独斗”，建立健全各单位、各区域、生产上下游之间的污染防治联动协作机制，加强联合会商、联合响应，推动形成污染共治的整体合力；强化常态化监管，加大随机抽查、暗访检查、重点督查等力度，倒逼各单位履行好污染治理的主体责任。严格对照环保标准，坚持“全方位、全覆盖、无死角”查找环保风险，剖析问题根源，逐项制定整改措施、整改期限、责任人，确保风险可控。特别是把握好眼前与长远、生产与环保、用地与复垦的关系，不折不扣做好复垦区绿化，实现应绿尽绿，保持了全国矿山生态恢复行业领先地位。中煤平朔集团有限公司真正践行了“挖煤不毁环境、生态治理显著、产业循环开发、人与自然共生”的发展之路，为我国露天矿生态环境保护提供可借鉴、可复制、可推广的经验。

夯实安全　增产提效　加强管理
走安全高效发展之路

——中煤华晋集团有限公司

一、公司概况

中煤华晋集团有限公司（简称“中煤华晋集团”）成立于2011年9月8日，是中国中煤能源集团有限公司（简称“中煤集团”）核心骨干企业，由中国中煤能源股份有限公司控股51%，由山西焦化股份有限公司持股49%，是以煤炭为基础，集电力、铁路为一体的大型现代化能源企业。公司拥有丰富的煤炭资源，主要煤炭产品为国家稀缺优质瘦煤和无烟煤，现有生产矿井3座，分别为王家岭矿、崖坪矿、韩咀矿，位于乡宁矿区，核定生产能力10.20 Mt/a，均被评为2018—2019年度煤炭工业安全高效矿井。

2019年全年实现安全生产无事故，百万吨死亡率为0。完成原煤产量9.47 Mt，掘进进尺18989 m，原煤工效23.14 t/工，万吨掘进率20.05 m，矿井综合单产247600 t/(个·月)，采掘机械化程度均为100%。

二、安全高效矿井做法及经验

（一）完善责任体系，推进安全责任落实

一是按照安全高效工作整体部署，分解安全重点工作，明确了责任领导、责任部门、责任单位和考核时限，并层层签订了安全责任书，构建了“人人有责、各负其责”的安全生产责任体系。二是梳理完善安全生产责任制，建立安全责任落实分级考核机制，层层开展了安全责任考核。三是健全安全生产管理机构，配齐安全管理及专业技术人员。四是严格执行矿领导干部盯一线、现场写实制度，开展专业矿长上岗查隐患和反“三违”活动，紧盯关键区域、关键工程、关键环节，及时解决生产过程中遇到的各类问题或难题。五是加大责任追究力度，对因工作组织不力、履职不到位而导致现场存在严重安全管理漏洞或严重安全隐患等现象的，严格按照“四不放过”

原则，追究相关责任人，做到责任追究不姑息迁就、不心慈手软。

（二）狠抓灾害治理，提升安全保障能力

1. 强化水害防治方面

一是重新修编防治水技术管理体系，对防治水工作进行全面摸排、梳理，规范了防治水工作的各项标准及工作流程。二是加强水文地质条件综合评价和安全风险评估，严格探放水工程效果评价验收，坚持“一矿一策、一面一策、一巷一策”，做到防治水工作有目标、有手段、有措施、有落实。三是坚持“预测预报、探掘分离、有掘必探、先探后掘、先治后采”的防治水原则，严格“三区、三线”管理和“三专两探一撤”措施落实，采取定向钻放水、低位放水的方式探放水，并从探放水转为主动找水放，有效消除了华宁公司 22103 两巷和韩咀公司 32101 主运巷采空区水害。

2. 强化瓦斯治理方面

一是严格落实了瓦斯管理“十六字”工作体系，完善了矿井通风系统，优化了瓦斯治理工艺。二是严格瓦斯零超限目标管理，严格落实瓦斯超限必须停电撤人、分析原因、停产整改、追究责任的“四项”措施。三是坚持“区域治理为主、局部治理为辅”的瓦斯防治原则和两个“四位一体”综合防突措施，强化瓦斯抽采达标评价，实现瓦斯零超限目标。

3. 强化顶板管理方面

一是与科研院所合作，采用高预应力锚杆支护技术和水力切顶卸压顶板治理技术，有效控制了小煤柱巷道围岩变形。二是针对特殊条件、特殊地点、特殊时期围岩条件的变化情况，及时改变、优化支护方式或参数，保障顶板安全。三是严抓采掘工作面和巷道支护质量，解决了现场遇到的各类技术难题和困难，确保安全生产。四是完善矿压监测系统，实现全矿井下无死角防控，并且严格矿压观测、敲帮问顶和超前支护等措施。

（三）优化生产组织，全面推行科学管理

一是突出优化组织生产。瞄准全年生产任务，细化月度生产计划，严格执行生产节点考核机制，保障矿井均衡稳产；合理安排生产布局，统筹调整王家岭矿主、配采工作面关系，实现稳产保产、安全高效；华宁公司、韩咀公司推行“一井一面”集约化稳定生产。二是突出提升生产效率。持续推行专业矿长现场写实，及时解决现场突出问题，建立了稳定有序的生产秩序；强化机电设备检修，执行“半班检修、两个半班生产”检修模式，落实检修包机制，使三矿采掘设备完好率、开机率明显提升；强化采掘正规循环作业，严格按照生产工序作业，使生产效率逐步提升。三是突出保障生产接续。结合地质条件，科学调整掘进计划，统筹安排采掘进度，确保了采掘衔接有序；按照采掘接续计划，合理安排设备接续，加强设备拆除、检修、运输全过程管理，确保设备“拆除、检修、安装”无缝对接。四是加快推进矿井水文地质勘探进度，为采区设计、开拓延伸提供了地质保障；超前谋划盘区设计，进一步完善了王家岭矿东翼盘区接续设计，为生产接续奠定了基础。

（四）持续技术优化，稳固提质增效成果

一是在矿井生产各个方面开展“技术优化、提质增效”项目，涵盖了开拓系统、安全生产系统、采掘接续、巷道布置、巷道断面与支护参数、工作面参数、煤柱留设宽度、供电系统改造、防灭火防尘、瓦斯治理、减人提效及管理等方面。二是成立了以企业负责人总体负责，总工程师具体负责的“技术优化，提质增效”活动领导机构，严格制定优化方案并逐级评审、审批，确保时间节点安排和质量进度。三是实现动态优化。根据各矿井实际，在保障安全的前提下，做到“能优化则优化”，最大限度地降低生产成本，提高经济效益，将“技术优化、降本增效”工作贯穿于矿井生产全过程中。四是科学制定各个优化方案，反复讨论研究，集思广益，认真梳理了各个工程、各个系统、各个环节，确保技术优化工作“横向到边、纵向到底”，同时，反复研究、讨论，并召开月度专题会，提出针对性措施及方案，确保各优化方案的合理性、科学性。

（五）开展装备升级，提升安全生产效率

一是王家岭矿 12309 智能化综放工作面、华宁公司 22109 一次采全高智能化工作面分别建成投产，实现了记忆割煤、自动跟机移架、一键启动、集中控制、记忆放煤等功能，下一步将逐步实现智能化回采目标。二是将原有的 KTJ104 有线调度通信系统升级为 KTJ220 融合调度通信平台，实现了多网融合、视频通话和视频上墙功能。三是借助 3G 移动网络及井下工业以太环网，实现车辆精确定位、运行状况数据实时上传等功能。四是建成了集超前探钻孔轨迹采集与管理、任意超前位自动剖切等功能的集成系统，有效解决了钻孔轨迹与设计存在偏差的问题。五是推广使用定向钻机探放水，远距离、高精度、大流量引流老空水，实现了防治水从点到面、从局部治理到区域治理的转变。

（六）开展保障工程，夯实安全高效管理

一是大力开展“精品示范工程”创建活动，并通过适时召开现场推进会或交流参观学习等方式，发挥典型引领作用。二是全面推行程序化作业，编制了包括风险预控、正规循环作业、岗位操作标准、小班验收和应急处置等内容的程序化作业手册，同时采取强制培训、典型示范等措施，推动员工逐渐养成在岗按程序作业的行为习惯，有效促进了员工上标准岗、干标准活。公司王家岭矿被确定为山西省煤矿岗位作业流程标准化工作先进试点，并承办了临汾市煤矿岗位作业流程化工作现场推进会，公司程序化作业推行经验得到了地方政府及与会人员的高度肯定。

（七）建设生态矿区，提升生态环保能力

一是提高环保意识。将环保风险与安全风险并列为公司当前面临的两大风险，做到环保与安全并重，落实主体责任，明确环保工作“党政同责、一岗双责”。二是强化环保设施管理。对各单位环保设备、设施实行挂牌管理，明确责任人、巡查人、检修人，充分利用在线监测设备，及时掌握设备运行状态，确保环保设施稳定运行。三是推进环保重点项目，根据国务院蓝天碧水、净土规划和公司“新账不欠、旧账快还”的环保工作要求，公司先后开展了矿井燃煤锅炉清洁能源替代改造、矿井水深度处理、生活污水处理提标改造、矸石山绿化治理、筒仓矸石溜槽噪声处理、出运煤车辆出矿冲洗改造等生态环保项目。

夯实安全基础　深化改革创新
实施科学管理　推动企业安全高效
绿色可持续发展

——中煤集团山西华昱能源有限公司

一、公司概况

中煤集团山西华昱能源有限公司（以下简称“华昱公司”）成立于2014年3月，前身为中煤集团山西金海洋能源有限公司。公司自成立以来，始终坚持“产业耦合、资源利用、闭路循环、吃干榨净”的低碳循环经济发展理念，实施“以煤为基，煤电结合，循环集群，科学发展”的战略举措，产业涵盖煤炭、发电、建材、冶金、房地产、现代农业等众多领域，循环链条日益完善健全，安全生产基础牢固，经营业绩逐年攀升，实现了健康稳定发展。

截至2019年底，华昱公司现有五家沟、南阳坡、元宝湾3座生产矿井和水泉1座基建矿井。其中五家沟矿、南阳坡矿经中国煤炭工业协会组织认定为2016—2017年度特级安全高效矿井，元宝湾矿认定为2016—2017年度一级安全高效矿井。

2018—2019年期间，华昱公司通过安全高效矿井建设，各矿井均杜绝了二级以上非伤亡事故和轻伤以上人身事故，顺利实现全年安全生产；各矿井采掘机械化程度均达到100%；公司及各矿均建立了OA网上办公系统，实现了安全生产信息集中监控；各矿井生产系统均布局合理，采掘接续正常；五家沟、南阳坡、元宝湾三座煤矿综合单产水平分别为268300 t/(个·月)、266100 t/(个·月)、77900 t/(个·月)；矿井原煤生产人员效率分别为19.01 t/工、20.36 t/工、11.11 t/工；矿井采区回采率分别为80%、80%、82%；各矿井经济效益、劳动定员、生态文明等各项指标均达到了安全高效矿井标准要求。

二、安全高效矿井建设经验与总结

近年来，华昱公司始终深入贯彻落实国家安全高效矿井建设总体要求，以建设“安全华昱、绿色华昱、高效华昱、和谐华昱”为目标，不断优化产业布局、生产组织和设备配置，加大技术创新投入，提高生产工作效率，科学组织，严格管理，实现了矿井安全形势总体平稳发展和生产经营持续高效运行。

（一）夯实安全基础，强化体系管控，建设本质安全型矿井

1. 科学规划，合理布局，夯实建设安全高效矿井基础

华昱公司高度重视安全高效矿井建设工作，正确把握和处理安全与生产、安全与效益、安全与发展的关系，超前科学规划，按照“高境界、高起点、高标准”的要求，在矿井生产建设中大力推广应用新技术、新设备、新工艺，确保系统布局合理、运行安全可靠、生产稳定高效。

2. 完善制度，落实责任，全面构建矿井安全保障体系

公司由安全、生产等职能部室牵头，组织制定了矿井采掘技术管理制度、采掘工作面矿压管理制度、重大安全技术业务会商制度、生产安全红线规定（修订）等一系列相关安全生产技术管理制度，构建起了纵向专业管理、横向协调管理、基层基础管理的矿井保障体系，并通过强化制度落实，形成了职责明确、按制度办事、靠制度管人、用制度规范行为的良好机制，构建出了科学化、规范化和制度化的管理格局。同时严格执行安全奖惩考核制度，根据干部职工安全履职尽责情况，严格兑现奖惩，保证了各项安全制度及措施落实到位。

（二）开展技术创新，提高装备水平，实行科技兴企战略

1. 加强科技攻关和隐患治理工作，为矿井安全生产奠定基础

华昱公司高度重视技术创新工作，公司成立了技术创新中心，各单位均成立了“创新工作室”，各基层“创新工作室”结合本单位安全生产过程中遇到的技术难题，积极组织开展技术攻关和科技创新活动。其中，“元宝湾创新工作室”针对 6107 工作面老窑蹬空开采面临的安全隐患组织开展了课题攻关，目前 6107 工作面已安全回采完毕，共多回采煤炭 300000 t；“南阳坡创新工作室”在 6105、4111 工作面开展端头煤柱降压区域放顶煤技术创新，两工作面共多回采煤炭 180000 t。

2. 积极组织开展技术优化活动，为企业提质增效作出贡献

近年来，华昱公司围绕“技术优化、提质增效、保障安全”总体思路，

积极组织开展矿井“技术优化、提质增效”活动，依靠技术优化、集约生产、精细管理实现提质增效目标，最大限度地做到少掘、少投、多采，为公司实现矿井高产高效、提质增盈打下了坚实的基础。2018—2019 年，五家沟、南阳坡、元宝湾、水泉 4 座煤矿通过技术优化，共节省费用 10785.15 万元，增加煤炭采出量 4.81 Mt，技术优化使吨煤成本降低了 3.08 元。

3. 提高技术装备水平，为建设安全高效矿井创造条件

（1）加大设备投入和技术创新力度，进一步提高采掘、机电、运输等装备水平，努力实现设备的自动化、智能化运行，矿井单产单进水平得到了进一步提高。

（2）扎实推进数字化矿山建设，按照“创建一流信息化矿井”的目标，制订了建设规划。先后建成了井下千兆工业以太环网及矿井综合自动化平台，完善了煤炭生产、设备运行、安全监测监控等网络体系，实现了全方位的监测监控。

（三）优化生产组织，改革工作模式，打造高产高效矿井

1. 优化矿井生产布局，大力推行集约化生产

根据中煤集团建设安全高效矿井工作要求，结合华昱公司实际情况，科学编制优化煤炭生产组织工作方案，实施减面、减头、减人等综合措施，着力在优化生产组织、提高生产效率、降低生产成本上下功夫，大力推行“一井一面两头”高效生产组织模式，减少采掘工作面个数，实现生产系统和各种资源的最佳配置，努力提高煤炭生产效率和经济效益。目前，公司五家沟、南阳坡、元宝湾 3 座煤矿均只布置一个正规综采工作面，由一个综采队生产即可完成矿井全年煤炭生产计划。

2. 推行“取消夜班”工作模式，提升职工生产生活质量

华昱公司坚持以人为本，高度关注职工安全生产、职业健康诉求，率先在元宝湾矿井下推行“取消夜班”工作模式（早班检修、中班生产、夜班停产），改变了煤矿井下员工“一天三班倒、24 h 连轴转”的传统作业模式，降低了职工劳动强度，实现了职工作息规律回归自然，使职工有更多的时间“享受”生活，有更好的精力专注于工作。取消夜班后，元宝湾矿通过加强设备检修、优化生产组织、推行正规循环作业等保证措施，矿井仅需中班一个班生产就能完成月度生产计划，真正做到了“减班不减产、减人不减量”，实现了减人提效的目标。

（四）做好循环产业多元发展，创建安全高效绿色企业

华昱公司在做好煤炭主业的同时，大力开展资源综合利用等新技术的研

发应用，发展煤矸石电厂、硅锰合金、水泥建材等循环经济产业链，努力打造固体废弃物零排放示范园区。先后建成了 2×50 MW、2×300 MW 和 2×350 MW 3座煤矸石电厂，总装机容量达1400 MW，年可发电约 7.0×10^9 kW·h，年消化利用煤矸石约2.3 Mt，年自消低热值煤约5 Mt，发电产生的余热还可为当地解决 4.5×10^6 m^2 的城镇供热问题；建成年产1亿块煤矸石烧结砖厂，年消化利用煤矸石约250000 t；建成年产50000 t 硅锰合金厂、年产1.3 Mt 干法水泥厂、年供水能力10 Mt 黄河供水公司。煤、电、冶、建材、资源综合利用的循环经济产业链，真正做到了“三废”的资源化、效益化与环保化，实现了经济效益和社会效益的共赢。

绿色生产　节能高效
打造高产高效的环境友好型矿山

——中天合创能源有限责任公司

一、公司概况

中天合创能源有限责任公司位于内蒙古自治区鄂尔多斯境内，西北东三面为黄河环绕，南临古长城，毗邻晋陕宁三省区。公司由中煤能源、中国石化、上海申能、内蒙古满世4家股东单位投资设立，分别持股38.75%、38.75%、12.5%和10%。公司于2007年10月注册成立，负责开发、建设、运营中天合创鄂尔多斯煤炭深加工示范项目。总体建设规模：建设2座煤矿，产能25 Mt/a；建设3.6 Mt/a甲醇、1.37 Mt/a烯烃项目。中天合创煤炭分公司主要负责葫芦素、门克庆2个煤矿及选煤厂和3条铁路专用线的建设、生产和运营管理。目前，中煤集团参股建设的中天合创公司深度推进，煤炭分公司基本完成规划期与建设期，正式进入生产运营期与全面收获期。

公司下属葫芦素煤矿和门克庆煤矿均获2018—2019年度特级安全高效矿井称号。

二、安全高效矿井做法及经验

（一）深化科技创新，实现绿色开采

近两年，累计科技投入2.45亿元，授权专利30多项，获得中国煤炭工业协会科技进步奖3项和两化深度融合优秀项目1项、中国质量协会科技进步奖1项、中国安全生产协会科技进步奖1项；推广应用科技、“五小”成果192项，优秀亮点工程和管理提升成果58项，创造经济效益1.6亿元。

1. 对标国际先进，提高绿色矿山建设标准

（1）首次全面采用冻结法单层井壁结构技术，创造了冻结井筒采用单层井壁支护深度785 m的世界纪录，攻克了基岩单层冻结井壁关键技术难题。既简化了冻结井壁施工工艺，又避免了传统带夹层的双层复合井壁大量

漏水问题，使我国冻结法凿井技术水平跨上了一个新台阶。该项技术成功应用于两矿的主井、副井和风井6个井筒冻结凿井工程，节约资金2.7亿元。

（2）广泛应用变频节能技术。矿井主通风机采用国外变频控制技术，运行效率高、噪声小、节电、无级调速精确性高、空气动力性能优越、可靠性高、反风量大、装置成套性强。矿井带式输送机、采煤工作面刮板机、主副井提升机等大负荷设备中全部采用变频传动技术，每年节约电能约20%～30%，降低生产成本。

2. 锐意科技创新，打造先进智能生产系统

建成国内首个深部冲击地压煤层大采高智能化工作面。在中煤集团指导下，在门克庆煤矿3103工作面大力实施防冲控水精准智能化开采技术研究与应用，实现各设备之间的协同动作和远程监控。井下综采设备一连贯完成割煤、移架、推溜等一系列生产工序，减人提效显著。每班人数由12人降至3人，大大降低工作面人员数量，降低劳动强度，减少冲击地压危险区域的作业人员；回采效率大幅提升，割煤速度突破国内智能化开展过程采煤机速度8 m/min的瓶颈值，中部割煤最大速度达到15 m/min，单班最大产量达10000 t。通过"记忆割煤、视频监视、人工远程干预"技术手段，真正实现安全高效智能化生产，达到"自动化减人、智能化少人"目的，体现了"少人则安、无人则安"安全理念，为蒙陕矿区深部冲击地压煤层大采高工作面的安全高效智能开采提供了借鉴。

3. 优化技术工艺，大幅度提升资源回收率

公司下属两矿位于东胜煤田呼吉尔特矿区中部，可采煤层9层，以不黏煤、长焰煤及弱黏煤为主，煤的热稳定性等级为"高"，是良好的民用及动力用煤，地质资源储量为4997.55 Mt，服务年限均大于100 a。井田地质断层较多，有些断层延伸长、落差大，对工程掘进造成一定影响。随着采掘范围扩大，矿井涌水量整体上升趋势明显，对煤层开采造成较大威胁，水文地质类型复杂，煤层与顶底板均具有冲击倾向性。根据已有勘探资料兼顾矿井实际揭露断层、涌水量和冲击地压等状况，对原有采掘布局重新调整，重点从减少穿层岩巷工程量、加大采煤面尺寸、推广沿空掘巷、提高巷道断面使用率、支护参数合理性等方面进行优化设计，着力减小因地质条件而产生的不良影响，最大限度地提高资源回收率。

（二）发展循环经济，挖掘资源价值

1. 充分利用矿井水，破解缺水与排污难题

充分利用煤炭化工一体化优势，着力破解矿区煤层群开采严重缺水和水

环境污染两个难题，积极探索上富下贫含水层多煤层开采矿井水的综合利用，推进保水绿色开采，将矿井水疏放外排、储存净化、处理复用、注水降尘、回灌减冲、生态环保六位一体优化结合，统筹管控，较好解决了矿井水害防控、水资源利用、冲击地压防治、煤层自燃、煤体减尘降尘等问题，进一步提高水资源利用效率，缓解了当地水资源用水矛盾，开创了矿井水资源化利用的模范先例。

（1）地面深度处理，建成全球处理能力最大的矿井水深度处理厂。总投资 9.5 亿元，占地面积 4.65 hm^2，设计处理能力 3000 m^3/h。2017 年 7 月开工建设，2018 年 8 月 31 日建成投产运行。矿井水经深度处理后用于化工生产和鄂尔多斯遗鸥国家级自然保护区生态补水。该系统已稳定运行一年半时间，产品水水质及副产品均达到设计标准，运行成本低（综合成本 9.72 元/t）在全国处于领先水平。

（2）井下循环复用，产品水满足井下 3 个工作面的多种设备用水。首先，进行预处理，实施井下“水库”储水。地下“水库”具有井下供水、井下排水、矿井水处理、水害防治、环境保护和节能减排 6 大功能。其次，对净化后的另一部分水再深度处理，净化后的一部分水可供给井下水处理系统，另一部分水则通过石英砂过滤、活性炭吸附、反渗透工艺等进行深度处理，结合煤矿井下防爆规范与巷道条件，研制建成投用处理能力为 150 t/h 的井下疏干水深度处理装置，井下清水深度处理后可直接复用。

2. 综合利用煤矸石，置换煤炭并保护环境

根据《煤矸石综合利用管理办法》规定，新建（改扩建）煤矿及选煤厂应节约土地、防止环境污染，禁止建设永久性煤矸石堆放场，鼓励煤矸石井下充填。公司两矿设计生产能力 25.0 Mt/a，核准生产能力 16.0 Mt/a，达产后矸石总产生量约 1.6 Mt/a。公司从 2015 年 10 月开展煤矿矸石零排放技术（矸石井下充填技术）研究，通过近年来坚持不懈的科技攻坚，形成就地充填及煤矸分选、离层注浆充填等综合利用技术，着力解决矸石污染环境、地表采空区塌陷、释放压煤资源的难题。

3. 加强余热、废气、粉煤灰综合利用

积极倡导资源节约管理理念，把生产过程中产生的余热、废气、粉煤灰供到矿井作为生产物资，实现节能减排循环利用。

（1）化工余热巧利用。2016 年，公司将葫芦素煤矿供热热源改为中天合创化工分公司电厂的余热。经过多个采暖期的运行和观察分析，发现采用电厂余热供暖，一次热源温度基本稳定，各建筑内的温度满足生产生活需

求。通过对化工电厂余热的利用，避免了锅炉运行产生的高温高压对运维人员的安全风险，消除了大气污染源，有效杜绝了由此产生的各类环保污染事件。

空压机余热制备生活热水。门克庆煤矿利用空压机的余热为动力，空压机油气分离器温度 90 ℃以上，余热资源品位较高，通过余热利用系统，将处理后的矿井水平均温度 22 ~25 ℃提高到 50 ~65 ℃，从而具备制备生活热水的基础条件。在没有能源消耗的情况下，将冷水加热，主要用于解决矿工洗澡和其他用热水等问题，减少了能源消耗，节省了大量成本。连同循环泵在内，热水制备电耗低于 3 kW · h/t。

（2）氮气利用。在煤化工产品过程中产生一定量的氮气，葫芦素煤矿防灭火系统注氮系统氮气气源就是通过管道取自于中天合创化工分公司的氮气装置，再通过地面固定站将氮气（浓度大于 97%）注入指定采空区区域，使采空区内氧气浓度逐渐降低至煤自燃发火的临界浓度以下，从而减小采空区遗煤的氧化速度，降低采空区自燃发火风险。或者是对已自燃的采空区注氮后，氮气波及区域由原来的氧化带转变为窒息带，惰化采空区，达到火区窒息的防灭火目的。采用此设计不但节约矿井防灭火注氮系统的前期投入，而且大大节约了注氮系统的运营成本。

（3）矿井水和粉煤灰利用。自燃发火是煤矿重大安全风险，防灭火是煤矿安全管理的一项重要工作。为防止采空区遗煤自燃，采取以粉灰粉灌浆措施，处理后的井下水由加压泵供至灌浆站，经过与粉煤灰混合搅拌的泥浆，再由灌浆管道重力供至井下进行灌浆灭火。通过近几年对粉煤灰的应用，采空区阻燃效果非常显著，有效杜绝了采空区遗煤自燃现象，日纯灌浆时间为 6 ~8 h，2567 m^3/d，水灰比 4:1，按 1.3 密度计算每年可综合利用 243000 t 灰和 749000 t 水，并且减少了废物排放。

（三）加强生态修复，推进矿山环境治理

1. 开展沉陷区治理，实现区域水土保持

两矿从 2016 年开始联合试运行生产。为了最大程度消除不必要的矿山地质环境问题，降低矿山地质环境问题产生的影响，防患于未然，两矿对矿区易发矿山地质环境问题点进行监测工程部署，加强沉陷区治理。重点对预测地面沉陷区引发的沉陷地质灾害隐患、土地资源和地形地貌景观的损毁、地下水位水质的破坏进行监测。在含水层监测上，利用 KJ628 无线传输系统实现水文实时动态在线监测。由于采取积极的地层空隙充填措施，加之井田内风沙土广布，具有自然弥合等作用，使地表裂缝易于恢复，现状沉陷区未

发现地表裂缝，区内地表植被生长基本不受影响。在开采期间加强沉陷观测，遵循“边开采、边恢复”原则，及时充填堵塞裂缝，及时做好沉陷区土地整治和植被恢复，防止新增水土流失。

2. 推进绿化复垦，实现土地可持续利用

将受矿区开采影响的区域复垦为耕地、林地、草地等，在恢复植被过程中，严格按照土地复垦方案和地质环境恢复治理方案要求，对动植物不造成影响。不断增加复垦区植被覆盖率，在复垦绿化的同时做到因地制宜，恢复植被与周边原始植被相协调，满足区域整体生态功能的要求。

巩固保安提质创效成果
全面推进安全高效矿井建设高质量发展

——中煤新集能源股份有限公司

一、公司概况

中煤新集能源股份有限公司是以煤炭采选为主、煤电并举的国家大型一档企业，“新集能源”为A股上市企业（股票代码：601918）。公司井田面积为1092 km^2，煤炭储量10160 Mt，由国家发展改革委员会批复的矿区规划设计煤炭生产总量为35.90 Mt/a。目前新集矿区实际生产能力20.50 Mt，其中：新集一矿1.80 Mt/a、新集二矿2.70 Mt/a、刘庄煤矿11.0 Mt/a、口孜东矿5 Mt/a，4对生产矿井均配备具有同等洗选能力的选煤厂。

公司2019年安全生产形势稳定，实现安全生产，百万吨死亡率为0。公司全年原煤产量18.88 Mt，商品煤产量15.98 Mt；综合单产291600 t/（个·月），综合单进156 m/（个·月），创历史较好水平。4对生产矿井刘庄煤矿、口孜东矿、新集一矿、新集二矿全部达到国家安全生产标准化一级矿井标准。公司经营效果稳中趋好，全年实现利润总额16.1亿元，较上年度同比增加49.62%；在岗职工收入11.77万元，较上年度增加14.72%。

二、安全高效矿井建设主要措施及经验

2019年中煤新集公司严格按照中煤集团“六稳六新”和“稳中提质、改革创新”的工作思路，始终不忘初心、牢记使命，持续围绕“保安提质创效”扎实开展工作，较好地完成了安全生产、经营发展等各项任务。全年工作总体呈现稳中有进、稳中有为的特点，安全高效矿井建设水平稳步提高。

（一）坚持综合施策，全过程安全管控，安全生产形势稳中持续向好

新集公司安全管理始终坚持综合施策，全过程、全系统安全管控。一是强化重大风险管控。紧盯“一通三防”、防治水、顶板管理、机电运输等重

大风险和重大灾害的治理，突出“查大系统、治大隐患、防大事故”的安全理念，针对新集一矿、新集二矿等安全管理重点单位，按照“一矿一策”方式制定安全管控措施并严格落实，坚决杜绝重大事故。二是强化基础管理，重点防控零星事故。对从作业人员、作业环境、机械设备、管理手段和生产系统全面排查安全隐患，并严格防范、落实、治理；紧盯安全薄弱环节和薄弱点，加大“三违”治理力度，加强现场岗位操作管理，不冒赶工期、不冒抢进度，保障现场作业和施工安全，有效遏制零星事故的发生。三是强化综合管控。从人、机、环、管、文等方面入手，综合施策，统筹抓好安全管理。先后组织开展了“百日安全”“警示三月行”“安全生产月”“施行新标准、推进双预控、宣贯新体系”“安全包保、驻矿督查”等一系列活动，促进安全生产形势保持平稳。四是强化经验传承，丰富拓展“稳、准、新、严、狠、细、实、盯、商”安全生产“九字工作方针”新理念并严格落实，始终坚持公司多年来形成的安全管理好经验，不断巩固安全管理水平。五是强化安全投入。加大具有安全保障能力的先进技术、工艺和装备的投入；强化安全培训与考核，全年累计培训、考核超过 15000 人次，着力提高安全保障能力。

公司 2019 年杜绝了死亡事故，实现了安全年，全年工伤事故比 2018 年下降 38%，比 2017 年下降 60%，创历史新低，安全效果持续提升。4 对生产矿井刘庄煤矿、口孜东矿、新集一矿、新集二矿全部达到国家一级安全生产标准化矿井标准。

（二）坚持科学管理生产，补弱固强，努力提高生产效率

新集公司坚持科学管理生产，持之以恒抓生产组织，促产量增长，坚定不移抓掘进提效，促进尺增加，努力提高生产效率。一是优化生产布局，坚持采大面、采好煤，优先开采安全可靠、煤质优良、投入较低的块段和煤层，实现集约生产。二是聚人心、汇合力抓生产效率提升，形成生产齐抓共管的氛围。明确单位负责人与分管领导的主体责任，各专业部门各负其责，协调一致，高效开展生产管理工作。抓典型树标杆，以点代面，不断完善配套考核制度，实现生产过程连续、高效运行。三是优化区队人力资源配置，实现精干高效。结合公司管理、技术、工作“三大标准”，建设标准化采煤、掘进、安装、巷修等生产队伍，优化、整合人数少、工作效率低的区队，清理闲杂人员，确保生产力量合理、精干、高效。四是坚持问题导向补短板。针对生产接续相对紧张问题，新集公司严格按照排定的矿井十年接续规划，从采掘布局、系统优化、装备、技术、队伍和管理等方面综合施策，

扭转接续被动局面；制定实施装备精准定向升级计划，以租代购更新采掘装备；大力推进快速掘进作业线建设，科学谋划刘庄煤矿井下无轨胶轮车改造，不断提高生产效率；定期召开掘进提效专题会，专项解决掘进提效问题；制定技术创新专项激励措施，解决困扰矿井安全生产和效率提升技术难题。五是强化正向激励提效能，优化单产单进台阶考核和重点工程考核兑现，奖励资金直接兑现到区队，充分调动了基层单位干部职工的生产积极性。

2019 年新集公司生产持续提升，其中 1 月、7 月分别完成原煤产量 1728000 t、1725500 t，7 月总进尺 5700 m，均创 2016 年以来的单月较高水平；原煤工效、掘进工效稳步提升，工作面安撤效率明显提高，生产接续有较大改观。

（三）坚持开源节流，抓经营管控措施落实，经营效果取得历史性突破

新集公司以质量效益为中心，全力开源节流、降本增效，经营成效凸显。一是全力增收创效。抓煤炭产量、质量提升，在集团营销框架下合理调整煤炭定价方案和发运结构，优化实施煤炭销售创效考核激励办法，推进物资供应激励，保障增产增收。二是推行“1 + 3”低成本管控模式，严格控制成本。加强预算管理，对年度预算指标进行细化分解，并强化责任落实，将成本管理层层挂钩考核，有效传递压力、增强动力；加强修旧利废、减人提效，减少“跑、冒、滴、漏”现象。三是有效落实公司年度降杠杆、减负债激励办法和实施方案，在不断增加留存收益的同时，积极防范资金流动性风险，不断压缩减少非生产性资金支出，提高资金使用效率，资产负债率大幅降低，有息负债总额减少 19.56 亿元。

2019 年，在全年商品煤综合售价下降的情况下，公司利润总额比 2018 年有较大增加，全年上缴各类税费 17.26 亿元，社会贡献额不断提升。

（四）加大装备投入，推进“四化”建设

新集公司持续加大装备投入，按照装备系列化、模块化、集优化的原则，引进、合作开发适应公司实际的新设备，保持公司主要生产装备在省内领先水平。一是管理信息化上为融入中煤，对接集团 ERP 管理系统，升级改造网络、机房信息基础设施，实现数据共享；建设各矿井的综合自动化集控平台，集成矿井各生产系统和车间，有序推进公司自动化系统建设，实现公司减人提效及生产方式转型升级。二是经过近几年无人化车间建设，各生产矿井在主提升、装卸载、主排水、压风、制氮、制冷、变电所等 27 个车间实现无人值守；井下主运系统实现远程控制，减少固定岗位 20 个。三是

加大掘进装备升级，不断探索“快速掘进”技术、工艺的应用，使用“掘、支、运”快速掘进作业线，推广掘锚一体机、全液压锚杆锚索钻车等设备，提高矿井掘进装备水平和掘进效率；实施辅助运输方式的持续改善，扩大单轨吊的使用范围，使单轨吊在井下应用网络化。四是探索建设更高层次的智能化无人工作面，编制了公司智能化无人工作面建设五年规划，统筹规划公司智能化无人工作面建设发展进程。一方面学习国内外及行业内外智能化无人工作面建设先进技术与经验；另一方面总结刘庄煤矿、口孜东矿少人化采煤工作面建设经验，深入调查研究，集中攻关，突破难点，稳步推进矿井智能化无人工作面建设工作。

（五）抓改革创新，强化激励约束，优化精减提效

不断深化改革创新是新集公司的优势，也是公司不断发展的经验总结。按照“结构调整、业务整合、系统优化、提质提效”的改革思路，以“三项制度”改革为抓手，保持改革定力，增强改革动力，激发改革活力。一是改革管理体制。始终以精干高效、简捷流畅、管控有力为指导，进行业务整合、管理优化、流程简化，成立公司集控中心，将调度与集控系统在管理、业务、人员等方面进行优化，充分发挥好总调职能；将煤质化验中心由运销公司管理划归生产技术部管理，实现销售化验两条线管理，提高管控效果。二是改革薪酬考核。以安全效果和工作业绩为导向，改革现有的考核分配激励方式，实行差异化的弹性激励考核机制。增强人均效率与效益观念，优化内部薪酬分配结构，分保底薪酬、共享薪酬和激励薪酬3个层次进行考核和分配，合理处理好“大水漫灌”与“精准滴灌”的关系，促进了工资增量向关键岗位、核心岗位、一线岗位和业绩突出者倾斜，充分调动了干部职工的积极性，激励和鼓励职工扎实工作、提质创效，充分发挥引领示范作用。三是改革经营管控。简化流程，合理管控，厘清权责关系，适度简政放权，持续推进内部市场化改革。给基层单位一定的人力、物力、财力权限，提高基层单位工作积极性和工作效率。推进公司机关职能定位和时效管理梳理工作，确保服务保障到位、监督审核到位、管理指导到位。四是持续推进“四定”工作。按照《中煤新集公司定编定岗定员定责指导意见》文件要求落实“四定”工作，以精干高效为原则，狠抓“瘦身健体”，逐步精减机构、精减队伍、精减人员，打造安全高效、高产稳产矿区。

（六）多措并举抓环保，积极推进绿色矿山建设

新集公司采取多种措施，积极推进绿色矿山建设。一是全部淘汰了燃煤小锅炉，完成了新集一矿、新集二矿、刘庄煤矿中央区燃气锅炉供热系统改

造工程，完成了刘庄煤矿西区、口孜东矿乏风余热利用工程，板集煤矿实现了直接从板集电厂供热。二是推进储煤场封闭工程。口孜东矿储煤场已实现封闭，刘庄煤矿储煤场封闭工程正在施工，新集一矿、新集二矿储煤场封闭工程已完成前期准备，正在积极推进。三是积极推进各矿井消除地面临时矸石山，场地全部覆土绿化，探索矸石不升井技术研究，各矿井已全部消除地面矸石山。四是推进矸石综合利用、矿井水综合利用、瓦斯发电等工作，瓦斯发电机组持续稳定运行，矿井水利用率达 86%，煤矸石综合利用率达 99%，有效减少了污染物排放。五是积极完善建设项目环评工作，完成了新集一矿安全改建工程和刘庄煤矿安全改建项目（东风井）竣工水保、环保验收等，绿色矿山建设效果显著。

重安全　利环保　育人才
坚持探索安全高效之路

——扎赉诺尔煤业有限责任公司

一、公司概况

扎赉诺尔煤田位于呼伦贝尔市西北部，地跨满洲里市和新巴尔虎左旗，其开发主体扎赉诺尔煤业有限责任公司（简称“扎煤公司”）位于内蒙古满洲里市境内，西距满洲里市区 24 km，东距海拉尔市 160 km，南临中国第五大淡水湖——呼伦湖，北距中俄边境 20 km。扎赉诺尔矿区自 1902 年开采，距今已有 118 a 开采历史。扎煤公司为国有独资公司，其前身为扎赉诺尔矿务局，原为中直 94 家大型煤炭企业之一，1999 年改制为扎赉诺尔煤业有限责任公司，2007 年归属华能集团。

扎赉诺尔煤田南北平均长 38 km，东西平均宽 21. 11 km，为低瓦斯煤田。赋存的煤炭资源以褐煤为主，深部为长焰煤，煤田地质构造简单，煤层发育稳定，倾角小，适宜大型机械化开采。褐煤发热量为 14654 ~ 17585 kJ/kg，长焰煤发热量高达 20934 kJ/kg。“扎赉红煤”是公司的主导产品，属特低硫、特低磷、低灰分、高热值优质环保型褐煤，不仅是理想的发电燃料，而且极具深度转化和综合利用潜力，主要市场为内蒙古东部和东北三省。

扎煤公司现有 4 座生产煤矿，核定生产能力 17. 90 Mt/a，其中灵东矿 6. 5 Mt/a，灵泉矿 3. 9 Mt/a，铁北矿 3. 6 Mt/a，灵露矿 3. 9 Mt/a。各矿均实现了一矿一井一面的生产格局，采用走向长壁后退式综采放顶煤开采。

扎煤公司主营原煤开采、销售，其他业务有物资供应、机械加工、设备维修制造、汽车运输、转供电、供暖、供水等。

扎煤公司为满洲里市最大的工业企业，截至 2019 年末，公司在岗职工 8807 人，资产总额 67. 76 亿元。建矿一百多年来，为缓解国家能源短缺和国民经济发展做出了重要贡献，特别是对边疆地区经济发展和社会稳定起到了至关重要的作用。

2019 年全年未发生人员、设备、火灾、透水、瓦斯、交通、环境污染等重大事故，保持了经营、政治、形象安全。

全年煤炭产量完成 17.28 Mt，煤炭销量完成 17.11 Mt，营业收入完成 34.38 亿元，利润 1.12 亿元，缴纳税费 8.14 亿元，原煤效率 15.237 t/工。

二、安全高效矿井建设经验

认真学习宣传贯彻习近平新时代中国特色社会主义思想和党的十九大精神，不断增强“四个意识”，坚定“四个自信”，坚决维护以习近平同志为核心的党中央权威和集中统一领导，旗帜鲜明讲政治，党的路线方针政策和集团公司、煤业公司各项决策部署在公司得到全面贯彻落实；党的领导、党的建设持续加强，全面强化巡视巡察整改，从严治党不断向纵深推进，干部职工队伍总体保持稳定。

（一）坚定不移抓好安全管理，全力提升安全发展质量

安全是企业的生命，是职工家庭幸福的保障，因此必须牢固树立安全发展理念，以强化安全基础建设为根本，严肃追责问责为手段，深化安全生产领域改革，确保本质安全。

1. 落实安全责任

深入落实各级安全工作指示精神和行业标准，加大制度建设力度，用制度约束保障安全生产。严格落实“党政同责”“一岗双责”，坚持底线思维和红线意识，着力消除责任盲区和缺陷，严肃考核问责，形成与工资、奖金、评先、升迁相挂钩的责任追究体系，确保各层级责任落实到位。

2. 安全基础建设稳步推进

坚持“科技兴安”，加大安全投入，矿井安全基础保障能力有所提升。各生产矿智能煤流控制系统、装储系统集中控制设备广泛应用，地面压风机、井下水泵房 13 处无人值守系统投入运行，灵泉矿自动化工作面运行平稳，公司 4 座矿井均达到国家一级水平。牢固树立“培训不到位就是最大安全隐患”的理念，强化各级党组织安全培训的主体责任，学习借鉴外部先进安全培训工作经验，增强自主安全培训的实用性和针对性，采取“请进来，走出去”措施，提高各级人员的安全管理能力。

3. 加强作业现场管控

把现场安全管理作为各项安全工作的重中之重，对各生产矿工作面安装、回撤、设备运输、过断层、过空巷等环节进行重点管控。强化安全作业确认和零星工程管控，从班组安全管理入手，加大班组安全规程执行和风险

辨识整治力度，以“零违章”提升安全管控水平。

4. 强化系统检查监察

进一步完善安全检查监察机制，抓好问题整改，实现监察检查和问题整改闭环管理。重点开展好安全生产标准化、隐患排查治理、机电运输系统和安装回撤工程等安全监察、检查，确保重要部位、关键环节可控在控。

5. 提升重大灾害防控力度

严格落实好煤矿重大灾害治理工作要求，因地制宜、因矿施策，定期开展风险分析，挂牌督办重大灾害，切实提高顶板、水火、瓦斯等灾害的预防能力。各矿井按照灾害治理设计，针对采区特点，认真安排接续，做好施工组织，保证灾害治理工程到位、措施到位、效果达标。

（二）重视科技环保工作，科技环保工作取得实效

加强与科研院所合作，切实解决生产中的技术难题，“半固结砂岩含水层下采煤突水溃砂机理及防治”项目荣获集团 2018 年度科技进步二等奖、中国煤炭工业协会 2019 年度科学技术三等奖、中国安全生产协会第一届安全科技进步二等奖。积极推进矿井机械化建设，灵东矿掘锚一体机成功试运转，灵泉矿自动化工作面正常生产；积极推进智慧矿山建设，组织专业人员对外学习考察，灵露矿筛选集中控制等系统实现无人值守，主通风机故障实现定向发送短信。扎实开展“双创”工作，22 项专利获得授权，常树生创新工作室荣获集团“基层企业技术创新工作室”称号。

严格落实国家污染防治攻坚计划和集团公司“绿色行动计划”，编制矿区总体规划环境影响评价报告，完成灵露矿产能核增环评报告。各污水处理厂水质在线监测系统安装完成，实现达标排放。集中整治并淘汰锅炉 3 座，完成了灵泉矿集中供热升级，灵露矿集中供热顺利接通，启动了灵东矿煤场封闭工程。加大危废品管理力度，实行垃圾分类清运，有效杜绝环境风险事件。全面实施矿山生态治理，完成铁北矿矸石山治理及复垦绿化，露天矿年度植树 5760 株，与蒙草集团合作，承担绿化养护 $3.3\times10^5\ m^2$；灵露矿被列入内蒙古第二家煤炭板块“绿色矿山”名录。

（三）注重人才培养，队伍素质稳步提升

强化干部队伍建设。建立健全党管培训体制，规范教育培训管理制度 8 项，培训工作的规范性、针对性不断提高。邀请国资委专家举办党建工作专项培训班，选派 27 名管理人员赴中国矿业大学脱产学习，全年培训各级干部 476 人次。加大后备人才培养与选拔力度，大胆起用青年骨干，公司干部年龄和知识结构进一步优化。

强化职工技能提升。3 年素质提升工程圆满收官，3 年累计开展教育培训 8 个专业 9610 人次，各专业系统人员整体素质显著提升。加大培训投入，创新培训形式，引入煤矿防治水作业虚拟仿真训练考核装置，填补了防治水专业化教学空白。运用“课堂 + 现场”、网络等方式开展教学，全年完成各类培训 30068 人次，公司荣获“2018—2019 年度煤炭行业职业技能标准建设先进单位”称号。

强化技能人才培养。扩大职业技能竞赛规模，参赛工种增至 31 个，竞赛范围创历年最广。注重技能型人才培养，矿山救护大队在内蒙古 41 支煤矿救援队伍技术竞赛中，取得团体第三名的优异成绩；公司在“河南能源杯”全国煤炭行业职业技能竞赛中，获得团体总分第七名，7 名选手获得奖项，实现了全国技能大赛上的历史性新突破。

培育新优势　激发新动力　展示新形象 争做深化改革、转型升级、能源革命的排头兵

——山西焦煤集团有限责任公司

一、公司概况

山西焦煤集团有限责任公司（简称“山西焦煤”）是全国最大的焦煤生产加工企业，主导产品有焦煤、肥煤、1/3 焦煤、瘦煤、气肥煤、贫煤等多个煤种；化工产品主要有冶金焦、铸造焦、纯苯、甲苯、二甲苯、甲醇、炭黑、硫黄、工业萘、洗油、沥青、元明粉、硫酸钡、镁盐、化妆洗涤用品等，产品市场涵盖国内外 20 多个省市和地区。

2019 年山西焦煤集团有限公司在世界 500 强企业中排第 465 名，在中国煤炭企业 50 强中排名第 8 位，在中国煤炭企业煤炭产量 50 强中排名第 7 位。

二、安全高效建设情况

2019 年原煤产量完成 104.82 Mt，同比增加 4.71 Mt，增幅 4.7%；总进尺完成 6.7×10^5 m，同比增加 1.6×10^4 m，增幅 2.56%；瓦斯抽采进尺 3.89×10^6 m，同比增加 5.3×10^4 m，增幅 1.38%；区域预抽完成 1.73×10^6 m，增幅达 14.05%，瓦斯抽采量完成 6.1795×10^8 m^3，同比增加 4.16×10^6 m^3，增幅 0.68%；瓦斯利用量 2.28×10^8 m^3，同比增加约 3.5×10^7 m^3，增幅 17.98%。

集团采面综合单产 14.2535 万 t/(月・个)，同比增幅 11.7%；掘进综合单进 307 m/(月・个)，同比增幅 6%；全员效率 1061 t/人，同比增幅 10%，矿井最高全员效率达到 4396 t/人。

三、安全高效矿井建设的主要做法及经验

（一）推进煤炭产业“减优绿”工作，助力传统产业改造升级

（1）抓好矿井落后产能退出工作。自 2016 年执行煤炭化解过剩产能政

策以来，山西焦煤已关闭矿井15座，退出产能14.44 Mt/a，妥善转岗安置职工14079人。

（2）做好生产矿井产能减量置换工作。2019年核减部分受地质条件、开采条件变化等因素影响，不能充分发挥生产能力的生产矿井产能5.8 Mt/a，用于新建煤矿产能置换。

（3）开展矿井“一优三减”工作。通过持续推进“一优三减”工作，至2019年底，生产矿井52座，形成“一井一面”格局的生产矿井32座，“一井两面”格局的生产矿井16座。自推进“一优三减”工作以来，各矿井生产系统优化完成92处，形成大工作面50个，减少生产采区28个，优化采区系统10处，减少采掘队伍55支，减员分流人员16081人。

（4）推行安全、绿色、高效开采，从开采源头实施“减量化”控制。

先后采用了高水速凝充填沿空留巷、柔模袋式沿空留巷、切顶卸压自成巷(即110工法)3种不同的留巷工艺,在21座矿井推广,共留巷35条40743.9 m,复用巷道33926 m,增加回收资源4.54 Mt,经济效益321413.3万元。

在高瓦斯、煤与瓦斯突出矿井推广煤与瓦斯共采技术,一方面达到煤层消突目的,另一方面抽采的瓦斯用以满足矿井生产生活所需,降低生产成本。

在水文地质复杂的矿井开展保水开采，对受导水陷影响区段的底板至奥灰顶界面上部隔水层进行加固改造，实现安全绿色开采的目标。

在受村庄压煤影响的矿井开展充填开采作业，解决“三下压煤”安全开采问题，兼顾煤炭的高回收率和矿区地面环境保护。目前，已有8座矿山达到国家级绿色矿山标准。

（二）推进煤矿智能化建设

（1）推进智慧矿山建设，改善人与设备、生产与设备、安全与生产之间的关系。2019年山西焦煤集团启动正利煤业智慧矿山示范项目建设和吕临能化公司庞庞塔煤矿、晋兴能源有限责任公司斜沟煤矿申报全国重点智慧矿山建设项目。

（2）推动信息化系统平台建设，提高安全管理，建设安全高效矿井，提高矿井抗灾能力。以“管理制度化、制度流程化、流程信息化”为方向，梳理制度、明晰职责、再造流程、信息化运行，全面推进了“十大信息平台”的建设。

（3）因地制宜推进自动化、智能化建设，以点带面建造一批标杆矿井、智能化选煤厂。围绕“装备优、用人少、效率高、效益好、安全有保障”主导思想，打造出了2座“高突智能化开采标杆矿井”、1座“科技引领千万吨级标杆矿井”、1 座“智能化标杆矿井”。智能化选煤厂建设得到全面开展，现已有 19 座选煤厂完成智能化建设项目 42 项。

（4）推进煤矿机电一体化、自动化管理系统建设，确保煤矿机电一体化设备功能的高效、稳定、可靠发挥，使工作效率得到提高，能耗大大降低。公司制定了《山西焦煤集团煤矿主要带式输送机自动化系统建设技术规范》等 5 项自动化建设技术规范。完成井下变电所无人值守改造 155 个，完成水泵房无人值守改造 50 个，完成架空乘人装置无人值守改造 40 部，共完成主运带式输送机集中控制改造 59 部。共有 52 座压风机房、226 台主通风机、89 台提升机安设了先进在线监测系统。

（三）建设采掘重点队伍、辅助作业专业化队伍，为企业安全高效生产建设创造条件

2019 年焦煤集团重点打造了 43 支重点队伍。其中，千万吨综采队 1 支，3 Mt 综采队 2 支，2 Mt 综采队 11 支，5000 m 综掘队 9 支，4000 m 综掘队 8 支，1800 m 岩巷开拓队 7 支，1500 m 岩巷开拓队 5 支，使单产单进水平得到大幅提升，为提升企业的整体竞争能力和安全保障能力，促进安全高效矿井的建设，打下基础。

2019 年集团公司共建成专业化队伍 47 支。其中：专业运料（输）队 18 支，专业工作面搬家队伍 11 支，专业维修队 8 支，专业设备检修队 4 支，专业防治水队 4 支，专业抽采钻探队 1 支，专业喷浆队 1 支，提高了施工的质量、效率，为安全高效的建设创造了条件。

（四）组织开展重大技术攻关项目研究与技术创新，推进企业安全生产技术进步

（1）积极组织开展重大技术攻关项目研究，2019 年受理授权国家专利 329 项，其中：发明专利 62 项，获省部级以上科技进步奖 48 项。

（2）完成“十三五”国家重大专项子课题 4 个；完成国家重点研发计划项目 2 项；完成省级重大科技专项 4 项。

（3）立足于生产环节实践编印了《科技成果 100 推》，优化了“五小”创新活动机制，产生“五小”成果 2647 项，创造直接或间接经济效益 3.02 亿元。

（五）加强安全教育培训，注重人才培养

（1）实施“蓝点人才计划”，启动“青年领军人才培养计划”。面向全集团公开选拔了一批管理、技术、金融等方面的优秀青年，以脱产培训、挂职锻炼、跟踪考核等方式进行重点培养。

（2）加强对基层业务骨干培训。探索性组织举办了煤矿生产一线优秀职工培训班，重点对煤矿生产一线的班组长、区队长、主体专业优秀毕业和优秀复转军人代表进行培训。

（3）全员安全培训教育常态化。依托“焦煤大讲堂”“焦煤 E 训”信息化学习和考试平台，全面开展各级管理人员政策法规、业务知识、文化素养和技能培训，以及专业技术人员科技创新能力培训，操作岗位人员应知应会技能提升精准培训，共组织培训各类人员 19.3 万余人次。

（六）突出重大灾害治理与管控，为安全高效奠定坚实基础

（1）强化“一通三防”专项整治。对矿井开展动态检查，排查隐患问题 336 条；对 9 座突出矿井对标防突细则进行了专项检查；对服务年限超 10 a 的 9 座地面泵站进行了隐患大排查；下发了《山西焦煤防灭火补充规定》，为矿井防灭火管理提供了可靠依据。

（2）强化防治水专项整治。对生产建设矿井和 5 个子公司进行了地测防治水动态检查，对 61 座生产和基建矿井进行专业技术会诊，对受水害威胁严重的 30 座矿井 46 个工作面进行跟踪管理，对 402 个采掘工作面进行了防治水安全评价。建成投运西曲等 5 座矿井强排水系统。完成了杜儿坪等 13 座煤矿的采煤沉陷综合治理项目。

（3）强化机电运输专项整治。强力推进机房硐室无人值守和自动化采煤工作面建设，109 个 35 kV 以上（含）变电站完成综合自动化建设，实现就地集中检测、控制；155 个井下变电所完成无人值守改造；125 部主运带式输送机安设在线监测系统；40 部架空乘人装置已完成无人值守改造。

（4）强化顶板、冲击地压专项整治。完成了 39 座矿井冲击地压鉴定和危险性评价工作，22 座具有弱冲击地压倾向的矿井评价结果均为无冲击地压危险。有序推进生产矿井顶板在线监测工作，采煤工作面在线监测覆盖率达到 90% 以上，掘进工作面在线监测覆盖率达到 40% 以上。

（5）强化重点矿井专项整治。按照高风险煤矿安全“体检”工作要求，24 座“高风险”煤矿完成了风险研判报告和自查自改，整改完成隐患 1632 条；完成了 18 座“高风险”煤矿“体检”会诊，累计检查隐患 545 条，整改完成 542 条。

（6）强化洗选板块专项整治。对选煤厂双风机双电源自动切换、瓦斯风电闭锁整治工作进行了督导，所属选煤厂累计改造完成双风机 580 台，双电源 166 套，自动切换装置 57 台。完成了柳湾选煤厂重介悬浮液密度智能控制系统、浮选智能全流程自动控制系统、电力电量计量系统等智能化改造。

重安全　精管理　推发展
建设安全高效创新型煤炭集团

——山西汾西矿业（集团）有限责任公司

一、集团概况

山西汾西矿业（集团）有限责任公司是山西焦煤集团所属的五大煤炭子公司之一，其前身汾西矿务局成立于1956年1月。2000年8月，经山西省人民政府批准，改制为国有独资的山西汾西矿业（集团）有限责任公司。2001年10月，加入山西焦煤集团有限责任公司。2005年12月，由山西焦煤集团有限责任公司、中国信达资产管理公司、中国华融资产管理公司、中国建设银行股份有限公司共同出资重组为山西汾西矿业（集团）有限责任公司。公司先后被中国煤炭工业协会授予“全国煤炭工业节能减排先进企业”，被中华环保联合会和中国煤炭加工利用协会联合授予“中华环境友好企业”称号，并获得全国五一劳动奖状、“山西省功勋企业”“山西省优秀企业”“全国煤炭工业思想政治工作先进集体”等荣誉和称号。

公司持续推动煤矿安全绿色智能化开采和清洁高效低碳集约化利用，积极开展现代化煤炭经济体建设，大力开展安全高效矿井建设工作，推动企业转型升级高质量发展。2018—2019年度16座矿井被中国煤炭工业协会命名为特级安全高效矿井，同时集团也被评为安全高效集团。

二、安全高效矿井创建做法及经验

（一）始终绷紧安全生产“这根弦”，安全环保持续平稳向好

公司深刻汲取全国、全省安全生产事故和环境污染事件的教训，聚力守底线、查系统、控风险、除隐患、促整改、遏事故，打出了一系列“安全、环保管控组合拳”，坚持“安全为天、生命至上”理念，严格落实焦煤“三级安全管控责任”，健全完善安全工作“六大体系”。持续推进煤矿五项、非煤七项安全生产专项整治，深化“双预控”管理，狠抓“三个责任清单”

整改落实，20 座矿井安全系统实现联网，消除重大风险。强化对矿井分级分类监管，突出专业处室安全督导和“专家会诊”，安全监管部门监督检查和驻矿蹲点解剖，加强“三个变化”管控。

（二）聚焦主业提档升级，安全生产水平大幅提升

公司坚持走煤炭产业“减优绿”之路，加快推进转型升级。标杆矿井和智能化工作面建设取得新突破，水峪、贺西、双柳等 3 座矿井被焦煤命名为标杆矿井，4 个智能化工作面通过焦煤验收。信息化、数字化取得新进展，双柳矿率先建立了煤矿安全生产数字化体系，贺西矿提前实现“生产一张图、一体化”管理。智能洗选迈出新步伐，柳湾智能化选煤厂完成浮选全流程智能控制系统、浓缩加药系统数字化技术等 7 项研究与应用，贺西智能化选煤厂完成输送机智能保护无人值守系统研究与应用，水峪选煤厂建成了集成监控平台，曙光、双柳等 5 座矿井完成原煤准备系统 TDS 智能干法分选项目改造并投入使用。加快主业提档升级，投用了“掘进超前临时支架 + 锚杆钻车”快速作业线、全岩联巷开口机、远距离喷浆机、卧底机、大功率钻机、巷道修复机等一批新装备。

1. 快掘系统建设方面工作进展情况

（1）掘锚护探一体机的使用：分别在贺西矿、双柳矿抽采巷使用快速掘锚成套装备，实现了掘锚护探同步，单月最高进尺 625 m，很大程度上提高了劳动效率。

（2）滑移式支架的使用：在曙光矿 1228 工作面使用时，该装置稳定性好、初撑力小，易于顶板控制，有效提高锚杆支护效率，月单进水平提高约 20%。另外，积极配套 17 套滑移支架 + 钻车的快速掘进作业线。

（3）“掘进台车 + 装载机”全岩快速掘进装备的使用：分别在水峪矿、贺西矿、南关矿、两渡矿等部分巷道装备了 CMJ2 - 35 掘进台车 + ZWY - 150/55L 型装载机或 CMJ2 - 25 液压掘进钻车 + ZWY - 100/45L 型装载机共 7 套岩巷快速掘进作业设备，目前最快单进水平上升到 120 m 以上，并且已经取得了一定成效。

（4）岩巷钻装机组使用情况：双柳矿引进了岩巷钻装机组，实现了开拓工作面钻孔、破碎、装载、运输、行走、喷雾灭尘等多项功能的机械化作业，单进水平由 80 m/月提高至 100 m/月。

（5）液压锚杆钻车：中兴矿引进 1 台 CMM2 - 15 型液压锚杆钻车，施工 1 根顶锚杆用时 5 ~ 6 min，比原来减少近一半，施工一根锚索用时 25 ~ 28 min，比原来减少了 5 min，该设备可有效提高作业工效，减少作业人数，降

低作业人员劳动强度。

2. 其他设备更新方面工作情况

（1）远程喷浆机及喷浆料的推广使用情况：为了充分发挥喷浆距离远、降低粉尘浓度、降低作业强度、提高喷浆质量等优点，在所有生产矿井推广使用 PYC6Z 型远程喷浆机及喷射砼成品材料，截至目前已有 15 个工作面开始使用。

（2）推广坚硬岩石爆破弱化和深孔预裂松动爆破技术：已经在高阳矿、中兴矿、香源矿等综采工作面过无炭柱和在高阳矿开、掘工作面全岩巷道开展深孔预裂爆破，加快了工作面推进速度，提高过地质构造带的生产效率，提高单产、单进水平，减轻了职工的劳动强度，均取得良好的效果。

（3）针对高阳、水峪矿等回采工作面倾角大、断层多的特点，将功率为 700 kW 采煤机更换为 1170 kW 采煤机，替代了开炮过断层工序，提高了安全系数。

（三）科技创新作用凸显，夯实安全生产水平

公司深入落实“智能化、精益化、高端化”创新发展要求，坚持创新驱动，激发人才创新活力。加大科研专项攻关力度，全年投入科研资金 3.9 亿元，完成 10 项焦煤重大技术攻关项目。创优科技人才成长环境，成立汾西华益智能装备研究院，专门服务于智能化工作面建设及运行，全年 4 个创新工作室实现升级建设，其中国家级 1 个，完成鉴定项目 6 项，获得省部级奖励 7 项，授权发明专利 6 项，其他专利 65 项，推出“五小”创新成果 270 余项。公司使用了高强度支护、注浆锚索等一批新材料，应用了“110 工法”、高压水预裂切顶卸压、坚硬岩石爆破弱化和深孔预裂松动爆破等一批新技术，取得了良好效果。

1. 巷道支护技术升级优化情况

（1）“三高一低”高强度锚杆、锚索支护技术：充分利用 3 年科技攻关的科技成果，优化巷道支护技术，积极推广使用高强锚杆（屈服强度 500 MPa）、（19 股）锚索及配套支护产品，截至目前各生产矿井所有在掘进工作面已全部普及使用，并促使掘进单进提高 10% ~20%。

（2）注浆锚索取代超前支护技术的推广使用：截至目前已有 21 个工作面使用注浆锚索，综采工作面已经取得超前支护由原来的“一梁三柱”调整到“一梁两柱”、排距增大到 2.0 ~3.0 m 的阶段性成果，大大减轻了职工支设超前及端头支护的劳动强度，同时巷道变形量减少为 8% ~10%。中兴矿通过单米材料消耗对比，优化支护后，在巷道支护强度增加的同时，降低

了支护密度，每米可节约成本约 112 元。中兴矿在过构造期间，架棚支护与注浆锚索支护材料对比：使用传统架棚支护，每米 U 型棚消耗单价为 215 元，使用注浆锚索优化支护，每米注浆锚索消耗单价为 34 元，优化支护每米可节省成本 181 元。

（3）均压锚杆（索）的使用：目前已有 15 个工作面开始使用注浆锚索，现场取得较好的效果。

（4）凯密安注浆材料的使用：各矿井回采工作面顶板破碎的，考虑采用注浆加固的方法通过，避免或减少回采工作面因漏顶影响推进度或不安全生产情况的发生。

（5）特别困难巷道围岩变形控制综合技术研究：在南关、水峪等矿成功实施全断面 ACC 支护方案和直墙半圆拱形钢管混凝土支架。

2. “110”工法切顶卸压技术推进情况

（1）“110”工法切顶卸压技术推进情况：在 1226 成功使用的情况下，在 1228 工作面继续推广使用；下一步将在正佳正文、贺西等矿井推广使用。

（2）高压水预裂切顶卸压技术进展情况：分别在中兴、南关、双柳等矿进行了应用，解决了沿空留巷压力大、端头悬顶不易垮落、孤岛工作面巷道压力大等问题，取得显著效果。

（3）水力切顶锚注一体化柔模留巷技术：中兴矿在综采工作面应用后，矿压分析为传统沿空留巷巷道变形量 35%，水力压裂段巷道变形量 15%，注浆锚索段巷道变形量 8%，两项技术共同试验段巷道变形量仅为 3%。目前，矿压分析为传统沿空留巷巷道变形量 45%，注浆锚索段巷道变形量 30%，注浆锚索与水力预裂结合段巷道变形量 15%。通过水力切顶及注浆锚索优化支护后，可以明显缩减留巷单体支护材料消耗，缩减量达到33% ~ 46%。

强根铸魂　安全发展
倾力打造“亿吨西山”

——西山煤电（集团）有限责任公司

一、公司概况

山西焦煤西山煤电（集团）有限责任公司（简称“西山煤电”）为山西焦煤集团的主要子公司，全国最大的炼焦煤生产基地，全国首批循环经济试点单位。其前身为1956年成立的西山矿务局，总部位于太原市西山脚下。所属160个子分公司，产业分布于4省（市）9个地市20余个县区，涉及煤炭、电力、焦炭化工、建筑建材、物流贸易、餐饮服务等领域。

在煤炭主业方面，主要开采西山、河东、霍西三大煤田，资源总量9.2 Gt，煤种有焦煤、肥煤、1/3焦煤、气煤、瘦煤、贫瘦煤等，其中焦煤、肥煤为世界稀缺资源，被誉为世界瑰宝。现有19座生产矿井、9座选煤厂、3座发电厂、3座焦化厂、2座水泥厂。煤炭产能50.65 Mt，洗选能力42.90 Mt，电力装机3.2×10^6 kW，焦化产能6.4 Mt，水泥产能5 Mt。

2018—2019年度西山煤电申报安全高效矿井16座，分别为山西焦煤集团有限责任公司杜儿坪煤矿、山西焦煤集团有限责任公司官地煤矿、山西焦煤集团有限责任公司东曲煤矿、山西焦煤集团有限责任公司屯兰矿、山西西山煤电股份有限公司西铭矿、山西西山煤电股份有限公司西曲矿、山西西山煤电股份有限公司镇城底矿、山西西山煤电股份有限公司马兰矿、山西西山晋兴能源有限责任公司斜沟煤矿、山西古县西山登福康煤业有限公司、山西临汾西山生辉煤业有限公司、山西古县西山鸿兴煤业有限公司、山西孝义西山德顺煤业有限公司、山西离石西山亚辰煤业有限公司、山西吕梁离石西山晋邦德煤业有限公司、山西古交西山义城煤业有限公司，除山西古交西山义城煤业有限公司申报一级安全高效矿井外，其余均申报安全高效特级矿井。

二、建设安全高效矿井建设经验

（一）西山煤电在建设安全高效矿井方面的优势

（1）产业基础过硬。在集团前期确定“一主三辅”产业中，煤炭主业深耕多年，电力产业潜心布局，形成前山、古交、兴县、吕梁、临汾五大矿区，煤炭产能51.85 Mt/a，洗选能力43.60 Mt，发电装机4.63×10^{6} kW。不论是生产规模、装备水平，还是安全保障等，都有一个较好的基础。

（2）管理基础规范。坚持党的领导和完善公司治理相统一，党委会、董事会、监事会、经理层权责边界明确，基本构建起现代企业制度框架。控股62家实体单位，下设48个机关部门，各项管理制度健全，契约化管理压实了各层级责任，专业化管理提升了效能，多领域实现信息化管理。无论面对何种挑战和危机，都始终保持强大的韧性平稳健康运营，规模化的产业基础和良好的社会声誉是西山煤电的强项和优势。

（3）队伍基础牢靠。集团在岗人数6.3万人，建有人数众多、结构合理、专业完备的管理、技术、操作3支人才队伍。西山厚重的企业文化，孕育出一代代优秀儿女，人才辈出，传承接力，热爱西山，奉献西山。

（二）西山煤电严抓安全生产管理，积极创新引进新技术和新工艺，取得显著成绩

（1）安全管理保障生产平稳运行。坚持目标引领，层层落实责任，实施重奖重罚，2019年实现安全生产零目标，工伤起数和轻伤人数同比下降5%以上。全面构建“双预控”机制，实施风险分级管控和隐患排查治理信息化管理，全年消除重大安全风险11项，整改挂牌督办隐患32项，处理各类隐患问题13000余条，追责问责463次。持续深化“三基”建设管理体系，建成示范采煤面19个、示范掘进面32个、示范盘区11个、优胜车间24个，大力开展达标竞赛活动，一级安全生产标准化矿井增至7座。

（2）先进产能建设走在前列。提升装备水平，投用全球首套大倾角矿用盾构机，建成3个智能化综采工作面，马兰矿、屯兰矿、斜沟矿通过山西焦煤标杆矿井验收。斜沟矿提前一个月完成全年生产计划。持续实施“一优三减”，减少采掘队组10支、采区5个，矿井单产提升13%，全员效率达到1130.2 t/人，先进产能占比91.3%，超出全省平均水平20%。

（3）经营管理质量持续提升。深入推进契约化管理，精准实施“一企一策”，主要生产经营指标创近年来最好水平。原煤完全成本达到345元/t，同比降低31.2元/t，降幅8.3%。持续推进扭亏脱困、债权清收、审计整改

三大攻坚，34 户企业实现扭亏，债权清收、年度新增审计问题整改率完成考核目标。强化融资保障，企业综合融资成本持续下降。完善税费筹划，节税增效 2.6 亿元。无缝对接“焦煤易购”网上交易平台，建立现金定价支付体系，节约采购资金 2.2 亿元。财务共享服务中心正式启动，合同信息化平台投用，企业风险防控能力不断增强。

（4）重点领域改革取得突破。稳步推进三项制度改革，压缩管理层级，优化人员结构，全年精简科级机构 33 个、科级干部 74 人。2019 年转岗分流 7671 人，完成计划的 120%。在册人数降至 69412 人，职工总数 36 年来首次降到 7 万以下。突出政策引导，加强岗前培训，全年组织化劳务输出 1086 人。全力推进改革攻坚，59 户厂办大集体企业、10 户压减企业完成工商注销和变更，两户混改试点企业制定方案。有序剥离企业办社会职能，支付移交费用 11.51 亿元，移交“三供一业”管理职能及部分实物资产；陆续推进市政分离，签订道桥管理、环卫绿化等移交协议；教育中心、消防大队基本实现自收自养。

推成熟技术　守环保红线
促转型步伐　走安全高效发展之路

——霍州煤电集团有限责任公司

一、公司概况

霍州煤电集团有限责任公司（以下简称“霍州煤电”）是中国最大的炼焦煤企业、山西省属七大煤炭集团之一——山西焦煤集团的重要煤炭子公司。其前身为霍县矿务局，成立于1958年，2000年改制，2001年加入山西焦煤集团并成为其子公司。截至2019年12月底，集团公司下辖控参股子公司63个；总部机关设置职能部室36个；资产总额737亿元；在册职工50116人。现有霍州本部和汾河焦煤、吕梁山煤电、晋北能化、晋南煤业、吕临能化5个区域公司，以及鑫钜煤机、云厦建筑、霍源通新产业、凯兴公司、供电公司、物业服务等专业化公司。现有矿权井田总面积801.92 km^2，资源储量6931.59 Mt，可采储量3039.52 Mt。现有矿井27座，洗煤厂8座。主导产品为肥煤、$\frac{1}{3}$焦煤、焦煤、贫瘦煤等多个高端优质品牌煤种，具有低灰、低硫、低磷、热稳定性好和黏结性强等特点，享有“冶金工业细粮”的美誉。特别是打造了“辛置”“丰焦”等多个名牌产品，广受市场欢迎，产品畅销国内20多个省市，远销日本、韩国等国家。

企业被国家工商局列为首批“守合同重信用企业”，荣获“全国‘安康杯’竞赛优胜企业”“全国档案工作先进集体”等荣誉。特别是2000年改制以来，企业改革发展步入快车道，规模实力显著增强，先后获得全国五一劳动奖状和山西省“安全生产工作先进单位”、山西省“功勋企业”等荣誉称号。

二、安全高效矿井建设做法及经验

（一）推广应用成熟装备及技术

（1）加大新装备的投用。坚持推广应用掘锚护一体化工艺技术，共计投用26台（整机15台、改造11台）设备，改造机已从第3代机升级到第5代，单进水平由252 m/(个·月)提升至281 m/(个·月)，取得了良好的安全、经济效益。

（2）积极总结推广切项卸压技术。一是以店坪矿为先行的“110”工法切顶卸压无煤柱开采技术已趋成熟，先后在9－100、9－202、9－204工作面成功留巷3973 m，并成功复用留巷3558 m，累计多回收煤炭资源390000 t。二是以干河矿为先试的水力压裂切顶卸压技术有效解决了采空后对邻近巷道产生的动压影响，并分别在干河、三交河、李雅庄、辛置、回坡底、庞庞塔6矿12条巷道开展了回采面超前动压治理、上下隅角悬顶面积大、沿空掘巷动压治理、采区巷道护巷、近距离煤层开采等5个方向的水力压裂切顶卸压技术研究。三是围绕两种切顶卸压技术进行了全面总结分析与部署安排，下一步要在店坪3号煤、木瓜10号煤、三交河10号煤层推广应用预裂爆破切顶卸压无煤柱开采技术，并全面推广应用水力压裂切顶卸压技术。

（3）“去火药、去绞车”得到有效推进。一是推行实施“去火药化”，以李雅庄、回坡底两矿为主，全面推广应用综掘全程化作业，取消爆破作业。在木瓜矿南区水仓泵房投用悬臂式冲击掘进机，硬岩掘进效果明显，大幅减少炮掘火药用量。二是辅助运输实施“去绞车化”，形成以单轨吊（辛置、李雅庄、紫晟、晋北、汾源、庞庞塔6矿34部）、胶轮车（三交河、干河、回坡底、亿隆、木瓜、店坪、薛虎沟7矿153台）、齿轨车（晋北、汾源、庞庞塔3矿10台）、无极绳绞车（辛置、李雅庄、回坡底、亿隆、店坪、腾晖6矿22台）为主多形式的辅助运输方式。

（4）快速掘进作业线。先后组织到中国铁建和天安科技考察，学习引进快速掘锚成套设备及先进的临时支护技术，掘进面全部取消了吊环式前探梁临时支护，采用机载式、门式支架式、台车式等先进临时支护设备，大大提高了施工掘进效率。回坡底、木瓜、庞庞塔投用快速掘进成套设备，回坡底快速作业线已投用，日进尺均稳定在20 m以上，创造了最大月进尺650 m的较高水平；木瓜、庞庞塔设备已安装到位。

（5）机械化安装回撤技术。成立霍州煤电丰峪煤业安装分公司，打造机械化搬家亮点工程，全面推广应用机械化安装回撤技术，全年搬家倒面65次，机械化搬家43次，占比达66.1%以上。

（二）突出标杆（智能化）矿井建设

围绕“装备优、用人少、效率高、效益好、安全有保障”建设目标，以品牌项目建设为切入点，通过反复调研论证后，确定了“1＋3＋2”标杆矿井建设目标，明确了6座标杆（智能化）矿井建设工作项目。庞庞塔《智能化矿山建设方案》经国家煤监局以煤安监司办〔2019〕93号文予以批复，制定了《庞庞塔智能化矿山建设总体实施方案》，取得全国第一张矿用隔爆兼本安型无线基站井下防爆证，井下4G/5G整体环网已投用。木瓜矿S10－102智能化工作面作为“山西省智能综采工作面”建设试点，智能化系统运行正常、稳定；快速掘进成套装备（掘锚一体机＋液压锚杆钻车＋带式装载机＋滑移式临时支护）已回矿，正在组织地面调试，11月底入井安装。店坪矿坚持实施切顶卸压沿空留巷技术，先后在9－100、9－202、9－204三个工作面成功留巷3973 m，并成功复用留巷3558 m，累计多回收煤炭资源390000 t。紫晟煤业确定了连采连充方案，完成充填开采工程设计，“三通一平”按计划开工建设，组织设备、土建工程按计划组织推进。三交河矿10－203工作面投用电液控支架，日循环突破8刀，月度推进度突破140 m。回坡底矿快速作业线（含掘锚一体机＋滑移式门式支架＋锚杆台车＋转载皮带＋皮带自移机尾）已投用，日进尺均稳定在20 m以上，创造了最大月进尺650 m的较高水平。

（三）落实矿井“一优三减”工作主线

加强科技创新，强化煤炭供给侧结构性改革，积极推进矿井“一优三减”（优化系统、减水平、减头面、减人员）、“四化”建设（机械化、自动化、信息化、智能化）和“四新”应用（新技术、新工艺、新装备、新材料），全年共计安排4方面45类88个项目，实际完成91项，完成计划的103%。

（1）系统优化：15座生产矿井严格按照“瘦身”计划组织生产，其中6矿“一区一面（辛置、三交河、干河、回坡底、店坪、庞庞塔），9矿“一井一面”；完成了5个大工作面设计、6个采区设计优化；完成了2座矿井通风系统、1座矿井供电系统、3座矿井排水系统、4座矿井主运输系统、3座矿井辅助运输系统改造优化。

（2）“三减”实施：关闭矿井1座（团柏矿）；回撤关闭4个采区（三交河六采区、腾晖一采区、晋北一采区、店坪矿9号煤原有旧系统）；整编减少2支掘进队伍（辛置2支），调配3支安装队伍（辛置1、回坡底1、白龙矿建1）划归丰峪安装分公司；28个变电所、11个水泵房、51部主运输带式输送机、20部架空人车实现了无人值守。

（3）“四化”建设：①李雅庄、三交河、回坡底、店坪、庞庞塔、腾晖投用了超前、端头支架；②李雅庄、三交河、店坪、木瓜应用5套皮带自移机尾装置；③三交河投用1套电液化控制支架；④木瓜矿6.5 m大采高智能化综采面投入试生产；⑤完成辛置、李雅庄、回坡底、干河、店坪调度“双中心”的建设，李雅庄、三交河、薛虎沟、木瓜矿实现辅助运输“一站式”服务，实现4G可视化调度系统。

（4）“四新”应用：坚持应用“110”工法切顶卸压无煤柱开采技术，已在店坪矿4个回采面应用，累计回收煤柱40余万吨。全面推广超前水力切顶卸压技术，先后在干河、李雅庄、辛置、三交河、庞庞塔5座矿井应用，在解决留巷切顶、坚硬顶板预裂、阻断回采动压传递、减小悬顶面积四个方面的问题上效果明显。

（四）坚守环保“红线”不动摇

（1）坚决贯彻落实“绿水青山就是金山银山”的绿色发展理念，按照新的环保排放标准，严抓“三废”管理，严防跑、冒、滴、漏，坚持环保设施常态化稳定运行、污染排放常态化达标两个“常态化”管理。全年完成了矿井清洁能源改造、干河矿原煤矸石山等11座矸石山规范化治理、李雅庄洗煤厂封闭原煤场地面硬化等4项扬尘治理工程，杜绝了各类环保事件发生。

（2）电力产业逐步壮大，吕临发电厂低热值煤发电工程两台机组顺利通过168 h满负荷试运行并进入正常发电；腾晖瓦斯发电项目建成投运，填补了瓦斯清洁利用的空白；李雅庄瓦斯发电项目基本完工，有待完善后投入运行。

（五）加快企业改革转型步伐

霍州煤电在探索中改革，在创新中跨越，从进军文化产业、引领新能源潮流，发展零售服务业上，蹚出了一条条顺应时代、接轨市场的转型之路。

（1）鑫钜出行：取得了全国通用的网约车线上服务资质，成为全省煤炭行业第一家获得线上服务资质的共享汽车平台，同时推行了“互联网+智能平台”办公用车改革新模式，站点遍布霍州、太原、秦皇岛等省内外13个城市。目前在本部单位试点推行，已完成1500多次订单服务。

（2）凯硕文化传媒：与中国煤炭协会培训中心建立了长期战略合作伙伴关系，承接了全国煤炭行业多媒体资源视频片80%的制作项目；核心研发进军北京市场，传媒业务范围覆盖全国30多个省市，产值突破4000万元。

（3）融慧联设备综合服务平台：围绕设备租赁、配套服务、资产处置、焦煤易购、行业资讯五大功能，围绕井下、地面、洗煤设备租赁及配套的设备安装、运输、维修、技术维护等业务，创立了全国煤矿闲置设备资产总量最大的服务平台。该服务平台自上线以来，已有租赁、维修、运输、安装等配套服务厂商50余家，2200余台设备在平台得到展示。

（4）煤机制造产：建成了焊接机器人自动化生产线，可实现24 h不间断作业，实现了“鑫钜制造”向“鑫钜智造”的转变。

（六）打造人才培养新模式

（1）根据山西焦煤青年领军人才培养计划安排，在全焦煤集团选拔管理、技术、金融等方面优秀青年拔尖人才，作为山西焦煤中层后备培养人员，霍州煤电公司共10人入选。

（2）积极组织、精心准备，以职工技能比武为平台，全面提升员工综合素质。2名选手获全煤行业综采维修电工比赛二、三等奖，1名选手获省煤竞赛会计主管第一名，7名选手获山西焦煤第十届职工技能运动会“技术状元”称号。

（3）第六届山西省煤炭行业职工职业技能大赛将在霍州煤电集团举办，公司积极做好承办准备及赛前动员工作，以此为契机，全面提升职工学技术、练技能、谋创新的积极性。

（七）科技创新建设

坚持“技术研究与安全生产、经营管理、人才培养”三结合，总结提炼形成了集团科技成果50推。鑫钜公司“矿用防爆纯电动无轨胶轮车研制”等5项成果获得“中国煤炭工业协会科学技术奖”；干河矿“水力预裂切顶卸压技术”等6项成果获得“国家安全生产奖”；店坪矿“离柳矿区中厚煤层复合顶板无煤柱自动成巷开采技术及应用”等4项成果获得“山西省科学技术进步奖”；霍源通煤泥再选项目通过了山西焦煤重大课题结题验收。

坚定高质量发展　全面推进企业改革 创安全高效的煤炭生产企业

——华晋焦煤有限责任公司

一、公司概况

华晋焦煤有限责任公司（简称“华晋公司”）成立于1992年，位于“革命老区”山西省吕梁市柳林县，由原国家计委、能源部和山西省政府联合组建，2001年改组为国有股份制企业，2011年4月，分立为华晋焦煤有限责任公司和山西中煤华晋能源有限责任公司。华晋公司由山西焦煤集团控股51%，由中国中煤能源股份有限公司持股49%，是国有大型主焦煤生产企业。主要开发建设山西河东煤田的离柳矿区和乡宁矿区。经营煤炭开采、加工、技术开发与服务、瓦斯发电等业务。华晋公司注册资本金28.3亿元，资产总额263.28亿元，在册员工6681人，井田面积162.22 km^2，煤炭保有资源储量2322 Mt，可采储量1194 Mt。沙曲一号煤矿、沙曲二号煤矿生产的优质主焦煤已注册“华晋焦煤”品牌，销往国内多家知名钢铁企业，并出口日本、韩国等国家，享有“中国瑰宝”之美誉。

华晋公司拥有4座生产矿井，核定产能11.90 Mt/a。分别为沙曲一号煤矿（5 Mt/a）、沙曲二号煤矿（3 Mt/a）、山西华晋吉宁煤业有限责任公司吉宁煤矿（3 Mt/a）、山西华晋明珠煤业有限责任公司明珠煤矿（0.9 Mt/a）。公司2019年计划总产量8.5 Mt/a，实际完成8.59 Mt。2018年明珠煤矿、吉宁煤矿荣获2016—2017年度“特级安全高效矿井”称号。2020年华晋所属4座煤矿均申报2018—2019年度特级安全高效矿井，各项指标（安全生产、机械化程度、综合单产、原煤生产人员效率、采区回采率等）均已达标。

华晋公司是一个凸显蓬勃活力的成长型企业，具有“煤质优、人员少、效益好”的鲜明特点。华晋公司始终坚持安全高效发展定位，紧盯瓦斯治理，紧抓安全生产，全面提质增效，着力推进能源革命，努力建设具有世界影响力的千万吨级精品焦煤企业。

二、安全高效矿井创建的做法和经验

（一）坚持党的全面领导，高质量发展方向更加坚定

始终坚持以习近平新时代中国特色社会主义思想为指引，深入开展“改革创新、奋发有为”大讨论和“不忘初心、牢记使命”主题教育活动，认真学习习近平总书记视察山西的重要讲话、在推动中部崛起工作座谈会上的重要讲话、在黄河流域生态保护和高质量发展座谈会上的重要讲话“三篇光辉文献”，进一步树牢“四个意识”，坚定“四个自信”，做到“两个维护”，以更加奋发有为的工作状态，投身到高质量发展征程中。举旗定向，审时度势，明确提出了建设具有世界影响力的千万吨级精品焦煤发展目标，储备了“三个一批”转型项目，为打造百年企业奠定了基础。华晋公司连续6年实现安全生产零目标，各项生产经营指标逐年刷新纪录。

（二）强化瓦斯综合治理，打造瓦斯治理华晋名片

华晋公司以“瓦斯零超限、零突出”为瓦斯治理目标，坚定不移地实施瓦斯治理“五项治本之策”，建立了井上下立体抽采系统，创新实施三区联动“瓦斯治理三年滚动计划”，大力推进“保护层开采定额”，实施脉冲压力、大功率大孔径长钻孔裂隙带抽采等技术，形成瓦斯治理的“沙曲模式”。试用6套一钻一视频新装备，全面优化抽采系统，抽采率达到70%以上，逐步实现“抽、掘、采”良性循环，为建设煤与瓦斯共采示范矿井提供了技术支撑，不断夯实了未来3～5 a乃至10 a的发展基础。在瓦斯利用上，采取“煤气同采、采气重于采煤”的综合措施，建设规模为63 MW的瓦斯发电厂，年均发电总量2×10^{8} kW·h以上，形成了“煤－气－电－热”综合利用的资源循环产业链。“近距离突出煤层群稀缺资源安全高效开发利用项目”获第四届中国工业大奖，成为山西省首家煤炭工业获此殊荣的企业。

（三）企业改革全面推进，以实际行动促进能源革命

全面落实山西焦煤重大部署，提升企业发展实力，增强市场竞争力，坚定不移地推进资产证券化工作。沙曲一号煤矿、沙曲二号煤矿取得“两证一照”，解决了制约华晋公司高效发展的历史难题。聚焦“装备优、用人少、效率高、效益好、安全有保障”的发展方向，推动煤炭产业“减优绿”发展。沙曲一号煤矿正在着力建设煤与瓦斯共采示范矿井，沙曲二号煤矿正在建设智慧矿山，吉宁煤矿建成安全高效标杆矿井。目前，华晋公司已建成

了3个智能化采煤工作面，其中，沙曲二号煤矿3402工作面首次整合中国矿业大学和四川航天两家单位关键技术，率先建成全国首个煤与瓦斯突出矿井“110工法+智能化”薄煤层采煤工作面，沙曲一号煤矿5207工作面打造智能化工作面升级版，智能化建设受到业界的广泛关注。

华晋公司认真贯彻落实习近平总书记“绿水青山就是金山银山”的生态环境保护发展理念，坚持生产与环保并重的原则，在建设和生产过程中高度重视环境保护工作。牢固树立生态文明和绿色发展理念，矿区全部淘汰燃烧锅炉，矿井水全部回收复用，7座矸石山全部做到高标准治理，实现了绿色发展的目标。2019年12月，沙曲一号煤矿、沙曲二号煤矿被中华人民共和国自然资源部遴选为2019年度国家级绿色矿山。

（四）坚定高质量发展方向，以大项目推进大发展

华晋公司始终坚持以习近平新时代中国特色社会主义思想为指引，立足现有产业结构，全力推进“三个一批”（落地一批近期项目，推进一批中期项目，筹划一批远期项目）转型项目，打造更高质量、更有效益、更具竞争力的发展模式。华晋公司立足整合离柳地区优质焦煤资源，以柳林为中心，依托瓦日线，推进华晋公司铁路专用线及物流园区项目。从产业上下游发展和环保等社会效益考虑，与柳林华光发电厂、柳林经济建设投资公司合作，建设沙曲选煤厂至华光发电厂管状皮带输送机中煤输送工程项目。落实精煤战略，推进明珠矿选煤厂900000 t/a项目，实现原煤入洗率100%。与太原电子研究院、中国矿业大学合作，推进采空区无线自组网温度监测系统，为煤矿井下提供更加精准的防灭火监控设备。以柳林为核心，在离柳地区建设煤质试验中心，对离柳地区的煤质进行客观检测，提高市场精准占有率，有效提升离柳地区煤炭的市场竞争力。

（五）坚持“一优三减”，为继续保持安全生产平稳运行打牢基础

按照“一井一面”“一井两面”生产模式，严格控制煤矿单班入井人数。华晋公司所属矿井单班入井人数全部控制在700人以内，明珠矿、吉宁矿实现“一井一面”生产布局。围绕机械化换人、自动化减人目标，2019年建设井下无人值守变电所11个，明珠煤矿井下中央水泵房全部实现无人值守，沙曲二号矿建成地面乳化液自动配比集中供液系统，吉宁矿地面运煤通道运输系统实现机器人巡检，沙曲一号煤矿、沙曲二号煤矿井下无人值守硐室正在组织实施，努力向“少人则安、无人则安”目标靠近。

（六）科技创新激发新活力

充分发挥工业大奖的荣誉感召力，实施创新绩效制度，全年兑现奖励

1871.83 万元。积极开展“产、学、研”技术交流，重大技术攻关项目完成率达到 80%，科技成果转化项目实现 1 个，国家发明专利完成受理 4 个，实用新型专利完成 2 个。切顶卸压沿空留巷技术引领行业方向，在沙曲一号煤矿、沙曲二号煤矿 3 个工作面运用，原煤生产效率提高 30% 以上。智能化工作面切顶卸压工艺、大功率大孔径长距离施钻抽采技术、智能化瓦斯抽采技术研发、超低浓瓦斯催化燃烧技术、瓦斯分源治理等技术研究正在有序开展；多分支水平井井下对接抽采技术、可控冲击波增透煤层技术等实现新突破，为申报高新技术企业提供了项目支撑。

（七）抓质量促发展，持续提升经营绩效水平

坚持经营管控精细化。推行精细化管控模式，通过细化成本考核，将成本指标从总量、效益、质量 3 个方面细化到 15 项具体考核指标，同时将材料消耗、其他材料支出指标分别细化为十项、十二项，真正做到纵向到底，责任到人。全面推行契约化管理，层层签订“责任状”，对所属单位的产量、收入、成本、利润、费用支出等指标实行刚性考核，按照指标完成情况计提绩效工资，充分发挥契约化考核导向作用。进一步健全内部管理报表体系，在原报表体系基础上，新增原煤单位成本完成情况对比表、材料消耗明细表等管理报表，进一步详细掌握生产单位经营状况，通过动态监管，督促改进提升，确保完成年度经营任务。2019 年，原煤产量、精煤产量、营业收入、利润总额等指标均超额完成焦煤考核指标。

（八）抓标准促生产，高产高效生产格局持续提升

坚持生产组织精准化。强化“精细管理、精准组织、正规循环、标准作业”的理念，所有采掘装备全部得到更新检修，有效减少综采综掘工作面的停机率，实现了稳产增产。2019 年各项主要生产指标创同期新高：综合单产同比提高 3.2%，单进同比提高 7.1%。全员效率完成 1550 t/人，同比提高 4.9%。沙曲一号煤矿、沙曲二号煤矿掘进队组按照“一队两面”保证掘进战场，支护期间保证双锚杆钻机同时施工，实现正常掘进期间 1.5 h 一个循环，在保证工作面动态达标的同时，效率大幅提高，最高月单进 285 m，较同期增长 19%，率先享受动态达标单价。原煤在岗职工效率 1291.91 t/人，同比提高 2.72%，精干高效发展模式逐步凸显。

华晋公司坚持以高质量发展为主题，紧紧围绕山西焦煤集团“1126”发展战略，立足“安全高效”的发展定位，牢牢把握安全生产主基调。聚焦做精做优煤炭主业，全面强化经营管控，积极推进各项改革，全面实施对标一流“1+6+6”体系，转观念、转机制、转作风，以开放的心态

和发展的眼光，以瓦斯精准治理为平台，辐射到解决煤矿安全生产难题的各个领域，认真研究新情况、新问题，共同进行论证，寻找良方，建立相关体系和模式，推进华晋公司高质量发展，共同推动煤炭行业安全生产技术进步。

保安全　增创新　优组织
护生态　坚持走安全高效发展之路

——山西临汾西山能源有限责任公司

一、公司概况

山西临汾西山能源有限责任公司组建于山西省煤炭资源整合初期，从2009年7月开始，在临汾区域开展煤炭资源兼并重组工作，2011年成立山西临汾西山能源有限责任公司（以下简称“临汾公司”）。

临汾公司是西山煤电股份有限公司全资子公司。在临汾市古县、尧都区、洪洞县共兼并整合23座地方和国营煤矿企业，重组为8个子分公司：山西古县西山登福康煤业有限公司、山西古县圪堆煤业有限公司、山西古县庆兴煤业有限公司（现已退出生产）、山西古县鸿兴煤业有限公司、山西临汾西山生辉煤业有限公司、山西洪洞西山光道煤业有限公司、山西临汾西山能源贸易有限公司、山西临汾西山能源有限责任公司临汾分公司。

临汾公司所属生产矿井3座，核定产能合计2.1 Mt/a，其中生辉煤业核定产能0.9 Mt/a、登福康煤业核定产能0.6 Mt/a、鸿兴煤业核定产能0.6 Mt/a，光道煤业、圪堆煤业为基建矿井。

（1）山西古县西山登福康煤业有限公司（以下简称“登福康煤业”）位于临汾市古县古阳镇相力村，为晋煤重组办发〔2009〕111号文件批复的整合矿井，整合主体为山西焦煤西山煤电集团有限责任公司。整合后井田面积7.415 km^2，批准开采2～9号煤层，开采标高1120.0～830.0 m，核定生产能力0.6 Mt/a。矿井属低瓦斯矿井，矿井2号、5号煤层自燃倾向性等级均为Ⅱ级自燃煤层，最短发火期为83 d。矿井水文地质类型、井田地质类型划分为中等，全区不带压，目前矿井正常涌水量25 m^3/h，最大涌水量平均38 m^3/h。

矿井安全生产的领导班子与组织机构配备齐全；矿井安全生产标准化等级为二级，重大危险源等级综合评定为二级，安全信用等级为B类。

（2）山西古县鸿兴煤业有限公司（以下简称“鸿兴煤业”）井田位于古县北平镇上、下宝丰村一带，行政区划隶属古县北平镇管辖。井田地处沁水煤田西部，为山西焦煤西山煤电集团有限公司全资控股的国有重点煤矿，井田面积6.5434 km^2，设计开采9号煤层，开采标高 +1280～ +970 m。9号煤可采储量10.80 Mt，服务年限12.9 a，生产能力0.6 Mt/a。井田西距古县县城约65 km，距洪洞发煤站约97 km，内有土石路与县级公路相通，至北平镇可与323省道相接，交通运输条件便利。

矿井属于低瓦斯矿井，9号煤层具有爆炸危险性，自燃倾向性等级为Ⅱ类，最短自然发火期为78 d。采用KSS－200型矿井火灾束管监测系统进行实时监测。采用注氮防灭火为主，喷洒阻化剂为辅，目前矿井无自然发火现象。

（3）山西临汾西山生辉煤业有限公司（以下简称“生辉煤业”）隶属于山西临汾西山能源有限责任公司，为国有控股企业，山西临汾西山能源有限责任公司占股55%，山西临汾亚红朝商贸有限公司占股45%。井田面积为9.8449 km^2，批准开采煤层为9～11号煤层，证载能力及核定生产能力为0.9 Mt/a，截至2019年底保有资源储量为54.25 Mt，剩余可采储量为15.853 Mt，剩余服务年限12 a。井田位于临汾市尧都区一平垣乡境内，临午一级公路通过矿区，向东16 km可达大运高速公路和309国道，向东25 km可达南蒲铁路及霍州一级公路，交通较为便利。井田位于霍西煤田西南部，井田构造总体是以宽缓的褶曲为主，地层倾角3°～15°，井田中部地表区域存在地面滑坡。井田分布两条褶皱，这两条褶皱构成了井田范围内构造的基本框架。井田范围内共揭露7条逆断层，落差在1.0～2.0 m之间，共揭露4个陷落柱，据调查，区内无岩浆岩活动，井田地质构造简单。目前矿井开采的9号 +10号 +11号煤层位于太原组下段顶部，上距3号煤层间距73.05～74.36 m，平均73.85 m左右，煤层厚度6.5～7.1 m，平均6.5 m，结构复杂，含2～7层夹石，层位稳定，厚度变化不大，为全区稳定可采煤层。9号 +10号 +11号煤层属中灰、中高硫分、高热值、特强黏结性的肥煤，可作为炼焦配煤。9号 +10号 +11号煤层顶底板岩石工程地质条件简单，顶板为石灰岩，厚12.46 m，属中等硬度岩性，底板为泥岩、砂质泥岩、粉砂岩。水文地质条件为中等。正常涌水量为26 m^3/h，最大涌水量为50 m^3/h。煤质较硬，无煤与瓦斯突出危险，不带压开采。

矿井属低瓦斯矿井，9号 +10号 +11号煤层煤尘具有爆炸性，自燃倾向等级Ⅱ类。

二、安全高效矿井建设情况

临汾公司截至2020年3月17日，连续安全生产天数3851 d，未发生伤亡及等级以上非伤亡事故，百万吨死亡率为0。临汾公司2019年原煤产量计划1.6 Mt，实际完成约1.88 Mt，完成计划的117.3%，掘进总进尺计划9000 m，实际完成9825 m，完成计划的109.2%。生辉煤业2016年、2018年连续两次被评为特级安全高效矿井，经测算登福康煤业、鸿兴煤业也达到特级安全高效矿井标准。

三、安全高效矿井创建做法及经验

（一）高度重视、精准把控各矿建设情况

临汾公司成立“安全高效矿井”工作领导组，协调、把控“安全高效矿井”建设工作的进程。领导组下设办公室，设专人负责跟进所属生产矿井建设工作进展，以便公司能及时了解各矿在工作开展过程中出现的问题并及时处理。

（二）确保安全生产，积极开展安全生产工作

2018—2019年，临汾公司严格要求各矿积极落实安全生产岗位责任制，明确岗位职责，确保各矿干部职工做到识险、知责、守纪，提高职工的自主安全意识。同时，公司每月组织一次安全生产大排查，对各矿的隐患进行排查闭合，每季度组织一次顶板、运输、机电专项检查，通过检查、监督，绷紧职工的安全弦，促使职工提高安全意识，有效地防范和遏制了矿井事故的发生。

（三）加快科技攻关，降低生产成本

各矿坚持“一矿一井一面”的生产格局，大力开展科技攻关工作，加强与高校的交流合作，制定奖励措施，鼓励各矿干部职工进行技术创新和设计改革，加快落实“四新”“四化”，积极推动“110”工法施工进程。以鸿兴煤业为例，20109工作面使用切顶卸压沿空留巷工艺，节约了生产成本，提高了生产效率。

（四）优化组织机构，合理定岗定编

从临汾公司到各矿，大力优化组织机构，坚持实施一人多岗、一岗多责，要求各矿对生产队组及服务人员进行统一整编，结构优化，进一步提高工作效率，为高产高效奠定坚实的基础。

（五）打造标杆，实现引领作用

临汾公司全力打造生辉煤业，2016 年、2018 年生辉煤业连续两次被评为特级安全高效矿井，临汾公司将其塑造为“标杆”，在公司范围内对其进行积极宣传，以达到由点及线、由线到面的效果，为煤矿绿色智能开采和清洁高效低碳集约化利用，建设现代煤炭经济体抛砖引玉。

（六）保护生态环境，打造绿色矿山

各矿在建设生产过程中，严格执行国家环境保护的相关法律法规，以“绿水青山就是金山银山”为发展理念，扩大矿区绿化面积，合理处理煤矸，加强降尘措施，严格按要求处理污水，对采煤沉陷区、裂缝进行生态恢复治理，减少废气排放，降低生产噪声，多维度打造立体绿色矿山。

四、取得的成果

2019 年，临汾公司以安全生产为目标，以强化“三基”为抓手，本着以人为本的管理理念，切实践行山西焦煤“双为”理念，严格要求所属各矿井做到管理无漏洞、系统无缺陷、安全无事故，同时狠抓安全生产标准化工作，进一步加快临汾公司各矿安全生产标准化的建设进程。

（1）临汾公司始终按照西山煤电集团公司“四化”要求，结合所属矿井自身情况，积极推进工作。2019 年针对登福康煤业薄煤层开采现状，更新了一套薄煤层采煤设备，采煤机割煤装煤，刮板输送机、带式输送机运输，实现了综合机械化采煤。所属各生产矿井采煤机械化程度均达到 100%，所有煤巷及半煤岩巷掘进工作面均采用掘进机割煤装煤，刮板、皮带运输，人工清理浮煤，掘进机械化程度均达到 90% 以上。

（2）临汾公司及所属各矿通过不断学习环保新规，优化技术，提高资源利用率，实现资源开发利用最优化、经济效益和社会效益的最大化、生态环境影响的最小化。

（3）临汾公司鼓励各矿积极引进新设备、新材料、新技术、新工艺。2019 年以来，鸿兴煤业在 29106 工作面和 29110 工作面安装了顶板在线监测系统，有效保证了工作面的顶板安全；29110 轨道顺槽联巷安装 1 部 SQ－75 无极绳绞车，取代了工作面小绞车接替运输；集中轨道巷安装了 2 部常闭式挡车装置，完善了运输线路的安全设施；29106 综采工作面更换了 1 部矮机身 MG250/600－WD 采煤机，解决了工作面割底问题；29109 工作面施工采用切顶卸压沿空留巷的先进工艺，积极响应两级集团公司的号召，进一步推进了“110”工法在临汾公司的推广进度。

五、存在的问题和对策

（1）在创建安全高效矿井期间，管理和技术人员业务水平不高。

（2）登福康煤业开采煤层薄，开采难度大，回收率低。

（3）鸿兴煤业现开采 9 号煤层，9 号煤顶板为 k_2 灰岩，开采过程中，顶板不易冒落，上下端头悬顶面积大，给开采带来了安全隐患。

（4）生辉煤业现采 9 号 +10 号 +11 号煤层，这些煤层为厚煤层，在开采范围内地质构造较少，主要隐患为上覆煤层采空积水较多，9 号 +10 号 +11 号煤层自然发火期时间较短。

针对以上问题，临汾公司在董事长、总工程师的带领下，积极参加相关部门组织的培训学习，加强公司内部的培训力度，积极与高校建立合作关系，迅速提高工作人员的专业素质；对待薄煤层开采，大力引进新技术、新设备，降低回采高度，提高回收率；在 k_2 灰岩顶板管理方面，回采工作面两巷及时退锚，超前支护严格按要求执行，对卸液的单体及时补液，及时更换压死、压坏的单体，确保安全出口畅通，悬顶面积超过规定时，必须强制放顶，保证工作面液压支架初撑力符合规定要求，初采前，对切眼、两端头及两巷超前支护质量进行检查，两端头及两巷超前支护长度符合作业规程规定；针对老空水及自然发火问题，在工作面设计上要求制定防治水、防灭火相关措施，在现场施工过程中进行不定期检查，严格落实各项措施。在防治水管理上，要求严格落实“有掘必探，物探先行，钻探验证”的方针，在采掘过程中对本煤层、上覆煤层采空区积水进行探放，达到防治水方面安全可靠。在防灭火方面，采用黄泥灌浆、喷洒阻化剂等综合防灭火措施。

系统思维　把握大局
严肃认真　注重细节
走全面提质增效绿色发展安全高效之路

——大同煤矿集团有限责任公司

一、公司概况

大同煤矿集团有限责任公司（以下简称“同煤集团”）是全国亿吨级动力煤大集团之一，在 2019 年是山西省最大的煤炭企业、电力企业，世界 500 强企业，全国煤炭 50 强排名第 7 位，全国煤炭企业产量排名第 4 位。前身大同矿务局成立于 1949 年 8 月 30 日，是共和国煤炭工业的长子，2000 年 7 月，改制为大同煤矿集团有限责任公司。

2019 年，同煤集团主要经济运行指标全线飘红，大幅攀升。其中，煤炭产量增幅 8.9%，销量增幅 8.7%，发电量增幅 9.8%，营业收入增幅 8%，利润增幅 21%，工业总产值增幅 11.7%，上缴税费增幅 18.5%。

二、安全高效矿井建设情况

同煤集团 2012—2013 年度申报安全高效矿井 13 座，评定为安全高效矿井的 12 座（特级 2 座）；2014—2015 年度申报安全高效矿井 27 座，评定为安全高效矿井的 23 座（特级 11 座）；2016—2017 年度申报安全高效矿井 31 座，评定为安全高效矿井的为 25 座（特级 25 座）；2018—2019 年度申报安全高效矿井为 46 座（特级 45 座）。目前，同煤集团所有生产矿井采煤工艺全部实现综合机械化采煤，综采机械化程度达到 100%，综掘机械化程度达到 93%，单产单进水平显著增长，劳动效率大幅提升，转型建设成质量效益型企业。

三、主要工作做法及建设经验

近年来，同煤集团坚定不移走“减”“优”“绿”发展之路，率先完成煤炭主业提档升级，闯出了企业安全高效可持续发展的新征途。

（一）新技术应用和科研攻关强强联合

（1）逐步加大绿色开采、智能化开采、新能源方面的科技投入，打造高端科研平台。建成了同煤双创中心，涵盖新能源、新技术、新材料等6个科技研发实验平台和4个实验检测室，融合了国际国内尖端前沿技术，积极参与国家、省部重大专项，参与和承担国家科技重大专项3项，承担省部重点研发项目5项，获得上级科技研发资金1000万元。在特厚煤层智能放煤、煤矸精准识别、国产惯导等技术领域填补了国内空白，形成了具有自主知识产权的同煤专有技术。

（2）在转型发展、高质量发展方面研发投入达10亿元，创造综合经济效益超30亿元。获省部级科学技术奖45项，其中“煤炭老矿区转型协同发展模式研究——同煤集团‘四元’协同发展模式创新与实践”“大同矿区煤层群组不对称开发理论与关键技术”等5项成果荣获中国煤炭工业协会科学技术一等奖。主持或参与制定国家、行业标准12项，企业标准7项，申请国家专利210项，获得专利授权111项，鼓舞了集团公司广大科技工作者投身到企业改革创新、转型发展中，建设新时代同煤的磅礴气势。

（3）深入开展科研攻关。在雁崖、燕子山现场试验了坚硬顶板复合射孔、液体炸药深孔爆破等新技术；在云冈矿开展了全球首个100 MW废弃巷道压缩空气储能电站项目；在白洞等5座矿井试点建设地下水库；在马道头试点应用了奥灰水封堵治理、保水开采技术。与晋煤集团蓝焰公司合作，积极开展了煤层气、瓦斯综合利用和地热资源开发等前期工作，成为全省深化能源革命对外合作的典范。

（4）强化瓦斯防治。通过实施专项综合治理，强化“一通三防”隐患排查，加大技术攻关等综合措施，有效遏制了瓦斯、煤层爆炸事故的发生，每年完成$1\times10^8\ m^3$以上的瓦斯抽采。

（5）加强防治水管理。同煤集团组织相关专家对中国矿业大学（北京）开展的产学研联合攻关项目，逐步建立从经验化管理到系统化管理，从人员、仪器共同监测管控到仪器探测智能系统分析管控，从矿井治理水患各自为战的模式到树立典型、在集团成果推广应用的模式的转变，力争在防治水方面取得突破性进展，成果达到国际领先水平，为集团安全生产提供科技保障。

（6）强化顶板管理。研发了大尺度原位连续监测技术，确立了大空间覆岩“悬臂梁＋砌体梁＋高位结构”，建立了大空间采场覆岩结构力学模型，揭示了远近场结构失稳的矿压作用机理，为顶板防治提供了理论依据。对于强矿压治理，采取避让优先、支卸同步的综合治理手段，并且与西安通源石油公司合作，共同研发地面压裂坚硬顶板控制采场矿压的新方法，运用地面垂直井压裂技术及水平井压裂技术，对距煤层上 100 ~ 150 m 范围内厚硬岩层进行压裂，弱化远场高位岩层，根治强矿压难题。针对工作面砾岩坚硬顶板难以垮落这一技术难题，同煤集团积极实施充填开采，在控制地面下沉的同时，有效地减少排矸量。

（二）压实安全基础，深化保安势态

（1）强化安全责任落实。牢固树立安全发展理念，建立“网格式”安全管理网络，层层从源头防控，推动安全工作关口前移、管理延伸、内涵扩大、外延拓展，形成各司其职、上下联动、专业关联的安全格局，实现煤矿安全全覆盖精准管理，提高了安全执行力，有效防范和遏制生产安全事故的发生。

（2）全面推行全员风险辨识，扎实开展安全风险分级管控与事故隐患排查，实现了不同管理层级的风险辨识预判、风险管控措施效果检查、事故隐患排查治理销号的全过程管控。同时加强隐患集中整治，对各类隐患未及时有效治理的实行提级督办，实现了存量和重复隐患双下降。

（3）深入推进安全生产标准化建设，持续保持高质量、动态达标。通过不断创新优化标准化工作推进机制，构建全员参与、持续改进、系统推进、变化管控、循环提升的标准化运行新体系，聚焦系统整治、区域整治、专项整治、盲区死角整治，实现安全生产标准化高质量动态达标。

（4）全面夯实现场安全管理基础，不断提升现场安全管理水平。

①全力推行“安全到岗”逐级考核制度，切实强化了井下员工安全责任落实力度，实现了安全管控力度再提升。②持续开展反“三违”管理，针对各类“三违”，以强硬手段，发现一处、处罚一处，重培重教、责任到人，在杜绝各类“三违”的同时，提升了各级管理人员、员工的正规作业意识，使其规范化树立安全生产规章。

（5）全面创新全员安全培训方式，有效促进员工培训工作再提升。2019 年以来，同煤集团切实从员工实际出发，引进了“学习强矿”手机 APP，改变了传统培训考试模式，充分利用员工碎片时间，实现随时随地方便快捷答题学习，从根本上改善了学习考试的方式。

（6）注重安全宣教工作，持续提升企业安全文化建设水平。充分调动起各级干部员工抓安全的积极性、主动性和创造性，使员工在潜移默化中受到了安全教育，学到了安全知识，增强了安全意识，落实到了操作行为上。

（7）加大安全投入。安全上坚持投入不减、标准不降，每年投入 20 多亿元，用于“一通三防”、防治水、安全生产标准化等安全基础建设，有效增强了矿井灾害防治能力。

（8）积极响应上级安全工作部署，深入推进安全管理集中整治。以省委巡视为契机，同煤集团持续开展了“三类隐患”整治行动、“三个专项”行动、防范化解重大安全风险行动、“反三违”专项行动，还开展了应急演练全覆盖活动、季度专业专项整治活动、安全生产月活动、涉险隐患专项整治季活动、“百日安全会战”等活动。通过坚持问题导向，树立“变化就是风险”的意识，有效促进了矿井安全管理水平的提升。

（三）走“减、优、绿”高效发展之路

（1）稳步淘汰落后产能。主动核减产能 3. 90 Mt，淘汰落后产能 1. 5 Mt。“十三五”期间关闭矿井 16 座，累计化解过剩产能 21. 46 Mt，占山西省总量的 18. 6%，居全省首位。

（2）大力培育高效产能。规划的 11 座千万吨矿井，建成 9 座，全年完成产量 87 Mt，占总产量的 59. 5%，有力支撑了煤炭主业高质量发展。

（3）全面提升单进水平。通过打造快速掘进作业线和优化支护设计，单进同比提升 24%，实现了新突破。

（4）大力推广智能化开采。塔山、同忻等矿井实现工作面智能化综放开采，采出率提升 5%，生产能耗降低 5%，进一步做好煤炭安全高效开采。

（5）积极推广新技术、新工艺，大幅提高资源回收率。截至 2019 年底，30 座矿井 68 个工作面实施了小（无）煤柱开采，多回收资源 12. 24 Mt，回采率提高 6%。25 座矿井 35 个工作面实施了停采线优化，多回收资源 3. 73 Mt。35 座矿井优化了放顶煤工艺，回采率提高 5. 2%，当年多回收资源 5 Mt。

（6）践行“系统越简单越安全、环节点越少越可靠、打造本质性安全矿井”的工作思路，实施设计、方案、支护、系统四个优化，让 9 座老矿井焕发新活力，减少管理跨度约 68000 m，大大缓解了安全管控压力，同时平均降低全年运营费用约 10%。

（四）装备水平提升助力煤炭产业高效升级

（1）新装备提高了生产效率。智能链臂锯、门式支架、ZF21000 型电液控放顶煤支架装备实现了工作面精准切顶和高效强支；“13 臂”掘锚一体机、“振兴一号”盾构机、永磁变频技术和智能巡检机器人等新技术、新装备的研发应用，极大地降低了劳动强度，提高了生产效率。

（2）“千万吨级特厚煤层智能化综放开采关键技术及示范配套智能化”项目是国家“十三五”重点研发计划项目。项目完成后可以实现“以工作面自动控制为主，远程干预控制为辅”的自动化生产模式，达到千万吨级特厚煤层开采“无人值守、有人巡视”目标。与传统开采方式相比，该项技术可使塔山煤矿单工作面生产能力由原来年产 10 Mt 增至 15 Mt，生产期间工作面由原来 8 人联合操作减至 2 人巡视，为我国特厚煤层综放智能化安全高效开采提供有力的关键技术支撑。

（五）编制企业标准，创一流企业管理

同煤集团以自身专业技术人员团队为基础，联合科研高校共同编制完成了同煤集团《锚网索支护技术规范》《放顶煤技术规范》《综采、综放停采技术规范》《大切巷支护技术规范》《沿空留巷技术规范》等企业标准，大幅提升集团技术水平，提高工作效率的同时降低了企业成本，仅 2019 年实施放顶煤优化这一项就多回收资源 5 Mt。

（六）矸石山上造美景，环境修复标准高

一直以来，同煤集团以“环保、绿色、生态”的高标准要求各矿大力开展矸石山治理工作，尤其是千万吨级矿井的矸石山治理已成为全省的示范项目。现已建成的晋华宫国家矿山公园就是以晋华宫原南山矸石山为中心，经过对矸石进行分层覆盖、碾压，采用防渗漏与植生袋相结合的先进技术，把昔日的矸石山建成为塞上煤海一处景色怡人的 5A 级主题公园。

（七）打造循环经济园区，实现煤炭绿色开采

同煤集团塔山循环经济园区涵盖了煤炭、电力、化工、建材、现代服务等多个产业，“煤—电—热”“煤—化工”“煤—建材”3 条产业链耦合共生、协同运营，诞生了一个全行业全新的绿色煤炭循环经济产业链：选煤厂生产的精煤通过铁路专用线装车外运；筛分煤进入坑口电厂；分选出来的煤矸石输送到煤矸石砖厂；电厂排出的粉煤灰、炉渣作为粉煤灰砖厂、陶瓷保温材料厂的原料；采煤过程中采出的伴生物高岭岩作为高岭土加工厂的原料；煤矿矿井水和园区企业生活污水进入污水处理厂，净化处理后再复用可直接灌溉农田。绿色循环经济产业链真正实现了“黑色煤炭、绿色开采，循环经济、吃干榨尽，有限资源、无限利用”。

（八）夯实人才基石，激活企业活力

人才是强企之基、转型之要、活力之源。同煤集团匡正选人用人导向，全面推进人事和机构改革，大力推进干部人事制度改革，培养选拔优秀年轻干部，全日制大学本科以上学历的中层干部占比大幅提升。

安全高效　对标龙头
打造新材料界的一流煤企

——华阳新材料科技集团有限公司

一、公司概况

华阳新材料科技集团，是勇担“在转型发展上率先蹚出一条新路”历史使命，聚焦新材料产业，优化国有资本布局，由世界500强企业——阳煤集团整体更名而来的“火箭”级高科技新材料产业集团。

建企70余年来，为保障国家能源供给和新中国工业基础体系建设做出了卓越贡献。集团拥有强大的研发创新优势，与全球40多所顶尖高校、院所合作，建成了数十个创新平台。仅近3年，获得各类科技鉴定成果219项，其中国际领先水平30项，获得行业级以上科技奖129项，取得各类专利633项。

创新是新材料之本，研发是新材料之根。华阳集团传承“同心做人、合力做事”核心理念，推动新材料产业向高端、绿色、节能、环保发展，形成以碳基新材料为主业的战略格局，打造产值超过2000亿元、世界一流的新材料产业集群。

二、公司煤炭产业现状

煤炭产业作为集团主业，拥有煤矿35座，其中生产矿井26座，基本建设和技改的矿井9座，煤矿地域扩大到山西、新疆两大省区，其中山西省地域分布增加到阳泉、晋中、太原、忻州、临汾等5个市、15个县区。随着煤炭数量的大幅增加，煤炭产业生产管理格局发生了重大变化，成立了南煤、天誉、沙钢三个区域管理公司，加强对各煤矿的安全生产管理。

目前所有生产矿井采煤工艺全部实现综合机械化采煤，综采机械化程度达到100%，掘进机械化程度99.6%。

三、安全高效矿井建设取得的业绩

2020年有25座煤矿进行了2018—2019年度特级安全高效矿井申报，并在9月全部顺利通过中国煤炭工业协会组织的资料评审，10月通过了陕煤集团安全高效验收组的现场核查，12月被中国煤炭工业协会下文正式命名。

四、安全高效矿井建设做法及经验

（一）用好“六个抓手”

1. 抓好“一通三防”和水害防治，有效防范煤矿重大事故

围绕杜绝瓦斯事故的总目标，转变瓦斯治理观念，注重顶层设计，坚持全力、全员、全覆盖治理瓦斯，打造一流的治理速度、治理能力、治理水平、治理标准，建立瓦斯治理新模式。

2. 抓好变化管理，形成快捷的应变机制

事故多发生于变化环节，安全管理必须管好变化环节。华阳集团公司分层级制定变化管理办法，明确变化分类、汇报程序、应急响应、现场处置和跟班要求，重大变化挂牌管理，实现超前预测变化、科学减少变化、有效控制变化，真正把变化管理落实在基层、落实在现场。

3. 抓好短板管理，持续改进安全管理工作

按照“条块结合，全面排查”的要求，构建安全短板管理分级排查整改长效机制，实现安全短板的系统提升、持续提升、全面提升。对短板管理分解工作责任，明确牵头部门，细化整改流程，量化推进任务，重视效果评价，严格考核奖惩。

4. 抓好现代化矿井建设，提升煤矿办矿品位

围绕安全和效益，统筹考虑，科学部署。一是在优化存量上下功夫，充分挖掘先进采掘设备的性能，把自动化、半自动化设备用好用活，实现装备现代化与经济合理化的有机结合。二是在减人提效上下功夫，继续坚持“政策引导、企业主导、循序渐进、积极稳妥”的原则，进一步发挥基层的主动性。三是在创新上下功夫。充分利用ERP信息管理系统平台，在整合井下各类信息资源后，逐步向煤矿现场延伸，有效提高煤矿井下的机械化、自动化、信息化、智能化水平，落实好“减矿、减产、减面、减人、减事故”要求，真正实现“无人则安、人少则安”。

5. 抓好安全生产标准化，勇于对标一流企业

切实加强煤矿安全生产标准化建设的组织领导，落实煤矿在达标工作上的主体责任，发挥好集团业务部门对本专业达标工作牵头组织、引导协调、检查考核职能，在主要生产系统专业达标的基础上，结合各矿实际情况，进一步细化抽采、防突标准，提升职业卫生、地面设施、应急救援等“短板”专业的标准化水平。煤矿重点岗位要强力推行“手指口述”和“岗位描述”，实现岗位操作标准化。

6. 抓好安全培训教育，促进员工队伍素质攀升

加大安全培训绩效考核力度，严格考教分离，分层级进行岗位动态考核，员工参加培训和考试成绩纳入个人安全账户管理。引申安全宣传教育“12法”，把紧密结合岗位实际的事故案例培训作为常态化的工作，把摸排转化“安全不放心人”与典型违章人员离岗培训机制有机结合，把“人人都是安全员、人人都是防突员”的理念渗透于日常培训教育环节，关注员工健康上岗，塑造想安全、会安全、能安全的本质安全员工队伍。

（二）切实加强矿区煤炭资源管理及地质预报工作

（1）加强煤炭资源管理。把对现有资源的管理放在与对外争取资源同等重要的位置上。严格地质损失的审批，每季度集中审批一次，防止资源浪费。严格回采率的考核，根据国家2012年出台的回采率相关规定，相应制定文件加以规范和考核，确保回采率达标。

（2）积极组织开展瓦斯构造和顶板构造预测预报管理工作。在瓦斯地质预测预报方面，重点定期对9座高突矿井进行瓦斯地质预测预报评级检查，在新景公司进行了瓦斯地质综合预警系统开发和工业性试验，探索瓦斯超前防治新途径；在顶板构造预测预报方面，集团出台《采掘工作面过地质构造顶板管理规定》进行规划管理，积极引进瑞利波、地质探测仪、地质雷达等井下超前探测仪器，努力提高地质构造预测预报的准确性。

（三）改进生产装备、工艺和管理，充分发挥现有的生产能力

采煤方面：6座矿井推广大采高装备9套；12座矿井推广综采自动化装备26套；13座矿井推广端头架40套；11座矿推广超前支架16套。新元、二矿、新景等部分综采自动化面已实现工作面中部跟机、采煤机远程控制、采煤机牵引速度与瓦斯浓度的联动控制等功能，工作面“三机”和顺槽的带式输送机能够在顺槽集控中心实现一键启停，能够对工作面设备相关数据进行监测。

掘进方面：推广74条岩巷快速作业线；煤巷推广使用12台液压锚杆钻车；推广使用83台湿喷机和试验湿式除尘器，现场作业环境明显改善；岩

巷推广使用33部矸石溜，与普通40T型煤溜相比，使用寿命由3个月提高到28个月以上，故障率减少60%以上，开机率同比提高25%，与履带板车配套使用，实现整体搬运矸石溜机头；在二矿、新景和新元推广使用EBZ260H、EBZ260W型小断面岩巷掘进机和EBH450型岩巷掘进机。综掘平均月进比炮掘提高2倍，有效加快高抽巷、底抽巷等岩巷掘进效率。

运输方面：在孙家沟、榆树坡等新建矿井和储量大的矿井推广使用无轨胶轮车运输，在二矿、新景、平舒等矿井局部推广使用无轨胶轮车；在轨道运输矿井井下采区和采掘工作面推广96部无极绳连续牵引车等设备，实现物料运输连续化。

（四）信息化改造已具规模

（1）对主要生产环节和固定设施进行集控改造。机电系统对13座矿井的146部带式输送机进行了集中控制改造；对11座矿井17个主排水泵房完成了监测监控改造；对10座矿井23个压风机房进行监测改造；对12座矿井131个配电室1917台高压开关进行了防越级跳闸技术改造；选煤系统重点对6座自营选煤厂的配电室、生产泵房和鼓、压风机房等就地设备进行集中控制和点检系统改造22项。

（2）开展煤矿综合信息化建设。7座矿井完成综合自动化系统建设并投用，2座矿井完成平台基础建设工作；24座矿井完成无线通信系统建设工作；27座矿井完成产量监控系统建设及升级改造；安全生产运营管理平台和ERP项目建设进展顺利，正按照建设进度逐步投用。

（五）创新技术解决难题

（1）推进立体式瓦斯治理技术试验，多途径探索瓦斯治理新渠道。8座矿井实施以岩保煤开采，累计施工17277 m巷道预抽，避免有突出危险的煤层打钻或掘进时“短兵相接”；7座矿井实施千米钻机，累计施工5764 m。解决区域煤层瓦斯预抽进度浅难题；新景、新大地2座矿井实施保护层开采；与中国矿业大学、西安煤科院等科研院校合作，研究探索煤层增透技术。

（2）做好顶层设计。与天地科技合作研究探索阳泉矿区煤矿巷道支护成套技术和15号煤开采方法及围岩控制技术；与国家煤炭资源与安全开采国家重点实验室合作，研究探索物探技术，解决目前制约安全高效生产的一些技术难题。

锐意改革创新　彰显奋发有为 依靠科技进步　聚集效率效益 奋力开创新时代企业“二次转型”新局面

——山西晋城无烟煤矿业集团有限责任公司

一、公司概况

山西晋城无烟煤矿业集团有限责任公司的前身为晋城矿务局，始建于1958年，隶属于原煤炭部94家统配矿务局之一。2000年8月28日，经山西省人民政府批准，改制为国有独资的“山西晋城无烟煤矿业集团有限责任公司”（以下简称“晋煤集团”）。2005年12月11日，经国务院批准，通过实施债权转股权，晋煤集团由国有独资公司改制为省国资委控股、多元股东持股的有限责任公司，是国家规划的13个大型煤炭基地晋东煤炭基地的重要组成部分，是我国优质无烟煤重要的生产基地，是我国大型煤化工企业集团和煤层气抽采利用基地。现有生产矿井26座，生产能力57.50 Mt/a。2019年，晋煤集团原煤产量56.84 Mt，掘进进尺372491 m，原煤工效11.803 t/工，采煤机械化程度100%，掘进装载机械化程度96.40%，综掘机械化程度96.34%，采区回采率82.25%，原煤百万吨死亡率为0。

2019年晋煤集团完成营业收入1742亿元，同比增长1.89%。实现利润43.07亿元，同比增长1.74%。目前，晋煤集团省内外拥有员工12万余人，其中省内员工7万余人。在岗员工人均收入109171万元，同比提高7.88%。截至2019年底，公司总资产2940亿元，比2018年增加184亿元，2019年晋煤集团位列世界500强企业第482位、2019年中国煤炭企业50强第10位。

二、2018—2019年度安全高效矿井建设情况

晋煤集团按照煤炭工业安全高效矿井（露天）评审办法对所有生产矿

井进行了自评。自评结果共有 22 座生产矿井达到安全高效矿井标准。其中特级 20 座：成庄矿、寺河煤矿（东井）、寺河煤矿（西井）、赵庄矿、长平煤业、寺河煤矿二号井、赵庄二号井、岳城煤矿、坪上煤业、亿欣煤业、胡底煤业井、龙泉煤业、华苑煤业、华胜煤业、晋牛煤业、东河煤业、炉峪口煤矿、固隆煤业、青洼煤业、仙泉煤业；一级 2 座：海天煤业、苇町煤业。

三、安全高效矿井创建经验及做法

晋煤集团以提高采掘效率和资源回收率，提升标准化水平和安全基础保障能力，创建经济效益好、环境治理好的矿井为工作目标开展矿井安全高效建设工作，并取得了良好成效。

（一）加强领导，明确责任，层层落实，营造建设安全高效矿井的氛围

近年来，集团公司领导高度重视安全高效矿井建设工作，以煤炭板块能源革命为目标，煤矿“减、优、绿”建设工作为主线，积极进行广泛宣传发动，责任到人，层层落实，全面提高全员的质量意识、成本意识、效益意识和安全高效意识。同时制定有关制度及管理办法，定期对各生产矿井进行督查和考核，使安全高效矿井建设工作时时处于有领导、有组织、有推动、有考核的管控状态。加强安全生产标准化建设，打造安全高效矿井，保障煤炭产业健康发展。

（二）从实际出发，按不同层次，分类指导和建设安全高效矿井

晋煤集团战略布局是以晋城本部主力矿井为主体的基础区、以太原煤气化和资源整合矿井为主体增长区、以 6 对新建矿井为主体战略区，全力建设综合能源基地。生产矿井坚持安全高效化、系统科学化、装备现代化、队伍专业化、管理信息化的生产模式。针对矿井不同的发展阶段及煤层赋存的多样性，根据矿井采煤方法、采煤工艺、开拓布置方式和装备技术的多样性，结合各生产矿井的生产实际，将现有生产矿井按不同层次、不同类型制定适合矿井特点的安全高效矿井建设目标规划。

对于进入衰老期的矿井，把工作重点放在高效上，要求矿井在减人增效、降低成本、集中生产、合理配采、优化设计、优化品种上下功夫，在技术创新、提高矿井综合经济效益上做文章，努力走出一条“老矿走新路，旧貌换新春”的新路子。

对于新建矿井，坚持矿井高起点、高技术、高质量、高效率、高效益的建设方针。

对于资源整合矿井，依托大矿支援的运营模式，努力打造管理装备优、

生产安全好、人少效率高的中小型现代化精品矿井。

对于构造多、煤层厚度变化大、煤层软、瓦斯浓度高和煤与瓦斯突出的矿井，采取矿井技术改造，优化系统，形成“一井一面（两面）”的生产格局，实现采煤—运输—提升生产系统连续化、自动化，实现集约化生产，瞄准国内一流国际先进水平，建设特级安全高效矿井。

（三）以煤矿安全生产标准化管理体系建设工作为切入点，保持标准化水平，为安全生产奠定基础

从20世纪80年代开始，晋煤集团积极开展“质量标准化，安全创水平”活动，特别是2005年以来，通过出台并强力推行晋煤集团安全质量标准化企业标准后，安全质量标准化工作实现了规范化、制度化管理，作业环境得到了根本的改善。特别是2017年《煤矿安全生产标准化标准》下发执行以来，晋煤集团认真贯彻学习，组织矿井开展安全生产标准化建设工作。通过强力实施，晋煤集团的安全生产标准化得到了平稳发展，有效地促进了安全高效矿井的建设。《煤矿安全生产标准化管理体系》下发执行后，集团公司及时修订下发了《晋煤集团煤矿安全生产标准化管理体系管理办法》，组织督促各煤矿对照新标准开展体系建设、贯彻学习、自查整改工作。并外聘国家级专家参与集团公司的标准化检查和评分工作，提高集团公司标准化检查水平，有效提高了各煤矿标准化建设工作的意识和积极性。集团公司现有38座煤矿已经有14座取得一级，其余全部达到二级。

（四）大力开展采掘提效，提升生产效率

2019年晋煤集团高度重视采掘提效工作，率先在直管矿井开展采掘提效工作。设立了1个亿的奖励基金，制定下发了《晋煤集团关于单产单进水平提升活动实施方案》，成立了以董事长和总经理为组长的采掘提效领导组。通过优化采掘衔接和生产组织、推动科技创新和设备更新、开展降本增效和减员增效、严抓基础整治和设备检修、强化标准化动态达标等多措并举，扎实开展采掘提效活动，取得了显著成效。2019年平均单产水平达219100 t/(个·月)，较2018年提升11.27%，2019年综合单进水平达179米/(个·月)，较2018年提升5.9%。

（五）依托科技创新、技术革新，提升高效水平

2019年集团公司多次组织相关领导和处室（矿井）一把手赴山东、河北等先进矿井开展调研工作，为集团公司“减、优、绿”和“二次转型”工作探索方向，成立了信息化委员会和矿山智能化工作办公室，“智慧矿山”建设全面提速。在矿井安全高效方面开展多项技术研究和推广工作。

1. 智能化工作面

通过建立集通信网络、视频监视和远程操作于一体的工作面集中监控平台，将液压支架电液控制系统、采煤机控制系统、惯性导航系统、三机及顺槽皮带机控制系统、视频监控系统、工作面人员定位系统及供电系统有机结合，实时掌握工作面情况，实现对综合机械化采煤工作面设备的协调管理与集中控制，达到降低工人劳动强度，确保矿井安全高效生产的目的。在长平公司 5302 重型放顶煤工作面和寺河二号井 94316 薄煤层工作面正在进行工业性试验。

2. 瓦斯治理

创新瓦斯治理和防治水思路，研究多煤层立体抽采和联合开采技术可行性，实现“一层开采、两层卸压、三层共采”。通过对多个煤矿 3 号、9 号、15 号煤层不同布置方式开采条件下瓦斯基础参数、瓦斯涌出规律、采空区混合气体来源分析，初步确定了不同布置方式开采条件下的卸压抽采效果，确立研究课题“下组煤采动影响效果及瓦斯治理技术研究”。

依托科技项目的研究与应用，集团公司在瓦斯治理和应用方面取得了显著成效，2019 年瓦斯抽采进尺达 10728 km，抽采纯瓦斯的总量达 $1.525 \times 10^9\ m^3$，为煤矿安全高效建设提供了技术保障。

3. 掘进提效

2019 年集团公司成立掘进提效项目组，主动学习了解先进掘进技术装备，广泛接触国内外掘进装备制造商，多次实地参观施工现场。共外出调研学习 6 次，组织召开 8 次以上技术研讨和项目推进会，不遗余力、持续不懈地推进掘进提效，大力推广应用新装备、新工艺。

4. 回采提效

2019 年通过采用强化回采过程管控、完善采煤工作面工程质量验收管控体系、加强机电设备管理和维护、强力整治工作面支架初撑力等手段，努力提升回采工作面回采效率。同时推广应用多项小改小革：采用顺槽瓦斯抽放钻孔注气驱替瓦斯；采用水力压裂技术解决上隅角悬顶过大问题；下分层工作面上隅角使用充袋气囊隔绝采空区瓦斯；上分层工作面排尾架使用侧护挡矸板装置；皮带巷标点挂线挂激光进行测量。

5. 推广应用无煤柱、小煤柱开采工艺

2019 年集团公司“无煤柱、小煤柱及充填开采课题组”在集团公司各矿井积极推进无煤柱、小煤柱开采技术研究的推广应用。①引进切顶卸压无煤柱开采技术。在亿欣煤业 XV1306 工作面试验研究切顶卸压无煤柱开采技术，在巷道成型、支护效果、切顶卸压、“一通三防”、经济效益等关键指标方面均取得了良好的效果，实现了安全开采、技术可行、经济合理、高产高效的目标。②开展3号和9号煤层无煤柱开采技术攻关。借鉴亿欣煤业切顶卸压无煤柱开采经验，启动了寺河二号井和苇町煤业9号煤工作面切顶卸压无煤柱开采项目研究和润宏煤业3号放顶煤工作面沿空留巷开采试验。

通过推广应用无煤柱、小煤柱开采工艺，不断创新和优化该工艺在巷道支护、采空区封堵、爆破封孔等方面的工艺技术，无煤柱开采技术得到了不断发展，正在逐步形成晋煤特色切顶卸压无煤柱开采体系，不断提升回采工作面安全高效水平。

6. 坚持革命性降本增效工作，实现经济效益最大化

2019年以来，针对煤炭市场持续低迷的情况，集团公司煤炭板块率先对标先进、自我革命，坚定不移推进革命性降本增效工作。①提高单产单进水平，向效率要效益；②提升标准化水平，向管理要效益；③提高资源回收率，向创新要效益；④优化巷道设计，向技术要效益；⑤优化运输方式，向环节要效益；⑥材料定额管理、修旧利废，向基础要效益；⑦推广节支项目，向科技要效益。通过革命性降本增效工作，2019年煤炭板块共降本增效10.39万元。

7. 加强职工技术培训，提高员工整体素质

一是加强安全生产标准化标准、岗位作业标准、作业规程的学习和培训，从业务处室、矿领导、矿中层干部到普通职工，分层次组织开展为期半年的职工素质提升工作。采用班前会、班后会、安全会、现场抽考、专业培训班等形式多样、富有成效的培训方式，保证培训效果，实现岗位操作标准化，切实提高员工业务素质。二是开展技术传帮带活动，推选技能水平高、职业素质好、实践经验丰富、被广大员工认可的高技能人才，作为“导师”“名师”，与年轻员工结对子，开展传帮带，提高岗位操作员工的整体素质。同时成立“大师工作室”，让技术能手充分发挥技术能力。三是积极开展“岗位技能竞赛”活动，促进员工知识更新、能力提升和素质提高。已经连续举办了十七届岗位技能竞赛，涌现出了一大批技术能手。通过近年来不断加强技术培训，企业员工整体素质得到不断提高，为今后企业的发展和安全高效工作储备了充足的人力资源和技术基础。

8. 加强环境保护工作，建设环保绿色矿山

环境保护工作是国家的一项基本国策，多年来晋煤集团一贯重视环保工作。2019年，晋煤集团COD减排1622.3 t，SO_2减排4517.2 t，吨原煤生产

综合能耗 4.54 kgce/t，超额完成了山西省政府下达的节能目标。

晋煤集团坚持低成本、发展路径不动摇，以煤炭绿色开发利用为引领，推动传统的煤炭生产方式和生产工艺深刻变革，科学规划“十四五”规划，按照煤矿安全高效矿井建设的有关要求，落实责任，强力推进，把工作重点拓展至各个环节，使晋煤集团安全高效矿井建设迈上一个新台阶。

加强管理　深化改革
创建安全高效环保的现代化矿井

——山西煤炭进出口集团有限公司

一、公司概况

自2009年煤炭资源整合以来，山西煤炭进出口集团（简称“山煤集团”）在山西省6市9县共整合煤矿59座，整合后形成20座矿井，保有资源储量2760 Mt，可采储量1330 Mt，总设计生产能力35.70 Mt/a。现有14座生产矿井、4座基建矿井和2座停工缓建矿井。所属20座矿井中，有4座国有独资矿井，16座国有控股矿井。所属整合煤矿均做到了“真投入、真控股、真管理”。

二、安全高效矿井建设情况

（一）安全监管情况

山煤集团所属煤矿均实行地方安全监管。山煤集团成立了安全生产管理委员会，是全集团安全生产协调办事机构。集团公司设安全监管部门，负责安全生产综合监管。各板块公司负责所属单位的安全监管，各业务部门负责业务保安工作，实行集团公司、板块公司、基层单位三级安全监管。山煤国际煤业分公司负责集团所属煤矿及选煤厂的安全生产、技术管理和成本管控。在晋南、晋北、晋东南设3个区域分公司（派出机构），负责安全监管、地方协调和区域培训。

（二）对标杜邦安全管理情况

为认真贯彻落实山西焦煤会议精神，以奋力争当建设新焦煤“七个表率”为总纲，自立标杆、自我加压、率先蹚路，集团公司启动了对标杜邦安全管理工作。山煤集团成立了以分管安全领导为组长，以管理顾问为指导，以部分煤矿负责同志为组员的全球一流安全管理工作组。目前已确定了集团的安全愿景、工作目标、工作维度、管理要素等，完成了“零隐患”

的描述和工作目标，各项工作正在有序推进中。

（三）煤矿分级分类监管情况

根据《山西省煤矿分级分类安全监管监察办法》，所属18座矿井划分为：A类矿井1座，占比5.6%；B类矿井9座，占比50%；C类矿井6座，占比33.3%；D类矿井2座，占比11.1%。

（四）“双预控”联网情况

所属煤矿均完成了“双预控”系统的部署安装工作，并已与省厅联网，根据省厅规范性要求录入相关数据。

（五）安全生产标准化达标创建情况

14座生产矿井中，有5座国家一级安全生产标准化矿井，8座省二级标准化矿井，1座矿井（万家庄，基建转生产）待省厅二级标准化验收。

（六）2018—2019年度安全高效矿井评审情况

集团所属生产矿井均顺利通过初审，左云五矿通过了伊泰集团专家组的现场验收。

三、安全高效矿井建设经验

（一）牢牢抓住“安全、环保、成本”基础指标

一是抓安全。认真落实“风险预控、关口前移”的方针，全面推行安全风险分级管控，立足依法合规生产，不断开展自查与隐患排查。继续执行“一患三查两闭合”，实现由事故问责向隐患问责、结果问责、过程问责转变；抓好重大事故预防，落实科学有效的防治水、防尘、防爆防治措施；抓好变化管理，形成快捷应变机制，实现隐患治理信息化管理。抓好短板管理，加强基建矿井复工复产、外委队伍的安全管理；持续改进安全工作。抓好安全生产标准化建设，构建“三位一体”标准体系，生产矿井必须达到一级标准，基建矿井必须达到二级标准；抓好安全培训教育，增强全员技能素质，推进矿井向本质安全迈进；抓好3支团队建设，即以矿长为首的安全管理团队、以总工程师为首的技术管理团队和以生产矿长领导下班组长为主的现场管理团队。

二是抓环保。抓好环保设施的完善，全面梳理排查环保风险源，重点督导各单位的排污许可证申领工作和环保验收工作，确保环保工作达标。

三是抓成本管控。全面推进契约化管理，督促各单位严格考核兑现，真正发挥契约化的管理与激励作用；做好“管理会计实践创新课题组”的工作，构建以“采供—仓储—设计—采掘—洗选加工—销售—资金”为主线

的“全价值链成本智能管控化系统”。坚决做实成本管控的各项措施，防止成本反弹。加强内部市场化、切块承包和吨煤工资结算等辅助项考核。加强经营绩效考核，利用绩效杠杆，调动各单位生产经营的积极性、主动性。针对个别矿人为调剂成本现象，严格财务核算，对完成全年指标有困难的矿井严防盯守，确保完成全年原煤完全成本指标。在物资采购、招投标、委外费用管理、可控费用控制、非生产性投入等方面取得成本核算的实质性突破；严控资金预算管理，提高资金使用效率，加大对煤矿预算执行情况的检查，提高煤矿资金执行率，减少资金在基层的积淀。

（二）强化正常生产组织

一是抓好生产计划管理。紧紧围绕年初确定的生产任务指标，逐矿逐月层层分解，合理安排月度生产计划，以月保年，确保全年产量计划完成。二是抓好困难矿井抽掘采衔接。严格按照“3·1·6·4”的标准保证“四量”指标符合规定。三是抓好单产单进工作，推广应用先进的施工设备，改进施工工艺，提高采掘队组单产单进水平。四是强化现场管理，各级管理人员多下基层、紧盯现场，制定切实的安全技术措施、生产组织措施，并严格落实执行。五是加大科技投入，引进新材料、新技术，推广长工作面、窄煤柱、无煤柱开采。经坊矿完成下组煤延伸准备工作，提高资源利用率，增加矿井服务年限。六是积极推进矿井设计优化和工艺改革，提高工效、降低成本。

（三）加强煤质管理和销售工作

一是狠抓源头管理，强化和规范采、掘过程控制，优化生产工艺，从源头实现多出煤、出好煤的目标。二是重点督导各矿煤质管理体系及煤质检测、化验装备的建立、健全工作。三是加强洗煤厂管理，改革洗煤厂运营模式，引进专业化管理团队，提升专业管理水平，提高原煤入洗能力以及洗选效率，生产加工适销对路的产品，提高优质、优效煤炭产品的销售比例，增加煤业板块整体的经济效益。四是主动建立与销售分公司长期有效的沟通机制，建立煤质管理与销售联动机制，做好煤质的预测预警。五是全力配合集团及销售分公司推进煤炭港口直销工作。

（四）继续深化国企国资改革

一是深化管理体制机制创新。积极推进法人治理结构、扁平化管理、“瘦身健体”等方面改革，探索矿井托管推广的可行性，深入开展契约化试点工作，争取先行先试；大力推进“三项制度”改革，落实岗位竞聘、“三考”结合、薪酬改革要求，激发人的积极性、创造性；在劳动用工方面，对生产矿井实施全面定编定员、定岗定责，严格控制矿井的从业人数，推进矿井用工优化，减少非生产性人员的比例；改革分配制度，调整分配比例，优化分配结构，做到向井下倾斜、向一线倾斜、向关键岗位倾斜、向技术技能岗位倾斜。

二是积极推广应用新技术、新工艺、新设备，依靠科技进步，推进矿井现代化、智能化建设。实施积极的“走出去、请进来”战略，加强和科研院校的交流合作，促进科技成果转化，真正通过科技创新提高效率、增加效益。

三是推进国企国资改革重点任务。重点抓好分离移交“三供一业”、压减层级、信访稳定、党的建设等各项改革转型重点任务，以超常规手段保障各项重点任务不折不扣落实到位。

立德树人　科技引领　构建绿色
创建安全高效先进矿井

——山西桃园煤业投资管理有限公司

一、公司概况

山西桃园煤业投资管理有限公司是山西桃园腾阳能源集团有限责任公司的煤业分公司，位于中阳县城北新区二郎坪段，成立于2012年。公司设有生产、机电运输、通风安全、地测防治水、技术管理、信息调度、培训中心等7个管理部门，公司主要负责对所属煤矿的生产、技术、安全、考核、培训、验收、经济指标等方面的管理。

山西桃园煤业投资管理有限公司所属煤矿包括：

山西吕梁中阳桃园鑫隆煤业有限公司，位于中阳县城北约3 km处，生产能力为1.2 Mt/a，服务年限为17.8 a。

山西中阳桃园容大煤业有限公司，位于中阳县北约21 km（公路里程）处，设计生产能力为0.9 Mt/a，服务年限17.6 a。

山西忻州神达惠安煤业有限公司是山西忻州神达能源集团有限公司的下属煤矿，矿井设计能力1.50 Mt/a，服务年限30 a。

山西桃园煤业投资管理有限公司以安全发展为目标，大力弘扬“忠厚吃苦、敬业奉献、开拓创新、卓越至上”的山西煤炭精神，积极构建学习型、服务型、文化型的现代化企业，以文化强煤为引领，以煤炭精神为内涵，努力建设现代化文明煤炭工业，率先走出转型跨越、高效发展新路。

安全高效矿井创建情况：鑫隆煤业、容大煤业、惠安煤业2018—2019年度被评为特级安全高效矿井。

二、安全高效矿井创建做法及经验

安全高效矿井创建是新时代煤矿发展的要求，是进一步深化煤矿向高层次迈进的有效途径，也是增强煤矿抗风险及本质安全水平的关键举措。山西桃园煤业投资管理有限公司在安全高效矿井创建方面非常重视，从理念宣传、引导、实践、深化等多个方面着手开展，做到与时俱进、科学合理、落地实施。

（一）理念引领，统一思想，打造安全高效创建基石

公司深刻领会安全高效集团（矿区）创建的精神内涵，制定了适合公司的安全高效创建活动实施方案。在方案形成后，对所有管理人员分级别进行宣传贯彻，让每一个管理者都能领会其内涵，知晓创建内容，懂得如何实施、如何总结提升。这样就能形成思想共识，做到步调一致，让管理者带领所有员工投入到安全高效集团（矿区）创建中，也为安全和高效创建活动指明了方向，打下了良好的基础。

（二）紧跟政策法规，提高安全政治站位

公司非常注重涉煤新政策、新规定的研读，保证所作决策部署能够合法合规。同时，公司在政策规定中以敏锐的“嗅觉”洞悉未来煤炭行业发展的风向，以及时调整布局及规划思路，做好超前行动，为企业适应新形势、新态势提前谋篇布局，保证赢在起跑线上。

（三）实施人才战略，提升企业发展软实力

人是煤炭行业发展中一切活动的实施者和承载者，是发展成效的主要决定因素，因此，公司非常注重各类人才的培养提升及预先储备工作。

公司为了企业的长远发展，出资二百余万元将 80 名年轻人送到太原理工大学进行定向培养深造三年，这些人员毕业后留在集团煤业，目前大部分已经成长为公司的中坚力量。

公司成立了发展战略储备人才库，把公司及各矿的年轻业务骨干纳入到人才库中，其中包括业务型、行政型、外交型、服务型、文艺型、文笔型、实操型等多种。所有的晋升机会及职位调整优先考虑人才库中的人员。同时公司每年组织一次大型的规模培训，以进一步提升人才库的质量，增加其含金量。目前公司人才库人员已经达到 190 余人，平均年龄在 36 岁左右。

（四）紧抓业务主线，技术指导生产，做好技术体系的构建

技术对于煤炭行业来说是第一生产力，也是保证安全的前提。公司非常注重技术在安全生产活动中的指导作用。公司每月组织一次全公司技术专题会议，总结上月及以往技术方面的问题，同时根据现状安排下月主要技术工作，使日常监督跟进服务有目标、有方向。

截至 2020 年技术工作成果显著：在鑫隆煤矿成功实施了千米定向钻机探放井筒采空区积水工作；在惠安煤矿成功实施了上组煤工作面保安煤柱的

水压预裂卸压等工作；在容大煤业成功实施了综放工作面过中大型陷落柱等工作，这些工作极大地保证了安全生产。

（五）科学规划，严守三量，科技减人，保证矿井的可持续发展

三量平衡关乎煤矿的可持续发展，所以公司非常重视规划布置工作。公司每月底开一次计划分析会，每季度进行全公司三量平衡研讨，目的是过程控制，细微调整，始终做到三量与成本控制的平衡，保证当下及长远效益。多年来各矿在矿井三量上一直均衡稳定。

科技减人是保安的一项有力措施，公司非常重视装备的提升、新科技及新技术的应用。鑫隆煤业猴车运行实现了无人值守，采区排水泵房实现了无人值守。容大煤业的无极绳及主绞车房实现了视频监控及挡车联动，极大地降低了岗位工种。惠安煤业的多级排水系统中除了主排水泵房外全部实现了自动排水，井上下 5 部皮带实现了集中控制。这些科技及装备的应用，避免了人的误操作，减少了岗位工的设置，为矿井的安全及工效的提升提供了保障。

（六）“三位一体一标准”保安的号角长鸣在矿区

风险辨识预控、隐患排查治理、事故分析处理警示三部曲体现在公司管理的各个层面。同时，公司遵循安全生产标准化标准。公司根据风险预控的要求，针对各矿进行了风险源的分类及辨识，并采取专项控制措施；每月每矿四次隐患大排查，做到全覆盖无死角；开展专业线检查，进一步织密了煤矿安全防护网。

鑫隆煤业的现场动态达标考核办法保证了现场的动态达标，工作环境及文明生产始终保持在高标准下；容大煤业的班组建设收到了市县各级主管部门领导的好评；惠安煤业的群监员方案的实施为现场安全管理又上了一道保险。

公司非常注重标准化的建设，目前各矿井都为二级安全标准化矿井，并且在一级安全标准化矿井建设的路上。各矿为了加快标准化的建设步伐，均成立了专职标准化建设和领导机构，制定了标准化升级方案，保证资金落实到位。正是这些措施的落实，使得公司迎来了建公司以来的第 8 个安全生产年。

（七）教育强国，培训强矿，多元培训夯实安全生产基础

十年树木，百年树人。在煤矿从业人员队伍中，基本素质偏低的情况还是存在的，培训工作是煤矿未来发展的原动力，也是一项长期的工程。公司每周六上午进行业务学习。各矿都成立了专职培训部门，并外聘了培训讲

师，每月组织一次全员学习培训。培训内容根据当月具体情况而定，尽可能的契合当前的安全及业务重点。培训方式分为现场、课堂、外培等方式。几年下来，培训的效果已经开始凸显，职工的业务及操作能力有了很大的提升，安全意识有了很明显的加强。

（八）煤矿换新颜，青山绿水来相伴

习近平总书记指示：绿水青山就是金山银山。作为矿山企业，似乎这是奢侈的话题，但是山西桃园煤业投资管理有限公司通过不断努力，蹚出了一条走向绿水青山的路。

惠安煤业投资近3000余万元建设了一条近4 km长的输煤通道，使煤炭全程不落地运输，直接入洗煤厂。矿井水输送到洗煤厂作为洗煤用水，既节约了成本，又避免了污染。鑫隆煤业用空气能取代燃煤锅炉，并且实现无人值守运行。容大煤业采用燃气锅炉供热。惠安煤业采用了电加热供暖风。公司还投资了近千万元对三矿的矿井水处理系统进行升级改造，改造后的排放标准达到了饮用水三级标准。惠安煤业还在2019年顺利通过了绿色矿山建设验收。

这一系列的举措都践行了煤矿迈向绿水青山的坚定步伐。

（九）练功在平日，遇事心不慌，加强应急管理在路上

煤矿作为高风险性行业，安全生产的保证除了需要有良好的管理和执行外，应急处置也是重要关口。公司每年定期组织各项应急演练工作。演练覆盖多个层面，有消防，有安全生产等方面。同时每个矿还成立了兼职救护队，全部培训后持证上岗。这些行动的实施，锤炼了队伍的应急处置能力，为减少伤害、避免损失奠定了坚实的基础。公司通过不断的总结，也深刻体会到应急管理中存在的各种问题，为应急管理工作指明了方向。

重安全 创效益 增技术
建设绿色神达集团

——山西忻州神达能源集团有限公司

一、公司概况

山西忻州神达能源集团有限公司（简称“神达集团”）是忻州市人民政府于2009年6月批准成立的地方国有大型煤炭企业，注册资本金2亿元，现有14个煤业公司（分布在宁武、原平、河曲和保德4县市境内）和7个非煤直属子公司，井田面积91.23 km^2，资源储量1232 Mt，产能22.50 Mt/a。截至2020年底，总资产114.35亿元，全集团在册职工总数5410人。

神达集团下属14个煤业公司产能共22.5 Mt/a，其中，已投产的11座共计产能19.80 Mt/a（神达栖凤煤业1.8 Mt/a、神达大桥沟煤业0.9 Mt/a、神达麻地沟煤业1.3 Mt/a、神达惠安煤业1.5 Mt/a、神达晋保煤业3 Mt/a、神达望田煤业1.8 Mt/a、神达金山煤业0.9 Mt/a、神达梁家碛煤业5 Mt/a、神达花沟煤业1.2 Mt/a、神达朝凯煤业1.2 Mt/a、神达南岔煤业1.2 Mt/a）；正在建设的1座，产能0.9 Mt/a（神达卓达煤业）；准备开工建设的1座，产能0.9 Mt/a（神达原宁煤业）；停工停建的1座，产能0.9 Mt/a（神达万鑫安平煤业）。

神达集团连续3年跨入山西省综合百强企业，在2018年、2019年、2020年中国煤炭企业产量50强中分列第40、37、34位。先后荣获全国模范职工之家、全国职工教育培训示范点单位、山西省模范单位、全省先进基层党组织、山西省五一劳动奖、山西省功勋企业、山西省100强企业、山西省制作业100强企业、全省社会主义核心价值观建设示范点等国家、省、市37项荣誉称号，为全市经济建设和社会稳定做出了积极贡献。

二、神达集团安全高效申报情况

自接到山西省能源局与山西省煤炭工业协会联合下发的《关于转发

〈关于申报2018—2019年度煤炭工业安全高效矿井（露天）的通知〉的通知》（晋能源煤技发〔2020〕155号文件）后，神达集团要求各煤业公司高度重视对标进行自审，符合要求的积极申报。神达集团所属11座生产矿井全部申报2018—2019年度煤炭工业安全高效矿井（露天），申报率达到100%。

2020年9月7—10日，神达集团11座矿井在江西婺源参加资料验收会议，11座矿井全部通过特级安全高效矿井资料验收。

2020年9月21—24日，中国平煤神马集团平煤股份总经理带队，由生产、机电、人力资源、通防、采煤等相关专业7人组成的“安全高效矿井验收组”对山西忻州神达能源集团2018—2019年度安全高效矿井建设情况进行了现场验收，抽查矿井全部通过了特级安全高效矿井现场验收。

2020年11月30日，中国煤炭工业协会公示2018—2019年度煤炭工业安全高效矿井（露天）评审结果，神达集团所属11家煤业公司全部通过特级安全高效矿井（露天）评审，获得2018—2019年度特级安全高效矿井荣誉称号。神达集团生产矿井（露天）特级安全高效矿井通过率达100%，神达集团获得特级安全高效集团荣誉称号。

三、神达集团安全高效建设经验

（一）重视效率，安全第一，严密管控实现零目标

神达集团自2009年6月成立至今，始终把安全工作放在第一位，坚持稳增长与安全生产、生态保护一起推进，突出源头治理、系统管控和责任落实，筑牢了安全生产防线和堤坝。生产过程中严格执行煤炭行业标准，精细管理，规范作业，坚持“安全第一，预防为主”的安全生产方针，严格贯彻忻州市委市政府安全生产“8个零目标”，始终把安全放在高于一切、重于一切、先于一切的地位，安全形势平稳，连续7年零伤亡。

1. 抓制度，保投入，强检查，促整改

全面落实安全生产主体责任，保障员工生命财产安全，提高安全意识，共担安全生产风险，做到千斤重担大家挑，人人身上有目标。建立健全煤业公司分级分类安全管理办法，扎实推进双重预防体系建设，严格落实停产检修制度、挂牌督办及隐患销号制度，多方联动确保安全生产。

2. 重服务，提素质，强考核，严问责

严格落实领导干部驻矿服务现场工作日报告、安全管理人员跟班带班考

核，干部下基层、到现场、进班组，各煤业公司争创一级安全生产标准化齐头并进。以考促学、以学促用。大力推进校企合作办学，产教融合。深入开展安全宣传“五进”、神达安全行、安全生产云课堂授课、技术比武、知识竞赛等活动，全力营造安全生产氛围。

（二）在以“智”提质、优化升级中迈出新步伐

紧跟矿井智能化发展趋势，坚持技术改造与智能化、数字化一起推进，以“智”提质迈出新步伐。

1. 扎实推进智能化综采工作面建设

加快望田煤业与晋保煤业作为全省50个智能综采工作面试点企业建设，示范带动了全集团智能化矿井建设步伐，望田煤业率先建成主斜井智能巡检机器人系统等。与联通公司合作“5G+智能矿山”建设，启动各煤业公司地面和井下5G信号设施建设，全集团智能化矿井建设迈出了积极的步伐。

2. 加快信息化建设

各矿加大投入用于工业环网、5G入井、4G全覆盖、工业视频、标准化调度机房建设，以及安全监控、环保、边坡、顶板等方面的在线监测系统建设。

3. 加大技术改造攻关力度

全面推广使用瞬变电磁物探设备和钻孔成像轨迹检测装置、钻孔深度锚杆长度检测仪、矿井水文动态监测系统，各煤业公司技术升级改造取得明显进步。

（三）在探索创新、求变谋转中实现新突破

抢抓机遇，推进绿色转型项目建设，打造绿色矿山，留住绿水青山，为企业高质量发展赋能蓄力。

1. 有序推进转型项目

推动能源革命，神达集团与多家企业联合组建山西绿动未来能源发展有限公司合作换电重卡项目，积极推进煤矸石环保高效转化利用项目建设。

2. 加大生态环境治理、土地复垦绿化和灾害治理力度

对标国家绿色矿山建设标准，整改落实矿区矿容矿貌改造、道路治理、防洪治理、污水处理改造、锅炉改造、边坡治理及自动化建设；加强重点区域、重点环节的污染源治理，坚决打好污染防治攻坚战，不断提升矿区发展的“含金量、含新量、含绿量”，巩固提升绿色矿山建设成果，提档升级成效显著。

坚持顶层设计　强化系统思维 稳步推进安全高效集团建设 为集团公司高质量发展提供坚实保障

——开滦（集团）有限责任公司

一、集团概况

开滦（集团）有限责任公司是中国特大型能源化工企业，始建于1878年，已有142年的历史，创造了多个中国近代工业的第一，享有“中国煤炭工业源头”“中国近代工业摇篮”等盛誉，在2019年中国500强企业中排名第250位，中国煤炭50强企业排名第16位。

1949—2019年，开滦共生产优质原煤1698 Mt，精煤415 Mt，实现利税513.42亿元，为国民经济发展做出了重要贡献。

开滦集团地处环渤海经济区腹地，毗邻京津，区位优越，交通便利，京山、京秦铁路纵横其中，秦皇岛港、天津港与之相接，在唐山港京唐港区和曹妃甸港区拥有业主码头和现代煤化工园区，产品销售直抵华东、华南市场，远销海外。

开滦集团前身是开滦矿务局，1999年底改制为开滦（集团）有限责任公司。目前，开滦集团已发展成煤炭生产、洗选加工、煤化工、现代物流、矿业工程服务、金融服务、文化旅游、装备制造、热电、建筑施工等多业并举的大型企业集团，这些产业主要分布在河北唐山、河北张家口蔚州、河北承德兴隆、河北石家庄、河北大城、内蒙古鄂尔多斯、新疆准东、山西介休和国外加拿大盖森地区；集团公司直接设立的分公司有38家，下辖全资和控股子公司有145家，其中包括1个能源化工上市公司。截至2019年12月末，总资产855亿元，劳动用工5.83万人。

二、开滦集团所属省内煤矿基本情况

目前，开滦集团所属省内拥有4个煤炭生产公司（10座生产煤矿），分

别是唐山本部股份公司（包括林西矿、唐山矿、钱家营矿、东欢坨矿、范各庄矿、吕家坨矿 6 个生产煤矿）、工程公司（包括赵各庄矿、荆各庄矿 2 个生产煤矿）、蔚州公司单侯矿和承德兴隆公司平安矿业。其中，工程公司赵各庄矿 2019 年 10 月停产退出。

三、安全高效集团建设经验

2019 年，开滦集团科学设计生产衔接，大力推进技术进步和管理创新，出色地完成了 2019 年各项生产任务。

原煤产量完成 24.89 Mt，精煤产量完成 7 Mt。回采工作面单产、原煤生产效率比计划分别提高 2.09%、3.38%。开拓进尺完成 32002 m，其中开拓延深进尺完成 8344 m，超计划 644 m。非开拓进尺完成 154060 m，超计划 3960 m；煤巷机掘进尺完成 123079 m，超计划 79 m；煤巷锚杆支护进尺完成 67745 m。

（一）明确目标，超前谋划，加快推进安全高效矿井建设

2019 年，集团公司各二级公司及各矿认真分析年初下达的“三量”任务指标，将其细化分解到季度和月份，并积极组织兑现。各相关部门充分发挥职能作用，明确目标责任，健全包保体系，做出了大量卓有成效的工作。

（1）以提效为目标，改进生产工艺，深挖主力矿井和骨干工作面生产潜力。集团公司各矿井坚持目标导向，围绕实现首季开门红、双过半和四季度安全生产竞赛活动 3 个阶段性目标，健全完善包保责任体系，构建生产激励、生产督导工作机制，全力调动生产单位保量提质增效的积极性和主动性。围绕市场需求，强化生产组织，改进生产工艺，提高装备水平和配套能力，深挖骨干工作面潜力，千方百计增加原煤产量。

（2）以提高单产、单进为重点，不断开创新水平。要推进安全高效矿井建设，不断提高工作面单产、单进水平至关重要。各单位对制约单产、单进的各个环节进行认真分析，制定对策，使单产、单进水平大幅提升。

（3）优化生产系统，提升运输效率。集团公司各矿着力进行系统优化，理顺影响生产的各个环节。

（4）狠抓工作面安拆进度，实现科学有序衔接。

集团公司各矿井都不同程度地存在着掘进准备滞后、采煤工作面生产衔接紧张问题，各矿因面施策，全力提高安拆效率，缩短安拆时间，防止衔接断线，为采煤争取主动。

（二）科技引领，超前分析，为安全高效矿井建设提供技术保障

2019 年，开滦集团煤炭生产战线坚持科技引领，坚持科学技术就是第一生产力的理念，从加强地质探查、优化采区设计、创新作业方式、注重培训交流、深化新技术推广等方面围绕安全高效、集约优化进行科学谋划，合理组织生产。

（1）加强生产分析，重点衔接工作面提前制定施工预案。各级生产技术部门做好生产能力的超前预测分析，定期分析矿井生产衔接及产能情况，通过分析煤层产比、地质条件、设备状况、产能变化，及时发现问题，超前制定预案，调整生产衔接，避免产能大起大落。坚持“大揣袖衔接和生产能力动态储备”的原则，特别是骨干矿井的主力作业线在衔接上留有余地，必保衔接不断线，为安全高效建设打下了坚实基础。

（2）优化设计，推进实施“双大”布局。全年集团公司交出“双大”工作面 14 个，获得煤量 16.03 Mt。占全部移交煤量的 47%。通过加大“双大”工作面推广的力度，充分发挥了现代化采掘设备的优势，单个工作面的生产能力大幅提高，减少了巷道掘进工程量，减少了安装倒面次数，提高了集约化生产水平。

（3）优化生产组织，创新生产作业方式。各矿根据自身实际加强生产组织调整，创新生产作业方式，充分发挥工作面设备、劳动力等要素的最大效能。

（三）立足长远，开拓先行，为安全高效矿井建设提供持久动力

按照“生产准备攻坚年”活动精神要求，集团在科学设置生产衔接，积极引进人员和设备，着力进行系统优化方面，做了大量工作，并且取得了显著成绩。

（四）安全统领，提高标准，为安全高效矿井建设持续发展当好后盾

2019 年，集团公司各生产矿井牢固树立“安全第一”的安全生产理念，以如履薄冰的姿态强化现场管理，完善管理手段，使各级干部安全主体责任意识进一步增强，为建设安全高效矿井提供坚实保障。

提升技术　加强管理　开创绿色建设安全高效能源企业

——冀中能源股份有限公司

一、公司概况

冀中能源股份有限公司隶属于冀中能源集团，位于河北省邢台市，现下属3个矿区：邢台矿区、山西寿阳矿区、内蒙古矿区，共拥有14对矿井和2座露天矿。

邢台矿区各矿均位于新华夏系第二沉降带（华北平原沉降带）西部，煤田形成后，受到我国东部中新生代多次构造运动的影响，尤其受到新华夏系的强烈改造，矿区内褶曲、断层发育，地质构造非常复杂。矿区主采煤层有1、2、5、9四个煤层，矿井回采工艺实现多样化。特别是随着开采水平的不断延伸，采掘现场开始出现高地压、高瓦斯、承压开采增加的局面，生产组织难度不断加大。

经过几十年的工艺创新与改进，冀中能源股份有限公司各矿实现了综合机械化开采。按照各矿不同的煤层赋存特点，已发展成6.5 m高架综采、中厚煤层综采、薄煤综采、高位综采放顶煤、低位综采放顶煤、采后矸石充填、高水充填等多种综合机械化回采工艺并存的形式。

二、安全高效矿井申报情况

按矿井属地上报原则，邢台矿区本部所属五矿八井全部申报中国煤炭工业协会安全高效矿井，同时申报安全高效矿区。其中特级安全高效矿井4座，分别是东庞矿（保持）、邢东矿（保持）、东庞矿北井（保持）、葛泉矿东井（保持）；行业一级安全高效矿井4座，分别是邢台矿（保持）、葛泉矿本部（保持）、章村矿（保持）、东庞矿西庞井（新建）。

三、安全高效矿井（矿区）建设经验

（1）领导重视、层层发动、科学谋划、严格要求。公司非常重视安全

高效矿井建设工作，每年年初公司主要领导亲自组织专门会议安排部署，下发安全高效矿井建设管理及考核办法，成立安全高效矿井领导小组，每半年组织相关部室对各矿进行验收，年终对达到要求的矿井进行奖励。

（2）以高质量发展为中心，通过高标准的质量标准化带动安全高效矿井创建工作整体提高。鼓励各矿提升质量标准化升级工作，公司本部共有4个矿（井）通过国家安全质量标准化一级矿井验收，其他矿井全部达到二级标准。质量标准化等级升格，为安全高效矿井的创建打下了坚实的基础。

（3）以高效区队创建带动安全高效矿井的创建。为使安全高效创建活动带动公司安全生产整体工作，股份公司另外组织了安全高效创水平区队创建活动，平均每季有20支采掘队伍达到规划目标，受到公司奖励。

（4）严格把关，认真考核。从生产、安全等8个部室抽调专业人员定期从生产、技术、通风、成本、功效、煤质等不同专业角度对参赛矿井和参赛区队实行百分制考核，从台账资料和现场检查两方面确定分数。安全高效矿井实行半年一考核，年终总评，安全高效区队实行一季一考核，年终按所得分数兑现奖励数额。

为调动大家参与安全高效矿井建设的积极性，公司对在安全高效矿井建设中做出贡献的区队与职能科室也进行了大力度的奖励。在公司政策激励下，各矿对安全高效矿井建设热情高涨，在生产管理中不断推陈出新，单产、单进及工效大幅提高。

通过以上措施，邢台矿区所属五矿八井全部达到中国煤炭工业协会安全高效矿井的要求，安全高效矿井占矿井总数100%，符合协会要求。

四、安全高效矿井建设中涌现出的亮点

2018—2019年度股份公司安全高效矿井建设取得了优异的成绩。东庞矿、邢东矿、东庞北井、葛泉东井保持了特级安全高效矿井，邢台矿、葛泉矿本部、章村矿保持了行业一级水平，东庞矿西庞井申报行业一级安全高效矿井。按属地上报原则，内蒙古公司三矿、段王公司三矿通过内蒙古当地煤管部门上报安全高效矿井并申报安全高效集团（矿区）。

（1）安全高效矿井产量占比明显增加，2019年公司本部申报安全高效矿井产量占总产量的100%；通过创水平区队和高效矿井建设，平均工效较以往提高8%，创建效果十分显著。

（2）通过新技术推广和体制机制创新，有力地推动了“机械化换人、自动化减人”工作的开展，实现了减人提效。

首先是电液控操作的推广应用、支护装备升级和泵站、后路运输系统的装备升级。从 2008 年开始，在章村矿率先实现电液控操作后，东庞矿随后进行了推广应用。近年来，公司又把电液控技术成功推广到放顶煤和充填开采工作面，2019 年公司超半数的工作面实现了电液控操作，章村矿回采工作面已经全部实现了电液控操作。电液控操作省时、高效、安全系数高，是矿井实现安全高效的重要发展方向。东庞矿将 5 m 支架的工作阻力由 5000 kN 升格到 6800 kN，并在两巷投入自移式端头支架和皮带机尾、转载机自移装置，大大提高了工作面的自动化操作水平。东庞矿将乳化液泵站改造成移动式泵站，装备升级，减少了乳化液管路跑冒滴漏的现象，随着工作面的回采逐步外移，取消了泵站工、提高了工效。另外多个矿后路运输引进了先进的电子技术、PLC 技术、自动化技术、通信技术、抗干扰技术，实现分级式远程监控和管理、集中控制和可视化操作，形成了无人值守、有人巡视的自动化后路运输系统。

其次是卧底机的投入及推广。近几年，公司各矿随着开采水平不断延伸，采深不断加大，后路巷道变形越来越严重，巷道扩卧成为一个用工量大的施工地点。为了提高工效，公司在断面允许的巷道推广了卧底机，实现了巷道卧底、装煤（矸）自动化，减少三分之二的施工人员，大大提高了工作效率。

再次是勇于探索、不断推陈出新，科技项目层出不穷，在采煤、地测、通风、运输、洗选等专业均有所建树。如自动化工作面的推广应用、东庞矿 2 号煤厚夹矸区域采煤技术及经济效益最大化研究、东庞矿深部水平锚杆支护技术研究、瓦斯抽采技术优化及应用效果研究；水压顶板预裂技术的推广应用，缩小了护巷煤柱，有效控制了采动引起的巷道变形，解放了大量呆滞资源，保证了采区大巷的服务期限与使用效果。

（3）合理确定生产工艺，提高了生产效率，降低了生产成本。如东庞矿北井、葛泉矿东井 8 + 9 号联层直接顶破碎、5 m 支架顶板控制难度大，通过优化采煤工艺，采取放顶煤开采，成功克服了这一难题，并且节省注浆费用 6800 万元，节省背顶材料费约 544 万元。东庞矿北井自主研发了端头放顶煤支架，大大提高了顶煤回收率，仅 9202C 一个工作面就多回收资源 9000 t 以上。

（4）股份公司的充填开采受到中国煤炭工业协会高度重视。

（5）沿空留巷技术实现新突破。沿空留巷顶板深孔预裂卸压技术在章村矿应用成功，有效降低了留巷段底板下卧量，节省用工一半以上，大大提高了留巷效果。友众矿小煤柱贯眼沿空留巷技术获得行业科技进步二等奖。

（6）大力推广了区域治理和承压开采工作面底板治理工作，提高了水害预防能力。

近年来随着矿井开采水平的延伸，9 号煤（承压开采的下组煤）产量不断增加。为保证安全生产，公司发展了以地面区域超前治理、地面多分枝定向钻探、径向射流造孔三位一体的“综合治理、主动防御”的区域治理技术，并对所有承压开采的工作面进行煤层底板区域注浆改造，安装了先进的水文动态监测预警系统，有效地避免了承压开采带来的水害威胁。

（7）顶板预裂卸压技术的成功运用：章村矿沿空留巷顶板深孔预裂卸压技术取得成功，提高了留巷效果；东庞矿顶板水力压裂技术在工作面初采、大巷煤柱保护、变形严重的回采巷道处理等各方面取得成功，并在葛泉矿、邢台矿、西庞矿推广应用。

（8）管理革新层出不穷。在安全高效矿井建设过程中，各矿在生产管理上大胆改进。东庞矿加强现场管理，通过认真落实岗位责任制，包设备、包区域，责任到人，认真考核确保了生产区队达到安全高产高效目标。邢台矿对采掘区队推行了定额、定员管理，对工资总额、设备和材料实行总承包，并推行了每周放假一天工作制度，大大提高了工作积极性。邢台矿在采掘区队推行了“每月一次大课”学习模式，由主管副矿长亲自主持，区队长、班组长根据当月安全、生产等情况，上讲台、讲总结、授经验、谈不足、吸教训。每月组织一名班组长上讲台，从预排出勤、当月产量进尺、生产用工工效、班组管理等方面，深入剖析班组在当月生产过程中的经验和不足，并将讲台当成各区队班组互相学习的平台。各区队通过预排出勤管理，在总用工人数减少的情况下，圆满完成生产作业计划，大大提高了工效。友众矿加强了区队管理：①对班组任务完成情况、质量、安全等多个方面进行考核，对产量高、质量好的班组按制度进行奖励；②采取绩效工资管理，分别制订了工资分配管理办法、材料管理办法、小改小革管理等管理制度，并且本着多劳多得的激励原则，制定了工资薪酬分配机制，建立公开量化考核专栏，实行工资上墙公示、月末工资公示及奖罚明细公示的办法，大大提高了职工的劳动积极性和创造性。

（9）全面推进绿色矿山建设。公司一直认真贯彻国家生态文明建设理念，高标准推进，严要求落实，坚决守住环保底线。近年来一直坚持规范管理，强化环保设施设备规范操作、稳定运行，保证污染物达标排放。坚持源头整治，重点推进电厂深度治理、矸石山生态恢复、收尘抑尘等改造工程，坚决消除环保管理硬伤。提倡资源循环利用，推广矸石充填、高水充填等绿色开采技术，攻关煤矿“三废转化”循环利用技术，实施节能改造，降低能源消耗，不断提升绿色矿山建设水平。

奋力创新　巩固提升
持续推进生产方式转变
建设安全高效矿区

——淮河能源控股集团淮矿煤业分公司

一、公司概况

淮河能源控股集团淮矿煤业分公司于2018年11月组建，2019年2月2日正式揭牌，拥有现代化大型矿井（9座）、专业化公司（4个）及救护大队、西淝河堤坝工程管理部、资源调配中心等16家二级单位，现有员工5.5万人。集团公司授权淮矿煤业分公司对管辖的16家二级单位的安全、生产、技术、经营全面管理，同时授予管理专项资金。

目前存续张集矿、顾桥矿、谢桥矿、潘二矿、潘三矿、潘四东矿、丁集矿、顾北矿、朱集东矿等9对生产矿井，均分布在淮河以北区域，核定生产能力56.1 Mt，矿井地质储量7930 Mt，可采储量3980 Mt。

2019年，公司安全事故实现“三下降”，杜绝了较大及以上生产性责任死亡事故，百万吨死亡率0.02，创历史最低；轻伤及以上生产性责任工伤同比减少9人、9起；瓦斯超限次数同比减少4次。公司效率效益实现“两增长”，煤炭产量50.09 Mt，单产水平194800 t/(个·月)；煤巷单进230 m，同比提高9.2%；岩巷单进97 m，同比提高6.2%；钻机台效3052 m/(台·月)，同比提高4.3%。

其中，顾桥矿、谢桥矿、朱集东矿、潘三矿、顾北矿、丁集矿、潘二矿等7对矿井达到煤炭工业特级安全高效矿井标准，张集矿达到煤炭工业一级安全高效矿井标准。

公司所属9对矿井均为煤与瓦斯突出矿井，目前公司绝对瓦斯涌出量1091 m^3/min，瓦斯抽采量800 m^3/min，抽采率73%。公司经过多年努力，逐步形成了具有淮南特色的瓦斯治理模式、方法和路子，已连续11年杜绝了瓦斯突出事故。

二、安全高效矿井建设经验

（一）推进安全三大体系建设，筑牢安全根基

1. 完善较大及以上事故防控体系

明晰工作界面，公司层面管控基层上报且等级较大的风险，监管基层在体系执行过程中的缺失；矿级落实其他主体责任，发挥好专业协调作用；科区重在现场落实和管理。

对敏感信息分级管控的核心是“日动态、全专业”。通过每天对全专业的不间断分析，加强预警处置，进一步把风险评估和隐患治理落实在每一天的动态工作中。公司层面，安全监察部门汇总梳理各单位上报的敏感信息，发送至安全生产技术部门所有人员预审，提出专业意见。每天下午公司领导组织安全生产技术部门资深主管以上人员进行集中审查，并将审查意见反馈给各矿。矿井层面在调度会上进行安排强调，基层科区在班前会上贯彻落实，跟班干部、安监员现场监督落实。

加强跟踪落实，公司当天值班人员通过调度视频对矿调度、各矿通过视频监控系统对基层区队班前会进行监督，确保做到梳理上报、审查反馈、安排处置、现场落实的闭合管理。同时，实行五级隐患排查机制，公司每周二集中检查评估 1 个单位，每周四分专业动态检查 3 个单位，及时下发监察函告，提出整改要求。各矿严格执行矿长每月、口长每旬、区队每天、班组岗位和安监员每班的隐患排查制度。

2. 完善零星事故防控体系

突出重点环节的调度管控，对采、掘、开、修、钻生产过程中工序、工艺、设备、人员和环境“五类变化”进行日调度动态管控。各科区针对每天“五类变化”的作业采取专项措施，坚决做到现场落实、安全监督、专业监管、调度协调闭合管理。

加强现场打运起吊、电气操作、带压操作、转动部位、帮顶管理、辅助运输等“六项重点”专项管控。矿从班前会源头精准贯彻到现场操作人员，实现管理和操作人员准确研判风险、规范指挥、按章操作。推行交接班隐患排查、班中集中休息制度，周末不干大活，取消安装、修护不必要的夜班作业，避免零星工程或零散作业安排，对易发生零打碎敲事故的过程环节实行日调度管控。编制技术措施必须进行现场调研，定期组织措施评比，提高措施的针对性。

3. 完善安全基础支撑体系

抓基层。实施员工、班队长、党支部书记素质三大提升工程。2019 年对 3430 名班队长进行轮训，基层管理水平得到有效提升。实行师徒日常激励、利益共享、荣誉共享，解决“师傅不愿意教、徒弟不愿意学”的问题。加强能力素质考核，解决班队长晋升通道，保证基层班组队伍稳定，发挥安全第一道防线作用。打基础。树牢安全生产全过程达标意识，狠抓安全生产标准化动态达标。从机制上落实“四不两直”检查要求，通过“不陪同、不停产”的动态检查机制，避免人情评分等形式主义、官僚主义，使安全生产标准化体系建设更加科学有效。煤业公司按季度、生产矿井按月度进行标准化动态评比，奖优罚劣，从机制上激励约束。每个季度召开 1 次安全生产标准化暨推进生产方式转变现场会，对一些经验做法、创新亮点进行推广。练基本功。从技术、技能、技巧 3 个维度统筹安排管理、技术、操作三大序列培训。制定井下关键岗位应知应会 5～10 条要领，完善岗前确认、岗位流程、岗位风险及应急处置内容，统一制作卡片随身携带。落实班中抽考、岗位过程抽问机制，督促职工动态掌握操作要求。

三违治理。“三违”不能只反职工行为，更要治理消除不规范行为的背后原因，实现从反“三违”到防“三违”的重大转变。结合“工人违章、干部反省”活动，从管理、技术、装备、环境、操作五个环节深入分析“三违”产生的原因，从管理和制度层面制定针对性的“三违”治理措施，实现综合治理、超前防范。通过安监员安全包保制度、“三违”人员在一定时期内不再出现“三违”返还经济处罚、查处典型“三违”给予奖励等措施，提高规范操作的积极性、主动性，促进安全生产。

公司自组建以来，在各矿井下装设了 6800 个高清探头，发挥视频防“三违”的作用，形成强大的威慑力。下一步，充分利用信息化建设平台开展防“三违”工作，不断拓展技术手段，逐步实现视频报警、人脸识别、违章行为视频抓拍等，为安全管理工作打下坚实基础。

（二）抓要害，严责任，严防较大以上事故发生

1. 瓦斯治理

坚持“区域措施先行，局部措施补充”的总体原则，形成了具有各矿特色的瓦斯治理“一矿一策”“一面一策”。通过开采保护层和打钻抽采，将突出危险煤层转变为无突出危险煤层，将煤层由高瓦斯状态降低至低瓦斯状态进行安全开采，在根治瓦斯上下功夫，不断探索地面区域治理瓦斯新路子，推进矿区瓦斯治理工作再上新台阶。

2. 水害治理

坚持由局部治理向区域治理、由井下治理向井上下结合治理、由措施防范向工程治理的转变；坚持奥灰水与太灰水同治，以探查垂向导水构造为重点，区域超前探查治理与太灰水疏水降压相结合。

3. 防火管理

矿区主要可采煤层自燃倾向性等级均为Ⅱ类，属于自燃煤层。矿区始终坚持“严管理、重预防、强技术、逢抽必监、逢漏必注、设施齐全、统筹防火与瓦斯治理”的原则，有效防范了矿井火灾事故的发生。

4. 提升系统

公司每年开展机电运输系统评估工作，从专家库中抽取人员，组成专家组逐矿评估；制定了《关于矿井提升、供电、主通风机系统安全预警分级汇报的通知》，确保在提升、供电、主通风机关键系统发生故障预警时，能够及时采取措施，防止事态扩大；规范检修工作，固定检修时间，制定检查清单、维保计划、工作计划，将检修工作、项目细化到每天。

5. 强化责任落实

坚持“党政同责、一岗双责、齐抓共管、失职追责”，压紧压实安全生产责任，做到安全责任、安全投入、安全培训、基础管理、应急救援“五到位”。建立安全述职述责制度，实施一级管一级，按照“主管负责、分管尽责、协管有责”要求，切实履行安全生产主体责任。强化责任追究，执行重大事项和安全事故报告制度，杜绝迟报、瞒报；坚决打击安全管理数据造假，加大安全举报核查力度，做到严查快处，对安全事故单位责任人、工作不在状态的管理人员进行约谈，以严问责倒逼严管理。

（三）强化事前管控，确保生产接续保持稳定

1. 创新接替超前管控

对所有接替面巷道掘进、一通三防工程、设备配套、安装拆除、系统保障等5大环节实施3～6个月超前管控，每月召开生产接续保障会议，对采场接替、安拆接替、设备接替进行梳理、平衡，对重点接替工作进行分级管控，重点调度，保证了全年25个工作面连续接替。

2. 主动治理断层

出台《断层破碎带综合治理暂行规定》，在治理断层的过程中不断总结，制定了《采掘工作面断层破碎带及岩巷揭煤、沿空小煤柱注浆加固技术标准》，实现断层构造带从“被动探查”到“主动治理”的转变。2019年共计对35个采煤工作面、25个掘进工作面过断层破碎带和20个沿空小

煤柱掘进工作面实施了注浆加固超前综合治理。

3. 精准“四量”考核

制定《矿井采掘接续保障管理办法》，“四量”管理实行指标月度分析、节点工期分类管控、后劲成本滚动考核，矿区开拓煤量、准备煤量、回采煤量符合规程规定，安全煤量满足生产需要。

4. 应用 $FLAC^{3D}$ 数值模拟技术

公司巷道以锚网支护为主，为保证支护参数的科学性、可靠性和安全性，改变以往以工程类比法为主的支护设计手段，编制下发了《$FLAC^{3D}$ 数值模拟应用管理规定》，大力推行 $FLAC^{3D}$ 数值模拟软件，通过数值模拟确定初始支护参数，结合矿压观测验证，并且优化修正，确定合理的支护方案，优化巷道支护。

（四）积极转变生产方式，提高生产效率

1. 采煤

机械化率 100%，其中安全回采张集 1313（1）、顾桥 1213（1）等 5 个智能化工作面。下发了《采掘开修工作面生产方式转变强制标准及建议标准》，明确工作面配置标准，其中强制推行 21 项、建议推行 8 项。如采煤工作面强制推行“液压系统五级过滤”“巷道超前支护支架”，建议推行“端头支架”和“上隅角充填液压支架”。

2. 掘进

煤巷机械率 100%，单进 230 m，同比提高 9.2%；岩巷机械率 63.2%，单进 97 m，同比提高 6.2%。建成了煤岩巷综掘示范线 31 条，岩巷保持 32 条综掘作业线，液压钻车（钻装机）作业线 16 条，岩巷机械化率提高 4.5%。顾桥矿 1126（1）轨顺快速掘进示范作业线全面实现“破、装、运、支”机械化，月度实现进尺 566 m，创造了公司同等条件下煤巷综掘最新纪录。

3. 巷修

每个矿井均保持 2 条以上巷修机械化作业线，机械化率提高 42%，年巷修量达 160 km。

4. 打钻

钻机台效 3052 m/（台·月），同比提高 4.3%。推广千米定向钻机、全自动钻机 6 台，新购履带式钻机 72 台，钻机履带化率提高 25%。谢桥矿建成国内第一条自动化钻机作业线，作业线精减人员达 50%，钻机台效提高 7.1%；张集矿建成钻冲一体化增透作业示范线，百孔抽采纯量提高 2 倍以上，抽采达标时间缩短1/3，为瓦斯治理、巷道掘进赢得了时间。

5. 机电运输

辅助运输升级加快推进，建成张集矿4条、谢桥矿2条柴油机单轨吊网络化运输示范线，减少每班用工30%以上。张集、丁集、顾北矿3对矿井实现矸石运输连续化。本土煤业实现了全员工效、煤巷单进、岩巷单进、巷修机械化、钻机台效“五提升”。

（五）大力推进信息化建设，提升安全生产管理

已建成矿井安全生产可视化系统，覆盖采、掘、机、运、通、地质、防治水各专业重要部位，安装高清摄像仪近5000台。正在对关键岗位配置可视化矿灯，建设班前视频信息化系统。公司联合德国斯图加特大学开展提升钢丝绳视频检查和无损检测研究，替代人工验绳。利用信息化手段为安全管理三大防控体系建设提供有力支撑，促进安全监管的变革，起到了提高管理效率、减少管理成本的良好效果。下一步，公司将建设完成生产调度指挥系统、安全风险防控系统等项目。

三、加强生态文明建设

（一）加强组织领导，完善制度建设

一是建立健全环保管理组织体系。煤业分公司层面成立了环境保护委员会，由党委书记和总经理任主任委员。各基层单位均成立了资源环境科，配备环保专职管理员，相关基层科区队明确了兼职环保管理网员，形成了上下责权明晰的环保管理体系。二是建立健全了环保制度，制定了《煤业公司环境保护监督管理办法》《煤业公司2019年环境保护工作计划》，为煤业公司环保工作有序开展提供制度依据。

（二）加强伴生资源管理，提高资源综合利用水平

2019年瓦斯利用量$1.1\times10^{8}\ m^{3}$，抽采利用率约30.2%，主要用于瓦斯发电。2019年煤矸石利用量12.38 Mt，利用率100%，主要用于井下充填、沉陷区回填、复垦、新村镇建设、筑路、烧制新型墙体砖等。2019年矿井水利用量12.99 Mt，总利用率约81.4%，处理后的矿井水主要用于井下灭尘洒水、灌浆用水、选煤补充用水、地面绿化、车辆冲洗、道路洒水及生活杂用等方面。

（三）完善环保设施，提升污染治理水平

公司不断加大环保设施投入，建成了符合环保要求的各类污染防治设施。目前，现有锅炉烟气处理设施18套；水处理设施27座，设计处理能力

185200 t/日；废水在线自动监控设施 13 套；放射源暂存库 6 座；危险废物暂存库 25 座；各类环保堆场 32 座。2019 年公司未发生环境污染事件，各类污染物实现达标排放。

（四）严格落实国家、省、市决策部署，加快燃煤锅炉淘汰工作

公司严格按照国家和省、市相关政策要求，积极推进燃煤锅炉淘汰工作。本次燃煤锅炉淘汰涉及谢桥矿、张集矿、潘二矿、朱集东矿 4 对矿井 19 台在用燃煤锅炉，这些锅炉淘汰后，采用电厂蒸汽、天然气、余热等清洁能源供热。

健全管理体系　强化技术应用
提升员工素质　加大环境保护
致力为社会进步提供充分的优质能源

——安徽省皖北煤电集团有限责任公司

一、公司概况

皖北煤电集团有限责任公司是安徽省属13户重点企业之一，前身是皖北矿务局，1984年5月经安徽省委、省政府批准成立，1998年9月改制为国有独资公司，总部位于宿州市。皖北煤电集团有限责任公司在安徽省内现有矿井6对，核定生产能力14.15 Mt/a。

公司主要产业地跨全国七省十五市，发展成为产物贸一体化、跨区域经营的综合性企业集团，主营业务为煤炭、电力、化工和物流贸易，拥有恒源煤电1家上市公司。现有在岗职工2.4万人，2019年生产原煤17.26 Mt，2019年期末资产总额447.4亿元。位列2019年中国企业500强第472位，中国煤炭企业50强第22位。

二、安全高效矿井申报情况

根据中国煤炭工业协会《关于申报2018—2019年度煤炭工业安全高效矿井（露天）的通知》要求，皖北煤电集团按照安全高效矿井评审办法对所有生产矿井进行了评审，其中钱营孜煤矿、任楼煤矿、五沟煤矿、恒源煤矿、祁东煤矿、朱集西煤矿6对矿井达到安全高效矿井标准，并按要求进行了申报工作。

2020年10月18—22日，内蒙古蒙泰集团对钱营孜煤矿、祁东煤矿、恒源煤矿进行了现场抽查，3对矿井均通过了验收。

三、安全高效矿井建设的主要做法

自国家开展安全高效矿井建设以来，皖北煤电集团公司高度重视该项工作，通过多年来各项工作的开展，集团公司安全高效矿井建设成效显著，集团公司连续 28 年未发生 10 人以上重大及以上事故。截至 2019 年 12 月 31 日，集团公司实现安全生产 609 天，其中：钱营孜煤矿实现安全生产 5 周年，五沟煤矿实现安全生产 7 周年；钱营孜煤矿、五沟煤矿、任楼煤矿、祁东煤矿通过国家一级安全生产标准化矿井验收。现将主要做法和经验汇报如下：

（一）健全管理体系，夯实安全高效矿井建设基础

近年来，集团公司牢固树立安全“四零”理念，构建安全风险分级管控、隐患排查治理、安全治理达标“三位一体”安全生产标准化体系和“4332”安全管理体系，有效夯实安全高效矿井建设基础工作。一是建立重大风险防控体系，组织开展年度安全风险辨识，对辨识出的重大风险制定重大风险管控清单，分季度对重大风险和重大灾害治理情况进行逐项评估，形成评价报告。二是扎实开展隐患排查工作。对“一通三防”、防治水、采掘顶板管理、冲击地压防治、机电运输等重大风险源，实施公司、矿井、科区、班组、岗位五级预排查，对排查出的风险，综合经济投入、技术能力等因素，分级治理，实行任务、标准、责任、时限、监督“五定”闭合管理，保证隐患“查得出、盯得住、销得掉”。三是有力推进灾害治理达标。重大灾害治理实施“一矿一策、一面一策”，引进地面水平井压裂排采瓦斯技术、定向钻孔“以孔代巷”抽采技术、地面 L 型长孔注浆技术等进行超前区域治理，并取得较大技术突破，有效提升重大灾害治理保障能力。

（二）推行一优三减，搭建安全高效矿井建设平台

近年来，集团公司正确处理安全、生产、经济的关系，持续推进“一优三减”工作，通过优化系统实现减产量、减头面、减人员，促进煤炭生产安全高效。一是优化系统，减少采掘头面。统筹考虑矿井灾害程度、煤层赋存条件、生产装备水平等因素，“一矿一策”推进一优三减，通过一系列措施的实施，矿井大部分实现了“一井一面”生产，少数矿井“一井两面”生产。省内煤业活动采区由 2017 年的 26 个减少为 16 个，生产格局调整为“9 综 42 掘”，综采工作面自动化程度达 15%，综采工作面安拆机械化程度达 100%，供电供液远程化程度达 70%，掘进机械化程度达 100%，其中煤巷综掘机械化程度达 100%，岩巷综掘机械化程度达 44%，巷修机械化程度达 79%。二是淘汰落后工艺。近两年来，集团公司不断解放思想，革新技术，推广新工艺，先后淘汰了调度小绞车、单体、工字钢、U 型钢棚等，引进气动单轨吊、柴油机单轨吊、齿轨卡轨车、新型锚注一体注浆技术等，不

断提高作业效率，促进矿井安全、绿色、高效生产。

（三）强力推进四化建设，提供安全高效矿井建设保障

一是装备升级方面。2019 年集团公司以“55285”工程为抓手，投入 5.65 亿元，引进采掘新设备共计 300 余台（套），5 个自动化工作面、5 套支架电液控系统全部按照计划如期完成。综采设备安装拆除机械化，16 套远程供液系统，13 套远程供电系统，24 套掘进主运系统集中控制装置，38 套辅助运输连续化，40 条巷道修护机械化已全部完成，巷道掘进机械化程度创公司历史最好水平，采掘装备水平得到全面提升，达到省内平均水平。二是自动化建设方面。矿井提升、供电、排水、压风、主运输等系统率先实现自动化，并逐步向采掘生产系统延伸。采煤工作面已由液压支架电液控（半自动化）向综合自动化发展，实现了综采工作面的自动化开采。三是信息化建设方面。建立了双千兆工业环网，构建了生产调度、监测监控、视频监视、安全预警等系统，保障了矿井安全生产。公司所属矿井建立宽带网络、公司内部局域网、互联网等。在调度、安全监测监控、生产经营管理、财务管理系统，运销管理系统、ERP 系统等方面，都实现计算机网络化管理，在网络办公方面运行有 OA 办公系统及安全生产监测监控与信息管理系统，及时进行网上发布、签发（收）文件、调度信息等。四是智能化方面。依托智能控制技术，开展“主井智能化无人值守”技术研究，将主井提升系统从“自动控制”向“智能控制”推进，从“单一监控”向“全面监控”延伸，实现了主井提升全流程智能控制、智能故障诊断、远程智能监视监控、设备检修智能管理、车间智能安防、环境自动监测等功能。

（四）强化技术应用，智推安全高效矿井建设前进

一是强化产学研结合。公司先后和科研院所、高校合作开展科研攻关项目，3 项科技成果获安徽省科技三等奖，1 项科技成果获安徽省科技二等奖，1 项科技成果获中国煤炭工业科技一等奖。在恒源煤矿Ⅱ633、祁东煤矿 $7_1$35 工作面推广应用了“110”工法无煤柱自成巷沿空留巷技术，大大降低了巷道掘进率，有效缓解了接替压力，提高了资源回收率，创造了效益。二是实施技术攻关，防控重大灾害。充分利用集团公司“国家水害防治工程技术研究中心”“国家级博士后科研工作站”“省级企业技术中心”等科研平台，实施跨企业、跨部门、跨专业技术攻关。水害防治方面，提出“控水开采”理念，形成了隐伏陷落柱预测与治理、松散强含水层下煤层安全开采、矿井水文地质条件超前精细探查、水害预测预警及混合水源识别等技术体系。瓦斯治理方面，引进地面水平井压裂排采瓦斯技术，实现对强突出

煤层进行超前地面区域治理，引进定向钻孔“以孔代巷”抽采技术，实现了瓦斯治理钻孔工程和巷道工程的双降。三是打造高新技术企业。2019 年 8 月，恒源股份公司被成功认定为国家级高新技术企业，减免 15% 的企业所得税，减免研发费用加计扣除税 6900 万元。

（五）提升员工素质，催生安全高效矿井建设动力

近年来，集团公司通过培育“三支队伍”、技术标兵、技术能手、工匠式员工等方式，造就专业化技能人才，练就过硬本领，锻造精细作风，为安全生产注入强劲动力。一是大力推行技能人才培养。集团公司制定皖煤杰出工匠、皖煤工匠评选管理办法，严格标准，规范程序，自下而上评选出皖煤杰出工匠 7 人、皖煤工匠 81 人，推动技能人才队伍建设。制定集团公司劳模（技师）创新工作室创建工作实施意见，挂牌 5 家公司级劳模（技师）创新工作室，充分发挥好工作室创新创效、提升职工技能的示范引领作用。全年，5 家集团公司级劳模（技师）创新工作室共开展课题攻关项目 42 项，创效（节约）419 万元。举办集团公司第十七届青工技术比武暨第六届职工岗位技能大赛，共 30 个工种 702 名选手参加了比武，评比出 19 名“青年岗位标兵”、28 名“青年岗位能手”、11 名“技术标兵”、31 名“技术能手”。二是大力推进精尖人才成长。组织参加“梅安森杯”第四届全国煤炭行业（智能安全监测）职业技能竞赛，取得团体第一名、高级工组第一名、第五名和中级工组第一名、第五名的优异成绩；参加省煤炭行业安全仪器监测工职业技能竞赛，荣获“优胜团体”称号。周勇被评为“全国技术能手”，刘飞、邵明建被评为“江淮工匠”。3 人被中国煤炭工业协会评定为煤炭行业（工程技术人员）技能大师。恒源煤矿黄王斌、皖煤矿业公司张军被评为全国煤炭工业劳动模范；卧龙湖煤矿马力被评为淮北市改革开放 40 年来最具影响力劳动模范。三是广泛征求合理化建议。2018—2019 年，引导职工积极建言献策，采纳实施 4770 条，29 项成果荣获安徽省重大合理化建议项目和技术改进成果奖。

（六）注重管理创新，丰富安全高效矿井建设途径

集团公司以落实《安全生产法》、压实安全责任为核心，优化管理方式，进一步增强管控能力、筑牢安全根基。一是健全安全生产责任制。根据政策法规的变化及管理体系的调整，及时修编安全生产岗位责任制，确保岗位职责全覆盖。二是改进监督检查方式。合并检查数量，从检查次数上为基层“减负”；优化检查方式，检查前召开专题会、编制预案、突出重点，带着问题去检查，提高检查的针对性；突出检查效果，对检查过程中发现的问

题进行梳理，找出共性问题、集中分析，提出解决方案；加大“四不两直”检查力度；从重点查现场向查管理、查资料转变；综合利用人员定位系统、安全监控系统、视频监控系统等开展检查，提升检查的针对性。三是实施强推项目。按照年度生产安排，制定年度强推项目，通过过程跟踪、强力实施，保证效果。

（七）加大环境保护，打造安全高效绿色矿山

近年来，集团公司牢固树立绿色发展理念，积极致力推进绿色矿山建设。一是积极开展大气污染防治工作。先后对祁东煤矿煤场及矸石山建设抑尘围挡，对煤场及矸石山部分道路及场地进行硬化；对钱营孜煤矿建设水洗矸石场地防风抑尘围挡，水洗矸石和煤泥场地全部硬化，有效降低了矿内粉尘和扬尘污染。二是开展废水污染防治工作。对祁东煤矿矿井水和生活污水进行提标改造，新建2400 t/日的SBOT工艺生活污水处理设施，新建矿井水煤泥压滤设施等；对任楼煤矿生活污水处理设施进行提标改造，在原污水池西侧新建一座日处理2000 t/日的生活污水处理厂，污水排放标准提高为一级A标准；对钱营孜煤矿生活污水处理设施进行扩容提标改造，新建1500 t/日的SBOT工艺生活污水处理设施；对祁东煤矿、任楼煤矿、五沟煤矿、恒源煤矿等矿区及新源电厂厂区进行雨污分流。三是大力开展节能减排工作。公司2019年度综合能源消费量320000 tce，较2017年下降了24970 tce，万元产值能耗维持在0.22 tce/万元，较好地完成了省市下达的节能目标。四是坚持问题导向。抓好任务整改工作，对于中央和省环保督察反馈的问题，建立销号机制，综合施策，标本兼治，全部整改完毕，有力推动了绿色矿山建设。

资源整合　瘦身强体
强力推进智能化建设　深化安全高效内涵

——枣庄矿业（集团）有限责任公司

一、公司概况

山东能源枣矿集团前身为1956年成立的枣庄矿务局，1998年改制为枣庄矿业（集团）有限责任公司，2020年整合为新山东能源集团的权属企业。现已发展成为集煤炭生产加工、煤焦化工、热电联产、高端橡胶、现代物流贸易、现代金融、医疗健康、绿色建材于一体的大型企业。企业目前共有矿井14对，其中本部枣庄矿区生产矿井11对，外部有内蒙古、山西省区生产及在建矿井3对，年产煤炭近20 Mt，年营业收入达1000亿元。

二、安全高效集团建设的主要经验做法

2018年以来，枣矿集团以强化管理为抓手，以提高装备水平、优化生产系统、优化劳动组织的“一提双优”建设方案为主线，协同推进素质提升、支护革新等重点工作，进一步深化了安全高效内涵。

（一）持续提升管理能力，夯实安全高效根基

以提升管理能力的集成化、流程化、信息化水平为重点，推动企业由“人治”向“云管理”转变。

1. 推进安全管理基础化

大力开展“流程精品”“示范工程”创建，确立了147个“模块”，编制了《安全生产标准化模块手册》。制定各作业场所及岗位定制检查表，开展以安全环境、岗位职责及岗位标准流程操作为主的“五描述一操作”活动，促进了干部职工标准化作业与安全行为意识的养成。

2. 推进安全管理自主化

以扁平化管理为抓手，实施“全层级自主管理”，以安全履职考核推进干部自律，以全员保安契约化推进职工自觉，以岗位工序“双达标”推进

班组自主，以“三基”建设推进区队自治，以专业专项治理推进专业自控，推动安全管理从外力监督向内力自主的转变，实现安全管理变革。通过自主管理，全面压缩管理层级，取消了井口信息站等常设科室 2 个，减少副区长、班组长、质量验收员等管辅人员 219 人，同比工程质量优良品率提升 21%、正规循环率提升 19%，现场隐患条数下降 16%、“三违”人数下降 12%。

3. 推进安全决策智慧化

自主研发风险、隐患“双重预警”信息平台，实现风险自动评价预测、违章自动分级处罚、隐患自动分析统计。研发智慧安全智能决策系统，利用大数据萃取技术分析隐患数据，实现对多发、易发隐患的定向跟踪督导。付村煤矿应用带有实时摄像功能的智能矿灯，实现对生产信息的智能采集、即时上传。蒋庄煤矿在井下重要部位安装电子监控，实时捕捉不规范作业行为。建立涵盖 1500 余条安全隐患及“三违”行为标准的索引库，根据文字描述智能模糊比对、定性处罚。

（二）创新推动素质提升，激发安全高效活力

坚持人机相宜，做到装备升级培训跟进、素质跟上，做优人力资源配置，释放岗位创效活力。

1. 打破岗位工种界限

适应生产效率提高、设备维护量减少的新变化，实现“一岗多能”，先后组织 5000 多人次的采掘特殊工种“跨界培训”，加速推进岗位融合，相继完成安监员兼职瓦检员、测风员兼职测尘员等工种合并，其中通防专业 24 个工种合并为 12 个。

2. 建立智能化职业通道

按照懂结构、懂原理、懂性能和会操作、会维护、会排除故障的“三懂三会”标准，开辟“智能装备维护工程师”专业序列，设立八大专业十三类岗位，保障矿区智能装备的高效运转和维护。奠定智能开采人才保障，坚持人机相宜，做到装备升级培训跟进、素质跟上，做优人力资源配置，释放岗位创效活力。

3. 强化专业化队伍建设

坚持让专业的人干专业的事，利用装备升级后富余出来的生产人员，先后组建集团层面工作面安撤等六大专业化队伍、矿井层面物料运输等 40 余个服务型队伍，实行专业化管理、市场化运作，全面挖掘人力资源潜能，激发安全高效活力。

（三）强力推进“一提双优”，深化安全高效内涵

枣矿集团瞄准技术前沿，创新思维方式，依靠装备提升带动生产系统和劳动组织优化，形成独具行业特色的“一提双优”建设模式。2019 年 5 月，枣矿集团召开了全国煤矿薄煤层智能开采现场推进会，枣矿经验得到了中国煤炭工业协会、国家有关部委领导和参会代表的高度评价，为煤矿安全高效生产起到了极强的示范引领作用。

1. 实施关键装备升级

在采煤智能方面，成功在滨湖煤矿建设了全国首家薄煤层智能化矿井，又相继在付煤公司、新煤公司建成山东省首个 6 m、6. 5 m 智能化一次采全高工作面，滨湖、付煤“一小一大”两个智能化工作面入围中国煤炭行业“十大智能化工作面”。2019 年，实现采煤智能化工作面全覆盖，省内 11 对生产矿井 23 个采煤工作面已全部实现智能化开采。在掘进智能方面，引进省内首台套第三代山特维克掘锚护一体机，在上覆岩层为 3 上采空区且取消夜班的情况下，创出日进 23 m、月进 646 m 新水平。同时，全力攻克智能化快速掘进行业难题，以“一煤一岩”为基础的智能化掘进关键技术和成套装备研发与示范应用成功入选山东省重大科技创新工程，目前两个智能型掘进机已完成“惯性导航、精确定位、定型切割、记忆截割”等多项技术突破及部分地面工业性试验，力争再树山东省智能掘进新标杆。在运输方面，围绕提效能，强化新能源运输装备研发，取得国内首套大功率、大倾角、无线控制、多点驱动锂电池单轨吊正式 MA 证书，配套智能遥控驾驶技术，较柴油单轨吊运行、维护费用降低 75%，打破了先进辅助运输设备由国外企业垄断的格局；围绕保性能，引入带式输送机永磁同步直驱技术，投用永磁直驱胶带输送机 70 余台，年节电 3000 余万度；围绕减环节，因地制宜推广无极绳绞车、单轨吊机车、无轨胶轮车等装备，淘汰 55 kW 以下调度绞车，减少上下把钩岗位近千个，持续提升了运输连续化水平。

2. 实施生产系统优化

按照“能力匹配、富余缓冲、集约简单、安全高效”的要求，强化源头设计，借助精密勘探技术，全面优化采场设计，有序控制水平、煤层、采区和采掘头面数量，形成“主力矿井主辅结合、中小矿井一矿一面”的高效生产格局，为智能化建设创造条件。强化仓储扩容，新扩建井下煤仓 30 个，仓储能力达 90000 t，各矿均可满足日产仓储需要，为停产不停运、满足取消夜班、实施周末集休创造了必要条件。强化运输提效，主运系统实现集中煤流运输可视化智能管理，现场形成“远程集控、区域巡检”模式；

辅助运输建设物料智能配送系统的“天猫工程”，打造自动化高效矿井辅助运输系统；推广重型轨道，实现超大物料直接运输，减少解体、组装工序；对散装物料进行集装式运输，运输效率提高 50% 。通过优化运输系统，为采掘生产“瘦身减负”，持续促进了生产系统运行集约高效。

3. 推进“智慧矿山”建设

选取付煤公司作为“智慧矿山”建设试点，于 2019 年 6 月正式启动项目建设。目标是以四维地测地理信息系统为支撑，利用精细数字建模、智能传感、物联网、云计算和大数据等新一代信息技术，实现矿山数据信息的精准实时采集、网络化传输、规范化集成、空间时序化分析和可视化展现，做到对矿井供电、通风、供水、排水的可视化智能管理及采矿协同设计。建设“智慧矿山”门户网站和移动终端 App，真正实现一个平台、一部手机“智联”一座矿山。

智能引领　绿色发展
倾力打造“精优智特”安全高效矿业集团

——淄博矿业集团有限责任公司

一、公司概况

淄博矿业集团有限责任公司隶属于世界五百强企业——山东能源集团有限公司，是一个以煤为基、多业并举的跨地区、跨行业、跨所有制的大型企业集团，现拥有 14 个全资子公司、8 个控股子公司、13 个参股公司，产业涉及煤炭、医疗器械及健康、水泥建材及新材料、煤化工、建筑安装、物流等多个领域。主要生产经营单位分布在鲁、陕、蒙、甘四省区，在册职工 16000 多人。近年来，淄矿矿业集团积极调整产业布局，狠抓煤炭基础产业发展壮大，先后建设了陕西彬长和内蒙古鄂尔多斯两个千万吨矿区，规划总产能达到 30 Mt/a。目前，淄矿矿业集团有生产矿井 8 对，核定生产能力 29.56 Mt。2019 年，完成煤炭产量 24.31 Mt，完成营业收入 500 亿元，账面利润 36 亿元。

二、安全高效矿井建设经验

（一）深入开展以提高装备水平、优化生产系统、优化劳动组织为主要内容的“一提双优”活动，实现生产方式变革

1. 提高装备水平

一是坚持采煤装备大采高、大功率、大阻力、智能化，大幅提升综采工作面产能。投资逾 12 亿元，装备 6 套 ZY12000/28/63D 系列大采高支架及配套综采设备，配套设备的生产能力达到 3500 t/h，形成了“大采高、大功率、大产能”的最佳组合。省内矿井唐口煤业公司装备了 2 套 ZY10000/26/55 大采高支架及配套综采设备，对厚度 5 m 左右的煤层实现了一次采全高，相比放顶煤回采，在资源回收率及生产效率方面都有了很大程度的提升。针对唐口、正通、亭南等矿井的特厚煤层、深井高地压、冲击地压等特殊开采

条件，投资9亿元，购置了6套ZF16000/24/45和F20000/26/48等型号大阻力放顶煤支架，配套MG750/1800－WD电牵引采煤机、SGZ1000/2×1000前部刮板输送机、SGZ1200/2×1000后部刮板输送机，具备单面5 Mt/a的生产能力，保证了深井高地压特厚煤层的安全高效开采。引进专用支架搬运车，实现综采工作面重型装备快速安撤。现在的综采工作面设备总质量已达到10000 t以上，安装撤出工作量非常大，集团公司先后投资5000多万元，购置了WC55Y型框架式支架搬运车和WC25EJ型铲板式铲板车，改变了以往工作面顺槽使用无极绳对拉绞车的传统运输模式，满足了万吨装备大迁移的需求，大大节省了人力，提高了运输效率。二是引进先进掘进装备，大力提升掘进自动化、机械化水平。投资1.5亿元，引进奥地利山特维克MB670掘锚一体机3台。在双欣、巴彦高勒矿井推广了掘锚一体机作业线，实现了掘支运输平行作业，巷道施工工序一次完成。双欣矿业全煤巷道最高月进尺达到了1330 m；巴彦高勒矿井月进尺达到了740 m。掘锚机的使用，为矿井的正常生产接续提供了有力保障。引进了凿岩液压钻车。为解决炮掘巷道钻眼速度慢的瓶颈问题，引进CMJ17凿岩钻车、CMJ2－27凿岩液压钻车，用于掘进工作面打眼工作，配套履带式挖斗装碴机、侧卸式防爆铲车等设备，唐口煤业在24.5 m^2断面及坚硬岩石条件下，月进尺达112 m。正通煤业公司在全岩巷道断面24.5 m^2条件下月进尺达到133 m。岩巷推广使用综掘施工，提升掘进速度。针对开拓工程量大的唐口、正通矿井，集团公司投资2亿元，进口奥地利山特维克MH620硬岩综掘机3台，引进三一重工EBZ260型全岩掘进机4台。唐口全岩25 m^2断面巷道最高月进尺达到183 m，正通煤业日进尺达到6 m左右。亭南煤业引进佳木斯EBZ260F型小断面全岩掘进机用于高抽巷施工，月进尺达到170 m。集团公司引导攻关解决了巷道除尘等岩巷综掘关键技术问题，进行进口设备的支护平台改造，相比全岩炮掘工作面，掘进速度提高50%以上。三是推进辅助运输装备灵活性、多样化，打造快速辅助运输系统。在唐口煤业先后引进两部柴油单轨吊和两部风动单轨吊；在正通煤业引进柴油单轨吊，用于采掘工作面运输人员和物料，提高辅助运输效率；在巴彦高勒矿井、双欣矿业、正通煤业引进各类无轨胶轮车共计一百余辆，在巴彦高勒矿井设计制作了车载喷浆机。各种型号的无轨胶轮车与单轨吊配合使用，使井下材料、设备的运输实现了快速直达、装卸方便，运输效率明显提高。四是引进巷道扩修专业装备，实现巷道扩修机械化。部分综采工作面顺槽为沿空掘巷或沿空留巷巷道，受临近采空区和工作面超前压力影响，顺槽底板鼓起、两帮收敛变形、顶板下沉等问题比较突出，巷道断面缩小，原有支护受到破坏，严重影响工作面安全生产。针对以上问题，淄矿集团投入 400 万元，在巴彦高勒、亭南、唐口等矿井引进巷道修复机 5 台。从目前应用情况来看，效果良好，相比人工落底，效率提升 5 倍以上。五是积极推广应用远距离集中供电、供液技术。当前很多工作面设备列车多达 30 节以上，设备列车频繁前移，安全隐患多，维护检修工作量大。采用远距离集中供电供液技术，在远离工作面的合适地点布置设备硐室，设备列车固定不动，配套工作面水处理、乳化液自动配比、反冲洗过滤、泵站变频控制、动态无功率补偿设备，形成了一套功能完善的远距离集中供电供液系统，使工作面顺槽保持通畅，消除了频繁拉移设备列车带来的安全隐患。

2. 优化生产系统

一是优化生产布局，合理集中生产。各矿井大力简化生产布局，控制水平、煤层、采区、采掘数量，大力推行“一矿（井）一面”“一矿（井）两面”生产模式，优化工艺流程，减少生产环节，做到合理集中生产。二是提升储装能力，奠定集中生产基础。各单位加快井下煤仓、矸石仓建设，实现“停产不停运，减时不减量”。通过提高煤仓储装能力，消除生产流程的薄弱环节，为取消夜班生产创造条件。

3. 优化劳动组织

依靠装备升级和生产系统优化，实现生产方式根本性变革，创造集约生产条件。推广“两班生产、取消夜班”生产模式。对亭南、正通煤业等地质条件复杂的矿井，实行弹性休假模式，个人选择单月集休或双月集休，提高职工生活质量水平。彻底改变煤炭行业传统的生产作业模式，实现由拼人力、拼设备、拼时间向科技装备驱动的根本性转变，真正做到井下工人体面劳动、幸福生活。

（二）强力推进煤矿智能化建设，建设安全高效智慧矿山

淄矿集团紧紧围绕“一个定位、两个坚持、三个突破、四个突出”的工作思路，适应行业发展趋势，结合自身实际需求，将“智慧矿山”建设作为厚植产业优势、应对变革挑战、赢得发展先机的战略举措。大力发展数字化和智能化升级改造，力求用“机械化换人、自动化减人、智能化无人”，实现真正意义上的本质安全。通过制定规划、确立项目、明确专人、实施专责，集中力量向前推进。

1. 优先抓好智能化采煤工作面建设

各单位突出抓好智能化采煤工作面建设，目前运行的智能采煤工作面 9

个。全部实现了液压支架中部跟机自动移架、自动顶溜、采煤机中部记忆截割和远程控制、多设备联动的“一键”启停等功能，并稳定运行。双欣矿业 2209 智能工作面，在全国率先实现了端头“三角煤”自动截割，自动化斜切进刀，达到工作面全流程少人智能化生产。

2. 智能掘进工作面建设不断突破

11 个掘进工作面实现了可视化远程操作或人机分离、遥控操作。唐口煤业确定了以“人机分离、液压控顶、破碎集控、远程控制”为核心的“四步走”智能化掘进工作面建设新路径。将在用综掘机全部进行电液控制系统升级，装备独立的无线遥控系统，实现综掘机移动、截割、转运等 28 个动作的人机分离控制；综掘机机身加装前移自支撑式液压支护平台，实现了综掘机与迎头临时支护的同步推进；设置可移动式远程集控监测中心，在综掘机加装 7 台高保真自清洗透尘摄像仪及压力、姿态等传感器，实时获取作业参数，实现了掘进工作面可视化远程操控。

3. 主要生产系统实现地面远程集控，无人值守

有 8 对生产矿井改造了通风、压风、排水、提升、供电、皮带等机电远程集控系统，共完成生产系统远程集控建设 30 项，实现了系统地面远程集中控制，主要生产系统地面远程集中控制率达到 70% 以上。

4. 信息化建设水平不断提高

建设了全集团统一的信息化工作管理架构，各主要经营管理业务都有信息系统，并在财务、营销、供应方面与山东能源数据集中。各生产矿井自动化系统、监测监控系统大量应用。各矿井智能控制中心高标准建设完成，实现了井下电力监控系统、智能防冲系统、皮带集控系统、智能采煤、智能掘进等信息化系统数据及视频信息在智慧调度中心展示。

（三）实施绿色开采，促进企业可持续健康发展

通过与科研单位、院校合作，不断在绿色开采技术上进行自主创新，先后实施了原矸充填开采、膏体充填开采、高水充填开采等技术，实现了井下矸石零排放，做到了“黑色煤炭，绿色开采”。实现了资源利用最大化，废物再利用，消化地面矸石山，减少了地面占地面积，防止了环境污染，促进了低碳经济发展。实施充填开采，使地表塌陷减少或者不塌陷，减少了对地面建筑物的影响，有利于地方经济和人民生活，融洽了企业和地方的关系，促进了社会和谐。减少了资源损失，提高了煤炭回收率，延长了矿井服务年限，实现了可持续发展，稳定了生产接续，促进了安全生产。2018 年淄矿集团全年完成充填开采产量 1.05 Mt，2019 年充填开采产量 1.65 Mt。

（四）狠抓安全生产标准化建设，夯实安全生产基础

淄矿集团始终把安全生产标准化建设作为促进安全生产的重要基础工作来抓，着力构建全员责任共负、风险共担、成果共享的安全生产标准化建设责任体系。根据“谁主管谁负责，谁分管谁负责”“一岗双责，安全第一”和“纵到底、横到边、无缝隙”的要求，建立和完善了生产标准化检查验收、安全检查闭合管理、矿井隐患排查等一系列行之有效的安全制度，为实现安全生产提供了有力保证。在煤炭市场持续低迷，矿井降本压力不断增大的大环境下，各生产矿井坚持朴素生产标准化理念，保持了工程质量稳定，创造了安全文明的生产环境。按照“投入精当、管理精细、简约实用、符合标准”的原则，注重内涵，把握根本，做好安全生产标准化工作。始终做到无论开采条件如何变差、无论经济形势多么严峻、无论生产任务多么紧张，质量为本、质量为先的思想不能动摇，生产标准化工作不能放松，保障了矿井的安全生产。

通过开展“一提双优”活动，积极推进智能化建设，推广绿色开采技术，狠抓安全生产标准化，淄矿集团安全高效矿井建设不断取得新进展，8对生产矿井全部通过了安全高效矿井验收。

探索新模式　开创新格局
加大科技投入　树立环保理念
走出安全高效新历程

——兖州煤业股份有限公司

一、公司概况

兖州煤业股份有限公司是由原兖矿集团有限公司控股的境内外上市公司，煤炭产业主要集中在中国山东、内蒙古、山西和澳大利亚，经过多年发展，已经建成山东、陕蒙、澳洲三大煤炭产业基地，煤炭总产能超过 100 Mt/a。

1998 年，兖州煤业股份有限公司分别在香港、纽约、上海三地上市。2012 年，控股子公司——兖州煤业澳大利亚有限公司在澳大利亚证券交易所上市，兖州煤业股份有限公司成为中国首家且迄今唯一拥有境内外四地上市平台的煤炭公司。2019 年，兖州煤业荣获中国百强企业奖，位列 2019 年中国上市公司百强榜第 48 位。

二、安全高效矿井建设整体情况

通过公司自检、矿井申报、现场验收，兖州煤业股份有限公司下属 11 处矿井申报特级安全高效矿井（露天），并通过了初审。山东省 8 处：南屯煤矿、兴隆庄煤矿、鲍店煤矿、东滩煤矿、济宁二号煤矿、济宁三号煤矿、杨村煤矿、赵楼煤矿。山西省 1 处：山西和顺天池能源有限责任公司。陕蒙基地 2 处：鄂尔多斯能化公司转龙湾煤矿、金鸡滩煤矿。

三、安全高效矿井建设经验

（一）探索管理新模式，提升安全综合预控能力

一是强化主体责任，完善安全管理制度。细化分解《坚决打好煤矿生存保卫战实施方案》19 项 33 条保障措施，编制“四型矿井”建设方案，明

确安全综合管理体系建设、培训应用平台建设、综合管理信息系统开发等方面3年工作规划。抓住影响制约安全生产的关键环节、薄弱区域，本着简洁实用原则组织修订“双十”管控流程、网格化管理办法，全面提升针对性、可操作性。二是扎实开展系统性安全技术综合评价，改进安全管理模式。采取跟班写实、座谈交流、反向追溯等方式，协调各部门对省内外矿井开展安全技术综合评价，排查梳理制约矿井安全生产系统性问题，剖析问题根源，研究制定整改方案，督促相关矿井严格问题整改验收、闭环管控。三是推进双重预防机制建设。完善一体化运行机制和评分标准，创新应用重大A+级、较大B+级风险。实施“一矿一策”，重点从防灭火、防治水、防冲等方面规范方案编制、评估论证、现场实施、监督检查、竣工验收的闭环管控流程。

（二）大投入，强推进，智能化建设取得一定成效

2019年累计投入7.8亿元，在山东省内矿井建成13个智能综采工作面、11个智能掘进工作面和7对安全高效辅助运输示范矿井。智能化采煤建设：省内冲击地压工作面全部实现智能化开采，目标型工作面基本实现记忆截割、工作面中部及两端头自动跟机、三角煤自动截割、自动放煤、工作面自动找直、工作面及外围系统自动化等六大功能。建成国内高水准并可常态化运行的目标型智能综放工作面——鲍店煤矿7302工作面，实测自动跟机率90.0%，记忆截割率93.7%，自动找直曲线纵向偏差小于0.2 m。直接参与工作面生产作业人员由16人减至7人，工作面日产维持在20000 t以上高产高效水平，2019年6月圆满组织召开了山东省智能开采现场会。建成常态化运行目标型智能综放工作面——赵楼煤矿7301工作面，实测自动跟机率86.8%，记忆截割率89.1%。其他智能采煤工作面均配置电液控制系统，能够实现液压支架的成组动作及压力数据实时上传，可以远程集中控制，在此基础上逐步实现自动跟机移架、记忆截割等功能。智能化掘进：井下在用44台掘进机全部完成了遥控截割改造；建成济三煤矿18301新增胶顺智能综掘工作面，配置顺槽智能控制中心、带式输送机齿辊式破碎机、液压锚杆钻车、组合开关、防爆顺槽车和矿用液压挖掘机等设备，作业人员由12人减至8人；建成鲍店煤矿7304胶顺智能掘锚工作面，实现远程遥控截割、后路煤流运输一键启停、机器人巡检岗点无人值守、单臂钻车施工单轨吊梁、带式输送机机尾自移等功能，作业人员由12人减至7人；其他智能掘进工作面均实现了掘进设备远程遥控截割、顺槽煤流运输系统可视化集中控制等功能。辅助运输方面，瞄准“四个消灭”重点攻坚，建成17个采区

连续高效运输系统，鲍店煤矿、赵楼煤矿、兴隆庄煤矿等7个矿井建成安全高效辅助运输示范矿井。

（三）持续推进“三减三提”，创建最优生产模式

一是优化采区布局，“减头面”。坚持“一井二面”“一主一备”模式，优化采区巷道及工作面的布置，工作面长度增加到300～400 m，采区储量、工作面生产能力大幅增加，减少工作面个数、设备搬家倒面次数及巷道掘进工程量，为机械化采掘、大型化设备创造条件，累计减少工作面11个，多回收煤炭3.66 Mt，减少巷道掘进量38900 m。二是优化采掘工作面定员。采煤工作面两顺槽300 m范围内人数控制在16人以内，掘进工作面迎头向后200 m范围内，生产、检修时人数均控制在9人以内，采掘专业分别实现减员56人、154人。三是优化锚网巷道支护。围绕智能化采煤工作面进行顺槽支护升级补强，本部18个工作面超前支护取消单体，两顺槽使用顺槽支架支护；应用锚杆螺母扭矩放大器及手持式气动锚杆安装机等工器具，提高一次支护强度，为智能化工作面回采创造有利条件。四是优化采煤工作面端头及超前支护。推进单元支架、整体顶梁端头支架、“L”型端头支架和转载机道新型顺槽支架的研制及推广应用，顺槽端头全面实现支架支护，取消单体支柱；综采工作面基本取消端头上网，降低劳动强度，提高生产效率。

（四）提高信息化水平，构造建新型辅助运输模式

倾力打造“智慧化矿山”，建成集安全监测、生产集控、工业电视、可视化监控、通信网络、自动化办公于一体的综合信息化系统。一是优化监测监控“增效能”。依托矿井机电监（集）控系统，自主开发建设安全生产实时数据联网系统、安全生产调度指挥系统等30余套安全生产信息化管理系统，构建煤炭企业整体安全防御体系。本部矿井机电系统179个机电硐室，具备远程监控功能数量142个，实现无人值守数量98个，无人值守数量占比54.75%。二是构造建新型辅助运输模式。围绕打造方式连续化、人员快速化、材料集装化、队伍专业化、生产标准化的“五化”高效辅助运输矿井，坚持“连续可靠、减人提效”原则，制定实施运输系统改造三年规划，基本形成了单轨吊重型物料运输、胶轮车人员及轻型物料运输新格局。通过减少运输环节，降低系统故障率，全部取消架空线，顺槽取消绞车、矿车运输，无故障运行时间较改造前提高30%，延长设备寿命20%。累计投入单轨吊机车45台，单轨吊线路50 km以上，胶轮车150台，每年投资费用超过9000余万元，形成大巷直达工作面一站式运输模式。鲍店煤矿、济二煤矿、济三煤矿、赵楼煤矿建成井下运人半小时运输圈，建成15个单轨吊运

输采区、5 个胶轮车运输采区；济三煤矿、转龙湾煤矿等建成机车运输信号监控系统，实现井下机车运输智能调度管理。通过装备升级，每年可减少辅助运输岗位人员约300 人，综合效率提升30%，直接经济效益3000 余万元。

（五）推进环保重点工作，取得较好成效

按照上级要求，以改善环境质量，打好大气、水、扬尘污染防治三大战役为核心，全面启动环保三年行动计划（2018—2020）。一是安全环保一体化管理有效运行。在污染源责任包保制的基础上，按照“定区域、定职责、定人员、定任务、定考核”的要求，完善单位、车间网格污染源清单，构建环保网格化管理体系，形成网格化环境监管格局。二是矿区扬尘得到有效遏制。本部煤矿完成21 个筒仓、19 个封闭煤棚建设，煤场实现全封闭；煤泥、砂石、废旧材料等基本消除了露天堆放；电厂脱硫剂、粉煤灰等实现封闭装卸车；运输车辆冲洗、冲洗水收集处理系统、运输道路保洁清扫有效运行，矿区扬尘得到有效遏制，环境质量得到有效改善，实现环保、经济效益双赢。三是鄂尔多斯能化矿井环保工作有效推进。借助当地企业社会资源、区域优势和技术力量，创新合作方式，推动重点环保项目建设，为矿井水、矸石寻找合法排放渠道。矿井水达到地表三类水质，矿井煤矸石综合利用生态治理项目均已完成。四是建设项目环境管理。东滩、兴隆庄煤矿等6 个储装运改造项目通过竣工环保验收；石拉乌素煤矿及配套选煤厂建设项目通过竣工环保验收；鄂尔多斯能化3 个矿井生态治理项目取得生态环境部评估中心编制的环境风险评估报告，并取得鄂尔多斯生态环境局的环评批复；兴隆庄煤矿生活污水处理系统提标改造等4 个项目获得环保部门批复。五是通过国家及各级政府的环保强化督查。认真落实零汇报等6 项制度，全方位开展自查自纠，严控环境风险，积极迎接生态环境部2018—2019 年蓝天保卫战重点区域强化督察、2019—2021 年蓝天保卫战重点区域强化监督定点帮扶及各级政府环保督查。六是辐射环境安全管理再上新水平。推进辐射源在线监测监控系统建设，完成在线辐射剂量监测设备和放射源定位装置统一招标采购，建设放射源实时监测监控系统，与市县智慧环保平台联网，可实现放射源24 h 实时监测及定位。七是环保基础管理工作扎实开展。完成环保综合管理信息系统开发建设，实现环保设施电子台账、统计数据记录分析、在线监测预警调度、零报告、网格化管理等自动化功能。特邀相关技术专家开展高盐矿井水深度处理技术专题讲座，提高相关人员技术、管理水平，提升质量管控能力。

用心做事　追求卓越
统筹协调　转变观念
致力打造安全高效的高水平矿井

——鹤壁煤业（集团）有限责任公司

一、公司概况

鹤煤公司正常生产矿井7处，鹤壁本部5处、省外2处。2018—2019年度申报安全高效矿井6处（含省外1处），全部获得“全国煤炭工业安全高效矿井”称号。其中，特级矿井1处、一级矿井4处、二级矿井1处，所属矿井安全高效矿井占比达到85.7%，本部安全高效矿井占比达到100%。鹤壁煤业（集团）有限责任公司获得“全国煤炭工业安全高效集团”称号。

二、安全高效矿井建设经验

受井型小、地质条件复杂、煤与瓦斯突出、采深大、矿压明显、生产系统复杂等条件影响，公司本部鹤壁矿区所属矿井长期处于机械化发展缓慢、生产组织难度大、采掘接替紧张、单产单进低、安全管理环节多的低效能生产模式。为此，鹤壁煤业（集团）有限责任公司紧紧围绕安全高效发展理念，以“三优三减三提升”及“四化”建设为抓手，积极转变观念，强化组织领导，建章立制，通过优化系统、优化布局、优化劳动组织，强力推进“四化”建设，实现了“减头、减面、减人”，提升了瓦斯治理能力，提升了生产效率和经济效益，探索出了一条具有自身特色的安全高效发展之路。

（一）加强组织领导，强化统筹协调

一是提高认识。大力宣传建设安全高效矿井的意义，提高了广大干部职工对建设安全高效矿井的认识。二是加强组织领导。确定安全高效矿井建设为“一把手”工程，成立领导小组，结合各矿实际制定了“一矿一策”安全高效建设发展规划方案和以“六定”为原则的行动计划。三是保障资金投入。从设备折旧、安全费用、生产成本等方面列资，保证了安全高效矿井项目实施所需的资金投入。四是加强考核落实。公司成立由主要技术骨干组成的督导小组，定期对各矿行动方案进行审核优化、业务指导、评估检查，协调解决实施过程中遇到的难题，及时组织攻关破解，严格考核落实，赏优罚劣，充分调动了广大干部职工的工作积极性。

（二）转变观念，坚定安全高效发展之路

结合公司实际情况，围绕安全高效发展目标，提出了以系统优化升级为主线，依靠科技攻关和科技进步突破自身发展短板，强力推进煤矿机械化、自动化、信息化、智能化建设，通过严格的考核机制抓好工作落实的长远发展思路，切实把安全高效矿井建设工作抓紧、抓细、抓实。一是优化生产布局，简化矿井生产系统，实现集约化生产，逐步实现矿井“一井一面”生产模式；二是优化设计，减少巷道、精简环节，实现高产高效；三是提升机械化装备水平，完善配套运输设施，提高单产单进水平；四是优化劳动组织，推广应用新技术、新设备、新工艺，实现减人提效；五是走产学研相结合之路，从根本上解决制约安全高效发展的瓶颈问题。

（三）强化升级改造，实现系统全面优化

一是从减水平、减采区、减头面入手，消灭了 3 个水平同时生产的情况，目前所属各矿井均做到了一个水平、至多两个水平同时生产。2019 年封闭生产采区 3 个，减少采掘队伍 4 个，封闭报废巷道 7000 多米，所属矿井基本实现“一井一面”生产模式。二是从优化设计入手，努力布置长走向、大斜长工作面，按照“能合则合”的原则，将能合并的采区合并布置，拉长工作面走向和斜长，增大单面储量，减少采掘头面个数和搬家次数。目前已完成 9 个大型工作面的优化设计，工作面储量均在 1Mt 以上，未来几年将陆续接替投产。三是优化底抽巷布置，合理选择巷道层位，由过去一巷多用向瓦斯治理专用转变，同时扩大底抽巷断面，满足履带钻机、定向钻机的使用，保证了瓦斯抽采质量。四是从矸石提升系统改造入手，大力实施系统改造工作，通过改造主井提升系统、施工矸石仓及补掘相关巷道等方式，实现了矸石仓储矸、皮带运矸、主井辅助提矸，极大地提高了矸石的运载效率，为岩巷机械化发展奠定了基础。

（四）大幅升级采掘装备，机械化率和单产单进双提高

一是积极推进采煤装备升级。2019 年彻底淘汰了悬移支架炮采工艺，采煤机械化率达到 100%，并在此基础上全面淘汰了轻型综采设备，先后研发配套了适应性更强的 ZF5600 型和 ZF6400 型综采设备，2019 年又升级一

套ZF6800型综采设备，首次配套了综采机电设备负荷动力中心，实现了采煤工作面供电集中控制。二是积极研究解决综放工作面端头及顺槽超前支护机械化程度低的问题。推广使用了ZFT25000型端头支架和液压抬棚支架，研发并配套了ZTC2×4800型超前支架，淘汰了工作面端头及顺槽超前支护采用“单体柱+Π型梁”落后支护工艺，有效解决了支护强度低、占用人员多、职工劳动强度大的问题。三是革新工作面末采施工工艺。采用高强聚酯纤维柔性网代替较传统的“金属网+塑带网”，并先后在3个工作面进行了试验应用，提高了末采效率，缩短了末采距离，提高了煤炭回收率，创造经济效益800余万元。四是大力发展安拆机械化。推广使用液压支架安装平台和回撤机械手，减少用人30%，避免了人工单体柱调向，安拆作业实现了机械化、流程化，安全可靠性、效率得到大大提高。五是不断提升掘进机械化水平。岩巷根据不同的地质条件，灵活运用综掘机、液压钻车、挖装机、掘锚一体机等机械化作业线。煤巷在瓦斯得到充分治理的条件下，推广使用综掘机、挖装机配合可伸缩皮带。掘进机械化率大幅提升，单进水平刷新了公司记录。六是大力提升辅助运输机械化。新开头面全面推广使用无极绳绞车、单轨吊车，大大提高了辅助运输劳动效率。

（五）革新巷道支护工艺，助推高质量发展

一是岩巷强力推行“初喷+锚（索）网+滞后复喷”新工艺，切实提高了巷道内在施工质量和安全质量标准化水平，实现了新掘巷道不返修，返修巷道不复修。二是煤巷坚定不移推广全煤锚网支护技术，支护质量和强度得到明显提高，掘支成本明显降低，为工作面安全高产高效创造了条件。2018年以来累计施工锚网煤巷19000余米，每米巷道节约支护成本944元，累计节约支护成本约1900万元。三是巷修按照“多锚网少架棚、能锚则锚、能注尽注”的原则，大力推广“锚网+壁后注浆”复合支护技术，支护质量及效果较原架棚支护明显提高，扭转了鹤煤公司巷道失修率居高不下的被动局面。四是对施工机具和支护材料进行更新升级，全面推广使用锚杆钻机，淘汰了传统的风钻机具和普通螺纹钢或圆钢锚杆，保证了施工质量和支护效果。

（六）强化科技创新管理，为安全高效发展提供强劲动力

一是积极搭建创新平台。通过提高创新成果的收购频次和奖励力度，充分调动了广大干部员工的创新创效积极性和主观能动性，科技创新成为常态，逐渐形成全员参与创新创效的良好氛围，有力促进了生产效率和经济效益的双提升。二是强化科研攻关。围绕瓦斯治理、断层及水害治理、采掘装

备智能化、深部巷道支护等重点和难点，推动产学研深度融合，走出去、请进来，积极学习外部先进经验和技术，消除了制约鹤煤安全高效矿井建设的瓶颈。2019 年完成 5 项省级科技成果鉴定，获得中关村绿色矿山科技进步奖 3 项，中国煤炭工业协会科技进步奖 1 项，鹤壁市科技进步奖 2 项；推广应用新技术 30 项，技术革新 40 项，收购技术成果 300 项，申请专利 16 项，获授权实用新型专利 15 项，累计创造经济效益 2 亿多元。三是注重管理创新。在降本增效、放权搞活、体制机制建设方面下功夫，有所创新、有所突破。通过推行全面预算管理、开展关键业绩指标对标、实行契约化管理等方式，吨煤制造成本同比降低 2. 91%。通过召开形式多样的现场推进会，使得一批先进技术工艺得到推广应用。2019 年获得中国煤炭工业优秀管理创新成果奖 6 项。四是加强人才培养。从体机制上解决人才流失问题，通过大力开展后备人才库建设、培养年轻优秀人才、学历教育提升等方式，促使人才接续走向良性循环。同时，通过创新实施“变招工为招生”、广泛开展技能竞赛活动、开展专业培训等模式，打造助力职工成长成才的平台，锤炼了一批高素质、高技能职工队伍。

（七）强化安全生产标准化建设，夯实安全高效矿井基础

一是以贯彻落实安全生产标准化新标准为主题，通过组织培训班、召开现场推进会、外出学习交流等活动，增强了职工标准化意识。二是以创建“标杆工程、精品线路”为抓手，大力开展“练内功、抓细节”动态达标活动，以点带面全面推动标准化整体水平提档升级。三是通过召开协调会、督导检查、观摩学习等举措，积极推动标准化创建工作，3 处矿井被命名为国家一级安全生产标准化矿井，4 处矿井被命名为国家二级安全生产标准化矿井。安全生产标准化的持续推进和稳步提高，为安全高效发展奠定了基础。

（八）多措并举，实现减人提效

通过实施系统优化、装备提升和工艺革新，公司各矿生产战线由长变短，系统安全性、可靠性大幅提升，采掘队伍大幅压缩，辅助人员大幅减少，劳动效率大幅提高，作业环境明显改善，职工劳动强度明显降低。2017 年以来，人员总数量减少 5231 人，全员工效同比 2017 年提高 45. 8%。一是通过提高采掘机械化率，减少直接队生产人员。矿井实现了一井一面、两煤巷队、两岩巷队，有效降低了掘进用工。二是装备升级后，灵活采用“三八制”“四六制”“二九一六制”等劳动组织方式，进一步增加了生产时间，提高了生产效率。三是专业队伍集约化，由公司组织成立专业打钻注浆队、抽采队和工作面安装拆除专业队，根据各矿井需求调配队伍及施工人员，提

高生产组织效率，避免了缺员或人员富余的情况。四是依托“智慧能化”建设，围绕制约公司安全高效矿井建设的重点和难点开展技术攻关，进一步减少采掘工作面的用人数量，通过综合自动化系统及井上下万兆环网建设，构建了矿井各系统的远程集中控制及实时监测系统、智能电力监控和智慧选煤厂。五是以自动化建设为依托，实现人员定位、原煤计量、皮带集控、工业视频、安全监测等系统的数据信息化，实现了主煤流、供电、排水、压风等自动化运行，井下架空人车、矿灯超市均实现了无人值守运行，3 对矿井主井实现了自动装载，主副井提升系统实现了变频或直流自动调速控制风井主要通风机实现了在线监测。

引进前沿技术　完善管理体系
建设安全高效新义煤

——义马煤业集团股份有限公司

一、公司概况

河南能源义马煤业集团股份有限公司（简称“义煤公司”）下属煤矿分布在河南、青海两省。其中，义煤公司在省内现有20对矿井，正常生产矿井12对，其中建设矿井2对（金鼎、阳光长期停建），2018—2020年化解过剩产能退出煤矿6对（杨村、跃进、天新、曹跃、巩铁、李沟）。按照瓦斯危害程度分类：高瓦斯矿井2对（耿村、千秋）；煤与瓦斯突出矿井5对（新义、新安、义安、孟津、云顶）；低瓦斯矿井5对；按水文地质类型分类：水文地质条件极复杂矿井1对（新安），复杂矿井4对（孟津、阳光、义络、石壕），其他类型矿井7对；煤层自然发火及冲击地压显现矿井3对（千秋、常村、耿村），其他类型矿井9对。义煤公司在省外青海省现有矿井1对。

二、安全高效矿井建设经验

（一）安全保障能力持续提升

扎实推进“双重预防”体系建设，强化重大风险辨识管控和重大隐患排查整改，盯紧看牢重点关注头面，切实将风险挺在隐患前面、将隐患挺在事故前面。成立了以党委书记、董事长和总经理为组长的“双重预防”体系建设领导小组，进一步修订完善“双重预防”体系建设有关制度和提质提效工作实施方案，细化“双重预防”体系建设责任清单，明确各级人员职责。

强化安全生产标准化管理体系建设，夯实安全基础。积极开展新版《煤矿安全生产标准化管理体系》培训、修订工作。明确各层级、各部门的职责范围，按照时间节点完成安全生产标准化管理体系建设任务目标。公司现有 7 对矿井保持国家一级安全生产标准化矿井称号，其余矿井全部达到了国家二级安全生产标准化矿井的要求。

（二）灾害治理能力持续增强

1. 灾害治理机制体系不断完善

（1）转变思想认识，提升防治理念。转变瓦斯、火、水害、防冲治理影响生产的理念，树立“灾害治理就是解放生产力，灾害治理就是发展生产力”“灾害治理能力就是生产能力”“治理无捷径，唯有多打钻、多掏煤”等理念，不断强化公司灾害治理工作。

（2）不断完善技术管理体系。及时制定、完善矿井瓦斯、火、水害、防冲等工作管理办法和异常信息分析评价处置制度，加强突出矿井“一通三防”安全技术管理、第三方取样管理办法、专业化队伍建设实施方案，强化完善专业化打钻队伍管理要求、瓦斯防治钻孔工程验收管理办法、义煤公司瓦斯抽采钻孔轨迹测斜指导性意见、瓦斯工资考核办法、“一通三防”技术管理办法、“三化一工程”实施意见、“三化一工程”推进实施方案、“三化一工程”攻坚战实施办法等 14 项管理制度，通过建立、完善“一通三防”制度管理体系，进一步规范、提升公司技术管理工作。

（3）建立瓦斯工资考核机制。义煤公司研究制定《义煤公司瓦斯工资考核办法（试行）》（义煤发〔2020〕44 号），建立瓦斯工资考核机制，并严格考核，以瓦斯工资考核为主要抓手，强力推动义煤公司瓦斯治理工作。

2. 灾害治理技术模式不断优化

（1）强化瓦斯抽采“三化一工程”管理。为督促各突出矿井分别制定“三化一工程”实施计划方案，义煤公司制定下发“三化一工程”实施意见、推进实施方案及攻坚战实施办法等管理文件，细化方案、措施，明确责任人，设定时间节点，严格考核，强化执行力等，全力打赢瓦斯抽采“三化一工程”攻坚战。

（2）推广“钻、冲、筛、量、运”一体化打钻作业模式。除云顶（无底板巷）外，各突出矿井均建立“钻、冲、筛、量、运”一体化打钻作业系统。目前，义安 12160 轨道底板巷自行加工适用于皮带和刮板输送机的冲煤量计量斗和自动上煤装置。计量斗采用气动装置驱动，自动上煤装置动力部分使用煤水分离振动筛的液压驱动系统。同时，该矿又购置了 1 台安泰华挤压式煤水分离装置，该装置自带计量斗，可实现煤水分离后自动计量并翻煤上皮带，进一步降低工人劳动强度，提高工作效率。

3. 区域瓦斯治理装备技术不断升级

（1）多渠道增加瓦斯治理装备。一是义煤公司开展瓦斯治理装备专项调研，通过专项资金采购钻机 14 台、冲孔泵 13 台、封孔泵 45 台、摄像头 64 个、振动筛 16 台、防喷装置 67 台、钻头 600 个（其中，钻冲一体化钻头 100 个）、水力割刀 25 个、履带式冲孔泵车 10 台、煤泥清仓机 3 台、抽采计量装置 10 套，累计投入资金 1823 万元。二是通过设备租赁、工程承包外委队伍等方式快速增加钻机数量。钻机从原先的 90 台增加到 136 台，增幅 51%，大大提升了义煤公司瓦斯治理装备技术水平。

（2）创建标杆机组，提高钻机台效。在新安、义安、孟津、新义等工区成立了 5 个标杆机组，目前穿层钻孔最高台效（义安工区标杆机组）达到 1923 m/月，树立先进典范，通过以点带面，横向对比，纵向交流，促使专业化打钻队伍整体水平迅速提升。目前，穿层钻孔（水力冲孔）平均台效 1500 m/月，平均台效已从原先的不足 800 m/月提高了 87. 5%。

4. 争取安全专项资金，配备专用钻机治理矿井水害

通过积极争取安全专项资金、煤矿安全改造资金，为各矿井配备 ZDY3200S、ZDY4000S 探放水钻机，地面及井下注浆泵；为提高钻进效率，为孟津煤矿配备 ZYWL－4500 型履带式钻车 2 台、为新安矿购置 ZDY－12000 型深孔定向千米钻机；为受底板水害影响的新安等 8 对矿井建立了水文在线监测系统，对承压含水层水位、水温、水量等进行长期动态监测预警；为新安、新义、义安、孟津、云顶、石壕等 6 对矿井地面注浆系统进行升级改造。通过防治水系统的不断完善及技术装备的配备，切实提升了矿井水害治理水平及效率。

（三）“三优三减三提”工作持续推进

1. 优化开拓部署，压缩采掘头面，实现集约生产

（1）积极推动采区优化合并。通过扩大采区范围，布置“大采长、大采宽、大储量”工作面，提高工作面服务年限，减少搬家次数，缓解接替紧张，同时实现单面达产，为矿井达到“一井一面”生产模式创造条件。

（2）及时关闭低效采区和资源枯竭采区。通过关闭采区，简化矿井生产系统，达到安全高效集约生产。

2. 优化巷道支护设计，积极推广应用新技术、新工艺

（1）持续推广煤巷锚网索支护，提高支护质量。提出大断面、强支护、重科研的支护改革思路，以“三沿”技术为主导的支护改革工作全面铺开，巷道支护状况有了明显的提高。

（2）回采工作面端头支护试验采用注浆锚杆（索）进行注浆加固。

2020 年在新安煤矿 14240 下巷、新义 11090 下巷等端头支护试验采用注浆锚杆（索）进行注浆加固，注浆锚索施工方案和设备已经到矿准备实施，通过提高锚网支护强度，使工作面回采期间超前支护段不再架设超前支护支架，减少替棚工程量，真正实现减人提效。

（3）底板瓦斯治理巷岩石破碎段推广锚网索覆喷、壁后注浆、先喷后锚等工艺。义煤公司突出矿井底板巷采用锚网索覆喷支护设计、先喷后锚、壁后注浆等工艺对底板巷进行加强支护，提高了巷道围岩强度，延长了巷道服务年限。目前已在新安矿 14250 下部底板巷、新义矿 12060 胶带顺槽底板巷实施壁后注浆工艺。

（4）推广以切顶卸压沿空留巷为核心的“110 工法”。在新义矿业 11090 胶带顺槽试验实施超前切顶卸压沿空留巷新技术，该留巷方式采取超前打设切顶爆破眼，补打加强锚索方式加强留巷支护，目前 11090 胶带顺槽已成功留巷 200 余米。

（5）东部突出矿井试验推广“三沿”开采技术。义煤公司下发了《关于东部矿井巷道支护状况调研和支护改革推进会的通知》，组织突出矿井对支护现状及“三沿”支护工艺推广进行摸底调查。制定了义煤公司突出矿井“三沿”支护工艺推广及实施指导意见，目前突出矿井正在积极推广。

3. 生产系统逐步提高效率

（1）辅助运输系统优化提高运输效率。推进采掘区域辅助运输装备升级，在耿村 13230 工作面、常村 21002 工作面等辅助运输系统复杂的矿井，推行无极绳绞车运行视频监控和可视化操作。以新安矿为试点，建设电机车无人操作系统，实现智能化电机车运输，提升运输效率，减少岗位操作人员

（2）出矸系统优化提高岩巷单进。义煤公司 6 对煤与瓦斯突出矿井，对原有排矸运输系统进行优化改造。①为缓解副井提升压力，对副井提升系统进行改造，实现双层同时上下人，节约人员出入井时间。②对现有 MGC1. 1/6 型矿车进行增容改造，更换为 MGC1. 3/6 型 1. 3 t 矿车，主要用于排矸，同时对地面翻矸笼进行了改造。③利用主斜井强力带式输送机分时段运输矸石，缓解了副井提升矸石的工作压力。主井强力带式运输机额定运输矸量为 465 t/h。④主井提升系统分时段运矸改造中，在井下矸石仓口安装双齿棍破碎机，对矸石实施破碎后进入主煤流系统，大大减少了对主煤流皮带、箕斗等系统设备的磨损。实现排矸能力提升，为提升岩巷单进打下坚实基础。

（3）立井提升系统改造提高安全保障。对于运行超过 10 a 以上的电控

系统，进行双线制改造。2020 年完成新义、义安、石壕副井电控系统双线制改造。截至目前，新义、义安已完成前期合同签订，厂家正在备货，石壕已完成招标，准备签订合同。完善安全评价保护试验表，增加主令和制动手柄零位闭锁、液压站超温、润滑站超压等保护试验项目，形成了公司统一的安全评价保护试验规范。

（四）“四化”建设持续加强

1. 机械化水平不断提升

2020 年实现了所属生产矿井全部实现机械化开采，逐步淘汰落后炮采采煤工艺，使义煤公司采煤机械化率大幅提升。截至 2020 年 11 月采煤机械化率达到了 94.21%，平均单产产量 64800 t/月，工效 8.94 t/工。

持续加强装备升级。对耿村煤矿、常村煤矿等强冲击地压矿井，提升矿井综采支架工作阻力，由 7000～8000 kN 提高到 10000 kN，采煤机功率由 730 kW 升级到 930 kW 以上。东部新安、义安、新义、孟津等煤与瓦斯突出矿井工作面液压支架工作阻力由 4000～5000 kN 升级到 6000～7000 kN。大力推广智能乳化液泵站，提高综采工作面供液效率。

2. 自动化、信息化建设稳步向前

新安、义安完成综合自动化智慧管控平台建设，常村、大煤沟、云顶 3 个矿井完成万兆工业环网建设，耿村、常村、义安、新义、云顶等矿井完成电力、煤流集控、压风自动化等自动化系统建设 19 项。

3. 智能化建设及改造不断推进

在完成耿村 13230 智能化工作面建设的基础上，相继建成了耿村煤矿 13200、常村煤矿 21002 两个智能化采煤工作面建设。耿村煤矿 13230 智能化采煤工作面于 2020 年 5 月通过省工信厅组织的验收。规划建设的耿村煤矿 13200 智能化工作面和常村 21002 智能化工作面都已完成建设，并于 2020 年 11 月通过省工信厅组织的验收。智能化工作面建成后，生产班每班由 14 人减少至 9 人。

提升机械化　引进智能化　助力安全高效矿井建设

——河南神火集团有限公司

一、公司概况

河南神火集团有限公司（以下简称“神火集团”）是以煤炭、电力、电解铝生产及产品深加工为主的大型国有企业集团，中国煤炭企业50强，河南省百户重点企业，河南省重点扶持的煤炭骨干企业及铝加工企业，河南省第一批循环经济试点企业，国家税务总局千户集团成员企业。

神火集团现有总资产597亿元，员工3万人，拥有子分公司13个。集团所属企业主要分布在河南、新疆、云南、上海、深圳等地，主要产品的年生产能力为：煤炭6 Mt，电解铝1.70 Mt，铝合金及铝板带箔300000 t，发电装机容量2000 MW，阳极炭块550000 t，氧化铝800000 t。2019年，实现销售收入186亿元，上交各种税费21.91亿元。

二、2019年安全高效集团（矿区）创建情况

2019年，各矿井加强设备投入，优化减少辅助人员，提高工效，安全高效矿井建设取得很大进展，创建结果如下。

（1）2018—2019年度煤炭工业安全高效集团（矿区）：河南神火集团有限公司。

（2）2018—2019年度煤炭工业特级安全高效矿井：新庄煤矿、梁北煤矿、泉店煤矿。

（3）2018—2019年度煤炭工业一级安全高效矿井：薛湖煤矿、刘河煤矿。

三、安全高效矿井创建经验

（一）工作面单产、原煤工效、掘进机械化程度稳步提升

2019年，集团公司采煤工作面单产、工效有了很大程度的提高。新庄、

梁北矿井实际综合单产达到74000 t/(个·月)、78000 t/(个·月)，新庄煤矿原煤生产人员效率达到9.4 t/工。集团公司各矿井采煤机械化程度达到100%，综合掘进机械化程度达到70%。

通过设备减人、机械化换人，提高机械化水平。梁北煤矿、泉店煤矿、薛湖煤矿采煤工作面超前支护使用超前液压支架代替原单体液压支柱。

大力装备岩巷快速掘进作业线，实施机械化快速打眼，应用中深孔爆破工艺。新庄煤矿井下岩巷装备2台凿岩台车和1台挖装机施工，煤巷装备4台掘进机施工。薛湖煤矿井下岩巷装备5台凿岩台车和2台挖装机施工，煤巷装备3台掘进机施工。刘河煤矿井下岩巷装备2台凿岩台车和1台履带式挖装机施工，煤巷装备1台掘进机施工。泉店煤矿井下岩巷装备1台挖装机施工，煤巷装备4台挖装机施工。梁北煤矿井下岩巷装备5台岩石综掘机施工，煤巷装备2台挖装机和3台掘进机施工。

新庄矿全矿推广岩巷快速作业线，2019年岩巷掘进累计15次获得公司上台阶奖励。薛湖矿5个岩巷掘进工作面实现凿岩台车打眼，炮循环进度提高了1.0 m。梁北矿大功率岩巷掘进机入井首月单进就达到了106 m，2019年12月份进尺160 m，达到梁北矿近三年以来的最好水平；2019年12月19日，21071机巷底抽巷综掘（综掘机型号EBZ－318）当日完成进尺8.1 m，创造该矿当年岩巷综掘日进尺最好成绩。公司总体掘进工效达到了0.112 m/工，是成立以来的最好水平。

（二）新工艺、新技术、新设备增强发展动力

（1）2019年，梁北煤矿6.2 m大采高极软突出煤层窄宽度柔模混凝土切顶卸压沿空留巷应用成功。

在刘河煤矿25051工作面机巷，薛湖煤矿25050风巷、25040机巷进行了切顶卸压无充填沿空留巷施工探索，两个矿井累计留巷1500 m，巷道断面位移量较小，支护强度能满足现场使用要求，取得了较好的效果，切顶留巷较柔模混凝土留巷节约充填材料成本约3500元/m。

（2）泉店煤矿二$_1$－14020工作面实现了薄基岩下的安全回采，回采区域上覆基岩最薄区域为29.3 m，比矿井初步设计留设的105 m防水煤柱提高75 m，多回收煤炭资源271000 t。

（3）各矿井加强与科研单位开展合作，开展顶板治理技术项目攻关。梁北煤矿底抽巷近距离穿层钻孔水力扩孔掩护下三软厚煤层煤巷实现“锚网索”支护代替钢棚支护。该支护方式每米巷道节省材料3500元，每年节约材料费1750万元；煤巷锚网索支护效果较好，相比钢棚支护每年可减少

修复巷道 3000 m，每年节约修复费用 1500 万元；提高了煤巷掘进工效，煤巷单进由原来的 60 ~ 80 m/月提高到 100 ~ 120 m/月；大大减轻工人劳动强度，减少钢棚运输、架设期间的危险因素。

新庄煤矿实施“采煤工作面超前一体化自承压支护技术”项目，项目带来 4 个好处：取消单体，变被动支护为主动支护，保证了支护强度；降低了劳动强度，改善了超前支护作业环境；增大了有效通风面积，增加了风量，彻底消除了超前单体支护的不安全因素；单面圆班减少超前工 12 人，减少单体支柱 110 余根，节约施工成本约 95 万元。

（4）引入采煤工作面覆岩离层充填减沉开采技术，保产量、增效益。2019 年，集团公司首次引入覆岩离层充填减沉绿色开采技术在新庄煤矿 22201 工作面实施。实施覆岩充填减沉绿色开采技术，减少了地面沉降，实现了不搬迁开采，缓解了接替紧张局面，提前回收煤炭资源，保证公司原煤产量。

（三）积极回收资源，提高采区回采率

2019 年，集团公司各生产矿井资源开发利用依法合规，资源回采率达到国家标准，储量统计工作及时准确。

（四）矿井生态文明建设有效推进

2019 年集团公司积极推进土地复垦工作，完成复垦治理面积 101.65 hm^2 亩。各单位煤场封闭大棚及配套栈桥改造工程陆续完工投用，工程项目共计 14 项，已实现原煤、精煤、中煤、块煤和煤泥全封闭，煤场环境明显改善。截至 2019 年年底，各单位环保工程基本完工，各类环境治理费用已累计投入约 1.2 亿元，环境治理效果明显。

（五）强化劳动定员管理，增加工人工资

通过实施一岗多能、一人多专、优化生产劳动组织的措施，进行科学合理的岗位定员。

千方百计保证职工收入，在岗职工人均年收入较上年增加 4800 元。持续扩大住房公积金缴纳人员范围，为 1741 名一线年轻农民合同制职工缴纳了住房公积金。选拔 531 名优秀机电检修人员，每人每月给予 500 元专项工资激励。

（六）安全生产标准化建设积极推进

以本质安全矿井建设为目标，牵住工程质量达标“牛鼻子”，大力推进安全生产标准化矿井建设，泉店矿保持“国家一级标准化煤矿”，梁北矿、刘河矿顺利通过国家一级安全生产标准化验收，通过率居全省前列。

（七）2019年“一优三减”及“四化”建设情况

2019年，煤电公司严格按照集团公司“一优三减”及“四化”建设三年规划实施方案，制定各项目实施时间节点，抓好落实，各项目均按计划实施，并取得较好效果。

（1）完成设计200 m以上大采长工作面16个（最长达到330 m），优化合并采区3个，关闭采区2个，施工大容量缓冲煤仓6个，减少采煤工作面5个，减少煤巷掘进工作面5个。

（2）完成了梁北矿32051智能化采煤工作面和薛湖矿2306智能化采煤工作面设备采购工作。新庄矿在37061工作面投入全套大采长综采设备，于11月上旬完成安装并进行联合试运转，单产较之前提高约30%。

（3）岩巷掘进投入9台大功率掘进机，底抽巷平均单进由75 m/月提高到139 m/月，提高85%；岩巷大坡度掘进（25°以上）首次投入使用大坡度掘进机，设备已于11月入井使用，且使用效果较好，目前圆班平均进尺3.5 m左右，单进可达100 m/月以上，较之前提高185%以上，大大降低工人劳动强度。煤巷掘进新购置5台掘进机，单进提高50%以上。

（4）综合智能化平台和环网建设。新庄矿智能化平台升级改造已完成。薛湖矿智能化平台升级改造，泉店矿平台及万兆环网建设完成招标。梁北矿环网建设已完成。

（5）目前已完成81部带式输送机、16个水泵房、37个变电所、6个压风机房、11部架空乘人装置、12个主副井提升机的自动化建设。带式输送机全部实现集控或联控，泵房、变电所实现无人值守与远程监控，已实现合岗分流236人，全部运行正常后还可减员213人。

（6）截至2019年底，各矿井在册人数较年初减少1429人；正常作业期间，井下单班作业人数、采掘工作面单班作业人数大幅度减少，基本符合国家限员规定。

第四章　2018—2019 年度煤炭工业安全高效矿井建设经验

开滦（集团）有限责任公司钱家营矿业分公司

一、矿井概况

钱家营矿于 1978 年开工建设，1988 年投产，设计年产原煤 4 Mt，2017 年核定能力为 5.7 Mt，并有一座与之相配套的选煤厂。

井田位于开平煤田东南翼的西南段，属于缓倾斜煤层，煤层倾角为7°～18°。矿井为近距离煤层群开采，有 5 号、7 号、8 号、9 号、12 号、12－2 号共6 个可采煤层（其中 8 号、12－2 号煤层局部可采），煤层厚度为 1.3～4.2 m，其中 5 号煤层属于薄煤层，其余为中厚煤层。煤种主要是肥煤和 1/3 焦煤，地质条件复杂程度为Ⅱ级。9 号煤层和 12 号煤层属于自然发火煤层，发火期为 12 个月。2019 年底矿井保有储量 881.68 Mt，可采储量 556.58 Mt，采掘关系正常。

二、2019 年主要技术经济指标

2019 年公司产煤 4.99 Mt，其中综采一队产煤 1.96 Mt，综采二队产煤 1.05 Mt，综采三队产煤 1.96 Mt，采煤面单产 153430 t/(个·月)，掘进总进尺 24236.4 m，年产精煤 2.22 Mt，实现利润 132200 万元。2019 年员工年人均收入达到 8.77 万元，同比增长 20.8%。

三、安全高效矿井建设的主要做法

（一）推进安全基础提升工程，实现作业标准化

（1）加强隐患排查治理，重大事故防控能力明显提升。面对深部区域五大灾害凸显的实际，认真落实排查制度，不断加强“一通三防”、防突、

防治水、顶板、提升运输等方面的专项排查，依靠超前探放、区域封闭、高位孔抽放、强化支护，以及开展专项治理等，消除重大事故隐患，切实做到隐患排查不留死角。

（2）构建特色管理模式，安全把控度明显增强。以员工行为由监管向自管转变为目标，大力推进区科自主管理，强化了星级区科评比、行为管控、责任落实相关制度，在基层区科形成“我的区域我负责”的良好气氛，先后有15家基层单位通过股份公司验收。狠抓“三重三特”管理，对重要工程、重点部位实施生产单位、主管部门、监管部门三到位监控管理，依靠专查、专盯、专管、专治，有效提升了管控效果。

（3）强化对标整改落实，标准化基础更加稳固。严格对照新版《煤矿安全生产标准化基本要求及评分方法》，明确责任主体，对照标准，逐条研究分析，制定推进计划，定措施、定责任人、定时间节点，倒排工期，列表推进，层层压力传递，逐级压力分解，促进安全生产标准化全面落实。

（二）推进生产准备效率提升工程，努力实现生产集约化

（1）优化衔接摆布，主力工作面产能得到充分释放。加大薄煤层开发力度，在没有成功经验可以借鉴的情况下，各线通力配合，1358W 工作面实现了设备远程监控，顺槽一键启停，采煤机记忆截割，月产最高达到70000 t，实现局内首个薄煤层复杂工作面自动化开采。发挥2077W 大采高工作面作用，强化瓦斯、防治水管理，采取瓦斯高位抽放钻、上隅角对角泄放、打泄水井直通大巷等综合措施，日产最高5500 t水平。

（2）推进秩序化施工，准备效率明显提升。掘进与技术线协调配合，强化战场合理摆布，积极推行外围工程超前准备，狠抓工时利用管理，有效增加进尺时间。掘进一区在2026工作面创出单头月进600.6 m纪录，10月全矿创出进尺2058.4 m近年来最高纪录。开运线大力推广连续运输和进尺喷浆联合作业，狠抓辅助运输和一次成巷管理，实现了工程质量和效率双提升。

（3）抓住机电关键环节，强化事故超前预防。以确保大系统安全运转为重点，推行分片、分系统、分设备责任承包，加强设备规范操作和日常检修，狠抓带式输送机运行环境治理，保证了重点区域秩序化生产。推行专家会诊、技术共享，成立井下掘进机检修队伍，实施生产全过程盯防，及时排查和解决问题，提高了设备完好率和开机率。

（三）推进智慧矿山拓展提升工程，努力实现服务高效化

（1）优化设计，发挥技术保障作用。以工作面“三大”为目标，结合地

质条件优化设计，2822W、1623W、2077W 等工作面可采走向超过 1000 m，倾斜长度达到 200 m，减少了搬家倒面工程量。

（2）加强新技术、新设备和新工艺推广，提高生产效率。薄煤层自动化设备在 1358W 工作面推广使用，采面配备一套德国玛珂的电液控系统、自动化系统以及外围设备配备中滦科技和天津贝克的自动化运输系统。自动化的投入使每班可减少 5～6 人，而且通过自动移架、顶刮板输送机，大大降低了工人的劳动强度。在 1358W 工作面设计安装时更改了机头尺寸，保证采煤过程中不存在小面；研究实践了 1356W 工作面乳化液智能泵站的复用，提高了拆安效率，保证了 5 煤层的衔接，并且解决了钱矿公司长距离、大标高差供液技术难题，为以后集中供液提供了理论依据和丰富的经验。

（3）引进新装备，推进高端智能生产。以推进“机械化换人、自动化减人”为目标，在 2077W、2822W 等工作面推广使用电缆拖移装置及设备列车，减少准备班工作量。在掘进头推行机载式上梁器，应用电滚筒带式输送机，降低了事故，增加了进尺时间。

（四）推进煤质管控提升工程，努力增加商品煤量

（1）均衡组织 5 槽效益煤层生产。充分发挥 5 槽综合成本低、煤层赋存稳、硫分灰分低、产品效益好的突出优势，把 5 煤层由原来的“呆滞煤层”上升到企业提质增效的“主力煤层、效益煤层、战略煤层”高度，综合创效 5000 余万元。

（2）狠抓煤质源头管控。紧紧把握掘进保煤质的第一道工序，进一步优化支护设计和施工方法，在掘进速度、安全和煤质之间找到平衡点。积极开展采煤过程煤质督导检查、每周调度分析，对不合理控制采高、随意丢煤等情况严肃考核。

（3）强化技术指导，减少工作面割矸量。采取槽波地震等先进技术，通过精准预测、预报数据，指导基层单位连网、打板、飘刹，调整推采进程，减少过变化对生产的影响。针对 12 槽工作面伪板厚，控制难度大的实际，依靠合理飘刹、托顶找煤等措施，有效降低了原煤灰分。

开滦(集团)有限责任公司东欢坨矿业分公司

一、矿井概况

东欢坨矿业分公司隶属开滦（集团）有限责任公司，矿井位于河北省唐山市丰润区的韩城与新军屯两镇之间，东距唐山市区约15 km。2014年12月4日，河北省煤炭工业安全管理局以（冀煤生产〔2014〕68号）批准，矿井核定生产能力为4.5 Mt/a。

井田煤系地层属石炭二叠系地层，共含煤17层，其中可采煤层及局部可采煤层为9层，总厚度为19.7 m。截至2019年底，剩余地质储量608 Mt，可采储量378 Mt，预计矿井服务年限43 a。

井田主要可采煤层均属较高挥发性的气煤，煤种单一，以气煤Ⅰ号、Ⅱ号、Ⅲ号为主，并且含有少量的肥气煤Ⅰ号、Ⅱ号。瓦斯绝对涌出量为5.73 m^3/min；瓦斯相对涌出量为0.99 m^3/t。煤层自然发火倾向性为Ⅱ类，煤层爆炸性为38.37%～41.51%，为瓦斯矿井。

矿井现有主井、副井、风井三个井筒。主井为箕斗井，直径6.5 m，负责矿井的提煤工作；副井为直径8 m的立井，负责矿井的上下提运材料及人员，并作为主要进风井和安全出口；风井为直径7 m的立井，负责矿井的回风。

矿井采用立井多水平阶段石门开拓方式；现矿井生产水平为－500 m和－690 m水平，－230 m水平为井田回风水平，－950 m水平为开拓水平。矿井采用机械通风，通风方法为抽出式，矿井生产初期为中央分列式通风方式，后期与新风井形成对角式通风方式。目前生产区域为北二采区、中央采区、中央（下段）采区3个采区。岩巷支护形式为锚网索喷，煤巷支护形式为金属拱形支架或锚网支护。

二、2019年主要技术经济指标

矿井年度实际原煤产量为4496800 t。矿井年实际生产天数为358 d，节假日及检修共 7 d。矿井工作面保证“三采一备”。通过技术创新和设备改造，采煤机械化程度到达 100%，掘进装载机械化程度达到 90%，综掘机械化程度达到 90%。矿原煤生产实际工日为 28182 工日，原煤工效为 13.38 t/工，达到了特级高产高效矿井水平。经济效益明显，全年实现利润 1.79 亿元，完成了年初的既定目标，实现了稳产高产。采煤方法为走向长壁后退式综合机械化采煤法，采掘关系正常，实现了有序衔接。矿井三量符合规程要求，中厚煤层采区采出率达到 87.2%。矿井综合单产达到 156138 t/(个·月)，原煤工效达到 13.38 t/工，各项指标达到行业特级水平。

三、安全高效矿井建设的主要做法

（一）扩充开采煤层挖潜储量，减缓压煤村庄搬迁压力

随着开采进度不断加强，矿井延伸 -950 m 水平的工程在不断地加大，目前向下延伸的几条巷道，已经施工半数以上，随后会继续施工以保证全矿井的衔接。进一步加强压煤村庄的搬迁工作，通过与唐山市政府部门的不断配合，目前搬迁工作已经取得了很大的成果，97% 以上的住户签订了协议，并搬进了新家，另外新区域的延伸还存在着压煤问题，政府也在全力帮助东欢坨矿全面协调和解决，缓解压煤情况。

（二）增大工作面走向倾向长度，提高矿井产能

双大工程设计以煤业公司“双三按”管理为总目标，将现有采区和工作面全部实行优化设计，优化施工，提高产能，挖潜储量，延长矿井服务年限。主要优化内容为将采区北翼原三个工作面设计优化成两个工作面，增加工作面走向和倾向长度。如走向由原来的七八百米变为近两千米的巷道，倾向由原来的 120 m 左右增加到近 200 m，工作面生产能力由原 90500 t/(月·个）提高到 135600 t/(月·个)，甚至可以达到 156530 t/(月·个)。因工作面个数减少，可以减少采煤巷道两条顺槽 3670 m、节省区段煤柱 98400 t、减少一个工作面综采设备安拆工作量及相应采掘安装的设备租赁费用，综合对比计算，工程改造之后，合计创效 4128 万元。为保证高产高效，进一步优化设计，实现大采高、大走向的工作面，目前工作面基本实现 2000 m 走向、200 m 倾向的工作面。

（三）加强安全思想管理，深化安全教育思路，保证安全高效

2019 年，东欢坨矿本着安全高效生产的目标，在安全管理上将继续突出本矿的特色，将“四自一监”自主管理深化，严格遵守“15 项日常制度”，让每位员工从“要我安全”的被动思路转变成“我要安全”的主动想

法，大大提高员工个体的安全系数。持续深化开展“四自一监”自主管理模式，让矿和公司员工得到了前所未有的经济效益和政治效益，这几年的轻伤率逐年下降。

（四）加大安全设施和费用的投入，确保安全高产高效目标

东欢坨矿在支护手段和机械设备方面一直处于比较落后的状态，从2017 年煤矿面临吃不起饭的危机后，矿领导开始下定决心改变目前这种状态，一定要从安全高产高效方面，保证全矿的产量和工人的工资收入。决定淘汰落后的工艺和设备，提高装机设备。到 2019 年东欢坨矿已经投入最先进的上海创力 500 kW 采煤机 4 台，工作面回风巷、运输巷全部使用无极绳绞车代替调度小绞车，运输系统采用集中可视控制化系统，液压支架首次使用先导阀控制液压支架，泵站系统使用高精密软化过滤设备等。这些新设备的使用大大提高了工作面的效率，也提高了工人的安全系数，减小工人的劳动强度。

唐山开滦赵各庄矿业有限公司

一、矿井概况

唐山开滦赵各庄矿业有限公司（以下简称赵各庄矿）位于唐山市古冶区赵各庄，隶属于开滦集团矿业工程有限责任公司。

赵各庄矿于1906年建矿，1910年1月正式投产。矿井采用主斜井、副立井、阶段石门的开拓方式；主要开采9煤层和12煤层；煤层自然发火倾向性为Ⅱ类，并具有煤尘爆炸性；矿井绝对瓦斯涌出量为11.68 m^3/min，相对瓦斯涌出量为5.40 m^3/t；瓦斯等级划分为突出矿井，水文地质条件为极复杂型。

矿井于2019年核定通风能力为1.51 Mt/a，生产能力为0.8 Mt/a，2019年计划生产原煤0.6 Mt。2019年主要开采了14水平西翼1石门的4137综采工作面，属于12煤层，平均煤厚9.5 m，平均倾角为23°。

二、2019年主要技术经济指标

2019年公司全年完成原煤产量547900 t；员工年人均收入6.5万元，原煤期末绩效人数342人，原煤工效达到7.84 t/工；综采机械化程度达到90%。

三、安全高效矿井建设的主要做法

（一）加大组织原煤生产，全力推动降本增效

围绕生产期间目标任务，组织正规生产，逐月抓好分解目标兑现。特别是在4137西上面采煤过程中，坚持问题导向，综合施策，在高效开采、生产准备、错峰生产、以机保煤等方面化解难题，以激励政策促进稳产上产，最高日产量达到了2200 t。

强化预算管理，与各线及部门区队签订年度责任目标书，每月通报点评，增强了降本增效动力。大力开展物资回收复用工作，共回收废旧物资602.64 t，节省物资采购资金25万元。实施2号井清水管路漏水封堵工程，加强电力监督管理和考核，今年以来电费完成3203.88万元，比计划减少

1236.05 万元。加强财务管理，坚持以收定支，全力争取政策支持，资金支出同比降低近 25%。

（二）牢固树立安全品牌意识，狠抓安全责任落实

（1）大力培育正确的安全价值观。安全生产是企业发展的前提和基础，是实现效益的基本保证。持续加强员工安全教育平台和阵地建设，贴近班组、贴近现场、贴近岗位开展安全思想教育。进一步健全完善安全警示教育体系，坚持把安全警示教育活动贯穿公司转型发展的全过程，警钟长鸣，不断增强广大员工的安全“红线”意识、法治意识和责任意识。

（2）推进区科安全自主管理。区科安全自主管理是各级各类人员落实安全主体责任的具体体现，也是加强外埠项目工程安全管理的有力支撑。以“员工零违章、班组零隐患、区科零工伤”为目标，以构建“区科自管、班组自控、员工自律”的自主管理机制为主线，健全机制，创新载体和工作方式方法，努力提升区科班组自主安全管理水平。

（3）改进完善安全考核机制。优化考核机制和方式方法，深化“党政同责、一岗双责、齐抓共管、失职追责”机制建设，强化领导责任、直管责任、岗位责任和业务保安责任的落实，形成全员、全方位、全过程抓安全的严密体系。强化激励约束，把“查、反”活动与严肃组织和行政问责结合起来，保证公司转型发展的关键时期，安全管理标准不降、要求不松、力度不减。

（4）加强不同时期的安全管理。针对不同时期的工作重点，细化和强化各级管理技术人员责任落实。一是矿井生产期间。以杜绝重大事故、防范零星事故为重点，确保实现安全高效生产。二是矿井转入回撤期间。巷道回撤是一个大的系统工程，涉及的专业多，范围广，要科学合理地制定工作方案，健全完善专项安全技术措施；加强工程的调度指挥和安全监管，确保有序推进。三是加强工程项目队的安全管理。加强专项教育培训工作和督导检查，培育员工的自豪感和责任感，筑牢安全发展的思想根基，着力打造质量上过硬、安全上可靠、效率上一流的施工队伍。

（三）强化安全基础建设，提高安全生产保障水平

（1）进一步加强安全生产标准化建设工作。按照“坚持标准、过程达标、总体推进”的工作思路，健全完善管理和督导考核机制，切实把标准化工作融入安全生产组织的全过程之中，实现全员全过程参与。

（2）认真开展安全技术业务培训。持续推进员工安全素质提升工程，健全完善年度安全培训计划，组织好“三项岗位人员”送培，上岗、转岗、

复工等人员的“三级”教育培训，保证特殊工种的正常接替。

（3）强化安全监督检查。一是加强安监员队伍建设。以集团公司安全监管系统同业务竞赛活动和安全监管人员素质提升工程为平台，以教育、培训和管理为手段，提高安监队伍综合素质和服务指导水平。二是进一步改进安全监督检查的方式方法。要广泛开展计划检查、重点检查、动态突查、“回头看”检查、“体检”式检查，动态掌控安全生产现状。三是严肃安全监督管理责任落实。各级管技人员、机关业务人员、安全监察员和基层安全员都是安全管理队伍的中坚力量。要转变作风，提高认识，切实履行好安全职责。

（四）强化防控体系建设，有效防范重特大事故

（1）强化安全“双控”机制建设。进一步建立完善安全风险分级管控和隐患排查治理“双重”预防制度体系，强化安全风险分级、分类管控。尤其是要把风险评估结果运用到编制设计、作业规程和安全技术措施制定之中，大力推进安全风险分级管控工作的标准化、规范化进程。持续强化隐患排查治理，要树立隐患就是事故的理念。加大对系统、各区域，以及环节、部位、岗位的隐患排查力度；坚持隐患“零容忍”，切实做到责任、措施、资金、时限和预案“五落实”。同时，要对隐患问题进行责任追问，深入查找管理上存在的不足。

（2）发挥技术保安作用。一是调整通风系统，加大瓦斯抽采力度，保证4137西下接续工作面的正常开采；二是按计划对皮带斜井引流设施进行恢复和完善，提高矿井抗灾能力；三是围绕重点区域及重点工作面，构筑防火墙、建立灌浆系统，积极做好防灭火管理；四是在采掘区域收缩、大巷回撤期间，超前研判可能出现的顶板、通风、机电运输、防治水等方面可能出现的危险，提前制定处理方案，采取积极措施，有效防止各类事故的发生。

（五）丰富安全文化内涵，提升安全管理科学化水平

（1）进一步加强安全文化建设。各级管技人员要准确把握在去产能转型发展的特殊时期，公司加强安全文化建设的基本遵循、重大意义和工作原则，按照公司《安全文化建设考核管理办法（暂行）》要求的标准和分工，切实把安全文化融入安全生产工作全过程，有力推动安全发展。

（2）持续推进党政工团齐抓共管“大安全”管理体系建设。各单位、各部门要紧密围绕安全工作目标和总体工作部署，充分发挥各组织职能作用，深化安全宣传教育、党员身边无“三违”、无事故、“三无”班组、优秀安全把关人竞赛等安全主题活动，进一步推进机关包保、群监员检查、职

工代表问询、女工安全协管、“平安青年365”建设等全年性的工作，创新载体，确保取得更好的效果，形成抓好安全工作的强大合力。

（3）深化王进东式班组创建。坚持以王进东式班组创建为方向，持续推进“创六型、争五星”班组，自主安全管理班组。要充分发挥班组安全三级评价体系动态评价机制作用，增强安全管理实效性。要把班队长的教育、培训和管理考核作为班组安全建设的重要内容，不断优化队伍结构，切实增强每个班队长现场安全管理责任意识和安全把关能力，夯实本质型安全班组基础。

开滦（集团）有限责任公司
荆各庄矿业分公司

一、矿井概况

荆各庄矿业分公司是1979年投产的一座大型矿井，位于唐山市东北约13 km处，在开平煤田凤山西北侧，自成一个封闭的盆状向斜，井田面积为10.6 km^2。井田地质构造类型为Ⅱ—Ⅱa—Ⅰd—Ⅲeg，水文地质条件类型为中等型，矿井采面一次最大突水量为44 m^3/min，建井初期最大涌水量为66 m^3/min，投产后10年矿井涌水量平均为33 m^3/min，逐年衰减，目前涌水量稳定在9.41 m^3/min。井田内共有可采煤层4个，其中：9煤层平均厚度为6.19 m，11号煤层平均厚度为1.62 m，12－1号煤层平均厚度为2.17 m，12－2号煤层平均厚度为5.0 m，全部属于石炭二叠纪煤系地层。各种损失合理，无乱采、弃采现象。煤种牌号为QM，为低硫高灰煤，发热量为19.7 MJ。矿井瓦斯等级为瓦斯矿井。

矿井于1979年投产，设计能力1.2 Mt/a，经过多年来矿井技术改造，使产量逐年递增，2008年核定该矿能力为1.95 Mt/a，去产能延期后，2017年核定能力为1 Mt/a。矿井的开拓方式为立井多水平分区集中大巷开拓、暗斜井延深。一水平海拔标高为－375 m，二水平海拔标高为－475 m，三水平海拔标高为－515 m。采用井下带式输送机与主井箕斗运煤。掘进主要采用EBZ－135、EBH－90掘进机综掘。采煤方法为走向长壁综机开采，主要装备为ZY3200－13/32液压支架，MG－375、MG－200/500－AWD、MG－375采煤机，SGZ730－320、SGZ730－264、SGZ－730/400刮板输送机。矿井以精细化市场管理模式进行生产经营管理，具有完善的安全保障制度和运行机制。矿井建有供水、灌浆、束管监测、瓦斯、一氧化碳安全监测系统，矿井采用集团公司区域网进行计算网络化管理。于1998年、1999年实现了省级安全高效矿井目标，2000年至2018年均实现行业级安全高效矿井。

二、2019 年主要技术经济指标

2019 年，绩效人数 471 人；完成原煤产量 999000 t；掘进进尺 1800 m；综合单产 59000 t/(个·月)；原煤工效为 8.3 t/工；采煤机械化程度达 100%，掘进机械化程度达 100%；经济效益实现利润 862 万元；安全生产形势较为稳定，百万吨死亡率为零。

三、安全高效矿井建设的主要做法

（一）规范治理，规范操作，严抓细节，保证安全生产

（1）根据公司实际情况，逐步完善安全管理机制。根据安全工作责任的不同，实施基层单位安全工资双分制考核，增强了管技人员的安全履职意识。以实现“零伤害”为目标，坚持安全生产竞赛活动不断线，最大限度减少了伤工事故的发生。加强工班长管理，对出现安全问题的工班长及时追问、分析、处理，规范了工班长的管理行为，保证公司全年实现了“零伤害”。

（2）全年公司避免了重大安全事故。明确相关部门职责，提前制定防治水、火、瓦斯、煤尘的预案，并根据现场情况认真组织实施，确保全面兑现，努力消除重大事故隐患，保证了矿井生产的正常进行，

（3）狠抓隐患治理，建立长效机制。公司抓好原煤运输系统的管理，加强设备隐患排查制度，强化维修维护管理，确保安全可靠；抓好辅助运输系统的隐患排查，定期排查设备、系统，严禁设备带病运转，定期组织安全等专业开展辅助运输线路安全排查活动，对巷道失修等及时安排修复。

（4）保持了安全稳定局面。本着全面覆盖、不留死角的原则，公司采取下井带班巡视检查、特殊班次联合检查的安全管理措施。

（二）规范业务，强化责任，保证矿井安全高效发展

（1）在生产准备上，坚持提前谋划、合理摆布，努力提高掘进进尺效率，确保了公司正常的生产衔接。根据生产需要科学组织工力、提高工程质量。

（2）在生产组织上，继续坚持正规循环作业，大力推行“八八四四”工作制，在采煤条件日趋困难的情况下，缩短了检修时间，既增加了原煤产出量，又合理利用工力提高了检修效率，保证了各工作面的生产进度，超额完成了生产任务。安拆工作上只要条件允许，就在井下进行倒安装工作，减

少安拆环节，减少了工作中的人力、物力的投入，保证了安装进度，保证了各工作面衔接。

（3）在机电管理上，加大大型机电设备强制检修力度、供电隐患排查力度，开展采掘设备包机活动，全面提高机电管理水平，实现安全供电，保证了机电设备的正常运转。

（4）“一通三防”。加强通风管理，提高通风质量，及时发现、处理有问题的巷道，对老巷道及时封闭，优化通风系统。如：改变风压分布等，达到了均压防火的目的。合理布置通风系统，减少通风设施的修建量和维护量。利用废弃压风管路改造成注浆管路，减少了投入费用。利用注浆泵给有发火隐患地点进行注浆，减少了注浆管路铺设工程量，提高了注浆效率，避免了管路堵塞的问题。

（5）防治水。坚持“有疑必探、先探后掘”的原则，完善了探放水管理机制，坚持物探与钻探相结合，杜绝重大灾害性事故的发生。

（6）顶板控制。通过监测监控手段，设专人观测分析顶板，及时预报，结合地质条件分析，提前预测、制定顶板控制制度，实现顶板可控。

（7）落实责任分管制度。各专业分管的职能科室、基层队伍、技术人员各自对照责任尽心履职，制定完善各项岗位责任制，对重复出现的隐患、到期未整改的隐患一律实行责任倒追、系统追问。延续公司领导业务联系点包区队办法，到分管各单位参加碰头会、区务会，为工作的开展起到了良好的指导作用。

（三）增强成本意识，严控材料消耗

（1）控制成本。深化工程预算管理，严格按照内部市场规则考核结算，提升了公司的经营管理水平。

（2）减人提效。加大单位整合力度，优化人员结构和配置，倡导一职多能、兼并代，不断降低辅助工种人员所占的比例，努力充实生产一线人员，在员工数量基本稳定的前提下确保了对外扩张人力的需要。

（3）创效工程。根据生产衔接合理安排调剂设备，在最大限度压缩设备占用量的同时降低了支出。强化矿控材料管理，激发基层单位修旧利废热情，加快了材料的循环周转率。目前运行的“内部小循环”物料管理体系，物料回收复用率较高，经济效益显著。

（4）科技创效。2019 年组织专业项目、QC 成果及科技论文上报工作，在全公司范围内开展了以“科技兴矿、敢为人先、拼搏奉献”为主题的科技日活动，开拓思路，解决实际难题，申报了《掘进工作面切眼亮面一次成巷技术应用》《前进式安装工艺》等12项技术创新项目。

（四）优化设计，保证矿井安全高效发展

（1）为保证生产衔接，对西翼采区进行了优化，增加采煤储量约30000 t。

（2）从收尾设计上进行了优化，利用转采收尾工艺，增加采煤量。

（3）安拆工作中通过对安装工作面分析，在设计上保证安装工作面使用的“三机”与井下收尾工作面使用的设备符合安全生产标准要求，创新安装方法，在1020D、3120D工作面安装过程中设置2个组装点，提高安装效率，最高每班安装支架7组，两个工作面均提前5 d完成安装工程。

山西鲁能河曲电煤开发有限责任公司
上 榆 泉 煤 矿

一、矿井概况

上榆泉煤矿位于山西省忻州市河曲县境内，井田东西宽 3.2～8.2 km，南北长 1.8～6.0 km，面积约 29.8 km^2，截至 2019 年末保有资源储量 898.9 Mt，剩余可采储量 589.36 Mt。该煤矿 2003 年破土动工，2005 年 5 月联合试运转，2006 年 7 月通过整体竣工验收，证照齐全。矿井采用主副平硐 + 回风斜井综合开拓方式，矿井初步设计生产能力为 3 Mt/a，现核定生产能力 5 Mt/a，为低瓦斯矿井。

二、2019 年主要技术经济指标

2019 年末原煤生产总人数为 927 人，采掘机械化程度为 100%，全年完成产量 4.71 Mt，完成掘进进尺 8363 m，综合单产为 383400 t/(个·月)，原煤工效为 19.569 t/工，实现利润 1551 万元，职工人均工资收入 19.4 万元，比 2018 年人均工资 17.3 万元增加 2.1 万元。

三、安全高效矿井建设的主要做法

（一）安全管理方面

（1）上榆泉煤矿全面推行并使用了煤矿本质安全管理信息系统，利用本安管理体系，进行矿井生产安全管理，同时建立和完善了“人、机、物、环”一体的危险源辨识体系，员工随身携带辨识卡片，过程管控现场安全，安全生产水平得到了显著提升，有效杜绝了轻伤事故的发生。

（2）上榆泉煤矿加大了煤矿企业的专业化管理，通过整章建制，认真落实安全生产责任制，做到“横向到边、竖向到底”，每个岗位都有责任，主动工作，最大限度地消除管理上的缺陷，杜绝了人的不安全因素，进而改善物的不安全状态，实现了“人、机、环、管”全方位的管控，达到安全、生产、高效的目的。

（3）深入解析先进煤矿企业的管理亮点，并结合本矿实际进行了借鉴和应用，一年来，上榆泉煤矿推行了“班组建设”“岗位标准作业流程”“手指口述”等专项活动，加大了对职工的培训力度，通过强化培训提高了职工队伍的整体素质，为现代化矿井的建设奠定了坚实的基础。

（二）矿井安全质量标准化建设方面

全面按照安全质量标准化标准施工，制定了上榆泉煤矿采掘工程质量、文明生产、煤质管理、辅助运输管理、机电质量标准化、地测防治水等10项专项实施方案和评分标准，通过日常跟踪、月度检查、季度评比，提升了矿井安全质量标准化管理水平。同时，坚持以“朴素”质量标准化为基准，季度专评，不搞花架子，为安全质量标准化工作的开展奠定了坚实的基础，矿井从2009年至2017年连续7次被评为国家级安全质量标准化矿井。

（三）大力实施信息化、自动化、智能化建设

该矿建有安全监测监控系统、电力监测监控系统、主通风机监测监控系统、矿山压力监测系统，对环境因素、设备状态等进行预警监控。工业视频监控系统、人员定位系统、矿井IP网络广播系统等加强人员监察、应急管理。还建有井下无人值守变电所、集控化高效选煤厂、自动化装车系统等设备设施。调度通信系统于2017年3月进行有线通信核心设备升级改造，采用华为软交换系统，部署一体化调度平台，并完善点呼、广播组呼、来电选答、强挂、强插、监听、呼叫保持等功能，该矿井下4G网开通后，在综采一队率先推出“流程学习公众号”+“流程学习二维码”的全新模式，将区队所涉及流程分设备、分工种制作成二维码，悬挂到现场各个工作位置。从而将井下4G信号、微信扫码、流程学习进行有机整合，积极构建网络学习平台，突破流程学习时间、地点上的局限性，实现了标准作业流程随时查、随时看、随时学，成功打造流程学习“微课堂”。

（四）生产组织

（1）提高设备开机率和负荷率，提高单产和单进水平。通过优化班前会流程、改停工交接班为动态交接班、持续优化采煤机分区段割煤速度、优化机电设备检修流程等措施提高有效作业时间，从而提高设备开机率和负荷率，达到高产高效的目的。

（2）优化及实施目标定额管理，提高生产组织效率。针对地质条件、循环进度、支护方式的不同，确定不同的分值和单价，工资足额兑现，充分调动区队和员工的劳动积极性，提高组织效率和掘进效率。

（3）实施全面预算，费用指标按业务分解，分管领导承包，业务部门

负责。全面实施预算管理系统，把费用按照生产、机电、“一通三防”、双增双节、七项费用等按照部门进行分解，各部门根据管辖范围制定本部门的管理考核办法并进行考核。

（4）推行班组核算系统。强化班组核算，实现材料管理标准化、材料使用精益化，材料考核公平化；针对消耗材料、回收材料、周转材料、五型绩效考核等，分别制定本区队班组核算管理办法，明确责任人，实现材料核算到班组直至岗位的精益化管理。

（五）科技创新

始终坚持科学技术是第一生产力的理念，坚持“以人为本、科学管理”的原则，不断加大人力、物力和财力对科技管理的支持力度，大力激发全矿技术人员和广大职工创新活力，发挥个人的聪明才智，激励广大员工大力开展技术创新活动，从“节支、降耗、安全环保、系统优化、资源回收、高产高效”几个环节为突破口，进行创新、改进，增强了矿技术创新能力，提高了经济效益，矿成立以矿长为组长的科级创新领导小组，制定了《上榆泉煤矿科技创新管理办法》及奖励政策，充分调动广大职工的积极性。

2019年，上榆泉煤矿获得国家发明专利2项，适用新型专利6项，在国家级报刊上发表论文23篇，获得“五小”成果奖励79项，创造效益1800多万元。

（六）生态文明

（1）加强劳动保护管理，按规定发放劳动保护，每年进行一次健康检查，做到提前预防，降低职业病发病率。

（2）矿井建有矿井水处理系统、生活污水处理系统、洗煤水处理系统、锅炉除尘系统、噪声控制系统，均达到了国家标准。

（3）2019年共完成各类治理补偿合同19份，共治理、补偿耕地66.57 hm^2、林地21.11 hm^2，绿化覆盖率达到可绿化区域面积的80%以上。

中国神华能源股份有限公司保德煤矿

一、矿井概况

保德煤矿隶属中国神华能源股份有限公司，地处山西省保德县境内，煤系为石炭二叠纪煤。井田南北走向长度为14.0 km，东西倾向宽度为5.7 km，井田面积为55.9 km^2，交通便利，矿井基本情况见表1。

表1　保德煤矿基本情况

序号	项目	内　　容
1	建井时间	1999年11月
2	投产时间	2002年10月1日
3	煤矿性质	中央企业
4	可采煤层	可采煤层为8号、10号、11号、13号煤层，共4层
5	资源储量/Mt	897
6	可采储量/Mt	594
7	生产能力/($Mt \cdot a^{-1}$)	证照能力5
8	服务年限/a	85
9	煤种	气煤
10	基本灾害情况	瓦斯防治、防治水、顶板、防灭火、粉尘防治
11	采掘工艺	综采放顶煤回采，掘锚一体化掘进
12	质量标准化等级	2018年7月被评为一级安全生产标准化煤矿
13	安全高效矿井	煤炭工业特级安全高效矿井

保德煤矿在册职工659人，设置20个科队级编制。机关设有“七办一中心”即党委（行政）办、经营办、生产办、安管办、通风办、机电办、地测办、调度指挥中心；生产队伍配置为1个综放队、2个掘锚队；生产辅助队伍有通风队、智能运维队、机电队、运转队、探放水队、生产准备队、安装队、机修厂、生活服务部。

二、2019 年度主要技术经济指标

全年未发生轻伤及以上人身事故和较大非人身事故，职业健康管理达到控制指标，实现了安全生产目标；截至 2019 年 12 月 31 日，矿井安全生产天数累计为 4849 天，风险预控管理体系运行连续 10 年保持集团公司一级。全年完成原煤产量 2.84 Mt。全年掘进进尺 8659 m。2019 年吨煤故障停机率为 0.31%。全年累计完成纯瓦斯抽放量 3.37×10^7 m^3，瓦斯利用率为 83.78%（年平均），发电 4.73×10^7 kW·h，工业产值 2287.45 万元。安全成本为 244.13 元/t。全年未发生环境污染事故，节能环保各项指标均超额完成。全年修复设备价值共计 707.2 万元，节约费用 692.9 万元。

三、安全高效矿井建设的主要做法

（一）科学组织生产，合理部署，生产工作有序推进

按照矿井采掘接续计划，全年完成“一安一撤”。81308 综放工作面为了回收边角煤柱，设计了扇形调斜工作面，组织技术人员制订了详细的技术方案和保障措施，确保了工作面旋转期间顺利推进。

（二）强化责任落实，凝心聚力，筑牢安全生产防线

2019 年，保德煤矿以两级公司安全工作会议精神为指导，圆满完成了年初制定的各项安全工作目标。一是风险预控体系运行得到持续改进，连续十年保持一级；二是安全生产责任制落实到位，矿按照“职责定位 + 职责范围 + 责任清单”模式，建立全矿共 311 项安全生产责任清单和量化考核标准，形成了完整的责任体系链条，建立《安全生产责任制全员考核和安全生产责任追究管理办法》，组织各单位月度考核和岗位季度考核，将考核结果与安全绩效考核和安全风险抵押奖励兑现挂钩，对失责行为和人员严格进行责任追究；三是制定完善《安全风险分级管控工作制度》《新版安全管理信息系统运行管理办法》等 26 项安全管理制度，督促基层单位、管理人员和岗位严格落实风险分级管控责任；四是推进新版安全管理信息系统应用，推行班前、岗前和岗中安全风险问询管理，组织年度重大安全风险评估、专项各项评估、系统风险评估和安全风险再辨识评估工作，提高了矿井安全风险管控能力；五是组织梳理新工作任务 234 项，新增危险源 2131 个，另评估风险区域 128 个，辨识设备危险源 393 个、系统危险源 61 个，组织体系知识培训 5 次、体系运行分析总结 12 次、体系内审 2 次、管理评审 1 次，促进了体系运行的持续改进。

（三）细化成本管理，加强管控，提升经营管理水平

通过内部市场化增节约、量化结算提工效、对标学习促提升、绩效考核强管理、预算经营控成本“五位一体”经营管控模式，矿井经营管理水平进一步提升。

（四）强化机电管理，创新创效，增强业务保安能力

一是规范机电检修标准，通过设备云检修平台、故障秒拍系统等管控手段，保证了全矿机电设备安全运行；二是完成掘锚工作面、清水泵房等9处配电硐室标准化达标升级改造，持续提升了机电管理标准化水平；三是每月开展防爆检查，全部落实整改，使机电设备完好率提升到99%。

（五）持续完善平台，营造氛围，科技创新硕果累累

以两级公司文件为指引，修订完善科技创新管理办法，加大了奖励机制，量化科技创新指标，完成了群众创新创效成果170余项、科技论文31篇、专利19件、企业标准6项，提报2020年科研立项项目25项，撰写亮点工程和管理提升项目50余项。2019年矿井被山西省煤炭学会评为“2018年度山西省煤炭科技创新双十佳煤矿”、矿长孟永兵被评为“2018年度山西省煤炭科技创新双十佳矿长”、矿总工程师陈殿赋被评为“2018年度山西省煤炭科技创新优秀总工程师”。

（六）狠抓现场管理，强基固本，确保系统可靠稳定

一是坚持“先抽后采、监测监控、以风定产”的瓦斯治理方针，矿里不断探索新技术，开展封孔材料、封孔长度研究和电脉冲增透技术研究，先后施工完成了2570 m和3353 m两个超长钻孔，实现了地面U型井精准对接，为今后的大区域瓦斯治理模式奠定基础；二是在防尘管理方面，矿井建立了“理念上先、源头上防、过程中降、生产中隔、全过程监、管控上严”的“六位一体”综合防尘体系，全矿井综合降尘率分别达到了53.29%和61.42%；三是防灭火工程方面，全年矿井共完成预防性注浆约10000 m^3，预防性注氮453000 m^3，全年完成人工取样分析化验120余次。

中煤平朔集团有限公司安太堡露天矿

一、矿山概况

安太堡露天矿是中煤平朔集团有限公司所属的特大型露天矿，是国家“七五”重点建设项目，也是改革开放初期全国煤炭系统引进外资、设备、技术、管理的最大中外合作经营企业，总投资6.49亿美元，设计年产原煤15.33 Mt，设计服务年限为90 a。露天矿于1982年开始筹备，经过三年准备，于1985年7月1日正式开工，经过26个月的建设，于1987年9月1日正式投产，当前核定生产能力20 Mt/a。

安太堡露天矿地处朔州市境内，矿区面积24.0319 km^2，截至2020年底剩余储量为390 Mt。露天矿可采煤层为4号、9号、11号煤层，赋存稳定，平均厚度达到30 m，埋藏浅（100 ~ 200 m），地质结构简单，开采条件良好。

二、2019年度主要技术经济指标

安太堡矿采用露天开采方式，剥离工艺是单斗－卡车开采工艺，采煤工艺为单斗－卡车－破碎站－皮带联合运输（半连续）工艺。采掘机械化程度达100%，主要设备从国外引进，达到世界先进水平，节能降耗管理工作完善且措施得力有效。采出率达95%以上。

2019年矿完成原煤产量18.77 Mt，剥离量 8.56×10^7 m^3，剥采比4.56 m^3/t。采煤设备包机组平均产量达到521389 t/(个·月)，全年原煤工效达到133.86 t/工。

2019年在公司的正确领导下，安太堡露天矿依托边坡雷达、车辆防撞系统等先进科技平台，全体职工共同努力，实现了矿安全生产形势平稳良好发展，全年未发生二级及以上事故。

安太堡露天矿大力重视环境保护工作。通过复用采场疏干污水进行道路洒水、采装前爆堆洒水、采装工作面洒水、钻机除尘等多种方式进行矿区内抑制扬尘工作，对于因煤矸石自燃引起的冒烟现象进行及时的黄土覆盖掩埋，以减少对大气的污染。

同时，安太堡露天矿按照国家规定，坚持对土场进行复垦绿化工作，同时植树种草设置防护带。2019 年在黄土来源紧张的情况下，陆续完成了北部 1420 土场、北部 1450 土场、南部 1375 土场等区域的覆土、质量提升，全年完成 213.44 hm^2 土地移交，超计划 146.74 hm^2，创历史新高。

三、安全高效矿井建设的主要做法

（一）生产组织

（1）优化采排设计，实现降本增效。通过科学安排各电铲采掘位置和物料排弃场地、合理规划道路设计等方法，以实现最优的采排方案，提高卡车运输效率；通过采取在矿坑背斜区域排土、高段排土等措施，以尽量减小卡车的运距和高差，同时通过排土场稳定性计算、边坡雷达监测等手段，保证这些区域排土场的稳定。

（2）加强煤质管理，保证原煤品质。制定有效技术措施，对煤源施行分爆、分采、分运、分堆和分质利用；把握好原煤粒度，控制爆破穿孔参数，精细化原煤清理，控制原煤杂质的含量，减少二次杂质混入；对部分煤岩覆存条件复杂、煤中矸石多的区域采取小型设备硬挖的措施，减少煤岩混杂，提高质量。将北帮缩界，回收北部端帮煤。通过这些措施，优化了煤种配比，保证了全年进入选煤厂的原煤质量达标，灰分、硫分不超过允许值。通过回收端帮煤，2019 年全年共计多采原煤 0.52 Mt 左右。

（二）科学管理

安太堡露天矿坚持以管理促效益，以管理促进设备效能发挥，总结管理经验、创新管理理念、学习先进管理方法，以求在管理手段方面深挖矿井降本增效的潜力。

一是强化管理机制，做到上通下达，责任明确，保证生产指令的有效落实，保证工程质量的切实达标；同时对生产中出现的各类问题能够及时反馈、尽快处理；二是充分利用智能卡调系统等平台，合理规划设备布局，达到配比最优，尽量减少设备等待时间；三是强化管理人员责任心，通过日常宣传教育，奖罚激励等方法使管理人员切实负责；四是加强现场安全、工程质量等的监督检查工作，对发现的各类问题及时通报处理，做好复查，做到闭环管理。

（三）技术创新

2019 年，安太堡矿高度重视创新工作，通过采矿设计优化、运输系统改造等多种方法，以求达到降本增效的目的。

（1）原煤运输系统优化。将原煤运输系统移设至地表，带式输送机沿内排土场提升至地表后，向西跨过平朔工业大道、安太堡进矿坑的联络道路，再转向西南至二号井工业场地既有的1号转载点附近的既有运煤系统。系统优化之后可节省运距5.1 km左右。

（2）背斜区排土优化。矿根据芦子沟背斜区煤层产状特征，利用北部煤层较南部先走平的地质条件，加快推进北部作业面，以充分释放并利用背斜区内排空间，在确保背斜区排土场边坡安全、稳定的前提下，优先实现背斜区北部排土，形成背斜区北部排土场。优化之后，背斜区域排土整体运距降低2 km左右。

（3）南部并帮缩界区域优化。通过将原计划向上部内排土场排弃的部分物料运往缩界区域排弃，从而优化排土空间。相比之前的计划，运往缩界区排土场的物料减少运距1 km左右。

（四）总结

综上所述，安太堡露天矿在我国现代化高产高效矿井的建设和生产中做了许多有益的探索和实践，也取得了一定的成绩。为了进一步推动矿生产技术管理水平及经济效益的提高，促进高产高效矿井建设，应正确处理环境与发展、长期与短期的关系，形成系统完善的矿区经济。

中煤平朔集团有限公司安家岭露天矿

一、矿山概况

安家岭露天矿是中煤平朔集团有限公司下属的主要煤炭生产单位，是国家“九五”期间重点煤炭建设项目，设计能力为10 Mt/a，核定能力为20 Mt/a，1998年开工建设，2003年达产，2006年通过国家验收。截至2019年底，剩余可采储量606 Mt。

矿田含煤地层为石炭二叠系，煤种以气煤为主，主要开采煤层为4号、9号、11号煤层，总厚度为29.5 m，是良好的动力用煤。

安家岭露天矿以创建安保型企业为主线，以安全质量标准化工作为基础，注重从业职工安全培训教育、扎实开展隐患排查与整改、推进“五型”班组建设，实现安全文化深入人心，真正落实了安全促生产理念。从建矿至2019年末，没有发生任何人员死亡及重伤以上事故。

二、2019年主要技术经济指标

2019年安家岭露天矿实际生产原煤20 Mt，完成剥离量1.07×10^{8} m^3，剥采比达5.37 m^3/t。2019年采煤设备包机组平均产量达到555514 t/(个·月)，全年原煤工效达到124.06 t/工，处于高水平状态。

安家岭露天矿始终坚持实施“开源节流、降本增效”，2019年全年计划单位原煤成本81.66元/t，实际完成74.13元/t，较计划降低7.53元/t，实现利润61801万元。

安家岭露天矿剥离是采用单斗－卡车间断工艺、采煤是单斗－卡车－地表破碎站－带式输送机半连续工艺，安家岭露天矿穿爆、采装、运输、排土各环节机械化程度为100%，主要设备从国外引进，达到世界先进水平，生产效率极高。

2019年在集团公司及平朔公司的正确领导下，通过广大干部职工的共同努力，安全生产形势保持平稳良好态势，全年未发生二级及二级以上事故。

安家岭露天矿不断加强环境保护工作。通过复用采场疏干污水，采用水车洒水、绿化喷灌系统，喷淋、喷雾降尘装置等抑制扬尘，每台钻机均配备了干式捕捉除尘装置。

同时，安家岭矿按照国家规定，坚持对土场进行复垦绿化、重新造田工作，同时植树种草设置防护带。工业广场绿化系数达到60%以上，矿区生态环境明显改善。通过不懈努力，实现了采煤与环境保护、生态文明建设的和谐发展。

三、安全高效矿井建设的主要做法

（一）生产组织

（1）优化采排空间，实现降本增效。通过持续优化自营排弃方式，将剥离物料经各运输干道在土场直线起坡、双向排弃，降低了运距，有效提高了卡车的运输效率；通过采取在矿坑背斜倾角相对较缓的区域排土等措施，自营采剥运距、高差分别较年初计划降低786 m、26 m，有效提升了设备效率。

（2）加强煤质管理，保证原煤品质。加大现场煤质化验频次，及时掌握各出露煤层的煤质情况，保障了入口原煤煤质稳定；合理编制月度煤质计划，对煤质计划执行情况进行监督、考核，提高配煤指令执行力度；制定安家岭矿煤质考核奖惩办法，提高相关人员对煤质管理工作的认识；建立煤层验收管理台账，严格按指令入口或上堆，尽可能提高回收率。全年商品煤回收率达到77.58%、较计划72.3%提高5.28%，增加商品煤1.02 Mt；商品煤硫分控制在1.87%，较年初计划1.9%降低0.03%。

（二）科学管理

坚持以管理提升保证设备能力发挥，以措施创新促进设备状态最优，为全年生产任务完成奠定了坚实基础。

一是强化内部管理机制，建立协调机制，及时沟通解决设备运行、维修方面存在的问题，有效提高了设备的实动率和可用率。二是充实设备运行管理队伍，建立设备巡检制度，全年组织开展机电设备专项检查并进行整改，及时将设备问题和隐患通知维修车间进行恢复。三是建立设备维修工作微信群，实时与维修人员沟通设备故障情况，及时将故障设备信息发送到微信群，提高了设备故障处理效率。四是充分利用卡调系统，合理规划设备布局；强化现场安全生产标准化工作，为发挥设备效率创造条件。

通过采取以上措施，在长运距、大高差的不利条件下，主运设备效率同比不但没有降低，而且部分设备效率还有提升，其中WK－55电铲效率为

9.98×10^{6} m^3/(台·年)，同比增加29.5%，789、日立卡车效率较计划提高5.6%。

（三）技术创新

2019年，通过开展自营运输系统优化，开采程序优化，采排工作线优化布置，复用矿坑积水，提高端帮煤、薄煤层、杂煤回收率，背斜区单台阶排土等措施，降低排弃距离，累计多回收原煤2.36 Mt。具体如下：

（1）优化自营运输系统，保持南北端帮、中部桥三环运输系统，运距缩短600 m。

（2）开采程序优化，通过加大采场东北部区域剥离力度，尽快实现北部坑内排，缩短排弃运距约800 m。

（3）优化采排工作线布置，充分利用排弃空间，将内排土场工作线树杈式布置，南北部剥离物料经端帮弧形排弃至内排土场，分别向北、向南推进，缩短排弃运距340 m。

（4）复用矿坑积水，在坑底集水坑搭建临时水鹤，实现水车就近加水，较从坑口水鹤加水往返距离缩短5.4 km，减少燃油消耗。

（5）加大端帮煤、薄煤层、杂煤回收，累计多回收煤炭资源2.36 Mt。

（6）开展背斜区单台阶排土，运距较排弃上部土场缩短约1.9 km。

综上所述，安家岭露天矿在我国现代化高产高效矿井的建设和安全生产中做出了许多有益的探索和实践，取得了较好的成绩。进一步推动矿井生产技术管理水平及经济效益的提高，促进高产高效矿井建设，正确处理了矿山发展与环境保护的关系，形成了系统完善的矿区建设和发展的总体规划。

中煤平朔集团有限公司东露天矿

一、矿山概况

东露天矿项目是国家煤炭工业“十一五”规划重点建设项目，于2009年1月开始施工建设，2016年12月通过国家能源局竣工验收。矿田勘探面积48.73k㎡，剥离采用单斗电铲－卡车间断工艺，采煤采用单斗－卡车－破碎机－带式输送机半连续工艺。2018年评为“一级安全生产标准化煤矿”。煤种以气煤、长烟煤为主，主要开采煤层为4号、9号、11号煤层，总厚度为33.36 m，是良好的动力用煤。

全面构建“党委重视安全、行政主抓安全、技术部门保障安全、生产部门落实安全、监管部门监督安全”的管理格局，狠抓道路交通、采空区、爆破、边坡、排土场等方面的安全管理，全力推进风险分级管控和隐患排查治理双重预防性工作机制，进一步提升全矿安全生产综合能力。

二、2019年主要技术经济指标

2019年东露天矿实际生产原煤19.99 Mt，完成剥离量1.37×10^8 m^3，剥采比达6.86 m^3/t。2019年采煤设备包机组平均产量达到555508 t/(个·月)，全年原煤工效达到258.24 t/工，处于高水平状态。

东露天矿积极落实降本增效措施，2019年东露天矿材料单耗情况控制良好，柴油单耗0.552 kg/m^3，轮胎单耗每百万立方米为2.869条，电力单耗每立方米为0.574 kW·h。

2019年P&H4100电铲设备效率平均为9.61×10^6 m^3/(台·年)，较2018年8.92×10^6 m^3/(台·年)提高7.74%。BE电铲平均设备效率为5.2×10^6 m^3/(台·年)，较2018年3.67×10^6 m^3/(台·年)提高41.69%。P&H2800电铲平均设备效率为5.58×10^6 m^3/(台·年)，较2018年4.95×10^6 m^3/(台·年)提升12.73%。

2019年930E、789C、170D、MT3700卡车实际年能力分别为1.49×10^6、1.41×10^6、0.5×10^6、1.03×10^6 m^3/(台·年)，较2018年分别提高了4.93%、8.46%、6.38%、35.53%。

2019 年在集团公司及平朔公司的正确领导下，通过广大干部职工的共同努力，安全生产形势保持平稳良好态势，全年未发生较大及以上安全生产事故。

2019 年东露天矿不断加强环境保护工作。通过落实矿坑环保治理措施，通过采场复用水降尘、矿区洒水、矿区道路绿化、破碎站及输送机设置喷淋和喷雾装置、钻机配备干式捕捉除尘装置等措施有效降低了矿内灰尘。采用灌注三相泡沫、注水、注浆、细水雾灭火和黄土覆盖等防灭火措施，对矿坑着火冒烟区域进行综合治理，避免因煤层燃烧产生的大气污染物排放。坚持对土场进行复垦造田工作，同时植树种草设置防护带，矿区生态环境明显改善。

三、安全高效矿井建设的主要做法

（一）加大边角煤回收，提高原煤回收率

采取“分层分采”、倾斜划分台阶方式开采薄煤层，利用小钻进行穿孔，选用前装机进行采装，使用推土机辅助作业，避免煤岩混杂，全年完成薄煤层回收 1.84 Mt。

在进行小窑采空区范围内煤层开采时，根据收集地质资料，确定原来小窑巷道和工作面的位置，采用“一次穿孔，分层开采”的作业方式，先开采上部约 10 m 的 4 号煤，然后再采掘下段的 4 m，在采掘下段部分时，将采出的煤堆放到指定的位置，然后使用前装机和推土机将其中的铁器等杂物进行分拣，分拣后的原煤再入口。对于小窑着火区原煤开采，采取“分层爆破，分层开采”“先灭火、再挑拣、后爆破”。发现火区后使用三相泡沫灭火剂灭火，灭火作业完成后，使用小型设备将着火区内杂物全部采出，之后快爆快采，完成整个区域的采掘作业，通过此举减少采空区杂煤损失 100000 t。

（二）陡帮开采回收端帮煤，提高端帮煤资源回收率

结合“时效边坡”理论，根据煤层赋存条件，结合边坡稳定性计算结果，设计陡帮开采方案，对 4 号煤顶板平盘进行并段采掘，快速完成 4 号煤下部平盘靠界，及时进行内排压帮，共计回收端帮 4.7×10^5 t。

（三）优化运输系统，降低卡车运输成本

完善车双环运输系统，南帮增加 4 号煤底板干道，南部 4 号煤顶板和 4 号煤下 1 平盘物料，经此干道去内排 1200 土场排弃，运距缩短 1300 m；及时改移内排出入沟 1380—1290 坡道，采取“一坡两移、分段递进”方式，

累计提早释放南部1350平盘以上空间$1.02\times10^7\ m^3$，降低运距300 m。根据矿坑发展，及时对矿坑中部9号煤底板—内排1200搭桥进行移设，发挥双环运输和中部桥运输效率，降低运距400 m。

（四）提高内排帮坡角，优化内排空间

加快北帮靠界，拉齐南北工作线，快速释放北部内排空间，增加排土工作线550 m，内排空间释放$7.84\times10^6\ m^3$，保证北部物料就近排弃，减少内排土场绕行280 m。有效利用南部破碎口释放内排空间，采用“下部反向倒堆＋上部南北方向对排”方式，降低剥离高差，物料排弃标高由1400 m平盘降至1380 m平盘，下部陡帮排弃，增加内排空间$1.92\times10^7\ m^3$，减少运距300 m。调整内排土场边坡参数，实施高段排土计划，增加下部排土空间$3.62\times10^6\ m^3$，节省综合运距275 m。

综上所述，东露天矿在我国高产高效矿井的建设和安全生产中做出了许多有益的探索和实践，正确处理了矿山发展与环境保护、经济效益的关系，系统完善了矿区建设和发展规划，取得了较好的成绩。这将进一步推动我国露天煤矿安全管理及经营管理水平的提高，促进煤炭行业更好更快发展。

中煤平朔集团井工一矿

一、矿井概况

中煤平朔集团井工一矿位于山西省朔州市平鲁区境内，2003 年开工建设，2005 年投产，井田面积为 16.16 km^2，矿井核定生产能力为 10 Mt/a，是国家一级标准化生产矿井。矿井主要可采煤层为石炭系上统太原组 4 号、9 号煤层，其中 4 号煤层平均厚度为 10.4 m；9 号煤层平均厚度为 13.8 m，煤层赋存稳定，构造简单。

二、2019 年主要技术经济指标

井工一矿综采工作面采用倾斜长壁后退式采煤法，采用综采放顶煤采煤工艺，循环进度 0.8 m，往返一次割一刀，机采采高 3.5 m，一次采全高，2019 年采区采出率达 85.7%。

2019 年井工一矿计划原煤产量 10 Mt，实际生产原煤 9.99 Mt；计划掘进进尺 10000 m，实际掘进进尺 10555 m；原煤产量日产最高纪录为 43256 t，月产最高纪录为 913590 t，掘进进尺日进尺最高纪录 42 m，掘进进尺月进尺最高纪录 1057 m，采煤工作面综合单产为 533100 t/(个·月)；矿井综采平均工作面个数为 1.52 个，原煤生产期末人数为 430 人，全年绩效工数 126021 个，原煤工效为 79.35 t/工。

井工一矿通过技术优化、科技创新等方法，实现降本增效，2019 年职工年收入平均 15.7 万元，高于行业平均水平。

三、安全高效矿井建设的主要做法

（一）生产组织

井工一矿 2019 年采掘配置为“两采四掘”，4 号煤层、9 号煤层各布置一个采煤工作面，采煤工作面采用大巷条带式布置，倾斜长臂后退式采煤法，综采放顶煤采煤工艺，掘进工作面采用综掘工艺，采掘机械化程度均为 100%。

（二）科学管理

中煤平朔集团井工一矿深入贯彻落实习近平总书记关于安全生产重要指示批示精神，围绕“五稳”的工作总要求，努力践行“五新平朔”理念，具体情况如下：

（1）完善各项安全管理制度，推动安全责任制的落实。一是结合国家法律法规和集团公司相关安全文件要求，修订完善各类安全管理制度、安全生产责任制、作业规程和操作规程；二是采取正激励的方式促进全员安全生产责任制的落实；三是建立并严格落实隐患排查治理制度，按时开展月度、旬度隐患排查，并按照“五落实”要求全部整改闭合。

（2）结合矿井实际，安全细节管理有亮点。一是管理人员推行“因果树分析法”。要求全矿管理人员以因果树分析法先对工作任务进行分析，找出影响安全生产的关键因素，尽可能减少工作中的失误。二是现场人员落实安全工作“五步法”。从班前会“想”，入井前“备”，现场作业前“看”，施工过程中“干”，作业后“评”，逐步提升现场员工安全自控水平。三是现场执行“360°危险源辨识”。从员工进入作业现场，对现场环境的上、下、左、右、前、后进行360°无死角的危险源辨识，发现危险因素及时进行处理，确保职工在安全的环境中作业。

（3）总结经验，发挥技术支撑作用。一是早筹划，科学制定矿井生产接续方案。按计划圈通各工作面，减少工作面安装时间，尽量减少单面生产时间。二是防治水管理上不断通过自身实践经验积累。在生产中坚持执行“预测预报、有掘必探、有采必探、先探后掘、先探后采”的防治水工作方针，通过“分析 + 会商 + 评价”的工作方法，综合采用物探、钻探和化探等手段开展超前探查，坚持管理、装备和培训“三并重”，推行防治水专项技术管理体系，在防治水管理上取得了良好的实践应用效果。三是顶板管理坚持“三主动”原则（主动作为、主动出击、主动支护）。

井工一矿坚持“安全第一，预防为主、综合治理”的安全生产方针，及时排除现场安全隐患，实现了全年生产安全无事故。

（三）技术创新

井工一矿紧密围绕平朔集团公司生产经营目标和科技发展规划要求，以“提质增效、创新发展”为总体思路，有序推进下列技术创新项目实施。

一是随着矿井开采深度增加，矿压显现加剧，将《定向水力压裂顶板减小煤柱应力技术研究》列为技术创新项目，通过卸压手段减小巷道变形，节省巷道维护费用，保证矿井安全生产。二是通过智能化技术对19110综放工作面进行智能化升级改造，实现安全生产增效提质。三是在现有掘进机基础上开展自动化掘进机技术研究，使其具有仿形截割、远程遥控、红外（或激光）定位自动跟踪及自动支护等功能的掘、锚、运一体的自动化装备，提高掘进机械化、自动化程度。四是在井下安装无轨胶轮车运输信号系统，实现对井下无轨胶轮车的定位跟踪、运行工况监测、行车引导信号闭锁和车辆调度指挥运输，提高车辆的运输效率。

中煤平朔集团有限公司井工一矿在创建安全高效矿井方面取得了一定的成绩，在今后的工作中，井工一矿将把建设安全高效矿井工作深入持久地开展下去，促进矿井在生产组织、科学管理和技术创新等方面不断提高。

中煤平朔集团井工三矿

一、矿井概况

平朔集团井工三矿地处山西平朔矿区西北部，位于朔州市西北约 28 km 处、井坪镇东北约 6 km 处，矿井核定生产能力 10 Mt/a。矿井于 2007 年 1 月 26 日开工建设，2010 年 1 月通过国家能源局组织的竣工验收，开始试生产。矿井可采煤层为三层，分别为 4 号、9 号和 11 号。其中 4 号煤层厚度为 6.80 ~ 16.95 m，平均为 10.45 m；9 号煤层厚度为 0 ~ 20.00 m，平均为 11.79 m；11 号煤层厚度为 0.30 ~ 7.87 m，平均为 3.15 m。

矿井采用混合开拓方式，共有主斜井、副斜井、进风斜井和回风立井四条井筒。在 9 号煤层布置主水平，4 号煤层布置辅助水平，4 号、9 号煤层采用煤仓搭接。井田共分为东西两个采区，采煤工作面采用大巷条带式布置，综采放顶煤采煤工艺，巷道掘进采用综掘工艺。

二、2019 年主要技术经济指标

井工三矿综采工作面采用倾斜长壁后退式采煤法，采用综采放顶煤采煤工艺，循环进度 0.8 m，往返一次割一刀，机采采高 3.5 m，一次采全高，2019 年采区采出率为 84%。

矿井综采平均工作面个数为 1.95 个，原煤生产期末人数为 724 人，全年绩效工数为 204871.5 个，原煤工效为 24.79 t/工。

2019 年井工三矿计划原煤产量 7 Mt，实际生产原煤 5.079 Mt；计划掘进进尺 6200 m，实际掘进进尺 6207.4 m。原煤产量日产最高纪录为 33289 t，月产最高纪录为 617623 t，掘进进尺日进尺最高纪录为 34 m，掘进进尺月进尺最高纪录为 702.4 m，采煤工作面综合单产为 207200 t/(个·月)。

三、安全高效矿井建设的主要做法

（一）生产组织

井工三矿 2019 年采掘配置为“两采四掘”，4 号、9 号煤层各布置一个采煤工作面，采煤工作面采用大巷条带式布置，倾斜长臂后退式采煤法，综采放顶煤采煤工艺，掘进工作面采用综掘工艺，采掘机械化程度均为100%。

（二）安全管理

（1）完善安全管理体系，强化安全责任落实。年初，逐级签订了安全生产责任状，制定了安全目标考核办法、管理人员入井、反“三违”考核管理办法，组织对48项安全管理制度及139个岗位的安全生产责任制、岗位责任制进行了修订完善。

（2）积极推进标准化建设，稳步提升标准化水平。结合年度安全生产计划制定了《2019年安全生产标准化达标规划和提升工作方案》，下发了《安全生产标准化管理办法》，进一步完善了安全生产标准化体系制度建设。

（3）加强职业病危害治理。在采掘工作面增设了除尘风机、喷雾加压泵等职业病防护设施并设定专人检查与维护，加强了职业病危害因素日常监测工作。完成了全矿686名接触职业病危害因素人员在岗期间职业健康体检，完善了职业健康监护档案。

（三）科学管理

（1）安全高效智能化开采。2019年井工三矿通过不断优化采矿设计、强化现场生产组织，使设备效率得到充分的发挥，实现了矿井高效生产。实现原煤人均效率24.79 t/工，保持了全国行业级安全高效矿井水平。实现了矿井综采工作面液压支架智能控制功能，拥有刮板输送机自动控制系统，远程供电、液系统，工作面监控中心，地面数据监控、分析与发布系统等智能化开采系统，下一步矿井将向着智能化无人、少人工作面方向继续努力。

（2）信息化建设。主干网络实现全千兆，覆盖了井下所有的变电所、水泵房、带式输送机机头、工作面巷道等地点，地面覆盖了风机房、压风机房、主运机头等关键地点；通过矿井已有的电力监控系统、工业电视系统（高清视频）、各子系统自动化控制系统，实现系统集成上传并有矿调度统一监控确保系统高效安全稳定自动运行；矿井建成了覆盖井下、地面主要带式输送机运输系统的自动化控制系统，通过PLC系统对主运输系统的监控，对带式输送机运行状态监控功能。

（3）环境保护。坚持“绿色发展”的原则不动摇，从源头控制污染物的产生，实现综合利用、节能降耗、循环经济、绿色环保。2019年矿井完成了“固态废物储存库”“液体废物储存库”和“工业垃圾储存点改造”等一系列环保工程，并通过了地方环保管理部门的验收。井工三矿已于2020年3月被纳入国家“绿色矿山”名录，矿井将继续保持良好的“绿色矿山”形象，再接再厉积极推动矿山的“绿色发展”。

井工三矿在创建安全高效矿井方面取得一定的成绩，在今后的工作中，矿井将把建设安全高效矿井工作深入持久地开展下去，促进矿井在生产组织、科学管理和技术创新等方面不断提高。

山西中煤平朔北岭煤业有限公司

一、矿井概况

山西中煤平朔北岭煤业有限公司井田位于平鲁区（井坪镇）N85°E，直线距离约13 km，即榆林乡北岭村西1 km处，在宁武煤田西北部东露天煤矿井田范围内，距井坪镇13 km，向西8 km可达木瓜界铁路煤炭集运站，交通条件十分便利。

矿井生产规模为0.9 Mt/a，井田面积为2.0168 km^2，批准开采4号煤层，井田保有资源/储量为24.59 Mt，设计可采储量为11.705 Mt，服务年限9.29 a。矿井采用斜井单水平开拓布置，倾斜长壁采煤法，综采放顶煤采煤工艺。

二、2019年主要技术经济指标

2019年北岭煤业共1个采煤工作面和2个掘进工作面，采煤工作面均采用综采放顶煤采煤工艺，掘进工作面均为煤巷掘进，均采用综掘工艺，采掘工作面机械化程度为100%。

2019年实际生产原煤899800 t，月平均生产原煤75000 t，日产最高纪录为4673 t，掘进进尺共完成997.6 m。综采工作面采出率达85%以上，原煤生产期末人数为231人，原煤工效为16.02 t/工，全年安全生产无事故，百万吨死亡率为零。矿井安全生产标准化水平整体较高，有效杜绝了轻伤及以上事故，全年安全生产形势较稳定。

三、安全高效矿井建设的主要做法

（一）持续推进安全生产建设

在安全生产管理方面，公司坚持深入贯彻政府及集团公司安全工作会议精神，深化安全生产标准化建设，强化安全生产责任落实、应急管理、隐患排查治理和安全风险管控等工作，扎实推进制度及体系建设、教育培训、应急救援等基础工作，保证公司安全生产形势发展平稳。同时根据实际情况，严格修订安全生产标准化考核办法，促进安全高效矿井建设工作持续、有效地推进。

（二）加强组织领导，落实安全主体责任，为建设安全高效矿井提供组织保障

（1）切实加强组织领导。高度重视安全高效矿井建设工作，积极进行科学规划，按照“高境界、高起点、高标准”的要求，坚持领导重视、目标引领、正向激励、措施保障等工作策略，有效促进了安全高效矿井建设工作的全面开展。

（2）坚持安全发展理念。始终坚持“安全第一、预防为主”的方针，严格做到“四个必须”，即：不管经济如何发展，安全理念必须坚持；不管企业如何改革，安全工作必须加强；不管效益如何波动，安全投入必须保证；不管体制如何变化，安全制度必须落实。

（3）完善安全责任体系。突出公司各级管理人员的安全责任主体地位，强化集团公司指导、协调和监督作用。建立以矿长为主的安全组织保障体系，以总工程师为主的技术保障机制，构建三级管理体系，有效保证了安全责任的落实。

（4）强化安全基础管理。坚持“查大系统、治大隐患、防大事故”，突出“一通三防、防治水、顶板控制、机电运输”等安全管理重点，有效强化了安全管理的基础工作。

（5）创新安全管理机制。实行安全风险抵押、月考核月兑现等制度，深入开展了“手指口述”“一岗双责”等管理创新，有力调动了各级安管人员抓好安全工作的主动性和自觉性。

（三）明确管控重点，突出重大灾害治理，为建设安全高效矿井打下扎实基础

（1）在“一通三防”方面。紧紧抓住采掘布局、通风系统、瓦斯治理、安全监控等重点环节。高度重视瓦斯治理，有效杜绝了瓦斯事故；实施精细化管理无尘化作业，粉尘等职业危害得到有效控制。

（2）在防治水方面。建立健全防治水管理制度，明确防治水岗位职责，采用物探和钻探相结合的综合探测方法，对矿井水文地质情况进行探查，有效保障了矿井安全生产。

中煤平朔集团小回沟煤业有限公司

一、矿井概况

山西小回沟煤业有限公司成立于2010年，是中煤平朔集团有限公司全资子公司，是集原煤开采、煤炭洗选为一体的大型企业。矿井位于山西省太原市清徐县境内，矿井设计能力为3.0 Mt/a，井田东西长6.6 km，南北宽6.5 km，井田面积为33.5877 km^2，批准开采03号、2号、5号、6号、8号、9号煤层，生产规模为3.0 Mt/a；矿井保有储量为469.07 Mt，工业储量为458.75 Mt，设计可采储量为265.87 Mt，设计服务年限为63.3 a；属于高瓦斯矿井，煤类以贫瘦煤和贫煤为主，项目建设配套3.0 Mt/a选煤厂。

二、2019年主要技术经济指标

小回沟矿综采工作面采用倾斜长壁后退式采煤法，采用综合机械化采煤工艺，一次采全高，机采高度为2.7 m，2019年采区采出率为87%，工作面采出率为95%。

2019年小回沟矿计划原煤产量1.1 Mt，实际生产原煤0.95 Mt，计划掘进进尺6000 m，实际掘进进尺5600 m。

2019年小回沟矿日产最高纪录为10339 t，月产最高纪录为180414 t；掘进进尺日进尺最高纪录为39.6 m，掘进进尺月进尺最高纪录为701.9 m，采煤工作面综合单产为98700 t/(个·月)。

矿井综采平均工作面个数为1.0个，原煤生产期末人数为353人，全年绩效工数为79004个，原煤工效为12.02 t/工。职工年收入平均14.2万元，高于行业平均水平。

三、安全高效矿井建设的主要做法

（一）生产组织

小回沟矿2019年采掘配置为“两采四掘”，2号煤层、03号煤层各布置一个采煤工作面，采煤工作面采用大巷条带式布置，走向长臂后退式采煤法，综采一次采全高采煤工艺，掘进工作面采用综掘工艺，采掘机械化程度均为 100%。

（二）科学管理

2019 年，小回沟矿深入贯彻落实习近平总书记关于安全生产重要指示批示精神，围绕“五稳”的工作总要求，努力践行“五新平朔”理念。

（1）完善各项安全管理制度，推动安全责任制的落实。一是制度流程进一步优化。重新梳理各项制度，重点对安全管理、指标考核、节支降耗等制度流程进行优化完善，提高了工作质量与效率。修订生产队组、职能部门和机关等部门职责，厘清责任边界，提高管理效率。二是采取正激励的方式促进全员安全生产责任制的落实，持续提升标准化管理水平，强化风险管控手段。通过组织标准化评比、隐患自查自改活动对优秀队组、员工采取奖励手段，提高了全员的标准化意识、隐患排查意识，进一步提高了全矿安全生产管理水平。

（2）坚持强基固本，持续提升管理水平。一是绩效考核导向性更加鲜明。公司坚持“刚性考核、正向激励”的原则，加大安全、增产、提质、降耗等重点方面考核力度，工资分配重点向关键环节、核心岗位倾斜，坚持多劳多得原则，有效地激发了部门和队组勇挑重担的积极性。二是坚持队伍素质提升，2019 年为强化队伍素质提升，公司通过自主培训和单项工程施工等方式，不断加强人员业务水平提升，从危险源辨识以及发现危险因素处理方式等提高员工安全意识，双重提升确保安全。三是加强职能部门现场管控。全矿管理人员以因果树分析法先对工作任务进行分析，找出影响安全生产的关键因素，尽可能减少工作中的失误。在过去的一年中，职能部门在生产指挥、技术支撑、地质勘探、物资供应、动力保障等业务中密切配合，顾全大局，高效协调，提升服务意识，发挥职能作用，推动了管理效能的显著提升，有力保证了全年的安全生产。

（3）加强思想政治建设，提升队伍素质。矿党委坚持按照上级党委指示先学先做的精神，积极开展思想政治教育，坚持从思想政治教育上进行队伍建设。过去一年矿党委组织了全员学习强国评比活动，通过活动调动了全员的学习热情，全员的思想政治觉悟普遍得到提升，充分发挥了思想政治教育的引领功能，加强了队组素质建设。

2019 年，小回沟矿坚持“安全第一，预防为主、综合治理”的安全生产方针，及时排除现场安全隐患，实现了全年生产安全无事故。

（三）技术创新

小回沟矿紧密围绕平朔集团公司生产经营目标和科技发展规划要求，以

“提质增效、创新发展”为总体思路，有序推进下列技术创新项目实施。

一是随着工作面的回采，矿压显现加剧，巷道变形较为严重，小回沟矿将切顶卸压列为技术创新项目，通过卸压手段减小巷道变形，节省巷道维护费用，保证矿井安全生产。二是完成双“U”改单“U”的调整工作。由于小回沟矿压显现明显，采动影响大，外“U”巷道由于回采影响巷道变形严重，巷修维护量大，甩掉外“U”巷道采用单“U”生产，减少了外“U”巷道的维护，节省成本。三是优化本煤层钻孔布置及连孔方式。将本煤层钻孔间距由 3 m 调整为 4 m，既满足抽采需要同时降低了费用，钻孔连接采用单孔连接，采用 ϕ63 mmPE 管与 ϕ377 mm 支管连接，甩掉 ϕ159 mm 钢丝软，同时节省了管路安装材料费用。四是优化硐室规格和功能：掘进巷道掘进每 80 m 施工一个钻机硐室，钻机硐室深度由 3 m 优化为 1. 5 m；将调车硐室优化设计在钻机硐室处，合并不同功能硐室，减少了巷道掘进工程量。

中煤平朔集团有限公司小回沟矿在创建安全高效矿井方面取得了一定的成绩，在今后的工作中，小回沟矿将把建设安全高效矿井工作深入持久地开展下去，持续推进矿井安全高效建设，加强科学管理与技术创新，争取将小回沟矿管理与技术水平提升一个新的台阶。

山西中新唐山沟煤业有限责任公司

一、矿井概况

唐山沟煤业有限公司隶属山西省大同市新荣区，井田面积为11.7024 km^2，截至2019年底，矿井资源量为93.46 Mt，矿井保有储量为50.79 Mt，可采储量为25.58 Mt。矿井设计生产能力为1.2 Mt/a，核定生产能力为1.5 Mt/a。矿井采用斜井两水平分盘区联合开拓，采用综合机械化一次采全高自然垮落法工艺采煤。

二、2019年主要技术经济指标

2019年原煤实际产量1.15 Mt，完成掘进进尺12300.5 m，采煤机械化程度达100%，掘进机械化程度达96.4%，在籍原煤生产人员389人，原煤工效为8.89 t/工，实现利润4379.8万元，生产成本188.47元/t，吨煤开采综合能耗15.52 kW·h。

三、安全高效矿井建设的主要做法

（一）井下煤炭运送工艺及装备方面

矿井现综采面到主煤仓实现了带式输送机能效集控系统。2018年以来，在原有集控系统的基础上基本实现了从各工作面到井口的集控运输系统，从而减少了能耗并解决了人员信息沟通繁杂的问题，保证了带式输送机运输安全畅通。

（二）井巷支护工艺及装备方面

矿井井巷支护为锚网索主动联合支护工艺。当井巷遭遇地质变异区，主动支护偶尔会发生顶板整体下沉压垮巷道或崩断支护体。为解决这一弊端，2018年以来，通过利用锚网索主动和单体液压支柱被动的联合支护，使各种支护方式之间能够有效协调，达到稳定巷道顶板的效果。

（三）回采巷道超前卸压方面

为保证采煤工作面安全正常顺利推采，在工作面回风巷、运输巷矿山压力显现区提前使用42 mm孔径沿巷道两帮底板钻孔，提前释放压力，来保证巷道的稳定性。

（四）采掘工作面优化布置方面

2018 年以来，唐山沟煤业公司继续推进实施沿空留巷采煤工艺，保证了采掘系统有序接替，为矿井后续联合开采接替工作赢得了宝贵时间。

（五）采掘设备运行方面

矿井采掘系统为综合机械化工艺，设备系统的某一环节、某一点段出现故障，整个系统就面临瘫痪的可能。因此，针对矿井的实际情况，在设备管理上，重点是加强设备检修保养工作，及时跟进易损配件。另外，根据设备每班运转情况的汇报结果，不漏死角盲点，及时处理故障，杜绝设备带病运转，充分发挥设备正常运行功能。

（六）资源利用方面

2018 年以来，通过采取以下方法提高了资源采出率：一是采取“刀把”式合理布置大走向工作面，避免煤炭资源损失。二是加大边角、孤立块段的开采，采取下行开采布置方式优化工作面设计，将煤柱可采储量圈入工作面。三是优化采煤工作面设计和采煤方式，采用工作面扇形调斜工艺等技术措施对其进行开采。四是综合地质分析、判断，优化工作面设计，根据生产采区已揭露的地质资料，结合钻孔及钻探、巷探、物探资料进行矿井综合地质分析，修改区内地质构造及煤层底板等高线，为优化采区工作面布置提供必要的地质保障。五是优化巷道锚网索支护参数，缩小工作面之间阶段煤柱，采取加强支护沿空留巷工艺，将工作面与老空区之间的煤柱控制在 15 m 之内，加大煤柱的开采。

（七）安全管理保障方面

（1）强化双重预防机制。通过“1 +4 +1”安全风险辨识评估工作模式，认真开展安全风险辨识评估工作，确保每项风险处于可控、在控状态。持续推行公司月排查、分管领导旬排查、管理人员日排查、岗位人员班排查的“四级”隐患排查机制，严格落实“双倒查、双追究、双闭合”制度，确保现场安全零风险。

（2）强化标准化动态达标。定期召开标准化达标建设推进协调会，坚持上图上表，落实责任，推进落实，夯实基础。

（3）强化安全培训教育。严格落实年度安全教育培训计划，积极组织开展外培取证和内培提素工作。继续推行“干部上讲堂、培训到基层”和“每周三题，每月一考”，持续抓好班前安全培训，组织岗位练兵、技能比武，全面提升职工安全素质和技能水平。认真组织“警示三月行、安全生产月、百日安全”等贯穿全年的安全主题活动，进一步增强员工的安全意识。

（4）提升应急处置能力。强化应急救援管理，及时修订应急救援预案、专项预案和现场处置方案。强化应急演练，按照年度应急演练计划，认真组织各项应急演练。

山西中新甘庄煤业有限责任公司

一、矿井概况

山西中新甘庄煤业有限责任公司位于山西省大同市新荣区夏庄村一带，隶属于中煤资源发展集团公司，矿井为低瓦斯矿井，水文地质类型为中等，煤层自燃倾向性为自燃，煤尘有爆炸性。井田面积为3.8083 km^2，批准开采2～14号煤层，许可开采11号、14号煤层，核定生产能力1.2 Mt/a，截至2019年底，矿井保有储量为17.56 Mt，可采储量5.05 Mt，服务年限3 a。可采煤层共6层，分别为：2号、3号、7号、8号、11号、14号。现开采11号煤层，证件齐全有效，矿井核定能力为1.2 Mt/a。

矿井为斜井多水平开拓，实现一井一面的高效开采模式，采掘配比为“一采一掘”，全部实现综合机械化，矿井水平接替正常，采区及工作面开采程序符合有关规定，采煤方法为走向长壁一次采全高后退式，全部垮落法控制顶板。

二、2019年主要技术经济指标

2019年原煤实际产量1.19 Mt，完成掘进进尺3688 m，采煤机械化程度达100%，掘进机械化程度达100%，在籍原煤生产人员355人，原煤工效为12.91 t/工，实现利润24946万元，生产成本157元/t，吨煤开采综合能耗9.33 kW·h。

三、安全高效矿井建设的主要做法

（一）加大安全投入，强化安全生产基础

公司本年度重点完善了黄泥灌浆系统、注氮系统、束管监测系统的建设；对单体液压支柱、液压支架进行了补充、更换和维修；购置了探放水设备；更新了井上下各种安全警示标志和牌板；足额配备了职工劳动保护用品；加强安全培训教育。

（二）加大瓦斯和水的治理力度，杜绝自然灾害

公司严格执行瓦斯检查和巡回检测制度，严格执行矿井测风和风量调配

制度，确保各个工作面、各用风地点风量供给满足规定要求，强化了对安全监控系统的管理，做到了所有传感器调校及时、感应灵敏。在防治水方面，掘进工作面由集团公司防治水中心进行全方位物探，由地测部对探水队的工作进行全面指导，完成了矿区范围内水文地质补充勘探和矿井水文地质类型划分工作，建立了各种水文地质台账。

（三）取消夜班生产，提升安全生产效率

甘庄煤业公司从2019年开始，在生产一线全面取消了夜班，即在综采队施行“一四二七”工作制，即早班是4 h的检修班，中班和三班是生产班，每班7 h，夜12点至次日6点人员休息；掘进队实行“三六”工作制，3个班次，每班工作6 h，同样在夜12点至次日6点休息。一线队组每天可减少6 h的工作时间。采掘队组取消夜班生产，不仅规避了夜班生产带来的安全风险，而且使劳动组织更趋合理，职工精力更充沛，生产热情高涨，劳动效率显著提高，安全效果十分明显。

（四）加强采掘设备检修保养，杜绝安全隐患

矿井采掘系统为综合机械化工艺，设备系统的某一环节、某一点段出现故障，整个系统就面临瘫痪的可能。因此，针对矿井的实际情况，在设备管理上，重点是加强设备检修保养工作，及时跟进易损配件。另外，根据设备每班运转情况的汇报结果，不漏死角盲点，及时处理故障，杜绝设备带病运转，充分发挥设备正常运行功能。

（五）节能降耗，绿色矿山展新颜

在节能环保降耗上，甘庄煤业公司不惜投巨资，综合治理，建设绿色生产矿山。在矿山绿化上，按照地方“一企一策”绿化方案，每年加大绿化环境投入，在矿区内外、道路两旁、煤矸石场、荒山荒坡全部进行绿化；在污水治理上，投资建成了污水处理站，将生活污水和矿井水进行全部处理净化，用于井下巷道清洗、采掘除尘和地面除尘，有效进行了水资源循环利用，节约了用水成本；在煤场除尘上，建起了万吨封闭式储煤仓，生产的煤炭全部进入封闭煤仓，实现了煤尘的有效治理；在煤矸石治理上，将煤矸石用黄土覆盖后，进行植树造林，彻底改善了矿山环境。

（六）合理留设煤柱，提高资源利用率

2018年以来，甘庄公司通过科学论证，缩小工作面之间阶段煤柱，采取加强支护沿空留巷工艺，将工作面与采空区之间的煤柱控制在16 m之内，提高了资源的利用率。

（七）安全管理保障方面

（1）强化双重预防机制。通过“1 +4 +1”安全风险辨识评估工作模式，认真开展安全风险辨识评估工作，确保每项风险处于可控、在控状态。持续推行公司月排查、分管领导旬排查、管理人员日排查、岗位人员班排查的“四级”隐患排查机制，严格落实“双倒查、双追究、双闭合”制度，确保现场安全零风险。

（2）强化标准化动态达标。定期召开标准化达标建设推进协调会，坚持上图上表，落实责任，推进落实，夯实基础。

（3）强化安全培训教育。严格落实年度安全教育培训计划，积极组织开展外培取证和内培提素工作。继续推行“干部上讲堂、培训到基层”，持续抓好班前安全培训，组织岗位练兵、技能比武，全面提升职工安全素质和技能水平。认真组织“警示三月行、安全生产月、百日安全”等贯穿全年的安全主题活动，进一步增强员工安全意识。

（4）提升应急处置能力。强化应急救援管理，及时修订应急救援预案、专项预案和现场处置方案。强化应急演练，按照年度应急演练计划，认真组织各项应急演练。

中煤大同能源有限责任公司塔山煤矿

一、矿井概况

中煤大同能源有限责任公司塔山煤矿位于山西省大同市云冈区口泉乡上窝寨村北，行政区划分由大同市云冈区管辖，隶属中煤资源发展集团有限公司。

塔山煤矿为扩建整合矿井，中煤集团公司控股95%，地方控股5%。矿井地质条件简单，水文类型中等，无冲击地压，煤层为自燃煤层，煤尘有爆炸性，属于低瓦斯矿井。矿井采用平硐－斜井联合开拓方式，现有主平硐、副平硐及回风斜井。矿井主运输为带式输送机运输，辅助运输采用防爆无轨胶轮车运送矸石、材料和人员。井田面积为8.146 km^2，可采煤层为2号、5（3－5）号、6号、7号、8号、9号煤层。现采3～5号煤层，设计能力为3 Mt/a，有1个综放工作面（30515工作面）、1个备采面（30503工作面）和2个掘进工作面（30507回风巷、30507带式输送机运输巷），均为综合机械化开采。

二、2019年主要技术经济指标

截至2019年底矿井保有储量176.56 Mt，可采储量8.71 Mt，服务年限20.6 a。平均工作面个数0.9个，采掘进机械化程度达100%，原煤工效为23.92t/工，实现利润59152.16万元，成本90.91元/t，厚煤层采区采出率为78.1%，职业健康检查率为100%，危害因素检测达标率为100%，吨煤开采综合能耗8.01（kW·h）/t，无地表土地塌陷，煤矸石综合利用率为100%，无瓦斯抽采情况。

三、安全高效矿井建设的主要做法

（一）持续深化“塔山煤矿人人都是班组长”的基层班组管理理念，深入“学习型、安全型、和谐型”三型班组建设

定期组织班组管理人员参加培训班与交流会，积极组织开展班组长管理经验分享交流等活动，广泛开展技术比武、岗位练兵等活动，在班组员工之

间创造“比、学、赶、超、帮”的良好氛围。深化班组建设成功经验，在班组长轮值机制的基础上，持续推广“三标三控”（即：一岗一标、一事一标；一人一控、一事一控；动态达标、班组联控）新标准化管理模式。

（二）持续巩固煤矿安全生产标准化工作

按照《煤矿安全生产标准化基本要求及评分方法》要求及集团公司工作要求，塔山煤矿坚持高标准、严要求，继续深入持久地开展煤矿安全质量标准化和安全高效矿井建设工作。要求求真务实，从管理流程、作业流程和操作流程上推进标准化健身，加强现场监督，实行动态达标，推行精细化管理，实行标准化动态化。

（三）致力于构建全方位安全技术管理保障体系

通过完善安全生产保障系统，优化工程设计方案，积极应用新工艺、新技术、新设备、新材料，精减作业人员，优化操作工艺，减少过渡环节，真正提高全员工效，夯实安全管理基础。

（1）优化生产系统，布置一井一面两掘进。塔山煤矿井田西部煤层赋存稳定，为近水平煤层。采取了平硐开拓，系统简单，避免了工业广场压煤；不设井底煤仓，简化煤炭运输环节；不需要建设井底车场，便于无轨胶轮车辅助运输。同时，采取盘区式巷道布置，一个煤层只设计一个开采水平，开拓巷道直接与顺槽连接形成采煤工作面。布置一采两掘即可满足生产需要，符合“一井一面”安全高效矿井建设要求。煤矿从 2019 年初就坚持一以贯之的安全高效生产模式，强化生产组织，大胆实践，取消夜班，实现了减班不减产，均衡高效生产，使人 - 机功效达到最优，降低机电事故，杜绝人身伤害事故，为安全生产提供第一支撑点。

（2）加大科研项目研究，应用“四新”技术，解决系统性难题和现场安全生产实际问题。塔山煤矿 3 - 5 号煤层为特厚煤层、与上覆 2 号煤层间距小（平均 4 m），受 2 号煤层区段煤柱集中应力的影响，开采难度大。通过与科研院所合作，确定了关键开采技术及装备，优化了巷道布置方式，形成了 8 ~ 10 m 小煤柱巷道掘进及围岩控制技术，每个工作面多回收资源 1 Mt，延长了矿井服务年限，实现了企业的安全、高效、可持续发展。塔山煤矿实施了以需求带动创新的新举措，一方面逐步完成地表智能监测系统建设研究、矿井粉尘综合治理技术研究两项年度科技项目计划；同时对“矿压管理”“气体管理”“地表裂隙管理”“防灭火管理”“防尘管理”“高陡边坡治理”“固废处理”“危废管理”经验及数据进行深入研究，研究其内在的科学原理，以对煤矿重点安全工作起到预判、指导作用；切切实实地完成一批小改小革、专利申请，着力培养更多的“工匠”“能手”。2019年里共申报各类实用专利22项，发明专利1项；职工“五小”创新39项；在中煤集团报备科技项目4项；承办了中煤资源发展集团《煤矿水害防治及智能化开采》和《智慧煤矿建设现状与发展方向》讲座。荣获2019年大同市级企业技术中心称号，成为全市获此殊荣的唯一能源企业。

（3）装备选型实行高效、节能，可靠、维护简单、本质安全的原则。在2018年，塔山煤矿为了解决吨煤功耗指标高居不下的问题，研究部署了“用电大户”的技改工作，先后投入大量的人力、财力和物力，尤其是在大功率长时期运行的主要设备和煤流系统方面，投入了先进的变频设备和改造技术，改变了原有的设备选型和部署，调整了原有的运行模式，从而实现大幅降耗，完成了既定目标任务。通过持续推进装备升级、不断优化生产系统、合理调整劳动组织，提高生产效能，推动生产过程少人化、无人化，减小小工人的劳动强度。

（4）构建生产装备现代化、生产过程自动化、安全监控数字化、企业管理信息化“四化”融合的管理理念。为建设本质安全企业，积极推进煤矿智能化建设，按照“科学规划、立足实际、逐步提升、创立标杆”的工作思路，依托集团和公司部署，在2019年10月，以集团公司为核心的GIS“一张图”生产运营管理系统平台，形成集统一地理空间管理、三维一体化联动、大数据综合可视化分析、智能决策于一体的智能化集成管控平台，把现有的各类信息化、自动化、智能化系统并入该管理平台，逐步实现生产、安全、销售等数据可视化，各项指标直观展现，通过精准防控生产安全风险预警，逐步实现分布式协同GIS一张图系统及协同管理的平台。目前网络化办公已成为常态的工作方式。

山西朔州山阴金海洋五家沟煤业有限公司

一、矿井概况

山西朔州山阴金海洋五家沟煤业有限公司位于山西省山阴县西北部马营乡下石井、上石井村一带，距山阴县城直线距离25 km处，行政区划属马营乡管辖。所属主体企业为中煤集团山西华昱能源有限公司（原中煤集团山西金海洋能源有限公司）。矿井批准生产能力3 Mt/a，2015年1月10日通过竣工验收，转为生产矿井。

井田面积为18.8941 km^2，设计可采储量为125.83 Mt，服务年限为31.4 a。主要可采煤层为4－1号、5－1号、5－2号、8号煤层。目前开采煤层为5号煤层，厚度变化大，结构简单至中等，属全区稳定可采煤层。

矿井正常涌水量为95 m^3/h，最大涌水量为106 m^3/h。矿井水文地质类型为中等。

矿井为低瓦斯矿井；煤尘有爆炸危险性，煤层为自燃～容易自燃煤层，自然发火期为3～6个月；无地温异常区。

矿井采用斜井开拓，布置有主斜井、进风排水斜井、胶轮车副斜井、回风立井4个井筒，矿井设置一个主水平、一个辅助水平开拓开采整个井田。矿井布置一个采煤工作面和两个掘进工作面。采煤工作面采用综采放顶煤工艺，顶板控制方式为全部垮落法。

二、2019年主要技术经济指标

矿井全年煤炭产量为2.97 Mt，掘进进尺4164 m，采煤机械化程度达到100%，掘进机械化程度达到100%；全年百万吨死亡率为零；原煤工效为19.01 t/工，矿井实现利润59987.32万元。矿井采掘衔接正常，“三量”符合规定要求，采区采出率计划75%，实际达到80%。目前为一级安全生产标准化矿井。

三、安全高效矿井建设的主要做法

（一）合理布置接续计划

根据矿井发展实际情况，编排年度计划及三年规划，明确短期掘进头接替，中期工作面接续，及时调整工作面接替顺序，合理安排安装、收尾、主、配采等工作，确保产量等指标的完成。

（二）健全制度，加大投入，全面构建管理保障体系

对全矿管理制度进行了修订完善，逐步建立了与矿井安全生产相配套的管理机制，通过安排部署、学习自查、整改提高、检查总结四个阶段，狠抓制度整理、内部机制调整、岗位责任制落实，构建起了纵向专业管理、横向协调管理、基层基础管理的矿井保障体系。并通过强化制度落实，形成了职责明确、按制度办事、靠制度管人、用制度规范行为的良好机制，构建出了科学化、规范化和制度化的管理格局。

（三）强化隐患排查治理，实现超前防范

全面抓好安全动态管理。进一步加大隐患排查和整改力度，突出抓好对顶板、“一通三防”、防治水等方面的管理。对特殊地段、特殊时段采取现场跟班指导、监督，保证了特殊地段的安全施工。强化闭合整改，确保问题整改率达到100%。认真落实区队、班组和岗位三级隐患排查制度，加大对现场人和物的隐患排查，严查职工的不规范、不安全行为，严查设备设施环节的不安全因素，切实做到排查严密、整改及时。

（四）标准化建设持续增强

一是下发了《2019年安全生产标准化实施计划》，对各专业存在的问题规定了达标时间和月度目标及具体工作任务，使得各个专业能够有计划、有目标地实施建设；二是更新安全生产标化建设设施，包括掘进工作面使用随机电缆托架和电缆槽架，规范了材料架和材料管理牌板，使用挂扣式捕尘网，由原来的绕立柱粘贴式编号更新为吊挂在支架前梁下的牌板式等。三是制定了矿井标准化提升达标实施方案；并设计了考核方案，罚劣奖优，极大地调动了广大干部创建安全生产标准化矿井的积极性；四是召开安全生产标准化现场会，各队组进行互相交流与评比，看到自己与先进之间的不足之处，让区队能切身感受到“安全就是效益”，真正把标准化建设列入日常工作中。

（五）加强科技创新工作，提升矿井科技水平

通过开展科技创新活动，充分调动广大技术人员的创新积极性，发挥广大职工的聪明才智，矿井建立了创新工作室并取得了一定的成果：

（1）因综采工作面主运端头的支护单体回收过程危险系数较大，劳动强度高，为工作面回收造成困难，因此矿井创新工作室创建了可移动远程操

作“7”字形主运关门支架项目，此项目的实施避免了人力回收支护单体的危险，降低了支护单体的损耗，实现了成本降低和安全提升的双重效益。

（2）长期以来，工作面支护单体的搬运以及收、支都需要职工手拉肩扛，不仅效率低下，而且在搬运及收、支的时候安全隐患也不小，为了改变这种状况，矿井创新工作室创建了支护单体搬收支一体车，此项目的实施不仅使人工效率得到了提高，更重要的是一体车体现出的安全效益，在回收支护单体过程中，避免了人在悬顶下工作，安全系数大大提高。

（3）综掘机电缆在地上来回拖动，如果没有人员帮助拖动，综掘机有可能压倒电缆造成安全隐患，为此矿井创新工作室创建了综掘机电缆拖移架，此项目的实施不仅每班减少一人拖移电缆，减少人员随机行走的危险因素，也避免了电缆被压坏，减少了事故的发生，也减少了对掘进进尺影响，从而提高了掘进效率。

（4）与外部科研院校及机构联合开展了2个科技项目，其中：《华昱矿区水资源综合利用开发技术研究》为有效控制煤矿重特大突水事故、基本实现矿井水循环利用提供技术保障；《华昱矿区厚煤层综采掩护式放顶煤支架适应性研究》从放煤工艺、顶煤硬度、支架结构、操作质量等方面提出了操作建议，并制定了工作面降低压架风险的技术措施，为实现安全采煤提供了技术保障。

山西朔州山阴金海洋南阳坡煤业有限公司

一、矿井概况

南阳坡煤业有限公司位于山阴县马营乡山峡村北，行政区域划属马营乡管辖。矿井名称为山西朔州山阴金海洋南阳坡煤业有限公司，所属主体企业为中煤集团山西华昱能源有限公司。

矿井井田面积为3.9714 km^2，批准开采3～9号煤层，主要可采煤层为3号、4号、6号、9号煤层，其中3号、4号煤层已开采完毕并已封闭，现开采6号煤层。矿井正常涌水量为8 m^3/h，最大涌水量为12 m^3/h，水文地质类型为中等型，为低瓦斯矿井。

矿井采用斜井开拓方式，布置有主斜井、胶轮车副斜井、进风排水井、回风立井4个井筒。矿井布置两个主水平和一个辅助水平开拓整个井田。一水平设在4号煤层中，开采4号煤层（现已封闭）；二水平设在6号煤层中，开采6号和9号煤层；辅助水平设在3号煤层中，开采3号煤层（现已封闭）。

二、2019年主要技术经济指标

2019年，南阳坡矿认真贯彻落实各级政府及集团公司各项工作部署，全面实施精细化管理，深化内部改革，创新工作机制，全年完成原煤产量2.97 Mt，全年完成掘进进尺4602 m，综采机械化程度达100%，掘进机械化程度达100%，采区采出率达到80%以上。

三、安全高效矿井建设的主要做法

（一）加强组织领导，落实安全主体责任，为建设安全高效矿井提供组织保障

切实加强组织领导。高度重视安全高效矿井建设工作，积极进行科学规划，按照“高境界、高起点、高标准”的要求，坚持领导重视、目标引领、正向激励、措施保障等工作策略，促进了安全高效矿井建设工作的全面开展。

矿井各系统布置合理，运行稳定可靠，有着完善的规章制度，干部职工都自觉遵守、严格执行。目前矿井实行双带值班制度，由1名副总以上领导与1名科级干部共同带班下井，能够全面有效地发现问题并及时解决。另外矿井每月三旬都组织各专业对井上下的隐患及标准化建设全方位覆盖检查，对存在的问题及时下达“五定”整改落实表并监督、执行、复查闭合，每月定期召开安全例会，将近期检查存在的问题进行汇总通报，并认真总结经验，避免日后再次发生。

矿井安全避险六大系统已达到运行可靠、设施完善、管理到位、运转有效的要求。

（二）加大资金投入，提高装备技术水平，为建设安全高效矿井创造前提条件

南阳坡煤业不断提高采煤装备水平，加大装备投入和自主技术创新，积极抓好掘进机械化工作。推广应用了先进的综掘装备，掘进队配备的QBZ-200型掘进机在大断面煤巷月进超过312 m，达到了区域内先进水平。

扎实推进数字化矿山建设，按照“创建一流信息化矿井”的目标，制定了建设规划。先后建成了井下千兆工业以太环网及矿井综合自动化平台，完善了煤炭生产、设备运行、安全监测监控等网络体系，实现了全方位的监测监控。

（三）高效建设矿井，提高原煤生产效率

大力推进矿井采用带式输送机提升运输，系统运输稳定可靠，效率高，同样的运行时间可提升较多的煤量。南阳坡矿现主斜井、井下主要运输大巷配备强力钢丝绳芯胶带，能够完全满足矿井生产接续需求。

根据矿井整体生产水平、工作面装备情况、相关制度及规定，南阳坡矿于2018年4月26日获得山西省能源局3 Mt生产能力要素公告，矿井能力得到高效发挥，在现有装备的条件下使矿井产生最大效益。依据南阳坡煤业采掘计划，矿井生产保持一井一面，提高了万吨掘进率，达到了一井一面安全高效矿井的基本条件。

同时矿井对一线区队及管理人员实行科学组织，强化管理。一是加强日常设备保养、维修力度，从而更好地发挥了综采设备高产、高效的性能；二是分解生产任务，将生产任务落实到班组和个人，极大地增强了职工的责任意识；三是加强管理，将暴露的问题从根源进行解决，杜绝再次发生。

（四）实施科技兴矿战略，优化开采工艺，为建设安全高效矿井提供技术支撑

改进工艺提高生产效率。以系统安全、设计优化、工艺创新、支护改革为重点，优化开拓布局和生产系统。创新驱动支撑优势明显。注重创新的层次与针对性，全员创新创效活动蓬勃开展。保障安全强化设备管理。推行设备生命周期管理和设备点检制，建立了设备管理系统和机电设备计划检修系统。

南阳坡矿目前已经成立科技创新工作室，由矿总工程师牵头担任工作室主任，制定科技创新工作计划、管理制度等，各专业科室及区队技术人员踊跃加入创新工作中，挖掘创新潜力，发挥创新才能。

（五）坚持资源节约，优化采区设计，较少资源损失

积极超前探测井下断层参数，留设合理的防隔水煤柱，优化工作面布置设计，对地面采空区收集采煤过程中的岩层移动数据，计算塌陷角，为地面建筑留设合理的保护煤柱，为减少资源浪费提供了可靠保障。

（六）坚持开展职业病防治工作，保障职工身心健康

南阳坡煤业认真贯彻落实科学发展观，坚持“预防为主，防治结合”的工作方针，落实各级文件有关规定，积极控制职业危害因素，控制和杜绝职业病发生，提高职业危害防治管理水平，把改善作业环境、强化员工职业的健康作为重点工作，认真进行落实，职业危害防治取得了明显的效果，为员工营造了一个安全、健康的工作环境

（七）持续推进生态治理，响应国家绿色开采政策

应国家环保政策要求，南阳坡矿淘汰落后生产工艺及设备，严格控制排放标准，注重生态建设，聘请符合资质的设计单位对矿区内工业广场进行了绿化设计，绿化面积达到50%以上，矿区景色宜人。

井下工作面强制放顶由过去的火工品爆破更换为二氧化碳致裂，该爆破方式不产生冲击波、明火、热源和因化学反应而产生各种有毒有害气体，不存在任何负面作用，安全性能高。

矿井原煤运输全部采用封闭式带式输送机走廊，从主井一直运至公司选煤厂。规划矸石场新产生的矸石分层、压实、覆土、平台绿化。地表沉陷、裂缝区及时充填。

山西朔州山阴金海洋元宝湾煤业有限公司

一、矿井概况

山西朔州山阴金海洋元宝湾煤业有限公司是由原山西山阴元宝湾煤业有限公司和原山阴县上漫沟煤矿重组整合而成，重组整合后井田面积为 5.1591 km^2，批准开采3～11号煤层，批准矿井生产规模为0.9 Mt/a，服务年限为33.62 a。矿井于2011年6月12日开工建设，2015年2月取得所有证件，目前矿井各种证件齐全有效，井上下生产系统设施齐全，运转正常。矿井名称为山西朔州山阴金海洋元宝湾煤业有限公司，所属主体企业为中煤集团山西华昱能源有限公司。

矿井开拓方式为斜井开拓，井下开拓巷道采用单翼布置，大巷沿井田北部边界布置，矿井为低瓦斯矿井，水文类型为中等。

二、主要技术经济指标

2019年，全年生产原煤857000 t，实现利润8658万元，超计划119%，单位成本112元/t，较预算成本减少了8元/t，原煤工效提高到11.11 t/工，实现了全年安全生产无事故。

三、安全高效矿井建设的主要做法

（一）生产组织

长期以来，煤矿生产一直传承着“一天三班倒、24 h连轴转”的传统作业模式。为了降低职工劳动强度、增强职工在矿山工作的幸福感、成就感，让职工的作息回归到自然状态。优化了劳动力组织，建立了严格的劳动定员制度，全矿共核减井下作业人员66人，有效地提高了劳动利用率。取消夜班以来，在生产班次减少、生产时间减少、单班入井人数不增加的情况下，依然能够完成生产任务，安全也更有保障。

（二）科学管理经验

（1）强化生产组织管理。一是努力克服生产条件变化造成的不利因素，精心组织、加强管理，完成原煤生产任务。掘进队严格按照矿下达的指标，突出掘进工作重点和难点，努力提高掘进工时利用率和工效，克服任务紧、条件差等困难，大力运用快速掘进技术，完成全年掘进任务。二是机运队通过狠抓基础工作，结合“机电专项检修”“机电运输治乱专项整治”等活动，不断完善机电系统，落实包片包点责任，加大日常检修力度，强化包机人员培训学习，主抓运输重点工作，保证机电运输系统的正常运行。三是通防工作结合巷道断面、通风阻力等及时调整通风系统、加强通风设施的维护和更换，严格落实防灭火和防尘措施，强化基础管理工作，确保通防专业的安全运行。四是各生产辅助队组加强协调，积极配合生产工作，强化服务意识，加大服务力度，为矿井原煤生产和安全发展做出贡献。

（2）强化日常基础管理。一是严格按照《作业规程》规定，坚持正规循环作业，加强工作面支护质量与顶板动态监测，确保工作面的安全生产。掘进工作根据地质变化调整优化支护参数，保证锚网索支护的工程质量和掘进面的安全施工。各队组结合标准化、安全结构工资考核办法，提高标准、严格施工，杜绝不合格工程。按照管理部门要求不断加强矿压观测，及时采取措施加强支护，杜绝顶板事故发生。二是提高机电运输管理标准，加强小电气设备、机电运输、日常检查等管理工作，进一步加强机电运输基础性工作。三是各队组按照矿统一安排部署，结合百日安全、安全生产标准化等工作，不断加强基础管理，认真开展“一通三防”、顶板控制、机电运输、地测防治水等基础工作，推进矿井安全高效平稳发展。

（三）技术创新经验

针对在安全生产中的重点、难点问题，矿组织技术人员实施科技攻关，切实把科学技术应用到安全生产活动当中去，除了采取常规防治措施外，今年推广了两项创新技术：

（1）综采工作面完全实现远距离供电、供液。为保障采煤工作面高产、高效、高安全的作业，从6107工作面布置初期对现有供电、供液系统进行改造，将移变及开关等设备放置在工作面外部，实现了集中供电、供液，增加了供电、供液系统的集成度和安全可靠性，减少了拉移开关列车的重复作业程序，降低了工人劳动强度，并在生产过程中不断总结远距离供电、供液技术及管路调整、单轨吊拉移工艺等经验，为下一步远距离供电、供液提供技术经验支撑。

（2）综采面采取专用供水方式。长期以来由于矿井水质问题，造成综采工作面液压系统不同程度地受到损坏，导致检修难度大、配件消耗多等问题，针对此问题经多次讨论制定工作面专用供水系统，完成 6107 综采工作面液压系统供水改造，由地面联建水箱至工作面泵站敷设 $\phi65$ 镀锌钢管，实现了深井水直供工作面泵站，并于工作面泵站安装在线精密水过滤器，使工作面泵站水质达到直饮水的标准，彻底解决了泵站水质差的问题。

山西中煤华晋能源有限责任公司王家岭矿

一、矿井概况

王家岭矿隶属中煤华晋集团有限公司，井田面积 119.7 km^2，地质储量为 1453 Mt，剩余可采储量为 740 Mt。矿井设计生产能力 6 Mt/a，剩余服务年限为 86.6 a，现开采煤层主要为 2 号煤层，平均厚度为 5.78 m，产出煤种为中灰、低硫、特低磷的优质瘦煤。

矿井为平硐开拓，共开凿 4 条井筒，其中在王家岭工业场地内开凿主、副平硐，另外在碟子沟风井场地开凿碟子沟进风斜井、碟子沟回风斜井。主运系统为一部全长 12.8 km 的带式输送机，辅运系统为无轨胶轮车，其他生产系统齐全。工作面采用综采放顶煤工艺，全部垮落法控制顶板。

目前矿区共设计和修建水处理站 4 座。其中联合工业场地和风井工业场地分别设置生活污水处理站和井下污水处理站。矿井水综合利用率平均达到 100%。矿区以绿化美化环境为主，栽植了观赏性较强的树木、花卉、绿篱，并辅以绿地，厂区主干道路两侧栽植国槐，还配栽了灌木绿篱等，矿区绿化率达到 70% 以上。

二、2019 年主要技术经济指标

2019 年矿井实现安全年，全年完成原煤产量 5.44 Mt，掘进进尺 9315 m，原煤工效 38.046 t/工，万吨掘进率 17.12 m，矿井综合单产 238500 t/(个·月)。全年实现利润 240135 万元，职工人均年收入 16.1 万元，采掘机械化程度均为 100%。

三、安全高效矿井建设的主要做法

(一) 推广智能开采，强化科技创新

2019 年在中煤集团的统一部署下，在王家岭矿开展了“综采放顶煤智能化开采技术研究”重大科研项目，目前已在井下 12309 工作面成功运行，并陆续实现了记忆割煤、自动跟机移架、一键启动、集中控制、记忆放煤等功能，下一步将逐步实现智能化回采目标。另外，针对王家岭矿生产活动中

存在的各类难题，2019 年共开展 6 项科技攻关项目，包括煤矿智能掘进工作面建设关键技术研究、采煤工作面采空区悬顶治理技术研究、井下辅助运输安全智能管理系统研究等，为矿井实现高产高效奠定了基础。同时王家岭矿建立了以工程技术人员为骨干、全员参与的技术创新体系，坚持开展群众性技术革新和“五小”科技竞赛活动，对现有机械、设备进行改进，2019 年共计完成“五小”科技成果类 62 项，这些科技成果为解决实际生产困难，降低生产成本起到了积极作用。

（二）开展技术优化，持续降本增效

一是与天地科技股份有限公司合作，深入开展王家岭矿区巷道高预应力锚杆支护与加固设计方法与技术研究，利用示范工程的检验、反馈分析与完善，结合顶板支护质量监督、指导及矿压监测技术服务成果，建立王家岭煤矿巷道顶板安全判定的关键技术指标体系，形成一套完整的煤矿巷道顶板监测、预警及决策系统平台，制定锚杆锚索支护材料系列化与标准化规范与锚杆支护技术规范，显著提高巷道顶板安全性，提升王家岭矿巷道顶板管理水平。二是通过在 123 盘区各工作面继续推广窄煤柱和工作面尾煤回收装置等技术，有效提高了采区采出率和工作面采出率，相当于每年增加储量 266000 t，相当于增加效益 3990 万元/a。三是根据巷道功能，相邻两工作面“背靠背”或“面对面”布置，共用一套工作面巷道与盘区开拓系统的联络巷道（包括回风绕道、辅运绕道等），节约井巷工程量，同时通过对 123 盘区工作面采取跳采的接续方案，使掘进巷道避开回采动压影响，从而减少巷道修复工程量。

（三）增加安全投入，加强责任落实

王家岭矿除正常的安全投入外，还对必须投入的关键区域和环节，调拨专项资金予以保证，提升了系统整体保障能力，并对现有的监测监控、人员定位、紧急避险、压风自救、供水施救、通信联络等“六大避险系统”进行升级和完善，形成预防和避险的“双保险”。据统计，全年累计安全投入资金 1.6 亿元。与此同时按照“分级管理、逐级负责”的原则，明确了矿、科队、班组的安全职责范围，矿以抓重点为中心、科队以抓常态为中心、班组以抓现场为中心，形成了全方位、立体的监管体系，有效提升了安全监督效果。

（四）坚持重点防范，强化安全管理

根据王家岭矿井下安全生产实际情况，全面加强防治水、顶板、“一通三防”、机电运输等重点环节的管控，加大隐患排查治理力度。一是完善了防治水管理制度、台账和图纸等资料，建立了矿井地测空间信息系统和高精度三违地质模型，安装了矿区地下水远程动态监测监控系统，配备了国内先进的履带式钻机，并通过技术研究、分析，对特殊区域，制定了防治水专项措施，确保井下水害得到有效防控。二是杜绝了瓦斯超限，严格落实“通风可靠、抽采达标、监控有效、管理到位”的十六字体系，在采掘前优先考虑形成完善的通风系统，杜绝串联通风和系统不独立等现象，有效预防了瓦斯事故发生。三是预防了顶板事故。通过进一步完善矿压监测系统，实现全矿井下无死角防控，并严格矿压观测、敲帮问顶和前探支护等措施，加大了过地质构造、巷道贯通等特殊时段的现场顶板控制，尤其针对受临近采煤工作面动压影响的采掘工作面，科学地选择支护方式、参数，防止了巷道围岩变形、顶板垮落。四是确保了辅助运输安全。针对运输任务重，车辆使用频繁等情况，抓住了驾驶员的思想教育工作，避免了开快车、情绪车、疲劳车现象；确保了车辆的正常使用和维护，避免了因车辆故障影响安全，保障了矿井安全生产所需的人员、物资输送。

山西华宁焦煤有限责任公司

一、矿井概况

山西华宁焦煤有限责任公司隶属中煤华晋集团有限公司，核定生产能力3 Mt，配套建设同等能力选煤厂，原煤入选率达100%。核准生产规模3 Mt/a。各类证照齐全有效，领导机构健全完善，配备了相关管理人员和专业技术人员。

矿井位于山西省临汾市乡宁县西坡镇，井田面积为24.8147 km^2，地质储量为348.48 Mt。矿井目前主要开采2号煤层，地质储量为180 Mt，可采储量120 Mt，服务年限31.9 a，煤种为瘦煤，属优质炼焦配煤。2号煤层自燃倾向性为自燃，自燃倾向性等级为Ⅱ级，煤尘具有爆炸危险性。矿井属低瓦斯矿井。矿井水文地质类型为中等，无热害区，无冲击地压等地质灾害。

矿井采用斜井开拓，共布置4个井筒，通风方式为中央分列式，抽出式通风方法，供电系统为双回路供电，主运输系统采用带式输送机连续运输方式，辅助运输采用无轨胶轮车运输方式，矿井安全避险“六大系统”健全完善，运行正常、可靠。

二、2019年主要技术经济指标

2019年煤矿安全生产标准化达标，全年实现安全生产无事故。矿井采煤机械化程度达100%，掘进机械化程度达100%。全年完成原煤产量2962280 t，矿井综合单产228603 t/(个·月)。原煤工效为19.194 t/工，实现利润165095万元，职工人均年收入9.43万元，采区采出率达78%以上，矿区绿化覆盖率达到可绿化面积的80%以上。

三、安全高效矿井建设的主要做法

（1）从生产系统、工艺、设备设施、作业环境、人员行为等方面开展危害辨识和风险评估，编制2019年度《安全风险辨识评估报告》，共辨识12类28项安全风险，制定管控措施112条。

（2）全面推进“三位一体”安全生产标准化体系建设，巩固和推广

“示范工程”成果，持续推行岗位员工安全行为规范，完善小班安全质量验收管理体系，实现矿厂年度达标规划。

（3）加强顶板、瓦斯、防治水、机电运输等重点风险防控，紧盯一次采全高采煤工作面采煤期间和综采工作面回撤期间的回风隅角瓦斯超限风险，以及22103工作面运输巷掘进遇采空区等安全薄弱环节和关键时段，通过现场研究实施针对性措施，得到有效管控。

（4）在班组建设的内容、方式等方面大胆探索，形成了以菜单式、程序化、标准化为主要内容的班组管理体系。

（5）开启“一键启动、一键采煤”智能化生产模式，建成矿井首个22109工作面一次采全高智能化工作面，实现了煤矿地面与巷道中心的一键启动与远程操控等高级功能，形成了“可视化远程干预”的安全生产新模式，减少了综采日常生产作业人数，实现了煤机的记忆截割，提高了工作效率。为下一步实现“机械化换人、自动化减人”奠定了坚实的基础。

（6）将掘进及开拓工作面原800 mm带式输送机更换为国内先进的1000 mm变频器+永磁电机驱动带式输送机，降低了设备故障率，发挥了设备安全、高效、操作简便的优势，提高了工作效率。

（7）矿井购置了3台CMS1－2300/37型履带式钻机、钻孔开孔定向仪和窥视仪，进一步为探放水和验证工作提供了先进、科学的技术手段。

（8）以综掘工作面为试点，在东二辅助运输大巷开拓工作面安装一套矿用采掘泡沫除尘装置，配套建立掘进工作面巷道纳米除尘系统，有效降低了工作面粉尘，改善了工作面现场作业环境。

（9）装备EBZ160M掘锚一体机配套CMM2－24煤矿用液压锚杆钻车，实现了锚（索）杆一体化平行作业，加快了支护速度，节省了支护时间，降低了工人的劳动强度。实现自带临时支护装备自由缩放或升降的操作平台和铲板功能；实现锚杆、锚索平行作业，逐根锚杆（索）单人单独完成等优势

（10）依据高预应力强力支护成套技术理论体系，通过系统分析与研究，深入开展巷道高预应力锚杆支护与加固设计方法与技术研究，利用示范工程的检验、反馈分析与完善，结合顶板支护质量监督、指导及矿压监测技术成果，建立了该区域煤矿巷道顶板安全判定的关键技术指标体系，形成了一套完整的煤矿巷道顶板监测、预警及决策系统平台，制定了锚杆（索）支护材料系列化与标准化规范与锚杆支护技术规范，显著提高巷道顶板安全性，提升了巷道顶板管理水平，指导矿井巷道顶板支护与管理安全、健康发

展。

（11）针对22110工作面回采期间存在超前支护段巷道变形严重问题，特别是工作面运输巷，基本顶不能随工作面回采正常及时垮落，造成工作面超前压力过大，工作面超前变形严重现象。在22110工作面运输巷开展水力压裂卸压现场试验，通过在22110运输巷采用水力压裂卸压技术对顶板岩层进行水力压裂卸压，削弱上覆岩层储存的高应力，缓解采动对巷道稳定性的影响，22110工作面运输巷超前支护段巷道变形显著减小，保证了22110工作面顺利回采。

（12）通过对采、掘工作面异常区、收面终采线采用超长钻孔注水泥浆新技术，解决了采、掘工作面过异常区期间顶板破碎、漏顶、工作面回撤时压力大等问题，为工作面顶板控制积累了宝贵经验。

（13）通过与科研院校合作，有效应用巷道高预应力锚杆支护技术，优化区段保安煤柱，为下一步合理留设煤柱、顶板支护提供了科学决策依据。

（14）生态矿区建设取得积极进展。2019年重点组织完成了矿井水深度处理、生活污水处理提标改造项目，目前水处理各项环保设施稳定达标运行；完成了矸石山治理欠缺的绿化、马道边坡排水工程；完成了联合建筑采暖空气能供热机组、选煤厂筒仓、矸石溜槽噪声处理工程；实施出厂车辆冲洗改造等环境保护项目；同时加大检查考核力度，每月组织三次专项环保检查，将环保检查结果纳入经营业绩考核，环保问题整改力度，提高生态环保管理水平。

山西华晋韩咀煤业有限责任公司

一、矿井概况

韩咀公司隶属于中煤华晋集团有限公司，位于山西省临汾市乡宁县西坡镇西家沟村，由4座煤矿与部分新增资源（原王家岭井田）重组整合而成，井田面积为25.2245 km^2，批准开采2～10号煤层，设计生产能力1.2 Mt/a，服务年限为73.9 a。证照证件齐全有效，于2016年6月正式投产。

现开采2号煤层，平均厚度5.7 m；矿井地质类型中等，水文地质类型中等；矿井绝对瓦斯涌出量为4.39 m^3/min，相对瓦斯涌出量为1.93 m^3/t，属低瓦斯矿井。煤层自燃倾向性为Ⅱ级，属自燃煤层，煤尘爆炸指数为22.19%～24.17%，具有爆炸性。主要水害为本煤层老空水，局部带压开采。正常涌水量为97.3 m^3/h，最大涌水量为119.2 m^3/h，无冲击地压。

二、2019年主要技术经济指标

韩咀煤业公司现有从业人员423人，机构设置15个职能部门和3个生产队组（综采队、综掘一队、综掘二队）。2019年完成原煤产量1.06 Mt，掘进进尺2305 m，原煤工效12.51 t/工，采掘机械化程度均为100%。2019年韩咀公司完成年度利润指标，实现利润总额8115.07万元，人均工资14.39万元，较2018年人均工资12.28万元同比增长17.18%。

三、安全高效矿井建设工作的主要做法

2019年，韩咀公司全年实现安全生产零事故，被国家局评为一级安全生产标准化矿井，总体保持了稳中有进、稳中向好的发展态势。

（一）强基固本，全方位立体式加强管理

（1）双预控管理方面。一是编制《安全风险辨识评估报告》，在日常安全生产中严格对照隐蔽致灾风险点，落实好预控和处理措施。二是完善事故隐患排查治理体系，全年共计开展隐患排查45次，针对查出的隐患按“三定、五落实”原则进行了整改落实。

（2）地测防治水方面。严格执行“三专两探一撤”规定，制定并落实

“一巷一策”防治水措施，全年累计安全疏放老空水 510000 m^3。

（3）顶板管理方面。编制完成了《顶板管理体系》，完善了顶板例会、顶板责任区划分、巷道巡视、敲帮问顶制度等相关制度，初步形成了以月度评优公示、日常考核、事件追查的顶板管理方式。

（4）“一通三防”方面。我们以逐步创建无尘化矿井和瓦斯零超限为目标，采取有效技术手段，严格管理标准，杜绝了煤尘、瓦斯、火灾等事故的发生。全年累计安全揭露空巷 8 条，顺利贯通巷道 8 次，先后完成 32111 工作面和 32104 工作面的永久封闭。

（5）机电运输方面。从加强设备检修入手，继续推行设备检修程序卡，设备事故率同比降低了 3%。同时，积极推进设备更新改造工作，2019 年，全矿机电设备总体运行平稳，机电设备综合完好率为 98.27%，待修率为 2.25%，事故率为 0.53%，使用率为 92.15%。

（二）部署合理，采掘工作有序衔接

一是 32111 工作面安全拆除。32111 工作面为公司首个大倾角工作面，拆除期间，执行双重跟班盯守制度，不断优化拆除工序及安全保障措施，采用机械臂固定拉运下口掩护架，工作面铺设轨道、支架“穿鞋”、四部绞车接力提升的方式进行支架拆除，并重新改造“旱船”，有效地解决了支架倒滑的问题。2019 年 4 月 4 日，该工作面顺利拆除完成。二是 32104 工作面的回采和拆除。回采期间，采取超前拉移支架的方法，避过压力显现段，并在棚梁下方打设单体 + 铰接梁加强支护，一梁双柱，防止顶板进一步下沉，确保正常生产。拆除期间，对上分层采空区进行注浆加固，实体区采取锚杆（索）支护，杜绝了漏矸片帮现象。同时，采用机械臂固定拉移掩护架，大幅度提高了施工效率，保障了作业安全。三是 32101 工作面掘进及安装。32101 工作面是地质条件最为复杂、小窑破坏最为严重的一个工作面。我们自创了预留煤柱法截割工艺，先割腿窝、树棚腿，后割梁窝上棚梁，最后割中间煤柱，并根据扩散半径循环预注，加固下分层煤体。在矿压显现变形区采取套棚、注水泥浆等措施稳定巷道，减小变形，确保了顶板的安全可靠。

（三）以人为本，职工素质稳步提高

一是严抓基础培训。根据年度培训计划和专业分类，组织了职业卫生、应急预案、事故隐患排查治理、地测防治水、班组长素质提升、无轨胶轮车司机等专项培训，共计 1100 余人次。二是激发人才活力。公司立足于长远发展，鼓励职工通过报考在职学历、申报专业职称、鉴定职业技能等多种渠道提升素质。

（四）鼓励创新，服务矿井安全生产

2019 年，以总工程师牵头，各生产科室从现场生产实际出发，针对生产过程中出现的管理难题，共开展科研项目 7 项，优秀技术创新 100 项，放顶煤开采专项设计 1 项，支护参数优化、相向掘采等技术攻坚计划 4 项。通过系列技术革新和管理创新，取得了显著的经济效益和安全效益，很好地解决了日常安全生产当中的管理难题，为矿井安全生产提供了坚实的技术保障。

（五）绿色发展，加强生态文明建设

一是提高环保意识，聘请环保专家对公司环保相关人员进行第一批次《生态环境保护法规》的知识培训，专家现场对公司日常环保工作遇到的问题进行了答疑解惑。二是严格扬尘管控，料场工地“随拉随盖”，土建工程采用土建湿法作业，实现运煤装车无落煤、场地无积尘的目标。三是进行水质化验，实行动态检查，对标水地表三类、四类指标，确保水质达标。四是采取矸石场绿化等方式，矿容矿貌也得到了较大程度的改善。

山西朔州平鲁区茂华白芦煤业有限公司

一、矿井概况

山西朔州平鲁区茂华白芦煤业有限公司是2009年晋煤重组办发〔2009〕116号文批准的兼并重组整合项目，隶属于中国华电集团公司，位于朔州市平鲁区陶村乡。矿井设计生产能力1.2 Mt/a，2018年核定能力1.8 Mt/a，服务年限为73.6 a。井田面积为9.746 km^2，批准开采4号、7号、9号、11号煤层，井田内地质构造简单，水文地质条件为中等，煤层赋存稳定，为低瓦斯矿井。矿井采用走向长壁采煤法，放顶煤采煤工艺，全部垮落法控制顶板。

二、2019年主要技术经济指标

全年安全生产稳定，无死亡和重伤事故，百万吨死亡率为零。全年原煤产量1.80 Mt，其中综放工作面生产原煤1.69 Mt，综合单产156817.2 t/(个·月)，完成掘进进尺4010 m。2019年人均年收入9.2万元，较2018年人均年收入增加了0.3万元，同比增加3.4%。矿井采掘机械化达100%。矿井原煤工效为12.65 t/工。

三、安全高效矿井建设的主要做法

（一）落实安全责任，强化安全管理

（1）强化安全责任体系建设。煤矿与部门、区队与队组、班组与个人签订了三级安全生产责任状，形成了“横向到边、纵向到底，齐抓共管”的安全管理体系。

（2）严格执行煤矿“四项制度”，切实将隐患消除在萌芽状态。

①严格执行矿领导带班下井管理制度。每班均有一名矿领导和一名中层管理人员现场跟班检查，及时消除各类安全隐患。

②严格执行生产调度会议制度。每天7:30召开全体矿领导、科室、区队管理人员参加的调度会议，通报前一天发现的问题，制定整改措施，落实责任人并限期整改。

③严格执行每周三召开的矿长安全办公会议制度。上午矿领导带头对井下、地面进行全面检查；下午召开矿长安全办公会议，对排查出的安全隐患，研究制定整改措施，并按照“五落实”要求进行闭环整改，整改率达100%。

④严格执行安全隐患五级排查制度。每月底由矿领导带领检查组进行全矿范围内的安全大检查、每周科室组织安全检查、每天区队组织安全检查、每班班组安全检查、每岗个人自我防护检查，真正做到检查全覆盖、安全无死角。

（3）强化安全质量标准化建设与考核。坚持“月验收、季度考核、半年总结、全年评比”制度，实现了安全质量标准化的科学管理和常态化达标。

（4）强化全员安全培训。按照年初制订的培训计划，采取“派出去，请进来”的形式，对全员进行轮训，全面提高从业人员的业务素质，保证“三项岗位”人员100%持证上岗。

（二）积极推广应用新技术、新工艺、新装备，为矿井安全高效发展提供有力保障

（1）防治水方面。一是采购了一台瞬变电磁仪、三台履带式钻机、一套水质快速化验装置，真正实现了“物探先行、化探跟进、钻探验证”。

另外安装一套矿井水文在线观测系统，对矿井水文进行动态观测。

（2）顶板控制方面。综采、综掘工作面全部安装了矿压在线监测系统。对综采工作面压力进行在线监测，对支架工作阻力、巷道支护质量实时监测，为顶板控制提供了科学准确的数据。采煤工作面采用“水力致裂”和“切顶爆破”新技术、新工艺。

（3）防灭火方面。对束管监测系统进行了升级改造，引进了目前最先进的JSG8束管监测系统，保证了对综采工作面采空区各种气体的实时监测。

（三）强化综采综掘设备维修保养，保证正规循环，实现均衡生产

全面推行设备包机制、四检制，加大设备检查检修管理力度，完善设备管理责任制，对于重点设备、重要部件实施重点强制检修和管控，提高设备运行故障检测的准确性和实时性，增强对设备故障的预控能力，实现设备管理全覆盖、零漏洞，确保设备运行稳定。注重培养员工大机电意识，正确使用和保养设备，采掘机械设备开机率大幅度提高，实现了以机保产。

山西天地王坡煤业有限公司

一、矿井概况

山西天地王坡煤业有限公司（以下简称“天地王坡”）是由中国煤炭科工集团下属中煤科工能源科技发展有限公司、煤炭科学技术研究院有限公司和泽州县国有资本投资运营有限公司共同出资组建的有限责任公司，矿井设计生产能力 3 Mt/a，现为一矿一井，采用斜井开拓，综合机械化掘进和综合机械化放顶煤开采，建有配套的洗选厂和铁路专用线，各种证件齐全有效，为正常生产矿井。现开采 3 号煤层，赋存基本稳定，平均煤厚 5. 27 m，井田构造类型简单，水文地质条件中等，煤层不易自燃，煤尘无爆炸危险性，无冲击地压危险，属高瓦斯矿井。目前，在岗员工 2147 人，大专及以上学历人数占总人数的 75%，公司设置了 18 个职能部室、1 个洗选厂、13 个生产区队，安全生产管理机构健全完善，配齐配足了各类安全生产管理人员。

二、2019 年主要技术经济指标

2019 年完成原煤产量 3 Mt，商品煤成本 361 元/t，为计划成本的 93. 7%，实现营业收入 15. 48 亿元，实现利润总额 3. 82 亿元，实现净利润 3. 01 亿元。矿井综合单产 139323 t/(个・月)，矿井掘进总进尺 7649 m，原煤工效 10. 54 t/工。采煤机械化程度为 100%，掘进机械化程度为 91. 3%。矿井采掘衔接正常，“四量”符合规定要求，开采程序符合规定，采区采出率为 78%。实现人均年工资 11. 48 万元，同比 2018 年增长了 2. 2%。矿井全年百万吨死亡人数为 0，且无重伤及非伤亡事故发生。职业健康检查率为 100%，危害因素检测达标率为 98. 7%，吨煤开采综合能耗 20. 25 kW・h，塌陷土地治理率为 100%，煤矸石综合利用率为 91. 5%，矿井水利用率为 45%，抽采瓦斯利用率为 23. 78%。2018 年 6 月 25 日公司被命名为一级安全生产标准化矿井。

三、安全高效矿井建设的主要做法

（一）向安全管理要效益，重责任、抓落实，把打造本质安全矿井视为

最大效益

公司坚持以共建、共治、共享天地王坡安全生产“命运共同体”为中心，团结全体职工同心协力实现安全生产。一是抓双重预控保安全。推广实施“五建立、两落实、两制作、一绘制”的“5221”安全风险分级管控工作，坚持岗位、班组、区队、专业部室、分管副总、总经理“六级”隐患排查机制，切实推动安全生产关口前移。二是抓作业现场保安全。现场是安全管理的关键。公司始终坚持“治瓦斯、摸清水、控顶板、强机电、优运输”五大重点，集中力量，下大力气，强化现场安全管理，把控薄弱环节，遏制事故发生。三是抓班组建设保安全。公司始终把班组建设视为决策落地、管理延伸的重要手段，实施“六型”样板化班组建设，建立健全了以“工作纪律、安全管理、技术管理、安全培训、考核奖惩”等为主要内容班组管理制度，着力推进班组建设。四是抓安全考核保安全。建立了安全结构工资、安全奖励考核、安全技能账户考核、安全生产风险抵押金、安全管理党纪政纪问责的五项安全考核内容，通过安全考核检验管理成果，强化责任追究，堵塞安全漏洞。

（二）向系统优化要效益，提质量、讲效率，提升市场竞争力

一是优化产品结构，提高经济效益。树立“提煤质就是提效益，提煤质就是降成本”的理念，全面提升煤炭产品质量。针对市场煤炭的不同需求，主动适应市场需要，通过进行转载工艺改造，减少块炭损耗，实行“煤矸分流”和原煤质量考核，确保原煤质量达标，实现效益最大化。二是以增量保增长，加强生产开源力度。从技术、设备、制度等多方面采取措施，在减少矸石混入率的同时，最大限度地减少底煤和端头架顶煤损失，提高综放工作面的采出率。三是做好工艺优化，提升系统效率。每年由公司技术部门带头，各部室区队全员参与进行工艺优化，做到科学合理配置资源，最大限度地提升系统效率。

（三）向成本控制要效益，严考核、控成本，形成精细化管理的良好格局

一是以精细化管理为主抓手，通过实施精细化的责任制、指挥制、联保制等制度，形成长效的精细化管理机制。二是开展提质增效专项行动，结合生产经营重点工作目标，坚持安全、环保两条底线，深化推进全面预算管理，夯基础、强管理，抓市场，创新驱动，提升公司管理水平。三是推行了“生产指标量化挂钩考核、劳动定额计件绩效考核、员工计分量化绩效考核”的三项考核机制，狠抓人力成本控制，通过实行以劳动定额为基础的

部门区队计件绩效考核、以生产经营指标为基础的量化挂钩考核，以量化计分为基础的员工绩效考核，增人不增资、减人不减资，降低人工成本，实现降本增效。四是开展修旧利废，狠抓材料成本控制。提倡“省一分钱比挣一分钱容易”“节约就是创效”的理念，制定了《修旧利废管理办法》，推行了材料定额指标工资挂钩考核，并实行修旧利废经济效益 40% 的奖励机制，强化材料复用和修旧利废，充分挖掘废旧物资的利用价值，努力降低材料成本。

（四）向技术创新要效益，引技术、强革新，提升生产技术水平

“先进的技术是安全生产的有力支撑，先进的装备是安全生产的重要保障”。一是充分依托集团公司的行业优势，长期聘请各科研院所，在生产和经营等方面进行技术攻关和项目合作，解决制约安全生产的瓶颈，为安全生产提供保障。二是积极开展“小改小革”创新活动，鼓励职工立足本职岗位广泛开展技术革新，设置专门的奖励资金对职工技术创新和专利进行表彰奖励。三是进行“数字化矿山”建设，对各系统有效整合，集中管控，建成千兆工业环网、电力监控系统、无线通信及移动监控系统、煤流运输集控系统、工业电视系统“五大系统”和安全生产管控平台、三维综合管理平台“两大平台”，实现数字化、集成化、信息化管理。四是着眼推进智慧化矿山建设，立足自身技术装备水平实际，积极探索科技强安新途径，大力推进“机械化换人、自动化减人”，提高矿井机械化、自动化和信息化水平，助推减人提效工作深入开展。五是深入抓好信息化建设，开展了 ERP 信息系统建设，建成了管理层报表系统、OA 公文系统、人力资源系统、工程及科研立项系统、后勤一卡通系统、手机 APP 系统等子系统，实现了移动办公和新业务实时审批。完成了 SAP 系统建设，并与 ERP 系统对接，满足了人、财、物管理提升的要求。六是坚持自主创新和工艺改进，对创新和改进项目对节约成本和提升效率起到作用的，根据应用效果进行奖励，对设备及配件坚持“能维修的不加工，能加工的不购买，能自修的不外修，能回收的必回收”原则，节约设备投入和改造费用。

同煤大唐塔山煤矿有限公司塔山白洞井

一、矿井概况

塔山白洞井井田地处大同煤田东南部，位置距大同市西南 22.5 km 口泉沟中部，其地理坐标为：东经 112°59′49″～113°04′06″、北纬 39°58′38″～40°01′11″，井田的北部为同忻井田，西部、西南部为塔山本部井田，南部与中煤塔山矿井田接壤，东部、东南边界为大同盆地东南翘起的煤层露头区。井田南北宽 3000 m，东西长 3100～3900 m，面积约 8.27 km^2。整个井田构造属于简单类型，矿井水文地质类型属中等类型。

二、2019 年煤矿主要技术经济指标

2019 年矿井计划产量 0.90 Mt，实际完成 0.84 Mt，计划进尺 3300 m，实际完成 3813 m。全矿一个综采队、两个掘进队均为达到等级队，全矿在职人员总数 960 人，人均年收入高于本省煤矿平均水平，期末原煤生产人数 467 人，原煤工效为 7.3 t/工，百万吨死亡率为零，全年完成成本指标和利润指标。

三、安全高效矿井建设的主要做法

（一）优化生产组织

在主工业场地布置一个主立井和一个副立井，在风井工业场地布置一个回风立井和一条材料斜井。矿井延深工程开拓仍采用原有的主、副立井作为主提升和辅助提升，开拓带式输送机暗斜井、轨道暗斜井、避灾行人斜井和西风井延深至 +930 m 水平。

该矿建有矿井水处理厂，设计处理原水能力 4000 t/d，产脱盐水 2880 t/d；现实际生产能力 900 t/d，处理后的矿井水达到生活饮用水标准。全矿重点对工业场区、生活小区、道路两旁进行绿化，绿化率为 46.92% 。

在井下建立了回收仓库，并建立健全井下设备材料回收制度，2019 年通过材料、设备回收修复使用，节资 2230 多万元。

（二）科学管理

生产调度、安全监测监控、生产经营管理均实现计算机网络管理。不断依靠科技进步，坚持科技兴矿战略，坚持管理、装备、培训三并重原则，投入大量资金，完善安全设施，优化了安全生产系统，扎实开展了“标准岗、精品岗”活动、实现精细化管理，通过科技创新、管理创新和机制创新，引进先进采掘设备，既提高了经济效益，又增加了职工收入，做到了安全生产，保证了矿井健康发展。在推进企业“更好、更高、更强、更优”发展的同时，不断加强精神文明建设，大力倡导文明新风，通过社会主义核心价值体系、公民道德、文明素质建设，企业文明水平不断提高，有效地促进了各项工作的持续健康协调发展。

充分利用班前会、专题会、安全事故警示教育、全员安全承诺、安全技能考试以及公司领导干部轮流在“安全大讲堂”讲课、领导下基层讲安全等形式，向职工宣传安全理念，灌输关爱自己生命、关爱他人生命的责任意识，使安全生产理念“入心入脑”。同时，通过中心组学习、一线宣讲、班前会、QQ 微信群下发学习内容等方式，进一步扩大安全理念宣贯的覆盖面，在公司上下营造出处处讲安全、人人学安全懂安全的良好氛围。

突出抓好现场安全管控，严格落实“系统思维、把握大局、严肃认真、注重细节”十六字工作要求，狠抓现场安全管理，强化公司领导“三个三分之一”“三走到，三必到”等干部上岗制度，坚持做到现场交接班实现“面对面”“手把手”“你不来我不走”，带班跟班中做到勤检查、勤督促、勤把关、勤处理，认真抓好每个环节的隐患排查整改工作，将安全隐患消灭在萌芽状态。同时，还推行岗位就近管理、安全到岗管理、班组全程管理、安全程序化管理。以打造“零”事故现场为目标，加大对重点难点部位、薄弱环节的管控力度，进一步明确监督管理责任，做到责任明晰、目标明确、考核严格，确保现场作业安全，切实提高安全工作的执行力。

加大监管力度，针对矿井重要地点、重点工程、重要环节全面开展扫描式检查，以“三镜”对生产现场存在的安全难点和薄弱环节进行跟踪分析，消除安全“空白点”。一是带着“放大镜”认真梳理、仔细查找监管中存在的薄弱环节、排查中存在的纰漏、管理中存在的短板和漏洞。二是带着“显微镜”排查生产环节和设备细节问题。三是带着“望远镜”，以点带面全面展开排查，并且时常进行“回头看”，防止出现安全管理“滑坡”和安全风险隐患“死灰复燃”，切实做到安全风险隐患大排查大整治常态化。

（三）技术创新

塔山白洞井 2019 年科研成果、技术革新共完成 16 项，共创效 1300 多万元。2019 年，该矿综采队进入 C5 号煤层南部盘区开采，该盘区为近距离煤层开采，与上覆 C3 号煤层采空区层间距为 3 ~ 6 m，我们采用水力致裂技术对上覆采空区煤柱以及煤柱上方的坚硬顶板进行水力致裂弱化，减少煤柱及基本顶的承载能力，实现应力向采空区转移的技术手段，解决了层间距小，顶板管理难度大的技术难题，为安全生产创造了有利条件

（四）持续发展工作思路

依靠科技，科学合理地利用现有的资源，做到精采细采，延长矿井的寿命。在精神文明建设和企业文化建设中再迈新步伐、再创新业绩、再上新台阶。践行“创新、卓越、绿色、高效”，提高员工素质，强化企业文化建设，推进科技创新，绿化美化矿山，构建和谐企业。

大同煤矿集团有限责任公司同忻矿（同煤国电同忻煤矿有限公司）

一、矿井概况

同忻矿是同煤集团（晋北地区）建成的第二座千万吨级安全高效矿井，矿井位于大同市西南约 20 km 处，大同煤田北东部。井田南北平均宽 6. 6 km，东西平均长 12. 9 km，面积为 85. 12 km^2。

同忻矿井主要可采煤层为石炭系 3 ~5 号煤层，设计可采储量为 606. 68 Mt。日工作制度采用“四六”制，每天四班作业，其中三班生产，一班准备。矿井设计生产能力为 10 Mt/a，核定生产能力 8 Mt/a。

同忻矿井水文地质类型为中等。煤层具爆炸性，属易燃煤层。矿井为高瓦斯矿井，无煤与瓦斯突出。

同忻矿目前开采 3 ~5 号煤层，两个综放工作面生产，工作面分别布置在二盘区和三盘区，采用一次采全高放顶煤综合机械化开采。3 ~5 号层煤层厚 0 ~85. 31 m，平均 14. 38 m。

二、2019 年主要技术经济指标

2019 年，同忻矿全年生产原煤 7. 35 Mt，完成掘进进尺 17330. 5 m，采煤、掘进机械化程度均达 100%，原煤工效为 30. 0 t/工，全年百万吨死亡率为零，千人负伤率实现了低控。全年吨煤成本完成 196 元/t，实现利润 68617 万元。

三、安全高效矿井建设的主要做法

（一）生产组织

同忻矿现有在册职工 1192 人，井下有 2 个综采放顶煤工作面、9 个综掘工作面，其中 2 个综采工作面为二盘区 8201 工作面和三盘区 8309 工作面。9 个综掘工作面分别为一盘区 2102、5102 掘进工作面，二盘区水库、2207 和 5207 工作面，三盘区 2310、5310 和 2319、5319 工作面，采掘配备合理。

同忻矿采煤工作面采用单一走向长壁后退式综合机械化低位放顶煤开采的采煤方法，采高为3.9 m，放煤高度平均11 m，采放比为1∶3，按“一刀一放”的正规循环作业，放煤步距为0.8 m，采用自然垮落法控制采空区顶板，其中二盘区8201工作面倾向长217.5 m，年度推进度为845 m，三盘区8309工作面倾向长200 m，年度推进度为617 m，采煤机械化程度达到100%。

同忻矿掘进工作面采用EBZ－200掘进机组进行割煤、装煤，采用可伸缩带式输送机运煤，利用局部通风机供风，巷道全部沿煤层布置，采用锚网索联合支护，掘进机械化程度达到100%。

同忻矿全面推进智能化工作面建设，通过不断升级、优化智能化生产操作系统，将以前一个生产班作业的20名采煤工降至8名，资源回收率提升5%，工作面采出率达92%。全面升级矿井智能调度控制平台，建立矿井“大数据”采集和分析中心，通过电脑终端生成的图表随时查看井下安全生产、设备实时运行状况、煤流系统、人员位置以及巷道内瓦斯和一氧化碳浓度等数据，为下达指令提供依据，实现了安全生产的“双保险”。

（二）科学管理

（1）安全管理。坚持“以人为本，科学发展”的管理理念，以提高执行力建设为突破口，围绕安全生产为中心，结合集团公司下达各项目标任务，扎实工作、严格管理、积极进取，有力地督促全矿各队组工作的稳步推进，确保了集团公司下达的生产任务安全高效完成。

（2）生产管理。以提高职工综合素质为中心，扎实开展安全生产工作。着重从工程质量、顶板控制、矿压防治、机电运输、工作面防治水、“一通三防”等方面入手，坚持执行“手指口述”、安全确认、现场汇报等制度。完善管理制度，夯实生产管理，优化生产技术，强化现场管理，合理配置人力资源，进一步提高生产管理水平，着力实现队组安全高效。

（3）科技创新。大力开展科技创新、技术改造，进一步明确科技创新主攻方向和重点。激励队组围绕机电、生产工艺、安全防控等方面进行小改小革，全面提升员工创新理念。

（4）队组建设。加大队组职工政治素养、道德准则、职业技能等方面培养，提高职工责任意识、发展意识、创新意识。增加职工中技师、高级技师及各类高级技能人才的比例，健全完善用人机制，形成鼓励人才干事业、支持人才干事业、帮助人才干事业的浓厚氛围。

（5）党的建设。加强党的建设，重点抓好企业文化打造、队组班组建设等工作。实现党组织政治引领、加强推动发展力、加强改革创新力。全面提高职工职业素养、业务技能、工作作风、岗位业绩、文明形象，为同忻矿发展提供坚实基础。

（三）技术创新

（1）推广小煤柱工作面开采。为了有效延长矿井服务年限，提高资源回收率。同忻矿积极与河南理工科研团队合作，通过大量调研、研讨、论证，将留设煤柱由 38 m 缩短至 6 m，在 8305 工作面首先试用，配合水压致裂、两巷补强支护、施工卸压槽和卸压孔、单体 + 木垛组合的超前支护等多种复合矿压治理措施，确保了工作面的安全高效回采，为同忻矿乃至全集团公司的小煤柱工作面开采提供了样板，积累了可靠经验。

（2）引入聚酯柔性纤维网替代金属菱形网铺设工艺。为了有效缩短停采时间，保证矿井的接替正常，同忻矿以 8309 工作面为试验田，引入聚酯柔性纤维网替代菱形金属网进行铺网停采，该网的引入使得 8309 工作面的停采时间缩短了 12 天，与金属菱形网相比，聚酯柔性纤维网采用整体一次铺网工艺，铺设简单，工人劳动强度低，且成本低，具有显著的经济效益。

（3）采用三掩护撤退工艺。在 8201 工作面的设备撤退搬家中，同忻矿创造性地采用三支架掩护替代双支架掩护的搬家撤退工艺，为集团公司首创。该工艺将开切眼的木垛由原来的两排变为一排，极大地降低了工人的劳动强度，提升了搬家期间的安全系数，加快了支架的撤退速度，受到集团公司的高度评价和表扬。

（4）建设井下水库。为解决矿井的供排水、污水处理、水灾防治、环境保护和节能减排问题，缓解晋北矿区的生产、生态和生活缺水问题，同忻矿利用井下废旧巷道建设井下水库。通过收集、处理井下废水，并将之复用于井下消防、喷雾等用途，既实现了矿井水资源的安全高效利用，又保护了生态环境，为矿区保护水资源开辟了一条崭新的道路。

大同市姜家湾煤矿

一、矿井概况

姜家湾煤矿位于山西省大同市云冈区云冈镇，企业性质为国有煤矿。生产规模 0.90 Mt/a，矿区面积为 6.2685 km^2。姜家湾煤矿地质构造类型划分为中等，矿井水文地质类型为中等。本矿井田含煤地层为侏罗系中统大同组。矿井采用斜井单水平多煤层联合开拓方式，盘区三巷布置、工作面双巷布置。采煤方法为长壁垮落法，采煤工艺为综采。矿井的通风方式为对角式通风，主要通风机的工作方法为抽出式，瓦斯等级鉴定为低瓦斯矿井。现开采 7 号、11 号煤层自燃倾向性等级属 I 类，容易自燃。矿井六大系统齐全，正常运行。

二、2019 年主要技术经济指标

2019 年，姜家湾煤矿年产量达 0.76 Mt，采煤机械化程度达 100%，掘进机械化程度达 83%，采区为中厚煤层，采出率为 85.2%，百万吨死亡率为零，原煤工效为 7.9 t/工，职工年人均收入 7.04 万元，职业健康检查率达 99%，危害因素检测达标率为 98%，吨煤开采综合能耗 43 kW · h，塌陷土地治理率达 100%，煤矸石综合利用率无（卖原煤，无矸石），矿井水利用率为 100%。

三、安全高效矿井建设的主要做法

（一）狠抓矿井安全管理，增强管理人员安全责任意识

为进一步提升矿井安全管理，杜绝管理失误，姜家湾煤矿从以下几个方面入手：一是建立了重大事项督办机制，要求凡事必须有落实，限时处理、闭合销号；二是实行能上能下的用人原则，能者上，庸者下；三是充分发挥各分管领导的职能作用及工作执行力，各系统重点工作、重点问题，均由各系统分管领导决策解决，解决不了的由生产口领导协调配合解决，仍解决不了的由矿长主持专题会议解决，实行分级分层管理、自上而下管理体系；四是切实提高各级干部的责任心，各职能部门要明确自己的责任，是谁的职责

谁去担当；五是在干部职工中牢固树立“一盘棋”思想，鼓励干部职工心往一处想，劲儿往一处使，拧成一股绳，团结一心，克服困难，一切都能干成。

（二）强力推进经营精细化管理，全面实施定额管理和成本控制

严格按照集团公司要求，结合本矿生产任务，精减人员，强化劳动效率。每月按工作任务完成情况进行考核结算，杜绝了窝工、浪工现象，提高了劳动效率。同时健全成本管理责任制，坚持“严格、细致、厉行节约”的原则，逐月下达各采、掘面及各单位材料定额，执行材料回收、复用和交旧领新管理办法，实现了全员、全过程、全要素成本费用控制。

（三）高度重视动态管理，长抓标准化达标工作

姜家湾煤矿为进一步提升标准化水平，一是重新制定了一系列检查、评比、考核等措施，通过每月开展三次标准化自检评分活动，发现和解决各类标准化问题，并将标准化整改逐一落实到人。二是每季度选出标准化优秀模范部门、区队，并组织各区队、部门学习参观标准化优秀模范队伍，互相交流经验，共同提升。三是加大“精品工程”创建力度，对全矿井各类物料器材、线缆悬挂、地面硬化、巷道喷浆、牌板样式等形成统一标准。矿井标准化管理水平明显提高，保证了现场标准化动态达标，形成了“人人学标准，人人懂标准，人人干标准”的氛围，最终实现安全零事故的本质安全型矿井。

（四）完善制度管理，杜绝“三违”作业

进一步修订、完善、细化井下各工种操作规范，以岗位操作程序化为目标，从专业管理、专人负责、安全监察等多个层面强化入手，对各岗位人员作业范围、操作流程、岗位职责等严格约束和监管，坚决抵制违章指挥、违章作业和凭“经验”干事行为。

（五）积极推广无煤柱开采技术应用，坚持节约资源，较少煤柱损失

狠抓采掘接续管理，积极推广无煤柱开采技术。姜家湾煤矿原来一个综采工作面由两条巷道布置，现无煤柱开采技术推广应用后，由 3 条巷道圈定两个综采工作面，可少掘一条巷道，回采时采用采空区侧施工切顶卸压孔 + 采空区侧支设密集单体支柱和金属挡矸网等方式支护沿空留巷，确保回采时采空侧顶板能够垮落充分，沿空留巷保留完整。沿空留巷的技术应用，可少掘一条巷道，节省掘进成本 245 万元，多回收资源 26000 t，增收 980 万元。

（六）加强环境保护与治理

在矿领导的正确领导和上级部门的支持下，姜家湾煤矿坚持生产建设与

环境保护一起抓，建立了完善的环保管理体系和运行机制，增加环保投入，不断加大环境治理力度，逐步使污染源得到全面治理和有效控制，环境保护工作取得了显著成效。

（七）注重人员培训，提高员工素质

加强员工培训工作，把提升员工技术业务素质和一人多能当作培训目标，通过班前、班后、安全学习日和半脱产等多种方式对所有员工进行了培训，进一步提高员工专业技术操作水平，使员工掌握安全知识多面化，技能掌握多样化。

虽然姜家湾煤矿在安全高效矿井建设方面做了一定的工作，取得了一定的成绩，但仍需向兄弟单位学习。该矿将在今后工作中，博采众长，进一步采取措施，加大力度，使姜家湾煤矿安全高效矿井建设工作再上一个新台阶。

大同市青磁窑煤矿

一、矿井概况

青磁窑煤矿始建于1957年，位于大同市区西12 km处，十里河下游北岸，地理坐标：北纬40°06′~40°08′，东经113°08′~113°11′。井田的北界、西界与晋华宫矿相邻；南界以十里河最高洪水位保安煤柱线为界；东部以煤层露头线为界。井田南北长4.5 km，东西宽约2.2 km，面积为10.8851 km^2。

1963年正式投产，当时生产能力为0.15 Mt/a。1985年进行二期改扩建，1992年生产能力达到1.20 Mt/a，2006年省煤炭工业局核定矿井生产能力为1.20 Mt/a。

二、2019年主要技术经济指标

2019年完成原煤产量1.20 Mt，完成计划的104.2%；完成总进尺6842 m，完成计划的100.5%；实现利润200.29万元；原煤工效为8.7 t/人；矿井百万吨死亡率为零，实现了安全生产。采煤机械化程度达到100%，掘进机械化程度达到82%；薄煤层、中厚、厚煤层采区采出率分别是86.3%、81.4%、0；吨煤开采综合能耗13.8 kW·h；塌陷土地治理率为100%；矿井水利用率为92%。

三、安全高效矿井建设的主要做法

（一）强化生产组织，提升矿井安全高效

青磁窑煤矿本着精采细采的原则，科学合理地组织生产，完善采掘部署，克服了地质构造复杂等不利因素，有效地提高了单产水平。通过科学布置工作面，制定有效的安全措施和可行性方案，有效提高了采区采出率。

同时加强生产的组织协调，促进产量、进尺的提高，实现安全高效生产。根据月任务计划分解，快速解决影响生产的环节和问题。

（二）科学精心管理，保证全年任务顺利完成

（1）调度管理。矿井充分发挥生产和洗选两级调度作用，在井下煤层配采、地面洗选、配装上不断下功夫，努力稳定商品煤质量。同时，坚持按

质论价、随行就市原则，确保产销畅通。通过竞价销售，实现效益最大化。

积极克服采掘衔接紧张，地质构造复杂，材配回货困难和设备故障影响，通过优化采掘部署，加强日常检修和动态检修相结合，强化现场管理，执行工艺工序，精心组织，有序推进，有效解决挡手难题，在保证安全到位的基础上，顺利完成全年任务目标。

（2）技术基础管理。青磁窑煤矿严格按照煤业集团要求“三化、十环节”进行编写作业规程和安全技术措施，结合作业现场实际情况，合理制定有针对性的操作方法，合理组织劳动定员，努力提高单产单进水平，降低材料消耗，提高经济效益。定期由总工程师牵头组织有关人员进行规程、措施的会审和会签，每月至少组织一次规程、措施复审，发现存在的问题及时修改完善。当施工的地质条件或施工工艺发生变化时，及时制定补充安全技术措施。

组织各掘进队组学习煤业集团其他先进矿井先进的掘进技术和快速掘进管理经验，分析掘进队组现状及掘进制约因素，制定针对性保障措施，优化巷道支护工艺，及时补充掘进主要工种，进一步加强掘进管理，尽快解决掘进队组单进水平低的问题，实现安全、高效、快速掘进，保证矿井衔接正常、产量稳定。

（3）安全基础管理。

一是严格落实煤业集团安全生产“30 条”，出台了《青磁窑煤矿落实煤业集团安全生产“30 条”实施细则》，对变化作业和高风险作业的相关处置流程进行了细化。

二是按照煤业集团“三个清单”管理考核办法、区队长安全管理“五亲自”“五必须”以及坚决打击事故隐患排查治理“十假”行为管理规定，进一步细化完善青磁窑煤矿“三个清单”管理实施方案和“三会一包”工作制度。

三是修订完善了《青磁窑煤矿各级干部及管理人员入井管理制度》，切实提高各级管理人员安全履职尽责意识，发挥好各级干部现场安全生产“领头雁”的核心骨干作用。

四是扎实推进安全专项整治三年行动，对照目标任务，结合青磁窑煤矿实际，下发了《青磁窑煤矿安全生产专项整治三年行动计划方案》，并对各专业系统的安全生产专项整治三年行动实施方案进行“回头看”，修改完善，确保各阶段工作目标按期完成。

（三）扎实推进科技创新，推动矿井安全高效平稳运行

认真贯彻落实好“效益为先，降耗为本”，进一步增强废旧物品的可再回收再利用功能，加大修旧利废管理力度，减少了新材配的投入，节省了开支。在大型设备的维护和修理方面，能自修的绝不外委；严格控制搬家费用，严格履行拆、装、运到出井的交接手续，努力降低生产成本。

大力推广新技术，新工艺。2019 年青磁窑煤矿积极响应煤业集团的要求，实行切顶卸压无煤柱开采技术，通过大量调研工作和细致的设计，将 8339 工作面和 8341 工作面设计为无煤柱工作面，现两个工作面均已回采结束。工作面单体支柱回收率达到 95%，减少巷道掘进 520 m，减少投资 780 万元，增加煤量 48000 t，减少炸药消耗约 120 万元，同时还利用旧道轨进行临时支护，节支降耗 330 万元。无煤柱开采技术的成功应用，不仅为青磁窑煤矿提高了煤炭资源回收率，减少的巷道掘进量，更让该矿在此次生产过程得到了宝贵的经验，从而为下一次开展无煤柱开采奠定基础。

（四）践行绿色高效开采，非煤产业效益可观

（1）根据产量计划和衔接需要，科学合理地采掘调整搬家顺序，积极实现搬家不停产。同时，积极协调队组搬家期间的工作安排，严格保证设备修理及入井前的调试稳装测试，有效提高搬家效率。缩短了搬家时间。

（2）积极推行绿色环保高效发展，全封闭煤仓的使用，确保了矿井周围环境的低污染，同时由于利用了空气动力学的原理设计，通风效果显著，粉尘零外逸，仓内作业环境大幅度改善。

（3）积极发展非煤项目，拓宽增收渠道。矿井自有梯形钢带厂、金属网厂、净水厂、车队、洗车场、养猪场、全网通手机卖场、美工部等非煤项目运行良好，取得了可观的经济效益。

大同煤矿集团同生精通兴旺煤业有限公司

一、矿井概况

大同煤矿集团同生精通兴旺煤业有限公司位于大同市云冈区兴旺庄村东，行政区划属大同市云冈区云冈镇管辖。2011 年 2 月矿井开工建设，2014 年 12 月通过竣工验收，2015 年 3 月证照办理齐全后投入生产。

矿井瓦斯等级鉴定为低瓦斯矿井，煤尘有爆炸性，煤层自燃倾向性为Ⅱ级。矿井煤层水文地质类型为中等。矿井开拓方式为斜井开拓，共 3 个井筒，分别为主斜井、副斜井和回风斜井。采煤方法为长壁后退式综合机械化采煤，全部垮落法控制顶板，采煤工艺为综采放顶煤。

二、2019 年主要技术经济指标

2019 年矿井原煤产量 0.60 Mt，其中回采煤量 0.56 Mt，掘进煤量 37000 t。2019 年矿井未发生人身伤亡事故，百万吨死亡率为 0。2019 年全年实现利润 3007 万元，吨煤成本 153 元/t。矿井采煤机械化程度达 100%，掘进机械化程度达 100%，采区采出率达 85.6%。

全年共 1 个综采队生产，全年工作面平均个数为 0.77，工作面年产量为 0.56 Mt，矿井综合单产为 60714 t/月。原煤工效为 8.7 t/工。2019 年度职业健康检查率为 100%，危害因素检查达标率为 100%，吨煤开采综合能耗为 11.3 kW·h，塌陷土地治理率为 100%，矿井水利用率为 100%。

三、安全高效矿井建设的主要做法

（一）始终保持高压态势，全年无涉险事故

（1）严肃责任追究，严格落实集团公司《生产安全事故责任追究办法》，变“宽、松、软”为“严、紧、硬”，对违反规定的责任单位和人员，对照“四不放过”规定，一律予以严处，绝不姑息，有效地杜绝了因现场安全管理不到位造成的各类“三违”现象，保障了矿井的安全生产。

（2）严格处罚落实，对违反集团公司、地煤公司以及煤业公司安全一号文件、二号文件、三号文件相关处罚规定的责任单位和相关责任人员，一

律“零容忍”，坚决从严、从重处罚。

（二）始终狠抓安全生产责任制，安全生产责任考核达标

为了进一步加强责任落实，年初重新梳理了全矿现有部门、岗位及工种，制定了《2019 年精通兴旺煤业安全生产岗位责任制》，明确了各级负责人、各部门、各岗位在安全生产过程中所担负的责任及应履行的义务，对于未执行或违反职责的单位及个人都将按照《2019 年精通兴旺煤业安全管理制度》进行严格考核，各级负责人、各部门、各岗位均能够严格按照安全生产责任制的责任和标准开展各项工作。

（三）始终坚持加强瓦斯管理，矿井实现瓦斯零超限

（1）加强对瓦斯检查员的管理力度，每月制定瓦斯检查设置点计划，严格按瓦斯巡回检查图表进行检查，不定期地对瓦斯检查员进行查岗，各采掘工作面及其他地点必须严格执行“三对口”和工作面手拉手交接班制度，加强瓦斯检查员现场交接班、班中巡查瓦斯、班中汇报情况的管理，从根源和制度上入手，杜绝现场瓦斯检查的空班漏检假检现象的发生；对违反劳动纪律的人员，严格按相关管理制度进行处理。

（2）坚持“瓦斯超限就是事故”的责任追究制度，严格执行“一炮三检”和“三人连锁爆破制”；加大查岗力度，坚决消灭瓦斯检查员的违章现象，确保矿井安全生产。同时，对因工作不到位和没有按措施要求作业而造成瓦斯超限事故的责任人和责任单位，严格按规定进行追查处理，从而提高了全矿人员对瓦斯防治工作认识的重要性，实现了瓦斯零超限目标。

（四）始终加强煤矿防治水分区管理，所有采掘作业均位于“可采区”范围

该矿已重新编制了《矿井防治水分区论证报告》，并通过了集团公司会审获得批复（同煤经地字〔2018〕719 号）。报告中，将现采 15 号煤层划分为一个可采区和一个缓采区，可采区位于 15 号煤层中部及西北部，可采区面积 1.31 km^2；缓采区位于井田东南部，面积为 0.1044 km^2。现井下各采掘工作面均布置在可采区内，且严格按照可采区防治水措施执行，针对缓采区还专门制定了隔离措施。

（五）始终坚持安全生产标准化动态考核，标准达到集团公司内部规划等级

以安全生产标准化为基础，强化现场管理，做到突出“一个重点”、坚持“两个原则”、做到“三个并重”、落实“四个到位”、实现“五个转变”，按照“典型引路，以点带面，循序渐进，整体推进”的工作方法，强

力推进安全质量由“静态精品”向“流程精品”转变，促进安全生产标准化工作的不断深入。积极推行实施标准化作业流程，使各岗位员工在“上标准化岗、干标准化活”，把安全生产标准化工作融入日常安全管理的各个环节，落实到了全过程。完成了年初集团公司和地煤公司对该矿安全生产标准化达二级的标准。

（六）技术管理基础更夯实，设计布局更优化

（1）严把作业规程的“三化十环节”，确保了规程措施的针对性、科学性和可操作性。全年共组织会审采掘作业规程 6 本，安全技术措施 39 本，对规程在执行中存在的与作业现场不符的工艺、工序、措施及时进行了修订，对不严格按照规程施工等问题及时进行了整改。

（2）加强了设计管理工作，做到安全可靠，技术可行，经济合理。完成 15 号煤层 8104 工作面小煤柱开采设计，通过留设小煤柱，可多回收煤炭资源 18000 t，创造经济效益 540 余万元。完成 15 号煤层 8105 工作面、8107 工作面井巷设计，制定各类零星措施工程 20 余项。完成了小煤柱留设、终采线、跳采等三类规划方案编报工作；组织编制了矿井三年规划，为该矿的采掘安排提供了有力的指导作用。

（3）狠抓现场工程质量、支护质量管理关，确保了安全生产。建立了矿井边角区域顶板及巷道压力情况的巡回检查机制，完善巡回检查台账，对边角区域的顶板现场管理进行了职责划分，做到了台账资料清晰、现场职责明确；加大了现场顶板支护质量监管及考核力度，实现了支护检查百分之百，做到当日检查、当日考核、当日整改。全年对综采、掘进支护不到位情况共计罚款 9.7 万元。

（4）紧盯地质构造变化，及时调整有力措施。在 15 号煤层 8103 工作面过煤柱、破碎区期间，提前编制了专项安全技术措施，采取对工作面煤壁加注马丽散的方式加固顶煤及煤壁，同时采用浅截深、降低采高、超前机组擦顶移架等方式，安全通过了煤柱压力区及破碎区，确保了采煤工作面的安全生产。

（七）培训教育经验更丰富，措施更完善

重新编制了《精通兴旺煤业培训管理制度》，健全了《精通兴旺煤业培训考核办法》《精通兴旺煤业周二、五学习管理办法》等培训制度，加大了对各队组班培训考核力度，对培训不合格者不准入井，并给予相应处罚，使全矿员工安全素质和安全行为有了明显的提高。全年参加各类培训共计 6344 人次，举办警示教育培训 121 场次，完成 B 类安全管理人员的初训和复训工作、特种作业人员初训和复训工作、区队长资格初训和复训工作等。

大同煤矿集团同生树儿里煤业有限公司

一、煤矿概况

大同煤矿集团同生树儿里煤业有限公司位于大同市左云县境内小京庄乡树儿里村南0.5 km处，距大同市城区西南87 km，行政区划属左云县小京庄乡管辖，为晋能控股煤业集团下属煤炭企业，属单独保留矿井，2012年1月开工建设，2014年12月通过矿井验收，并于2015年2月完成生产能力要素信息公告，正式投入生产转为生产矿井。

井田面积为1.2131 km^2，东西长2.020 km，南北宽0.673 km，周边与同煤集团金庄煤业井田相邻，无小窑破坏区，批准开采石炭系3号煤层，最大厚度为12.5 m，最小厚度为9.88 m，煤层平均厚度为11.2 m，煤层倾角为4°~7°，矿井保有储量24.33 Mt，截至2019年底，可采储量为7.5 Mt。矿井生产能力为0.9 Mt/a，属低瓦斯矿井，矿井发火等级Ⅱ级，容易自燃，水文地质类型中等，盖山厚度为175~208 m，平均191.5 m。

矿井开拓方式为斜井开拓，共布置3个井筒。主斜井倾角为25°，净断面17.32 m^2，斜长501.2 m；副斜井倾角为25°，净断面13.08 m^2，井筒斜长390 m；回风井倾角为30°，净断面10 m^2，斜长331.2 m。矿井分为301、302两个盘区。

二、2019年主要技术经济指标

2019年矿井计划产量0.90 Mt，实际完成产量0.89 Mt，计划进尺2100 m，实际完成2200 m。综采机械化程度为100%，掘进机械化程度为93%，采区采出率为80.83%，吨煤开采综合能耗为12.19 kW·h，在安全方面全年未发生重大伤亡事故，百万吨死亡率为零，2019年度职业健康检查率为100%，塌陷土地治理率为100%，矿井水利用率为90%。截至2019年度，全矿在职职工442人，人均年收入高于本省煤矿平均水平，原煤生产人数为332人，原煤工效为11.5 t/工，全年超额完成利润指标。

三、安全高效矿井建设的主要做法

（一）生产组织方面

（1）优化生产布局，合理采掘部署，实现均衡生产。该矿现在开采石炭纪煤层，地质构造多，2019 年，矿领导组织技术力量对全矿的生产发展进行了多次规划，在充分分析采掘设备性能的基础上，发挥技术人员的聪明才智，科学地调整了采掘部署，不但兼顾眼前，而且注重长远。

（2）提升单进水平，根据采掘衔接部署，积极响应集团公司提升单进水平精神，研究后制定具体方案，分别从转变观念、严格考核、充实队伍、优化工艺、系统保障 5 个方面入手开展。精心组织安排，通过日常培训学习，月度考核落实，充实队伍，优化同步工序，持续系统完善等手段，逐步提升了单进水平，保障了采掘接替的同时，达到了高产高效。

（3）提高顶煤回收率，采取“两个强化、两个规范”管理要求，具体为强化初采、末采放煤管理，即初采期间及时退锚、及时预裂，末采期间合理制定停止放煤距离等方法。规范煤柱留设，规范放煤管理，根据煤厚合理留设停采煤柱，不浪费资源，经过研究科学合理选择了“多轮间隔顺序放煤”，要求做到“见矸关窗”，在顶煤可以放干净的同时，防止放煤时出现局部顶煤量过大以及大块煤，加大放煤空间，有效提升顶煤回收率。

（4）强化标准化建设，始终贯彻安全与标准化同行的理念，从现场和资料两方面抓。月月制定标准化重点整治项目及重点工作面，以标准化建设为中心，打造亮点工作面。一方面按部就班完善标准化资料，另一方面提升支护质量。现场管理上采取队组验收、部门动态抽检的方式进行督查，发现问题现场及时整改，以制度约束员工，以奖罚激励员工。

（二）科学管理

（1）安全工作警钟长鸣，常抓不懈。该矿始终坚持安全第一，生产第二，把安全工作作为全矿重点工作来抓，强化“双基”建设，夯实安全生产基础。进一步强化现场管理，强化班组长管理，强化安全监督检查，强化安全责任制的落实，深入推进双基建设和零事故现场、零事故环境创建活动，加大安全生产隐患排查治理，完善了矿井安全生产的各项规章制度，确保安全生产上新台阶。

（2）倡导节支降耗、实现成本低控。建设安全高效矿井的最终目的就是提高企业经济效益，通过加强企业内部管理，降低生产成本不失为提高企业效益的捷径。根据公司下达的利润指标，每月定期进行成本核算，根据月末成本指标完成情况，进行奖罚。严格执行回收复用、自制自修管理制度，加强了生产区队的回收考核管理，材料科、机电科设立了设备修理组，降低了设备成本。

（三）技术创新

一年以来，该矿不断在科技投入上下功夫，对采掘设备进行了更新换代和大修维护，积极推进六大系统建设和完善，全年获得集团煤业公司奖励的科技成果多项，矿井单产单井水平稳步提升，为全矿的生产注入了活力。大力实施科技投入战略，在井下安装了人员定位跟踪系统，引进了北京龙软公司的信息管理系统，并安装了高压软启动装置。

（四）其他

企业的发展与人的因素是分不开的，该矿一直注重培训工作，把培训工作放在重要地位，近年该矿投资建成的一流培训中心启用，分别对班组长、区队长进行脱产培训和军事化训练，脱产培训 48 期次，对所有特种作业人员进行了培（复）训，在全矿开展了人人都是安全员、人人都是通风员的强化培训，并通过岗位练兵技术比武活动，增强安全意识，提高个人业务水平和安全素质。

大同煤业股份有限公司煤峪口矿

一、矿井概况

煤峪口矿井田位于大同煤田东南翼的东北端，井田东部以煤层露头为界，北接忻州窑井田，南临永定庄煤业公司井田，西北与云冈和四台矿井田相邻。东西长约 10.5 km，南北宽 1.8 km，总面积为 15.1545 km^2。距大同市西南方直线距离 14 km，与煤业公司总部相距 2.5 km，国家红色教育旅游基地大同煤矿“万人坑”遗址就坐落在涌秀生态园旁。

二、2019 年主要技术经济指标

2019 年，煤峪口矿认真贯彻落实集团公司各项工作部署，全面实施精细化管理，深化内部改革，创新工作机制，各项经营指标超额完成。全年完成原煤产量 2.39 Mt；完成掘进进尺 6500 m；原煤生产期末人数为 712 人，原煤工效为 13.4 t/工；人均收入 8.2 万元，同比增长 12.3%；采煤机械化程度达 100%，掘进机械化程度达 93%；掘进队组最高月进尺 375 m，最高日进尺 13.4 m。

三、安全高效矿井建设的主要做法

（一）强力推进生产技术精细化管理，切实做到高产高效

（1）严格落实“安全、检修、标准化、生产”作业流程，加强综采工作面机电设备检修，严禁设备带病作业。

（2）在综采工作面现场标注动态化达标，主要采取：一是严格落实支架初撑力考核管理，对初撑力不达标实行“零容忍”管理，有效提高了支架的管理水平；二是强化工作面现场工程质量管控，杜绝工作面“窜头、窜尾”，实现煤壁直、溜子直、支柱直，液压支架架间隙、错茬均控制在规定范围；三是组织抓好工作面两巷道文明管理，实行综采队组分人包保制度。

（3）强化综采工作面稳装、初采、末采、撤退 4 个阶段管理，尤其是严格把控搬家过程中各个环节，细化队组职责，实现工作面快速搬家。

（二）强力推进精细化管理，实现本安型矿井

（1）深入推进“三个层次”安全管理职责体系建设。针对煤峪口矿实际情况，坚持系统安全管理由矿长主抓、系统专抓、部门细抓，充分发挥系统专业技术职能部门的作用；区域安全管理由生产副矿长主抓、各分管矿领导专抓、责任主体细抓，做到职责清楚、区域划分明确、不留盲区死角；个人安全行为管控由安全副矿长主抓、安监系统专抓、主体责任单位书记细抓，确保全员、全方位、全过程的安全责任落实，形成了层层对安全负责、上层对下层考核的安全管理模式。

（2）强化生产队组管理人员、班组长业务素质能力、安全管理水平培训，做到安全培训“三化”，即安全宣讲常态化、岗位培训常态化、素质考试常态化，将安全生产贯穿到区队每个员工。

（3）严格落实安全生产管理“五个三”运行机制，转变“三大作风”，执行中层管理干部、区队长下井跟班制度，杜绝不跟班、假跟班。

（4）突出常态化建设，夯实安全素质基本功。深入开展“一个季度一个会战、一个月一个主题”活动，安全生产月活动，“打非治违”、百日煤矿安全集中整治专项行动，做到了安全活动常态化。

（5）不断完善劳动定员制度，深化工资分配制度改革，充分调动员工的生产积极性。煤峪口矿在原有矿井劳动定员制度的基础上，不断完善，科学合理组织生产，提高正规循环完成率，优化矿井劳动组织，提高效率，调高效益，并在工资分配上实施多劳多得制度，充分调动广大员工的工作积极性，为安全高效矿井建设打下良好基础。

（三）依靠科技进步，加强现场安全管理，提高采掘工作面单产单进，实现增产增收

（1）通过采用水压致裂、两巷施工切顶孔及加强退锚等多重手段，大大缩短了工作面基本顶初次垮落步距及周期来压步距，避免了大面积空顶的隐患，确保了工作面安全生产。

（2）针对市场上的退锚装置退锚效果不佳，自主研发设计液压退锚装置，并于2019年5月完成样机制作。通过在煤峪口矿81018工作面现场测试，该装置退锚杆率达到了90%以上，较好地解决了顶板不垮落的问题。

（3）优化生产布局和采区设计，采取加长工作面长度，由原设计11个工作面减少为现8个工作面，可减少煤炭损失约1 Mt，减少回采巷道工程量4000 m以上。按照采掘部署煤峪口矿一井一面的生产模式，安全高效完成矿井产量。

（4）优化放煤工艺，实施综采工作面“多轮间隔效益放煤（粗放、细放、精放)”，实行少推多放，“精采、细采、效益开采”，工作面煤炭回收率大幅度提升，由原每米煤量 1602 t 提升为 1719 t，采出率由原来的 82% 提升至 88%，实现效益最大化，延长了矿井的服务年限。

（5）积极推广小煤柱开采，减少煤炭损失，在 11 ~ 12 号煤层 81020 工作面实施了小煤柱开采,煤柱留设宽度为 5 m,可多回收煤炭资源约 320000 t。

（6）通过合理设计、优化支护参数等对终采线进行优化，减少煤柱的损失，2018—2019 年通过对 11 ~ 12 号煤层 81020 工作面终采线优化，多回收煤炭资源 42000 t。

几年来，积极推进科技创新，坚定不移地走科技兴矿之路，按照集团公司提出的建设“科技型”矿井要求，进一步加大科技创新力度，加大科研攻关力度，加快科技成果转化，不断提高矿井的科技含量和科技贡献率，努力打造科技型矿井，为矿井安全、高效、可持续发展奠定坚实的基础。

大同煤业股份有限公司四老沟矿

一、矿井概况

现开采石炭系井田位于大同市西南约30 km处，其地理坐标为东经112°58′01″～113°02′14″；北纬39°58′37″～40°01′22″。东西长约4.88 km，南北宽约2.87 km，总面积为14.71 km^2。

四老沟矿于1949年建矿，经几次改扩建之后，矿井核定生产能力达到3.2 Mt，2001年产量创历史最高，达到3.1 Mt；2012年5月单进创历史最高，为620 m；2001年综采一队产量创历史最高，为1.03 Mt。

截至2019年末，矿井剩余地质储量346.27 Mt，可采储量201.09 Mt，矿井核定生产能力3.2 Mt/a，服务年限为44.9 a。

矿井开拓方式为主斜井－副立井混合开拓，分多水平开采。全矿生产井筒6个，其中1个回风井筒、5个进风井筒。采煤工作面为单一走向长壁后退式综合机械化低位放顶煤开采。掘进巷道支护方式为锚杆（索）金属网联合支护。

二、2019年主要技术经济指标

纵观2019年，四老沟矿对照集团公司“契约化”管理等系列要求，狠抓落实、稳扎稳打，交出了一份靓丽的成绩单。

2019年完成原煤产量3.05 Mt，总进尺4500 m，原煤工效为17.11 t/工；成本计划752.75元/t，实际737元/t，计划利润118250万元，实际完成114250万元；采掘机械化程度达到100%，全年死亡事故为零。

三、安全高效矿井建设的主要做法

（一）新水平开采科学合理，煤炭产量强劲增长

（1）优化采掘衔接，实现小煤柱开采。根据2019年集团党政要求，四老沟矿积极组织编制了2019年度采掘衔接计划，并动态调整了矿井3～5年采掘衔接规划，科学合理地安排采掘队组，确保矿井的正常有序健康发展。

针对集团公司对小煤柱开采的要求，以及四老沟矿地质条件复杂，采掘

接替紧张的现状，首先从采掘衔接入手，根据生产实际情况，调整采掘衔接，实现矿井有序接替，一方面实现跳采布局，另一方面实现了矿井的小煤柱开采。

（2）8106面开采期间，通过采取水压致裂、加大注氮量等综合措施，有效化解了15次周期来压、采空区CO浓度上升等问题，通过对前15次周期来压分析，准确分析出第16次来压位置，将工作面停在免压区，使8106工作面得到了安全停采撤退，保障了上半年的“稳产”和任务“过半”。

（3）该矿按照集团要求，分系统、分专业制定隐患整治方案。加强对矿井的技术管理，科学进行各类工程施工图纸设计，认真编制各类规程措施，确保做到安全高效生产。

（4）在工资激励上，坚持向一线队伍倾斜、向技术含量较强的操作工倾斜，极大地调动了员工的积极性。

（5）在干部选拔任用上，突出“1311”干部选拔任用导向，坚持倾向一线，调配7名煤矿主体专业大学生到一线回炉锻炼，选拔了18名一线大学生到班组长及副队长的岗位上历练、24名优秀年轻大学生到一线副科以上岗位锻炼，使一线岗位成为年轻干部历练的营地、成长的舞台、建功立业的沃土。

（二）新开拓方案有力实施，掘进水平快速提升，为全井田两翼开拓打好了基础

通过认真贯彻集团公司“快速掘进管理办法”“回采巷道锚网索支护技术规范及手册”，提高了员工专业技能；根据巷道顶板岩性、围岩特点及矿压显现，“一巷一策”“一巷多策”优化支护工艺，提高了支护质量；成立巷道验收组，对掘进巷道全方位监管，促使全年巷道合格率达90以上。

同时，通过确保一次成巷，8101－1面、8103面等接替面两巷道均达到设计要求，提高了原煤回收率，降低了吨煤消耗率；通过优化巷道支护工艺降低了支护消耗。

通过优化系统，拆除封闭排矸立井等工程，降低了维护成本。

通过实施快速掘进，石炭系延伸主、辅运掘进年底相继到位，采掘衔接巷道同步推进。

（三）新管控模式大力推进，安全标准化水平显著提升

新一届领导班子1月上任后，立即推行了周二矿长安全生产标准化周会制度；坚持周一安全大检查、周四安全复检、矿领导每周下基层抓“三违”、每月召开安全办公会，坚决按照制度处理安全隐患和“三违”行为。

针对安全标准化管理被动的实际，建立了矿领导安全生产标准化专业单项排名前后5名比照考核制度，与集团公司并行站位、同步考核，激发了领导干部工作的积极性和主动性。

根据自检及上级检查出的问题，按周分段整改、按旬分步治理、按月逐步提升，完善设施、对标落实，现场管理水平显著提升。

同时，全面开展安全培训，累计开展各类培训班258期，全员参培率达到98%。

（四）新经营举措全面实施，严控关键环节，节支降耗、成本低控

建设安全高效矿井的最终目的就是提高企业经济效益，通过积极组织，优化方案、狠抓落实，降低生产成本，多措并举提高企业效益。

（1）超前组织协调。针对井下设备衔接任务重、环节多等特点，该矿把综采搬家不停产作为生产衔接“零缝隙”的关键节点，提前召开组织协调会，根据现场实际及时调整、完善设备拆除和安装方案，灵活协调安排，优化组织程序。同时对设备衔接中的安全技术措施进行会审，并准备好各种材料设备，为设备衔接工作提供安全保障。

（2）紧抓关键环节。进一步优化综采搬家准备的流程和工艺，从设备运输、工序衔接、过程监管、验收考核上下功夫，缩短搬家时间、提高稳装质量，做到安全、快速、优质、低耗，一次试产成功，为安全高效生产赢得主动。

以上是该矿在建设安全高效矿井中的一些做法和经验。2019年四老沟矿生产经营由“粗”转“细”，采掘衔接由“紧”转“松”，生产能力由“弱”转“强”，并为“十三五”收官和“十四五”开局奠定了良好基础，党建及精神文明工作全面推进，各项工作由“疲”转“兴”，全矿人心振奋，初步构建了和谐稳定的新局面。

大同煤矿集团有限责任公司晋华宫矿

一、矿井概况

晋华宫井田位于山西省大同市西12.5 km处，地处大同井田东北端，为大同市云冈区所辖，与举世闻名的云冈石窟相邻。井田北界为甘庄乡镇联营煤矿，东界与大同市青磁窑煤矿毗邻，西界北段、南段与云岗矿相邻，中段与大同市吴官屯煤矿及云冈石窟保护煤柱相接，南界与忻州窑矿相邻。

晋华宫矿建矿64年来，累计生产煤炭近160 Mt，为祖国煤炭事业的发展壮大做出了重要贡献，先后获得全国文明单位、中国最美矿山、国家级安全文化建设示范企业、全国生态文明煤矿、国家级绿色矿山单位、山西省煤炭系统模范单位、山西省优秀企业、2018—2019年度特级安全高效矿井等多项荣誉称号。

二、2019年主要技术经济指标

2019年，晋华宫全年完成产量为3.40 Mt，完成进尺12500 m，其中炮掘进尺1108 m；全年生产原煤3.40 Mt；百万吨死亡率为零；集团公司下达完成利润－44646元，实际完成－44141元；原煤工效为13.5 t/工；中厚煤层采区采出率为86.5%，厚煤层采区采出率为78.7%；矿井综合单产158500 t/(个·月)；采煤机械化程度达100%，掘进机械化程度达91%。

三、安全高效矿井建设的主要做法

（一）生产组织

晋华宫矿围绕全年安全奋斗目标，认真贯彻落实党和国家的安全生产方针及上级文件精神要求，深入贯彻习近平总书记关于安全生产的重要论述。通过科学决策、合理安排、调整采掘部署，协调生产环节，全矿上下统一思想，通过提高干部员工队伍的整体凝聚力，提高矿井单产，做到精采细采。

充分考虑矿井生产接续和影响因素，认真做好日、旬、月的作业计划分解工作，坚持均衡生产，最大限度挖掘作业队组的生产潜能。将设备运行管理作为动态关注重点，提高设备开机率。相关作业队组配备足够数量的管理、技术人员，自上而下，层层落实岗位责任管理。

（二）科学管理

晋华宫矿以主动预防及安全管理为载体，以“双基”建设为抓手，坚持“抓安全、抓标准”，坚持“管生产、管业务必须同时管安全”原则，围绕系统安全重点、事故防范难点，深化安全机制措施，全面提升专业安全管理水平；强化安全生产培训教育，全面提升职工安全素质；强化隐患排查治理，

全矿落实坚持不懈抓标准，坚持不懈攻难点，坚持不懈降成本，大力推行降本增效举措，以强有力的措施促进该矿安全生产标准化管理持续稳定好转，形成自主运行、持续改进的内生机制，为打造现代化能源劲旅，创造良好的安全生产环境，推动煤矿安全管理水平不断提升，努力打造本质安全型矿井，圆满地完成了集团公司下达的各项工作指标。

（三）技术创新

晋华宫矿结合实际生产条件，以安全生产为根本，以组织完成全年生产任务为核心内容，科学规划生产部署。在河南 12－2 号煤层 301 扩区采用小煤柱（煤柱宽度为 6 m）布置，目前 8101 工作面、8103 工作面已回采完毕。

大采高小煤柱工作面的实施，减少了巷道日常维护，节约了支护成本，有利于矿井的衔接；同时有利于合理开发煤炭资源，在不影响产量的基础上，提高侏罗纪煤炭资源回收率。这对大采高小煤柱采煤巷道围岩控制的研究，进一步发展、优化大采高综采技术，对于提高矿井煤炭的采出率和保证安全、高效的大采高工作面开采具有重要的意义。

（1）在采掘机械设备方面，晋华宫矿引进大功率 MG1100/2360 型一次采全高采煤机，并且配套使用了 SGZ10000/1400 型刮板输送机和 SZZ1000/375 型转载机。机掘巷道采用 EBZ315 型掘锚一体机和 EBZ260 型半煤岩掘进机，在保障安全的基础上极大地提高了工作效率。在综采、掘进工作面，晋华宫矿全部使用组合开关，一台开关可带多路，有效减少了开关数量，降低了事故率，方便了维护管理，确保了矿井的安全生产。

（2）“一通三防”方面，采用了穿层钻孔抽放、斜交钻孔抽放和高位巷道抽放等瓦斯抽放技术，并建立地面瓦斯抽放泵站，瓦斯治理效果不断提升。

（3）地质防治水方面：使用地面瞬变电磁方法及三维地震方法进行物探，能够准确查明积水区域，并根据探测情况，施工地面及井下探放水孔，高效解决积水问题，及时排放井下积水。

（4）节能减排及环境治理方面：采用现代化、规范化、环保化的填埋处理工艺，使矸石场对周围的水、大气污染降低到最低限度，充分响应了国家“节能减排”的号召，缓解了生产过程中产生的煤矸石的处理问题以及过渡期遗留下的灰渣问题，有利于改善和保护周边地区的居住环境和生态环境，为晋华宫矿的可持续发展提供有力保障。

矸石场所选的分层碾压黄土覆盖压实工艺及封闭措施可靠，可以满足填埋过程中无害化填埋，不会污染环境。

晋华宫矿运输矸石是采取一定的防止扬尘措施，可保证矸石及时安全地运入矸石场，并在集运过程中不产生二次污染。

（5）推进全矿节支降耗、降本增效的实施。矿井安全高效生产是全矿职工工作的核心内容，为提高矿山经济效益，减少物资流失及浪费，杜绝废旧物资的流失漏洞，晋华宫矿大力推广节支降耗、降本增效的实施，通过规范控制物资领用，提升物资循环利用率；明细分工，执行按月度考核标准，考核结果直接与个人工资挂钩，提高效率；鼓励回收复用，各部门区队安排专人负责，控制各项支出，实行精细化管理，做到奖罚分明。

大同煤矿集团有限责任公司马脊梁矿

一、矿井概况

马脊梁井田位于大同煤田中西部，地处大同市西南，距左云县城约 35 km，距大同市约 40 km，距晋能控股煤业集团所在地新平旺 35 km。马脊梁矿 1994 年矿井改扩建，设计能力为 1.8 Mt/a，经过几年的系统改造，现矿井核定生产能力为 4.3 Mt/a。开拓方式为斜井单水平多煤层联合开拓，通风方式为混合式通风，采用单一走向长壁后退式综合机械化采煤方法，主运输为带式输送机运输，辅助运输大巷为架线式电机车运输，盘区辅助运输采用无极绞车。矿井产量一直稳定在 3.3～3.9 Mt 之间。

二、2019 年主要技术经济指标

2019 年实现百万吨死亡率为零，产量完成 3.82 Mt，进尺完成 12405 m，完成成本为 257.75 元/t，计划利润 1500 万元，实际利润 1305.75 万元。

三、安全高效矿井建设的主要做法

（一）产量保持稳定运行

2019 年累计完成产量 3.82 Mt，矿井综合单产达到 150796t/(个·月)，较 2018 年提高了 10.3%。最高日产突破 76.24 Mt，创建了矿历史最高纪录。

（二）强化掘进综合管理

以集团公司《回采巷道锚网索支护技术规范与支护手册》为参考依据，“一面一策”优化巷道支护设计，在保证安全的前提下合理缩减了锚（索）杆支护数量，提升了掘进效率。

（三）推进通风系统优化完善

（1）完善气体综合防治体系。①坚决执行瓦斯“零超限”管理。多措并举杜绝瓦斯超限：正在开采的工作面进行采煤工艺优化，保证尾端头支架与煤壁的间距在 1 m 以上，通过增加上隅角通风空间，消除上隅角风流不畅通的问题。②“安全生产比天还大，瓦斯治理重中更重”。在瓦斯防治工作中，我们严格落实集团公司各项要求，合理配风，加密瓦斯巡回检查频次，严格特殊环节管理，针对易积聚瓦斯地点和季节变化采取有效措施防控，杜绝瓦斯超限。③加强监测监控设备日常管理和维护。为解决监控线缆断线问题，对采掘工作面 30 m 以内的传感器线缆进行加装不锈钢护套进行保护，有效降低了监控系统的故障率。该矿于 10 月份开始，进行安全监控系统的全面升级改造工程，将监控系统改造为梅安森 KJ73X 系统。

（2）防火工作扎实开展，措施执行到位。积极贯彻防灭火措施“一面一策”的理念，根据工作面实际情况科学采取“注”（采空区注氮）、“堵”（端头封堵）、“调”（调控风量）、“验”（取样化验）及“增”（增设传感器）等多种手段，保证了工作面的安全生产。现井下各工作面采用开放式连续注氮，各工作面上隅角 CO 浓度得到有效控制，均不超过 24 μL/L。

（四）顶板控制措施到位

（1）加强了工作面初采期间的顶板控制工作，设计并实施了开切眼水力致裂，通过提前弱化顶板减小工作面初次来压步距，有效减弱了初次来压强度。

（2）积极开展采空区悬板治理活动，定期摸排综放工作面退锚设备配备、使用情况及两巷道采空区悬板面积，持续推进综放工作面两端头的退锚工作，使采空区悬板及时垮落。

（五）地质、水害防治工作科学管理

（1）地质方面全年共编制各类地质“三书”、回采掘进说明书、地质预报 156 份，绘制各综采工作面巷道剖面图和充水性图 50 张，收集断层 28 条、岩墙及岩浆岩侵入体 30 处、，设计地面补勘孔 12 个，为矿井的安全生产精采细采提供了可靠的地质资料保障。

（2）防治水方面全年共编写各类防治水计划、水文地质安全评价报告、综采掘进超前探放水设计、探陷落柱设计、探放水总结、水情水害预报 202 份；施工井下放水孔 1 个，地面放水孔 9 个；巡查充填地表裂缝 88 条，塌陷坑 42 处，动用土方量 60000 m^3，并对井田范围内的地表勘探孔、水文孔、地面验证孔及地面视频观察孔进行了地表封堵、排查。

（3）完成了地测空间管理信息化系统数据库工作。

该系统的投运大大减轻了手工绘图的负担，缩短了制图时间，提高了图纸质量，资料存取更加方便快捷，储量、三量计算报表形成统一模式，按时上报各类报表和图纸，并完善了各类机制图纸，使地测工作水平向信息化、智能化迈进了一大步。

（六）各类应急演练保障到位

全年分别组织了顶板、水灾、“一通三防”等各类应急演练，演练方案的实施有效地检验了预案的实用性、可靠性，提高了员工避免事故、防止事故、抵抗事故的能力。

（七）科技革新成效突出

人才是企业持续发展的第一资源，我们坚持把人才资源的开发和使用放在优先发展的地位，不断完善人才培养体系，为安全高效矿井建设注入了不竭动力。

（1）强化日常培训工作，全年共举办各类培训 200 期，培训 12818 人次。

（2）2019 年全矿科技人员共发表专业论文 56 篇，其中国家级期刊 3 篇，2019 年度获得国家专利 3 项，无形资产的增加有效提高了企业市场竞争力。

（3）2019 年该矿表彰科技项目成果 150 项，其中科技进步 49 项，技术革新 70 项，管理项目 31 项。近两年获得集团公司科技成果奖 25 项，其中特等奖 1 项，二等奖 8 项，三等奖 16 项，矿井技术含量大幅提升。

（八）本单位的典型做法——健全安全生产制度，完善机构设置

为健全安全生产制度，2019 年初下发了《2019 年安全生产工作的决定》，对全年安全生产工作做出了指导性的规划，并按照规划目标执行；出台了《2019 年安全考核奖惩办法》，对各类安全工作进行了细致划分及奖惩；制定了《2019 年安全管理制度》，进一步明确职责，严肃纪律，严格管理；完善了《安全生产责任制》，更深入地加强各级领导、各职能机构、各岗位人员的安全生产责任性，做到目的明确，有章可循，更好地促进矿井安全生产的稳步发展。

安全管理机构设置齐全，设立了矿级、科级和队级三级安全管理机构。矿长、党委书记分别为安委会主任，配备分管安全、生产、机电、开拓的副矿长和总工程师，负责全矿的安全管理工作。设置了专职安全生产管理人员，以及采掘管理、“一通三防”、地质防治水、机电管理、供配电管理、辅助运输管理、安全质量标准化管理、安全管理等安全管理机构，安全管理人员配备齐全。

大同煤矿集团有限责任公司云岗矿

一、矿井概况

云岗矿位于大同市西郊云冈沟内，距城区 18 km，开采大同侏罗纪煤层，井田南北长 13. 1 km，东西宽 5. 75 km，面积 58. 3 km^2。

矿井始建于 20 世纪 60 年代中期，1973 年 3 月 31 日投产，核定矿井生产能力为 4. 8 Mt，2008—2011 年及 2014—2015 年连续被评为特级安全高效矿井。

矿井原设计为立井多水平开拓，第一生产水平为 1030 m 水平，980 m 水平作为接替，主要运输大巷位于井田中央，南北纵贯全井田，沿大巷东西两侧布置采区石门。改扩建以后，开拓方式为立井、斜井混合式开拓，主运输为 980 m 水平，1030 m 水平为辅助运输水平。

截至 2019 年末，矿井剩余工业储量 350. 90 Mt，可采储量 23. 36 Mt，矿井核定生产能力 4. 8 Mt/a，服务年限 5 a。云岗矿水文地质条件为中等类型；现可采煤层 8 号、11 －2 号、12 号煤层，赋存条件较稳定。12 号煤层为主采层位，赋存条件普通，煤厚 3 ~9 m，断层 8 条，落差 0. 5 ~5. 2 m。2019 年所采工作面为中厚、厚煤层工作面。

二、2019 年主要技术经济指标

全年云岗矿产量合计：其中综采一队开采 8 号煤层 8411、12 号煤层 8413 工作面，共生产原煤 1. 99 Mt；综采二队开采 12 号煤层 81003、12 号煤层 81001 工作面，共生产原煤 1. 56 Mt；掘进煤 110000 t，全年产量共计 3. 66 Mt；采区采出率为中厚煤层 95% ，厚煤层 83% 。

云岗矿 2019 年末绩效人数为 1069 人，年末绩效工数为 268462 工，全年原煤工效为 13. 7 t/工。

全年利润计划 38 万元，实际完成 41 万元，成本计划 278 元/t，实际完成 263 元/t。职工年人均收入 91200 万元。

三、安全高效矿井建设的主要做法

（一）优化生产组织，合理采掘部署，实现均衡生产

该矿现在开采侏罗纪下部煤层，地质条件十分复杂，顶板难以管理，2019 年，矿领导组织技术力量对全矿的生产发展进行了多次规划，在充分分析采掘设备性能的基础上，发挥技术人员的聪明才智，科学地调整了采掘部署，圆满地完成了计划产量。

（二）科学管理，积极进行科技创新，推广新技术、新工艺、新装备，优化采掘工艺

云岗矿采用综合机械化长壁后退式顶板全部垮落法采煤。目前，该矿已经完全实现了综合机械化采煤，采煤机械化程度均达到 100%，采煤工作面采煤机全部使用电牵引采煤机，破、装、运煤实现连续作业，顶板支护采用液压支架，超前支护采用带帽单体液压支柱支护，有效地控制了顶板，工作面安装了矿压观测系统、瓦斯监测系统。

采用综合机械化掘进，钻、装、运一体化，根据地质条件、巷道断面不同，进行合理设计，采用锚杆锚索支护或锚杆、锚索、金属网/塑网、钢带、锚索梁架棚等联合支护方式。同时对运输的关键部位进行合理优化，有力地保证了采、掘、运工作的安全进行。

（三）依靠科技，不断引进新技术、新设备，新工艺

一年以来，该矿不断在科技投入上下工夫，对采掘设备进行了更新换代和大修维护，积极推进六大系统建设和完善，全年获得集团公司奖励的科技成果 15 项，达到了国际领先水平，矿井单产单井水平稳步提升，为全矿的生产注入了活力，通过地质数值模拟技术在近距离复合顶板采掘中的应用，实现了近距离煤层的快速掘进安全开采。

大同煤业股份有限公司燕子山矿

一、矿井概况

石炭系井田面积为 64.2964 km^2，由 111 个拐点坐标确定，东邻四台矿，西接东周窑，南为马脊梁井田。矿井工业储量 820 Mt，可采储量 380 Mt，可布工作面储量 181 Mt。可采煤层 3 层，包括山 4 号煤层、C3 号煤层、C5 号煤层，矿井石炭系设计能力 4.8 Mt/a。

二、2019 年主要技术经济指标

燕子山矿设计生产能力 4.8 Mt/a，2019 年原煤产量完成 4.41 Mt；平均工作面个数 1.93 个，机械化工作面 1.93 个；采煤机械化程度达 100%，掘进机械化程度达 98%；未出现安全事故，百万吨死亡率为零；原煤工效为 19.62 t/人，原煤生产期末人数为 818 人，原煤生产实际工日 224848 工日；计划完成利润 -53800 元，实际完成利润 -53199 元，职工年人均收入 9.7 万元，采区采出率为 87%。工作面地质条件：综采二队煤层平均厚度为 5.3 m，最大厚度为 6.5 m，平均倾角为 2°~3°；综采三队煤层平均厚度为 6.0 m，最大厚度为 7.6 m，平均倾角为 2°~3°。矿井综合单产 183833 t。工作面产量方面：综采二队年产量 1.61 Mt，平均月产 133725.75 t，最高月产 174138 t，平均日产 4862 t，最高单产 5320 t；综采三队年产量 2.5 Mt，平均月产 208320.5 t，最高月产 257337 t，平均日产 7575 t，最高单产 9006 t。2019 年掘进全年完成进尺 13500 m，共有 3 个机掘队，机掘一队平均月进尺 242 m，最高月进尺 343 m，平均日进尺 8.8 m，最高日进尺 14 m；机掘二队平均月进尺 170.2 m，最高月进尺 255 m，平均日进尺 6.2 m，最高日进尺 10 m；机掘三队平均月进尺 201 m，最高月进尺 296.7 m，平均日进尺 7.33 m，最高日进尺 12 m，巷道锚杆（索）支护率 100%。

三、安全高效矿井建设的主要做法

（一）生产组织

根据 2019 年矿党政要求，燕子山矿积极组织编制了 2019 年度采掘衔接计划，并动态调整了矿井 3 ~ 5 年采掘衔接规划，科学合理地安排采掘队组，确保矿井的正常有序健康发展。

在组织全年的生产任务中，始终以采掘衔接计划为主线，贯穿安全生产组织全过程，积极引导着矿井生产组织在一个良性循环的基础上发展，实现了精细化管理，确保了矿井安全高效发展。

矿井按照集团公司要求，分系统、分专业制定隐患整治方案。以党政一体化考核为推手，进一步转变干部工作作风，深入现场一线，及时排查处理安全隐患，全力以赴做好安全工作，并加强对矿井的技术管理，坚持“技术指导生产、技术确保安全”的原则，科学进行各类工程施工图纸设计，认真编制各类规程措施，确保燕子山矿做到安全高效生产。积极对巷道断面和支护进行优化，简化了工序，节省了截割、支护时间，提高了单进水平，实现了快速掘进，节约了成本。

同时，加强对采掘工作面的现场管理，按照采掘质量标准化及相关规定，定期对工作面生产质量标准化进行检查，确保工作面安全生产。成立专门的支护质量检查组，每天对各掘进工作面支护质量进行抽查管理，确保支护质量和巷道成型，为下一步工作面安全回采创造良好条件。

通过压实各级管理人员安全责任，加强采掘工作面的技术保障，制定了科学合理的开采方案，有效推进了矿井安全高效生产。

燕子山矿“一通三防”管理严格执行各项管理制度。包括瓦斯预警制度、瓦斯治理“一矿一策”“一面一策”制度、瓦斯治理专项资金使用管理办法、瓦斯治理专项制度等。通过各项制度的执行、管理和落实，高效而更有针对性地对各瓦斯管理环节进行了完善。

2019 年地测防治水方面，严格按照《煤矿安全规程》《煤矿防治水细则》和《煤矿安全生产质量标准化基本要求及评分办法》等规程规定开展工作，严格执行“有掘必探”的煤矿防治水原则。充分发挥地测“尖兵”和“眼睛”的作用，顺利地完成了各项工作。

（二）科学管理

全面实行契约化管理，建立长效激励约束机制。全面实行契约化管理，进一步明确了责任分工、经营目标和奖罚机制，推行采掘队组契约目标责任制，建立具有刚性约束、考核的激励约束机制。出台了《燕子山矿生产系统政策激励管理办法》《燕子山矿快速掘进管理考核管理办法》，重点考核安全、进尺、产量等指标，对照“权、责、利”对等统一原则，逐级传导压力，层层落实责任，进一步激励采掘队组主动作为。对分管采掘党员干部依据契约化管理进行考核，完成契约目标的取得薪酬，兑现奖励；完不成契约目标的，承担相应责任。

（三）技术创新

技术攻关促效益。燕子山矿顶底板为泥质砂岩，遇水泥化，搬家倒面周期长。为了解决这个难题，生产部技术人员集思广益，大胆创新。采用预打地锚加固底板技术，代替了之前的回撤通道底板硬化方法，将搬家时间大大缩短，效率提高了30%。通风区技术人员研制出矿井新型ZMK型自动无压风门，利用本质安全型风门开闭和红外线传感器实现了风门的自动开闭，确保了安全，消除了事故，并积极推进巷道支护优化和小煤柱开采工作，取得了良好的经济社会效益。

此外，燕子山矿依托科技创新，大力开展了技术交流、科技建家、科普宣传、“五小创新”和智能矿山建设等一系列工作，营造了浓厚的科技创新氛围，激发了广大科技工作者的创新力和创造力，提升了企业整体科技创新能力，积极推动了新技术、新工艺、新装备的应用，促进了矿井提质增效和高质量发展。

（四）亮点特色

燕子山矿响应集团公司号召，大力推行小煤柱开采方式，在山西组4号煤层2210巷开展水力切割预留小煤柱项目，有效治理了采空区悬板超标及小煤柱临空矿压大的难题，将传统的大煤柱缩短至仅有5 m的小煤柱，极大地减少了资源浪费，为矿山资源的回收提供可靠的技术支撑。

大同鹊山高家窑煤业有限责任公司

一、矿井概况

大同鹊山高家窑煤业有限责任公司位于大同市左云县小京庄乡毛官屯村东，行政区划隶属左云县小京庄乡管辖，东距大同市约 70 km，北距左云县城 28 km，矿区距左云—朔州公路 5 km，南距北同蒲铁路岱岳站 36 km，西北距右玉县城（梁家油坊）28 km。

矿井井田位于大同煤田西南部，地表大面积被第四系黄土覆盖，仅在沟谷中有基岩零星出露，出露地层为二叠系上统上石盒子组。总体为一单斜构造，在单斜的基础上发育有 2 个小褶曲，地层总体倾向向北，产状平缓，倾角为 2°～4°。在井田内发育有 5 条正断层。目前未发现陷落柱，井田水文地质类型为中等。

二、2019 年主要技术经济指标

2019 年，矿井全年百万吨死亡率为零，且无重伤及二级以上非伤亡事故发生。采煤机械化程度达到 100%，掘进机械化程度达到 96.4%。

矿井原煤产量计划 1.65 Mt，实际完成 1.68 Mt，完成计划的 101%；掘进进尺计划 3300 m，实际完成 3509 m，完成计划的 106%；综合单产计划 137500 t/(个·月)，实际完成 139558 t/(个·月)，完成计划的 101%；综合单进计划 275 m/(个·月)，实际 292.4 m/(个·月)，完成计划的 106%；原煤工效计划为 13 t/工，实际为 17.16 t/工，完成计划的 132%；原煤生产人数为 294 人。矿井人均工资 70000 元/a，同比增加 16%；矿井计划利润 9500万元，实际完成利润 17600 万元；采区采出率年计划 75%，实际 80%。

三、安全高效矿井建设的主要做法

（一）深入持久地开展安全质量标准化工作，努力做到精细化管理，标准化、规范化作业，强化安全基础管理

坚持以“抓管理、走正规、上标准、保安全、提效益”为工作目标，

把安全基础管理工作与安全质量标准化管理工作作为最大效益来抓，由点到面全方位、精细化抓好安全工作。

（1）推动安全生产标准化工作进程，全面提升矿井的安全生产管理水平。完善了安全生产标准化相关机构，建立健全了目标制度，强化了目标管理，全方位推进了安全质量标准化工作进程；加大了安全投入，明确规定了安全生产费用，为安全质量标准化建设提供了资金保障，确保了安全装备水平、安全基础设施得到进一步改善与提高；坚持达标计划与生产计划“三同时”，即同时制定、同时落实、同时考核，有力地保证了生产、达标两手都要抓、两手都要硬，推动了达标工作的稳步提升。

（2）扎实开展创建“精品工程”活动，推动质量标准化建设上台阶。

公司扎实开展创建精品工程活动，每月 29 日专项达标检查，对月度达到“精品工程”条件的采掘，轨道、带式输送机运输巷、通风、防治水单位负责人分别给予奖励；对月度达不到“精品工程”条件但安全生产标准化得分在 92 分以上的单位负责人不奖不罚。对月度创建的“精品工程”按奖罚标准进行兑现，在下月保持精品工程的，按奖罚标准的 50% 进行兑现；不能保持的，按奖罚标准的 2 倍进行处罚，以上奖罚单位正职各挂 10% 。

（3）实施精细化安全管理，做到现场操作标准化、规范化。实施精细化管理、现场标准化、规范化作业是确保矿井安全的基础与保证，为此该矿从作业现场开始严抓每一道施工工序、工艺、施工程序，严格按标准化、规范化进行要求，开展“比、学、赶、超，争创精品工程”活动。通过竞赛与评选活动分析总结精细化工作进展情况，针对性的安排下一步工作，及时发现及时解决存在的问题，对照标准寻找差距，并及时予以纠正完善，让小问题不离现场解决，大问题不过夜解决。

该矿重点突出现场管理，采取“抓队长、队长抓、抓现场、现场抓”的办法，把现场管理的正规与否作为队组考核的主要内容，使全矿上下形成争取做好标准化、规范化、精细化工程的良好氛围，进一步强化了安全基础管理。

（4）加强区队、班组建设，推动安全生产标准化工作上新台阶。公司将区队、班组建设与安全生产标准化矿井建设紧密结合，逐步实现煤矿区队、班组建设标准化、规范化。将区队、班组建设作为安全基础管理的重要内容，建立了以安全生产为重点的班组管理、考核机制，从源头上规范了班组员工的操作行为，夯实了基层基础管理，提升了安全管理和现场管理水平，推动安全质量标准化工作上了新台阶。

（二）提高矿井单产单进水平，提升综合管理水平

为深入开展“安全高效”矿井建设，提高采掘工程单产单进水平及工效，实现合理集中生产，达到减人、减面、提效的目标，提高矿井的经济效益，增强市场竞争能力，公司在全矿采掘区队开展了提高采掘工程单产单进水平及工效考核活动，明确了活动目标，完善了组织机构，划分了对口责任，制定了单产单进指标、奖罚办法及保障措施。

（1）通过工资政策向采掘一线倾斜，向创水平区队、头面倾斜等有力措施，大大提高了采掘区队参与活动的积极性。

（2）大力推行机械化，公司的综合机械化实现100%，有力地推进了高产高效矿井建设。

（3）鼓励区队采掘头面平行作业，提高工作效率。

（4）选树典型，定期不定期现场观摩，掀起比、学、赶、帮、超的大干热潮。

（三）抓职工培训、完善职工培训教育体系，提高职工素质

抓好培训教育工作是保证矿井安全管理水平提高的前提和基础。为此，公司进一步强化了职工的培训教育工作，完善了职工的培训教育体系，其主要做法为：一是广泛开展专业技术人员现场帮带活动，提高工人全员素质；二是加强特种作业人员培训，全部实现了持证上岗；三是利用聘用专家、矿内工人技师采取现场帮带培训，从现场手把手培训了一批技术岗位能手，为安全生产工作水平上档升级发挥重要作用。

（四）采煤综合机械化开采高产高效措施

（1）不断优化综采工作面设计及加强生产技术管理，为安全高效回采提供根本保证。综采工作面设计尽量避开落差大于4 m的断层，同时回采系统布置尽量简单，机巷避免拐弯，两巷断面满足最大设备运输要求。在回采过程中，加强生产技术管理，提高开机率，同时加强过断层管理，超前考虑，保证安全回采。

（2）加强生产组织管理，不断提高回采工效。生产组织的好坏对于生产效率的高低有直接的关系，综采生产过程中，我们要求区队及班组加强生产组织管理，明确生产任务，在保证安全的前提下，严格按正规循环作业组织生产，不断提高回采工效。

晋能控股煤业集团炭窑峪煤业有限公司

一、矿井概况

晋能控股煤业集团炭窑峪煤业有限公司位于山西省大同市云冈区境内，公司批准井田面积 1.6376 km^2，累计查明资源储量 74.78 Mt，现保有储量 65.14 Mt，设计可采储量 19.38 Mt，设计生产能力 0.6 Mt/a，2020 年完成公告能力 1.2 Mt/a，服务年限为 23.1 a。批准开采井田范围的 18 号、19～22 号、25 号煤层，生产煤种为气煤。矿井地质构造类型属简单类型，水文地质类型为中等。矿井瓦斯等级鉴定为瓦斯矿井，煤尘具有爆炸性，煤层自燃倾向性为容易自燃煤层，自燃倾向等级为Ⅱ级。矿井开拓方式为平硐－斜井综合开拓，共布置 3 个井筒。2011 年 3 月 1 日正式开工建设，2015 年 3 月 16 日通过项目竣工验收。

二、2019 年主要技术经济指标

原煤产量完成 585600 t，掘进进尺完成 869 m，原煤工效 9.8 t/工，企业利润 3333.26 万元，年人均收入达到 9.2 万元，全年实现了安全生产。

三、安全高效矿井建设的主要做法

（一）推进安全生产标准化

矿井开工建设至今，始终把安全生产标准化工作视为煤矿企业的形象工程、生命工程、效益工程和基础工程，从地面到井下，从后勤到生产严格标准化建设，现场达到整齐、整洁、规范，形成了“要安全，先达标，向标准化要效益，向标准化要安全”的理念，通过人、机、环、管的和谐统一，最终实现管理上无漏洞、设备无故障、系统无缺陷、人员无违章和安全零事故的本质安全型矿井。

在矿井的生产过程中，通过加强矿领导带班，安监员跟踪作业现场管理，对重点环节、关键部位设专人盯守，在生产作业过程中查出的隐患实行跟踪销号，从而实现安全管理不留死角，作业现场动态安全达标。

（二）合理组织生产

全年通过理顺生产环节、控制生产节奏、合理安排安拆工作、组织定额生产，狠抓正规循环，圆满完成各项生产任务。全年以安拆为主线，从采掘施工入手，基础工作一次施工达标，强化工作面安拆各环节的衔接，提前谋划安拆方案，满足安拆需求。通过优化劳动组织，科学制定安拆方案，提高了劳动效率，全年安全顺利完成了生产任务。生产接续平稳顺畅，为多回收煤炭资源，掘进工作全年以保接续为主攻方向，克服调角多、过旧巷、过断层等困难，组织开展掘进会战活动，圆满完成了2个掘进面的施工。

（三）推行煤矿信息化和自动化

炭窑峪矿紧紧依靠科技进步，提升管理水平。通过引进先进技术装备，不断加快设备升级改造与技术创新步伐，全面推行机械化、自动化、智能化、信息化管理，使矿井采煤机械化程度达到100%，掘进机械化程度达到97.7%，极大地促进了原煤生产和企业高效快速发展。在安全信息管理方面，矿设有井口安全信息中心，及时将安全信息录人“安全信息管理平台”和公司联网实现资源共享。通过协同办公系统、井口数字屏幕播放系统实现对重大安全生产信息的及时公布。人员定位系统、调度指挥系统、选煤集控系统实现信息的集中控制。井下主运带式输送机、绞车等重要环节均安装视频监控系统，实现了生产环节设备远程监控。选煤调度监控系统贯穿煤岩洗选加工生产全过程，实现了部分工作区域零看守。炭窑峪矿网站、OA系统办公实现了办公系统自动化，财务管理、物资供应、产品销售、瓦斯监控、人力资源、安全培训等实现了网上办公一体化管理。

（四）注重矿井生态文明建设

炭窑峪矿高度重视环境保护工作，严格遵守国家环境保护的法律法规和有关政策，不断采取有效措施，大力减少排污量。工业废水、煤泥水系统实现一级闭路循环，生活用水、矿井水全部进入污水处理厂进行净化处理；栽种各种树木，绿树成荫；食堂、浴池干净、卫生、整洁；停车场井然有序；地面煤炭储、运设备齐全，降尘、抑尘等设施健全；物资库房定置管理，物料整齐有序。

（五）提高职业健康标准

炭窑峪矿成立了职业危害防治工作管理机构，制定了职业病危害防治计划与实施方案，把职业病危害防治内容编入施工措施。严格按规定周期对职业病危害因素进行现状评价和检测。作业场所警示标识醒目、齐全，在井口环廊设置了检测结果公示栏和宣传看板。完善职业健康监护机制，定期体检，体检结果告知员工本人，并存入监护档案。劳动保护配备发放和使用管理严格执行国家标准。加强职业病防护设施的建设，采掘工作面设置净化水幕、架间喷雾和除尘风机；各转载点安设喷雾降尘装置；主要带式输送机机头安设隔音、降尘护罩，防尘、降噪设施齐全可靠。通过制度落实和现场综合防护措施，开工至今无职业病新增病例。

晋能控股煤业集团李家窑煤业有限责任公司

一、矿井概况

山西大同李家窑煤业有限责任公司由晋能集团大同有限公司控股，矿井位于大同市左云县城东南 26 km 处的小京庄乡李家窑村南，行政区划隶属左云县小京庄乡，井田面积为 14.0586 km^2，批准开采煤层为 17 号、18 号、22－1 号、22 号、25－1 号煤层，许可开采 22 号煤层。核定生产能力为 1.20 Mt/a。矿井保有储量为 199.02 Mt，可采储量为 80.88 Mt，服务年限 58 a。采矿许可证证号为 C1400002009121220047208，有效期至 2045 年 11 月 20 日，安全生产许可证证号为（晋）MK 安许证字〔2015〕GC357Y3，有效期至 2021 年 12 月 13 日。现为证照齐全生产矿井。矿井采用斜井开拓，中央分列式通风方式，支护方式为锚杆、锚索、钢带联合支护。

二、2019 年主要技术经济指标

全年原煤产量 885300 t；掘进进尺 6695 m；原煤工效为 10.1 t/工；采煤机械化程度为 100%，掘进机械化程度为 98%；原煤百万吨死亡率为零；采掘接续正常，采区采出率为 80%。

三、安全高效矿井建设的主要做法

近年来，该矿深入贯彻落实安全高效矿井建设总体要求，不断探索企业安全高效发展的管理机制，初步实现了矿井安全形势总体平稳发展、生产经营持续高效运行。

（一）安全管理日益增强，夯实安全基础

（1）一是推行队组安全培训，提高队组安全素质。对于特殊工种岗位培训取得上级颁发的特殊工种合格证后方能上岗，实行持证上岗制，并建立员工安全培训档案；二是注重安全日常教育，规范职工安全行为。队组要以提高全员安全意识为重点，规范三班班前会安全教育、安全学习日教育和

“三违”人员教育；三是加强采掘工作面的现场管理。采掘工作面要进一步细化标准，加强动态管控，及时处理生产中反映出的各项问题，对生产的工艺流程和生产作业过程进行安全跟踪、预测控制，使安全生产时刻得到保障，切实推进标准化建设由静态达标向动态达标转变，由结果达标向过程达标转变。

（2）安全管理，规范运作。公司按照“党政同责、一岗双责、失职追责”的要求，健全完善了以董事长、总经理全面负责，各分管领导协助配合抓好各分管业务范围内的安全责任管理体系工作，严格执行安全生产工作例会制度。对所有隐患全部实行“五落实、五到位”，对重大隐患实行挂牌督办、限期整改。

（3）隐患排查，不留死角。建立隐患排查治理长效机制，进一步强化领导带值班与现场安全督查力度，强化安全隐患超前防控治理，抓实对隐患排查治理的闭合管理。我们高频次地组织安全检查与隐患排查活动，做到全覆盖、细排查、严整改。

（4）“三违”惩处，重拳出击。严格落实安全监管责任，重拳整治“三违”顽症。根据不同时期出现的新情况、新问题，及时制定有效的防范措施，持续跟踪落实、服务指导。强化管控和监督，培养员工“快、准、细、严、实”的工作作风。组织安全监察和值班干部查岗，对“三违”行为实行“一人违章连带全班”的零容忍态度，保持了对“三违”行为打击的高压态势。

（二）技术创新攻坚克难

完善了科技创新管理体系，大力实施技术创新工程，通过加强技术管理，优化工作面设计，对各系统进行了改造，提升了企业技术成果转化能力和自主创新能力。

（三）成本管理做深做细，强化降本增效

（1）强力推进修旧利废、回收复用各项举措，提高修复回收率，提升自制加工能力。

（2）加快推进优化井巷设计，改良生产工艺，提高生产效率。

（3）加强设备更新水平和检修、维护力度，解决制约生产的主要问题，提高生产效率和设备使用率。

（4）优化劳动生产组织，努力提高单进水平，走提质增效的路子。

（5）严控水、电、生活用煤、办公耗材、公务用车等可控费用，提高办公效率、降低办公的人力和物力成本。

山西煤炭运销集团口泉煤业有限公司

一、煤矿概况

口泉煤业有限公司矿井位于大同市西南30 km处的大同市云冈区口泉乡杨家窑村西1.5 km处。是2009年7月山西省煤矿企业兼并重组整合工作领导组办公室批复的单独保留矿井，井田面积为2.1659 km^2，批准开采19～25号煤层，现采煤层为19～22号。保有资源储量24.30 Mt，可采储量6.36 Mt，矿井设计生产能力0.60 Mt/a，矿井采用斜井开拓方式，共布置主斜井、副斜井、回风斜井三条井筒，分别承担煤炭提升兼进风井、辅助提升兼进风井和安全出口、回风和安全出口任务。现属生产矿井。

井田地质构造及水文地质类型均为中等，瓦斯等级为低瓦斯矿井，煤尘具有爆炸性，煤的自燃倾向性为Ⅱ级，属于自燃煤层。

矿井自2015年10月20日进入联合试运转，2016年5月26日完成了竣工验收工作。2016年9月21日，经云冈区煤炭工业局复产验收，矿井正式由基建转入生产阶段。2020年7月6日，安全生产许可证延续完毕，2020年7月17日生产要素公告更新，有效期至2023年7月21日。现证件齐全，全部在有效期内。

二、2019年主要技术经济指标

2019年度实现利润5.58万元，矿井人均年收入为8.5万元，矿井开采19～22号煤层为厚煤层，平均厚度为9.4 m，采煤机械化程度达100%，掘进机械化程度达96%。2019年矿井综合单产61775 t/月，原煤工效达7.6 t/工，全年实现了安全生产。

三、安全高效矿井建设的主要做法

以安全高效为目标，以“基础管理精细化，技术装备现代化，人员培训制度化”为要求，做到管理无漏洞、设备无故障、系统无缺陷、人员无安全无事故，同时深入开展岗位达标、专业达标、企业达标的活动，重点抓安全，进一步加强生产标准化矿井建设，实现了安全高效。主要从以下几个方面进行矿井安全高效建设。

（一）安全生产

矿井自开工建设至今，未发生较大以上安全事故，生产过程中严格执行煤炭行业标准，精细管理，规范作业，安全生产形势平稳，实现零伤亡。严格执行上级相关规定，落实责任到位。

在创建安全生产标准化矿井中，开拓思路，务实创新，做到在借鉴中创新，在巩固中提高，使公司安全生产标准化水平有了显著提高。首先公司不断加大安全投入，对照标准进行集中整治；另一方面，对安全生产标准化规定的新内容，始终坚持高起点、高标准，求真务实、注重实效，不搞突击，不摆花架子，平时抓、抓平时，常抓不懈。工作中，我们从装备、质量、面貌，大到一个工作面，一条巷道，小到一台开关、一个螺丝都按标准来施工。在外出学习、借鉴兄弟单位先进经验的基础上，创出了机电示范矿井，安全生产标准化达到二级标准。

（二）信息化管理与自动化

矿井建设有安全生产信息调度平台，全矿井安全生产信息实现集中调度、监控、传输，对主要生产环节设备进行远程监控，实现了主要生产环节自动化运行，符合安全生产高效矿井评审条件。

（三）矿井劳动定员管理

目前该矿在册职工 462 人，原煤生产人员 371 人，设立了以煤矿“六长”为主的安全生产管理机构，下设管理科室部门 13 个科室，生产队组 2 个，辅助部门 4 个。地面及井下均采用“三八制”作业。矿井建立了完善的劳动定员管理制度，进行了科学合理组织生产，劳动效率明显提高，符合安全生产高效矿井评审条件。

（四）环境保护和生态文明建设

矿井在建设生产过程中严格执行国家环境保护的相关法律法规，新建了矿井水处理站和生活污水处理站，其他环保设施配套齐全，符合安全生产高效矿井评审条件。

晋能控股煤业集团和尚嘴煤业有限公司

一、矿井概况

山西煤炭运销集团和尚嘴煤业有限公司井田位于大同市南郊区高山镇峰子涧村，矿井南邻大同煤矿集团马脊梁矿，井田北翼与大同煤矿集团燕山矿井田相邻。

井田东距大同市约 40 km，距 109 国道 4 km，西距左云县城约 35 km。距韩家岭煤炭集运站 37 km，往北约 5 km 与大左公路及大同至燕子山矿的铁路专运线相接。交通较为便利。

矿井设计生产能力 0. 60 Mt/a，井田批准开采侏罗系大同组 2 号、7 号、8 号、11 号、12 号、14 号煤层，井田面积为 7. 4901 km^2，矿井资源储量为 28. 76 Mt，可采储量 15. 30 Mt，矿井服务年限为 18. 4 a。

二、2019 年度主要技术经济指标

2019 年实际生产原煤 547300 t，其中综采年产 512000 t，掘进产量 35300 t，矿井综合单产 60973 t/月，掘进进尺 3200 m，原煤工效为 8. 1 t/工，实现利润 1800 万元，成本 208 元/t。采区采出率为 83. 5% 。

三、安全高效矿井建设的主要做法

（一）生产组织

（1）安全生产。矿井自 2010 年开工建设至今，未发生较大以上安全事故，生产过程中严格执行煤炭行业标准，精细管理，规范作业，安全生产形势平稳，连续 10 年零伤亡。

（2）采掘机械化程度。矿井采煤工作面采用采煤机割煤装煤，刮板输送机、带式输送机运输，实现了综合机械化采煤，采煤机械化程度达 100%；掘进机械化程度达 96. 1%，岩巷及巷道开口时采用钻爆法掘进。

（3）信息化管理与自动化。矿井建设有安全生产信息调度平台，全矿井安全生产信息实现集中调度、监控、传输，对主要生产环节设备进行远程监控，实现了主要生产环节自动化运行。

（4）矿井劳动定员管理。目前该矿在册职工 335 人，原煤生产人员 262 人，设立了以煤矿“六长”为主的安全生产管理机构，下设以地测科、探水队为主的水害防治中心，以通风科为主的瓦斯防治中心和以调度室、信息监控中心为主的安全调度指挥中心，另有生产技术科、安监科 2 个安全生产职能科室，其中安监科是专职安全管理部门。地面及井下目前均采用“三八制”作业。建立了完善的劳动定员管理制度，进行了科学合理组织生产，劳动效率明显提高。

（二）科学管理

该矿始终贯彻执行“安全第一，预防为主”的安全生产方针，把安全工作作为头等大事来抓。把安全工作搞上去，自然会给生产带来突飞猛进的进步，使生产效率大幅度提高。

（1）各级认真落实安全生产责任制。进行《安全生产责任制》的学习和安全责任教育，明确安全生产责任制的内容，做到“谁主管，谁负责；谁生产，谁负责；谁操作，谁负责”，使全体职工充分认识到“安全生产，人人有责”。各级领导分片包干，切实做好分管范围内的安全工作；基层管理人员靠前指挥，时刻盯在作业现场，对关键作业环节严格把关，正确处理安全与生产的关系，坚决做到“不安全不生产”。各级安全监察人员每天深入现场进行安全检查；群监员及时报告安全隐患，形成了人人管安全的良好氛围。

（2）加强安全检查和隐患排查力度。进一步加大现场安全检查力度，管理人员经常深入现场，及时发现并解决现场中存在的问题。每周四定期开展周四安全检查主体活动分专业进行检查，对发现的问题均按“五定原则”及时进行处理。加大了反“三违”力度，对于习惯性违章作业和违反劳动纪律的职工严厉查处。

（3）重视职工安全教育培训工作。组织全员进行了作业规程、安全规程和安全技术操作规程的学习培训工作，由矿领导监考，采用闭卷考试形式，对考试不合格者，进行重新培训，并组织缺考人员和考试不合格者进行补考，培训合格率达 100%，使职工掌握了本岗位危险源的风险管理标准，熟知本岗位安全操作规程，真正做到规范化作业。同时对管理人员进行了《安全生产法》《安全生产责任制》的学习和考试，进一步提高了管理人员的管理水平。积极组织、合理安排，对采煤机司机、掘进机司机、电钳工、安监、瓦检等特种作业人员进行了操作资格证新办证和复审的安全培训。严格执行职工的转岗培训、新职工安全教育培训工作。通过这些培训，提高了职工的整体素质，夯实了基础安全工作。

（4）开展安全活动，把职工绩效和工资挂钩。经常性地开展职工技能竞赛，安全知识问答，安全操作规程的执行能力竞赛，给予先进职工奖金及荣誉，全矿号召学习，提高职工的工作积极性。

晋能控股煤业集团新旺煤业有限公司

一、矿井概况

晋能控股煤业集团新旺煤业有限公司位于大同市西北 30 km 处的大同市新荣区西村 1.5 km 处。井田东西宽 2.08 km，南北长 1.5 km，井田面积为 2.7581 km^2；2020 年底矿井地质保有储量 10.48 Mt，批准开采煤层为 2－11 号煤层，7 号、2 号、11 号煤层已开采完毕，2－3 号煤层依据 2018 年 10 月委托太原理工大学编制的《新旺煤业有限公司 2－3 号煤层可行性论证研究报告》，2－3 号煤层及顶板受到破坏，开采该煤层存在严重安全隐患，不具有可采性，3 号煤层储量为 3.30 Mt，8 号煤层储量为 4.98 Mt，两层煤储量合计 8.28 Mt，设计可采储量 4.91 Mt，服务年限为 6.4 a。

3 号煤层于 2019 年 1 月底进入联合试运转，5 月通过竣工验收，换发安全生产许可证，转入生产矿井，2019 年全年产量为 0.50 Mt，2020 年全年产量 0.48 Mt，截至 2020 年底剩余可采储量 3.92 Mt，服务年限为 4.6 a。

二、2019 年主要技术经济指标

2019 年度完成利润 4241 万元，矿井人均年收入为 5.1 万元，矿井开采 3 号煤层为中厚煤层，平均厚度为 1.53 m，矿井综合单产为 60844 t/(个·月)，原煤工效达 7.49 t/工。

三、安全高效矿井建设的主要做法

（一）安全生产

矿井自 2009 年整合生产至今，未发生重伤以上安全事故，生产过程中严格执行煤炭行业标准，精细管理，规范作业，安全生产形势平稳，连续 11 年零伤亡。根据《煤矿安全生产标准化管理体系考核定级办法（试行）》规定，2012 年至今，每年总得分达 80 分以上，达省二级标准，符合安全生产高效矿井评审条件。

（二）采掘机械化程度

矿井采煤工作面采用采煤机割煤装煤，刮板输送机、带式输送机运输，实现了综合机械化采煤，采煤机械化程度达100%；所有煤巷及半煤岩巷掘进工作面采用掘进机割煤装煤，刮板输送机、带式输送机运输，人工清理浮煤，实现了机械化掘进，掘进机械化程度达90%，巷道开口采用钻爆法掘进，符合安全生产高效矿井评审条件。

(三) 生产系统

全井田划分为一个主水平和两个辅助水平，主水平标高为+1006 m，开采11号煤层（已采空，留中央变电所和中央水泵房）；第一辅助水平标高为+1096 m（设在3号煤层，已开拓完成），用于开采3号煤层，第二辅助水平标高为+1043 m（设在8号煤层未开拓），用于开采8号煤层。

第一辅助水平巷道布置：3号煤层主要开拓大巷布置3条，分别为轨道大巷、带式输送机运输大巷和回风大巷，另外考虑到掘进煤矸石量较大，为不影响回采煤质，另布置一条辅助带式输送机运输巷（主要为掘进煤运输服务），布置一个综采3113工作面，工作面长120 m，煤层厚度平均为1.4 m，采用长壁一次采全高法采煤，全部垮落法控制顶板，配两个综掘工作面，采掘方法、工艺和技术装备符合《煤矿安全规程》规定。

矿井3号煤层为中厚煤层，采区采出率为88%。矿井采掘接续正常，开拓、准备、回采煤量符合规定，各生产系统安排合理，采煤方法及采区采出率符合安全生产高效矿井评审条件。

(四) 信息化管理与自动化

矿井建设有安全生产信息调度平台，全矿井安全生产信息实现集中调度、监控、传输，对主要生产环节设备进行远程监控，实现了主要生产环节自动化运行，符合安全生产高效矿井评审条件。

(五) 矿井劳动定员管理

目前该矿在册职工314人，原煤生产人员248人，设立了以煤矿“六长”为主的安全生产管理机构，下设以地质与防治水科、探水队为主的水害防治中心，以通风科为主的瓦斯防治中心和以生产指挥中心为主的安全调度指挥中心，另有生产技术科、安全监察科、标准化办公室、机电管理科4个安全生产职能科室，其中安全监察科是专职安全管理部门。地面及井下目前均采用“三八制”作业。建立了完善的劳动定员管理制度，能够科学合理地组织生产，劳动效率明显提高，符合安全生产高效矿井的评审条件。

(六) 环境保护和生态文明建设

矿井在建设生产过程中严格执行国家环境保护的相关法律法规，矿区绿化达90%，建设有一座120 m^3/d 生活污水处理站，一座240 m^3/d 矿井水处理站等环保设施，持有合法有效的排污许可证。矿井取缔燃煤锅炉，进行煤改电，达到零排放，地面建筑供暖和职工澡堂使用空气源热泵，井下供暖主要通过空气源热泵和空压机余热等方式，设备先进。符合安全生产高效矿井的评审条件。

山西煤炭运销集团高山煤业有限公司

一、矿井概况

山西煤炭运销集团高山煤业有限公司隶属晋能集团大同公司。矿井核定生产能力为0.45 Mt/a，矿井开拓方式为单一水平斜井开拓方式。矿井共有3个通向地面的井筒，分别为主斜井（担负矿井煤炭提升兼作进风井和安全出口）、副斜井（担负行人升降、材料、设备提升兼作进风井和安全出口）、回风斜井（担负矿井开采回风兼作安全出口），风量满足用风要求。可采煤层为3号、8号、9号、11－2号、12号、14－2号、14－3号煤层，现11－2号、12号煤层联合开采。矿井水文地质类型属于中等类型，所采煤层均有自燃倾向，等级均为Ⅰ级，11－2号煤层自然发火期为86 d，12号煤层自然发火期为89 d。

二、2019年主要技术经济指标

高山煤业有限公司全年煤炭产量0.35 Mt，全年进尺2064 m，综合单产，采煤机械化程度达100%，掘进机械化程度达90%，百万吨死亡率为零；原煤生产期末人数127人，原煤工效为5.86 t/工，采掘关系正常，采区采出率为85%。

三、安全高效矿井建设的主要做法

（一）推行准军事化管理

为了切实增强全员安全执行力，一直以来全面推行准军事化管理。以“坚决服从、严格执行”为企业管理目标，严格落实“严格、精细、务实、坚持”等工作作风，结合“手指口述”操作要领，从请示报告、统一着装、礼仪交往等表面上的军事化管理，逐渐引申到作业现场执行安全规程，落实安全措施，规范操作行为等深层次执行力。

（二）强化矿井安全管理

（1）坚定安全生产目标不动摇。牢固树立“安全零伤亡”“隐患无大小”“安全对企业和个人一荣俱荣、一损俱损”的理念，夯实思想基础，顺利实现安全生产目标。建立安全生产长效机制，建设本质安全型矿井，实现矿井长治久安。

（2）坚持“两项措施”抓安全。坚持“一工程一措施、一工程一预知、一措施一落实”；坚持生产中遇有特殊情况，必须“一停二研三干”。

（3）坚持“五条禁令”保安全。严禁在空顶空帮下作业；严禁在绞车运行时绳道内有人；严禁在中夜班安排零星工程和其他临时工程；严禁在斜坡处摘挂钩；严禁无措施拿道。

（4）坚持“六个从严”治安全。从严干部作风建设；从严加强现场管理；从严开展专项治理活动；从严规范职工行为；从严安全教育培训；从严落实各项措施制度。

（三）矿井安全生产标准化总体情况

1. 强化管理，抓好安全生产标准化基础工作

（1）根据新标准对照矿井生产情况进行自查，对标找差。对不符合新标准的问题无条件进行整改。另外，为进一步强化干部职工掌握新的施工标准，由安全培训中心制定培训学习计划，确保每一位职工都能熟练掌握新标准。同时，针对安全风险分级管控这一新专业要求。高山煤业专门建立了以矿长为第一责任人的“安全风险分级管控、隐患排查治理”和“安全生产标准化达标”相结合的“三位一体”工作责任体系，成立了相应的领导机构、工作机构，分专业指定专人具体负责并明确职责，进一步加强了矿井安全生产全过程的管控。

（2）重点突出、持续改进，安全生产标准化建设水平不断巩固和提高。公司以争创省级煤矿安全生产标准化一级矿井为契机，立足加大安全投入和“科技兴安”战略相结合，努力创建本质安全型矿井。围绕达标目标，根据各专业达标情况，本着“在保持中发展，在巩固中提高”的原则，对照专业标准，找出差距和不足，集中力量，实现重点突破，从资金保证、责任人、措施、时间多方面予以落实，促进总体推进，保证各专业完成矿下达的规划目标。

（3）以制度的形式规范安全生产标准化管理，各项工程的规划、方案、设计、施工、检查、验收、考评等全部与绩效工资挂钩，真正做到了发展有规划，事事有标准，责任有落实，质量有追溯，检查有力度，奖罚有依据。

（4）坚持“三个创新”。一是管理干部下井信息反馈管理创新，副总以上领导干部升井后必须在井口汇报并填写当天所查隐患，由安监科督促落实整改；二是班前会创新，重点抓好井下班前会和班组危险预知，安排专人对

井下班前会召开情况进行记录，明确了各自的责任，增加了职工预防事故、保障安全、提高质量的意识；三是周四安全活动日创新，重点让工人对上周安全生产标准化工作进行自评和互评，增加职工搞好安全生产标准化工作的主动性、自觉性。

2. 加强现场管理，从严抓好安全生产标准化履职和工作落实

（1）严格落实副总以上矿领导下井带班制度。各级安全生产管理人员必须深入基层、深入现场，靠前指挥，靠前教育，靠前服务。每班都要有副总以上矿领导井下带班，与工人同时上、下井，一班三汇报和现场交接班，并认真填写带班记录。

（2）加强现场管理。加强施工过程控制、技术管理和各项技术措施的现场落实。坚决做到不安全不生产。要求工程施工必须经过调度、生产、安全等部门的联合验收合格后方可进行，确保了安全管理无漏洞、无死角。规程措施更具有科学性、针对性和可操作性。

（3）坚持风险预控和“三级”隐患排查。严格遵守风险预控和隐患排查治理流程，提高隐患排查、建档、整改、落实、验收等环节的规范性。班组班排查，科、队周排查，矿旬排查。隐患排查要做到纵向到底、横向到边、不留死角，隐患治理实行闭环管理，坚决做到“无隐患上岗”。

3. 开展了一系列安全生产标准化管理推进活动

（1）开展了“查短板、抓提升”活动。为防止出现松懈、麻痹思想，探索实现矿井长治久安的有效途径，按照“安全年”“标准年”活动整体部署，高山煤业组织开展了“反骄查短板、对标抓提升”活动，通过全员发动、深刻反省、查短板、抓对标，促进了安全生产长效机制的建立，全面提升了安全生产标准化创建工作，为高山煤业的科学发展、健康发展、安全发展、绿色发展打下了坚实的基础。

（2）开展了“安全生产标准化年”活动。今年以来，高山煤业开展了以“提升工作质量、创造一流业绩”为主题的“安全生产标准化年”活动，强化目标管理、质量管理和责任管理，创新经营管理模式，促进高山煤业安全和谐发展。

（3）开展了“四个专项整治”活动。针对高山煤业安全生产的实际情况和存在的问题，抓重点、抓薄弱环节，开展了以顶板控制、斜巷运输、“一通三防”、作业环境为内容的“四个专项整治”活动。同时每周四定为安全活动日，组织开展安全大检查和安全教育活动，大大改善了井下作业环境，规范了职工行为。

（4）开展环境创建工作。高山煤业全面实施了“安全生产标准化环境提升工程”，从井口到井底车场，从运输大巷到掘进工作面，全部在以前的基础上进行提升，进一步改善了系统和作业环境；在工业广场、井口、井下生产场所设置了灯箱、标语、牌板，井口设置了大的显示屏，传播安全生产标准化理念。

山西煤炭运销集团小窑头煤业有限公司

一、矿井概况

山西煤炭运销集团小窑头煤业有限公司是山西煤炭运销集团大同有限公司的子公司，是兼并重组整合批准的单独保留矿井，设计能力为0.30 Mt/a，计服务年限为14.6 a，矿区面积为1.3334 km^2。其中大同有限公司占股比为95%，大同市南郊区水泊寺乡农科农资服务中心占股比为5%。

小窑头井田位于大同市云冈区境内高山镇小窑头村北1.5 km处，东距大同市约20 km，行政隶属大同市南郊区高山镇。小窑头煤业有限公司东至大同市约20 km，西距左云县约25 km，距云西煤站2.5 km，矿井北部有109国道，向东通往大同市火车站与京包线、大秦线、北同蒲线相连，通往全国各地，交通十分方便。

二、2019年主要技术经济指标

小窑头煤业有限公司2019年度实现利润528万元，矿井人均年收入为5.7万元。矿井开采12号煤层为中厚煤层，平均厚度为1.99 m，矿井综合单产为24647 t/月，原煤工效达2.9 t/工，采煤机械化程度达100%，掘进机械化程度达91.5%，采区采出率为88.05%。

三、安全高效矿井建设的主要做法

（一）安全生产

矿井自2010年开工建设至今，未发生较大以上安全事故，生产过程中严格执行煤炭行业标准，精细管理，规范作业，安全生产形势平稳，连续9年零伤亡。根据《山西省煤矿安全生产质量标准化标准》考核评级办法规定，2016年至今，每年总得分达80分以上，达省二级标准。

（二）采掘机械化程度

矿井采煤工作面采用采煤机割煤装煤，刮板输送机、带式输送机运输，实现了综合机械化采煤，采煤机械化程度达100%；所有煤巷及半煤岩巷掘进工作面采用掘进机割煤装煤，刮板输送机、带式输送机运输，人工清理浮煤，实现了机械化掘进，掘进机械化程度达 91.5%，岩巷采用钻爆法掘进。

（三）生产系统

（1）矿井设一个水平开采全井田。目前矿井 12 号煤层布置 1 个 81204（2）综采工作面，工作面长度为 147 m，煤层厚度平均为 1.99 m，采用长壁一次采全高法采煤，全部垮落法控制顶板，配两个综掘工作面，采掘方法、工艺和技术装备符合《煤矿安全规程》规定。

（2）矿井 12 号煤层为中厚煤层，采区采出率为 88.05%。矿井采掘接续正常，开拓、准备、回采煤量符合规定，各生产系统安排合理。

（四）经济效益

矿井自正式投产后，安全生产设施一步投资到位，运行平稳正常，无安全生产机械事故，2019 年度实现利润 528 万元，矿井人均年收入为 5.7 万元。

（五）信息化管理与自动化

矿井建设有安全生产信息调度平台，全矿井安全生产信息实现集中调度、监控、传输，对主要生产环节设备进行远程监控，实现了主要生产环节自动化运行。

（六）矿井劳动定员管理

目前该矿在册职工 457 人，原煤生产人员 305 人，设立了以煤矿“六长”为主的安全生产管理机构，下设以地测科、探水队为主的水害防治中心，以通风科为主的瓦斯防治中心和以调度室、信息监控中心为主的安全调度指挥中心，另有生产技术科、安监科、质标办、环保科 4 个安全生产职能科室，其中安监科是专职安全管理部门。地面及井下目前均采用“三八制”作业。建立了完善的劳动定员管理制度，通过了科学合理地组织生产，劳动效率明显提高。

（七）环境保护和生态文明建设

矿井在建设生产过程中严格执行国家环境保护的相关法律法规，矿区绿化率达 35%，建设有一座 120 m^3/d 生活污水处理站，一座 600 m^3/d 矿井水处理站等环保设施，持有合法有效的排污许可证。职工澡堂不再使用锅炉，而是使用设备更为先进的太阳能热水器。对生活锅炉进行改造，现在为天然气锅炉，两台取暖锅炉升级改造后，外排污染物颗粒物、二氧化硫和氮氧化物的排放浓度均达到 GB 13271—2014《锅炉大气污染物排放标准》中的特别排放限值要求，达到环保标准。对采煤沉陷区、裂缝进行生态恢复治理。

山西铺龙湾煤业有限公司

一、矿井概况

山西铺龙湾煤业有限公司是山西煤炭进出口集团公司全资子公司，矿井位于山西省大同市左云县施家窑村，矿井“两证一照”齐全，批采 1 号、4 号、5 号、8 号煤层，井田面积为 4.8649 km^2。地质储量为 105 Mt，可采储量为 56 Mt，服务年限 33.5 a，设计、核定生产能力均为 1.2 Mt；矿井采用斜井开拓，在井田中部开拓 3 条井筒，主斜井、副斜井、回风斜井，通风方式为中央并列式，矿井瓦斯绝对涌出量最大值为 4.38 m^3/min，相对瓦斯涌出量最大值为 1.70 m^3/t，井下正常涌水量为 7.6 m^3/h，最大涌水量为 21 m^3/h，矿井采用双回路供电，巷道支护方式为锚杆、锚索、网片联合支护。

二、2019 年主要技术经济指标

2019 年原煤产量为 1.03 Mt，掘进进尺为 4450 m，原煤工效为 13.6 t/工，采煤机械化程度达 100%，掘进机械化程度达 98%，原煤百万吨死亡率为零，采掘接续正常，采区采出率为 77%，工作面采出率为 93%。

三、安全高效矿井建设的主要做法

（一）信息化建设

2019 年 3 月中旬，该矿开始安全监控系统升级改造，由山西阳光公司的 KJ340 更新为天地（常州）公司的 KJ95X，4 月底设备安装完毕，7 月中旬实现了大同市应急管理局、集团公司数据上传。通过风险分析平台专网上传到山西煤矿安全监察局、大同煤监分局。2020 年 2 月中旬按照《国家煤矿安监局关于印发煤矿安全监控系统升级改造验收规范的通知》组织集团公司相关科室进行安全监控系统验收，4 月底取得集团公司验收批复。6 月底山西省煤矿安全监察局组织安全监控系统升级改造验收，经验收组检查同意公司安全监控系统升级改造项目整改通过。截至 7 月 20 日存在问题已全部整改完毕，并于 7 月 22 日形成文件上报市煤矿安全监察局申请复查，最终通过验收。

（二）双重预防管理机制

近年来，该矿深入贯彻落实安全高效矿井建设总体要求，不断探索企业安全高效发展的管理机制，初步实现了矿井安全形势总体平稳发展、生产经营持续高效运行。

1. 安全管理日益增强，夯实安全基础

（1）安全管理，规范运作。公司按照“党政同责、一岗双责、失职追责”的要求，健全完善了以董事长、总经理全面负责，各分管领导协助配合抓好各分管业务范围内的安全责任管理体系工作，严格执行安全生产工作例会制度。对所有隐患全部实行“五落实、五到位”，对重大隐患实行挂牌督办、限期整改。公司结合矿井实际，重点围绕水、火、瓦斯、煤尘、顶板等灾害防治，制定了全矿井的隐患排查治理方案，并认真组织实施。所有安全隐患均按“三定五落实”进行整改。

（2）隐患排查，不留死角。建立隐患排查治理长效机制，进一步强化领导带值班与现场安全督查力度，强化安全隐患超前防控治理，抓实对隐患排查治理的闭合管理。公司高频次地组织安全检查与隐患排查活动，做到全覆盖、细排查、严整改。

（3）“三违”惩处，重拳出击。严格落实安全监管责任，重拳整治“三违”顽症。根据不同时期出现的新情况、新问题，及时制定有效的防范措施，持续跟踪落实、服务指导。强化管控和监督，培养员工“快、准、细、严、实”的工作作风。组织安全监察和值班干部查岗，对“三违”行为实行“一人违章连带全班”的零容忍态度，保持了对“三违”行为打击的高压态势。

2. 技术创新攻坚克难

完善了科技创新管理体系，大力实施技术创新工程，通过加强技术管理，优化工作面设计，对各系统进行了改造，提升了企业技术成果转化能力和自主创新能力。

改造了辅助运输系统，由无极绳绞车改造成无轨胶轮车，简化了运输环节，提高了辅助运输能力，增强了辅助运输的安全性，适应了矿井实际生产需求。

采煤机、掘进机增加了高效喷雾装置，有效降低了采掘工作面煤尘，职工的职业健康有了保障。

与高校合作，进行了5102工作面厚煤层多层夹矸条件下提高综放工作面放煤课题项目研究；在工作面进行垂直顶板打孔高压注水预裂，提高放顶煤采出率。

3. 销售管理精准发力，创新营销理念

（1）严控煤质，打造品牌。牢固树立“精煤制胜”理念，用质量力促效益提高。严控煤流杂物，对提升运输、洗选加工、装车运输等重点环节加大杂物的挑选力度，精挑细选、提高煤质，打造行业内煤炭品牌。

（2）创新理念，找准定位。公司坚持依托煤炭洗选优势，加大市场开发力度，贴近市场调整产品结构，明确产品合理的市场定位，做好煤炭经营这篇大文章。

4. 成本管理做深做细，强化降本增效

公司全面落实集团公司在成本管控方面制定的措施，坚持少投入、多产出，并结合自身实际制定降本增效的具体措施，将指标层层落实分解，充分挖掘成本节约潜力，不断提升立标对标、增收节支管理水平。

（1）强力推进修旧利废、回收复用各项举措，提高修复回收率，提升自制加工能力。

（2）加快推进优化井巷设计，改良生产工艺，提高生产效率。

（3）加强设备更新水平和检修、维护力度，解决制约生产的主要问题，提高生产效率和设备使用率。

（4）优化劳动生产组织，努力提高单进水平，走提质增效的路子。

（5）严控水、电、生活用煤、办公耗材、公务用车等可控费用，提高办公效率、降低办公人力和物力成本。

山西煤炭进出口集团左云草垛沟煤业有限公司

一、矿井概况

山西煤炭进出口集团左云草垛沟煤业有限公司位于大同市西 34 km，左云县城北东 24 km，左云县鹊儿山镇草垛沟村附近，行政区划隶属大同市左云县鹊儿山镇。

矿井井田面积为 10.0983 km^2，为低瓦斯矿井，Ⅰ级自燃煤层，煤尘具有爆炸危险性，水文地质条件为中等类型，矿井正常涌水量为 240 m^3/d，最大涌水量为 320 m^3/d。

矿井采用中央分列式通风方式，机械抽出式通风方法，即主斜井、副斜井进风，回风斜井回风。采煤工作面采用单进单回的 U 型通风，各掘进工作面采用局部通风机压入式独立通风。

矿井采用斜井开拓,现有生产盘区 1 个,为一盘区,采用联合布置开采 8 - 1 号和 8 - 2 号煤层,现开采 8 - 2 号煤层。目前,为证照齐全有效的生产矿井。

二、2019 年主要技术经济指标

全年累计完成原煤产量 0.60 Mt，其中回采煤量 0.46 Mt，掘进煤量 0.14 Mt，累计完成掘进进尺 6841 m，全部为半煤岩巷。矿井综合单产达到 42000 t/(个·月)，原煤工效达 7.6 t/工，原煤生产成本控制在 299.98 元/t，实现利润 411.55 万元，年人均工资 7.5 万元，原煤百万吨死亡率为零。

矿井“三量”平衡，采掘关系正常。采区采出率为 87%，综采机械化程度达 100%，掘进机械化程度达 76%。

三、2019 年安全高效矿井建设的主要做法

（一）深化风险预控管理、狠抓隐患整改治理，切实推进安全风险预控与隐患排查治理双重机制体系建设

2019 年左云草垛沟煤业公司坚决贯彻“零隐患、零违章、零伤害”安

全目标理念，实行每月 5 日、15 日、25 日综合大检查，不定时动态突击检查的方式，推行了隐患排查激励制度，有效调动了安全检查人员的积极性；切实推进安全风险分级管控工作，全面开展矿井安全风险辨识评估工作，针对重大安全风险，专门制定了《重大安全风险管控管理办法》，实施重点防控，并将风险内容在井口进行公告，让全体人员充分了解作业环境的危险源，做到超前预想、预知、预控，预防。为更进一步开展好工作，结合生产实际，左云草垛沟煤业公司安装了安全风险分级管控系统和隐患排查治理系统两个系统，并与上级联网，实现了信息化管理，有力推进了安全风险分级管控与隐患排查治理双预控体系建设及运行工作，促使矿井安全生产由经验管理提升为预控管理。

（二）坚持创新培训机制促进素质工程提升，全面打造适应新形势下的安全生产高效团队

为有效提升全员培训工作质量，2019 年左云草垛沟煤业公司持续推进培训体制机制创新工作。一是结合职工文化水平、教育背景、工作经历、安全技能等方面的差异，区别对待不同类型的职工；二是针对管理人员、生产骨干、特殊工种、新工人、转岗职工等特殊培训要求，在制定培训内容、培训方式上进行分类组合，做到培训方向明确；三是进一步提升安全培训教育形式的灵活性，分清症候、对症下药，辨证施治，通过深刻追究事故根源找出安全培训教育缺陷性，针对缺陷着重开展培训；四是切实推进安全教育培训由技术层面培训向安全素质提升方面转变，避免假、大、空，注重实效，在提升人员安全素质方面加大投入，既包括处在关键管理岗位上领导干部的管理素质，又包括普通职工安全意识和观念。

（三）坚持深化三基建设提高安全保障能力，全面夯实矿井安全生产发展的根基

2019 年左云草垛沟煤业公司深入推进矿井三基建设工作，进一步增强基层、基础建设力度，苦练基本功，持续巩固近年来矿井三基建设成果。一是根据集团公司关于班组建设系列会议要求，深入开展“五型”班组创建工作。规范现场安全生产管理程序，加强队组班子领导能力建设，以提升现场管理能力为目的，进一步强化队组班子成员专业知识学习，切实培养他们具备解决实际问题的业务能力和团队意识，有效提升队组班子整体合力。二是在实际工作中进一步落实“三项标准”“三项管理”，切实强化“手指口述”工作，重点培养班组长预知、预想、预警、预控、预案管理思维，切实提高班组长的现场指挥、组织协调和安全管控能力。三是坚持推进“进

步给面子、创新给票子、突出给帽子”激励方式，选树典型、激励争先创优，促使班组成员提高责任心，增强团队意识，全面推进“五型”班组建设。

（四）强力推进生产技术精细化管理，实施节能减排，循环经济，不断增强企业的后续力和持续力

2019年左云草垛沟煤业公司综采队在8110工作面和8117－1工作面采用调斜开采。8117－2工作面由于受断层影响，工作面布置呈“刀把子”形状，最大限度地提升了矿井的资源回收率，并减少了断层对工作面的影响。并通过优化组织生产，狠抓精细化管理，实现了综采队工作面连续开采，为矿井实现搬家倒面不停产、不减产，积累了宝贵的经验，也为完成全年任务奠定了坚实的基础。

在节能减排方面，左云草垛沟煤业公司秉着“高标准、高起点、早谋划”的生产经营理念，积极承担社会责任，特别重视环境保护，注重以自身努力创优发展环境。一是自筹资金对矿井水处理系统、生活水处理系统进行升级改造，处理后水全部用于井下生产用水，解决了矿井排水、用水问题；二是充分利用空压机余热进行循环利用，为职工洗浴用热水提供热源；三是推进绿色办公系统建设，建立OA办公系统，实现无纸化办公。草垛沟煤业通过大力发展节能、环保项目，有效缓解煤炭开采与资源环境的矛盾，努力实现可持续发展。

（五）坚持依托文化建设营造安全和谐环境，全面引领和推进矿井安全生产工作

2019年左云草垛沟煤业公司积极推进矿井安全文化体系建设工作，立足当前、着眼长远，结合矿井安全生产实际，强化理念引导，创新体制机制，将文化理念创建活动与安全生产工作密切融合，切实把安全文化转变为职工的观念文化、行为文化、工作文化，充分发挥安全文化对安全生产工作的引领作用。一是紧紧围绕公司安全生产工作目标和整体工作部署，在安全文化建设上找准切入点和着力点，按照“关注安全、关爱生命”要求，持续引申“人人都是安全员、人人都是通风员、人人都是班组长”的安全工作理念，积极培育符合公司要求、体现自身特色的核心安全理念。通过持续的理念灌输、渗透，逐步提升职工的自律意识，激发职工“我要安全、安全为我”的原动力，推动矿井实现本质安全、健康发展；二是坚持党政工团“齐抓共管、通力合作、发挥优势、全面参与”的原则，根据不同阶段的安全生产工作特点，扎实开展各类安全宣传教育活动，不断创新“党员

安全责任区”“青年先锋岗”“群众安全监督网”，认真组织开展安全征文、座谈讨论、亲情暖心、知识竞赛、岗位练兵、技能比武等多种形式的安全活动，大力营造人人讲安全、时时抓安全、事事重安全的浓厚氛围，在公司范围内形成最大安全工作合力，将安全管理上升到文化建设的高度，促进安全管理由单纯追求生命安全向健康安全、心态安全、心理安全、心灵安全转变，构建从井下到井上、生产到生活全方位的安全管理大格局，确保矿井安全管理紧跟时代步伐，为公司持续健康稳定发展提供坚强思想保证。

山西煤炭进出口集团左云长春兴煤业有限公司

一、矿井概况

山煤集团左云长春兴煤业有限公司位于山西省大同市左云县小京庄乡酸茨河村南，行政隶属左云县小京庄乡管辖。矿井原设计生产能力为2.40 Mt/a，2017年11月核增产能为4.50 Mt/a，设计服务年限为34.7 a。矿井配套建设选煤厂一座，矿井井田面积19.8563 km^2，矿井保有储量341.40 Mt，井田范围内含有煤层6层，其中16－2号、16号、18号、22号、25号、25－1号煤层为可采煤层，22号煤层全区可采，其余局部可采。井田内的16－2号煤、18号煤和25－1号煤为气煤、长焰煤及零星弱黏煤，16号煤、25号煤和22号煤为气煤，矿井目前开采22号煤层。矿井水文地质类型为中等；井田煤层稳定程度属简单类型。主要灾害：断层及采空区，属低瓦斯矿井，不涉及抽采瓦斯；22号煤尘具有爆炸性；22号煤层自燃倾向性等级为Ⅱ级，自燃倾向性属于自燃煤层。

二、2019年主要技术经济指标

2019年，矿井全年生产原煤4.50 Mt，采区采出率达83%（厚煤层），掘进进尺为5309 m；矿井综合单产为387899 t/(个·月)，超过特级高效矿井最低标准259%；原煤工效为46 t/工，超过特级高效矿井最低标准354%；采煤机械化程度达到100%，超过特级高效矿井最低标准5%；掘进机械化程度达到100%，超过特级高效矿井最低标准20%；矿井吨煤计划成本125元，实际成本117.08元，计划利润35000万元，实际利润39913.17万元，完成计划的114%；矿井人均工资达到137500元/年。公司建有6 Mt选煤厂，生产原煤全部进行筛选，选煤率达100%；公司职业健康检查率达100%，危害因素检测达标率达100%，职业病发病率持续为0；矿井绿化覆盖率达70%；吨煤开采综合能耗为6.82 kW·h，塌陷土地治理率达100%，煤矸石综合利用率达90%；矿井排出污水全部经过污水处理厂进行处理，处理后送入井下利用，矿井污水利用率达到100%。

三、安全高效矿井建设的主要做法

（一）优化生产系统，提高工作面机械化程度，确保矿井单产单进水平创新高

长春兴煤业实施生产布局“三级优化”。该矿坚持“一矿一井一面”的生产格局，本着“人少则安、安全高效”的集约化理念，不断提升原煤生产效率。首先是优化采区布局，由初步设计的7个盘区优化为3个盘区，减少了开拓工程量，减少了运输设备投入；其次是优化系统布置，巷道布置由原来的开拓巷道、准备巷道、回采巷道优化设计为开拓巷道、回采巷道，回采巷道直接衔接开拓巷道，减少了巷道掘进量，简化了通风系统，减少了运输环节，其他系统布置也缩短了距离，从而简化了系统，减少了岗位作业点；第三是优化工作面布置，将盘区三条大巷由中部调整至矿井北部，盘区双翼开采调整为单翼开采。针对长春兴井田内断层多，对部分工作面布置方向进行了调整，由原来垂直大巷调整为与断层方向平行布置，将工作面走向长度由1000 m增加到2000 m以上，工作面开切眼长度由180 m增加为230 m，工作面平均可采储量增加了近3倍；减少了工作面布置数量和工作面搬家次数。

（二）紧抓安全管理重点，保障各系统安全运转

紧紧抓住各大系统的管理，也是2019年安全管理工作的重点，一是抓好“一通三防”系统管理。公司合理简化了通风系统，按照规定及时测定了各巷道、各用风点的风量，定期对通风设施进行了维护，确保了通风系统可靠运行。强化了气体的监测，矿井安装了一套KJ90NB型煤矿安全监测监控系统，实现了甲烷浓度、一氧化碳浓度、风速、负压、温度、烟雾、馈电状态、风门状态、风筒状态、局部通风机、主通风机等主要设备的开停状态的监测及甲烷超限声光报警、断电和甲烷风电闭锁控制等功能，各项监测数据均可通过手机终端进行实时监控，同时，公司还加强了每班瓦检员气体巡回检查力度，及时测定各点各面的气体数据，并坚持仪器检测数据、瓦检员检查数据和记录台账“三对照”，达到了矿井有害气体“零超限、零报警、零事故”的目标。为了提升矿井防灭火能力，矿井安装了注氮系统、黄泥灌浆系统、束管监测系统，工作面配备了喷洒阻化剂泵，均能运行正常，并建设了井上、下消防材料库，配齐了消防器材和工具，在井下中央变电所、中央水泵房设置防火门，有效地提高了矿井防灭火能力。二是抓好机电及主

运输系统管理。公司井下中央变电所采用双回路供电，两趟电源线路分别引自地面 110 kV 变电站 10 kV 段 513 号、523 号高压柜，入井电缆采用 MYJV42 8.7/10 $3\times240\ mm^2$ 型交联聚乙烯绝缘电力电缆，所内装配高开 26 台，移变 2 台，低压开关 11 台，装机容量共计 8000 kV · A，最大用电需量约 6500 kW，变电所正常情况采用分列运行方式，确保井下用电安全。同时，公司重新修订了地面 110 kV 变电站应急预案实施方案，按照集团公司要求对矿井供配电系统进行了“春检”，保证了供配电系统安全可靠运行。主井、盘区及各工作面带式输送机均设置了速度、温度、烟雾、堆煤、跑偏、拉线急停和断带等各类保护，保护装置还实现了对讲、语言报警、故障停车和自锁功能，主井带式输送机还安装了一套在线监测设备，同时加大了运输设备的维护、保养力度，提高了设备开机率，实现了矿井稳产、高效的目标。三是抓好防治水管理工作。公司始终坚持“有掘必探、先探后掘”的原则，加强了超前探放水工作，配备一台瞬变电磁物探仪，掘进工作面每 100 m 进行一次物探，根据物探成果进行钻探验证，为队组的安全施工提供强有力的技术支撑。

山西煤炭进出口集团左云东古城煤业有限公司

一、矿井概况

山西煤炭进出口集团左云东古城煤业有限公司是由原左云县东古城煤矿整合而成，由山煤国际能源集团股份有限公司控股（占51%），大同翔宇商贸有限责任公司占股份49%。

矿井单水平开采，水平高程为+1150 m。开拓方式为斜井开拓，布置有三个井筒。其中主斜井倾角为16°30′00″/13°，井筒内装备带式输送机和架空乘人装置，担负全矿井的煤炭运输及人员升降；副斜井与主斜井平行布置，倾角为18°30′00″，担负矿井的辅助运输任务；1号、2号回风斜井的回风通过回风斜巷合并，经风硐由主通风机排至地面。

矿井井田面积为3.227 km^2，批准开采16号、22号、23号和25号四个煤层，保有储量为108.24 Mt，设计可采储量为35.45 Mt，矿井生产能力为0.90 Mt/a，服务年限为30.3 a。

矿井瓦斯等级为低瓦斯（相对瓦斯涌出量为0.55 m^3/t，最大绝对瓦斯涌出量为0.96 m^3/min），煤层自燃倾向性为Ⅱ类，属自燃煤层；水文地质条件为中等类型。

矿井现开采22号煤层，布置有Z103综采工作面，采用综合机械化放顶煤开采，走向长壁采煤法；Z102掘进工作面于2020年10月开口，采用锚杆、锚索、钢带、金属网组合支护工艺。井下采掘活动均在批准的区域内作业。

二、2019年主要技术经济指标

2019年矿井计划产量为0.76 Mt，实际完成产量0.80 Mt，计划进尺6100 m，实际完成进尺6580 m，采掘衔接正常。采掘机械化程度达100%。全年安全生产无事故，百万吨死亡率为零。截至2019年底，全矿在职员工357人，人均年收入高于本省煤矿平均水平，原煤生产人数280人，原煤工效为9.6 t/工，全年利润135万元，成本137元/t，圆满完成全年各项生产经营指标。

三、安全高效矿井建设的主要做法

（一）生产组织方面

矿井目前开采石炭纪22号煤层，地质构造较复杂。2019年，公司围绕“保安全、降成本、提效益”的目标，建立完善生产技术管理，强化组织领导和技术队伍建设，优化组织生产，对重点工作和重点工程实行全程跟踪，采取“动态检修、灵活机动”的生产组织管理方式，确保矿井安全高效生产。

（二）科学管理方面

（1）通过网络平台搭接，实时数据传输，对井下采掘生产进行全面监控，优化人员管理，实现了减人增效，安全生产。

（2）推行无纸化办公，利用钉钉办公系统与企业微信相结合，做到信息实时共享，办公高效节约，实现成本低控，减少企业与上级管理部门之间沟通的时间成本。

（3）2019年集团公司派遣各单位主要领导进华为学习，引进了华为的精益化管理，通过在本矿实行精益化管理，进一步降低了成本。

（4）认真贯彻落实集团公司“人本安全、培训教育、素质提升”工程，坚持“人才强煤”和“人力资源优先发展”战略，全面提升安全生产管理人员素质，到“十三五”末，基本实现管理队伍专业化，为矿井安全生产健康可持续发展奠定良好的基础。

（三）技术创新方面

（1）开展空压机余热回收利用项目，通过空压机余热回收装置项目用空压机运行时产生的高温油气热能，通过余热回收机将余热交换传递给冷水，实现热能收集利用，使水的温度达到60 ℃，完全能够满足单位职工洗澡的要求。之前使用100 kW电热水锅炉，耗电高，维修困难，安装了余热回收利用设备，预计一年节约电费、维修费大约60万元。

（2）按照煤矿水害防治“预测预报，有疑必探，先探后掘，先治后采”的十六字原则，落实“防、堵、疏、排、截”五项综合治理措施。针对性地开展老空水、地表水等隐患的排查，采用物探、钻探等先进的综合探测技术，查明矿井或采区水文地质条件，为水害防治工作提供翔实、可靠的技术依据。在汛期及融雪期前，组织技术人员对矿区进行踏勘调查，对有可能危及矿井安全的塌陷区及时回填，对各排水设施进行检查测试，将隐患消灭在萌芽状态。在汛期加强井下涌水点观测，保证矿井安全度汛。

山西煤炭进出口集团左云韩家洼煤业有限公司

一、矿井概况

山西煤炭进出口集团左云韩家洼煤业有限公司隶属山西煤炭进出口集团公司控股管理，是一座现代化的煤矿企业，是全国安全高效矿井。公司成立于2009年7月15日，由原左云县水窑乡大路坡村韩家洼煤矿和原左云县毛官屯煤矿进行企业兼并重组而成，其中山煤占股51%，大同翔宇商贸公司占股29.18%，大路坡村委会占股19.82%。

矿井东距大同市约70 km，北距左云县城28 km，矿区距左云—朔州公路5 km，南距北同蒲铁路岱岳站36 km。矿井井田面积为4.5056 km^2，矿井煤层赋存稳定，水文地质类型中等，批准开采16-2号、19号、22号、25号煤层，现开采22号煤层，煤层平均厚度为11.78 m，煤层倾角平均为4°，核定生产能力为0.9 Mt/a，煤尘具有爆炸性，煤层自燃倾向性为Ⅱ级自燃。矿井为低瓦斯矿井，矿井最大绝对瓦斯涌出量为1.71 m^3/min，最大相对瓦斯涌出量为0.81 m^3/t。

目前矿井在22号煤层分别布置有一个采煤工作面和两个掘进工作面，开采程序符合规定。采煤工作面采用放顶煤综合机械化综采技术，掘进工作面采用综合机械化掘进机作业。

二、2019年主要技术经济指标

2019年生产原煤0.88 Mt，原煤工效达10.88 t/工；综合单产73200 t/(个·月)；平均工作面个数0.91个；采煤机械化程度达100%，掘进机械化程度达90%；全年死亡人数0人，百万吨死亡率为零。

三、安全高效矿井建设的主要做法

（一）生产组织方面

(1) 综放工作面初采实施深孔预裂爆破，减小初次来压步距，降低顶板安全风险，同时提高初采期间顶煤回收率。

（2）强化劳动组织，制定每吨台阶奖励措施，严格考核、严格奖罚，努力提高综放工作面顶煤回收率，确保资源不丢失。

（3）优化支护设计，掘进巷道根据围岩稳定条件优化支护参数，减少支护量，以提高单进水平。

（4）根据进尺完成情况制定每米台阶奖励措施，严格考核、严格奖罚，最大限度地调动掘进队的积极性和主动性，以提高单进水平。

（5）掘进井巷过程中，所有配套的永久管路敷设，带式输送机铺设，照明、电缆钩等安装工程同步施工，做到“一次成巷”，坚决杜绝二次返工。

（二）科学管理方面

（1）从2020年以来，在安全方面作为企业始终承担起安全生产的主体责任，建立完善了党政同责、一岗双责、齐抓共管的安全生产责任体系，进一步完善并严格落实全员安全责任制，建立完善责任清单，实现纵向到底、横向到边、管控有力；建立开工作业前跟班干部、班组长、安监工、瓦斯员联合评估的“四位一体”安全评估制度，确认安全后方可开工作业。建立并严格执行绩效、安全生产标准化、班组、安全绩效等考核管理制度。始终坚持“制度管人、流程管事”，把制度落实贯穿于安全管理全方位、全过程，实施严格的安全绩效考核机制，持续提升安全工作落实力。完善领导干部安全述职和绩效考核机制，做到分级管理、分工负责、量化考核。

（2）该矿安全管理组织机构健全，多次修订完善安全管理制度，优先保障安全投入，不断完善安全应急体系建设，建成和完善了安全避险“六大系统”，针对薄弱环节。在安全生产标准化建设上，始终以“稳中求进、创新提升”为工作方针，以“创新、求精、超前、务实”的工作作风建设为抓手，以动态达标为主线，着力完善大安全管理格局，科学运行安全管理体制。矿井自建设到投产以来从未发生过重伤以上安全生产事故，百万吨死亡率一直为零。

（3）安全生产标准化、安全风险分级管控、隐患排查治理信息平台通过运行并与上级部门联网，以及OA办公系统、视频会议办公在管理中的应用均实现信息化管理。

（4）该矿已全面实现信息化和自动化安全生产，矿井安装有一套KJ95X矿用安全监测监控系统，甲烷传感器、一氧化碳传感器、温度传感器、风速传感器等配备齐全。其中综采工作面安设了1套矿压在线监测系统，掘进工作面安设了1套矿压在线监测系统，并实时传输数据到地面。

（三）技术创新方面

（1）公司始终大力推行机械化、自动化、信息化建设，进一步提高煤矿机械化、自动化和信息化水平，提升煤矿安全生产保障能力。主运输线路带式输送机（地面）机器人巡检无人值守项目已完成试运转，现正常运行；井下主要带式输送机、水泵房、变电所实现远程监控。

（2）22206、22301综放工作面初采实施深孔预裂爆破，减小初次来压步距，降低顶板安全风险，同时提高顶煤回收率，减少资源丢失。

山西大同矿区大北沟煤业有限公司

一、矿井概况

山西大同矿区大北沟煤业有限公司位于山西省大同市云冈区平旺乡大北沟村北，行政区划属大同市云冈区管辖，国有地方煤矿，矿井为资源整合矿井。矿井井田面积为4.7983 km^2，批准开采7～15号煤层，开采方式为地下开采，生产能力0.60 Mt/a，矿井保有储量为19.79 Mt、可采储量为9.35 Mt、服务年限11.13 a。矿井为低瓦斯矿井，水文地质类型为中等，煤层自燃倾向性为自燃煤层，煤尘有爆炸性，地温、地压正常。矿井采用斜井开拓方式，采用中央分列式、机械抽出式通风方法。

二、2019年主要技术经济指标

2019年7月4日—12月31日，矿井生产原煤295000 t，完成掘进进尺3400 m；完成采煤工作面个数0.97个，单产62200 t/(个・月)；掘进单进285 m/(个・月)；原煤工效为14.5 t/工；采煤工作面机械化程度达100%，掘进工作面机械化程度达100%。2019年度完成利润4941万元，吨煤成本控制在172.5元/t，工人人均工资8.4万元。

三、安全高效矿井建设的主要做法

（一）强势推进安全精细化管理，实现了“杜绝碰手碰脚事故”安全奋斗目标

该矿以安全管理“零干扰、零事故、零伤害”为目标，大力实施“人、机、环、管+文化”的“4+1”安全管控机制，强势推进了安全精细化管理。

（1）着力强化“人”的不安全行为控制。按照“理论联系实际，学以致用，指导生产侧重实际”的原则，把岗位练兵、技术比武等活动作为重要培训内容。推行两个模式。“532安全教育培训”模式，即：即安全培训任务班组承担50%、区队承担30%、矿上承担20%，达到了培训计划下移、任务下移、资金下移的目的。充分利用员工教育培训实训基地，采取

“自愿实训”与“强制实训”相结合的办法，广泛开展“岗位练兵、技术比武、技能竞赛”活动和“师带徒”活动，做到了理论与实践的紧密结合。“2181 班前会”模式，即：2 min 点名、18 min 安全培训和现场危险源辨识，10 min 安排当班工作和注意事项，使安全培训成为班前会的重要内容。

以“岗位操作程序化、物料码放定置化，执行工作规范化”为目标，强力推行了定置化管理，从专业管理、包片负责、安全监察、干部督查 4 个层面强化抓手，对各岗位人员站立位置、作业范围、行走路线等细微处严格约束和监管，做到有迹象就查、露苗头就敲、见倾向就纠、出问题就追，坚决抵制违章指挥、违章作业和凭“经验”干事行为，杜绝在正常工序、物料搬运、单岗作业、设备检修等环节的碰手碰脚事故。

（2）着力强化“机”的安全管理。该矿依据公司机电运输安全专项整治工作要求，讨论研究制定了年度机电运输专项整治方案，明确了整治目标，落实了整治责任人，强化了工作措施。按照“月月有主题，周周有活动”的工作思路，逐月开展了矿井运输系统、预防性矿井停电事故等主题的专项整治，每周开展轨道专项治理、井下防爆治理等专项活动，逐项、逐级、逐部位对机电、运输各个环节进行了规范整改，确保了设备安全可靠运行。

（3）着力打造良好的生产环境。持续加大安全质量标准化“精品工程”创建力度。把质量标准化要求“一化变十化”，即：工程质量精品化、机电设备正常化、运输大巷规范化、安全管理数字化、安全装备系列化、管线吊挂艺术化、作业牌板统一化、安全监控即时化、作业环境整洁化、现场管理人本化。对全矿井各类物料器材、线缆悬挂、地面硬化、淋水处置、墙体粉刷、牌板样式、安全防护设施等形成统一标准，定置、定性管理。坚持“谁检查、谁承包、谁负责”的责任机制，从掘进施工到工作面安装，从工作面回采到收尾搬家，所有关联工序都逐级实行联保责任制，出现质量问题实行逆向逐级追溯，层层分析，追究责任，从而使精品意识、优质工程在员工心中牢牢扎根。

（4）着力强化安全管理。进一步完善了安全责任体系，细化了各级安全生产责任制的落实工作。通过每周一、三、五的调度会集中平衡解决各类安全生产问题，将生产中出现的各类安全问题的安全责任逐一落实到人。对管理层从入井、抓“三违”、隐患排查、业务保安、技术管理、培训等方面进行月度考核。同时，严格落实了矿领导入井带班制度和干部 24 h 现场跟班制度。

（5）着力强化安全文化氛围营造。大力实施了安全文化理念引领工程，本着适用、管用、耐用的原则，在公司安全文化理念基础上，提炼了“杜绝碰手碰脚事故”的深层次安全核心理念和“细节决定伤亡”的安全管理思想。实施了以温馨的祝福语、宣传牌板、展板等为内容的亲情文化辐射工程，通过创新安全文化，达到了用先进的理念统领员工的思想、规范员工的操作行为，提升安全管理的水平的目的，取得了潜移默化、润物无声的教育效果。

（二）以技术工作为指导，围绕技术创新，服务安全生产，煤炭生产稳步提升

以“增产降本提效”为目标，推进“稳定、均衡、可持续”生产组织原则，优化开采布置和生产工序，推进采掘工作面提速提效。

（1）合理安排矿井衔接，优化采掘部署，积极推广小煤柱工作面开采方案，实现矿井安全高效生产。针对15号煤层一采区开拓方案，矿组织有关技术人员深入井下，认真调查研究，提出了15号煤层、12号煤层采用联合布置，15号煤层一采区只开拓轨道巷，采区回风巷、带式输送机运输巷仍用12号煤层一采区回风巷、带式输送机运输巷，少开拓了1200 m半煤岩巷道，优化了采掘方案，降低了成本，提高了工效。

（2）大力推广新型支护技术。大力推广锚杆、锚索联合支护技术，为机掘工作面提高单进创造条件。2019年10月机掘队月度总进尺420 m，10月20日当天掘进20 m，创本矿历史月度进尺、单进最好成绩。在15号煤层旧巷改造过程中，推广锚杆、锚索联合支护，大大降低了顶板压力对掘进工作面的进度影响，保证掘进的高效安全生产。

（三）强力推进经营精细化管理，努力提升发展质量

以“安全高效”矿井建设统领各项工作，将各类考核项目统一纳入“安全高效”矿井建设及绩效考评体系中，进一步细化、量化目标责任，率先完善了“安全高效”区队、科室、班组考核机制，量化细化考核与评价内容，形成了从上至下，一级督导一级，从下至上，一级支撑一级的金字塔式“安全高效”矿井建设格局。以此为前提，从降低材料消耗、减少修理费用支出、降低电力消耗、节约用水等方面入手，健全成本管理责任制，实施了全员、全过程、全要素成本费用控制，变单纯核算型管理为综合控制型管理。

（1）全面实施定额管理和成本控制。严格按照公司劳动定额标准及计件工资管理办法，结合各单位生产任务，年初将工资一次性承包到各单位，

实行增人不增工资，减人不减工资的管理办法，每月按工作任务完成情况进行考核结算，由各单位进行二次分配。增强了区队、班组的自主管理，杜绝了窝工、浪工现象，提高了劳动效率。坚持严格、细致，厉行节约的原则，逐月下达各采、掘工作面及各单位材料定额，实行材料的回收、复用和交旧领新管理办法，最大限度地提高了材料周转率。

（2）持续强化产品质量管理。严格生产现场的煤质管理，从生产源头上杜绝煤质违章。在日常的煤质管理中，根据煤层赋存、地质构造及水文等条件，结合实际开采情况，改进生产工艺、过程对煤质的影响，及时监督提质措施落实情况。建立了煤质预警考核制度，成立了煤质跟班领导小组，实行产量与煤质联动考核机制，灵活开展配储、配采、配销工作，提高了商品煤质量。

大同市吴官屯煤业有限责任公司

一、矿井概况

大同吴官屯煤业有限责任公司始建于1968年，1971年正式投产，现在矿井生产能力为0.90 Mt/a，为市直单独保留矿井。

矿井井田位于大同煤田东北部，面积为4.0179 km^2，本区含煤地层为侏罗系中统大同组，可采或局部可采煤层为2～12号煤层，矿井采用斜井开拓方式，现有4个井筒，分别为主斜井、1号副斜井、2号副斜井、回风斜井。布置两个开采水平，一水平开采完毕，现采二水平7号、11－3号煤层，水平延伸方式采用暗斜井延伸，根据井田开拓方式7号、11－3号煤层划分为两个盘区，均为双翼开采。

二、2019年主要技术经济指标

2019年完成原煤产量0.63 Mt，完成掘进总进尺2995 m，采掘机械化程度达100%，原煤工效为8.05 t/工，矿井综合单产60034.7 t/(个·月)，7号和11号煤层采区采出率分别为88.8%和89.16%。2019年实现成本190.9元/t。矿井全年百万吨死亡率为零，实现了安全生产。

三、安全高效矿井建设的主要做法

（一）强化制度落实，提高生产效率

吴官屯煤业进行《安全生产责任制》的学习和安全责任教育，明确安全生产责任制的内容，做到“谁主管，谁负责；谁生产，谁负责；谁操作，谁负责”，使全体职工充分认识到“安全生产，人人有责”。各级领导切实做好分管范围内的安全工作；基层管理人员靠前指挥，时刻盯在作业现场，对关键作业环节严格把关，正确处理安全与生产的关系，坚决做到“不安全不生产”。各级安全监察人员每天深入现场进行安全检查，及时报告安全隐患，形成了人人管安全的良好氛围。生产过程中严格执行煤矿安全生产标准化，精细管理，规范作业，安全生产形势平稳，确保了安全高效生产。

（二）科学、合理进行生产衔接部署

调整衔接部署、优化开采设计、合理安排采掘部署，提前准备好综采接替面，保证采掘接续正常。

2019 年，矿领导组织技术力量对 7 号煤层的生产发展进行了规划，在充分利用采掘设备性能的基础上，科学地对 7 号煤层西盘区及 7 号煤层北翼可采区域进行采区优化设计，减少资源浪费，增加生产的连续性和提高矿井经济效益。

（三）新技术、新工艺、新装备、新材料创新方面

（1）吴官屯煤业井下采煤工作面采用采煤机割煤装煤，刮板输送机、带式输送机运输，实现了综合机械化采煤，采煤机械化程度达 100%；所有煤巷及半煤岩巷掘进工作面采用掘进机割煤装煤，刮板输送机、带式输送机运输实现了机械化掘进，掘进机械化程度达 100%，同时吴官屯煤业掘进巷道顶板支护材料采用左旋螺纹钢和钢带代替原有支护，提高了巷道的支护强度及质量，确保了掘进巷道的安全生产。

（2）加大安全投入，提升矿井信息化水平。吴官屯煤业升级了矿井安全监控系统及人员定位系统，全矿井安全生产信息实现集中调度、监控、传输，对主要生产环节设备进行远程监控，实现了瓦斯监测监控在线运行 24 h 监控，有效地防止了瓦斯超限。同时公司办公场所全部网上操作，全矿配网，信息共享，逐步实现信息化管理与自动化“两化融合”，并升级改造了无线通信系统，保证通信畅通。

（四）经济效益

吴官屯煤业严格成本管理，保证国家要求的各项安全及任务指标投入，完成各项公司预定计划利润指标。2019 年度已完成计划利润，矿井职工人均年收入达到全省煤矿平均水平标准，符合安全生产高效矿井评审条件。

（五）劳动定员管理

建立并不断完善劳动定员管理制度，劳动组织优化，科学合理地制定岗位劳动定员，人力资源有效利用，按核定能力组织生产。

目前该矿设立了以煤矿“六长”为主的安全生产管理机构，下设以机电科、运输队、带式输送机队为主的机运中心，以地测科、探水队为主的水害防治中心，以通风区、信息中心、通风队为主的瓦斯防治及监控中心和以生产总调为主的安全调度指挥中心，另有技术科、安监处 2 个安全生产职能科室，负责公司井下安全管理及矿井安全生产标准化建设工作。

劳动用工岗位人员全部持证上岗，建立了完善的劳动定员管理制度，科学合理地组织生产，使劳动效率明显提高。

（六）持续建设绿色矿山

吴官屯煤业在正常生产时不会因排放不符合标准的危废垃圾而影响环境生态。持有合法有效的排污许可证明，一切生活污水经生活污水处理站处理后，用于绿化、道路降尘洒水，深度处理后送吴官屯选煤厂作生产用水，矿井水经矿井水处理站处理后部分用于井下抑尘洒水、地面生产用水，储煤厂洒水抑尘，部分送入吴官屯选煤厂作为生产补充水，部分经反渗透处理后作为矿区饮用水源。

吴官屯煤业矸石绝大部分在井下就充填采空区，出井的少量矸石与生活垃圾一起拉到矸石沟进行填埋并上覆黄土。

棚户区房屋改造已完成，准备将棚改房屋全部摊平再进行绿化，把公司建设成一个绿色生态的工业园区。

吴官屯煤业坚持“边开采，边复垦”，环境恢复治理好，绿化覆盖率已达到可绿化区域面积的60%以上。

（七）安全生产标准化建设

该矿始终把安全生产标准化工作视为煤矿企业的形象工程、生命工程、效益工程和基础工程，从地面到井下，从后勤到生产严格标准化建设，现场达到整齐、整洁、规范，形成了“要安全，先达标，向标准化要效益，向标准化要安全”的理念，通过人、机、环、管的和谐统一，最终实现管理上无漏洞、设备无故障、系统无缺陷、人员无违章和安全生产零事故的本质安全型矿井。目前该矿被评得二级安全生产标准化矿井。下一步该矿要加大安全生产标准化投入，积极推广使用新技术、新工艺、新装备，不断提升矿井安全生产标准化基础装备水平，向一级安全生产标准化矿井迈进。

大同煤矿集团轩岗煤电有限责任公司麻家梁煤矿

一、矿井概况

麻家梁井田位于山西省朔州市南部、朔南矿区东南部，行政区划属朔州市朔城区管辖。麻家梁井田南北长约 11.90 km，东西宽约 8.3 km，井田面积为 104.2924 km^2，矿井 2014—2015 年及 2016—2017 年连续被评为特级安全高效矿井，2019 年荣获同煤集团煤炭生产突出贡献单位，同煤集团模范单位，朔州市开发区安全生产模范单位，山西省优秀企业等荣誉称号。

二、2019 年主要经济指标

麻家梁煤业公司全年零事故的基础上累计完成煤炭产量 9.67 Mt，累计完成掘进进尺 14280 m，平均成本完成 166.21 元/t，全年利润 7.95 亿元。

三、安全高效矿井建设的主要做法

（一）生产组织

矿井设计生产能力 10 Mt/a，核定生产能力 12 Mt/a。矿井共分两个水平、七个采区，矿井开拓方式为立井开拓，现在工业场地内共有三个井筒，分别为主立井、副立井、回风立井。

（二）科学管理

（1）尊重人才。矿领导定期组织召开技术碰头会，让大家充分发表自己的见解，沟通交流，发扬技术民主，正面意见、反面意见都要听，诱导深思，收到兼听则明之效。

（2）人尽其才。矿领导善于看到技术人员的长处，鼓励他们立足岗位搞小创新、小发明、小设计、小改造，将他们的知识、技术、智慧和力量转化为企业的技术和效益。

（3）爱才之心。坚持严管就是厚爱的原则，善于发现人才，培养人才，下一步按照集团公司“1311”选人用人标准积极探索新时代大学生培养模式，让一群有学历、有能力、敢担当、受过历练的大学生脱颖而出，为公司发展储备技术人才。

（4）赏罚分明。工作上要严明纪律，强化问责机制，对精神懈怠不想为、患得患失不敢为的工程技术人员，失责必问，问责必严，让其清晰地认识到，在其位就要谋其职责，不谋职就会被问责。

（三）技术创新

（1）优化放煤工艺提高回收率。按照集团公司要求，结合公司综放工作面煤岩赋存实际情况，优化放顶煤工艺，创新使用单轮分组间隔放煤工艺，每年减少排矸 0.94 Mt，原煤含矸率直接降低 8%。

（2）小煤柱绿色开采有序推进。小煤柱绿色开采工业开采取得巨大成效，不仅有效改善临空巷道围岩支护环境，还有效提高了煤炭回收率，作为朔州地区首家采用小煤柱开采技术的矿井，得到了朔州市能源局、应急管理局的一致认可，并在朔州地区逐步推广。

（3）快速掘进与优化支护工作稳步推进。麻家梁煤业公司根据矿井实际情况量体裁衣，积极与院校合作，研究支护技术和方案，认真实施“一巷多策”支护手段，从根本上提高掘进速度，打破了一条巷道一成不变的支护形式，缩短了锚索施工时间，提升了掘进循环工效，确保了矿井快速掘进工作的顺利开展，从而为矿井提高单进水平奠定了坚实基础，两次成功承办了集团公司快速掘进与优化支护现场会，起到了良好的引领和示范作用。

（4）“智能化”工作面建设。2020 年麻家梁煤业公司以集团公司智能化推进会为契机，博采众长，立足解决现场实际问题，积极开展技术创新，在智能化生产、数字化建设等方面持续发力。规划在 2020 年将 14100 综采工作面打造成朔州市首个智能化工作面，目前 14100 智能化工作面在地面联合试运转一次成功。

（5）“智慧”矿山建设规划。2022 年将全部完成矿井智能化运输管控系统，工作面集控系统，职工智能健康管理系统，巡检机器人，完善电力监控，主通风机房智能化控制系统，完善矿灯管理系统，设备监测与故障诊断系统，地面运销管理系统，智能环保管理等智慧矿山子系统建设。

（6）矿井信息化建设。公司 5G 专网建设现已完成井下 23 台 5G 基站的安装，其中 10 台基站已开通并优化测试完成。开启了公司矿山智能化建设新进程。

（7）技改创新成果显著。矿井自主研发的综采工作面自动拧退锚机、单体液压支柱自移车等技术改造，解决了作业劳动强度大、操作烦琐等问题，降低了劳动强度，节省了大量的人力、物力。创新应用了刮板输送机中部槽自动耐磨焊接技术，实现了刮板输送机中部槽的批量修复，为新进购的中部槽进行批量耐磨焊接，延长了中部槽的使用寿命。

（四）亮点特色

（1）加强了支架初撑力的管理。对现采煤工作面的支架初撑力进行为期三个月的重点隐患问题治理。每周不定期对采煤工作面的支架初撑力进行抽查考核，使工作面支架初撑力由原来平均40%～50%，提升至80%～90%。

（2）优化了五采区辅运大巷设计。结合矿井煤层条件和巷道实际情况，对辅运大巷进行了优化设计。通过在保护煤柱内沿煤层伪切斜布置“折返式”缓坡巷道，彻底改变了“螺旋式”缓坡巷道车辆频繁转弯的不安全运行状态，实现了节约资金近亿元，综合月进提升了170 m，五采区开拓工期缩短1.5年，为今后两年矿井安全生产衔接打下了坚实基础。

（3）提高矸石利用率。洗选矸石经矸石带式输送机运至矸石仓，矸石经汽车外运至排矸场。作业过程中为了避免产生扬尘污染空气，通过洒水车不间断进行洒水扬尘作业。矸石运输车辆全部加装电动篷布，保持苫布苫盖严实。排矸道路及时洒水，防止道路扬尘污染。矸石处置全部用于土地复垦项目，利用率达100%。公司煤矸石填埋场复垦工程和管护工程受到省环保厅和朔州市环保部门的高度评价和充分肯定。

（4）升级矿井改造了矿井污水处理系统。建有一座20000 m^3/d 的矿井水处理站，处理后的矿井水大部分回用于选煤厂生产补充用水、井下消防洒水、锅炉房除尘用水及绿化洒水等，剩余部分储东厂界外储水池，排入黄水河，利用率达到95%。矿井水满足山西省地方标准《污水综合排放标准》（DB14/1928—2019）中的标准限值要求，同时安装了矿井水在线监测系统并与市生态环境局联网。

（5）通过技术改造提高水利用率。选煤水全部实现了闭路循环，实现生活清水零消耗，极大地提高了矿井水的回用量。

（6）通过设备改造实现节能减排。优化变频技术实现节能降耗，通过在电网10 kV母线上加装SVC系统（静止型动态无功补偿系统），降低了电网损耗。

大同煤矿集团同生峪沟煤业有限公司

一、矿井概况

大同煤矿集团同生峪沟煤业有限公司（以下简称峪沟煤业）为2009年山西省煤炭企业兼并重组煤矿，由原山西朔州峪沟煤业有限公司、朔州银丰煤业有限公司和空白资源整合而成。峪沟煤业矿井位于朔州市朔城区沙塄河乡上石碣峪村南500 m处，井田北与同煤浙能麻家梁相邻，西为晋能石碣峪煤矿，南为煤层露头线，东为关闭的银丰煤矿。矿区面积为6.6477 km^2，批准开采4－11号煤层。截至2019年末，矿井剩余工业储量125.28 Mt，可采储量65.86 Mt，矿井核定生产能力0.90 Mt/a，服务年限为42 a。矿井为低瓦斯矿井，水文地质类型为中等，煤尘均有爆炸性，煤炭自然发火类型为Ⅱ类。矿井采用斜井开拓，共有3个井筒，即主斜井、副斜井、回风斜井。采煤方法为长壁后退式综合机械化采煤，自然垮落法控制顶板，采煤工艺为综采放顶煤。

二、2019年主要技术经济指标

2019年矿井原煤产量完成0.60 Mt。2019年矿井未发生人身伤亡事故，百万吨死亡率为零。矿井采煤机械化程度为100%。2019年度，全矿在职职工人均年收入高于本省煤矿平均水平。全年超额完成利润指标。

全年共1个综采队生产，全年工作面平均个数为1.14，工作面年产量为0.60 Mt，矿井综合单产为61118 t/月。原煤工效为7.1 t/工。2019年度职业健康检查率为100%，危害因素检查达标率为100%，吨煤开采综合能耗19.26 kW·h，塌陷土地治理率为98%，矿井水利用率为100%。

三、安全高效矿井建设的主要做法

（一）安全工作警钟长鸣，常抓不懈

该矿始终坚持安全第一，生产第二，把安全工作作为全矿重点工作来抓，强化“双基”建设，夯实安全生产基础。进一步强化现场管理，强化班组长管理，强化安全监督检查，强化安全责任制的落实，明确各级干部盯

班上岗制度，推广“就近管理”“班组全程管理”“安全程序化管理”法，树立“居安思安、居安想安、居安干安、居安紧安”的安全理念，进一步引申“人人都是通风员”到岗位到现场，深入推进双基建设和零事故现场、零事故环境创建活动，加大安全生产隐患排查治理，大力推进安全质量标准化和“精品工程”建设，狠抓“八项整治”；安全管理强化培训教育到位，安全制度措施到位，安全检查考核到位；进一步完善矿井安全生产的各项规章制度，确保安全生产上新台阶。

（二）始终保持高压态势，全年无涉险事故

（1）严肃责任追究，严格落实集团公司《生产安全事故责任追究办法》，变“宽、松、软”为“严、紧、硬”，对违反规定的责任单位和人员，对照“四不放过”规定，一律予以严处，绝不姑息，有效地杜绝了因现场安全管理不到位造成的各类“三违”现象，保障了矿井的安全生产。

（2）严格处罚落实，对违反集团公司、地煤公司以及矿井安全一号文件、二号文件、三号文件相关处罚规定的责任单位和相关责任人员，一律“零容忍”，坚决从严、从重处罚。

（三）始终狠抓安全生产责任制，安全生产责任、考核达标

为了进一步加强责任落实，年初重新梳理了全矿现有部门、岗位及工种，制定了《2019 年峪沟煤业安全生产岗位责任制》，明确了各级负责人、各部门、各岗位在安全生产过程中所担负的责任及应履行的义务，对于未执行或违反职责的单位及个人都将按照《2019 年峪沟煤业安全管理制度》进行严格考核，各级负责人、各部门、各岗位均能够严格按照安全生产责任制的责任和标准开展各项工作。

（四）注重人员培训，提高员工素质

企业的发展与人的因素是分不开的，该矿一直注重矿上的培训工作，把培训工作放在重要地位，近年该矿分别对班组长、区队长进行培训，对所有特种作业人员进行了培（复）训，在全矿开展了“人人都是安全员、人人都是通风员”的强化培训，并通过集团公司组织的技术比武活动，增强安全意识，提高个人业务水平和安全素质。

（五）始终坚持安全生产标准化动态考核，标准达到集团公司内部规划等级

以安全生产标准化为基础，强化现场管理，做到突出“一个重点”、坚持“两个原则”、做到“三个并重”、落实“四个到位”、实现“五个转变”，按照“典型引路，以点带面，循序渐进，整体推进”的工作方法，强

力推进安全质量由“静态精品”向“流程精品”转变，促进安全生产标准化工作的不断深入。积极推行实施标准化作业流程，使各岗位员工“上标准化岗、干标准化活”，把安全生产标准化工作融入日常安全管理的各个环节，落实到全过程。完成了年初集团公司和地煤公司对该矿安全生产标准化达二级的标准。

（六）技术管理基础更夯实，设计布局更优化

（1）严把作业规程的“三化十环节”，确保了规程措施的针对性、科学性和可操作性。对规程在执行中存在的与作业现场不符的工艺、工序、措施及时进行了修订，对不严格按照规程施工等问题及时进行了整改。

（2）加强了设计管理工作，做到安全可靠，技术可行，经济合理。利用该矿大倾角煤层特点，对巷道布置设计方案进行优化，减少通风工程，降低工人劳动强度。

（3）狠抓现场工程质量、支护质量管理关，确保了安全生产。建立了矿井顶板及巷道压力情况的巡回检查机制，完善巡回检查台账，对死角、盲区和边远地带的顶板现场管理进行了职责划分，做到了台账资料清晰、现场职责明确；加大了现场顶板支护质量监管及考核力度，实现了支护检查百分之百，做到当日检查、当日考核、当日整改。

（4）紧盯地质构造变化，及时调整有力措施。在15号煤层8103工作面过煤柱、破碎区期间，提前编制了专项安全技术措施，采取对工作面煤壁加注马丽散的方式加固顶煤及煤壁，同时采用浅截深、降低采高、超前移架、追机移架等方式，安全通过了工作面压力区及破碎区，确保了采煤工作面安全生产。

山西省朔州市小峪煤矿

一、矿井概况

小峪煤矿位于朔州市怀仁县境内，井田东西长 4.50 km，南北宽 3.36 km，面积为 15.1368 km^2。

矿井始建于 1954 年 1 月，同年 12 月建井，1960 年 12 月建成投产。后期先后进行了一系列技术改造。2005 年 8 月 4 日，山西省煤炭工业局以晋煤规发〔2005〕544 号文批复，小峪煤矿核定生产能力为 2.1 Mt/a。

二、2019 年主要技术经济指标

2019 年矿井完成产量 1.84 Mt，掘进进尺 5189 m。全年原煤工效达到了 10.8 t/工；采煤机械化程度达 93.6%，掘进装载机械化程度达 100%，综采机械化程度达到 93.6%、综掘机械化程度达到 100%；安全上，2019 年无重伤以上事故，百万吨死亡率为零。

三、安全高效矿井建设的主要做法

（一）生产组织

强化安全生产主体责任，干部职工安全意识进一步增强。把瓦斯治理当作安全工作的“一号工程”，守好了企业的“生命线”。不断强化“安全生产责任制”和“隐患闭合管理”，安全生产长效机制初步形成。大力实施安全管理创新，安全保障能力得到提升。大力推进“双基”建设和“质量标准化建设”，实施各级领导干部安全包保，形成了一级保一级、层层保安全的网络体系。采取多种形式加强安全培训，广大职工安全素质显著提升。

（二）科学管理

2019 年矿上紧紧把握建设安全高效矿井的理念，坚持优化采掘衔接不动摇，坚持科学组织生产不松懈，坚持优化生产工艺、工序不停滞，合理优化生产布局，科学配置先进设备，克服了资金紧张、技改任务紧张等诸多因素的影响。

（1）制定和完善了矿井中长期发展规划，保持了“一采、两掘、一备”

的采掘部署，打造了稳产、高产的生产格局。

（2）强抓采掘衔接管理，生产技术科每月更新一次生产接续排定表，做到了全面考虑，超前谋划。

（3）坚持每月召开月度生产协调会，按日、月分解生产作业计划，明确指标，制定措施。

（4）合理调配了盘区及采掘工作面的衔接，优化了生产接续，合理配采，实现了煤质稳步提升。

矿领导始终坚持从严、从细、从实的工作作风，做好隐患排查工作，摸清安全隐患和薄弱环节，全面加强监督和治理隐患力度，明确检查重点，强化工作措施，重点对“顶板控制、一通三防”、地测防治水、机电运输等方面存在的问题进行逐一排查，针对排查出的问题，制定针对性措施并认真落实，不能现场整改的，提出防范措施，明确整改期限和责任人，严重危及安全的，责令立即整改，彻底消除安全隐患。

（三）技术创新

（1）完成了井巷工程支护优化设计，通过提高单位支护面积的支护质量，放大支护间排距，减少锚杆、锚索长度，达到减支护材料不减支护强度。通过核算，优化后平均每米巷道支护费用节约409.4元。

（2）优化综放工作面的放煤工艺，通过增加细放、精放环节，8206工作面全年综合回收率达到87.5%。和原放煤工艺综合回收率82%～83%比较，提高了5个百分点。

（四）亮点特色

（1）2019年12月完成了井下煤流系统和供电系统改造，有力地推进了矿井的安全高效建设。

（2）污水实现零排放。矿井水经处理后用于选煤厂补水和井下洒水等，不外排，并于2019年10月被山西省自然资源厅授予“绿色矿山”的文明称号。

（3）井下中央变电所、水泵房实现了自动化远程控制无人值守系统，实现了高低压开关实时数据监测和远程控制。

（4）为提高钻探效率和钻探深度，该矿使用了CMS1－4200/55型煤矿用深孔钻车，应用于掘进巷道的超前钻探，大大提高了钻探效率。

（5）小峪煤矿原工作面布置保护煤柱留设宽度为30 m，经过多方论证，在402盘区8202厚煤层首次成功实施了7.8 m小煤柱留设，后期通过多方考察及比对由7.8 m缩小至现在的5 m，该方案的实施延长了矿井服务年限。

大同煤矿集团朔州朔煤王坪煤电有限责任公司

一、矿井概况

大同煤矿集团朔州朔煤王坪煤电有限责任公司兴建于1984年10月，1988年10月投产，位于山西省怀仁县境内，距怀仁县城约20 km，开采山西组石炭二叠系煤层，井田东西长4.912 km，南北宽3.654 km，面积8.9043 km^2，矿井设计生产能力为1.8 Mt/a。

井田开拓为平硐单水平多煤层联合开拓方式，水平标高为+1175 m。平硐为半圆拱，净宽4.2 m，净断面12.82 m^2，铺设38 kg/m道轨，采用10 t电机车牵引3 t底卸式矿车运输，担负矿井主提升任务，兼矿井进风井。

二、2019年主要技术经济指标

该公司2019年矿井完成产量1.68 Mt，掘进进尺5723 m；2019年实现利润54万元；2019年员工年收入人均66123元。全年原煤工效达到了10.4 t/工；采煤机械化程度达100%，掘进装载机械化程度达89%，综采机械化程度达100%，综掘机械化程度达89%；安全上，2019年无重伤以上事故，百万吨死亡率为零。

三、安全高效矿井建设的主要做法

（一）生产组织

该公司以经营管理为杠杆，以区队、班组为载体，全面细化分解全年生产作业计划，并将月度计划与区队任务相对接，切实把月度计划细化到每个班组，责任落实到每位个人，实行队组生产任务与工资奖金挂钩考核，使全体职工的积极性、主动性和创造性得到充分发挥。

长期以来，该公司始终坚持严措施、细管理，把好“开工准备、过程监控、工程验收”三个关口，对发现不合格的工程坚决推倒重来，并就查出的问题下发整改通知书，限期整改，没有按规定时间整改的，对队组干部进行连带处罚，极大地提高了工程质量。

综放工作面使用型号为 MXG－300/700DA、MG400/920－QWD 采煤机割煤、装煤，使用 SGZ－800/2×525（前）、SGZ－800/2×525（后）刮板输送机运煤，采用 ZF－7500 型、ZF10000 型放顶煤支架控制顶板，机掘采用 EBZ－200 型综掘机，巷道及采区运输巷均采用带式输送机运煤。各盘区均设溜煤眼，带式输送机运输上下山、回风上下山、进风斜坡及辅助材料斜坡构成生产系统，各采区回风上下山与回风井相连通。矿井采用综合机械化长壁采煤法，采煤工艺为厚煤层综放。

（二）科学合理

该公司科学分析地质条件、设备能力、环节因素等情况，合理安排采掘部署，严格控制工作面个数，提高单产、单井水平，实现了精采细采，积极创建安全高效和安全质量标准化动态达标工作面。

近年来，针对综采工作面出现的地质、机电、采煤工艺上的问题，积极探索应用新技术、新工艺，如综采工作面推力架的应用、滤波器在变频器中的应用、马丽散在松软煤层巷道掘进顶板控制中的应用等，这些成果的应用极大地促进了综采工作面的安全高效生产。同时采用综合机械化掘进，钻、装、运一体化，根据地质条件、巷道断面不同，进行合理设计，采用锚杆、锚索、金属网/塑网、钢带联合支护方式。

同时该公司坚持“严标准、全覆盖、严执行、重实效”的原则，把隐患治理作为一条主线贯穿到安全生产工作细节当中，从严、从细、从实做好隐患排查工作，摸清安全隐患和薄弱环节，全面加强监督和治理隐患力度，按照矿每旬一次、区队每周一次、班组每班一次、岗位随时检查的步骤方案，明确检查重点，强化工作措施，重点对“一通三防”、地测防治水、顶板支护、机电运输等方面存在的问题进行逐一排查，针对排查出的问题，制定针对性措施并认真落实，不能现场整改的，提出防范措施，明确整改期限和责任人，严重危及安全的，责令立即整改，彻底消除安全隐患。

（三）技术创新

该公司本着“科技促生产、科技促安全、科技促效益”“科技推动发展”的宗旨，把科技创新工作的重点放在矿井安全生产和现场管理上，通过科技创新打造本质安全型环境，为矿井安全生产提供可靠的技术保障。2019 年该公司完成科技成果 23 项，全部转化到生产，其中有 5 项获得晋能控股煤业集团科技进步、技术革新奖。科技成果涉及采掘、地测、机电、通风安全、洗选、运输等六大类。

矿井设有信息化管理部门，在调度、生产、经营管理等部门全部实现计算机网络管理，并给采掘一线队组配备了计算机办公，同时矿井总调配备了工业电视监控系统，对井下工作面的安全生产进行 24 h 监控。目前已实现了矿区局域网，OA 办公系统，瓦斯监控管理，人员定位、人脸识别考勤、财务电算管理等。综采工作面安装了矿压在线监测系统，可全天 24 h 不间断监测工作面压力分布情况，并安装了运输监控系统，可以实现机车定位、乘车车场、漏煤眼监控、机车追尾、弯道报警等功能，同时引进先进技术，对井下盘区辅助运输系统进行了改造，淘汰了绞车运输，安设了单轨吊，既为公司节约了劳动力，又为职工创造了安全良好的作业环境。

（四）亮点特色

（1）污水实现零排放：矿井水经处理后用于选煤厂补水和井下洒水、电厂补水等，不外排。

（2）工作面掘进过程中采用瞬变电磁法和直流电法超前物探，利用架柱式液压钻机进行钻探验证，确保巷道安全顺利掘进；回采前采用瞬变电磁法和坑透等物探方法进行物探工作，并针对物探异常区域进行有针对性的钻探验证。

（3）为提高钻探效率和钻探深度，该公司使用了 CMS1－4200/37 煤矿用深孔钻车，应用于层间距较大的采空区积水探放和井下小煤柱切顶眼施工，大大提高了钻探效率。

（4）公司井下安装自动隔爆装置，冲击波触发装置开关，介质喷出，形成高效能雾状隔爆区域，阻断火焰蔓延、避免二次爆炸，具有体积小、安装方便、维护简单、隔爆性能好等优点。

（5）井下中央变电所建设实现了自动化远程控制无人值守系统，实现了中央变电所高低压开关实时数据监测和远程控制。

（6）在 303 盘区淘汰了老旧运输设备小绞车，303 盘轨道巷和各采掘工作面全程敷设单轨，成功安装完成运行一套安全系数和运输效率较高的产自捷克斯洛伐克的柴油式单轨吊车运输装置，另有两套蓄电池式单轨吊电机车，承担 303 盘区运输设备物料和运输人员工作。

（7）王坪矿原工作面布置保护煤柱留设宽度为 25 m，经过多方论证，在 303 盘区厚煤层成功实施了面间煤柱 3 m 巷道掘进，该技术成功试验后，能够减少工作面之间保护煤柱，大幅度提高采区及矿井煤炭采出率，开采出来的煤柱直接转化为矿井的经济效益，同时延长矿井服务年限。

大同煤矿集团挖金湾虎龙沟煤业有限公司

一、矿井概况

大同煤矿集团挖金湾虎龙沟煤业有限公司前身是怀仁县虎龙沟联营煤矿，矿井位于怀仁市西北部，行政区划隶属于怀仁市云中镇。矿井距怀仁市14 km，距大秦铁路线配套工程—南窑集运站11 km。

矿井开拓方式为斜井立井混合开拓，其中进风斜井3个，即主斜井、副斜井、进风行人斜井；回风立井1个。该矿证照齐全，主要运输方式为斜井强力带式输送机，辅助运输为胶轮车运输，该矿百万吨死亡率为零，矿井生产布局为一井一面，为集约高效机械化现代矿井。

二、2019年主要技术经济指标

原煤生产实际工日93583工日，原煤工效达到12.8 t/工以上。生产成本控制在全省同类矿井先进指标以内，2019年吨煤成本为141元；矿井平均机械化工作面个数0.92个；2019年以来未发生死亡事故，百万吨死亡率为零；2019年煤业公司利润计划完成1500万元，实际完成1798.6万元；综合成本计划150元/t，实际成本完成141元/t；职工年人均收入9.94万元。

三、安全高效矿井建设的主要做法

（一）生产组织

晋能控股煤业集团虎龙沟煤业公司矿井使用跳汰法洗选，洗选率为100%。水文地质条件为中等类型；职业健康检查率为98%，危害因素监测达标率为96.97%；吨煤开采综合能耗15 kW·h；塌陷土地治理率为98%，矿井水利用率为100%；鉴定为高瓦斯矿井，但瓦斯浓度及含量未达到可利用标准。

2019年仅一个综采队生产，2月4—5日春节放假一个圆班，年检停产5天，全年月检停产12天，矿井实际生产天数348天；综采队全年在81505工作面生产，全年无搬家，该工作面到2020年10月回采结束。

矿井生产装备实现机械化，综采机械化程度达100%，综掘机械化程度达100%，根据矿井的实际情况，科学合理地选择采煤方法和采煤工艺，矿井实现“一井一面”，综采工作面为走向长壁后退式综采低位放顶煤工作面，工作面顶板控制为全部垮落法，综采设备分别为采煤机MG650/1630WD，支架为ZF－13000，前部刮板输送机SGZ－1000/2×855，后刮板输送机SGZ－1000/2×855，转载机SZZ－1200/525，破碎机PCM－525。工作面面长180 m，煤层厚度平均12.73 m，工作面年产量达1.12 Mt，月产最高达0.11 Mt，日产量最高达6100 t。机掘面采用EBZ－220型综掘机进行掘进，巷道采用锚杆、锚索、W型钢带加金属网进行联合支护，临时支护采用机载前探支护，巷道为矩形断面，实现了高效生产、文明生产。

（二）科学管理

按照《煤矿安全生产标准化管理体系基本要求》中组织机构相关要求，煤矿安全管理机构健全，制度完善，安全生产责任制及隐患排查落实到位，并严格执行国家、行业、省有关标准。2018年评为特级安全高效矿井和国家二级安全生产标准化矿井。

根据矿井生产需要，“六长”配备齐全，设有1个综采队，3个机掘队，1个技措队，1个爆破队，1个探放水队，1个通风队，1个运输队，1个综合队，另外设有地测、安监、技术、通风、机电、调度、环保、企划等相关职能科室，组织机构完善，符合要求。其中：安全管理人员125人，特种作业人员116人，班组长102人。

（三）2019年度生产创新纪录

（1）矿井2019年产1.20 Mt，采煤机型号为MG650/1630WD，前后刮板输送机型号为SGZ－1000/2×855，液压支架型号为ZF/13000/25/38，刷新本矿煤炭生产纪录。

（2）2019年11月，81505工作面最高月产106451 t，采煤机型号为MG650/1630WD，前后刮板输送机型号为SGZ－1000/2×855，液压支架型号为ZF/13000/25/38，创造当年本矿最好成绩。

（3）2019年11月16日，81505工作面最高日产6100 t，采煤机型号为MG650/1630WD，前后刮板输送机型号为SGZ－1000/2×855，液压支架型号为ZF/13000/25/38，刷新本矿煤炭生产纪录。

（4）矿井2019年全年进尺4100 m，掘进机型号为EBZ－220，创造当年本矿最好成绩。

（5）2019 年 4 月，机掘三队掘进月进尺 272 m，掘进机型号为 EBZ－220，创造当年本矿最好成绩。

（6）2019 年优化放顶煤工艺，顶煤回收率提升 21%，刷新本矿煤炭生产纪录。

（四）技术创新

（1）积极推行小煤柱工艺，将面间煤柱由 35 m 优化为 6.5 m，多回收煤炭资源 1000 余万吨，矿井服务年限延长 8 a。

（2）减少系统巷掘进工程量。5 号煤层 81511 工作面小煤柱工作面 51511 回风巷采取系统优化，利用相邻工作面 5 号煤层 8501 工作面回风系统巷，可减少巷道掘进量 180 m。

（3）延伸、盘区开拓方案优化。5 号煤层西盘区回风大巷进行系统优化，将巷道布置在 5 号煤层北翼工作面停采煤柱内，可减少工作面系统巷 2500 多米，同时也减少岩巷掘进的工程量，增加煤炭回采近 1 Mt，并减少系统巷掘进过程中跨带式输送机运输和轨道大巷的次数，从而降低掘进过程的风险。

（4）与山东科技大学合作虎龙沟矿蹬空区域 5 号煤层巷道安全掘进技术研究，预测 8 号煤层采空区上方 5 号煤层顶底板岩层受影响程度及裂隙发育规律，分析 5 号煤层掘进过程中可能出现的顶板破碎、瓦斯增大等安全问题，制定科学的安全技术措施，并通过钻孔探测等技术手段，加强对 8 号煤层采空区顶板岩层垮落带、裂隙带分布的探测以及采空区内气体成分的监测，为下一部在蹬空区进一步开展 5 号煤层工作面长壁开采安全技术方案研究提供基础资料与准备。

（五）亮点特色

（1）作为晋能控股煤业集团取消夜班的试点单位，于 2019 年 5 月 15 日全面取消夜班生产，让职工作息规律回归自然，使劳动组织更趋合理。实现了“一降三不减”的目标，即降低劳动强度、产量不减、进尺不减、工资不减，达到了降低劳动强度、提高生产效率、减少安全隐患、保证员工利益的目的。

（2）对井下中央变电所、机二配电点的缆线、电气设备等进行亮点打造，中央变电所已经具备无人值守功能。

（3）全力打造地面标准化 35 kV 变电站，具备综合检测、电能监控等现代化控制平台。

（4）液压支架工作阻力监测采用徐州惠顿矿业科技开发有限公司生产

的 KJ26 型综采支架计算机监测系统，实现连续 24 h 不间断在线监控。

（5）针对井下采掘现状，保障矿井正常接序，煤业公司提出并实施综采工作面“多轮间隔（顺序）效益放煤”的硬性要求。顶煤回收率大幅度提升。

大同煤矿集团铁峰煤业有限公司
增 子 坊 煤 矿

一、矿井概况

增子坊煤矿原为山西省朔州市右玉县县办地方国有煤矿，2002 年被大同煤矿集团收购，2006 年 11 月 16 日山西省煤炭工业局以晋煤行发〔2006〕833 号文批准增子坊煤矿进行综合机械化升级改造，生产能力核定 1.2 Mt/a，并由中国煤炭工业协会“中煤协会行调〔2017〕5 号”“中煤协会行调〔2020〕42 号”文认定为安全高效矿井。2018 年 6 月获得“中国煤炭企业科学产能百强矿井”。

增子坊煤矿井田位于朔州市右玉县城东南 21 km 处的元堡子镇增子坊村西，东距大同市约 77 km。井田东西最长 4.6 km，南北最宽 1.96 km，面积为 7.6036 km^2。

矿井四邻关系：西部、北部为元堡煤矿，中东部为平顶梁煤矿，东南部为南阳坡煤矿，南部为东洼北煤矿。

二、2019 年主要技术经济指标

一年来，该矿按照建设标准化和现代化矿井有关要求，着力提升矿井标准化和现代化建设水平，努力创建安全高效的现代化矿井。综采机械化程度达到 100%，综掘机械化程度达到 100%；矿井综合单产 103710 t/(个·月)；原煤工效为 10.4 t/工；采区采出率达 76.18%。

三、安全高效矿井建设的主要做法

（一）生产组织

该矿共设置 20 个部门，分别为调度室、通风区、安监站、机电科、生产技术科、地质科、监控中心、机电队、综采队、机掘一队、机掘二队等部门。根据安全生产需求，该矿安全生产组织机构齐全，各种岗位责任制、规章制度、管理办法等各项管理制度齐全。

该矿共布置一个综采队、两个机掘队，分别为5号煤层53盘区5306工作面，5号煤层53盘区5307回风巷、5号煤层53盘区5307运输巷。

（二）科学管理

（1）狠抓安全教育，压实思想防线。大力实施“四个一”安全教育工程。一是组织全员观看事故警示教育片，在全矿持续深入开展安全大反思活动，深刻吸取事故教训；二是建立了从井口安全文化走廊到井下运输大巷的安全教育“一条龙”活动；三是以采、掘头面为主的安全教育“一条线”活动；四是以区队安全活动为主的安全教育“一园地”活动；保证行为安全使职工牢固树立安全第一的思想。

（2）大力推行“安全到岗”，从严落实安全生产责任。以规范员工安全行为为重点，以落实安全生产责任制为核心，以各工种“安全到岗操作手册”为标准，全力推进“安全到岗”，深入开展“员工操作达标体系”建设，以“手指口述”“岗位描述”为着力点，加强岗位危险源辨识。构建以矿长为龙头，以“六长”为核心的安全责任管理体系，分管领导包系统，班子成员包单位，一级抓一级，层层传压力，包保责任人每周要将所包区域的安全隐患上报矿长和安监站，并以累积分的形式对包保责任人考核。

（3）创新风险管控方式、实行闭环控制考核。“风险无大小、管控无特例”，开展了安全超前风险管控模式，即“1+4”安全管控体系（坚持一个原则，即适度超前原则；强化4方面工作，即对气候更替、节假日、高发事故、变化环节等4个方面的安全监管提出具体要求），对隐患、重大危险源、事故、变化环节做到了预测、预判、预控。该矿扎实推进了风险点管控闭合化。对排查确认的风险点，实行闭环控制责任问责和追究，做到“小风险不放过、大风险不回避、问题处理不过夜”。有效防范遏制了事故的发生。

（4）注重细节管理，全力打造安全生产精品工程。以安全为基础，加大安全生产投入，打造地面安全文化理念广场。我们始终秉承“只有不到位的管理，没有达不到的标准”的工作理念，要求每条巷道、每个采面开工之前，制定详细的技术措施，进行层层审核，保证每一项技术措施的严密性，提高可行性。该矿以打造精品工程、建设精品作业线为目标，严格按照“六线三化”管理模式建立巷帮成线、顶底板平整成线、电缆吊挂成线、风筒吊挂成线、管路吊挂成线、带式输送机安装成线。亮化工程、净化工程、文化建设。使该矿安全高效矿井建设水平迈上了新台阶。

（三）技术创新

（1）风动风机与引射流器。综采工作面采取工作面回风巷安设风动风机与引射流器共同配合的方式开展上隅角低氧隐患治理工作。保障综采工作面生产期间上隅角区域通风系统稳定、可靠，满足矿井的安全生产，保障作业人员生命健康。

（2）主通风机防爆圈技术改造。主通风机防爆圈长时间使用，防爆圈内置的防爆铜带发生氧化、变形，防爆圈与防爆铜带产生间隙，导致防爆铜带与叶片边缘间距减小，影响主通风机的安全运行。针对以上情况，对该矿主通风机防爆圈进行技术改造，提升防爆圈的安全性能，延长主通风机的使用寿命。

（四）亮点特色

（1）矿井安设车辆定位系统，实时监测车辆信息及运输情况、自动调度指挥车辆运行。

（2）地测推广应用钻孔窥视仪，准确窥视煤岩层情况，为探放水工作提供安全保障。

（3）锚杆锚索无损检测技术，掘进巷道推广应用锚杆锚索无损检测技术，在不破坏锚杆锚索的锚固效果、预应力及工作载荷的情况下，采用数字信号处理、分析，准确评定锚杆锚索是否达到设计长度。

大同煤矿集团同生安平煤业有限公司

一、矿井概况

大同煤矿集团同生安平煤业有限公司位于朔州市山阴县马营村东，2009年8月27日经晋煤重组办发〔2009〕35号文批复，由原山西山阴安平煤业有限公司、山西山阴东湾沟煤业有限公司及新增区兼并重组整合而成。省煤炭工业厅以晋煤办基发〔2011〕393号文批准矿井从2011年3月8日开工建设，2014年完成矿井联合验收。2015年2月11日省煤炭工业厅以晋煤行发〔2015〕161号批复矿井生产能力公示，矿井核定能力为900000 t/a。井田面积为10.7013 km^2，地质储量252 Mt，批准开采3－2－1号、3－2号、4－1号、4－2号、5－1号、5－2号、8号煤层，开采深度1310～1710 m。

矿井为瓦斯矿井，煤尘均有爆炸危险，3－2－1号、3－2号、4－1号、5－2号、8号煤层为自燃煤层，4－2号、5－1号煤层为自燃－容易自燃煤层；矿井属常温常压开采。5－1号煤层属自燃煤层，自燃倾向性等级为Ⅱ级。

矿井水文地质类型划分为中等，井田地质构造简单；目前矿井正常涌水量预计为540 m^3/d，最大涌水量为720 m^3/d。井田内奥灰水位标高为1290～1291 m，低于本井田最低可采煤层底板最低标高。因此，奥灰水对煤层开采无影响。

二、2019年主要技术经济指标

2019年全年共1个综采队生产，全年工作面平均个数为0.95，矿井原煤产量747000 t，其中回采煤量705000 t，掘进煤量42000 t。2019年矿井未发生人身伤亡事故，百万吨死亡率为零，职业健康检查率达100%，危害因素检查达标率为100%，吨煤开采综合能耗为11 kW·h，塌陷土地治理率达100%，矿井水利用率达100%，不涉及抽采瓦斯利用。

2019年全年实现利润927.46万元，吨煤成本168元/t。

三、安全高效矿井建设的主要做法

（一）生产组织管理

（1）公司2019年完善了劳动定员制度，合理机构设置和人员定编，公司在册职工共有450人，其中特种作业人员共计109人。

（2）着力强化“人”的不安全行为控制。按照“理论联系实际，学以致用，指导生产侧重实际”的原则，把岗位练兵、技术比武等活动作为重要培训内容。推行两个模式。“631安全教育培训”模式，即即安全培训任务班组承担60%、区队承担30%、矿上承担10%，达到了培训计划下移、任务下移、资金下移的目的。充分利用员工教育培训实训基地，采取“自愿实训”与“强制实训”相结合的办法，广泛开展“岗位练兵、技术比武、技能竞赛”活动和“师带徒”活动，做到了理论与实践的紧密结合。“2208班前会”模式，即2 min点名、20 min安全培训和现场危险源辨识，8 min安排当班工作和注意事项，使安全培训成为班前会的重要内容。

（二）现场管理

在作业现场，按照“突出重点，以点带面，分步实施，总体推进”的思路，进一步修订、完善、细化井下各工种操作规范、质量标准化、员工行为规定。以“岗位操作程序化、物料码放定置化，执行工作规范化”为目标，强力推行了定置化管理，从专业管理、包片负责、安全监察、干部督查4个层面强化抓手，对各岗位人员站立位置、作业范围、行走路线等细微处严格约束和监管，做到有迹象就查、露苗头就敲、见倾向就纠、出问题就追，坚决抵制违章指挥、违章作业和凭“经验”干事行为，杜绝在正常工序、物料搬运、单岗作业、设备检修等环节的碰手碰脚事故。

（三）安全管理

（1）强化“安全红线”意识，狠抓隐患排查治理，全面夯实了安全管理根基，安全综合管理工作进一步提升，完成了安全生产“零”目标。

（2）建立隐患排查长效机制，突出安全管理重点，强化超前预控，对安全隐患责成专人进行实时管控，实现从隐患排查、分类、建档、整改、验收、销号、考核闭合管理，做到“条条隐患有管理、处处隐患有闭合”，全面提升了隐患排查治理管理水平。

（3）强化职业病危害源头治本，保护员工生命健康安全，加强职业病危害基础设施整治，进一步完善综合防尘洒水系统，及时跟进防尘管路，管好用好各类净化水幕与转载点喷雾，注重煤体注水效果，切实从产尘源头上有效降低粉尘浓度，改善采掘作业现场环境。

（4）狠抓安全生产标准化工作，现场管理水平得到进一步提升。①通过更新改造设备，提升了标准化管理水平；②井下供电系统进一步完善；③通风设施更加完善，矿井通风系统进一步优化；④地测防治水工作管理水平得到进一步提高。

（四）勤俭节约、创造绿色

同时在公司号召广大员工勤俭节约，从节约一度电、一个螺丝、一滴水做起，培植精打细算过日子的风气。提高职工工资待遇，强化绩效考核，提升了企业价值创造能力和发展活力，职工食堂、澡堂、宿舍各项管理制度进一步健全，基础设施进一步完善。改造了职工澡堂，供暖设备布局更加合理；合理安排了以“绿化美化矿山，治理矿容环境”为重点的矿容整治工作，矿容矿貌呈现出新的变化。

大同煤矿集团同生千井煤业有限公司

一、矿井概括

千井煤业有限公司位于山阴县城西北，直线距离 32 km 处的玉井镇史家屯村东附近，行政区划属于玉井镇管辖。千井煤业有限公司为兼并重组整合矿井，批准开采 4 号、9 号、11 号煤层，井田面积为 4.5551 km^2，设计生产能力 0.90 Mt。

二、2019 年主要技术经济指标

2019 年矿井采掘配置为“一采一掘”，平均综采工作面个数为 0.94 个。2019 年原煤生产期末人数为 316 人，原煤生产时间工日为 79921 工日，原煤工效为 11.2 t/工。

2019 年综采队均在 8103 工作面回采，实际生产天数 320 天，全年搬家 1 次，12 月 12 日停采，12 月 13 日搬家，停产 19 天；全矿井实际生产 339 天，春节放假 7 天，年度大检修 8 天，月度检修共计 11 天。全年掘进总进尺 1500 m，共生产原煤 0.90 Mt，其中综采产量 0.87 Mt，掘进产量 25600 t。

三、安全高效矿井建设的主要做法

从建矿以来一直以科学发展观为指导，围绕“环境、素质、责任”建设，以创建安保型企业为主线，以安全质量标准化为抓手，健全业务保安体系，突出风险预控，狠抓矿井水患和瓦斯治理，严格安全监管，全面提升安全保障水平，确保企业安全发展、和谐发展。

2019 年以来，该矿安全生产状况良好，全年未发生重大安全事故，始终遵循“高标准、强执行、查漏洞、抓细节、新常态”的工作方针与“安全高压新常态、精心组织创高产、创新降本增效益、精细管理出亮点”的工作思路与工作目标，全力以赴保安全、抓生产、降成本，不断提升矿井安全高效管理水平，具体情况如下。

（一）生产组织

（1）强化“一通三防”管理。一是加强主要通风机、局部通风机及其配套设备设施的维护与管理，特别是保证综采工作面各控制系统安全可靠运行；二是加强综合防灭火管理，保证灌浆系统、注氮系统、束管监测系统运行正常；三是加强矿井瓦斯管理，确保监测监控系统的安全连续运行。四是加强瓦检工管理，严禁出现空岗、假检、漏检。

（2）强化水患治理。一是对所有入井人员开展防治水知识培训，实现防治水工作的群防群治；二是积极开展水害隐患排查工作，摸清矿井积水范围和水量，准确划定积水线、探水线和警戒线，严格执行五位一体验收，确保钻探到位，预防水害事故的发生。

（3）强化顶板控制。一是严把顶板支护设计关，对现有的顶板支护设计进行技术论证，优化支护设计，修编作业规程，形成科学化的支护设计；二是强化现场顶板支护管理，掘进巷道必须配备和使用机载前探和风动紧固机具，确保支护质量，坚决杜绝空顶作业；三是强化对综采泵站压力、支架初撑力、端头和超前支护达标管理。

（4）强化辅助运输治理。一是明确运输安全管理责任，对斜井、盘区巷道运输进行严格管理，上齐上全各种安全设施；二是加强操控人员培训，做到持证上岗；三是加强运输设备、设施管理，严格执行“分时段”和“行人不行车、行车不行人”的运输管理制度；四是日常物料的运输严格执行运输工作票制度，确保上、下斜井运输安全。

（二）科学管理

（1）全面落实隐患排查、安全风险分级管控以及安全到岗三项制度的落实。扎实开展事故隐患排查治理工作，成立以董事长、书记任组长的工作领导组，每周开展一次井上下的隐患排查工作，全面推行安全风险分级管控管理办法，每月对各作业点的风险进行检查分析，真正做到从源头消除各种因人的不安全行为、物的不安全状态、环境的缺陷所带来的风险。建立安全到岗工作长效机制，全面规范领导干部员工行为养成。严格执行矿长“六亲自”责任落实；分管领导“五亲自”责任落实；总工程师、副总工程师“三亲自”责任落实，做到每天、每班有人过问的安全管理工作机制。

（2）加大隐蔽风险和“未知隐患”预想预测预控力度。一是对各系统隐蔽致灾因素进行普查，制定普查清单，照单落实；二是生产系统、生产工艺、主要设备设施、重大灾害因素发生变化时，对作业环境、生产过程的重大灾害因素和设备设施运行等方面可能存在的安全风险和可能出现的安全隐患进行排查辨识。

（3）强化安全技术管理。严把规程措施编制审批关，加强规程措施学习贯彻，强化规程措施落实过程管理，当生产现场发生变化时，及时修改规程措施，确保规程措施的针对性和适用性。

（4）加大安全行为管控。一是强化干部行为管控，严格落实矿领导带班、区队干部盯班；二是提高区队班前会质量，实行矿领导参加班前会，加强班前会员工教育培训，更有利于班前会所强调注意事项落到实处；三是加强基层基础建设，从源头上为员工创造一个不易违章、不用违章、违不了章的安全作业环境，同时加强“三违”行为处罚力度，使人不能违章、不敢违章、违不起章。

（三）技术创新

多年来，该矿一直致力于安全高效矿井建设，建成了覆盖全矿各安全生产系统的信息化管理平台，有效地整合了安全监测监控系统、生产调度指挥系统、产量监控系统、人员定位系统、矿压在线监测系统、工业视频监控系统、束管监测系统、排水系统、供电系统等硬件设施。同时配套文件审批、视频会议、考勤系统、工资管理、材料管理、安全培训、班组建设等软件程序，实现对井下和地面设备的运行情况和作业人员的动态进行实时掌握。进一步提升了矿井安全管理的科技水平，以达到科技促安、科技兴安、科技保安的目的，为矿井安全生产保驾护航。

（四）其他

（1）污染物排放达标情况。矿锅炉排放污染物符合排放标准情况，烟尘和二氧化硫达标率均为 100%；矿井水直接进入地面污水处理厂进行处理，净化后作为地面生活用水和井下防尘用水，综合利用率为 100%：工业广场和风井场地噪声均达标；煤矸石储存符合标准。

（2）土地破坏及恢复治理。2019 年该矿地表塌陷恢复治理率达 100%。

（3）环境污染治理设施运行及基础建设。2019 年该矿环境污染治理设施运行率和设备完好率均为 100%，工业广场绿化系数为 73%，实行清洁生产，并健全了环境管理、环境监测机构及其管理制度。

山西朔州平鲁区龙矿大恒煤业有限公司

一、矿井概况

山西朔州平鲁区龙矿大恒煤业有限公司矿井位于朔州市平鲁区井坪镇东南 20 km 处陶村乡铁佐沟村一带，行政区划分属平鲁区陶村乡管辖，地理坐标为东经 112°28′11″～112°30′54″，北纬 39°26′06″～39°28′11″。

山西朔州平鲁区龙矿大恒煤业有限公司是 2009 年 9 月 14 日经山西省煤矿企业兼并重组整合工作领导组办公室批准的整合保留矿井，设计生产能力 1.8 Mt/a。

2015 年 9 月 14 日山西省煤炭工业厅以晋煤行发〔2015〕791 号文对矿井生产能力核定报告进行了批复，同意将矿井生产能力由 1.8 Mt/a 核定为 3 Mt/a。

矿井“六证”齐全有效，连续 12 年百万吨死亡率为零，无重大安全生产隐患，2018 年被评为“国家一级安全生产标准化矿井”。

井田面积为 6.9096 km^2，批准开采 4～11 号煤层，储量为 67.87 Mt，服务年限为 26.9 a，平均发热量为 17585～20934 kJ，采用斜井开拓方式，有主斜井、副斜井、回风斜井三个井筒，属瓦斯矿井。

矿井 2019 年配备两个综采队，三个综掘队，采煤机械化程度达 100%，综掘机械化程度达 99%，生产各大系统、安全避险“六大系统”符合国家有关标准和规定。地面行政、公共建筑、“两堂一舍”布局合理、设施完善、功能齐全，矿区绿化面积为 42%。配套选煤厂位于主井工业广场内，形成了产、选、运、销一条龙。

二、2019 年主要技术经济指标

2019 年百万吨死亡率为零，无重伤及重大非伤亡事故；达到安全生产标准化一级矿井；安全投入 4665.87 万元；企业利润 12844.67 万元；原煤工效为 17.14 t/工；企业人均工资为 9.9 万元/a；环境保护实现零排污；原煤入选率、矿井水综合利用率均达到了 100%。

三、安全高效矿井建设的主要做法

（一）聚焦“三条主线”，夯实安全高效的发展“硬基础”

（1）精益管理拓展挖潜增效“新空间”。深入推进内部市场化运作，编制完成了采掘及辅助区队“三级市场”价格体系，实行了内部市场化模拟运行，有效发挥了市场机制作用，激发了全员工作的积极性和主动性。

（2）厉行正规开启稳产高效“新模式”。始终坚持“三个正规”的生产组织原则，科学编排了全年双线生产接续方案，保持了“双面生产”格局。深入推进了生产、机电降事故活动，事故率大幅下降，实现全年生产、机电事故起数同比减少了 55%，影响时间同比缩短了 31%，为稳定生产秩序，进一步提速提效提供了有力保障。

（3）资源配采激发持续发展“新潜力”。我们以建成 4 号、9 号煤层配采项目为基础，合理优化 4 号、9 号煤层配采关系，优化选煤工艺技术参数，提高了煤炭产品质量，提升了企业经济运行质量，为保证矿井的可持续健康发展打下了坚实基础。

（二）实施“三项举措”，跑出减人提效的发展“加速度”

（1）先试先行，在典型创建上做文章。一是建成了朔州市首家无人值守计量和远程装煤自动销售系统，减少岗位工 10 人，销售能力提速 50% 以上；二是与厂家联合设计了“智能单兵信息系统”，以无线网络系统为载体，可通过矿灯、手持传感器、无线智能手机等装备，实现现场气体环境实时监测以及影像直播、照片上传、语音对讲等功能，为现场特殊条件下人员作业提供了系统支撑和安全保障。

（2）系统升级，在减人提效上做文章。一是建成了主运输带式输送机自动化控制系统，实现了地面远程集控，并与厂家联合设计、开发了“载荷 + 视频捕捉 + 时间控制”技术，实现了顺煤流启动，减少了岗位工 22 人；二是在东翼变电所、中央变电所建成了井下变电所电力集控与工业视频联动远程控制系统，具备了“五遥”功能（即遥测、遥信、遥控、遥调和遥视），实现了无人值守，减少了岗位工 6 人；三是建成了水泵房远程集控系统，实现了中央水泵房和下组煤水泵房远程集控、无人值守，减少了岗位工 6 人。

（3）打造平台，在自主创新上做文章。公司将打造技术创新的载体作为实现“三化”目标的重要保障，建设了“创科工作室”“创新工作室”，设立了近距离煤层开采研究所，成立了大恒煤业“整合区域开采技术”和

“绿色矿山建设”2个课题组，实施了含水断层探查及安全煤柱留设技术研究、南翼整合区资源及采空区综合探查技术研究等重大科技项目20项、科技创新课题231项，累计创效5500多万元。

（三）提出“三不五化”，咬定绿色矿山的发展“新目标”

始终把环保工作作为企业生存发展的生命线，强力推进了出水不排水、出煤不见煤、排矸不见矸和净化、硬化、绿化、美化、亮化“三不五化”工程，得到了地方政府及行业管理部门的充分肯定，并作为平鲁区煤炭系统“美丽矿山”建设的标准之一。重点抓好煤矸石治理、扬尘治理、污水处理等环保重点事项，并适时组织开展了环保应急演练，提升了应对突发状况的能力，确保了环保形势稳定。该矿被山西省自然资源厅评为“矿产资源节约集约与综合利用示范矿山”。

山西省山阴县华夏煤业有限公司

一、矿井概况

山西省山阴县华夏煤业有限公司井田位于山西省朔州市山阴县马营乡境内。矿井于2010年12月1日开工建设，2013年2月22—24日验收，该矿为兼并重组整合矿井，批准开采2-11号煤层，井田面积14.3062 km^2，设计生产能力2.1 Mt，2015年8月经山西省煤炭工业厅批复同意该矿核定生产能力为3 Mt。

二、2019年主要技术经济指标

2019年生产原煤2.942 Mt，原煤工效达27.71 t/工；综合单产239400 t/(个·月)；平均工作面个数0.96个；采煤机械化程度达100%，掘进机械化程度达100%；全年死亡人数为0，百万吨死亡率为零。

三、安全高效矿井建设的主要做法

（一）强势推进安全精细化管理，实现了“杜绝碰手碰脚事故”安全奋斗目标

该矿以安全管理“零干扰、零事故、零伤害”为目标，大力实施“人、机、环、管+文化”的“4+1”安全管控机制，强势推进了安全精细化管理。

（1）强化“人”的不安全行为控制。按照“理论联系实际，学以致用，指导生产侧重实际”的原则，把岗位练兵、技术比武等活动作为重要培训内容。推行两个模式。“6、3、1安全教育培训”模式，即：安全培训任务班组承担60%、区队承担30%、矿上承担10%，达到了培训计划下移、任务下移、资金下移的目的。“2、20、8班前会”模式，即：2 min点名、20 min安全培训学习和现场危险源如何辨识，8 min安排当班工作和注意事项，使安全培训成为班前会的重要内容。

为了切实增强全员安全执行力，全面推行了深层次军事化管理。同时，矿上专门成立了安全管理督察小组，对井上、井下员工日常安全行为进行督

察，重点监督检查各级管理人员跟带班、值班情况、操作人员在现场进行“手指口述”、岗位风险预知、工序危险源辨识的执行力。

在作业现场，以“岗位操作程序化、物料码放定置挂牌化，执行工作规范化”为目标，强力推行了定置挂牌化管理。从专业管理、包片负责、安全监察、干部督查的 4 个层面强化抓手，对各岗位人员站立位置、作业范围、行走路线等细微处严格约束和监管，做到有迹象就查、露苗头就敲、见倾向就纠、出问题就追，坚决抵制违章指挥、违章作业和凭“经验”干事行为，杜绝在正常工序、物料搬运、单岗作业、设备检修等环节的碰手碰脚事故出现。

（2）强化“机”的安全管理。该矿依据本企业管理实施细则“十一项”机电运输安全专项细则工作要求，讨论研究制定了年度机电运输专项细则方案，明确了整治目标，落实了整治责任人，强化了工作措施。按照“月月有主题，周周有活动”的工作思路，逐月开展了矿井运输系统、预防性矿井停电事故等主题的专项整治，由每周开展电器保护专项治理、胶轮车运输专项治理等专项活动，逐项、逐级、逐部位对机电、运输各个环节进行了规范整改，确保了设备安全可靠运行，从而使系统运行零隐患。

（3）创建良好的生产环境。持续加大安全质量标准化“精品工程”创建力度。把质量标准化要求“一化变十化”。对全矿井各类物料器材、线缆悬挂、地面硬化、淋水处置、墙体粉刷、牌板样式、安全防护设施等形成统一标准，定置、定性管理。坚持“谁承包、谁检查、谁负责”的责任制，从掘进施工到工作面安装，从工作面回采到收尾搬家，所有关联工序都逐级实行联保责任制，出现质量问题实行逆向逐级追溯，层层分析，追究责任，从而使精品意识、优质工程在员工心中牢牢扎根，成功承办了该矿“精品工程”。

（4）强化安全管理。进一步完善了安全责任体系，细化了各级安全生产责任制的落实工作。通过每周一、周三、周五的生产会集中平衡解决各类安全生产问题，将生产中出现的各类安全问题的安全责任逐一落实到人。对管理层从入井、抓“三违”、隐患排查、业务保安、技术管理、培训等各个方面进行考核。同时，严格落实了矿领导入井带班制度和干部 24 h 现场跟班制度。

（5）强化安全文化氛围营造。该矿大力实施了安全文化理念引领工程，本着适用、管用、耐用的原则，强化安全管理，创建安全环境，注重安全教育，传播安全文化。在以人为本、生命至上“理念”的基础上，提炼了“杜绝碰手碰脚事故”深层次安全核心理念和“细节决定事故”的安全管理思想，构建和完善“四个一”安全教育工程，实施了温馨的祝福语、全家福、宣传牌板、展板等内容的亲情文化辐射工程，通过创新安全文化，充分发挥以安全文化长廊为主的安全教育“一长廊”。

（二）强力推进生产技术精细化管理，切实做到高产稳产

（1）明确了生产信息全部归口调度指挥中心负责，维护调度指挥权威，支持调度协调平衡，加快完善了调度生产指挥管理系统建设，不断优化劳动组织，在6107综采工作面回采后期变更为单班生产，组织剩余人员进入6109综采工作面进行前期准备和设备安装调试，保证了6107综采工作面回采结束后，6109综采工作面具备初采条件，实现了工作面连续开采，为矿井实现“安装回收不停产、不减产”积累了宝贵的经验，实现了均衡生产。

通过狠抓采掘接续管理，积极推广应用新技术、新工艺、新设备，在1345综采工作面机巷顶板破碎段使用纳米新型材料进行充填加固，增大抗压强度；1346综采工作面是刀把子工作面，在指定位置采用扩帮掐面，实现了工作面连续开采；在综采工作面回撤通道采用机械化施工，锚、网、索联合支护技术，加快了回收速度。

（2）科学优化矿井开拓生产布局和每项工程设计方案。

井下采用了因地制宜适合不同煤层的开采工艺和生产布局，不留或少留煤柱，严格控制顶煤、底煤、浮煤和三角煤的丢失，全面淘汰落后的采煤方法和工艺，确保各综采面采出率不低于95%。

通过广泛投入使用监控预警设备、强化瓦检员责任落实、完善各转载点喷雾设施、优化通风系统等措施，强化了“一通三防”安全管理，至今年1月20日实现“一通三防”安全生产9周年。通过加强支护材料质量跟踪、规范生产单位顶板矿压观测、严格执行“敲帮问顶”制度、对压力显现段补打锚杆锚索等积极措施，杜绝了顶板事故，特别是在矿井防治水安全管理方面，通过组织全员进行《煤矿防治水细则》学习考试，牢固树立起全员“防水”意识，严格落实了“预测预报，有掘必探，先探后掘，先治后采”原则，建立健全矿井综合水文地质图、矿井地质报告等防治水基础地质资料。

（3）信息中心负责提升了信息集成能力和工作互动能力，实现信息调度和安全生产管理系统的可靠、灵敏、高效对接。同时，把好“验收、大修、改造”三个关口，开展了机电运输整治活动，在此基础上，每周开展专项治理活动，逐项、逐级、逐部位对机电、运输各个环节进行了规范整改，减少设备问题对生产的影响，从而全员工效达到27.7 t/工；同比提高2.7 t/工。

晋城蓝焰煤业股份有限公司成庄矿

一、矿井概况

晋能控股煤业集团成庄矿是国家“七五”重点建设项目，年设计生产能力4 Mt。1989年12月20日开工建设，1997年9月19日投产，2000年达到设计生产能力。经过不断地技术升级改造，2008年矿井核定生产能力达到了8.3 Mt。为延长矿井服务年限、实现可持续发展，成庄矿实施了延深下组煤（配采）项目，项目竣工验收后，山西煤矿安全监察局2019年将安全生产许可证生产能力由8.3 Mt/a变更成8 Mt/a。2019年原煤产量达到了7.99 Mt。

成庄矿位于山西省晋城市泽州县境内，井田内地质构造较复杂，煤质优良，其中可采煤层三层，3号煤层为主要开采煤层，平均厚度为6.24 m，可采储量为357 Mt。具有热稳定性好、发热量高、机械强度大、低灰、低硫、低挥发分等特性，是化工、冶金、建材、发电、民用的优质原料和燃料，素有“香煤”和“兰花炭”的美誉。

二、2019年主要技术经济指标

2019年成庄煤矿完成原煤产量7.99 Mt，掘进进尺21136 m，实现利润18.06亿元，原煤工效为13.19 t/工，人均年收入为131824元，原煤百万吨死亡率为零。

三、安全高效矿井建设的主要做法

（一）生产组织

（1）管控瓦斯地质。坚持瓦斯治理“应抽尽抽”原则，合理布局抽采管网，建立高、中、低负压抽采系统，建成四盘区下部和五盘区井下移动瓦斯泵站，抽采能力不断提升；引进特大功率定向钻机，试验无线测量系统和螺旋钻杆施工工艺，四盘区难成孔区域得到有效覆盖，区域瓦斯治理成效显著；提升采空区顶板走向孔施工效率，试验采空区双系统抽采工艺，实现采空区深部、浅部瓦斯分源抽采，采面瓦斯得到有效治理。坚持“地质先行”，深化地质技术体系管理，综合分析研判各类地质基础性资料，实现了地质信息“三维化”呈现，为安全高效生产提供了精准服务。

（2）加快“四化”建设。大采高工作面应用永磁电机和变频电机一体化驱动装置；放顶煤工作面应用自移式开关架；掘进工作面试验运煤设备集中控制系统，全面推广多回路组合开关；变电所和胶带机配电点应用无线联网技术；主运操控系统实现可视化远程集中控制；段河井区建立风井智能集控系统，矿井“四化”建设持续向纵深推进。

（3）有序优化系统。完成3105一部、二部带式输送机换带；完善采面动态水处理系统；安装四盘区一号、二号水泵房自动排水系统；完成2号风井主要通风机改造土建工程和进风暗立井施工；对洗选系统进行集控改造；持续开展顶板、辅运技术研究和系统优化，严格落实“三个层次达标管理”，各系统保障能力和运行质量持续提升。

（4）精准组织生产。全面推进生产提效，优化采煤工作面初采放顶工艺，综掘系统试验“4677”生产组织模式，强化工序管理，提升作业效率，放顶煤、大采高综合单产分别提高20.44%、10.82%，掘进工效提升10%。全力做精做细生产组织，全年组织8次初末采，安装回收6个工作面，通过52条断层、16个陷落柱、2个薄煤区等多个地质构造区。稳步推进延伸下组煤（配采）工程，项目整体通过竣工验收，为矿井可持续发展打下了坚实的基础。

（二）科学管理

（1）强化教育引导。牢记习近平总书记“发展决不能以牺牲人的生命为代价”的重要论述，以“1551”安全理念体系引领安全管理。高质量开展“安全生产月”、事故案例警示教育等活动，常态化推进安全知识培训，创新实施“六位一体”“三违”帮教，全员安全意识不断提升。

（2）深化预控管理。建立“双预控”信息评价平台，实现风险隐患智能推送、动态分析、动态掌控。强化源头治理、过程管控、变化监管，推进安全诚信考核，促进各级人员严格履责。开展“查风险、查隐患、查思想、查作风、反‘三违’、降事故、夯基础、保平稳”安全整治，实施“三个专项行动”，全力消除风险隐患。

（3）推进质量达标。矿领导亲自授课，带头讲解标准精髓，以上率下，带动全矿形成了“学标准、懂标准、用标准”的良好氛围。推行98项岗位标准化作业流程，开展“一对一”实操培训，提升了岗位操作质量。承办标准化经验交流会，学习借鉴兄弟单位先进做法，拓宽了标准化管理思路。

深入开展岗位责任区域动态达标、基础工作大整治、标准化达标竞赛等工作，促进质量达标和基础管理良性循环，连续10年在集团公司安全生产标准化年度竞赛中排名第一，平心静气向更长安全周期迈进。

（三）技术创新

完善《成庄矿创新成果激励办法》，加大奖励力度和范围，全员创新热情更加高涨。全年举办创新论坛20期，基层单位申报“子论坛、小讲堂”课题163个；申报“五小”成果50项、征集“金点子”319条；8项成果获山西省煤炭企业管理现代化创新成果奖，3项获中国煤炭工业科学技术奖，2项获山西省科学技术奖，2项被鉴定为国际先进水平，15项专利被知识产权局授权实用新型专利，矿井创新活力持续迸发。

晋能控股煤业集团寺河煤矿（东井）

一、矿井概况

晋能控股煤业集团寺河煤矿位于晋城市沁水县嘉峰镇，采用“一矿两井”生产模式，划分为东井和西井两个相互独立的井区，井田面积约114.4925 km^2，其中东井面积85.2806 km^2。开采的3号煤层煤种为低硫、低灰、低磷、高发热量优质无烟煤，煤层平均厚度为6.35 m，结构较简单，全区稳定可采。东井区核定生产能力为5 Mt/a，保有储量384.31 Mt，服务年限为31.8 a。矿井东井区采用斜井开拓，共有14个井筒，采用分区式通风方式。采用走向长壁大采高综合机械化采煤方法。

二、2019年主要技术经济指标

全年完成原煤产量3.72 Mt，掘进进尺13791 m，瓦斯抽放进尺2.02×10^6 m，瓦斯抽放纯量5.09×10^8 m^3，经营利润7.5996亿元，原煤工效为8.581 t/工，人均年收入13万元，百万吨死亡率为零。

三、安全高效矿井建设的主要做法

（一）坚持底线思维，发展根基更加牢固

该矿始终坚守安全、环保、稳定发展底线，狠抓责任落实、现场管控、变化管理，有效防范各类风险挑战。一是加强系统管控，试行“巷长制”，实行瓦斯不超过0.5%管控模式，持续完善防治水体系，全面抓好机电、辅助运输管理，建立健全变化预警机制。完善安全“双预控”体系，实行隐患分类管理，规范隐患排查治理流程，提高小分队活动质量，促进了隐患的跟踪整改、闭合管理。强力推进手指口述、工序管理，总结“人人都是班组长”管理模式，员工安全习惯逐步养成，安全工作总体平稳有序。二是高度重视环保工作，严格落实环保责任，高标准完成各项环保工程，全年接受环保督查、检查120余次，实现环保“零事故”。三是扎实做好稳定工作，以新中国成立70周年、十九届四中全会、“二青会”等重要时段综治稳定工作为重点，逐级落实维稳责任，超前化解矛盾纠纷，营造了良好环

境。

（二）优化抽、掘、采接替，合理集中生产

（1）按照有计划、按比例、可持续生产组织原则，紧紧抓住抽、掘、采、运四个关键环节，生产节奏更加均衡有序。

（2）紧盯瓦斯抽采“三提升”目标，千米钻机开机率、日抽采进尺、本煤层钻孔浓度显著提升。深入开展抽采达标区域掘进提效，优设计、强保障、提效率，矿井日均进尺显著提升。

（3）依托装备升级、工艺改进，坚持大超前生产组织模式，精准备、严标准、抓细节、重检修，安全高效通过了5304工作面末采等特殊地质构造区域，均衡调节采掘工作面接替，确保全年安全生产目标的顺利完成。

（三）多措并举，实现瓦斯综合治理

作为煤与瓦斯突出矿井，寺河矿在瓦斯治理上下大力气，多措并举。

（1）优化生产布局，合理分配风量，确保通风系统可靠。严格执行地质预测预报制度，坚持每周召开一次瓦斯地质分析会。在采区和工作面设计时，坚持以矿井瓦斯地质资料的详细分析数据为基础，坚持瓦斯治理工程优先的原则，将瓦斯治理需要作为一项重要内容融入设计中去，为工作面开采时的瓦斯治理工作提供了最优条件，为安全高效生产提供安全生产保障。

（2）“三级瓦斯”治理模式。寺河矿采用三级瓦斯治理模式，即地面钻井抽采先行，井下定向长钻孔区域抽采为主，普通钻孔、采空区抽采为辅。一是地面钻井抽采先行。在巷道开拓前，利用地面钻井施工煤层穿层钻孔抽放3号煤层瓦斯，降低煤层瓦斯含量。二是定向钻机顺煤层区域递进式抽放。利用定向钻机在3号煤层中按设计施工，通过计算机自动生成钻孔轨迹，经过孔底马达调整保证轨迹精度。此种抽采工艺在寺河矿应用范围最广，具有成孔效率高、抽放效果好、钻孔轨迹可见可靠等优点。三是岩巷穿层钻孔抽采。在揭煤、地质构造等顺层钻孔施工困难区域，以及开拓岩巷施工区域，通过施工底板岩巷穿层钻孔对区域瓦斯进行预抽采，确保抽采达标，保证巷道安全掘进。四是采空区瓦斯抽采。在采煤工作面采用高位钻孔、采空区调车巷横川闭墙插管以及老采空区全封闭插管方法对采空区瓦斯进行抽采。

（3）抽采达标。制定详细的抽采衔接计划，将各类抽放指标细化分解到每个盘区、每个采掘头面。特别是突出千米钻机的服务能力，总体摆布好千米钻机，做好各个工作面的衔接，具体每月根据生产实际，制定月度抽采计划，由矿调度室统一管理、统一考核，保证矿井、采区和采煤工作面生产能力与计划开采煤层的瓦斯抽采能力、达标煤量等相匹配。做到巷道掘进前煤层瓦斯含量降至 8 m^3/t 以下，工作面开采前煤体可解析瓦斯含量降至 4 m^3/t以下，矿井瓦斯抽放率不低于60%，真正做到抽采达标，为矿井安全高效生产提供瓦斯保障。

（4）加强煤与瓦斯突出防治工作，落实“四位一体”综合防突措施。

严格落实区域和局部两个“四位一体”的防突措施，按照“区域治理措施主导，局部防治措施补充”的原则，严格防突管理，坚决做到“不掘突出头，不采突出面”。加强揭煤和过构造的管理，严格控制揭煤作业程序，落实好揭煤措施。重点关注井下各地质异常地点探测进展情况，根据地测部门的探测结果对地质构造异常区域采取补充区域措施，并对防突措施效果进行全面检测，为巷道安全通过地质构造区域提供有力的数据，真正将煤与瓦斯突出防治综合措施落到实处。

（四）实现劳动定员管理，改进用人理念

矿井建有完善的劳动定员管理制度，对东井区各队组、各岗位严格按照劳动定额、设备台数、岗位数量、人员比例等进行定员管理，防止出现超定员生产。在实施过程中，本着“井上精干、井下定编”的精神，核定岗位人数，提倡一技多能，兼职作业，克服用人无标准，负荷不满的现象。经常深入现场，随时了解生产、劳动组织情况变化，及时调整劳动力，不断完善定员标准。确保既满足定员标准，又能保持相对稳定，保证各项计划指标顺利完成，并能根据客观情况变化和员工技术熟练程度不断改进。

晋能控股煤业集团寺河煤矿(西井)

一、矿井概况

晋能控股煤业集团寺河煤矿位于晋城市沁水县嘉峰镇，采用“一矿两井”生产模式，划分为东井和西井两个相互独立的井区。寺河矿井田面积约 114.4925 km^2（包括东、西井区），其中西井面积为 29.2839 km^2。寺河矿西井核定生产能力为 4 Mt/a，主采 3 号煤层，平均厚度为 6.21 m，结构较简单，全区稳定可采。矿井西井区保有储量为 287.48 Mt，服务年限为 24.1 a。西井区地质条件极复杂，属奥灰承压水开采区域。采用走向长壁大采高综合机械化采煤方法。

二、2019 年主要技术经济指标

全年完成原煤产量 3.34 Mt，掘进进尺 12863 m，瓦斯抽放进尺 1.56×10^6 m，瓦斯抽放纯量为 3.02×10^8 m^3，经营利润为 6.5886 亿元，原煤工效为 8.522 t/工，人均年收入 13 万元，百万吨死亡率为零。

三、安全高效矿井建设的主要做法

（一）创新管理理念，转变安全思维

坚持理念引领，“1551”安全理念体系是集安全目标、核心理念、工作方法、素质能力、干部作风于一体的思想指南和行动纲领，找准了安全工作的短板，提出了防范风险的方向和重点，是对安全理念的提炼与升华。各级人员要深刻认同并努力践行“1551”的安全理念体系，坚持用“1551”的安全理念体系来统领和深化安全生产，推动安全生产从“要我安全”向“我要安全”本质转变。

（二）扎实开展基础整治，发展品质稳步提升

（1）坚持以基础工作大整治为契机，全面夯实基础管理，努力提升队伍素质，推动矿井从拼设备、拼资源向拼基础、拼管理加快转变。

（2）以管理提效为抓手，重新整合物资管理业务，设立企业管理部，理顺管理职能，规范管理流程，改进管理方式，积极探索“一人多岗”

“AB 岗”管理模式，强化了各级各部门责任落实。

（3）以素质提升为根本，坚持理论学习与实践培训并重，结合岗位归入，重新整合培训业务，积极开展“学标准、懂标准、用标准”专题培训，组织标准化知识竞赛，定期组织全员考试以考促学，全年开展培训大讲堂 32 期，建立关键岗位师带徒培训 52 对，探索“每日一学掌上学习”模式，减轻职工日常培训负担。

（4）深入开展质量标准化专项整治，坚持对标一流，外学经验，内查不足，确立了“以工程质量为核心、文明生产为保障，亮化美化为辅衬”的工作思路，综采工作面支架初撑力达标提升并稳定保持在 95% 以上，机电事故影响时间同比下降 70% 以上，多支队组多次实现月度机电“零事故”，基础工作全面进步。

（三）加强水害防治，杜绝水害事故

在水害防治方面，以落实《煤矿防治水细则》为主线，坚持“预测预报、探掘分离、有掘必探、先探后掘、先治后采”的原则，严格执行好分区管理和“三专两探一撤人”相关规定，强化制度建设，夯实基础工作，聚焦灾害防治，推动技术创新，强化责任落实，促进地测防治水制度体系完善合理和治理能力全面提升，确保安全生产。

（四）全面深化改革创新、发展后劲不断增强

（1）面对全省深化国资国企改革新形势，该矿稳步推进各项改革部署，坚持靠改革激活力、靠创新增动力，努力提升矿井综合竞争力。深入推进“三项制度”改革，强化业务部室差异化分配导向，加大薪酬分配向苦脏累险等一线岗位倾斜力度，井下一线职工平均收入同比增加 9%，薪酬结构更趋合理，职工积极性更加高涨。深化劳动用工管理，坚持依法用工，强化劳动合同管理，及时理顺长期借调职工在册关系，清理整顿长期不在岗人员，努力形成员工能进能出的用工机制。

（2）深化三大序列人才队伍建设，按计划完成定岗定编工作，召开青年人才座谈会，选拔 39 名大学生调整至实习技术员岗位，在业务系统先行选聘 6 名“技术大拿”，拓宽了职工的成长通道。

（3）突出创新第一驱动力，加大技术创新投入力度，涌现了一批代表性创新成果。切顶卸压技术在 6301 工作面进行了初步尝试，为小煤柱开采奠定了基础，定向钻机长距离取芯测含量工程试验成功，全年通过省部级成果鉴定 3 项，荣获省部级成果 6 项，获得集团公司技术进步奖 3 项，五小成果奖 24 项，获国家知识产权局受理专利 44 项，创历年新高。广大职工立足

岗位苦练技能，也获得了丰硕成果，在全煤技能竞赛中，该矿荣获特等奖 1 人，一等奖 3 人。

（五）环保为基，绿色开采

（1）矿井分别建有一座日处理能力为 16800 m^3 的矿井水处理站和一座日处理能力为 4800 m^3 的生活污水处理厂。矿井生产工艺用水、厕所冲洗及卫生用水、绿化及洗车等用水，已全部采用矿井回用水。改造敷设复用水管网 5000 m，利用废水量约为 400000 t。选煤厂煤泥水采用闭路循环系统，实现废水零排放。

（2）坚持实施瓦斯综合开发利用，化害为利，变废为宝。主要采取井上下联合抽采的办法，形成煤层气地面预抽放、井下本煤层顺层钻孔抽放、卸压带抽放和采空区抽放的立体网络式抽放体系，实现了煤层气抽采利用规模和综合效益的最大化，目前，日均瓦斯抽采量稳定在 2.25×10^6 m^3 以上，抽出的瓦斯全部用于发电、洗浴、工业燃料、车辆用气，获得了可观的安全效益、经济效益、环境效益和社会效益。

（3）矿井目前生产过程中产生的矸石全部排至排矸场，排矸场位于选煤厂工业场地西北侧的磨掌村与王山村之间的驴尿沟区域，沟底高程 635 m，沟顶 820 m，是一条荒沟，总面积为 63.04 hm^2，排矸场整体规划采用倒阶式堆存，由下向上，分层排放，逐层覆土，逐层压实，处置率达到 100%，消除了地质灾害和社会不稳定因素，加大了矿山绿化面积，改善了矿区生态环境，促进了矿山可持续健康发展。

（4）土地复垦和沉陷治理方面，按照“谁损毁、谁复垦”的原则，以区域为单位，采取工程复垦和植被复垦相结合的措施进行治理，形成了土、林、路综合治理模式。一是利用机械设备优势，恢复废弃耕地，高效治理土地，减少耕地持续破坏，增加有效耕地面积，解决农民耕种问题；二是通过合理规划，对沉陷区域内植被进行补种、修复，实现环境的持续改善。通过以上方式，有效解决了土地塌陷、水土流失、耕地荒废、植被破坏和安全作业等问题，2019 年塌陷土地治理率达 93%。

（5）矿区绿化面积达到 253300 m^2，绿地覆盖率达到 36%，人均公共绿地面积 67 m^2，绿化覆盖率达到应绿化区域面积 95% 以上。

晋能控股煤业集团寺河煤矿二号井

一、矿井概况

该矿井设计生产能力1.8 Mt/a。1994年4月1日开工建设，矿井原设计生产能力为0.21 Mt/a，2002年11月1日投产，2002年达到原设计生产能力。2005年1月10日，寺河矿二号井通过了0.3 Mt/a技术改造项目竣工验收。2008年3月17日，寺河矿二号井通过了0.9 Mt/a扩建项目的验收。2011年12月12日，寺河矿二号井通过了1.8 Mt/a产能释放建设项目竣工验收。经过不断地技术升级改造，2019年矿井核定生产能力达到了3 Mt，为高瓦斯矿井。

矿井可采煤层为9号、15号煤层，其中：9号煤层井田面积为48.0023 km^2，9号煤层平均厚度为1.37 m；15号煤层井田面积为53.5976 km^2，15号煤层平均厚度为2.3 m；矿井储量为126.31 Mt，为优质无烟煤。矿井采用倾斜长壁后退式、综合机械化采煤法，一次采全高、全部自然垮落法控制顶板。掘进采用综掘工艺，巷道掘进主要采用EBZ160和EBZ120型综掘机、锚杆钻车，顶板支护为锚杆、锚索联合支护。

二、2019年主要技术经济指标

2019年度完成原煤产量1.79 Mt，掘进进尺16200 m，计划利润指标-9191万元，完成利润-6743万元，人均收入131623元，原煤工效9.66 t/工，原煤百万吨死亡率为零。各项指标均达到特级安全高效矿井标准。

三、安全高效矿井建设的主要做法

（一）生产组织

严格落实瓦斯防治“先抽后采、以风定产、监测监控”十二字方针，优化抽采系统，更换井下管网，泵站抽采量增加50 m^3/min，钻孔抽采负压增加5 kPa，有效提升了抽采效果。优化通风系统，调整风井服务区域，1号风井负压降低500 Pa，有效风量增加2200 m^3/min，为矿井安全生产提供了基础保障。增加瓦斯治理手段，九七盘区实施邻近巷道倾向高位钻孔抽采和定向钻机大直径走向长钻孔抽采，九四盘区实现高、低浓度双系统分列抽采，一五三盘区优化高位钻孔施工参数、本煤层钻孔下筛孔管，瓦斯治理效果显著。瓦斯抽采进尺较去年增加 1.35×10^4 m，抽采量较去年增加 2.75×10^6 m^3，抽采进尺和抽采量逐年攀升。

矿井持续深挖采掘提效潜能，大力开展单产单进提升。矿井综合单产水平达 100000 t、单进水平最高达到 568 m，创晋城地区 9 号、15 号煤层人均工效、单产单进最高水平。

（二）科学管理

（1）安全管理方面。认真开展“三个专项行动”、事故警示教育等活动，提升全员安全责任意识。全面压实三级责任，开展自查自检自改，坚持严字当头、全面从严、一严到底，做到发现问题不等、处理问题不等、追责问责不等，有力促进了责任落实。

组织开展了年度安全风险辨识，重点对瓦斯、水、顶板、提升运输等关键系统开展安全风险辨识，编制年度风险辨识评估报告，建立重大安全风险清单，共辨识安全风险 168 项，其中重大风险 8 项，并制定和落实相应管控措施。同时，制定覆盖井上下各岗位、各工种 73 项岗位风险告知卡，指导岗位员工准确辨识风险，做好超前防范，全年事故率显著下降。

突出过程管控，抓好瓦斯、顶板、地质、防治水、辅助运输、重点工程、零星工程等重点难点和薄弱环节的安全管理，强化超前管控，向施工设计、业务安排、区队管理、岗位操作等过程渗透，逐步消除隐患产生的根源。加强零星工程、单人单岗作业及重点时段、重大节日期间的安全管理，多措并举确保安全生产。

（2）标准化建设方面。逐项认真落实安全生产标准化标准，将精细化管理的理念贯穿到标准化建设的各个环节，切实夯实管理基础、提高管理效率。重点在完善标准化管理制度、双预控体系建设、工程质量验收体系、零星工程管理、岗位操作标准、设备管理、文明生产管理、资料和档案管理等方面制定了具体提升目标及提升措施。

以行业内外先进装备发展方向为指引，以符合矿井自身现场条件为基础，实现装备的机械化、自动化、信息化、智能化。主要分析了采掘系统、辅助运输系统、通风系统、抽放系统、排水系统、供电系统等主要系统设备存在的问题，并结合矿井正在开展的科研项目，确定了各系统建设及相关设备管理等方面的提升措施，目前各项措施正在按计划落实中。

以落实岗位作业操作标准为重点，持续开展岗位达标建设，真正实现岗位操作达标。对标山西省岗位操作标准化试点矿井，重新制定了矿井岗位操作标准；同时，加强现场检查，重点加强岗位习惯性违章等“三违”的检查力度，推动岗位操作标准现场落实到位。

以采掘工作面工程质量管理和现场文明生产为核心，常抓不懈，真正实现井下现场动态达标。重点对综采工作面“三直一平”、支架初撑力、乳化液浓度等达标情况及掘进巷道工程质量进行检查考核。先后修订下发了《工程质量管理制度》《“三直一平两畅通”及支架初撑力专项整治方案》，严格落实基层区队每班自查及业务部室每周动态检查，并严格进行考核，有效促进了员工的达标意识和基层区队自主管理。实现井下各综采工作面“三直一平”、支架初撑力、乳化液浓度及综掘工作面巷道工程质量均实现达标管控。

（3）经营管理方面。严预算降成本。大力开展革命性降本增效保利润工作。持续推进全面预算管理，树牢一切成本皆可降的理念，实施成本定额、限额管理，推进物资供应“领、用、退”全过程控制管理，采取优化设计、材料复用等有效措施，全年完成降本增效指标2951.80万元，较预算指标增加55.30万元。成本管控水平位居集团公司第二。

提质量增效益。严把煤质关，加强回采、运输、地面筛分全过程管控，降低原煤含矸率，提质增效。实施煤质在线监测、科学分析数据，组织专人实地了解用户需求，针对用户提出的问题迅速研究，立刻部署，确保产品质量批批合格。加大瓦斯利用，保证高浓度气源持续稳定，全年利用瓦斯 $1.60\times10^{7}\ m^{3}$，实现销售收入432.78万元。

（4）人员培养方面。围绕“抓素质能力提升促安全生产”这一主线，通过深入组织开展安全生产标准和规程大学习、大提升活动，全面提升员工素质能力。开展管理、技术、操作三大序列各层次人才培训工作，全年组织各类人员培训达1677人次。通过全员、全方位、多层次的培训使员工的安全意识和素质能力有了较大提升。

首次尝试在机关职能、业务部室等单位推行“业务分组制”扁平化管理，优化一般业务人员成长通道，破解员工职业发展瓶颈难题；继续抓好业务培训、职称晋升、学历教育和各类工种的取证培训工作，最大限度满足了矿井发展和个人成长需要；组织开展岗位技能竞赛，广大职工操作水平和业务技能得到了有效提高。

（三）技术创新

矿井在97307工作面开展“110工法”切顶留巷工艺试验，开创了晋煤集团首家高瓦斯矿井成功应用的先例；在九四盘区的94316备采工作面，积极推进智能化综采工作面项目，成为全省首家薄煤层智能化工作面，94316工作面设备及控制系统试运转正常。

积极推进智能化选煤厂建设，此项目为全国首家3 Mt/a智能化选煤厂试验项目，其自动化装车系统为全省第一。

2019年开展了群众性科技创新“五小”活动。上报集团公司30项，获奖11项。

（四）亮点特点

寺河煤矿二号井至华昱煤化工项目基地，“亚洲首条400 cm管径单机最长”施工项目——华昱洁净输煤工程进入试运行，历时9个月，创全国同类工期最短纪录，为矿井组织正常生产、外运提供了坚实的保障。

山西长平煤业有限责任公司

一、矿井概况

山西长平煤业有限责任公司（以下简称长平公司）位于山西省高平市寺庄镇境内，地处全国最大的无烟煤基地——沁水煤田的东缘，太行山西缘南段，井田南距高平市 17 km，北距长治市 45 km。矿井于 2000 年建矿，2003 年 10 月正式投产，设计能力为 1.2 Mt，2014 年 1 月 9 日，由山西省煤炭工业厅核定生产许可能力为 5.00 Mt/a。

依据国土资矿函〔2010〕217 号和晋国土资发〔2010〕358 号文件对长平井田边界进行调整，调整后井田南北长约 8.0 km，东西宽约 10.6 km，调整后面积为 54.9127 km^2。

井田内含两层可采煤层，自上而下分别是：3 号煤层，平均厚度为 5.58 m；15 号煤层，平均厚度为 4.32 m。截至 2019 年底地质储量为 271.65 Mt，可采储量 172.02 Mt。

长平矿瓦斯相对涌出量为 25.23 m^3/t，瓦斯绝对涌出量为 232.35 m^3/min，是高瓦斯矿井，煤尘无爆炸性，为Ⅲ类不易自燃煤层。

井田水文地质类型属简单类型，3 号煤层底板奥灰水突水系数小于临界突水系数，属突水性安全区，在没有导水构造沟通的情况下，奥灰水突水的可能性很小。

二、2019 年主要技术经济指标

2019 年长平公司共生产原煤 4.99 Mt，掘进进尺 17220 m，百万吨死亡率为零，采煤机械化程度达 100%，掘进机械化程度达 100%，采区采出率为 78%，原煤工效达 13.10 t/工，矿井综合单产为 199946 t/(个·月)，矿井安全生产标准化达到了国家一级标准，2019 年人均工资 9.3196 万元，以上各项指标均达到特级安全高效矿井标准要求。

三、安全高效矿井建设的主要做法

（一）优化开拓方式、合理集中生产取得的经验与做法

将原有五盘区大巷“三煤两岩”五巷布置方式调整为“四煤两岩”六

巷布置方式，从系统上形成煤巷、岩巷相互独立的上、下立体层位系统，实现了煤走煤巷、矸走矸巷、煤矸分离的绿色环保通道，形成了五盘区煤矸分离、辅运双通道、采区两翼独立回风的绿色、高效矿井开拓系统，为优化采掘部署、缓解采掘衔接紧张、提高生产效率提供安全系统保障。

（二）采用新技术、新工艺、新装备等方面取得的经验与做法

5302 工作面设备选用国内一流智能化综采装备，在传统的综放技术基础上，配备具有感知能力、记忆能力、学习能力和决策能力的综采装备组成。它以自动化控制为核心、以可视化远程监控为手段，采取惯性导航、记忆截割、自动跟机、远程干预控制技术。

5302 工作面生产期间设备运转良好，实现了在采煤生产过程中：以采煤机记忆割煤为主，人工远程干预为辅；以液压支架跟随采煤机自动动作为主，人工远程干预为辅；以综采运输设备集中自动化控制为主，就地控制为辅；以综采设备数据监测为主，视频监控为辅；即“以工作面自动控制为主，监控中心远程干预控制为辅”的自动化生产模式。正常生产期间，工作面带式输送机 1 人，泵站 1 人，三机 1 人，机组割煤 1 人，拉架作业 1 人，放煤作业 1 人，电缆看护 1 人，清煤 1 人（此 8 人均为设备巡查），端头维护 2 人，集控中心监护 1 人，工作面 11 人可满足正常采煤作业要求。实现了“少人跟机作业、有人安全巡视”的安全高效开采模式。

（三）瓦斯治理方面取得的经验与采取的措施

针对煤层松软破碎低透难抽的特点，长平公司坚持瓦斯治理“十二字”方针，严格按照集团公司三级瓦斯治理模式，以“岩巷是基础、抽放是根本、增透是关键、系统是保障、质量是核心”的瓦斯治理理念为指导，在“底抽巷穿层钻孔超前预抽、顺层钻孔回采区域抽采、高位钻孔采空区抽采”三个层次三种抽放方式的探索实践中固化了工艺规范和标准，推动了“一通三防”工序化、标准化、规范化管理。重点攻关水力冲孔卸压增透消突技术，形成了适合长平矿的软硬复合煤层瓦斯治理体系。

通过对底抽巷穿层及本煤层抽采钻孔钻进、成孔、护孔、封联孔技术进行研究，研发了底抽巷及本煤层抽采钻机及配套钻具，确定了抽采钻孔施工及护孔工艺，制定了钻孔施工、封联孔技术标准。

通过对水力冲孔增透技术进行研究，研发了冲孔泵、射流组件、钻杆等配套装备，确定了底抽巷穿层及顺煤层抽采钻孔水力冲孔施工技术标准。

通过对采煤工作面采空区瓦斯赋存规律进行研究，确定了采空区裂隙带位置、高位钻孔施工参数及护孔工艺以及采空区抽采方式、方法。

瓦斯治理工作初见成效。通过实施底抽巷穿层和顺层钻孔 + 水力冲孔卸压增透技术，单孔抽采量提升 5 ~ 10 倍，抽采效果明显提升，有效缩短了采掘工作面抽采达标时间。4310、5302 工作面分别提前 4 个月、8 个月圈定，为采掘衔接创造了良好的条件。4310 工作面高位孔抽采量突破 18 m^3/min，工作面总抽采量首次超过风排瓦斯量，创长平公司最好成绩，实现了采面高效回采。

（四）瓦斯利用方面取得的成就

为实现低浓度瓦斯利用，根据该矿实际需要，2016 年 9 月金驹公司在长平矿芦家峪抽放泵站附近建成全国首座分布式低浓度瓦斯发电站，总装机容量 6 × 1000 kW，采用 6 个集装箱式燃气内燃发电机组，设计最大日瓦斯利用量 $4.20 \times 10^4\ m^3$，平均日利用量在 $3.84 \times 10^4\ m^3$，实现了浓度 10% 以上瓦斯的就地利用，不仅解决了瓦斯直接排放对空气的污染，同时也成为长平矿新的利润增长点。

目前二期工程正在建设，规划布置 16 台 1500 kW 燃气内燃发电机组，预计 2020 年底建成投运后，长平矿总利用瓦斯能力将达到 $1.97 \times 10^5\ m^3$ 左右，可实现预抽瓦斯全部利用。

（五）绿色开采情况

（1）原煤入选率情况。通过选煤厂山上和山下产品仓下智能配煤技术研究，实现煤质实时监测和自动化配煤，以替代人工操作，达到精准配煤和实时可控，在保证产品质量的情况下提高了运行效率，减少了工人劳动量。项目实施后，不仅可以很好地满足客户对煤炭质量的各项要求，而且可以针对市场和客户需求加工适销对路的末煤产品，甚至可以做到为客户量身加工专用末煤产品。通过块煤分级筛提升产能及筛分效率技术研究，在提高块煤分级筛处理量的同时，还较大幅度提高了筛分效率，可以在一定程度上降低块煤限下率，减少块煤限下超标问题。目前入选率达到 100%。

（2）职业健康开展情况。2019 年 7 月组织单位负责人、职业健康管理人员及监测人员到职教中心参加了职业健康培训；另外职教中心牵头，各单位分别对接害人员全员进行了职业健康培训，并取得职业健康合格证。岗前和离岗员工职业健康体检率达 100%，2019 年度在岗应检 4391 人，实检 4268 人，体检率达 97.20%。

（3）绿化情况。截至 2020 年，公司绿化覆盖面积达到了 696635 m^2，绿化覆盖率达到了 43.70%，绿化率达到了 100%，绿化种植品种 60 多种，矿区主干道全部达到了林荫化，生活区绿化达到了普遍化，可绿化能绿化的区域全部进行了绿化，基本实现了“绿化零死角、黄土不露天”的目标。

（4）环保情况。长平公司已于2019年10月11日办理了排放污染物延续申请手续，并获得了晋城市环保局颁发的排放污染物许可证，在持证期间，长平公司污染防治设施均运行稳定，无偷排、漏排现象，没有发生重大环境污染事故。

晋能控股煤业集团沁秀公司岳城煤矿

一、矿井概况

岳城煤矿于2003年开工建设，2009年投产，2009年达到设计生产能力。经过不断地技术升级改造，2011年矿井设计生产能力及核定生产能力提升为1.5 Mt。井田面积为13.806 km^2，矿井井田内有可采煤层3层，分别为3号、9号、15号煤层，可采煤层总厚共计9.64 m，现采3号煤层，平均厚度为6.13 m，可采储量32197000 t，为优质无烟煤。矿井采用斜井开拓方式，现生产盘区包括一、二盘区，综合机械化开采，主提升系统为长距离钢丝绳强力带式输送机，副井为单钩串车提升，盘区运输巷采用无极绳绞车运输。采煤方法为走向长壁分层综采，巷道掘进采用EBZ120综掘机，上分层支护方式以锚杆锚索支护为主，下分层支护方式以金属棚支护为主，辅以其他支护方式。

二、2019年主要技术经济指标

2019年度完成原煤产量1.50 Mt，掘进进尺11262 m，实现利润18446万元，人均收入131300元，原煤工效8.35 t/工，原煤百万吨死亡率为零。各项指标均达到特级安全高效矿井标准。

三、安全高效矿井建设的主要做法

（一）强统筹、抓重点，高效率组织生产

岳城矿严格遵循“有计划、按比例、可持续”原则，牢固树立“抽采为源、进尺为泉、产量为本”理念，遵循“掘进为抽采服务、抽采为掘进保障”思路，优化系统、高效组织，实现了衔接有序、“三量”平衡。一是突出空间抽放。围绕“三个空间”瓦斯治理思路，创新运用“地面采动井抽放、采空区抽放、穿层钻孔抽放”三元抽放模式，缓解瓦斯“瓶颈”制约。积极开展U形通风系统试验工作，综合运用高抽钻孔、大孔径高位钻孔、倾向中位钻孔和穿透孔布置方法，优化抽采系统，提高抽采效率，连续七年抽采破亿立方米。二是注重采掘衔接。按照“年、季、月、周、日、班”层级组织模式，树牢“抓生产就是抓准备”理念，一手抓准备、一手推安装，为生产组织创造最大富余系数，实现了采掘头面无缝对接，创建并实现了“百万吨综采队、五千米综掘队和亿立方米抽采队”的建设目标，矿井单产水平较2018年提升17.8%，单进水平较2018年提升19.9%。

（二）强执行、抓落实，高标准现场管控

岳城矿牢固树立“经营好安全就是最好的经营、最大的效益”理念，紧紧围绕“主体安全、专业安全、机制安全、服务安全”工作思路，扎实推进本质安全型矿井建设，矿井安全综合管控能力持续增强。

（1）突出主体安全。深入践行安全理念体系，全面落实各级安全会议精神，完善安全管理制度，明确安全管理责任，突出风险管控重点，强化隐患排查治理。

（2）突出专业安全。瓦斯治理方面，围绕瓦斯“突管更能突围”目标，严格落实两个“四位一体”防突措施，持续提升矿井“突围”能力，做到了“两个指标”可控；“一通三防”方面，树立“人人都是通风员”理念，坚持“井上下联合抽采”瓦斯治理模式，做到瓦斯“不积聚、不突出、不误报、不超限”；顶板控制方面，坚持主动支护，严格落实“煤帮准入制”，制定完善顶板包保巡查体系，做到顶板“不失修、不空顶、不冒顶”；地测防治水方面，坚持“无水害不等于无水患”理念，构建“七位一体”水害防治工作体系，做到“不漏探、不盲进、不透水”；辅助运输方面，严格执行“行人不行车、行车不行人、不作业”规定，认真落实“五不一确保”和“掉道汇报监管制”等措施，全力构建“无极绳绞车为主、小绞车受控”的运输系统，做到辅运作业“不掉道、不翻车、不跑车”；薄弱环节方面，牢固树立“规程措施是第一保险、现场监督是双保险、持续提高是最保险”理念，全力抓好重点工程、变化条件、零星工程、边远散单等薄弱环节管理，做到“不漏管、不脱管、不失控”。

（3）突出机制安全。一是构建安全系统工程体系。通过系统安全分析、安全评价、安全决策和事故控制，实现系统安全保障矿井安全。二是健全安全生产责任体系。按照“有岗必有责、有责必追责、失职必问责”要求，做到安全投入到位、安全培训到位、基础管理到位、应急救援到位。三是完善安全诚信体系。利用安全信息管理平台，健全安全诚信考核机制，倡导和推进安全诚信建设，做到有令必行、有禁必止、规范作业。

（4）突出服务安全。一是推进安全文化建设。开展安全理念进区队、进班组、进头面活动，将安全文化渗透到制度建设、管理机制和职工行为规范过程中。二是狠抓干部作风转变。强化全员知责履责意识，做到“领导带头干，服务到现场”。三是推进安全综合管理。牢固树立大安全意识，坚持党政工团齐抓共管，构建全员、全过程、全方位的管理格局。

（三）强预算、抓管控，高水平经营管理

围绕“经营管理提升”目标，以“三个不能容忍”理念为引领，经营管理工作成效显著。一是突出预算刚性。树立“管业务必须管预算”理念，构建“专业自治、区队自主、班组自控、岗位自律”四层预算框架，充分体现预算管理的科学性、严肃性和权威性。二是强化成本管控。认真践行“人人都是预算员，岗位就是利润源”理念，遵循“有计划、有落实、有结果、有评价”原则，突出抓好“能加工不投入、能自用不弃用、能自修不委外”三项工作。三是注重多元创效。全员树立“人人为成本而算、个个为效益而干”理念，围绕“节支提升、资源提升、效率提升、气量提升、管理提升”重心，大力开展创新创造、小改小革等工作，全年共完成创新项目 165 项，特别是创新试验“构筑隔离墙沿空留巷”项目，为无煤柱开采技术提供了有力支撑。累计创新提效 624.2 万元。

今后，岳城煤矿将在矿党政的领导下，以人为本，切实做到加强领导带动人、完善机制鞭策人、科学管理激励人、弘扬美德凝聚人、创新文化感染人、关爱员工温存人、改善环境吸引人、提升效益惠及人，充分调动职工群众的积极性、智慧和创造力，严格按照建设“安全高效矿井”目标任务精心组织、严密管理，大力推广使用科学新技术、提高装备水平，继续深化开展安全生产标准化工作，有力地推动安全高效矿井稳步推进。

晋能控股煤业集团沁秀公司坪上煤业

一、矿井概况

坪上井田位于沁水县端氏镇坪上村一带，紧邻沁河，环境优美，侯月铁路与润端公路穿过本井田，交通运输十分便利，井田内地质构造简单，煤质优良，批准开采3～15号煤层，矿区面积为9.4222 km^2，矿井服务年限为22 a，井田内3号煤层共获得各类资源量71.16 Mt，矿井工业储量为70.13 Mt，矿井设计储量为39.11 Mt，矿井设计可采储量为27.73 Mt。

矿井采用斜井开拓方式，全井田共布置4个井筒，即主斜井、副斜井、行人斜井、回风立井，3进1回通风。全井田3号煤层共划分为2个盘区。

矿井采用中央并列式通风方式，选用两套AGF606－2.82－1.58－2型通风设备作为矿井主要通风设备，一用一备，配套电机功率为1600 kW，运行角度为－5°，负压为2450 Pa，风量为17537 m^3/min。

矿井建有预抽泵站和采空区泵站两座地面永久瓦斯抽采泵站。预抽系统安装4台2BEC72型水环真空泵，三用一备运行。采空区泵站安装5台2BEC72型水环真空泵，四用一备运行。

矿井预测正常涌水量为58.33 m^3/h，最大涌水量为91.67 m^3/h，排水系统采用单水平开采直接排水系统接力排水。

二、2019年主要技术经济指标

2019年全年完成原煤产量719365 t；掘进进尺总量为6562 m；瓦斯抽放量达1.5×10^8 m^3；瓦斯抽放进尺为563814 m；销售收入4.309亿元；实现利润8266.56万元；人均年收入13.65万元；原煤工效5.06 t/工；原煤百万吨死亡率为零。

三、安全高效矿井建设的主要做法

（一）标准化管理方面

（1）健全机构，完善制度。建立了“一把手”抓安全生产标准化工作的责任体系，传递压力，落实责任，形成“领导督导，专业科室监管，基层区队自主管理”的工作体系，不断提升矿井标准化管理水平。

（2）深入开展标准化培训。该矿将安全生产标准化培训纳入全年培训计划中，采用矿领导亲自上讲台授课方式，层层推进，逐级引领，并编制应知应会手册，组织全员进行学习。

（3）狠抓现场动态管理。按照“动静结合、重点管控”的要求，推行清单式检查方式，定期对各头面检查打分评级，对不达标头面停产整顿。认真开展安全班评估、工程质量验收等工作，细化验收标准，规范验收程序，严格验收考核，实现工程质量全过程管控。

（二）先进生产技术管理方面

（1）优化巷道断面。在满足通风、运输和行人安全等要求的前提下，以优化巷道施工断面尺寸为切入点，合理减小断面尺寸，为掘进提效提供技术保障。

（2）优化掘进工艺与生产组织。在优化掘进工艺方面，根据掘进工作面顶板及煤体情况，在顶板比较稳定、煤体较硬情况下，施工队组进行双排掘进，进而提高掘进效率。在生产组织方面，根据该矿“三八”工作制，检修班时间相对较长，为了提高掘进效率，在充分保证检修班人员的前提下，利用检修班 4 ~ 5 h 完成检修、防突、取芯等工作，然后利用剩余的 3 ~ 4 h，安排生产班组进行掘进作业。

（3）推广应用新设备、新工艺。结合巷道岩性、断面尺寸，选择适合自身矿井的掘进、运输设备，从装备上保证各类巷道、各类断面的掘进提效的要求。该矿井下在大巷及顺槽巷道安装使用无极绳进行运输，降低了工人的劳动强度，提高了运输效率。

（三）在瓦斯、通风管理上的先进经验

（1）在地面钻井预抽的基础上，综采工作面采取“定向递进孔 + 普通顺层孔 + 高位钻孔 + 闭墙插管”的瓦斯治理综合措施。

（2）为进一步降低综采工作面落煤瓦斯浓度，在 2307（上）综采工作面回风巷实施注气驱替工艺，激活顺层预抽衰减钻孔，提高抽采量。

（3）掘进工作面安装了一套矿井自主设计的综合安全防护设施。该套设施包括机组外壳（配备钢化玻璃视窗）、降温装置、压风自救、激光射线仪、防爆平板电脑、防爆高清摄像头等装置，实现了掘进工作面割煤期间只有掘进机司机单人作业且最大程度保障人身安全的目标。

（四）其他方面好的做法

1. 提升人员素质

（1）细化管理、技术、技能三大序列人才培养规定，创新人才成长成才方式，实现员工合理、规范、有序、高效流动。

（2）开展“干部上讲台、培训到现场”工作，坚持每日早会会后一题、每周专业培训，有效提升了干部队伍的专业素养。

2. 加强安全管理

面对越发严峻的安全形势，该矿以“1551”安全理念体系建设试点为契机，持续加强安全管理，推进矿井安全生产。体系建设方面：一是健全安全责任体系，明确“三大序列”岗位职责，将安全绩效星级考核贯穿于安全管理全过程；二是健全安全制度体系，完善各项安全管理制度，加快推进“双重预防机制”“安全诚信体系”建设，全面提升安全保障能力；三是健全警示教育体系，严格执行事故学习“16 字”要求，及时发布警示信息，职工安全意识显著提升。

3. 改善矿区环境

加强废气、废水、固废治理。安装了布袋除尘器、喷淋、自动洗车轮机，配备洒水车和吸尘车，有效治理了工业场地粉尘；装备了环保用电监管系统、锅炉烟尘自动在线监控系统等在线监控系统，提升了环境监测能力。矿井水经过多层过滤、反渗透和消毒深度处理后，部分用于井下洒水、瓦斯抽放站及瓦斯发电，其余用于浴室、洗衣、锅炉补充水。

4. 抓好民心工程建设

始终将员工对美好生活的向往作为奋斗目标，坚持发展成果普惠员工。餐厅引入市场化竞争机制，饭菜品种更加多样；实施饮用水厂改造工程，确保饮水安全；实施澡堂分区管理，在井口、澡堂、基层队组值班室等地点加装直饮水机装置，使职工工作、生活更加便利。

山西晋煤集团沁水胡底煤业有限公司

一、矿井概况

山西晋煤集团沁水胡底煤业有限公司是山西省煤矿企业兼并重组整合工作领导组以晋煤重组办发〔2009〕38 号文件批准的兼并重组整合矿井。

矿井位于晋城市沁水县胡底乡境内，井田面积为 5.1253 km^2，矿井设计生产能力为 0.6 Mt/a，为煤与瓦斯突出矿井；批准开采 3 ~ 15 号煤层，目前开采的 3 号煤层为无烟煤，煤质优良，具有热稳定性好、发热量高、机械强度大、低灰、低硫、低挥发分等特性，是化工、冶金、建材、发电、民用的优质原料和燃料，素有“香煤”和“兰花炭”的美誉。煤层平均厚度为 5.72 m，属不易自燃煤层，煤尘无爆炸危险性，水文地质类型为“中等”。3 号煤层原始瓦斯含量为 23.23 ~ 25.8 m^3/t，原始瓦斯压力为 3.83 MPa。2019 年矿井瓦斯涌出量测定结果；绝对瓦斯涌出量为 226.15 m^3/min，相对瓦斯涌出量为 230.96 m^3/t，总回风量为 20239 m^3/min。

二、2019 年主要技术经济指标

2019 年完成原煤产量 475900 t，掘进进尺 7336 m，实现利润 -1.851 亿元，原煤工效 4.233 t/工，人均年收入 83770 元，原煤百万吨死亡率为零。

三、安全高效矿井建设的主要做法

（一）生产组织

（1）提升生产管理质量。牢固树立“抓生产重在抓准备”的理念，从地质探测、系统能力及运行质量、生产组织三个方面创造条件，全面提升生产管理质量。实施“地质先行”，研究探测技术，超前分析异常信息，为采掘生产提供科学依据。持续优化抽放、提升、供电等系统，改进辅助运输模式，强化岗位责任管理，实行检修清单和定期集中检修相结合的检修模式。以提升单产单进水平为主线，开展采掘提效竞赛活动，推行正规循环作业，强化工序管理，改进生产工艺，提高生产组织效率。

（2）提升安全管理质量。以“双重预防性工作机制”为抓手，建立健全安全生产标准化“三位一体”工作体系。积极构建矿井安全风险分级管控体系，开展安全风险辨识。按照“隐患就是事故”的理念，完善隐患排查治理体系。利用专业会议、小分队活动、现场办公、专业检查等多种形式开展安全风险辨识、隐患排查治理，实现安全生产标准化各项管理工作持续提高。

（3）积极开展岗位练兵，提升员工操作水平。各业务部室及基层区队根据岗位技能鉴定、岗位技术竞赛及各区队岗位的特点，相应地制定了理论知识培训和岗位实操训练工作计划。例如机电系统每月抽调各单位的机电工进行业务及操作培训等。各区队也在工作期间利用班与班之间竞赛的方式开展岗位练兵，提高了各操作岗位的技能水平。

（二）科学管理

（1）提升服务管理质量。树立“好的服务就是效益”的观念，按照“职责清晰、服务高效、系统保障、有序治理”的要求，不断强化机关和业务部室的服务意识，并通过分级民主评议的方式对服务类指标进行定性考核，推动机关、业务部室第一时间解决问题，切实为基层员工消除后顾之忧，确保其全身心投入安全生产。

（2）薪酬方面降本增效。薪酬方面的降本增效具体措施：一是提高薪酬激励效果，把各单位绩效考核结果同薪酬挂钩，当员工的绩效考核较差时扣减其绩效工资，可以鞭策使其奋进，从而提高工作效率；二是对长旷人员进行梳理，解除一部分，复工一部分，从而降低人工成本，提高劳动生产率；三是加强加班审批控制，降低加班费用的发生和提高劳动效率。

（3）加强大学生培养使用管理。胡底煤业煤炭主体专业本科毕业生有43人，他们在生产操作岗位锻炼2～3年后，能被聘任为实习技术员，走上管理岗位或专业技术岗位，为大学生创新创业提供发展更加广阔的空间，使其热爱岗位、热爱矿山，最大限度发挥工程技术人员的作用。

（4）积极开展技术培训，提升员工基本素质。在员工素质提升方面，年初制定了详细的培训计划，组织公司经理层、公司专业技术人员利用业余时间上讲台授课，并由各业务部室牵头，基层区队有针对性地开展自主培训等方式进行，保证培训质量。

（三）技术创新

针对矿井“三高”现状，开展技术攻关，积极采取措施，确保矿井安全生产

胡底煤业针对“高瓦斯、高突出、高矿压”特殊条件，矿井紧紧围绕

瓦斯治理、矿压治理积极开展技术攻关，采取了以下治理措施：

（1）瓦斯治理方面按照“地面网络预抽、区域模块降量、底抽穿层保掘，高位顺层保采”的思路，制定并严格落实瓦斯治理总体方案。重点攻关大功率钻机区域抽采，加快大巷延伸抽采工程，力争覆盖率达到 90%，进一步实现“递进式”抽采模式；提高底抽巷钻机功效和钻孔质量，实现“应抽尽抽”，确保煤巷抽采达标；继续研究优化高位顺层钻孔布置，确保采面安全高效回采。

（2）矿压治理方面进一步优化巷道布置层位，改进支护设计，加快失修巷道处理进度，扎实开展矿压监测及日常顶板巡查，重点关注巷道开口、贯通、交叉点、地质构造、采面初末采及周期来压等特殊区段和环节的顶板控制，另外与河南理工大学开展巷修技术研究，在综采工作面开展了水力切顶和爆破技术研究等项目，创造了顶板可控、矿压可治的安全生产环境。

（四）亮点创新

（1）开展底抽巷快速掘进技术研究，最大限度缓解采掘衔接紧张局面。

为了解决煤巷掘进瓦斯问题，需要提前掘进底抽岩巷，该矿开展底抽岩巷快速掘进技术研究，通过不断地摸索，总结出一套适合胡底煤业特殊地质条件的底抽岩巷架棚二次支护快速掘进工艺，将底抽岩巷月单进由 120 m 提高到 201 m，为煤巷快速掘进创造了条件。

（2）开展底抽巷“一巷多用”技术研究，最大限度发挥底抽巷作用。

为了最大限度发挥底抽巷作用，胡底煤业积极研究底抽巷的功能用途，实现了“底抽穿层消突、区域模块降量、异巷探测增效、多巷通风治患、循环排矸减压”等“一巷多用”的模式，大大提高了掘进效率，同时满足抽放、探放水、通风需要；回填矸石现初步设计已经完善，待下一步掘进将实现填矸作用。

晋能控股煤业集团阳城晋圣固隆煤业

一、矿井概况

固隆煤业是晋能控股煤业集团下属生产矿井之一，生产能力为 1.2 Mt/a。井田面积为 13.0311 km^2，批准开采 3 号、15 号煤层，现开采 3 号煤层，平均煤厚 4.13 m，属于低瓦斯矿井，3 号煤层自燃倾向性等级为Ⅲ类不易自燃煤层，煤尘无爆炸性，矿井水文地质类型属中等类型。

矿井开拓方式为斜井开拓，工业广场范围内布置主斜井、副斜井和回风立井三个井筒。

矿井采用长壁后退式综合机械化采煤法，综采放顶煤、全部自然垮落法控制顶板。掘进采用综掘工艺，顶板支护采用锚网索加钢筋托梁联合支护。

二、2019 年主要技术经济指标

2019 年矿井未发生生产死亡事故，千人重伤率为 0、未发生重大非伤事故，达到了年初预定目标。完成原煤产量 1.19 Mt，原煤销量完成 1.16 Mt，完成进尺 5130 m，完成利润总额 1.042 亿元。

三、安全高效矿井建设的主要做法

（一）筑牢安全思想防线

始终坚持“安全第一，不安全不生产”的原则，严把安全准入关，通过开展安全生产月、安全思想教育、事故案例学习、瓦斯事故大讨论、观看事故案例警示片等活动，营造出浓厚的安全氛围，使人性化管理体现在安全管理上，全员安全意识实现了从“要我安全”向“我要安全”的转变。按照“贴近实战、注重实效”的原则，组织全体职工重新学习了本矿生产安全事故应急预案、应急救援管理制度、生产安全事故应急预案、职工操作手册、专项应急处置、专项应急救援流程；同时开展职工自救互救技能、职工避险逃生、自救器盲带培训，强化了职工遇灾、避灾、自救、互救能力。

（二）突出安全生产管控重点

（1）在瓦斯管理方面。严格落实瓦斯检查制度，狠抓综采工作面上隅角瓦斯管理、井下通风设施管理，实现了瓦斯“零超限、零积聚”。

（2）在防治水方面。全面强化地测防治水工作在安全工作中的主体位置，坚持“有疑必探，先探后掘”的探放水原则，结合物探先行，钻探跟进的工作方式，调整探水队作业模式，安装井下探放水视频监控系统，全年共完成钻探进尺 36000 m，物探进尺 4800 m，疏放水量 4×10^5 m^3，全面保证了钻探效果，为安全高效生产提供了有力保障。

（3）在顶板控制方面。加强掘进工作面顶板控制，深入开展顶板专项检查，保证巷道支护质量，进行临时支护方式改革（将原来的吊管式前探梁改为机载式前探梁支护），通过科学手段提升掘进效率水平，杜绝工人空顶作业的现象，有效减轻工人劳动强度，缩短工人作业时间。

（4）在辅助运输方面。结合上级主管部门关于井下辅助运输系统升级改造的实施意见，该矿积极响应，将 1305 综采工作面的小绞车运输系统替换成了无极绳绞车辅助运输，通过 1307—1305 工作面搬家运输试运行，取得了良好的安全效应和工作效率。同时对掘进工作面运输方式进行改进，将原有的小绞车轨道运输改为履带式防爆运输车，逐步淘汰了井下 11.4 kW 小绞车，改善了掘进巷道内小绞车数量多管理不到位、点多面广事故多的现象，为提高矿井掘进作业面单进水平奠定了扎实基础。

（三）科技创新引领驱动

科学技术创新作为企业发展的第一生产力，该矿 2019 年积极推进科研推广项目，与辽宁工程学院携手配合，对井田范围内 3 号、15 号煤层进行了地应力测定，通过理论数据对比、测定数值模拟、科学手段验证，对矿井原支护设计进行了优化，将掘进工作面锚杆支护间排距由 0.8 m 改为 1 m，班掘进平均进度由原来的 9 排 7.2 m，提高到现在的 12 排 12 m，既降低材料损耗节约了成本，又提高了掘进效能。

（四）安全生产标准化上水平

2019 年该矿围绕建设一级标准化矿井的总体目标，全面加强基础整治工作，按要求组织开展月度检查，并组织召开各科队正职参加的专题会议，面对面地提出存在的隐患问题及工作差距，从严从重对安全生产标准化检查进行考核，把安全生产标准化的工作压力向一线队组及相关业务部门施加，从而实现有效整体推进提升。

（五）降本增效、改善煤质促盈利

2019 年以来，该矿牢固树立“一切成本皆可降，人人都是效益员”的理念，从矿井生产经营各环节寻找差距，不断完善成本管理措施，实现生产者逐步向经营者的转变。与赵庄二号矿井、成庄矿井进行内部对标，制定了生产、机电、通风等七大环节降本增效实施方案，全年完成降本增效 520 万元。

通过优化采煤工艺、对综采工作面存在的地质构造进行提前预判、科学合理地进行采掘工作面布局、制定出台煤矸分装分运实施方案、严禁控制综放工作面放顶煤质量、安装各转载点螺旋漏斗等措施不断提高煤炭质量，共同促进了该矿全年利润目标的完成。

山西煤炭运销集团阳城大西煤业有限公司

一、矿井概况

山西煤炭运销集团阳城大西煤业有限公司，位于阳城县芹池镇大西村。属资源重组整合单独保留矿井，于2013年5月正式投产，采矿许可证、安全生产许可证、营业执照“三证”齐全，合法有效。矿井设计生产能力0.6 Mt/a，井田面积为4.5 km^2，可采煤层为3号、15号；现开采3号煤层，3号煤层保有资源储量11.24 Mt，现可采储量为6.28 Mt，服务年限10.7 a；矿井属高瓦斯矿井，水文地质类型为中等类型，3号煤层煤尘无爆炸危险性，自燃倾向性等级为Ⅲ级，属不易自燃煤层；矿井最大涌水量为60 m^3/h，正常涌水量为24 m^3/h；2019年矿井瓦斯涌出量测定结果：绝对涌出量为30.46 m^3/min；相对涌出量为25.09 m^3/t，矿井开采方式采用综合机械化、走向长壁一次采全高。

二、2019年主要技术经济指标

矿井完成产量595000 t，其中：回采产量491100 t，掘进煤量103900 t。掘进进尺4586 m，原煤期末生产人数为370人，原煤工效为6.35 t/工，利润完成4606.64万元，成本完成296.7元/t，员工人均年收入7.8万元，综采机械化程度100%，掘进机械化程度100%。采区采出率为85%；矿井综合单产为57641 t/(个·月)。实现了安全生产长周期，消灭了轻伤以上人身事故，百万吨死亡率为零。

三、安全高效矿井建设的主要做法

（一）安全生产管理稳步推进

2019年以来该矿始终坚持“安全第一、预防为主、综合治理”的安全生产方针。一是以逢会必讲安全的态度，推动安全理念入脑入心，解除职工思想、思维上的隐患；二是强化安全责任的落实，按照“党政同责，一岗双责，失责追责”和“管生产必须管安全，管经营必须管安全，管业务必须管安全”的安全工作责任理念，进一步完善了安全责任网络，使安全责任更加清晰明白，失责追责更加有力；三是强力推行自保、互保、联保工作，全体干部职工层层签订“自保、互保、联保责任书”，并按岗位的风险程度不同缴纳风险抵押，月底根据当月安全状况对全矿各参保人员进行考核；四是在全矿各班组大力推行“班前会七步法”即：一点名签到、二点评、三排查、四分工、五学习、六自保互保联保确认、七当班全体人员安全宣誓。通过采取以上措施，全矿安全工作得到可靠的保障。

（二）以细化考核为手段推动管理提升

2019 年该矿对照岗位职责签订了目标责任书，从量化目标、管理目标、考核体系、实施办法等方面对 2019 年经营管理方案进行了全局安排，并于后续完善相关管理体系，优化管理方法，强化内控挖潜，加快精细化、市场化运作。在“目标、流程、责任、考核”四位一体管理，全面计划、全面预算、全面质量“三全”管理，“领导管人、流程管事”的工作格局上取得了初步成绩。一是积极开展机构改革和职能调整，根据企业经营形势和管理需要，本着一线充足、二线精干的原则，合并了若干科室；二是通过制定考核方案与考核细则，明确工作标准，规范工作流程，建立量化指标，严格奖惩，提高各部门工作执行力；三是制定管理进步考核激励机制，将管理进步与技术革新放到同等重要的地位，将管理进步指标下达到各单位并纳入年度目标管理范畴，强力推行。

（三）低成本得到有效落实

2019 年在煤炭市场低迷的情况下，该矿积极主动采取措施降低生产成本：一是调整矿井生产与检修班次、采取避峰用电方式，降低吨煤生产成本（峰段 0.66 元、谷段 0.27 元、平段 0.46 元，吨煤电费降低 1.75 元）。二是对采煤工作面两巷顶帮锚杆、锚索托盘、锁具及网片回收，经过修整、质检合格后投入掘进工作面重复使用，每米可回收帮锚杆 15 套，顶锚杆 8 套，锚索托盘、锁具 3 套，网片 15 m^2，折合人民币 3180 元，吨煤成本降低 5.22 元；仅此两项 2019 年节约生产成本 850 余万元。

（四）生产系统优化取得新进展

通过技术工艺的革新改造，出精品，保块率，在煤质、块率、产品结构等方面努力挖掘利润增长点。一是生产组织上，坚持“不安全不生产，不达标准不生产”的理念，根据工作面地质变化等及时调整技术工艺，提升生产组织的质量。二是重点优化了机电设备管理，规范检修工作，有效减少设备故障率与故障影响时长。三是对井下提升运输系统进行了改造、减少落煤点，提高了炭块率。四是生产技术工作主动发力，在掘进工作面实施了专项支护设计，节约了大量支护材料费；优化巷道交叉点施工设计，减少了掘进出渣量，缩短了施工工期。

（五）夯实企业文化建设，促进员工素质提升

该矿针对性地开展了以下几方面工作：一是继续深入开展学习型企业建设，思想文化方面，强调“做事先做人”的理念，注重员工品德与人文素养的提升，定期制作发行企业内刊，下发学习资料，组织安全月活动、“担当主体责任，提升安全能力”专题活动，有效促进员工思想认识特别是安全意识的提高；二是在业务技能方面，培训工作更加注重岗位实操，对新进员工和转岗员工针对性地开展业务知识与操作技能培训，按季节与工作内容变化适时调整培训内容等，不合格者不予上岗，通过岗位练兵、现场帮教、“师带徒”作业，提高职工参加培训学习的积极性，使员工的实操能力得到了普遍提升。

（六）党建工作质量进一步提升

严格落实“三会一课”制度，进一步规范基层组织生活。大力弘扬“社会主义是干出来的”实干创新精神，深入开展“岗位建功行动”，持续推进星级标准化党支部创建，大力培育和践行社会主义核心价值观，选树“道德模范”，强化形势任务教育，汇聚了发展正能量。

（七）节能环保工作稳步推进

践行“绿水青山就是金山银山”理念，投入大量资金，持续进行复垦绿化、煤尘防治、煤矸石处置等工作，有力推进了绿色矿山建设和生态矿山建设。

（八）美丽大西建设实招满满

坚持以人为本，组织全员健康体检，执行带薪年休假，改善班中餐质量，增加误餐补贴，发放年节福利，送生日蛋糕，员工获得感、幸福感进一步增强。

（九）信息化建设有突破

坚持“用信息化建设指导和统领现代化矿井建设”的指导思想，在矿井安全生产指挥、生产技术管理以及经营管理等方面，采用先进的信息化管理技术，建成了矿内局域网和办公自动化系统工业电视视频系统，以及人员定位和矿井有线通信系统，实现了信息资源的共享。

（十）重点工程全覆盖

始终把综采工作面的回撤与安装、顶板控制、机电运输、火工品、地面交通安全管理作为重点，加强采掘工作面上隅角、迎头等重点区域的有害气体管理，优化和完善矿井通风系统，切实做好防尘工作，确保矿井安全和顺利实现“一通三防”和安全生产更长的周期。

山西煤炭运销集团南河煤业有限公司

一、矿井概况

矿井前身为山西高平三甲南河煤业有限公司，设计生产能力 0.30 Mt/a。根据 2009 年山西省煤矿企业兼并重组整合工作领导组办公室以晋煤重组办发〔2009〕44 号文《关于晋城市高平市煤矿企业重组整合方案的批复》，山西煤炭运销集团作为主体对单保矿井山西高平三甲南河煤业有限公司及新增区进行了兼并重组整合，重组后更名为山西煤炭运销集团南河煤业有限公司，设计生产能力 0.90 Mt/a，现采 15 号煤层。2010 年 11 月开工建设，2012 年 1 月进入联合试运转，2013 年 8 月转为生产矿井。2017 年 9 月产能置换核定生产能力 0.6 Mt/a。

二、2019 年主要技术经济指标

全年完成原煤产量 598900 t，完成掘进进尺 2969 m，利润总额 3041.77 万元，吨煤生产成本 246.36 元，人均年收入 6.5 万元。

三、安全高效矿井建设的主要做法

（一）加强成本管控，细化经营管理

与 2018 年同期相比，2019 年该矿生产成本、完全成本均有大幅度下降。人员控制方面提出了“减员增效、并员兼岗”的思路，全矿 20 个管理科室，管理人员仅有 52 人，平均每科 2.5 人，机关科室基本是一科一人的运行机制；用工方面自 2012 年以来，一直呈下降趋势，2019 年用工人数仅为 600 来人。

（二）完善监管体系，层层落实责任

（1）由矿安委会办公室牵头，完善安全责任体系，实现“一级抓一级，层层有落实”目的，具体要求是，修订完善安全责任制、岗位责任制等规章制度，明确责任，各司其职，做到安全工作“事事有人管，件件有落实，科队有包保，责任无缝隙”。

（2）由安监科牵头，完善安全监管体系，实现“监管有效、层级负责、

群防群治、杜绝盲区”的目的。

（3）培训科牵头，完善教育培训体系，实现“培训合格、持证上岗、提升素质、培养能手”的目标。

（4）质标办牵头，完善监督考核体系，实现“目标管理、考核规范、层层落实、奖罚兑现”的目标。

（三）规范应急管理，健全应急体制

建立有兼职救护队，定期参加上级专业培训。完善应急救援体系，实现“健全机制、立足防范、提升能力、把控到位”的目标。

（四）围绕“三基”夯实基础

1. 基层建设

（1）安全管理的重心在现场，核心是班组。

（2）每旬由安监科组织一次班组长专题会议，会议通报班组长的工作优点和不足之处，同时进行安监员、班组长双向评价，对连续三次评为不合格的班组长责令连队予以更换，对评为不称职的安监员进行调换。

（3）认真落实“选好班长、用好员工、管好过程、严格考核”班组管理办法，安监科每月以各班组安全生产状况、班评估表、月度“三违”报表、质量标准化考核汇总表，进行评选月度先进班组，进行奖励，以先进带后进，整体推进班组建设。

2. 基础管理

（1）班前“三个十分钟”安全教育活动。业务学习十分钟，安全宣讲十分钟，任务安排十分钟。

（2）班中做到“一提醒两汇报”。“一提醒”是指在生产过程中，提醒各工种注意事项，纠正各工种操作缺陷。“两汇报”就是在班中、班后在井下用电话向调度中心汇报运行情况。

（3）提升问题控制力。安监科要做好生产管理人员每周“预测问题、发现问题、解决问题”三个能力的考核工作，生产管理人员在地面检查或入井检查时必须在干部上岗记录表上签字，在井口群众工作站填写当天的检查问题，对走马观花、应付检查次数而不能够提出问题的管理人员，月底在安全奖中进行考核。

（4）提升基本功。以班组为单位，在做好班前会安全学习外，每个班后，班组长都要组织召开班后点评会，认真总结和点评本班员工操作技能达标情况；每周二安全学习会，各单位要组织全员学习法律法规、规章制度、三大规程，通过学习，提高全员安全意识、基本素养。

（五）深入开展危险评价、风险预控工作

积极推进风险预控体系建设，围绕“人、机、环、管”四个方面进行风险评价，使全矿安全管理工作规范有序。

（六）抓好双达标，实现动态安全

（1）质量标准化动态达标。围绕实现二级质量标准化矿井工作目标，质标办将十一个专业八十三项内容细化分解，明确责任人进行专属管理，制定考核激励机制，每月以各专业科室考核结果为依据，每季以市公司验收结果为依据，做好动态达标考核。

（2）员工操作行为动态达标。今年该矿要在以往岗位描述、安全确认的基础上，全面推行岗位描述、风险控制、隐患排查、应急处置“一岗三述”工作。

（七）抓好现场安全管理

（1）加强顶板控制。生产连队必须严格执行支护前和工作过程中动态“敲帮问顶”制度，严格按作业规程支护设计参数作业，保证支护质量。遇顶板破碎、地质构造等情况，现场管理人员必须及时上报，专业科室制定出合理的技术措施后严格执行。

（2）防治水管理。地测防治水科要搞好地表水体调查，及时更新井上下对照图。雨季期间，对矿井周边煤矿、废旧采空区、井田范围地表认真巡查，发现隐患及时上报处理，防止雨季地表水经地表裂缝或废旧采空区灌入井下。采掘工作面强化三线管理和防治水措施，做到一钻探一设计、一设计一施工、一施工一验证，必须做到钻探留痕。

（3）强化“一通三防”管理。在生产过程中，通风科要认真落实通风、瓦斯管理规定，优化巷道布置，力求通风系统稳定、可靠，保证各工作面独立通风质量。对地质构造区出现的局部瓦斯异常情况，要及时制定出切实有效的通风方案。通风科要不定期组织“一通三防”培训，力争实现“人人都是通风员”。

（4）加强机电设备管理。机电管理人员要牢记“保养重于维修”的理念，加强作业人员操作达标管理，进一步提升业务素质。抓好供电系统安全。大型设备和特种设备管理必须做到管理制度、技术资料、操作规程、人员培训、检查维护五个到位。

（5）加强运输一条线管理。该矿井下地质条件复杂，坡陡弯急，运料队结合工作实际，逐区域、逐地点制定了绞车运输防范措施，加强设备检修，制定详细的设备检修、维护制度，提高轨道运输设备安全可靠度。运输队加强运输一条线管理，源头治理超长、尖锐铁器运出工作面，防止划伤输送带。定期检查输送带磨损情况，定期保养维护，保障平稳运行。

（6）严格落实现场交接班制度。各连队必须严格执行现场交接班规定，明确交接班内容，认真做好相关交接记录，同时加大考核力度，提高交接班质量。

（7）各单位要高度重视非正常作业的零星工程，每项零星工程开工前，要严格执行开工审批手续，制定完善的安全技术措施，并认真组织学习和培训，施工现场指定专人负责安全，合理安排任务，讲清安全注意事项方可开工作业。

（八）足额提取安全费用，严格落实

为了保证企业安全生产，该矿坚持安全投入不降低，项目建设不减少，严格按照要求保障安全费用足额提取，优先使用。财务科做好专用账户，专款专用，各分管领导把好项目流程控制审批关，确保投入到位，保证质量。

（九）加强地面安全管理

针对以往煤矿地面生产系统各类事故教训，安监科建立、健全了地面安全检查考核机制，加大了对地面现场的隐患排查及问题整改考核力度。各分管领导、单位负责人重点对生产场所设备隐患、有毒有害化学危险品、易燃易爆物品、压力容器、压力管道、安全设施等重点部位进行检查，查出问题，立即督促整改。对于举办的各类活动，按照“谁主管、谁负责安全”的原则，牵头部门要认真组织，专人负责。凡从事地面非正常作业的零星工程都必须有安全措施，否则不得施工作业。

（十）做好职业卫生防治，保障职工健康安全

根据接触危害因素的不同、周期性地组织职工进行职业健康体检，杜绝禁忌职业病上岗作业。新工人上岗前必须先体检，后培训，再上岗。劳资科安排新工人前，必须由职卫科组织体检，职卫科长签字后方可安排工作。通风科做好生产作业地点职业危害因素日常监测，安监科监督防护设施用品的使用，劳资科按国家规定标准为不同岗位职工配备相应的防护用品，供应科保证采购产品质量符合国家安全标准要求。通过各部门通力配合，保障职工防护用品配备到位，确保该矿职业病零增长。

（十一）群策群力抓安全，明确责任促生产

全矿党政工团各级管理人员以落实安全生产责任制为红线，切实做到“党政同责、一岗双责、人人有责、失职追责”。该矿开年首要工作就是，

由安监科牵头，各单位配合，重新完善安全生产责任制，规范岗位责任制，明确领导干部职责范围，由质标办制作牌板，摆到面前，时刻牢记安全责任，做到“管生产必须管安全、管经营必须管安全、管业务必须管安全”的要求。

山西煤炭运销集团阳城西河煤业有限公司

一、矿井概况

山西煤炭运销集团阳城西河煤业有限公司，由原山西阳城西河陕庄煤业有限责任公司、原山西阳城西河孔坪煤业有限公司、原山西阳城西河郭河煤业有限公司、原山西阳城北任煤业有限公司和原山西阳城西河庄头煤业有限公司五矿整合而成。

位于山西省阳城县城北西约 6 km 处，行政区划隶属阳城县西河乡管辖。矿区整合面积为 10.4637 km^2，矿井批准开采 3～15 号煤层，矿井保有资源储量为 55.85 Mt，可采储量为 15.53 Mt，设计生产能力为 0.6 Mt/a，剩余服务年限为 18.49 a。现采 3 号煤层，煤层平均厚度为 4.23 m。水文地质类型为中等类型，属低瓦斯矿井，3 号煤层自燃倾向性等级为Ⅲ级，自燃倾向性性质为不易自燃，煤尘无爆炸性。

矿井采用斜井开拓方式，现在矿井共布置三个井筒，即主斜井、副斜井、回风立井。矿井同时布置一个综放工作面和两个综掘工作面，采煤工作面采用综采放顶煤采煤方法，采空区顶板采用全部垮落法控制；掘进工作面采用综掘机进行割煤。

二、2019 年主要技术经济指标

2019 年完成原煤产量 588500 t，矿井采煤机械化程度为 100%。全年总进尺完成 4470 m，其中综掘进尺 4470 m。锚杆索支护巷道 4048 m，架棚支护巷道 422 m，实现掘进机械化程度为 100%。采区采出率为 80%，单产 62800 t/(个·月)，单进 438 m/(个·月)，锚杆（索）支护率为 100%，工作面采出率为 95%，原煤工效为 7.3 t/工。

三、安全高效矿井建设的主要做法

（一）推动“五化”工作，坚定地向智能化、绿色开采迈进

践行“无人则安”理念，通过对矿空压机机房、井下中央水泵房、采区水泵房自动化改造，实现无人值守自动化控制，实现“机械化换人、自

动化减人”；积极开展加强环境保护工作，在副斜井工业广场建有一座矿井污水处理站，设计水处理能力 30 m^3/h；一座生活水处理站，设计水处理能力 7.5 m^3/h。生活水处理后用于地面洒水、防尘、绿化，矿井水经处理后用于井下防尘、冲洗巷道、消防，并持有合法有效的排污许可证明。2019 年矿井绿化面积 245 m^2，正在朝着花园式矿井的方向迈进。

（二）生产销售均衡有序

（1）持续坚持“抓生产重在抓准备”的要求，积极为正常生产创造有利条件，实现了有序衔接，均衡生产。

（2）继续落实“班评估、班考核”制度，充分发挥班组长的主观能动性，着力推行正规循环作业，强化工时利用，确保生产组织有序推进。

（3）通过“旬质量验收”“专业月评”等举措，严格执行采掘队组内部奖惩制度，提高单产单进水平。

（4）通过选煤厂实现原煤全部入选，丰富了煤炭品种，提升了煤质指标，增加了利润来源。

（5）通过与市公司各部门的及时汇报、敢于担当，未发生因机制变革、环节不顺而影响生产的正常运行。

（6）销售工作立足实际，打造“销售示范一条线”，多管齐下，科学分析预判价格走向，完善煤炭定价机制，实现煤矿与用户“双赢”。

（三）安全管理创新创效

（1）深入开展各类专题培训及活动，持续坚持“抓现场、现场抓”“关键时刻干部就是措施”“领导班子下区队”等措施和原则，持续强化安全技术措施投入力度；强化现场管理与“三违”查处，加大隐患排查治理力度；狠抓新工人安全技能培训；创新安全文化，开展现身说教、安全生产演讲比赛、“亲情助安进一线”等安全宣传教育活动，形成了齐抓共管的良好氛围。

（2）一是结合安全生产实际，修订、完善矿级领导、各职能科室和各岗位《安全生产责任制》《岗位责任制》、各工种操作规程等相关制度，对不适应管理要求的规章制度重新进行修改、补充、完善，并严格落实执行；二是层层签订安全管理责任状，做到责任到科队、责任到人。

（3）后勤管理进一步强化，分管矿长、科长、舍长以身作则，勤检查、勤通报，全矿基本消灭了“三乱”现象，地面环境管理已然成为同行业的一张亮丽名片，获得了社会各界的广泛赞誉。

山西煤炭运销集团首阳煤业有限公司

一、矿井概况

山西煤炭运销集团首阳煤业有限公司，由原高平福布煤业、原高平永丰煤业、原高平苇池沟煤业三座年产 0.3 Mt 技改矿井及原高平故关煤业、原高平长胜煤业两座“十关闭”矿井整合而成。2016 年 11 月，晋城市煤炭煤层气工业局以晋市煤局安规字〔2016〕236 号文批复正式转入生产矿井。井田面积为 14.8074 km^2，批准开采 3～15 号煤层，主采 15 号煤层，平均厚度为 4.25 m，保有地质储量 70.62 Mt，设计可采资源储量 27.93 Mt，设计生产能力 0.9 Mt/a，服务年限 22.2 a，水文地质类型为中等类型，属低瓦斯矿井，15 号煤层为Ⅱ级自燃煤层，煤尘无爆炸性。

该矿井采用斜井开拓方式，现在矿井共布置三个井筒，即主斜井、副斜井、回风立井。矿井同时布置一个综采工作面和两个综掘工作面，采煤工作面采用综采一次采全高采煤方法，采空区顶板采用全部垮落法管理；掘进工作面除部分巷道开口、遇特殊地质段外，均采用 EBZ－160 综掘机进行割煤。

二、2019 年主要技术经济指标

2019 年原煤产量完成 766200 t，矿井采煤机械化程度为 100%。全年总进尺完成 3706 m，其中综掘进尺 3286 m，炮掘进尺 420 m，锚杆索支护巷道 3196 m，实现掘进机械化程度 88.7%。采区采出率为 78.3%。单产平均 67826 t/(个·月)，最高 71807 t/(个·月)；单进综掘最高 359 m/(个·月)，平均 136.9 m/(个·月)；炮掘平均 17.5 m/(个·月)（均以 2 个掘进工作面/月，共 12 个月计）。锚杆（索）支护率为 86.2%，工作面采出率为 95%，原煤工效为 10.2 t/工。

受原煤产量及煤价浮动等影响，2019 年计划成本 197 元/t，计划利润 4500 万元，实际成本 186.56 元/t，实际完成利润 4914 万元。

三、安全高效矿井建设的主要做法

（一）推动“五化”工作，坚定向智能化、绿色开采迈进

践行“无人则安”理念，通过设备机房（硐室）无人值守改造、无轨胶轮车“信集闭”系统等举措实现“机械化换人、自动化减人”，并逐步向矿井智能化开采方面推进；积极开展煤矸石绿色充填开采项目，推动矸石治理，与中国矿业大学、太原理工大学合作，进行了可行性研究，并制定了井下煤矸石充填实施方案。

（二）2019 年生产销售均衡有序

（1）持续坚持“抓生产重在抓准备”的要求，积极为正常生产创造有利条件，实现了有序衔接，均衡生产。

（2）继续落实“班评估、班考核”制度，充分发挥班组长的主观能动性，着力推行正规循环作业，强化工时利用，确保生产组织有序推进。

（3）通过“旬质量验收”“专业月评”等举措，严格执行采掘队组内部奖惩制度，提高单产单进水平。

（4）通过选煤厂实现原煤全部入选，丰富了煤炭品种，提升了煤质指标，增加了利润来源。

（5）销售工作立足实际，打造“销售示范一条线”，多管齐下，科学分析预判价格走向，完善煤炭定价机制，实现煤矿与用户“双赢”。

（三）安全管理创新创效

深入开展各类专题培训及活动，持续坚持“抓现场、现场抓”“关键时刻干部就是措施”等措施和原则，持续强化安全技术措施投入力度；强化现场管理与“三违”查处，加大隐患排查治理力度；狠抓新工人安全技能培训；创新安全文化，开展现身说教、安全生产演讲比赛、“亲情助安进一线”等安全宣传教育活动，形成了齐抓共管的良好氛围。

（四）技术创新成果

该矿科技创新小组成立于 2014 年 5 月，坚持从“如何以创新促进企业发展，为企业谋效益”这一根本遵循，沿着“解决难题、合理优化、提升效益”这一条创新路线，以“五小”项目为起点，务实地开展科技创新工作，实现了与矿井各阶段同频共振。截至目前已取得优秀成果 52 余项，获各类奖项或荣誉 24 个，其中取得省级奖项 3 个，市级奖项 1 个，集团奖项 3 个，市公司奖项 15 个，并已取得 7 件实用新型专利（2018 年 8 月），4 件发明专利在审，1 件实用新型与发明专利在报。此外，矿科技创

新小组获得集团授予“优秀青年创新小组”荣誉称号及共青团山西省国资委委员会、山西省属企业青年联合会授予的“省属企业优秀创新小组”荣誉称号。

2019 年，该矿从小改小革入手继续推动科技创新项目研究，深挖潜能，开展“五小竞赛”项目 10 个，获得优秀成果 9 项，转化 9 项，其中获得晋城公司“五小成果”一等奖 1 项，二等奖 2 项，三等奖 1 项。

山西煤炭运销集团四明山煤业有限公司

一、矿井概况

四明山煤矿位于晋城市高平市北诗镇境内，矿井井田面积18.6628 km^2，地质保有储量149.72 Mt，可采储量74.99 Mt，批采煤层3～15号，设计生产能力1.2 Mt/a，服务年限48 a。

现开采9号煤层，井田地质结构简单，水文地质类型为中等，属低瓦斯矿井，9号煤层为不易自燃煤层，煤尘无爆炸性。

现布置一个综采工作面和两个综掘工作面，综采工作面为9104综采工作面，综掘工作面为9108运输巷掘进工作面和9109运输巷掘进工作面。

9104综采工作面巷道设计长度为970 m，开切眼长度为210 m，采用综合机械化一次采全高采煤法，平均煤厚1.51 m，采用自然垮落法控制顶板。

现井下布置9108运输巷掘进工作面和9109运输巷掘进工作面。

二、2019年主要技术经济指标

2019年计划生产原煤0.5 Mt，完成0.81 Mt，完成计划的162.4%；计划掘进进尺2500 m，完成5436 m，完成计划的217.44%；计划原煤生产成本190元/t，实际为180.95元/t，下降5.8%；百万吨死亡率为零；原煤工效为10 t/工；采区采出率为83%；采煤机械化程度为100%，掘进机械化程度为90%；矿井综合单产为106609 t/(个·月)。

三、安全高效矿井建设的主要做法

（一）生产组织

（1）提前动手，精心组织，先后贯通了02、03工作面，04工作面2020年贯通，仅前半年就完成进尺2588 m。

（2）采区大巷喷浆完成1487 m，铺底完成1402 m，起底完成854 m，安装管路完成881 m，完善了采区系统。

（3）不断改进综采工艺，及时改组了综采队，顺利完成了9101工作面搬家工作，安全跨过两次地质构造，为当年试产、当年转产、当年基本达产打下了基础。

（4）在一岗多职、一岗兼职方面进行了有效的组织和安排，从一定程度上提高了生产效率。

（5）对采区接替进行了认真研究并制定了科学的方案，此方案已得到了市公司、集团公司的批准，目前已进入手续办理阶段。

（二）科学管理

（1）在煤价下行、环保限行的情况下，通过与行业各部门的积极协调与沟通，全年未发生因销售不畅而影响生产的正常进行。

在矿井因遇地质构造、煤质很差的情况下，通过与各用户之间的苦心解释与坦诚相待，全年未发生因煤质变化而影响生产的正常运行。

在井下煤质多变、选煤厂选出率严重不稳、选煤效率不佳的情况下，矿及时制定了原煤销售与选煤销售两条腿走路的政策，销售科、财务科每周至少进行一次认真的经济效益对比，根据对比结果，该选则选、不该选则不选，选煤厂在顾全大局的基础上，亦多方查找原因及时改进，通过销售、煤质、财务、保卫、环保、选煤厂等各部门大力配合，最大限度地提高了平均售价和矿井效益。

（2）供应工作在以下两个方面进行了提升和创新：一是由一个部门的比质比价拓展到供应科、企管科、纪检办对主要设备、主要材料、主要配件共同比质比价，确保了在同等质量、同样品牌的情况下，矿各种物资的价格不超过市公司规定的价格；二是对库房的管理和控制，供应科除承担本部门所辖库房的环境、库存、手续外，还承担了全矿所有库房的监管，并每周进行评比，确保了全矿库存物资低于 100 万元。

（3）在矿井资金极度紧张、欠账矛盾很大的情况下，通过财务部门与公司及时沟通协调，最大限度地缓解了资金压力，保证了急需资金，化解了各类矛盾，保证了矿井的健康、有序、稳定运行。

（4）扩大企管科的管理范围，企管科与纪检部门协调配合每周至少完成两次对安全生产、经营管理的方方面面进行针对性检查和临时性地突查、夜查，并每周进行通报，对企业管理的方方面面进行了约束和规范。

（5）加强了人事劳资管理，积极与公司协调，职工工资水平较上年增加了 18%，全年补发、清欠工资 238 万元。

（6）及早动手，抢抓机遇，在 6 月以前完成了矿区北部四大平台、停车场、北大门、旧指挥部、矿井备用水塔、花果山等主要建筑，至此，矿井建设任务基本结束，矿井面貌焕然一新。

全年共化解现存矛盾、地面遗留问题20起。

（7）矿井三个水厂的管理进一步规范，及时配置了清扫车、测尘仪等环保监测设备，环保工作继续在全市处于领先地位。

（8）后勤管理进一步强化，分管矿长、科长、舍长以身作则，勤检查、勤通报，全矿基本消灭了“三乱”现象，地面环境管理已然成为同行业的一张亮丽名片，获得了社会各界的广泛赞誉。

全年共植树7000余棵、种植紫穗槐17万余株，新增绿地7万余平方米，全矿绿化率已达45%以上。

（9）进一步缩减办公经费，办公费用较上年下降30%。

（10）在强化门岗管理的基础上，强化了巡逻管理、防盗管理，全年未发生治安案件。

（三）安全管理方面

（1）制定并推行了“安全新政”（安全管理政策、安全经济政策、安全文化政策），安全管理政策以“超前防范、现场管理”为核心；安全经济政策以“安全抵押”为核心；安全文化政策以“培训教育”为核心。三大政策的制定并落实，为全年安全生产打下了良好的基础。

（2）狠抓了隐患排查治理及“三违”工作。

（3）强化安全教育和警示，利用井口安全教育室、班前会、现场抽查等各种形式，提升了员工的安全意识。

（4）加大安全投入力度，全年共投入1714.5万元。对井上下各种安全设施、机电设备进行了补充和完善，其中，采掘类714.66万元、机电类487.07万元、“一通三防”类105万元、地测类95万元、其他312.77万元。

（5）在健全了组织体系、考评体系的基础上，质量标准化工作、生产管理、机电管理、“一通三防”管理、地测管理等专业管理工作较上年有了很大的提高。

（四）技术创新方面

（1）成功地应用了“110”工法。自7月15日开始，公司通过边学习、边探讨、边改进，沿空留巷技术在该矿得到了成功应用，全年共完成沿空留巷1120 m。

（2）大力倡导创新工作，全年共产生技术创新40个，市公司评选一等奖1个，二等奖1个，矿评选获奖项目10个。

山西煤炭运销集团盖州煤业有限公司

一、矿井概况

山西煤炭运销集团盖州煤业有限公司（以下简称“盖州煤矿”）位于高平市米山镇司家庄村附近，属兼并重组资源整合矿井，设计生产能力为0.9 Mt/a，井田面积为16.2329 km^2，批准开采3号、9号、15号三个煤层。截至2020年底，矿井剩余可采储量为51.53 Mt，剩余服务年限为44 a。水文地质类型中等，正常涌水量为5 m^3/h，最大涌水量为15 m^3/h；地质条件属简单型；低瓦斯矿井，9号煤自然发火等级Ⅲ级，属不易自燃煤层，煤尘不具爆炸性。

矿井采用斜井开拓方式，9号、15号为可采煤层，集中联合布置，三个井筒均落底于15号煤层，中央变电所、中央水泵房、主水仓布置在15号煤层。一水平为+905 m水平，开采9号煤层，井底车场布置消防材料库、永久避难硐室、急救硐室，自西向东平行布置辅助运输大巷、带式输送机运输大巷和回风大巷；二水平为+870 m水平，开采15号煤层。现单一开采9号煤层，煤种为高发热量、低灰、中低硫优质无烟煤，采用“一采两掘一开拓+沿空留巷”生产组织方式。

二、2019年度主要技术经济指标

2019年完成生产原煤0.89 Mt，掘进进尺5905 m，原煤生产成本190元/t，百万吨死亡率为零，原煤工效为8.21 t/工，采区采出率为87%，矿井综合单产为79360 t/(个·月)，吨煤开采综合能耗为8 kW·h，全年实现利润4517万元。

三、安全高效矿井建设的主要做法

（一）践行“零伤害”理念，安全文化建设独树一帜

以“零伤害”理念为引领，深化自保、互保、联保工作机制，提出和实施“我的安全我负责，工友安全我有责，全矿安全我尽责”“三保”动态管理法。完成了井口安全文化长廊亮化工程，将安全文化在每一次上下井路

上内化于职工心中；“入井人员井口答题系统”和“矿校云”手机APP学习软件的运用，职工可以通过入井答题和手机学习、考试、模拟练习等方式对日常学习情况进行效果检验；日互帮、周互学、月互考，充分发挥了“点对点、一对一、结对子”安全培训的时效性、针对性、现场性；组成“结对子”279对，参加人数累计558人，为创建安全文化示范矿井打下了坚实的基础；向全矿家属发放《亲情告知书》、邀请家属来矿参观，了解职工的工作、生活环境，家企联动保安全。

（二）创新驱动，点燃科技强安新引擎

为提高资源回收率、降低万吨掘进率，积极推广应用“切顶卸压自成巷无煤柱开采技术”，在聚能管选型、切顶钻车研发、巷旁挡矸支护改进、架后临时支护优化等方面进行了一系列的技术创新。截至2020年底，盖州煤矿已在7个工作面累计成功留巷7350 m，二次复用巷道4480 m，多回收优质无烟煤212000 t，并在多个煤炭企业推广应用，取得明显的经济、社会效益。

（三）设备升级改造，减人增效

安装电力监控系统，预防越级跳闸，提高供电系统的安全可靠性，矿井地面10 kV变电所、井下中央变电所、采区变电所实现“无人值守、有人巡视”；设备智能化升级后，主副水仓、采区水仓实现自动排水，空压机房实现永磁变频，主要通风机实现故障自动变频一键切换。无轨胶轮车失速报警、破碎机开盖熄火保护装置、带式输送机转弯、可调节式防跑偏保护、风水联动式清扫、可调式压带轮、缓冲降噪等装置的小改小革，现场应用后，省时省工，提高生产效率。

（四）严守环保红线，实现绿色发展

严格落实政府及上级公司的相关要求，各环保设施运行正常，已经实现矿井水深度处理，完成燃气锅炉更换，改造了空压机余热利用系统，煤炭、煤矸石运输采用封闭通廊密闭输送方式，并设有洒水、喷淋、苫盖等综合措施进行抑尘，自主研发布袋除尘与生产系统联动的自动控制系统，危废、固废做到规范化处理，矸石山分层覆土密闭压实，绿化造林。未发生环境突发事件，实现环保污染事件“零发生”，环保检查“零处罚”。

站在新的起点上，该矿将努力按照晋能控股集团“创新、绿色、卓越、高效”的企业文化，不断地在设备更新、工艺改造、生产经营、安全管理、节能降耗等方面蓄势发力，为集团公司的高质量发展做出贡献。

山西煤炭运销集团阳城四侯煤业有限公司

一、矿井概况

山西煤炭运销集团阳城四侯煤业有限公司由原阳城四候煤业、伏岩煤业、鑫营煤业和府底煤业（十关闭）兼并重组而成，重组后井田面积 11.8301 km^2，批准开采 3～15 号煤层，批准建设规模为 0.9 Mt/a，矿井地质资源储量为 62.35 Mt，设计可采储量为 23.87 Mt，服务年限为 19 a。矿井属瓦斯矿井；井田地质构造简单，矿井水文地质类型为中等类型；3 号、15 号煤层均无煤尘爆炸危险性；现开采的 3 号煤层属不易自燃煤层。

矿井采用斜井开拓，综合机械化一次采全高采煤方法，矿井通风方式为中央分列式，主要通风机工作方法采用机械抽出式，通风系统为两进一回，双回路 10 kV 高压入井供电，主斜井采用带式输送机运输，副斜井采用串车提升，并安装有架空乘人装置用于提升人员，井下辅助运输采用单轨无极绳；一井一面两掘，达 0.9 Mt/a 生产规模。

矿井于 2011 年 6 月 15 日取得开工报告，8 月 15 日正式开工建设，2013 年 12 月 30 日取得联合试运转批复，2015 年 4 月 8 日正式转入生产。

二、2019 年主要技术经济指标

2019 年完成原煤产量 0.9 Mt，完成计划的 100%。完成生产进尺 4187 m，完成计划的 99.7%。原煤工效为 7.23 t/工。综合单产 89578 t/(个·月)（2019 年 9 月）。综合单进 574 m/(个·月)（2019 年 3 月）。采区采出率为 87%。全年无人身事故和二级以上非伤亡事故，矿井百万吨死亡率为零，实现了安全生产，安全生产标准化达一级标准。

三、安全高效矿井建设的主要做法

（一）紧抓“一落实、双建设、双达标”工作不放手，逐步夯实安全基础

（1）严格落实安全生产责任制。一是结合安全生产实际，修订、完善矿级领导、各职能科室和各岗位《安全生产责任制》《岗位责任制》、各工

种操作规程等相关制度，对不适应管理要求的规章制度重新进行修改、补充、完善，并严格落实执行；二是层层签订安全管理责任状，做到责任到科队、责任到人。

（2）不断完善安全风险预控和应急救援体系建设。一是完善风险预控体系建设，收集各岗位危险源进行辨识整理形成《风险管理表》下发各专业科队；二是制定完成《反“三违”实施细则》，在公司范围内严格执行；三是编制完成《安全生产事故灾难应急预案》《应急救援培训计划》及《应急救援演练计划》，并按照要求进行雨季“三防”演练、机电触电事故演练、瓦斯燃烧事故演练，同时，针对演练中存在的问题，对相应的应急预案、措施等资料进行修订、完善，对演练进行总结，做到了应急救援有序开展。

（3）强化双达标管理。一是严格按照《山西省煤矿安全生产标准化标准》和验收办法进行检查、考核、评比，执行周检、月查、季总结的检查模式，实行“谁检查、谁签字、谁负责”的原则，严格考核、奖惩，持续保持一级安全生产标准化矿井。二是制定《岗位标准操作流程》，并按要求对各岗位员工进行考核。三是组织职工进行“员工岗位操作动态达标”“岗位危险源辨识”“五型班组建设”等专项培训，坚持执行“干部上讲台、培训到现场”，坚持每日一题，每月一考，坚持培训成绩与安全绩效考核挂钩，坚持考试不合格不允许上岗等强有力制度，从源头上培训教育职工“上标准岗、干标准活”，不断提高广大职工的整体素质。

（二）全方位入手，狠抓基础管理，全面提升全员综合素质

（1）强化基层工作。一是通过抓班组建设，健全完善班组管理制度，通过班前 3 个 10 min、班中安全确认、巡查汇报、现场质量验收、师徒结对帮教、带班长走动式管理等有效手段，有效提升班组管理水平；二是从采、掘、机、运、通、地测防治水等专业入手，加强专业技术队伍的操作水平和防范技能；三是加大安监队伍监督检查力度，对“三违”人员严格教育、培训、惩处；四是不断提高应急救援队伍整体素质及业务水平，为安全生产提供有力保障。

（2）紧抓基础管理。一是强化现场管理，认真开展对标、贯标、达标管理。以抓文明建设为突破口，从规范人的操作行为着手，强化现场动态管理；二是坚持周隐患排查治理，结合周四安全生产活动日活动，对矿井上下各类设施、主要场所进行严格细致的排查，排查的隐患严格按“五定”落实；三是积极进行风险源辨识，细化管控措施，将风险源辨识的各类标准落

实在现场；四是积极组织开展应急管理工作，修订、完善应急预案、现场处置措施等资料，做到应急体系的有效建立；五是以抓好隐蔽致灾因素的排查工作为重点，定期对井田内井上、下各类危险因素进行全面仔细的排查，确实把各种隐患消灭在萌芽状态；六是开展安全专项整治活动，从顶板控制、瓦斯治理、水害防治、大斜坡运输、供电安全设备安全等重点环节入手，将安全工作抓紧、抓好、抓细、抓实。

（3）提高基本技能。一是要求各级管理人员加强学习，不断进行自我业务素质的提升，让大家在工作中形成了“干中学，学中改、改则稳、稳则定”的良好氛围；二是从安全知识、专业技能以及手指口述、岗位操作模块等方面入手，加大从业人员的培训力度；三是做好专业技术人员职称申报和从业人员的职业技能鉴定工作，不断提升员工队伍的整体素质。

（三）加强企业文明建设，打造平安和谐矿区

在企业经济效益不断提高、文明创建不断升级的同时，公司本着“和谐共赢”的原则，不断推进企业文明建设，加大生活福利设施投入，努力打造和谐文明矿区。

（1）加强班子建设，促进经济发展。2019 年以来，矿党政领导班子以开展“深度融合，提高执行力”大讨论活动为载体，坚持民主集中制原则，以提高领导班子和领导干部素质、改进工作作风、突出重点工作为目标，以解决群众关心的热点、难点问题为重点，切实有效地开展了创建活动，不断加强领导班子建设，增强班子凝聚力、战斗力和创新能力。完善重大决策的规则和程序，促进决策科学化、民主化。规范集体领导和个人分工负责制度，坚持重大决策、干部任免、重大项目安排、大额度资金使用的集体研究制度。领导班子建设的加强，从政治、思想、组织、作风上为搞好安全生产提供了保证。

（2）加大“两堂一舍”管理，为职工创造和谐舒适的生活环境。通过改善公寓的居住环境、食堂的就餐环境和办公楼的办公环境，为职工创造良好的休息环境，使职工有充沛的精力投入安全生产中，有力地促进了企业和谐稳定发展。

山西煤炭运销集团盛泰煤业有限公司

一、矿井概况

山西煤炭运销集团盛泰煤业有限公司位于高平市陈区镇关家村、任家庄、王佛陀、东窑头，建宁乡北社、后庄、石堂会一带，南西距高平市区 15 km，行政区划隶属高平市陈区镇和建宁乡管辖。井田北部与长治县相邻，北距长治市直线距离 38 km，南西距高平市直线距离约 15 km。

井田面积为 14.5541 km^2，批准开采 3 ~ 15 号煤层。矿井地质储量为 111.48 Mt，可采储量为 59.66 Mt（其中 3 号地质储量为 31.89 Mt，可采储量为 13.4 Mt，15 号地质储量为 79.59 Mt，可采储量为 46.24 Mt）。设计生产能力为 1.2 Mt/a，服务年限为 35.5 a。

2018 年矿井绝对瓦斯涌出量为 2.65 m^3/min，瓦斯相对涌出量为 1.4 m^3/t，回采最大绝对瓦斯涌出量为 1.30 m^3/min，掘进最大绝对瓦斯涌出量为 0.20 m^3/min；二氧化碳绝对涌出量为 3.18 m^3/t，二氧化碳相对涌出量 1.68 m^3/t；鉴定结果为低瓦斯矿井。煤层煤尘有爆炸性；煤层自燃倾向性为Ⅱ类，自燃煤层。

15 号煤层矿井水文地质类型为中等类型。3 号煤层采空区积水面积约为 1.14×10^6 m^3，总计积水量为 7.29×10^5 m^3；15 号煤层开采未发现采空区，盛泰煤业井田内采空区积水共计 7.29×10^5 m^3。矿井设计正常涌水量为 174.5 m^3/h，最大涌水量为 290.88 m^3/h。目前矿井实际正常涌水量为 50 m^3/h，最大涌水量为 100 m^3/h。

二、2019 年主要技术经济指标

2019 年计划原煤产量 1.19 Mt，完成 1.19 Mt，完成计划的 100%；计划掘进进尺 5155 m，完成 6405 m，完成计划的 124.2%；计划原煤生产成本 270 元/t，实际为 250.99 元/t，下降 7.5%；原煤工效为 10.84 t/工；采煤机械化程度达 100%，掘进机械化程度达 100%；营业收入 69156.84 万元，利润 14350 万元。

三、安全高效矿井建设的主要做法

（一）以建章立制、完善标准、落实责任为依托，推进安全生产关口前移

2019年以来，按照“安全生产标准化管理办法”结合矿井实际情况，认真对各项管理制度进行了逐步梳理，从实际出发，进一步制定完善了《安全生产标准化考核奖惩办法》《“三违”管理制度》《煤矿安全生产标准化基本要求及评分办法》《安全绩效考核办法》《自保互保联保管理办法》和“双预控”体系建设；从严规范了全矿干部职工的业务保安和员工操作的行为，做到了事事有标准，处处有规范。

（二）以安全生产标准化工作推进安全生产关口前移

按照《安全生产标准化》要求，该矿结合实际制定了《盛泰煤矿安全风险评估流程》和安全风险等级划分图，并根据要求对全矿各系统各环节各岗位进行了危险源辨识，并按照红橙黄蓝四级辨识要求进行了分级，形成了四色矩阵图。风险评价方法和分级管控措施工作，形成了矿长、副矿长、科队长、班组长、员工五级管控体系。安全生产标准化是煤矿安全生产的基础，为确保该矿安全生产标准化顺利达标，全矿干部职工，通过学标准、用标准把达标方案运用到现场。

（三）加强隐患排查治理力度，推动安全生产关口前移

全年通过煤矿安全生产专项整治、安全生产大检查、煤矿安全体检等专项安全检查工作并结合上级行管部门及公司的各项安全检查情况，该矿2019年共计排查治理一般隐患1000余条，均以“五定表”的形式进行整改和销号，无较大以上隐患。

（四）狠抓“三违”、规范安全行为，促进安全生产关口前移

通过反“三违”活动来保证安全生产，对“三违”人员以票子、帽子、面子的惩处方式开展反“三违”专项活动，具体有以下形式：一是按照该矿“三违”处罚条例进行严格处罚；二是调离岗位的形式对“三违”人员惩处；三是以井口公示和“三违”学习班的形式；四是以自保、互保、联保考核办法进行考核；对查处“三违”人员通过和安全绩效考核、自保互保联保考核相结合，从基础上加强了对“三违”工作的管控，有效提高了广大干部职工对“三违”工作的认识和自主保安意识。

（五）以开展各项安全活动推动安全关口前移

按照国家、省市上级行管部门和上级公司下发的关于安全工作部署的各

项文件精神，在2019年，该矿先后开展了春季安全隐患大排查、“3·18”专项警示教育、煤矿安全体检、六月安全生产月活动、国家局煤矿安全生产大检查、重大安全事故隐患认定排查、民爆物品专项检查等安全活动，有效提高了该矿的安全基础管理水平。

（六）加强安全教育培训工作、全面提升安全素质和技能水平

一是专项培训工作。紧紧围绕“人本安全、培训教育、素质提升”工作，为加强职工的专业水平和安全素养，同时对采掘、机电运输、通风、防治水、职业卫生、应急救援、矿山救护等专业开展了专项培训。

二是开展多样化培训形式。通过观看《事故案例警示教育片》，远程教育网、“干部上讲台、培训到现场”、班前班后教育、安全文化、技术比武等活动，从精神层面、理论水平、实践操作等方面全面提升了广大干部职工的整体安全观念和技能水平。

（七）矿井特点、亮点、示范工程

（1）该矿积极践行“机械化换人、自动化减人、智能化无人”绿色智慧矿山建设理念，以装备升级带动生产系统和劳动组织优化，促进矿井高质量发展。目前矿内主通风机房已实现中央变电所、中央水泵房、采区变电所、采区水泵房的无人值守及自动化改造，35 kV变电站、空压机房等地点也列入了改造规划。

（2）该矿综采工作面巷道推进长度为2620 m，单个综采工作面服务年限长，减少搬家倒面次数，为高产高效矿井夯实了基础。

（3）该矿与中煤天地科技股份有限公司进行合作，对15202运输巷进行支护优化设计，提高支护强度，减少支护密度，效果良好，每米掘进支护材料费用相比降低97元，极大地加快了巷道施工进度。

山西煤炭进出口集团鹿台山煤业有限公司

一、矿井概况

山西煤炭进出口集团鹿台山煤业有限公司位于山西省沁水县张村乡境内，是山西煤炭进出口集团在晋城地区整合的一座中型矿井，矿井核准开采2号、15号煤层，生产能力为0.6 Mt/a，服务年限为18.7 a。

目前矿井开采2号煤层，煤层平均厚度为1.97 m，属高瓦斯矿井，水文地质类型为中等，地质构造类型为简单，瓦斯地质类型为复杂，煤层无爆炸性，煤层无自燃倾向性。

二、2019年主要技术经济指标

2019年企业利润实际完成183万元；原煤产量计划完成0.47 Mt，实际完成0.479 Mt，完成计划100%；掘进进尺完成1408 m；杜绝了重伤及重伤以上人身事故；原煤成本计划276元/t，实际为264.25元/t；商品煤销量完成0.479 Mt；采区采出率计划90%，实际为93%；钻探进尺计划200000 m，实际完成214000 m，完成计划的107%。

三、安全高效矿井建设的主要做法

（一）健全制度，加大投入，全面构建科学安全管理保障体系

对全矿1461项安全生产管理制度、岗位操作标准及相应配套的考核机制进行修订完善，通过安排部署、学习自查、整改提高、总结评比四个阶段，狠抓制度整理、内部机制调整、岗位责任制落实，构建起了纵向专业管理、横向协调管理、基层基础管理的矿井安全保障体系。通过强化制度落实，形成了职责明确、按制度办事、靠制度管人、用制度规范行为的良好机制，构建出了科学化、规范化和制度化的管理格局。

（二）加强组织，着力提高矿领导班子执行力

强化矿班子思想建设、组织建设、作风建设，着力打造班子队伍。矿、科领导严格执行下井带班跟班制度；矿、科领导严格按照调度室制定的下井带班跟班计划下井带班跟班，现场严格执行“口对口，手拉手，你不来、

我不走”的现场交接班制度和“三必到”“三走到”制度，将矿科领导带班跟班履职情况及班组开工前安全确认制度纳入月度安全绩效考核范围进行考核，确保落到实处；狠抓五个责任落实，以实现矿井“零缺陷、零漏洞、零违章、零事故”为目标，着手创建动态安全管理模式，坚持从细节抓起、从源头防范、在管理中创新、在落实中整改，保证了矿井安全平稳发展。

（三）落实责任，充分发挥职能部室管理职责

一是管理人员和专业技术人员充分发挥管理职责，在管理现场能够发现问题、提出问题、分析问题、解决问题，及时消除管理中的缺陷、堵塞漏洞、减少失误，使安全管理真正具有了预防性和针对性。二是安监部门不断健全安全监督检查体系，落实安全工作目标，层层落实安全检查监督职责，严格追究不落实行为，对隐患和责任人严格追究责任，做到不安全不生产，积极维护了安全生产的正常秩序。三是紧紧围绕“治理隐患、遏制事故、保障安全”的主题，对照“三项行动”内容，严格落实各级管理人员的责任，狠抓隐患排查治理，着力抓好隐患治理责任人、措施、资金、时限、预案“五落实”，全力排查整改矿井安全隐患，杜绝了重大隐患事故。四是落实日常检查制度，加强日常井下、地面生产的安全监督检查，积极维护正常的安全生产秩序，职能部室和管理人员全年狠反“三违”211 人次，并对“三违”人员进行会议通报、亮相台公开亮相，多角度促进了职工安全操作。安全小分队加强对安全薄弱环节的监督检查。五是完善了安全生产事故应急救援预案，建立健全了机构、队伍，配备了应急救援物资，有效提高了矿井防灾、抗灾能力。六是生产部门结合矿井发展规划，按照矿统一安排部署，由各专业负责人和技术副总工程师及时提出技术要求，科学编制技术措施，规范指导原煤生产，并按照各级行业主管部门、集团公司调整产能的要求，及时调整各生产单位生产任务，为顺利完成原煤生产任务发挥了积极作用。七是紧密结合生产实际，积极引进适用于矿井发展的生产工艺、技术装备、监控设施，不断改进井下作业条件，提高矿井装备水平，促进了矿井本质安全建设。大力开展科技创新，积极创新新工艺、新技术，积极推广应用沿空留巷、千米钻机为矿井安全生产提供了坚强的科技支撑。八是重视“一通三防”管理工作。为保证通风系统稳定可靠，重点加强 2202 工作面瓦斯管理，2202 工作面严格通过本煤层抽采钻孔、工作面泄压孔、高位钻孔、采空区插管等方式，多措并举对工作面瓦斯进行治理，通过严格落实防尘管理制度，确保了防尘效果。九是落实机电运输管理制度，严格规范化、标准化操作，强化执行“两票”工作制度和停送电制度，加强机电运输设

备的日常维护检修工作和做好设备关键部位的周期性探伤，严格落实设备包机责任制，确保设备安全运行。十是水文地质工作保障力度，严格执行“有掘必探、先探后掘”的探放水制度。积极开展坑透勘探、物探、化探等工作，科学编制各采掘工作面地质构造资料，为矿井安全生产提供技术保障。

山西亚美大宁能源有限公司
晋城市大宁煤矿

一、矿井概况

山西亚美大宁能源有限公司位于山西省晋城市阳城县町店镇大宁村，是一座年产 4 Mt 的大型现代化矿井，矿井采用单水平混合开拓方式，混合式通风方式，矿井井田面积为 38.8225 km^2；主采 3 号煤层，煤层平均厚度为 4.45 m，属近水平煤层；地质储量为 230 Mt，剩余可采储量 65 Mt。3 号煤层属中等变质程度的无烟煤，中灰、低硫、高发热量，是优质的化工及动力用煤，煤尘无爆炸性，自燃等级为Ⅲ级，属不易自燃煤层。目前，公司共有员工 2276 人，设置有 19 个部室和 14 个基层区队。

二、2019 年主要技术经济指标

2019 年公司的安全生产状况良好，杜绝了重伤及以上事故，各项主要经济技术指标如下：

保证了百万吨死亡率为零，原煤产量为 3.20 Mt，掘进总进尺 11620.0 m，原煤工效为 17.76 t/工，原煤吨煤成本 276.00 元，综合单产为 263620.07 t/(个·月)，实现利润 5.77 亿元，职工人均年收入 9.66 万元。

三、安全高效矿井建设的主要做法

强化生产组织管理，实现安全高效生产。长期与瓦斯、地质、突出、顶板等危险因素做斗争的生产实践经验，已经转化成生产组织管理较大势能。1—5 月，公司合理强化生产组织，在克服由于地质条件、初次跨巷回采期间回风巷道变形严重等影响因素，首个 202 跨巷采煤工作面安全、圆满结束。203 接替工作面，同时完成设备大修、转运、安装、调试和试运行等工作，6 月份顺利进入初采和生产阶段，首次实现了综采面无缝接替，确保了公司安全、高效、均衡生产。

合理设置工种岗位，实现公司科学管理。公司领导严格把关，在人员设置上就本着“简单、实用、快捷、高效”的原则，科学设置岗位，合理配置人员。对于一次采全高大采高工作面煤壁片帮问题，公司汲取百家之长，迎难而上，相继制定一整套科学管理方法和措施：一是动真格抓现场，严把三道关，即两巷维护关、技术操作关、质量验收关；二是制定了与生产任务、安全质量、出勤三挂钩和上不封顶、下不保底的经济分配制度，形成了公司横向到边、纵向到底的无缝对接式的科学管理模式。

加大瓦斯综合利用、建设绿色环保矿山。矿井建有南山瓦斯抽采泵站和山坪瓦斯抽采泵站，地面建有瓦斯储气柜两座，有效容积均为 12000 m^3。公司的瓦斯抽采和综合利用水平居行业前列，瓦斯抽采采用地面和井下同时进行的立体高效的方式。并对瓦斯进行了综合利用，主要用于瓦斯发电（兰花电厂装机容量为 35 MW）和矿区内的采暖锅炉、洗浴锅炉、井筒热风炉、中央空调、职工餐厅等。真正做到了“挖煤不用煤”，有效减少了温室气体及粉尘排放。

推广高位钻孔施工、提升采空区抽采效果。原采空区顶板高位钻孔每个钻场只施工 5 个，且抽采浓度普遍较低，抽采浓度最高时只有 30% ~50%，瓦斯抽采纯量约 2 ~4 m^3/min，瓦斯抽采效果较差。为了进一步强化采空区瓦斯治理力度，将每个高位钻场抽采钻孔数量由原来的 5 个增至 12 个；同时利用深孔定向钻机优势，施工不同层位顶板高位长钻孔，对其在回采区域抽采浓度的变化情况分析研究，确定顶板高位钻孔的最佳层位，大大提高了钻孔的抽采浓度，抽采浓度最高时可达 85%，进而确保钻场瓦斯抽采纯量大幅度提升，最高时可达 15 m^3/min，从而为采空区瓦斯治理提供了有力保障。

加强科技创新建设、实现本质安全高效。坚持探寻规律、总结规律、利用规律这一科学原理，充分发挥采掘、瓦斯抽采、通风、机电等技术创新在安全生产中的作用。公司在原“硬件”设备的基础上（工作面安装德国 DBT 支架、美国久益采煤机、澳大利亚 PF4 型刮板输送机）。大胆对进口设备进行技术革新，先后完成了对转载机头和单轨吊连接部分以及过渡槽部分的改造，改进了转载机头部分和转载机电缆槽部分，改进后的设备简单、实用，取得了良好的经济效益。公司针对矿井提升能力不足，开展了辅助运输系统调研、升级改造设计；针对矸石升井这一先天设计不足问题，进行了矸石井下处理调研、处理方案设计；为满足主运输系统服务二、三采区原煤运输需要，完成了西大巷带式输送机延伸设计、施工；为提高钻孔封孔效果、提高抽采率，推行“两堵一注”封孔工艺；为确保运输设备及人员安全，完成运输线路安装防撞缓冲设施 7 套。这一系列措施的实施，确保了公司安全高效生产，特别是先进的设备和智能化的操作基本实现了“人机合一，本质安全”。

山西高平科兴南阳煤业有限公司

一、矿井概况

南阳煤业隶属于山西科兴能源发展有限公司，属地方国有煤矿，位于高平市野川镇南杨村南，2002 年 12 月投产，年核定生产能力 1.5 Mt。井田面积为 18.903 km^2，批准开采 3 ~ 15 号煤层，现开采 3 号煤层。煤层自燃倾向性等级为Ⅲ级，属不易自燃煤层，煤层无爆炸性。高瓦斯矿井，地质和水文地质类型划分为中等，无冲击地压。

企业先后被评为国家级安全质量标准化煤矿、全国煤炭工业先进煤矿、全国煤炭行业特级安全高效矿井、全国煤炭工业双十佳煤矿、晋城市安全生产标准化矿井建设模范单位，2015 年被国家安全监管总局列为“安全生产长周期零死亡典型矿井”，目前安全生产天数达 7371 d。

二、2019 年技术经济指标

矿井核定生产能力为 1.5 Mt/a，2019 年实际生产 1.47 Mt；拥有一个综放工作面，工作面个数为 0.96；采掘机械化程度达 100%，掘进装载机械化程度达 100%，综采机械化程度达 100%，综掘机械化程度达 100%；2019 年未发生轻伤以上事故，百万吨死亡率为零，安全生产高效运行；原煤工效为 8.43 t/工，原煤生产期末人数为 558 人，原煤生产实际 173809 工日；计划利润 25000 万元，实际完成 28525 万元；计划成本 260 元/t，实际完成 242.90 元/t；全员人均年收入 80860 元。

该矿 3 号煤层属厚煤层，采区采出率为 78.4%；矿井综合单产 0.12 Mt/(个·月)；工作面年产量 1.39 Mt，平均月产 0.12 Mt，最高月产 0.13 Mt；平均日产 4369 t，最高日产 4990 t；矿井掘进总进尺 2800 m，煤巷掘进工作面最高月进尺 196 m，最高日进尺 12 m。

职业健康检查率达 100%，危害因素检测达标率达 96.80%，吨煤开采综合能耗 15.65(kW·h) /t，塌陷土地治理率达 100%，煤矸石综合利用率达 100%，矿井水利用率达 100%，抽采瓦斯利用率为 0。

三、安全高效矿井建设的主要做法

开展安全高效矿井建设工作是强化安全生产基础工作的长效机制，公司按照《煤炭工业安全高效矿井(露天)标准及评审办法》要求，本着“思想上高度重视、工作中注重实效”的原则，围绕一个目标，狠抓八项举措，扎实推进创建安全高效矿井建设。

（一）围绕一个目标，争创安全高效矿井

公司坚定了创建安全高效矿井的信念，牢固树立以推动矿井集约、安全、高效、绿色开采等工作理念，推进全员、全方位、全过程标准化管理，有效管控安全风险，深入查找安全隐患，努力创建安全高效矿井。

（二）狠抓八项举措，推进创建工作全面达标

一是提高政治站位。始终将政治责任贯穿落实到安全生产的全过程，做到不安全不生产、隐患不处理不生产、安全措施不落实不生产，坚守发展决不能以牺牲安全为代价这条红线，从思想上筑牢安全生产的第一道防线。二是全面落实安全责任。修订完善《安全生产责任制》，逐级签订安全目标责任书，建立矿、科、队、班组、岗位五级安全责任体系，形成横向到边、纵向到底的安全责任体系。三是安全生产标准化实现动态达标。树立安全生产标准化“一级创一流”的理念，对照标准，补齐短板，确保安全生产标准化动态达标。四是推进“双控”体系建设。扎实推进风险分级管控和隐患排查治理双重预防机制，建立《风险预控平台》和《煤矿 e 课堂》，推进“双控”样板化矿井建设，有效将风险控制在隐患前，隐患消灭在事故前，持续提高了矿井安全风险抵御能力。五是加强安全培训教育。开展事故案例警示教育活动和安全文化活动，持续加强职工安全意识、安全技能、安全操作培训，做到“小活动”营造大氛围，“小案例”反思安全大问题，形成安全文化自觉，逐步实现从“要我安全”向“我要安全、我会安全、我能安全”的主动转变。六是强化现场安全管理。严格执行领导干部带跟班制度，履行好带跟班职责；严格落实安监员 24 h 坚守工作岗位制度，查隐患，反“三违”，堵漏洞，履行好监管责任；严格执行跟班队长、班组长与工人同上同下制度，履行好现场管理责任；严格科室管理人员深入现场处置制度，确保规程措施的落实和制度的遵守，履行好现场监督指导责任，确保现场安全作业。七是加强职业病防治。强化职业病防治培训，贯彻执行“两法一条例”，明确岗位职业危害因素种类、后果、预防和应急处置措施等内容，提高职工自我防护能力。按规定进行职业健康检查，开展危害因素检测；发

挥工会工作优势，加强班组建设，积极开展“安康杯”竞赛活动，扎实推进了职业病防治工作。八是创建绿色矿山。该矿在生产工程中特别重视环境保护工作，加快环保治理工作。践行“绿水青山就是金山银山”的理念，完善环保设施设备，推动环保达标提质。对供暖系统进行了“煤改气”改造，新修建了燃气锅炉房，购置安装了1台8 t/h燃气蒸汽锅炉和3台总容量为7 t/h的高效冷凝燃气热水锅炉，均采用低氮燃烧技术，实现了氮氧化物超低浓度排放（标准条件下30 mg/m^3以下）。煤矸石利用率为100%。

该矿坚持“边开采、边复垦”，认真按照生态恢复治理方案对采矿塌陷地区实行地貌恢复，有力地促进了生态保护与文明建设协调发展，矿区环境保护均符合国家相关规定。

山西高平科兴赵庄煤业有限公司

一、矿井概况

山西高平科兴赵庄煤业有限公司隶属于山西科兴能源发展有限公司，山西省煤炭工业厅于2017年11月以“晋煤行发〔2017〕567号文”批复核定生产能力为1.2 Mt/a。

矿区位于高平市南城办南赵庄村东，铁路专用线直通矿区，与208国道、G55高速相邻，交通便利。矿区占地面积为26.36 hm^2，井田面积为19.7441 km^2。批准开采3～15号煤层，可采储量为67.56 Mt，服务年限为40.2 a。现开采3号、9号煤层。井田内3号煤层平均厚度为3.84 m，为全区稳定大部可采煤层；9号煤层平均厚度为1.21 m，为井田内较稳定的大部可采煤层；15号煤层平均厚度为3.24 m，为全区稳定可采煤层。矿井属地温、地压正常区，水文地质类型为中等类型。绝对瓦斯涌出量为6.19 m^3/min；相对瓦斯涌出量为2.31 m^3/t，低瓦斯矿井。3号、9号和15号煤层煤尘均无爆炸性；3号煤层自燃倾向性为Ⅲ类，属于不易自燃煤层，9号和15号煤层自燃倾向性均为Ⅱ类，属于自燃煤层。

二、2019年主要技术经济指标

矿井核定生产能力1.2 Mt/a，2019年实际生产1.16 Mt；3号煤层综放工作面个数为0.79，采区采出率为78%，年产量为0.59 Mt，采区采出率为78%，9号煤层综采工作面个数为0.8，采区采出率为88%，年产量0.45 Mt，全年工作面产量1.04 Mt；采煤机械化程度达100%，掘进机械化程度达98%。

2019年，山西高平科兴赵庄煤业有限公司未发生轻伤以上事故，百万吨死亡率为零，安全生产高效运行；原煤工效为10.38 t/工，原煤生产期末人数419人，原煤生产实际111320工日；计划利润2168万元，实际完成1660.53万元；计划成本223.1元/t，实际完成212.07元/t；矿井综合单产109021.83 t/(个·月)；全员人均年收入7.4万元。

矿井掘进总进尺5800 m,3号煤层掘进工作面平最高月进尺278.3 m,最高日进尺 24 m,9 号煤掘进工作面平最高月进尺 546. 1 m,最高日进尺 27. 58 m。

职业健康检查率为 100%，危害因素检测达标率为 97. 7%，吨煤开采综合能耗 13. 19 kW · h，塌陷土地治理率为 100%，煤矸石综合利用率为 100%。

三、安全高效矿井建设的主要做法

（一）强化装备配备，提升工作效率

装备科技化是实现矿井安全高效的必要途径，该矿始终重视矿井新装备的配备工作。具体做法如下：

（1）配备 2 台 EBZ－200D 型掘进机，解决了原掘进机割矸困难的现状，为单班掘进进尺提高提供了装备保障。

（2）配备两部无极绳绞车、一部气动单轨吊，优化了辅助运输环节，使辅助运输系统得到了简化，避免了调度绞车多级、多段运输，提高了工作效率。

（3）综采工作面配备 SGZ630/400 型煤溜，全面解决工作面煤溜故障率高的问题，为工作面原煤输出提供设备保障。

（4）更新工作面液压支架，全面改善 3 号煤孤岛工作面顶板压力问题，为工作面安全高效开采提供保障。

（5）更换淘汰低压馈电、真空电磁起动器等六类设备 260 余台，使该矿井下电气设备更加安全可靠，设备保护性能更强，安全系数更高。

（6）配备带式输送机自移机尾装置，有效地降低了每天拉移带式输送机机尾的时间，提高了设备开机率，降低了设备事故率，为综采工作面设备检修和产量任务的完成提供了有力的保证。

（7）引进了注浆新工艺和气动绞车新装备，提升了安全生产效率，降低了劳动强度。

（二）革新工艺，提高生产效率

煤矿井下生产条件错综复杂，革新工艺是实现安全高效的重要途径，该矿始终坚持“走出去，引进来”的发展思想，敢于引进好的工艺并真正做到取其精华，走出一条属于本矿安全高效发展的新道路。具体做法如下：

（1）该公司 3 号煤层已处于末采回收煤柱阶段，为了减少优质煤炭资源的损失，实现采煤的高产高效，公司聘请中国矿业大学专家组确定了井下煤柱回收工作面（3800 综放工作面）小煤柱开采及巷道支护设计方案，为优质煤炭资源回收、企业利润保证打下了坚实的技术保障。

（2）引进高水材料巷旁充填沿空留巷工艺，在9号煤层9303工作面首次成功应用，该项工艺的使用缓解了采掘衔接紧张问题，减少了掘进巷道工程量，真正做到了减人增效，提高了采出率。

（三）加强职工素质培养，保证工作效率

人才培养以及人才梯队建设，始终是实现安全高效矿井的必由之路，该矿高度重视人才培养及人才梯队建设工作。一是开通“煤矿e课堂”“矿灯学院”，并建立了相关学习考核制度，督促职工日常学习，潜移默化提升职工素质；二是加强班组建设，成立了班组建设组织机构，制定了班组建设工作方案，促使班组长真正在工作中起到“兵头将尾”的作用；三是开展各项培训活动，开展监测监控、防治水、职业卫生防治、“一通三防”等相关知识培训，针对机电人才短缺问题，特别成立了井下机电工学习小组，通过周期学习，井下机电工作业素质得到了显著提升，提高了井下处理机电设备故障效率；四是大力推行岗位作业流程标准化建设工作，健全完善岗位作业流程标准并加强职工日常学习及实操监督工作，促进井下各工种各岗位操作流程化、规范化，节省准备时间，提升了工作效率。

（四）注重企业文化，激励职工工作热情

公司始终对井下从业人员保持高度关怀，始终把优先一线作为决策依据和工作导向，资金使用优先保障生产，福利待遇向生产倾斜，调整工资分配向“苦、脏、累、险、技”岗位倾斜。同时，推行职工亲情文化，班前会安全宣誓，连队办公室悬挂全家福照片，建立安全文化与亲情走廊，时时刻刻让工人能够感受到亲情的关怀，让工人以此为触动，在制度上做到不敢违章，在情感上做到不愿违章，在思想上全面实现自我约束，同时将“我要安全”的思想认识不断向周边“辐射”，对全面提升公司的安全管理水平起到了良好作用。

（五）严格管理，促进安全高效发展

安全管理永远是煤矿企业永恒的话题，企业能够高效发展，必然离不开安全之根基，该矿在安全管理方面：一是加强现场管理，落实各级人员入井跟班、带班监督和现场安全生产管理责任，推进“双控机制”建设，夯实安全基础管理；二是严格落实主体责任、健全完善各级安全生产责任制及各项规章制度，矿长与分管副矿长、分管副矿长与科队长、科队长与班组长、班组长与职工签订安全目标责任书，层层压实责任，传递压力，切实保证个人保班组、班组保连队、连队保全矿。通过严格管理，该矿2019年度未发生轻伤及以上事故，为该矿安全高效发展打下坚实的基础。

山西高平科兴平泉煤业有限公司

一、矿井概况

山西高平科兴平泉煤业有限公司是经晋煤重组办发〔2009〕44 号文批复的兼并重组整合矿井，由原高平市平泉煤矿和山西高平马村张家庄煤业有限公司整合而成，生产能力为 0.9 Mt/a，整合后主体企业为山西科兴能源发展（集团）有限公司。矿井于 2010 年 12 月 25 日开工建设；2015 年 5 月 5 日山西省煤炭工业厅文件晋煤办基发〔2015〕398 号《关于山西高平科兴平泉煤业有限公司 0.9 Mt/a 矿井兼并重组整合项目竣工验收的批复》进行了竣工验收批复，转入生产矿井，现为证照齐全的生产矿井。

矿井位于山西省高平市县城西南约 15 km 处的马村镇马村村，行政区划隶属高平市马村镇管辖。开采深度标高为 920～710 m，井田周边与 2 座矿井相邻，西北部为山西兰花科技创业股份有限公司唐安煤矿分公司，西南及西部与山西兰花高平同宝煤业有限公司相邻。陵侯高速于井田北部通过，沿马村镇南环公路向东约 8 km 可接 207 国道，西距兰花集团唐安煤矿煤炭集运站 1.5 km，交通极为便利。

矿区南北长 2.70 km，东西宽 5.246 km，井田面积为 9.7246 km^2。现可采储量为 17.04 Mt。公示生产能力 0.9 Mt/a，批准开采 3 号、9 号、15 号煤层，现开采 15 号煤层。

二、2019 年主要技术经济指标

全年完成原煤产量 0.66 Mt，销售总量 0.66 Mt，销售收入 18355.58 万元，实现税收 3185.45 万元，上缴税金 3845.24 万元。矿井人均年收入为 5.98 万元，比上年度同比增幅为 36.2%。矿井开采 15 号煤层为中厚煤层，煤层平均厚度为 2.71 m，矿井综合单产 65158 t/月，原煤工效达 7.9 t/工。

三、安全高效矿井建设的主要做法

（一）采掘机械化程度

矿井采煤工作面长 150 m，采煤工作面采用采煤机割煤装煤，刮板输送机、带式输送机运输，实现了综合机械化采煤，采煤机械化程度达100%；所有煤巷及半煤岩巷掘进工作面均采用掘进机割煤装煤，刮板输送机、带式输送机运输，人工清理浮煤，实现了机械化掘进，掘进机械化程度达98%。

（二）生产系统

（1）矿井设一个主水平开采全井田。矿井主水平15号煤层一采区布置1个综采工作面，工作面长度为150 m，采高2.9 m，采用一次采全高走向长壁式采煤，全部垮落法控制顶板，采掘方法、工艺和技术装备符合《煤矿安全规程》规定。

（2）矿井15号煤层为中厚煤层，采区采出率为83%。矿井采掘接续正常，开拓、准备、回采煤量符合规定，各生产系统安排合理，采煤方法及采区采出率符合安全生产高效矿井评审条件。

（三）信息化管理与自动化

矿井建设有安全生产信息调度平台，全矿井安全生产信息实现集中调度、监控、传输，对主要生产环节设备进行远程监控，实现了主要生产环节自动化运行，煤矿办公实现了电脑网上自动化。

（四）矿井劳动定员管理

2019年期末，公司原煤生产人员332人，设立了以煤矿“八长”为主的安全生产管理机构，下设以机电科、机电队、机运队为主的机运中心，以地测防治水科、探水队为主的水害防治中心，以通风科、通风队为主的瓦斯防治中心和以调度室、信息监控中心为主的安全调度指挥中心共“四个中心”，另有生产技术科、安全科、总工办、安标办、培训科、职卫科6个安全生产职能科室，其中安全科是专职安全管理部门。地面及井下目前均采用“三八制”作业。劳动用工实现了“五个百分之百”，岗位人员全部持证上岗，建立了完善的劳动定员管理制度，科学合理地组织生产，劳动效率明显提高。

（五）环境保护和生态文明建设

矿井在建设生产过程中严格执行国家环境保护的相关法律法规，矿区绿化率达25%以上，建设有一座300 m^3/d生活污水处理站、一座3000 m^3/d矿井水处理站等环保设施，对采煤沉陷区、裂缝进行生态恢复治理。

（六）强势推进安全精细化管理

公司以安全管理“零干扰、零事故、零伤害”为目标大力实施“人、机、环、管、文化”的安全管控机制，强力推进了安全精细化管理。一是着力强化“人”的不安全行为控制；二是着力强化“机电运输”的安全管理；三是着力打造良好的生产环境；四是着力强化安全管理；五是着力强化安全文化氛围营造。

（七）强力推进生产技术精细化管理

明确了生产信息全部归口调度指挥中心负责，维护调度指挥权威，支持调度协调平衡，加快完善调度生产指挥管理系统建设，不断优化劳动组织，将当前综采工作面开采后期变更为单班生产，组织剩余人员进入下一综采工作面进行前期准备和设备安装调试，保证了当前综采工作面开采结束后，下一综采工作面具备初采条件，实现了工作面连续开采，为矿井实现“安装回收不停产、不减产”积累了宝贵的经验，实现了均衡生产。

（八）强力推进经营精细化管理

公司以安全质量标准化一级矿井建设统领各项工作，将各类考核项目统一纳入“一级”矿井建设及绩效考评体系中，进一步细化、量化目标责任，率先完善了区队、科室、班组考核机制，量化细化考核与评价内容，并突出向班组、员工延伸，形成了从上至下，一级督导一级，从下至上，一级支撑一级的金字塔式矿井建设格局。

山西高平科兴牛山煤业有限公司

一、矿井概况

山西高平科兴牛山煤业有限公司隶属于山西科兴能源发展有限公司，井田位于沁水煤田东部，面积为 10.8581 km^2，北距高平市区约 4 km，西距太焦铁路 1 km，东距长晋高速公路和太焦高铁高平站分别为 3.5 km、6 km，拥有一条铁路专用线，地理位置优越，交通运输便利，管理机构齐全，证照合法有效，批准开采煤层为 3～15 号煤层，现开采 9 号煤层，核定生产能力为 1.2 Mt/a。

矿井采用斜井开拓方式，矿井通风方式为机械抽出式，瓦斯等级为低瓦斯矿井，水文地质类型为中等。9 号煤层自燃倾向性等级为Ⅱ级，属自燃煤层，煤尘无爆炸危险性。井下提升运输、供电、通风、防尘、防治水、防灭火等主要系统和安全监测监控、人员定位、通信联络、压风自救、供水施救、紧急避险等六大安全避险系统建设合理完善，运行稳定可靠。

二、2019 年主要技术经济指标

2019 年矿井无重伤以上人身安全事故，百万吨死亡率为零。矿井采用“两采四掘”布置，采煤机械化程度为 100%，综掘机械化程度为 96%，全年完成原煤产量 1.11 Mt，掘进进尺 10613 m，原煤工效达到 10.37 t/工，人均实现年收入 6.7311 万元，所有技术经济指标均达到特级安全高效矿井标准。

三、安全高效矿井建设的主要做法

（一）加大水害和瓦斯治理，杜绝自然灾害

防治水方面，牛山煤业成立有专门的防治水机构，配备了满足工作需要的防治水专业技术人员，配齐了专用的探放水设备，建立了专门的探放水作业队伍，并经专业机构培训合格后，持证上岗。坚持“预测预报、探掘分离、有掘必探、先探后掘、先治后采”的防治水原则，严格执行井下探放水“两探”要求，同时采用钻探、物探两种方法，做到相互验证，遵循

“物探先行、钻探验证、化探跟进”的综合探测程序，安管科室和业务科室对探水队的工作实施全面监管和指导，使“三专两探一撤”规定落到实处。

“一通三防”方面，认真落实“先抽后采、监测监控、以风定产”的十二字方针，坚持“风量足、断面够、系统顺、设施牢”的原则，严格执行瓦斯检查和巡回检测制度，对井下通风设施管理实行挂牌管理，责任到人；完善了防灭火黄泥灌浆管路系统，对采空区实行黄泥灌浆；升级改造了安全监控系统，提高了监测设备抗干扰能力，进一步增强了数据传输的及时性和准确性，确保了矿井系统安全可靠。

（二）强化现场管理，狠抓标准化建设

为加强对现场作业各环节的过程控制，牛山煤业以安全生产标准化为抓手，重点抓好跟班队干、班组长和采煤机司机、综掘机司机等关键岗位，实行班前安全确认、班中安全提醒、班后安全总结的标准流程；对井下作业现场存在的突出问题，及时制定补充完善专项安全技术措施，并严格落实矿领导带班科长双跟班制度，现场把控重点环节的安全风险；在每周二专业排查、每周五安全全面检查的过程中，对管理行为和操作行为进行纠偏，强化标准化奖惩和责任追究，安装双控信息管理系统，对安全风险辨识和隐患排查治理实行记录、跟踪、统计、分析，推动作业现场管理持续改善。

（三）依靠科技进步，加强技术装备应用

针对 9 号煤层薄、顶底板岩性坚硬的特点，通过召开专题会研究，决定使用 EBZ－160 型综掘机进行综合掘进，通过技术改造，提高设备运转时间和强度、增强装备运行故障检测准确性和实时性，从而极大加快了单班掘进进尺，2019 年 11 月 12 日创造了本矿掘进日进尺自建矿以来的最好成绩 15.4 m；同月，创本矿掘进月进尺自建矿以来的最好成绩 344 m；年度掘进总进尺 10613 m，刷新了本矿年度掘进进尺纪录，为矿井安全有序、采掘正常接替、可持续生产提供了坚强保障。

（四）强化安全培训，增强职工操作水平

一是实施素质提升工程，大力推进职业技术教育，与长治市职业技术学院开展委培合作，发挥校企双方优势，推动建设产教研融合实训基地，共同开发与实施专业人才培养方案，为企业培养更多高素质技术技能型人才。二是建设完成职工培训中心，配备多媒体教室、考试中心，配套出台教育培训系列制度，构建了固定、独立和相对集中、初具规模的教学、培训、考试体系，通过开展“风险辨识”“关键环节”“岗位达标”等专题培训，增强了职工规范操作水平，全员素质稳步提升。

山西高平科兴龙顶山煤业有限公司

一、矿井概况

山西高平科兴龙顶山煤业有限公司位于山西省高平市米山镇石咀头村，隶属于山西科兴能源发展有限公司，井田面积为 8.2045 km^2，生产能力为 1.2 Mt/a，批准开采 3～15 号煤层，可采资源储量为 18.32 Mt，服务年限为 12 a，现开采 15 号煤层，煤层结构简单～中等，为全井田稳定可采煤层。矿井水文地质类型为中等，煤层无爆炸危险性，自燃倾向性等级为Ⅱ级自燃煤层，属低瓦斯矿井。公司现有在岗职工 1200 余人，设有职能科室 26 个，生产连队 8 个。现各类证件齐全、合法有效，各类技术人员、安全生产管理人员及特殊工种均配备到位，2020 年被中国煤炭工业协会评选为 2018—2019 年度煤炭工业安全高效特级矿井。

二、2019 年主要技术经济指标

2019 年完成原煤产量 1.1 Mt，完成销售收入 30033 万元，原煤生产成本为 182.21 元/t，累计实现利润总额 3110 万元，职工人均年收入 78386 元，原煤工效为 10.662 t/工，采煤机械化程度达 100%，掘进机械化程度达 98%，矿井综合单产 100529 t/(个・月)；安全生产实现了"三无一降零事故"目标。

三、安全高效矿井建设的主要做法

（一）生产组织

公司设有安全生产委员会和"一通三防"、地测防治水、机电、运输、采掘、职业卫生、调度监控、应急救援及安全培训等安全生产组织机构。各专业技术人员共计 140 人，其中安全生产管理人员 80 人。公司高级工程师 3 人、中级工程师 49 人，助理工程师 231 人。各主要工种配备齐全，其中安全检查工 39 人、主提升机司机 24 人、掘进机司机 26 人、采煤机司机 9 人、井下电气工 51 人、探放水工 26 人、瓦斯检查工 27 人、井下爆破工 28 人、安全监测监控工 28 人。

（二）科学管理

公司按照“六个继续狠抓”安全生产举措，扎实开展各项工作，全年安全生产顺利实现了“三无一降零事故”目标。

（1）狠抓安全管理队伍建设。一年来，公司突出重点、多措并举，通过班前班后会、碰头会、周六学习等方式，持续加强科队长的业务素质提升。进一步强化“人人都是安全员”意识，增加了瓦斯员的安全监管职责，与安全员进行师徒结对，分岗同责、同上同下，全面强化作业现场安全监管。

（2）狠抓“六长”及科队长值班跟班。公司坚持问题导向，实行“六长”定期集体下井现场办公，一系列重点难点问题得到了有效解决；坚持铁手腕、铁心肠、铁面孔“三铁”原则，强化跟班值班，从劳动纪律、工程质量、现场操作、安全管理、措施落实等方面加大“三违”查处力度，全年无严重“三违”发生，一般“三违”同比有所下降，保证了安全生产顺利进行。

（3）狠抓隐患排查风险管控。本着“把风险管控在隐患之前，把隐患消灭在事故之前”的原则，积极构建双重预防性工作机制。在风险管控方面，全年共辨识出重大安全风险 3 项，较大安全风险 8 项，一般安全风险 59 项，低安全风险 38 项，科学制定了补充性管控措施，使各类安全风险始终处于可控状态。在隐患排查治理方面，坚持“抓重点、攻难点、排盲点，深入一线”的“三点一线”排查标准，扎实开展隐患排查治理工作。

（4）狠抓全员安全意识提升。根据安全形势、时间节点和实际工作，及时召开了安全生产动员大会、综采搬家倒面动员大会，开展了安全警示日、安全生产月、事故反思等活动，强化全员安全意识，提升了安全管理水平。

（5）狠抓干部职工素质提升。公司以“每日一题”“手指口述、岗位描述”内容为主，组织全员考试 1897 人次，及格率达 97. 6%；组织安管人员考核 79 人次，班组长 47 人次，特殊工种 49 人次；认真组织工程类职称申报工作，截至 2019 年末，公司共有高级工程师 3 人，中级工程师 34 人。

（6）狠抓安全生产标准化建设。安全生产标准化工作是矿井安全生产的重要保证。公司先后完成了矿井辅助运输改造、轨道大巷改造、立井提升绞车改造、六大系统完善等工程。通过采、掘、机、运、通、地测防治水各系统的完善，进一步提升了矿井防灾抗灾能力。

（三）技术创新

公司积极倡导管理创新、技术创新工作，全公司上下积极投身于矿井创新管理中来。一是投资 180 余万元，完成了选煤厂筛分系统改造，增设一条地下带式输送机走廊，提升了装车效率，每年可节约铲装费用 90 万元；二是因地制宜完成了副斜井绞车改造，工期缩短 60 d，节约资金 110 万元；三是综采队的风动注液器、探水队的钻机改造、维修队的副斜井行人侧斜坡改造等 10 余项“五小”创新纷纷涌出，均在实践应用中优化了操作流程、增加了安全系数、降低了生产成本、提高了工作效率。

霍州煤电集团河津腾晖煤业有限责任公司

一、矿井概况

霍州煤电集团河津腾晖煤业有限责任公司是山西焦煤能源股份有限公司与山西阳光焦化集团河津华融商贸有限公司合作组建的股份制企业，企业注册地为河津市，注册资本金为人民币 1.5 亿元，其中山西焦煤能源股份有限公司持股 51%，山西阳光焦化集团河津华融商贸有限公司持股 49%。

2013 年 6 月 3 日，按照《关于山西吕梁离石永德煤业有限公司等四处矿井合并为两处矿井开采的批复》（晋煤规发〔2013〕807 号），矿井核定生产能力由 0.9 Mt/a 提升到 1.2 Mt/a，服务年限为 17.1 a。

井田面积为 6.53 km^2，批复可采煤层为 2 号、10 号煤层，地质储量为 64.39 Mt，可采储量为 28.7 Mt。其中 2 号煤层地质储量为 31.27 Mt，10 号煤层地质储量为 33.12 Mt，截至 2019 年底，矿井剩余地质储量为 56.45 Mt，其中 2 号煤层为 23.33 Mt，10 号煤层为 33.12 Mt，剩余可采储量为 25.13 Mt，其中 2 号煤层为 10.49 Mt，10 号煤层为 14.64 Mt。

二、2019 年主要技术经济指标

2019 年矿井安全形势继续保持平稳有序，杜绝了二级及以上非伤亡事故，百万吨死亡率为零，实现了年度安全生产。

矿井 2019 年实际产量为 1.2 Mt（回采煤量 1.08 Mt，掘进煤量 1.13 Mt）；实际完成 6805 m（综掘 6535 m，人工 270 m）。回采单产（综采单产）实际完成 100400 t/(月·个)；掘进单进实际完成 233.1 m/(月·个)。原煤工效实际完成 10.36 t/工，原煤生产人数 482 人，全年累计出勤 115515 人/次。采煤机械化程度均达 100%；掘进机械化程度达 96%；综采程度达 100%；综掘程度达 96%。全年计划成本 372.78 元/t，矿井实际成本 364.56 元/t，计划利润 30812 万元，实际完成 32272 万元。2019 年度国家统计局发布的行业平均工资为 81429 元，该矿职工年平均工资 83745.09 元。矿井采区采出率为 80%，采煤工作面采出率为 95%。

三、安全高效矿井建设的主要做法

（一）优化开拓方式、合理集中生产

（1）该矿通过优化巷道布置，实现了合理集中生产，极大地简化了生产系统和生产环节，为企业实现节能降耗奠定了基础。通过优化设计，加大采区和工作面长度，从而增加采区储量和服务年限，以解决提高单产带来的服务年限缩短和搬家次数增多的问题，同时也为简化管理创造了条件。对该矿 2 号煤层进行重新规划、设计，有效提高了矿井资源回收率，使得采区布置更具合理。

（2）工作面设计时，严格按照“采掘一体化”为原则，配备大功率掘进机，掘进期间带式输送机按照回采需求进行安设，为提高工作面单进创造良好条件。

（二）加强安全管理，夯实安全基础

公司坚持“安全第一，生产第二”的安全纪律，坚定不移地走机械化道路，坚定不移地推行支护改革，坚定不移地理顺安全管理机制，强化“双基”建设，强力推行“内部市场化”，使该矿的安全基础更加牢固，职工的安全意识不断增强，安全作业行为更加规范。

（1）注意安全文化宣传，提高职工自主保安意识。为提高职工的安全意识，营造良好的安全氛围，使职工在平时工作中潜移默化，受到安全教育。

（2）加大安全培训力度，规范职工操作行为。一是安全生产事故教育警示案例活动，安全生产事故教育活动由安全科牵头，政工科、培训科配合，开展以事故案例为重点内容的事故案例学习；二是组织周检及专项检查活动，加大周检力度，强化井上下安全检查，每周业务科室利用早调会通报各系统专项检查的隐患和抓“三违”情况，利用安办会科室负责人对典型隐患和“三违”进行通报，矿领导进行点评分析，营造了良好的法治安全氛围。

（三）采用新技术、新工艺、新装备方面取得的经验与做法

（1）瓦斯综合利用。为加快推进清洁低碳、安全高效的新能源体系建设，逐步构建清洁低碳、安全高效的现代化示范矿井，腾晖煤业主动走“减优绿”之路，2019 年建设了低浓度瓦斯发电站，实现了集团公司瓦斯发电项目“零”突破，瓦斯项目的发电原理是通过抽采瓦斯气体作为燃料，将煤矿瓦斯抽放泵站的低浓度瓦斯通过输送系统输送到瓦斯发电站内，利用

煤矿的抽排瓦斯发电，是节能减排、新能源利用的典型项目；截至目前，矿井瓦斯发电站已完成所有项目建设及设备安装调试，且运行良好。所发电量全部供该矿自用，从而达到循环利用、节能减排的作用，让瓦斯真正实现了变“废”为宝，变“害”为利。

（2）综采放顶煤工作面端头支护研究。腾晖煤业综采放顶煤工作面副巷顺槽高度达3.5 m，日常采用3.5～4.2 m单体支柱支护，劳动强度大，安全性不高，原端头支架滞后放顶线约2.5 m，不利于上隅角瓦斯管理。通过对综放工作面端头支护技术进行研究，在保证支护安全可靠的前提下，使用的四组8架超前支架将滞后一架超前支架作为端头支撑式支架使用，有效地降低职工的劳动强度，减少了支护材料的投入，节约成本，提高了端头支护的可靠性和安全性，便于上隅角瓦斯监测，与当前企业“安全、高效”的经营管理理念相吻合。

霍州煤电集团河津薛虎沟煤业有限责任公司

一、矿井概况

霍州煤电集团河津薛虎沟煤业有限责任公司（以下简称“薛虎沟煤业”）隶属山西焦煤霍州煤电集团下属的晋南公司。根据山西省煤矿企业兼并重组整合工作领导组办公室下发《关于运城市市直（部分）和河津市煤矿兼并重组方案的批复》（晋煤重组办发〔2009〕46号），以山西霍州煤电集团为主体，将原山西河津薛虎沟煤业有限责任公司、原山西河津薛虎沟煤业有限责任公司麻子沟煤矿进行整合。矿井位于山西省河津市下化乡陈家岭村北，行政区划属河津市下化乡管辖，紧邻108国道和南同蒲线，交通便利。

矿井位于河东煤田乡宁矿区，井田面积为4.0616 km^2，设计批复产能0.9 Mt/a，批准开采2号、10号煤层。

矿井证照手续齐全，采用斜井开拓，属低瓦斯矿井，水文地质类型为中等，正常涌水量为10 m^3/h，最大涌水量为20 m^3/h。

矿井研发的2号煤层复采科技项目《河东乡宁矿区复采残采关键技术研究及应用》被中国煤炭工业协会评为2019年度科技进步二等奖。

二、2019年主要技术经济指标

矿井设计生产能力为0.9 Mt/a，2019年实际完成883400 t，完成设计生产能力的98.15%。净利润计划完成9000万元，实际完成9722万元，完成年度计划108.02%。矿井综合单产为84900 t/(个·月)。矿井原煤工效为8.14 t/工，职工平均收入为9.31万元，采煤机械化程度为100%，掘进机械化程度为90.9%。矿井2号煤层按可采厚度划分为厚煤层，采区采出率达86.6%。杜绝了人身事故和二级以上非伤亡事故，矿井百万吨死亡率为零，全年实现了安全生产。

三、安全高效矿井建设的主要做法

（一）筑牢安全防线，突出责任落实，“安全”基础持续巩固

针对性采取以下措施：一是强化井上下小分队日常管理，实现了地面、井下高质量、全覆盖动态检查；二是对矿井的副队长、班组长、专职安全员在业务素质、应知应会、劳动纪律等方面进行专项整顿；三是针对矿井作业风险情况，制定了《安全风险分级管控实施细则》，从而实现矿井各级安全风险有效管控；四是随时间、作业环境、作业地点变化，不定期开展“反三违、保安全”和“安全五项整顿”活动，强化红线意识和底线思维，健全完善双重预防机制，突出重大灾害和系统性风险治理，突出了季节性、阶段性重点管控，弥补了矿井安全管理的短板，实现了全年安全态势良好、整体平稳有序。

（二）强化系统管理，精准施策补短板，安全环境逐步强化

（1）强化“一通三防”管理。一是强化通风系统管理。全年，巷道贯通 12 次，通风系统调整 13 次，施工各类通风设施 41 道，采煤工作面采取了均压通风，掘进面采取了在棚梁上部铺设风筒布以应对小窑破坏造成漏风，保证了矿井风量利用科学有效。二是开展监控系统专项整治。监控机房更换监控系统移动交换机、烽火 620 移动基站，保证系统运行可靠，安全监控有效。三是强化防灭火管理。2－109 工作面防灭火设计，采用均压通风为主，注氮、喷洒阻化剂为辅的防灭火措施，保证系统安全可靠；四是完成了 2 号、10 号煤层自燃倾向鉴定报告、瓦斯等级鉴定报告。

（2）强化防治水管理。一是强力推行掘进面“长探＋短探”、采煤工作面“网格化”钻探的精准化钻探模式，从设计源头抓起，防止漏探，二是严格落实“以窥定掘”制度，对受老空水影响的工作面探放水钻孔进行“测斜、测井、窥视”，减少了钻探的盲目性，提高了钻孔质量，提升了探测精准化水平；三是严格落实“三专两探一撤”管理制度。全年累计物探 52 次，完成进尺 5600 m；钻探 81 次，完成进尺 20300 m；实现了水害零威胁。

（3）强化顶板控制。一是要坚持开展生产系统“会诊”、采掘两面变化因素预测预报和顶板管控工作。重点抓好 2 号复采煤层过空巷、采空区、破碎带、实体煤托顶煤掘进等特殊条件下的顶板控制；重点抓好采煤工作面端头支护、超前支护、掘进工作面迎头临时支护及掘进开口、拐弯、交叉、开切眼刷扩及大断面硐室等特殊部位的顶板控制；重点抓好初采、末采、贯

通、巷修等特殊时期的顶板控制。

（4）强化矿井辅助运输管理。辅运系统投用了28辆胶轮运料车，实现辅助运输专业化；增购6辆载人胶轮车，并安装了一套调度指挥系统，实现胶轮车运行实时监控定位、语音报警、违章抓拍、巷道拐弯和交叉处信号灯自动切换等功能，保证了矿井辅助运输系统运行更加安全可靠。

（三）实施契约管理，优化生产组织，“高效”内涵逐步提升

（1）契约考评提动力。以契约化管理为主线，推进结构性优化改革，工资向一线倾斜，多点发力，深挖内潜，健全完善了矿井契约化绩效考核评价体系，明确了各级领导干部契约权责，以安全为纲，指标为要，矿、科、队层级签约，量化考核、严格兑现，全年圆满完成生产指标，实现利润9722万元。

（2）“一优三减”谋定局。公司在优化设计方案、简化系统、队伍建设等方面狠做文章，严格推行“一井一面”的生产布局，优化了2－110采面边角煤设计，增加了40000 t可采储量；力求生产系统集约高效，审核执行了2－106采面过二节硐井筒方案，减少了一次采煤工作面末采、搬家，且多回收原煤约80000 t，实现了采面连续生产；在生产组织方面做到提前谋划、超前准备，在过程管控及变化因素管理上下足工夫，力求精细化组织生产；立足于专业化队伍建设，坚决走机械化减人补员的道路，抽调专业人员组建运输队，推行物料一站式运输、专业化运输、专业化检修的管理模式，负责掘进队组日常材料供给，实行掘进队组辅助人员剥离，保障掘进队组工作面作业人员。

（3）精细开采提效益。持续推进优质煤种精采细采，优化回采工艺，从机组进刀方式、割煤、推刮板输送机、超前拉架、采高等方面调整工艺工序流程进行优化；强化现场管理，各级管理人员下井着重对精采细采进行检查，从严考核，特别是对架间、架前浮煤不清理，随意降低采高或留底煤加快推进的情况从严从重处罚，从而提高2号煤层优质资源的回收。

（四）紧盯环保工程，美化生态环境，“绿色”矿山已见成效

（1）加强环保设施建设。一是2019年8月完成生活水系统提标升级改造工程，在原污水处理站的基础上加装了MBR膜和反渗透膜，处理后的水质可达到地表水三类；同时完成了矿井水污泥系统升级改造，在污水收集池增加了两台螺杆泵，新建1个130 m^3的平流沉淀池，配套安装了刮泥机，更换自动压滤机1台，升级改造后提升了污泥水的处理效率，提高了污水处理效果。二是完成了煤场抖车台、车轮冲洗系统的升级改造工作：投资33

万元，加装了抖车台，自动冲洗装置增加至 8 m，车辆冲洗装置的升级效果明显，从根本上解决了煤场扬尘问题。三是增加 2 台防尘洒水车和 1 台雾炮车，坚持每天洒水防尘。四是完成化验室危化药品到霍东分局备案手续办理。五是加强环保日常动态巡查，做到供应危废回收管理，场面无尘扬、无废排。

（2）美化矿区生态建设。一是完成了卸煤栈桥防腐加固工程，延长了栈桥服务年限；二是完成石景山美化；三是新洗衣房、头灯房、仪器发放室、调度指挥中心和会议室的投用，改善了窗口单位的办公环境；工业广场进行了规范整治，使得企业形象进一步提升。

大同煤矿集团阳方口矿业有限责任公司石湖煤矿

一、矿井概况

石湖煤矿是同煤集团轩岗煤电阳方口矿业有限责任公司下属两座矿井之一（另一座矿井为程家沟矿），阳方口矿业有限责任公司的前身是忻州地区阳方口煤矿，于 1954 年建矿，1998 年改制为山西阳方口矿业有限责任公司，2003 年底参组同煤集团，公司区辖忻州市宁武县。石湖矿位于宁武县城东北 7 km 处石湖村附近，井田面积为 3. 8053 km^2，1967 年开始建井，原属 51321 部队的一座军办矿，矿井原设计能力为 300000 t/a。2003 年参组同煤后，于 2004 年 10 月矿井进行改扩建工程，设计生产能力为 900000 t/a，2005 年 4 月相关系统改造结束，2011 年 8 月改扩建竣工验收完成，相关证件办理完毕。2012 年 9 月 3 日省厅以晋煤证发〔2012〕98 号文件核定生产能力为 1. 5 Mt/a。2013 年 12 月 20 日省厅以晋煤行发〔2013〕1786 号文件核定该矿生产能力为 2. 1 Mt/a。2015 年 12 月 29 日省厅以晋煤行发〔2015〕1067 号文件核定该矿生产能力为 2. 7 Mt/a。

二、2019 年主要技术经济指标

全年完成原煤生产 2542000 t，完成掘进进尺 3500 m，采煤机械化程度达 100%，掘进机械化程度达 100%，矿井综合单产 235795 t/(个・月)，百万吨死亡率为零，全年实现安全生产。

三、安全高效矿井建设的主要做法

（一）加大安全投入，落实主体责任

矿井安全保障方面，建立并健全了各种安全生产管理机构和各项安全生产管理制度。并严格执行国家、行业、省有关标准。逐年加大安全投入，严格按照集团公司要求提取使用安全费用和维简费用，逐步提高了矿井安全保障能力。落实各级人员安全生产责任，建立从领导到各科室和员工岗位安全

责任制度，明确涵盖了该矿所有岗位安全生产责任，形成了一级抓一级，层层落实安全生产的体系。

(二) 改进采煤工艺提高采区采出率

该矿通过强化初采放煤管理，工作面初采前两巷顺槽提前进行退锚，或失效处理，工作面 8 ~ 10 m 顶煤完全垮落，待顶煤开始垮落后开始放煤，严禁滞后放煤导致丢煤，并且严格按照规程执行多轮顺序间隔放煤，根据实际情况尽量采用一采一放，直到全部顶煤放完，在保证安全的情况下，两顺槽头铺网距离根据现场实际情况不得超过 3 m，防止两顺槽头三角煤丢失。强化末采放煤管理，综放工作面末采期间根据集团公司要求进行分阶段放煤法，阶段放煤距离终采线不得大于 20 m，且阶段放煤量不得小于正常生产期间放煤量的 1/2。多措并举使该矿综采工作面采出率提高 2% 。

(三) 攻关创新，技术提升

石湖煤矿在集团公司的正确领导下，认真落实科学发展观，坚持科技兴矿之路。创造性地开展技术革新工作，促进了企业健康有序发展。

(1) 掘进工艺改进。石湖煤矿掘进队，原掘进工艺由从上到下改为从下到上，经过反复验证，每个循环比原工艺节约 5 ~ 10 min。

(2) 掘进支护工艺的改进。掘进队由原来的钢托板，改为预应力钢托板，该托板经反复验证，安全有效，在本矿得到良好的推广。

(3) 信息化建设。加快信息化建设，增强科技实力，逐渐建立健全综合调度监控平台；完成矿井人员定位系统、煤质管理系统、运销管理系统、预算管理系统的平台建设及上线试运行工作。

(四) 科学管理

石湖煤矿首先着手技术管理具有超前性、规划性和指导性的特点，是煤矿安全高效生产的基础和保证。加强技术管理工作，提高技术管理水平，对煤矿高效生产具有重要意义。

(1) 技术管理是煤矿高效生产的有机组成部分，它贯穿于煤矿生产活动的全过程。技术管理涉及煤矿生产的各个方面和各个环节，而煤矿生产过程十分复杂，要做到高效安全生产，就必须综合地利用多种生产技术和管理技术，必须把技术管理看成是煤矿安全管理的有机组成部分，融入煤矿生产管理全过程中去，指导煤矿高效安全生产管理工作，使煤矿各个环节相互配合、相互适应，避免因某一环节发生故障而打乱正常的生产。

(2) 科学技术管理是制定合理的开拓开采设计方案和完善《作业规程》的核心。矿井开拓开采设计得合理与否，直接影响着煤矿的高效生产，矿井的开拓和开采设计是对巷道布置、采区划分、生产工艺流程、设备选型以及安全技术措施等的整体规划和安排。一座矿井的设计，甚至一个采区的开采设计，关系到整个矿井的寿命和效益，是煤矿的基础，所以技术管理在制定开拓开采设计时的作用就非常重要。《作业规程》是实施开拓开采方案的基础文件，具有指导性、规范性和强制性。它规定了操作中的具体做法，是技术管理的具体体现，它的内容除了对系统和工艺要求、质量标准、劳动组织具有明确的说明以外，还应有针对性很强的安全技术措施，如果地质条件和工程内容发生变化时，还应及时制定补充措施。

（3）科学技术管理是排查治理煤矿事故隐患的有效手段。在煤矿开采过程中，客观上存在着水、火、瓦斯、粉尘、顶板等危害因素，在生产过程中采、掘、机、运、通等工序和环节配合不当就会造成减产甚至会酿成故障或者事故，严重者会危及职工的安全。不论何种条件的煤矿均存在着不安全的因素，只是程度的不同而已。只有通过不断排查事故隐患，全面认识本单位存在的问题及其严重程度，明确各环节工作要点，有针对性地采取治理措施，安排治理隐患工程才能为高效生产奠定基础。

（五）和谐稳定，企业软实力提升

作风转变扎实有效。严格落实中央“八项规定”和集团公司“十项规定”，做到一以贯之强执行，持之以恒抓落实；简化接待程序，不打欢迎词，不搞迎来送往，减少陪同人员，不摆放鲜花、烟、水果等接待物品，客饭全部改为自助餐。严格领导人员入井带班制度，规划了行走线路，切实做到带班、值班记录规范，隐患排查全覆盖、重实效，全矿上下形成了良好的工作作风。

大同煤矿集团轩岗煤电有限责任公司梨园河煤矿

一、矿井概况

梨园河煤矿位于宁武县城正东方向，直线距离约 8.5 km，行政区划隶属于宁武县薛家洼乡。主采煤层为 2 号、5 号。矿井正常涌水量为 105 m^3/h，最大涌水量为 240 m^3/h，矿井水文地质类型属中等类型。井田面积为 23.7556 km^2，矿井工业资源储量为 391.01 Mt，可采储量为 147.41 Mt，生产能力为 1.8 Mt/a，服务年限为 55.29 a。

矿井现生产两个采区：211 采区、511 采区，每个采区布置一个综放工作面，综采程度达 100%。布置有 3 个机掘队组，保证正常衔接。掘进机械化程度为 86%。

二、2019 年主要技术经济指标

全年未发生任何死亡事故，百万吨死亡率为零。年度生产原煤 1763400 t，其中回采煤量 1703400 t，掘进煤量 60000 t。全年进尺 7346 m，其中机掘进尺 6318 m，炮掘进尺 1028 m。

全矿有一个综采队达到等级队，有两个掘进队组达到等级队，期末原煤生产人数 631 人，原煤工效平均为 12 t/工，全年完成成本指标和利润指标。

三、安全高效矿井建设的主要做法

（一）落实主体责任

落实各级领导主体责任，以构建安全管理大格局为引领，强化“红线”意识，加大隐患排查治理，严格各项制度落实，全面推进安全工作制度化、规范化。安全培训更加实效。继续深入开展“岗位描述”“手指口述”安全工作；建立安全宣教时时开展，安全培训月月考核工作法；开展应知应会月度培训考试，强化安全基础知识掌握；举办集团公司技术比武和安全警示教育月活动。责任体系更加健全。以“知责、履责”活动为安全责任体系建设切入点，强化生产安全事故“党政同责，一岗双责”责任追究制度；每周一组织开展隐患排查治理，对发现的问题，实施定价考核和闭合管理，有效整改各类隐患，达到环境无隐患，治理全闭合。

（二）攻关创新，技术提升

积极与河南理工大学展开合作，深入研究轩岗地区的“三软煤层”以创新驱动为引领，以工艺流程再造和管理流程再造为主要内容，加大工作力度，强化组织领导，组建专业团队，丰富工作内容，制定工作计划，大力推进技术创新、制度创新和机制创新。完善工作机制，加强自主创新。一是积极开展厚煤层综放工作面掘巷技术适用性研究，是工作面采用高位斜交、煤层顺层、上隅角抽放瓦斯；建立健全技术人才及团队管理制度。

依靠科技创新、管理创新取得的成果，2019 年科研成果、技术革新共完成 6 项，共创效 500 多万元。该矿不断依靠科技进步，坚持科技兴矿战略，坚持管理、装备、培训三并重原则，投入大量资金，完善安全设施，优化了安全生产系统，扎实开展了“标准岗、精品岗”活动、实现精细化管理，通过科技创新、管理创新和机制创新，该矿进行技术改造引进先进采掘设备，提高了经济效益、提高了职工收入，做到了安全生产，保证了矿井健康发展。

（三）经营工作效益显著，管理水平大大提升

2019 年，梨园河矿转变经营观念，健全经营机制，规范运作流程，圆满完成了各项指标任务。改革尝试研究创新综采放煤方法，“多轮间隔顺序”放煤法，做到精采、细放。提升原煤产出率，降低矸灰分。“精打细算”的经营管理理念。一是控制电量的使用，缩短大功率设备的空载运行时间，采取错峰用电措施；二是加强废旧配件、材料的回收再利用；三是加强设备维护保养，降低配件储备量；四是合理优化巷道布置与支护设计。五是加强采购招标管理；六是减少采购中间环节；七是加强回收复用。

该矿把矿区环境治理纳入物质、精神、政治、生态四个文明建设协调发展的范畴进行整体部署，确立了“深化环境治理，打造洁净矿区”的环境治理总目标，健全组织机构、完善管理制度、加大设施投入、强化责任落实。在巩固去年成果的基础上，不断强化各项环境治理措施，不断加大各种环保设施投入，使矿容矿貌发生巨大变化、环境治理工作取得实质性进展，员工家属的生活质量得到根本改善。

（四）节能降耗情况

该矿在节能降耗方面，并建立健全井下设备材料回收制度，2019 年通

过材料、设备回收修复使用，节资600多万元。原煤入选率达到100%。

（五）持续发展工作思路

依靠科技，科学合理地利用现有的资源，做到精采细采，延长矿井的寿命。在精神文明创建和企业文化建设中再迈新步伐、再创新业绩、再上新台阶。践行“做强同煤、造福员工”、提高员工素质、强化企业文化建设、推进科技创新、绿化美化矿山、构建和谐企业。

（六）精神文明、企业文化

该矿在推进企业又快又好发展的同时，不断加强和创新精神文明建设，大力倡导文明新风，通过社会主义核心价值体系、公民道德、文明素质建设，企业文明创建水平不断提高，有效地促进了各项工作的持续健康协调发展。

大同煤矿集团同生同基煤业有限公司

一、矿井概况

原大同煤矿集团同生同基煤业有限公司位于宁武县薛家洼乡黄草圪坨村附近。2009 年 11 月 8 日，山西省煤矿兼并重组领导组以晋煤重组办发〔2009〕83 号文件，同意大同煤矿集团有限责任公司兼并重组原山西宁武李家梁煤业有限公司、山西宁武大石煤业有限公司、山西宁武洪河煤业有限公司及新增空白资源整合而成，整合后井田面积为 7.6805 km^2，生产规模为 900000 t/a，预计 2021 年可生产 900000 t。批准开采 2 号、5 号及 6 号煤层，现井田内进行 2 号煤层与 5 号煤层配采。

矿井目前为生产矿井，证照齐全，全部在有效期内。

二、2019 年主要技术经济指标

2019 年全年矿井原煤产量 894000 t，其中回采煤量 825000 t，掘进煤量 69000 t。实现利润 1004 万元，吨煤成本 217 元，2019 年百万吨死亡率为零。

三、安全高效矿井建设的主要做法

（一）落实主体责任

按照集团公司要求，编制了各自安全岗位职责，完善了岗位操作标准及考核办法；盯住了生产过程各岗位安全生产责任落实的绝对多数，守住了安全生产责任落实的最后防线；制定了安全生产责任制考核标准和检查办法，实施了安全生产责任清单化管理，日常照单工作，失职照单追责，确保安全生产责任考核到岗。

（二）改进采煤工艺

矿井设一个水平开采全井田。矿井在 2 号煤层 213 采区布置 1 个 2131 综采工作面，工作面长度为 140 m，采高 2.5 m，采用放顶煤采煤法，全部垮落法控制顶板，采用多轮顺序放煤法，提高采出率。

（三）推行煤矿信息化自动化

在矿调度中心设置工业电视监控系统，安装一套大屏幕显示系统和三星高清彩色液晶显示器，系统各路图像信号通过视频分配器同时传输至海康威视硬盘录像机和视频矩阵切换器。可根据需要利用视频矩阵切换器选择所需的图像信号进行显示。井下全部采用光纤本安摄像机，实现井下采、掘、运等生产环节的实时图像监测；矿井地面摄像机使用海康威视星光夜视高清摄像机，光纤传输，并采用抗雷击及强电气干扰技术。矿井工业电视系统共设置 32 台摄像头，其中地面的重要场所设置 10 台，井下设置 22 台本安光纤高清防爆摄像头。

（四）大力开展矿井生态文明建设

井下消防、洒水水源取自地面静压清水池，工业广场内设有两座生产消防水池，水池有效容积为 1000 m^3（$2\times500\ m^3$）。经主斜井井筒分别用 $\phi108\times4$ 向井下供水，主要支线管路直径同为 $\phi108\times4$，工作面管径 $\phi59\times3.5$。运输巷隔 50 m 设置三通阀门，其余巷道隔 100 m 设置三通阀门。

破碎机、带式输送机转载点和卸煤点设置喷雾装置；在掘进工作面、采煤工作面以及液压支架上部设置强喷雾装置；在采煤工作面回风巷、掘进工作面装车点后方以及易产生煤尘的巷道设置风流净化水幕装置；在带式输送机巷道易发火点，设置温感控制的自动喷水灭火装置。在井下主要运输巷道、采煤工作面回风巷、掘进巷道等均设置井下消防洒水管道，并每隔 100 m 设 DN50 的支管，阀门后装快速管接头。在带式输送机运输巷、采煤工作面运输巷道中每隔 50 m 设 DN50 支管阀门，阀门后装快速管接头。

（五）不断加强职业健康保护

建立健全了职业病危害防治责任体系，明确从上到下各个岗位职业病防治责任，做到岗位职责明确，责任范围清晰，确保将岗位责任层层落实在现场、落实到每个岗位。

严格职业病危害防治规定落实，进一步健全制度，完善设施，认真开展粉尘、热害、噪声、有害气体防治，定期开展了职业病危害监测及检测评价管理工作，组织开展职业卫生宣传、教育、培训工作，有效保障员工身体健康权益。

大同煤矿集团忻州同舟煤业有限公司

一、矿井概况

大同煤矿集团忻州同舟煤业有限公司（以下简称同舟煤业）于2009年9月批准成立。2011年9月开始建矿，2015年4月2日取得安全生产许可证，生产能力0.9 Mt。

矿田构造形态总体为倾斜向西的单斜构造，地层倾角1°～6°，断层、陷落柱不发育，无岩浆岩入侵，地层自上而下依次为黄土、红土、砂页岩含煤地层和奥陶系灰岩；水文地质类型为简单—中等，水害类型主要为大气降水。

矿田划分为4个采区，开采工艺为单斗—卡车间断式工艺，采用2.0 m^3挖掘机剥离、装车和采煤，20 t汽车运输。剥离台阶高度10 m，平盘宽度32 m；排土台阶高度10 m，平盘宽度30 m；煤层上覆岩土厚度0～115 m，剥采比6.71∶1；目前岩层和煤层硬度相对变小，不需要爆破作业。

二、2019年主要技术经济指标

同舟煤业证载生产能力0.9 Mt/a，在册员工297人，2019年生产原煤0.8982 Mt，工业总产值23982万元，利润12421万元。原煤工效20.25 t/工，职工人均年收入7万元。全年没有发生任何安全事故。

三、安全高效矿井建设的主要做法

（一）狠抓安全工作，杜绝管理失误

每年初按照矿党政要求，积极组织编制了年度采剥作业计划，在组织全年的生产任务中始终以计划为主线，贯穿于安全生产组织全过程，积极引导矿井生产组织在一个良性循环的基础上发展，实现了精采细采，确保了矿井可持续保护性发展。

（二）优化生产布局，合理采剥部署，实现均衡生产

露天煤矿如果不能合理规范地解决采剥接续问题，也会出现剥采失衡，原煤产量不能均衡生产。2019年董事长组织技术力量对全矿的生产发展进

行了多次规划，在充分分析采剥设备性能的基础上，发挥技术人员的聪明才智，科学地调整了采剥部署，不但兼顾眼前，而且注重长远，充分发挥了煤矿领导班子的整体统筹效应。煤矿主要领导抓大事，定目标，出对策，勤安排，建立行之有效的规范管理制度，扎实工作，狠抓各项任务的落实。全矿上下统一思想，充分发挥干部员工队伍的整体凝聚效应，使全矿上下心往一起想，劲往一起使，圆满地完成了计划产量。

（三）积极推进科技创新，推广新技术、新工艺、新装备，优化采剥工艺

2018 年 8 月在内排土场的南部贾家峁、南峁北侧排土台阶边坡上安设了 GNSS 自动监测系统，进行 24 h 不间断在线监测，实现了有突然位移等情况自动报警。

2019 年采用高陡边帮剥采并及时排土压帮回填的方法处理到界边坡 500 多米，少剥离岩土量 1.40×10^6 m^3。采用采剥场与排土场中间搭桥的方法运输剥离岩土，缩短运距 1200 m。这两种方法在实际生产中应用，降低了剥离工程量，加快了循环速度，提高了煤炭回收率。

（四）始终把边坡管理工作放在首位，杜绝重大事故

露天煤矿最大的安全事故是滑坡事故，采剥场一旦发生滑坡事故，就会造成人员和设备埋压，严重者是群体事故。所以露天煤矿对待边坡管理就像井工煤矿的瓦斯管理一样，首先，在设计上严格遵循“初步设计”规定的台阶技术参数数值；其次，每次设计时依据现场实际情况采用两种方法进行边坡稳定性计算，只有当边坡安全系数 K 符合《露天煤矿设计规范》要求的数值时方动手绘图；第三，在施工过程中严格按照设计台阶参数进行采剥作业和排土作业；第四，加强边坡监测和巡查，在内外排土场、采剥场等边坡线上布置人工和 GNSS 自动监测系统定期（实时自动）进行检测，做到稍有异动，立即反应报警做出响应，且每周对矿田内所有边坡进行一次全面全方位的人工巡查。

（五）特殊地段制定特殊措施

同舟煤业矿田范围内存在大量的采空区和火区，给安全生产工作带来很多隐患，由于征地原因有时形成孤立的钉子户山体，在采剥过程中由于追求短期效益，采用陡帮剥离作业，出现帮坡角接近或超过设计值，等等。如果遇到这些特殊情况、特殊地段，生产技术部门查阅图纸资料，实地走访调查，现场蹲点观察，测绘记录收集一手资料；然后听取施工人员的想法，征求队组管理人员的意见，有针对性地编制特殊安全技术措施，指导安全作

业。

经过采取多样化的方法，2018 年、2019 年均无轻重伤亡事故，实现了安全生产。

（六）加大设备管理力度，充分发挥设备效能

同舟煤业面对生产困难条件，顾全大局，迎难而上，狠抓机电设备管理。发挥机电部门的作用，对设备管理责任到人，并制定了严格的奖惩制度，除定期检查设备完好情况外，还不定期抽查，保证了设备的正常高效运转，2019 年同舟煤业取得了建矿以来最高的年产水平。

（七）安全工作警钟长鸣，常抓不懈

同舟煤业始终坚持安全第一，生产第二，把安全工作作为全矿重点工作来抓，强化“双基”建设，夯实安全生产基础。进一步强化现场管理，强化班组建设，强化安全监督检查，强化安全责任制落实，明确各级干部带班、跟班制度，推广“就近管理”“班组全程管理”“安全程序化管理”，树立“居安思安、居安想安、居安干安、居安紧安”的安全理念，进一步引申“人人都是安全员”到岗位到现场，深入推进双基建设和零事故现场、零事故环境创建活动，加大安全生产隐患排查治理，大力推进安全质量标准化，加强安全风险分级管控，三管齐下，使安全实现零目标。狠抓“集中整治”，不回避问题，积聚力量在短时间内整改问题，杜绝红线隐患、重复隐患长期得不到整治。安全检查考核到位；进一步完善矿井安全生产的各项规章制度，确保安全生产上新台阶。

（八）注重人员培训，提高员工素质

企业的发展与人的素质是分不开的，同舟煤业一直注重员工的培训工作，把培训工作放在重要地位，近年来同舟煤业分别对班组长、区队长进行脱产培训和军事化训练，脱产培训 5 期次，对所有特种作业人员进行了培（复）训，在全矿开展了人人都是安全员的强化培训，并通过岗位练兵技术比武活动，增强安全意识，提高个人业务水平和安全素质。加强安全管理培训教育，不仅要有全员培训，还要有煤矿自己开展的各专业各部门内部培训，达到培训促进安全，要安全必须培训的良性循环。

（九）倡导节支降耗、实现成本低控

建设安全高效矿井的最终目的就是提高企业经济效益，通过加强企业内部管理，降低生产成本不失为提高企业效益的捷径。

（1）每月根据公司下达的利润指标，确定各单位成本指标，由各单位再层层分解，责任到人，指标上墙，班班进行成本核算，煤矿定期召开成本

分析会，掌握各单位成本指标完成情况，奖罚分明。

（2）加强生产过程中材料、配件管理，进一步完善了材料、配件的采购、发放制度，严格大型材料和非生产用料审批制度。推行了班组长成本核算管理制度，对队组严格执行材料、配件费用承包，按月考核兑现，与工资挂钩，降低了生产过程中的大型材料投入。

（3）加强了费用收取管理，出台了管理办法，控制差旅费、招待费等各项支出，并加强了财务预测预报管理，严格财务预计审核，提高资金营运效益。同时，号召广大员工勤俭节约，从节约一度电、一点油做起，培养精打细算过日子的风气。

大同煤矿集团忻州同华煤业有限公司

一、矿井概况

大同煤矿集团忻州同华煤业有限公司（以下简称同华煤业）隶属大同煤矿集团轩岗煤电有限责任公司，大同煤矿集团忻州有限公司控股51%，伟华控股有限公司持股49%。同华煤业是于2009年9月整合原五台县窑头煤矿寨里井、窑头煤矿瓦窑坪坑和五台县西头煤矿3座井工矿而成的露天煤矿。整合后矿田面积9.8362 km^2，矿田生产能力0.6 Mt/a，批准开采4～12号煤层，煤层平均总厚度8.86 m，开采方式为露天开采。2011年2月23日取得开工报告，2012年6月换发长期采矿许可证，有效期2012年6月19日至2022年6月19日。2012年8月29日进入联合试运转，2013年7月23日通过建设项目综合竣工验收，2014年1月28日取得了煤炭生产许可证，是证照齐全的生产矿井。矿井建设初期设计规模0.6 Mt/a，后经山西省煤炭厅两次批准提能升级改造，现核定生产能力为2.6 Mt/a。开采方式为露天开采，采用单斗—卡车间断工艺。

二、2019年主要技术经济指标

2019年完成原煤产量2.5948 Mt，未发生较大以上安全事故，百万吨死亡率为零。采煤机械化程度和掘进机械化程度均达到100%，原煤工效21.82 t/工。全年利润完成5002.76万元，职工人均年收入6.7万元。

三、安全高效矿井建设的主要做法

（一）安全生产

矿井自开工建设至今，未发生较大以上安全事故，生产过程中严格执行煤炭行业标准，精细管理，规范作业，安全生产形势平稳，进行“安全生产责任制”学习和安全责任教育，明确安全生产责任制的内容，各级领导互保联保，切实做好分管范围的安全工作。

（二）科学管理

（1）健全安全管理制度，同时制定安全生产标准化、事故处理、安全风险预控、安全目标考核等安全管理流程。公司严格执行相关安全管理制度，按照要求，进一步明确了各级管理人员职责，规范了员工行为，真正做到了有章可循，有据可依，为公司的安全发展提供了有力保障。

（2）不断强化制度建设，逐步形成制度健全、管理有效、落实有力、监督到位的长效机制。对需要完善的制度进行修补、进行补充完善，对完全不能适应企业改革发展需要的制度和缺失的制度，组织修改或制订。

（三）安全生产标准化建设

矿井始终把安全生产标准化工作视为煤矿企业的基础工程、效益工程，强化现场安全生产标准化建设工作，完善安全生产标准化工作考评机制。根据《山西省煤矿安全生产标准化》考核评级办法规定，经专家组进行安全生产标准化验收，达到山西省二级标准。从自评到集团公司评定，严格按照《煤矿安全生产标准化基本要求及评分办法》对煤矿安全生产工作进行评定。

（四）安全管理严抓不懈

同华煤业制定了安全风险分级管控系统和隐患排查系统，按照年度安全风险辨识评估报告对采场内的危险源进行辨识管控；加大现场安全检查力度，管理人员经常深入现场，及时发现并解决现场中存在的问题；对生产过程中查出的隐患实行跟踪销号，从而实现安全管理不留死角，作业现场动态安全达标。

（五）科技创新

公司完成了专网改造、可视化办公、经济运行、执法网、领导值班带班、调度管理系统的安装，设备有 2 台 IPC－8206E 数据传输服务器、2 台 6100 服务器、2 套数据传输软件、2 台 AR2240C 路由器、1 套可视化交互终端、1 台 S5720－28P－SI－AC－V200R008 交换机、2 套泵房接口程序、1 台 USG6510 防火墙和 1 台海康摄像头，与省、市、县煤管局实现对接。产量监控系统在 2018 年 7 月 18 日已与山西咸亨宇能科技有限公司签订合同，已完成对生产现场的实时监控，能有效观测采剥现状，创造矿井的安全生产环境。

大同煤矿集团同朔同盈煤业有限公司

一、矿井概况

大同煤矿集团同朔同盈煤业有限公司（以下简称同盈公司）由原山西原平河底煤矿有限公司、原原平市恒安煤矿、原山西原平盈丰煤矿及原山西原平后湾煤业有限公司4个煤矿企业整合而成。

矿井井田面积5.464 km^2，设计生产能力0.9 Mt/a，批准开采2号、5号煤层，煤种为气煤。矿井工业储量52.415 Mt，可采储量26.574 Mt，服务年限14.7 a。井田构造总体以褶曲为主，总体构造简单，地层倾角7°~10°。

2011年6月开工建设，2014年9月验收完毕，全矿现有在册员工422名，设置科室24个，主要负责人、安全管理人员均配备齐全，目前同盈公司各种证件已经全部办理完成，由建设矿井正式转变为生产矿井。

二、2019年主要技术经济指标

2019年设计生产能力0.9 Mt/a、核定生产能力0.9 Mt、实际产量0.89 Mt。采煤机械化程度100%、掘进机械化程度95%，原煤工效15.8 t/工，采区采出率达到79%，矿井综合单产83611 t/(个·月)。

三、安全高效矿井建设的主要做法

(一) 生产组织

同盈公司共设置24个部门，分别为技术科、地测科、调度室、通风区、安监站、机电科等。同盈公司结合矿井实际情况，强化责任落实、强化采掘接续重责任落实、科学组织生产，确保矿井安全高效，为全面完成全年任务目标夯实基础。根据安全生产需求，同盈公司安全生产组织机构齐全，各种岗位责任制、规章制度、管理办法等各项管理制度齐全。

同盈公司共布置一个综采队、一个机掘队，分别为2号煤层301盘区8103综采工作面、2号煤层301盘区8102-3回风巷。

(二) 科学管理

(1) 强化责任落实。面对矿井工作面地质采矿条件复杂，8103工作面

3.8 m 一次采全高综采设备安装调试期间设备问题多、难度大等诸多实际困难，同盈公司紧紧围绕公司下达的 2019 年目标任务，科学制定工作措施，将任务、压力层层分解、传递，一级抓一级、一级对一级负责，从矿到科室、区队，加强生产调度、技术指导和设备管理，均衡组织生产。加大对生产、主煤流系统及影响生产事故的考核力度，每天在早调度会议上进行通报，奖优罚劣。重点做好 8103 工作面生产，优化开采工艺，制定合理的开采方案，大力推进年产 0.9 Mt 综采工艺等科研项目，提高顶煤的冒放性，确保工作面采出率不低于 90%。

（2）抓好采掘接续。同盈公司启动“掘进提升优化年”活动，提高矿井自动化、信息化、智能化水平，实现安全、高效、绿色、经济开采。优化掘进施工流程，组织开展“安全高效创水平”活动，最大限度地减少工作面准备时间。围绕 8103 工作面生产情况，做好盘区水仓排水系统、盘区边界辅助排水系统的完善工作，确保工作面安全回采。

（3）保障系统运行。同盈公司大力开展设备“精细化维护”活动，全面落实“紧固、润滑、冷却、过滤、检测”维护保养十字方针，确保设备开机率，确保煤流系统安全稳定长周期运行。加强井上下带式输送机运输系统维护管理，确保带式输送机运输安全。开展辅助运输专项整治，加强入井车辆管理，确保辅助运输安全。严格控制检修时间，加大对煤流系统影响时间的考核，强化生产过程管控。

（三）技术创新

（1）快速掘进技术推广（技术革新二等奖）。

（2）支护优化设计方案及应用（技术革新三等奖）。

（3）压风管路水分离装置（技术革新三等奖）。

（四）其他（亮点特色）

自晋能控股煤业集团朔煤公司开展快速掘进活动以来，同盈公司为了提高采掘队组单产单进水平，实现安全、高效、快速掘进，根据自身条件，严格落实朔煤公司快速掘进工作安排，不断加快“快速掘进”队伍建设，通过更新设备、超前地质预测预报、优化施工工艺、合理劳动定员、优化队伍结构等手段，掘进施工进度取得了可喜的成绩。从 2019 年 3 月实施快速掘进以来，机掘队掘进进尺累计完成 1763.4 m，其中 3 月完成 418 m，4 月完成 441.4 m，5 月、6 月均完成 452 m，快速掘进工作稳中有升，这些成绩的取得离不开朔煤公司各级领导的大力支持，同时也是同盈公司广大员工共同奋斗拼搏的结果。

大同煤矿集团轩岗煤电有限责任公司
焦 家 寨 煤 矿

一、矿井概况

焦家寨煤矿始建于1958年，由北京煤炭设计研究院设计，同年7月建井，1966年10月投产，其前身为轩岗矿务局焦家寨煤矿，矿井设计生产能力0.6 Mt/a。1983年10月，煤炭部批准焦家寨煤矿改扩建工程，1993年改扩建工程结束，设计生产能力1.5 Mt/a。自2004年以来，矿井进行了生产系统改造，提高了机械化水平。焦家寨井田位于宁武煤田东北边缘,山西省原平市境内,轩岗矿区南西。地理坐标为:东经112°22′00″，北纬38°53′00″。井田距北同蒲铁路轩岗站3.9 km，有运煤铁路专用线与轩岗站相接，轩石（轩岗至石豹沟）铁路及公路穿过井田中部，经轩岗站北可通宁武、大同。东经崞阳直达北京，南达原平—忻州—太原，交通极为方便。矿区含煤地层主要为石炭系太原组，含煤地层平均厚度106 m，共含煤层8层，煤层平均总厚度20.01 m，含煤系数18.9%。主要可采煤层及局部可采煤层平均总厚度19.28 m，工业价值含煤系数为18.2%。其中主要可采煤层为2号煤层、5号煤层。

二、2019年主要技术经济指标

全年完成原煤生产1.3475 Mt，完成掘进进尺9600 m，采煤机械化程度100%，掘进机械化程度83%，矿井综合单产113815 t/(个·月)，百万吨死亡率为零，全年实现安全生产。

三、安全高效矿井建设的主要做法

（一）落实主体责任

落实各级领导主体责任，以构建安全管理大格局为引领，强化“红线”意识，加大隐患排查治理，严格各项制度落实，全面推进安全工作制度化、规范化。安全培训更加实效。继续深入开展“岗位描述”“手指口述”安全工作；建立安全宣教时时开展，安全培训月月考核工作法；开展应知应会月度培训考试，强化安全基础知识掌握；举办集团公司技术比武和安全警示教育月活动。责任体系更加健全。以“知责、履责”活动为安全责任体系建设切入点，强化生产安全事故“党政同责，一岗双责”责任追究制度；每周一组织开展隐患排查治理，对发现的问题实施定价考核和闭合管理，有效整改各类隐患，达到环境无隐患，治理全闭合。

（二）攻关创新，技术提升

焦家寨煤矿积极与河南理工大学展开合作，深入研究轩岗地区的“三软煤层”，以创新驱动为引领，以工艺流程再造和管理流程再造为主要内容，加大工作力度，强化组织领导，组建专业团队，丰富工作内容，制定工作计划，大力推进技术创新、制度创新和机制创新。完善工作机制，加强自主创新：一是积极开展厚煤层综放工作面掘巷技术适用性研究；二是启用地面瓦斯抽放泵站，利用底抽巷预抽瓦斯；三是工作面采用高位斜交、煤层顺层、上隅角抽放瓦斯；四是建立健全技术人才及团队管理制度。

（三）经营工作效益显著，管理水平提升

2019 年，焦家寨煤矿转变经营观念，健全经营机制，规范运作流程，圆满完成了各项指标任务。改革尝试研究创新综采放煤方法，“多轮间隔顺序”放煤法，做到精采、细放。提升原煤产出率，降低矸石灰分。“精打细算”的经营管理理念：一是控制电量的使用，缩短大功率设备的空载运行时间，采取错峰用电措施；二是加强废旧配件、材料的回收再利用；三是加强设备维护保养，降低配件储备量；四是合理优化巷道布置与支护设计；五是加强采购招标管理；六是减少采购中间环节；七是加强回收复用。

（四）和谐稳定、环保治理和职业健康安全

区队每周三召开政治学习会，贯彻落实党章及文件精神。

环保治理：焦家寨煤矿把矿区环境治理纳入物质、精神、政治、生态 4 个文明建设协调发展的范畴进行整体部署，确立了“深化环境治理，打造洁净矿区”的环境治理总目标，健全组织机构、完善管理制度、加大设施投入、强化责任落实。在巩固 2018 年成果的基础上，不断强化各项环境治理措施，不断加大各种环保设施的投入，使矿容矿貌发生巨大变化，环境治理工作取得实质性进展，员工家属的生活质量得到根本改善。2013 年焦家寨煤矿被山西省环保厅授予“环境保护蓝色标志”单位。2017 年，地面又增植树木 1400 株、补植绿篱 1600 m、增植草坪 6150 m^2，绿化覆盖率达到 45%。

职业健康安全：焦家寨煤矿建立了职业健康安全体系，2017 年认证公司专家组成员对焦家寨煤矿进行职业健康安全管理体系工作评审。审核组对焦家寨煤矿最高管理层（矿长、管理者代表）、体系办公室、安监站、综采一队、机掘队、机电科等基层体系覆盖单位进行了全矿井上下现场复核评审。通过现场审核，认定焦家寨煤矿职业健康安全管理体系方针、目标、法律、法规、培训、内部审核符合相关规范中的具体要求，确定焦家寨煤矿持有认证证书和标志。

大同煤矿集团轩岗煤电有限责任公司刘家梁煤矿

一、矿井概况

刘家梁煤矿始建于1973年，1983年投产，证照齐全。井田面积8.2792 km^2，可采储量48.708 Mt，主要开采石炭纪2号、5号煤层。矿井水文地质类型复杂，为高瓦斯矿井，煤尘具有爆炸性，煤层属Ⅱ类自燃煤层。矿井生产水平为+965 m，采用中央分区抽出式通风。刘家梁煤矿采用走向长壁后退式开采方法，综合机械化放顶煤回采工艺，全部垮落法管理顶板。矿井原设计生产能力0.9 Mt/a，2005年、2013年经过两次能力提升，现核定生产能力2.4 Mt/a。

二、2019年主要技术经济指标

全年完成原煤生产2.3596 Mt，完成掘进进尺7600 m，采煤机械化程度100%，掘进机械化程度86%，矿井综合单产193576 t/(个·月)，百万吨死亡率为零，全年实现安全生产。

三、安全高效矿井建设的主要做法

（一）安全理念深入人心，大安全格局逐步完善

以构建安全管理大格局为引领，强化“红线”意识，加大隐患排查治理，严格各项制度落实，全面推进安全工作制度化、规范化，做到了5个更加。

（1）制度建设更加完善。刘家梁煤矿先后制定了“刘家梁矿管理人员巡回检查制度”“刘家梁矿准入（出）管理制度”“刘家梁矿‘三违’管理制度”“刘家梁矿自保、互保、联保制度”等12项安全管理制度，推进安全体系建设。

（2）安全培训更加实效。刘家梁煤矿继续深入开展“岗位描述”“手指口述”安全工作；建立安全宣教时时开展，安全培训月月考核工作法；开

展应知应会月度培训考试，强化安全基础知识掌握；举办集团公司技术比武和安全警示教育月活动。2019 年累计举办各类培训班 83 期，培训 2310 人次。

（3）现场监管更加得力。刘家梁煤矿对 6 条开口巷道进行安全准入验收；划分现场监管职责，制定监管方法及具体考核办法，有效解决现场管理薄弱问题；对掘进工作面支护质量、喷浆、联网、通信设施、火工品管理及综采工作面两端头超前支护等重点项目严格监管，提升现场管理水平。

（4）责任体系更加健全。刘家梁煤矿以“知责、履责”活动为安全责任体系建设切入点，强化生产安全事故“党政同责，一岗双责”责任追究制度；每周一组织开展隐患排查治理，对发现的问题实施定价考核和闭合管理，有效整改各类隐患，达到环境无隐患，治理全闭合。

（5）应急救援体系更加夯实。强化应急预案演练，全矿进行了遇水、瓦斯、顶板事故应急救援预案演练。

（二）攻关创新，技术提升

以创新驱动为引领，以工艺流程再造和管理流程再造为主要内容，加大工作力度，强化组织领导，组建专业团队，丰富工作内容，制定工作计划，大力推进技术创新、制度创新和机制创新。

（1）完善工作机制，加强自主创新。一是积极开展厚煤层综放工作面掘巷技术适用性研究；二是启用地面瓦斯抽放泵站，利用底抽巷预抽瓦斯；三是工作面采用高位斜交、煤层顺层、上隅角抽放瓦斯；四是建立健全技术人才及团队管理制度，对全矿工程技术人员实行每季一查、半年一考、年终一评，通过理论考试、工作量考评等奖优罚劣，有效提高技术团队的工作积极性和学习主动性。

（2）加快信息化建设，增强科技实力。现在正在建立综合调度监控平台，完成矿井人员定位系统、煤质管理系统、运销管理系统、预算管理系统的平台建设及上线试运行工作。

（三）经营工作效益显著，管理水平提升

2019 年，刘家梁煤矿转变经营观念，健全经营机制，规范运作流程，圆满完成了各项指标任务。

（1）靠煤质增收。一是管住源头，以工作面的探顶孔为指导，严格执行“多轮顺序”放煤，做到精放、细放。二是强化对拣矸的考核，减少原煤含矸，提升原煤产出率，降低矸石灰分；煤矿商品煤平均热量为 18698 kJ，同比发热量损耗减少 87. 92 kJ。

（2）靠降低成本增收。一是控制电量的使用，缩短大功率设备的空载运行时间，采取错峰用电措施；二是加强废旧配件、材料的回收再利用；三是加强设备维护保养，降低配件储备量；四是合理优化巷道布置与支护设计。

（3）靠材料节支降耗增收。一是加强采购招标管理；二是减少采购中间环节；三是加强回收复用。

（四）和谐稳定，企业软实力提升

（1）作风转变扎实有效。严格落实中央“八项规定”和集团公司“十项规定”，做到一以贯之强执行，持之以恒抓落实；简化接待程序，不打欢迎词，不搞迎来送往，减少陪同人员，不摆放鲜花、烟、水果等接待物品，客饭全部改为自助餐。严格领导人员入井带班制度，规划了行走线路，切实做到带班、值班记录规范，隐患排查全覆盖、重实效，全矿上下形成了良好的工作作风。

（2）党的建设全面加强。全矿党员干部“学党章、法规”，深入开展群众路线教育实践活动，班子成员与基层单位建立联系点，组织两轮专题调研，召开座谈会12次，调研走访600多人次，共征集意见建议36条。领导班子成员认真撰写对照检查材料，召开了高质量的专题民主生活会，全年共发展党员6名；保证了各项决策的制度化、规范化。

华阳集团山西宁武榆树坡煤业有限公司

一、矿井概况

井田位于宁武煤田轩岗矿区北部，行政隶属宁武县凤凰镇和阳方口镇两镇管辖。在距矿井工业场地 4 km 处设有宁武站出入口，交通十分便利。

山西宁武榆树坡煤业有限公司（以下简称榆树坡公司）是山西省煤炭企业兼并整合领导组批准设立的资源整合矿井，由华阳集团、华新燃气、通宝能源共同投资建设，股比分别为 51%、26%、23%，华阳集团为控股企业。

矿井设计生产能力 1.2 Mt/a，主要生产环节按 3 Mt/a 能力设计。矿井核定生产能力 1.2 Mt/a。

井田南北长约 7.5 km，东西宽 0.3 ~ 2.7 km，井田面积 15.0247 km^2，地质储量约 389 Mt，可采储量 143 Mt，主采 2 号、5 号煤层，服务年限 85.7 a。矿井属低瓦斯矿井，煤尘具有爆炸性，煤层自燃倾向性等级为Ⅱ类，属自燃煤层。矿井地质与水文地质条件中等。

二、2019 年主要技术经济指标

2019 年原煤产量实际完成 1.1652 Mt，进尺完成 3500 m；2019 年利润完成 8553 万元，人均年工资达到 12.31 万元。2019 年未发生较大以上安全生产事故，百万吨死亡率为零。2019 年采煤机械化程度 100%，掘进机械化程度 100%。矿井综合单产 0.10 Mt/(个·月)。原煤生产期末人数 393 人，原工效达到 11.227 t/工。采区动用储量 1.475 Mt，采出量 1.165 Mt，损失量 0.31 Mt，工作面采出率达到 93%，采区采出率达到 79%。

三、安全高效矿井建设的主要做法

（一）信息化与自动化

（1）在调度指挥中心建有综合自动化监控平台，实现了自动化子系统信息数据的自动采集、可视化集中监控。

（2）企业管理采用信息化系统（一站式信息管理平台、OMS 安全生产运营管理平台、EPR 管理系统）。

（二）采掘方法和衔接优化

1. 采掘方法、工艺和技术装备

（1）单一走向长壁综合机械化采煤法，全部垮落法管理顶板，综采一次采全高采煤工艺。工作面主要设备：MG－750/1900－WD 型采煤机；SGZ－1000/1400 型可弯曲刮板输送机；ZY8000/26/56 型液压支架。

（2）掘进方式为综掘，工作面主要设备为 EBZ－160/EBZ260 型掘进机和 DSJ100/80/160 型可伸缩带式输送机。

2. 合理集中生产、优化采掘接替

采区大巷采用三巷布置。各回采工作面以断层保护煤柱线作为边界，不顺序接替生产。采掘接替正常，开采符合规定。

（三）生产组织

（1）通过三维地震勘探、槽波探测、瞬变电磁探测等手段确定工作面内断距大于 2 m 的断层，优化施工方案，提高煤质和单产水平。

（2）掘进工作面通过探测断层，提前调整坡度有计划地过断层，减少返工和割岩量，提高月单进水平。

（3）通过成本约束和责任管控，明确各生产环节成本指标，使各部门在生产经营过程中，在保证正常运行的情况下，所发生的各类费用和自己的收入相挂钩的模式进行管理，进一步降低成本。

（4）通过科学合理地确定岗位定员，实行“增人不增资，减人不减薪”，促使各部门、队组、岗位自发地合理安排工作，优化人力资源配置。

（四）科学管理

1. 狠抓安全生产标准化建设，强化精细化管理

（1）通过推行“动态验收、定期评价、严格考核”办法，将标准化水平与工资挂钩，并对部门、队组标准化达标情况进行奖惩，努力实现岗位达标、专业达标、企业达标。

（2）开展岗位作业流程标准化工作，通过制定作业流程标准、组织培训学习、不定期现场抽查、严格奖惩政策来推动工作开展，从而推动标准化动态达标。

（3）加强现场工程质量监管、考核力度，保证工程质量合格、现场作业行为规范，文明生产达标。

2. 加强企业文明建设，打造平安和谐矿区

在企业经济效益不断提高，文明创建不断升级的同时，榆树坡公司本着

“和谐共赢”的原则，不断推进企业文明建设，并加大“两堂一舍”等生活福利设施的投入，努力打造和谐文明矿区。

（五）技术创新

（1）1215 工作面、1219 工作面均为一次采全高工作面，进风端头均使用型号为 ZTZ25000/22/45 的端头支架，回风超前使用型号为 ZQL2 ×4000/22/45 的超前支架。

（2）回采工作面均采用山东科大中天安控科技有限公司的矿压采集监测系统。

（3）辅助运输全部实现了无轨胶轮车运输，简化运输环节，缩短运输时间，提高生产效率。

（4）采用高预应力锚网支护技术优化巷道支护。

（六）生态文明

（1）榆树坡公司采用热泵技术，充分利用矿井乏风与矿井涌水余热，作为矿区供热的调峰热源，实现“绿色能源供热”。水处理通过井下超磁分离水技术和地面水处理站，对井下水和地面污水进行净化利用，矿井水利用率达到 100%。榆树坡公司建有选煤厂（3.00 Mt/a），原煤入选率达到 100%。排出矸石通过矸石沟壑充填复垦土地。

（2）榆树坡公司采用矿用冷雾降尘装置（SKLW－1）、气水联动自动降尘喷雾（SKQW）和强力喷雾（气水喷雾）对所有井下作业地点进行喷雾降尘。同时采用湿式钻眼、湿式喷浆机、定时冲洗巷帮巷壁等方式提高降尘效果，并制定了“职业危害防治管理制度”，严格执行职业健康检查率 100%。

（3）榆树坡公司持有合法有效的排污许可证。

山西世德孙家沟煤矿有限公司

一、矿井概况

山西世德孙家沟煤矿有限公司（以下简称孙家沟公司）位于保德县城东南45 km孙家沟乡袁家庄村附近，行政区划隶属孙家沟乡管辖。现有井田面积8.8438 km^2，剩余煤炭地质储量约156.708 Mt，剩余可采储量约64.862 Mt。可采煤层为11号煤层、13号煤层，13号煤层属全区稳定可采的特厚煤层，目前开采13号煤层，矿井证载1.20 Mt/a。

井田总体为走向近南北，倾向西的单斜构造，矿区内大部分被黄土覆盖，地层倾角3°~9°，按照《煤矿地质工作规定》要求，本井田地质构造复杂程度属简单类型。

矿井水文地质类型为中等，矿井正常涌水量预测为73.67 m^3/h，最大涌水量预测为102.42 m^3/h。

2020年矿井瓦斯等级鉴定结果：矿井绝对瓦斯涌出量3.91 m^3/min，相对瓦斯涌出量1.70 m^3/t，属于低瓦斯矿井。

13号煤层自燃倾向性等级为Ⅱ类，自燃倾向性性质为自燃，13号煤层煤尘具有爆炸性。

二、2019年主要技术经济指标

2019年原煤产量实际完成1.1993 Mt；利润完成16012.97万元，人均年工资达到12.18万元；实际总进尺完成3494 m；13号煤层综采工作面采出率实际完成85%。

三、安全高效矿井建设的主要做法

孙家沟公司本着“吃苦、务实、谋事、创业”的企业精神，依靠科技进步，利用科技带动产能，在新技术推广应用、瓦斯监控、顶板控制、地质预测预报、矿井技术改造等方面做了大量工作，并取得了显著的成效。

（1）继续推进科技创新、科技兴矿的方针，力争打造本质安全型矿井。13313综放工作面实现了远距离自动配液、自动化安装运行，中部实现了自动割煤。

孙家沟公司辅助运输全部实现了无轨胶轮车运输，简化了运输环节，缩短了运输时间，提高了生产效率；采用高预应力锚网支护技术治理动压巷道：从 2017 年 10 月开始，与天地科技公司（煤科总院巷道支护所）合作，经过现场地应力测试和锚固力测试，最终采用天地科技公司高预应力锚网技术方案，经过近一年的治理，取得非常好的效果。

（2）狠抓对标一流，强化安全生产标准化建设，抓好亮点和细节，强化精细化管理，安全生产标准化建设不仅是矿井建立安全生产长效机制的根本途径，也关系到公司下一步的增产和永续发展。要以“源头达标，动态达标”为重点，推行对标管理，深入开展了“学标、对标、赶标、达标”活动，各系统对照新标准要求，制定本系统年度和月度达标规划目标；专业达标与矿分管领导、职能部门、基层队组工资挂钩考核；认真履行标准化建设工作“检查、建账、整改、销号”闭合管理程序。

（3）科学决策、精心组织，突出重点，树立“多出煤、出好煤”的理念组织好生产，使提高生产效率始终贯彻于生产组织全过程。合理优化矿井采掘衔接，提高单产、单进水平。通过优化班前会流程、交接班程序和机电设备检修流程等，提高设备的开机率和负荷率，达到安全高效的目的；实施生产目标制管理，提高生产组织效率。针对工作面的生产地质条件确定巷道施工单价和生产吨煤单价，充分调动职工的劳动积极性，提高生产组织效率和掘进效率。

（4）信息化建设。

①视频监控系统。建立工业电视系统，对地面及井下重要生产岗位实行实时图像监测。系统主要由大屏幕显示系统、视频服务器、视频矩阵切换器、传输光缆、摄像仪等设备组成。系统具有分控功能，便于领导调度指挥，同时还具有分区控制功能，不同部门只对自身范围内的工业电视进行控制，互不影响。

②井下广播系统。孙家沟公司使用的是济南华科电器设备有限公司生产的 KT190 型井下广播系统，调度可对井下广播音响进行点对点、分区广播和群呼，声源有 MIC 和声音文件。

③煤炭产量监控系统。煤炭产量监控系统是在主运井口 100 m 处安装 1 套秤架、1 套称重传感器、1 套开停传感器和 1 台 KJF206A 称重分站，实现对矿井产量的实时监控、计量，能将带式输送机瞬时产量、班产量、日产量等累计显示。

④主要主排水泵房、中央变电所、主要通风机房等实现了自动化运行和远程监控。

（5）生态环境管理。在矿井建设发展过程中，孙家沟公司始终高度重视发展循环经济，注重清洁化生产，注重与周边环境的协调发展，注重安全管理、循环高效、区域协调、安全文明发展，为全面构建安全和谐型煤炭企业进行了卓有成效的探索。孙家沟公司积极对开采过程中出现的环境影响因素，如矸石排放、土地塌陷问题进行治理，并积极与有关单位进行协商，到目前为止，矿山生态绿化率达到可绿化区域面积的 70%，实现了“边开采，边复垦”的生态治理规划。另外矿区工业污水处理厂和生活污水处理厂已投入使用，持有合法有效的排污许可证。

山西王家岭煤业有限公司

一、矿井概况

山西王家岭煤业有限公司（以下简称王家岭公司）成立于2006年4月，矿井（含选煤厂）项目由山西煤炭运销集团有限公司100%控股。2017年3月通过综合竣工验收，6月6日矿井核定生产能力4 Mt/a，建设规模5 Mt/a，为响应国家去产能总体号召核定生产能力4 Mt/a，6月7日通过复工验收，6月15日取得批复文件正式生产。

矿井井田位于山西省保德县南部，北界距保德县东关镇约6 km，处于河东煤田北部，属河保偏矿区的一部分。井田南北最长约8.32 km，东西最宽约5.43 km，井田面积34.4471 km^2。矿井地质储量780 Mt，可采资源量442 Mt。矿井地质条件简单，水文类型中等，煤层节理裂隙较发育，属高瓦斯矿井，Ⅱ类自燃，煤尘具有爆炸性。矿井设计生产能力5 Mt/a，服务年限63 a，按照“一矿一井一面”组织生产。矿井配套同等规模选煤厂，原煤全部入选。

二、2019年主要技术经济指标

全年实际生产天数277 d，原煤生产员工367人，原煤产量3.98 Mt，原煤工效41.1 t/工，全年总进尺9957 m，平均单进276.6 m/(月·队)，原煤完全成本180.52元/t，全年利润10595万元，职工人均年工资13.92万元。

三、安全高效矿井建设的主要做法

（一）科学管理

1. 加强安全管理，增强安全意识

（1）稳步推进安全文化建设。坚持开展安全文化宣传活动，强化安全教育培训，不断提升职工安全综合素质，力争实现从“要我安全”到“我要安全”的转变。

（2）加强班组建设。突出抓好现场动态管理。首先要加强班组长队伍建设，严格落实班组长任用制度，把“能管理、懂业务、技术精”的职工选拔到班组长岗位上来，充分发挥班组长骨干带头作用，同时要加强安监员、瓦检员队伍建设，建立综合测评奖惩制度，实行综合考核测评和末位淘汰。

（3）全面推动安全生产标准化动态达标。坚持思想引领，以“安全第一、质量为本、突出重点”为原则，对照“标准”进行统筹规划，全面推动安全生产标准化动态达标工作。强化责任落实，健全完善制度和方案，层层落实安全生产责任制。坚持目标导向，分阶段稳步推进安全生产标准化动态达标工作。加强考核激励，分专业制定考核细则，有效推进安全生产动态达标工作。

2. 聚焦重点精准发力，助推矿井高效发展

（1）顶板方面。加强采掘工作面生产技术管理，做好采掘工作面优化设计，重点对受二次动压影响巷道的支护参数及巷道维护方面进行优化。加强掘进工作面过中石油抽气井预裂范围及地质构造带期间顶板管理，针对特殊顶板情况采取专项整治措施，保证顶板安全。加强采掘工作面顶板支护质量抽查力度，严格按照安全生产标准化要求施工，保证支护可靠有效。

（2）瓦斯治理方面。着力构建合理、可靠、稳定的大系统，既要封闭井下无用巷道，减少通风设施和无效配风，也要改进通风设施，实现构筑标准化、风门自动化、连锁机械化，更要优化巷道布置，在设计源头解决目前采掘工作面存在的通风系统问题，消除不合理的串联通风、长距离通风、有争议的通风系统。

（3）综合防尘方面。树立防尘工作与瓦斯治理同等重要的理念，全面推行防尘体系建设，在“理念领先、源头预防、过程控制、局部隔离、科技支撑、管控严格”6个方面发力，着力解决巷道积尘、源头产尘、过程扬尘的问题，在防尘工作上做到“五个一样”：即在思想上与瓦斯治理一样对待，在工作上与瓦斯治理一样安排，在资金设备上与瓦斯治理一样投入，在防治技术上与瓦斯治理一样攻关，在粉尘超限处置上与瓦斯超限一样追查处理。

（4）地测与防治水方面。建立健全地测空间信息系统和水文动态观测系统，提高地测标准化、自动化水平。重点做好一采区三维地震勘探和二采区地质补勘，进一步查明隐伏构造，提高储量级别，加大地物调查工作力度，合理进行煤柱留设论证，为二采区延伸设计做好基础工作。

3. 强化环境保护，坚守环保底线

将污染物全面动态达标排放作为环保工作的目标，以矿井水达标改造及清洁取暖为主要工作任务，健全完善相关设施，加强无组织排放治理工作，进一步规范污染物排放自行监测工作，及时发现问题，快速有效整改。

4. 强化成本管控，实现降本增效

（1）建立集中统一的成本控制管理体系。扩大材料费考核范围，凡是有费用的单位全部纳入考核。进一步加大成本管控力度，严格落实责任和奖罚制度，层层实施、层层把关。

（2）抓好技术节约。技术部门应大胆更新观念，创新思维，紧紧依靠科技创新，通过探索使用新技术、新工艺节约材料消耗。严格落实材料定额管理，根据现场条件应用合适的支护方式，加强支护材料的监督检查，厉行节约，杜绝浪费。强化技术先导，技术先行，提高技术指导水平，杜绝因技术失误而造成的浪费。

（3）进一步降低采购成本。坚持公开招标采购、厂家直购和市场直接采购方式，减少中间环节，把采购成本降到最低。

（4）加大修旧利废力度。建立完善的修旧利废管理制度和奖惩办法，提高全体干部职工修旧利废的积极性、主动性和创造性。

5. 完善岗位绩效工资制，建立有效薪酬激励制

建立健全现代化企业工资考核制度，充分对员工的岗位进行准确、客观的评价，对获得奖励的员工有一定的激励作用，使被激励员工获得内心的满足感。

6. 健全制度抓管理，强化执行抓落实

思想是行动的先导，内化于心、外化于行的制度意识是制度执行的重要前提。一要倍加珍惜、始终坚持、不断完善，把共同的年度目标任务转化为思想和行动自觉，不断增强执行力、展现执行力。二要善于从制度的维度上看待各种现象，善于在制度的框架下解决各类问题，善于在制度的轨道上推进公司的全面发展。

（二）技术创新

推广应用新技术、新材料、新工艺，从技术上降低生产成本、提高经济效益。

（1）矿井在回采 18101、18103 工作面过程中出现相邻工作面巷道受采动应力影响巷道变形严重的现象，尤其在回采 18103 工作面期间，回风巷受二次采动影响，投入大量人力、物力对其进行维护。王家岭公司通过与研究院合作优化了巷道支护参数，并试验采用水力压裂切顶卸压技术，最终在

18105 工作面回风巷中表现出显著的效果，巷道变形量得到了有效控制，最终推广应用于各工作面。同时将此项技术应用于工作面开切眼，有效减小了工作面初次来压步距，降低了工作面初采顶板悬顶不垮落及一次性垮落造成瓦斯涌出的风险。

（2）王家岭公司回采工作面使用 ϕ203 mm 大直径高位钻孔抽采邻近层及采空区瓦斯的技术在全国范围内属首次试验，并大规模推广应用。2019 年 5 月公司引进了陕西太合 ZYL－17000D 型大功率定向钻机，在回采工作面试验施工 ϕ203 mm 高位钻孔，代替原 VLD－1000 型（澳钻）定向钻机施工的 ϕ100 mm 高位钻孔，试验成功。该试验取得了良好的安全效益和经济效益，一是陕西太合定向钻机扭矩大，且自主设计研发的刻槽钻杆能有效克服塌孔、卡钻等异常问题，施工效率大幅度提升。一个高位钻孔从开孔、钻进、扩孔到成孔联抽仅需 7 d 左右，工作面高位钻孔与高抽巷施工周期相比，仅占高抽巷施工周期的 20%。二是 ϕ203 mm 与 ϕ100 mm 高位钻孔相比较，单孔抽采混量由原来的 15 m^3/min 左右提升至 50 m^3/min 以上，上隅角瓦斯浓度得到有效控制。三是高位钻孔经济投入仅是高抽巷的一半。

（3）王家岭公司矿井抽采系统复杂、抽采区域分布广，抽采系统内经常出现积水现象，严重影响瓦斯抽采效果。现有的成套自动放水器不仅费用高，而且结构复杂、自行放水效果差，甚至造成无法放水，所以一直没能进行大面积的推广应用。而目前煤矿主要采用人工放水器，放水工作量巨大，并且经常出现放水不及时的现象。为了解决上述放水器结构复杂、自行放水效果差的缺陷，公司研究设计了简易自动放水器，使抽采系统的抽采量明显上升，有利于采掘工作面瓦斯管理，实现了安全生产，更方便了抽放系统管理，节省了人力及电耗，增加了设备使用寿命。

山西煤炭运销集团泰安煤业有限公司

一、矿井概况

泰安煤业有限公司（以下简称泰安煤矿）位于保德县孙家沟乡羊路河村，行政区划隶属保德县孙家沟乡管辖。泰安煤矿位于保德县城东南28 km，距阴塔集运站50 km，桥头镇至兴县公路经过矿区。井田南部为山西世德孙家沟煤业有限公司，东部为煤层露头，北、西部均为王家岭井田勘探区。矿井经晋煤重组办发〔2009〕26号批复，由原保德县泰安、永安和茂源3个矿井重组整合而成，是晋能集团2009年首批资源整合矿井，是晋能集团第一批批准建设和投产的重点生产矿井之一，批准设计生产能力1.2 Mt/a。矿井整合后批准开采8号、11号、12号、13号煤层，井田面积6.0979 km^2。估算保有储量105.35 Mt，可采储量44.5 Mt，服务年限26.5 a。矿井于2011年5月开工建设，2013年3月正式竣工投产，同年7月矿井生产能力批准提升为1.8 Mt/a，同时2013年改造主斜井提升系统及配套建设1.8 Mt/a选煤厂。

矿井采用斜井开拓，布置有主斜井、副斜井、管道斜井及回风立井4个井筒，其中主斜井位于选煤厂场地南侧，副斜井、管道斜井位于副井工业场地，回风立井位于风井场地。矿井安全管理机构齐全，证件合法有效。矿井瓦斯等级为低瓦斯矿井，水文地质条件中等，煤层自燃倾向性等级为Ⅱ类，煤尘具有爆炸性。

二、2019年主要技术经济指标

2019年完成原煤产量1.12 Mt，完成进尺5660 m，商品煤外运量0.74 Mt，营业收入2583.53万元，利润总额3019.23万元，制造成本123.86元/t，完全成本年累计212.79元/t，选煤费20.67元/t。

三、安全高效矿井建设的主要做法

（一）生产组织

（1）积极践行“一线工作法”，领导班子以上率下，身体力行，经常性进班组，参加班前会，带班同工人一起下井，在一线指挥，在一线工作，问题在一线解决，决策在一线落实，以扎实的作风，强化领导工作合力，想方设法解决实际问题。

（2）加强变化管控，以科学的态度和方法组织生产。超前组织，疏放8号煤层采空区积水，释放11、12号煤层受积水威胁区域，为安全生产开路护航。克服近距离煤层回采矿压叠加影响，精心组织，完成11103、12101末采回撤与11104、12102工作面安装转产。

（3）加强班组建设，建立了班组建设组织机构，明确了班组建设工作目标，结合实际情况制定了阶段实施方案，矿井安全管理责任层层落实，管理重心进一步下移。

（二）科学管理

（1）强化月度考核，对区队班组从安全绩效、生产任务、综合管理、工程质量、培训学习等方面进行月度考核，严格兑现考核结果。持续推进“一对一，点对点，结对子”培训机制，按照管理人员、技术人员、操作人员三条线管理的原则，培养复合型人才，促进人力资源合理配置和优化提高。

（2）管理创新的关键在于把每一个细节执行到位，为此泰安煤矿坚持创新管理思路、转变检查方式、注重动态达标，全面推进公司安全生产标准化动态达标和员工操作行为动态达标。泰安煤矿改变了周四安全活动、地面走动式安全检查和标准化考评方式，由原来的检修班静态隐患排查及安全生产标准化大检查变为生产班动态隐患排查及安全生产标准化大检查。在检查中不但要发现物的不安全因素，更要发现人的不安全操作行为，通过强化员工岗位达标，加强标准化现场动态达标，使每位管理者和员工对隐患排查、整改工作，做到未雨绸缪、不留死角，全方位落实到位。

（三）技术创新

（1）实施粗煤泥系统改造，实现了末精煤高效回收和质量把控，既减少了矸石排放量，降低了矸石治理费用，又提高了经济效益。实施外来煤配选，优化产品结构。以优化产品结构为导向，以配选增收为前提，充分利用外来煤受煤系统。综合考虑配选外来煤运费、电费、材料费、人工成本、洗选效率以及商品煤售价等因素，科学测算利润空间，在既能满足客户需求，又能最大限度地提升矿井综合效益的基础上，优化配选比例和洗选流程，有序实施外来煤配选。

（2）通过对现有巷道支护类型及支护效果进行客观评价，分析现有巷道存在的问题及不足，对矿井进行力学及结构参数分析，做到优化支护材料、支护工艺，引进先进支护材料，提出不同类巷道的支护需求及支护工艺，降低支护材料成本，提高工作效率，同时对同行业发展起到标杆和引领作用。

山西煤炭运销集团猫儿沟煤业有限公司

一、矿井概况

山西煤炭运销集团猫儿沟煤业有限公司（以下简称猫儿沟煤矿）是山西河曲沙万煤业有限公司、山西河曲猫儿沟煤业有限公司进行重组整合而成的安全高效露天矿井。煤矿位于河曲县东南约 47 km 的旧县乡沙万村，矿田南北最长 2. 930 km，东西最宽 3. 030 km，面积 5. 6182 km^2，批准开采 8 号、9 号、11 号、12 号、13 号煤层，核定生产能力 1. 20 Mt/a，保有储量 156. 18 Mt，可采储量 79. 62 Mt，矿井设计生产能力 1. 20 Mt/a。

猫儿沟煤矿于 2012 年 12 月 18 日开工建设，2015 年 12 月竣工并进入联合试运转；2016 年 8 月取得安全生产许可证，9 月正式投产；2019 年 8 月经山西煤矿安全监察局现场核查，对露天煤矿安全生产许可证进行了延期；2020 年被评为“2018—2019 年度煤炭工业特级安全高效矿井（露天）”。

二、2019 年主要技术经济指标

猫儿沟煤矿严格按照核定生产能力组织生产作业，全年完成剥离总量 656.68×10^4 m^3，矿坑生产原煤 1. 1983 Mt，剥采比 5. 48 m^3/t，吨煤成本 106. 29 元；全年未发生任何伤亡事故。2019 年原煤工效 21. 72 t/工；6 月原煤工效 26. 46 t/工，创年度最高纪录；综合单产 0. 128 Mt/(个・月)；全年平均采出率达到 90%；职工人均年收入达到 102325. 49 元。

三、安全高效矿井建设的主要做法

（一）技术管理制度化、标准化、流程化改革

为强化猫儿沟煤矿技术管理标准，提升技术工作效率，2019 年启动了技术管理制度化、标准化、流程化改革工作，组织各部门对照各自职责分工，梳理本部门业务工作内容，完善、优化公司各项规章制度，整理、罗列工作清单，对照工作清单。按照业务规范标准逐一绘制工作流程图，使每项工作程序化，让每个职工清晰明了地了解各项业务工作程序。

（二）建立边坡分级管理制度

边坡管理是露天煤矿安全管理工作的重点，而整个矿区存在大大小小多个边坡，为准确掌握矿区及周边所有边坡形变情况，及时采取应对措施，同时节省边坡管理所投入的人力、物力，猫儿沟煤矿建立边坡分级管理制度。针对采场工作帮、内排土场工作帮采用Ⅰ级管理办法（人工巡查）；针对采场端帮、排土场新到界边坡采用Ⅱ级管理办法（设置人工监测桩、裂缝桩监测等手段）；针对矿区及周边区域边坡稳定系数未满足安全要求的，采用Ⅲ级管理办法（GPS 自动监测）。该制度减少了边坡管理方面不必要投入的人力、物力、精力。

（三）提升全员业务素质，共同维护矿井安全生产

加强全员业务素质提升，重点针对生产管理部门人员，加大专业知识培训方面的投入，提升入坑人员露天煤矿生产作业管理知识水平。坚持每周三晚开展技术提升培训，不限课题，人人上讲台授课；邀请教授级讲师到矿教授煤矿安全、技术知识；与国内一流露天煤矿科研院校合作，组织公司职工外出系统地学习露天采矿专业知识。多措并举，实现全员懂露天、全员懂管理，聚积大家的力量，推动矿井步入安全高效行列。

（四）狠抓安全、环保，确保公司稳定发展

坚持“安全是基础、环保是前提”的生产理念，加大安全、环保宣传力度，全力推进矿井安全生产标准化建设。坚持不安全、不环保就不生产的原则，降低生产作业场所安全、环保风险，重点夯实基层管理工作，加强日常检查、考核力度，持续开展安全绩效考核和风险抵押考核工作，促使班组管理实现“严过程、严制度、严问责”。

（五）引进先进技术，优化矿井安全环保防护设施

露天煤矿面临的最大难题为防灭火、防尘、边坡管理等，猫儿沟煤矿积极与国内科研院所合作，引进先进的科学技术，优化防尘、防灭火、边坡监测设施，利用科学技术，保障安全，降低成本。为了减少露天煤矿火区自燃对大气环境的污染，减少煤炭资源损失，编制了防灭火专项设计，引入三相泡沫灭火技术，现场大面积自燃区域得到有效控制，灭火取得了良好的效果。猫儿沟煤矿开展了排矸场内部热量疏导灭火方法的试验，当排矸场内部矸石温度升高时，可以及时导出降温，防止矸石自燃，降低矸石自燃造成的大气污染，防止矸石自燃产生的有毒有害气体对周边工作人员的健康造成伤害。同时，可以保障排土场内部结构稳定，增加排土场边坡安全稳定系数。为了减少露天煤矿生产作业过程中产生的扬尘问题，猫儿沟煤矿积极探索新

科技、新装备、新技术，在主运输道路上建设了静压喷淋系统，长约950 m，同时配备了3台洒水车定期对各运输道路进行洒水清扫，有效减少了粉尘污染。2019年，与国内教授级专家研究、学习，年末在矿区开展抑尘保湿剂、浮灰结板试剂防尘试验，在洒水车内按比例混入抑尘保湿剂，使道路扬尘凝结成块，该状态可保持10日左右。特别是冬季洒水困难时，可有效控制道路扬尘；同时可以用于储煤场，可以减少储煤场扬尘污染，使煤炭凝结成块，降低煤炭自燃氧化率，减少煤炭自燃污染，减少煤炭资源浪费。

（六）全面开启契约化管理模式

2019年末猫儿沟煤矿试行契约化管理模式，全面落实计划管理，细化完善综合考核体系，建立“经营目标成本考核”机制，推行“内部银行”管控，实施成本管理倒算法，不断划小核算单位，将考核延伸到岗、落实到人。猫儿沟煤矿充分调动全员的主观能动性，想方设法降本增效、开源节流，全面落实“全员、全过程、全覆盖”的总要求，切实将成本管控由事后核算延伸到事前计划、事中管控、事后考核，真正实现“人人都是核算员、岗位就是利润源”的全新模式。

山西煤炭进出口集团河曲旧县露天煤业有限公司

一、矿井概况

山西煤炭进出口集团河曲旧县露天煤业有限公司隶属山西煤炭进出口集团有限公司。2009 年 9 月，山西省煤矿企业兼并重组整合工作领导组以“晋煤重组办发〔2009〕41 号”批准该公司为兼并重组整合矿井，批准矿井生产能力 3 Mt/a。2017 年 11 月 27 日，山西省煤炭工业厅以“晋煤行发〔2017〕572 号”批准产能核增至 8 Mt/a。

矿田南北长 8.26 km，东西宽 5.62 km，面积 24.9536 km^2，批采标高 870 ~ 1060 m，批采煤层 8 ~ 14 号煤层，可采储量 238.24 Mt。露天开采工艺为剥离采煤均采用单斗—卡车间断工艺。矿井水文地质属中等类型，矿田总体为单斜构造，地质构造简单，煤层均具有自燃倾向性，煤尘具有爆炸性。

二、2019 年主要技术经济指标

2019 年实现采煤成本 99.01 元/t，全年销售收入 133089.51 万元，利润总额 51671.71 万元，吨煤利润 78.52 元。职工人均年收入 9.57 万元。公司共有原煤生产人员 197 人，2019 年共生产原煤 6.58 Mt，原煤工效 134 t/工。采煤工作面 1 个，工作面综合单产 548428 t/(个·月)。

2019 年采区综合采出率 97.6%。根据历年统计数据，9 号、10 号、11 号、12 号薄煤层（平均厚度均为 2 m 左右）采出率在 86% ~92%，13 号主采煤层（平均厚度为 14 m）采出率在 96% ~98%。

三、安全高效矿井建设的主要做法

（一）降低维修成本

（1）良好的设备状态是保产提效的基础。为了保证良好的设备状态：一是将设备消耗、非正常损坏、作业质量同包机司机的收入挂钩，落实设备责任制；二是由机电科质检员对日常维修保养工作进行检查考核，并对设备大修进行验收，并且不定期抽查日常设备维修质量，强化维修质量监控；三是建立维修档案，落实强制保养，强化职工技能培训，实施技术革新改造，提高设备维修质量和维修效率。

（2）通过大力开展岗位练兵、技术比武活动，把“降成本、减消耗、提效率”落实到车间、班组、个人，促进职工专业素质的提高，为露天煤矿安全高效提供多方面技术人才。

（二）夯实安全培训，强化检查力度

（1）在安全管理工作中严格执行管理培训制度。

（2）对工程合作单位严格执行安全准入制度，依照该矿标准，加强对驻矿单位从业人员的培训监管，建立施工单位设备、人员安全档案。

（3）开展雨季“三防”、冬季“三防”、学习新版《煤矿安全规程》、安全生产月等形式多样的安全警示教育活动，组织全员安全培训，强化全员培训效果，增强广大职工的安全意识。

（三）精心优化设计，创建绿色经济

公司大力发展绿色矿业、建设绿色矿山，以资源合理利用、节能减排、保护生态环境和促进矿区和谐发展为主要目标，以开采方式科学化、资源利用高效化、企业管理规范化、生产工艺环保化、矿山环境生态化为基本要求，将绿色矿业理念贯穿于矿产资源开发利用全过程，推行循环经济发展模式，实现资源开发的经济效益、生态效益和社会效益协调统一，为转变单纯以消耗资源、破坏生态为代价的开发利用方式提供了有效途径。公司计划通过建设引黄灌溉工程、水浇地工程、经济林种植等工程项目，最终实现土地治理近 4 万亩、恢复耕地 3 万余亩的规划目标。

（四）加大科技创新力度，增强技术指导作用

为推动公司科学技术发展，努力构建创新型企业，走科技兴企之路，根据集团公司要求和公司实际情况，2019 年公司组织申请 8 个科技项目，总投资金额达到 1581.03 万元。2020 年公司组织申请 12 个科技项目。公司进一步完善科技创新管理的各项规章制度，继续深化科技创新改革，加大与高等院校和专业厂家的合作力度，及时将具备推广价值的项目、新工艺、新设备、新技术和成果转化为生产力，指导生产实践。

（五）增收减支，加强成本精益化管理

牢固树立“成本为第”的理念，以增收减支、加强精益化管理为手段，强化成本管控，优化煤炭生产设计，坚决杜绝各种无效开采。着力构建各环节成本管控体系，着力抓好“控风险，精管理，自考评，严考核，强落实”

5 个抓手，组建精益化管理团队，进行精益化全员动员，把“精益化管理”作为企业发展的核心战略和工作理念加以全面实施和推进。

（六）加强沟通，实现共赢

在“保安全、保生产、保环保”的前提下，加大与当地政府、施工方及周边村民等的沟通力度，努力维护多方利益，实现政府收益、施工方利益、村民利益与企业效益最大化，共造幸福山煤、绿色山煤，共创美丽河曲。

山西河曲晋神磁窑沟煤业有限公司

一、矿井概况

磁窑沟煤业有限公司（以下简称磁窑沟煤业）隶属于山西省晋神能源有限公司，位于山西省河曲县城东南方向，直线距离 18 km。

2009 年磁窑沟煤业经山西省煤矿企业兼并重组整合工作领导组办公室以晋煤重组办发〔2009〕41 号文件核准为单独保留矿井，批准井田面积 10.6227 km^2，资源储量 186.16 Mt，截至 2020 年底设计可采储量 82.83 Mt。

磁窑沟煤业资源整合后于 2008 年 10 月开工，于 2011 年 10 月正式投产。矿井核定生产能力 2.40 Mt/a。

井田共有 4 层可采煤层，分别为 10^{-1}号、10^{-2}号、11 号和 13 号煤层，煤种均为中灰、低硫、低挥发分、中磷、中高热值的长焰煤。

现开采 10^{-2}号煤层，煤层平均厚度 4.03 m，为稳定可采煤层。煤层结构较简单，含矸 0～3 层，普遍含 2 层矸石，厚度变化大。顶底板岩性均为泥岩，稳定性及隔水性较好。

2018 年矿井鉴定为低瓦斯矿井。2020 年煤层自燃倾向性等级为Ⅱ类，煤尘具有爆炸性。矿井水文地质类型为中等。

二、2019 年主要技术经济指标

矿井实现了综合机械化采煤，采煤机械化程度达到 100%，实现了机械化掘进，掘进机械化程度达到 100%；矿井 10^{-2}号煤层为厚煤层，采区采出率为 76%。

2019 年矿井综合单产 0.142 Mt/(个·月)；原煤工效 20.4 t/工；实现利润 9083.73 万元，矿井人均年收入 12.3 万元，比 2018 年同比增长 10%。

三、安全高效矿井建设的主要做法

磁窑沟煤业始终贯彻执行“安全第一，预防为主”的安全生产方针，把安全工作作为头等大事来抓。把安全工作搞好，生产自然取得了突飞猛进的进步，生产效率提高不少。

（一）各级认真落实安全生产责任制

进行“安全生产责任制”学习和安全责任教育，明确安全生产责任制的内容，做到“谁主管，谁负责；谁生产，谁负责；谁操作，谁负责”，使全体职工充分认识到“安全生产，人人有责”。各级领导分片包干，切实做好分管范围内的安全工作；基层管理人员靠前指挥，时刻盯在作业现场，对关键作业环节严格把关，正确处理安全与生产的关系，坚决做到“不安全不生产”。各级安全监察人员每天深入现场进行安全检查；群监员及时报告安全隐患，形成了人人管安全的良好氛围。

（二）加强安全检查和隐患排查力度

进一步加大现场安全检查力度，管理人员经常深入现场，及时发现并解决现场中存在的问题。对发现的问题均按“五定原则”及时进行了处理。加大了反“三违”力度，对于习惯性违章作业和违反劳动纪律的职工严厉查处。

（三）重视职工安全教育培训工作

组织全员进行了安全管理知识和安全技术操作规程的学习培训工作，同时利用“周四安全活动日”组织全矿职工观看事故案例警示教育片，使职工掌握了本岗位危险源的风险管理标准，熟知了本岗位安全操作规程，使职工真正做到规范化作业，进一步提高了管理人员的管理水平。严格执行职工的转岗培训、新职工三级安全教育培训以及外委施工单位人员的安全培训工作。通过这些培训，提高了职工的整体素质，夯实了基础安全工作。

（四）积极开展安全月活动

通过安全月开展职工技能竞赛，安全知识问答，给予先进职工奖金及荣誉，全矿号召学习，提高职工工作积极性。

（五）搞好安全生产标准化建设

矿井开工建设至今，始终把安全生产标准化工作视为煤矿企业的形象工程、生命工程、效益工程和基础工程，从地面到井下，从后勤到生产严格标准化建设，现场达到整齐、整洁、规范，形成了“要安全，先达标，向标准化要效益，向标准化要安全”的理念。通过人、机、环、管的和谐统一，最终实现管理上无漏洞、设备无故障、系统无缺陷、人员无违章和安全零事故的本质安全型矿井。

（六）安全管理严抓不懈

在矿井生产过程中，通过加强矿领导带班，安监员跟踪作业现场管理，对重点环节、关键部位设专人盯守，对生产作业过程中查出的隐患实行跟踪销号，从而实现安全管理不留死角，作业现场动态安全达标。

（七）环境保护和生态文明建设

矿井在生产建设过程中严格执行国家环境保护的相关法律法规，依法生产、按证排污。在矿区地面建设了煤场抑尘网、矿区绿化带，实现了生产和生活区域有效划分；对矿区道路全部进行了硬化并安装了路灯，开展了环境绿化、美化及亮化工作，矿区绿化率达到90%及以上；建设有一座10 m^3/h生活污水处理站，一座100 m^3/h矿井水处理站等环保设施，配套中水回用系统实现了污水资源化；自2019年以来供热取暖全部采用绿色清洁能源，取缔了传统燃煤锅炉，实现了“煤矿产煤不烧煤、取暖供热不冒烟”，从源头上筑牢企业大气污染及水污染防治法根基；并对采煤沉陷区、裂缝区域等进行生态恢复治理，2019年9月磁窑沟煤业被忻州市政府评审为“绿色矿山”，助推企业环保、节能、低耗，高质量可持续发展。

山西晋神沙坪煤业有限公司

一、矿井概况

山西晋神沙坪煤业有限公司（以下简称沙坪煤业）是山西省煤矿企业兼并重组整合工作领导组办公室以晋煤重组办发〔2009〕41 号文批准的兼并重组矿井，属于单独保留矿井，隶属于晋能控股煤业集团。矿井于 2005 年开工建设，2010 年正式投产，是山西省第一批建成的资源整合矿井。

井田面积 22.5914 km^2，批准开采 6～14 号煤层，井田共有 6 层可采煤层，分别为 8 号、9 号、10 号、11 号、12 号、13 号，均为中灰、低硫、低挥发分、中磷、中高热值的长焰煤。开采深度标高 990～700 m。设计生产能力 2.4 Mt/a，核定生产能力 4 Mt/a，煤矿证照齐全，均在有效期内。

二、2019 年主要技术经济指标

2019 年实现一级安全生产标准化达标，百万吨死亡率为零。全年完成 3.66 Mt，完成掘进进尺 8561 m。原煤生产期末人数 471 人，原煤工效 26.76 t/工；2019 年完成利润指标，实现利润 42754.74 万元，职工人均年收入 12.67 万元，同比增长 6%。采煤机械化程度 100%，掘进机械化程度 100%。矿井综合单产达到 0.287 Mt。采掘关系正常，三个“煤量”符合规定，采区采出率达到 81%。

2019 年塌陷土地治理率 100%，矿井水利用率 70%，持有合法有效的排污许可证明；绿化覆盖率达到可绿化区域面积的 60% 以上，纳入全国绿色矿山名录。沙坪煤业定期开展职工健康检查，降低职业病发病率，职业健康检查率 100%，危害因素检测达标率 100%。

三、安全高效矿井建设的主要做法

（一）生产组织

紧抓安全生产，不断改革创新，多举措实现矿井安全生产。

（1）优化矿井采掘接替，生产准备及生产布局科学合理。结合采掘工作面地质情况、可采储量及设备状况，调整工作面接续，保证了全年大生产格局的稳定。通过明确重点抓住生产准备、核心做好设备配套、捋顺工序配合、明确班组生产检修任务的工作思路，有效保证了生产秩序。

（2）精心组织正规循环，加大技术创新力度，为安全生产保驾护航。通过每月组织召开生产作业协调会，统筹安排部署当月生产指标，围绕生产过程中暴露的缺陷不断持续改进，形成了正规有序的生产组织模式，注重不断加强煤质管理和工效管理。

（二）科学管理

压实安全责任，夯实基础管理，安全管理水平持续提升。通过整章建制、完善标准、落实责任，紧抓安全管理重点，将“六大体系”建设与矿井组织机构建设及党组织建设不断融合，使安全管理从碎片化逐步向体系化转变，具体做法如下：

（1）明确安全生产职责，细化安全责任体系，通过“安全绩效考核、红线管理、问责制度”进一步压实安全生产责任，同时促进各级管理人员作风转变。

（2）不断完善“双重”预防机制，明确管控责任人及管控措施，针对条件变化，组织专题辨识，实现超前预防和可靠管控。

（3）严格落实安全措施，以安全生产标准化达标为切入点夯实现场管理、业务保安等安全基础管理。加强管理人员的现场指挥、技术指导、安全监督等责任职责，强化作业现场安全管理，确保对作业全过程各环节进行监督，以推动区队操作行为的规范化，职能部门业务保安行为的标准化，使矿井安全管理基础不断提升。

（三）技术创新

加快科技创新成果转化步伐，走科技兴矿之路。以生产系统改造、采掘设备更新和工艺革新为重点，积极引进、吸收和转化新技术、新成果，推广应用新工艺、新设备、新材料，大力开展科研攻关和群众性技术革新改造活动，逐步走出了一条科技创新能力强、安全基础牢、产能效率高、经济效益好的科技兴矿、科技保安之路。

（1）采用高强度聚酯纤维柔性网的末采贯通挂网工艺，提升了综采工作面末采期间假顶施工质量，保障了设备回撤安全。

（2）采用预掘双回撤通道，不仅减少了回撤通道施工工期，增加了回撤通道支护的强度、稳定性和可靠性，而且工人劳动强度明显降低，减少了施工安全压力，缩短了工作面回撤时间，取得了较好的安全效益、经济效益。

（3）健全完善安全科技创新体系，不断挖掘和提高矿井安全生产科技的创新力。大力引进新设备、新技术、新工艺，努力提高矿井安全装备水平和科技含量。以智能信息化为手段，逐步建立系统的多层次防控管理体系，提升安全管理水平。

山西西山煤电股份有限公司西铭矿

一、矿井概况

西铭矿井田行政区划隶属太原市管辖，位于太原市以西，距太原市中心20 km。地理位置：东经112°14′～112°31′，北纬37°38′～37°56′。矿区内交通便利，太佳公路穿过矿区，东可至太原市区，西可抵古交市，矿区有铁路专用线经太原玉门沟站通往全国各地。

矿区位于吕梁山东侧，汾河自井田西北边缘流过。矿区内沟谷纵横，切割甚剧，地形复杂，属中低山区。矿区内最高点在石千峰，标高＋1747.7 m；最低点在矿区东南部玉门沟内，标高＋987.5 m。

西铭矿始建于1956年，现设计生产能力3.60 Mt/a。矿井总体为走向阶梯平硐式开拓方式，单一水平（＋1018 m）生产，采用采区前进式、区内后退式，走向长壁综合机械化采煤方法。主采2号、3号、8号、9号煤层，其中：2号、8号、9号煤层自燃倾向性等级为Ⅱ类（自燃煤层），3号煤层自燃倾向性等级为Ⅲ类（不易自燃煤层）。2号、3号、8号、9号煤层煤尘具有爆炸性。2017年矿井绝对瓦斯涌出量鉴定为110.59 m^3/min，相对瓦斯涌出量为16.86 m^3/t，属于高瓦斯矿井。

矿井水文地质类型为中等，煤层无带压开采，矿井正常涌水量154 m^3/h，最大涌水量180 m^3/h（汛期），总排水能力736 m^3/h可满足矿井排水需要。

二、2019年主要技术经济指标

2019年盈利1900万元，全年未发生任何事故，百万吨死亡率为零。采煤综合机械化程度均达到100%，综掘机械化程度达到84.16%。采煤方法为走向长壁综合机械化采煤方法，全部垮落法管理顶板，中厚煤层采出率为87.2%。原煤产量3.1468 Mt，综合单产0.1252 Mt/(个·月)。原煤工效10.502 t/工，达到行业特级安全高效矿井标准。

废气设有排污口；废水建有矿井水处理厂，复用利用率达到100%；煤矸石的综合利用率达到100%，固体废物规范处理，进行黄土覆盖，绿化美化率达到62%；噪声采取降噪措施，环境保护遵守国家法律法规，有合法的排污许可证。

三、安全高效矿井建设的主要做法

（1）完善安全高效矿井建设的组织体系。西铭矿成立以矿长、书记为核心的领导组，成立了办公室，保证了建设活动有序、顺利开展。

（2）依靠科技创新提升矿井整体机械化水平。充分发挥先进装备在煤矿安全高效建设中的作用，以高新技术和先进适用技术改造煤炭企业，提高西铭矿综采、综掘机械化水平和综合单产水平，确保煤矿可持续发展。

（3）在日常采煤工作面过构造顶板控制方面，西铭矿严格执行“预防为主”的原则，施工队组回采期间凡揭露地质构造，要求立即停产，汇报矿调度，由相关副总牵头现场办公，针对构造具体情况制定专项安全技术措施后方允许施工，而且施工期间由矿、科两级干部现场跟班，确保工作面过构造期间的顶板安全管理。

（4）技术是安全生产工作的前提和保障，面对复杂的安全生产条件及资源储量不足的局面，西铭矿理论联系实际，积极探索适应矿情的工艺和技术，坚持科技创新，带动了生产力提升，提高了煤炭资源回收率和产量，取得了较好的经济效益。例如北七 78705 工作面推广使用 YPC4000/25/45 型超前支架，48703 工作面使用掘锚机等，以高新技术和先进适用技术改造煤炭企业，提高西铭矿综采、综掘机械化水平和综合单产水平，确保煤矿可持续发展。

（5）矿井深入开展机电、运输会战。2019 年继续深入开展了这两个会战，从基础、基层抓起，每月分旬制定会战规划，分旬进行检查验收，月底下发会战简报进行总结通报，保证了机电、运输工作稳步提高，为安全生产及全年各项任务指标的完成奠定了坚实基础。

（6）认真组织开展了开掘会战工作。为保证西铭矿安全生产持续、稳定健康发展，坚持采掘并进，掘进优先的原则，保证了全年进尺计划顺利完成。

（7）提高职工素质，努力开展技术培训及学、练、比活动。2019 年组织各级、各类培训 140 余次，抓紧、抓好各队组“手指口述”培训。

提高职工素质，强化各类培训，规范持证上岗。2019 年共组织各类培训 2841 人次，为推进本质安全型矿井建设、全力构建和谐西铭提供了智力支持和人才保证。

（8）环境保护。

①倡导环保宣传，提高环保意识，充分利用各种环保事件进行环境保护宣传，以提高全体职工的环保意识。

②认真贯彻落实各项环保管理制度，加强基础管理，结合西铭矿实际，进一步完善各项环保制度，相继制定了“西铭矿环境保护管理办法”“西铭矿固体废物管理考核办法”“西铭矿废旧油脂管理制度”等一系列制度，为环保工作的完成奠定了坚实基础。

③改造矿井污水处理厂，同时加强污染防治设施的运行管理。

④对矿井废水零排放工作加强监督、检查，充分利用矿井废水进行煤库灭尘喷淋、井下巷道冲洗，矿井水利用率大幅度提高。

⑤加强煤库煤尘扬散管理，保证环保设施完好运行。

⑥加强绿化管理，矿区环境优美。

山西焦煤集团有限公司官地煤矿

一、矿井概况

官地煤矿隶属于山西焦煤集团有限责任公司，位于太原市西南 17.5 km 处郊区，地处西山煤田，属吕梁山山脉中麓，行政区划属太原市万柏林区、晋源区、清徐县及古交市管辖。

矿井始建于1960 年，矿井设计生产能力达到3.30 Mt/a，2016 年核定矿井生产能力3.90 Mt/a。矿区内建有年入选能力3 Mt 的配套选煤厂，建有地面高低浓度集中瓦斯抽放泵站，矿井各生产系统通过技术改造，日趋合理可靠。官地煤矿是一座综合生产能力和综合抗灾能力都较强的大型现代化矿井。

矿井现开采煤层为2 号、3 号、6 号、8 号和9 号煤层，开采深度 820 ~ 1170 m。井田以贫煤为主，其次是贫瘦煤，有少量瘦煤和无烟煤，商品煤有喷吹煤和2 号洗混煤。矿井井田面积 78.3174 km^2。截至2019 年底，工业储量1021.234 Mt，可采储量583.079 Mt，服务年限100.7 a。

矿井属高瓦斯矿井，多煤层联合开采，采用分区混合通风方式，机械抽出式通风方法，8 号煤层为Ⅱ类自燃煤层，最短发火期89 d，2 号、3 号、6 号、9 号煤层为Ⅲ类不易自燃煤层。开采煤层均具有爆炸性，矿井水文地质类型为中等。

二、2019 年主要技术经济指标

2019 年矿井利润1.2 万元，成本330.15 元/t，职工人均年收入8.18 万元。原煤产量3.2189 Mt，掘进总进尺25683 m，原煤外销量2.9836 Mt。采煤机械化程度100%，掘进装载机械化程度100%，综采程度100%，综掘程度91%。矿井现开采2 号、3 号、6 号、8 号、9 号煤层，采区采出率分别为中厚煤层85.73%，厚煤层83.29%。矿井综合单产125075 t/(个·月)，原煤生产人员工数296859 工，原煤产量3.2189 Mt，原煤工效10.84 t/工。

三、安全高效矿井建设的主要做法

（一）生产组织

官地煤矿共发现陷落柱705个，对煤炭资源开采造成很大困难，针对采富弃贫、采厚弃薄、资源浪费严重的问题，官地煤矿调整采掘衔接，重新设计新北四采区，对呆滞多年的3号煤层进行回采。一是设计时，对于长轴50 m以上的陷落柱采用补道绕过；二是在掘进施工和工作面形成前，及时对上部2号煤层采空区积水进行疏放，消除水患；三是购进大功率采煤机进行回采。

合理配采煤层，增加低质煤开采。通过8号煤层与2号、3号煤层进行合理配比，并通过洗选降低硫分，达到国家相关标准，合理利用了有限资源。

引进新工艺、新装备提高煤炭采出率。中四采区9号煤层，埋藏深、陷落柱发育，与8号煤层层间距薄，官地煤矿积极引进“采九放八”综放开采工艺，提高厚煤层等复杂条件的煤炭资源利用率，充分挖潜煤炭资源。

采用无线电波坑道透视探测技术探测矿井回采工作面内的地质构造，如陷落柱、断层、煤层厚度变化、瓦斯富集区及突水构造等。官地煤矿采用该项技术后，能够准确地确定地质构造位置，有利于合理布置巷道，科学选择采煤方法，提高产量和采区采出率。

（二）科学管理

1. 矿井安全管理

矿井由矿长亲自组织各分管负责人和相关业务科室、区队进行年度安全风险辨识，重点对瓦斯、水、火、煤尘、顶板、运输系统等危险因素开展安全风险辨识，编制年度安全风险辨识评估报告，建立重大安全风险清单，制定相应的管控措施，消灭重大事故隐患，完善灾害预防和处理计划、重大危险源管控、应急救援预案等。

2. 矿井瓦斯防治管理

矿井严格执行瓦斯超限就是事故的理念，确立瓦斯治理规划目标，严格执行瓦斯抽采效果检查、达标、评判、钻孔验收制度。发生瓦斯、CO超限报警事故由矿生产调度指挥中心通报，安监处追查处理，形成了通风科、抽采区相互制约的倒逼机制，推进了“一通三防”工作的提档升级，预防瓦斯超限事故发生。

3. 矿井防灭火管理

官地煤矿针对“采九放八”综放采煤工艺，根据防灭火相关规定，采取了束管监测、喷洒阻化剂、注氮气、移动注浆等综合防灭火措施，杜绝了火灾事故。

4. 矿井顶板控制

官地煤矿制定科学合理的“顶板控制办法”，每旬由生产科组织顶板、运输专项联合检查，建立顶板隐患管理台账，并定期召开顶板专题例会，落实责任，解决采、掘、开工作面及整巷维修过程中出现的各类顶板问题，杜绝了顶板事故。

（三）技术创新

1. 破碎围岩巷道中空注浆锚索加固技术

官地煤矿 33423 工作面为北四新区上组煤孤岛工作面，受上部采空区及煤柱的影响，回采巷道来压剧烈，变形强烈，影响安全生产。官地煤矿与山东科技大学王明远教授团队合作，采用以锚注加固理论为核心，以注水泥为核心的双液浆等加固材料的合理方案对该巷道围岩进行加固修复，形成了“深 - 浅”耦合加固作用。在提高围岩整体性的同时，形成了深部和浅部围岩相互支撑、互为承载体的耦合加固支护新技术，改善了巷道的支护效果，减少了返修次数，大量节约返修工程量，保证了矿井安全生产。目前中空注浆锚索加固技术已在官地煤矿全面推广应用。

2. 切顶卸压自动成巷新技术

官地煤矿 12605 工作面采用切顶卸压自动成巷技术，共留巷 710 m，成巷效果远远超过了预期技术指标（确保巷道 85% 区域的顶底板及两帮移近量小于原有高度及宽度的 15%，即 0.42 m），有效控制了瓦斯浓度在 0.5% 以下，提高了煤炭资源回收率（每个工作面约提高 12%）。官地煤矿成为应用切顶卸压自动成巷无煤柱开采技术的全国首个带式输送机运输巷（回风巷）留巷效果最好的矿井。该技术为缓解衔接、提高资源回收率、工作面上隅角瓦斯治理提供了新思路，实现瓦斯治理、采掘衔接、资源回收“三赢”。

山西焦煤集团有限责任公司杜儿坪煤矿

一、矿井概况

杜儿坪煤矿于1956年建矿，北邻西铭矿，南部以杜儿坪大断层为界与官地矿接壤，西部为井田技术边界，东部以9号煤层露头线为界。矿井储量739.8 Mt，可采期限85.8 a，核定生产能力3.85 Mt/a；采用斜井开拓方式，现开采煤层为2号、3号、8号煤层，均为Ⅲ类不易自燃煤层。

杜儿坪煤矿为高瓦斯矿井，绝对瓦斯涌出量170.17 m^3/min，相对瓦斯涌出量25.03 m^3/t。水文地质类型为中等，无冲击地压倾向，全井田不带压。

矿井在+1010 m水平分别以南大巷、北一大巷、北二大巷3条大巷分割井田布置盘区。3个生产盘区分别为南大巷布置南九上组煤盘区、北一大巷布置北五和北七2号煤层盘区、北二大巷布置北三下组煤盘区。

二、2019年主要技术经济指标

2019年原煤产量3.556 Mt，掘进总进尺12413 m，原煤外销量3.556 Mt。综采程度100%，综掘程度99.85%。

综采工作面全部采用长壁后退式综合机械化采煤法，顶板控制采用全部垮落法。矿井现开采2号、3号、8号煤层，采区采出率分别为中厚煤层82.0%、厚煤层75.8%。综合单产122286 t/(个·月)。原煤生产人员工数304070工，原煤计效产量3.556 Mt，原煤工效11.697 t/工。矿井利润8800元，成本361.47元/t，职工人均年收入8.4996万元。

三、安全高效矿井建设的主要做法

（一）强基固本，安全基础更加夯实

1. 安全网络越织越密

强化安全风险管控和隐患排查整治，建立完善地面“双预控”体系，严格落实三个责任清单，实行重奖重罚、安全记分、隐患问责等制度，强化外委队组“五统一”管理，积极采取“十个断然措施”，执行“十个一

律”，深入开展了隐患“清零”、地面整治等专项行动。

2. 安全“三基”越抓越牢

抓“三基”，积极开展优胜队组和“六型”班组创建活动。全面推行“五精”安全管理、岗位流程作业标准，实行“巷长”制，建成了11个示范点线面、2个示范盘区。

3. 安全氛围愈加浓厚

围绕“防风险、除隐患、遏事故”主题，深入开展事故警示教育活动、安全大反思活动。阶段性地开展了安全生产月，八大体系联动升级、党员争当安全表率、家属协管走进班组，科室包队“五查五包”、党政工团齐抓共管。

（二）科学部署，生产布局更加优化

1. 攻坚克难提效达产

加强正规循环管理、强化过程管控、重视设备检修维护、合理布局采掘队组、着力解决挡手难题、坚持任务刚性考核、激励单产创水平，2019年克服了34个陷落柱、61条断层、29次搬家等困难，各类事故影响同比下降38%，原煤产量完成3.556 Mt。

2. “一优三减”稳步推进

着力“减人、减面、减盘区、优系统”，促进矿井“瘦身健体”，完成了北石沟主变扩容、局部通风机电压升级改造，形成了北一带式输送机运输巷主运系统、南九6号煤层盘区单轨吊辅运系统；新构成了68310、62709、76901三个工作面。

3. 技术创新提质增效

积极推广采煤“110”工法、切顶卸压护巷、三维模拟可视通风系统、大直径钻孔替代横川、单轨吊辅运系统、钻孔测井分析仪、水文动态观测系统实时监测等。矿北二十五尺导水墙设计、应力集中区域掘巷松散破碎煤岩体控制等新技术获奖。

（三）深挖潜力，契约成效更加显著

1. 契约管理刚性考核

全面推进契约化管理，完善“433”考核体系，年初定指标、定任务，日常过程管控，强化刚性考核；“三项改革”持续深入。全年多轮次开展劳动纪律整顿，组织劳务输出42人、转岗分流470人，全员效率提升10.8%。

2. 经营管控全面从严

坚持以经济效益为中心，科学测算指标，投入充分论证，每月经营分析超支预警，资产清查减少储备占用，债权清收加快资金回笼，精细化管理压缩可控费用，物流式集中运料强化过程管控。全年回收复用、修旧利废比预算增加 1470 万元。

3. 后勤多经市场改革

后勤系统“三供一业”稳步移交、市场化服务试点运行，多经大集体改制、滴水岩工业园区建设节点推进，公交车充电桩建成投运，智能型乳化液泵站系统试车成功。多经公司整体实现盈利，全年产值比计划增加 1724 万元。

（四）不忘初心，民生福祉更加增进

坚持造血帮扶、精准帮扶与日常救助、医疗互助相结合，坚持节日慰问与政策兜底相结合，累计发放各类帮扶资金 220 余万元；关心职工身心健康，开展年度职工大体检、“健康小分队”每季排查加强监管、“健康咨询日”每月义诊提供咨询；坚持职工群众工作站“一条龙”服务，及时解疑释惑、妥善处置、化解矛盾；积极打造企业文化名片，坚持文明创建，弘扬劳模精神；关心职工生产生活环境，福利楼、新华瓦斯抽采泵站、虎胜街公租房等重点工程节点推进，“绿色矿山”通过国家验收，“幸福家园”实现共建共享。

山西西山煤电股份有限公司西曲矿

一、矿井概况

西曲矿井田位于山西省古交市北约 0.5 km 处汾河北岸、西山煤田北部边缘地区。矿井于 1978 年 8 月 1 日开工建设，1984 年 12 月 1 日建成投产。矿井设计生产能力 3.00 Mt/a，核定生产能力 4.00 Mt/a，设计服务年限98 a。矿井井田南北长 6.5 km，东西宽 6 km，面积 34.3452 km^2。西曲矿累计查明资源储量 405 Mt，可采储量 159 Mt，主采煤层有太原群和山西组的 2 +3 号、4 号、8 号、9 号煤层，现产品有焦煤、瘦煤和肥煤，其中：焦煤 326 Mt、瘦煤 56 Mt、肥煤 23 Mt，可采煤层总厚度 13.65 m。煤层赋存平缓，倾角 5°～8°。矿井属于低瓦斯矿井，采用平硐开拓、条带式开采方式，采用分区抽出式通风方式，矿井水文地质条件复杂。

二、2019 年主要技术经济指标

2019 年全年原煤总产量完成 2.80 Mt，掘进总进尺完成 21678 m，其中开拓进尺完成 3036 m。

矿井综合单产 131051 t/(个·月)，全矿原煤工效达到 13.23 t/工。全年无人员伤亡事故，百万吨死亡率为零。中厚煤层采出率达到 83.4%，厚煤层采出率达到 82.5%。采煤机械化程度达到 100%，掘进装载机械化程度达到 100%，掘进机械化程度达到 81.7%，全矿利润实现 20966 万元，完全成本 377 元/t。职工人均年工资 10.24 万元，领先于行业平均水平。

三、安全高效矿井建设的主要做法

（一）优化生产设计，落实矿井“一优三减”工作，提高矿井人员效率

（1）缩减盘区，优化采盘区布置，减少辅助环节人员及队组，达到减员提效的目的。推进矿井“一优三减”工作，落实科技减人，提高生产效率和经济效益，安全稳步发展。

实现了“一井两面”生产，优化采盘区布置，调节减少采区数量。完成了集中带式输送机运输巷集控系统、井下所有变电所无人值守系统、南四

泄水巷集控系统及两部架空人车无人值守系统。截至2019年底，一线在岗人员758人，较两年前下降21.96%。三类硐室人员52人，较两年前减少36人，完成三类硐室管理人员下降30%的目标。

（2）优化工作面设计及支护设计，加大工作面的几何尺寸，减少搬家倒面次数。采区和工作面设计期间，充分考虑煤层赋存条件，在确保安全、经济合理的前提下，加大采区和工作面的几何尺寸，减少采区回采、掘进工作面个数，提高单产单进水平，避免频繁的搬家倒面和人员聚集。

合理布置采区巷道及工作面巷道，尽可能减少小斜坡、联络巷等零星工程的布置，最大限度地降低掘进队组的炮掘工程量及开掘工作面搬家倒面次数，降低巷道万吨掘进率，提高矿井单进效率。

（二）科学组织，坚持正规循环作业，实现安全高效

西曲矿主要从以下方面入手：一是抓衔接，保“四量”。矿井“四量”平衡，衔接合理，各项生产工作稳步进行，为矿井以后的发展奠定了坚实基础。二是抓现场，保效率。及时调整了生产单位劳动定额分配办法，完善激励机制，保证了关键时期、困难时期的一线工人出勤。通过加强设备检修，开展机电设备包机考核，降低事故率，确保了生产有序进行。三是抓改革，促发展。按照集团公司安排，西曲矿部分队组已实现二级管理，取消采区、建制，将采区部分职能划归相关对口部门管理，将生产队组从繁杂的协调性事务中解放出来，全力以赴抓生产；同时，通过二级管理改革，减少了管理层级，缩短了管理半径，提高了管理效率。

（三）依靠科技进步，优化生产环节配置，提高矿井安全高效建设

西曲矿以3个创新工作室为龙头，2018—2019年共完成小改革小项目121项。西曲矿完成了“西曲矿北翼集中皮带巷优化设计研究”“用液压油缸推移滚筒调节皮带的研制与应用”“树脂柱帽在西曲矿的推广应用”“西曲矿回采工作面快速撤架工艺研究与应用”等科研创新项目69项，完成了安全生产标准化创新项目“多功能坡度规”“锚杆托板限位装置”“新型渗漏涌水量测量桶的研究应用”等34项，“锚杆托片固定装置”“皮带翻转矫正器”“新型渗漏涌水量测量桶”“洒水装置”“自动拔绳装置”等7项专利，将创新力与生产相结合，创造了显著的经济效益和社会效益。

（四）立足降本增效，不断加大改革力度

2019年以来，西曲矿按照集团公司经营管控理念，紧缩成本、减少开支，在提升精细化管理水平的基础上，着重开展契约化管理、后勤系统市场化改革、内部经营承包、转岗分流等工作，为集团公司缩减成本、优化资

源、提质增效做出了积极的贡献。

通过宣传发动、政策倾斜支持、基层主动申报，目前契约化覆盖率达到100%，尤其是供应科印刷厂、综修厂取得较好的收益。西曲矿实行契约化管理以来，通过人员选聘、机构调整合并等自主经营手段，达到成本管控、提质增效的初衷。

按照“人员能进能退，干部能上能下，薪酬能高能低”的理念，突出问题导向，优化人员结构。在矿井人数不断下降的情况下，通过内部挖潜，保障井下一线队伍的稳定。对辅助队组和部门进行机构合并、人力资源调整、业务职能整合等，进一步理顺了层级关系，提高了人力资源高效化。

山西西山煤电股份有限公司马兰矿

一、矿井概况

马兰矿地处吕梁山东翼、汾河之滨，位于中国最大的主焦煤生产基地——山西省古交市，距山西省太原市69 km，是国家“七五”期间建设的国有特大型现代化矿井。马兰矿于1983年11月开工建设，1990年6月正式投产，井田面积104.4 km^2。与矿井相配套的选煤厂设计年入选原煤能力4 Mt，于1993年10月20日建成投产。矿井现核定生产能力3.60 Mt/a，截至2019年末，井田工业储量1077 Mt，可采储量600 Mt，剩余服务年限107 a。

矿井采用斜立井联合开拓方式，现生产水平为+910 m水平，井田内主要可采煤层为02号、2号、8号、9号煤层，现开采02号、2号、8号煤层。矿井煤种齐全、优良，以肥煤、焦煤为主，生产的十二级精煤产品，成为国内首钢、鞍钢、宝钢等30余家钢厂、焦化厂的主要配煤煤种，并远销韩国、巴西、印度等国际市场，享誉国内外。

二、2019年主要技术经济指标

2019年矿井成本计划391.66元/t，完成391.51元/t；利润计划39092万元，完成39140万元；职工人均年收入10.2086万元，高于行业平均水平和本省煤矿平均水平。

矿井综合单产达到0.1429 Mt/(个·月)，原煤工效达到14.36 t/工。

三、安全高效矿井建设的主要做法

（一）安全生产

马兰矿保持国家特级安全高效矿井和一级安全生产标准化矿井建设水平，消灭了死亡事故和二级及以上非伤亡事故，千人负伤率控制在3‰以内。马兰矿完成年度安全投入、安全重点工程和安全培训计划，实现矿井安全生产“零”目标。

矿井下一步将以“预”和“控”为抓手，推广杜邦安全管理经验，依托“双预控”信息平台，健全风险辨识管控和隐患排查治理，超前预测预报、科学防控防治的“双控”机制，彻底改变以往静态、被动的安全管理模式。

（二）自动化、智能化与信息化

马兰矿以“数字化、网络化、智能化”三化为牵引，以“一优三减”和“采掘生产智能化”为依托，大力推进“机械化换人、自动化减人、智能化无人”，通过科技兴安、科技强安、科技保安，实现“少人则安、无人则安”。在采掘方面，建成18502智能化工作面，工作面操作人员由11人减至7人，年产量达到2 Mt以上；在西翼下组煤采用盾构机施工技术，实现全断面掘进、出碴、支护“三同步”，单日最高进尺24 m；在辅运方面，引入单轨吊等新设备，升级改造矿井信集闭，矿井辅运连续化程度达到100%。在集控方面，井下变电所、排水泵房和南九风井35 kV变电站、主要通风机房、红外线热风炉房全部实现无人值守、远程集控。在信息化方面，构建矿山软件系统、感知系统、工业自动化系统等为一体的1 + N体系，实现全矿井信息共享和智能化控制。

马兰矿在“统一规划、统一标准、统一设计、统一投资、统一建设、统一管理”的大原则下，比对山西省《煤矿信息化建设要求》，按照“一张网”“一张图”“一个数据中心”“一个应用平台”的思路，从网络、数据、平台、应用4个层面入手，打造统一传输网络，构建标准数据体系，引进先进技术应用，搭建智能管控平台。

（三）优化生产效率

新技术新设备不断引进，升级矿井综采装备，建成智能化开采工作面；优化矿井运输系统，实现主运输皮带化、辅助运输连续化；科学合理地开展定编定岗定员工作，对新工艺、新设备及特殊工种进行重点培训，全面实施以量计资管理，进一步落实安全生产正规循环考核制度及契约化管理制度，充分调动广大职工的积极性；注重生产环节管理，全面实行市场精细化管理、岗位流程化管理、清单报告式管理、“四个百分”考核管理等制度，生产、管理机构运转高效。多措并举，2019年矿井综合单产达到0.1429 Mt/(个·月)，原煤工效达到14.36 t/工。

马兰矿持续推进“一优三减”“辅运革命”“智慧矿山”建设，不断优化生产布局，提升科技装备硬实力，实现矿井生产系统简单、设备智能高效、安全生产效率稳步提升的目标。

（四）提升经济效益

牢固树立“每个岗位都是利润源”的经营理念，从精细成本管控着手，全矿所有单位签订了契约化管理合同，构建了“15566”契约化管理体系，以市场化核算为原则，围绕矿井中心工作，倒逼经营创效潜能，矿井经济效益显著提高；研发契约化管理考核信息系统，综合、明晰地反映了矿井运营状况，生产经营实现一体化、信息化管控；加快辅业改革改制，加大对外创收力度，中水复用、牌板印刷等各类创收。矿井将不断推进契约化、市场化、精益化管理，不断提升经济运行质量。

（五）生态文明建设

马兰矿把能源资源节约和生态环境保护工作放在突出位置，将环境保护和生产、生活紧密结合，进行统一协调、同步规划，不断加大矿区生态恢复工作力度，建成6个高标准生态化园林小区、园林化矸石山、矿井水深度处理系统，并实施了集中供暖工程，矿区环境逐步实现了“人在园中、矿在林中、楼在绿中、路在景中、亭在水中”的整体构想。

马兰矿高度重视煤与瓦斯共采，将煤与瓦斯共采作为矿区绿色开采的重点。2019年地面钻井累计瓦斯抽采量 $1.30944\times10^{8}\ m^{3}$，主要用于民用。2019年永久瓦斯抽采泵站瓦斯抽采量 $3.3794\times10^{7}\ m^{3}$，瓦斯发电量57.62 GW。

马兰矿加大对污水处理的日常监督管理，督促建立健全各项安全操作规程及管理制度，完善更新了污水处理主要设备电子档案，处理的中水和深度水全部复用。

矸石排放按照“底部排放、分层碾压、黄土覆盖”的科学方式进行治理，矸石山绿化面积达到 $5.2\times10^{4}\ m^{2}$，现治理区山体稳定，形成近自然状态的生态循环。

山西焦煤集团有限责任公司东曲煤矿

一、矿井概况

东曲煤矿1991年12月16日建成投产，设计生产能力4 Mt/a，设计服务年限116 a；矿井井田面积53.3 km^2，可采储量430 Mt，主采煤层有太原群和山西组的2号、4号、8号、9号煤层，现产品有焦精煤、瘦精煤和动力煤，其中：焦煤27.699 Mt、瘦煤377.864 Mt、贫煤304.88 Mt，可采煤层总厚度13.4 m。截至2020年底矿井工业储量714.183 Mt，可采储量456.387 Mt，矿井剩余服务年限76 a。矿井属于瓦斯突出矿井，采用平硐开拓、条带式开采方式。水文地质类型为中等，矿井局部带压开采。矿井无冲击地压危险管理，正常进行设计及生产作业。

二、2019年主要技术经济指标

全年原煤总产量完成3.5107 t，掘进总进尺完成29635 m。原煤工效达到12.1 t/工。无人员伤亡事故，百万吨死亡率为零。薄煤层采出率达到88.1%，中厚煤层采出率达到84.2%，厚煤层采出率达到81%。矿井综合单产103967 t/(个·月)。采煤机械化程度达到100%，掘进装载机械化程度达到82.3%，综采程度100%，综掘程度82.3%，领先行业平均水平。

三、安全高效矿井建设的主要做法

（一）生产设计优化，减少环节辅助人员，提高矿井人员效率

（1）缩减采区，优化采盘区布置，减少辅助环节人员及队组，达到减员提效的目的。

优化采盘区布置，调节减少采区数量。调整部署矿井生产衔接规划，截至2020年完成一采区及三采区上组煤、四采区上组煤的封闭，2年内完成二采区的封闭，停用小砂岩回风井风机。后3年通过采取优化生产设计等措施，陆续减少1个综采工作面和2个开掘工作面，优化生产格局。

（2）优化工作面设计及支护设计，加大工作面的几何尺寸，减少搬家倒面次数。

采区和工作面设计期间，充分考虑煤层赋存条件，在确保安全、经济合理的前提下，加大采区和工作面的几何尺寸，减少采区回采、掘进工作面个数，提高单产单进水平，避免频繁的搬家倒面和人员聚集。

（二）科学组织，衔接均衡，实现安全高效

面临当今煤炭市场的局面，东曲煤矿主要从以下方面入手：一是抓衔接，保“四量”。矿井“四量”平衡，衔接合理，各项生产工作稳步进行，为矿井明年乃至以后的发展奠定了坚实的基础。二是抓现场，保效率。针对经济效益下滑的现状，及时调整了生产单位劳动定额分配办法，完善激励机制，保证了关键时期、困难时期的一线工人出勤。通过加强设备检修，开展机电设备包机考核，降低事故率，确保了生产有序进行。三是抓销售，保生产。积极协调配煤厂、电厂、选煤厂、排矸厂等单位，努力采取应对措施，最大限度地促进矿井煤炭销售，增大矿井原煤产量。

（三）依靠科技进步，优化生产环节配置，提高矿井安全高效建设

矿井对所有带式输送机实现远控、集控功能；对 +860 m 水平运输系统进行改造，实现单轨吊结合无轨胶轮车运输，坚决淘汰小绞车运输，为矿井运输效率及安全提供强有力的保障。

目前矿井 +860 m 水平 8 号煤层工作面使用了超前液压支架。该水平 8 号煤层煤巷掘进工作面使用 EBZ260 型掘锚护一体机及滑靴式临时超前支护配合锚杆钻车，实现巷道快速掘进。

山西焦煤集团有限责任公司屯兰煤矿

一、矿井概况

屯兰煤矿位于山西省古交市西南 6 km 处，距太原市 60 km。屯兰矿于 1988 年 10 月开工建设，1997 年 10 月 31 日建成并开始试生产，2002 年 10 月正式投产。矿井井田面积 64.49 km^2，截至 2019 年年底，工业储量 923 Mt，可采储量 554 Mt，剩余服务年限 82 a。主要煤种有焦煤、肥煤、瘦煤和少量贫煤。2011 年屯兰煤矿被鉴定为煤与瓦斯突出矿井。2019 年矿井绝对瓦斯涌出量 262.37 m^3/min，相对瓦斯涌出量 46.36 m^3/t。矿井现开采的 2 号、8 号煤层均为Ⅱ类自燃煤层，煤尘具有爆炸性。矿井水文地质类型复杂，全区带压开采。根据山西省能源局〔2020〕第 390 号公告：屯兰煤矿生产能力 4 Mt/a。

二、2019 年主要技术经济指标

2019 年安全生产无事故。采煤机械化、掘进装载机械化程度均达到 100%；矿井综合单产 0.1364 Mt/(个·月)；原煤工效 10.302 t/工；2019 年成本预算 430 元/t，实际 424.16 元/t，降低 5.84 元/t；2019 年利润预算 23114 万元，实际完成 23115.27 万元；2019 年人均年工资 107664 元；工作面平均采出率 97%，2 号煤层采区平均采出率 84.8%，8 号煤层采区平均采出率 85.2%。

原煤入选率 100%，职业健康检查率 98.77%，危害因素检测达标率 100%，吨煤开采综合能耗 42.67 kW·h，塌陷土地治理率 92%，煤矸石综合利用率 100%，矿井水利用率 100%，抽采瓦斯利用率 51.64%。

三、安全高效矿井建设的主要做法

（一）大力建设“高突智能化标杆”矿井

为深刻领会习近平总书记关于能源革命的重要论述，认真落实中央深改委第八次会议和全省能源革命综合改革试点动员部署会议精神，在山西焦煤集团“1126”发展战略的引领下，按照“装备优、用人少、效率高、效益好、安全有保障”的总要求，全面建设“高突智能化开采标杆矿井”。屯兰煤矿结合实际情况成立了专门领导组，出台了实施方案，通过召开动员会、推进会、专题会，明确责任，倒排工期，节点推进，严格考核，取得了显著成效，并在2019年底通过两级集团公司验收。

（二）安全管理

深化“双引领”“双预控”“双治理”“三基”建设，从严从细抓安全、保安全。一是强化风险管控，严格“1+4+N”风险辨识评估工作，全部制定措施，严密防控。二是狠抓问题整改，上级检查及屯兰煤矿自查的隐患问题，全部按照“五定五落实”要求完成整改。三是推进行为治理，引申拓展“三个无违章”活动，推进岗位作业流程标准化工作，建成安全VR实训实操基地，有力地促进了安全管理水平稳步提升。四是加强现场管理，推进“一区一面一线”示范建设，干部24 h跟班，重点加强薄弱环节、薄弱时间、重点工程、临时工程、不放心地点盯守，确保动态管控。五是强化应急管理，开展3项应急演练（突发公共卫生事故演练、地面洪灾和井下水灾应急演练），增强了全员应急处置能力。六是强化劳动纪律整顿，加强辅助队组、辅助人员、外委队伍管理，集中整治自由散漫、不服管教、纪律意识差的人员。七是狠抓职工技能提升，安全管理人员全部取得相关资格证书。

（三）瓦斯防治

将瓦斯治理作为“高突智能开采”标杆矿井建设的首要任务和先决条件，坚持理念引领、治管并重，科学制定“三区联动”瓦斯治理中长期规划，严格落实“四位一体”防突措施，实施打钻“包机制”、打钻“封孔联孔一体化”管理模式。推广使用“Y”型通风沿空留巷、高压水力压裂、CO_2预裂高效增透、“以孔代巷”、地面L型钻孔煤层气抽采、跨采面远距离预抽消突、“压风排渣”等新技术、新工艺。积极开发防突微信公众平台、三级地质保障管理平台、矿井数据共享系统，形成了具有屯兰矿特色的立体式、全方位瓦斯综合治理模式。2019年矿井瓦斯抽采量9.37×10^7 m^3，年发电量达到1.74×10^8 kW·h，实现了高突矿井在低瓦斯状态下生产。

（四）创新管理

积极探索新的创新机制建设，制定下发了“屯兰矿科技创新管理办法”“屯兰矿科协活动实施办法”等管理制度，使科技创新、新技术推广、成果管理等工作在组织机构、经费使用、任务指标、项目立项、过程管理、成果验收、成果评审等方面进一步规范化、程序化。每年对优秀科技成果和先进个人进行表彰奖励，每2年召开一次科学技术大会，并将自主创新成果与技术人员晋级晋升、评先树优相挂钩，进一步调动全矿职工进行科技创新的积极性、主动性。

矿井不断完善科研资金保障机制，多渠道保证科研资金投入，充分利用国家对企业科技投入的优惠政策，争取科技资金支持。对于本单位的基础研究、关键性技术研究、公益性研究及推广应用项目，及时足额地给予资金扶持。屯兰煤矿提取一定比例的资金投入科技研发，并作为投入的主体，提取额满足科技规划的要求，确保研发及技改投入不低于上一年度主营业务收入的 1.5%，同时完善科技投入制度，合理确定关键性项目和竞争性项目的投入比例，加大人力资源和科技装备投入。

（五）信息化与自动化

（1）信息化方面。屯兰矿现在用的信息系统有电力监控系统、安全监测监控系统、通风机在线监测控制系统、井下带式输送集控系统、人员定位系统、矿压监测系统、瓦斯抽放监控系统、调度信息管理系统、地理信息管理系统、产量监控系统、双重预防隐患排查系统、矿井瓦斯涌出动态特征突出预警系统、智能卡式管理系统等信息化系统。在生产管理信息化方面，采用信息化技术、网络技术、控制技术、智能技术，建设了矿山生产自动信息一体化系统。同时不断加大“互联网+”、大数据、物联网、移动互联技术在生产中的应用。目前已建成信息化系统 32 个，服务于矿井安全生产的各个方面。随着信息化建设的持续推进，将逐步完成云数据中心建设、井下万兆环网建设，实现生产、监测监控等子系统的集中管控和信息联动。

（2）自动化方面。22301 智能化工作面顺利投产，实现远程“一键启停”控制、记忆截割、自动跟机、智能供液等功能。综采工作面 100% 实现顶板在线监测，掘进工作面 66.7% 实现顶板在线监测，井下变电所、水泵房全部实现无人值守。

山西西山煤电股份有限公司镇城底矿

一、矿井概况

镇城底矿井田位于西山煤田西北边缘，地处古交市西北，距太原市34 km，距古交市11 km，太佳公路、太岚铁路横贯矿区，交通十分便利。

矿井设计生产能力1.50 Mt/a，服务年限117 a。矿井于1983年1月开工建设，1986年11月与同等能力的选煤厂同时投产，2009年核定生产能力1.90 Mt/a。

矿区总面积17.7615 km^2。可采煤层8层，主采煤层2+3号和8号煤层，煤质以肥煤、焦煤为主。

矿井瓦斯涌出沿走向由北西向南东呈增大趋势，经鉴定矿井绝对瓦斯涌出量18.47 m^3/min，矿井相对瓦斯涌出量9.13 m^3/t。经鉴定现采煤层自燃倾向性等级均为Ⅱ类，2+3号煤层最短发火期72 d，8号煤层最短发火期74 d；现采煤层煤尘均具有爆炸性，2+3号煤层煤尘的爆炸指数为26.62%，8号煤层煤尘的爆炸指数为26.01%。

二、2019年主要技术经济指标

2019年全年原煤总产量计划完成1.62 Mt，实际完成1.626 Mt。开掘总进尺计划完成14000 m，实际完成14308 m，其中开拓进尺计划完成2000 m，实际完成2017 m。原煤工效计划8.7 t/工，实际完成8.709 t/工，完成计划的100.1%。经济指标实现10039万元。矿井综合单产计划84000 t/(个·月)，实际完成84534 t/(个·月)。职工人均年工资97517元。

三、安全高效矿井建设的主要做法

2019年，镇城底矿以安全高效为目标，以“基础管理精细化，技术装备现代化，人员培训制度化”为要求，做到管理无漏洞、设备无故障、系统无缺陷、人员无“三违”、安全无事故，同时深入开展岗位达标、专业达标、企业达标的活动，重点抓安全，进一步加强质量标准化矿井建设，实现了安全高效。

（1）面对镇城底矿南二上组采区地质条件复杂、矿井生产衔接紧张的不利局面，镇城底矿在坚持精准预测预报地质情况的同时，持续开展开掘会战，优化采掘布置，合理调整采掘顺序，积极推进四新、四化技术应用，提高矿井单产单进水平，保证了矿井正常衔接。

（2）优化南二上组采区和南三上组采区划分，以 F37 断层为界，重新划分两采区边界，划分后，南二上组采区可布置 22210 和 22212 两个大走向、大储量工作面，而且能够减少施工南三上组采区巷道 1200 m 左右，保证采区提前构成，缓解了矿井生产衔接紧张的局面。

（3）优化巷道支护形式，从源头上杜绝浪费。针对镇城底矿 2 + 3 号煤层顶板现状和“地应力”测试结果，合理布置工作面走向和掘进巷道锚杆、锚索间排距，减少巷道二次维护成本。针对镇城底矿地质条件复杂，断层、陷落柱较多的问题，合理优化过断层期间的巷道支护形式，在保证安全的同时，尽量减少支护成本的投入。

（4）在镇城底矿 22212 轨道巷、带式输送机运输巷、760 轨道大巷等地点进行了试用，从目前的观测效果来看，效果良好。特别是镇城底矿创新性地在 22208 回采工作面过断层期间试用了注浆锚索加固维护顶板，对工作面顶板控制起到了一定的作用，保证了工作面的安全生产。

（5）目前采掘工作面均配备了顶板在线监测系统，实时监测现场顶板压力状况，为顶板控制提供有效依据。

（6）镇城底矿积极引进了能耗在线监测系统，实现了水、电、煤等在线监测、数据实时上传并存储，为下一步能耗控制了提供了依据。

山西阳煤集团南岭煤业有限公司

一、矿井概况

矿井位于太原市清徐县东于镇西北方向，距清徐县城约 15 km。其地理坐标为：东经 112°10′10″～112°12′38″，北纬 37°36′59″～37°39′13″。清徐县位于晋中盆地西北部，太原市南端，属晋中平川的一部分，东部为平川，西部为山区。本区地处太原西山煤田南端，地形复杂，沟谷纵横，切割剧烈，属剥蚀侵蚀中山地貌。地势总体呈现东、西高，中间低的态势，最高点位于矿井西部，标高为 1474.4 m，最低点位于矿井南部（沟谷），标高为 895.0 m，最大相对高差为 579.4 m。矿井井田范围由 10 个坐标点依次连线圈定，矿井形状呈不规则形，南北长约 4100 m，东西宽约 3500 m。井田面积为 9.0177 km^2，井田内可采煤层为 2 号、4 号、5 号、8 号、9 号煤层。矿井内有简易公路与清徐县东于镇和 307 国道相通，矿井工业场地距 307 国道约 6.5 km，距清徐县城约 15 km，交通较为便利。

山西阳煤集团南岭煤业有限公司矿井鉴定为高瓦斯矿井；2 号煤尘、4 号煤尘、5 号煤层煤尘均具有爆炸性；2 号、4 号、5 号煤层均属不易自燃煤层。

二、2019 年主要技术经济指标

2019 年原煤产量完成 887500 t；2019 年利润完成 3170 万元，人均工资达到 10.7 万元；实际总进尺完成 5664 m；综合单产为 72869 t/(个·月)；综采工作面采出率为 97%。

三、安全高效矿井建设的主要做法

公司本着“吃苦、务实、谋事、创业”的企业精神，依靠科技进步，利用科技带动产能，在新技术推广应用、瓦斯监控、顶板控制、地质预测预报、矿井技术改造等方面做了大量工作，并取得了显著的成效。

（1）继续推进科技创新、科技兴矿的方针，力争打造本质安全型矿井。矿井采掘工作面使用 KJ216“顶板在线监测系统”指导生产，该系统可形成矿井的顶板多元化在线监测、分析、预警，应用后数据实时上传，对采掘工作面的顶板控制有指导作用；矿井 2212 回采工作面内存在一条 150 m×2 m×2.8 m 空巷，为安全快速通过空巷，公司与中国矿业大学合作，采用新型空巷充填材料进行充填，当回采工作面回采至空巷位置时充填材料可与煤炭一起采出，从而保证工作面安全快速地通过空巷。

（2）狠抓安全生产标准化建设，抓好亮点和细节，强化精细化管理，安全生产标准化建设不仅是矿井建立安全生产长效机制的根本途径，而且关系到公司下一步的增产和永续发展：①要以“源头达标，动态达标”为重点，推行对标管理，深入开展“学标、对标、赶标、达标”活动，各系统对照新标准要求，制定本系统年度和月度达标规划目标；②专业达标与矿分管领导、职能部门、基层队组工资挂钩考核；③加强现场工程质量监管、考核力度，保证工程质量合格、现场作业行为规范，文明生产达标；④认真履行标准化建设工作“检查、建账、整改、销号”闭合管理程序；⑤固化隐患排查和风险预控工作，有效确保各生产环节安全无死角。

（3）科学决策、精心组织，突出重点，树立“多出煤、出好煤”理念组织好生产，力争提高生产效率始终贯彻于生产组织全过程：①合理安排生产衔接。②提高单产、单进水平。通过优化班前会流程、交接班程序和机电设备检修流程等，提高设备的开机率和负荷率，达到高产高效的目的。③实施生产目标制管理，提高生产组织效率。针对工作面的生产地质条件确定巷道施工单价和生产吨煤单价，充分调动职工的劳动积极性，提高生产组织效率和掘进效率。④机电设备实行“包保”制，强化机电设备的日常维护保养，坚持谁使用、谁维护、谁管理。

（4）依托科技，创新驱动，防控重大风险。引进和采用先进的实用技术，提高技术改造，提高技术装备水平，健全矿井综合管理信息网路和安全生产监控系统。特别是对五大灾害等重大隐患进行有效预防和控制，从技术上为杜绝各类事故提供保障，防控重大风险和重大事故。公司存在水、瓦斯、煤尘、顶板等重大风险，针对重大风险，超前预测，开展技术攻关，从技术的角度防控风险。

公司为兼并重组矿井，地质条件复杂，地质构造多，存在大面积的采空区和老窑积水，地质勘探精度不高。针对大面积采空区和采空区积水，与太原理工大学合作，开展“复杂条件下井下物探瞬变电磁精准解释科研项目”。该项目可以进一步精准探测地质构造及采空区积水，可以提前基本掌握工作面内构造及采空区与积水区的分布情况，便于及早做好规划。根据探测成果布设针对性强的探放水钻孔，可以减少井下探放水成本，提高工作效率。同时制定过构造期间的顶板控制措施，降低采空区积水突水及顶板垮落风险，保障煤矿安全生产。

按照防治水“物探先行、钻探验证、化探跟进”的原则，依托与太原理工大学的科研项目，开展复杂条件下井下物探瞬变电磁精准解释研究，做到超前预测、精准预防。

采煤工作面采用槽波勘探技术进行回采前超前探测，探明工作面内构造发育情况，后期回采期间制定有针对性的构造瓦斯、构造含水、构造顶板控制防治措施，超前谋划，确保安全生产。

太原煤气化股份有限公司炉峪口煤矿

一、矿井概况

炉峪口煤矿地处西山煤田边缘，井田面积为 5.8456 km^2。矿井于 1983 年 9 月开工建设，1986 年 11 月建成投产，原设计生产能力 0.45 Mt/a。经过对矿井的提升、运输、通风等系统进行技术改造，2012 年 3 月 15 日经国家发展和改革委员会核定矿井生产能力 0.9 Mt/a。矿井开拓方式为单水平斜井开拓，建有主、副斜井和回风斜井 3 个井筒。主斜井担负提升运煤兼运送人员的任务，装有 DTC80/30/250S 型大倾角带式输送机和架空乘人装置；副斜井担负进料、排矸兼进风的任务，采用串车提升，提升绞车为单绳缠绕式矿用提升机；回风斜井为专用回风井。矿井为单水平上下组煤开采，截至 2019 年年底，矿井剩余可采储量 6.7149 Mt，现采 8 号、9 号煤层。

矿井水文地质条件属中等型，正常涌水量为 37.35 m^3/h，最大涌水量为 64.41 m^3/h。矿井设主副水仓各一个，中央水仓容量为 1150 m^3，泵房安装 3 台同等能力的（155D－30×5 型）排水泵，铺设 2 趟 ϕ150 mm 排水管路。采区设有采区水仓，采区水仓经排水管路及水沟排至中央水仓。

二、2019 年主要技术经济指标

2019 年原煤产量 0.8886 Mt，掘进进尺 7820 m，实现利润 3746 万元，职工人均年收入 89250 元，原煤工效 7.126 t/工，原煤百万吨死亡率为零，各项指标均达到特级安全高效矿井标准。

三、安全高效矿井建设的主要做法

（一）加强组织领导，落实安全主体责任，为建设安全高效矿井提供组织保障

（1）切实加强组织领导。高度重视安全高效矿井建设工作，积极进行科学规划，按照“高境界、高起点、高标准”的要求，坚持领导重视、目标引领、正向激励、措施保障等工作策略，促进了安全高效矿井建设工作的全面开展。

（2）坚持安全发展理念。始终坚持“安全第一、预防为主”的方针，严格做到“四个必须”：不管经济如何发展，安全理念必须坚持；不管企业如何改革，安全工作必须加强；不管效益如何波动，安全投入必须保证；不管体制如何变化，安全制度必须落实。

（3）完善安全责任体系。强化各级管理人员安全生产责任制落实情况，建立以总工程师为首的技术保障机制，在矿井的生产过程中，不断推动双重预防机制建设，通过加强矿领导带班，安监员跟踪作业现场管理，对重点环节、关键部位设专人盯守，对生产作业过程中查出的隐患实行跟踪销号，从而实现安全管理不留死角，作业现场动态安全达标。

（4）强化安全基础管理。坚持“查大系统、治大隐患、防大事故”，突出“一通三防”、防治水、顶板控制、机电运输等安全管理重点，强化了安全工作的基础。

（5）创新安全管理机制。坚持用市场经济的手段抓安全，实行安全风险抵押金、工资月结算等制度，深入开展了“手指口述”“一岗双责”等管理创新，有力地调动了抓好安全工作的主动性和自觉性。

（6）加强安全生产标准化建设。日常工作中坚持以《煤矿安全生产标准化基本要求及评分办法》为引领，以高标准现场管控理念为指导，把安全生产标准化作为推进安全高效发展第一抓手，持续推进井下现场“动态”达标管理，着力改善井下作业环境，不断夯实安全生产基础，努力实现“文明施工、规范作业、创优环境、岗位达标”

（二）加大资金投入，提高装备技术水平，为建设安全高效矿井创造前提条件

（1）不断提高采煤装备水平，不断加大装备投入和自主技术创新。2019 年 6 月 9105 回采工作面完成产量 70500 t，安装了采煤机（MG500 - WD 型）、刮板输送机（SGZ - 764/400 型）、液压支架（ZY4000/13/28 型）。采煤工作面安设了矿压在线观测系统，提高了生产效率及安全保障程度，创造了近年来煤矿月产原煤最高纪录。

（2）积极抓好掘进机械化工作。推广应用了大功率综掘机等先进的综掘装备，生产区队配备的 EBZ - 160 型掘进机在巷道月进 400 m，达到先进水平。

（3）扎实推进数字化矿山建设。按照“创建一流信息化矿井”的目标，制订了建设规划。建立健全了与安全生产相关的煤矿安全监控系统、井下人员位置监测、产量远程监测、供电监控、排水监控、水文动态监测、双预控

系统等 20 个信息系统，完成了井下环网、工业视频、应急广播等系统的全面升级改造。

（三）明确管控重点，突出重大灾害治理，为建设安全高效矿井奠定坚实基础

（1）在“一通三防”方面。紧紧抓住采掘布局、通风系统、瓦斯治理、安全监控等重点环节。高度重视瓦斯治理，杜绝了瓦斯事故。实施精细化管理无尘化作业，粉尘等职业危害得到了有效控制。

（2）在防治水方面。积极依靠科技手段做好防治水工作，健全完善水文动态监测系统和降雨量观测，采用瞬变电磁仪、全方位探测仪、无线电波透视仪等技术手段对矿井水文情况进行探测，保障了安全生产。

（四）实施科技兴安战略，优化开采工艺，为建设安全高效矿井提供技术支撑

（1）改进工艺提高生产效率。从设计上优化生产布局，狠抓采掘衔接管理，积极推广应用新技术、新工艺，在综采设备回收方面加大机械化施工，锚网、索支护形成安全通道，按计划倒排工期，增加平行作业，加快了设备回收进度。在掘进方面，研究“掘、探关系”，推进集约化生产，优化布局，两个掘面交替进行，缩短了探水影响掘进的时间。严格按照要求进行生产性资金需求预算申报，加强成本费用管理，分解指标，严格预算管理。节能降耗，修旧利废，在小改小革等方面降低成本。

（2）创新驱动支撑优势明显。注重创新的层次与针对性，全员创新创效活动蓬勃开展。2019 年，先后召开防治水技术、通风防尘、监测监控等专项会议 20 多次，取得显著效果。

（3）保障安全强化设备管理。推行设备生命周期管理和设备点检制，建立了设备管理系统和机电设备计划检修系统，对设备实现了采购、检验、入库、维护、租赁、报废等全过程管理，极大地提高了设备使用效率。

（4）坚持资源节约，优化采区设计，减少煤柱损失。积极探测井下断层参数，留设合理的防隔水煤柱，收集地面采空区回采过程中的岩移数据，计算塌陷角，为地面建筑留设合理的保护煤柱，为减少资源浪费提供了可靠保障。

（5）建立“窦成忠创新工作室”。炉峪口煤矿以发展为重任，坚持节能降耗，提高效率，特以党员窦成忠职工名字命名“窦成忠创新工作室”。在他的带领下团队每年参加省、市的技术“比武”、“五小六化”竞赛、“QC”项目比赛，并把这些获奖项目转化到工作中解决实际困难。自 2012 年以来，

五小项目共 47 项，科技项目 6 项，QC 项目 8 项，累计创效 2057.4 万元，极大地提升了干部、职工的技术素质。

（6）建造先进的污水处理站。2019 年对矿井污水处理站进行了改造，处理规模 3500 m^3/d，达到地表“工艺与产品用水”指标要求；深度处理出水水质达到《煤矿井下消防、洒水设计规范》（GB 50383—2016）和采煤机、掘进机喷雾用水标准。矿井水处理后全部复用于井上下生产、绿化、景观、冲厕、选煤厂生产补水、矸石场用水。对矿井污水站的改造，采用了国际上先进的设施设备，也采用了智能化检测手段，减少了劳动力，提高了本质安全效果，提高了矿井水的再次利用率，真正体现了可持续发展的重要性。

太原煤气化（集团）有限责任公司龙泉煤矿（太原煤气化龙泉能源发展有限公司）

一、矿井概况

龙泉煤矿位于山西省娄烦县境内，成立于2006年9月，2009年7月1日正式开工建设，2016年10月27日竣工投产。矿井井田面积35.23 km^2，批准开采石炭系上统太原组4号、7号、9号煤层，可采储量320 Mt，地质储量780 Mt，设计生产能力5 Mt/a，核定生产能力4 Mt/a。目前主要开采4号煤层，平均厚度6.47 m，主要煤种为气煤、1/3焦煤，属于优质电煤和炼焦配煤。

地面建有入选能力为5 Mt的选煤厂，原煤出井后，送入原煤仓，经筛分破碎后进入入选系统，分选后，产品装仓外运。

矿井地质类型为简单，水文地质类型为中等，井田主采煤层4号煤层为全井田带压开采，煤层开采标高+300～+1100 m，奥灰水位标高+1123～+1128.726 m。主要充水含水层为K4、K5、K6砂岩裂隙及L3～L1灰岩含水层。

矿井属于高瓦斯矿井，绝对瓦斯涌出量35.17 m^3/min，相对瓦斯涌出量3.93 m^3/t，回采工作面最大绝对瓦斯涌出量19.35 m^3/min，掘进工作面最大绝对瓦斯涌出量1.99 m^3/min。

4号煤层为自燃煤层，煤吸氧量为0.56 cm^3/g，自燃倾向性等级为Ⅱ类，自然发火期88 d。

目前开采的4号煤层，煤尘具有爆炸性，火焰长度130 mm，爆炸指数49.93%。

二、2019年主要技术经济指标

2019年实现利润17240万元，人均年收入达到7.97万元；综合单产350568 t/月，原煤工效13.30 t/工；矿井二采区设计回收率75%；三采区设计回收率78%，矿井采掘接续正常。采煤机械化程度达到100%，掘进机械化程度达到98%。

三、安全高效矿井建设的主要做法

（一）安全生产

矿井自2009年开工建设至今，未发生较大以上安全事故，生产过程中严格执行煤炭行业标准，精细管理，规范作业，安全生产形势平稳，连续12年零伤亡。2019年9月，公司通过了国家煤矿安全监察局一级安全生产标准化矿井验收。

（二）信息化管理与自动化

矿井建设有安全生产信息调度平台，全矿井安全生产信息实现集中调度、监控、传输，对主要生产环节的设备进行远程监控，实现了主要生产环节自动化运行。煤矿办公实现了OA电脑网上自动化，符合安全高效矿井的评审条件。

（三）矿井劳动定员管理

全矿在册人员1970人。2019年末原煤生产人员1427人，高级工程师12人，工程师50人，助理工程师192人，技术员22人，井下电气工111人，井下爆破工22人，安全检查工24人，瓦斯检查工43人，主提升司机15人，采煤机司机16人，掘进机司机23人，监测监控工31人，探放水工38人，瓦斯抽采工28人，特殊作业人员351人。公司建立了完善的劳动定员管理制度，进行了科学合理的组织生产，劳动效率明显提高，符合安全高效矿井的评审条件。

（四）环境保护和生态文明建设

矿井在建设生产过程中严格执行国家环境保护的相关法律法规，矿区绿化达到33%；建有一座90 m^3/d生活污水处理站，一座500 m^3/d矿井水处理站等环保设施，持有合法有效的排污许可证；矿井配套建有一座5 Mt/a的选煤厂，实现了循环利用，符合安全高效矿井的评审条件。

（五）搞好安全生产标准化建设

矿井开工建设至今，始终把安全生产标准化工作视为煤矿企业的形象工程、生命工程、效益工程和基础工程，从地面到井下，从后勤到生产严格标准化建设，现场达到整齐、整洁、规范，形成了“要安全，先达标，向标准化要效益，向标准化要安全”的理念。通过人、机、环、管的和谐统一，最终实现了管理无漏洞、设备无故障、系统无缺陷、人员无违章和安全零事故的本质安全型矿井。

（六）安全管理严抓不懈

在矿井的生产过程中，通过加强矿领导带班，安监员跟踪作业现场管理，对重点环节、关键部位设专人盯守，对生产作业过程中查出的隐患实行跟踪销号，从而实现了安全管理不留死角，作业现场动态安全达标。

（七）加强建设确保安全

着力提高职工收入，为保障职工合法权益，提高了职工的井下补贴、福利待遇，增发了井下职工的劳保用品；积极筹集资金，为职工发放福利。推行治安联防联控机制，加强了综治工作，强化了夜间和不定点巡查，提高了治安水平。开展禁毒、法制教育、综治等宣传活动，增强了职工群众的法制道德意识。开展了社会治安突出问题整治等专项活动，确保了矿区和谐稳定。

太原东山王封煤业有限公司

一、矿井概况

太原东山王封煤业有限公司（以下简称王封煤业）隶属于太原东山煤电集团有限公司，位于太原市万柏林区王封乡王封村。井田位于吕梁山脉东翼、汾河南岸，井田面积为 2.3536 km^2，设计可采储量 5.7 Mt，矿井设计生产能力 0.6 Mt/a，服务年限为 7.3 a。设计开采煤层 9 号煤层位于太原组中部，上距 8 号煤层 0.71～0.79 m，平均 0.75 m 左右。煤层厚 3.30～3.57 m，平均 3.44 m，结构简单，普遍含 1 层炭质泥岩夹矸，为全井田可采的稳定煤层。井田为褶皱构造，且同时发育断层、陷落柱，构造属中等。王封煤业于 2010 年 12 月 27 日正式开工建设，2017 年 5 月 12 日正式领取安全生产许可证，转入生产矿井。

2020 年矿井瓦斯等级鉴定为低瓦斯矿井，矿井最大绝对瓦斯涌出量 1.95 m^3/min，最大相对瓦斯涌出量 1.34 m^3/t。

矿井水文地质类型为中等，矿井正常涌水量 30 m^3/h，最大涌水量 45 m^3/h。井田奥灰水水位标高 +878～+880 m，矿井 9 号煤层最低标高 1050 m，不存在带压开采，井田主要水害为采（古）空区积水。

8 号、9 号煤层煤尘具有爆炸性，8 号、9 号煤层均为Ⅲ类不易自燃煤层。

二、2019 年主要技术经济指标

全年零事故，杜绝了人身事故和二级以上非伤亡事故，安全生产标准化达二级；原煤产量完成 378147 t；采煤机械化程度 100%，采区采出率达到 80%；完成掘进进尺 763 m，掘进机械化程度 89.5%；矿井综合单产 62364.21 t/(个·月)；实现利润 328 万元；原煤工效 7.2 t/工。

三、安全高效矿井建设的主要做法

2019 年，王封煤业以安全高效为目标，以“基础管理精细化，技术装备现代化，人员培训制度化”为要求，做到管理无漏洞、设备无故障、系统无缺陷、人员无“三违”、安全无事故，同时深入开展岗位达标、专业达标、企业达标活动，重点抓安全，进一步加强安全生产标准化矿井建设，实现了安全高效。强化安全意识，夯实安全基础。

8 号和 9 号煤层层间距离为 0.71～0.79 m，平均为 0.75 m，层间夹矸为强度较低的泥岩。由于 8 号、9 号煤层层间距离很小且层间为强度较低的页岩，特别是 8 号煤层原来采用的是刀柱式采煤方法：一方面 8 号煤层采空区残留煤柱较多；另一方面 8 号煤层顶板灰岩没有完全垮落充填满 8 号煤层采空区，9 号煤层巷道围岩应力在 8 号煤层刀柱下均高于 8 号煤层采空区和实体煤下，增加了下伏 9 号煤层开采难度。针对 8 号煤层采用刀柱式开采的情况，王封煤业于 2014 年 5 月委托太原理工大学、山西省绿色矿山工程技术研究中心、太原阁瑞矿山工程技术有限公司编制了“王封煤业 8 号煤层刀柱开采条件下 8、9 号煤层开采技术可行性研究”报告书，分析论证了 8 号和 9 号煤层开采方法的可行性。从提高煤炭资源采出率、减少采空区自然发火概率、降低巷道围岩应力等因素考虑，该开采技术可行性研究报告书推荐了“采 9 放 8”联层综合机械化放顶煤采煤方法。王封煤业在实践开采中采用“采 9 放 8”的方式对极近距离煤层进行联层综合机械化放顶煤采煤，取得了良好的经济效果，工作面新增储量约 25%，在带来经济效益的同时也延长了矿井的服务年限。

太原东山东峰煤业有限公司

一、矿井概况

太原东山东峰煤业有限公司隶属于太原东山煤电集团有限公司，为兼并重组矿井，位于古交市东曲街道办事处西岭头村，2017 年 4 月转为正式生产矿井，安全监管归古交市。井田面积为 2.5262 km^2，8 号煤层为Ⅱ类自燃煤层，煤尘具有爆炸性；9 号煤层为Ⅲ类不易自燃煤层，煤尘具有爆炸性，为低瓦斯矿井，水文地质类型中等，矿井生产能力 0.6 Mt/a。

矿井采用斜井开拓，布置有主斜井、副斜井和回风斜井 3 条井筒。主斜井采用带式输送机提升，布置架空乘人器进行出入井人员运输；副斜井采用绞车单钩串车提升物料。

井下布置有一个综采工作面为 9104 工作面，一个 9103 综采备用工作面（准备安装）；由于 2020 年 9 月 28 日王封煤业的顶板事故，公司根据太原市安委办及东煤集团公司的要求，处于停产整顿中。

二、2019 年主要技术经济指标

全年零事故，杜绝了人身事故和二级以上非伤亡事故；原煤产量完成 539757 t；2019 年回采 9105 综采工作面，完成产量 134757 t；9102 综采工作面，完成产量 369948 t；采煤机械化程度 100%，采区采出率达到 80%；完成掘进进尺 2226 m，掘进机械化程度 89.5%；矿井综合单产 60954.71 t/(个·月)；实现利润 1372 万元；原煤工效 7.38 t/工。

三、安全高效矿井建设的主要做法

（一）加大安全投入，夯实安全基础

1. 加大安全投入，夯实矿井安全基础

公司本年度重点完成了单体液压支柱、液压支架的补充、更换和维修，增加了探放水设备数量，更换了先进的综采工作面矿压在线监测系统，更新了井上下各种安全警示标志和牌板；足额配备了职工劳动保护用品。以上措施为矿井安全生产奠定了良好的基础。

2. 加大瓦斯和水害治理力度，杜绝自然灾害

认真落实“先抽后采、监测监控、以风定产”的十二字方针，坚持“通风可靠，抽采达标，监控有效，管理到位”的原则。在水害的治理上，严格执行《煤矿防治水细则》《山西省老空水害防治工作规定》，坚持“预测预报，探掘分离、有掘必探、先探后掘，先治后采”的探放水原则，认真做好防治水工作，消灭了水害事故。

3. 加大安全培训力度，规范职工操作行为

公司始终坚持“管理、装备、培训”并重的原则，积极推行全员安全培训，按照培训大纲制定培训计划，落实培训责任，重点做好新工人和转岗职工的培训工作。公司分批次对在岗职工尤其是各级管理人员、特殊工种人员进行安全强化培训，做到持证上岗。

（二）狠抓安全生产标准化建设，巩固企业发展基础

安全生产标准化是煤矿安全生产的基础，一年来，公司狠抓工程质量，积极开展标准化达标工作，安全生产标准化达到二级标准。

1. 强化奖惩机制

建立安全生产标准化奖惩机制，在各单位开展达标竞赛活动，按照集团公司“上尺、上线、上装备”的要求，每月对各单位的工程质量进行评比，通过“双基”建设和“内部市场化”，把安全生产标准化作为“安全奖罚办法”的重要考核指标，直接与安全奖惩挂钩，实行重奖重罚。通过这些机制，增强了职工的安全生产标准化意识，提高了广大干部职工搞好安全生产标准化的积极性。

2. 落实责任追究制度

为增强安全生产标准化责任意识，公司明确了各工种、各岗位标准化职责，对各施工巷道每根锚杆，每棚支架都实行了贴牌管理，使每根锚杆、每棚支架都能明确地找到责任人，并根据标准化的标准严格考核，落实到每个责任人。通过狠抓标准化建设，原煤产量逐月攀升。事实证明，标准化建设不但没有影响生产，反而使原煤产量有了显著提高。“以质量保安全，以达标保生产”已成为基层管理人员的共识。

3. 推行“示范化”矿井管理

规范干部职工行为，提高执行力，公司按照集团公司要求创建了“示范化”矿井，严明组织纪律性，不断提升执行力、服从力，确保了企业各项大政方针政策的贯彻落实和各项创建工作的落地生根，进一步规范了职工行为。

（三）推进“三化”管理，不断提高经济效益

一年来，市场化管理深入人心，并不断得到深化、细化和延伸，形成了较为全面系统的管理网络，涵盖了各项管理和过程控制，成为各项工作的主要抓手。

1. 降低了成本费用

实行内部市场化管理后，各市场主体自觉地把生产经营过程中所发生的各类费用变为自己的收入进行管理，超支就要减少收入，节约则增加收入，如材料费用支出减少，工资就会按一定比例增加，实行技术创新“按效论价”。每个单位、每个职工“成本就是工资，工资就是成本”的意识增强了，人人为成本而算，人人为效益而干，促进成本下降。

2. 提高了劳动效率

过去每个单位都说人不够用，内部市场化把各个市场主体之间的经济往来用价格结算连接起来，通过科学合理地确定岗位定员，实行“增人不增资，减人不减薪”，促使各单位、岗位自发地合理安排工作，优化劳动力资源配置。

3. 强化了管理

内部市场化从管理上体现了分权经营思想，单位生产经营自主权扩大后，管理从传统的以生产为中心转变为以效益为中心，干部职工的收入靠自我管理，内生动力自然增强，势必提高单位、班组的自主、自理能力。基层管理意识和能力提高后，不仅改变了等、靠、要的思想，而且反过来监督公司分配制度落实和材料配件供应质量。

4. 转变了观念

在市场化机制下，内部市场买卖双方利益对称，有效地调节了交易双方的利益分配，较好地体现了干什么活有什么价，干多少拿多少，多劳多得、不劳不得的分配原则，员工观念也由过去的“向领导要工资”转变为“向市场要工资”。

（四）依靠科技进步，促进企业快速发展

立足公司实际，实施科技兴企，既注重新技术的应用，又积极发挥科技人才的主观能动性，不断提高科学技术对安全生产的贡献率。

1. 建立科技创新激励机制

公司始终坚持把“科技兴企”作为一项重要发展战略，成立了以总工程师为首的科技攻关领导小组，明确创新工作的目标要求，加大了管理考核力度。年底召开表彰大会，及时对“先进科技工作者”给予表彰，对做出

特殊贡献的科技人员授予“科技创新人才”荣誉称号，并给予最高奖励。这些都极大地激发了广大职工科技创新的积极性。

2. 加强科研攻关及新技术的推广应用

公司号召职工积极开展技术比武和提合理化建议活动，树立“不断改进就是创新”的理念，大力应用新技术、新工艺、新设备。

3. 优化巷道布置，提高掘进效率

公司在进行新工作面设计时，尽量考虑对已有巷道进行充分利用。同时通过合理优化，尽量减少岩巷施工，减少了炮掘工程量，提高了掘进机械化程度，降低了劳动强度，同时保证了巷道施工进度。

（五）科学组织生产，实现安全高效

通过精心筹划，科学组织生产，安排队组集中生产，集中休息。推行“上四休三”作息制度，降低了劳动强度，不但使队组工人得到充分休息，而且使队组工人在生产过程中有良好的工作状态，有效时间利用率显著提高，工作效率得到充分提升。

注重采掘设备检修保养，扎实开展设备检修工作。通过专人包机，责任到人制度，降低采掘设备故障率。有效避免了因采掘设备故障而造成的窝工、停工现象的发生，进一步保证了采掘工作面实现安全高效。

太原东山李家楼煤业有限公司

一、矿井概况

太原东山李家楼煤业有限公司系太原市地方国有重点煤矿，隶属于太原东山煤矿有限责任公司，位于山西省清徐县西北马峪乡境内，距县城约6 km。井田北接山西阳煤集团碾沟煤业有限公司，西邻山西美锦集团东于煤业有限公司，东邻中国国电集团南峪煤矿，南邻新兴煤矿（已关闭）、桃园煤矿（已关闭）、都沟煤矿（已关闭）。矿井各类证照齐全有效，井田面积7.5429 km^2，保有资源储量151.43 Mt、矿井设计可采储量为84.06 Mt、设计服务年限50 a，批准开采煤层为03号、2号、4号、$5_上$号、5号、6号、8号+9号煤层；矿井瓦斯等级鉴定为高瓦斯矿井、地质类型为中等、水文地质类型为中等；采用斜井开拓、中央分列式通风系统抽出式通风方式、双回路供电、走向长壁后退式综合机械化采煤全部垮落法管理顶板；工业广场布置主、副斜井，风井场地布置回风立井，新回风立井正在施工中；全井田分为两个水平，第一水平为+740 m水平，第二水平为+663 m水平，目前开采第一水平2号煤层，2号煤层为不易自燃煤层，煤尘有爆炸性，矿井无冲击地压危险。井下布置1个综采工作面，1个备用工作面，3个综掘工作面。

二、2019年主要技术经济指标

全年零事故，杜绝了人身事故和二级以上非伤亡事故。

2019年原煤产量完成564140 t，矿井综合单产80625 t/(个·月)。原煤工效8.57 t/工；回采1203综采工作面，完成产量493428 t，采煤机械化程度为100%，工作面长度调整后，少布置一个阶段煤柱，采区采出率达到81%；主要在1205回风巷车场、1205回风巷，轨道上山、胶带上山、回风上山共计完成掘进进尺4443 m，其中岩巷402.3 m，1205回风巷车场开口爆破作业除人工作业外辅以扒渣机运岩，能够布置综掘机后全部为综掘机掘进，掘进机械化程度为96%，其余巷道全部为综掘机掘进，机械化程度为100%，掘进综合机械化程度为98%。

2019 年经济效益为 789. 796 万元。原煤成本计划 275 元/t，因后 2 个月停产，成本较计划增加 1 元/t，实现利润 789. 796 万元。职工人均年收入 4. 45 万元。

三、安全高效矿井建设的主要做法

2019 年以来，公司深入贯彻落实安全高效矿井建设总体要求，不断探索企业安全高效发展的管理机制，实现了矿井安全形势总体平稳发展，生产持续高效运行，主要做了如下工作。

（一）加大资金投入，提高装备技术水平，为建设安全高效矿井创造条件

（1）积极抓好掘进机械化工作，掘进施工使用大功率掘进机，确保岩巷掘进全部机械化，在工作面巷道开口等施工中，除爆破作业人工操作外，装运岩采用扒渣机、刮板输送机，巷道机械化掘进达到 100%，综合机械化掘进率达到 98%。

（2）提高作业机械化程度，在原综合机械化回采工作面的基础上，工作面巷道带式输送机安装自移机尾，提高了设备移动自动化。开关设备架和运输机架一体化，改变了设备列车占用巷道位置，合理留出工作面巷道行人运料的安全距离。

（二）明确管控重点，突出重大灾害治理，为建设安全高效矿井奠定坚实基础

（1）在防治水方面，虽然工作面每次钻探都没有透水预兆，但探放水队仍然严格执行东山煤矿防治水理念，坚持有掘必探，确保掘进安全。

（2）在“一通三防”方面，深刻吸取以往事故教训，以“瓦斯为天”的理念，高度重视瓦斯治理，并实现了瓦斯抽采发电综合利用。

（三）实施科技兴安战略，综合优化回采工艺，为建设安全高效矿井提供技术支撑

改进工艺提高生产效率，在 1203 工作面回采过程中，工作面倾角达到 23°，工作面走向方向煤层坡度达到 32°，在回采设备允许的倾角内推进，致使工作面截割底板回采。在回采过程中，为了确保顶部支护有效，防止漏垮，对顶部煤层注胶固化，在工作面条件极其恶劣的情况下，保证了安全，实现最高日产量达到 2100 t。

山西美锦集团东于煤业有限公司

一、矿井概况

矿井于2011年6月批准开工建设，2016年2月取得竣工验收批复，2016年3月正式投产，2018年2月8日正式托管。矿井井田面积12.592 km^2，设计生产能力1.50 Mt/a，保有资源/储量203 Mt，可采储量近100 Mt，可采年限50 a。

矿区位于西山煤田西南部，井田内含煤地层为石炭系上统太原组和二叠系下统山西组，主要可采煤层7层，分别为03号、2号、4号、5号、6号、8号、9号煤层。现开采03号、2号、4号煤层。

井田位于碾底断层和清交大断层之间，总体形态为向南倾斜的单斜构造。井田内发育3条较宽缓的背向斜，共发现落差大于5 m的断层11条，陷落柱190个，地质类型复杂，水文地质类型复杂。

矿井绝对瓦斯涌出量65.69 m^3/min，相对瓦斯涌出量27.46 m^3/t，属于高瓦斯矿井。煤层煤尘具有爆炸性，属Ⅲ类不易自燃煤层。

二、2019年主要技术经济指标

全年实现安全生产；原煤产量完成1102937 t，掘进总进尺完成3686 m；采煤机械化程度100%，掘进机械化程度100%；采区采出率中厚煤层为92.6%；矿井综合单产103718.2 t/(个·月)；实现利润14129.56万元；原煤工效10.6 t/工，职工人均年收入95112元。

三、安全高效矿井建设的主要做法

（一）依法依规、从严从细，保障矿井安全稳定

一是落实“三个不断线”，塑造本安员工。坚持“以训增安、以案释安、以情嘱安”等系列宣教活动不断线，创新开展案例学习教育、红色电影展播、合理化建议征集等系列活动，全员安全意识、技能素质明显提升。

二是超前预控“两大风险”，保障安全生产。在瓦斯治理上，严细落实瓦斯治理“六预”管理法，科学优化03号煤层工作面设计，创新推行“一

面四巷”瓦斯治理方案，进一步提升了03号煤层工作面瓦斯治理效果；引进购置了CMS1－4000/55型矿用深孔钻车，实现360°全方位钻孔施工，不仅提升了安全系数，而且钻孔施工工效提升了40%；在03100带式输送机运输巷施工顺层钻孔地点安装了视频监控，取消了人工验钻，实现了钻孔施工、封孔、连抽可视化、连续化，有效杜绝了人为打假钻现象；调试完成了KJ90X型安全监控系统，提高了监测监控系统的精准性、稳定性、可靠性。在水害防治上，坚持“物探先行、钻探验证、化探跟进”，引进购置了3台ZDY4000LP型、2台CMS1－4000/55型履带式钻机及2台ZAJC－1100/11.5S型气动架柱式钻机，实现了快速精准钻探，钻探精度不断提高，为矿井安全生产提供了保障

（二）高效协同、一提双优，安全集约有序生产

在采掘方面，进一步优化了03号煤层开切眼断面设计，实现了全断面一次成巷，掘进效率提升了10.7%，节约材料及人工成本约23.6万元；科学合理地组织2300工作面及03303工作面生产，2300工作面实现了单面高效生产，切实稳定了矿井生产任务和效益；2302工作面提前8 d顺利完成安装任务；全部取消耙装机，引进新型ZCY80R型全液压侧翻式装岩机进行系统巷道施工，掘进工效人均提升50%。

在机运方面，率先在运输工区试行取消夜班运输制，通过完善管理机制、优化劳动组织、升级改造设备，有效提高了提升运输安全系数，降低了职工劳动强度，运输工区单班可减少劳动用工11个，年节约人工费用66万元；升级改造SQ80－75B无极绳绞车为SQ120－132P无极绳绞车，推广使用车载无线视频及梭车超速抱轨技术，绞车牵引力提高50%，提升运输安全系数进一步提高；采取管路敷设、集中清淤、气冲淤泥悬浮等方式，有效解决水仓清挖次数，实现了动态高效清挖，提高了矿井防灾抗灾能力。

（三）强化严治细管，筑牢矿井安全基础

围绕影响和制约安全生产的瓶颈问题与体制机制障碍，继续保持“严、细、真、实”抓安全的定力不动摇，依法依规、从严从细，建立多元协同、权责清晰、奖惩并举的安全管控体系。致力于“抓预控、严流程、促规范”，构建全员参与、灵活多样、通俗易懂、寓教于理的舆论宣教长效机制，坚决杜绝“上热下冷”、敷衍应付等形式主义，推动安全宣教由“事后教育警示向超前防范预警”转变，引导干部职工既要居安思危，又能知危图安；强化重点、难点课题攻关，超前预防预控瓦斯、水害“两大风险”与顶板、运输、安撤、粉尘“四个薄弱环节”，加强各类风险数据分析研究

及运用，全力构建机制完备、运行可靠的安全保障体系。专业领导要通过“点题式、互动式、微讨论”等形式，持续推动“专业会”“现场会”“地头会”常态化，力促隐患“清零”，问题“销号”；建立安全生产标准化创建精准帮促、定点扶持机制，推进质量标准化由静态向动态、由工程向工序达标延伸。坚定不移用好“扣产扣尺”这剂“猛药”，真正将考核、问责“板子”打下去，让置安全于不顾的单位或班组知道“疼”。

（四）强化齐抓共管，营造和谐稳定氛围

牢固树立“企业发展人人有责，发展成果人人共享”理念，全力开展系列聚心工程、惠民工程，有效汇聚企业发展合力，打造荣辱与共的命运共同体。提高职工幸福指数，坚持把保障和改善民生作为一切工作的出发点和落脚点，多谋民生之利、多解民生之忧，推进民生项目逐个落地。坚持民生工程向一线和弱势群体倾斜，千方百计增加职工收入，提高职工的幸福指数，增强职工群众的归属感和获得感，让职工群众与企业成为命运共同体、利益共同体，切实营造和谐向上的发展环境；健全群团组织建设，紧紧围绕增强“政治性、先进性、群众性”的要求，加强对群团组织的领导，大力支持群团组织依法按章创造性地开展工作，使群团工作更加广泛地融入中心、服务发展；维护和谐稳定大局，针对少数群体个性化思维、差异化需求，以及改革和历史遗留问题，进一步增强维稳工作的科学性、预见性和时效性，超前排查预控各类不稳定隐患，从源头上消除不稳定因素。严格落实信访稳定责任制及信访工作网格化管理，完善信访稳定应急预案，加强对矛盾纠纷的排查处置。抓好舆情动态防控，重点加强政治敏感期的信访稳定工作，强化重点人物管控，依法维护企业稳定。

（五）创新经营管控机制，提高经济运行质量

一是坚持定期分析收入、成本、盈亏变化原因，超前预控，不断增强考核的针对性、全面性、实效性、差异性。

二是健全完善风险防控体系，全面规避经营风险，重点加强劳动用工管理，严格入职人员审查力度，严防用工风险，扰乱用工秩序。

三是着力在“政策增值靠调研、考核增值靠严管、服务增值靠提质、降本增值靠内控、创新增值靠技能”等 5 个方面制定有效措施抓好落实，通过智能化装备、信息化系统促进管理水平、生产效率提升。

阳泉煤业（集团）股份有限公司一矿

一、矿井概况

一矿是阳煤集团下属的特大型骨干矿井，位于山西省阳泉市西北部和盂县东南部，面积 83.6 km^2。截至 2019 年底，矿井保有资源储量 571 Mt，期末可采储量 333 Mt，剩余服务年限 28 a，主要产品有中块、小块、末煤等品种。

矿井井田位于沁水煤田东北边缘，现开采 +669 m 水平，开采深度为 275 ~ 700 m，低于 800 m，不属于深部开采矿井。矿井水文地质类型为中等，瓦斯等级为高瓦斯矿井。

矿井采用主斜井—副立井—副平硐综合开拓方式，井下采用集中运输、分区开拓。矿井划分为南北两个条带生产，盘区式开采。工作面采用走向长壁采煤法，后退式开采；全部垮落法管理顶板。

二、2019 年主要技术经济指标

2019 年一矿加强基础管理，加大了装备和安全资金的投入，有效提高了矿井生产能力。全年生产原煤 7.4952 Mt，矿井掘进总进尺为 27480 m，矿井综合单产达到 212411 t/(个·月)，原煤工效达到 16.992 t/工，实现利润 102769 万元，采煤机械化程度达到 100%，掘进机械化程度达到 99.9%。资源回收率达到 78.61%，全年未发生人员死亡事故。

三、安全高效矿井建设的主要做法

在企业发展进程中，一矿始终坚持把安全发展作为企业第一责任，以着力打造安全生产标准化特级矿井为目标，把完成生产经营指标创造利润作为企业第一中心，纵深推进契约化管理，煤炭产量、销售收入、营业利润、人均工资连年攀升，多项指标位居集团公司前列；把科技创新作为企业的第一支撑，大胆解放思想，ERP、OMS 重点项目全面上线运行，推广小煤柱、水力压裂切顶卸压技术，积极试验掘锚一体机、单轨吊、巡检机器人装备，矿井集约化能力显著增强；创新引进水力冲孔造穴和机械一体化造穴技术，瓦斯抽采率大幅度提升，为强化瓦斯治理和释放生产能力创造先决条件。

（一）系统优化助力矿井产能提升

1. 优化开拓方式，合理集中生产

矿井开拓布局及采区和采煤工作面布置贯彻系统简化、合理集中的原则，在地质条件适合和有安全保障条件下，进一步简化采区巷道系统，从原先的单翼采区布置改为双翼布置，减少了采区准备巷道布置以及采区煤柱留设，增加了采区回收率，减少了人力物力投入等。

积极推广大采长、大走向工作面开采，减少搬家倒面，简化生产环节，提高生产效率，实现集约化生产，对原南条带四采区进行了设计优化，修改后采区东部走向长增加了 1100 m，工作面最大走向长度由 2167 m 增加到 2529 m，采区内共布置 12 个工作面。

2. 不断提升装备水平，提高生产效率

立井罐笼系统改造主体工程完成投运运行，实现立井绞车及操车系统操控运行更加智能、高效；北头嘴降压站主变增容改造工程顺利完工，矿井供电系统更安全、运行更稳定、动力更充足。在全矿岩巷全面推广 EBZ－260H 型大功率、大截面岩巷掘进机，掘进效率明显提高，实现了岩巷月进 240 m 以上。强力推进快速掘进成套装备技术应用，选用大功率掘进机配套锚杆钻机、锚杆台车机械化作业，实现了掘、钻、装、锚一体运行，先进产能优势日益凸显。矿井主提升 1 号、2 号强力带式输送机及 2 号、3 号矸石带式输送机集控系统全面升级，主提升系统集约化、自动化优势充分显现。

（二）依靠科技创新，智能化装置提升矿井管理效能

1. 大力推广使用综采自动化装备

随着矿井不断向安全高效发展，工作面趋于大采长大走向的布置，一矿大力推广使用综采自动化装备。现在一矿综采工作面配备使用的自动化装备包括支架电液控系统、集成供液系统等。综采自动化设备的引入，实现了对“三机”运行及状态参数实时监测监控；支架实现了电液控制和自动喷雾；智能集成供液系统实现了自动配液等。

2. 采用远程集中控制系统，提高矿井自动化水平

采用远程集中控制系统，实现了地面调度室远程控制井下 5 座中央变电所和 7 座采区变电所高压开关停送电，矿井自动化系统应用迈上新台阶。以矿井智能化灯房投用为契机，逐步更换本安型智能矿灯共计 3450 盏，配套智能充电架 34 台，更加准确、高效地规范干部职工考勤管理。北头嘴降压站在智能化巡检机器人成功应用的基础上，加大科技投入力度，引入空中无

人机对降压站供电线路运行情况进行立体化、无人化、全过程、全覆盖巡查，矿井智能化、自动化水平实现新突破，取得新进展。

3. 改造洗选系统，提升洗选能力

选煤厂针对末煤系统洗选能力小，于2019年进行了技术升级改造，新增两部矸石弧形筛并对矸石弧形筛筛下溜槽进行改造，矸石弧形筛预先脱去60%～70%的悬浮液，减轻矸石脱介筛的负担，提高脱介筛效果；末煤重介车间精煤双层脱介筛改为单层脱介筛，每台脱介筛安装三道喷水，同时缩短筛下合格段长度，改造两个系统的稀介质管道，使两个系统相互独立。通过一系列的改造，使末煤重介系统洗选能力有了很大提升，提高了末煤发热量，使动力煤产品热值由原来过构造期间的21352.7 kJ/kg左右达到目前的23027.4 kJ/kg以上。

4. 创建安全生产运营管理平台、工业视频综合处理平台

基于“一张图”管理理念，一矿建立安全生产核心业务平台。建立调度、生产技术、地测、通风、机电、安全、煤质等安全生产相关部门的业务管理系统，构建煤矿层面的安全生产运营管理平台，实现信息共享集成、业务协同。实现安全生产业务数据集成与一体化管理，实现企业的持续安全、高效发展。建立工业视频综合处理平台，实现视频网络传输，通过工业视频大规模扩容，保障了集控中心各个专业分控项目可以通过工业电视系统直观了解现场情况，实现数据实时双向透明，任何一个分控项目都可以单独调用本系统所需的视频监视信号。

（三）严细“一通三防”管理，搞好瓦斯治理

落实“通风可靠、抽采达标、监控有效、管理到位”十六字工作体系，以提升通风、抽采两个能力建设作为瓦斯防治的重要抓手，以变化管理、技术创新作为瓦斯防治的有效方法，继续深化“1234567”瓦斯治理体系，以契约化管理层层夯实各级安全生产责任，把“一通三防”各项工作落实到作业现场，杜绝重大通风、瓦斯、自然发火事故，实现矿井大安全的工作格局。

阳泉煤业（集团）股份有限公司二矿

一、矿井概况

二矿于1951年5月1日建矿，是全国最大的无烟煤生产基地，是阳煤集团特大型骨干矿井之一。矿井坐落在太行山西麓、阳泉市西南6 km处，石太铁路、307国道和太旧高速公路横穿矿区，地理位置优越，交通和通信便利。

井田位于沁水煤田东北部，走向长约7.8 km，倾向长约5.6 km，面积44.3085 km^2。截至2019年12月31日，矿井储量424.548 Mt，可采储量187.94 Mt，剩余服务年限17 a。矿井主采的3号、8号、15号煤层均为无烟煤。矿井地质类型为中等，基本构造形态为一走向北西，向南西倾伏的单斜构造。矿井属于高瓦斯矿井，各煤层煤尘均无爆炸性，自燃倾向性鉴定等级为Ⅲ类不易自燃。

二、2019年主要技术经济指标

全年产量计划8.03 Mt，实际全年产量8.0409 Mt，超计划0.0109 Mt，完成计划的100.14%；计划进尺35000 m，实际进尺35200 m，比计划超200 m，完成计划的100.57%；计划销售收入305526万元，实际销售收入320425万元，比计划增收14899万元，完成计划的104.88%；计划利润67573万元，实际利润70129万元，比计划增盈2556万元，完成计划的103.78%；计划单位成本312.85元/t，实际单位成本312.13元/t，比计划降低0.72元/t。

三、安全高效矿井建设的主要做法

（一）合理调整衔接部署

合理调整衔接部署，调整煤层开采顺序。结合二矿地质条件，生产调度指挥中心通过调整近距离煤层工作面的采掘衔接，矿井基本实现下行开采。将原来的先采15号煤层工作面后采8号煤层工作面修改为先采8号煤层工作面后采15号煤层工作面；其次，要求下层煤工作面回采时上部对应煤层工作面必须回采完毕且稳定半年以上。通过衔接调整，要求新开采的采区及可以实现后退式开采的采区必须按照后退式的方式布置工作面，减少准备巷道的维护费用，同时可以更合理地布置上下层的其他工作面。

邻近煤层沿走向错距布置工作面，减小上部煤层工作面煤柱对下部煤层工作面巷道的压力影响。通过调整8号煤层工作面长度，将上层煤煤柱的压力区域合理地调整到下层15号煤层工作面里侧，避开工作面两巷，解决了工作面回采时两巷矿压显现严重的问题，同时也可以实现工作面的安全高效。

（二）革新工艺保煤质

选煤厂原煤运输破碎系统、筛分系统、重介洗选系统、跳汰系统、洗水处理系统和装车系统等六大系统实现在线监控，使洗选能力进一步完善。2019年新增末煤处理系统采用不脱泥、不分级重介质选煤工艺，主选设备采用一台无压给料三产品重介质旋流器，粗煤泥分选采用煤泥重介质旋流器，末煤重介系统年入选量3 Mt。跳汰生产系统年入选规模降为2.77 Mt。同时重介分选精度高于跳汰分选，可以有效降低矸石带煤损失。三产品重介质旋流器可以轻松地用1.4 kg/L左右低密度悬浮液系统完成2.1 kg/L以上高密度排纯矸任务，矸石不带煤。选煤厂对所有的带式输送机、刮板输送机增加防护网，完善了保护，对全厂设备基本实现了在线监测和集中控制，减少了隐患点，完善了车间内和煤台的除尘设施，改善了现场工作环境。

（三）优化运输系统提升效率

2018年5月胶轮车正式投运，目前拥有33辆防爆无轨胶轮车、6台胶轮板车、2台ZJC－50II型斗式框架车、2台50T（B）型框架车。胶轮车主要服务15号煤层十一采区、15号煤层十二采区和8号煤层十五采区的采掘队组，承担了矿井60%的运输量。

随着胶轮车的投运，采掘工作面的物料、液压支架等大型设备可以直接运送至使用地点，减少了运输环节，缩短了运输时间，运输系统的安全性得到大幅度提升。同时，职工上下班行走路程比原系统平均缩短1000 m以上，每班比原系统节省2 h以上，减轻了职工的劳动强度，提高了劳动效率。另外，胶轮车巷的硬化、照明和管路的统一吊挂，使矿井的标准化建设得到进一步加强。通过对龙门物联网（信集闭）通信及胶轮车跟踪定位信息系统的使用，使得无轨胶轮车能够和井上调度实时联系，提高了对胶轮车的安全监管和合理分配使用。

（四）多措并举夯实安全基础

矿井围绕“调整、优化、整顿、提高”的发展思路，确定了“整体规划、选树亮点、以点带面、全面提高”的标准化推进原则，先后组织开展了“四大攻坚战”“十大亮点”建设系列活动，矿井安全生产标准化整体水平明显提升，现场生产条件得到了根本性改观，为矿井实现“安全、高效、持续”发展奠定了坚实的基础，矿井达到煤矿安全标准化一级标准。2018年3月7日，矿井顺利通过一级安全生产标准化煤矿验收。

矿井认真贯彻落实党和国家安全生产方针，坚持“依法办矿、依法管矿、依法安全生产”，落实主体责任。全年根据集团公司、矿党政安全1号文件和“166”安全管理体系，对年度安全工作进行全面部署，明确“从零开始，向零奋斗”的安全目标；严格落实双重预防工作机制，强化安全生产质量标准化建设，夯实现场管理基础；严格安全账户管理和考核，加强对员工的安全教育和业务技能培训，提高员工的安全意识和自我保护能力，进一步提升了矿井安全保障能力和管控水平。

（五）绿水青山就是金山银山

2019年5月编制了“选煤厂末煤洗选系统技改工程环境影响报告表”，并于2019年6月取得了阳泉市矿区环境保护局的批复；2019年8月编制了“思汉沟矸石山治理工程环境影响报告书”，并于2019年9月取得了阳泉市生态环境局的批复。

矿井的主要环保任务为两座矸石山的治理，其中，狮脑山矸石山生态环境恢复治理工程作为集团公司8个矸石山试点示范工程，自2018年开工以来，在各级部门的大力支持下，该工程取得了显著的治理成效，2019年对剩余工程扫尾，并进行了预验收。思汉沟矸石山生态环境恢复治理作为环境污染重点治理工程，2019年投资了5000余万元按照最新矸石山治理标准对2~9坡面开展了注浆灭火、覆土碾压等治理工程。

矿井工业锅炉已全部拆除，采用清洁能源供热方式，烟尘、二氧化硫、氮氧化物等污染物排放量为零；矿井水涌出量1.216 Mt，经过工业广场矿井水处理站、北茹矿井水处理站处理后全部回用，用于补充选煤用水、井下防尘洒水，矿井水利用率100%；工业广场噪声达到一级标准,风井厂界噪声达到二级标准;除一部分发热量较高的中煤用作电厂燃料外,剩余煤矸石全部按照集团公司要求运往狮脑山矸石山进行了规范处置，矸石处置作为填沟造地已成为绝大多数煤矿资源化利用的方式之一，煤矸石利用率达到100%。

为了改善矿区居住环境，2019年投资9.21万元对全矿进行了绿化，累计完成绿化面积17871.5 m^2，其中对矿区工业广场、森林公园、单位厂区等多处绿地进行补植，绿化面积2745 m^2，种植乔木384株、灌木24259株，目前矿井绿化覆盖率（即绿化面积占可绿化区域面积的比例）达到87%。

山西新景矿煤业有限责任公司

一、矿井概况

山西新景矿煤业有限责任公司（以下简称新景公司）隶属于阳煤集团管辖，位于山西省阳泉市西部，井田位于山西省沁水煤田北部，井田面积 64. 7 km^2。新景公司于 1998 年 10 月 1 日正式挂牌成立，2009 年 9 月改制为山西新景矿煤业有限责任公司，为阳煤集团全资子公司，国家安全生产标准化一级矿井，矿井公示生产能力 4. 50 Mt/a。

新景公司属于煤与瓦斯突出矿井，水文地质情况中等，主采 3 号、8 号、15 号煤层，15 号煤层属于Ⅱ类自燃煤层，3 号、8 号煤层属于不易自燃煤层，所有煤层煤尘均无爆炸性。

截至 2019 年年底矿井地质储量 874. 758 Mt，可采储量 535. 233 Mt，剩余服务年限 85 a。矿井采用主斜井、副立井、分煤组、分区通风的开拓方式，现有 +525 m 和 +420 m（在建）两个开采水平。

二、2019 年主要技术经济指标

2019 年完成煤炭产量 4. 4997 Mt，掘进进尺 23386 m，实现利润 25886 万元，原煤工效 10. 1 t/工，矿井综合单产 132257 t/(个・月)，采煤机械化程度达到 100%，掘进机械化程度达到 97%，百万吨死亡率为零，职工人均年收入达到 10. 339 万元。

三、安全高效矿井建设的主要做法

（一）夯实基础、强化管理，实现安全高效化

（1）逐级落实安全责任。按照“党政同责、一岗双责、齐抓共管、失职追责”的要求，引申“知责履责、失职追责”活动，完善了安全生产责任体系，建立健全各级安全生产责任制，将安全生产控制指标层层分解落实，层层签订责任状，形成一级抓一级，逐级抓落实的格局。

（2）强化煤矿安全生产标准化管理体系建设。一是对照安全规程，明确标准，每月对采、掘、开队组以及辅助、地面队组进行月度动态验收，每

季度对各专业进行验收。同时，坚持岩巷 30 m、半煤岩巷 60 m 和煤巷 150 m 定级挂牌制度，推进岗位达标。二是强化变化管理和“短板”管理，严格变化分类，制定应急处置方案，分层级量化“短板”，动态补齐补强。三是建立完善的工程质量评价体系，严格执行交接班工程质量验收和工程质量定级制度，发现工程质量问题，严肃追究相关责任人和检查人员的责任。

（3）建立安全风险分级管控和事故隐患排查治理双重预防工作机制。一是成立了以董事长为组长，安监处长为常务副组长，各副总经理为副组长，各副总工程师和各部门、区队主要负责人为成员的双重预防机制建设领导组；二是按照预知、预教、预测、预判、预警、预控“六预”工作流程，强化风险动态防控、过程控制、闭合管理，健全完善全员、全方位、全过程的双重预防工作体系；三是在集团公司安监局统一部署下，应用煤矿双重预防管理系统，将所有辨识出的风险和排查出的隐患全部录入管理平台，逐步实现对企业风险管控和隐患排查治理情况的信息化管理。

（4）健全安全避险六大系统。井下建有移动救生舱、避难硐室，避灾线路清晰醒目，采掘头面全部配置了压风自救、供水施救设施，建立了兼职救护大队，并与有资质的矿山救护大队签订救护协议，保证应急救援到位。

（二）创新措施、一面一策，实现瓦斯治理示范化

作为瓦斯突出矿井，新景公司坚持“一矿一策、一面一策”的要求，以引进新工艺、新技术、新装备为抓手，严格落实“8 + 3”瓦斯治理模式（“8”即以岩保煤、气相压裂、水力压裂、沿空留巷、水力造穴、保护层开采、小煤柱开采、沿空留墙 8 项技术，“3”即钻孔抽采系统标准化、在线监测、精准计量 3 种管理手段）。通过加强技术革新、强化过程管控、提升管理水平，有效杜绝了瓦斯事故，建成了阳煤集团瓦斯治理和安全生产标准化示范矿井。

（三）重投入、抓创新，打造装备现代化

积极践行“机械化换人、自动化减人”措施，大力推广应用新工艺、新技术、新装备，矿井生产装备实现 100% 机械化，综采机械化程度达到 100%，综掘机械化程度达到 74% 以上。

（四）强管理、减人员，实现效率最大化

（1）强化劳动定员管理，优化人力资源结构和配比。在人员总量控制的基础上，结合生产经营和衔接布局，进一步优化岗位配备、劳动作业形式。

（2）推进人员融通使用，减少内部人力资源浪费。通过内部劳动力市

场和“三个中心”专业化服务平台，调节、引导劳动力资源合理流动，盘活劳动力存量，将缺员单位的用工需求和超员单位的富余劳动力分流联系起来，实现人员融通使用和劳动力资源有效配置，缓解当前人员队伍的结构性矛盾。

（3）加强劳动纪律整顿，清退出勤不正常人员。继续加大对各单位长期缺勤、长期旷工、长期不上班、长期工伤、长期病休人员，以及违反《劳动合同法》的各类人员的整顿力度，对违反企业规章制度情节严重的，依法解除、终止劳动合同。

（五）重人才、抓培训，打造队伍专业化

（1）完善技能人才激励体系。鼓励专业人才积极获取专业技术职称，被聘为集团公司级首席技师的人员，享受正科级系数待遇；对取得工程系列中级职称的人员，月度下井达到 10 d 及以上的，享受副科级系数待遇。

（2）搭建技术人才培养平台。创建了行业级的“温文文技能大师工作室”“李志坚技能大师工作室”“姜春明技能大师工作室”；建立了“瓦斯治理科研项目工作站”，在高校生中开展“项目 + 人才”培养工作，为破解生产技术难题提供更多人才支撑。

（3）健全高校生培养机制。完善引进高校生岗位培养、交流培养和专业培养“三培养”机制，建立职业生涯规划，对年度考评合格的高校生全部纳入管理岗位培养使用。

（4）开展“五型”班组建设。以创建“学习型”“安全型”“高效型”“创新型”“和谐型”五型班组为目标，强化班组基础管理水平。

（5）实施针对性培训。根据队组需求，有针对性地开展“订单式”培训；实行全员月度安全技能电脑考试制度，增强培训效果；充分利用井下培训基地，开展实操培训，提高操作水平。

（六）抓环保、强治理，实现绿色生态化

坚持绿色发展理念，完善“公司、部门、经办人”三级责任体系建设，严格“排查、整改、考核、反馈”等闭合管理机制，相关污染物指标均达到国家及地方核准排放标准。

（1）废水全部回收复用。公司建有阳泉市最先进的污水处理厂之一，生活污水、矿井水在处理后全部复用到井下洒水消尘和选煤，水质分别达到《城镇污水处理厂污染物排放标准》中的一级 A 标准及《煤炭工业污染物排放标准》相关排放限值要求，实现了废水零排放。

（2）环保工程有序推进。采取“自下而上，分层排放，黄土覆盖，恢复植被”的排矸工艺。开展乏风余热利用工程，用清洁能源替代了燃煤热风炉，减少了二氧化硫、氮氧化物、烟尘的排放，煤台采用全封闭措施，全力减少扬尘，维护生态环境。

（3）厂区环境绿色环保。新景公司作为国家级绿色矿山试点企业，绿地、树木日常养护已成为惯例，绿化面积达到70%以上，为职工群众提供了优良的生产生活环境。

阳泉煤业（集团）有限责任公司五矿贵石沟井

一、矿井概况

五矿贵石沟井，地处山西省阳泉市平定县冶西镇。井田位于沁水盆地东北边缘，太行山背斜西翼，地理位置在山西省平定县城西南，呈北东南西向延伸。全井田南北长近 9 km，东西宽近 8 km，总面积约 64. 7332 km^2。井田主要可采煤层有 8 号、15 号煤层，现主采 15 号煤层，煤层平均厚度 6. 96 m，属复杂结构煤层。矿井为煤与瓦斯突出矿井，水文地质条件类型为中等型，各采区 15 号煤层煤尘均无爆炸性，煤层自燃倾向性等级均为Ⅲ类，均属于不易自燃煤层。

矿井采用主斜井—副立井开拓方式，井下采用集中运输、分区开拓。井下划分为东西两个条带生产。工作面采用走向长壁采煤法，后退式开采；综合机械化一次采全高采煤方式；全部垮落法管理顶板。煤巷采用综掘施工方式，岩巷采用普掘施工方式。

二、2019 年主要技术经济指标

2019 年五矿贵石沟井加强生产管理，加大技术改造投入，加强设备更新。矿井全年生产原煤 4. 9919 Mt，掘进总进尺 19643 m，矿井综合单产达到 144249 t/(个・月)。原煤工效达到 9. 472 t/工，实现利润 29195 万元。采区回收率达到 78%。百万吨死亡率为零，实现了安全生产。

三、安全高效矿井建设的主要做法

（1）加强职工安全宣传教育，强化职工安全意识，特别是单人岗位，加强正规操作教育和岗位操作技术培训，严格执行规程措施的贯彻学习，强化职工正规操作，抓好各级人员的安全岗位责任制落实情况。加强隐患排查治理力度，杜绝事故。

（2）领导干部在日常的走动管理中要仔细观察，队组存在的问题要及时安排处理解决，加强监管，超前做好预防。队组要加强队干、班组长管理，摆正观念，严把工程质量关、安全关，及时向队长或领导反映生产中存在的问题，常分析、总结，找出不足，及时改进。

（3）将煤矿安全质量标准化运用到矿井安全高效建设中，提升矿井的标准化水平，达到质量标准化全员参与、全过程控制、全方位实施、动态保持精益管理的目的。加强监督检查，每月对各工作面的安全质量标准化检查要落到实处，责任到人，严格执行“不标准不生产，不标准就停产整顿”，打造动态达标工作面，促进五矿贵石沟井安全质量标准化建设工作再上新台阶。

（4）五矿贵石沟井由高瓦斯矿井升级为突出矿井后，按照《防治煤与瓦斯突出细则》积极完善各种防突管理制度和相关设施、设备，并对五矿贵石沟井现开采区域进行突出危险性划分。现开采范围均为无突出危险区，煤巷掘进工作面开口时连续进行两次区域验证，往后每 20 m 进行一次区域验证，同时施工不少于 30 m 的超前探测钻孔。回采工作面回采时连续进行两次区域验证，往后每 20 m 进行一次区域验证，掘进工作面和回采工作面遇地质构造时，进行连续验证，至今未发生过煤与瓦斯突出事故。

（5）加大技术研发创新力度，解决制约生产难题。

①继续开展巷道支护体系和动压巷道治理技术攻关。全面推进巷道支护成套技术项目实施，创新锚网支护理论研究应用，优化巷道布置、煤柱尺寸、巷道断面和支护参数，规范支护材料材质规格设计，扭转支护材料杂乱、强度不够和锚杆支护质量差的状况，提高巷道成形和总体支护质量，根本性提升巷道支护安全标准。

②开展阳泉矿区 15 号煤层等开采方法及围岩控制技术研究。与天地科技公司合作，通过现场实测、理论研究、技术指导等方式，对地质条件、顶底板等进行研究，实事求是地确定开采方法，改进设备配套，优化围岩控制。

（6）做好新工艺、新技术、新装备试验推广工作。

①全面使用井下现场配液，延长配件使用周期。2020 年所有开采和安装的工作面，都实现了井下现场自动配液，确保供液质量，降低因乳化液质量造成的液压系统污染，提高立柱、千斤顶等各类液压配件的使用周期，减少设备事故和检修用工，从而实现工作面安全高效。

②工作面安装自移式设备车，该设备解决了使用回柱机拉设备列车的弊端，提高了设备列车拉移的安全性；列车大小、高低统一、整齐，电缆架的

设置改变了原来线路吊挂杂乱的现象，避免了原来线路钩挂形成的安全隐患；由于该设备不使用轨道，避免了跑车的发生，提高了安全性。

③在回采工作面试验时使用水力压裂新技术，提前对采空侧巷道进行卸压，解决了孤岛面压力大开采困难的问题；在工作面推广使用高压水砂切割装置，对工作面巷道落山损坏锚索进行切割退锚，有效提高了落山退锚质量及效率；在工作面煤体松软区域试验管棚预注浆技术，有效提高了围岩整体强度，改善了支护体支护特性，降低了巷道变形量，使围岩承载能力得到显著提高，解决了动压面煤体松软区域顶板控制困难。

④低位抽放巷使用 EBZ－260 型综掘机，配合使用履带式运输板车，在提高割装效率的同时，提高小巷运输安全；在工作面巷道推广使用单轨吊运输，减少运输环节。2020 年 7 月中旬在 8224 回风巷试用山东天河生产的煤巷 EBZ200M－2 型掘锚机，有效提高了单进水平。

⑤大力推广拆除面使用滑轨运架，安装面使用装架平台、单轨吊运输支架及进风使用设备列车与单轨吊融合、履带板车等新装备，取消传统的轨道运输。

阳泉市大阳泉煤炭有限责任公司

一、矿井概况

大阳泉煤炭有限责任公司（以下简称大阳泉公司）于1977年7月1日开工建设，1992年12月25日建成投产。2001年大阳泉公司改制为有限责任公司，2004年进行了股权重组，其中南煤集团控股72.17%，山西汇才能源物贸有限公司占股27.83%。矿井设计生产能力1.20 Mt/a。矿井证照齐全，属于正常生产矿井。

大阳泉公司位于阳泉市郊区义井镇西峪掌村南，行政区划隶属阳泉市郊区义井镇管辖，批准开采3号、6号、12号、15号煤层，井田面积11.0933 km^2，开采深度710～430 m标高。矿井保有地质储量40.706 Mt，设计可采储量24.425 Mt，矿井剩余服务年限8.15 a。

二、2019年主要技术经济指标

原煤产量年度计划1.20 Mt，实际完成1.19 Mt，完成年度预算的99.1%，同比增加50000 t，增长4.39%；年度计划进尺5400 m，实际完成5084.3 m，比计划减少315.7 m，同比减少748.3 m；年度计划销售收入21669.13万元，实际完成31888万元，比计划增加10218.87万元，增加47.16%，同比增加1071万元，增加3.5%。

三、安全高效矿井建设的主要做法

（一）安全高效步伐稳健

加强生产组织，强化调度指挥，超前做好生产部署安排，保证了采掘工作正常接替。在非常时期采取非常措施，从矿领导到队干吃住在矿，跟班上岗，全力扭转安全生产被动局面。全年共安装拆除两个工作面，采煤队基本做到搬家不停产。全矿原煤产量完成1.19 Mt，安全高效稳步提高，全矿掘进进尺完成5084.3 m。

（二）安全管理力度加大

从严落实安全生产责任，狠抓安全生产标准化工作，大力推进“166”

安全管理模式，加强结构管理。实施“日标”工程，加大安全生产标准化推进工作，组织分专业推进标准化建设，并通过集团内部验收。

（三）抓好技术创新，科学使用新技术、新装备

（1）深入开展科研院所合作，突破了一批关键技术，为企业转型发展和煤炭行业技术创新做出新贡献。

（2）科学合理地使用新装备。一是在巷道推广使用 EBZ260 型岩巷综掘机，提高岩巷掘进效率。二是在回采工作面推广使用水砂切割技术，彻底解决落山退锚不及时、锚索头损坏无法操作的问题，逐步解决落山悬顶的隐患。

（3）推进“五小”成果项目竞赛。全年共计申报五小项目 134 项，报集团 50 多项，申报市“五小”平台项目 11 项。其中：修配厂《调度绞车排绳器的制作》在全省“五小六化竞赛”中获得三等奖；选煤厂《浮选车间压滤机充水加压改造》获得中国煤炭协会 2019 年全国煤矿优秀“五小”成果一等奖；修配厂《制作 1 米皮带机手动刹车》、选煤厂《块炭粉碎机防堵连锁改造》获得阳煤集团“五小”创新成果三等奖。

（四）环节管理明显提高

坚持把“一通三防”放在安全工作的重中之重，充实了通风队伍，完善了“三大系统”，进一步遏制无计划停风，杜绝采掘工作面瓦斯超限，持续推进防尘工作，扎实抓好防突措施落实情况。加强机电管理，坚持设备包机制度和强制检修制度，提高了开机率。优化采区和工作面设计，准确提供地测资料，精心组织矿压观测。加强物资供应管理，确保设备、配件、材料及时到位。

（五）经营管理成绩显著

岗位价值精细化管理、单轨制会计核算、“包”制下井推行始终走在集团公司前列。增加了修旧利费项目，节约了修理和加工费用。大力开展修旧利费和回收复用活动，严格控制“五项成本”，完成了考核计划。

（六）煤质管理不断提升

选煤质量标准化继续保持公司第一名的好成绩，较好地完成了 2019 年的选精煤任务。改进设备及工艺，严格控制块煤车间分选比重，强化工艺动态检查，提高了块炭产量。坚持均衡生产，狠抓生产工艺改造，努力克服设备老化等问题，成立了机电设备抢修组，提高了设备开机率。狠抓煤炭质量，加强系统工艺测试检查，及时调控工艺环节，改进装车条件，落实各项装车措施，提高了装车外运能力，降低了商品煤赔款率。

（七）员工培训扎实开展

多媒体安全培训落实，月度员工安全技能考核跟进，增强了员工的安全意识，提高了员工的安全技能。重视员工的技能鉴定，圆满完成了鉴定考核任务。严格新工人入矿安全培训，达到持证上岗。加大对电钳工专业班的培训力度，提高了培训质量和效果。认真落实“两日一题，两周一考”培训，提高了培训效果。严格电脑考试管理，丰富了考试题量，加大了考核力度。

阳泉煤业集团兴峪煤业有限责任公司

一、矿井概况

兴峪煤业有限责任公司（以下简称兴峪公司）隶属阳煤集团，为国有独资的国有重点煤矿。矿井设计生产能力 0.9 Mt/a，批准开采 9 号（+860 m）、15 号煤层（+760 m），现开采 15 号煤层，井田总面积 6.5025 km^2。矿井兼并重组后总储量 62.248 Mt，剩余可采储量 24.165 Mt，服务年限 20 a。

井田位于沁水盆地东北边缘，15 号煤层为井田内稳定可采煤层。矿井为高瓦斯矿井，水文地质类型为中等；9 号、15 号煤层自燃倾向性均为不易自燃，均具有爆炸性。

公司设有综合管理部、经营管理部、生产管理部、安通管理部 4 个部室。公司“六长”配备齐全：副总工程师配备 4 人；现有管理人员 51 人，工程技术人员 72 人。

二、2019 年主要技术经济指标

2019 年各项技术经济指标均完成较好，完成产量 897436 t，进尺 5038 m。其中综合单产达到 75193 t/（个・月），原煤工效达到 8.121 t/工，吨煤成本控制在 264 元，实现利润 16636 万元，职工人均年收入 9.35 万元。采煤机械化程度达到 100%，掘进机械化程度达到 78.6%，工作面最高月产达到 77491 t。

三、安全高效矿井建设的主要做法

（一）安全标准化新进展

（1）建立“安全风险分级管控、事故隐患排查治理”双重预控体系，提升安全生产预防预控能力。

（2）推进标准化建设，提升动态达标。深入推进标准化建设，狠抓工程质量、支护质量和员工操作规范，推进动态达标。

（二）提产增效实现新突破

1. 采掘布局合理，生产能力不断攀升

结合实际完成了采掘衔接优化调整，优化设计部署，完成了两个采区的合理接替。

2. 强化机运管理，保障生产能力

强化机电设备检修，确保主通风、主提升、主供电等系统安全可靠。

3. 狠抓“一通三防”及地测防治水工作，夯实安全生产基础

以构建“通风可靠、抽采达标、监控有效、管理到位”瓦斯治理体系为目标，合理优化通风、抽采系统，升级改造安全监控系统。坚持“预防为主，防治结合”的基本方针和“预测预报，有疑必探，先探后掘，先治后采”的基本原则，强化防治水规范标准。

4. 加强成本管控，提高盈利水平

为适应市场需求，提高原煤洗选率，优化了公司产品结构，同时拓宽销售渠道，提高了公司销售收入及盈利水平，保证了公司利润指标的完成。

5. 推广新技术、新工艺，减员提效

一是为有效解决掘进期间工作面瓦斯，使用 CMM－20 型矿用锚杆液压钻机车施工瓦斯预抽钻孔及卸压钻孔，效率提升了 33%，节约了人工成本，由原来的 6 人减至 3 人。

二是综放工作面全面引进水砂切割锚索设备，提高了退锚作业安全程度，显著降低了劳动强度，提高了回采工作面落山退锚率，退锚率提高至 93% 以上，极大地节约了退锚成本。

（三）员工素质得到了新提高

1. 加强职工业务培训力度，提升职工业务素质

充分利用“干部上讲台，培训到现场”和“二五安全活动”为基本学习形式，对员工进行本岗位的安全责任制、新“标准”和新《煤矿安全规程》、新《安全生产法》的宣传培训。

2. 加大职工安全知识培训，提升职工安全意识

深入开展典型事故案例教育，通过班前班后会、安全活动日等方式，使每个员工都接受典型案例的教育。

3. 坚持应急救援日常化，提升职工应急处置能力

健全应急管理制度，制订演练规划和演练方案，适时开展应急演练，提高应急响应能力；强化应急救援专业化管理，组织兼职救护队进行一次日常学习、训练并按要求进行岗前培训。

（四）绿色开采

1. 废水污染防治

矿井水处理站处理后的井下水全部回用于井下洒水降尘。生活污水处理站处理后的生活污水用于本矿选煤车间补水、厂区绿化洒水、煤库洒水、洗车平台补水。

2. 固体废物污染防治

为保障煤矸石等固体废物的处理，在主井工业厂区外建有一座矸石场，生产中产出的矸石全部运至矸石场进行规范化填埋处置。

3. 噪声污染防治

将高噪声设备布置在离生活办公区较远的地方，并采用绿化带、修建降噪房等措施进一步降低噪声影响。

4. 废气污染防治

在筛分车间、选煤车间安装了布袋除尘器，有效收集原煤转运、破碎、筛分过程中产生的煤尘。为降低扬尘危害，矿井修建了封闭物料库，实现了所有物料封闭存储，在原煤库、精煤库内安装了喷雾炮，用于降低落煤、装车时产生的扬尘。为降低道路扬尘危害，使用吸尘车和洒水车每天对场区内外道路进行吸尘、洒水，有效减少道路扬尘。

5. 采空沉陷治理

提升矿山环境保护与恢复治理工作，在采空塌陷区周边路口设置警示牌，对工业场地不稳定边坡和潜在泥石流地质灾害，采空区地面塌陷、地裂缝地质灾害对工业场地和村庄的影响进行监测，发现险情及时组织人员避险。

6. 绿化工作

主井工业场地绿化面积已达到 2. 16 hm^2，绿化系数达到 76%；副井工业场地绿化面积达到 0. 88 hm^2，绿化系数达到 77%。

7. 原煤入选率

生产的原煤全部进行洗选，根据煤质情况，生产工艺采用了“跳汰+浮选”，工艺相对简单，既满足了洗精煤标准，又降低了洗选成本。

阳泉煤业（集团）平定东升兴裕煤业有限公司

一、矿井概况

阳泉煤业（集团）平定东升兴裕煤业有限公司（以下简称阳煤平定兴裕公司）位于阳泉市平定县冶西镇苏村一带，行政区划隶属阳泉市平定县冶西镇管辖。根据山西省煤矿企业兼并重组整合工作领导组办公室文件《关于阳泉市平定东升兴裕煤业有限公司兼并重组整合方案的批复》（晋煤重组办发〔2009〕117 号），以阳泉煤业（集团）为主体兼并重组整合原山西东升兴裕煤业有限公司、原山西东升华兴煤业有限公司、原平定县永兴煤矿、原山西泰兴煤业有限公司、原山西泰鑫煤业有限公司共 5 座煤矿企业，重组为阳泉煤业（集团）平定东升兴裕煤业有限公司。

整合后设计生产能力由 0.69 Mt/a 增加到 0.90 Mt/a，批准开采 6 号、8 号、12 号、15 号煤层，15 号煤层井田面积 7.9035 km^2。

矿井开采深度低于 800 m，不属于深部开采矿井。阳煤平定兴裕公司现主采 15 号煤层，煤层平均厚度 5.84 m，一般含夹矸 0～6 层，结构复杂。顶板为泥岩，局部为砂质泥岩、粉砂岩；底板为泥岩、砂质泥岩、粉砂岩。

阳煤平定兴裕公司开采的最深的 15 号煤层标高高于奥陶系灰岩的静止水位标高，水文地质条件类型为中等。矿井正常涌水量 18～48 m^3/h，最大涌水量 120 m^3/h。

矿井鉴定为高瓦斯矿井；15 号煤层煤尘均无爆炸性，15 号煤层自燃倾向性等级均为Ⅲ类，均属于不易自燃煤层。

二、2019 年主要技术经济指标

2019 年阳煤平定兴裕公司加强生产管理，加大技术改造投入，加强设备更新。矿井全年生产原煤 888174 t，掘进总进尺 6000 m，矿井综合单产达到 73476 t/(个·月)；原煤工效达到 7.741 t/工，实现利润 394 万元；职工人均年收入 8.08 万元；采区回收率达到 79.23%；百万吨死亡率为零。

三、安全高效矿井建设的主要做法

（一）生产组织和科学管理

（1）加强职工安全宣传教育，强化职工安全意识，特别是单人岗位，加强正规操作教育和岗位操作技术培训，严格执行规程措施的贯彻学习，强化职工正规操作，抓好各级人员的安全岗位责任制落实，杜绝事故。

（2）领导干部在日常走动管理中要仔细观察，队组存在的问题要及时安排处理解决，加强监管，超前做好预防。队组要加强队干管理，摆正观念，严把工程质量关、安全关，及时向队长或领导反映生产中存在的问题，常分析、总结，找出不足，及时改进。

（3）将煤矿安全质量标准化及推行现代化矿井运用到矿井安全高效建设中，提升矿井的标准化水平，达到质量标准化全员参与、全过程控制、全方位实施动态保持精益管理的目的。加强监督检查，每月对各工作面的标准化检查要落到实处，责任到人，严格执行“不标准不生产，不标准就停产整顿”，促进阳煤平定兴裕公司安全质量标准化和现代化矿井建设工作再上新台阶。

（4）当前煤炭行业经济形势急转直下，为克服当前困难的经济形势，严格管控成本，最大限度地降低成本消耗，为全矿的经营管理创造条件。同时，加强对修旧配件的利用，加强工作面支护材料（托板、锚杆、木材及金属棚等材料）的回收。

（二）科技创新情况

（1）在工作面原有的全锚索支护的基础上，在回采期间使用打加强锚索进行超前支护。通过使用“锚索＋钢带”及“锚索＋槽钢”的支护，替代原“木梁＋单体柱”的超前支护，在顶板支护强度不降反增的情况下，极大地减少了回风木梁和单体柱的使用量，工人的劳动强度降低，同时给回风运输物料和大型设备创造了条件。

（2）在15107工作面推广使用ZFT25000/20/38H型端头支架，通过使用端头支架减少了工作面过机头时间，加大了进风端头维护的安全性，减少了端头维护的物料及工时投入。

（3）在15109高抽巷选用EBZ－260H型岩巷综掘机，首先综掘机设有内外喷雾，可有效抑制截割产生的粉尘，提高工作环境的安全性；其次通过直接割岩石的方式，使其对周围的岩石壁造成的影响较小，进而使整体围岩的稳定性得以提升，同时也使巷道变形的数量和修护工程的数量被合理地减轻。采用综掘机施工不仅能使施工工艺较为简便，提升施工现场的可操作性，同时还能通过机械化程度让其相关操作得以顺利进行，使工作人员的工作量被极大程度地减轻，并提升了劳动效率，加强了掘进效率。

山西圣天宝地清城煤矿有限公司

一、矿井概况

山西圣天宝地清城煤矿有限公司（以下简称圣天宝地清城煤矿）于2006年6月1日正式开工建设，2012年6月通过竣工验收，矿井设计生产能力1.5 Mt/a。矿井证照齐全，属于正常生产矿井。

圣天宝地清城煤矿位于盂县城南，路家村镇苗家庄村附近，矿井北距盂县县城9.5 km，南距阳泉市19.5 km，西距太原市110 km，西南距寿阳市48 km，距阳石（阳泉—石盆口）二级公路7.0 km。矿井工业场地紧靠苗家庄村柏油公路，通过该乡镇公路可与阳盂（阳泉—盂县）公路相接，通过阳盂公路与盂寿（盂县—寿阳）公路、307国道、石太高速公路、石太铁路相连，矿井交通条件较为便利。

矿井井田西部及西北部与阳煤集团盂县兴峪煤业有限责任公司相邻，东北部与山西煤炭运销集团盂县恒泰皇后煤业有限公司相邻，东部与山西煤炭运销集团燕龛煤业有限公司相邻，南部及东南部与阳煤集团一矿相邻。

二、2019年主要技术经济指标

矿井自2009年至今，未发生较大以上安全事故；实现了综合机械化采煤及机械化掘进，采煤机械化程度达到100%，掘进机械化程度达到75%。

矿井采掘接续正常，开拓、准备、回采煤量符合规定，采区采出率75%。

2019年实现利润9057万元，矿井人均年收入101000元。

三、安全高效矿井建设的主要做法

（一）切实加强基础管理，不断强化安全生产标准化建设理念

（1）规范制度管理。公司先后制定了《圣天宝地清城煤矿安全生产标准化工作安排》文件，努力实现岗位达标、专业达标、企业达标，持续提升公司安全生产标准化管理水平。

（2）深入对标学习。由公司总经理牵头，认真组织各级管理人员学习

了《煤矿安全生产标准化考核定级办法（试行）》和《煤矿安全生产标准化基本要求及评分方法（试行）》标准，组织开展了煤矿安全生产标准化专项培训，进一步增强了广大员工标准化意识，有效促进了标准化工作的深入开展。

（3）加大责任落实。进一步明确了各专业标准化的分管领导和部室负责人，提出了达标工作要求，压实了达标工作责任，强化了达标过程管理。同时，坚持每月召开安全生产标准化推进会，坚持每旬组织标准化验收定级工作，有力地推进了标准化工作动态达标。

（4）严格日常检查。由安全监察部牵头，各专业、各队组负责人参加，每旬对所有队组进行一次安全生产标准化检查，上井后检查人员及时到安全监察部填写隐患台账，在下午生产碰头会上告知各队组并要求按时整改。

（二）加强现场管理，从严抓好安全生产标准化履职和工作落实

（1）严格落实副总以上矿领导下井带班制度。各级安全生产管理人员必须深入基层、深入现场，靠前指挥，靠前教育，靠前服务。每班都要有副总以上矿领导井下带班，与工人同时上下井，一班三汇报和现场交接班，并认真填写带班记录。

（2）加强现场管理。加强施工过程控制、技术管理和各项技术措施的现场落实。坚决做到不安全不生产。要求工程施工必须经过调度、生产、安全等部门的联合验收合格后方可进行，确保了安全管理无漏洞、无死角。规程措施更具有科学性、针对性和可操作性。

（3）坚持风险预控和“三级”隐患排查。严格遵守风险预控和隐患排查治理流程，提高隐患排查、建档、整改、落实、验收等环节的规范性。班组班排查、队组日排查、矿旬排查。隐患排查要做到纵向到底、横向到边、不留死角，隐患治理实行闭环管理，坚决做到“无隐患上岗”。

（三）持续推进短板管理和变化管理，有效防范各类事故

（1）在顶板控制方面，15107 回风巷为采空侧巷道，巷道受相邻采空区影响大，为保证 15107 回风巷能够顺利掘进，决定 15107 回风巷顶板采用全锚索支护。锚索选用 ϕ21.6 mm 的大直径锚索，帮部每排打 3 根锚索、1 根锚杆，并且在上述支护的基础上顶板增加工字钢加锚索进行补强支护，从支护效果来看能有效控制巷道顶板围岩下沉，避免巷道重复翻修，围岩基本趋于稳定，完全满足巷道使用要求，达到预期的支护效果和目的。

（2）在防治水方面，施工中严格执行“有掘必探、不探不掘”探放水规定，切实做到了先物探后钻探再掘进，并组织了矿井水害应急演练，切实

提高了矿井水害应急管理水平。

（四）实施科技兴安战略，优化开采工艺，为建设安全高效矿井提供技术支撑

（1）提高生产效率。以系统安全、设计优化、工艺创新、支护改革为重点，优化开拓布局和生产系统。

（2）保障安全，强化采掘设备管理。推行设备生命周期管理和设备点检制，建立了设备管理系统和机电设备计划检修系统，对设备实现采购、检验、入库、维护、租赁、报废等全过程管理，极大地提高了采掘设备使用效率。

（3）坚持资源最大限度地回收，优化15号煤层工作面设计，留设合理的工业广场保护煤柱，收集回采过程中的位移数据，计算塌陷角，为地面建筑留设合理的保护煤柱。在保证工业广场内重要建（构）筑物安全的前提下，最大限度地回采地下煤炭资源，延长矿井服务年限。

（五）积极推行契约化管理，不断提高经济效益

根据《阳煤集团契约化考核管理规定》（阳煤考核字〔2020〕112号）文件精神及《南煤集团契约化考核管理规定》（阳南煤政字〔2020〕90号）文件精神，积极组织召开关于实行契约化的专题会议，研究并制定了“年度经营业绩分红契约”及“一事一契”专项契约。

（1）降低了成本费用。各部门把生产经营过程中所发生的各类费用变为自己的收入进行管理，超支就要减少收入，节约则增加收入，如材料费用支出减少，工资就会按一定比例增加。有了这种激励机制，每个单位、每个职工“成本就是工资，工资就是成本”的意识增强了，人人为成本而算，人人为效益而干，促进了成本的逐年下降。

（2）提高了劳动效率。过去每个部门都说人不够用，但通过科学合理地确定岗位定员，实行“增人不增资，减人不减薪”，促使各单位、岗位自发地合理安排工作，优化劳动力资源配置。同时，各部门自主权扩大后，管理从传统的以生产为中心转变为以效益为中心，干部职工的收入靠自我管理，不仅改变了等、靠、要的思想，而且监督材料配件的供应质量。

（3）转变了观念。员工观念由过去的“向领导要工资”转变为“向市场要工资”。通过市场机制的引入，把干部职工的经济利益和本单位的经营效益紧密地联系在一起，干部职工都学会了算大账、算细账，自觉节支降耗降成本，效益观念、市场观念得到进一步巩固，团队意识得到进一步提升。

山西新元煤炭有限责任公司

一、矿井概况

山西新元煤炭有限责任公司地处山西省晋中市寿阳县境内。井田面积136.77 km^2，主采煤层为3号、9号、15号煤层，矿井工业储量1424 Mt。现开采煤层主要为3号、9号煤层。

矿井采用混合式通风，共有主斜井、副斜井、中央进风立井、中央回风立井、韩庄进风立井、韩庄回风立井6个井筒。

矿井采用斜立井开拓方式，矿井分为2个水平，目前只开采1个水平。主运输采用带式输送机，辅助运输采用无轨胶轮车。采煤方法为长壁后退式综采，全部垮落法控制顶板。掘进工作面采用综掘，采用锚网联合支护。

二、2019年主要技术经济指标

2019年矿井百万吨死亡率为零，矿井安全质量标准化达到国家一级标准。2019年完成产量2.3978 Mt，总进尺完成11410 m，采煤机械化程度100%，掘进机械化程度100%。原煤工效7.817 t/工，综合单产103947 t/(个·月)，采区采出率80.2%，实现利润31400.64万元，吨煤成本331.34元，吨煤开采综合能耗14.95 kW·h，职工人均年收入10.3万元。

三、安全高效矿井建设的主要做法

（一）生产环节自动化

（1）综采智能化。工作面成功实现了综采智能化，实现了电液控支架中部跟机，可以满足采煤机4.8 m/min的自动作业要求；实现了工作面电液控、开关、泵站、采煤机、运输设备等数据集中展示；实现了井下集控室及地面调度室对工作面输送机、转载机、破碎机、带式输送机、采煤机等的远程控制；实现了工作面视频跟机显示，随机调向功能正常；实现了自动配液、数据显示等功能。工作面运输监控系统，实现了运输三机监测连续监控功能；实现了输送机智能调速功能；实现了设备健康管理功能。

（2）运输系统集控化。实现了井下集中控制室和调度室对主要系统的远程控制功能。在采区带式输送机上增加了破碎机，防止堵塞煤仓，安装除铁器，最大限度地减少铁器对运输系统的损伤；对转载点装置进行改造，防止转载点卡堵；对带式输送机控制系统进行改造，具备只能监控和集中控制功能；增加了语音急停设备实现了全巷道语音通信及紧急停机功能。

（3）综掘机械化。首次在煤矿岩巷掘进中使用盾构机，大断面岩巷掘进单进达到300 m/月。

（二）新工艺新技术应用

1. 超前预注浆顶板治理

9 号煤层距离 8 号下煤层间距较小，两煤层之间的矸石为煤岩互层且裂隙发育，回采中顶板随采随冒，为有效提高 9104 工作面回采顶板控制，9104 工作面进回风巷向工作面施工钻孔注水泥浆加固顶板，要求注浆压力不小于 12 MPa。该工作面注浆后，顶板明显形成整体，管理难度降低，回采速度由困难时期的 50 m/月，提高到 150 m/月。

2. 水力切顶卸压

为减小 9108 工作面回风超前压力及 9109 工作面进风巷采动影响，在 9108 工作面回风巷水力切顶卸压共压裂钻孔 99 个，其中采帮施工钻孔 42 个，煤柱帮施工钻孔 57 个。施工后采空区悬顶明显减小，从原来悬顶 20 m 以上，到施工压裂后 2 ~6 m。

3. 超深孔预裂

为提高综采工作面过陷落柱速度，降低设备损坏，减少截齿消耗，先后向公司领导建议在 3405、31004 工作面过陷落柱时进行超深孔预裂，累计施工 69 个孔，施工炸药 4 t，过构造期间截齿消耗减少 2 m，推进速度提高 1.2 m/d。

（三）通风瓦斯集控化

1. 安全监测监控系统

对井下安全监控系统进行千兆升级改造，实现了对井下所有监测点的瓦斯、一氧化碳、温度、风速、风量等环境参数的实时监控。

2. 全覆盖、高标准推行瓦斯抽采标准化

（1）优化主、干抽采管路系统：井下工作面巷道已全部采用由 ϕ400 mm 铁管和 ϕ226 mm 单元评价铁管组成的抽采系统，实现了井下瓦斯抽采单元评价；加强主、干、支管路巡查，确保整套抽采管路满足抽采达标要求，提升瓦斯抽采效率；切实注重管路堵漏，保证了瓦斯抽采管路气密性，提高了抽采负压。

（2）实行钻孔精细化施工和管理。钻孔开孔“定孔位、定方位、定倾角”，全长下筛管，成孔率达到90%，有效消除打钻盲区；使用囊袋式“两堵一注”水泥带压注浆深封孔，并用AB液对钻孔进行二次封堵，钻孔连接采用高压管连孔工艺，做到“钻孔到位、筛管到底、封孔严密、连孔平直”标准。全年共测煤层钻孔4500余个，总达标率77.3%。

（3）精准计量。严格落实“单元划分、精准计量”。在线监控装置泵站、采区、工作面巷道全覆盖，定期标校抽采计量仪器仪表，采取“抽采在线监测统计、孔板人工观测校对”相结合的措施，确保观测数据真实准确。

（四）机电管理智能化

（1）对井下供电系统进行了保护器升级改造，井下各配电室高低压开关保护器升级为智能数字综合保护器，配备先进的数字式光纤差动保护，实现了井下供电系统的“四遥”功能，同时实现了煤矿防越级跳闸和井下配电室高低压电网远程监测监控。

（2）对井下中央水泵房的控制系统进行升级改造，加装性能可靠的压力、流量、负压传感器，能够实现中央水泵房自动排水和远程集中监控。

（3）公司110 kV变电站和中央风井场地35 kV变电站都安装有微机保护装置，实现了远程就地分、合闸操作，数据实时采集、显示，故障报警、故障记录、查询和整定值修改等功能；安装有防止误分、合断路器；防止带负荷分、合隔离开关；防止带电挂（合）接地线（接地刀闸）；防止带接地线（接地刀闸）合断路器（隔离开关）；防止误入带电间隔。

阳煤集团寿阳景福煤业有限公司

一、矿井概况

寿阳景福煤业有限公司矿井位于寿阳县平头镇南庄村，距寿阳县城约40 km，行政区划隶属寿阳县平头镇管辖。矿井设计生产能力0.9 Mt/a，井田面积9.5605 km^2，矿井保有资源/储量65.29 Mt，设计可采储量32 Mt，服务年限25 a。

二、2019年主要技术经济指标

2019年公司实际完成产量0.893 Mt，掘进进尺完成6550 m，百万吨死亡率为零，原煤工效8.31 t/工，工作面采出率95%，采煤机械化程度100%，掘进机械化程度95%，矿井综合单产71094 t/(个·月)，实现利润2218万元，职工人均年收入8.85万元。

三、安全高效矿井建设的主要做法

（一）组织生产

1. 生产系统

矿井采用立井开拓方式，主要运输方式采用箕斗、带式输送机运输，辅助运输采用电机车、绞车运输。全井田划分为一个主水平，一个辅助水平。主水平布置在15号煤层，其标高为+720 m，开采15号煤层。辅助水平布置在6号煤层，其标高为+810 m，开采6号煤层。开采顺序为上行式，先采15号煤层再采6号煤层。目前开采主水平。回采工作面采用综合机械化开采，采煤方法为走向长壁后退式采煤法，采用全部垮落法管理顶板。掘进方法为综掘机、带式输送机机械化作业，顶板控制主要为锚杆、锚索、挂网、喷浆等支护方式。目前主采15号煤层，煤层平均煤厚3.8 m左右，属Ⅲ类不易自燃煤层。

2. 通风系统

矿井现有3个井筒，其中进风井2个（主立井、副立井），回风井1个（回风立井），采用机械抽出式通风方法，分区式通风方式，矿井总入风

11408 m^3/min，总回风 11488 m^3/min，有效风量率 94.0% 。

3. 供电系统

35 kV 变电站目前为双回路供电，一回路引自寿阳平头 110 kV 变电站，供电距离 9.7 km；另一回路引自榆次鸣谦 110 kV 变电站，供电距离约 24.3 km，电源线路均采用 LGJ－240 型钢芯铝绞线。当任一回路发生故障停电时，另一回路能担负全矿井用电负荷。

4. 运输系统

主立井提升系统采用一部 JKMD－2.8×4ZⅢ型多绳摩擦式提升机担负矿井原煤提升任务，副立井提升系统采用一部 JKMD－4×4ZⅢ型多绳摩擦式提升机担负升降人员、材料、设备及矸石的任务。提升机配备 PLC 电控系统，提升机保护装置主要有防止过卷装置、防过速装置、限速装置、减速功能保护装置、深度指示器失效保护装置、闸间隙保护装置、深度指示器失效保护装置、过负荷和欠压保护装置、双线保护装置等。

井下主要运输：带式输送机运输大巷采用 DTL100/100/3×450 型带式输送机，参数为带宽 1000 mm、运量 1000 t/h、功率 3×450 kW。

5. 洗选系统

洗选车间采用重介浅槽洗块流程和两产品旋流器洗末煤（旋流器洗末煤目前未投入使用），设备布置紧凑，作业环节单机化、系统化，为实现高度集中控制和高度自动化提供了便利条件。洗后主要品种为煤泥和块煤。

（二）科学管理和技术创新

1. 积极推广新工艺、新技术、新装备的使用

1）综采自动化

综采工作面采用一次采全高采煤工艺，工作面配置了 MG600/1505－WD 型电牵引采煤机、ZY6800/24/50D 型液压支架、SGZ1000/1400Q 型工作溜、SZZ～800/250 型转载机，回采装备增加了 ZTZ1000/25/45 型工作面进风端头支架、回风巷超前支架 ZT2×4000/23/50 型。新增了自动配液及反冲洗过滤装置，该装备全自动控制系统，实现了工作面自动配液供液，实现了远程供液。新增了无轨自移设备列车，减少了设备列车迁移铺道及拆道人力成本投入。采煤机械化程度达到 100% 。

矿压监测采用 KJ385－G 型矿用本安型压力传感器，用于检测记录综采支架的压力值，并可对高低压力进行限定，报警指示。同时该仪表支持 CAN 总线通信功能，可与 KJ385－F2 型矿用本安型压力监测分站进行联网通信，将监测数据上传。

2）运输系统

主运输系统选用 KJ161 型带式输送机集控系统设备，对输送机集中控制，实现带式输送机一键软启停、检测保护，控制多部输送机连锁启停、现场故障诊断。井下现场通过防爆视频摄像机将井下带式输送机的实时状况传至矿井调度大屏上，实时观测带式输送机的运行状况。

2. 通风瓦斯管理精细化

通风瓦斯管理精细化，即实现通风系统、瓦斯监控系统、瓦斯抽放管路在线监控系统成功应用。

1）通风系统可靠

在井下主要采区巷道、主要进风巷道、总回风巷、采掘工作面安设风速传感器，在井下掘进工作面、地面主要通风机安设风机开停传感器，安设风筒开关传感器，通过通风设备的科学配置，实现井下通风系统稳定、可靠。

2）完善安全监测监控系统

安全监控系统全面实现千兆环网传输，分站接入的模拟量输入信号可以自动控制分站的开出控制信号。输出断电时间小于 2 s，系统在 30 s 内对井下所有监测点的瓦斯、一氧化碳、温度、风速、风筒风量、二氧化碳、氧气等环境参数及主要机电设备开关状态全部刷新一次，能及时了解井下各个工作面监测点的环境数据，为治理瓦斯提供及时准确的依据。如有异常可立即处理，减少瓦斯超限事故。

3）瓦斯抽放管路综合参数监控

安装各类传感器 4 套，分站 3 台。地面设立一个监控中心，实现对井下抽放管路及抽放系统参数，管路中的甲烷浓度、压力、流量、温度、一氧化碳，以及抽放混合量和瓦斯量等数据的实时监测，及时发现抽放管路中存在的问题并制定整改方案。

3. 机电管理

地面压风机房安装了 3 台 SA－250A/0. 85（10K）型螺杆空压机，系统具备“近控”“远控”2 种工作方式，并且安装有压风机超温报警和超温断电装置，对各项运行参数进行监测并记录。

阳煤集团寿阳开元矿业有限责任公司

一、矿井概况

阳煤集团寿阳开元矿业有限责任公司（以下简称开元公司）位于山西晋中市境内距寿阳县城 14 km 的平舒乡黄丹沟，矿井属沁水煤田，井田形状近似长方形，南北长约 5.5 km，东西宽约 5.0 km，井田面积 27.9 km^2，煤炭地质储量 298 Mt。

矿井可采煤层为 3 号、6 号、8 号、9 号、15 号、15 号下煤层，划分为两个水平，利用一水平（+795 m 水平）开采 3 号煤层和 9 号煤层，利用二水平（+715 m 水平）开采 15 号煤层和 15 号下煤层。现采煤层为 3 号、9 号煤层。

矿井采用斜井开拓方式，辅助提升井筒 2 个。

二、2019 年主要技术经济指标

2019 年矿井百万吨死亡率为零，矿井安全质量标准化达到国家一级标准。2019 年完成产量 2.3972 Mt，总进尺完成 18506 m，采煤机械化程度 100%，掘进机械化程度 94%。原煤工效 8.187 t/工，综合单产 100434.66 t/(个·月)。采区采出率：中厚煤层为 83.31%、厚煤层为 78.3%。2019 年实现利润 9222.89 万元，吨煤成本 314.78 元，职工人均年收入 89662 元。

三、安全高效矿井建设的主要做法

（一）加大采掘机械化设备投入，促进安全高效

继续加大工作面设备投入，根据煤层厚度等情况对设备进行合理配套，提高设备能力。9 号煤层大采高工作面配置了 MG－750/1900－GWD 型采煤机、ZY8000－26/56D 型液压支架、ZFT25000/22/45D 型端头支架、ZCZ16000/26/45D 型进风超前支架、ZQL2×4000/23/50 型回风超前支架。采煤工作面配套了电液控自动化系统，实现了液压支架的单架控制、成组控制，集控室集中控制；实现了工作面电液控、开关、泵站、采煤机、运输设备等数据集中展示功能；实现了井下集控室及地面调度室对工作面输送机、

转载机、破碎机、带式输送机、采煤机等的远程控制；实现了工作面视频跟机显示、随机调向功能正常；实现了自动配液、数据显示等功能。工作面运输监控系统，实现了运输三机监测连续监控功能；实现了工作面“无人化”生产。液压支架操纵方便、移动快捷，端头支架、超前支架的应用提高了效率，保障了安全，采煤机械化程度达到 100％。

掘进巷道正常掘进全部实现机械化，岩巷掘进全部使用 EBZ－260 型掘进机，煤巷掘进使用 EBZ－220 型掘进机、EBZ－160 型掘进机，极大地提高了巷道掘进单进水平，采煤机械化程度达到 94％。

（二）优化井下运输系统，实现集控化

通过对运输系统进行改造升级，实现了井下集中控制室和调度室对主要系统的远程控制功能。在采区带式输送机增加了破碎机，防止堵塞煤仓，安装除铁器最大限度地减少铁器对运输系统的损伤；对转载点装置进行改造，防止转载点卡堵；对带式输送机控制系统进行改造，具备只能监控和集中控制功能；增加语音急停设备，实现全巷道语音通信及紧急停机功能。

（三）强化机电管理，逐步智能化

电车巷 KJ293（A）型矿用轨道运输监控系统投运，共安装基站 8 台、稳压电源 8 台、摄像机安装加调试 10 台、隔爆交换机 1 台，系统设备已接入环网。该系统实现了对井下电机车、矿车实时监控和集中管控，以及辅助运输井下与地面的通信联络功能，从而达到保障运输安全、提高指挥效率、增加经济效益的目的。

架空乘人装置集中控制系统投运，通过对井下 3 部架空乘人装置集中控制系统进行升级改造，实现了矿井架空乘人装置视频监视和运行状况、各种参数的监测，以及架空乘人装置的分散控制和集中控制。地面调度人员可以通过视频和各种传感器及时了解每部架空乘人装置的运行状况，并根据实际需要对每一台设备运行情况进行远程控制，有效预防安全事故的发生。

（四）科研及技术革新，推进精益管理

2019 年开元公司组织实施并申报评审科技项目共 43 项，理论成果及专利共 34 项。科技创新、科技进步、专利及理论成果等项目的组织实施为企业快速发展和全年产量、进尺任务的完成起到了积极作用，同时也为企业创造了极大的经济效益和社会效益。

阳泉煤业(集团)有限责任公司寺家庄矿

一、矿井概况

寺家庄矿为山西阳泉煤业（集团）有限责任公司的全资子公司，于2005年8月1日开工奠基，2013年11月取得安全生产许可证。矿井证照手续齐全且都在有效期内，是经国家发改委批准的山西省重点建设工程。矿井于2018年3月通过了国家煤矿安全监察局一级安全生产标准化矿井验收，并于2018年7月进行了公告。

寺家庄矿位于昔阳县境内，矿井工业场地在县城西南约7 km处，昔阳县城距阳泉市约30 km。

矿区铁路交通条件优越，矿井铁路专用线在阳涉铁路昔阳站接轨。矿区公路交通便利，阳泉至黎城的二级公路通过矿区，公路以昔阳县城区为枢纽，呈放射状伸向四方。

井田基本呈单斜构造，构造复杂程度中等。井田走向为西北，向西南倾斜，地层比较平缓，倾角一般为5°~10°，矿区内以背、向斜交替出现的褶曲构造为主；断层相对较少，一般落差多在20 m以内；井田北部陷落柱较发育。

矿井设计生产能力按5.0 Mt/a计算，矿井瓦斯相对涌出量为44.2 m^3/t，矿井瓦斯绝对涌出量为347.56 m^3/min。

矿井正常涌水量为340 m^3/h；矿井最大涌水量为530 m^3/h。根据寺家庄矿实际观测资料，最大涌水量发生在2017年10月，为113 m^3/h；2019年矿井平均涌水量为72 m^3/h。

寺家庄矿15号煤层自燃倾向性等级为Ⅲ类，属不易自燃煤层，煤尘无爆炸危险性。

二、2019年主要技术经济指标

2019年实现利润20034万元，完成了计划的117%，吨煤成本341元，原煤生产人员1516人，人均工资达到8.95万元/a，相比2018年提高了30%。

矿井产量完成3974292 t，综合单产实现了176416 t，为寺家庄矿达产达效打下了坚实基础。矿井进尺完成20952 m，煤巷最高日进尺突破了14 m，岩巷综掘进尺最高月进尺达到315 m。

三、安全高效矿井建设的主要做法

（一）综采装备自动化

目前，寺家庄矿回采工作面为自动化工作面，工作面支架高度为6.8 m，回采高度为5.5 m。工作面建立了生产系统集中控制中心，通过信息采集、网络传输实现对液压支架、采煤机、泵站等设备的远程在线监测和集中调度，实现了在巷道对综采工作面设备的各种数据进行实时显示。

（二）掘进装备机械化

2019年以来，寺家庄矿在岩巷底抽巷积极推广使用EBZ260型综掘机，有效提高了底抽巷掘进单进水平，月单进水平最高为315 m，比原有炮掘工艺提高近155 m。煤巷全部采用EBZ160型综掘机。

（三）运输装备新型化

为有效提高巷道运输效率和运输安全性，寺家庄矿在15301工作面回风巷回采设备安装期间，试验使用单轨吊整架进行运输，运输质量达到50 t左右，为大型设备小巷运输奠定了基础，缩短了工作面安装周期，使15301工作面早日进入初采阶段。

（四）提升运输及装备集控化

矿井采用主斜井－副立井混合开拓方式。井下5部主运输带式输送机全部进行了自动化集中控制改造，已实现远程开、停机功能，具备远程监测、控制功能。

（五）矿井综合信息化

寺家庄矿地面网络和井下网络分为井上千兆以太环网和井下千兆以太环网。

井上下光纤以太环网共铺设光缆18 km，井下防爆环网交换机6台，地面交换机10台并配备UPS，机房工业网核心交换机2台。

（六）瓦斯治理专业化

坚持“以岩保煤、岩巷先行”方针，牢固树立“瓦斯是可治、可防、可控的”“一个钻孔就是一项工程”的理念，建立了井上下立体化抽采格局。回采工作面采用本煤层顺层钻孔预抽瓦斯，同时结合CO_2气相压裂增透技术辅助抽采；煤巷掘进工作面采用沿空留墙掘进工艺和“以岩保煤”

工艺，同时结合水力造穴增透技术辅助抽采，固化寺家庄矿“一矿一策，一面一策”的“5+3”瓦斯治理模式。

（七）实施机构改革，改进用工方式，合理组织生产，推行提升煤矿生产人员效率的科学管理模式

（1）为达到先进产能的要求，寺家庄矿取消了井区建制，推行二级管理模式，精减科级机构6个。

（2）整合生产队组，实行大队制。推行二级管理模式，将业务职能相近的队组进行整合，成立大队组。

（3）加强管理技术人员管理，实行考核机制。要对现在所有的管理技术人员进行定额定编，制定末位淘汰考核机制，对年度考核不合格人员或连续两次考核排名末位的管理技术人员，进行免职或退出管理岗位，形成干部能上能下、能进能出的动态考核机制。

（4）大力推行契约化管理，有效降低成本，提高经济效益。2019年，在采煤、掘开、瓦斯抽采等系统中实行契约化管理，与煤矿签订承包责任书，实现员工增收，企业增效。

寺家庄矿实现了“打造自动化矿井、建设数字化矿山”的目标，建设安全生产运营管理系统，并于2017年4月正式上线运行，经过2018年和2019年不断优化和完善，“技术‘一张图’、管理‘一张网’”的运营管理模式已经形成。

山西平舒煤业有限公司温家庄矿

一、矿井概况

温家庄矿位于晋中市寿阳县温家庄乡大兴庄村，于 2004 年 6 月成立，起初由 8 家股东组建，2007 年初由阳煤集团重组并控股经营。

矿井井田位于沁水煤田北部，井田面积 27.8205 km^2，累计探明煤炭资源储量 340.083 Mt。矿井为生产矿井，证件齐全有效，设计生产能力 0.90 Mt/a，核定生产能力 0.90 Mt/a，服务年限 104.8 a，属于煤与瓦斯突出矿井。安全生产许可证批准开采 8 号、15 号煤层，生产能力要素公告批准开采 15 号煤层，现开采的 15 号煤层为全井田稳定可采煤层，厚度为 1.35 ~ 7.15 m，平均厚度 3.9 m；煤层倾角 2° ~ 10°，平均倾角 6°。煤层自燃倾向性等级为Ⅲ类，属于不易自燃煤层。矿井水文地质条件中等。

二、主要技术经济指标

公司全年未发生较大及以上安全生产事故，百万吨死亡率为零；完成产量 716922 t，完成进尺 6852 m，采煤机械化程度 100%，掘进装载机械化程度 100%，综掘机械化程度 98%；实际综合单产 59031 t/(个·月)，实现了矿井安全高效；原煤工效达到 7.13 t/工；2019 年完成利润 1786 万元，吨煤成本计划 290 元，实际完成了 282 元；职工人均年收入达到 90158 元。

三、安全高效矿井建设的主要做法

（1）15111 大采高工作面使用了 TYA300 液压支架安装平台，经过现场写实安装时间相比传统安装工艺节约 60 min，由传统安装工艺的 5 人缩减到 3 人。

（2）15109 大采高工作面拆除大吨位支架（43.7 t），使用了 TYH380 液压支架调移装置（以下简称机械手）。与传统的拆架工艺对比，原拆除工艺平均每天拆架 4 架，机械手工艺拆架每班平均拆架 3 ~ 4 架，由原来的 7 人缩减到现在的 5 人。

（3）为提高岩巷单进水平，在小断面岩巷采用“岩巷作业线”的方式进行施工，即“采用 EBZ260 岩巷掘进机 + 皮带机”的方式掘进，单进提升效果明显，单进达 220 m 比炮掘平均单进提高 2 倍，可以有效加快高抽巷、低抽巷等岩巷掘进效率；劳动用工节省，综掘比炮掘每月减少用工 120 个；综合效益明显，通过对设备直接成本、人工工资、用电消耗和设备租赁费进行测算比较，掘进 1200 m 巷道，综掘比炮掘节约费用 124.4 万元。

同时配套湿式除尘器，以解决岩巷综掘作业降尘消尘问题。通过 3 个地点的测试，使用湿式除尘器后，掘进机司机处的平均粉尘浓度由 904 mg/m^3 降至 33 mg/m^3，除尘效率 96%；掘进机运输小溜机头以外 5 m 处的平均粉尘浓度由 596.5 mg/m^3 降至 24.8 mg/m^3，除尘效率 96%；湿式除尘器以外 25 m 处的平均粉尘浓度由 468.3 mg/m^3 降至 15 mg/m^3，除尘效率 97%。粉尘浓度得到有效控制，极大地满足了职工职业健康要求。

（4）为提高准备巷矸岩装载设备长时间使用的耐磨性，引进使用 SGZ730－400 型岩石刮板输送机。该输送机中间部耐用抗磨、连接简单、更换方便、无须单独注油，节约人力，劳动强度降低，取得了较好的生产效果。正常开机率显著提高，故障率明显下降，开机率达到 100%，未发生故障。

阳泉煤业集团长沟煤矿有限责任公司

一、矿井概况

长沟煤矿有限责任公司（以下简称长沟公司）位于和顺县城北约 17 km 的李阳镇北李阳村附近，昔阳县与和顺县交界处，行政区划隶属和顺县李阳镇管辖。长沟公司井田范围内无其他小煤矿开采，在井田周边分布有 5 个煤矿，分别是山西昔阳丰汇铁炭窑沟煤业有限公司、和顺县正邦良顺煤业有限公司、阳泉国家规划区（泊里）、山西和顺正邦隆鑫煤业有限责任公司、山西煤炭运销集团和顺吕鑫煤业有限公司。井田南北长 3.8 km，东西宽 3.4 km，井田面积 9.0669 km^2。地理坐标为：北纬 37°25′05″～37°27′19″，东经 113°36′43″～113°39′28″。

二、主要技术经济指标

2019 年，原煤产量完成 1.60 Mt，总进尺完成 6835 m，矿井百万吨死亡率为 0，实现利润 12822 万元，职工人均年收入 8.7 万元。矿井原煤工效达到 10.17 t/工，综合单产 0.139 Mt/(个·月)，厚煤层采区采出率 78.3%，采煤机械化程度 100%，掘进装载机械化程度 100%，综掘机械化程度 80.2%。

三、安全高效矿井建设的主要做法

（一）生产组织

在集团公司党政的正确领导下，在全矿员工的共同努力下，企业快速发展，全矿上下秉承基础扎实、队伍过硬、管理严细、作风优良的光荣传统，优化布局、技术攻坚、节能减排、科学生产，各项生产稳步推进。主要从以下几个方面提高矿井生产单产、单进水平。

（1）健全和细化以岗位责任制为中心的各项管理制度，使施工技术措施、施工设备和施工组织得以顺利实施。各项管理制度是加快施工速度、降低生产成本、保证施工质量和安全的基础。

（2）通过优化设计，在确保安全的前提下，减少了巷道两帮支护，缩小了顺槽巷道断面，节省了支护时间，降低了材料成本。

（3）统筹兼顾，合理部署采掘衔接，针对长沟公司实际生产状况，合理准确地编制生产衔接计划，对衔接中存在的问题进行重点分析，优化巷道设计与布置，合理配采，调整衔接部署，确保采掘平衡。

（4）从根本上找出安全管理的薄弱环节，增强安全隐患的预见性，提高安全预防能力。

（5）全员深入学习安全质量标准化管理体系，以标准化管理工作为重中之重，坚持“只干一次，一次干好”，努力通过省级“一级”标准化验收。

（二）科学管理

实施“十三五”战略规划以来，长沟公司紧紧围绕发展规划主旨，以稳健经营、跨越发展为基础，坚持转型发展，以建设现代化矿井为契机，狠抓提能提效、狠抓安全生产标准化。采煤工作面安装了支架矿压在线监测系统，配备了高效安拆工具。回风巷使用液压超前支架；小巷运输使用连续牵引绞车，取消了对拉车，减少了运输环节，提高了运输效率和安全系数；推广使用湿式喷浆机，改善了作业环节，提高了喷浆效率；各配电室采用防越级跳闸保护装置，保证了供电可靠性；中央水仓、压风机房、采区带式输送机安装使用了在线监测系统，提高了人员效率。

在长沟公司全体干部职工的不懈努力下，煤炭产量指标平稳，全矿呈现出健康稳步发展的良好态势。

（三）技术创新

（1）成立了长沟公司技术创新管理机构并设立了以总经理为组长、总工程师为副组长的技术创新领导组。坚持一把手参与管理科技工作，分管科技工作总工程师具体负责组织公司的中长期科技发展规划、年度重大技术攻关、技术创新和成果转化工作的实施。同时制定了《长沟公司关于健全科技创新相关体系的通知》，为使技术创新工作规范化、常态化，有效推进各项技术创新工作的开展，提高自主创新能力。

（2）将超前支架应用于15103、15109、15126工作面，避免了工作面人员在替棚时需要登高架棚的情况，减少了砸伤等事故的发生，从而提高了施工期间的安全系数与安全管理水平。除此之外，超前支架对轨道运输超前段的顶板起到了有效的支撑作用，降低了顶板的下沉速度，并减少了顶底板的移近量，同时工作人员只需要通过简单的操作手柄就可以有效实现工序衔接，减轻了高强度的劳动。

（3）15113 工作面安装了综采自动化设备，工作面设备配套了电液控自动化系统，实现了液压支架（ZFY5800/17/32D）的单架控制、成组控制，使液压支架操纵方便、移动快捷。电液控支架实现了初撑力自动补液，可以保证液压支架的额定初撑力，减少增阻所需时间，提高了支护效率，全工作面支架初撑力均匀一致，改善了顶板控制。电液控支架移架步距准确，顶溜彻底，刮板输送机和整个工作面直线性好，采煤机切深准确，并由原来的 0.6 m 截深增加到 0.8 m，提高了单刀产量。另外多架同时推溜，使刮板输送机缓慢弯曲，避免了溜槽连接处产生过大应力。

（四）积极打造高标准安全高效矿井

长沟公司始终把矿井建设定位在高起点、高技术、高质量、高标准上。从井巷工程施工，设备选择到煤炭开采，都坚持采用新技术、新设备，从提高机械化程度入手，确保矿井生产能力提升和矿井生产安全系数。

建设安全高效矿井，科技是根本，装备是基础，素质是前提，管理是关键。长沟公司将不断探索采掘机械化发展道路，不断引进新技术、新装备，提高长沟公司的机械化水平，努力向现代化安全高效矿井迈进。

阳泉煤业集团和顺新大地煤业有限公司

一、矿井概况

阳泉煤业集团和顺新大地煤业有限公司隶属阳泉煤业（集团）有限责任公司，股权结构为阳煤华能100%，属于阳煤集团全资子公司。山西省煤炭工业厅〔2016〕第181号文件公告矿井核定生产能力1.50 Mt/a。

井田位于沁水煤田和顺矿区中部，井田面积6.5266 km^2，井田基岩大片出露，间或有第四系黄土覆盖区，结合区域地质资料，井田内地层由老到新依次为：奥陶系中统峰峰组，石炭系中统本溪组、上统太原组，二叠系下统山西组、下石盒子组和上统上石盒子组，以及新生界第四系。主要含煤地层为太原组和山西组，可采煤层为8号、15号煤层，批准开采8～15号煤层。截止到2019年底，可采储量26.31 Mt，现开采15号煤层，15号煤层为全井田稳定可采煤层，平均厚度5.66 m。8号煤层属于不稳定局部可采煤层，平均厚度1.44 m，目前8号煤层正在办理手续。矿井水文地质条件简单，该含水层裂隙不太发育，含水性较差，对井田煤层开采影响不大。井田内煤层煤类确定依据中国煤炭分类国家标准（GB 5751—86）执行，8号、15号煤层均为中高硫贫煤，可作为动力用煤或化工用煤。煤层自燃倾向性等级为Ⅱ类，属不易自燃煤层。

井田采用斜井开拓，矿井共布置有2个场地、5个井筒，分别为主工业场地已有的主斜井、副斜井、进风立井；在架堖风井工业场地布置有架堖进回风立井。通风方式为中央分列式，在15305工作面布置首个一次采全高工作面并投入使用。

二、2019年主要技术经济指标

全年矿井产量完成1.1986 Mt，矿井综合单产完成97714 t/(个·月)，采煤机械化程度达到100%。采煤工作面产量完成1.079 Mt，工作面平均月产达到0.09 Mt。进尺完成9558 m，掘进机械化程度达到98%，煤（半煤岩）巷最高月进尺完成265 m，岩巷最高月进尺完成235 m。原煤工效7.499 t/工。实现利润12050万元，职工人均年收入9.36万元。

三、安全高效矿井建设的主要做法

（一）强势推进安全精细化管理，实现了“零事故”安全奋斗目标

公司以安全管理“零干扰、零事故、零伤害”为目标，大力实施“人、机、环、管+文化”的“4+1”安全管控机制，强势推进了安全精细化管理。

一是着力强化“人”的不安全行为控制。按照“理论联系实际，学以致用，指导生产侧重实际”的原则，把岗位练兵、技术比武等活动作为重要培训内容，达到培训计划下移、任务下移、资金下移的目的。充分利用员工教育培训实训基地，采取“自愿实训”与“强制实训”相结合的办法，广泛开展“岗位练兵、技术比武、技能竞赛”活动和“师带徒”活动，做到了理论与实践紧密结合，使安全培训成为班前会的重要内容。为了切实增强全员安全执行力，对井上、井下员工日常安全行为进行督察，重点监督检查各级管理人员跟带班、值班情况，操作人员在现场进行“手指口述”、岗位风险预知、工序危险源辨识的执行力。

二是着力强化“机”的安全管理。公司依据集团公司机电运输安全专项整治工作要求，讨论研究制定了年度机电运输专项整治方案，明确了整治目标，落实了整治责任人，强化了工作措施。按照“月月有主题，周周有活动”的工作思路，逐月开展了矿井运输系统、预防性矿井停电事故等12个主题的专项整治。每周又开展轨道专项治理、继电保护专项治理等专项活动，逐项、逐级、逐部位对机电、运输各个环节进行了规范整改，确保了设备安全可靠运行。

三是着力打造良好的生产环境。持续加大安全质量标准化“精品工程”创建力度，把质量标准化要求“一化变十化”，即工程质量精品化、机电设备正常化、运输大巷规范化、安全管理数字化、安全装备系列化、管线吊挂艺术化、作业牌板统一化、安全监控即时化、作业环境整洁化、现场管理人本化。对全矿井各类物料器材、线缆悬挂、地面硬化、淋水处臵、墙体粉刷、牌板样式、安全防护设施等形成统一标准，定路、定性管理。坚持“谁检查、谁承包、谁负责”的责任机制，从掘进施工到工作面安装，从工作面回采到收尾搬家，所有关联工序都逐级实行联保责任制，出现质量问题实行逆向逐级追溯，层层分析，追究责任，从而使精品意识、优质工程在员工心中牢牢扎根。

四是着力强化安全管理。进一步完善了安全责任体系，细化了各级安全

生产责任制的落实工作。通过每天的生产会集中平衡解决各类安全生产问题，将生产中出现的各类问题逐一落实到人。对管理层从入井、抓“三违”、隐患排查、业务保安、技术管理、培训等16个方面进行月度考核。同时，严格落实了矿领导入井带班制度和干部24 h现场跟班制度。实行隐患排查整治与全员安全风险抵押金、安全绩效考核、评先选优挂钩考核，形成了操作性强的安全隐患排查考核评价体系，真正使各类安全隐患处于可控状态。

五是着力强化安全文化氛围营造。大力实施了安全文化理念引领工程，本着适用、管用、耐用的原则，实施了温馨的祝福语、全家福、宣传牌板、展板等内容的亲情文化辐射工程，通过创新安全文化，形成了用先进的理念统领员工思想、规范员工操作行为、提升安全管理水平的目的，达到潜移默化、润物无声的教育效果。

（二）强力推进生产技术精细化管理，切实做到高产稳产

通过狠抓采掘衔接管理，积极推广应用新技术、新工艺、新设备，科学优化矿井开拓生产布局和每项工程设计方案，加快重点科技项目攻关。通过加强支护材料质量跟踪、规范生产单位顶板矿压观测、严格执行“敲帮问顶”工序、对压力显现段补打锚杆锚索等积极措施，杜绝了顶板事故。

（三）强力推进经营精细化管理，努力提升发展质量进一步细化、量化目标责任

完善了班组建设制度，推行了班组核算，年初将经营指标分解落实到各队组，由班组长对员工每天的工作业绩进行“日清”量化考核，本人签字认可，将考核结果与工资、奖金直接挂钩。实行月度班组建设领导小组定期考核、班班动态检查达标的管理考核机制，达到任务、指标明确，考核、奖罚明确，责任、权利明确的“三明确”目的，确保安全高效矿井建设各项规划措施有力落实。以此为前提，从降低材料消耗、减少修理费用支出、降低电力消耗、节约用水等方面入手，健全成本管理责任制，实施了全员、全过程、全要素成本费用控制，变单纯核算型管理为综合控制型管理。

山西灵石华苑煤业有限公司

一、矿井概况

山西灵石华苑煤业有限公司位于灵石县两渡镇圪台村，矿井位于灵石县西南，距县城约10 km，东北距介休市约20 km。井田东邻南同蒲铁路线、大运公路，距大运公路1 km，交通便利。矿井占地面积2.554 hm^2。

公司成立于2008年1月9日，隶属晋煤集团托管太原煤气化集团公司。矿井于2013年6月22日通过综合验收，正式投产，生产能力0.90 Mt/a。2015年2月16日，建设完成了配套1.20 Mt/a井口选煤厂。矿井证照齐全有效，为合法的生产矿井。

井田位于霍西煤田灵石矿区，井田面积5.9033 km^2，煤种为主焦煤，9号、10号煤层现为主采煤层，9号煤层平均厚1.12 m，10号煤层平均厚4.23 m，资源保有储量42.32 Mt，设计可采储量16.52 Mt，设计服务年限14.1 a，截止到2020年底，矿井可采储量9.38 Mt。

矿井为低瓦斯矿井，绝对瓦斯涌出量3.44 m^3/min，相对瓦斯涌出量1.88 m^3/t。9号、10号煤层煤尘均具有爆炸性，属Ⅱ类自燃煤层。矿井水文地质类型为中等，矿井正常涌水量95 m^3/h，最大涌水量135 m^3/h。

矿井设计为单水平开拓，开拓方式为斜井开拓，主斜井提煤，副斜井进料排矸，行人斜井运人，立井回风。9号、10号煤层工作面联合开采，外错垂直布置，9号煤层为薄煤层综采，10号煤层为综采一次采全高，煤层倾角0°~10°。采煤方法为走向长壁后退式；采煤工艺为综合机械化；巷道掘进主要采用EBZ160型综掘机；支护方式以锚杆锚索支护为主，辅以其他支护方式。

二、2019年主要技术经济指标

2019年生产原煤0.885 Mt，原煤工效达到7.30 t/工；综合单产60300 t/(个·月)；平均工作面个数1.16个；采煤机械化程度达到100%，掘进机械化程度达到96.67%；全年死亡人数零人，百万吨死亡率为零。

三、安全高效矿井建设的主要做法

（一）抓煤矿安全生产标准化管理体系，优化生产组织

领导重视，管理到位，优化组织。制定安全生产标准化建设工作的总体规划目标，成立以总经理、党委书记为组长，副总经理为副组长的安全生产标准化工作领导组，设置安全生产标准化办公室，全面负责贯彻落实安全生产标准化工作的各项规章制度和日常管理工作。标准化 11 个专业，每个专业设一名专业组长，全面负责本专业安全质量标准化管理工作，并且每一个专业由一名公司领导进行监督指导，强化了对安全质量标准化达标工作的组织领导。建立了严格的考核制度，严明奖惩兑现，严肃责任追究体系。2017 年华苑煤业公司组织月度标准化达标验收自检 12 次，集团公司验收 5 次，省厅验收 1 次，全部达到一级安全生产标准化矿井。华苑煤业公司从 2014 年至今连续被评为省级现代化矿井和一级安全生产标准化矿井。

提高分管领导管理能力培训，压实各岗位责任，合理优化一线队、辅助队、各科室人员配置，提高各岗位人员业务水平，提高机械化水平，减少劳动量，切实做到减员增效。回采工作面采用采煤机割煤装煤，刮板输送机、带式输送机运输，实现了综合机械化采煤，采煤机械化程度达到 100%；所有掘进工作面采用掘进机割煤装煤，刮板输送机、带式输送机运输，人工清理浮煤，实现了机械化掘进，掘进机械化程度达到 98%。

（二）加强班组安全生产建设

坚持以“系统化观点、精细化理念、标准化流程”思想为指导，强化班组建设。一是完善了班组建设各种规章制度、班组考核细则，以制度为抓手，约束、规范、细化、量化班组工作；二是针对不同工作性质、不同工种、不同级别的班组长及班组员工，采取外培与内培相结合、师带徒、工作现场教学等培训形式，提高班组学习能力；三是开展由班组长、技术员、安全员进行班前评估安全工作，减少“三违”发生，为安全生产提供了安全保障。

（三）坚持走绿色发展道路

在工业区、生活区、井口护坡铺设草坪，种植灌木及树苗。公司建立了矿井水及生活污水处理站，矿井水经处理站净化处理后，循环用于井下生产、地面生产使用及选煤企业生产使用，基本实现矿井水零排放。原煤洗选率达到 100%，矸石和锅炉炉渣运至矸石场，矸石安全处置率为 100%。通过大量工作，着力建设新型生态化矿区。华苑煤业公司于 2014 年荣获中华

人民共和国国土资源部颁发的“国家级绿色矿山”称号。

（四）注重队伍建设，不断提高素质

实施人才储备和培养战略，在做好引进的同时，变招工为招生，从煤炭大中专院校招聘了大量应届毕业生。鼓励、引导和帮助职工进行职称评定。建立了专门的培训教室和机房，制定了培训计划，配备了专职管理培训人员，聘请副总工程师为指导老师，定期组织专业培训。实行教考分离和重点培训，做到逢训必考，员工考试成绩与职务和工资挂钩，确保培训质量和效果，全年组织培训 52 期。

同时，要求队组对照各岗位规范标准及每日一题班前会进行学习抽查，要求各部室利用政治业务学习时间自学培训。开展了“应知应会、岗位达标”“安全生产月”等学习活动，使每位职工熟悉和掌握工作标准、工序标准，提高工作技能，促进职工上标准岗，干标准活，加强自保意识，做好自保工作，确保岗位安全。

（五）“四化”建设，激发活力

充分发挥科技创新的引领作用，大力支持“创新工作室”建设，组建技术人才队伍，研发创新课题，制定薪酬激励制度，鼓励创新活动，激发广大干部职工创新创造活力。充分发挥“四化”建设的驱动作用，进一步规范井下水泵房自动化排水系统、井下变电所远程监控系统、带式输送机集中控制系统、空压机集中控制系统的使用，规范操作流程，加强巡检，提高安全性与可操作性，为矿井安全高效提供安全科技支撑。

山西煤炭进出口集团左权宏远煤业有限公司

一、矿井概况

山西煤炭进出口集团左权宏远煤业有限公司（以下简称宏远煤业）位于山西省左权县寒王乡平王村，矿井设计生产能力 1.2 Mt/a，核定生产能力 0.9 Mt/a，证照齐全。2018 年 6 月 2 日，宏远煤业通过国家一级安全生产标准化矿井验收。宏远煤业井田面积 9.33 km^2，地质储量 40.74 Mt，服务年限 15.5 a，开采 15 号煤层，为太原组煤层，煤种属贫煤。

二、2019 年主要技术经济指标

2019 年宏远煤业实现安全生产，煤矿安全生产标准化已达到一级，未发生较大及以上安全生产事故，百万吨死亡率为零。回采工作面已实现机械化开采，机械化程度达到 100%，掘进主要巷道使用综掘机掘进，机械化程度 75%；采区采出率符合国家规定。

三、安全高效矿井建设的主要做法

（1）通过健全组织机构、完善制度体系，夯实安全生产标准化建设基础。遵照新的《煤矿安全生产标准化标准》，公司细化、量化了检查考核标准内容，制定了《安全生产标准化考核办法》《标准化作业检查标准及评分办法》等规定，从标准、目标、责任、措施、考核等环节入手，逐步形成了安全质量标准化检查评比、考核奖惩的工作体系。同时，认真落实国家和省、市有关煤矿安全生产的规定要求，制定完善了《公司领导下井带班制度》《井下督查督办工作实施办法》《出入井人员管理办法》等制度，完善了《安全生产事故应急预案》等专项预案。宏远煤业根据岗位责任大小及管理难易程度等，对各相关部门、各队及分管公司领导分别设置了事故控制指标和 2000 元至 4 万元的安全达标奖，形成了严密、严格、完善的安全制度体系。宏远煤业还开展了安全“三零”活动，将标准化建设、班组建设、安全检查、安全账户考核等安全管理手段有效整合，初步建立了以“零违章、零隐患、零事故”为目标的本质安全长效机制。根据山西省煤炭厅新出台的“五个办矿新标准”和安全质量标准化新标准，对照所属专业梳理汇总，优化安全生产制度340多个，落实未达标项目105项。

（2）通过强化员工培训，营造人人学标准、人人保安全的浓厚氛围。每年制定培训计划，采取内培与外派的方式，按计划组织全员培训、班组长培训、新招员工培训等，并常年开展“一日一题”“一周一案”“一月一考”“一季一评”的“四个一”培训活动和每周两次的管理人员视频课，将《煤矿安全生产标准化标准及考核评级办法》和《煤矿安全规程》列入日常重要培训科目。宏远煤业还建立了特殊工种实训操作基地，保证实操考核的正常进行。培训期间实行结构工资制，将工资分为基础工资和浮动工资2部分，浮动工资部分根据考核结果发放，对培训不合格的人员持续培训，直至合格。此外，宏远煤业每年组织由公司领导带队，各部门管理人员和业务骨干参加，分批次到淮南、同煤、潞安、晋煤等大型煤炭集团学习安全生产标准化的先进经验，分类筛选后进行推广。

（3）通过开展班组建设及多种形式的安全活动，巩固安全生产标准成果。宏远煤业坚持以“安全知识教育人，安全制度激励人，安全氛围影响人”为指导，要求管理人员树立“安全第一”的政绩观。宏远煤业成立了班组建设领导组，制定完善了《班组建设管理办法》，每月根据当月原煤产量，按0.3元/t提取班组建设资金，并以安全管理、生产绩效、标准化、班组文化等为主要内容，对班组和班组长进行考核，依据考核得分进行奖罚。同时，生产系统各队定期召开“班组谈心会”，宏远煤业领导和部门负责人分组参加，收集员工有关安全生产、标准化建设等方面的意见、建议，全部现场答复或召开专题会落实。宏远煤业开展了应急救援演练、“雨季三防”“三大会战”、面对“全家福”安全宣誓等活动，切实提高了全员安全生产意识，逐渐形成家庭、企业安全联保的氛围。经过几年的发展宏远煤业“六大系统”已全部建设完成，全部投入使用。

（4）通过开展流程优化再造，“质量、环境、健康”三标认证和管理信息化3个方面的系统工程。宏远煤业编制了认证所必需的各项文件资料，梳理了各工种的操作流程，修改完善了生产岗位作业标准，人事考勤、工资系统和办公系统已在宏远煤业的信息化管理平台上运行，部分流程已应用到安全生产实践中。各项系统工程的运行，有效提高了公司的管理效率，降低了企业运营成本。

（5）宏远煤业在账务管理、固定资产管理、工资管理、供应、销售5个方面及领导查询应用计算机方面已形成初步的企业信息管理系统。宏远煤业主要运行业务有人员档案系统、人事考勤系统、财务管理系统、购销链系统，为人事劳资部、财务部、供应部、销售部等部门的业务工作提高了效率。井上员工考勤采用扫虹膜考勤机，井下员工考勤采用刷卡考勤机，数据通过公司局域网络传输。

目前宏远煤业综合自动化系统项目已经正常运行，采用先进的监控监测技术、视频技术、网络技术等，已经建成一个现代化的安全监测信息网络系统，对于提高煤矿的生产运行状况、安全水平、事故灾害预测预报，以及生产业务管理等方面具有重要的作用。

（6）节约高效、增收节支，为建设节能型企业，以推行精细化管理为出发点，从能源节能、成本控制、回收修旧、行为养成 4 点入手，精打细算、细抠严管，全面打好“节约”牌，宏远煤业主要从减少煤炭资源损失和降低材料消耗两部分做起，具体内容如下：

①减少煤炭资源损失。考虑到有限资源合理利用，宏远煤业对井田内的边角煤进行了及时回收，减少了煤炭资源损失；宏远煤业按照销售收入的 6.5% 提取技术创新开发费用，先后在支护改革、回采工艺、运输系统、地测物探等方面完成技术项目 20 余项，优化了采掘布置，提高了煤炭资源采出率，减少了地质构造造成的储量损失。

②降低材料消耗。对全矿每台大型设备提出切实可行的节能降耗目标和措施，力争在现有的基础上使煤、电、油消耗降低；抓机制优化和材料管理，加强井下原材料消耗管理，严格设计规范、生产过程施工工艺等技术标准，推选使用再生材料，提高原材料利用率，使生产材料和办公费消耗在现有基础上降低 7% 。通过开展“节约型区队”“节约型班组”等活动，在全矿营造“浪费可耻、节约光荣”的氛围。

山西和顺天池能源有限责任公司

一、矿井概况

山西和顺天池能源有限责任公司位于山西省晋中市和顺县，目前为证件齐全的生产矿井，设计生产能力 1. 20 Mt/a，井田面积 18. 25 km^2。矿井为煤与瓦斯突出矿井。煤层煤尘具有爆炸性，属Ⅲ类不易自燃煤层。

矿井采用斜井开拓，分别为主斜井、副斜井、专用进风斜井、行人斜井、回风立井。

矿井通风方式为中央并列抽出式，4 个进风井分别为主斜井、副斜井、行人斜井、专用进风井；1 个回风立井，安装 2 台 FBCDZ－No34 型煤矿地面用对旋防爆抽出式轴流通风机，一用一备。

目前回采 601 工作面，采用综采一次采全高工艺。2021 年 6 月底回采结束，下一步接续 604 综采工作面，生产接续正常。

井下布置 2 个煤巷、3 个岩巷掘进工作面，煤巷及岩巷采用综掘，岩巷开门采用炮掘。

二、2019 年主要技术经济指标

2019 年实际完成利润 5516 万元；井下布置一个综采工作面，采煤机械化及综采程度 100%；掘进机械化（综掘）程度 100%；实际采区采出率 89%；矿井综合单产 100995 t/(个・月)；原煤工效 10. 49 t/工。

三、安全高效矿井建设的主要做法

（1）采掘布局合理，保证正常接续：实现回采工作面“一采、一抽、一掘”，确保正常生产。

（2）施工底抽巷钻孔消突解放进风巷，煤巷掘进速度提高 150%，接续工作面可在预期时间施工到位。

（3）与科技院校通过理论分析、实验室参数测试、数值模拟及现场工业性试验等研究手段，掌握突出煤层综采工作面瓦斯赋存、解吸及涌出规律，研发新型轻柔性隅角一体式封堵气墙并配合工作面单体液压支架组成隅角高效封堵装置。

（4）推广应用“以孔代巷”工艺，综采工作面取消了低位抽放巷，采用千米钻机施工定向高位钻孔抽放裂缝带瓦斯，降低工作面回采期间上隅角瓦斯含量，走出了一条具有“天池”特色的瓦斯防治、安全高效新路子。

山西介休义棠倡源煤业有限公司

一、矿井概况

山西介休义棠倡源煤业有限公司（以下简称倡源煤业公司）位于介休市东南直距约 14 km 处的连福镇后崖头—关子岭一带，行政区划隶属介休市连福镇管辖。其地理坐标：东经 112°05′19″～112°08′00″，北纬 36°59′30″～37°00′34″。

井田内含煤地层主要有石炭－二叠系的太原组和山西组。井田总体上为倾向东的单斜构造，在此基础上发育了次一级的褶曲构造。地层倾角为5°～15°。井田内无岩浆岩侵入现象，井田地质构造类型为中等，矿井水文地质类型为中等。

倡源煤业公司以 0.9 Mt/a 产量开采 9 号、10（11）号煤层时，矿井最大绝对瓦斯涌出量 2.42 m^3/min，最大相对瓦斯涌出量 1.43 m^3/t，矿井属于低瓦斯矿井。

二、2019 年主要技术经济指标

2019 年生产原煤 0.683 Mt；完成掘进进尺 3012 m。总利润 9509 万元，成本 348.16 元/t，人均年收入 7.1 万元。

三、安全高效矿井建设的主要做法

（一）落实安全生产责任制，狠抓安全管理

（1）进一步完善了安全管理机构，明确了安全责任主体，公司、部室、队组三级责任明确，各负其责。因检查疏忽，没有查出隐患，出现问题的，追究公司分管领导的责任。查出问题，未及时落实，出现问题的，追究部室人员的责任。队组长未及时处理，出现问题的，追究队组长的责任。做到任务明确，责任到人。通过完善安全管理机构，实现平稳发展。

（2）为做好安全生产工作，从标准、目标、责任、措施、考核等环节入手，逐步建立并完善了安全检查工作体系，制定了《安全生产责任制》，结合现场实际，不断进行补充完善。明确了全矿所有岗位的安全责任，形成

了一级抓一级、层层抓落实的安全目标责任保证体系。在制定完善各项制度的基础上，狠抓了安全责任现场落实，依法规范了安全生产行为，各岗位的安全质量行为都纳入了法制化、制度化的管理轨道。

（二）建立健全“双预控”体系

（1）强化全员风险意识，落实重大安全风险管控方案，强化隐患排查与治理，杜绝了各类重大事故。

（2）对上级检查发现的重大问题，逐级追究责任；倡源煤业公司领导在现场发现的重大问题往下逐级追究责任，生产职能部室管理人员在现场发现的重大问题，追究队组、安检人员的责任。

（3）倡源煤业公司任职管理人员实行《下井路线负责制》，要求各级管理人员对下井沿线的隐患进行排查，出井后记录台账，由专人落实整改，如在此期间出现任何安全问题将追究此线路任职管理人员的责任。

（4）倡源煤业公司组织月度安全排查，对排查出的隐患做到“五落实”，并安排复查、验收，直至消除隐患。

（三）持续开展“整改、保持、提升”三步走总体要求，实现全矿井安全生产标准化动态达标

（1）各专业部门针对分管专业制定标准化工作计划，并负责组织实施，对自检中发现的问题提出改进方案及要求。

（2）每月22日前，安标办组织标准化专员或聘请矿管公司标准化专员严格按照《煤矿安全生产标准化管理体系基本要求及办法（试行）》标准和《岗位作业流程标准工作方案》要求，对公司15个专业项目进行验收、打分。

（3）倡源煤业公司月度自检情况经专业组长、分管负责人、总经理审核签字后录入国家煤矿安全监察局煤矿安全生产综合信息系统。

（4）针对自检中发现的问题，由安标办整理汇总以“五定”表的形式下发，由各专业部门、队签订、整改，由专人负责落实整改、销号工作，做到闭环管理。

（5）倡源煤业公司重点开展岗位作业流程标准的推广工作。

①标准完善阶段。在原有22个岗位作业流程标准的基础上，按照“作业流程简明扼要、作业标准科学规范”的原则，在规范岗位作业流程的前提下充分考虑岗位风险管控、隐患治理、岗位技能、行为安全、装备护品、作业现场，以及应急处置等要求，制定各操作步骤的作业标准，完善公司《岗位作业流程标准》。

②标准培训阶段。各部门、队要将岗位作业流程标准的学习培训作为员工上岗的重要前提，通过举办培训班、班前会以及作业现场实际演练等形式，组织岗位作业人员进行学习培训，并有针对性地对关键岗位重点培养，加大奖罚力度。

③标准实施阶段。岗位作业流程标准的实施是推行岗位作业流程标准化的有效途径，各部门、队要结合实际，采取悬挂作业流程标准牌板、制作知识卡片等多种形式认真组织实施，使员工按流程作业、按标准作业，不断提高操作技能，提升安全素质，实现岗位达标。

④标准考核阶段。针对各部门、队岗位作业流程标准化执行情况，安标办制定考核办法，对岗位作业流程标准实施情况采用现场检查、随机抽查和关键岗位重点考核等方式进行检查、考核。

（6）提取月度原煤产量6元/t，作为标准化工作奖励基金。依据《煤矿安全生产标准化管理体系基本要求及评分办法（试行）》一级标准要求和倡源煤业公司安全生产标准化管理体系管理制度，对15个标准化专业进行考核打分。

①月度安全生产标准化管理体系自检，专业得分达到90分及以上，奖励达标专业管理体系人员，不达标按照奖励标准同等处罚。

②各生产队月度标准化建设工作，由15个标准化专业组考核验收，综合得分90分（含）以上为达标，根据达标情况进行奖罚。

（四）深化内部改革，增强企业活力

加强用工制度改革，认真做好劳动用工测评工作，对不称职人员予以调工和解聘，完善后备人才建设，把优秀班队长、技术尖子纳入科级后备干部队伍。坚持区别激励的原则，加大收入分配制度改革，进一步提高职工收入。

山西汾西矿业（集团）有限责任公司高阳煤矿

一、矿井概况

高阳煤矿位于孝义市以西 15 km 的高阳镇，处于黄土高原中部的山西省吕梁山东麓。矿区大部分地表被黄土覆盖，黄土冲沟发育，基岩仅在井田南部的兑镇河谷地带及矿区中部的高阳河床两岸有零星煤系地层出露。高阳河谷地面标高 +800 ~ +880 m，丘陵地标高 +900 ~ +1100 m，相对高差为 260 m 左右。高阳煤矿交通便利，南同蒲铁路介（休）—西（泉）线沿井田东南边界通过，介西线白壁关站有到矿区的铁路专用线，专用线长 5 km，介休站到太原站 169 km。太（原）—离（石）高速公路即 340 省道从矿区北边通过，340 省道从矿区中心通过，至汾阳城 18 km，至太原市 106 km。

高阳煤矿井田西南与水峪井田毗邻，南部与正文煤矿相邻；井田西部以南马庄正断层为界；东部与白壁关井田相邻，以偏店逆断层为界；北至丈八煤层露头；井田面积 53.28 km^2。矿井工业资源储量 521.148 Mt，剩余可采储量 160.1231 Mt。矿井开采深度 +970 ~ +500 m，井田内山西组、太原组为主要含煤层，矿井现开采 +656 m 水平 9 号、10 号、11 号煤层，煤层厚度 5.58 ~ 15.36 m（平均厚度 8.38 m），煤层倾角 5° ~ 15°（平均倾角 8°）。煤层含夹石 2 ~ 4 层，层位稳定，属全区稳定可采的厚煤层。煤层顶板为厚层块状 K2 石灰岩，底板为黏土泥岩、铝土泥岩或泥质砂质泥岩。矿井生产能力 4.50 Mt/a，配套有 6 Mt/a 的选煤厂。矿井证照齐全有效。

二、2019 年主要技术经济指标

2019 年原煤生产计划 4.435 Mt，实际完成 4.50 Mt，任务完成率 101.47%；精煤生产计划 2.875 Mt，实际完成 2.272 Mt，任务完成率 79.03%。

2019 年全矿进尺计划 16060 m，实际完成 16358 m，任务完成率 101.86%。其中开拓进尺计划 2070 m，实际完成 2191 m，任务完成率

105.85%。

综合单产189162 t/(个·月)，综合单进340.79 m/(个·月)，百万吨死亡率为零，吨煤完全成本243.2元，矿井利润24052.69万元，矿井人均工资86954.86元/a。

三、安全高效矿井建设的主要做法

（一）精细技术管理，加快安全高效建设

（1）优化工作面设计。根据高阳煤矿井上下水文地质现状、采区边界和现有系统构成考虑，布置大采长、大走向回采工作面的高效生产模式，以减少工作面布置个数和搬家倒面次数，并严格按照集团公司安全高效矿井建设部署组织生产。

（2）回采工作面布置进行科学设计、掘进和生产组织，联巷设计进行优化、掘开工作面做好掘进层位控制，尽量减少岩石开拓和无效进尺，提高单产单进水平和原煤采出率。依据水文地质资料和实际生产组织情况做好“三类工作面”变化管理，及时对采掘衔接进行修正，对工作面设计进行优化，确保矿井安全高效、均衡稳定生产。

（二）优化生产系统，促进稳产高效

高阳煤矿坚持“一优三减”工作思路，优化系统，实现减头减面减人。坚定不移地走系统瘦身的集约化生产之路，加快矿井系统“塑身”要求。

在21105工作面使用大阻力液压支架（ZF9600型支架、ZFT20000/21/40型端头支架）及相配套的综采设备，提高了工作面生产效率。

二采区大巷于2019年5月延深到位后，优化二采区通风系统，提高通风系统的抗灾变能力，确保采区通风系统的稳定可靠。

（三）推进矿井自动化建设

加快推进矿井机房硐室无人值守建设、自动化工作面建设和机电设备集控化改造，推动煤矿“四化”建设。

（1）对井下中央变电所、二采变电所、主斜井变电所、三采一号变电所、三采二号变电所部分功能进行了优化。

（2）对井下中央水泵房、三采水泵房正压力传感器、负压力传感器、电液闸阀位置传感器、小井液位计进行了更换，对上位机软件进行了优化，确保系统功能设施、运行维护符合标准要求。

（3）对高阳煤矿行人斜井架空乘人装置、一采架空乘人装置进行了自动化集中控制改造，实现了架空乘人装置自动化运行及架空乘人装置机头机

尾视频画面至自动化控制中心的实时传输。

（4）完成了压风制氮站集中控制系统的安装调试工作；实现了压风车间、制氮车间视频画面至自动化控制中心的实时传输，实现了无人值守。

（5）2019 年安装了吕梁能源局监管信息平台和集团公司事故隐患信息平台，保证了高阳煤矿各安全生产系统在监管平台中的数据接入和稳定传输。完成了井下应急广播系统设备的升级改造工作，提升了高阳煤矿调度信息化和应急救援专业水平。完成了安全监控系统的升级改造工作，保证了监测监控数据的正常传输。完成了“核心标准化机房建设”项目，提高了信息机房稳定性并有效降低了运行及维护成本，保证了高阳煤矿办公业务的正常运行和高效服务。

（6）选取地质条件简单，煤层赋存稳定的工作面进行自动化工作面建设。高阳煤矿计划于 2021 年在 31120 综放工作面开展自动化工作面建设。

（四）优化劳动组织，施工队组专业化

安装队伍专业化：成立了安装队，负责井下采掘开工作面设备的安装、回收、初采、末采等工程。

维修队伍专业化：成立了维修队，对各采区及工作面年久失修、底鼓严重、两帮破碎的巷道进行维修，保证生产有序开展。

运输队伍专业化：成立了运料队，实现了物料运输集中管理、调配、运输，直接将生产队组所需的运输物料运至工作面，节约了运输环节，减少了运输人员。

（五）强化环保责任，实现绿色发展

2019 年高阳煤矿矿山生态恢复试点示范工程（水土保持设施工程）竣工并通过竣工验收。该项目的完成标志着高阳煤矿水土保持设施建设符合国家水土保持法律法规及技术规范的有关规定和要求，水土保持设施整体工程质量合格，水土流失防治指标达到方案设计目标值。继续巩固矸石山生态恢复治理成果，加强植物养护管理，确保植物成活率达到 95% 以上；拓宽中水复用渠道，力争工业用水全部利用矿井水；加大扬尘治理力度，将矸石山平台排矸方式由汽车排矸改造为密闭带式输送机走廊。高阳煤矿主动适应严峻的生态环境保护形势，自觉践行绿色发展理念，积极履行生态环保责任，严格防范环境风险，扎实开展污染防治攻坚和资源高效利用，进一步提升环境监管水平和矿区生态环境质量，为集团公司建设世界一流的焦煤企业提供绿色动力。

（六）加大安全培训力度，夯实安全基础

按照集团公司的要求，坚持“管理、装备、培训”并重的原则，高阳煤矿积极推行全员安全培训，按照培训大纲制定培训计划，落实培训责任，重点做好新工人和转岗职工的培训工作。2019 年举办各类培训班 97 期，培训人数 4097 人次，党员“一区三无”、党支部安全宣传教育、群监、青岗、女工家属协管等群众性安全活动持续创新提升。坚持把安全文化、亲情教育、氛围教育等融入日常的安全管理工作中，在全矿各个岗位和工种推行了“手指口述”和“人人都是安全员”活动，使职工通过眼看、手指、心想、口述等程序化的作业方式，熟练掌握本岗位的操作要领，进一步规范了职工操作行为，为高阳煤矿的安全生产打下了良好的基础。

山西汾西矿业（集团）有限责任公司双柳煤矿

一、矿井概况

双柳煤矿位于山西省柳林县西北部的孟门镇，井田面积 29.6072 km^2，批准开采 3 号、4 号、8 号、9 号煤层，目前主采（3+4）号煤层合并层。全矿累计探明储量 380.453 Mt，2019 年末保有储量 316.973 Mt，可采储量 168.61 Mt。矿井设计（公告）生产能力 3 Mt/a，2017 年 4 月升级为煤与瓦斯突出矿井后实际组织生产能力 2.4 Mt，剩余服务年限 50.18 a。矿井证照齐全。煤质为低灰、低硫、高热值的优质炼焦煤。

矿井生产模式为一井一面，开拓方式采用斜井—立井混合开拓，开采方法为走向长壁后退式一次采全高综合机械化采煤法，主运输方式采用斜井强力带式输送机运输，辅助运输方式采用无极绳绞车和单轨吊机车运输。矿井瓦斯相对涌出量 20.57 m^3/t，瓦斯绝对涌出量 94.87 m^3/min，属于煤与瓦斯突出矿井。矿井水文地质类型为中等（上组煤、下组煤）。3、4（3+4）号煤层煤尘具有爆炸性，煤层自燃倾向性等级为Ⅲ类；8、9（8+9）号煤层煤尘具有爆炸性，煤层自燃倾向性等级为Ⅱ类。

二、2019 年主要技术经济指标

2019 年矿井原煤产量计划 2.4 Mt，实际完成 2.532 Mt，完成计划的 106%；掘进进尺计划 10800 m，实际完成 11979 m，完成计划的 111%；综合单产计划 200000 t/(个·月)，实际完成 200645 t/(个·月)，完成计划的 100%；综合单进计划 109 m/(个·月)，实际完成 191.66 m/(个·月)，完成计划的 176%；原煤工效计划 13 t/工，实际完成 13.401 t/工，完成计划的 103%；采煤机械化程度达到 100%，掘进机械化程度达到 97.67%，综掘机械化程度达到 97.67%；矿井在岗人均工资 9.7 万元/a；矿井实现利润 63505.41 万元；矿井采掘抽衔接正常，“四量”符合规定要求，开采程序符合规定，采区回收率年计划 83%，实际 86%；矿井全年百万吨死亡率为零，且无重伤及二级以上非伤亡事故发生。

三、安全高效矿井建设的主要做法

（1）充分利用矿井煤层赋存条件的优势，开拓系统布置简单，增大采区及工作面可采储量，为“一矿一井一面”建设提供基础保证。矿井井巷布置充分利用了煤层赋存稳定、开采条件好的优势，开拓方式为斜井—立井混合开拓，井底车场、+430 m 水平以下区域及条带消突工程：底抽巷、风桥构系统工程布置在岩巷中，其余巷道均沿煤层布置，提高了矿井单进水平，缩短了采区、工作面准备周期。工作面由采区集中大巷两翼通过风桥系统工程连接，条带式布置。此种工作面布置方式减少了通风、运输、供排水、供电等系统工程，布置简单，采区及工作面几何尺寸、可采储量大，工作面走向长度 1900 ~ 2200 m，倾斜长度 201 m，可采储量 1.6 ~ 2.2 Mt。大储量工作面合理设计，增加了回采正规循环率，减少了工作面搬家次数，为实现矿井安全高效提供了基本保障条件。

（2）加大瓦斯治理力度，确保生产安全、高效。按照回采工作面安装前必须具备两年预抽时间的原则，编制了“十三五”发展规划。根据工作面生产期间的瓦斯涌出特点，双柳煤矿采取了本煤层抽放、煤体钻场长钻孔抽采、裂缝带抽采钻孔抽采等综合治理瓦斯的手段治理瓦斯。双柳煤矿回采工作面上隅角的瓦斯浓度控制在 0.3% ~0.5% 之间，回风流的瓦斯浓度控制在 0.3% ~0.4%。其中煤体钻场长钻孔、裂缝带抽采钻孔抽采浓度在 40% ~80%，抽采纯量达到 8 ~ 13 m^3/min，使回采工作面的瓦斯抽采率从 60% 提高到 70% 以上，彻底解决了以往上隅角瓦斯浓度偏高对回采生产作业的影响，攻克了回采工作面瓦斯治理一大难题，保证了工作面持续均衡安全生产。

（3）提高开掘队组单进水平，保证抽、掘、采衔接正常，“四量”符合规定要求。双柳煤矿坚持以矿井的“抽、掘、采”衔接平衡为基础，克服了采掘活动进入 +430 m 水平以下，高瓦斯突出区域对掘进工作面单进水平的影响。在严格执行“两个四位一体”综合防突措施的前提下，以“区域防突措施为前提，局部防突措施为补充”的原则，采取底抽巷穿层钻孔抽采先行、区域递进式抽采、密集超前钻孔和顺层钻孔预抽等区域防突措施，提前进行大面积区域预抽，落实“可保必保、应抽尽抽”瓦斯治理战略，切实提高防突工作效率，提高开掘效率及单进水平。

（4）强化装备升级，推广先进技术，保证运输系统简单、连续化，提高工作面生产能力。2019 年，双柳煤矿致力于建设自动化综采工作面，主要设备配置有 MG400/920 - WD 型采煤机、ZZ7600 - 21/44D 型液压支架、MZL - 25/245 型迈步自移设备列车、S（GZP）D800/1050（200）型德国进口工转破一体机等，在工作面通信系统、液压支架自动控制、采煤机自动控制、综采设备协同运行方式和高效开采工艺等多个方面全部实现自动化，实现工作面高效自动化连续开采。

掘进工作面采用掘支平行作业、快掘连锚作业和炮掘机械化作业，分别通过采用掘锚一体机 + 锚杆台车，实现掘支平行作业；采用 EBZ 系列掘进机 + ZH4000 型联排快速掘进液压支架 + CMM4 - 2 型液压锚杆钻车，实现快掘连锚作业、临时支护机械化；岩巷机掘工作面使用 EBZ - 260 型硬岩综掘机，提高综掘机械化水平；炮掘工作面采用 CMM4 - 2 型液压锚杆钻车 + CMZY2 型岩巷钻装机组 + 远距离喷浆机，实现炮掘机械化。通过上述举措，提高了矿井综合单进水平。

（5）强化信息化管理与自动化建设，为安全高效矿井建设提供信息管理保障。在信息化与自动化建设方面，双柳煤矿通过利用井下 4G 网络、万兆环网、集控平台的信息系统架构，以大数据思维引领企业改革，以大数据手段促进企业转型，系统兼容性强、全域布局、高效灵敏、实时传送，实现矿井数字化管理，影像化展示，彰显新时代企业管理特征。调度室安设大屏集中展现系统、集成信息化系统平台、远程操控系统，具备监测、查阅、指挥、远程控制等功能，并通过数据扩容、信息接入、平台融合，逐步完成集成化信息系统平台，融合矿山软件系统、传感感知系统、工业自动化系统等为一体的 1 + N 体系，为安全高效矿井建设提供坚实的信息管理保障。矿井网上办公使用致远 A8 + 协同管理软件，办公方便、快捷、高效。

（6）开展“机械化换人，自动化减人”，强化劳动用工管理，减少作业人员，提高生产效率。矿井 5 个变电所通过使用南京弘毅综合保护装置和八达电气综合保护装置，实现了无人值守；2 个排水泵房通过使用唐山开诚及唐山东润科技有限责任公司 KJ981 系统及有关软件，实现了无人值守；4 部架空乘人装置通过使用山西赫科特传动技术有限公司的架空乘人装置集控化系统，实现了无人值守；主要硐室全部实现了有人巡视、无人值守、自动运行，实现了井下无人值守率达到 100%；井下局部通风机实现了无人值守，实现了地面切换局部通风机和监控局部通风机的运行情况。

（7）强化成本管理，狠抓过程监管，确保经营成果。一是以制度作为完成经营目标的保障。通过《双柳煤矿全面预算目标考核办法》《双柳煤矿材料管理考核办法》《双柳煤矿各类物资台账管理办法》等一系列管理制度，确保预算目标层层传递。二是以全面预算管理为基础，进一步落实责任，紧抓采掘设计、系统构建、生产工艺、装备配置、物料领用等环节成本管控。三是业务部门管费用指标和管使用过程相结合，深入各区队施工现场，对材料的使用、回收、复用进行跟踪管理。四是优化销售结构，降低销售成本，提高外运量。五是全面推行契约化管理，加强预算指标控制与过程精细管理，规范物资采购行为。六是强化刚性考核，狠抓回收复用、修旧利废，实现全年盈利水平和经营质量双提升。

（8）加强职工培训教育，提高职工业务素质，打造专业化队伍建设。一直以来综采队注重职工素质提升工作，仅代班长任命除有丰富的现场工作经验外，还必须具备大专及以上学历方可获得被提名候选权。综采队将设备保养检修工作作为组队日常管理工作的重中之重，为此双柳煤矿在实际工作中加强了对近两年新分配入职大学生的现场操作培训，将大学生逐步充实到生产一线中，为打造一支现代化的采煤队伍提供了人才保障，逐步培养出一支年轻有活力、文化底蕴深、整体素质高的采煤接班人。

（9）巩固成果、稳步提升，继续开展矿容矿貌专项整治。矿井在环境建设方面严格执行“五同时”，矿井地表采煤沉陷区得到了及时复垦治理，绿化覆盖率为80%，达到矿区绿化水土保持要求；双柳煤矿选煤厂选煤用水实现闭路循环系统，杜绝了水资源污染浪费；在环保节能方面，双柳煤矿各项环保工作能够遵守国家法律、法规，各项环保指标符合规定。对矿井水处理站和生活水处理站进行了升级改造，提高了处理能力；对场区建筑物外墙进行了全面清理，对宿舍的门窗玻璃进行了更换，洗衣房和净化水处理站加装了防盗及防护设施，强化了“两堂一舍”管理、检查和监督，大量工作使双柳矿区环境更加整洁。

山西汾西矿业（集团）有限责任公司
曙　光　煤　矿

一、矿井概况

井田内可采煤层有：山西组 2 号煤层，平均厚度 1.30 m；3 号煤层，平均厚度 0.95 m，距 2 号煤层 9.5 m；太原组 9 号、10 号 +11 号煤层，平均厚度 6.65 m，距 3 号煤层 65.94 m。

井田面积 58.7293 km^2，设计生产能力 0.9 Mt/a。批采的 2 号、3 号煤层设计可采储量共计 129.568 Mt，矿井服务年限 75.8 a。2 号煤层一采区设计可采储量 21.5 Mt，可服务年限 23.9 a。

矿井正常涌水量 150 m^3/d，最大涌水量 200 m^3/d。矿井绝对瓦斯涌出量 17.87 m^3/min，相对瓦斯涌出量 10.97 m^3/t，工作面绝对瓦斯涌出量 9.25 m^3/min，为高瓦斯矿井。2 号煤层原煤硫分 1.0%，灰分 18.53%，挥发分 29.87%，为肥煤。

矿井开拓方式为主斜井、副立井混合开拓，主斜井斜长 1065.4 m，副立井垂深 376.0 m，开采水平标高 +585 m。现有 5 个井筒，分别为主斜井、副立井、梯子间进风立井、进风立井、关家口回风立井。一采区布置集中轨道巷、集中带式输送机运输巷、集中回风巷、专用行人巷，大巷间距 30 m。

二、2019 年主要技术经济指标

2019 年生产原煤 0.899 Mt，原煤工效达到 7.5 t/工；综合单产 67500 t/(个·月)；平均工作面个数 0.96 个；采煤机械化程度达到 100%，掘进机械化程度达到 100%；全年死亡人数零人，百万吨死亡率为零。

三、安全高效矿井建设的主要做法

（一）优化工作面布置，合理集约化生存

2019 年曙光煤矿坚持“一矿一井两面”（一采一备）的生产格局，坚持走人员少，产量大，效益高的新型集约化路子，实施一人多能，增产不增

人，不断提高单产单进水平。矿井开拓方式为斜井、立井混合开拓，采区大巷设轨道巷、带式输送机运输巷、回风巷、专用行人巷4条巷道。通过研究论证，将原回采工作面布置的“跳采”方式改为“顺采”方式，杜绝孤岛工作面的出现，避免出现回采期间巷道压力大造成的生产困难情况。

（二）加快科技创新成果转化步伐，走科技兴矿之路

坚持走新型工业化道路，以生产系统改造、采掘设备更新和工艺革新为重点，积极引进、吸收和转化新技术、新成果，推广应用新工艺、新设备、新材料，大力开展科研攻关和群众性技术革新改造活动，实现了采掘综合机械化、安全监测监控信息化和技术装备现代化，逐步走出了一条科技创新能力强、安全基础牢、产能效率高、经济效益好的科技兴矿、科技保安之路。

（1）积极开展采掘现场矿压观测工作，实现了顶板在线监测，通过数据分析，及时修改完善支护方案，采用锚索（梁）支护技术，有效解决了大断面巷道顶板控制问题，实现了掘进巷道顶板安全。

（2）依托信息资源基础，狠抓硬件、软件和人才管理，在调度、安全监测和生产经营等方面加快了自动化建设步伐。在安全监测监控方面，实施安全生产信息化监控和工业电视监控。井口装备人员考勤系统，井下装备人员定位系统，实现了管理手段的飞跃。

（3）在综掘巷道实现了单轨吊运输，有效解决了大走向、多坡度回采巷道的辅助运输问题，简化了运输环节，提高了辅助运输系统的安全可靠性和工作效率。

（4）开展了“硐室及巷道底鼓治理支护技术试验研究”，在地压集中区实现了巷道支护变更，基本解决了巷道底鼓情况重复出现。

（5）运营管理工作得到进一步加强，经营成果丰硕喜人。

①大力加强制度建设。新制定、修订完善出台了多项管理制度，为规范管理、理顺流程、提高管理水平提供了制度保证。

②进一步明确界定了各职能部门的业务职责，制定了各岗位人员的工作标准和岗位规范，做到“人人有事干，事事有人干”。

③强力推行精细化管理，创新管理模式和管理手段，经营成果进一步扩大，实现了管理增效。

（三）强化信息化管理与自动化建设，为一级安全高效矿井建设提供信息管理保障

在信息化与自动化建设方面，曙光煤矿建成了完整统一的信息化系统和基础设施。信息化系统包括综合自动化系统、安全监控系统、OA办公系

统、计算机管理信息系统、通信联络系统等；基础设施包括井下光纤环网、地面局域网络、网络数据中心机房、三网（数据、音频、视频）合一的数据中心、网络安全设施、井下设备地面远程监控操作平台等。曙光煤矿装备有综合监控子系统，井下采掘子系统，井下煤炭运输子系统，井下辅助运输监控子系统，主副井提升子系统，通风机监控子系统，井下排水子系统，压风机监控子系统，瓦斯抽采子系统，地面生产、供电、煤炭产量监测子系统，矿压监测子系统，并接入综合自动化系统，实现远程监控。曙光煤矿装备有 KJ95N 型煤矿安全监控系统，能实时上传；所有系统配备在线式不间断电源作为备用电源，连续供电时间不小于 8 h。安全监控系统中心站实行 24 h 值班制度，对生产监控系统、井下采掘系统、井下煤炭运输系统、井下辅助运输监控系统等实现自动化，并接入综合自动化系统，实现远程监控。所有系统完全与上级单位联网，能够对安全生产监控、生产经营管理、管理决策、办公自动化等信息进行一体化集成，实现企业生产、经管、管理高度自动化，为现代化矿井建设提供了坚实的信息管理保障。

（四）优化劳动组织，加强劳动用工管理，提高生产工效

（1）重新对一线队组、生产及辅助科室员工进行定编定岗，按照集团公司有关规定定员，对现有劳动组织进行优化，强化一线职工，精减辅助人员。规范干部职工用工工数，减少节假日加班；一线队组则根据矿井煤炭销售、市场变化，采用灵活方式组织生产，避免矿井无效用工，减少用工工数、降低人工成本；严把劳动纪律关，煤矿纪委和劳人科不定期检查员工在岗情况，提高职工工时利用率。

（2）加强班组合理用工，定员、定岗：合理安排出勤及工时利用，现场作业工时利用率高。

华晋焦煤有限责任公司沙曲一号煤矿

一、矿井概况

沙曲一号煤矿隶属于华晋焦煤有限责任公司，华晋焦煤有限责任公司为山西焦煤集团有限责任公司控股51%、中国中煤能源股份有限公司持股49%的国有股份制企业。沙曲一号煤矿井田面积68.3817 km^2，批准开采2号、3号、4号、5号、6号、8号、9号、10号煤层，设计生产能力5 Mt/a，核定生产能力5 Mt/a，设计服务年限92 a。煤种主要为低灰、低硫、特低磷、高发热量、强黏结性的优质主焦煤，矿井生产的焦煤已注册为“华晋焦煤”品牌，享有“中国瑰宝”之美誉。

矿井位于河东煤田中段、离柳矿区西南部，行政区划隶属山西省吕梁市柳林县管辖。井田南部与沙曲二号煤矿为界，北部与双柳煤矿相邻，西部与郭家沟井田为界，东部与地方煤矿为界。矿井交通较为便利，柳林县有铁路和公路与外界相通，青银高速公路从井田南部穿过，铁路专用线在孝柳线穆村车站东端接轨。

井田为走向南北、倾向西的单斜构造，走向长10～10.86 km，倾斜宽5～8 km，面积68.3817 km^2。全井田累计保有煤炭储量1220 Mt，设计可采储量643 Mt，服务年限92 a。

井田内可采煤层有2号、3号、4号、5号、6号、8号、9号、10号煤层。目前，矿井开采山西组2号、3号+4号、5号煤层，3号+4号、5号煤层为主采煤层，2号煤层作为保护层开采。煤种主要为低灰、低硫、特低磷、高发热量、强黏结性的优质主焦煤。

二、2019年主要技术经济指标

2019年矿井百万吨死亡率为零，实现了安全生产；采煤机械化程度100%，掘进机械化程度89%；计划原煤产量3.2 Mt，实际完成3.2 Mt，完成计划的100%；原煤工效8.56 t/工；采区采出率：中厚煤层86%、厚煤层84%；综合单产0.1151 Mt/(个·月)。

2019年计划完成利润10500万元，实际完成利润10765万元；计划单位成本 337.81 元/t，实际完成 356.46 元/t。煤矿职工人均年收入 10.68 万元，同比 2018 年增长 11.38%；2018 年全国煤炭行业平均年收入 81429 元，比行业高 25371 元；2018 年山西省煤矿职工平均年收入 73380 元，比行业高 33420 元。

三、安全高效矿井建设的主要做法

（一）信息化与自动化

沙曲一号煤矿深入研究将煤矿企业信息化融合计算机技术、网络技术、信息安全技术、通信技术等，将商业智能（BI）、数据挖掘（DM）、联机分析处理技术（OLAP）、现代管理思想应用于煤矿企业信息化管理，实现供应链 JUST－IN－TIME、VMI 等协同生产、敏捷响应机制，实现信息技术促进多方共赢的管理局面。矿井实现信息的集中监控、自动采集、集中传输及运用，对供电、提升、运输、通风、排水、压风、瓦斯抽采等生产系统的主要设备实施安全监控、自动化运行和可视化。矿井建立有致远 A8－V5 协同管理软件、人力资源信息系统、财务共享及浪潮系统、易购平台、采购系统等网上办公系统。

（二）科技创新

矿井配有专门的瓦斯研究所，设置了科研管理部门。瓦斯研究所成立于 2008 年 1 月，被山西焦煤集团公司列为“山西焦煤瓦斯研究基地”，成为山西省内唯一获此殊荣的单位。瓦斯研究所面积 300m^2，投入 1400 余万元用于购置相关仪器设备，配置专业技术人员 29 人。瓦斯研究所承担的“矿区煤层气立体抽采关键技术与产业化示范”项目获得中华人民共和国国务院科技进步二等奖；“沙曲矿突出煤层实施区域性瓦斯综合治理技术”项目获得原国家安全生产监督管理总局三等奖；“近距离突出煤层群无煤柱开采立体瓦斯抽采关键技术研究”项目获得中国煤炭工业协会科技进步一等奖；“瓦斯高效安全抽采技术装备研究与应用”项目获得中国煤炭工业协会二等奖；“瓦斯综合治理技术研究”项目获得中国煤炭工业协会三等奖。瓦斯研究所完成实用新型专利 3 项，主要为“一种煤矿瓦斯采样装置”（申请专利号：201922004293.1），“一种煤矿井下局部通风机风向调节装置”（申请专利号：201921958401.2），“一种煤矿井下极性混合气体测定装置”（申请专利号：201922142795.0）。

矿井建设有科技研发队伍，建立了科技管理制度；建设了产学研用协同创新体系；获得了多项国家、省部级等有关政府奖项；开展了支撑企业绿色发展的关键技术研究，改进了多项工艺技术水平；研发及技改投入不低于上一年度主营业务收入的 1.5%；沙曲一号煤矿设置专门的研发财务科目。

（三）生产经营管理

近几年沙曲一号煤矿继续推进技术创新力度，充分发挥科技创新在矿井发展中的优势作用，通过技术创新，进行系统降本，把成本降到合理区间。建立了完善的平台、课题、责任人、创效、奖励“五位一体”的全员创新增效工作体系，全面提高经济效益。强化成本管控意识，继续推行契约化管理。同时以沙曲一号煤矿“财务共享平台”建设为契机，积极推进管理会计应用，提升经营管理质量，逐步使业务流程制度化、程序化、规范化。充分利用税收优惠政策，努力完成科研项目加计扣除工作目标任务，2019 年沙曲一号煤矿科研费用归集 1925 万元，争取了税收优惠政策。

（四）土地复垦

沙曲一号煤矿设置了地质灾害防治办公室，全权负责矿山地质环境保护与土地复垦，并建立了健全的责任机制和设有专门的治理经费，各种措施落实到位。2019 年采空塌陷区共治理 1.1273 km^2，共投入资金 1478.45 余万元；截至 2019 年 12 月底，因采煤塌陷造成的地质灾害隐患全部治理完成。地质环境恢复治理与土地复垦达到相关质量要求，地质环境安全稳定。

（五）矿容矿貌

矿区内划分为生产区、管理区、生活区和生态区四大区。矿区绿化面积 18100 m^2，可绿化面积覆盖率达到 100%；矿区绿化与周边自然环境和景观相协调，绿化植物搭配合理；建筑物、构筑物、风向标、通信设施、路灯等设计风格与周边环境协调一致，立面整洁流畅；矿区绿化具有长效保障机制；绿化植物长势良好；各功能分区及区间进行了必要的绿化、美化；矿区专用道路两侧设置了隔离绿化带。

矿井固体废弃物主要有矸石、生活垃圾，处置率 100%。排矸场位于白家坡风井场地西南侧的沟谷，建设有拦矸坝，矿井产生的掘进矸石充填井下废弃巷道和采空区。工业场地内设置分类回收垃圾箱，垃圾定期由柳林县垃圾处理中心运至八盘山垃圾场集中处理。对矿区高噪声源空压机房、通风机房、瓦斯抽放站等均采取了有效的降噪措施，利用地下建筑、减震、软连接等各种手段及措施进行降噪。在一些产生噪声的排气管路出口处安装消声器，将产生噪声较高的设备集中封闭布置，在产生噪声较大的车间及厂区周边通过栽种防噪、防护林带等阻挡噪声传播。各噪声防治设施稳定运行，噪声排放稳定达到《工业企业厂界环境噪声排放标准》（GB 12348—2008）中Ⅱ类标准。选煤厂设置了封闭式输煤走廊，毛煤仓、原煤仓、筛分车间、主厂房、原煤转载点等产尘点设置集尘罩和袋式除尘器，工业场地和道路采用洒水车定时洒水抑尘。

华晋焦煤有限责任公司沙曲二号煤矿

一、矿井概况

沙曲二号煤矿隶属于华晋焦煤有限责任公司，华晋焦煤有限责任公司为山西焦煤集团有限责任公司控股51%、中国中煤能源股份有限公司持股49%的国有股份制企业。沙曲二号煤矿井田面积63.1637 km^2，批准开采2号、3号、4号、5号、6号、8号、9号、10号煤层，设计生产能力3 Mt/a，核定生产能力3 Mt/a，设计服务年限97 a。煤种主要为低灰、低硫、特低磷、高发热量、强黏结性的优质主焦煤，矿井生产的焦煤已注册为“华晋焦煤”品牌，享有“中国瑰宝”之美誉。

矿井位于河东煤田中段、离柳矿区西南部，行政区划隶属山西省吕梁市柳林县管辖。井田北部与沙曲一号煤矿为界，南部与贺西煤矿相邻，西部与郭家沟井田为界，东部与地方煤矿为界。矿井交通较为便利，柳林县有铁路和公路与外界相通，青银高速公路从井田南部穿过，铁路专用线在孝柳线穆村车站东端接轨。

井田南北长9.7～14.5 km，东西宽3.2～5.6 km，面积63.1637 km^2。井田煤炭资源储量870 Mt，可采储量410 Mt，服务年限97.5 a。井田地层整体为缓倾斜的单斜构造，构造类型为简单。

井田内可采煤层有2号、3号、4号、5号、6号、8号、9号、10号煤层。目前，矿井开采山西组3号、4号、5号煤层，4号、5号煤层为主采煤层，3号煤层作为保护层开采。煤种主要为低灰、低硫、特低磷、高发热量、强黏结性的优质主焦煤。

二、2019年主要技术经济指标

2019年矿井百万吨死亡率为零，实现了安全生产；采煤机械化程度100%，掘进机械化程度91%；计划原煤产量1.3 Mt，实际完成1.407 Mt，完成计划的108.23%；原煤工效7.12 t/工；中厚煤层采区采出率94%；综合单产101600 t/(个·月)。

2019年计划完成利润3800万元，实际完成利润4100.32万元；计划单位成本500.10元/t，实际完成484.92元/t。煤矿职工人均年收入95211元，同比2018年增长7.7%。

三、安全高效矿井建设的主要做法

（一）信息化与自动化

沙曲二号煤矿深入研究将煤矿企业信息化融合计算机技术、网络技术、信息安全技术、通信技术等，将商业智能（BI）、数据挖掘（DM）、联机分析处理技术（OLAP）、现代管理思想应用于煤矿企业信息化管理，实现供应链JUST－IN－TIME、VMI等协同生产、敏捷响应机制，实现信息技术促进多方共赢的管理局面。矿井实现信息的集中监控、自动采集、集中传输及运用，对供电、提升、运输、通风、排水、压风、瓦斯抽采等生产系统的主要设备实施安全监控、自动化运行和可视化。矿井建立有致远A8－V5协同管理软件、人力资源信息系统、财务共享及浪潮系统、易购平台、采购系统等网上办公系统。

（二）科技创新

矿井配有专门的瓦斯研究所，设置了科研管理部门。瓦斯研究所成立于2008年1月，被山西焦煤集团公司列为“山西焦煤瓦斯研究基地”，成为山西省内唯一获此殊荣的单位。瓦斯研究所面积300 m^2，投入1400余万元用于购置相关仪器设备，配置专业技术人员29人。瓦斯研究所承担的“矿区煤层气立体抽采关键技术与产业化示范”项目获得中华人民共和国国务院科技进步二等奖；“沙曲矿突出煤层实施区域性瓦斯综合治理技术”项目获得原国家安全生产监督管理总局三等奖；“近距离突出煤层群无煤柱开采立体瓦斯抽采关键技术研究”项目获得中国煤炭工业协会科技进步一等奖；“瓦斯高效安全抽采技术装备研究与应用”项目获得中国煤炭工业协会二等奖；“瓦斯综合治理技术研究”项目获得中国煤炭工业协会三等奖。瓦斯研究所完成发明专利1项：喷涂式瓦斯抽采封孔工艺，专利号ZL201310282333.3。实用新型专利4项，分别为防卡钻钻头，专利号ZL201120566201.X；封孔材料气动注入装置，专利号ZL200820106378.X；防爆超声波细水雾发生装置，专利号ZL201020691701.1；瓦斯抽放管路高负压U型自动排水装置，专利号ZL200920101587.X。

矿井建设有科技研发队伍，建立了科技管理制度；建设了产学研用协同创新体系；获得了国家、省部级等有关政府奖项；开展了支撑企业绿色发展的关键技术研究，改进了工艺技术水平；研发及技改投入不低于上一年度主营业务收入的 1.5% ，而沙曲二号煤矿研发及技改投入占上一年度主营业务收入的 7.21% ；沙曲二号煤矿设置专门的研发及技改财务科目。

（三）生产经营管理

近几年沙曲二号煤矿继续推进技术创新力度，充分发挥科技创新在矿井发展中的优势作用，通过技术创新，进行系统降本，把成本降到合理区间。建立了完善的平台、课题、责任人、创效、奖励“五位一体”的全员创新增效工作体系，全面提高经济效益。强化成本管控意识，继续推行契约化管理。要求全矿各单位一定要树立成本管控意识，积极开展节支降耗工作。以沙曲二号煤矿“财务共享平台”建设为契机，积极推进管理会计应用，提升经营管理质量，逐步使业务流程制度化、程序化、规范化。充分利用税收优惠政策，努力完成科研项目加计扣除工作目标任务，2019 年沙曲二号煤矿科研费用归集 3289.72 万元，争取了税收优惠政策。

（四）土地复垦

沙曲二号煤矿设置地质科，全权负责矿山地质环境保护与土地复垦，并建立了健全的责任机制和设有专门的治理经费，各种措施落实到位。2019 年杜峪村安全隐患治理工程费用 1565264 元，强家塔自然村道路侧山体安全隐患治理工程费用 43898 元，强家塔自然村道路塌陷滑坡治理费用 45572 元。截至 2019 年 12 月底，因采煤塌陷造成的地质灾害隐患全部治理完成。地质环境恢复治理与土地复垦达到相关质量要求，地质环境安全稳定。

（五）矿容矿貌

矿区内划分为生产区、管理区、生活区和生态区四大区。全矿绿化面积 6000 多平方米，矿区在主干道两侧进行了绿化，种植绿篱草坪和树木；工业场区绿化面积 200 余平方米，种植绿篱草坪；杨家坪生活小区区域绿化面积 2800 m^2，其中槐树、柳树等树木 112 棵，绿化乔木带 1200 余平方米，草坪 1600 余平方米。日常养护由柳林县阳光物业管理有限公司进行养护。绿化覆盖率达到可绿化区域面积的 60% 以上，矿区环境优美。

矿井固体废弃物主要有矸石、生活垃圾，处置率 100% 。排矸场位于白家坡风井场地西南侧的沟谷，建设有拦矸坝，矿井产生的掘进矸石充填井下废弃巷道和采空区。工业场地内设置分类回收垃圾箱，垃圾定期由柳林县垃圾处理中心运至八盘山垃圾场集中处理。对矿区高噪声源空压机房、通风机房、瓦斯抽放站等均采取了有效的降噪措施，利用地下建筑、减震、软连接等各种手段及措施进行降噪。在一些产生噪声的排气管路出口处安装消声器，将产生噪声较高的设备集中封闭布置，在产生噪声较大的车间及厂区周边通过栽种防噪、防护林带等阻挡噪声传播。各噪声防治设施稳定运行，噪声排放稳定达到《工业企业厂界环境噪声排放标准》（GB 12348—2008）中Ⅱ类标准。选煤厂设置了封闭式输煤走廊，毛煤仓、原煤仓、筛分车间、主厂房、原煤转载点等产尘点设置了集尘罩和袋式除尘器，工业场地和道路采用洒水车定时洒水抑尘。

霍州煤电集团吕梁山煤电有限公司
方山木瓜煤矿

一、矿井概况

木瓜煤矿地处山西省河东煤田离石矿区北部，行政区划隶属方山县管辖。木瓜煤矿井田面积 9.3413 km^2，生产能力 1.2 Mt/a，保有储量 66.85 Mt，可采储量 41.71 Mt，矿井服务年限 24.83 a。矿井开拓方式为斜井开拓，开采水平为 +940 m 水平，全井田按煤组划分为 4 个采区，分别为一采区、南区左翼下组煤、南区右翼下组煤、南区上组煤。

矿井正常涌水量 65 m^3/h，最大涌水量 120 m^3/h，总体上井田水文地质条件中等。矿井绝对瓦斯涌出量 2.24 m^3/min，相对瓦斯涌出量 1.04 m^3/t；采煤工作面最大绝对瓦斯涌出量 0.33 m^3/min，掘进工作面最大绝对瓦斯涌出量 0.10 m^3/min。矿井为低瓦斯矿井。经鉴定 9 号、10 号煤层煤尘具有爆炸性。9 号、10 号煤层自燃倾向性等级为Ⅱ类，为自燃煤层。

二、2019 年主要技术经济指标

2019 年矿井安全形势持续稳定，百万吨死亡率为零，实现了安全生产。9 号、10 号煤层采区采出率达到 84.50%，回采工作面采出率达到 95.67%。综合单产计划 100000 t/(个·月)，实际完成 100545 t/(个·月)，完成计划的 100.5%。回采工作面均采用综合机械化采煤，综采程度达到 100%，综掘程度达到 87.23%。原煤工效计划 10 t/工，实际完成 10.06 t/工，完成计划的 100.6%。

全年利润计划 1600 万元，实际完成 1678.52 万元，比计划多实现利润 78.52 万元。全年成本计划 247.86 元/t，实际完成 246.21 元/t，比计划成本节约 1.65 元/t。职工人均年收入 95577 元，同比增长 2%。

三、安全高效矿井建设的主要做法

（一）坚守红线，提供安全保障

（1）加强现场管理。一是针对工作面安装、初采初放，末采回撤，过断层、系统调整、胶轮车运输、爆破管理等安全风险，管理人员跟班作业、动态检查，确保安全措施落实到位、职工正规操作、现场安全有序。二是突出“两节”“两会”、国庆期间的安全管理，严格停工复工验收，各级干部坚守岗位，“防风险、保安全、迎大庆”工作落实到位，保证了特殊时间段的安全稳定。三是做好季节性“三防”工作，对水仓、井口、边坡、护坡、地表裂缝、供暖管网以及应急物资进行隐患排查和整改落实，未发生季节性突发事件。

（2）提升全员素质。坚持“先培训、再任职，先持证，后上岗”和“以考促学”的原则，按照“一月一主题”，分系统、分专业、分工种进行理论培训和实操演练，组织班组长、特种作业人员、“三违”人员培训，邀请救护大队第三中队进行全员创伤急救培训1900余人次，各类人员所持证件符合规定要求，促进安全管理团队、技术团队、现场作业团队3支关键队伍的素质提升。

（3）提高应急救援水平。按照《山西焦煤三级创伤急救体系管理办法》，一是开展应急创伤急救培训及考试，邀请救护大队第三中队，分5个小组对木瓜煤矿职工进行应急创伤急救测评，针对心搏骤停、动脉出血、骨折等情况进行理论讲解和实操培训，做到人人过关；二是为各队组配全了急救箱、担架等14项急救器械和药品，下发了专用急救箱，对兼职急救员不足的单位进行补充。严查现场急救设备、设施的保管和使用，确保出现急救情况时的应急救治。

（二）明确定位，打造智能化标杆矿井

木瓜煤矿围绕山西焦煤“聚焦主业”这一核心，深入落实霍州煤电“双五”战略，坚持“依法治企、科技兴安、文化引领”的发展目标，突出“机械化换人、自动化减人、智能化无人”的管理导向，成立标杆矿井建设工作组，逐步实现智能化融合、数字化管理、影像化展示，推进“安全、高效、科技、生态、和谐”的智能化标杆矿井建设。

（三）两化融合，实现装备升级

（1）实现综采智能化。围绕6.5 m大采高智能化工作面建设，一是实地调研考察。通过到郑煤机、付村煤业、黄陵矿业、正利煤业以及科研院校的调研考察，确立了大采高智能化开采、设备配套选型、工艺研究、技术队伍组建的具体方案和实施路径。二是高标准投入。S10－102 大采高综采装备配置大功率采煤机、高阻力支架、变频式输送机、远程自动配液等设备。支架为郑煤机生产，采煤机为上海创力生产，刮板输送机为山西煤机公司生产。三是快速安装调试。利用 21 d 的时间完成了 139 个 6.5 m 支架的安装，11 月 12 日进入联合试运转，智能化控制系统于 12 月 10 日开始联合自动化调试运行。

（2）实现综掘高效化。升级综掘装备，投用掘锚护一体机、履带式自移机尾等快速掘进设备，以及两台混凝土搅拌车，推广应用综掘机拐弯、掘进机器人等先进工艺，完成三一重工 EBZ－200 掘进机的遥控改造。正在研究掘进机自动截割机器人在上组煤岩巷的应用，掘进综合机械化程度达到 100%。

（四）改革创新，追求效益最大化

（1）推进无人值守。井下 4 个变电所、2 个水泵房完成无人值守建设，实现远程监控和一键启停控制。地面监控中心安装供电监控系统、自动化排水系统，实现双机热备功能、视频一体化实时监控，在地面监控井下配电室供电设备，高低压开关具备"五遥"功能（遥信、遥测、遥控、遥调、遥视，以及远近控闭锁功能）。变电所泵房实现自动排水、无人值守，减少岗位人员 5 人，矿井硐室无人值守率为 100%。

（2）提高生产效率。一是推进科技创效。加大智能化开采、快速掘进设备投入力度，推广应用掘锚一体机、综掘机拐弯、掘进机遥控改造、快速掘进配套装备、掘进机器人等先进装备工艺，提高施工效率。二是优化生产组织。严格执行综采队台阶考核政策，提高日常检修质量，设备坚持"能热备不冷备、能现场备不地面备"，提高核心设备开机率，保障产运销平衡。

（3）推行全面预算管理。由矿对系统、系统对单位、单位对个人进行层级管理，实行"双百制"考核，月打分、月考核、月兑现，月度考核占工资额度的 9.16%，两级公司考核全额联责责任科室，通过工资水平的契约激励，营造"多劳多得、少劳少得"、工资向一线倾斜的工作氛围。

（五）科学规划，打造生态矿区

坚持"绿水青山就是金山银山"的理念，一是保证硬件投入和日常排放的双达标。投用 3 台燃气蒸汽锅炉和空气源热泵进行取暖，副斜井安装 3 台远红外线暖风机，处理过的中水用于井下洒水灭尘和地面绿化，"一站式”原煤运输和轮胎清洗装置有效控制地面扬尘，生活污水站处理能力由 500 m^3/d 扩容至 1000 m^3/d，投用 2 台电动清扫车清理矿区路面垃圾，矿区整体绿化率达到 56%。二是推进污水处理站信息化平台建设，实现污水处理站所有设备启停、故障筛查、污染物排放指标实时监控等统一管控功能。三是实行“一日三扫，16 小时保洁”，动态监督设备运行、排放指标、措施执行和人员操作，2020 年争取到新能源替代补贴款 25 万元，形成“产煤不见煤、产煤不烧煤、工业水循环利用、扬尘烟气达标排放”的生态园林矿区。

霍州煤电集团吕梁山煤电有限公司方山店坪煤矿

一、矿井概况

店坪煤矿隶属山西焦煤霍州煤电集团吕梁山煤电有限公司，位于山西省吕梁市方山县大武镇水源村至杨家塔村一带。矿井地处河东煤田离石详查区，井田北邻金晖凯川煤业公司，南至井田边界，西起 F_7 断层，东至煤层露头。井田南北长约 4.1 km，东西宽约 4.17 km，总面积 13.53 km^2；核定生产能力 2.6 Mt/a。

矿井地质条件简单，井田总体为一不对称向斜（中阳—离石向斜）。矿井采用斜井开拓方式，设主斜井、副斜井、回风立井 3 个井筒；采用中央并列式通风；属于低瓦斯矿井。矿井水文地质类型为中等，井田内没有河流、地表水体，矿井涌水量主要靠大气降雨补给，正常涌水量 80 m^3/h，最大涌水量 120 m^3/h。井田内构造以断层居多，无陷落柱，无小煤窑破坏区域和废弃井口，井口标高 +1080 m，高于历年最高洪水位。

二、2019 年主要技术经济指标

2019 年矿井安全形势继续保持平稳有序，百万吨死亡率为零，实现了年度安全生产。回采工作面全部采用综合机械化采煤，采煤机械化程度 100%。掘进工作面除各类硐室采用爆破作业以外，其他掘进巷道均采用 EBZ－200（220）型综掘机施工，掘进机械化程度 95.9%。

全年计划 207.96 元/t，实际完成 205.77 元/t，比计划降低 2.19 元/t。全年计划综合单产 200000 t/(月·个)，实际完成 206000 t/(月·个)，完成计划的 103%。原煤工效计划 10 t/工，实际完成 10.68 t/工，完成计划的 107%。2019 年主要开采 +830 m 水平二采区 9 号煤层，采区采出率 85.7%。

全年计划完成利润 5600 万元，实际完成 8218.35 万元，比计划增加 2618.35 万元，增幅 47%。职工人均年收入 11.3 万元，同比增长 3%。

三、安全高效矿井建设的主要做法

（一）坚持改革创新引领不动摇，全面打造集团品牌项目

1. 全面推广应用“110”工法采煤技术

随着“110”工法采煤技术应用更加成熟，顶板控制效果更加明显，留巷质量稳步提升，目前已形成了一套切实可行的“切、支、留、用”为一体的技术支撑体系与管理模式。店土平煤矿掌握了留巷应用切顶卸压无煤柱开采顶板压力规律分布，为全采区甚至是下一步3号煤层薄煤层智能化无煤柱开采积累了丰富的实践经验。

2. 综掘工作面掘锚护一体机+带式输送机自移机尾快速掘进自动化作业线

一是2017年6月与山东兖煤黑豹矿业装备有限公司合作，首次将EBZ200型综掘机改造成掘锚护一体机（第三代），实现了工作面掘、支、锚、护、移一体化作业，单进水平由220 m提升到260 m，提升了矿井机械化、自动化水平。

二是2019年通过对EBZ－200（A）型综掘机截割部分进行优化与改造，全部升级为第五代掘锚机，实现了支护钻臂稳定性进一步增强、施工效率大幅度提升，同时全部配套DWZY1000/2000型履带式自移机尾，减少了综掘机拖拽机尾及机尾固定锚杆施工环节，提高了工作面生产效率与人工效率。经过近3年的工业性试验，矿井单进水平由260 m提升至350 m（最高单进水平突破401 m），掘进工效提高3.54 m/(月·人)，实现了掘锚一体化、临时支护、永久支护等主要工序的高效配合，缩短了支护循环时间，降低了劳动强度，实现了综掘工作面全工艺流程机械化安全高效运行。

三是2020年继续更新换代，使钻臂定位更加精准，实现了“遥控+人工”双线操作控制，通过自动切割机器人系统应用实现工作面“掘、支、运”全流程机械化操作，为单进水平提升至500 m/月打下了坚实基础。

（二）主抓标杆矿井建设，实现亮点工程与智能化开采

根据山西焦煤集团“1126”发展战略和集团公司“双五”战略部署的重大举措，矿井全力推进技术创新安全高效标杆矿井建设，围绕科技减人提效、做优做强特色标杆项目，实现企业安全高效绿色发展。

一是打造3号煤层薄煤层智能化工作面：围绕有限的资源储量，从地质构造、煤层厚度、煤质指标、产量、效益、环境保护、长远发展战略等方面综合考虑，开辟一条切行实际、符合自身的发展道路，实现工作面设备智能

化控制，采煤机记忆截割、液压支架自动跟机及可视化远程监控，实现下分层9号煤层与上分层3号煤层合理配采，达到快速、简洁、高效的目的。2019年全力组织井巷工程建设，至2020年底工作面投产，实现智能开采。

二是全面推广综采液压支架电液化控制：2019年对煤矿在用的一套ZY7200/16.5/32型液压支架出井大修并改造，于2020年9月在9－207工作面投入使用，实现回采工作面拉架、移架智能化控制，达到快速、简洁、减人提效的目标。

三是各类固定硐室无人值守：通过对地面压风机房安装远程自动化控制系统，对每台空压机电流、电压、排气压力、排气温度进行实时监控，实现自动开停及无人值守；井下4个水泵房（+830 m水平中央水泵房、+830 m水平南翼水泵房、+830 m水平北翼水泵房、+900 m水平三采区水泵房）安装ZPZ－15/660B型主排水泵集中控制系统及现场电脑操作监控，与地面机电调度监控总站相连，实现了地面远程开停水泵及泵房无人值守；每班可减少作业人数4～5人。

2020年在6 kV变电所、风井变电所及井下剩余4个变电所（+900 m水平中央变电所、+900 m水平南翼变电所、+830 m水平南翼变电所、+830 m水平北翼变电所）安装电力监控无人值守系统，将所有视频监控数据上传至监控机房，实现所有固定硐室自动化无人值守，达到减人提效的目的。

（三）主动革新创造保安全，开创科学技术引领

全矿技术创新、“五小”竞赛活动氛围更浓，全年完成18项科研项目、54项创新成果、12项国家实用专利。其中15项研发项目、4项专利获两级集团公司技术进步奖，3项创新获山西省“五小”竞赛优秀成果，16篇科技论文完成发表，科技减免税累计4500余万元，创最好水平。综掘机拐弯开口技术为全集团首家革新技术，通过综掘机二运带式输送机采用单轨吊配合综掘机拐弯开口，淘汰传统炮掘＋耙矿机作业方式，减少拐弯开口作业时间8 d，实现综掘拐弯开口工艺连续化，减少职工劳动强度。综采支架自动红外感应跟机降尘等多个项目成效突出，另有51项群众革新项目成效突出，全年奖励首创人合计6.3万元，其中，可调式护帮支架研究应用等12项取得国家新型实用专利，门式支架设计制作等3项获得山西省“五小”创新优秀成果。

（四）创新推进管理契约化，突出精细管理降成本，经营管控显著提升

一是本着“能修复不投新，能自修不委外”的管理理念，创新推进基层队组材料管理契约化，实行材料配件回收、复用计件奖励，全年共修复支

护材料、五小电器、托辊等，实现价值 300 多万元，使回收复用率提升近 20% 。

二是严格日常机电设备 TPM 检修维护，减少设备维修投入 100 多万元。

三是优化调整“110”工法支护工艺和环节参数，并将 U 型钢回收率提高至 80% 以上，每 1000 m 巷道可减少成本投入 200 万元，并外租闲置门架创收近 200 万元。

霍州煤电集团吕临能化有限公司
庞庞塔煤矿

一、矿井概况

庞庞塔煤矿隶属于山西焦煤集团霍州煤电集团吕临能化有限公司，地处山西西部河东煤田中段离柳矿区北部三交西倾单斜构造区。矿井设计生产能力 10 Mt/a，矿井采用斜立井开拓，主采煤层为 5 号、9 号煤层，煤层平均厚度分别为 5.66 m 和 9.56 m，煤种均为 1/3 焦煤。井田面积 60.731 km^2，可采储量 765.45 Mt，服务年限 54.7 a。矿井水文地质类型为中等，属低瓦斯矿井；5 号煤层和 9 号煤层煤尘均有爆炸性，各煤层的自燃倾向性为自燃—容易自燃。

二、2019 年主要技术经济指标

2019 年矿井百万吨死亡率为零，实现了年度安全生产。回采工作面全部采用综合机械化采煤，采煤机械化程度 100%。掘进工作面除各类硐室、大坡度上下山、岩巷采用爆破作业以外，其他掘进巷道均采用 EBZ－200（260）型综掘机施工，掘进机械化程度 85.9%。

全年计划原煤产量 5.70 Mt，实际完成 6.15 Mt。全年进尺计划 14300 m，完成进尺 14771 m。2019 年矿井综合单产 298803 t/(个·月)。原煤工效 13.9 t/工。目前矿井生产采区为 9 号煤层一采区、5 号煤层四采区，采区采出率 79%。

2019 年全年利润 24361 万元，原煤成本完成 207 元/t。矿井人均年收入 9.42 万元，同比增长 9.1%，相比 2018 年煤炭行业职工收入平均水平 7.2 万元提高了 30.8%。

三、安全高效矿井建设的主要做法

（一）生产组织方面

1. 安全高效方面

庞庞塔煤矿煤层厚、倾角大，这是井下最显著的特征。多年来，庞庞塔煤矿一直致力于探索大倾角综放工作面采煤技术研究，并在设备防倒、防滑及防窜矸技术方面取得了一定的成果，完成了45°大倾角且构造发育段的安全回采工作。为了实现产量不降低，庞庞塔煤矿还开展了其他7项核心采煤技术并展开攻关，主要包括综放工作面“两采一放”放煤技术、综放工作面单循环产量提升技术、综放工作面机头机尾快速铺网技术、综放工作面机头段调平技术等，利用科技力量促进安全高效单产水平提升。

2. 单进提升方面

庞庞塔煤矿长期将人员定岗管理、精心筹谋、捋顺现场的生产组织、实行大循环作业、最大限度地实行平行作业、加大激励机制、加大检修力度等方面作为提高单进水平的手段和依托，2019年6月由掘一队施工的5－4032巷月度进尺512 m，创本年度月进尺最高纪录。

（二）科学管理方面

1. 安全管理方面

一是强化了安全制度保障，严格执行落实“十项”重奖重罚安全考核制度；二是推行了员工安全诚信制度建设，提升了职工敬畏制度、遵守制度、诚信制度的主动性和积极性；三是深入开展了事故案例培训学习，坚持推进“班班有警示、周周有提醒、月月有反思”的工作；四是加强了特殊薄弱时段的安全管理，制定了周六周日、节假日及夜班特殊时段的专项安全管理规定并严格执行；五是强化了“一看两想”安全工作法，要求职工看明白了、想清楚了再干；六是加强了现场标准化动态达标工作，打造了“望田”标准，树立典型、以点带面促进矿井标准化水平提高；七是推行了“五精”管理，全力打造先进文化、管理严格、流程规范、精准操作的本质安全型矿井；八是强化了队伍建设，以矿长为首的安全生产管理团队建设、以总工程师为首的技术管理团队建设、以安全处长为首的安全监管团队建设、以区队长班组长为首的现场管理团队建设。

2. 经营管控提质增效方面

一是加强了契约化管理，重点突出层级管理、分部经营和业绩考核导向；二是加强了精细化管理，树立了品牌业务72项；三是加强了内控体系建设，优化了管控体系，强化了内控管理，严格落实了规则制度“立、改、废”工作要求，夯实了矿井各项工作的管理基础；四是加强了“五化”达标建设，检查出精细化管理问题52个，实现了“制度管人、流程管事”。

（三）技术创新方面

1. 专利受理授权

2019 年实际完成授权专利 4 项，分别是《一种适用于单绳提升机提升载荷监测的液力传感器》《一种改进型综放工作面机头机尾快速铺网装置》《一种大倾角特厚松软煤层回采工作面支架前梁侧护》《一种风动阻车器及道岔控制箱一体化装置》；受理专利 5 项，分别是《一种大倾角综放采煤方法》《一种大倾角工作面综放开采稳定性的控制方法》《一种矿用乳化液浓度自动检测与配比装置》《一种煤矿综采面远距离恒压供液系统》《一种卸载回液管道吸能减震器》。

2. “五小”创新

2019 年庞庞塔煤矿共征集“五小”创新项目 177 项，其中 9 - 1061 巷与 5 - 2021 巷穿尖交岔掘进顶板、水害管控技术应用为 9 - 1061 巷提前掘出争取了一个月的时间，9 - 301 工作面设计优化调整使终采线前移 210 m，工作面增加可采储量 70 余万吨，间接创收 2. 8 亿元。大工作面布置优化、拐弯带式输送机的应用、大流量远距离清洁供液系统、无人机航测技术在 5 - 108 工作面对应地表采空区巡查中的应用、风水联动喷雾装置等均在安全生产中起到了巨大的促进作用。

3. 科技项目

一是水力压裂顶板技术应用取得效果显著，减少了回采工作面采动对相邻巷道的破坏影响，同时解决了回采工作面迎采掘巷动压影响、上下隅角悬顶不能及时垮落等技术难题。

二是大倾角松软厚煤层综采放顶煤安全高效开采关键技术研究及应用，通过了中国煤炭工业协会成果鉴定，研究成果达到国际领先水平，切实提高了综放工作面放煤效率和煤炭回收率，以及降低了贫化率、提升了综放工作面循环产量、合理地选择超前支护方式，使工作面的资源回收率提高 5. 5% 。

山西西山晋兴能源有限责任公司斜沟煤矿

一、矿井概况

斜沟煤矿位于山西省兴县县城以北 50 km 处，行政区划隶属兴县魏家滩镇和保德县南河沟镇管辖。国土资源部划界批复的井田面积 88.6435 km^2，资源储量 2245.4 Mt，国家发展改革委核准建设规模 15 Mt/a，服务年限 71.7 a，主采煤层为 8 号、13 号煤层，配套建设同等能力的选煤厂。

井田内构造简单，总体上为一走向近南北、倾向西的单斜构造。地层倾角小于 15°，一般为 9°～12°，井田内没有岩浆岩侵入，地表和钻探过程中也未发现断裂构造和陷落柱，仅在井田东南部发现有宽缓状小褶曲。矿井水文地质类型中等，2019 年矿井正常涌水量 245 m^3/h，最大涌水量 309 m^3/h。2018 年矿井瓦斯鉴定结果为：相对瓦斯涌出量 0.69 m^3/t，绝对瓦斯涌出量 17.49 m^3/min，矿井为低瓦斯矿井。矿井现开采煤层的煤尘均具有爆炸性，火焰长度为 50～180 mm，各煤层自燃倾向性等级均为Ⅱ类，属于自燃煤层。

二、2019 年主要技术经济指标

2019 年矿井原煤产量计划 15 Mt，实际完成 15 Mt，完成计划的 100%。掘进进尺计划 30000 m，实际完成 31500 m，完成计划的 105%。综合单产计划 0.30 Mt/(个·月)，实际为 0.5848 Mt/(个·月)，完成计划的 194.9%。综合单进计划 345.7 m/(个·月)，实际为 550.53 m/(个·月)，完成计划的 159.3%。原煤成本 135.34 元/t，利润总额 255757 万元。矿井职工人均年收入 12.60 万元。原煤工效计划 40 t/工，实际为 41.981 t/工，完成计划的 105%。采煤机械化程度达到 100%，掘进装载机械化程度达到 100%，综掘机械化程度达到 100%。矿井近 3 年百万吨死亡率始终为零。矿井主采的 8 号、13 号煤层为厚煤层，采区采出率 82.5%。

三、安全高效矿井建设的主要做法

（一）生产组织

（1）牢固树立“要产量更要效益”的理念。与各基层队组及施工单位签订契约化管理目标责任书，确保人人肩上有责任，形成目标约束，统一管理，做到契约化管理全覆盖。对各契约化单位的材料、配件，生产任务、设备开机故障率、安全质量标准化等按月考核，把考核结果纳入计件工资的20%作为激励工资考核兑现，做到奖罚分明。

（2）创建“两队三面”掘进模式。为了减少掘进过程中的打钻影响时间，斜沟煤矿施行“两队三面”掘进模式，在打钻期间，施工队组去备用工作面继续掘进，提高掘进效率。

（二）科学管理

斜沟煤矿实行科学核算、严格管控采出率制度，每旬地测科测量工作面煤量，矿调度基于旬过磅有效煤量反算，保障采出率；在队组内部开展“班组台阶竞赛、月度优胜班组竞赛、月度工程质量最佳班组竞赛”等竞赛活动，根据竞赛成绩，合理进行二次分配，鼓励班组在安全的前提下多出煤，充分调动了职工的积极性。

采煤队定员100人，实行网格化管理，每个岗位人员各司其职、各尽其责，在集体决策上，心往一处想、劲往一处使，充分保障了工作积极性，高质量、高标准地完成月度任务。

（三）技术创新

（1）建成了以一体化信息机房为核心、井下两套工业环网为主干线路的煤矿现代信息化体系框架。完成了4G网络与万兆工业环网的无缝对接，全矿主要辅助运输、固定带式输送机运输大巷、采煤工作面已经全部实现4G信号覆盖。基于“有线宽带+无线宽带”的矿山“一张网”建设已基本形成雏形，为解决矿山“信息孤岛”及在矿山各系统之间进行数据联动建立了技术基础。

（2）投入运行无轨胶轮车智能管理系统，能够及时、准确地对井下各个区域的车辆运行数量、车辆位置、出入井时间、运行路线、行驶速度及红绿灯系统等进行实时监控，便于安全生产管理。

（3）在18505工作面进行智能化工作面建设，开创了山西省煤矿在超长走向、大采高、大开切眼工作面进行智能化工作面建设的先河。18505智能化工作面对原18503工作面的设备进行升级改造，在最大限度地节约成本的基础上实现了工作面智能化，显著提升了矿井效益。工作面实现一键启动、记忆割煤、自动跟机、视频监控等功能，达到设备协调联动控制的目的，实现了自动控制为主、远程干预为辅的智能化综采工作面。工作面和两巷超前支架可以使用遥控器进行电液控干预，减轻了劳动强度，保证了操作人员安全。

（4）在综放工作面巷道煤柱帮顶板进行了水力预裂切顶卸压，降低了工作面初采初放期间的来压强度，有效解决了悬顶问题，增加了放顶煤工作面两端头顶煤的冒放性，提高了放顶煤工作面采出率，减小了邻近工作面采掘期间受邻近采空区采动的影响，解决了放顶煤工作面逐步面临邻近采空区进行采掘作业及孤岛工作面矿压显现强烈的问题。

山西汾西宜兴煤业有限责任公司

一、矿井概况

山西汾西宜兴煤业有限责任公司隶属于山西焦煤集团汾西矿业公司，矿井位于山西省中部，吕梁山东麓，行政区划隶属吕梁市孝义市和晋中市灵石县管辖。井田呈长方形，南北长约 4.0 km，东西宽约 3.2 km，批准井田面积 12.43 km^2，批准开采 2 号煤层。煤层属Ⅱ类自燃煤层，煤尘具有爆炸性。矿井瓦斯等级为低瓦斯，水文地质类型为中等。

矿井生产能力核定为 1.80 Mt/a，开拓方式为斜井开拓，中央分列式通风，井田内共有 4 个井筒：主斜井、副斜井、副立井和 2 号回风立井。根据矿井地质条件及煤层赋存特征，布置 1 个水平开采 2 号煤层，标高 +560 m。采煤工作面采用走向长壁后退式综合机械化采煤方法，一次采全高，全部垮落法管理顶板。掘开工作面采用综掘工艺，锚网索联合支护。

二、2019 年主要技术经济指标

矿井全年百万吨死亡率为零；矿井原煤产量完成 1649888 t，工作面原煤产量 1485028 t，综合单产 128909 t/(个·月)，最高月产 134604 t，最高日产 6500 t/(个·日)；矿井掘进总进尺完成 8243 m，最高月进尺 450 m，最高日进尺 18 m。锚杆（索）支护率 100%；采煤机械化程度达到 100%，掘进机械化程度 98%；矿井开采的 2 号煤层为中厚煤层，采区回收率 83%；原煤工效达到 10.43 t/工。

矿井全年利润完成 12674.21 万元，成本完成 335.41 元/t，职工人均年收入 8.68 万元，达到行业平均水平。

三、安全高效矿井建设的主要做法

（一）坚持“一优三减”，提高生产效率

公司根据矿井地质及开采条件，进行了采区变更设计，将原矿井设计中的 3 个采区变更为 1 个，极大地简化了生产系统，减少了头面和岗位人员。开拓巷道均沿煤层布置，沿大巷直接布置条带工作面，省去了准备巷道，开

拓方式简单、工程量少，成本低、见效快，同时减少了采区煤柱，提高了煤炭资源回收率。坚持“一矿一井一面”生产格局及“一采两掘”采掘部署，实现人员少、效率高的集约化生产，有力地保障了矿井安全高效生产。

（二）优化工作面设计，提高单产单进

优化回采工作面设计，增大工作面开切眼长度和可采走向长度，增加工作面可采储量、开采时间及循环产量，减少了头面，提高了单产，减少了区段保护煤柱丢煤及工作面搬家次数。回采工作面采用顺采布置，避免跳采布置形成孤岛工作面造成回采期间巷道维护困难，将运输巷布置在实体煤中，材料巷与相邻工作面采空区留 5 ~ 7m 小煤柱布置，且复用上一工作面运输巷的联巷及溜煤眼，减少了巷道掘进工程量，提高了利用率。

优化掘进巷道支护设计，推广应用“高强度、低密度”支护，采用高强度锚杆（索）、六边形金属网、W 钢带联合支护，提高了支护强度，增大了锚杆（索）间排距，在保证巷道支护效果的同时有效减少了支护工程量，降低了职工劳动强度，提高了巷道单进，实现了巷道高效快速掘进。

（三）加强“四新”应用，推动科技兴安

（1）积极引进成熟和适用的新技术、新材料、新工艺、新设备。在采区大巷应用了远距离喷浆机，在掘进工作面应用了气动联网机、高强度支护材料、让均压支护技术和材料，在回采工作面瓦斯抽放钻孔施工中应用了千米钻机，在矿压观测中应用了在线监测系统，在巷修工程中应用了履带式卧底机等，有效降低了职工劳动强度，提高了工作效率和安全性。

（2）鼓励自主创新，因地制宜地开展“五小改革”和科技创新工作。公司科技人员自主研发的自适应双向别绳轮、采煤工作面超前支护区单体液压支柱快速移动装置、掘进机红外感应急停、斜井轨道运输无线监控系统、掘进机主控器试验装置、回采工作面上隅角压风引射器、自动风流净化水幕装置、定向扩孔钻头、自洁式带式输送机清扫器等成果在提高工作效率、降低劳动强度、消除安全隐患等方面均取得了良好的效果，有力地促进了矿井安全高效生产。

（四）提升信息化水平，实现自动化减人

积极提升各生产系统主要设备的信息化和自动化水平，井下变电所、水泵房、架空乘人装置及大巷带式输送机，井上压风机房、液压液配比站、深井供水系统、安全监控系统等均实现实时监测、集中控制和自动化管理。井下轨道大巷无极绳绞车安装视频监控系统，实现实时监控，综采工作面机械化程度达到 100%，且刮板输送机、转载机、破碎机由设备列车处集中控制，通过提升装备水平，大幅度减少了岗位人员数量，提高了生产效率。

（五）优化劳动组织，提高生产工效

不断完善定员管理制度，科学设置岗位劳动定员，对现有劳动组织进行优化，补强一线人员、精减辅助人员；规范干部职工用工工数，根据生产需要合理安排出勤，避免无效用工，保证工时利用率，有效提高生产工效。

山西汾西香源煤业有限责任公司

一、矿井概况

山西汾西香源煤业有限责任公司（以下简称香源煤业），是2005年8月30日由山西汾西矿业（集团）有限责任公司与原山西华鑫煤焦化实业集团有限公司作为股东，签署合作协议组建而成的股份制企业。其中山西汾西矿业（集团）有限责任公司以出资51%作为控股股东，负责经营；山西华鑫煤焦化实业集团有限公司按评估后的井巷工程、地面建筑、设备、材料等财产以49%参股。

香源煤业位于山西省吕梁市交城县岭底乡窑底村。东为山西交城县岭底乡泽鑫煤业有限公司（原五七煤矿），东南为山西交城鑫河煤业有限公司，南为山西中煤金桃园煤业有限公司（原火山煤矿），西邻山西汾西中兴煤业有限责任公司，北为未开发的寨上井田。

矿井各类证照齐全有效。井田面积8.6567 km^2，批准开采煤层为2号、3号、4号、8号、9号煤层，保有资源储量98.53 Mt，设计可采储量61.17 Mt，设计生产能力0.9 Mt/a，矿井总服务年限48.5 a。矿井开拓方式为斜井开拓，2号、3号、4号煤层均属于Ⅱ类自燃煤层，煤层煤尘具有爆炸性。根据2020年瓦斯涌出量测定结果，矿井绝对瓦斯涌出量16.49 m^3/min，矿井相对瓦斯涌出量17.92 m^3/t，测定结果为高瓦斯矿井。

矿井地质类型及水文地质类型均为中等，目前矿井正常涌水量8 m^3/h，最大涌水量14.6 m^3/h，生产能力达到0.9 Mt/a时预计矿井正常涌水量32 m^3/h，最大涌水量53 m^3/h，井田内2号、3号、4号煤层大部带压，8号、9号煤层全区带压。

二、2019年主要技术经济指标

2019年生产原煤468500 t，原煤工效达到6.39 t/工；综合单产43800 t/(个·月)；平均工作面个数0.79个；采煤机械化程度达到100%，掘进机械化程度达到100%；全年死亡人数为零，百万吨死亡率为零。

三、安全高效矿井建设的主要做法

（一）完善管理制度，闭合安全管理体系

香源煤业建立了完善的安全生产管理制度：各种管理制度齐全，并建立了“安全事故可防可控，必防必控”的安全管理理念。通过对生产系统的技术改造和投入以及对监控系统的升级改造，增强了系统的可靠性和稳定性，使用正常，提高了矿井的防灾、抗灾能力。

（二）狠抓“质标”工作，确保“质标”工程再上新台阶

矿井安全质量标准化建设工作的目的是为职工创造一个良好的工作环境，这是保障职工生命和国家财产安全的大事。为此，香源煤业加强了矿井安全质量标准化建设的组织管理，每月对考核情况进行四定落实，下达整改意见，实行问题整改闭合验收签字。明确了各级管理人员的安全标准化职责，并制定了《矿井安全质量标准化管理考核办法》。

（三）加强科技创新工作，使矿井科技水平不断提高

通过开展科技创新活动，充分调动了广大专业技术人员的创新积极性，发挥广大职工的聪明才智，使企业更好地依靠技术进步，提高企业经济运行质量。使用高强度支护材料，开拓工作面使用远距离喷浆机，既节省了材料也提高了工效，确保了安全。

山西汾西正善煤业有限责任公司

一、矿井概况

山西汾西正善煤业有限责任公司（以下简称正善煤业）是兼并重组整合矿井，整合后矿井规模0.9 Mt/a。井田面积10.5603 km^2，核准开采2号、3号、4号煤层，地质储量23.68 Mt，可采储量16.89 Mt，生产能力0.9 Mt/a，服务年限14.4 a。

根据山西省煤炭工业厅综合测试中心鉴定报告表明：2号、3号煤层自燃倾向等级为Ⅱ类，自燃倾向性为自燃，煤尘具有爆炸性。

矿井为低瓦斯矿井，绝对瓦斯涌出量2.6 m^3/min，相对瓦斯涌出量2.01 m^3/t；回采工作面最大涌出量1.22 m^3/min，掘进工作面最大涌出量0.38 m^3/min。矿井水文地质类型为中等。

二、2019年主要技术经济指标

2019年矿井原煤产量计划0.9 Mt，实际完成0.845 Mt，完成计划的93.9%。掘进开拓进尺计划3740 m，实际完成3219 m，完成计划的86.1%。计效产量0.845 Mt，计效工数111057工，原煤工效7.61 t/工。采煤机械化程度达到100%，综掘机械化程度达到94%。

2019年经济利润计划45.93万元，实际完成189.98万元；原煤成本计划241.59元/t，实际完成222.82元/t，矿井职工人均年收入9.88万元。

三、安全高效矿井建设的主要做法

正善煤业在安全高效矿井建设中，坚持“一矿一井一面”的生产格局，依托矿井生产系统布局简单合理的优势，坚决控制一线队组在册人数，秉着人员少产量高的原则，充分发挥系统简单和现代化装备的优势，不断提高原煤效率和经济效益。

（一）劳动定员管理

正善煤业制定了完善的劳动定员管理制度，严格按照定额定员进行管理，科学合理地组织生产，不断优化企业劳动组织，提高劳动效率，减少入井作业人员，促进企业安全高效生产。在劳动定员管理中，坚持保证安全生产的原则，严格遵守《安全生产法》《劳动法》《煤矿安全规程》等法律、规章、制度的要求；坚持“以人为本”的原则，努力提高职工队伍素质，优化劳动配置，提高劳动效率，合理减少劳动作业时间和劳动强度；坚持实事求是的原则，严格按照矿井实际情况，在法律法规确定的框架内合理安排，不搞“一刀切”；坚持严格按照定员管理的原则，合理节约劳动力；坚持限定人员的原则，在满足安全生产的前提下，减员增效，保证矿井安全高效生产。

（二）信息化管理与自动化建设

正善煤业建成了完整统一的信息化系统和基础设施。其中信息化系统包括综合自动化系统、安全监控系统、OA 办公系统、计算机管理信息系统、通信联络系统、工业视频监控系统等，基础设施包括井下光纤环网、地面局域网络、网络数据中心机房、三网（数据、音频、视频）合一的数据中心、应用系统托管中心、网络安全设施、井下设备地面远程监控操作平台等。矿井装备煤矿综合监控子系统：井下煤炭运输子系统、井下辅助运输监控子系统、主副井提升子系统、通风机监控子系统、井下排水子系统、压风机监控子系统、煤炭产量监测子系统、矿压监测子系统、水文监测子系统及地面生产、供电系统，并接入综合自动化系统，实现远程监控。矿井装备江苏天地科技常州自动化研究所生产的 KJ95N 型煤矿综合监测系统，实现了地面和井下各类环境参数及生产参数的监测、显示、报警与控制。地面、井下所有监测设备均已接入工业以太环网传输，地面中心站实现双机热备，所有系统配备在线式不间断电源作为备用电源，连续供电时间不小于 8 h，安全监控系统中心站实行 24 h 值班制度。所有系统与上级单位联网，能够对安全生产监控系统、生产经营管理、办公自动化等信息进行一体化集成，实现了矿井生产、经管、管理的高度自动化、信息化，为安全高效矿井建设提供了坚实的信息管理保障。

（三）生态治理具体工作

（1）工作面高效降尘，从源头上减少煤尘。井下大巷、采掘工作面配套安装了粉尘防治设施。在采区主要大巷、工作面回风巷及掘进工作面回风流安设了自动控制风流净化水幕和手动控制风流净化水幕，井下各转载点均安设了转载喷雾；采掘机组安装有内外喷雾装置，内外喷雾装置压力符合要求。

（2）原煤不落地，减少扬尘污染。正善煤业对原煤在筛分、运输、转载过程中产生的粉尘，坚持“源头防治，过程控制”的原则，从主井口到储煤场筒仓对外露输送带设置了密闭通道，实行全封闭运输，在储煤场建造了总容量40000 t的储煤棚，实现了出煤不见煤的建设目标，并在各转载点安装了转载点喷雾，有效降低了原煤生产中产生的粉尘。为了减少道路扬尘采取洒水车定时洒水抑尘和绿化降尘措施，对运煤车辆进行限速加盖篷布等。在煤场建设抑尘网，有效降尘、防尘。

（3）加强原煤生产控制，确保原煤入选率、煤质指标等达到标准，正善煤业煤种为肥煤，原煤入选率100%，达到相关标准的要求。

（4）改造供热系统，实现出煤不烧煤。正善煤业于2019年进行了锅炉改造，使用燃气锅炉对全矿进行供暖，完全取代了原先的燃煤粉锅炉房，实现了出煤不烧煤，极大地改善了周围的生态环境，使传统的高碳产业实现了真正的低碳运行，达到“产煤不烧煤”的水平。

（5）精心维护污水处理设施，确保污水处理达标不外排。正善煤业分别配套建设了矿井水处理站和生活污水处理站，分别对矿井水和生活污水进行处理。处理后的水质能够达到回用水标准，处理后的矿井水作为全矿的井下生产用水、洒水降尘、地面植物灌溉等。

（6）植草种树美化厂区环境。正善煤业结合实际，因地制宜，搞好绿化美化工作，提升正善煤业品位，美化生活环境，推动经济建设。正善煤业先后投资了180多万元完成了运煤道路绿化和工业广场绿化，绿化面积4.66 hm^2，绿化系数达到60.6%以上。

发展循环经济，建设低碳生态矿山，是正善煤业的发展目标。正善煤业将以此为准则，奋力拼搏，扎实推进，加快发展，为建设环境友好、绿色发展的生态矿山而努力奋斗。

山西煤炭运销集团锦瑞煤业有限公司

一、矿井概况

山西煤炭运销集团锦瑞煤业有限公司（以下简称锦瑞煤业）位于山西省吕梁市市区西北方位直距约25 km处，交通便利，属吕梁市离石区坪头乡管辖。

锦瑞煤业是山西省煤矿企业兼并重组整合工作领导组办公室以晋煤重组办发〔2009〕25号文核准的兼并重组整合矿井，由原山西吕梁锦瑞煤业有限公司、山西吕梁盛瑞煤业有限公司、山西吕梁宇飞煤业有限公司和山西吕梁离石亚辰煤业有限公司的部分资源整合而成，整合后山西煤炭运销集团吕梁有限公司持股51%，山西孝东煤焦有限公司持股49%。矿井井田面积6.1518 km^2，批准开采5～9号煤层，设计生产能力1.2 Mt/a，井田内保有资源/储量42.289 Mt，设计可采资源/储量21.689 Mt，矿井服务年限12.9 a。

矿井现开采煤层为一采区8号煤层，8号煤层平均厚度3.09 m。顶板为石灰岩，底板为砂质泥岩。

矿井水文地质类型为中等，矿井正常涌水量38.6 m^3/h，最大涌水量49.7 m^3/h，地质类型为简单。

矿井为低瓦斯矿井，绝对瓦斯涌出量1.25 m^3/min，相对瓦斯涌出量0.68 m^3/t；煤尘具有爆炸性，自燃倾向性等级为Ⅱ类，自然发火期83 d，8号、9号煤层均属于自燃煤层。

二、2019年主要技术经济指标

2019年实现利润4917万元；综合单产113900 t/月；原煤工效10.31 t/工；吨煤成本230元；矿井职工人均年收入12.1万元；采煤机械化程度100%，掘进机械化程度95%；采区采出率83%。

三、安全高效矿井建设的主要做法

（一）生产组织

2019年底，在册职工547人，原煤生产人员420人。

矿井法人治理结构完善，设有董事会、监事会，矿“六长”配备齐全。

矿井安全生产管理机构设置齐全，设有党工科、综合办公室、人力资源科、财务科、物资供应科、销售科、安监科、生产指挥中心、地测防治水中心、生产技术（环保基建）科、机电运输科、一通三防科共 12 个管理科室、1 个综采队、1 个综掘队、4 个辅助队（探放水队、机电运输队、地面维运队、通风队），地面及井下目前均采用“三八制”作业。劳动用工实现了“五个百分之百”，3 项岗位人员全部持证上岗，建立了完善的劳动定员管理制度，进行了科学合理的组织生产，劳动效率明显提高。

（二）搞好安全生产标准化建设

矿井开工建设至今，锦瑞煤业始终把安全生产标准化作为基础工程、生命工程、效益工程来抓，充分发挥安全生产标准化的基础保障作用，在认真总结经验教训的基础上，不断摸索总结，提出改进措施，奠定了安全生产标准化工作的基础。从地面到井下，从后勤到生产严格标准化建设，现场达到整齐、整洁、规范，形成了“要安全，先达标，向标准化要益，向标准化要安全”的理念，通过人、机、环、管的和谐统一，最终实现管理无漏洞、设备无故障、系统无缺陷、人员无违章和安全零事故的本质安全型矿井。

（三）安全管理严抓不懈

在矿井的生产过程中，通过加强矿领导带班，安全员跟踪作业现场管理，对重要环节、关键部位设专人盯守，在生产作业过程中查出的隐患实行跟踪销号，从而实现安全管理不留死角，作业现场动态安全达标。

山西煤炭运销集团金达煤业有限公司

一、矿井概况

山西煤炭运销集团金达煤业有限公司（以下简称金达煤业）位于山西省孝义市西南35 km处的下荆封村，行政区划隶属孝义市驿马乡管辖，至新榆线二级公路6 km，交通条件便利。

金达煤业是根据山西省煤矿企业兼并重组整合工作领导组办公室以《关于吕梁孝义市煤矿企业兼并重组整合方案（部分）的批复》（晋煤重组办发〔2009〕31号）批准成立的。金达煤业由原山西孝义晋帮煤业有限公司部分资源和山西孝义榆树坪煤业有限公司整合而成，整合主体为山西煤炭运销集团有限公司（控股51%），孝义金达煤焦有限公司（持股49%）。矿井井田面积9.4702 km^2，批准开采4～11号煤层，设计生产能力1.2 Mt/a，核定生产能力1.5 Mt/a，矿井保有储量74.41 Mt，可采储量46.52 Mt，服务年限22 a。矿井于2012年竣工投产验收，2014年被命名为现代化矿井，2016年通过了中国煤炭工业协会二级安全高效矿井的评定，现在是证照齐全的生产矿井。

矿井采用立井开拓，采用综采一次采全高和综采放顶煤采煤工艺，工业广场布置主、副立井，井田中西部布置回风立井。

二、2019年主要技术经济指标

矿井设计生产能力1.2 Mt/a，核定生产能力1.5 Mt/a，实际产量1.5 Mt。采煤机械化程度达到100%，掘进机械化程度达到95%。全年事故死亡零人，百万吨死亡率为零，2019年实现利润19000万元，成本223元/t，职工人均年收入12.3万元，矿井综合单产102532 t/(个·月)。

三、安全高效矿井建设的主要做法

（一）生产组织

1. 劳动组织

采掘队组皆按“三、八”作业制，严格落实劳动定额定员标准，严格按照劳动定额定员标准配备作业人员，严格按照定员组织生产。对生产区队层层建立劳动定额定员考核。在采掘工作面均按规定制作、悬挂人员限员牌板，每班按规定标明定员和实际作业人数，严禁超出人员在现场工作。

2. 循环作业

综采一队：工作面采煤机进刀方式为中部斜切进刀、单向割煤进刀。采煤机中部斜切进刀，然后上（下）行割煤，割通机头（尾）后调整前后滚筒空刀返回。割至进刀处时割煤进刀，下（上）行正常割煤，割通后调整前后滚筒返空刀至刮板输送机中部进刀处，开始割煤循环作业。

综采二队：端部斜切进刀割三角煤，工作面采用正规循环作业方式。整个循环为：由工作面一端向另一端割煤一刀、推前部输送机一次、移架一次、放顶煤一次、拉后部输送机一次。循环进度 0.6 m，小班实行多刀多循环作业方式。

掘一队：掘进过程中，巷道采用局部通风机通风，临时支护采用前探梁临时支护；顶板永久支护采用锚杆、工字钢棚联合支护，顶板破碎时采用对棚或缩小棚距支护。掘进过程中掘一排支一排。

掘二队：巷道采用全锚支护，巷道沿 10 号煤层顶板掘进。巷道采用局部通风机通风，使用机载前探梁作为临时支护，使用锚杆机、风钻打眼，锚杆机安装锚杆。

掘三队：掘进过程中，巷道采用局部通风机通风，使用前探梁临时支护，锚杆 + 锚索 + 金属网 + 11 号工字钢进行永久支护，顶板破碎时采用对棚或缩小棚距支护。掘进过程中掘一排支一排。

（二）科学管理

矿井开工建设至今，始终把安全生产标准化工作视为煤矿企业的形象工程、生命工程、效益工程和基础工程，从地面到井下，从后勤到生产严格标准化建设，现场达到整齐、整洁、规范，形成了“要安全，先达标，向标准化要效益，向标准化要安全”的理念，通过人、机、物、环、管的和谐统一，最终实现管理无漏洞、设备无故障、系统无缺陷、人员无违章和安全零事故的本质安全型矿井。

（三）技术创新

（1）加强了全锚支护的管理，建立了锚杆、锚索拉拔试验，并由专人负责，严格按照一天一拉拔试验。

（2）在回采工作面安设自移设备列车，有效提高了安全系数，避免了跑车事故的发生。

（3）在回采工作面支架安设顶板灾害预警系统，可以在电脑终端即刻查看。

大同煤矿集团临汾宏大锦程煤业有限公司

一、矿井概况

大同煤矿集团临汾宏大锦程煤业有限公司（以下简称锦程煤业）位于临汾市尧都区西北部28～30 km的连家窑、段家凹、坂底村一带，行政区划隶属临汾市尧都区一平垣乡管辖。锦程煤业是根据山西省煤矿企业兼并重组整合工作领导组办公室《关于临汾市尧都区煤矿企业兼并重组整合方案的批复》（晋煤重组办发〔2009〕88号）批准的兼并重组整合矿井。锦程煤业是由原山西临汾后沟煤矿有限公司和原山西临汾尧都锦程煤业有限公司2座矿井整合而成的，兼并重组后主体企业为大同煤矿集团有限公司。矿井设计生产能力0.9 Mt/a，井田面积7.7868 km^2，生产规模0.9 Mt/a。目前开采9号+10号合并层，工作面采用走向长壁采煤方法，综采放顶煤采煤工艺，全部垮落法管理顶板。矿井采、掘、装、运全部实现机械化，矿井机械化程度达到100%。

井田北邻大同煤业集团临汾宏大洪崖煤业有限公司，西南与安徽省皖北煤电集团临汾天煜恒晋煤业有限公司相邻，南邻大同煤矿集团临汾宏大豁口煤业有限公司，东部为煤层露头风氧化剥蚀区。

井田水文地质类型属中等，矿井正常涌水量8 m^3/h，最大涌水量20 m^3/h，矿井绝对瓦斯涌出量2.99 m^3/min，相对瓦斯涌出量2.36 m^3/t；为低瓦斯矿井，煤尘具有爆炸性，9号+10号煤层自燃倾向性等级为Ⅱ类，属于自燃煤层。

矿井采用斜井开拓，布置有主斜井（倾角－18°、斜长180 m）、副斜井（倾角－20°、斜长160 m）、材料斜井（倾角－22.5°、斜长162 m）、回风立井（垂深52 m、直径5.0 m）。现开采9号+10号煤层二采区，水平标高+1125 m，二采区运输巷沿10号煤层底板布置，二采区轨道巷、回风巷均沿9号煤层顶板布置。

二、2019年主要技术经济指标

2019年计划产量0.80 Mt，完成产量0.895 Mt。计划成本1096.97元/t，

实际完成 256. 81 元/t。职工人均年收入 7. 6 万元。矿井综合单产 80090 t，综采工作面最高月产 83157 t，最高日产 4133 t，最高月进尺 325 m，最高日进尺 22. 6 m。原煤工效 8. 7 t/工，百万吨死亡率为零，采煤机械化程度 100%，掘进机械化程度 89%，全年生产天数 288 d。

三、安全高效矿井建设的主要做法

（一）生产组织

2019 年初按照锦程煤业下达的计划产量要求，积极组织编制了锦程煤业 2019 年采掘衔接计划，在组织全年的生产任务中始终以安全计划为主线，将安全贯穿于生产组织全过程，积极引导生产组织在安全的基础上发展，实现了精采细采，提高了综采工作面的顶煤回收率，确保了矿井可持续发展。

由于 9 号 +10 号煤层受到地堑构造和大倾角煤层构造的影响，资源块段小，不能布置大面、长面。针对圈出的工作面储量少、战场分散、管理难度大等困难，锦程煤业组织相关矿领导、职能科室及区队技术人员每月在月度技术例会上对采掘区队进行各项规程、措施、工程设计、技术方案会审，通过对工作面开采情况的认真分析，制定科学合理的开采方案，有效指导了矿井安全高效生产。

（二）科学管理

（1）始终把“一通三防”工作作为重中之重，杜绝重大事故。锦程煤业瓦斯管理严格执行各项瓦斯管理制度，包括瓦斯预警制度、瓦斯治理“一矿一策”“一面一策”制度、瓦斯治理专项资金使用管理办法、瓦斯治理专项制度等。通过各项制度的执行、管理的落实，高效且更有针对性地对各瓦斯管理环节进行安全管理。

瓦斯防治一面一策实施以来，效果显著。针对每个综采工作面的瓦斯涌出及工作面特点，制定了专项策略，极大地增加了工作面瓦斯治理的灵活性和针对性。目前综采工作面上隅角瓦斯浓度均在 0. 3% 以下，无抽放必要，仅定期运行抽放泵站，确保随时可以启动抽放系统。

（2）地测防治水工作严格管理，超前探放消除隐患。严格执行探放水“预测预报、有掘必探、有采必探、先治后采”的探放水原则，做好各项地测防治水工作。

锦程煤业成立了专职探放水队伍，主要负责掘进队工作面的探巷工作，切实践行了“有掘必探、探掘分离”。加强探放水“七专”管理，组建专职探放水队伍，推行专人专巷探巷模式，配置专用探巷工具，明确专职副总工程师、专职技术员，制定“一巷一策”专项探放水措施，配备专职探放水跟班副队长。

每月由总工程师、地质防治水副总工程师组织召开一次防治水隐患排查专题会议，开展了春季安全大检查、“雨季三防专项治理大行动”“地测防治水会战”“防治水交叉式互检”等工作，消除水害隐患，保障矿井安全。

（3）狠抓掘进及综采工作面的顶板控制工作，及时制定工作面的“一面一策”“一巷一策”等专项顶板控制措施，根据井下实际情况不定期地更新有关顶板控制各项措施及制度，积极组织人员开展每月的顶板专项隐患排查等工作，使隐患消除在萌芽状态，保障矿井安全生产。

（三）技术创新

2019 年回采的 81002 综放工作面可采长度为 390 m，开切眼长 132 m，采高 2. 2 m，平均煤厚 4. 5 m。

81002 综放工作面顶板为 K2 石灰岩，岩性坚硬，平均厚度为 12 m；底板为炭质泥岩，较脆。同时，81002 综放工作面尾巷外帮是 5 m 小煤柱，在 3 月初至 4 月底回采过程中，尾巷超前支护段 35 m 内，由于受相邻小煤柱的影响和古塘悬板坚硬未能及时垮落，造成悬顶面积较大，又受回采动压的影响造成尾巷顶板受压增大，尾巷变形严重，巷道净断面由 3. 5 m × 2. 7 m 收敛到 2. 5 m × 1. 5 m，两帮收缩达到 1 m，顶底板收缩达到 1. 2 m。因机尾三角区域顶板压力大，顶煤破碎，导致机尾后 5 组支架接顶效果差，经常出现支架不接顶现象，给尾巷顶板控制造成很大困难，严重制约正常回采。

为了控制 81002 综放工作面尾巷受压力影响出现的巷道变形，锦程煤业通过采用加大支护密度和支护强度来控制巷道变形，但收效甚微。

为了更好地控制巷道变形，有效控制机尾三角区域顶板，锦程煤业聘请相关院校专家，针对 81002 综放工作面尾巷情况，决定采用顶板切顶预裂方式进行卸压来控制巷道变形。

切顶泄压技术是：利用预裂密集孔，削弱顶板岩层的完整性，改变顶板岩层力学结构。通过超前预裂，切断巷道顶板与煤柱侧顶板之间的联系；再通过顶板补强支护防止巷道顶板下沉，从而保证工作面正常回采。

预裂卸压技术是：在回风巷超前工作面 30 m 外，以孔深超过 K2 灰岩 100 mm 为准，孔距 1 m，通过对顶板深孔爆破，进一步破坏顶板的完整性，达到卸压的目的。

超前切顶预裂效果：5 月，锦程煤业 81002 综放工作面尾巷通过预裂爆破切顶后，通过现场观测和分析巷道的变化情况，超前维护 30 m 范围内巷道无明显变形，机尾最后 5 组支架的顶板较完整，支架接顶效果好。另外，根据顶板破碎情况，对巷道古塘侧的顶板锚杆、锚索进行及时退锚，以降低巷道顶板的支护强度，保证了古塘悬顶及时垮落。

山西华晋吉宁煤业有限责任公司

一、矿井概况

山西华晋吉宁煤业有限责任公司位于乡宁县枣岭乡樊家原村一带，为兼并重组单独保留矿井，整合主体为山西华晋焦煤有限责任公司。整合后井田面积 17.6843 km^2，公告生产能力 3 Mt/a，2016 年 1 月 12 日转为生产矿井，批准开采 2 号、10 号煤层，现开采 2 号煤层，2 号煤层平均厚度 6.29 m，为全区稳定可采煤层。矿井相对瓦斯涌出量 15.56 m^3/t，绝对瓦斯涌出量 90.99 m^3/min，煤尘具有爆炸性和自燃倾向性，自燃倾向性等级为Ⅱ类，属地质类型复杂（因瓦斯类型为复杂型）、水文地质类型中等的高瓦斯矿井。矿井采用一立三斜的混合开拓方式，通风方式为中央并列式，主运输采用带式输送机运输，辅助运输采用无极绳轨道运输。

二、2019 年主要技术经济指标

2019 年原煤产量计划 3 Mt，实际完成 3.1088 Mt，完成计划的 103.6%；开掘进尺计划 6000 m，实际完成 6006 m，完成计划的 100%。矿井安全生产情况正常，百万吨死亡率为零。回采工作面原煤生产 2.9050 Mt，全部由综采工作面完成，采煤机械化程度 100%；2019 年矿井总进尺 6006 m，综掘进尺 5719 m，综合机械化程度 95%。采煤工作面原煤产量 2.9050 Mt，平均工作面个数 0.97 个，综合单产 0.2496 Mt/(个·月)。矿井核定生产能力 3 Mt/a，符合特级安全高效矿井标准[≥0.12 Mt/(个·月)]。原煤计效产量 3.1088 Mt，计效工数 187257 工，原煤工效 16.6 t/工，符合特级安全高效标准（≥13 t/工）。企业计划盈利 92234.33 万元，实际盈利 115065.31 万元；计划投入成本 232.72 元/t，实际投入成本 232.45 元/t；职工人均年收入 13.79 万元，高于煤炭行业平均水平，符合特级安全高效矿井标准。2019 年度一盘区动用储量 3.529 Mt，采出煤量 2.905 Mt，损失煤量 0.624 Mt，一盘区回收率 82.3%。

三、安全高效矿井建设的主要做法

（一）加大安全投入，夯实安全基础

2019 年重点完成了井下 2 号煤仓建成投用，可容纳原煤 1000 t，1 号带式输送机运输大巷输送带延伸 680 m，保证了一盘区煤炭运输的连续性，井下 2 号煤仓的建立为二盘区、三盘区煤炭运输起到缓冲作用；更新了井上下各种安全警示标志和牌板；足额配备了职工劳动保护用品；加强了安全培训教育，变招工为招生。综合楼三层建立了多功能会议室、电教室，用于更好地开展职工培训、考试等工作。井上下悬挂企业文化标语，起着警示、提醒的作用。

（二）加强矿井的信息化、自动化建设

建立了集调度通信、产量监控、工业电视等信息化系统运行的综合自动化平台；建立了工业视频系统，地面、井下主要生产系统及环节、重要工作场所等视频图像，均可显示在调度大屏上。综采工作面安装了无线矿压观测设备，淘汰了原来的有线设备。在掘进工作面开始试用无线顶板离层仪，无线锚杆、锚索应力设备，相关数据能准确上传，能起到更好的监测、预警作用。各类监控设备、自动化控制系统均在调度指挥中心设置终端，由专业人员负责操作、维护。

（三）加大瓦斯和水的治理力度，杜绝自然灾害

认真落实“先抽后采、监测监控、以风定产”的十二字方针，坚持“风量足、断面够、系统顺、设施牢”的原则，严格了瓦斯检查和巡回检测制度，严格了矿井测风和风量调配制度，确保各个工作面、各用风点风量供给满足规定要求。严格执行阻化剂喷洒措施，以气雾形式喷洒至采空区和工作面四线（上、下巷道及终采线）。启动了综采工作面自动喷雾装置，带式输送机机头安装了自动喷雾装置，主要进回风巷安装了自动感应喷雾装置，降尘效果较好。2 号煤层透气性差，不利于瓦斯治理工作，主要采用千米钻机及普通钻机施工高位裂隙钻孔、递进式区域预抽钻孔、本煤层钻孔、潜孔截流钻孔、掘进预抽钻孔等手段提高瓦斯抽采效率，同时建立了抽采在线监测系统。

在防治水方面，配备有 1 台大功率 YCS150 型瞬变电磁仪、1 台 YTR（D）型瑞利波探测仪、1 台 HA－W600 型矿井充水水源快速识别仪、1 台 YCJ90/360 型矿用钻孔测井分析仪；配备探放水钻机共 15 台：ZQJC－200/5 型气动钻机 8 台、ZDY1200S 型液压钻机 2 台、ZQJC－1000/11.0S 型气动钻

机4台、ZQJC－380/11S型气动钻机1台，能够满足“一面一机”的工作标准。配备了专职地测副总等14名地测防治水专业技术人员，建立了专职探放水队伍，全面负责矿井的探放水工作。由地测科对探放水队伍进行管理，做好防治水的各项工作，坚决消灭突水事故。

（四）综采工作面采用快速安装新设备，保证工作面安装安全高效

公司率先采用综采工作面机械化快速安装新设备，新设备包括变轨吊、组装架和液压安装叉车等装置，用变轨吊安装转载机、破碎机、输送机、采煤机，用安装叉车安装液压支架，并可在安装叉车上对支架进行调向，省去了传统的转盘道、人字道的安装，优化了运输系统，简化了支架在开切眼上口、安装迎头的调向环节。奉行“人少则安”的安全理念，更以实际行动为一线职工的生命安全保驾护航，达到机械化减人、换人的目标。

（五）提升装备水平，鼓励职工改革创新

积极应用先进的技术及设备，不断提升矿井现代化、机械化水平。2019年6月引进购置一套矿用液压锚杆锚索钻车，应用于2107带式输送机运输巷掘进工作面，取消了风动锚杆机，实现了机械化锚护作业，降低了工人劳动强度，改善了作业环境，提高了掘进效率。掘进队组使用防爆柴油无轨胶轮车运输材料，代替人工拉平车运料。井下轨道铺设采用可重复使用的铁轨枕代替木轨枕，降低了材料成本。通过应用自动感应控制装置，行人进风斜井架空乘人实现了自动控制和无人值守，井下中央水泵房、盘区水泵房实现了自动控制和无人值守。目前正在进行煤炭运输5部带式输送机的集中控制改造工作、二盘区变电所及水泵房的无人值守改造，通过应用各种先进设备、新技术、新材料，达到减人提效的目的。

鼓励广大干部、群众勇于改进与创新，强化和发展“小改、小革”的节能、增产、增效作用，重视科技人才的培养与重用。

（六）加强班组建设，狠抓隐患排查治理

牢固树立“安全发展”理念，认真贯彻落实“安全第一、预防为主、综合治理”的方针，不断强化班组建设。完善了班组建设各种规章制度、考核细则，严格执行制度及规定，以制度规范班组建设。设立了专门机构管理隐患排查整改，每旬组织顶板、运输、防治水等隐患排查专项活动，并严格做到整改措施、责任、资金、时限和应急预案“五落实”。

山西汾河焦煤股份有限公司回坡底煤矿

一、矿井概况

回坡底煤矿隶属于霍州煤电集团山西汾河焦煤股份有限公司，矿井工业场地位于山西省洪洞县城西北刘家垣镇回坡底村东 1 km 处，设计生产能力 1.2 Mt/a，采用斜井开拓。设计开采 10 号、11 号煤层，10 号煤层平均厚度 2.4 m，11 号煤层平均厚度 3.0 m；井田面积 30.1181 km^2，截止到 2019 年底，矿井剩余可采储量 74.58 Mt，剩余服务年限 44.9 a。矿井地质类型及水文地质类型均为复杂，属于低瓦斯矿井，10 号、11 号煤层均为自燃煤层，自燃倾向性等级为Ⅱ类，且煤尘均具有爆炸性。

二、2019 年主要技术经济指标

全年完成原煤 1.19 Mt，完成进尺 7020.5 m，综合单产达到 109920 t/(个·月)，原煤工效 8.916 t/工。2019 年矿井全年利润 7001 万元，职工人均年收入 9.6 万元，同比增长 10.7%，相比 2018 年煤炭行业职工收入平均水平 7.2 万元提高 33%。2019 年矿井综采及综掘机械化程度均达到 100%。

三、安全高效矿井建设的主要做法

（一）生产组织管理方面

1. 强化正规循环作业管理

以正规循环标准制定“三部曲”为工作抓手，以“程序化、模式化、规范化、标准化”为工作要求，以“查问题、促改进”为工作根本，扎实开展采掘工作面正规循环作业统计分析工作，正规循环率由最初的 70% ~ 80% 提升至 90% 以上，有效提高了单产单进水平。

2. 单产提升方面

一是加快智能化工作面建设推进度，实现单产进一步突破。

二是优化回采工作面设计，尽可能减少井巷工程量，为提高单产创造条件。

三是下大力气研究回采过构造遇坚硬岩层时提高推进度的方法，通过采用镀膜截齿，进一步提升回采工作面过构造时的效率。

3. 单进提升方面

一是加强快速掘进线工艺及装备配套技术研究，实现单进翻倍。

二是合理优化巷道布置，尽可能减少岩巷施工，降低准备巷道施工难度。

三是积极推广“四新”应用，为单进上水平提供可靠保障。

4. 采掘机械化水平提升方面

（1）回采工作面机械化水平提升：

一是通过在回采工作面投用超前支架、端头支架，进一步提高两巷支护强度、移架速度和安全系数，减少操作工序，降低劳动强度，提高工作效率。

二是投用一套远程集中供液设备，实现了综采工作面乳化液远程集中供应、自动配比、自动供液，提高了乳化液配比精度，保障了综采液压支架初撑力达标。

三是投用一套快速搬家倒面设备，缩短了搬家倒面时间，减轻了职工劳动强度，综采工作面每次搬家倒面平均时间由原先的 45 d 缩短至 28 d。

（2）掘进工作面机械化水平提升：

一是掘进工作面实现了全程综合机械化作业，从巷道开口、拐弯、硐室大断面，以及过构造全部实现综掘连续作业，达到国内同行业先进水平。2018 年中国煤炭工业协会对回坡底矿《掘进工作面全程综合机械化掘进工艺技术研究》进行科学技术成果鉴定，鉴定该项目达到国内领先水平，并获得科学技术二等奖。

二是推广应用履带式输送机自移机尾，提高了职工操作安全性及带式输送机延长效率，降低了职工劳动强度。

三是为解决长距离掘进工作面行人及运料难的问题，投用无极绳单轨吊一套，实现人员、材料一站式运输，降低了职工劳动强度，提高了安全生产效率。

（二）科学管理方面

1. 以安全管理为根本，积极推进生产秩序正常化

深化国家对安全从严、从紧、从重的认知，牢固树立“生命至上，安全第一”的管理理念，切实抓好现场安全管理，做到以安全保生产、以生产保秩序，坚决杜绝重大事故，消灭一般事故，努力实现“五个零”安全工作目标。

2. 以“抓培训、提素质、精管理、夯基础”为态度，积极推进各项工作标准化

一是加强基层管理队伍、技术队伍、施工队伍能力提升，创建“学习型、服务型、实干型”队伍。

二是建立健全制度，以制度的精细化夯实基础管理，保证各项工作有标准。

三是积极推进质量标准化建设，坚持把质量标准化工作作为安全生产基础来抓，实现安全质量标准动态达标。

3. 以节能降本为目的，积极推进成本管理科学化

一是坚持契约化管理，主动作为。通过工资杠杆鼓励敢管会管的基层队组，倒逼成本考核，充分发挥主动性。

二是通过积极推广新技术，优化设计等手段，提高单产单进水平。

三是牢固树立“抓煤质就是保饭碗”的思想，全面加强煤质管理，实现经济效益最大化。

四是坚持“能修不换新、能用不报废”的理念，继续强化修旧利废和回收复用，最大限度地调剂使用和减少新材料投入。

4. 以精细化为切入点，推进安全生产质量标准化矿井建设

一是持续开展矿井安全质量标准化工作，坚持“五个一”工作法、“示范面”引领、“走出去，学先进”等好的做法。

二是坚持高起点、高标准，加强对现场“二次”达标治理工作的打击力度，坚决做到一次施工，一次达标。

三是积极开展“五精”现场建设，打造示范精品工作面。

（三）技术创新方面

（1）坚持“1311”创新工作法，走技术创新解决现场难题的路子，加大创新项目奖励力度，激励创新热情。

（2）加强典型创新项目、成果的宣传报道，激励正能量。在宣传力度上形成技术创新主题主线宣传报道，彰显创新舆论引导力。

（3）对技术创新的“种子项目”重点培育，实施动态管理，不断优化，及时追踪观察项目效果，确保创新效益。

山西汾河焦煤股份有限公司三交河煤矿

一、矿井概况

三交河煤矿地处山西省洪洞县与蒲县交界处，位于洪洞县城西面，距洪洞县城约 32 km，行政区划分跨山西省洪洞县左木乡、山头乡和蒲县乔家湾乡。矿井始建于 1971 年，1997 年 12 月 13 日由地方国营整体划转霍州煤电集团，属于国有独资煤矿。矿井井田面积 28.0304 km^2，截至 2019 年底，地质储量 124.99 Mt，可采储量 94.21 Mt，矿井核定生产能力 3 Mt/a，公告生产能力 3 Mt/a，可采年限 22.4 a。矿井井田内共有 3 层可采煤层，自上而下依次为 2 号、10 号、11 号煤层。矿井为低瓦斯矿井，相对瓦斯涌出量 1.09 m^3/t、绝对瓦斯涌出量 8.15 m^3/min。矿井水文地质条件类型为中等，地质构造简单，无冲击地压，煤层自燃倾向性等级为Ⅱ类，属于自燃煤层，煤尘具有爆炸危险性。

二、2019 年主要技术经济指标

2019 年全年实现安全生产，百万吨死亡率为零。全年完成原煤产量 2.99 Mt。完成开掘进尺 20710 m，其中，开拓进尺 2046 m、准备进尺 1048 m、回采进尺 17616 m。综合单产 0.15 Mt/(月·个)，综合单进 282 m/(月·个)，原煤工效 13.41 t/工。2 号煤层采区采出率达到 87%，回采工作面回采率达到 95.52%；10 号煤层采区采出率达到 87%，回采工作面采出率达到 95.63%；11 号煤层采区采出率达到 87%，回采工作面采出率达到 95.61%。采煤机械化程度 100%，掘进机械化程度 97.91%。全年利润完成 17024.8 万元，成本 261.19 元/t。职工人均年收入 83089 元，同比增长 19.2%。

矿井严格遵守国家环境保护各项法律法规和相关政策，持有合法有效的排污许可证明。全年职业健康检查率 100%，危害因素检测达标率 100%，吨煤开采综合能耗 22.2 kW·h，塌陷土地治理率 75%，煤矸石综合利用率 35%，矿井水利用率 75%。

三、安全高效矿井建设的主要做法

（一）大力开展“一优三减”工作，优化简化生产系统

一是2019年6月完成一采区10号煤仓的施工，7月正式投用，实现了2号、10号、11号煤层的分装分运；二是2019年对南翼生产系统进行了重新设计，复用原三采区水仓和变电所，少施工巷道300 m，并完成变电所、水仓建设投用；三是2019年完成下组煤二采区辅助运输巷和二采区回风巷的整体贯通，确保矿井生产系统稳定；四是布置长工作面巷道、大储量11－104工作面，工作面巷道推进度达到2700 m，可采储量2.3 Mt；五是精简整编一支掘进队伍，全年减员93人。

（二）积极引进新装备、新工艺，提升单产单进水平

（1）在单产提升方面。一是投用集中供液系统，实现集中供液自动配比，提高回采工作面液压系统运行质量；二是投用电液控支架，在10－203回采工作面投用164架ZY6800/11.5/24D型电液控支架，工作面实现一次成组推溜（8架），月推进度达到140 m；三是投用超前支架，在10号、11号煤层回采工作面副巷投用超前支架，并在超前支架使用期间，对支架顶梁的防倒、支架立柱间的硬链接、超前支架顶梁配套拖缆架和端头支架与超前回棚工艺进行重新加工和规范，对支架的液压系统进行优化，实现10 m范围立柱集中补液，减轻端头工的劳动强度，提高回棚效率，提高超前支护强度。

（2）在单进提升方面。一是投用EBZ200M－2型掘锚一体机，在11－104_1巷投用一台EBZ200M－2型掘锚一体机，日进尺突破12 m，月进尺平均提升50 m，减轻了职工劳动强度，提高了支护效率，提高了现场人员操作安全系数；二是投用ZQJC－2000型气动探水钻机，引进6台ZQJC－2000型气动探水钻机，每次钻探可减少2个小班时间，每月平均钻探5次，节省时间3.3 d，月进尺平均提升35 m。

（三）稳步推进科技创新工作，夯实安全高效基础

（1）开展无人值守建设，完成下组煤一、二采区带式输送机、给煤机的集中控制改造，主斜井强力带式输送机投用一套带式输送机无人巡查巡检装置系统，实现对1300 m带式输送机的自动无人巡查巡检。

（2）开展水力切顶卸压技术自主研究，由矿井防治水队负责施工，掌握了切顶卸压钻孔和压裂的关键技术，完成10－203_1巷1500 m巷道的切顶卸压。

（3）开展SPG80气动式罐式湿式喷浆技术研究，引进“南京薄喷－16”技术，并在下组煤二采区开展薄喷技术研究，喷浆效率提高10倍，延米节省费用102元。

（4）开展掘进在线监测系统应用研究，为进一步加强矿井下组煤复合顶板控制，验证巷道支护设计，掌握矿压变化规律，矿井在11－104两巷道掘进工作面投用KJ216型掘进在线监测系统，实现了对顶板矿压的实时动态在线监测，形成了“锚杆＋锚索＋架棚”3种差异化支护方式，并于11月22日成功召开集团公司矿压监测样板矿井建设现场交流会。

（5）开展小改小革工作，全年共完成32项实用型小改小革（主要是便携式锚杆定位仪、锚索防坠、塑料拉伸网、综掘机电缆自移装置、采煤机调高手把限位闭锁装置等），申报专利7项（单体液压支柱组装架、多功能钻床定位装置、机载前探梁、煤矿用抽水泵、新型液压冲压机、煤矿用电容式井下抽水装置、煤矿通风用防护结构）。

中国煤炭工业协会重大研究项目

中国煤炭工业安全高效矿井建设年度报告(2020)

（下　册）

中国煤炭工业协会　编

应 急 管 理 出 版 社

·北　京·

目　　录

上　　册

下　　册

霍州煤电集团紫晟煤业有限责任公司

一、矿井概况

霍州煤电集团紫晟煤业有限责任公司位于霍州市辛置镇西南约 2.0 km 处。矿井是山西省煤矿企业兼并重组整合工作领导组办公室以晋煤重组办发〔2009〕80 号文核准的单独保留矿井，井田面积 5.5005 km^2，批准开采 2 号煤层，倾角 4°～17°，煤质为 1/3 焦煤，属于低瓦斯矿井。矿井建于 1991 年 7 月，生产时间为 1999 年 2 月，原许可能力 0.3 Mt/a。按照山西省煤炭工业厅文件《关于山西汾西正城煤业有限责任公司等 3 处矿井调整变更产能的批复》（晋煤规发〔2011〕1297 号），现矿井生产能力按 0.9 Mt/a 进行建设。矿井现有地质储量 21.63 Mt，可采储量 6.95 Mt，服务年限 7.7 a。整合后霍州煤电集团以现金方式投资 832.653 万元，占股 51%；原紫晟煤业 7 名自然人股东注册资本金 800 万元，占股 49%。

矿井地质构造类型为中等，水文地质类型为中等，2 号煤层煤尘具有爆炸性，自燃倾向性等级为Ⅱ类，地温、地压属正常区。

二、2019 年主要技术经济指标

2019 年全年实现安全生产，百万吨死亡率为零。计划原煤产量 0.72 Mt，实际完成 0.7125 Mt。计划开掘进尺 8300 m，实际完成 8654 m。计划综合单产 0.1 Mt/(月·个)，实际完成 0.1025 Mt/(月·个)，完成计划的 102.5%。计划综合单进 220 m/(月·个)，实际完成 230 m/(月·个)，完成计划的 104.5%。原煤工效计划 8.5 t/工，实际完成 9.2 t/工，完成计划的 108.2%。2 号煤层采区采出率达到 86%，回采工作面采出率达到 95.3%。综采程度达到 100%，综掘程度达到 100%。利润计划完成 10000 万元，实际完成 7656 万元；成本计划 356.98 元/t，实际完成 351.42 元/t，职工人均年收入 84338.82 元。

在环境保护和生态文明建设方面，矿井严格遵守国家环境保护各项法律法规和相关政策，持有合法有效的排污许可证明；全年危害因素检测达标率 96%，吨煤开采综合能耗 27.19 kW·h，塌陷土地治理率 100%，煤矸石综合利用率 100%，矿井水利用率 80%。

三、安全高效矿井建设的主要做法

（一）生产组织

（1）优化采掘设计，提高单产单进。优化工作面设计，利用一采区现有大巷及系统对二采区资源进行开采，减少二采区开拓、准备巷道施工，尽可能实现大面积开采。

（2）优化生产组织方式，集约化组织生产。直接与辅助分离，解决集中供料、运输，缩小直接区队责任范围，辅助运输实现一站式运输，单轨吊吊装设备材料后，直接运送至各采掘头面，减少中间环节，更好地服务一线区队，进而提高工作面单产单进。

（3）优化生产工艺，升级矿井装备。不断通过装备升级、科技创新实现机械化换人、自动化减人，进一步提升矿井安全生产保障能力，降低职工劳动强度。

（二）科学管理

（1）强化顶板安全管理。矿井对照省厅出台的顶板管理办法，有针对性地制定了矿井《顶板管理制度》，并每年修订一次，制定了《顶板巡视巡查管理办法》，对井下各部位顶板管理进行了区域性划分，做到顶板管控“无死角”。

（2）强化班组建设，培育重点区队。对照集团公司关于强化“三基”建设的要求，召开了“区队班组建设工作推进会”。对全年区队班组建设具体工作及“金牌区队”“六型班组”竞赛活动进行了全面安排部署。

（3）加强物资采购管理，降低物资储备。一是通过市场调查掌握常用物资的实际价格，从而对供应商进行价格调整，从质量、价格、服务等方面进行比较，优胜劣汰，进一步降低采购成本。二是加强物资储备管理，积极推行物资代储制度，材料、配件做到“代储优先、有储不采”，增加配件代储，减少库存物资储备。

（4）开展劳动组织整顿，降低人工成本费用。开展减人提效活动，强化劳动组织管理，按照采掘衔接部署，补足一线，精干二线，井下辅助队组、地面队组、机关科室，严格进行精编。加大劳动纪律整顿，严禁一线人员非政策性原因倒流，对于长期旷工人员依法依规给予清退，对于劳务用工，委外队伍按计划清理清退。

（三）技术创新

（1）优化系统环节改造：辅助运输系统实行“一站式”，单轨吊吊装设备材料后，直接运送至各采掘头面，减少中间环节，更好地服务一线区队。

（2）推进信息化管理，升级指挥系统：2019 年矿井调度信息指挥中心将现用和即将建设的 10 个监测控制系统进行集中控制、集中管理，由调度值班人员进行集中调度，减少矿井地面值班人员，实现减人提效。

（3）推广应用水力切顶卸压技术：矿井在 2－105 工作面正巷实施水力切顶卸压，为 2－103 工作面实施小煤柱开采做前期准备，待技术应用成熟后推广应用。

（4）推进“自动化”建设，实现无人值守：2019 年对集中水泵房、集中变电所控制系统进行改造，通过装备优化、升级等措施逐步实现无人值守，从而不断减少辅助作业人员，实现减人提效。

（5）全力推进充填开采：2019 年，矿井通过与国内高校及科研院所进行沟通，并多次到现场进行实地考察，初步确定紫晟煤业村庄下充填开采实施方案，2019 年完成了紫晟煤业村庄下短壁连采连充可行性方案编制及论证。

霍州煤电集团有限责任公司李雅庄煤矿

一、矿井概况

李雅庄煤矿位于山西省临汾市霍州市师庄乡，位于霍州市北部约 7.0 km 处，是中国与罗马尼亚在霍州矿区合作兴建的第二座大型矿井。井田总面积 30.4 km^2，截止到 2019 年底矿井总地质储量 171 Mt，可采储量 55 Mt，矿井核定生产能力 2.40 Mt/a，公告生产能力 2.40 Mt/a，可采年限 23 a。

矿井目前开采 2 号煤层；矿井为高瓦斯矿井，相对瓦斯涌出量 11.66 m^3/t，绝对瓦斯涌出量 43.59 m^3/min；矿井水文地质类型为复杂。煤层为Ⅱ类自然发火煤层，煤尘具有爆炸性，火焰长度为 300 mm。

二、2019 年主要技术经济指标

2019 年全年实现安全生产，百万吨死亡率为零。原煤产量计划 2.16 Mt，实际完成 2.3186 Mt。开掘进尺计划 11800 m，实际完成 12686 m，其中准备进尺 1842 m、回采进尺 10844 m。回采单产（综采单产）计划 0.15 Mt/(月·个)，实际完成 0.1786 Mt/(月·个)，完成计划的 119.1%。综合单进计划 300 m/(月·个)，实际完成 303.78 m/(月·个)，完成计划的 101.3%。原煤工效计划 6.5 t/工，实际完成 8.88 t/工，完成计划的 136.6%。2 号煤层采区采出率达到 86%，综采工作面采出率达到 95%。综采程度达到 100%，综掘程度达到 97.05%。全年利润计划完成 7000 万元，实际完成 7656 万元；成本计划 356.98 元/t，实际完成 351.42 元/t。职工人均年收入 84338.82 元。

矿井严格遵守国家环境保护各项法律法规和相关政策，相关手续齐全；全年危害因素检测达标率 96%，吨煤开采综合能耗 20.05 kW·h，塌陷土地治理率 100%，煤矸石综合利用率 100%，矿井水利用率 75%。

三、安全高效矿井建设的主要做法

（一）推广应用新技术，确保矿井安全高效发展

1. 优化坚硬顶板高压水力致裂技术

2019 年矿井与北京天地科技有限公司合作，采用高压水力致裂技术对回采工作面巷道顶板进行超前切顶卸压，取得了显著成果，在回采工作面推进过程中，隅角垮落正常，同时巷道超前段底鼓量明显减小；后期矿井对水力切顶卸压技术进行了优化，在原技术的基础上在切顶线处对直接顶进行压裂，使隅角垮落更加充分，杜绝了隅角悬顶、瓦斯积聚的问题，同时缩短了来压步距，超前段压力显著降低，解决了超前段巷道底鼓的难题。

2. 推进信息化管理，升级指挥系统

调度室已建成综合自动化平台，接入了主副井提升、带式输送机走廊、防越级跳闸、主要通风机监控、压风机监控、水文监控、人员定位等生产子系统；工业视频采用高清网络摄像仪覆盖井上下主要地点；调度台可实时访问矿井各生产子系统和安全检查系统等，调度台已实现调度指挥和安全指挥中心，实现“双中心”功能。

3. 优化瓦斯抽采系统

对瓦斯抽采系统进行升级改造工程，设计在原瓦斯抽放泵站内新增两台 2BEC87 型抽采泵，功率 900 kW，额定抽气量 795 m^3/min，配套 820 mm 瓦斯抽采管路 6500 m。该工程于 2019 年 3 月 25 日开始施工，10 月 8 日设备试运转，10 月 25 日开始带负荷试运转。设备投用主要抽采回采工作面上隅角埋管，抽采效果明显，解决了回采工作面上隅角瓦斯问题，使矿井抽采系统更加稳定、完整；同时系统投用后，井下彻底取消了移动抽采系统。

4. 优化安全监控系统

2019 年对矿井安全监测监控系统进行升级改造工程，新监控系统由频率型传输改为数字传输，传输功能更加稳定可靠，同时具备了分级报警功能、多系统融合功能、系统自诊断功能等，充分发挥了矿井安全监控系统的作用，保证了矿井安全生产。

5. 引进新装备“变废为宝”，矿井绿色、高效发展

矿井于 2019 年 11 月初由山东兆能能源新技术有限公司全额投资建设超低－低浓度瓦斯发电项目，将外排空气的“废物”转化为清洁能源，在 2 号风井投资建设 6 台超低－低浓度静音式集装箱式瓦斯发电机组，配合封闭式冷却系统、自动准同期装置，实现并网发电。瓦斯发电项目达产后，年发电量约 15600 MW · h，年节约能源 4712 tce，年减排 CO_2 量 12995 t；具有良好的环境效益和社会效益，将有助于绿色矿山建设，实现绿色循环经济建设的目的。

（二）强化基础建设，确保矿井稳步发展

1. 强化顶板安全管理

重点对采掘工作面过构造等变化因素安全管控进行了汇编，对敲帮问顶规定与工具进行了规范，在原矩形巷道实现机械临时支护的基础上，改造安装了拱形机械临时支护。对井下各部位顶板控制进行了区域性划分，明确了各科室、各区队的顶板控制职责，做到顶板管控“无死角”，每周对辖区顶板情况进行零汇报，每月对井下各类巷道进行系统性排查，对查出的顶板问题积极组织了现场办公，安排队伍采取措施进行处理。

2. 继续优化 TPM 管理

2019 年积极总结 TPM 机电中断管理经验、教训，创作了《矿井 TPM 机电中断管理的创新与实践》，获得 2019 年山西省煤炭企业现代化创新优秀成果奖；同时继续贯彻以全员生产维修保养为重点的思想，夯实现场机电管理基础，全面提升现场质量标准化及管理水平，向设备零缺陷、零事故迈进。

3. 劳动定员管理

（1）2019 年初劳资科根据当年的生产任务，编制（修订）全矿职工定编定员方案，方案的编制要本着既能满足生产经营各项工作的需要，又有利于提高劳动生产率的原则，做到科学合理。

（2）定编定员方案由劳资科牵头，组织人事部、生产科、调度室、机电科、通风区、安全科、地测科和选煤厂等单位配合，共同编制，定编定员方案编制完成后，经矿开会讨论通过后执行。

（3）各单位按照定编定员方案，对本单位的人员进行内部优化，内部优化的原则是既要保持队伍精干高效，又要兼顾安全生产。对于个别纪律松弛、技能差、懒惰成性的人员要直接送到培训中心加以教育培训，培训期满考试合格后，再上岗。

（三）挖掘潜力、总结经验，巩固安全高效取得的成果

1. 注重新技术、新装备的推广应用，改善现场作业环境

一是综掘工作面全部实现了掘进临时支护机械化、自动化，通过对装备的升级改造，在性能上不断优化，有效改善了掘进工作面的作业环境。

二是提升了掘进与支护装备，八采区带式输送机运输巷投用了 1 台新型硬岩综掘机，解决了井巷在岩巷期间掘进效率低的问题。通过新装备的投用实现了掘进与支护自动化，人员不进入掘进迎头作业，提升了作业效率，降低了劳动用工，改善了作业环境。

三是引进先进的支护理念，与北京天地公司（支护研究所）合作，针

对矿井地质条件，开展支护技术研究。根据围岩塑性特征，推行强支护理念，在矿井构造多、构造应力大、水平应力达到 25 MPa 的特殊条件下选用了直径为 22 mm 的高强度螺旋钢锚杆、1×19 股直径为 21.6 mm 的锚索钢绞线，投用了锚杆减摩垫片和调型球垫，特殊区域铺设菱形网和钢筋焊接网双网支护，投用了“W”形钢护板，增大了支护表面积，有效控制了顶底板的移近量。

2. 精心组织上产量，降低生产成本，加强煤质管理，提高有效产量比

进一步优化采掘设计，提高单产单进，优化工作面设计，减少构造对煤质的影响，减少系统巷道，尽可能实现大面积开采。抓好劳动组织，保证出勤，确保满足生产要求。

一是建立完善矿井煤质管理考核体系，制定从开拓布置、开采设计、采煤方法、采掘管理、地质预报、岗位操作到运输各环节的煤质管理制度。

二是严格执行分打、分装、分运制度，发挥井口选矸作用，保证原煤质量稳定。

三是加强煤质管理考核，将煤质指标与相关科室、区队工作绩效联责挂钩，促进煤质管理积极性的提高。

霍州煤电集团有限责任公司辛置煤矿

一、矿井概况

辛置煤矿为省属国有企业，隶属于山西焦煤霍州煤电集团有限责任公司。矿井位于山西省南部临汾市北缘，霍州市境内，覆盖辛置镇、陶唐峪乡、赵城镇、兴唐寺乡的一部分，处于霍西煤田中部，霍州矿区东南，行政区划隶属霍州市管辖。

辛置煤矿始建于1952年5月，原名后河底煤窑，1958年8月20日成立山西省工业厅辛置煤矿筹备处，1958年11月17日在辛置煤矿筹备处的基础上，经山西省政府批准成立了山西省霍县矿务局，辛置煤矿筹备处于1962年正式更名为霍县矿务局辛置煤矿。2001年10月加入山西焦煤集团。

辛置煤矿井田煤层以低灰、低硫，肥煤为主，矿井采用混合开拓方式，中央集中排水，通风方式为抽出式，井田主采2号、10号煤层。2012年山西省煤炭工业厅以《关于霍州煤电集团有限责任公司辛置煤矿核定生产能力的批复》（晋煤行发〔2012〕615号），矿井核定生产能力为2.8 Mt/a。

二、2019年主要技术经济指标

2019年原煤产量计划2.44 Mt，实际完成2.6315 Mt，完成计划的107.85%；掘进进尺计划24000 m，实际完成25399 m，完成计划的105.83%。矿井全年实现安全生产，百万吨死亡率为零。矿井采煤机械化程度100%，掘进装载机械化程度95.72%。矿井综合单产108735 t/(个·月)。矿井原煤生产期末人数1254人，原煤工效8.467 t/工（矿井水文地质类型复杂，考核指标乘0.8系数）。矿井采区回收率达到83.26%，符合要求。

全年利润计划2560万元，实际利润2853万元；矿井职工人均年收入9.47万元。

三、安全高效矿井建设的主要做法

（一）狠抓基础，安全管控水平明显提升

一是健全完善安全生产责任体系，强化责任落实。认真贯彻落实集团公

司“12366”安全工作思路，层级落实安全责任。

二是强化“双预控”和“五精”管理，查隐患反三违。制定了重大安全风险辨识评估管控措施和工作方案，明确了10条安全红线和40条习惯性违章。

三是深入开展了安全培训宣传教育活动和应急救援。同时，认真开展了地面火灾和有毒有害气体事故应急演练，认真组织矿井防突水应急救援演习和反风演习，全员应急救援能力进一步增强。

（二）高效落实“四化”“四新”，建设安全高效矿井

一是以“机械化、智能化”提高采掘效率。在综采工作面推广使用专用安拆设备，提高了搬家倒面效率；投用了乳化液自动配比仪，现场配比浓缩液达到预期效果，实现了完全自动配比。

二是以“自动化、信息化”推动减人提效。优化完成了立井提升供电系统，提高了跑蹄立井供电的安全性；安装投用了310副暗斜井变频绞车；安装投用了310延伸采区架空人车；回采工作面安装投用了回采工作面架间通信。实施了二维码快捷读取设备参数技术，提高了检修维护效率。全面实施了井下变电所、带式输送机、架空人车的无人值守建设，实现减人提效。

三是推进新材料、新设备、新工艺、新技术的应用，建设现代化矿井。矿井重点推广使用了切顶卸压无煤柱开采技术，缩短采空区垮落时间，减少采区压应力；应用了新型薄喷材料代替传统的巷道喷浆料；开展了预裂增透技术等成果应用。

（三）严抓环保、关注民生，建设绿色和谐矿区

一是高度重视环保工程建设，巩固环保成果，打造绿色园林生态区。2019年对选煤矸石山的治理工作进行了整体部署、全面治理。全年黄土覆盖面积10.2 hm^2，边坡覆盖2.9 hm^2，硬化道路1950 m、水渠2341 m，对选煤矸石山道路两侧及平台边坡植树、撒草籽，种植柏树、火炬树、刺槐等累计5500余棵，选煤矸石山累计植树7万余棵。在选煤矸石山半坡处建成一个观景平台，安设3块宣传栏，方便人员参观、休息、娱乐。由服务队职工整理出多块实验田地，种植了红薯、南瓜等农作物，长势喜人。同时设计制作了选煤矸石山宣传手册，努力把选煤矸石山打造成集园林景观、生态种植、休闲观光于一体的绿色园林生态区。

二是以人为本、促进民生改善，做好后勤保障。在雨季前完成了三食堂边坡治理工程，加强自建房片区和矿区山体、护坡巡查，发放防雨油毡1000余卷，清挖矿区河道、涵洞1300 m，确保雨季汛期安全；为家属小区

安装天然气，并免费配送灶具，各小区全部开通；在跑蹄职工公寓和2号公寓安装网络电视和无线WiFi全覆盖，丰富了职工业余休闲生活；在矿区各办公楼安装了热水宝，实现24 h热水供应不间断；为152名受表彰的先进个人职工和484名育龄妇女安排健康体检；为全矿职工发放了夏季防暑用品等；开展了“金秋助学”活动资助学生80人，救助慰问职工3771人，救助资金640800元，极大地提高了职工的满意度和幸福感。

（四）建设一流安全信息化中心，助推“双预控”管理

辛置煤矿强推安全风险分级管控、事故隐患排查治理双重预防性工作机制建设。2019年辨识评估重大安全风险10项，并制定了详细的管控措施和工作方案。从严查隐患、狠反“三违”入手，通过旬检月验、带班跟班、两级小分队活动、动态活动、专项检查等手段，加大隐患、“三违”的查处力度，通过复查销号实现隐患清零。

（五）投用“TPM”点巡检系统，实现点巡检自动化

在跑蹄立井提升系统投用了“TPM”点巡检系统，该系统改变了传统作业方法，岗位点检人员只需采用手机扫码登录方式，就可对现场设备存在的缺陷、故障等情况了如指掌。人员操作起来不仅方便、简单，而且使设备“三级点检”监督管理工作更加透明化，实现了人、机在线实时监控。同时，该系统还可以实现设备台账和设备点检过程无纸化，对设备的规划、运行、维护、维修等整个周期管理形成了一个整体闭环模式，有效避免了漏检现象，提高了维护和保养效率，进一步保证了跑蹄立井提升系统的安全、高效运行。

（六）实施井下“振动筛”等技术，推进“源头治污”

一是实施了井下防爆“振动筛”减淤净水技术创新。井下水仓口安设防爆“振动筛”，沉淀池添加迅凝剂，减少了水仓煤泥人仓量，提高了水仓使用周期，降低了清仓劳动强度。

二是设计并实施了“清污分排”方案。对采区原有水仓进行扩容，并新修建清水仓，调整清污排水管路2趟，实现了清水直接排放至采区水平水仓；污水经沉淀池分级排放，有效缓解了地面矿井水处理站的压力。

三是投用了井下污水自动化过滤系统。在采区末端投用了井下污水自动化过滤系统进行试点，并逐步推广至采区水仓使用，减少了清仓所需的人力、物力，降低了安全管控难度。

（七）无人机地质灾害调查及预防

在矿井地质灾害调查方面辛置煤矿积极推广新装备、新技术。将无人机

航拍技术用于地质灾害防治的日常调查中，解决了以往地面调查过程中，地表范围存在盲区的问题，降低了工人劳动强度，提高了工作效率，确保了调查过程中滑坡威胁区域人员安全；航拍影像资料清晰，更加直观地反映了地表地质灾害情况。

（八）充分发挥安全监管执法记录仪的作用

在充分发挥 80 台执法记录仪在现场监管作业的同时，扩展了执法记录仪的使用功能和范围。成立了专业小组制作还原辛置煤矿历史事故案例视频 8 部，制作典型隐患“三违”问题曝光 42 部，制作典型规范行为操作流程 5 部，通过职工身边正反事例视频教育有效起到安全警示作用；将曝光机制推广使用到材料成本管理、源头治污治理、钻探全过程管理等方面，有力地推进了辛置煤矿各项管理水平的提升。

阳泉煤业集团安泽登茂通煤业有限公司

一、矿井概况

阳泉煤业集团安泽登茂通煤业有限公司（以下简称登茂通公司）位于临汾市安泽县唐城镇上庄村。井田面积 10.7468 km^2，批准开采 2 ~ 10 号煤层，许可开采 2 号、3 号煤层，生产能力 0.9 Mt/a。2019 年底，矿井保有地质储量 37.687 Mt，可采储量 14.673 Mt。设计服务年限 16.3 a。

矿井属于高瓦斯矿井，水文地质类型为中等。矿井采用斜井开拓方式，布置有主斜井、副斜井、回风立井和副立井。单一水平联合布置联合开采 2 号、3 号煤层，水平标高 +930 m，井田划分为 3 个采区。运输大巷和轨道大巷沿 3 号煤层顶板、回风大巷沿 2 号煤层顶板布置在井田中部。矿井采区和工作面严格按照采区设计布置，生产布局合理。矿井采煤工作面和掘进工作面能正常接替，采煤工作面采用倾向长壁采煤方法。

二、2019 年主要技术经济指标

2019 年登茂通公司全年未发生较大及以上安全生产事故，百万吨死亡率为零。全年完成原煤产量 0.8928 Mt，掘进进尺 4600 m，实现利润 49104 万元。采煤机械化程度达到 100%，掘进机械化程度达到 95%。矿井综合单产达到 77105 t/(个·月)；原煤工效 7.6 t/工；工作面最高月产达到 78310 t；掘进工作面最高月进尺 313 m。

三、安全高效矿井建设的主要做法

（一）安全标准化新进展

1. 建立“安全风险分级管控、事故隐患排查治理”双重预控体系，提升安全生产预防预控能力

对辨识出的安全风险进行分类梳理和等级确定，从组织、制度、技术、应急等方面对安全风险进行了有效管控。突出抓好重大隐患、重复隐患、红线隐患、涉险隐患、易诱事故隐患“五类隐患”，不放过一般隐患。

2. 推进标准化建设，提升动态达标

围绕打造一级安全生产标准化矿井的要求，深入推进标准化建设，狠抓工程质量、支护质量和员工操作规范，突出过程管控和质量提升，采取创新项目推广、基础设施整治、文明现场推进和考核奖罚并重等方法，推进动态达标。强化标准化考核，对照新的煤矿安全质量标准化标准，开展了达标创建活动，从工程质量、安全、进尺等方面严格考核，通过月检查、月验收、月考核，促进标准化提升。

（二）提产增效实现了新突破

1. 采掘布局合理，生产能力不断攀升

结合实际完成了采掘衔接优化调整，优化设计部署，完成了 2 个采区的合理接替，不仅采掘工作面布局合理，而且生产衔接有序，生产能力稳中有升。

2. 强化机运管理，保障生产能力

强化机电设备检修，确保主通风、主提升、主供电等大系统安全可靠。进一步加强了井下供电系统和防爆电气设备的日常维护管理工作。严格落实对主要通风机、主绞车、主带式输送机等大型固定设备和特种设备的检测校验工作。

3. 狠抓“一通三防”及地质防治水工作，夯实生产基础

坚持“瓦斯超限就是事故”的理念，以构建“通风可靠、抽采达标、监控有效、管理到位”的瓦斯治理体系为目标，大力实施沿空留巷技术，按照 Y 形通风，合理优化通风、抽采系统，升级改造安全监控系统。加强地测防治水工作，按要求编制了防治水中长期规划及年度计划，建立健全防治水机构，坚持“预防为主，防治结合”的基本方针和“预测预报，有疑必探，先探后掘，先治后采”的基本原则，进一步强化防治水规范标准。

4. 加强成本管控，提高盈利水平

以全面预算管理为主要手段，在成本管理上，紧紧围绕降本增效，简化成本管控项目，把精力充分放在可控成本的管控上，瞄准利润、狠抓可控成本的分项管理。为适应市场需求，提高原煤洗选率，优化了公司产品结构，同时拓宽了销售渠道，提高了公司销售收入及盈利水平，促进了公司利润指标的完成。

5. 推广新技术、新工艺，减员提效

综采工作面全面推广“简易切顶卸压沿空留巷”技术，进一步减少巷道工程量，大幅度提高煤炭回收率和单产水平；综掘工作面全面应用“三

高一低”巷道支护优化，提升单进水平；优化拆安环节，配备安全高效的拆安工器具，减轻人员劳动强度，大幅度提高了拆安效率。生产作业队组职工队伍稳定，劳动组织机构扁平化，员工岗位优化组合，原煤工效进一步提高。

阳泉煤业集团翼城华泓煤业有限公司

一、矿井概况

阳泉煤业集团翼城华泓煤业有限公司（以下简称华泓煤业）位于临汾市翼城县桥上镇刘王沟村。井田位于沁水煤田晋城矿区西南部，井田面积7.2654 km^2，生产能力0.9 Mt/a，批准开采2号、9号+10号煤层。全井田保有资源储量30.21 Mt，工业资源储量29.38 Mt，设计可采储量16.96 Mt，服务年限13.5 a。

矿井属于低瓦斯矿井，水文地质类型为中等，2号煤层自燃倾向性为不易自燃，煤尘无爆炸性；9号+10号煤层自燃倾向性为自燃，煤尘无爆炸性。

二、2019年主要技术经济指标

2019年华泓煤业未发生较大及以上安全生产事故，百万吨死亡率为零。完成产量0.896 Mt，掘进进尺6200 m，实现利润6507.62万元。采煤机械化程度达到100%，掘进机械化程度达到98%。矿井综合单产达到72535 t/(个·月)；原煤工效12.041 t/工；工作面最高月产达到76979 t；掘进工作面最高月进尺630 m；人均年收入10.08万元。

三、安全高效矿井建设的主要做法

（一）生产组织管理方面

（1）以建设一级标准化矿井为目标，华泓煤业各级管理人员上下一心，对标对表，提升矿井各硬件系统，制定各部门达标目标，完善基础资料，夯实现场管理，细化达标项目，于2018年4月通过国家一级标准化矿井验收。

（2）以契约化方式对采掘队的生产任务、成本、质量、工期、工资进行契约，超利分红，不达规定目标工资抵补，强化了队组的生产积极性和成本管控意识，实现了矿井整体管理水平大幅度提升。

（3）加强现场管理，管理人员到现场跟班解决安全生产中的突出问题，对采煤工作面进行现场写实，通过写实重点解决影响生产的关键环节，通过工艺工序优化，提高了效率，增加了产量。

（4）加强生产组织协调，把握重点工作、关键环节、关键部位，针对采煤队过断层期间爆破影响割煤时间的问题，安排打眼工和爆破工上交叉班，提前到岗利用交接班时间打眼爆破，既有效利用了交接班时间和作业空间，提高了工时利用率，增加了产量，又降低了割煤和打眼爆破时间和空间上的相互干扰，降低了安全风险。

（5）严格执行规程、措施编制审批和“一工程一措施”制度及月度复查制度。

（6）加强拆除安装、过构造、贯通、过空巷等特殊条件下的技术管理工作，根据现场情况及时制定安全技术措施，确保施工安全。2019 年共完成回采工作面过断层 3 次，掘进工作面过断层 12 次，巷道贯通 15 次，均保证了安全和准确。

（7）对材料执行以旧换新，加强井下材料集中管理，杜绝材料乱堆乱放，材料挂牌管理，杜绝丢失浪费。对材料消耗实行定额管理，每月对当月材料消耗进行汇总、分析、总结，对超计划使用和回收不达标进行考核，有效控制了生产成本。

（二）科技创新方面

（1）华泓煤业原掘进工作面采用内注式液压单体柱配柱鞋、柱帽作为临时支护，劳动强度大、效率低、支护效果不理想，严重影响掘进效率。随后华泓煤业积极引进掘进机载式临时支护，机载式临时支护作为一种主动支护形式，支护面积和初撑力大，减少了支护时间，有效降低了工人劳动强度，提高了单进水平。

（2）采用地面三维地震物探手段，探明区内落差 5 m 以上的断层要素，控制断层落差、产状及其在走向和倾向上的变化，查明煤层底板的起伏形态及褶曲构造的发育形态。利用坑透技术对回采工作面断层进行勘测，利用槽波技术对 9319 工作面断层进行勘测，利用反射波技术对东部断层进行探测。利用地面可控源音频大地电磁法、井下瞬变电磁法等先进电磁法物探手段，对采掘区域进行综合水文物探工作，确定断层、含（导）水性及含（导）水深度和范围，查明采掘区域内主要含水层、采空区及导水裂隙、通道发育范围，并对异常区进行钻探验证。利用一钻一视频，狠抓防治水现场管理，提高钻探数据的真实性与可靠性，切实提高防治水现场管理水平。

（3）煤矿综采设备 70% 的液压系统故障是由传动液体污染造成的，针对矿井水的实际情况，在综采工作面安装了一台自动型井下在线自清洗综合供水净化装置，通过水的净化和乳化液在线自清过滤，保护了设备液压系统，降低了支架事故，提高了支架立柱、阀组、千斤顶的使用寿命，取得了较好的使用效果。

阳泉煤业集团翼城山凹煤业有限公司

一、矿井概况

阳泉煤业集团翼城山凹煤业有限公司（以下简称山凹煤业）位于临汾市翼城县桥上镇刘王沟村，井田位于沁水煤田西南部普查区，井田面积 4.3417 km^2。矿井生产能力 0.6 Mt/a，批准开采 2 号、9 号 +10 号煤层，许可开采 9 号 +10 号煤层，9 号 +10 号煤层保有地质储量 15.327 Mt，可采储量 5.1 Mt，剩余服务年限 8.5 a。

矿井属于低瓦斯矿井，水文地质类型中等，2 号煤层自燃倾向性为不易自燃，煤尘无爆炸性；9 号 +10 号煤层自燃倾向性为自燃，煤尘无爆炸性。

二、2019 年主要技术经济指标

2019 年山凹煤业全年未发生较大及以上安全生产事故，百万吨死亡率为零。完成产量 0.5986 Mt，掘进进尺 3085 m，实现利润 1465 万元。采煤机械化程度达到 100%，掘进机械化程度达到 81%。矿井综合单产达到 60183 t/(个·月)；原煤工效 8.337 t/工；工作面最高月产达到 48120 t；掘进工作面最高月进尺 265 m；人均年收入 8.5 万元。

三、安全高效矿井建设的主要做法

（一）生产管理方面

（1）山凹煤业重点推行了各项工程审批管理制度，通过跟踪工程并根据工程量确定工数和工期，工程完工后组织验收严格按工程质量进行考核，有效遏止了零星工程管控难、工期拖沓等不良现象。

（2）对采煤工作面、掘进工作面进行每班定产量、定进尺管理，实行完成奖励完不成处罚考核政策，激发采煤掘进队组的工作热情，并按时对队组人员进行现场标准化学习培训。现场跟班写实 35 次，通过写实重点解决了影响生产的关键环节，对回采工作面端头支护方式、掘进工作面支护工艺进行了优化，通过工艺工序优化提高工时利用。

（3）加强生产组织协调，把握重点工作、关键环节、关键部位，针对采煤队过断层期间爆破影响割煤时间的问题，安排打眼工和爆破工上交叉班，提前到岗利用交接班时间打眼爆破，既有效利用了交接班时间和作业空间，提高了割煤刀数，增加了产量，提高了劳动效率，又降低了割煤、打眼爆破时间和空间上的相互干扰，降低了安全风险。

（4）制定了生产事故管理考核办法，明确了生产事故范围、事故汇报要求和事故责任追究标准，规范了生产事故的考核尺度，加强了各级管理人员的责任心，理顺了生产管理秩序，通过生产误时分析和班计划的落实考核，保证了生产作业计划顺利完成。

（二）科技创新方面

山凹煤业于2019年12月底前在井下所有综掘施工地点全面推行使用机载式临时支护设备，使用效果比较明显，与过去使用的单体支柱支护相比优点如下：

（1）相比以前的人工支护，机载式液压支护比较方便，操作操纵杆即可完成，降低了劳动强度。

（2）有效使用掘进机械的液压系统，提高了掘进工作面的机械化程度。

（3）提高了掘进工作面的安全系数，避免了工人空顶作业的频次，切实保障了安全施工。

（4）节省了木料消耗量，减少了掘进工作面柱帽的使用频次。

（5）有效提高了单进水平。

（三）成本管控方面

（1）加强对井下废旧材料的回收利用，对材料执行以旧换新，加强井下材料集中管理，杜绝材料乱堆乱放，材料挂牌管理，杜绝丢失浪费，对超计划使用和回收不达标的进行考核。

（2）下发《现场成本管理考核办法》，各部门、队组积极配合严格落实，全员、全方位、全过程开展现场成本管理工作。由经营部牵头，抽调各部门负责人组成现场成本管理检查组，每月组织一次，现场定问题、定责任人、定考核。通过检查，达到作业现场材料整齐有序，施工环境舒心，成本支出合理的效果。

（四）技术管理方面

（1）严格执行规程、措施编制审批和“一工程一措施”制度，并对工人进行贯彻学习、考试及月度复查制度等。2019年完成对36份规程、措施的编制审批并组织落实。

（2）加强拆除、安装、过构造、贯通、过空巷等特殊条件下的技术管理工作，根据现场情况及时制定安全技术措施，确保施工安全，根据现场实际条件对 9110、9111 工作面进行了合理化设计，确保最大限度不损失煤量。

山西蒲县华胜煤业有限公司

一、矿井概况

山西蒲县华胜煤业有限公司（以下简称华胜煤业），隶属于晋能控股煤业集团。华胜煤业设计生产能力 0.9 Mt/a，2010 年 12 月 31 日开工建设，2012 年 12 月 30 日进入联合试运转，2013 年 7 月 29 日竣工验收，2014 年 1 月 28 日投产，2014 年达到设计生产能力。矿井井田内有可采煤层 6 层，分别为 2 号、3 号、7 号、9 号、10 号、11 号煤层，可采煤层总厚共计 8.94 m。现开采 3 号煤层，平均厚度 1.61 m，可采储量 1.84 Mt，煤种为气煤。矿井属于低瓦斯矿井。矿井采用斜井开拓方式，现生产盘区包括一、二盘区，采用综合机械化开采。主提升系统为带式输送机运输，副井为无轨胶轮车运输；盘区运输巷主要采用带式输送机运输，辅运巷主要采用无轨胶轮车运输。矿井主要采煤方法为走向长壁一次采全高后退式综合机械化采煤法，巷道掘进主要采用 EBZ160 型综掘机，支护方式以锚杆锚索支护为主，辅助工字钢棚支护方式。

二、2019 年主要技术经济指标

2019 年完成原煤产量 0.679 Mt，原煤工效 7.4 t/工，实际完成利润 208 万元。矿井综合单产达到 96108 t/(个·月)。采区回收率达到 83%。采煤机械化程度达到 100%，掘进装载机械化程度达到 100%。矿井掘进总进尺完成 6259 m。百万吨死亡率为零，实现了安全生产。

三、安全高效矿井建设的主要做法

2019 年华胜煤业严格践行企业“安全为天、重在落实”的安全生产理念，牢固树立“以人为本、安全发展、科学发展”的意识，突出“安全压倒一切、事故否定一切”的原则，以安全生产标准化、岗标班建为突破口，狠抓安全管理，克服各种困难，周密部署生产组织，合理安排采掘接续，加强成本管理和煤质管理，完善各项规章制度，加大考核力度，强化教育培训，实现了管理与培训同步提高，安全与生产共赢的目标。华胜煤业安全高效创建经验如下。

（一）安全生产组织方面

（1）矿井自2010年12月开工建设至今，未发生较大以上安全事故，生产过程中严格执行煤炭行业标准，精细管理，规范作业，安全生产形势平稳，连续9年零伤亡。根据《煤矿安全生产标准化基本要求及评分办法》规定，2018年5月2日华胜煤业顺利通过了国家煤矿安监局专家组进行的安全生产标准化验收，达到国家一级安全生产标准化煤矿。

（2）井下目前均采用“三八制”作业。全员合同签订率、用工备案率、培训率、参加社会保险率、年检率达到“五个百分之百”，3项岗位人员全部持证上岗，建立了完善的劳动定员管理制度，进行了科学合理的组织生产，劳动效率明显提高。

（二）科学管理方面

（1）矿井采掘机械化程度管控。矿井所有综采工作面均采用采煤机割煤装煤，刮板输送机、带式输送机运输，实现了综合机械化采煤，采煤机械化程度达到100%；所有煤巷及半煤岩巷掘进工作面采用掘进机割煤装煤，刮板输送机、带式输送机运输，实现了机械化掘进，掘进机械化程度达到100%。

（2）生产系统严格执行“一井一面”布置：

①矿井设一个水平开采全井田。矿井主水平3号煤层一盘区布置1个3109综采工作面，工作面长度为170 m，采高为2.2 m，煤厚为1.6 m，采用长壁一次采全高后退式综合机械化采煤法；布置2个综掘工作面，采掘方法、工艺和技术装备符合《煤矿安全规程》规定。

②矿井3号煤层为中厚煤层，采区采出率为83%，矿井采掘接续正常，开拓、准备、回采煤量符合规定，各生产系统安排合理。

（3）3号煤层为中厚煤层，平均厚度为1.61 m，矿井综合单产为96108 t/(个·月)，原煤工效达到7.4 t/工。

（4）自正式投产后，安全生产设施一步投资到位，运行平稳正常，无安全生产机械事故，2019年利润208万元。

（三）绿色开采

矿井在建设生产过程中严格执行国家环境保护的相关法律法规，强化组织机构，从管理源头入手，成立了环保部，由环保部牵头各项环保事宜的落实工作。

矿区绿化达到18%，建设有一座720 m^3/d 生活污水处理站、一座2400 m^3/d

矿井水处理站等环保设施，持有合法有效的排污许可证。

（四）矿井自动化、信息化建设

矿井建设有 KJ95N 安全生产综合监控系统。井下安全监测监控设备全部为矿用本质安全型。全矿井安全生产信息实现集中调度、监控、传输，对主要生产环节的设备进行远程监控，实现了主要生产环节自动化运行，煤矿办公实现了 OA 电脑网上自动化，符合安全高效矿井评审条件。

（五）搞好安全生产标准化建设

矿井开工建设至今，始终把安全生产标准化工作视为煤矿企业的形象工程、生命工程、效益工程和基础工程，从地面到井下，从后勤到生产严格标准化建设，现场达到整齐、整洁、规范，形成了“要安全先达标，向标准化要效益，向标准化要安全”的理念，通过人、机、环、管的和谐统一，最终实现管理无漏洞、设备无故障、系统无缺陷、人员无违章和安全零事故的本质安全型矿井。

（六）安全管理严抓不懈

在矿井的生产过程中，通过加强矿领导带班，安监员跟踪作业现场管理，对重点环节、关键部位设专人盯守，对生产作业过程中查出的隐患实行跟踪销号，从而实现了安全管理不留死角，作业现场动态安全达标。

太原煤炭气化（集团）有限责任公司 东河煤矿

一、矿井概况

东河煤矿隶属于太原煤炭气化（集团）有限责任公司，位于临汾市蒲县县城东北方向的太林乡碾沟村，2004 年 8 月建成投产。矿井核定生产能力 0.9 Mt/a，矿井井田面积 13.3206 km^2。矿井现有储量 5.25 Mt，可采储量 4.59 Mt，可采年限 3.64 a。批准开采煤层为 2 号煤层，最大厚度 1.98 m，平均厚度 1.67 m；煤层自燃倾向性等级为Ⅱ类，煤尘具有爆炸性，矿井绝对瓦斯涌出量 4.08 m^3/min，相对瓦斯涌出量 2.14 m^3/t，属于低瓦斯矿井。煤种为低灰、低硫、低磷、高挥发分的 1/3 焦煤。水文地质类型为中等，无高温热害。

现井下布置有 2202 综采工作面、2220 备采工作面，由综采队作业。2222 回风巷、二采运输下山主水仓掘进工作面由掘进队施工。

二、2019 年主要技术经济指标

2019 年生产原煤 0.848 Mt，原煤工效达到 7.29 t/工；综合单产 0.0805 Mt/(个・月)；平均工作面个数 0.84 个；采煤机械化程度达到 100%，掘进机械化程度达到 94%；全年死亡人数为零，百万吨死亡率为零。

三、安全高效矿井建设的主要做法

（一）均衡组织生产、提高生产效率

一是做好上传下达，下情上报工作，各业务部室、区队之间实现信息共享，随时解决生产中存在的各类问题，减少影响时间；二是加强对重点工作的管控，组织相关业务部室召开专题会，合理安排工期，月初按照综合生产经营计划将任务分解到每日，确保当日生产任务完成；三是积极研究“掘、探关系”，计划购置履带式探水钻机，缩短探水影响掘进的时间，提高单进水平。

（二）加强科学管理，提高业务功能

一是组织各业务部室制定了各专业检查清单，每次检查前按照清单内容一一对照，及时整改存在的问题，为东河煤矿顺利通过各类检查打下坚实基础；二是对原三采煤仓暗斜井通风、运输系统进行了优化改造，对头部带式输送机进行了更换调整，保证了采掘工作面正常生产；三是严格按照晋能控股和集团公司的相关规定，组织各级领导干部严格执行好值班、带班制度，切实加强应急值守工作，严格落实关键岗位 24 h 值班制度，坚决杜绝脱岗、顶岗和值班业务不熟等情况的发生，确保各项安全保障措施落实到位。

（三）鼓励技术创新，提高资源回收利用

一是狠抓采掘衔接管理，优化巷道支护设计（锚杆排距由 0.8 m 变更为 1.2 m），减少工人劳动强度，提高单进水平；二是完成了 2206 运输巷 425 m 切顶卸压自动成巷横阻大变形锚索、顶板预裂切缝钻孔及切缝爆破等工程施工，少掘一条巷道的同时多采 15 m 煤柱，采用“Y”形通风后，上隅角无须进行瓦斯抽放，创造经济效益 1200 余万元，东河煤矿在 2220 工作面将继续实施该项目；三是通过千米钻机 1 号钻场定向探测与探水队钻探相互验证，2220 运输巷掘进长度比计划多 40 m，可确保多回采原煤 30000 t。

（四）推广绿色开采，注重环境保护

一是致力于绿色开采理念，加强土地塌陷管理，塌陷土地治理率 100%，矿井水利用率 100%，矿井水全部进行处理，用于井下静压水和职工洗澡用水；二是加强职工作业环境保护，推行了自动降尘捕尘新措施，既保证了水的利用，又增加了粉尘治理功效；三是对副立井井口和通风区办公室进行了修缮，职工澡堂安装了热风幕系统，吊篮底板上安装了加热板，全矿职工全部进行了职业卫生健康检查。

山西晋煤集团临汾晋牛煤矿投资有限责任公司

一、矿井概况

山西晋煤集团临汾晋牛煤矿投资有限责任公司（以下简称晋牛公司）成立于2009年6月18日，隶属于山西晋城无烟煤矿业集团有限责任公司。晋牛公司为独立法人企业，控股100%。矿井位于临汾市尧都区枕头乡后掌村附近，行政区域隶属尧都区枕头乡管辖。井田位于霍西煤田西南部，井田面积15.0208 km^2，煤种以肥煤、焦煤为主，批准开采煤层为2～11号煤层，可采煤层有2层，为2号和9号+10号+11号（统称10号煤层）煤层，10号煤层为主采煤层。2号煤层平均厚度1.07 m，10号煤层平均厚度4.92 m。矿井设计生产能力0.9 Mt/a。截止到2019年底，保有资源储量109.351 Mt，剩余可采储量73.366 Mt，剩余服务年限58 a。

井田位于山西省霍西煤田西南部，总体为一轴向北东的向背斜构造，地层倾角一般为5°～12°，井田内发育6条褶曲、15个陷落柱。井田内无岩浆岩侵入。

矿井正常涌水量45.8 m^3/h，最大涌水量84.2 m^3/h。矿井水文地质类型为中等，构造类型简单，无冲击地压危险。

晋牛公司为低瓦斯矿井，矿井绝对瓦斯涌出量2.02 m^3/min，相对瓦斯涌出量1.12 m^3/t，回采工作工作面最大绝对瓦斯涌出量0.98 m^3/min；掘进工作面最大绝对瓦斯涌出量均为0.20 m^3/min。煤层自燃倾向性等级为Ⅱ类，属于自燃煤层，煤尘具有爆炸性。

煤矿地温梯度为0.6～1.7 ℃/100m，平均为1.2 ℃/100m；恒温带深度为120～150 m。该区为地温正常区，未发现地压异常区。

二、2019年主要技术经济指标

2019年公司矿井完成产量0.886 Mt，进尺5694 m。矿井实现综合单产73315 t/(个·月)，原煤工效8.305 t/工，吨煤开采综合能耗22.11 kW·h；

矿井最高月产量 82075 t，综放工作面最高月产量 77888 t，综放工作面最高日产量 4289 t；掘进工作面最高月掘进进尺 350 m，日最高进尺 16. 8 m；原煤百万吨死亡率为零。

2019 年公司严格成本管理，实际吨煤成本 281. 7 元，较计划下降了 38. 3 元/t；完成利润 926 万元，较 2019 年初预算多盈利 26 万元。职工人均年收入 7. 5 万元，高于行业平均水平和本省煤矿平均水平。

三、安全高效矿井建设的主要做法

（一）建立安全生产标准化长效机制，实现生产标准化动态达标

公司制定了长远的安全生产标准化目标，深入持久地开展安全生产标准化提高工作，努力做到精细化管理，标准化、规范化作业。矿井按照安全生产标准化工作实施规划，制定了安全生产标准化实施资金投入计划，并列入矿井重点专项资金计划，实行专款专用，从而确保了安全装备水平、安全基础设施得到进一步改善与提高。

公司坚持以《煤矿安全生产标准化基本要求及评分办法》为引领，以高标准现场管控理念为指导，以“部室自主管理队组”为主线，把安全生产标准化作为推进安全高效发展的第一抓手，持续推进井下现场“动态”达标管理，紧紧围绕“设备设施完好、工程质量达标、环境整理整洁”开展动态达标整治，着力改善井下作业环境，不断夯实安全生产基础，努力实现“文明施工、规范作业、创优环境、岗位达标”。

（二）合理设置机构及劳动定员，确保矿井人员精干高效

晋牛公司有完善的定编定员管理制度、科学合理的岗位劳动定员。2019 年底，全矿在册人数 660 人，原煤生产人员 485 人，岗位设置合理，职业健康检查率 100%。公司现有领导 9 人，副总工程师 6 人，“六长”配备齐全。公司共设有 6 个职能部室（安全部、调度室、生产部、机电部、通风部、地测部）和 5 个生产辅助队组（安检队、瓦检队、探放水队、运行队、监测队），共设有 4 个井下一线队组（综采队、综掘一队、综掘二队、准备队），安全生产组织机构管理健全，特种作业人员配备齐全。

（三）坚持绿色开采，打造绿色矿山

1. 废水污染防治

矿井废水有两种:一种是井下排水,另一种是生活废水,全部实现零排放。

矿井水处理站安装有高效齐全的水处理设施及配套设备，建有调节池、清水池、污泥池，矿井井下水从井下排上来以后直接送至矿井水处理站处

理，采用混凝、沉淀、过滤、消毒的处理工艺。2 台设备的处理能力为 60 m^2/h，处理后的水达到消防用水标准，全部用于井下除尘、黄泥灌浆，矿井水不外排。

生活污水处理站安装有高效齐全的污水处理装置及配套设备，建有调节池、污泥池、中间水池各一处，食堂、澡堂、办公楼及宿舍等生活废水通过管道汇集到生活污水处理站，采用厌氧、生物接触氧化法和深度过滤处理工艺（厌氧＋生物接触氧化＋活性炭过滤＋消毒），处理能力为 15 m^3/h，处理后的水达到地表水标准，全部用于地面消尘、绿化，生活污水不外排。

2. 固体废弃物处理

矿井掘进矸石灰分高、发热量低、量少，主要用于充填荒沟、沉陷区等。

矿井水处理站的污泥主要是煤泥，全部掺入末煤产品销售，生活污水处理站的污泥主要是有机物质，可改善表土养分，主要将其用于土地复垦，其余部分与矿井水处理站污泥一同处理。

3. 煤粉尘污染防治

在工业场地内建封闭的输煤栈桥，使煤炭场内输送在封闭环境中完成，减少输送过程中煤尘逸散进而污染环境。此外，设计沿带式输送机走廊敷设冲洗用水管道，设置冲洗洒水栓，满足清洁生产的要求。

山西煤炭运销集团蒲县昊兴塬煤业有限公司

一、矿井概况

山西煤炭运销集团蒲县昊兴塬煤业有限公司（以下简称昊兴塬煤业）位于山西省临汾市蒲县乔家湾乡境内，批准开采2～11号煤层，井田面积9.3392 km^2，地质储量73.3 Mt，生产能力1.2 Mt/a。2018年被国家安全监管总局、国家煤矿安监局授予“一级安全生产标准化矿井”，被临汾市评为“安全信用等级A类矿井”，被煤炭工业协会评为“高产高效特级矿井”。矿井为低瓦斯矿井，绝对瓦斯涌出量3.51 m^3/min；矿井正常涌水量15 m^3/min，最大涌水量35 m^3/h，水文地质类型为中等；地质构造类型为简单；煤层自燃倾向性等级为Ⅱ类，属于自燃煤层。矿井开拓方式为“三斜一立”斜井开拓，通风方式为中央分列式，采用“三进一回”方式布置。

矿井批准开采2～11号煤层，其中2号煤层平均厚度1.30 m，为全井田稳定可采煤层；9号煤层平均厚度1.31 m，为全井田较稳定大部可采煤层；10号煤层平均厚度1.88 m，为全井田稳定大部可采煤层；11号煤层平均厚度2.44 m，为全井田稳定可采煤层。煤质为低灰、低硫、高发热量、中等黏结性的气肥煤、1/3焦煤。

井下采煤工作面采用走向长壁后退式采煤方法，综合机械化采煤工艺，一次采全高，全部垮落法管理顶板。

掘进工作面全部采用综掘机进行掘进，辅助运输采用WC20RCBJ型防爆胶轮车，材料配件直达井上下运输，节约运输成本，降低劳动强度，提高劳动效率。矿井自主进行综采工作面回撤安装工作，采用WC25EJ型多功能运输车及WC40Y型支架搬运车，进行工作面回撤安装。

二、2019年主要技术经济指标

2019年煤量1.063 Mt，完成产量1.048 Mt，完成计划的98.6%。掘进计划7000 m，实际完成6815 m，完成计划的97.4%。

截止到2020年4月8日公司未发生伤亡事故，无重大生产安全事故隐患，百万吨死亡率为零。

全年回采工作面原煤生产0.975 Mt，全部由综采工作面完成，采煤机械化程度100%。全年矿井总掘进进尺6815 m，综掘进尺6815 m，综掘机械化程度100%，符合特级安全高效矿井标准。

全年采煤工作面原煤产量1.048 Mt，平均工作面个数0.91个，综合单产158765 t/(个·月)；属于低瓦斯矿井；核定生产能力1.2 Mt/a，符合特级安全高效矿井标准。

全年原煤计效产量1.048 Mt，计效工数94976工，原煤工效11.03 t/工，符合特级安全高效标准（≥10 t/工）。

2019年企业计划盈利20350.78万元，实际盈利24644.18万元；计划投入成本361.40元/t，实际投入成本329.3元/t；职工人均年收入11.36万元，高于煤炭行业平均水平。

三、安全高效矿井建设的主要做法

（一）积极开展安全生产各项工作，确保矿井安全生产

公司积极开展岗位风险预控和安全风险预控工作，使职工明确了所在岗位存在的风险、注意事项、预防措施和应急措施；通过积极开展安全生产责任落实工作，使全体职工明确了所在岗位的安全生产责任，提高了工作的责任心；通过每月一次的安全大课，提高了职工的安全意识，减少了职工的“三违”行为；通过安全生产标准化建设工作，提高了工程施工质量，规范了职工的安全行为，夯实了安全生产基础，健全了安全风险分级管控机制；通过积极开展隐患排查治理工作，完善了矿井隐患排查体系，有效防范和遏制了矿井事故的发生。

（二）优化组织结构，合理定岗定员

为了做好安全高效矿井建设工作，公司人力资源部积极开展组织结构优化工作，公司对采煤队、掘进队、运输队、机电队、通风队组织结构进行大力改革；提高了工作效率。实行大工区后在生产组织中多次集中精兵强将进行项目攻关，为安全高效创造了有利条件。

（三）鼓励技术创新和设计创新

为了提高生产效率，降低生产成本，公司鼓励全体职工进行技术创新和设计创新，并制定奖励办法。除了对技术创新或设计创新的集体和个人直接物质奖励以外，还在工资、福利待遇等方面进行适当的奖励。

（四）推进“三化”管理，不断提高经济效益

按照公司推行的“制度化、规范化、市场化”的管理要求，不断通过流程再造和规范运作，夯实基础管理，优化资源配置，使经济效益逐步提高。

一是降低了成本费用。实行内部市场化管理后，各单位自觉地把生产经营各类费用变为自己的收入，超支就要减少收入，节约则增加收入，如材料费用支出减少，工资就会按一定比例增加。有了这种激励机制，每个单位、每个职工“成本就是工资，工资就是成本”的意识增强了，人人为成本而算，人人为效益而干，促进了成本的连年下降。

二是提高了劳动效率。通过科学合理地确定岗位定员，实行“增人不增资，减人不减薪”，促使各单位、岗位自发地合理安排工作，优化劳动力资源配置。

三是转变了观念。在市场化机制下，公司上下形成了向安全要效益，安全就是最大的效益。员工观念由过去的“向领导要工资”转变为“向安全要工资”。通过把干部职工的经济利益和本单位的经营效益紧密地联系在一起，干部职工都学会了算大账、算细账，自觉地节支降耗降成本，安全效益观念深入人心。

山西煤炭进出口集团蒲县豹子沟煤业有限公司

一、矿井概况

山西煤炭进出口集团蒲县豹子沟煤业有限公司（以下简称豹子沟煤业）位于山西省临汾市蒲县黑龙关镇炉齿村，批准开采2～11号煤层，井田面积11.1886 km^2，矿井地质储量86.91 Mt，矿井可采储量52.95 Mt，生产能力0.9 Mt/a，服务年限42 a。2018年被国家安全监管总局、国家煤矿安监局授予“一级安全生产标准化矿井”，被临汾市评为“安全信用等级A类矿井”，被煤炭工业协会评为“高产高效一级矿井”。矿井为低瓦斯矿井，相对瓦斯涌出量0.68 m^3/t，绝对瓦斯涌出量1.14 m^3/min；矿井正常涌水量10 m^3/h；最大涌水量30 m^3/h；水文地质类型为中等，地质构造类型为简单；煤层自燃倾向性等级为Ⅱ类，属于自燃煤层。矿井开拓方式为“两斜一立”斜井开拓，通风方式为中央分列式，采用“两进一回”方式布置。

二、2019年主要技术经济指标

2019年矿井安全生产情况正常，无重大伤亡事故；无重伤事故；无重大安全生产事故隐患。

2019年原煤产量计划600000 t，实际完成产量628600 t，完成计划的104.76%。掘进计划4300 m，实际完成4464 m，完成计划的103.8%。回采工作面原煤生产573800 t，采煤机械化程度100%。矿井总掘进进尺4464 m，综掘进尺4464 m，综掘机械化程度100%。符合特级安全高效矿井标准。原煤产量628600 t，平均工作面个数0.62个，综合单产84136 t/(个·月)，核定生产能力900000 t/a。原煤计效产量628600 t，计效工数71518工，原煤工效8.8 t/工，符合特级安全高效标准（≥7 t/工）。2019年度动用储量805600 t，采出煤量628600 t，损失煤量177000 t，采区采出率78.03%；符合开采采出率标准。

2019年企业计划盈利3340万元，实际盈利3547万元；计划成本192元/t，完成成本 184 元/t；职工人均年收入 8.7 万元，高于煤炭行业平均水平，符合特级安全高效矿井标准。

三、安全高效矿井建设的主要做法

（一）积极开展安全生产各项工作，确保矿井安全生产

通过积极开展安全生产责任落实工作，使全体职工明确了所在岗位的安全生产责任，提高了工作的责任心；通过安全生产标准化建设工作，提高了工程施工质量，规范了职工的安全行为，夯实了安全生产基础，健全了安全风险分级管控机制；通过积极开展隐患排查治理工作，完善了矿井隐患排查体系，有效防范和遏制了矿井事故的发生。

（二）注意安全文化宣传，提高职工自主保安意识

为了提高职工的安全意识，营造良好的安全氛围，使职工在平时工作中潜移默化，受到安全教育。豹子沟煤业先后投入 100 多万元，完善了井上下安全文化长廊，既美观大方，又内容丰富，不但有安全警言警句，而且有安全小常识，伴有优美的轻音乐，使职工在上下班途中，随时都能感受到安全教育的氛围，使广大职工既消除了疲劳，又受到了教育。

（三）加大安全培训力度，规范职工操作行为

重点做好新工人和转岗职工的培训工作，分批次对全矿在岗职工尤其是各级管理人员、特殊工种人员全部进行安全强化培训，必须持证上岗。坚持把安全文化、亲情教育、氛围教育等融入日常的安全管理工作中，在全矿各个岗位和工种推行了“手指口述”和“人人都是安全员”活动，使职工通过眼看、手指、心想、口述等程序化的作业方式，熟练掌握本岗位的操作要领，进一步规范了职工操作行为，为豹子沟煤业的安全生产打下了良好的软件基础。

（四）加强技术管理工作，增强装备技术新内涵

大力推进生产工业和技术装备的自动化、智能化，减少用人数量，降低人员劳动强度，大幅度减少各类事故，同时提高工艺运转和技术装备运行故障检测准确性和实时性，增强对设备故障的预控能力，实现生产过程的安全自动化控制，从而高效推进安全生产。同时，树立安全生产也是效益的思想，加大技术改造力度，提高安全生产保障能力。

（五）鼓励技术创新和设计创新

为了提高生产效率，降低生产成本，豹子沟煤业鼓励全体职工进行技术创新和设计创新，并制定奖励办法。除了对技术创新或设计创新的集体和个

人直接物质奖励以外，还在工资、福利待遇等方面进行适当奖励。

（六）推进“三化”管理，不断提高经济效益

按照豹子沟煤业推行的“制度化、规范化、市场化”的管理要求，不断通过流程再造和规范运作，夯实基础管理，优化资源配置，使经济效益逐步提高。

一是降低了成本费用。实行内部市场化管理后，各单位自觉地把生产经营各类费用变为自己的收入，超支就要减少收入，节约则增加收入，如材料费用支出减少，工资就会按一定比例增加。有了这种激励机制，每个单位、每个职工“成本就是工资，工资就是成本”的意识增强了，人人为成本而算，人人为效益而干，促进了成本的连年下降。

二是提高了劳动效率。通过科学合理地确定岗位定员，实行“增人不增资，减人不减薪”，促使各单位、岗位自发地合理安排工作，优化劳动力资源配置。

三是转变了观念。在市场化机制下，豹子沟煤业上下形成了向安全要效益，安全就是最大的效益。员工观念由过去的“向领导要工资”转变为“向安全要工资”。通过把干部职工的经济利益和本单位的经营效益紧密地联系在一起，干部职工都学会了算大账、算细账，自觉地节支降耗降成本，安全效益观念深入人心。

（七）加强煤炭绿色开采技术，提高环境保护工作

煤炭开采在为社会经济发展提供能源保障的同时，也对生态环境造成了巨大的破坏。因此，豹子沟煤业不断学习煤炭绿色开采理念，合理利用资源，优化技术，高效、持续、协调地发展煤炭工业，减少对环境的破坏，实现资源开发利用最优化、经济效益和社会效益最大化和生态环境影响最小化。豹子沟煤业目前以安全高效开采为核心，最大限度地提高资源回收率和利用率，减少环境污染和破坏，控制矸石、矿井水、瓦斯的排放，尽可能多掘煤巷、少掘岩巷。加强豹子沟煤业的环境保护工作，为豹子沟煤业今后的煤炭绿色开采工作，打下良好的基础。

山西玉和泰煤业有限公司

一、矿井概况

山西玉和泰煤业有限公司地处山西省临汾市安泽县唐城镇境内，始建于1996年，1999年10月建成投产。2009年山西省煤炭资源重组整合中该矿井为单独保留的地方主体矿井，经营方式为自主经营，批准开采山西组2号和3号煤层，井田面积5.8525 km^2，矿井生产能力1.5 Mt/a，现保有地质储量7.23 Mt，可采储量6.23 Mt。

井田范围内地质类型简单，水文地质类型中等，煤层赋存稳定，2号煤层厚度0.68～1.32 m，平均厚度0.97 m；3号煤层厚度0.75～1.35 m，平均厚度1.25 m，属薄煤层开采，适用于机械化开采。矿井属于高瓦斯矿井，煤尘具有爆炸性，煤层自燃倾向性为Ⅲ类。煤质为低灰、低硫、高发热量、中等黏结性的优质主焦煤。

二、2019年主要技术经济指标

2019年生产原煤1.1022 Mt，平均日产原煤4670 t（236 d计），其中2号薄煤层采煤工作面产量0.4284 Mt，3号薄煤层采煤工作面产量0.5998 Mt，没有超核定能力生产，原煤工效12.575 t/工，矿井综合单产66766 t/(个·月)（薄煤层），吨煤开采综合能耗16.85 kW·h。2019年严格成本管理，各种投入到位，完成利润31340万元，职工人均年收入7.5万元，不低于行业平均水平和本省煤矿平均水平。

三、安全高效矿井建设的主要做法

（一）安全生产制度建设方面

（1）抓制度建设和管理，保证安全生产工作有效开展。进一步健全完善各项管理制度，实行制度面前一律平等的原则，谁违反制度都要受到相应的处理，以铁的制度规范约束职工行为，实现了由“人治”到“技治”和“法制”，从而保证全年安全生产工作有序进行。

（2）实施精细化安全管理，做到现场操作标准化、规范化。从作业现场开始严抓每一道施工工序、工艺、施工程序，严格按标准化、规范化要求，开展比、学、赶、超争创精品工程，扎实开展“精品工程”达标竞赛和月度安全质量评选活动。通过竞赛与评选活动分析总结精细化工作进展情况，有针对性地安排下一步工作，及时发现、及时解决存在的问题，对照标准寻找差距，并及时予以纠正完善，让小问题不离现场解决，大问题不过夜解决。重点突出现场管理，采取抓队长、队长抓、抓现场、现场抓的办法，把现场管理的正规与否作为队组考核的主要内容，使全矿上下形成争取做好标准化、规范化、精细化工程的良好氛围，进一步强化了安全基础管理。

（3）抓职工培训，完善职工培训教育体系，提高职工素质。一是广泛吸纳专业技术人员来矿从事技术工作，现场帮带提高工人全员素质；二是招收高中学历以上人员及现有关键岗位人员全部外出进行中专学习，培养一支有知识、有技术、素质高的职工队伍；三是成立职工四级培训中心，全面提高职工的业务技术素质和安全工作水平；四是特种作业人员全部培训、持证上岗；五是利用聘用专家、矿内工人技师采取现场帮带培训，在现场手把手培训一批技术岗位能手。

（4）突出重点，加强矿井“一通三防”的防治力度。矿井为高瓦斯矿井，始终把“一通三防”工作作为全矿工作的重中之重。一是提高矿井瓦斯抽放能力，减小矿井通风阻力，确保矿井有效风量富裕，同时进一步加强瓦斯监测监控管理力度，确保矿井瓦斯得到有效监测治理。二是加强防尘防火监测管理力度，综掘工作面努力改善防尘风机的防尘效果，改善掘进工作面防尘洒水设施，回采工作面超前进行本煤层注水，增加了煤层含水性，并完善了采煤机内外喷雾设施，从源头上消除了煤尘隐患。加大机电设备的防爆管理力度，完善机电设备的各种保护设施，矿井材料全部采用了阻燃产品，从本质上消除了各种隐患。

（二）矿井质量标准化达标情况

公司制定了长远的安全质量标准化目标，深入持久地开展安全质量标准化工作，努力做到精细化管理，标准化、规范化作业。建立自我约束、持续改进、安全生产的长效机制，全面提升矿井的安全生产管理水平，从而为矿井的安全生产奠定坚实的基础。继续加大安全投入为安全质量标准化建设提供资金保障。矿井按照安全质量标准化工作实施规划，制定安全质量标准化实施资金投入计划，并列入矿井重点专项资金计划，实行专款专用，从而确保安全装备水平、安全基础设施得到进一步改善与提高，多年来安全质量标准化达标。

（三）矿井生态环境治理

1. 废水治理

（1）矿井水。矿井水由井下排至主井、安全出口井、工业场地矿井水处理站，经混凝、沉淀、过滤、反渗透、消毒工艺处理后，水质达到《地表三类水标准》，处理后全部综合利用于井下洒水灭尘，零外排，矿井水利用率100%。

（2）生活污水。全矿生活污水（含食堂、浴室、洗衣、生活）产生量141.0 m^3/d。利用生活区一座LHC型地埋式生活污水处理站和主井工业场地一座生活污水处理站，处理规模分别是8 m^3/h、6 m^3/h，均采用生物接触氧化法+过滤+消毒处理工艺。生活污水经处理后，水质满足选煤用水水质指标，将全部综合利用于绿化道路洒水以及选煤厂选煤补充水，零外排，生活水利用率100%。

（3）初期雨水收集池。利用主井工业场地一座初期雨水收集池，位于原煤储煤场外侧，容积250 m^3，可以满足主井工业场地收集雨水的需要。收集后的雨水经沉淀后，用于道路和绿化洒水。

2. 矿井废气处理

2019年公司对6台燃煤锅炉进行改造，全部拆除后安装空气能，杜绝了锅炉废气处理、排放。

加强职工作业环境保护，定期开展职工健康检查，井上下各地点危害因素检测达标率100%。地面原煤输送转运产生的粉尘，采取带式输送机通廊密闭，煤流落差处设喷雾除尘措施，粉尘控制效率95%。

主井工业场区地面全部硬化，四周设置挡风抑尘网，建有两个直径16 m，高47 m，总容量15000 t的原煤筒仓和一座38 m×30 m×16 m原煤全封闭储煤仓；建有一座94 m×77 m精煤全封闭储煤仓，建有一座55 m×33 m×12 m中煤全封闭储煤仓，以消除原煤、精煤、中煤储存扬尘。

原煤外运采用全封闭箱式运煤车辆，矿区道路采取洒水、吸尘等措施减轻道路扬尘污染。

3. 固体废物处置

主井工业场地西北1 km矸石沟按规范设计施工，煤矸石按规范要求进行了处置，部分用于修路和平整场地，煤矸石综合利用率30%。

4. 噪声污染防治

主井工业场地噪声源增加了空压机和热风炉鼓、引风机；新风井区，主要噪声源为矿井通风机和瓦斯抽放泵。主要降噪措施如下：

矿井提升机：基础减振，绞车房隔声；锅炉鼓、引风机：基础减振，锅炉房隔声；电锯：将电锯设在坑木加工房内，并且只在白天作业；矿井通风机：与工业场地其他设施分开，在设备选型时选择了低噪声设备，基础减振，通风机安装消声器；空压机：基础减振，空压机房单独封闭隔声，室内采用吸声材料，采用隔声门和通风隔声窗；瓦斯抽放泵：基础减振，瓦斯抽放泵站单独封闭隔声，采用隔声门和通风隔声窗。

5. 生态环境保护措施

坚持“边开采，边复垦”，环境恢复治理良好，按要求对复垦项目区 5.52 hm^2 土地进行复垦并通过了验收，环境恢复治理良好。

矸石场绿化：在矸石沟两侧坡顶及沟口设置绿化林隔离带；道路绿化：工业场地至矸石沟修建道路，并进行道路绿化。工业场地生态保护：场地硬化、绿化、排洪沟、护坡、挡墙等。矿井绿化覆盖率达到可绿化面积的 90% 以上，矿区环境优美。

山西潞安集团华亿五一煤业有限公司

一、矿井概况

山西潞安集团华亿五一煤业有限公司（以下简称五一煤业）位于山西省沁源县城西北约 20 km 处的北沟村西，行政区划隶属灵空山镇管辖。五一煤业是 2009 年由潞安集团对原华亿五一煤矿增资扩股而来的，是山西省煤矿企业兼并重组整合时批准的单独保留矿井。矿井设计生产能力 0.9 Mt/a，井田面积 2.5521 km^2，批准开采煤层为 6 号、9 号 +10 号和 11 号煤层，现开采 11 号煤层。矿井证照齐全，为安全生产标准化二级矿井。

矿井位于沁水煤田西缘，霍山隆起之东翼，由于受霍山径向构造带影响，井田总体构造形态为轴向近南北的背向斜构造，地层倾角 2°～15°，井田构造总体属简单类。11 号煤层水文地质类型为中等。矿井 2019 年绝对瓦斯涌出量 1.61 m^3/min，相对瓦斯涌出量 0.98 m^3/t，绝对二氧化碳涌出量 2.41 m^3/min，相对二氧化碳涌出量 1.47 m^3/t，属于低瓦斯矿井。11 号煤层煤尘具有爆炸性；煤层自燃倾向性等级为Ⅲ类，自燃倾向性为不易自燃。

二、2019 年主要技术经济指标

2019 年实际完成利润 1528 万元，实现原煤产量 0.86 Mt，完成进尺 4333 m，原煤工效 10.533 t/工，全年无重伤及重伤以上事故。

三、安全高效矿井建设的主要做法

（一）生产系统

1. 开拓方式及采掘方式

矿井采用斜井、立井综合开拓，工业广场内布置有主斜井、副斜井、回风立井 3 个井筒，井下布置有带式输送机暗斜井和轨道暗斜井 2 个暗斜井。主斜井倾角 22°，斜长 285 m，是矿井的一个安全出口；副斜井倾角 33°，斜长 130 m，在井筒内安设台阶和行人助力器，主要用于矿井人员上下井兼进风，是矿井的另一个安全出口；回风立井井筒净直径 3.0 m，井筒净断面 7.07 m^2，倾角 90°，垂深 107 m，担负矿井的回风，设置封闭梯子间，兼作安全出口；轨道暗斜井倾角22°，斜长265 m；带式输送机暗斜井倾角11°，斜长97.9 m。

井下布置一采两掘，综采工作面采用长壁综合机械化采煤法，全部垮落法管理顶板。掘进工作面采用综掘方式，锚网索支护。

2. 供电系统

五一煤业供电系统现有两回10 kV电源，一回引自35/10.5 kV柏子变电站，导线型号为LGJ－70 mm^2，输电距离约4 km；另一回引自35/10.5 kV李元变电站，导线型号为LGJ－70 mm^2，输电距离约4.2 km。电压降分别为4.67%和4.90%，地面配备一台500 kW发电机，作为保安电源。

3. 提升运输系统

主斜井担负矿井的原煤提升，主井提升为带式输送机，型号为DTL100－30－2×90，带宽1 m，带速2.5 m/s，机长280 m，最大倾角22°，提升高度105 m，运量300 t/h。

轨道暗斜井与主斜井共用井口段，轨道暗斜井担负矸石、材料、设备的提升任务，提升机型号为JTP－1.6型单绳缠绕式，直径1.6 m，提升速度2.45 m/s；配备电机功率200 kW；提升机设0.4 kV配电室，双回路供电，设置有电控保护装置；提升钢丝绳为6 V×19＋FC型，直径31 mm。

4. 通风系统

矿井通风采用中央并列式、机械抽出式的通风方法。回风立井安装2台FBCDZ－6－№18型矿用防爆对旋轴流式风机，一台运转，一台备用。选用YBF2－315L1－6型电动机，功率为2×110 kW。2台主要通风机运行状态稳定，并且装备有微机自动监测系统，可以连续监测通风机的运转情况，并配备了瓦斯、风速等各类传感器，对井下环境进行监测。

5. 压风系统

在矿井工业场地设置集中空气压缩机，选用LGFD－22×8型空压机3台，其中2台工作，1台备用。空压机配套132 kW、380 V电动机。地面及主斜井井筒压风管路选用D159×5无缝钢管，井下大巷、采区、工作面选用D108×5无缝钢管。

6. 排水系统

在井底车场附近设井底水仓，有效容积1656 m^3。配置了MD85－45×4型离心泵3台，一台工作、一台备用、一台检修，水泵配套电动机功率75 kW。排水管路为2趟ϕ159×5钢管，正常涌水时，一台水泵、一趟管路工作；最大涌水时，2台水泵、2趟管路工作。

7. 安全监测监控系统

矿井装备一套 KJ95X 型安全生产监测监控系统。监控主机为双机热备，配置 KJF16B 型分站共 10 台，分站间采用总线传输方式，主要用于井下瓦斯、风速、CO、温度、设备开停等数据的采集和处理。

（二）科学管理

以安全高效为目标，以“基础管理精细化，技术装备现代化，人员培训制度化”为要求，做到管理无漏洞、设备无故障、系统无缺陷、人员无“三违”、安全无事故，同时深入开展岗位达标、专业达标等活动，重点抓安全，进一步加强安全生产标准化建设，科学管理实现了安全高效。

（1）紧紧围绕“369”安全管理体系，抓好安全工作。

（2）全面推行“三个百分之百”“三个全覆盖、安全资格证记分模式”安全管理，矿井实现安全生产无事故。

（3）狠抓瓦斯、水、火、顶板、煤尘管理，杜绝重大事故。

（4）夯基础，抓关键，推动安全生产标准化向纵深发展。

（5）集约高效、降本增效。

2019 年在全力保证安全生产的前提下，通过“抓煤质、保市场；降成本、保效益；减人数、降事故、提效率”等手段实现矿井生产成本最低化和效益最大化，通过向管理要效益，实现减人提效、降本增效，2019 年原煤工效 10.5 t/工。

（三）生产组织

（1）精心组织，合理安排，精细化管理组织生产，从安排工作源头上杜绝劳动用工浪费，强化各职能部门管理，做到事事有人管，件件有落实。

（2）狠抓变化环节管理和非正规作业管理，力争把影响生产的因素降到最低，从而提高生产效率。

（3）提高开机率：2019 年除去放假、检修、各设备故障，开机率虽比历年有所提高，但还有很大的提升空间，通过改造进一步完善，确保开机率不低于 90%，超额完成全年生产任务。

（4）降低事故率举措：①狠抓队组检修工作，保证检修时间，并不定时地去各单位检查检修情况，查阅检修记录，加大考核力度，从源头上严控事故的发生。②发生生产事故时，要立即组织针对性强的老工人，各部门有丰富经验的人第一时间到现场指挥处理。③发生机电事故时，要立即安排有经验、技术好、业务精的人员最快到达现场，减少事故处理时间。

（5）狠抓提高正规循环率。①加强队伍管理，监督各队组从日常检修、培训入手，抓职工的思想意识，提高大家的工作积极性。②抓好矿井各部门和队组的相互协调，为队组提供帮助，千方百计地解决生产中遇到的实际困难和问题。③提供正规有序的作业氛围，根据实际情况制定严格的奖励和惩罚制度并认真执行。

山西晋煤集团赵庄煤业有限责任公司

一、矿井概况

赵庄煤业有限责任公司（以下简称赵庄煤业）是国家和山西省“十五”重点建设项目，是晋煤集团实施“西进北上”战略，全面建设“亿吨基地、千亿规模、百年企业、能源旗舰”的重要组成部分。矿井于2002年10月1日开工建设，2007年5月18日竣工投产。井田面积144.1336 km^2，现开采煤层为3号煤层，平均厚度4.69 m，地质储量698 Mt，可采储量339 Mt，矿井设计生产能力6 Mt/a，服务年限52.2 a。2009年12月24日，经体制改革，成立山西晋煤集团赵庄煤业有限责任公司。

矿井采用斜井和立井混合开拓方式，单水平开采，矿井向西开拓，划分为5个盘区，现一、三、五盘区为生产盘区。盘区采用前进式开采，工作面采用后退式回采。矿井采用机械式通风方法，盘区采用分区式通风方式。

二、2019年主要技术经济指标

2019年原煤产量7.8485 Mt，商品煤外运量7.0637 Mt，掘进进尺41406 m，瓦斯抽放进尺1479819 m，瓦斯抽放纯量6.683×10^7 m^3，销售收入46.6075亿元，经营利润11.4998亿元，原煤工效15.11 t/工，人均年收入11.09万元，百万吨死亡率为零，原煤生产人数2538人。

三、安全高效矿井建设的主要做法

（一）安全质量标准化建设工作开展情况

（1）制定完善的管理制度，强化部室管理职能。2019年底，通过借鉴各兄弟矿井安全生产标准化经验，并结合公司现状，通过多方面研讨、论证，制定出台了公司安全生产标准化管理办法，细化了安全生产标准化分工，强化了各专业部室管理职能，尤其强化了安全生产标准化办公室的管理职能，全面负责矿井安全生产标准化的达标工作，有权对不达标的牵头专业部室严格考核。

（2）完善安全生产标准化检查体系，确保动态达标。为充分调动全矿管理人员的作用，分别利用专业动态检查（各专业牵头部室组织自检，每旬1次，覆盖本专业所有线路及头面）、专业互检（各专业牵头部室组织互检，每月1次，覆盖本专业所有线路及头面）、日常动态检查（安全生产标准化办公室组织，抽调专家每月进行一次动态检查）3种检查模式相结合的方式，对队组安全生产标准化工作进行全方位拉网式检查，有力地推进了安全生产标准化工作。

（二）加大小改小革创新力度，科学提升标准化水平

2019年，共收集安全生产标准化创新及小改小革近215项。其中125项已在全矿推广使用，同时，加大奖励力度，对全矿推广的项目进行了重奖，极大地激发了全员创新创造的积极性。例如：机掘准备队发明了冲洗巷道的喷头改造，有效控制水量且雾化，杜绝了巷道低洼处积水；机电信息部发明的掘进机机组电缆自移装置，杜绝了机组拖移时造成漏电事故；选煤厂发明的螺栓孔清理器，有效解决了清孔工作由手动作业变为电动作业，清孔时间由每个2～3 min缩短为十几秒，清孔效率提升。这些小改小革的成果，在一定程度上有力地促进了公司安全生产标准化水平的迅速提高。

（三）加强安全隐患排查治理，确保整改落实到位

一是每旬开展一次矿长小分队活动，深入现场，对所查隐患下“三定”限期整改；二是强化各专业小分队活动质量，加大检查频率，扩大检查范围，利用每天凌晨4点和下午6点的各类小分队活动，采取不定时、不定点的方式，对各作业头面进行检查；三是坚持“谁检查、谁签字、谁负责”的原则，把安全隐患排查、整改情况落实到具体责任人，全员全方位确保整改落实一抓到底、整改到位。

（四）在瓦斯、通风、防治水等管理上采取的措施

1. 瓦斯情况

根据2019年瓦斯等级鉴定结果：矿井绝对瓦斯涌出量210.15 m^3/min，相对瓦斯涌出量14.41 m^3/t，为高瓦斯矿井。

2. 煤尘及自然发火情况

根据2019年6月晋城乾泰安全技术有限责任公司出具的鉴定报告，3号煤层煤尘火焰长度7 mm，具有爆炸性；煤层自燃倾向性为不易自燃，属Ⅲ类不易自燃。

煤层透气性较差，衰减较快，矿井瓦斯抽放难度较大，为加强矿井瓦斯抽放工作，赵庄煤业在采用底抽巷穿层钻孔、顺层钻孔、地面井预抽煤层瓦斯，利用高抽巷和走向高位钻孔抽采泄压区煤层瓦斯，实现了井上下联合全

方位立体抽采模式，提高了瓦斯抽放效率，最大限度地释放矿井产能，提高矿井高效生产。

赵庄煤业坚持把瓦斯抽放作为治理瓦斯的治本之策，认真落实各项瓦斯抽放措施。根据集团公司三级瓦斯治理模式，遵循“多措并举、应抽尽抽，抽掘采平衡”的原则，针对不同的瓦斯含量区域进行重点瓦斯治理。在瓦斯含量高的采掘工作面，坚持“区域措施先行、局部措施补充”的原则。此外，赵庄煤业还建立健全瓦斯灾害预测预报工作及相关制度，充分做到瓦斯灾害超前防治，杜绝瓦斯事故。

采煤工作面采取煤层注水，采煤机组安设内外喷雾，综采支架实现架前喷雾，定期冲洗巷道等综合防尘措施；掘进工作面采取机组内外喷雾、转载喷雾等综合防尘措施。各地点作业人员配备个体防尘保护用品进行综合防尘。此外，带式输送机机头、油脂存放地、移变处等都配有灭火器、沙箱及消防锹。

3. 防治水情况

为加强防治水业务管理，按照《煤矿防治水细则》要求，成立矿井防治水领导组，董事长是防治水工作的第一责任人，总工程师具体负责防治水技术管理工作，设立地测副总，地质测量部负责防治水工作的执行落实；配备防治水专业技术人员 7 人；成立探放水专业队伍即钻探队，归属地质测量部管理；配备满足探放水要求的专门探放水钻机及相应的物探设备。在加强防治水工作管理的基础上，加强对职工的防治水知识教育培训，贯彻学习《煤矿防治水细则》《煤矿安全规程》防治水部分，识别各种出水征兆及发生出水征兆时的处置方法，认识各种水患的危害，使防治水工作深入人心。每月开展一次防治水隐患排查活动，针对查出的问题，要求队组限期整改。

山西晋煤集团赵庄煤业有限责任公司赵庄二号井

一、矿井概况

赵庄二号井隶属山西晋城无烟煤矿业集团有限责任公司，行政区划隶属长治市长子县慈林镇，位于国土资源部颁发的赵庄煤矿采矿许可证批复的井田范围东部刀把形区域内。赵庄二号井地理坐标东经112°54′15″～112°58′00″，北纬35°59′39″～36°01′00″。

赵庄二号井井田南北约2.00 km，东西约7.00 km，面积13.426 km^2，开采煤层为3号煤层。3号煤层工业储量76.260 Mt，可采储量28.364 Mt，截止到2019年底剩余工业储量59.764 Mt，剩余可采储量5.540 Mt。3号煤层平均厚度4.36 m，结构简单，开采条件良好。3号煤层煤种为低灰～中灰分、特低硫～低硫、高热值～特高热值、较高软化温度灰的贫煤，可作为动力用煤和民用煤，经洗选后也可以作为冶金喷吹用煤。

矿井设计生产能力0.9 Mt/a，2012年核定生产能力1.20 Mt/a。矿井于2007年3月开工建设，2010年7月通过竣工验收，矿井证照齐全有效。矿井瓦斯等级为低瓦斯，水文地质类型为中等，通风方式为中央分列式。矿井开拓采用立井开拓方式，目前一盘区已回采结束，现生产盘区为二盘区。井下煤炭运输采用带式输送机运输，辅助运输采用无极绳绞车和调度绞车运输。

矿井主要采煤方法为走向长壁综采放顶煤采煤法；巷道掘进主要采用EBJ120型综掘机、EBJ200型综掘机；支护方式以锚杆锚索支护为主，辅以其他支护方式。

二、2019年主要技术经济指标

2019年原煤产量1.1864 Mt，掘进进尺7344 m，实现利润2725万元，人均年收入92800元，原煤工效10.4 t/工，原煤百万吨死亡率为零，各项指标均达到特级安全高效矿井标准。

三、安全高效矿井建设的主要做法

（一）重点研究项目

矿井成立了重点项目科技攻关组，主要解决生产、机电、通风、地测等专业的技术难题，开展科技攻关。承担了一批科技攻关项目，如采掘工作面构造区注浆加固技术研究、融合音视频技术的排水集控研究、综合自动化子系统融合研究、高位定向长钻孔治理上隅角瓦斯技术研究、井下超前探测技术研究、三维地震高精度成像及精细解释技术研究、峰峰组隔水性研究及煤层带（水）压开采评价、赵庄二号井高分辨率数字地形图航空测绘等一批科技计划项目。

通过科技项目的实施，矿井安全领域一系列共性、关键性技术难题开始并逐步取得突破，涌现出一批具有先进性和创新性的优秀科技成果，为淘汰落后的工艺、技术和装备，改进煤矿安全生产技术及设施，推动安全科技转化为先进生产力，提高事故防范能力，提升煤矿安全科技水平发挥了重要作用。

（二）优化系统方面

（1）矿井水泵自动化系统提升：优化中央水泵房、西盘区水泵房水泵基础设备和设施，进行静压水射流改造，加固水泵基础，优化泵站内管网结构，增加震动传感器；真正达到无人值守；对各零星排水地点进行改造，增加沉淀池，增加自动排水装置，实现无人值守自动排水。

（2）完善矿井主运系统集控：增加带式输送机电机、减速器的温度和震动数据采集，增加煤量监测，增加带式输送机开关、变频器等周边设备的数据采集和控制工作，全面掌握设备运行状态。

（3）恢复地面电力监控系统：恢复35 kV变电所、主副井绞车房、压风机房、西风井等地点的电力监控系统数据传输和功能。

（三）“三减”方面

（1）综采工作面巷道带式输送机、控制台、前后刮板输送机机头看护工岗位合并：对综采工作面巷道带式输送机进行集控改造，将带式输送机集控控制器倒移至控制台，增设前后刮板输送机机头视频系统，在控制台进行显示，实现控制台一个岗位控制工作面前后刮板输送机、转载机、巷道带式输送机并监控前后刮板输送机机头安全状态，减少2个岗位。

（2）风机看护工岗位撤人：通过修订操作规程和安全技术措施，不设专人对局部通风机进行看护，每个掘进工作面减少一个岗位。

（3）排水工岗位撤人：对井下各零星排水点进行改造，增加沉淀池，增加自动排水装置，风泵更换为潜水泵，离心泵增加自动引水装置，全部实现自动排水。

（4）运输车辆集装箱化改造：结合运输车辆情况，对平板车进行活动集装箱化改造，结合活动集装箱配合单轨吊的统一运输、统一标准，提高车辆利用率和运输效率，制作样品并进行试用。

（5）综合自动化控制系统无人值守：目前矿井下变电所、主排水、主运带式输送机运输、地面选煤厂带式输送机运输、地面压风机房已经实现了自动化集控、无人值守功能，并投入使用。

（四）优化劳动组织方面

矿井以“智慧矿山”为引领，大力倡导科技创新，积极推进管理创效，激发矿井活力，聚焦科技创新。加快推进综合自动化信息平台建设，完善选运设备、立井提升、矿井视频监控等子系统的融合工作，实现了各自动化监控子系统的资源共享、自动监控、信息互通，坚持“自动化减人、机械化换人”。通过积极优化劳动组织，实现了减人提效目标：减少的岗位有综采看护工、风机看护工、排水工、主运带式输送机司机、主水泵司机、井上下变电所值守人员、地面选运队带式输送机运输司机、地面压风机房值守人员。无人值守岗位 14 个，转岗培训人员 59 人。

（五）“四化”建设方面

赵庄二号井已建设成信息化、智能化系统 30 余个。赵庄二号井还建设了煤矿事故风险分析平台、煤矿安全双重预防机制管理信息系统、综合自动化平台、地测水文预警系统、煤矿能耗监测管理信息系统（在建）、源头治超信息管理系统等。

通过一系列智能化、信息化系统建设，提高了赵庄二号井智能化、信息化水平，矿井各子系统的形成和整合形成了管理上的智能化体系，通过各系统安全生产的基础数据及分析，可以评估分析赵庄二号井安全状况。综合生产、财务、物资、人力资源各方面的数据最终可以形成领导综合驾驶舱的概念，让领导能实时全面地掌控矿井各项情况和动态。

（六）绿色开采方面

积极与科研单位对接，加快推进覆岩离层区注浆充填开采技术的应用。利用好山西省关于煤矿充填开采的优厚政策，争取集团公司政策支持，做好与赵庄矿的协调工作。覆岩离层区注浆充填开采“三下”压煤资源，总体规划为“三步走”。首先对 2307、2309 工作面实施注浆充填，后期工作面注浆充填按照成熟一个、实施一个的模式实施。注浆充填材料以矸石浆液充填为主、粉煤灰浆液充填为辅，开展顺序为西盘区→东盘区。一期工程（2307、2309 工作面注浆充填）采用粉煤灰注浆充填；二期工程（西盘区剩余需注浆充填工作面）、三期工程（东盘区注浆充填工作面）采用矸石加工成矸石浆后进行注浆充填或粉煤灰浆液和矸石浆液混合充填。

不断加强地质灾害、含水层破坏、土地资源破坏的预防、治理、恢复，提高矿井的资源环境保护意识，促进矿山地质环境改善，实现矿产资源开采与地质环境保护的良性循环，及时缴纳矿山环境治理恢复基金。同时，严格保护林地，保护生态环境，对损毁的土地必须及时复垦。对土地复垦工作与生产建设活动统一规划、统筹实施，根据生产进度确定各阶段土地复垦的目标任务、规划设计、费用安排、工程实施进度和完成期限等。

山西晋煤集团长治仙泉煤业有限公司

一、矿井概况

山西晋煤集团长治仙泉煤业有限公司（以下简称长治仙泉煤业）位于山西省长治县西池乡北仙泉村村东、南仙泉村村北，隶属于晋能控股煤业集团。长治仙泉煤业为资源整合矿井，整合后井田面积9.2162 km^2，批准开采3～15号煤层，主采15号煤层。15号煤层设计可采储量18.33 Mt。设计生产能力1.20 Mt/a，服务年限11.7 a。井田地质构造属于简单类型，矿井水文地质类型为中等，为低瓦斯矿井。3号煤层和15号煤层煤尘均具有爆炸性。3号煤层自燃倾向性等级为Ⅲ类，属于不易自燃煤层；15号煤层自燃倾向性等级为Ⅱ类，属于自燃煤层。长治仙泉煤业于2012年3月30日开工建设，2018年6月12日以晋煤行审发〔2018〕72号文批复通过竣工验收转为生产矿井。

二、2019年主要技术经济指标

2019年原煤产量1.0309 Mt；掘进进尺4116 m；实现利润1200万元；人均年收入76000元；原煤工效9.08 t/工；原煤百万吨死亡率为零，各项指标均达到特级安全高效矿井标准。

三、安全高效矿井建设的主要做法

（一）强化安全管理，确保矿井安全稳定高效发展

2019年，矿井以安全高效为目标，强化基础整治工作，推行精细化管理，进一步细化、量化安全生产责任，把安全管理的责任向职能部室、班组长、从业人员转移，一级抓一级，层层抓落实，使安全管理的压力传递到每一名职工，实现关口前移、重心下移。严格落实各项安全管理措施和各级安全生产责任制，认真落实领导干部带班下井、风险分级管控和隐患排查治理工作，提高了矿井安全防范和保障能力，确保了矿井安全稳定高效发展。

（二）科学优化系统，稳步推进安全高效矿井建设

矿井为加快发展，制定了各项重点工程总体进度计划，定期召开各项专

题会议，由分管领导牵头，针对分管的各系统开展隐患排查，协调解决工程难点，及时调整生产组织，优化施工工艺，确保了工程进度。

矿井在原有的一采区设计的基础上，根据原小窑巷道采掘状况和井下现场揭露的断层走向情况，对一采区设计进行重新优化，优化了矿井供电、排水、运输、通风等系统，实现科学、合理、集约生产。针对井下巷道黄泥层顶板支护困难问题，多方调研论证，采取锚网索 + 架棚复合支护控制顶板，提高生产效率和优化生产工艺，确保矿井安全生产。

（三）树立岗位规范操作标准，提高全员职业操守

以辨识管控岗位作业风险为前提，以排查治理作业过程隐患为重点，以规范管理员工岗位操作为目的，通过推行煤矿岗位作业流程标准化，使员工熟知岗位知识和操作技能，掌握作业条件和环境变化，提升自救互救和现场应急处置能力，达到减少零敲碎打事故及有效防范较大以上事故的作用。采用采掘队组岗位自查、安监工过程监督、业务部室专项检查、矿领导随机抽查的形式，对岗位作业流程执行情况进行督查落实，认真组织和激励员工实施全流程、全环节、全要素的岗位作业流程标准，使员工做到“上标准岗、干标准活、交标准班”，从而做到岗位达标。

（四）持续抓变化管理，确保井下现场动态达标

一是落实变化管理责任、加强现场管控，对采掘工作面搬家、过构造、巷修、初采、末采等工程严格管控，过程中要求牵头部室定期按标准进行检查落实，确保每项工程达到安排合理、责任到人、管控有序、质量达标、文明生产达标。二是加强零星工程管理，要求各业务部室主动抓各自牵头的零星工程管理，坚持“谁安排、谁负责、谁落实、谁考核”的原则，明确具体负责人，加强过程安全生产标准化管控，确保心中有底数、现场不失控。

山西三元煤业股份有限公司

一、矿井概况

山西三元煤业股份有限公司始建于1984年，1996年6月试生产，1997年9月正式验收投产，矿井井田面积19.8 km^2，工业广场占地58.67 km^2，批准开采3～15号煤层。矿井保有储量306 Mt。矿井开拓方式为立井开拓，矿井地质条件简单，水文地质类型为中等，属于高瓦斯矿井，核定生产能力2.60 Mt/a。煤层赋存条件良好，煤层倾角0°～10°，现开采3号煤层，平均厚度7.18 m，可采储量42 Mt，3号煤层煤尘具有爆炸性，自燃倾向性等级为Ⅲ类。建有年入选量1.8 Mt的选煤厂，可以根据用户要求，洗选不同产品。

二、2019年主要技术经济指标

2019年企业利润完成10.77亿元，实现原煤产量2.5405 Mt，完成进尺3747 m，原煤工效15.25 t/工，无重伤及重伤以上事故。

三、安全高效矿井建设的主要做法

（一）生产组织

1. 开拓方式及采掘方式

矿井为立井开拓，建有5个立井井筒，分别为主井、副井、材料副井、中央回风井和南翼回风井。井下主要布置3条大巷，分别为胶轮车大巷、带式输送机运输大巷和回风大巷。井下布置有4301综采工作面、4303运输巷掘进工作面、4306运输巷掘进工作面以及4302回采工作面（备采工作面）。其中回采工作面采用现代化的综合机械化低位放顶煤开采工艺，全部垮落法管理顶板。掘进工作面为综掘机掘进，全断面锚（索）网支护，机械化水平达到100%。

2. 供电系统

矿井采用双回路供电，地面建有35 kV变电站，两回电源分别引自长治220 kV变电站323号、324号不同母线段。变电站内安设两台主变，主变容量均为 12500 kV·A。井下设有中央变电所和采区变电所，各类保护齐全。

3. 提升运输系统

主井为 JKMD3.25×4PⅢ型落地式多绳摩擦式提升机，主要担负矿井原煤提升任务。副井为 JKMD2.8×4（I）E 型多绳摩擦式提升机，主要负责矿井人员运送工作。材料副井为 JKMD4.5×4PⅢ型多绳摩擦式提升机，主要进行设备物料和胶轮车的运输。

主运输采用带式输送机运输，配备变频控制系统。辅助运输采用无轨胶轮车运输，实现了井上至工作面一站式运输方式。

4. 通风系统

矿井通风方式为中央分区式通风，主井、副井和材料副井进风，中央回风井和南翼回风井回风。通风系统科学合理，安全可靠。通风方法为机械抽出式，中央回风井和南翼回风井均安装 2 台 FBCDZ－8－NO.28 型主要通风机，配套变频控制和远程监测监控系统，一台运转，一台备用。

矿井在中央风井工业广场西侧建设安装了 2 套高低负压瓦斯抽采系统，布置了 4 台 2BEC72 型水环式真空泵，配套了变频控制系统，实现了 2 运 2 备。

矿井新建了瓦斯发电站，安装了 6 台 600 kW 的瓦斯发电机组，利用抽采系统抽出的瓦斯进行发电。

5. 压风系统

矿井地面建有空压机站一座，安装了 2 台 SAH250－8 型螺杆式空气压缩机，一运一备。日常运行流量 46 m^3/min，排气压力 0.8 MPa，采用变频控制，通过远程实时监测，具备无人值守的条件。

6. 排水系统

矿井正常涌水量 50 m^3/h，最大涌水量 120 m^3/h。副立井井底车场附近设主排水泵房和水仓，水仓容积 1663 m^3，装备了 3 台 MD280－43×8 型矿用耐磨多级离心泵，配套了 450 kW 的 YB450M1－4W 型电动机。水泵额定流量 280 m^3/h，额定扬程 344 m。排水系统通过水位自动控制方式，实现了无人值守。

7. 防灭火系统

矿井现开采 3 号煤层，属于Ⅲ类不易自燃煤层，主要以预防外因火灾为主，副井口及副井底附近设有井上下消防材料库，消防设施及材料配备齐全；井下所有巷道、采掘工作面、硐室、带式输送机机头等处均敷设了消防管路，设置了充足的消防器材。

8. 安全监测监控系统

公司装备了重庆研究院研发的 KJ90X 型安全监控系统，以工业以太环网和现场总线作为矿井信息传输平台，系统数据传输可靠，抗电磁干扰性强，包括 35 台分站、191 台模拟量传感器、82 台开关量传感器、24 台控制量传感器，装备先进，运行良好。

（二）科学管理

以安全高效为目标，以“基础管理精细化，技术装备现代化，人员培训制度化”为要求，做到管理无漏洞、设备无故障、系统无缺陷、人员无“三违”、安全无事故，同时深入开展岗位达标、专业达标等活动，重点抓安全，进一步加强安全生产标准化建设，科学管理实现了安全高效。

1. 狠抓安全生产标准化建设，巩固企业发展基础

安全生产标准化工作是煤炭企业的基础工程、生命工程和效益工程，是预防事故、加强安全生产管理的重要基础，是构建安全生产长效机制的重要措施，一年来，公司狠抓工程质量，做到“精细化管理、标准化作业、规范化操作”，使安全生产标准化水平不断提高。

2. 加大安全投入，强化矿井安全基础

重点完成综采工作面电气设备更新，单体液压支柱、液压支架的更换和维修，对井下大巷进行了亮化，更新了井上下各种安全警示标志和牌板，足额配备了职工劳动保护用品，加强了安全培训教育等。

3. 加大安全培训力度，规范职工操作行为，提高职工自主保安意识

坚持把安全文化、亲情教育、氛围教育等融入日常的安全管理工作中，在全矿各个岗位和工种推行了“手指口述”“人人都是安全员”活动以及“每日一测”“掌心教育培训系统”等相关学习、考试软件，使职工通过眼看、手指、心想、口述等程序化的作业方式，熟练掌握本岗位的操作要领，进一步规范了职工的操作行为，为公司的安全生产打下了良好的软件基础。

（三）技术创新

1. 加强技术管理工作，增强装备技术新内涵

建立了以总工程师为首的技术管理体系，加强了矿井巷道布置、采掘部署、生产系统调整和技术规范标准措施的制定以及新技术、新工艺、新设备的推广应用。

2. 培育发展新动能不懈怠

以教育培训为龙头，抓干部职工的素质提升，继续深化全员培训、持证上岗、大师工作室、干部上讲台等工作，切实把安全学习教育抓在手上，记在心里，提高岗位员工的安全素质和岗位操作水平，努力营造人才发展的良好环境。

山西长治郊区三元南耀小常煤业有限公司

一、矿井概况

山西长治郊区三元南耀小常煤业有限公司位于长治市郊区堠北庄镇余庄村，矿井始建于2000年，2006年正式投产，原井田面积16.6445 km^2，批准矿井生产能力0.9 Mt/a。2009年晋煤重组办发〔2009〕50号文件批复，山西长治郊区三元南耀小常煤业有限公司为单独保留矿井。整合后井田面积16.6341 km^2。山西省煤炭工业厅公告〔2016〕第33号载明开采3号煤层，生产能力2.10 Mt/a。安全生产许可证由山西省煤矿安全监察局颁发，编号为（晋）MK安许证字〔2018〕GC304Y5B5，许可范围为开采3号煤层，核定生产能力2.10 Mt/a。2019年矿井核定生产能力2.10 Mt/a。

矿井可采煤层为3号、9号、14号、15号煤层，现开采3号煤层。截至2019年底，3号煤层保有储量120.3 Mt，可采储量9.23 Mt。

二、2019年主要技术经济指标

2019年完成企业利润7.9亿元，实现原煤产量2.0816 Mt，完成进尺4409 m，原煤工效14.34 t/工，无重伤及重伤以上事故。

三、安全高效矿井建设的主要做法

（一）严格落实安全生产红线制度

（1）严格落实安全红线制度。严格执行市公司安全红线制度，扎实开展常态化隐患排查治理，以集团公司“双十二条红线”为抓手，对触碰红线的现象按照安全奖惩制度严厉惩处。

（2）严格落实安全责任制度。严格按照市公司“三书一合同”规定，层层签订了安全目标责任书、安全承诺书，以班组为单位，职工间相互签订了互保联保协议书；新工人和有经验、责任心强的老职工签订了师徒合同，形成了责任层层传导、环环紧扣的安全责任落实机制。

（3）加强现场管理。进一步加强安全管控力度，规范职工操作行为，严格执行安全确认制度，促进红线禁令制度的落实，加强安全培训，现场督查各单位职工安全行为，确保遵章作业。

（二）认真开展安全培训教育工作

制定了全年培训计划，有针对性地开展了安全培训工作：年初组织了全矿复产前全员培训，3 月组织了应急救援专项培训，4 月组织了防治水专项培训和安全风险分级管控专项培训，5 月组织了机电运输专项培训，6 月组织了安全月全员安全培训，7 月组织了安全生产标准化培训，8 月组织了职业卫生专项培训，9 月组织了通防专项培训，10 月组织了顶板控制安全培训，11 月组织了安管人员、特殊工种及班组长培训、考试，12 月组织了安全风险分级管控培训。

（三）严格落实安全考核追责工作

扎实开展了“知责履职，失职追责”工作，一方面严格落实各项工作责任到部门、到岗位、到个人；另一方面按照职责分工要求，不断完善安全绩效考核办法，每季度按照考核办法对所有部门进行严格考核，并将考核情况与单位评比和个人工资挂钩，确保考核不走过场、不留死角。做到知责明责、履责尽责、失职追责。

（四）建设双重预防机制

1. 安全风险预控管理工作

建立健全了安全风险分级管控工作责任体系，确立了由矿长全面负责，分管矿长负责分管专业的安全风险分级管控工作，明确了安全风险分级管控管理部门。健全了安全风险分级管控工作制度和安全风险的辨识、评估、管控工作流程。将安全风险分为四级管控，重大安全风险由矿长牵头组织管控；较大风险由分管领导组织管控，一般风险由科队负责管控，每一类安全风险都制定管控措施及管控责任人。

全面开展了安全风险辨识工作；完善了由矿长组织实施的重大安全风险管控措施；制定了安全风险管控措施，并定期检查跟踪。

2. 事故隐患排查治理工作

建立健全了事故隐患排查治理责任体系，建立了以矿长为组长，其他副矿长、各副总工程师为副组长，各部门科室、队组负责人为成员的隐患排查治理领导组。

在日常管理方面，编制了隐患排查治理方案，明确规定每月由矿长组织一次全面安全大检查，在检查结束后召开月度隐患分析会议；每旬由分管副矿长组织本专业的全面安全检查，在检查结束后由安全科组织召开事故隐患分析会议；各专业部门于每周一、周四入井开展井下安全检查，周三对井上所有地点开展井上安全检查。各岗位作业人员在接班前和作业过程中随时排查事故隐患。各专业科室和队组分别建立了相应的生产安全事故隐患登记台账并进行闭合管理。

在保障措施方面，安装了隐患录入系统，可以实现对事故隐患排查治理的信息化管理。每月组织召开事故隐患治理会议，对隐患治理情况进行通报，分析事故产生的原因，提出加强事故隐患排查治理的措施，安全科编制月度事故隐患分析报告。

（五）严格管控瓦斯、水患、顶板等重点致灾因素

（1）强化“一通三防”管理工作，严防重特大瓦斯事故的发生。强化隐患排查、落实、整改工作，实现全矿井通风系统的合理、稳定、可靠；强化通风设施的管理，确保通风设施完好；强化双风机双电源及自动切换装置管理，杜绝无计划停电、停风，瓦斯积聚和瓦斯超限，规范供电接线管理，确保监控系统数字准确、断电可靠；加强重点区域、重点地段的瓦斯监管与检查力度，安排专职瓦检员盯点、盯面，规范了双风机自动切换管理。在监测监控方面，升级了安全监控系统和瓦斯抽采系统软件，提高了可靠性。在基础资料方面，完善了安全管理、通风、机电设备统一牌板制作；对“一通三防”管理制度，重新进行了各类基础台账的完善修改，并每月按安全生产标准化要求整理归档。健全了民爆物品的管理，按照公司规定完善了“一炮三检”和“三人连锁”爆破制度的相关记录。

（2）进一步加强供配电安全管理，特别是对供电系统运行状况加强监测，完善设备安全保护和安全防护装置，加强井下电气设备防爆管理。机电部门组织对各科队电工和管理人员开展了机电技术专项培训，组织学习了开关原理、电气设备防爆和完好标准，提升了全矿职工机电业务素质；对设备的检修、维护、保养和检测落实到位，确保设备、设施的完好运行；认真落实设备点巡检责任制，加强重要设备的维护，严格岗位安全操作，实现设备零故障、零缺陷良好运行。加强设备性能测试、状态监测和故障诊断工作，掌握设备和系统运行状况，及时发现和处理存在的问题。完成了井下杂散电流的测定，对斜巷运输加强了“一坡三挡”等安全设施的检查检修，保证了大型设备和系统经常处于良好的运行状态。

（3）认真贯彻上级有关精神，进一步提高水害防治意识，明确水害防治工作的职责，落实水害防治安全生产责任制，认真落实采空区及废弃矿井老空积水防治措施，建立完善的防排水系统，各掘进工作面切实坚持“有掘必探、先探后掘”的水害防治原则，认真落实探放水的专项技术措施和

探放水制度；完善防治水设施，配足排水设备，确保防排水畅通。完善了各项防治水管理制度，编写完善了防治水管理制度、责任制等基础资料。

（4）强化顶板控制与防控。一是加强 30222 综采工作面回采期间顶板压力观测及工作面两巷道超前支护、两端头顶底板控制，加强拉底和扩帮工作，掌握好顶板的周期来压，保证作业安全。二是严格落实市公司领导现场调研制定的安全方案，采取了巷道超前注浆等措施，加强了巷道支护强度。三是做好锚杆锚索防护措施，采取了钢丝绳卡紧固锚索和带式输送机防护等防护措施。

山西长治郊区三元南耀吉安煤业有限公司

一、矿井概况

山西长治郊区三元南耀吉安煤业有限公司是经山西省煤矿企业兼并重组整合领导组办公室以“晋煤重组办发〔2010〕13 号”批准的新建矿井。矿井地处沁水煤田潞安矿区东北部的西白兔乡南村、中村，东距榆黄公路、太焦铁路约 10 km，西距 208 国道约 10 km，南距长治市约 40 km，交通运输极为便利。井田位于太行山西侧长治盆地东北部，全部为黄土覆盖，地形较为平坦，最高海拔约 +962.5 m，最低海拔 +917.50 m，相对高差约 45 m，地势东北高、西南低。井田范围内无常年性河流及大的地表水体。

矿井是由原耀南、耀北、耀东、中丰煤业 4 座煤矿整合重组而成的。整合主体为山西三元资产经营管理有限公司，另一个股东为西白兔乡南村村委，依据整合协议，双方股比为 51% ∶49% 。矿井井田面积 1.9707 km^2，开拓方式为立井多水平开拓，设 2 个生产水平、1 个辅助水平。矿井核定生产能力 0.6 Mt/a，为低瓦斯矿井，水文地质类型为中等。

二、2019 年主要技术经济指标

2019 年完成企业利润 6173.5 万元，实现原煤产量 0.5982 Mt，完成进尺为 1420 m，原煤工效 8.45 t/工，无重伤及重伤以上事故。

三、安全高效矿井建设的主要做法

（一）科学管理

1. 狠抓基础管理工作，强化安全文化建设

（1）建立健全各类规章制度。结合各岗位、工种的操作流程及要点建立健全了矿井各项规章制度，进一步提高了各类制度的针对性和可操作性。

（2）加强了班组建设工作。开展各类别、不同形式的班组建设专题活动，为了发挥各项班组建设规章制度的切实可行性及操作性功能，矿井组织职工进行座谈会、业务交流会、工作心得体会演讲等多种形式的业务交流，充分结合职工所提意见并进行仔细研讨，切实完善了班组建设的各项规章制

度；利用班前会、周四活动日等活动深入解读了安全生产的重要性和必要性，针对各岗位及工种流程，仔细分析了操作过程中可能存在的风险以及研究和细化了主要规避风险的办法。

（3）逐步完善矿井安全文化阵地活动。地面包括培训安全文化阵地、综合楼安全文化阵地、班前会安全文化阵地；井下包括主要大巷安全文化阵地、工作面安全文化阵地、岗位安全文化阵地。矿井从管理者到各工种建立了岗位责任制和岗位标准，并装订成册下发，现场从地面到井下制作了各类制度牌板、标识牌板上百块，特别在井下重要的地段、重要设备，实行挂牌标识管理。在采掘队、机电机运队等地设立了“生活之家”，生活之家里贴满了职工的全家福，让职工在班前会的时候能够清楚地看见自己幸福的一家，以家的温暖来提醒职工牢记安全。

2. 加大安全生产标准化管理工作，提高规范作业意识和作业环境

矿井地面及井下分别进行责任区域划分，细化到科（室）、队（厂），然后所属部门又进一步细化到班组和个人，班组及个人根据安全生产标准化规定内容以及“岗位对标、达标”要求对责任区域进行标准化整治工作。另外，对开展的工程进行严抓工程质量验收工作，通过不断改进、不断规范化、不断精细化促使安全生产标准化不断提高，进一步降低了安全风险程度，为矿井安全生产工作夯实了较强的安全工作保障。

3. 强化安全绩效考核，提高执行文化

为提高各部门开展安全文化建设，公司构建了有效的经济激励机制，建立了安全风险抵押、安全绩效目标兑现、安全奖罚细则等安全绩效考核制度，把安全文化建设工作作为月度、季度、年度考核的重要依据。同时，出台了一套比较适用于公司的安全生产管理制度，根据不断出现的新情况进行补充、完善，如采掘开工作现场安全确认规定、带式输送机运行六条禁令、隐患闭合管理、工程开工安全验收等 20 多项新的管理制度。

同时，矿井建立健全了各级各岗位人员和各职能部门安全生产责任制，各部门业务保安责任制；各科（室）负责人安全生产责任制；科队长、班组长安全生产责任制，各工种安全生产责任制等。

4. 加强顶板控制力度，杜绝顶板事故

组织修编和完善了矿井顶板控制制度、顶板离层仪安装及观测标准和工程质量管理制度。加强与科研单位合作，对顶板岩性进行现场取样、窥探与分析，并根据岩性结果编制较为合理的采掘工作面支护设计；加强对工程施工过程的检查与监督，严把工程质量验收关；加强采掘工作面顶板离层观测

及巷道围岩变化观测与分析，切实加强了顶板控制工作，为安全生产提供了有力的技术保障，进一步杜绝了顶板事故。

5. 加强防治水管理，杜绝水害事故

始终坚持“预测预报、有掘必探、先探后掘、先治后采”的探放水原则，遵循“物探先行、钻探验证、化探跟进”的综合探测程序，开展了各项探放水管理工作，加强了井下涌水点涌水量观测与分析工作，建立健全了各类防治水管理台账，为矿井安全生产不受水害威胁创造了良好的条件。

6. 加大安全培训力度，规范职工操作行为，提高职工自主保安意识

开展不同岗位及工种针对性培训，通过在线教育及现场培训相结合的方式将问题深入化、仔细化、透彻化；坚持把安全文化、亲情教育、氛围教育等融入日常的安全管理工作中，在全矿各岗位及工种始终推行“手指口述”和“人人都是安全员”活动，使职工通过眼看、手指、心想、口述等程序化的作业方式，熟练掌握本岗位的操作要领，进一步规范了职工操作行为，为安全生产打下了良好的软件基础。

（二）技术创新

加强技术管理工作，增强装备技术。建立了以总工程师为首的技术管理体系，加强矿井巷道布置、采掘部署、生产系统调整和技术规范标准措施的制定及新技术、新工艺、新设备的推广应用，回采工作面过陷落柱构造时进行分矸分运，提高通过效率。

安全高效矿井是一个持之以恒的奋斗目标，在安全高效的同时坚持职工职业卫生健康、环保并重的理念。认真落实科学发展观，以保护生态环境、降低资源消耗、追求可循环经济为目标，将绿色生态理念与实践贯穿于矿产资源开发利用的全过程，实现了矿山与自然生态环境相和谐。对筛出的矸石全部按规定运至签订合同的、经环保部门批准的矸石利用场；矿井建设有矿井污水处理站和生活污水处理站，生活污水经处理后全部回用，井下排出的污水排到污水处理水池，大部分通过污水处理系统将净化后的清水排到静压水池，用于井下喷雾洒水及井下各生产作业地点用水，矿井水利用率达到90%，剩余水进行排放，公司持有合法有效的排污许可证明。坚持加强职工作业环境保护，各作业场所防尘降尘设施齐全有效，积极应用气水两相喷雾、工作面安装有支架自动喷雾，在生产过程中严格喷雾使用及劳动防护用品使用管理，每年对井下一、二线职工进行职业健康检查，降低职业病发病率。

山西长治王庄煤业有限责任公司

一、矿井概况

山西长治王庄煤业有限责任公司（以下简称王庄煤业）隶属于晋能集团有限公司，位于山西省长治县荫城镇西陕村。王庄煤业前身为长治县王庄煤矿，始建于1964年，1967年正式投产，井田北距长治市24.4 km，距长治县城12.4 km，矿井铁路线接经纺线与太焦铁路相连，矿区公路直通长陵公路、207国道，西邻长晋高速，交通较为便利。经升级改造、矿井整合，整合后井田面积16.6902 km^2，2017年11月9日经山西省煤炭工业厅〔2017〕第244号公告，核定生产能力2.40 Mt/a。批准开采3～15号煤层。截止到2019年底，矿井保有储量141.88 Mt，可采储量52.80 Mt。

二、2019年主要技术经济指标

2019年完成企业利润4.66亿元；实现原煤产量2.3923 Mt；完成进尺4427.5 m；原煤工效14.17 t/工；未发生轻伤及以上事故，百万吨死亡率为零。

三、安全高效矿井建设的主要做法

（一）科学管理

为了提高作业效率，王庄煤业进行了防爆无轨胶轮车辅助运输信息化调度管理系统研发立项，提高了辅助运输系统作业效率，相关技术运用情况如下。

1. 防爆无轨胶轮车辅助运输信息化调度管理系统运用情况

无轨胶轮车具有无轨道限制、机动灵活、适应性强、安全高效、应用范围广的优点，是运送材料、设备、人员的一种较先进的辅助运输方式。无轨胶轮化运输降低了工人的劳动强度，提高了生产效率；简化了辅助运输环节，减少了事故点，提高了工效和安全性。但是井下行车视线受限，行车状况复杂，为保证车辆运行安全，提高效率，需要对井下辅助运输车辆进行监测和调度控制，进行交通管制以保证运行畅通。车辆交通调度指挥系统是针对井下无轨胶轮车辅助运输系统设计的具有车辆监测、定位、交通调度管制功能的系统。

该项目研究的主要内容是井下防爆无轨胶轮车辅助运输信息化调度管理系统，其包含以下功能模块：

（1）综合信息调度管理模块。

（2）基于高精度定位的红绿灯管理模块。

（3）基于 WiFi 的车载调度通信模块。

（4）基于高精度定位的车辆定位和报站管理模块。

（5）基于高精度定位和车载通信的防爆无轨胶轮车辅助运输信息化调度管理系统，该系统包含以下研究内容：

①升级现有定位为高精度定位系统，最高定位精度 1 m。

②架设井下防爆无轨胶轮车红绿灯调度管理系统。

③升级改造井下辅运 WiFi 系统，车辆安装车载通信终端，可实现司机与调度站、调度室的通信对讲，满足管理方对车辆实时调度的需求。

该项目的关键技术如下：

（1）基于高精度定位的防爆胶轮车定位系统在井下复杂巷道的应用。

（2）基于高精度定位的红绿灯调度与车载通信调度在井下复杂巷道的应用。

2. 防爆无轨胶轮车辅助运输信息化调度管理系统取得的成果

该项目应用先进的高精度定位技术、自动化技术、无线传输技术，在部分岗位实现机器代替人，为防爆无轨胶轮车辅助运输提供了更高效的调度平台，不仅能够提高运输效率、降低管理成本，更能通过车载调度增添了实时信息调度功能，有效保证了运输安全问题，同时也达到减员增效的目的。

（1）在每台无轨胶轮车上安装 1 台高精度定位卡，可以实现胶轮车高精度定位，地面或者调度站管理员可实时查看车辆位置，井下候车点可自动报站，减少候车点值班人员。

（2）在每台无轨胶轮车上安装 1 套车载通信装置，可以实现胶轮车司机和调度室、调度站的直通电话，实现实时调度，提升调度效率。

（3）在地面建设 1 套信息化调度管理系统，实现车辆管理、司机管理、车载调度通信管理，提升信息化调度系统效率。

通过以上分析，该项目实施后，通过对胶轮车的精确定位和车载通信，集中调度，极大地提升了调度效率，节约了管理成本，按照每台胶轮车每年节约 3 万元管理成本计算，井下目前有 30 台运行车辆，每年可以减少车辆管理成本 90 万元；此外，该系统的研究与应用对促进煤炭行业井下运输现场安全管理、提高安全系数等方面具有较好的借鉴价值，设计理念具有技术前瞻性和扩展性，研究工作具有创新性，该项目的研究成果达到国内领先水平，具有重大的社会效益。

（二）技术创新

王庄煤业3号煤层资源濒临枯竭，王庄煤业积极推进小窑破坏区内开采、地质构造影响区域内开采。2019年王庄煤业在38采区内进行工作面布置工作，先后经过大面积破坏区、采空区，为王庄煤业小窑破坏区及特殊地质构造影响区域内的开采积累了丰富的经验和技术：

（1）采空区内沿空留墙技术应用可行性研究（已有部分成果）。

王庄煤业始终坚持“珍惜资源、优质高效”的发展战略，因3号煤层资源濒临枯竭，王庄煤业积极推进3号煤层小窑破坏区开采技术步伐，积极推广应用沿空留墙技术和3号煤层与15号煤层配采方案的制定。目前已实现无煤柱开采。

（2）采空区围岩压力及顶板窥视数据分析（已有部分成果）。

（3）采空区围岩注浆加固方案（已有部分成果）。

（4）采空区内巷道布置方案（已有部分成果）。

（5）采空区内巷道支护强度实验和支护材料选型（已有部分成果）。

（6）采空区内工作面系统布置方案（已有部分成果）。

（7）采空区顶板维护（已有部分成果）。

经过不断的论证研究，为王庄煤业38采区小窑破坏区和36采区断层影响区域内的复采残采计划创造了有利的技术保障，为延长公司3号煤层开采年限和增加企业效益发挥了积极作用。

（三）亮点特色

王庄煤业关注环保，关注绿色开采，采取了井下填埋矸石的方法，有效保护了环境。

1. 绿色开采，保护环境，合理处置矸石

煤矿开采产生的矸石处理问题不可避免，长期以来，矸石主要靠露天堆放，由此带来了矸石山崩塌、滑坡、自燃等危险，大量矸石堆积，不仅直接占压土地，使原有土地失去利用价值，更主要的是通过扬尘、自燃、雨水淋溶等方式导致的严重污染，因此矸石山治理和绿化成为矿区环境保护的重要课题。

王庄煤业在积极推进矸石山绿化的同时，开创思路，在井田探明区域内，合理布置用来堆放矸石的巷道，为矸石处理提供了新方法。

2. 井下填埋矸石取得的成果

采取井下挖掘巷道填埋矸石的方法，为保护环境，创收效益提供助力。矸石不升井直接填埋井下，不仅节约了矸石堆放场地，节省了矸石山维护费用，减少了矸石运输产生的相关费用，而且改善和保护了环境。

山西煤炭运销集团三元古韩荆宝煤业有限公司

一、矿井概况

山西煤炭运销集团三元古韩荆宝煤业有限公司为兼并重组整合矿井，前身为襄垣县三荆沟煤矿，于2009年8月被山西三元煤业股份有限公司兼并重组，批复为整合保留矿井，整合包含原襄垣县三荆沟煤矿，已关闭的花宝沟、桃树、天利矿井及东部新增区。矿井整合后为国有重点股份制煤炭企业，更名为山西煤炭运销集团三元古韩荆宝煤业有限公司，保留襄垣县三荆沟煤矿3个井筒，核定批复生产能力1.20 Mt/a。矿井主要负责人（矿长）张勇利，安全资格证证号610422198107153614，有效期限至2023年7月30日。井田面积10.6053 km^2，采矿许可证载明开采范围3~15号煤层，现开采3号煤层，矿井属于高瓦斯矿井。

二、2019年主要技术经济指标

2019年，公司计划生产原煤1.20 Mt，实际生产原煤1.2145 Mt，完成计划的101%；全年计划开掘进尺3500 m，实际完成3975.9 m，完成计划的114%；全年原煤生产成本指标282元/t，实际216.9元/t；全年营业收入31852万元，实现利润7430万元。

截至2019年底，实际生产原煤人数433人，全年原煤生产实际工日113454工，原煤工效10.705 t/工。

三、安全高效矿井建设的主要做法

（一）安全文化深入人心

公司制定了安全文化建设实施方案，组织开展主题宣讲系列活动、一线职工话安全、安全生产志愿服务宣讲、事故警示教育、职工演讲比赛等活动，利用显示屏、宣传栏、安全文化条幅及《荆宝简报》、微信群等形式开展安全文化宣传，逐步把安全文化核心理念渗透到员工的内心深处，逐步实现“要我安全”到“我要安全”的转变，着重探索了将安全文化与实际工作相结合的有效途径。

（二）安全培训作用明显

公司充分利用现代科技手段和煤炭行业远程教育培训网的丰富资源，采取职工自主学习、公司每月考核的办法，全年共有5000余人次登录远程教育网学习；先后举办了16期以“三大规程”、员工操作达标标准、基本行为规范、现场应急措施为重点的专项培训，覆盖全体干部职工；坚持在每月的安全办公会、每周的安全例会及班前会议上分别对45个事故案例进行集中警示教育，井口等候室每天播放《煤矿实用小课堂》中的事故案例和每周的安全活动日安全事故警示教育不断线。通过开展一系列的安全培训活动，初步建立起安全培训教育工作机制，并纳入考核体系中，每月对各部门培训考试情况进行公布，推进了各部门安全培训教育工作，有力地保证了公司的安全生产稳定大局。

（三）重点灾害防治有效治理

在“一通三防”方面，通风科每月制定瓦斯检查地点设置计划，严格规定采掘工作面瓦斯检查地点和巡回路线；每月编制风量分配计划，并严格进行配风调风；重新修订了《“一通三防”管理制度》；强化采掘工作面回撤期间通风管理，使30202工作面顺利开采完毕，同时保障了各掘进工作面安全正常掘进；井上各消防器材配备点、井下消防材料库、各主要巷道及采掘工作面机头机尾等地点配齐各类消防材料设施，并做好定期检查工作，确保消防器材齐全完好；定期对井上下粉尘进行测定，并对井下所有巷道每50 m留有三通阀门，安设洒水软管进行洒水除尘。

在顶板管控方面，公司成立了以矿长为组长，总工程师、安全副经理、生产副经理、机电副经理、通风助理为副组长，相关专业副总工程师及各职能科室负责人、各采掘队长为主要成员的顶板管理组，并根据人员调整及时对顶板管理组进行调整。根据《安全生产红线制度禁令手册》中煤矿顶板管理二十条措施、顶板管理“十条红线”及执行说明等文件精神和要求，制定完善了相关顶板管理制度，各采掘队每周召开一次、公司每月召开一次顶板管理工作会议专题研究顶板管理工作。公司严格执行“一工程、一规程、一变化、一措施”的要求，加强规程措施的制定及审批，从作业人员到管理人员都参加学习培训，考试合格后方可上岗作业。各职能科室、队组强化管理责任，明确责任范围，提高顶板支护科学性、先进性，确保了顶板管理工作有效开展。

在水患防治方面，公司坚持“预测预报、有掘必探、先探后掘、先治后采”的原则，以“一查、一震、两电、一钻”为手段，严格落实“一图、一牌、一板、三单、两表”的防治水管理内容，对所有采掘区域的地面进行了瞬变电探测，圈定了采空区和积水区域。强化了掘进工作面探放水现场管理，对井下实行现场签字确认程序。在矿井采掘过程中，对水文情况及时预测预报，及时下达水情水害通知书，对有水害威胁的采掘工作面采取放水和增加排水能力等措施。公司还完成了矿井中长期防治水规划、矿井水文地质类型划分报告、煤矿防治水分区管理论证报告等编制工作，使公司水患防治工作真实可靠、可操可控。

在机电提升运输方面，公司组织开展多次机电运输地毯式大排查，结合日常检查，解决了大量现场问题，同比 2018 年的问题条数、问题种类都有大幅度减少；在综采工作面回撤、安装期间进行现场盯守，对各运输环节进行重点监督检查，发现问题做到第一时间处理，做好回撤、安装期间的安全管理工作；对井上下带式输送机逐步配置自动化控制系统，极大地提升了矿井运输的安全管理。

（四）采区设计不断优化

由于公司为整合矿井，在采掘过程中经常遇到旧巷或老空，针对这种情况，公司党政班子深入一线、实地调研，要求生产技术人员根据现场实际，结合图纸优化采区及工作面设计，避免不必要的巷道浪费。根据安全生产标准化相关要求，充分利用井下现有空间，保证生产正常有序。

（五）信息化与自动化水平逐步提升

公司紧跟时代要求，做好矿井设备信息化与自动化的升级、改造工作。目前实现的自动化设备有：主要通风机通过电控变频器及在线监测改造可实现无人值守；井下中央水泵房已具备自动排水及无人值守条件；地面 10 kV 开闭所具备无人值守条件；地面压风机房实现无人值守。

（六）环境保护政策积极响应

公司始终把环保工作放在首位，以落实各项法律、法规为基点，不断强化环保目标责任制，全面开展工作，环境保护取得了长足进步。平时公司组织广大干部职工对各区域进行环境卫生大整理，由分管部门定期进行督促检查，做到各区域干净整洁。根据上级部门要求做好矸石山治理、土地复垦工作。另外，国家、省、市、县环保部门多次实地抽查，对公司的环境保护工作给予了高度评价，全年未发生一起环境污染事故。

山西三元煤业股份有限公司下霍煤矿

一、矿井概况

下霍煤矿位于长治市长子县境内，井田面积40.8123 km^2，主采3号煤层，平均厚度5.08 m，地质储量280 Mt，可采储量170 Mt。矿井设计生产能力2.4 Mt/a，服务年限51.7 a。下霍煤矿于2005年3月开工建设，2015年3月24日通过竣工验收，2015年5月19日通过长治市煤管局复工复产验收后正式投产，矿井证照齐全有效。

矿井采用主井、副井、风井3个立井开拓。主井提升系统采用16 t双箕斗提升；矿井主运输全部采用带式输送机；辅助运输采用无轨胶轮车、无极绳循环绞车和调度绞车相结合的运输方式；采煤方法采用走向长壁式采煤法，采煤工艺为一次采全高工艺和低位放顶煤2种；通风方式为抽出式，中央并列式通风方式；地面建有瓦斯抽放泵站，抽采系统完善。

矿井配套建设一座原煤入选能力为2.4 Mt/a的选煤厂，生产工艺为动筛初选、重介洗选和浮游选煤。

二、2019年主要技术经济指标

企业利润：实际完成6.0251亿元。原煤产量：实现原煤产量2400035 t。掘进进尺：完成进尺5013 m。原煤工效：16.674 t/工。安全控制指标：全年无重伤及以上事故，未发生二级以上非伤亡事故。

三、安全高效矿井建设的主要做法

（一）科学管理

2019年，面对外围安全形势严峻和井下作业现场管控难点突出等实际情况，下霍煤矿坚持从严从细管理，采取了一系列有效措施，实现了全年安全生产平稳运行的良好态势。

1. 突出瓦斯防控与治理

一是扎实开展瓦斯抽采，做到“应抽尽抽”，实现“四量”平衡，2019年，共计施工钻孔187750 m，抽采瓦斯1464000 m^3。

二是编制了《2020—2024 矿井瓦斯治理五年规划》《2020 年度矿井瓦斯抽采达标实施计划》，2019 年矿井瓦斯治理“一矿一策”和“一面一策”；定期开展瓦斯含量测定，联系沈阳煤科院重新编制了矿井 3 号煤层瓦斯地质图，进一步摸清矿井瓦斯地质规律。

三是组织开展 2019 年矿井瓦斯涌出量测定工作，对瓦斯测定基础数据进行了采集，在此基础上编制完成了《2019 年度矿井瓦斯涌出量测定报告》，并顺利通过了集团公司评审。

四是强化安全监测系统，保证稳定可靠。所有安全监测设备都有专人负责管理和日常维护，严格按照规定对各类传感器进行标校，确保安全监控系统正常运行。

2. 强化顶板控制与防控

一是下霍煤矿作为 2019 年顶板控制可视化、信息化试点矿井，编制了《掘进工作面可视化系统管理办法》，并建立了《掘进工作面可视化系统抽检台账》和《井下大巷支护质量排查记录表》，并要求专人负责对各自分管区域每月进行一次排查，并填写记录。

二是揭露逆断层时，采用提前对工作面预注化学浆的方式进行加固，增强煤岩层稳定性，通过断层后进行二次支护，架设了工字钢棚。

三是 2306 工作面仰采期间，煤墙片帮多，每天选择性地预注浆加固煤墙，在风巷内提前对三角区进行注浆加固；工作面支架处于背斜处时，顶板离层达到 2 m，采取煤墙预注浆加固，顶板充填措施顺利通过。

四是在掘进巷道设置锚杆锚索受力情况监测站、巷道围岩位移监测站、顶板离层监测站等，每周对观测数据进行分析。根据观测结果实时跟踪监测巷道表面位移变形情况和锚杆、锚索受力情况，验证并及时变更支护参数。通过测取围岩相对位移量，为以后巷道掘进断面尺寸确定提供实测数据，做到了“一周一观测一分析，一月一总结”。

五是在掘进工作面安装了顶板管控可视化系统，可以在地面清晰地观看工作面整个掘进工序流程及工作面地质情况，并能对记录的影像进行存储，极大地提高了对掘进工作面现场情况的管控力度。

3. 持续推进安全生产标准化动态达标

一是抓包保区域挂牌管理。为提升井下各区域标准化水平，印发了《井下巷道挂牌包保管理办法》，规定了挂牌包保人员 8 个方面的职责，由公司副经理、副总工担任组长，抽调各部门中层以上干部担任组员，组成 7 个挂牌包保小组。包保区域的安全生产标准化水平直接与挂牌人员工资挂钩，改变了以往“都在管、都不管”的不利局面，有效提升了现场安全生产标准化监管水平。

二是抓对标促提升。下霍煤矿通过对标兄弟单位、先进企业，邀请专家培训，借鉴好的经验和做法，形成了“一班一排查，一周一检查，一旬一验收，一月一汇总”的安全生产标准化管理模式，编制了《安全生产标准化提标改造方案和文明卫生标准》手册，并组织开展了为期两个月的“地毯式”达标提标工作，有力地促进了安全生产整体水平提升。

三是抓监督促常态。每月对各采掘工作面进行一次质量检查，验收评级。每月组织两次标准化资料专项检查，有效促进了台账资料动态达标。

（二）技术创新

下霍煤矿同相关高校、科研院所合作，将工作面巷道掘进改为沿煤层顶板掘进，开展了筛管防治软煤层钻孔塌孔技术试验研究、“短组距、长搭接”高位钻孔优化研究、巷道稳定性及煤柱合理尺寸确定研究、危险区域分类评价研究、煤壁片帮防治技术研究。采取现场地质条件调查、煤岩物理力学试验、现场 PASAT 试验、钻孔窥视试验等有效手段，掌握了工作面来压规律、煤柱留设、危险区域评价、片帮防治等关键技术。

在开展小改小革活动上，持续开展“五小”竞赛活动，要求厂队每月至少实施两项技改。目前，600 余项“五小”成果应用于安全生产中。8 月，在长治公司开展的申报工作亮点活动中，汇总上报工作亮点近 70 项，最终通过评审的工作亮点 33 项，占长治公司工作亮点的 37.5%，其中多数为技术改造项目。

在先进装备技术投入上，着力提升矿井本质安全水平，引进了一批先进装备技术，不仅有效提高了矿井安全水平，同时也降低了工人劳动强度，提高了生产效率。主要投入有：在综采工作面使用自移式电气列车，杜绝了列车跑车事故；在转载输送机上使用了红外线急停装置，当人员误入或靠近时，实现了自动化停机，有效减少了安全事故；在掘进工作面使用掘锚一体机，提高了单产水平；推链式混凝土湿喷机应用于井下喷浆作业，提高了工作效率，降低了作业点粉尘；引进了胶轮牵引车，代替小绞车运输，提高了轨道运输效率，保证了运输安全；一采区单轨吊投入使用，节约了人力，提高了大件运输环节的安全性，保障了作业人员的安全。为提高生产效率和安全性，还推广应用了掘进工作面视频监控系统、龙软地测空间管理信息系统、井下供电自动化监测系统、风险预控信息系统、瓦斯抽采钻孔施工可视化系统、机电信息管理平台等一批信息化和可视化技术。

山西马堡煤业有限公司

一、矿井概况

山西马堡煤业有限公司前身为山西省武乡县马堡煤矿，根据《关于进一步加快推进煤矿企业兼并重组整合有关问题的通知》（晋政发〔2009〕10号）的精神，《关于长治市武乡县煤矿企业兼并重组整合方案（部分）的批复》（晋煤重组办发〔2009〕49号）规定，以山西煤炭运销集团长治有限公司为主体，由原山西省武乡县马堡煤矿及已关闭的原武乡县墨镫乡戈北坪村煤矿、武乡县墨镫乡墨镫村煤矿以及新增区重组而成。井田面积12.8688 km^2，批准开采7～15号煤层，开采标高+1220～+660 m，生产规模1.5 Mt/a，矿井证照齐全。

井田地质构造简单，水文类型为中等，矿井为高瓦斯矿井。8号煤层自燃倾向性等级为Ⅲ类不易自燃，15号煤层自燃倾向性等级为Ⅱ类自燃，煤尘均具有爆炸性。

二、2019年主要技术经济指标

2019年矿井实际产量1.5015 Mt。采煤机械化程度100%，掘进机械化程度82.6%。事故死亡人数为零，百万吨死亡率为零。

2019年计划利润16500万元，实际完成20516万元；2019年计划成本228.34元/t，实际完成217.35元/t；2019年职工人均年收入12.5万元。

三、安全高效矿井建设的主要做法

（一）科学管理

（1）全面推行以“干部聘任制、员工合同制、经济责任制、分配多元制”为内容的企业改革，坚持以传统产业新型化，新型产业规模化为方向，开发利用好资源，掌握疏通好通道，抓好安全基础工作，完善安全生产标准化体系，实现井下现代化、办公自动化、管理网络化、质量标准化、经营立体化，系统信息化，保证经济稳步、协调、可持续发展。

（2）市场营销：坚持铁路、公路煤销售并重的原则，根据市场需求，要以质量求生存，以质量求效益，以质量求发展的宗旨来指导营销工作，争取效益最大化。

（3）人才培养：科学技术是第一生产力，人才是科学技术的主要载体。大力营造尊重人才、爱惜人才、保护人才的氛围是公司发展所需，建立和完善选用人才、培养人才、留住人才的激励机制是公司向前发展的基础，加速培育和壮大专业技术队伍是企业向现代化管理迈进的方向。加紧培养适应公司高速发展的综合型人才和专业技术人才是今后工作的重点之一。通过走出去、请进来和岗位练兵、技术比武、专业培训、定期测试等方法和手段，发现人才、应用人才，为技术尖子、技术能手提供展现才华的机会，打造广阔的发展平台。

（4）公司从制度管理、环境建设、资源循环利用等方面开展节能降耗，建立长效节能管理机制。科学管理、精细管理要效益，强化节约意识，以循环经济理念指导企业发展，多措并举建设节约型企业。通过强化内部管理，依靠科技手段节能降耗，取得了显著效果。按照突出重点、创新机制、完善政策措施的思路，抓好以下工作：一是提升能源综合利用水平；二是加大节能降耗技术改造力度，加快淘汰高耗能落后工艺、技术和设备，走技术改造、技术节能、工艺节能的新路；三是围绕主业发展，加大节能新技术、新工艺、新设备和新材料的推广应用，做好循环经济之路。

（5）推进“降本增效”管理理念，不断提高经济效益。2019 年全面落实长治公司“降本增效”管理理念，推行制度化、规范化、市场化的管理要求，在各环节细化管理中提升了效益。

①降低成本费用，各部门把生产经营过程中所发生的各类费用变为自己的收入进行管理，超支就要减少收入，节约则增加收入，每个单位、每个职工“成本就是工资，工资就是成本”的意识增强了，人人为成本而算，人人为效益而干，促进了成本下降。

②提高劳动效率，过去每个单位都说人不够用，但通过科学合理地确定岗位定员，实行“增人不增资，减人不减薪”，促使各单位、岗位自发地合理安排工作，优化劳动力资源配置。

③转变了观念，员工观念由过去的“向领导要工资”转变为“向市场要工资”，通过市场机制的引入，把干部职工的经济利益和单位的经营效益紧密地联系在一起，干部职工都学会了算细账，自觉地节支降耗降成本，效益观念、市场观念得到了进一步巩固，团队意识得到了进一步提升。

（二）技术创新

公司目前已与沈阳煤科院、天地科技、太原理工大学、中国矿业大学等多家科研单位开展合作，重点搭建创新理论与实践相结合的科技攻关平台，从技术上保证矿井在采掘期间的安全生产，围绕矿井顶板控制、瓦斯治理全方位开展工作，推广应用新技术、新产品；替换、淘汰落后技术装备，目前已建立较为完善的科技研发平台。已建立完善的专家技术服务机制，组织构建了科技创新团队，针对目前存在的问题，进行立项攻关，研发了多项专利技术和科技成果，从技术上消除了煤矿安全事故隐患，为推进煤矿安全建设发力，同时提升科技创新水平与全面建成小康社会同步，为实现煤矿安全生产打好了技术基础。

山西新村煤业有限公司

一、矿井概况

山西新村煤业有限公司是一座兼并重组矿井，主体企业为山西晋能集团有限公司，井田面积 5.2984 km^2，批准开采 8～15 号煤层，矿井保有储量 30.3173 Mt。矿井开拓方式为斜、立井综合开拓，地质条件简单，水文地质类型为中等，属于高瓦斯矿井。矿井核定生产能力 0.9 Mt/a，煤层赋存条件良好，煤层倾角 8°～12°，现采 15 号煤层，平均厚度 5.2 m，可采储量 11.2128 Mt。3 号煤层煤尘具有爆炸性，自燃倾向性等级为Ⅲ类不易自燃。

二、2019 年主要技术经济指标

2019 年完成企业利润 26 万元，原煤产量完成 0.7306 t，完成掘进进尺 2710 m，原煤工效 7.850 t/工，无重伤及重伤以上事故。

三、安全高效矿井建设的主要做法

（一）科学管理

以安全高效为目标，以“基础管理精细化，技术装备现代化，人员培训制度化”为要求，做到管理无漏洞、设备无故障、系统无缺陷、人员无“三违”、安全无事故，同时深入开展岗位达标、专业达标等活动，重点抓安全，进一步加强安全生产标准化建设，科学管理实现了安全高效。

1. 严格执行下井带班制度

矿领导和所有管理干部全部参与井下带班、值班，加大了作业现场巡视力度，并对安全监管重点和生产关键环节进行现场盯防，取得了较好成效。全年共计查出安全问题及隐患 4839 条，有效预防了事故发生，保障了安全生产。

2. 严格规范个人行为

通过制定各岗位操作红线和严格的监管制度，各岗位员工作业流程得到了有效规范，降低了“三违”发生率。开展以“查隐患为手段、促整改为重点、防事故为目标”的隐患排查治理活动，推广应用隐患排查治理闭合预警系统，实现了隐患自动提醒、动态跟踪、闭环管理，将隐患排查治理工作常态化、制度化、科学化和规范化。

3. 加大安全投入，强化矿井安全基础

重点完成综采工作面电气设备更新、单体液压支柱、液压支架的更换和维修，对井下大巷进行了亮化，更新了井上下各种安全警示标志和牌板，足额配备了职工劳动保护用品，加强了安全培训教育等。

4. 加大安全培训力度，规范职工操作行为，提高职工自主保安意识

坚持把安全文化、亲情教育、氛围教育等融入日常的安全管理工作中，在全矿各个岗位和工种推行了“手指口述”“人人都是安全员”活动以及“每日一测”“掌心教育培训系统”等相关学习、考试软件，使职工通过眼看、手指、心想、口述等程序化的作业方式，熟练掌握本岗位的操作要领，进一步规范了职工操作行为，为公司安全生产打下了良好的软件基础。

（二）技术创新

1. 优化采掘布局，合理集中生产

公司坚持走减人员、保产量、效益高的新型集约化道路，不断提高单产单进水平。由于公司为资源整合矿井，受小窑破坏影响资源面临枯竭，通过合理优化开拓布局，缩短开拓准备时间，在工作面设计方面大胆优化，提前对小窑破坏区进行物探、钻探，掌握小窑破坏区范围，尽可能绕开小窑破坏严重区域，在确保安全的前提下应采尽采，有效解决了矿井接续紧张的难题。

2. 增加安全投入，加强责任落实

公司除正常的安全投入外，还对必须投入的关键区域和环节调拨专项资金予以保证，提升了系统整体保障能力，并且建立了检测监控、人员定位、紧急避险、压风自救、供水施救、通信联络等“六大避险系统”，形成预防和避险的“双保险”。与此同时按照“分级管理、逐级负责”的原则，明确了矿、科队、班组的安全职责范围，公司以抓重点为中心、科队以抓常态为中心、班组以抓现场为中心，形成了全方位、立体的监管体系，有效提升了安全监督效果。

山西新村煤业有限公司在高效矿井建设中积累了一些经验，探索出了一些具有特色的管理运行机制，但仍有些工作不够严细，在今后的工作中持续强化抓手，永葆创新势头，为不断提高安全高效矿井建设质量做出积极的努力。

山西三元福达煤业有限公司

一、矿井概况

山西三元福达煤业有限公司是2009年9月由山西省煤矿企业兼并重组整合工作领导组办公室以“晋煤重组办发〔2009〕49号”文件批复的兼并重组整合矿井，以山西煤炭运销集团长治有限公司为主体，兼并重组原山西三元福达煤业有限公司、武乡县墨镫乡煤矿、武乡县墨镫乡常青联营煤矿，兼并重组后矿井名称为山西三元福达煤业有限公司。山西省国土资源厅于2014年5月15日为公司换发了采矿许可证，证号C1400002009121220048124号，有效期至2023年5月15日，井田面积8.1406 km^2，批准开采7～15号煤层，开采标高+1340～+730 m，生产规模1.2 Mt/a。

矿井为单水平开采，现开采15号煤层，为特低灰—高灰、中硫分—高硫分、低磷—中磷、高热值—特高热值的贫煤、贫瘦煤、瘦煤，可作为炼焦配煤，也可作为动力用煤或民用燃料用煤。井田地质构造简单，水文地质类型为中等，山西省煤炭工业厅以《关于长治市2012年度矿井瓦斯等级和二氧化碳涌出量鉴定结果的批复》（晋煤瓦发〔2013〕391号）：矿井绝对瓦斯涌出量28.86 m^3/min，相对瓦斯涌出量30.56 m^3/t，绝对二氧化碳涌出量0.95 m^3/min，相对二氧化碳涌出量1.01 m^3/t，回采工作面最大绝对瓦斯涌出量22.63 m^3/min，掘进工作面最大绝对瓦斯涌出量1.21 m^3/min，瓦斯抽采量2.93 m^3/min，批复山西三元福达煤业有限公司为高瓦斯矿井。2019年10月晋能集团有限公司对山西三元福达煤业有限公司瓦斯等级鉴定（瓦斯涌出量测定）报告的批复为高瓦斯矿井。全矿井绝对瓦斯涌出量38.47 m^3/min，相对涌出量17.45 m^3/t。回采工作面最大绝对瓦斯涌出量23.73 m^3/min，掘进工作面最大瓦斯绝对涌出量2.99 m^3/min。15号煤层属于自燃煤层，8号煤层属于不易自燃煤层，煤尘均具有爆炸性。

二、2019年主要技术经济指标

2019年原煤产量1199998 t，回采产量1110636 t，最高月产量119847 t，最高日产量4700 t，最高月进尺210 m，最高日进尺9 m。计划完成利润

5000 万元，实际完成利润 10060 万元。计划完成成本 254 元/t，实际完成成本 221 元/t。

三、安全高效矿井建设的主要做法

依靠科技创新、管理创新在矿井改造方面取得了不小的进步，引进了新的技术、新的成果，加快了矿井科技发展。

（一）经营管理

全面推行以“干部聘任制、员工合同制、经济责任制、分配多元制”为内容的企业改革，坚持以传统产业新型化，新型产业规模化为方向，开发利用好资源，掌握疏通好通道，抓好安全基础工作，完善安全质量标准化体系，实现井下现代化、办公自动化、管理网络化、质量标准化、经营立体化、系统信息化，保证经济稳步、协调、可持续发展。

（二）技术创新

坚持科学发展观，实行科技兴企，科技强企战略，在巩固传统产业的基础上，逐步开辟地面非煤产业。一业为主，多业并举，一轮驱动，多轮快进，不断增强企业的后续力和持续力，把煤炭基地快速地发展大，建设好。

（三）市场营销

坚持公路煤销售，根据市场需求，要以质量求生存，以质量求效益，以质量求发展的宗旨来指导营销工作，争取效益最大化。

（四）品牌培育

创建一流企业，打造名优品牌。在煤炭深加工的基础上，积极开发动力煤，提高煤炭科技含量和附加值，推动煤炭产业结构优化升级。

（五）人才培养

科学技术是第一生产力，人才是科学技术的主要载体。大力营造尊重人才、爱惜人才、保护人才的氛围是公司发展所需，建立和完善选用人才、培养人才、留住人才的激励机制是公司向前发展的基础，加速培育和壮大专业技术队伍是企业向现代化管理迈进的方向。加紧培养适应公司高速发展的综合型人才和专业技术人才是今后工作的重点之一。通过走出去、请进来和岗位练兵、技术比武、专业培训、定期测试等方法和手段，发现人才、应用人才，为技术尖子、技术能手提供展现才华的机会，打造广阔的发展平台。

公司从制度管理、环境建设、资源循环利用等方面开展节能降耗，建立长效节能管理机制。科学管理、精细管理要效益，强化节约意识，以循环经济理念指导企业发展，多措并举建设节约型企业。通过强化内部管理，依靠科技手段，节能降耗，从而取得显著效果，并按照突出重点、创新机制、完善政策措施的思路，抓好以下工作：一是提升能源综合利用水平；二是加大节能降耗技术改造力度，加快淘汰高耗能落后工艺、技术和设备，走技术改造、技术节能、工艺节能的新路；三是围绕主业发展，加大节能新技术、新工艺、新设备和新材料的推广应用，做好循环经济之路。

山西煤炭运销集团三元石窟煤业有限公司

一、矿井概况

三元石窟煤业有限公司（以下简称石窟煤业）是经山西省煤矿企业兼并重组整合工作领导组办公室《关于长治市潞城区和屯留县煤矿企业兼并重组整合方案的批复》（晋煤重组办发〔2009〕66号）批准的整合重组改造建设矿井，矿井井田面积3.0632 km^2，于2010年10月开始建设，到2014年1月转为生产矿井。石窟煤业经过不断的技术创新、扩能改建，现批准生产能力为0.6 Mt/a，目前批采煤层为3号煤层，现开采3号煤层。矿井开拓方式为立井开拓，通风方式为中央并列式，采用综合机械化采煤方法开采。

石窟煤业地处山西省潞城市和襄垣县交界处，潞城市店上镇申庄村南。石窟煤业距离长治市区约40 km，距离潞城市约23 km，行政区划隶属潞城市店上镇管辖，西邻潞安矿务局与208国道相通，距离208国道2 km。国铁太（原）—焦（作）线店上装煤站距该井田约12 km，太焦铁路向北在修文车站与同蒲线并轨，往南在新乡可与京广线连通，沿长邯铁路在邯郸也可以接通京广线，交通运输条件方便。

井田内地质构造属简单类型，沿井田北部边界有文王山南正断层落差400 m，位于井田北部靠近文王山南断层为文王山南向斜构造，贯穿井田。西申庄背斜总体形态为轴向NEE70°～80°的背斜构造，靠近西南边界的轴部附近零星出露上石盒子组（P2s）地层，贯穿井田。

矿井为低瓦斯矿井，绝对瓦斯涌出量2.52 m^3/min，相对瓦斯涌出量2.09 m^3/t；煤尘具有爆炸性，自燃倾向性等级为Ⅲ类，属于不易自燃煤层。矿井水文地质条件中等，无冲击地压危险。

二、2019年主要技术经济指标

2019年企业利润实际完成1.05亿元，实现原煤产量598500 t，完成掘进进尺3252 m，原煤工效8.1 t/工，无重伤及重伤以上事故。

三、安全高效矿井建设的主要做法

（一）科学管理

1. 健全制度，加大投入，全面构建科学管理保障体系

2019 年石窟煤业按照“安全生产责任落实年”的安排部署，对全矿的各项管理制度进行了修订完善，逐步建立了与矿井安全生产相配套的管理机制，通过安排部署、学习自查、整改提高、检查总结 4 个阶段，狠抓制度整理、内部机制调整、岗位责任制落实，构建起了纵向专业管理、横向协调管理、基层基础管理的矿井安全生产保障体系。通过强化制度落实，形成了职责明确、按制度办事、靠制度管人、用制度规范行为的良好机制，构建出了科学化、规范化和制度化的管理格局。

建立健全了经营绩效考核、工资管理、物资供应、人力资源管理、综合管理等经营方面的经营管理制度，有效提高了经营管理绩效。

2. 加强组织，着力提高矿领导班子执行力

始终坚持矿领导下井带班制度、调度值班制度和重点工程跟班制度，矿领导月均下井次数达到 12 次，做到了对全井下各区域状况的实时掌握，保证了对安全生产工作的组织领导和调度指挥。矿领导对阶段性重点工作分专业进行重点部署，确保了各专业重点工作的平稳开展。

坚持矿领导和管理人员入井登记和隐患排查升井登记制度，按照“谁检查、谁负责、谁落实”的原则，对日常检查出的安全隐患和技术难题进行跟踪落实，确保安全隐患的排查整改。

3. 落实责任，充分发挥职能科室管理职责

（1）管理人员和专业技术人员充分发挥管理职责，在管理现场能够发现问题、提出问题、分析问题、解决问题，及时消除管理中的缺陷，堵塞漏洞、减少失误，使安全管理真正具有了预防性和针对性。

（2）安检部门不断健全安全监督检查体系，落实安全工作目标，层层落实安全检查监督职责，严格追究不落实行为，对事故和责任人严格追究责任，做到不安全不生产，积极维护了安全生产的正常秩序。

（3）加强对生产过程中人员不安全行为的发展和控制、设备安全性能的检测维修、生产环境安全化的控制、生产工艺过程安全性的动态评价等，对矿井安全生产起到了重要作用。

（4）紧紧围绕“治理隐患、遏制事故、保障安全”的主题，对照“四级隐患排查”内容，严格落实各级管理人员排查整改矿井安全隐患，杜绝

了重大隐患事故。

（5）落实日常检查制度，加强日常井下、地面生产的安全监督检查，积极维护正常的安全生产秩序，职能部室和管理人员全年狠反“三违”200余人次，并对“三违”人员进行了会议通报、周四安全例会学习班学习，多角度促进了职工安全操作。每周四安全大排查及动态检查加强了对安全薄弱环节的监督检查，全年排查矿井安全问题3100余条。

（6）完善了安全生产事故应急救援预案，建立健全了机构、队伍，配备了应急救援物资，有效提高了矿井防灾、抗灾能力。

（7）生产技术部门结合矿井三年接替计划及远景发展规划，按照矿委会统一安排部署，由各专业负责人和技术副总工程师及时提出技术要求，科学编制技术措施，科学指导采掘生产，适时调整各生产单位生产任务，为顺利完成采掘生产任务发挥了积极作用。

（8）重视“一通三防”管理工作，为保证通风系统稳定可靠，全年完成巷道维修任务300余米。及时调整304采区通风系统，完成矿井通风阻力测定和评估工作，加强通风设施的维护和检修，合理优化了通风系统。在瓦斯安全管理中，特别加强了30107综采工作面和30106采空区封闭巷道的瓦斯管理。局部通风机全部实现了“双风机双电源”自动切换和风电、瓦斯电闭锁；综采工作面安设了液压支架和采煤机自动感应喷雾系统，使用添加粉尘抑制剂的汽水喷雾。

（9）加强水文地质保障力度，严格落实“预测预报、有掘必探、先探后掘、先治后采”的防治水方针，完成了30108工作面掘进期间采空区积水超前疏放工作，共探放积水3000 m^3。积极开展无线电坑透、瞬变电磁勘探工作，科学地编制了各采掘工作面地质说明书及防治水资料，为矿井安全生产提供了地质保障。

4. 推进“降本增效”管理理念，不断提高经济效益

（1）降低成本费用，各部门把生产经营过程中所发生的各类费用变为自己的收入进行管理，超支就要减少收入，节约则增加收入，每个单位、每个职工“成本就是工资，工资就是成本”的意识增强了，人人为成本而算，人人为效益而干，促进了成本下降。

（2）提高劳动效率，过去每个单位都说人不够用，但通过科学合理地确定岗位定员，实行“增人不增资，减人不减薪”，促使各单位、岗位自发地合理安排工作，优化劳动力资源配置。

（3）转变了观念，员工观念由过去的“向领导要工资”转变为“向市

场要工资”，通过市场机制的引入，把干部职工的经济利益和单位经营效益紧密地联系在一起，干部职工都学会了算细账，自觉地节支降耗降成本，效益观念、市场观念得到了进一步巩固，团队意识得到了进一步提升。

（二）技术创新

与北京天地科技公司合作对30107掘进巷道支护设计进行了优化，并在煤壁松软破碎区域积极推广使用新型材料W钢护板代替梯形梁进行支护，W钢护板与煤壁支护接触面大，使锚杆受力均匀，解决了锚杆无法有效预紧的问题。通过提高锚杆预应力，增强锚杆对围岩早期离层的控制，配合W钢护板联合支护，对巷道表面围岩变形控制起到了良好的效果。

山西省长治经坊煤业有限公司

一、矿井概况

山西省长治经坊煤业有限公司是集采煤、选精煤、矸石制砖于一体的现代化新型企业，现有大中专毕业生862名，主体专业研究生5名。公司下辖两座选煤厂：一座1.2 Mt/a、一座1.8 Mt/a；两个转型企业：新视界长治市照明电器有限公司、山煤长治凯德世家房地产开发有限公司；一座5000 t战略装车站；一座年产1亿块矸石砖的新型建材厂。

矿井井田面积30.7229 km^2，煤层赋存稳定，水文地质类型为中等，批准开采3～15号煤层。现开采3号煤层，煤层平均厚度为6 m，煤层平均倾角为5°，煤尘具有爆炸性，煤层自燃倾向性等级为Ⅲ类不易自燃。矿井采用斜井、立井混合开拓，井田布置5个井筒，其中进风井筒3个、回风井筒2个。矿井通风、供电、排水、提升运输、瓦斯抽采，以及安全避险六大系统完善可靠，运行正常，能够满足安全生产的需要。矿井3号煤层共划分8个采区，分南北两翼开采，其中一至四采区已采完，五、六、七、八采区正常生产。

二、2019年主要技术经济指标

全年累计完成原煤产量2.413 Mt，完成年计划2.4 Mt的100.5%；累计完成掘进进尺10550 m，完成年计划10000 m的105.5%。矿井综合单产达到123808 t/(个·月)，原煤工效达到9.780 t/工，原煤生产成本控制在270.97元/t；全年实现利润4.86亿元，人均年工资6.75万元。

矿井“四量”平衡，采掘关系正常。采区采出率77%，综采机械化程度100%，掘进机械化程度91.8%。

截止到2020年12月31日，矿井安全生产长周期达到2831 d。

三、安全高效矿井建设的主要做法

（一）深化风险预控管理，狠抓隐患整改治理，切实推进安全风险预控与隐患排查治理双重机制体系建设

以打造“零隐患”作业现场为工作目标，创新安全检查方式方法，坚持矿级领导带队检查制度，推行隐患排查激励制度。全面开展矿井安全风险辨识评估工作，针对重大安全风险，专门制定了《重大安全风险管控管理办法》，实施重点防控，做到超前预想、预知、预控、预防。矿井安装了双预控系统，实现了信息化管理，促使矿井安全生产由经验管理提升为预控管理。

（二）坚持深化三基建设，提高安全保障能力，全面夯实矿井安全生产发展的根基

深入推进矿井三基建设工作，进一步增强基层、基础建设力度，苦练基本功。一是加强基层队组管理机构配置，将每个生产队组全部进行一正四副配置，即队长、技术副队长、安全副队长、机电副队长、跟班副队长；二是给予基层队组高度自治权利，推行区队自治管理模式；三是推进班组程序化管理，规范完善班组长选拔任用程序，规范班前会、入井工作流程，固化现场主要作业程序，形成作业标准流程。推行现场安全确认工作法、一班三评估制度，全面形成班组行有规矩、干有标准、违有处罚的现场管理机制。

（三）强力推进生产技术精益化管理，实施节能减排，循环经济，不断增强企业的后续力和持续力

2019 年遵循集团公司战略部署，狠抓精益化管理。一是持续完善成本考核体系，采取月初清单计划和月末清单结算方式进行工资结算。二是严格控制固定资产设备投资，做到有计划不超资、无计划不列资；加强设备保养维修、修旧利废，杜绝以购代修。三是持续优化生产组织，合理规划矿井南北翼采区采掘衔接。例如，3－边角 05 工作面优化采掘方案，在邻近末采段进行调斜回采作业，增加原煤产量 80000 t，实现经济效益 4000 万元。四是深化定岗定员工作，修订完善队组薪酬考核和工分分配方案，合理确定一、二、三线作业人员工资比例系数。

在节能减排方面：一是自筹资金 1.09 亿元建成年产 1 亿块煤矸石砖的新型建材厂，年消化煤矸石 30 余万吨；二是投入资金 6000 余万元进行节能改造，对新型建材厂在煤矸石烧结砖过程中产生的余热进行循环利用，为办公楼、选煤厂等建筑供暖、职工洗浴用热水及井口防冻提供热源；三是投资建设了两座污水处理厂，目前日处理能力达到 8000 t。

（四）坚持创新培训机制促进素质工程提升，全面打造适应新形势下的安全高效团队

推进培训体制机制创新，建立推行了企业规划引领、系统专业引导、部

门对口指导、队厂定向教导、班组定位辅导的区域定格安全责任制培训管理模式，彻底消除“大锅饭”式安全教育弊端。一是针对管理人员、生产骨干、特殊工种、新工人、转岗职工等特殊培训要求，在制定培训内容、培训方式上进行分类优化，做到因人施教；二是进一步提升安全培训教育形式的灵活性，分清症候、对症下药，辨证施治；三是切实推进安全教育培训由技术层面培训向安全素质提升方面转变，避免假、大、空，注重实效。

山西大平煤业有限公司

一、矿井概况

山西大平煤业有限公司位于襄垣县西南 15 km 处的渠街村北，行政区划隶属襄垣县夏店镇，矿井核定生产能力为 1.8 Mt/a，主斜井、副立井混合单水平开拓，主采煤层为山西组 3 号煤层，煤种为贫煤；采用走向长壁采煤方式，综合机械化放顶煤工艺，属高瓦斯矿井，水文地质类型为中等。

二、2019 年主要技术经济指标

2019 年实际产量 1.72 Mt，平均工作面个数 0.9 个，采煤机械化程度 100%，掘进机械化程度 85.7%，事故死亡人数为零，百万吨死亡率为零，原煤工效为 21.9 t/工。

三、安全高效矿井建设的主要做法

（一）生产组织

1. 原煤生产人员配备情况

设有业务科室七个，分别为调度室、生产科、安全科、机电运输科、通风科、地测防治水科、监控室；生产队组四个，分别为综采队一个，综掘队两个，开拓队一个；生产辅助队组七个，分别为机运一队、机运二队、运输队、下料队、抽放队、探放水队、通风队。原煤生产人数共计 793 人，其中业务科室 111 人、综采队 130 人、开掘队 168 人、辅助队组 384 人。井下共布置 1 个综采工作面 1 个备用工作面，2 个综掘工作面。

2. 设备配备情况

主斜井装备一台带宽 1m 的 DTL100/50/2 ×560 kW 型大倾角带式输送机运煤，一部 JK－2.5 型提升机担负全矿井上下设备及材料运送；集中皮带大巷采用两部 DTL120/45/2 ×400 kW 带式输送机运煤；副立井安装 2JK－2.5 型提升机，井筒内装备有一对 GG1－1 型单绳单层罐笼，承担小型材料设备和人员的升降；轨道大巷采用 SQ120B 型无级绳绞车运输，并安设两部架空乘人装置供人员上下班。

（二）科学管理和技术创新的经验

建立健全各项管理制度，从制度涉及的流程、标准、责任人员胜任能力等入手，以制度流程为基础，建立健全流程业务风险清单，权责对称，明确制度流程各项作业人员的职责与任务，逐渐从精细化向精益化迈进，力争效益最大化。

积极推广安全生产新技术、新工艺、新材料、新设备，开展科研攻关，不断提高安全技术水平。

（1）瓦斯治理方面：地面使用煤层气井抽采技术进行区域瓦斯治理，井下使用二氧化碳预裂技术增加煤层透气性，瓦斯抽采纯量提高了3～10倍，大大提高了抽采效率；引进了定向千米钻机，减少了钻孔施工量，提高了掘进单进。

（2）防治水方面：通过井上、下施工奥灰孔进行奥灰水治理，建立奥灰水观察系统，有效地解决了矿井带压开采问题。

（3）通过与科研院所的合作，研究了“三下采煤”问题，矿井在浊漳河下采面取得了成效。

（4）积极使用信息化先进技术，达到了信息化二级标准，并通过了长治市能源局验收。

（5）加大培训投入，提升培训质量，成立了培训中心，建立了可容纳100人的电教室，各生产队组配备了投影仪，提高了员工培训质量，员工素质有了极大的提升，减少了事故的发生。

（6）推进“三化”管理，不断提高经济效益。按照公司推行的“制度化、规范化、市场化”的管理要求，坚持以内部市场化为导向，不断通过流程再造和规范运作，夯实基础管理，优化资源配置，使企业内部各项管理不断加强，提高了劳动效率，降低了成本费用。

（7）加强企业文明建设，打造平安和谐矿区。在企业经济效益不断提高，文明创建不断升级的同时，我们本着“和谐共赢”的原则，不断推进企业文明建设，加大生活福利设施投入，努力打造和谐文明矿区，大平煤业成功入选2020年山西省绿色矿山名录。

山西霍尔辛赫煤业有限责任公司

一、矿井概况

山西霍尔辛赫煤业有限责任公司位于长治市长子县东部，地处山西省上党盆地西侧，东距长治市区21 km。公司于2006年1月6日注册成立，是由山煤国际能源集团股份有限公司、山西粤电能源有限公司和山西凌志达煤业有限公司三方分别按51%、30%、19%比例投资组建的国有股份制企业。

矿井井田面积71.39 km^2，核定生产能力为4 Mt/a，服务年限为60.3 a，矿井主采3号煤层（灰分：17.02%；硫分：0.36%；挥发分：14.29%；发热量：22.663～30.693 MJ/kg），平均煤厚5.65 m，属不易自燃煤层，煤尘具有爆炸性，高瓦斯矿井。3号煤层地质资源储量537.34 Mt，可采储量235.19 Mt。配套建有4 Mt/a规模的选煤厂和铁路专用线。

矿井开拓方式采用立井单水平分区式开拓，设有主井、副井、南翼回风立井、中部回风立井、中部进风立井5个立井，井筒平均深度515 m。

二、2019年主要技术经济指标

2019年未发生较大及以上安全生产事故；矿井采煤机械化率100%，矿井掘进机械化率100%；矿井产量为3.996 Mt，进尺为12498.6 m，综合单产173000 t/(个·月)，原煤工效14.99 t/工。完全成本为212.24 元/t，比考核控制指标212.48 元/t节约0.24 元/t，实现利润9.2815亿元，职工年收入达9万元以上。公司为一井两面，回采工作面一用一配，采掘接替正常，采出率达到76%以上。

三、安全高效矿井建设的主要做法

（一）信息自动化方面

霍尔辛赫煤业坚持信息化建设作为煤矿安全管理的核心竞争力，与中国矿业大学合作，投资1600万元建设“感知矿山”国家示范工程，建成安全生产相配套的安全监测监控、产量监控、井下无线通信、井下人员定位、辅助运输调度指挥、选煤厂集中控制等16个信息化子系统，形成了矿山安全综合信息化平台，实现对井上下安全生产各类数据的可靠、精确采集及传输。2015 年《矿山物联网安全感知与预警系统关键技术研究及示范》项目获得第六届安全生产科技成果一等奖。

同时，建成了现代化调度指挥中心，以“智慧矿山大数据”为集成，利用视频监控、远程控制等手段，实施综合调度、通风安全调度、机电信息调度、安全调度和地面保卫安防调度“五调合一”，实现整个矿山生产管理过程的可视化、自动化、智能化以至无人化，达到安全、高产、高效的目的。

地面及井下变电所供电系统具有远程调度控制功能，具备变配电无人值守条件。供电系统具有远程监测、远程控制和远程故障诊断三大功能，能够实时监测供电设备电流、电压、功率等数据，第一时间警示设备出现的异常状况。

主井提升系统采用双箕斗提升，实现无人值守自动化运行。

井下主运输系统采用长距离大运量带式输送机，多电机 CST 软启动，配备信、集、闭监控控制系统。该系统装置具有驱动滚筒防滑保护、烟雾保护、温度保护、断带撕裂保护、跑偏保护、煤仓煤位、自动洒水、火灾报警以及 KJ50 型 PROMOS 控制系统。并且皮带综合保护监控系统通过接口接入矿井综合自动化系统。

矿井主要通风机选用 AYWR－2013 型自动倒机、无人值守风机在线监控系统，具有自动检测、远程控制、远程通信等功能，可以实现对通风机的运行状态进行连续在线测量与处理，采用先进、可靠的传感器及计算机技术，具有抗干扰能力强、运行可靠、操作维护简单等特点。便于管理者在生产过程中随时掌握通风设备的运行状态，改变了传统的设备管理方式，提高了通风设备的自动化管理水平，有力地保证了通风机设备的经济、可靠运行。

井下局部通风配备变频自动排放瓦斯装置，能够实现双风机、双电源、双风筒自动切换和自动排放瓦斯功能。

矿井辅助运输全部采用无轨胶轮车，采用 CAN 总线传输技术对井下车辆进行位置监测，可实现分布式车辆自动调度控制，并能监测车辆的运行工况，实时上传到地面监控主机。

矿井办公通过 OA 移动办公系统进行网络办公。

（二）采掘方法和生产系统方面

主井提升系统采用双箕斗提升，主要运输方式为带式输送机，辅助运输采用无轨胶轮车，采煤方法为综合机械化一次采全高和放顶煤回采工艺相结合。

2012 年当年投产当年达产。之后每年均按生产计划完成任务指标，各安全生产系统运行稳定、正常。

（三）劳动定员方面

公司根据《劳动合同法》及相关政策要求，制定了“劳动力管理制度”“劳动用工合同制度”“职工培训管理制度”等一系列管理制度。用工合同签订率、用工备案率、从业人员培训率、参加社会保险率、从业人员年检率全部按“五个百分之百”要求达标。

加强职工作业环境保护，定期进行职工体检，推广应用防尘降尘等作业环境治理新技术、新工艺、新装备，降低职业病发病率。

目前，员工队伍中中专及以上煤炭相关专业人数共有 963 人。

（四）生态文明方面

2019 年，在复杂的外部环境下，公司为推广应用绿色开采技术工艺，降低采煤土地塌陷和地下水资源损失，提高原煤入选率和瓦斯、煤矸石及矿井水等利用率，采取一系列措施，开展采空区土地陷阱复耕、尧神沟排矸场地占地整治、中部风井排矸场建设、铁路专用线主排水管道改造、运煤公路交通环境维护、矿区及住宅区绿化等工作，矿区绿化率达到 34% 以上。矿区储运煤系统全封闭、无尘化管理，原煤入选率、矿井水处理率、煤矸石综合处置率均达到 100%；2012 年国家能源局煤炭司、中国能源报授予霍尔辛赫矿“中国最美矿山”荣誉称号。

山西凌志达煤业有限公司

一、矿井概况

山西凌志达煤业有限公司位于千年古县长子县南端首羊山脚下，行政区划隶属长子县色头镇管辖。地处太焦铁路、长晋高速公路之间，建有8.8 km的铁路专用线与太焦线相连，有6.6 km的公路专用线与太洛线相连，交通十分便利。公司始建于1952年，前身为长子县地方国营色头煤矿。2004年，山西煤炭进出口集团有限公司控股经营（山煤国际能源集团股份有限公司占股62.99%、长子县国有资产经营有限公司占股32.54%、长治市煤炭资产经营有限公司占股4.47%）。

矿井井田面积16.9194 km^2，矿井煤层赋存稳定，水文地质类型中等，可采煤层为3号、15号煤层，当前开采15号煤层，煤种为贫煤。截至2019年底保有储量101.02 Mt，矿井剩余可采储量50.31 Mt。煤层平均厚度4.2 m，煤层平均倾角3°~5°，核定生产能力为1.5 Mt/a，低瓦斯矿井，煤尘具有爆炸性，煤层自燃倾向性属Ⅱ类自燃煤层。15号煤层煤质稳定，发热量高，是良好的发电用煤。

矿井采用斜井开拓，共有3个井筒，2个进风井筒，1个回风井筒。其中：主斜井、副斜井进风，回风立井回风。主斜井倾角21°48′，斜长560 m，担负矿井原煤提升及人员升降任务兼做矿井安全出口；副斜井倾角23°40′，斜长505 m，担负矿井辅助运输兼做矿井安全出口；回风立井井筒直径5.5 m，垂深285 m，装备梯子间，为矿井专用回风井，担负矿井回风任务兼做矿井安全出口。

二、2019年主要技术经济指标

2019年原煤产量1.39 Mt；掘进进尺4848 m；原煤工效10.54 t/工；综采机械化程度100%、掘进机械化程度达95%；采掘关系正常，“三量”符合规定，采出率76%；最高月产量137019 t，最高日产量6926 t；最高月掘进进尺638 m，最高日掘进进尺28 m；全年安全生产无事故。

三、安全高效矿井建设的主要做法

（一）健全安全管理制度，认真落实标准和规范

近年来，公司全面贯彻执行“安全第一，预防为主，综合治理”的安全生产方针，本着“从零开始、向零奋进”的目标理念，遵循“管理、装备、培训”三并重原则，继续狠抓“三基”建设工作，以落实安全责任为重点，以强化班组建设为手段，以持续推进安全生产标准化动态达标为中心，以进一步引申安全隐患排查治理为切入点，坚持不懈把安全工作作为矿井的头等大事来抓，不断创新安全工作手段和方法有效遏制生产安全事故。

1. 严格落实各级安全生产责任制

根据上级主管部门的相关文件精神和公司实际情况，不断修订完善《安全生产责任制》，进一步明确各级安全生产管理责任，健全完善目标责任管理、监督检查等责任落实机制，层层压实责任，做到一级管一级，事事有人管、人人有责任、层层有落实的安全责任落实长效机制。年初矿、科、队三级层层签订了安全生产保证书，队级与班组、班组与个人签订安全生产承诺书，传递责任，传导压力，切实将安全目标、安全责任落实到各个岗位和相关责任人，形成了“纵向到底、横向到边、逐级负责、层层落实、考核严格”的安全责任管理格局，做到了安全管理无缝衔接，为矿井实现安全生产长周期提供了坚实基础和强有力保障。

2. 强化双重预防机制的建设

进一步完善安全风险分级管控工作机制，强力推进风险预控管理工作，把握重点和关键，提升风险预控和隐患排查治理能力，对公司范围内进行了年度安全风险辨识评估工作，并结合各项安全风险专项辨识评估报告，列出了安全风险清单，制定了相应的安全风险管控措施，最终编制完成年度安全风险辨识评估报告，将辨识评估结果应用于确定下一年度安全生产工作重点，并指导完善了下一年度生产计划、灾害预防和处理计划、应急救援预案等。总之，始终坚持把风险控制在隐患形成之前，紧紧抓住辨识管控重大灾害风险，全面构建安全风险分级管控和隐患排查治理双重预防机制。

同时，按照“群防群治”“隐患就是事故”的原则，积极开展岗位班前、班中、班后隐患排查、管理人员日常隐患排查和安全大检查及以地测防治水、“一通三防”、机电运输、顶板管理等专业为主的专项隐患排查治理工作，严格落实《生产安全隐患排查清单销号管理制度》，强化隐患治理及责任追究机制，对查出的隐患全部进行“五定”落实，分类登记建档，不

能按期整改隐患的单位，对单位负责人进行经济处罚，提高了隐患整改效果。通过对“人、机、环”的全面隐患排查和治理，将隐患消灭在萌芽状态，确实做到不安全不生产。

3. 强化职工安全教育培训工作

根据公司年度培训计划及公司安全生产实际情况，在组织好安全管理人员、特殊工种、专业技术人员等外委培训工作的同时，积极组织好年度全员安全再培训。积极主动开展采、掘、机、运、通等各项专业知识培训的同时，对投入的新工艺、新设备及最新的行业安全管理手段、理念等进行专项培训。采取走出去、请进来的形式，到兄弟矿井进行走访，学习好的经验，进一步提高员工安全生产意识和岗位操作水平，保证公司广大干部员工具有岗位必备的安全知识和熟练掌握岗位业务技能。

科学制定安全教育培训相关制度，在特殊工种外出培训的基础上，严格公司内部学习、考核、发证等相关工作。加大安全培训投入，购置一批最新的行业学习教材、专业安全生产知识较强的指导性、实用性书籍及行业相关法律法规等，同时，充分利用职工岗位知识考评系统（手机版）、公司安全培训工作微信群和微信公众号，随时推送相关的安全法律法规、岗位安全知识等学习内容，将日常安全培训工作落到实处，确实保障安全培训工作的时效性、前沿性、实用性，有效夯实了安全管理工作基础。

（二）加强现场变化管控，切实做到稳产高产

1. 着力强化“三个”团队的安全执行力

（1）以矿长为首的安全生产管理团队，努力践行各级会议精神，增强安全管理的合力，确保其思想真重视、责任真落实、管理真到位。

（2）以总工程师为首的工程技术管理团队，坚持科技兴安、突出技术管理对安全生产的约束和支撑。

（3）以班组长为主的现场管理团队，按照《山西省煤矿班组安全建设规定》，以提升班组安全管理水平为重点，进一步开展班组安全建设，推动各项制度、措施落实到班组，落实到每个环节、每个岗位。

2. 全面加强现场管理，及时掌控变化环节

（1）为加强安全生产变化的管理，掌握现场变化情况，实现主动超前预测变化、科学减少变化、有效控制变化，真正把变化落实在基层、落实在现场。各级跟班管理人员必须认真履行跟班职责，做好现场安全监察和安全技术措施的落实，并做好现场作业技术指导工作，做好各项措施的跟踪落实，确保对变化情况的有效处理。

（2）狠抓生产技术精细化管理，以“一优三减”工作为重点，坚持抓大系统治理，简化生产系统，优化生产布局，使采掘衔接更加合理、系统更加完善，优化劳动组织，推行正规循环作业，使劳动工效不断提高。强化经营管理，推进成本精细化管理，进一步完善经济责任考核办法，切实做好煤炭营销工作，牢固树立“以质量求生存”的理念，不断提高煤炭产品质量。各项经营管理措施的实施，提升了企业的核心竞争力。

山西长治三元晋永泰煤业有限公司

一、矿井概况

晋永泰煤业有限公司于 2010 年完成资源重组，矿井井田面积 2.0469 km^2，工业广场占地 4.80 hm^2，批准开采 3～15 号煤层，矿井储量 15.70 Mt。矿井开拓方式为主斜井、副平硐、回风立井。水文地质类型为中等，属低瓦斯矿井，核定生产能力为 0.60 Mt/a。煤层赋存条件良好，煤层倾角 3°～6°，现开采 15 号煤层，平均厚度 4.02 m。煤尘具有爆炸性，自燃倾向性等级为Ⅱ级。

二、2019 年主要技术经济指标

2019 年计划企业利润 3000 万元，实际完成 3435 万元；计划企业成本 235.56万元，实际成本 228.23 万元。原煤年产量 0.52 Mt，平均月产 43660 t，最高月产 56378 t；平均日产 1600 t，最高日产 2100 t。平均月进尺 180 m，最高月进尺 240 m；平均日进尺 6 m，最高日进尺 8 m；原煤工效 7.89 t/工；全年无重伤及重伤以上事故。

三、安全高效矿井建设的主要做法

（一）科学管理

以安全高效为目标，以“基础管理精细化，技术装备现代化，人员培训制度化”为要求，做到管理无漏洞、设备无故障、系统无缺陷、人员无“三违”、安全无事故，同时深入开展岗位达标、专业达标等活动，重点抓安全，进一步加强安全生产标准化建设，科学管理实现了安全高效。

（1）狠抓安全生产标准化建设，巩固企业发展基础。安全生产标准化工作是煤炭企业的基础工程、生命工程和效益工程，是预防事故、加强安全生产管理的重要基础，是构建安全生产长效机制的重要措施，一年来，公司狠抓工程质量，做到“精细化管理、标准化作业、规范化操作”，安全生产标准化水平不断提高。

（2）加大安全投入，强化矿井安全基础。重点完成井下电气设备更新更换和维修，更新了井上下各种安全警示标志和牌板，足额配备了职工劳动保护用品，加强安全培训教育等。

（3）加大安全培训力度，规范职工操作行为，提高职工自主保安意识。坚持把安全文化、亲情教育、氛围教育等融入日常的安全管理工作中去，在全矿各个岗位和工种推行了“手指口述”“人人都是安全员”活动以及“每日一测”，使职工通过眼看、手指、心想、口述等程序化的作业方式，熟练掌握本岗位的操作要领，进一步规范了职工操作行为，为安全生产打下了良好的软件基础。

（二）技术创新

（1）加强技术管理工作，增强装备技术新内涵。建立以总工程师为首的技术管理体系，加强矿井巷道布置、采掘部署、生产系统调整和技术规范标准措施的制定以及新技术、新工艺、新设备的推广应用。

（2）培育发展新动能不懈怠。以教育培训为龙头，抓干部职工的素质提升，继续深化全员培训、持证上岗、大师工作室、干部上讲台等工作，切实把安全学习教育抓在手上，记在心里，提高岗位员工的安全素质和岗位操作水平，努力营造人才发展的良好环境。

安全高效矿井建设任重而道远，山西长治三元晋永泰煤业有限公司严格遵守国家环境保护法律法规和有关规定、政策，对主要污染源进行综合治理，对职业健康、危害因素等进行检查。其中煤矸石利用率为100%、职业健康检查率100%、危害因素检测达标率100%、塌陷土地治理率100%、矿井水利用率100%。

中国神华能源股份有限公司哈尔乌素露天煤矿

一、矿井概况

哈尔乌素露天煤矿现隶属国家能源投资集团有限责任公司，位于内蒙古自治区鄂尔多斯市准格尔旗。初步设计年生产原煤 20 Mt，于 2006 年开始基建，2008 年正式投产，并于 2010 年达产。核定生产能力为 35 Mt/a。

哈尔乌素露天煤矿煤层厚、埋藏浅，水文地质条件相对简单，适宜大规模露天开采。所采煤种属低硫特低磷、中高发热量的长焰煤，是优质动力用煤，享有“绿色煤炭”之美称。

哈尔乌素露天煤矿开采工艺为上覆剥离采用单斗挖掘机—自卸卡车间断工艺；下部采煤采用单斗挖掘机—自卸卡车—半固定式破碎站—带式输送机半连续工艺。

二、2019 年主要技术经济指标

2019 年哈尔乌素露天煤矿产量 20. 12 Mt，采装、运输、排土机械化 100%，原煤工效 67. 47 t/工。

三、安全高效矿井建设的主要做法

（一）生产组织

哈尔乌素露天煤矿受多年征地滞后的累积效应，采排关系严重失衡，北部剥离台阶多处并段、个别月份无煤可出，生产现场工作平盘狭窄、工作线短、作业设备集中、交叉路口多、车流密度大、排弃空间紧张，且供电线路布设困难、辅助工程量增大。面对困难，主要采取了如下措施，保证了基本生产接续、完成了煤炭生产任务。

（1）优化采矿方案，采场南部采用组合台阶的开采方式，增加商品煤量 5 Mt。

（2）发挥外委设备优势，加快缓帮进度，缩短露煤时间。中部水浇地征地解决后，结合现场实际情况，发挥小设备机动灵活的特点，形成上部外委 + 下部自营的剥离方式，加快缓帮进度，露煤时间由原计划 6 个月缩短至 3 个月。

（3）优化运输系统，释放排土场空间。受中部水浇地推进制约，排土场无法跟进。将上煤系统从排土场移设至采场，释放排弃容量 1.68×10^{7} m^3，保证排弃作业正常接续。

（4）排土场压帮跟进，确保端帮及行车安全。受征地影响，南端帮暴露时间长，风化严重，部分区域出现片帮现象，造成路面宽度不足，通过优先排弃南部排土台阶，采取沿帮跟进、压脚排弃等方式，不但扩宽了端帮道路，还增加了端帮稳定性。

（二）科学管理

注重科学管理，推动降本增效进程，促进了煤矿安全高效发展。

（1）切实强化内部管理。一是全面预算管理实行科目负责制，明确成本控制职责。二是细化资金预算安排，加强资金计划监管，严格按照月度资金使用计划结算，减少预算外支出。三是开好矿、队两级月度分析会。

（2）推行精细化管理，节支降效。不断完善单项奖，根据指标关联性实施联动考核。优化设备匹配方案，调整设备运行。

（3）实行本质安全管理，管控好重大危险源。以本质安全管理为主线，通过全员、全方位、全过程危险源辨识，制定危险源管理标准和措施，对生产系统的每一项任务、每一道工序的危险源实施管控，实现了安全生产。截止到 2019 年 12 月 31 日，实现连续安全生产 3939 d。连续 6 年荣获神华集团本安体系一级达标单位，连续五届被中国煤炭工业协会评为“特级安全高效露天矿”，曾荣获神华集团“文明单位”、内蒙古自治区“先进基层党组织”、内蒙古自治区“五一劳动奖状”、全国煤炭系统“文明煤矿”、国家级绿色矿山试点单位、全国“安康杯”竞赛优胜单位、全国青年文明号等荣誉称号，连续 7 年被评为国家级安全质量标准化达标煤矿。

（4）夯实管理基础，提升安全管理水平。完善工作标准，先后制定了《验收标准》《道路交通标志制作使用标准》《爆破工作标准》《道路及挡墙修设标准》等 14 项工作标准，特别是《钻机司机手势标准》，完全是由一线职工自行编制完成，有效提高管理水平、工作效率、工作质量。梳理优化考核条款，取消无效条款；现场检查与联动考核一体化，检查内容表单化、标准化；检查考核结果通过生产会议通报，责任部门按照五定原则整改落实，彻底避免检查走形式、走过场，减轻基层负担，提高检查考评质量，人员“三违”现象降低57%。

（三）技术创新

从持续深化科技创新体系建设、全面展开多样化课题研究以及扎实推进创新成果推广三个方面开展科技创新工作。

（1）实时了解作业平盘地质及岩层结构，优化爆破设计，采取多种装药方式，降低炸药消耗。

（2）采取“下推槽修筑坡道法”，利用推土机的自重下推物料，大幅减少推土机反复倒车导致的燃油费用，缩短修筑时间，节省燃油成本。

（3）设备驾驶室加装加热系统，减少设备怠速降低油耗。

（4）采用运输工务联防互保的方式，将工务队推土机作业同运输队卡车轮胎消耗挂钩考核，有效提高道路维护质量，降低轮胎消耗。

哈尔乌素露天煤矿2019年全年共申报专利45项，17项五小成果参与中国煤炭工业协会评审，2项研究成果获得国家能源集团QC小组活动三等奖。通过全矿上下共同研究，深挖潜力，多渠道、多角度拓宽成本节约空间，增加创收效益，全年增收1885.28万元，节支7467.70万元。

神华准能集团黑岱沟露天煤矿

一、矿井概况

黑岱沟露天煤矿位于准格尔煤田中部，隶属于国家能源集团准格尔能源有限责任公司，是我国自行设计、自行施工的特大型露天煤矿，同时也是准格尔项目一期的主体工程之一。矿田开采境界走向平均 7.8 km，倾向平均 5.09 km，面积 42.36 km^2，境界内可采原煤储量 1.50 Gt，煤层平均厚度 28.8 m，属低硫、特低磷、高灰熔点、较高挥发分和较高发热量的长焰煤，发热量平均 19.26 MJ/kg，是优质动力和化工用煤，被称为“绿色煤炭”。黑岱沟露天煤矿采用综合开采工艺，抛掷爆破平盘以上的土岩采用单斗挖掘机—自卸卡车间断工艺，煤层上部 38 ~ 45 m 岩石采用抛掷爆破—拉斗铲无运输倒堆工艺，下部煤层采用单斗挖掘机—自卸卡车—坑口半固定破碎站—带式输送机半连续工艺。

二、2019 年主要技术经济指标

2019 年煤炭产量 30.81 Mt，采煤机械化程度 100%。原煤工效 86.03 t/工，全年煤炭销售收入 684244.26 万元，人均工资 17.79 万元/a。煤矿百万吨死亡率为零。

三、安全高效矿井建设的主要做法

（一）生产组织管理

（1）加强组织管理，确保任务完成。坚持每日早调会布置各项生产任务，下午 3 点由生产矿长和调度指挥中心主任组织召开现场碰头会落实当天任务完成情况，各项工作任务精准分解，按计划有序、紧凑组织，以日保月、以月保年，做到了各项生产任务有序衔接和推进。

（2）建立有效机制，增强沟通协作。建立了高效生产的三级联络机制，加强了业务部门、车间段队、兄弟单位之间的相互沟通协调，提升穿、采、运、排各环节效率，联动互补，确保生产组织高效有序。

（3）强化考核力度，促进产量提升。充分考虑天气、道路等诸多制约条件，将承包商工程计划产量任务细化到天，结合安全生产完成情况及各项资质备案等指标，对承包商进行考评，考核结果与工程进度款项挂钩，月考核月兑现。

（4）优化设备匹配，智能引领生产。充分利用智能调度系统和高清云台监测系统进行设备数据跟踪分析，实现设备与任务布置最佳匹配，最大限度提升设备效率。

（二）科学管理

将风险预控管理体系、岗位标准作业流程与安全生产管理实际深度融合，总结、凝练出了具有露天特色的“12450”安全管理模式，构筑了“风险管控在前、隐患排查治理在后”的双重预防机制，形成了科学管理长效机制。

（1）在执行矿领导带班制度的基础上，扩大带班人员范围。将机关部室和生产科队科级管理人员纳入带班范畴，形成“三级”带班制度，并按照高风险作业领导到岗到位制度，深入现场，排查隐患，实现了 24 h 全方位监督管理，为构筑安全作业环境提供了有力保障。

（2）积极应用先进技术成果，有效提升科技保安能力。在主要设备上安装了卡车防撞预警、车辆超速管理、毫米波雷达防碰撞、操作行为监控、卡车疲劳驾驶预警等系统，在确保系统状态完好的前提下，结合生产实际，根据各系统特点和使用效果，不断完善系统功能，保障生产现场人员和设备的安全（如在操作行为监控系统最初的影像记录功能上增加了防疲劳预警功能，有效减少了不安全行为）；针对抛掷爆破高台阶和外排土场存在的安全隐患，在生产技术部成立边坡组，执行四班三倒制度，应用边坡雷达监测系统对高台阶及外排土场实施 24 h 不间断监测（外排土场共设有 GNSS 监测点 88 个和应力监测系统 4 套）。边坡技术人员通过技术改进和经验总结，使雷达原来预警时效 24 h 缩短至 2 h，确保了在危险发生前人员和设备及时撤离，同时大大延长了危险发生前设备运行的时间，产生了巨大经济效益。

（3）建立员工不安全行为管理工作机制，压实安全生产责任。编制了《安全积分管理办法》，分专业、分工种梳理出 509 条人员不安全行为，建立了矿人员不安全行为描述库。

（三）技术创新管理

以露天采矿技术创新工作室为引领，依靠爆破技术创新工作室、马云普技能大师工作室等 5 个工作室为平台，积极培养激励职工创新创效。

（1）二采区中间沟变革布置。2019 年 7 月改变了中部运煤通道布置方式，缩短中间沟垂直段距离，向南形成折返运煤坡道，最大限度释放了内排空间，增加排弃空间 1.80×10^7 m^3，当月节约运距 205 m，节约生产成本 627 万元。

（2）断陷带区域采矿方案。2019 年及时组织断陷区域补充勘探，研究形成了断陷带条件下抛掷爆破区加宽预留保安平台采矿技术方案。将抛掷区由 85 m 增加至 115 m 宽，可将 DF5 与 DF6 断层面完整包含于两幅抛掷爆破区域内，使预裂面尽量远离断层面，保证下部作业人员及设备安全，同时最大限度保证煤炭资源的回收及生产接续。

（3）5 号煤回收。利用单斗卡车工艺剥离的有利时机，将南部 500 m 范围内的 5 号煤所在岩层进行分层爆破及分层开采，保证此区域内 5 号煤最大限度回收利用，增加煤炭资源回收。全年回收 5 号煤 80000 余吨，创效 1200 余万元。

黑岱沟露天煤矿 2019 年确定公司级课题 10 项，矿级课题 11 项，征集职工合理化建议 160 条，采纳了 85 条，征集技改技革 44 项，采纳 26 项，奖励人数达 145 人。全年累计经济技术创新活动创造效益约 3893 万元。职工积极活跃，汇聚成保安增效的磅礴力量。

中国神华能源股份有限公司补连塔煤矿

一、矿井概况

补连塔煤矿是国家能源集团在神府东胜煤田开发建设的特大型现代化矿井之一，地处陕蒙交界，行政隶属内蒙古自治区鄂尔多斯市伊金霍洛旗乌兰木伦镇，1987 年由华能精煤公司批准开工建设，核定生产能力 28 Mt/a。矿井开采煤种为长焰煤与不黏煤，是优质动力、化工和冶金用煤，被誉为“绿色环保煤炭”。矿井地质条件简单，水文地质类型中等，煤层为容易自燃煤层，属低瓦斯矿井，煤层赋存条件优越，适合规模化、集约化开采。

二、2019 年主要技术经济指标

实现了安全生产 19 周年，保持了国家安全生产标准化一级水平。

2019 年完全成本完成 136.09 元/t，实现利润 53.38 亿元，职工人均年收入 28.67 万元。完成产量 27.3 Mt，完成掘进进尺 25367 m，商品煤发热量 23.04 MJ/kg。

三、安全高效矿井建设的主要做法

（一）坚持安全高于一切，打造安全环保长效机制

1. 推进两大安全系统工程

推进党建引领安全系统工程：制定《党建融入生产经营实施方案》和《创建世界一流示范矿井行动方案》，创新矿领导党建跟班检查工单，开展“三级创岗建区”活动，深化“三长四员”抓安全生产管理工作，实现党建和中心工作两不误、两促进。

推进全员安全责任体系工程：围绕主要工作，建立 220 个覆盖全员的岗位安全生产责任清单。制定考核和追究管理办法，确定 168 项追责情形，实现了“责任全覆盖”“管理全方位”“监管全过程”。

2. 落实三项安全重点工作

落实风险预控分级管理：开展作业安全、系统安全、设备安全、区域安全四类风险评估，明确正常、异常、紧急状态下的危险源辨识程序，建立了

35 项重点管控项目和 2539 条危险源辨识成果，实现了风险评估全覆盖。

落实五级联动隐患查治：建立矿井、科室、区队、班组、岗位“五级纵向”隐患查治体系，推行管理人员区域承包、和“隐患随手拍”活动，明确排查范围、频次、重点和考核标准，制定重复出现、整改不力等隐患追责情形，实现了隐患查治的闭环管理。

落实九位一体行为管控：管理层执行指标化检查、积分化管理，员工层执行违章后果“九位一体”叠加考核，开展四大类高风险作业专项整治，引入心理疏导服务，开展联合夜查、行为观察、无不安全行为班组创建等活动，推进自主管控体系建设。

（二）坚持高效均衡生产，巩固高产稳产生产秩序

生产秩序稳定高效。发挥两个大采高工作面产能优势，以优化生产组织和优先人力资源配置为基础，紧盯计划管理，严格生产汇报，科学、系统地解决生产组织、外运协调等方面存在的问题，每天保证均衡外运。

机电管理保障有力。强化机电基础管理，加强现场检查和材料配件组织力度。坚持每月三次的定期旬检制度，全年实现零断带、零撕带、零断链的管理目标。

（三）坚持精益经营管理，建设价值创造示范矿

全面深化市场化管理。以全面预算为基础，编制 1875 项矿级、3785 项区队级费用定额，打造了以成本管控为中心、三类市场为主体、四级结算为市场、八大保障为支撑的“1348”成本效益管控模式，实施全员全过程成本管控。

全面深化定额量化改革。实施工作绩效与岗位评价双量化考核，制定采掘定额计件、辅助业务量化计件等结算主体，3808 项劳动定额，实现量化结算全覆盖。

（四）坚持创新驱动发展，培育矿井核心技术优势

智能矿山建设关键技术：补连塔煤矿智能矿山建设规划实施 10 大类 145 个项目，目前 4 m 采高综采工作面已实现了自动化，主运系统全部实现无人值守。

盾构施工长距离斜井技术：“单护盾 TBM 长距离大断面斜井施工技术”首次应用于补连塔煤矿 2 号辅运平硐施工建设，成巷 2745 m，净直径6. 6 m，效率是传统工艺的 4 ~6 倍，填补了国内煤矿斜井盾构施工技术空白。

超大采高回采关键技术：首创 7 m、8 m 一次采全高回采技术，提高了资源回收率。针对超大采高综采工作面顶板管控难度大、矿压显现强烈的特

点，通过采取钻孔探测顶板、高分子加固顶帮等技术措施，调整割煤工艺，现场顶板管控效果明显。

（五）坚持绿色低碳运营，持续改善生态环境质量

综合防尘降尘工程：以尘源点控制技术为核心，采用封闭尘源、喷雾降尘等多种手段，构建矿井综合防尘科学体系。煤炭资源由井下运输至地面、洗选以及装车过程实现全封闭管理，有效阻断粉尘传播扩散，煤炭外运对车厢喷洒固化剂，有效减少煤炭资源风损约 80000 t/a。

水资源综合循环利用工程：通过采空区净化工艺系统为生产环节提供水源，井下使用后的废水统一收集至地面污水厂常规处理，经除氟除氨氮工艺后，COD 指标降至 20 mg/L 以下，氟化物指标由 4 mg/L 降至 1 mg/L 以下。井下生产、消防、降尘及地面生态灌溉系统进行有效融合，形成一套完整的矿井水资源综合循环利用系统，实现了井下水资源循环利用。

在新的征程上，补连塔煤矿将不忘初心、牢记使命，全面贯彻党的十九大精神，以习近平新时代中国特色社会主义思想为指引，认真落实国家能源集团“一个目标、三型五化、七个一流”总体发展战略，团结一心，砥砺奋进，建设具有全球竞争力的世界一流示范矿井。

中国神华能源股份有限公司布尔台煤矿

一、矿井概况

布尔台煤矿位于内蒙古自治区鄂尔多斯市伊金霍洛旗境内。井田面积192.632 km^2。矿井采用斜井－平硐－立井综合开拓方式，分区抽出式通风开采。目前22煤与42煤为矿井主采煤层。矿井正常涌水量为533 m^3/h，最大涌水量为558 m^3/h，水文地质类型为中等。煤质为低灰、低硫、特低磷、中高发热量的不黏煤。煤层自燃倾向性属于I类易自燃，煤尘均有爆炸性，属于低瓦斯矿井。截至2019年底，矿井剩余地质储量3.059 Gt，剩余可采储量1.814 Gt，剩余服务年限64.8 a。

二、2019年主要经济技术指标

全年完成产量18.50 Mt，掘进进尺30545 m，商品煤发热量22.13 MJ/kg；矿井事故死亡和百万吨死亡率均为零；成本完成156.85 元/t，实现利润25.81亿元。

三、安全高效矿井建设的主要做法

（一）强化隐患排查治理

1. 构建隐患排查治理长效机制

坚持“工作重心在现场，问题解决在现场，成效检验在现场”的原则，按周期开展各类检查，强化矿长、队长、班长三级联动排查机制，针对性开展各类安全生产大检查，牢牢掌握安全生产的主动权。

2. 严格落实“三长四员”隐患排查治理责任

“三长”指矿长、队长、班长，“四员”指党员、安检员、青岗员、群监员，实施“三长四员”三在前计划，即想在前：超前分析潜在安全隐患、超前谋划提质增效措施、超前计划班组生产任务；走在前：工作安排走在前、工作落实走在前、风险辨识走在前；做在前：主要的工作做在前、重要的工作做在前、紧急的工作做在前。

（二）加强“人、机、环、管”风险管控

全面加强风险预控管理。积极推进岗位风险评估动态化、系统性风险评估专业化、区域风险评估持续化、专项风险评估常态化工作，建成风险管控“四化”机制。构建“点、线、面”风险管控模式，制作“红橙黄蓝”四色安全风险分布图，将安全风险预控管理工作扎实落地。

1. 人

持续将查抓不安全行为作为日常安全检查、区队自查自纠的重点内容，及时纠正员工的不安全行为，保障作业安全。合理修订管理人员的查处指标，加大查处力度，保持存在量和查处量的统一。

持续推行不安全行为积分管理，强化高危人群管控，建立健全不安全行为人员档案，结合行为观察、矫正培训、“过五关”与连带处罚、曝光台、转岗、待岗等多种方式，形成强大声势和震慑作用，有效降低不安全行为。

执行带班队长不安全行为积分考核，进一步夯实区队现场管理人员安全管理责任，促进提升基层管理人员执行力和责任意识。

利用安全管理信息系统中的员工行为安全观察平台，实施全员季度覆盖观察，利用系统的自动统计分析功能确定重点管控作业内容和管控人员，切实加强现场作业安全管控。

积极探索正向激励机制，严格执行不安全行为人员罚款返还制度和查处人员积分受奖制度；推行“现身说法”安全教育模式；开展“无不安全行为班组”和“安全标杆区队”创建活动；每半年组织一次无不安全行为人员抽奖活动；举行“历史上的今天”警示教育研讨会，深入剖析历年轻伤及以上事故，通过反思与研讨，举一反三，促进全员安全意识提升，有效遏止不安全行为发生。

2. 机

加强设备管理，消除设备本身缺陷，大力开发和推广使用先进的安全生产技术。不断完善机器设备、设施的安全防护装置、紧急停车和制动装置以及遥控报警装置等。加强机电设备、设施的安全检测、检验，抓好大机组、大设备的维护保养及安全部件的管理。严格把关新购置设备安全防护装置的质量，提高设备本质安全水平。应用高新技术，改革传统的设计方法。加强预防性维修和利用可靠性高的元件。

3. 环

针对煤矿存在的五大自然灾害，积极开展风险辨识，制定针对性管控措施。

优化支护设计，提高二次采动巷道、大断面巷道支护强度。采取浅孔与定向长钻孔相结合水力压裂技术及大孔径卸压钻孔，实现低应力开采。利用地音监测、微震监测系及PASAT系统对工作面煤岩层进行扫描，构建冲击危险性模型，实现全方位、全时段监控预警。

强化瓦斯管理，实现瓦斯“零超限”。建设注浆、注氮系统，推广自动喷雾、自动隔爆等防尘新设备，提升防尘管理水平。建设通风网络仿真、矿井粉尘监测等自动化控制系统，提高“一通三防”系统自动化水平。

超前对工作面内隐伏地质构造进行精细探测，重点监督检查采掘面过断层、冲刷带、钻孔安全技术措施执行情况，完成煤矿水害防治感知数据的接入工作。

4. 管

健全责任体系，逐级压实责任，为矿井安全发展提供制度保障。强化简道云应用，搭建责任制考核数据看板，实现考核结果实时公示，责任制考核结果与五型绩效进一步融合。

强化责任追究，推动安全责任落实落地。重点解决责任层层衰减问题，对安全生产责任制落实不到位，导致事故（事件）发生的，严肃追责。对地方政府和公司查出而相关科队未查出的失爆、采空区悬顶等重点问题，将逐项问责。积极探索责任制“奖罚”双向考核机制，定期分析总结，形成完备高效的责任考核体系。

推进安全生产标准化建设。对照标准化要求，将安全生产标准化基本要求逐项落实在日常检查中，实现标准化动态达标、持续改进，确保安全生产标准化各专业平均得分达到一级标准化水平，为安全生产奠定坚实基础。

中国神华能源股份有限公司上湾煤矿

一、矿井概况

上湾煤矿是中国神华能源股份公司在神府东胜煤田开发建设的特大型现代化矿井之一，行政属于伊金霍洛旗管辖，矿井证照齐全，核定生产能力 16 Mt/a。矿井地质条件简单，水文地质类型为中等，属低瓦斯矿井，煤层赋存条件优越，适合规模化、集约化开采。矿井采用平硐－斜井－立井联合开拓方式。采用一次采全高的长壁综合机械化采煤方法，综合机械化程度 100% 。

二、2019 年主要技术经济指标

2019 年安全形势保持稳定，未发生轻伤以上事故，未发生环境污染事件，未发生顶板、透水、瓦斯和重大机电事故。全年完成原煤产量 15.61 Mt，完成进尺 14142 m。全年完全成本 131.22 元/t，利润完成 33.77 亿元，节支降耗完成 5650.6 万元。原煤工效 132 t/工。商品煤发热量为 23.91 MJ/kg。

三、安全高效矿井建设的主要做法

（一）坚持安全绿色发展，安全环保形势整体平稳

安全管理成效显著。一是围绕风险预控管理这条主线，扎实开展“安全环保风险管控年”“学法规、抓落实、强管理”，以及“看惯了、干惯了、习惯了”等专项整治行动，不断夯实了安全管理基础。二是以“治隐患、防事故”为抓手，组织开展“拉网式”“解剖式”隐患排查，切实增强了矿井安全生产能力，实现了作业现场安全生产零伤害。截至 2020 年底，矿井连续安全生产 2731 d，安全形势整体平稳。

生态环保建设稳步推进。上湾煤矿持续深入贯彻落实习近平生态文明思想，牢固树立创新、协调、绿色发展理念，把推进矿井生态治理工程作为一项重要的政治使命来落实。上湾煤矿取得矿井取水许可证，矿井取用水依法合规；完成 5000 t/d 矿井水氟化物达标治理项目，进一步提高矿井水处理水平。上湾煤矿沉陷区塌陷土地治理率 95% ，矿井水循环利用率 100% ，煤矸

石处置率100%，全面推进生态环保建设。

（二）科学组织生产，产能优势充分释放

不断优化生产组织模式。一是深入运用以规划设计精细、生产组织精准、工程质量控制精确、设备维护精良、灾害防治精实、安全生产标准化精进为抓手的“六精”管理模式，全力做到合理布局和最大化组织生产，充分释放了产能优势，为保障重点地区的能源供应做出了突出贡献。二是通过合理完善采掘设计、适时调整掘进工艺等举措，掘进效率显著提升。其中连掘队双巷掘进月进尺最高达1966 m，创造了厚煤层大断面巷道双巷掘进纪录。

全面加强生产保障作用。积极推行思想认识到位、责任传递到位、规范操作到位、标准检修到位、服务保障到位的“五位一体”机电管理模式，实现了制度、措施、手段的有效结合，并持续强化零撕带、零断带、零断链、零渗漏、零故障“五零”管理，稳步提升了机电设备运行可靠性。

（三）细化经营管控，矿井效益全面提升

持续推进依法合规经营。为全面贯彻依法合规经营要求，通过对各项业务职责及签批情况进行梳理，结合公司业务授权体系，制定了《上湾煤矿业务授权体系表》，形成了党建业务、工会工作、采购管理、综合治理、劳动保护、材料管控、薪酬福利、培训管理共8大类64小项业务授权管理，明确了不同金额、不同事项的授权层级，使各项工作的开展有章可循，有规可依，有据可查，提高工作效率，避免工作违规。

全面深化经营管理改革。一是积极打造内部市场化三级结算体系，将效率完成情况分解为工效、效益和贡献度3项指标，进一步激发出内部市场活力。二是以多劳多得、按量结算为原则，积极推行定额量化管理，形成了薪酬待遇向生产一线、关键技术岗位倾斜的分配体系，员工工作效率不断提升。其中9月连掘队饱和度达130.8%。

（四）坚持创新引领，智能信息化水平稳步提升

努力提升创新管理水平。坚持以创新驱动发展战略为指导，把创新摆在矿井发展全局的突出位置。持续坚持采用外出培训、集中培训、单位自培三种方式，加强对科技人才的培养，有效提升了科技队伍整体素质。完善科技创新激励机制，进一步加强对科技人才的奖励范围和奖励力度，有效激发员工创新创效活力。2019年共计评选优秀群众创新创效39项，授权实用新型专利15项，授权发明专利2项，发表论文50篇，创造经济效益约650万元。

智能化矿山建设成果显著。制定了《上湾煤矿智能矿山建设实施方案》，成立了智能矿山建设执行组。建成1个初级智能综采工作面，已实现采煤机自动割煤、液压支架自动割煤、自动收打互帮板、自动移架、“三岗合一”，生产班每班有效生产人员仅安排5人。井下所有变电所、水泵房实现了无人值守，主运系统已实现6个岗位无人值守，减少主运带式输送机司机岗位工18人。完成了井下4G网络全覆盖，应用了移动巡检装置及生产数据管理平台，员工可通过手机实时查看综采、掘进、主运、供电、供排水、主通风机等系统设备的运行状况，为下一步实现所有固定岗位无人值守做好了充足准备。

中国神华能源股份有限公司乌兰木伦煤矿

一、矿井概况

乌兰木伦煤矿位于内蒙古自治区鄂尔多斯市伊金霍洛旗境内，属乌兰木伦镇辖区，矿区南北长约 10 km，东西宽约 7.0 km，范围面积 44.1053 km^2，矿区内地形总趋势倾向南东。累计查明资源储量 412.04 Mt，截至 2019 年底保有资源量 297.58 Mt。矿井核定生产能力 5.10 Mt/a。采用平硐－斜井混合方式开拓，主要可采煤层为 1^{-2} 号煤和 3^{-1} 号煤，煤层埋藏深度在 45 ~ 173 m，煤层倾角为 0° ~3°，煤层总厚度 1.82 ~ 13.51 m，1^{-2} 号煤平均厚度 3.17 m，3^{-1} 号煤层平均厚 3.45 m。矿井采用混合式通风方式，属低瓦斯矿井。

二、2019 年主要技术经济指标

矿井生产规模达 4.73 Mt，原煤工效 30.94 t/工，矿井综合单产 256000 t/(个·月)。采掘机械化程度继续保持 100%。采掘关系正常，矿井采区采出率中厚煤层达到 80.0%，厚煤层达到 75.6%。全年盈利 39700 万元，完全成本 203.19 元/t。

三、安全高效矿井建设的主要做法

（一）夯实安全环保基础

围绕全年安全、环保工作目标，以安全生产标准化建设为安全管理主线，狠抓风险分级管控、事故隐患排查治理和安全生产责任落实，强化不安全行为管控，全面推进安全、消防、职业卫生管理工作上台阶。

责任落实到位。严格落实两级公司文件精神和“责任落实年”相关活动要求，制定实施方案，形成督办，逐条落实完成。层层完善安全生产责任清单，落实安全生产职责，每季度进行考核，强化了各级管理人员的责任落实，提高了执行力。进一步完善了事故隐患排查治理工作责任体系，矿长每月、分管副矿长每旬组织相关人员开展一次全面的事故隐患排查，实现对事故隐患的分级管控和分级治理。

风险预控到位。持续加强危险源辨识和风险评估，完善重大风险清单和管控措施，并推行基于危险源辨识和标准作业流程及相关事故案例的安全技术措施，让作业人员安全更有保障。

安全文化培育到位。开展丰富多彩的安全文化活动。通过“安全宣传咨询日”、主题演讲比赛、网络答题、无不安全行为人员摇奖等活动，寓教于乐，提升员工的学习兴趣，增强员工安全意识，提高员工安全技能水平。

（二）全面提升党的建设工作

始终把政治建设摆在首位。扎实开展“不忘初心、牢记使命”主题教育，坚持问题导向。为充分发挥好党建引领作用，积极构建“明责履责、考责问责”党建工作责任闭环，推动党建工作从“软指标”变成“硬约束”，建立了“九五”全员党建工作责任体系。推进党风廉政建设和反腐败工作，全年组织集中廉政学习 9 次，学习 65 项违规违纪案例，时刻敲响警钟，确保风清气正。

（三）生产接续更加科学

秉承科学发展理念，编排了矿井 30 年的生产接续规划，详细优化了 5 年生产接续计划，对矿井产量、设备配套、队伍配置进行了测算，为矿井持续均衡稳产进行了长远规划。积极推广应用新技术，12405 综采工作面采用泵送支护技术连续顺利通过 9 条空巷，多回收煤炭资源 203000 t，实现利润约 1800 万元，此项目获集团公司 2019 年科技进步奖二等奖。组织实施四盘区东翼边角煤补勘工程及 12404 综采工作面槽波探测工程，地质防治水基础工作稳步提升。

（四）“一通三防”持续改进

积极推广掘进面除尘风机的应用，实现工作面和转载点水幕的自动化，工作面及回风巷总粉尘浓度降低 16.7%，改善了井下作业环境。开展了防灭火专项整治、监测监控专项整治及通风隐患专项整治活动，实现全年瓦斯零超限且无自然发火隐患的目标。

（五）科技创新成果丰硕

抓好科技创新，创新就生产力。一是加强科技创新培训力度，建立和完善科学创新奖励机制。将论文、科研项目、专利等科技创新指标进行按月分解，每月按照指标分解进度进行分类上会研讨，按照“五定”原则将科技成果跟踪落实，每月开展“科技创新成果联评大会”，使科技创新工作更加科学、规范、系统和有序。二是加强科技人才队伍建设。对科技创新做出突出贡献的团队和个人给予鼓励和认可，健全激励机制、规范考核制度、发掘科技人才，将考核与职称评聘、年终奖励等有机结合，拓宽科技创新思路。全年上报科研项目 14 项，专利 6 项。团员青年创新创效 49 项，其中创新创效获奖 6 项，亮点工程获奖 5 项，获得实用新性专利 4 项。乌兰木伦煤矿荣获中国煤炭工业协会“先进煤矿”荣誉称号。

（六）大幅提高经营管理水平

生产组织更加高效。在生产组织方面，重点对 1－2 煤与 3－1 煤搭配开采进行规划，加强日常生产调度指挥，合理组织生产；通过优化施工组织、支护工艺、修订单进考核、工资结算等措施，进一步提升了掘进队伍的单进水平。加强水分、铁器、杂物的源头控制和过程管控。细化考核办法，在五型绩效考核中将煤质管理权重由 10% 提高到 15% 。

机电管理更加精细。坚持设备包机制度，制定常见故障处理手册，保持设备良好的润滑状态和正常运转，做到零渗液、零漏液。2019 年推广应用了设备二维码管理系统，实现了电子检修、问题上报、电子交接班、设备故障秒拍等设备管理信息化功能。通过检修工单的闭环管理考核，实现设备的良性运转。

考核机制更加完善。完善制度、夯实经营管理基础。不断强化绩效考核的战略引领和战略推进功能，提升整体管理水平。以公司“一领三创”绩效考核为纲领，修订完善了矿绩效考核指标及办法；从关键指标量化、基础管理提升和管理过程进行全方位监督与多维度考核评价，提升各级管理人员的管控能力。为强化提升工作高效落实，设置督办直接扣分项考核指标。通过加大管理弱项考核权重，实现考核精准到位。2019 年共修订完善下发经营管理制度 24 项。

中国神华能源股份有限公司
金烽寸草塔煤矿

一、矿井概况

中国神华能源股份有限公司金烽寸草塔煤矿位于内蒙古自治区鄂尔多斯市伊金霍洛旗境内。矿井井田面积 16.5 km^2，矿井核定生产能力 4.5 Mt/a，矿井保有可采储量 161.49 Mt，剩余服务年限 25.6 a。

矿井含煤地层为侏罗系中、下统延安组。矿井地质条件简单、顶底板稳定，水文地质类型中等，煤层自然发火期为 1～3 个月，属Ⅰ类容易自燃煤层。煤尘具有爆炸性，属低瓦斯矿井。矿井采用斜井多水平开拓方式，目前开采 22 煤和 31 煤，31 煤以下可采煤层 5 层，31 下、42 上、42、43、52 煤层。其中 42 上煤层为全区可采煤层，31、43、52 煤层为大部可采煤层，其余为局部可采煤层。

全矿在册职工 723 人，机关设置六办一中心，区队配备一综三掘四个生产区队，以及机电队、运转队、通风队、车队和机修厂 5 个辅助区队。

二、2019 年主要技术经济指标

截至 2019 年底矿井实现安全生产 3094 d，安全生产标准化水平达到领先国家二级；完成产量 4.35 Mt，掘进进尺 7210 m，商品煤发热量 21.94 MJ/kg；完全成本完成 215.36 元/t，实现利润 3.53 亿元，原煤工效 44.56 t/工，职工人均年收入 25.8 万元。

三、安全高效矿井建设的主要做法

（一）完善制度、落实责任，安全管理水平稳步提升

安全管理责任进一步落实。完善了“转变思想、完善制度、稳定系统、规范行为、养成习惯、形成文化”的安全管理思路，制定“重在日常、重在细节、重在现场、重在落实、重在坚持、重在反思、重在创新”的“七个重在”安全管控措施。修订矿安全管理制度汇编和 32 项制度。制定安全

管理重点工作计划和措施，深入开展责任追究，健全全员安全生产责任制，厘清科室、区队、各岗位责任边界。建立全员有责、失职追责、尽职免责的机制。

安全管控能力进一步提高。全覆盖、多形式开展隐患排查，将风险分级管控和隐患排查治理要求融入系统。强化信息系统应用考核，做到基础数据完整、系统应用规范。建立了监督考核机制，确保各级人员录入信息真实、有效。利用系统数据统计和分析功能，为安全管理提供决策依据。深入开展不安全行为管控。强化区队安全自主管理，督促各区队制定自主管理执行方案，每月对各区队自主管理情况进行检查通报。

（二）合理布局、优化配置，矿井管理基础不断加强

生产组织高效有序。合理调整生产接续，制定月度生产组织方案，详细安排各区队生产组织，对不饱和的区队安排部分矿务工程，使各区队生产任务充足，紧张有序。优化采掘接续，在解决上下压茬关系的同时，安排高热值煤层生产，发热量增加间接产生利润560万元。结合采掘定额系统测算结果，优化掘进工作面支护方案，科学管控、严格考核单产单进效率，单班掘进效率提升15.2%。

自主管理持续提升。采掘区队利用富余人员施工锚索补强支护，矿井矿务工程施工更加高效，综合工效提升了14.04%，同等施工量年结余人工成本180万元。以基层、基础、基本功“三基”建设为抓手，进一步加强各科队自主管理，制定《金烽寸草塔煤矿自主管理考核推进实施方案》《金烽寸草塔煤矿自主管理考核办法》，促使科队由被动管理变主动管理，形成“自我发现问题，自我学习提高、自我解决问题”的互动环境，在提高管理效率、节约管理成本的同时进一步夯实矿井管理基础。

（三）强化管理、不断创新，高效矿井建设有序推进

科技创新成果丰硕。从指标完成情况、实施效果等5个维度对科技创新工作进行精准考核，修订完善《金烽寸草塔煤矿科技创新管理办法》。通过综采挂网工艺革新、掘锚机帮锚杆专用钻机改造，锚索支护多功能集成平台、提升工作效率，2019年共计7项科技创新项目获得公司奖励，矿内科技创新奖励13.43万元。全年上报专利8项，2项已获得专利授权，获公司“群众创新创效”优秀成果奖励项目4项。全年完成科技论文16篇。

智能矿井建设有序推进。对在用设备及系统进行升级改造，完成了万兆环网的物理链路改造和31煤一盘区综合分站补盲工作，成功安装调试31205自动化工作面。完成31煤瓦斯泵站无人值守改造，自主研发的智能

巡检机器人在31煤瓦斯泵站和盘区变电所顺利投用，辅助岗位全部实现无人值守。完成智能调度指挥平台设备运行、故障分析系统的建模，智能充灯柜改造等。

（四）细化成本，开源节流，经营管控能力不断加强

成本管控效果明显。通过与中国矿业大学合作论证综采面机头超前支护形式，减少用工，减轻工人劳动强度，年度节约资金约120万元。优化巷道布置方式，将辅运反掘段兼做充填开采运矸巷道、优化机头硐室等，减少巷道掘进，节约成本。严格材料领用关，大力鼓励、奖励领用旧支护材料。全年节约材料费及矿务工程等费用1896万元，其中使用旧支护材料节约费用43.56万元。

量化结算不断完善。修订完善了《金烽寸草塔煤矿薪酬二次分配管理办法》等10余项经营管理考核制度，进一步实现了考核权责明晰，责任到人。优化区队定额量化结算方式，修订采掘生产、矿务工程、矿井标准化等七大类1190项定额，依托简道云建立完善了二级市场结算体系。生产单位工资总额核算采用“量化包干+额外创效”，地面及辅助单位采用“定额计件+额外创效”的方式，确保薪酬分配公平合理，进一步激发员工积极性。

中国神华能源股份有限公司柳塔煤矿

一、矿井概况

柳塔煤矿位于内蒙古自治区鄂尔多斯市伊金霍洛旗境内。矿井井田面积13.61 km^2，矿井核定生产能力3 Mt/a，矿井储量122 Mt，设计服务年限32.7 a。

矿井含煤地层为侏罗系中、下统延安组。矿井地质条件简单、顶底板稳定，水文地质类型中等，煤层自然发火期为1～3个月，属Ⅰ类容易自燃煤层。煤尘具有爆炸性，属低瓦斯矿井。矿井采用斜井＋平硐开拓方式，目前开采22煤，31煤以下可采煤层5层，31上、31、42上、43、52煤层为大部可采煤层。

二、2019年主要技术经济指标

全年完成产量2.8 Mt；完成掘进12633 m；采区回收率84.6%；完全成本272.58元/t，盈利5530万元；原煤工效27 t/工。

三、安全高效矿井建设的主要做法

（一）落实本安管理，强化安全考核

柳塔煤矿充分利用本安管理体系，强化安全生产。始终以加强本安体系应用为安全管理切入点，建立完善人、机、环、管安全管理机制，扎实抓好现场监督监管工作，持续加强安全生产管理制度建设，严格落实安全生产责任制，认真完善安全生产责任体系，安全工作取得较好成效。

矿井每月组织三次步行检查，确保井下安全管理无漏洞。定期召开不安全行为座谈会，纠正员工不安全意识与思想。

同时坚持开展危险源辨识，进行风险预控，实行全员、全方位、全过程排查隐患，有效提高了现场安全管理水平，保障了安全生产。通过实施不安全行为整治、班组建设管理等项目使员工安全意识明显提高。

（二）优化生产接续，实现降本增效

矿井队伍配置为“一综一掘锚”，全年使用一套综采设备进行生产。调

整综连采接续，尽量保证井下设备直搬，减少连采队搬家倒面次数。优化通风、运输系统，降低能耗。

（三）加强成本管控

坚持材料管理“有旧不领新，领新需交旧，能修不报废”原则，按月兑现修旧利废奖励。奖金分配体现贡献值、体现岗位价值、体现劳动强度，充分调动了员工修旧利废、降本增效的积极性。

加大自营工程的范围，主要有密闭工程、锚索支护工程、防腐工程、自主维修、管路、电缆拆除和安装工程等。

制定厉行节约、杜绝浪费管理办法，从设计上、执行中和管理上控制浪费，不断提高员工节约意识，面对煤矿生产经营“新常态”，实现柳塔矿可持续发展。

（四）井下设备标准化检修

制定了综/连采主要设备、主要通风机等通风主要设备、供电/供排水等主要设备的日常维护保养标准和周期性检修标准，要求检修工每天将检修标准带到现场，按照标准中规定的内容进行设备日常维护保养和定期检修，并将每天检修、检查过程中发现的问题在表中记录，由技术人员汇总、分析解决存在的问题。规范检修标准，及时发现设备隐患，消除因人员更新或检修人员疏忽，遗漏检修项目的因素，保证了设备维修检修的及时性，提高了设备开机率，有效保障生产。

中国神华能源股份有限公司寸草塔煤矿

一、矿井概况

中国神华能源股份有限公司寸草塔煤矿位于内蒙古自治区鄂尔多斯市伊金霍洛旗境内。矿井井田面积 8.78 km^2，至 2019 年底，矿井保有资源量 59.02 Mt，可采储量 27.75 Mt，核定生产能力 2.40 Mt/a，剩余服务年限 8.3 a。

采用“斜井 + 平硐”综合开拓方式。综采工作面采用走向长壁后退式综合机械化采煤法、一次采全高综采采煤工艺，全部垮落法管理顶板，巷道掘进采用掘锚一体化施工，全矿共计 4 个井筒，2 进 2 回。

全矿在册职工 493 人，其中，机关设置“四办两中心”：党政办、经营办、生产办、安管办、机电信息中心和调度指挥中心；基层设 8 个生产及辅助区队：1 个综采队（综掘队）、2 个掘锚队、5 个辅助队。

二、2019 年主要技术经济指标

矿井连续九年杜绝了重伤及以上生产安全事故，截至 2019 年 12 月 31 日安全周期达到 3473 d，百万吨死亡率为零；全年原煤产量 1.55 Mt，原煤工效 13.61 t/工，回采工效 137.5 t/工；掘进进尺完成 8189 m；完全成本 274.06 元/t，实现利润 2517.43 万元。

三、安全高效矿井建设的主要做法

（一）狠抓安全基础建设

强化安全责任落实。严格按照“党政同责、一岗双责、失职追责”的原则和“管生产必须管安全、管业务必须管安全、管经营必须管安全、管环保必须管安全”的要求，建立了“横向到边、纵向到底”的安全生产责任体系。制定下发了《神东煤炭寸草塔煤矿煤矿安全生产责任制考核管理办法》，修订完善了矿领导责任清单 11 单、184 条考核标准；科队层责任清单 15 单、262 条考核标准；科队第一负责人责任清单 15 单、186 条考核标准；岗位工种责任清单 146 单、1261 条考核标准；按照“逐级分层”的原则，定期对各层级安全生产责任落实情况进行考核奖罚。

强化风险预控管理体系落地。按照“1+4”安全风险评估方式进行安全风险分级管理。制定下发了《寸草塔煤矿安全风险分级管控工作制度》，明确了各级管理人员、岗位员工安全风险分级管控职责、安全风险分级管控原则、“1+4”安全风险辨识评估管控流程及管控要求。每年年底由矿长组织各分管负责人和相关业务科室、区队进行年度安全风险辨识，重点对瓦斯、水、火、煤尘、顶板、机电运输等危险因素开展安全风险辨识。新水平、新采（盘）区、新工作面设计前，生产系统、生产工艺、主要设施设备、重大灾害因素等发生重大变化时，高危作业实施前，新技术、新材料试验或推广应用前，发生事故后等开展专项辨识。

强化隐患排查治理。一是以“查大系统、治大隐患、防大事故”为原则，结合水、火、瓦斯、煤尘、顶板等自然灾害特点，制定了矿井年度灾害防治计划和三年灾害防治规划。二是坚持每月由矿长组织开展的步行隐患排查，积极构建“三级承包五级管理”隐患排查体系，即矿领导、业务保安科室、区队三级承包管理，岗位、班组、区队、专业、矿领导五级隐患排查管理。细化完善符合矿井采掘布置、机电运输、“一通三防”等实际情况的检查工单，确保检查人员做到持表检查、不留死角。三是严格落实了全员隐患排查制度，明确了查处隐患的奖励等级，提升了全员查处隐患的积极性，实现了安全生产齐抓共管的局面。

全面实施岗位标准化作业流程。一是结合生产实际，完善了《寸草塔矿岗位标准化作业流程汇编手册》，做到了每个岗位都有标准来指导和规范。二是抓好岗位标准化作业流程培训，分别制定了作业流程的年度、季度、月度培训计划。三是抓好标准化作业流程的检查与考核，通过区队自查、业务科室抽查的方式，有效地促进职工按标准作业。

（二）统筹安排生产管理

一是通过统筹安排工作面接续、队伍调配、设备配套等关键环节，保证了22301工作面顺利贯通。二是统筹协调安排三盘区回撤、封闭及新面布置任务，在全体干部员工的努力下，75 d 掘进巷道1250 m，完成扩大区设备回收及封闭工作，使安全生产许可证延期手续顺利办理。三是综采转为综掘后，通过开展岗位培训、对标交流等措施，逐步提高员工业务技能，保证矿井31煤暗辅斜井的高效掘进，为矿井正常接续奠定了基础。

（三）经营管控降本增效

强化绩效考核管理。重新修订组织绩效考核办法，把员工收入与矿经营指标、部门指标、个人绩效紧密挂钩；借助简道云系统，增加材料管理、矿务工程管理、车队用车管理等模块，进一步规范了工作流程，节约了人力物力财力，提高了工作效率。

深入开展降本增效活动。全面清查库存物资，按规定报废处理材料，大幅降低了管理费用；加大自主维修、修旧利废，全年共计修复设备（工具）513 件，节约维修成本 469 万元，兑现奖励 19 万元。

持续推进内部市场化工作。扎实开展内部市场化“质量提升年”活动，成立了“管理提升小组”，先后完成劳动定额 828 项，内部市场化结算标准逐步合理；矿务工程实现全部自营，完成了掘进后配套、混凝土底板、管路安拆等矿务工程，结算费用 487.9 万元，比去年全年增长 158 万元。

（四）创新创效稳中有升

科技创新工作氛围浓厚。年初，组织召开了首届科技大会，隆重表彰科技创新先进集体和科技创新先进个人。全年收集创新创效成果 99 项，上报公司优秀成果 28 项，获公司“群众创新创效”优秀成果奖 6 项；发表论文 33 篇。共发放科技创新奖金 25.05 万元，营造了全员参与科技创新的良好氛围。

成果转化推广效果显著。推广应用 12 项优秀成果项目，“掘锚机运输机限位装置”杜绝挤伤事故的发生；“胶带机集中自动润滑系统”极大地提高了工作效率；“掘锚机短距离掘进综合式除尘风机”进一步保障了员工的职业健康；“矿井环网改造”实现井下网络全覆盖、智能云检修，向矿井智能化、信息化水平迈进。

神华包头能源有限责任公司万利一矿

一、矿井概况

万利一矿隶属神华集团包头能源有限责任公司，位于内蒙古自治区鄂尔多斯市东胜区万利镇，井田南北长 11 km，东西宽 9.0 km，井田面积约 90.24 km^2。截至 2019 年年底井田剩余地质储量 1.48 Gt，可采储量 0.88 Gt。设计生产能力为 10 Mt/a，剩余服务年限 66 a。

万利一矿共计可采及局部可采煤层 10 层，现开采煤层为 3 层，分别为 31 上煤、31 煤和 42 煤。井田水文地质类型中等，矿井直接充水含水层为延安组，裂隙－孔隙承压含水层，矿井及周边老空水分布；地层产状平缓，构造简单，矿井正常涌水量 120 m^3/h，最大涌水量 145 m^3/h；矿井绝对瓦斯涌出量 6.36 m^3/min，相对涌出量 0.52 m^3/t，为低瓦斯矿井；煤层属Ⅰ类容易自燃煤层，煤尘具有爆炸危险性，最短自然发火期 44～51 d。

矿井采用斜井－立井联合开拓方式，共设有 5 个井筒（4 进 1 回），主斜井采用带式输送机，副平硐采用防爆无轨胶轮车运输。生产队伍配置有两个综采队、两个掘锚队。

二、2019 年主要技术经济指标

2019 年原煤生产 9.51 Mt，掘进进尺 17700 m，实现利润 51583 万元，职工年人均工资收入 11.27 万元，原煤工效 50.7 t/工，2019 年最高月产 909000 t，掘锚机最高月进尺 1002 m。

原煤生产成本计划为 132 元/t，实际完成 128.9 元/t，降低成本 3.1 元/t。全年实现盈利 51583 万元，比计划多盈利 1583 万元。

采用单一倾斜长壁后退式全部垮落综合机械化采煤方法，工作面采出率达 95% 以上，采区采出率达 83% 以上。

三、安全高效矿井建设的主要做法

（一）安全生产

认真贯彻落实两级公司“1 号文件”精神，落实“安全风险管控年”、安全生产集中整治等各项工作，坚持将抓好安全作为第一位的政治任务和责任。将推进安全生产标准化建设作为安全管理的基础，以安全文化为引领，牢固树立“安全第一”的理念。以狠抓责任落实为着手点，严格考核问责与责任追究，压实安全责任。并严格落实风险管控和隐患治理双重预防机制，注重安全培训，狠反“三违”，不断提升安全管理水平，夯实安全基础。

坚持“安全第一、预防为主、综合治理”的安全生产方针和“节约优先、保护优先、自然恢复为主”的生态文明建设方针，坚持科技兴安、管理强安，全力打造安全环保的能源企业。按照“管业务必须管安全、环保；管经营必须管安全、环保”的要求，建立矿长为安全生产环保第一责任人的责任体系；各分管领导对安全生产环保工作承担直接领导责任。把安全生产作为各项工作的基石，分层次、分职能、分岗位抓好责任落实。做到安全、环保工作与业务工作同部署、同检查、同考核、同问责。2019 年未发生重伤及以上人身伤害事故，安全生产周期实现 6368 天，矿井百万吨死亡率为零。

（二）采掘机械化程度及生产系统

煤炭从井下回采工作面至地面的主运输系统采用连续运输方式。除工作面采用大功率刮板输送机外，工作面运输巷、大巷、主斜井的煤炭运输均采用带式输送机连续运输。

综采一队装备 SL1000 型双滚筒采煤机、ZY12000/26－55D 型电液控制掩护式支架和 SGZ1000/3×1200 型刮板运输机。综采二队装备 SL500 型双滚筒采煤机、ZY8638/25－55D 型电液控制掩护式支架和 SGZ1000/3×1000 型刮板运输机。

掘进设备均为 MB670 型掘锚机，搭配 LY2000/980－10 型连运车及 DZQ100/100/40 型桥式转载机，实现全机械化快速掘进，无空顶空帮作业。并实施掘锚提效科技改造项目，对掘锚连运一体化系统进行综合改造，实现了顶帮同支、掘连共支、自动拉机尾等功能，提高了掘进、支护效率，降低了作业人员劳动强度，真正意义上实现了“安全高效，减员增效”的目的。

主辅运输系统：主斜井安装 DTL160/350/3×1000 带式输送机，带宽 1600 mm，运输能力为 3500 t/h；主运大巷安装 DTL160/350/4×710 胶带运输机，带宽 1600 mm，运输能力为 3500 t/h；工作面运输巷安装 DSJ140/300/3×500 型可伸缩带式输送机，带宽 1400 mm，运输能力为 2500 t/h，全矿实现运输系统一体化，运输能力达到 18 Mt/a。辅助运输系统：全部采用无轨胶轮车运输，选用车型有 WrC20/2J 型防爆客货胶轮车、WqC4J 型防爆平板胶轮车、WqC2J（双排）型防爆胶轮车、WCQ－3B 型防爆载人车（20座）、WCQ－3B 型防爆自卸车（3t）、WCQ－3B 型防爆材料车，实现普通矿用辅助运输车辆国产化配置。

（三）信息化与自动化

实现了对井下及车间供电、供排水、运输、通风等系统自动控制；办公网与工业以太网互通互联，管理人员和技术人员可通过电脑终端实时了解现场生产情况和设备运行状态及综采工作面设备的监测与控制；煤炭洗选及外运装车、供电、供排水、矿井水处理等生产系统实现了自动化控制。

大力推进智能化矿山建设，已实施完成矿井 4G 网络建设，逐步实施智能化工作面、矿井智能化通风、主运输智能巡检机器人、辅助运输无人驾驶等项目建设。

（四）生态文明

全面推广应用绿色开采技术，在 42 煤建立联通式地下水库，矿井水通过采空区过滤后可直接用于井下生产，完全满足矿井生产需求，部分采空区过滤水通过加压泵输送到地面用于煤炭洗选加工及工业广场绿化，实现矿井水零排放。矿井采用井下煤矸置换技术，年处理井下矸石约 15000 t，节省大量排矸费用。

万利一矿近年来在保证矿井安全生产的同时，也加大矿区环保建设，全矿所有锅炉全部完成脱硫除尘改造，实现达标排放，各种环保设施均齐全到位，设备运转正常，日常管理到位，各种污染物排放均达到国家标准要求。

严格管控矿井采空区和塌陷区的治理，根据井下回采进度和范围，及时对回采形成的塌陷区进行回填治理，并对采空塌陷区逐步进行绿化治理，确保治理及时并满足环保要求，实现绿色开采。

国能亿利能源有限责任公司黄玉川煤矿

一、矿井概况

黄玉川煤矿位于鄂尔多斯市准格尔煤田中西部，行政区隶属于准格尔旗长滩乡和薛家湾镇管辖。井田东西长约 8.9 km，南北宽约 5.5 km，面积约 42.6798 km^2。由神华神东电力公司与内蒙古亿利资源集团公司按照 51∶49 的比例出资建设，项目概算 52.53 亿元，设计生产能力 10 Mt/a，服务年限 66.2 a，同时配建年洗选原煤 10 Mt 的选煤厂。矿井于 2007 年 8 月开工建设，2013 年 8 月开始联合试生产，2014 年 5 月 3 日进入生产运营期。矿井采用斜立井混合开拓方式。采煤工艺为综采和综放，掘进工艺为掘锚。

二、2019 年主要技术经济指标

矿井 2019 年商品煤单位成本计划 187.17 元/t，实际 169.49 元/t，计划利润 4.2 亿元，实际 6 亿元，完成利润指标；原煤工效 63.02t/工；采煤机械化程度 100%，掘进机械化程度 100%；4 煤和 6 上煤采区采出率分别为 85.2%、84.1%。

三、安全高效矿井建设的主要做法

（一）创新设计理念，集约化生产

矿井设计为立井千万吨矿井，盘区条带式开采，主要大巷布置在煤层中，与井筒直接相连，简化了巷道布置系统。工作面长度由传统的 150 m 延长到 240～340 m，推进长度也大幅度延长，综采工作面单产显著提高。

（二）防越级跳闸系统

矿井井下高压供电系统实现了防越级跳闸功能，其应用先进网络继电保护技术手段，解决电网继电保护选择性和速动性的矛盾，从技术上彻底解决电网继电保护的越级跳闸问题，实现有效的故障隔离，供电系统上下级开关之间的配合不再依靠传统的限值和延时的配合，有效提高了供电系统的稳定性。

（三）创建信息化、自动化管理模式

矿井生产自动化系统实现了井下固定岗位无人值守，调度室实时监控全矿各生产系统运行状况。地面分选装车系统实现自动化控制作业。企业资产管理（EAM）系统实现了设备资产的全寿命管理，物资采购计划自动生成，大幅度减少了作业人员，达到了减员提效的目的。整个矿井采用有线和无线4G通信系统结合的方式实现全网络覆盖。

（四）创新思维，增产创效成效显著

2019年，施工12402带式输送机运输巷时揭露SF33断层，断层走向与12402带式输送机运输巷夹角很小，方向相近，通过使用千米定向钻机探测SF33断层发育位置及产状，SF33断层从12402带式输送机运输巷揭露位置开始向工作面内发育20 m宽，延伸约360 m后又发育至12402带式输送机运输巷。根据钻探成果，黄玉川煤矿大胆创新决定带式输送机运输巷沿5号煤层掘进，减少了回采和掘进的割岩量，将12402回采工作面延长364 m，增加原煤产量0.65 Mt，为企业创造产值1.2亿元，增加利润3500万元。

（五）黄玉川煤矿大坡度俯斜开采技术创新成果与应用实践

6上煤层平均煤厚11.2 m，采用倾斜长壁后退式全部垮落机械化综采放顶煤采煤法。井田内煤层倾角变化大，21盘区工作面方向煤层最大倾角超过16°，推进方向最大俯采角度达到15°，水平构造应力集中，井田被DF5、DF6、DF13三条大断层切割。在初期回采中，因回采经验不足，工作面带式输送机上窜下滑控制困难，出现大范围倒架，工作面支架支护效果差，经常出现漏顶情况，回风巷受二次采动影响，超前支承压力大，巷道变形严重，给矿井的安全高效开采带来极大困难。为解决以上问题，主要做法如下：

（1）带式输送机窜动：矿井总结出了“反伪斜＋支架调斜”的管理方法，在实际生产过程中很好地解决了大坡度工作面带式输送机窜动及支架的防倒难题。

（2）防倒架管理：造成工作面倒架的主要原因有工作面坡度大，支架出现大面积倾倒；工作面出现漏顶或超高，支架接顶不实，出现倒架；带式输送机上窜下滑控制不当，发生倒架等。结合综放工作面实际情况，黄玉川煤矿认真分析总结倒架原因，制定出一套防倒架管控方案。

（3）工作面长度变化控制：受两工作面巷道高差变化影响，工作面煤壁先变长，后变短。工作面变长时，将出现上端头空顶面积增加、工作面割不透的问题；工作面变短时，将出现支架贴帮无法正常推进。这就需要增撤支架、中部槽，根据各个工作面长度计算确定增撤架方案及安全技术措施。

（4）回风巷管控：6上煤综放工作面构造应力集中，矿压显现剧烈，特别是回风巷受二次采动影响，超前支承压力显著，巷道变形量大。以往采用单体+柱靴（柱帽）支护，单体每排支护4根，支护强度偏小，主动支护效果较差，导致巷道变形量大，严重影响安全生产。针对回风巷受二次采动影响、巷道变形量大，黄玉川煤矿引进超前组合支架进行支护，效果显著。

（5）大坡段各类备件防倒、防滑、防滚落管控。工作面防倒、防滑管控：由于工作面倾角大，最大坡度达18°，而且受架间喷雾以及冲洗支架等原因影响，常常导致支架脚踏板湿滑，人员在架间人行通道行走时存在较大安全隐患。为此黄玉川煤矿集思广益，利用废旧网片加工脚踏板防滑网，大大增加了脚踏板摩擦力，并在支架立柱上安设扶手，避免了人员行走时出现滑倒摔伤等现象，有效杜绝了安全隐患。两巷防物件滚落管控：因黄玉川煤矿综放工作面为俯采工作面，两巷下坡坡度在12°~16°，为了防止物件滚落导致的人身伤害事故发生，特制定大坡度防物件滚落制度，并加大日常管控力度，有效杜绝了物件滚落导致的伤害。

内蒙古蒙东能源有限公司敏东一矿

一、矿井概况

敏东一矿与鄂温克电厂配套建设，属于煤电一体化项目，井田位于大兴安岭西坡呼伦贝尔草原伊敏河中下游的东侧，行政隶属内蒙古自治区呼伦贝尔市鄂温克族自治旗管辖。北距呼伦贝尔市区约 56 km。项目于 2008 年 12 月正式开工建设，2015 年 10 月进行联合试运转，开采煤种为褐煤（发热量 12.98 MJ/kg 左右），矿井地质储量 1.10 Gt，煤炭可采储量 700 Mt，核定能力 5.00 Mt/a，设计服务年限 100 a，开采出的煤炭以直供鄂温克电厂为主，外销为辅。

敏东一矿全矿井绝对瓦斯涌出量 4.85 m^3/min，相对瓦斯涌出量 0.52 m^3/min，属低瓦斯矿井。

敏东一矿 16－3 上和 16－3 煤层的煤尘具有爆炸性，煤层的自燃倾向性等级为Ⅰ类，属容易自燃煤层。

井田煤层主要赋存于伊敏组和大磨拐河组两个含煤地层中，其中伊敏组含煤地层是矿井主采含煤地层，井田内煤层埋深最深 576.3 m。现开采煤层为 16－3 及 16－3 上煤层，其中 16－3 煤层作为矿井的主采煤层，储量占全部可采储量的 80% 以上。

二、2019 年主要技术经济指标

2019 年未发生三级及以上非人身伤害事故；2019 年盈利 2311.43 万元，同比增加 16257.45 万元；实现建矿以来首次盈利；百万吨死亡率为零，实现安全生产；采煤机械化程度 100%，掘进机械化程度 96.38%；全年共生产原煤 4.601 Mt，全部为机采产量，综采队平均月产 383416 Mt；矿井综合单产 402885 t/(个·月)；原煤工效 23.36 t/工；采区采出率为 80.2%，符合国家规定。

职工年人均收入 14.15 万元，高于本省（区、市）煤矿平均水平。

三、安全高效矿井建设的主要做法

2019 年我矿从优化完善矿井各大系统、提高矿井机械化开采水平、建设本质安全型矿井出发，对矿井配套生产各系统进行了合理调整、优化完善，提高了矿井安全生产装备水平，夯实了矿井安全基础，有力地推动了“安全高效矿井”的建设工作，我们的主要做法有以下几点：

优化采掘布局，合理高效生产。敏东一矿通过详细制定中长期矿井生产接续计划，合理调整采掘关系，形成了动态平衡，杜绝因采掘关系失调降低矿井生产效率。持续提高单产单进水平，通过科学、合理的生产组织安排，优化支护设计和生产工序，在最大程度上提高生产效率，提高开机率，实现矿井高产高效生产。

增加安全投入，加强责任落实。敏东一矿除正常的安全投入外，还对必须投入的关键区域和环节，调拨专项资金予以保证，提升了系统整体保障能力；并且建立了检测监控、人员定位、紧急避险、压风自救、供水施救、通讯联络等“六大避险系统”，形成预防和避险的“双保险”。据统计，同时按照“分级管理、逐级负责”的原则，明确了矿、科队、班组的安全职责范围，矿以抓重点为中心、科队以抓常态为中心、班组以抓现场为中心，形成了全方位、立体的监管体系，有效提升了安全监督效果。

重点部位重点防范。根据敏东一矿井下安全生产实际情况，全面加强防治水、顶板、“一通三防”、机电运输等重点环节的管控，加大隐患排查治理力度。一是完善了防治水管理制度、台账和图纸等资料并通过技术研究、分析，对特殊区域，制定了防治水专项措施，确保井下水害得到有效防控。二是杜绝了瓦斯超限，严格落实“通风可靠、抽采达标、监控有效、管理到位”的十六字体系，在采掘前优先考虑形成完善的通风系统，杜绝串联通风和系统不独立等现象，有效预防了瓦斯事故发生。三是预防了顶板事故。通过进一步完善矿压监测系统，实现全矿井下无死角防控，并严格矿压观测、敲帮问顶和前探支护等措施，加大了过地质构造、巷道贯通等特殊时段的现场顶板管理，尤其在针对受临近采煤工作面动压影响的采掘工作面，科学的选择支护方式、参数，防止了巷道围岩变形、顶板垮落。

严格执行下井带班制度。矿领导和所有管理干部全部参与井下带班、值班，加大了作业现场巡视力度，并对安全监管重点和生产关键环节，进行现场盯防，取得了较好成效。全年共计查出安全问题及隐患 1048 条，员工不安全行为 1305 起，有效的预防了事故发生，保障了安全生产。

严格规范个人行为。通过狠抓岗位标准作业流程落地和严格落实制度监管，各岗位员工作业流程得到了有效的规范，降低了“三违”发生率。积极开展以“查隐患为手段、促整改为重点、防事故为目标”的隐患排查治理活动，实现了隐患排查、动态跟踪、闭环管理，将隐患排查治理工作常态化、制度化、科学化和规范化。

降低设备故障率。根据实际情况制定了相应的机电设备包保制度，责任到人、考核到人，建立起机电设备台账，完善了“一机一档”设备资料档案，同时加大对机电设备巡查和巡检力度，大大降低了设备故障率，提高了设备开机效率，保证了原煤产量。

神华蒙西煤业股份有限公司棋盘井煤矿

一、矿井概况

棋盘井煤矿位于内蒙古自治区鄂尔多斯市鄂托克旗境内，行政区划隶属鄂托克旗棋盘井镇。煤矿2005年10月开工建设，2008年7月建成投产。矿井井田南北长最大6.5 km，东西宽最大4.3 km，面积为18.42 km^2，总资源储量共计257.61 Mt，设计可采煤层两层，可采储量为140.41 Mt，设计生产能力3.0 Mt/a，矿井服务年限34.3 a，煤层埋藏深度为350～550 m。

二、2019年主要经济技术指标

2019年矿井综合单产169238 t/(个·月)，达到行业特级；矿井年产1.97 Mt，最高月产220000 t，最高日产9600 t；原煤工效13.94 t/工；采区中厚煤层采出率85.89%；采煤机械化程度100%，掘进机械化程度100%；百万吨死亡率为零。

三、安全高效矿井建设的主要做法

（一）机构与人员配置情况

煤矿通过“下限配置”原则，控制干部职数，各层级管理人员均按上级公司规定的下限配置，能兼职的不设专职。在基层人员配置上，注重充实一线人员，大幅压缩管理人员，重点保障一线的安全生产。煤矿投产初期定员人数611人，通过不断兼容合并机构和优化调整岗位，总人数进一步压缩至529人。其中，管理人员55人（包括矿领导及科队领导），技术人员36人，采掘一线216人，辅助岗位222人。煤矿员工平均年龄40岁，研究生1人，大学本科46人，大学专科92人，中专127人，技校及高中以下学历263人。年轻化、高学历、工作积极性高、接受新鲜事物能力强的优势，确保煤矿各项决策能够顺利实施。

（二）矿井生产系统及装备

开拓系统。矿井为斜井二水平开拓，根据井田走向长度、煤层赋存条件、井田地质构造、煤质、开采技术条件以及矿井开拓布置特点等具体情况，本着有利于充分发挥机械效能，实现“安全高效”的原则，井巷布置采取井筒落底后沿煤层东西方向布置三条大巷，大巷两侧条带布置工作面的简单布置方式，盘区分层布置，9 号煤和 16 号煤分别布置 4 个和 5 个盘区。

运输系统。井下主运输系统采用带式输送机运输，主斜井大倾角强力带式输送机带宽 1.4 m、电机功率 2 ×1600 kW，运输大巷和工作面运输巷带式输送机带宽 1.2 m；辅助运输系统采用无轨胶轮车运输，主要负责运送井下作业人员及设备、材料。

通风系统。采用中央并列机械抽出式通风方式，主通风机选用 BD－Ⅱ－10－№29 型对旋轴流式通风机，装机功率 2 ×280 kW，风机叶轮直径 2.9 m，采用 PLC 变频控制。全矿井总供风量为 7017 m^3/min，矿井等积孔为 3.81 m^2。

供电系统。地面 35 kV 变电所两回路电源均取自棋盘井工业园区 220 kV 变电站的 35 kV 不同母线。布置 921、915 两趟入井电缆，电缆截面积为 240 mm^2，井下设有 10 kV 中央变电所和采区变电所。

排水系统。矿井选用 MD155－67 ×8 型水泵两台（排水量为 155 m^3/h，电机功率为 400 kW）、MD280－65 ×9 型水泵两台（排水量为 280 m^3/h，电机功率为 800 kW）；排水管为两趟 ϕ219 mm 无缝钢管，一趟 ϕ273 mm 无缝钢管。主水仓容积 776 m^3，副水仓容积 467 m^3。

矿井生产装备。矿井采用综合机械化回采工艺，配备 MG500/1180－wd 型采煤机、ZY6000/18/38 型液压支架和 SGZ900/1710 型刮板输送机。矿井的准备和回采巷道掘进采用综合机械化掘进工艺，配备 EBZ－160C 型半煤岩掘进机，巷道支护均为锚网（喷）复合支护形式。

（三）建设“安全高效”矿井的工作亮点

强化危险源辨识与风险评估工作。煤矿建立了以矿长为第一责任人的安全风险分级管控工作领导小组，每月由责任单位对风险管控情况进行跟踪落实。对辨识出的风险按照等级制定管控措施，实现了垂直分级与平行监管的网格化管理模式。

增加工作面长度实现提质增效。2019 年回采的Ⅰ010908 工作面长 297 m，经测算，该工作面比原 230 m 工作面全年可增产原煤约 500000 t，且利于高度集中生产，避免了因小工作面频繁搬家而引起的煤炭损失，从而大大提高了煤炭产量和产出效率。

合理化改造工作面末期顺槽皮带。缩短回采工作面末期胶运顺槽皮带大架储带仓长度，减少大巷护巷煤柱宽度，提高煤炭回收率。

积极开展科技创新项目。通过和中国矿业大学、太原理工大学、辽宁工程技术大学等各大高校合作，在顶板管理、工作面布置等方面先后完成《棋盘井煤矿Ⅰ020902综采工作面岩移规律研究》《棋盘井煤矿孤岛工作面沿空掘巷围岩控制技术研究》等多项课题研究工作。通过研究技术成果转化应用，提高矿井抗灾能力、盘区资源回收率，同时减少搬家回撤次数，降低生产成本，即实现了长周期安全生产，也提高了企业利润，仅窄煤柱一项就增加原煤回采1.06 Mt，增加利润约2.1亿元。

提高矿井综合粉尘治理。从产尘源头入手，针对综采、综掘、运输、喷浆等重点产尘作业环节，采取“雾化、封闭、隔断”三大手段，加大防尘投入，提升防尘装备水平，坚持“管理、装备”并重，保证了工人的身体健康和矿井安全生产。

积极推进自动化减人工作。我矿主通风机房、压风机房、中央变电所、中央水泵房均已实现远程操作和监控。其中井下中央变电所、采区变电所、中央水泵房均已实现无人值守，共撤出岗位工12人，预计每年可节省人工成本80余万元。机修车间自行设计加工制作的“电缆缠绕机”“皮带裁剪机”获得了国家发明专利。

国能乌海能源五虎山矿业有限责任公司

一、矿井概况

五虎山矿业有限责任公司位于内蒙古自治区贺兰山北段煤田乌达矿区的南部，行政区划隶属乌海市乌达区管辖。1965 年由北京煤矿设计研究院编制初步设计，1970 年 5 月 1 日投产，设计生产能力为 1.5 Mt/a，核定生产能力为 2 Mt/a。

五虎山井田内主要含煤地层为下二叠系山西组和上石炭系太原组，共含可采或局部可采煤层 24 层，其中主采煤层 14 层。8 号及以上上组煤于 2006 年回采结束，现主采中组煤 9 号、10 号、12 号煤层，属高瓦斯矿井。采掘比 1∶2，劳动组织形式为一班检修、两班生产，取消夜班。

二、2019 年主要技术经济指标

2019 年原煤产量 1.34 Mt，掘进进尺 3402.3 m。原煤工效 10.12 t/工。2019 年实现营业收入 5.88 亿元。年末未发生人身伤害事故，实现了安全生产。安全生产周期 822 d，安全生产标准化达国家二级水平。

三、安全高效矿井建设的主要做法

（一）狠抓基础，安全管理上台阶

全面推进安全生产标准化建设。对照《井工煤矿安全安全生产标准化考评标准》，将各要素指标逐项分解落实到各部门、区队，认真开展系统性危险源辨识和风险评估。开展月度安全大检查及各类专项检查，年内共查出各类隐患 3885 条，对查出的隐患及时按照“五定”原则及时整改，有力地保障了安全生产。

健全安全生产环保责任体系。修订完善了《安全生产环保责任制》《安全生产环保责任制考核管理办法》并严格考核，实现了“责任明确、逐级负责、层层把关、严格管理”的安全管理工作格局。

“一通三防”方面。维护、封闭不用的巷道，降低矿井通风阻力，为安全生产提供了可靠保证；采用高位钻孔、以孔代巷、采空区埋管、本煤层及邻近层抽放等多种措施治理瓦斯。2019 年抽采瓦斯 $1.90\times10^7\ m^3$，施工瓦斯抽放钻孔 35529 m；防治水采用物探与钻探相结合方式，年内共施工探放水钻孔 10895 m，探放水 $5.39\times10^5\ m^3$；防灭火系统方面，地面建立了黄泥注浆站。

环境保护方面。将重点放在重大环境问题整改上，采暖期供热使用 4 台 10 t 的燃气锅炉，洗浴用水为 8 台空气热源泵，确保了废气排放达标；生活污水处理站、矸石山治理、煤场封闭等环保工程项目按计划实施。

机电管理方面。通过对机电设备更新、维护、保养以及强制检修，全年未发生机电运输无计划停运事故。

（二）合理组织，努力完成生产任务

2019 年 4 月，首个大采高工作面 011203 综采工作面克服瓦斯和上覆地表火区困扰，顺利回采至终采线，累计生产原煤 1.66 Mt；10 号煤层 011006 工作面投入生产后，由于受采动影响，巷道出现顶板下沉、底板鼓起、煤壁挤压内缩等情况，通过起底、套棚、加密支护等措施，保证了工作面有序推进，共生产原煤 505900 t。

（三）严抓经营，提高经济运行质量

强化成本管控。将定额、计划、管理责任分解落实到具体的部门、区队责任人。对大型材料、配件的库存、使用、待修、报废等情况进行编号记账管理，并依照成本管理效果进行奖罚，确保了成本管控有效落地。

坚持“能用不领新、能修不报废、能自修绝不外委”的原则，年内自修带式输送机 4 部、刮板输送机 7 部、各类回柱绞车 34 台、乳化液泵 13 台、各种型号水泵 40 台、单体液压支柱 1600 根、绑车器 300 台、各种型号开关 145 台、通风机 8 台、移动变电站 8 台，加工制作网片 1150 片、网梁 1658 件、锚索 2098 根，共节约资金 110.89 万元。

优化洗煤工艺，提高精煤产率。将外购 9 号原煤与自产 12 号原煤进行配洗，生产中硫主焦煤，实现增收 407.55 万元。

全面开展制度建设工作，新增、修订制度 28 项，使公司制度管理更加规范化。

（四）创新管理，各项工作提升水平

不断加强技术创新。011203 工作面上覆浅部火区通过采用地表浅部火区下厚煤层瓦斯与火共治高效开采技术保证了安全回采，为企业新增产值 65934 万元，该项目被国家能源集团评为 2019 年度科技进步三等奖。

深入推进班组建设。建立公司对区队、区队对班组、班组对员工的

“三级”考核机制，根据考核结果，按班组类别及班组人数进行奖罚；利用“钉钉”软件建立了班组信息化（简道云）平台，通过“员工签到、每日一题、班组隐患排查、合理化建议、综采队工分”5 个模块帮助班组规范业务流程、促进团队协作，实现了数据追踪。

积极开展“岗位练兵、技术比武”活动。在乌海能源公司举办的第十一届职工技能比赛中，分别在锚杆机司机、综掘机司机、机电技术等 11 个参赛项目中取得优异成绩。

大力开展岗位标准作业流程运行工作，年内筛选整理流程 765 条，现参与执行流程人数 688 人，匹配率达 100% 。各单位电脑端、移动端浏览流程次数 88493 次，累计学习时间 43433 h 以上。

加大全员培训力度，组织各类安全培训 19 期，4000 余人次接受教育培训；组织了 26 期“军训 + 安全知识”脱产培训。

扎实推进智慧矿山建设。经过升级改造，目前安全监测监控系统可对矿井瓦斯、风速、负压、一氧化碳、温度等矿井环境以及主要通风机、备用主要通风机等设备设施工作状况进行 24 h 不间断监测，为安全生产提供了信息支撑。

国家能源集团乌海能源有限公司老石旦煤矿

一、矿井概况

老石旦煤矿位于内蒙古自治区桌子山煤田西翼的老石旦精查区，隶属于国家能源集团乌海能源有限责任公司，行政区划属乌海市海南区管辖。矿区呈北东—南西向带状展布，其走向长 7.12 km，宽 1.7 km，井田面积 9.7766 km^2。1965 年建井，1970 年 5 月投产，核定生产能力 1.50 Mt/a，可采储量 40.29 Mt，服务年限 19 a。矿井为低瓦斯矿井，煤尘具有爆炸性，自燃倾向性为Ⅱ类自燃煤层，最短自然发火周期为 96 d；水文地质类型中等，正常涌水量为 80 m^3/h，最大涌水量为 100 m^3/h。矿井开拓方式为斜立混合式，通风系统采用抽出分列式，运输系统：主运输采用带式输送机，辅助运输采用无轨胶轮车。井田划分为三个采区，北一、北二采区已回采完毕，现主采北三采区 16 号煤层，煤层平均厚度 8.8 m，中硫主焦煤。现 16 号煤层布置 1 个综放工作面和 2 个综掘工作面。地面配套一座洗煤厂。国家煤矿安全生产标准化一级矿井。

二、2019 年经济指标完成情况

2019 年原煤产量 1.31 Mt、掘进进尺 2417.1 m、单产 114000 t/(个·月)、单进 149.2 m/(个·月)、全员工效 10.08 t/工、生产成本 170.01 元/t、完全成本 244.51 元/t。

三、安全高效矿井建设的主要做法

（一）生产组织方面

充分发挥“五个保障”作用，提升生产组织水平。

一是系统保障：加快推进技术改造，顺利完成系统优化升级。完成了新旧系统倒替升级，安全技术改造项目顺利完工，矿井系统进一步简化，形成“一井一面”的生产格局。完成洗煤厂技术改造项目，洗选工艺和能力得到进一步提升。

二是劳动组织保障：合理安排劳动组织，提升单产单进水平。建立生产任务分解考核和生产影响管控机制；组建生产辅助专业化队伍，肩负井下物料运输和零星工程的施工，提高生产效率；取消夜班生产，合理安排检修与生产组织关系，提高检修质量，提升单产单进水平。

三是队伍保障：夯实班组建设基础，进一步提升班组建设水平。总结提炼了“12335”班组建设管理模式，建立了班组建设10万元奖励（每月）和红黄旗评比机制，完成了所有班组长的公推直选；开发了合理化建议、视频会议等信息化模块；开展了爱的叮咛、安全承诺、家属协管座谈会等活动，进一步夯实了班组建设的基础。近年来，荣获两级公司典型经验、百强班组、先进班组等荣誉27个。

四是技术保障：充分发挥技术保安作用，为矿井安全生产保驾护航。利用钻探、勘探等技术，及时预测水文地质情况，为过三条下山、断层、探放水提供有力依据，确保系统倒替和采掘工作的顺利进行。应用矿压监测和顶板离层窥视成像技术，实现顶板管理可视化，为解决受矿压影响等问题提供了可靠的技术支撑，充分发挥技术保安作用。

五是强化设备检修维护，确保系统正常运行：定期对井上下设备及系统开展专项检查，采用强制性检修和预防性检修相结合的方式，保障了设备、系统的正常运行；完成了35 kV变电站建设，实现了双回路分列运行，提高了供电的可靠性、稳定性。

（二）科学管理方面

充分发挥党建引领作用，党的建设与中心工作深度融合。提炼了具有老石旦煤矿特色的“三抓六建一融合”党建管理模式，“三抓”：抓政治引领、抓思想统一、抓“三基”巩固；“六建”：加强作风建设、加强制度建设、加强队伍建设、加强文化建设、加强品牌建设、加强群团建设；“一融合”：做好党建与中心工作深度融合。

贯彻落实安全理念，安全环保工作持续向好。确定“推进智能化建设、建成绿色矿山、打造和谐矿区；树立规矩意识，严格规范操作，狠抓落实执行”的安全生产理念。总结工作经验，巩固安全成果，形成了“1168+”安全管理模式。一是树立规矩意识，夯实安全基础。建立老石旦煤矿安全红线管理机制，实行“矿、科室、区队”三级网格化管理，扎实开展安全风险“双评估”。二是规范作业行为，促进安全提升。持续推进岗位标准作业流程落地，重点开展流程实操培训；建立不安全行为举报奖励机制，推行人员不安全行为积分管控，开展行为观察、回访、典型违章“现身说法”、开展自主反“三违”活动。三是落实监督考核，实现安全目标。建立了分级考核和责任追究制度，每月主要领导对分管领导、分管领导对科队负责人、科队负责人对本单位管理人员进行责任制考核；建立安全生产责任区承包制，突出对“特殊时期、特殊任务、特殊人群”的安全管理；建立井上下安全生产督查考核机制。四是注重培训效果，突出管理方式。树立“培训不到位就是重大隐患”的培训理念。采取事故案例集中警示教育、矿领导安全公开课、“周五小课堂”、“三违”人员矫正培训、从业人员强制性培训5种理论培训方式，依托实操培训基地，打造“开放+双边”培训模式。

强化基础管理，进一步提升经营管理水平。建立安全、经营、党建“442”综合绩效考核管理机制，每年年初分解“四会”报告，形成任务清单，执行月度跟踪、季度考核。同时建立科室季度考核评比、年度责任书兑现机制。

（三）技术创新方面

推广智能化、新技术、新工艺的应用，矿井建成区域智能矿山，建成智能综放工作面、智能快速掘进工作面、生产辅助系统无人值守、洗选系统远程集中控制、生产经营全过程安全高效智能运行的智能化煤矿。探索厚煤层综放切顶卸压护巷技术、强烈动压巷道“支护－应用转移”协同控制技术，减小掘进过程中受回采动压影响，确保安全生产。

内蒙古利民煤焦有限责任公司

一、矿井概况

内蒙古利民煤焦有限责任公司位于鄂尔多斯市鄂托克旗境内，卓子山煤田棋盘井矿区东南部，行政区划隶属鄂托克旗棋盘井镇管辖。矿井井田面积 7.986 km^2，资源储量 111.68 Mt，可采储量 62.12 Mt，截至 2019 年底保有储量 96.47 Mt，可采储量 49.65 Mt，全矿井设计服务年限为 25.5 a。2019 年 7 月完成 1.5 Mt/a 升级改造，主采煤层为 9 号和 16 号，煤层倾角 5°～10°，平均 7°，煤种为焦煤、1/3 焦煤及肥煤。建有洗选能力 2.4 Mt 的选煤厂。矿井水文地质类型属于中等型，属于低瓦斯矿井，煤层自燃等级均为Ⅱ类自燃煤层，煤尘均具有爆炸性危险。

二、2019 年主要技术经济指标

2019 年全年生产原煤 1.49 Mt，全矿最高日产 136245.46 t，矿井折合后综合单产 113400 t/(个・月)。完成掘进进尺 4770.3 m。原煤工效达 11.235 t/工，职工人均工资达到 13450 元/月。矿井自投产以来实现了安全生产。

三、安全高效矿井建设的主要做法

（一）坚持科技引领，推进智能化矿山建设

一是乌海能源公司首台掘锚一体机在利民公司入井并成功投入使用，标志着利民公司煤矿井下机械化、自动化水平又一次跨越式的提升，对于公司提高装备水平具有里程碑意义。日循环数由 8 个增加到 20 个，掘进工效翻了两倍多，有效地缓解矿井工作面、采区接替紧张局面，并为矿井实现安全高效、减面优化生产系统奠定坚实基础。

二是公司采购了 CMSW6（A）矿用本安型锚杆锚索无损检测仪，引进锚杆无损检测技术，无须事先做任何处理即可测试任何一根锚杆锚索长度、拉拔力、预应力及工作载荷，不破坏锚杆锚索的锚固效果，提高检测作业安全系数。

三是机车运输管理系统及电力防越级跳闸监控系统、综合智能一体化生产监控平台、生产指挥中心大屏升级改造项目等年初规划已逐步实施。

（二）安全环保方面

一是落实安全主体责任。制定了年度安全环保目标，按专业分解为 248 项具体工作任务，全部指定了责任单位、责任人和完成时间。把工作任务落实纳入到了考核当中，采用月初下达、月中督促、月末考核的方式，所有项目全部纳入安全结构工资考核，逐项考核兑现，充分落实了各科队的业务保安责任。

二是创新安全管理方式。逐级签订了《安全目标责任状》和《环保目标责任状》，对两级公司一号文件进行分解落实，将全员安全生产标准化工资统一为 40% 的比例，每月奖惩兑现。安全生产细化管理方面，在现有安全环保责任制基础上指定了 89 项安全责任清单，形成层次清晰、内容具体、覆盖全面的安全环保责任体系，对 54 项安全管理制度进行了任务、流程的归纳，形成了工作流程 206 项，所有工作都实现了“干有流程、做有标准”，达到了工作流程化、任务表单化的要求。以“七步法”强力推进风险预控管理落地，做到危险源辨识不遗漏、危险源管控不手软。安全生产标准化建设方面，截至目前共完成 53 个精品小项目评定，落实奖励 45100 元。班组建设方面，继续完善“5236”班组建设模式。以“五型班组”建设为目标，以党建为引领、安全型建设为前提，重点将班组建设与核心工作相融合，细化完善了《班组建设实施方案》中 15 项具体工作，使得方案工作目标明确，方向引领精准，责任划分清晰，有效地保证了工作落地。

三是认真做好隐患排查治理。公司认真贯彻落实上级关于安全生产的文件精神，所有查出的隐患，均按照“五定”原则落实整改，实现了闭环管理，对中等以上风险的隐患进行责任追究，对部分隐患本着“隐患背后必有三违”的原则进行了追查。

四是大力度治理矿区综合环境。2019 年环境综合治理期间，完成了矸石山综合治理、煤场全封闭、物料运输车辆轮胎清洗装置等环保整治项目，对矿井疏矸水有效的处理，产生的矸石由棋盘井裕兴煤矿用于采空区回填，减轻了固废压力，并在适宜绿化地点新增绿化面积 5700 m^2。

通过安全管理工作的持续开展，生产现场动态达标水平有了较大的提升，开展各类检查 2200 人次，查出隐患 810 处，较 2016—2018 年同期均值减少 50%；人员不安全行为发生率较三年均值降低 42%；作业现场风险预控率达到 100%，高风险作业全部受控，安全综合管理达到历史最好水平。

（三）生产经营方面

优化生产布局，提高单产水平。为实现集中安全高效生产，利民煤矿将“一井两面”变更为“一井一面”生产模式，并取消了夜班，达到了简化生产系统、减少工作面数量及设备，实现集中管理的目的。依托大采高综采工作面及先进装备的优势，月单产同比最大增加 51000 t，月单进同比最大增加 234 m，实现了安全、高效生产。

优化回撤通道，提升技术水平。将原来采煤机截割施工回撤通道改变成综掘机施工回撤通道，使得通道整体支护强度高，人员劳动强度减小，安全风险降低。相比采煤机施工回撤通道，采用掘进机快速施工回撤通道，同比可使工作面提前 15 d 投入生产，产生效益 1899.4 万元。

优化生产系统，提升搬家效率。将原有的轨道运输系统改造为无轨胶轮车运输，实现一次装载从地面直达采区各工作面运输，运速快、能力大、安全高效。在大采高工作面回撤和安装上，通过预先掘进工作面回撤通道联络巷，采用掘进机施工回撤通道的工艺，实现综采工作面回采与回撤通道同时设计、同时施工，从而优化生产工艺布局，实现了大采高综采工作面的快速回撤与安装。比计划提前 15 d 完成搬家工作，不仅节约搬家成本，而且工作面提前创效。

优化经营管理，提高经济效益。一是完善各项管理考核制度，向管理要效益。利用互联网信息交流平台，缩减中间环节交易成本。严格执行材料计划和领用审批流程，促进成本审核工作规范有序。二是基本完成“处僵治困”工作。通过采取提产增效等多项经营措施，于 2019 年 9 月通过了国资委的“处僵治困”专项核查。三是各区队围绕生产各系统、经营各环节，开展技术改造、废旧物资分拣利用、加工再用、改造代用，严控废旧物资处理和设备修理外委，基本做到可以自主维修绝不外委的实质转变。2019 年以来，修旧利废项目 216 项，预计节约费用 220 万元；小改小革 60 项，预计创造利润近 60 万元。

国能乌海能源黄白茨矿业有限责任公司

一、矿井概况

黄白茨矿业有限责任公司位于乌海市境内乌达矿区的中部，行政区划隶属乌海市乌达区管辖，是集煤炭生产和洗选为一体的国有控股企业，井田面积6.33 km^2，设计生产能力1.20 Mt/a，核定生产能力1.8 Mt/a，剩余可采储量47.43 Mt，服务年限18.8 a。矿井为高瓦斯矿井，水文地质类型中等，目前主采的12号、13号煤层为自燃煤层。

矿井开拓方式为斜井单水平分煤组石门集中运输大巷开拓，井田分为南北两个盘区开采，采煤工作面采用走向长壁采煤法，后退式开采；综合机械化一次采全高采煤方式，全部垮落法控制顶板。掘进方法为综掘机、带式输送机、刮板输送机的机械化作业，顶板控制主要为锚网索支护方式。

二、2019年主要技术经济指标

2019年矿井产量完成994200 t，矿井进尺完成2051.8 m，综合单产103500 t/(个·月)，原煤工效18.15 t/工，抽采瓦斯利用率71.78%，人年均工资115020元。

三、安全高效矿井建设的主要做法

（一）科学规划生产布局，确保矿井安全高效生产

随着开采时间增长，矿井煤炭资源储量减少，为最大限度回收煤炭资源，保证矿井持续产量稳定，坚持科学规划生产布局，确保矿井高效生产。

1. 合理规划，回采历史弃采资源

由于历史生产机械水平低下及煤炭市场低迷，矿井弃采了靠近断层（落差22 m）及煤质较差的部分资源，为保证矿井生产接续稳定，提高资源回收率，科学谋划界内资源采掘布置，共布置2个工作面回采边角煤、布置3个工作面回采历史弃采资源，共计可产出原煤2.42 Mt。

（1）布置020910工作面回采边角煤，该工作面利用原020908回风配巷做开切眼，新掘两顺槽，开切眼长度147 m，顺槽226 m，产出原煤250000 t。

（2）布置020906工作面回采历史弃采资源，该工作面下部12层煤已回采，利用原巷道维护当作回风顺槽，新掘运输顺槽、开切眼，工作面长度110 m，顺槽226 m，产出原煤498000 t，在采空区上部采煤是本地区首例，通过工程技术人员研究分析论证，工作面上行开采可行，该工作面目前已顺利回采完毕。

（3）布置020901工作面回采历史弃采资源，该工作面历史因设备原因弃采，原回风顺槽经过维护仍做回风顺槽，新掘运输顺槽、开切眼，工作面长度149 m，顺槽298 m，产出原煤240000 t。

（4）布置021005工作面回采历史弃采资源，该工作在2014年因煤炭市场低迷，原煤煤质差而弃采（9层与10层层间距小，距离0.3～3 m，工作面顶板为再生顶，顶板管理困难），原运输顺槽仍做新工作面运输顺槽，新掘回风顺槽、开切眼，工作面长度216 m，顺槽1250 m，产出原煤830000 t。

（5）布置021208工作面回采边角煤，该工作因靠近F22断层，地质条件复杂，过去未考虑回采，工作面利用原021201回风配巷维护做运输顺槽，新掘切眼、回风顺槽，切眼长度76 m，顺槽1320 m，目前工作面正在生产，预计可产出原煤600000 t。

2. 优化生产系统，提高矿井高产高效水平

简化生产系统，封闭13层下山及9层上、下山，将4层煤的生产系统优化至2层煤，12层上山最后一个面生产完毕后，矿井集中至13层生产，减少矿井需风量，降低矿井管理难度，集中生产节约生产成本，有利于高产高效的发展。

（二）突出工艺创新工作，为安全高效生产保驾护航

持续问题导向，坚持工艺探索，提升效率。为最大限度挖掘矿井资源，在瓦斯抽放泵站、1002大巷压覆的12层资源区域引进连采连充工艺，提升采区资源回收率，提高矿井的单产水平，在13层薄煤层引进沿空留巷技术，减少工作面掘进巷道，提升矿井单进水平，有效破解了制约矿井接续及安全高效的关键性技术难题。

坚持技术创新与设备升级并举，在021005工作面施工回撤通道期间与科研院校合作实施科技创新项目——近距离下部煤层再生顶板巷道围岩控制技术研究，项目取得良好效果，021005工作面已顺利回撤。在12层引进矿用液压锚杆支护钻车，13层薄煤层引进快速掘进设备，使掘进效率全面提升。

推进智能化矿山建设，建成国家级智能化矿山示范矿井，2021年底达到三类中级智能化矿山水平，建设智能矿山项目33项，最终实现“减人、增安、提效”建设目标。

神华包头能源有限责任公司水泉露天煤矿

一、矿山概况

水泉露天煤矿是神华包头能源有限责任公司在土右旗循环经济综合开发项目之一，矿井位于大青山煤田中东部，行政区划隶属土默特右旗九峰山管委会。井田面积8.8033 km^2，其中露天地表开采总面积4.78 km^2，井工矿占地面积4.0233 km^2。地质储量63.58 Mt，露采区可采储量27.32 Mt，露天矿设计生产能力为1.2 Mt/a，露采区服务年限21.2 a，井工矿服务年限10.2 a，矿井合计服务年限31.4 a。井田内煤质为中灰、低硫、高热值弱黏煤，用于火力发电、各种工业锅炉。

露天区西起枣沟、东到黑土坝，向斜长度4 km之多，东部转变为走向南北倾向东的单斜，向南东即160°延伸1.5 km出区外。向斜地表煤层露头出露宽度为100～800 m，向斜南翼完整，向斜北翼东西两端被断层切割，为不对称向斜。向斜西段南翼陡，北翼缓；向斜中段变为平缓；向斜东段北翼陡，南翼缓。东部变为走向南北，倾向东的单斜。倾角25°～30°。

二、2019年主要技术经济指标

自建矿以来从未发生过轻伤以上人身事故，更没有发生过死亡事故，百万吨死亡率为零。

2019年利润计划2105.4万元，实际完成5078.66万元，超额完成2973.26万元；原煤生产成本计划127.5元/t，实际完成88.09元/t，降低成本39.41元/t；机械化程度达到100%，采剥接续正常，采区采出率为97%；年产量为1.17 Mt，综合单产为97800 t/(个·月)。剥采比为2.71 m^3/t，原煤工效35.69 t/工。2019年人均年收入17.69万元，与2018年人均年收入13.98万元相比，人均年收入增加3.71万元，年增幅为26.5%。

三、安全高效矿井建设的主要做法

（一）制定和落实煤矿安全生产责任制

按照“定编、定岗、定员”的“三定”管理办法，制定了全矿各部门的职责范围和各工种、各岗位的操作规程、岗位责任制，并认真组织学习，使职工知情入岗、积极上岗、努力效岗。

随着生产逐步走向正规，建立和完善了露天矿生产经营管理制度，内容涉及安全管理、经营管理、成本考核、绩效考核、安全质量标准化、工资、机电和生产调度等。2019 年共制定安全生产责任制 131 项，安全管理制度、办法 119 个。

安全责任制的落实。坚持各级领导“谁主管、谁负责”、管理人员“谁检查，谁负责”、安全教育“谁培训，谁负责”、现场作业“谁操作，谁负责”的原则，行政矿长负总责的逐级负责的安全生产责任体系。各级管理人员牢固树立“以人为本”的安全发展观，本着对员工高度负责的态度，深入一线，靠前指挥。

（二）安全质量标准化建设达标

水泉露天煤矿高度重视安全质量标准化工作，成立以矿长为组长，各分管领导为副组长，各职能科室负责人组成的安全质量标准化工作领导组，全面推进安全质量标准化建设。根据原国家安全监管总局和集团公司下发的有关文件，结合实际，对照《内蒙古自治区煤矿安全质量标准化建设动态达标工作实施细则》，对标准化工作的责任划分、目标任务、监督检查、奖惩兑现等进行了详细规定，形成了安全质量标准化评比、考核奖罚体系，坚持每周进行一次质量标准化检查工作，月底对各单位的安全质量标准化进行一次评级考核，给予相应的奖罚，确保煤矿井质量标准化动态达标。

建矿以来，水泉露天煤矿大力推进本安体系建设和安全质量标准化实施工作，2019 年共识别危险源 730 条，在本质安全管理推进工作中，率先组织了班组长、技术员、安全员等人员的培训，然后由各单位分班组采取灵活多样的方式分别组织学习。为方便职工业余时间学习，为主要工种专门印制了安全风险管理手册，共计 16 种。分别采取闭卷考试和现场提问等方式对各单位学习效果进行了抽查。抽查结果表明大多数职工对本工种的危险辨识水平有了明显提高，职工的不安全行为也得到了有效控制。另外，水泉露天煤矿将员工对本质安全管理体系内容的掌握和落实情况与安全绩效工资挂钩，保证体系的有效实施，真正实现本质安全。

在全面推进本质安全管理体系工作中，水泉露天煤矿自我加压，规范了工作现场的技术装备标准、管理标准、操作标准和环境标准，促进职工上标准岗、干标准活，实现规范操作，达到人、机、环、管的闭环管理，以此带动安全质量标准化的高位达标。

标准化工作重在日常，贵在坚持，实在现场，水泉露天煤矿坚持以人为本，推行精益化管理，注重安全生产全过程的每个环节，每道工序，从严从细分解指标，明确责任，规范现场操作行为，做到“上标准岗、干标准活”，全面推行神华集团岗位标准作业流程，全方位提升标准化水平。自2015 年以来，保持自治区级煤矿安全质量标准化二级煤矿，2012 年以来参加中国煤炭工业协会安全高效露天矿的申报评审工作，被评为行业一级安全高效露天矿。

（三）信息化管理与自动化建设

矿区调度通信选用一台 GSY2000 - 06D 型，128 门数字式程控交换机，可独立设置话务台、呼叫中心，满足露天矿调度通信之用。

调度视频监控室选用一套工业视频监视系统，该系统包括监视终端、DLP 大屏幕显示系统和视频会议终端，在调度中心站可以实时监视到各生产地点的工作和运行情况。

所有的管理人员，以及汽车司机、挖掘机司机都统一配置了便携式无线对讲机。

矿区内部建有煤矿本质安全管理系统局域网、储量管理信息化系统、生产报表管理系统、人力资源管理系统、物资采购管理系统、财务管理系统、OA 网上办公系统，并连通了神华集团内网专线，与集团公司建立了信息资源共享的通道。

（四）环境保护和生态文明建设

设立了安全健康环保部，配专人管理环保工作。严格按照《神华集团包头矿业公司水泉露天煤矿矿山环境保护与综合治理方案》和《土地复垦方案》的设计规划安排矿区的环境治理工作，工业广场、采掘场总体布局合理。场地内绿化系数大于 60% 。居住区绿化系数为 30% 。

2018—2019 年水泉露天煤矿投入近 7000 万元对边坡和排土场进行生态修复治理工程。

配备了 3 台消防洒水车和 2 台多功能洒水抑尘车。大气污染防治达标，锅炉房内配备高效除尘器，污染物排放达到国家标准。采掘场工作平盘、排土场和运输道路沿线等易产生粉尘（扬尘）的地方有完善的洒水抑尘设备。原煤筛分、破碎、转载点、风选设备通风管道等处有完善的洒水降尘系统、除尘设备，粉尘浓度达到相应指标。生产、生活废水排放达到国家标准，并尽量提高水资源重复利用率。噪声环境满足国家标准。

配备有足够数目的垃圾收集装置收集生活垃圾，进行单独选址处置，符合垃圾填埋场国家要求。

矿区各项环保指标符合国家环境保护法律法规的相关要求，2019 年通过了由当地国土部门组织的矿山环境保护与综合治理验收。

神华包头能源有限责任公司神山露天煤矿

一、矿山概况

神山露天煤矿位于内蒙古自治区鄂尔多斯市准格尔旗，行政区划隶属准格尔旗准格尔召镇。紧邻109国道，包府二级公路从矿区西部约3.6 km处穿过，包神铁路从矿区西侧通过，井田东西长2.53 km，南北宽1.42 km，矿区含煤地层平均厚度143.05 m，煤层平均总厚度15.51 m，含煤系数9.8%。可采煤层平均总厚度10.66 m，含煤系数7.0%。矿井井田总面积2.1735 km^2，资源储量23.31 Mt，煤层结构简单，赋存稳定。井田地质结构呈简单的单斜构造，地层倾向基本为向西偏南倾斜，倾角1°～3°。主采煤层3－1煤平均厚度1.54 m、4－1煤平均厚度3.75 m、5－1煤平均厚度4.74 m，煤尘有爆炸危险，煤层容易自燃。2006年经神华能源股份有限公司批准正式列入技改，设计生产能力0.60 Mt/a，服务年限29.5 a。

采用间断生产工艺，即单斗（液压挖掘机）—汽车开采工艺，辅以推土机配合自卸式汽车排土，内部沟半固定坑线配合移动线的生产运输系统，作业过程中伴有爆破作业。拉沟位置选择在神山沟东南侧沿5－1煤底板处，初始拉沟长度400 m，推进度55 m/a。现有生产剥离台阶10个，采煤台阶3个，煤层及煤层之间的岩石按倾斜台阶划分。煤台阶高度均小于5 m，自然划分，岩台阶高度为10 m，排土台阶为20 m，现排土作业完全实现内排，内排土场设在井田东部。

二、2019年主要技术经济指标

2019年生产原煤599000 t，原煤工效16.69 t/工，综合单产50000 t/(个·月)，平均工作面个数1个，百万吨死亡率为零。采剥接续正常，采区采出率为95%。

三、安全高效矿井建设的主要做法

（一）安全管理方面

神山露天煤矿证照齐全有效；安全管理人员、特种作业人员持证率

100%。在场所有设备取得检测检验报告，安全生产平稳，未发生轻伤以上人身伤亡事故和二类以上机电事故，安全生产标准化保持二级。

建立了以矿长为第一责任人的安全风险分级管控工作体系，明确了负责安全风险分级管控工作的管理部门。使用任务工序法识别出的23个任务中，存在的重大风险进行归纳总结，重大安全风险涉及生产生活4个专业，分别为爆破作业、车辆运输、边坡管理、用电管理。分专业明确了责任人，划定责任范围，制定了工作方案、技术、人员、资金等保障措施，目前各项管控措施落实到位，重大安全风险处于可控状态。

（二）环境保护方面

矿山地质环境治理工程验收面积为1.2756 km^2，可绿化面积为1.289 km^2，绿化率为98.9%。采矿临时用地复垦达标后归还村委会1.0811 km^2。绿化灌溉和道路洒水灭尘实现水的循环利用，配备处理污水能力为5 m^3/h的MBR-5生活污水处理设施，2019年9月取得排污许可证。对供暖锅炉的烟气进行脱硫除尘处理，达到零排放标准。对运输车辆及机械设备在维修过程中产生的废弃机油、塑料制品等有害环境的危险废弃物，配套建设了危废暂存库，定期送有资质的废机油回收单位处置，从源头上杜绝环保事故的发生。2020年1月13日神山露天煤矿被列入内蒙古自治区级绿色矿山建设名录。

（三）管理架构

神山露天煤矿在册职工34人（领导班子由5人组成，矿长兼党总支书记1人，总工程师兼工会主席、纪检员1人，机电副矿长、安全副矿长和生产副矿长各1人）；分设8个职能部室，分别为党政综合办、经营办、党群工作部、生产服务部、环保科、安检科、技术科、调度室。外委施工队安全管理纳入自有区队进行管理。

（四）信息化建设方面

神山露天煤矿在2017年建设了矿井信息化系统，建设了边坡监测系统、工业视频监控系统、班前会视频系统和视频会议系统，并实现了与准格尔旗煤炭局的联网上传。2020年对原有的边坡监测系统、工业视频监控系统进行了升级，并按照要求增加了车辆人员定位系统。边坡监测系统、工业视频监控系统、车辆人员定位系统都与内蒙古煤矿安全监察局进行了联网上传。同时工业视频监控系统、视频会议系统又与鄂尔多斯市能源局进行了联网。2018年调度室新增了一套调度通信系统，实现了矿领导、职能科室、重要车间的调度独立通信。2020年在采场装设了两台环保监控探头，并与准格尔旗生态环境局、鄂尔多斯市生态环境局联网。场区管理人员加强对外来运煤车辆遮盖篷布的落实监督工作，运煤车辆装载高度限定不超过车箱并且盖好篷布后方可出场，不符合要求的车辆禁止驶出场区。出矿车辆都经矿洗车台清洗轮胎后方可出矿（轮胎清洗设备 2020 年 6 月投入使用）。矿区内部建有煤矿储量管理信息化系统、生产报表管理系统、人力资源管理系统、物资采购管理系统、财务管理系统、OA 网上办公系统，并连通了神华集团内网专线，与集团公司建立了信息资源共享的通道。

中天合创能源有限责任公司葫芦素煤矿

一、矿井概况

葫芦素煤矿隶属于中天合创能源有限责任公司（股东为中国中煤能源股份有限公司、中国石油化工股份有限公司、申能股份有限公司和内蒙古满世煤炭集团有限责任公司），井田位于内蒙古自治区鄂尔多斯市呼吉尔特矿区，行政区隶属乌审旗图克镇。井田南北走向长约 7.4 km，东西倾斜宽约 13 km，面积 92.76 km^2。各煤层以亮煤为主，次为暗煤，见丝炭，属半亮型煤。井田地质储量 2.614 Gt，可采储量 1.623 Gt。原设计生产能力 13 Mt/a，服务年限 89.2 a，配备相同规模选煤厂。矿井联合试运转期间，鉴定为冲击地压矿井，生产能力调整为 8 Mt/a，服务年限 145 a。

矿井地质构造属中等类型，水文地质类型为复杂型，正常涌水量 600 m^3/h，最大涌水量 1100 m^3/h；矿井为低瓦斯矿井，绝对瓦斯涌出量 3.92 m^3/min，相对瓦斯涌出量 0.22 m^3/t；2－1 煤和 2－2 煤均属易自燃煤层，最短自然发火期分别为 56 d 和 51 d；2－1 煤和 2－2 煤煤尘均具有爆炸危险性；2－1 煤和 2－2 煤均具有强冲击倾向性，顶底板岩层均具有弱冲击倾向性，综合评价为中等。

二、2019 年主要技术经济指标

2019 年全年未发生较大以上生产安全事故，2019 年度零伤亡；采煤机械化程度 100%，掘进机械化程度 100%。矿井开采一盘区、二盘区的 2－1 煤层为中厚煤层，平均厚度 2.79 m，矿井综合单产 332350 t/月。原煤生产人员 1188 人，原煤工效 25.94 t/工。

2019 年度实现利润 3985 万元，矿井人均年收入为 18.49 万元。

三、安全高效矿井建设的主要做法

（一）设计优化节省建设投资

矿井以开采条件和立井开拓总体布置为依据，坚持少岩巷多煤巷、少掘多采、降本增效原则，统筹考虑、超前谋划，对矿井主运、辅运、进风、回风、工作面布置等设计方案进行了较为全面、系统的优化，优化总计减少岩巷工程量 8500 m、半煤岩巷 3000 m、工作面运输巷 960 m、风桥 20 处，取消盘区煤仓等，共计节约投资成本约 2.5 亿元。

（二）新技术、新工艺应用

项目在各类工程设计施工过程中引进和创新了许多新的设计、工艺和设备，为项目建设和降本增效做出了较大的贡献。主要创新管理成果有：选煤厂煤仓采用气膜钢筋混凝土球仓，长距离工作面巷道掘进采用掘锚一体化工艺，单巷长距离局部通风技术，井下水清浊分离系统，主运输系统煤水分离系统技术，无垛式支架预掘通道回撤技术。

（三）矿井取得的主要成果

单巷长距离局部通风技术。在 21204 工作面回风巷选用 FBDNO. 8.0/2 × 75 kW 局部通风机，配套使用自行加工的刚性 Y 形倒换器和 ϕ1.2 m 柔性风筒。供风距离达到 5008 m。通过工作面风量、温度与供风距离的横纵向分析，均满足施工要求。该技术减少通风设施、联巷等施工费用约 413 万元，为陕蒙矿区深部开采长距离局部通风设计、开展沿空留巷等提供了理论和实践依据。

井下水清浊分离技术。为解决地面矿井水处理站处理能力不足问题，结合葫芦素煤矿井下工作面、采空区涌水量大，采空区及顶板疏放水水质满足外排标准，经过多次水质化验及理论论证，将工作面采空区及顶板疏放清水与浊水分离排放。目前清浊水排放比例约 1∶1。清水不经地面水处理站处理直排至化工区，每年节省矿井水处理费用约 770 万元，节约水处理站扩容（配套能力）相关设施建设费用约 2400 万元（估算）。

根据矿井井下清水涌量大（超过 600 m^3/h）、清水含盐量腐蚀性高（总溶解固体大于 2800 mg/L）、生产用水量大（仅两个工作面生产用水超过 200 m^3/h）等特点，本着“安全可靠、方便实用、经济合理”的设计原则，装备了井下 220 m^3/h 深度水处理系统，满足井下消防用水和工作面用水的需求。

煤水分离系统，减少水分，提高煤质。通过研究设计出一套主运输系统煤水分离系统，由一级大型脱水筛、二级震动给料筛、高频筛、压滤机等设备组成，通过一系列的工艺流程匹配，实现了主煤流中水煤的有效分离，该系统安装于主运输系统带式输送机的搭接点，能够分离出主煤流系统中绝大部分的煤泥水，在采取一系列的处理工艺后，可有效降低主煤流系统的含水率，使煤水分离效果达 80% 以上，撒煤、滑煤等现象得到明显改善，减少了故障时间，改善了作业环境，经济效益明显提升，平均每年可创约 1000

万元利润。

大力推广应用煤巷快速掘进技术。矿井充分借鉴了21204工作面回风巷大锚杆快速掘进的成功经验，掘锚单排循环最高月进突破830 m，支护成本降低约15%。在接续工作面进行了大力推广该技术，并结合现场条件进行了设计优化，确保了单进水平和支护效果。

首创综采工作面无垛式支架预掘通道回撤技术。通过总结综采面过大断面缩面切眼巷道技术和预掘双通道回撤工艺的经验，从顶板岩层结构、巷道变形、煤岩体受力、锚索受力、顶板离层等多角度全方位分析工作面超前压力对巷道的影响，验证了一次强主动支护能满足综采工作面超前压力对回撤通道动载影响的理念。为此在21103工作面首创了强主动支护无垛架预掘通道回撤技术，该工艺于2019年10月在21103工作面成功试验，仅历时2天工作面就与回撤通道安全、高质量贯通，在设备回撤期间仍能保证通道顶板完整，不追架垮落。该工艺优于传统垛架多通道回撤和自掘通道回撤工艺，它既解决了垛式支架支护工序复杂，搬运、租赁费用高，安装、拆除垛架工期长等缺点；同时也解决了自掘通道顶板控制困难、支护量大、工期长等缺点。利用该技术回撤工作面仅垛式支架租赁、运输、安装、拆除费用节省约400万元，缩短回撤工期7天以上。

中天合创能源有限责任公司门克庆煤矿

一、矿井概况

门克庆煤矿位于内蒙古自治区鄂尔多斯市乌审旗图克镇。井田南北走向长约 12. 3 km，东西倾斜宽约 7. 2 km，面积 88. 63 km^2。地质储量为 2. 383 Gt，设计可采储量为 1. 51 Gt。矿井生产能力 8 Mt/a，服务年限 133. 4 a。矿井于 2011 年 1 月正式开工建设，2019 年 3 月 29 日通过集团公司竣工验收。

井田总体地质构造简单，矿井水文地质类型为复杂型，矿井属于低瓦斯矿井，煤层为容易自燃煤层，煤尘具有爆炸危险性及冲击倾向性。

二、2019 年主要技术经济指标

2019 年矿井安全生产形势平稳，采煤机械化程度达 100%，掘进机械化程度达 100%，矿井综合单产 316600 t/(个・月)，原煤工效 25. 3 t/工，百万吨死亡率为零。矿井现阶段开采 11 盘区 3 - 1 煤和 2 - 2 中煤，盘区采出率为 80. 5%。

2019 年度实现利润 36500 万元，矿井人均年收入为 19. 61 万元，比上年度同比增幅为 8. 3%。

三、安全高效矿井建设的主要做法

（一）优化设计节省建设投资

矿井坚持“少岩巷多煤巷、少掘多采、降本增效”原则，对生产系统和巷道布置等进行优化，减少巷道约 9300 m，节约投资约 3 亿元。

（二）新技术、新工艺应用

土建工程中采用气膜钢筋混凝土球仓、“便捷式液压爬升模板”、外挂式脚手架和悬挑式脚手架、钢结构施工安装、厚钢板焊接、钢结构防火防腐等新工艺、新技术，推进施工进度。矿建工程中应用长距离工作面巷道掘进采用掘锚一体化工艺、煤巷快速掘进技术等提升单进水平。

（三）矿井水清浊分离排放，提升经济效益

井下采空区及顶板疏放水水质满足外排标准，故将其与浊水分离排放，节省矿井水处理费用。装备深度水处理系统，实现井下废水就地处理、就地使用，节约水资源。

（四）优化煤水分离系统提煤质

在3－1煤主运系统安装一套四级振动筛煤水分离系统，使煤水分离效果达80%以上，撒煤、滑煤等现象改善明显，减少故障时间，改善作业环境，提高了煤质及经济效益。

（五）智能化开采促进安全高效开采

矿井装备智能化工作面，实现了减人、提效、降强、保安全的目标，为矿区冲击地压矿井的安全高效开采提供了新思路。

（六）控水排矸节能，促进绿色开采

一是利用采空区及废弃巷道存储、净化矿井水。二是利用工作面尾巷作为排矸巷，排放井下掘进及起底等矸石，实现提质增效、提升环保效益。三是开展离层注浆项目研究，最大限度地处理洗选矸石，提高了煤矸石的综合利用效率，促进环境保护。四是余热回收利用，节能环保，利用空气压缩机排出的废热资源和矿井水余热资源，仅辅以少量的电力供应，便可满足职工洗浴和生活热水，从而实现供热系统的清洁化生产。

华能扎赉诺尔煤业有限责任公司灵东煤矿

一、矿井概况

灵东煤矿设计生产能力5.00 Mt/a，2007年6月16日开工建设，2010年3月31日开始试生产，2011年8月1日正式投产，2017年11月核定生产能力6.50 Mt/a。

灵东煤矿井田面积27.80 km^2，地质储量为1.432 Gt，可采储量为654 Mt。瓦斯绝对涌出量1.899 m^3/min，相对涌出量为0.254 m^3/t，属低瓦斯矿井。煤层有自燃倾向性，煤层为一类易自燃煤层，煤尘爆炸指数$Ⅱ_{2-1}$煤层为38.86%、$Ⅱ_3$煤层为39.72%，具有爆炸性。矿井正常涌水量为140 m^3/h，最大涌水量为220 m^3/h。

二、2019年主要技术经济指标

2019年灵东煤矿原煤产量完成6.414 Mt，实现利润32694.2万元。职工人均年收入95002元。原煤工效24.7 t/工。

矿井综合单产达到534500 t/月。其中2019年1月生产原煤593600 t，2019年1月20日生产原煤21148 t，创当年最高月、日产量。

2019年掘进工作面总进尺9791 m，2019年8月进尺1392 m，2019年8月11日进尺63 m，创当年最高月、日进尺。

三、安全高效矿井建设的主要做法

（一）认真贯彻落实各项制度

认真贯彻落实各项制度、规定和文件要求，制定了防治水方案、顶板专项管理方案、运输专项管理方案等，加强技术管理工作，有力地防范了各类事故发生，确保了安全生产。

（二）严格落实安全管理责任

从标准、目标、责任、措施、考核等环节入手，建立完善了安全管理体系，修订了灵东煤矿安全生产管理制度，完善了《管理制度汇编》，建立完善了各级领导安全生产责任制、职能部门安全生产责任制，明确了矿所有岗位的安全责任。

严格执行领导入井带班制度，落实安全生产责任。切实抓好安全基础工作，一级抓一级，层层抓落实，将安全生产责任落实到岗位、个人。实行“双岗”带班制，及时掌握安全生产情况，形成了重心下移、靠前指挥、层层抓落实的安全目标责任保障体系。

（三）严格执行安全隐患排查制度，实行闭环管理

认真落实“全覆盖、零容忍、严执法、重实效”的隐患排查原则，严格按照工作重点、专业分工，全面深入地开展隐患排查和隐患整改工作。矿长每月一次和分管副矿长每月两次，认真组织开展事故隐患排查工作，检查中把每一条隐患都当成事故对待，严格按照“五落实”的原则，认真落实整改，将各种隐患消灭在萌芽状态，切实做到了不留死角，不留盲区，确保各系统安全生产。

（四）建立健全技术保障体系

进一步建立健全煤矿技术管理体系，加强技术队伍建设，配备了4名副总工程师，明确和落实各级技术管理责任，解决了新技术、新工艺、新设备在推广应用中遇到的重大技术问题，推进矿井安全生产。

（五）加大安全培训力度，规范职工操作行为

坚持“管理、装备、培训”并重的原则，积极推行全员安全培训，按照培训大纲制定培训计划，落实培训责任，重点做好新工人和转岗职工的培训工作。坚持把安全文化、亲情教育、氛围教育等融入日常的安全管理工作中去，在全矿各个岗位和工种推行“手指口述”和“人人都是安全员”活动，使职工通过眼看、手指、心想、口述等程序化的作业方式，熟练掌握本岗位的操作要领，进一步规范了职工操作行为，为我矿的安全生产打下了良好基础。

（六）加大重大灾害治理，保证安全生产

强化源头管理，超前做到安全风险辨识，做好每月重大安全风险管控效果评估专题会议，对管理过程中出现的问题及时调整和完善管控措施，加大瓦斯、水害、火灾、顶板和提升运输等灾害治理，确保各项工作有效落实，提高矿井灾害防治能力，保证安全生产。

（七）科技创新情况

灵东煤矿$Ⅱ_3$排水及供电系统原设计在轨道下山内铺设，由于轨道下山施工岩巷矿压显现明显，造成大量巷道出现底鼓，两帮向内变形，已不能满足管线铺设的要求，因此经过调研分析和论证，提出了优化$Ⅱ_3$排水及供电

系统方案，采用井下施工垂直大孔径的方式，在一水平中央水仓流水道施工三个垂直钻孔直至二水平水泵房（其中排水钻孔 2 个，供电线路钻孔 1 个），单孔深度 130 m，直径 0.6 m，累计施工 390 m，施工全程要求下设套管进行注浆加固。采用大孔径垂直钻孔的方法，避免了管路和电缆敷设在轨道下山给斜巷运输带来的安全隐患，同时降低了排水管路的损耗，提升了排水能力，降低了电费消耗和管路、管线的后期维护费用。

灵东煤矿地面压风机房安装有三台英格索兰 M250 型压风机，容积流量为 42.5 m^3/min、排气压力 0.8 ~ 0.85 MPa、电动机功率 250 kW、电压等级 10 kV。系统实现了空压机的远程集中监控，使其易于操作、管理和维护，提高了工作效率和数据的准确性，达到无人值守、减员提效的目的。

主要通风机集中控制系统由 PLC 控制柜、现场控制操作台、上位机监控站、现场传感器及网络通信系统等组成，系统通过组态软件采集 PLC 控制柜中的控制点位，在工程机上形成监控界面，对各类传感器监测的实时数据进行反馈，实现了灵东煤矿主要通风机在线监测、远程集中控制功能。

（八）环境保护和生态文明建设情况

灵东煤矿一直坚持绿色生产，工业场地采暖锅炉全部安装了除尘设施，保证了烟气的达标排放；建设了矿井水及生活污水处理站，用于处理产生的矿井水和生活污水，处理后的矿井水用于厂区的工业用水、绿化用水、道路洒水降尘，矿井水综合利用率达到 70%；生产过程中产生的煤矸石全部委托扎赉诺尔煤业公司生活服务公司处理，煤矸石综合利用率达到 100%。

华能扎赉诺尔煤业有限责任公司灵泉煤矿

一、矿井概况

灵泉煤矿地处内蒙古自治区满洲里市扎赉诺尔区南部，位于扎赉诺尔煤业公司总部东南6.2 km处，北侧6 km处有滨洲铁路和301公路经过，交通便利，通信较为发达。原设计生产能力450000 t/a，1985年开始系统改扩建，1991年竣工投产，设计生产能力1.8 Mt/a，核定生产能力为2.05 Mt/a，2006—2007年灵泉煤矿进行矿井3 Mt/a升级改造工作，顺利通过验收，具备了3 Mt/a的生产能力，2017年灵泉煤矿通过生产能力核定，产能提高到3.9 Mt/a。生产布局为“一矿一井一面”。矿井剩余可采储量为222.53 Mt，服务年限40.76 a。

井田内煤层赋存稳定，地质构造中等。$Ⅱ_3$煤具有低灰、特低硫、低磷、发热量较高，化学反应性较好，热稳定性好，抗碎强度高，易磨碎，低熔灰分，结渣性强的特征，是良好的动力用煤和气化用煤，属富油煤。

二、2019年主要技术经济指标

2019年全年原煤产量3.69 Mt，实现利润15601万元。职工年收入9.13万元。采煤机械化程度100%，掘进机械化程度92%。

灵泉煤矿根据各大生产系统实际生产情况，制定了合理的劳动定员，科学合理组织生产，优化企业劳动组织，努力提高劳动效率，全年原煤工效达到16.5 t/工。

矿井综合单产达到301000 t/月。其中2019年8月生产原煤355000 t，创当年最高月产量。

2019年掘进工作面总进尺3859 m，2019年6月进尺608 m，创当年最高月进尺。

三、安全高效矿井建设的主要做法

（一）实现管理创新、机制创新

矿井通过深化机构改革，合理机构设置和人员定编，坚持精简、效能、协调运转的原则。生产和生产辅助单位尽量合并，精减人员，真正做到少而精。进一步完善了岗位工资和绩效工资考核方案，充分发挥工资政策的导向和杠杆作用，坚持公平、公开、公正，实事求是的原则，奖优罚劣，调动了广大职工的积极性和工作热情，激发了企业活力。

（二）注重科技创新，提升科技水平

应用新技术、新材料、新工艺。在煤巷掘进中应用锚杆、钢筋网、锚索配合 W 钢带支护技术，风动设备的投入使用，进一步提升了掘进巷道的工程质量。建立了矿压动态监测系统。使用了综采快速安装、回撤设备，大大减少了综采安装、回撤的时间。$172306_{上}$ 工作面首次配备自动化设备，采用自动化开采技术，减轻了工人的劳动强度，提高了矿井安全生产效率。监测、监控设备不断完善，实现了对井下有害气体、通风设施、风速、温度、设备等连续监控。通风装备实现了自动化，安装了风动风门，自动喷雾装置，对副井防跑车装置进行升级改造，主井地面装储实现了集中控制输送机系统的应用，地面压风站已推广应用无人值守，科技创新建设提高了工作效率。

（三）落实安全责任，严格现场管理

全面开展安全隐患排查活动，层层落实安全责任，加大安全治理力度，努力消除各类安全隐患。进一步完善全矿各项安全管理制度，管理人员按规章制度进行检查、落实。坚持每月两次的安全生产大检查，对查出的问题下发整改通知限期整改，并认真进行复查。每月开展一项安全专项整治活动，此项活动由矿主管矿长牵头，带领相关专业人员进行检查，提出问题并进行落实整改。成立上岗检查小组在双休日和节假日对矿井采、掘、机、运、通各系统进行突击抽查，班次不定、地点不定。真正做到了矿、队、班组三级隐患排查，一级抓一级，层层落实。严格落实矿领导带班、值班制度，明确带班领导是现场安全第一责任者。

（四）不断完善管理，认真落实安全生产标准化工作

认真开展安全生产标准化工作，建立并完善了安全生产标准化工作机制，形成了有灵泉特色的安全管理方式。成立了以矿长为核心的安全生产标准化工作领导组，下设采、掘、机、运、通、井下文明生产、地面装储、职工培训、安全教育、防火防盗、环境卫生、福利待遇等专业组，负责指导日常安全生产标准化工作。

（五）强化职工安全培训

灵泉煤矿安全生产许可证、主要负责人安全生产知识和管理能力考核合

格证合法有效，加大现场安全教育培训力度，从现场操作流程标准化入手提高生产过程、生产环节的质量水平，采、掘工作面严格落实每班自检验收和班评估，强化动态管理，提高了职工安全意识。

（六）美化环境，注重环保工作

认真开展环境保护工作，不断完善环境卫生管理制度，加大环境保护宣传工作力度，做到人人懂环保，进一步提高员工的环境保护意识，工业场区环境有了很大程度的提高。

华能扎赉诺尔煤业有限责任公司铁北煤矿

一、煤矿概况

铁北煤矿位于扎赉诺尔煤田西翼北部，井田面积 21.8111 km^2，于 1991 年 8 月 21 日建成投产，截至 2019 年底保有资源量 387.40 Mt，可采储量 154.52 Mt，服务年限 30.7 a，主要开采 $Ⅱ_{2a}$、$Ⅱ_{3b2}$煤层，均为较稳定的厚煤层。设计生产能力 1.5 Mt/a，2012 年扩能改造后生产能力达到 3 Mt/a,2017 年核定能力 3.6 Mt/a,实现了“一矿一面”的生产格局。矿井管理体制实行矿、队两级管理,现有综采队、掘进队、生产准备队、机电队、运输队、通风队、综合服务队七个生产及辅助单位;矿机关下设安全监察科、技术科、通风科、地测科、机电运输科、经营管理科、党建工作科和综合科八个职能科室。矿班子由 10 人组成，配备 5 名副总工程师，指挥和协调全矿安全生产工作。

采用走向长壁后退式综采放顶煤采煤法，全部垮落法管理采空区，综掘方式掘进。

二、主要经济技术指标

全年原煤产量 3.54 Mt，实现利润 6597.84 万元。职工年收入 9.2 万元。采煤机械化程度 100%，掘进机械化程度 100%。

铁北煤矿根据各大生产系统实际生产情况，制定了合理的劳动定员，科学合理组织生产，优化企业劳动组织，努力提高劳动效率，全年原煤工效达到 13.21t/工。

矿井综合单产达到 295000 t/月。其中 2019 年 1 月生产原煤 318000 t，2019 年 10 月 23 日生产原煤 11344 t，创当年最高月、日产量。

2019 年掘进工作面总进尺 7335 m，2019 年 8 月进尺 930 m，2019 年 4 月 30 日进尺 44 m，创当年最高月、日进尺。

三、安全高效矿井建设的主要做法

（一）落实安全责任，严格现场管理

全面开展安全隐患排查活动，层层落实安全责任，加大安全治理力度，

努力消除各类安全隐患。进一步完善全矿各项安全管理制度，管理人员按规章制度进行检查、落实。坚持每月两次的安全质量大检查，对查出的问题落实整改人和整改时间，真正做到了矿、队、班组三级隐患排查，一级抓一级，层层落实。

（二）加强精细化管理

严格落实各项规章制度和安全技术措施，全面落实各级管理人员、各科室、各部门、各专业、各区队、各岗位安全生产责任制，把安全生产管理、责任、压力层层进行分解、层层进行传递、层层进行加压，进一步强化安全生产责任制和安全管理制度的执行力，实现事故死亡率为零和百万吨死亡率为零的目标。

（三）依靠科技进步，加强技术改造，提高现代化水平

配合天地科技股份有限公司共同完成《铁北煤矿新开河下$Ⅱ_3$煤层综放开采井上下综合安全性研究》并形成新开河采动影响分析及堤坝维护治理方案设计，为铁北煤矿新开河下$Ⅱ_3$煤层综放安全开采提供了科学依据。

2019年铁北煤矿完成6项专利申请，并已取得国家专利局授予的专利证书，专利名称为“电缆切皮器”“锚杆拆拔器”“一种掘进机拖缆装置”“副井风门的气动控制装置”“便携式阻车器”“绞车基础浇注的木制模具”，6项专利成果已于铁北煤矿使用，取得了良好的效果。

2019年铁北煤矿还完成了“井下排水泵房无人值守系统”“井下主运带式输送机煤流智能化改造”“主井地面装储系统集中控制”“综采工作面积水处理系统的应用”等4项科技投入项目，提高了生产效率，降低了职工的劳动强度，实现了节能降耗、减员增效的目的。

（四）积极推进安全生产标准化建设

坚持以标准化为主线，不断完善安全生产标准化工作机制，创新工作方式方法，有效克服了新标准实施后面临的困难，做到任务清楚、目标明确、强化责任、措施得力。坚持“抓出一点、巩固一点、提高一点、拓宽一点”，认真抓好安全生产标准化各项基础工作。严格落实“党政同责、一岗双责、齐抓共管、全员参与、严细检查、硬性约束、典型引路、整体推进、创新提升”的原则，建立了管理体系，落实管理职责，强化监察考核，以“常态监察，静态检查，动态抽查”为达标手段，多方筹措资金投入标准化建设。做到“静态保持，动态达标”，逐步形成了“矿领导督导，职能部门监管，基层区队具体实施”的安全生产标准化工作体系，走出了一条“全面夯实，局部治理、整体推进”的安全生产标准化创新之路。

（五）加强职工培训，提高全矿综合素质

制定了安全培训工作计划，各级领导、安全管理人员均按照相关规定进行了相应资质的安全培训，通过了安全生产知识和管理能力考核，特种作业到公司培训中心进行安全培训，经考试合格后持证上岗，其他一般工种从业人员安全培训工作符合相关规定和要求，持证率达 100%。将《煤矿安全规程》录制成语音资料，在架空乘人装置音响播放，使职工进一步掌握《煤矿安全规程》，促进了职工规范化操作。

华能扎赉诺尔煤业有限责任公司灵露煤矿

一、矿井概况

灵露煤矿位于满洲里市扎赉诺尔煤田向斜西翼的中部，井田南北走向长3.86 km，东西倾斜宽3.27 km，面积12.35 km^2。井田内有地质资源量590.5 Mt，可采储量278.3 Mt。矿井设计生产能力3 Mt/a，矿井服务年限为71.4 a。矿井核定生产能力3.9 Mt/a，核定产能后服务年限52.9 a，截至2019年剩余服务年限50.7 a。

井田内煤层赋存稳定，地质构造简单，煤层属中等发热量的优质褐煤。

矿井采用斜井、集中大巷方式开拓。矿井建有三条井筒，分别为主斜井、副斜井和回风斜井。

大巷主运输方式采用钢丝绳芯强力带式输送机；辅助运输采用无极绳绞车及蓄电池电机车运输方式。

矿井采用副斜井进风，主斜井辅助进风，风井回风，通风方式为中央并列式，通风方法为抽出式。

二、2019年主要技术经济指标

2019年全年原煤产量3.63 Mt，实现利润4585万元。职工年收入10.20万元。采煤机械化程度100%，掘进机械化程度94%。

灵露煤矿根据各大生产系统实际生产情况，制定了合理的劳动定员，科学合理组织生产，优化企业劳动组织，努力提高劳动效率，全年原煤工效达到14.34 t/工。

矿井综合单产达到302000 t/月。其中2019年1月生产原煤356000 t，2019年10月17日生产原煤11934 t，创当年最高月、日产量。

2019年掘进工作面总进尺6498 m，2019年4月进尺749 m，2019年5月18日进尺23 m，创当年最高月、日进尺。

三、安全高效矿井建设的主要做法

（一）准确定位，高起点、高标准建设安全高效矿井

灵露煤矿规划、设计初期就结合了当前国内煤矿发展的现状，同等地质条件下采煤、掘进工作面的生产能力，瞄准先进水平，对矿井回采工艺、各生产系统、采煤工作面产状等要素精准定位，据此规划设计，做到高起点、高标准，同步设计、同步建设，一步到位，从而有效实现合法合规建设，合法合规生产。

（二）坚持以人为本、安全发展，坚定不移地推进了本安体系建设，为安全高效矿井建设奠定坚实基础

根据国家安全高效矿井建设的相关规定，深入贯彻落实国家、自治区安全法律、法规、行业规章、标准和华能集团公司、扎赉诺尔煤业公司安全生产工作总体部署，认真落实“红线意识”和“安全为天”的安全理念，以提高本质安全管理体系运行质量为核心，强化责任落实，突出超前预控，安全形势总体平稳发展。

（三）落实安全责任，严格现场管理

全面开展安全隐患排查活动，层层落实安全责任，加大安全治理力度，努力消除各类安全隐患。进一步完善全矿各项安全管理制度，管理人员按规章制度进行检查、落实。坚持每月两次的安全质量大检查，对查出的问题落实整改人和整改时间，并认真进行复查。每周开展一项安全专项整治活动，此项活动由矿主管矿长牵头，带领相关专业人员进行检查，提出问题并进行落实整改。成立上岗检查小组在双休日和节假日对矿井采、掘、机、运、通各系统进行突击抽查，班次不定，地点不定。真正做到了矿、队、班组三级隐患排查，一级抓一级，层层落实。

（四）加强技术管理，健全完善技术保障体系

完善了以总工程师为首的技术管理体系，充实了技术管理队伍，配备了5名副总工程师，各部门配备了分管工程技术的人员，建立了矿井安全生产技术保障体系。

严格执行“一面一规程、一工程一措施”的管理制度。建立了作业规程和重要措施会审和复审制度，对作业人员进行考试，考试不合格的人员不准下井作业，单项工程措施严格执行“一工程一措施”，每一措施在施工前都要向作业人员进行传达并签字。

（五）强化职工安全培训

坚持“请进来、送出去”的员工培训方式，重点加强特种作业人员、技术人员、新员工的安全教育培训，生产人员和管理人员均持证上岗。加大现场安全教育培训力度，从现场操作的标准化入手提高生产过程、生产环节

的质量水平。采掘工作面严格落实小班自检验收和安全质量班评估，强化动态安全管理。建立了危险源定期辨识制度，培养职工按程序操作的意识，大大提高了风险辨识、防控能力。

（六）严格落实安全目标考核

继续推行综合绩效管理考核体系，并与本安管理体系相结合，将安全管理纳入综合绩效管理统一考评，对完不成安全生产目标的单位严格考核，并建立激励约束机制。加大安全事故的考核权重，坚决遏制人身安全事故的发生。

（七）推进科技创新，创建智慧矿山

结合灵露煤矿实际情况，本着“实用、可靠、先进、经济、安全”的指导思想，在切实满足国家相关标准的基础上，采用先进的无线通信技术、高精度的定位技术、数字广播通信技术，解决现阶段制约矿井生产的安全性问题，先后建成了副斜井无线视频监控系统、钢丝绳芯胶带在线监测系统、一体化智能调度通信（4G）及辅助运输管理系统、主运输智能煤流系统升级改造等，为灵露煤矿矿山智能化建设奠定了基础。

扎鲁特旗扎哈淖尔煤业有限公司

一、矿井概况

扎鲁特旗扎哈淖尔煤业有限公司是内蒙古霍林河露天煤业股份有限公司在扎鲁特旗境内设立的控股子公司,是为进一步整合煤炭资源而建立的一座大型现代化露天煤炭生产企业,注册资本10亿元,煤炭生产能力为18 Mt/a。

公司所采煤田属霍林河煤田二号露天采区，地质储量940 Mt，煤田东西长13.3 km,南北宽1.2～3.6 km,矿区面积31.4 km^2,平均开采总厚度59 m,单层最厚达27.2 m，目前已开采189 Mt，剩余服务年限约38 a；公司所采原煤以褐煤为主，煤炭发热量在13.82 MJ左右，为优质环保工业用煤，煤炭销售覆盖东北三省及内蒙古东部地区。

二、2019年主要经济技术指标

2019年全年原煤产量18 Mt；销售产量18 Mt；剥离量1.14×10^8 m^3；剥采比6.36 m^3/t；回采率96.3%；原煤工效46.78 t/工。

三、安全高效矿井建设的主要做法

2019年度，扎哈淖尔煤业有限公司全体干部职工严格遵守国家电投集团公司、内蒙古能源有限公司关于安全生产的一系列要求和指示，以法制化、标准化、规范化、系统化的方式稳步推进了全年的安全生产工作。

（一）推行智能化管理

按照国家电投智慧矿山建设标准，以“零死亡”目标为总体要求，公司投入资金2530.66万元，建立了以具有高速传输能力的5G基础网络为依托，以无盲区监控系统、智能门禁系统、自卸车安防系统、视频会议监管系统为管理重点的九大系统集中管控体系，实现安全监管零距离。一是完成承包商安全示范工程建设。建立承包商“准入、选择、使用、考核”四阶段各项管理标准和规范，全面实现信息化管理。二是建立安全环保监控系统。实现“24 h全天候，360°无死角”远程监控，风险隐患违章及时得到制止与整改。三是安防系统有效应用，全面提升生产设备安全管理水平。依托

5G网络，实现GPS跟踪监控系统、防疲劳系统、卡车盲区视频监控系统信号回传，实现运输设备自动测速、区域跟踪集中管控，增强设备本质安全性。四是建立云培训系统。进一步完善与充实公司安全生产教育培训数据库，开发云端共享，实现线上线下同步培训，提升培训效果和效率。

（二）立足技术引领

始终坚持“科学技术是第一生产力”原则，提高安全生产技术水平。一是首创将波纹钢拱桥技术应用在大倾角边坡之上。在南帮新建7座钢拱桥，形成了三条跨带式输送机运输系统，经过一年运行，经受住了考验，为公司节约运输成本1275万元。二是大胆尝试将潜孔疏干技术应用在蠕动边坡上进行抽水。2019年先后建设疏干井173口，累计抽水520000 t，先期实验区域的边坡蠕动速度从4～5 cm/d，降低到了1～2 cm/d。三是结合矿井作业现场的特点，采用了可移设的撬装超磁净化系统处理疏干水，解决了采场推进速度快与疏干水量大的难题，实现了疏干水达标复用。四是运用国内首创的无人机搭载多光谱相机航拍成像技术，采集绿色像素点比例数据，运用NDVI法计算植被覆盖度，全方位监控复垦绿化各阶段实际效果，为最终高质量验收达标提供了可靠的技术支持。

（三）强化高效生产组织

结合各项高新技术，助力现场生产组织，充分发挥设备效率。一是引进GPS卡车调度系统，同时逐步完善GPS卡车调度系统考核管理办法，提高GPS系统使用实用性，充分发挥调度中心信息处理、监控和控制职能，更好地进行现场生产管控。二是引进无人机，利用无人机航测系统，制作矿山三维实景模型，将无人机航拍成果充分地应到矿井的安全管理、采矿设计、生产组织、边坡监测以及防排水工程等工作当中，极大地提高了工作效率及准确性。三是抢先抓早，提前谋划复工复产，组织进行外委单位入场准备、安全技术交底、三班倒人员到位监管等各项工作，在做好安全基础的前提下，按时组织开工。四是针对穿、采、运、排主生产环节，提高过程管控和优化管理，及时调整和解决生产过程中的不利因素和问题，控制并压降生产指标，降低生产成本。五是强化生产月计划、周计划制定的可操作性，统筹好采运排时空关系，真正发挥计划对生产组织的指导作用。六是强化计划管理，通过现场讨论和开会交流的方式，全员参与、群策群力，确保计划制定在符合全局发展的目标下，能够严格落地执行，切实发挥计划指导生产，促进设备效率发挥的作用。七是通过安全生产标准化动态达标管理和煤质管理，切实提高矿山整体质量水平，以质提效，以质增效。

内蒙古锡林郭勒白音华煤电有限责任公司露天矿

一、矿井概况

白音华三号矿位于内蒙古自治区锡林郭勒盟西乌珠穆沁旗白音华能源化工园区，是一家集煤炭生产、加工、销售于一体的国有大型露天煤矿。2005年6月白音华三号矿开工建设，核定生产能力14.0 Mt/a。2018年11月，取得国家煤监局对白音华三号矿20 Mt/a生产能力核增的批复，生产能力由14.0 Mt/a核增至20.0 Mt/a。

白音华三号矿地质储量1365.9276 Mt，剩余可采储量767 Mt，剩余服务年限为34.9 a。

二、2019年主要技术经济指标

白音华三号矿截止到2019年末，资产总额68.97亿元，2019年原煤产量13.97 Mt。销售产量13.96 Mt，剥离量9.74×10^7 m^3。剥采比6.97 m^3/t，原煤工效38.64 t/工。

三、安全高效矿井建设的主要做法

（一）机械化程度

白音华三号矿是国内最先进的特大型露天煤矿之一，自有主采设备供货商均为国内外最知名的矿山设备制造商。引进了美国比塞洛斯50立电铲、德国蒂森克虏伯自移式破碎机及皮带桥、塔克拉夫排土机等世界先进的采矿设备，也有国内中国山推、中国重汽等知名品牌设备，剥离及采煤工程机械化程度100%。

（二）开采方法及回采率

白音华三号矿剥离采用单斗—汽车间断工艺与单斗—自移式破碎机—带式输送机—排土机半连续生产工艺；煤炭生产采用单斗—汽车—半移动式破碎站半连续生产工艺。

白音华三号矿设计回采率95%，通过优化设备工艺及开采方法，提高煤炭资源利用率，2019年资源回采率达到96.35%。

（三）信息化、自动化及智能化建设

白音华三号矿模拟定位电子地图和车辆驾驶辅助预警系统搭配使用，构建白音华三号矿车辆监控大数据智慧平台，通过电子地图，实时掌握车辆位置、设备分布情况，同时具备定位、轨迹与视频查询功能，为生产、安全管理提供了有力抓手。

白音华三号矿投入多媒体安全培训教室、卫星定位监测地图、高清全景监控、“三位一体”隐患排查系统、生产调度决策辅助平台、监控无人机等物防技防信息化系统，通过信息化系统加强生产各环节安全监管，促进作业人员自主安全意识的有效提升。

白音华三号矿针对人员驾驶疲劳等隐患，建设车辆驾驶辅助预警系统，全面实现疲劳预警、车距预警、人员验证等9项预警功能，极大地减少了驾驶员超速、疲劳驾驶、车距过近等违章现象，达到了风险预控效果。

地面系统智能化项目：配备设备温度、震动检测，驱动站重点位置、设备热成像监测，全方位视频监控以及噪声监测等功能，通过系统数据综合分析，准确掌握设备实时状态，辅助人员对设备故障进行分析、处理，并将报警以及监测信号直接接入各站点值班室、监控室以及调度室，方便人员实时查看。

数字集群对讲系统推广：白音华三号矿与中国电信合作，完成数字集群对讲系统的试用实验及全面推广，利用数字集群对讲可消除生产现场信号盲区，实现矿区内通信系统全覆盖、语音通信与集群调度，有助于提升应急处置能力、生产调度效率及本质安全水平。

（四）安全管理创新

承包商设备大型化。外委承包商宽体自卸车及钩机已全部实现设备大型化，挖掘机铲斗容积达到6 m^3，宽体自卸车载重量超84 t，大型化率达到100%。设备大型化充分发挥设备作业效率，有效降低了生产现场车流密度，减少现场作业人员及设备数量，运输设备本质化安全水平有效提升。

安全生产标准化建设情况。白音华三号矿始终坚持煤矿安全生产标准化动态管理，邀请相关专家对标准进行讲解，通过定期召开会议、逐个部门检查、验收预演互检等方式，严格对照标准进行整改完善，不断提高安全生产标准化水平。2018年1月5日，白音华三号矿顺利通过一级安全生产标准化动态达标验收。

建立承包商调度室。强化承包商一体化管理，建立承包商调度室，与矿级调度室联动机制，各承包商每天共同参加公司早调度会，统一协调生产工作。

（五）生态文明建设

白音华三号矿始终以“环境治理、节能减排、矿区建设、科技创新、牧企和谐”为着力点，全面推进绿色矿山建设。复垦绿化率由原来的91%提高到100%，已被列入自治区级绿色矿山遴选名录。

内蒙古霍林河露天煤业股份有限公司北露天煤矿

一、矿井概况

北露天煤矿（以下简称北矿）位于内蒙古自治区霍林河煤田沙尔呼热一号露天区北部，始建于1985年，前身是原霍林河矿务局多种经营总公司珠斯花露天矿。2000年，正式更名为北露天煤矿。2010年，核准产能10 Mt/a，跨入千万吨级大型露天矿行列，连续多年被评为国家安全生产标准化一级露天煤矿，是国家级高产高效特级矿井。

北矿主采煤层为10、14、19、21四个煤层，煤质为优质褐煤，热值在11.30～17.58 MJ/kg之间，具有高挥发分、高灰熔融性、低磷、低硫的“两高两低”环保特点，累计探明储量594.87 Mt，截至2019年底，剩余可采储量446.32 Mt，剩余服务年限40.4 a。

煤炭生产、土岩剥离和爆破主要采用外包委托生产模式，原煤生产采用单斗—汽车—带式输送机运输的半连续工艺；剥离施工采用单斗—汽车的间断式工艺，机械化程度达100%。生产流程全部采用自动化、网络化控制，重点关键部位通过远程监控运行和维护管理。

二、2019年主要技术经济指标

截至2019年12月31日，实现连续12353 d零死亡。2019年实现盈利2.79亿元，职工人均年收入12.82万元。北矿核定产能10 Mt/a，综合单产208000 t/月，机械化程度100%。2019年绩效人数（含外委）989.58人，原煤工效38.28 t/工，全员工效21368 t/a。

三、安全高效矿井建设的主要做法

（一）提高思想认识，深入宣传发动

完善了安全生产标准化领导小组，强化组织领导和监督职能，明确各部门管理职责。内业方面，按照新标准对13项内业管理档案逐项进行梳理、

补充、更新和规范；外业方面，各专业部门按照所承担的管理职责，对照评分表要求进行自检和整改落实，矿领导小组每月组织考核验收。

（二）规范开采，优化设计，保证质量

按照新标准，结合矿年度规划，进一步提高现场质量标准；重点抓好夹层煤开采质量，对非计划可采端帮煤层、夹层煤进行回采，提高煤炭回采率。利用手持 GPS、RTK 测量仪及无人机等工具和资料对采矿设计位置进行精准确定，对进度计划进行细致分解，以达到技术指导生产的目的。

（三）落实责任，强化考核，绩效连挂

从标准、目标、责任、措施、考核等五个环节入手，强化安全生产标准化工作的监督、检查和考核。坚持巡检与监测相结合，定期检查与动态检查相结合，对工作目标完成情况进行严格考核，奖惩兑现，增强了各级管理人员的责任意识和质量意识，使安全生产标准化工作得到制度上的保证，促进了安全生产标准化工作的有序开展和进一步提升。

（四）信息化管理与自动化

推广了 OA、ERP 办公自动化系统，建立了煤炭刷卡集中监控系统及矿山刷卡验收系统，现场设立 5G 激光云台实现无死角监控。运输车辆安装“三防”系统，车辆信息实时跟踪。带式输送机运输系统巡检采用自动巡检机器人，减少人员处于危险区域频次，保证人员安全。

（五）环境保护和生态文明建设

确立了环境建设与生产经营同等重要的发展理念，始终坚持规划与整治并重、建设与绿化同步，实施生态恢复工程及水土保持工程措施，全力打造绿色矿区。在产量规模扩大过程中，严格遵守“在保护中开发，在开发中保护，并把节约放在首位”的资源开发政策，保持了生态环境的可持续发展。

（六）改变经营理念，实行精细化管理

针对煤岩工程外包的特点，按“等同管理”的原则，建立健全外包管理制度，完成剥离、煤炭外包施工月度质量考核制度，明确了煤岩运距、提升高度的测量办法。生产管理变静态管理为动态管理，变只看结果为管因素、管过程，变事后控制为事前、事中控制，在一点一滴上节支降耗。

（七）加强文化建设，打造和谐团队

坚持以人为本，以德治企，始终把企业文化的辐射力渗透到生产经营的每一个环节，把以人为本的亲和力贯穿于各项工作的全过程。每季度举办民主接待日和召开形势任务报告会，解疑答问，征求良方，做到决策尊重员工。加强了以环境建设和员工行为规范为突破口的精神文明建设，把“创文明企业、做文明员工、树文明新风”落到实处，切实把“以人为本”的工作理念落到实处，企业整体形象不断提升。

内蒙古霍林河露天煤业股份有限公司南露天煤矿

一、矿井概况

南露天煤矿始建于1981年，是我国第一座自行设计、自行施工建设的现代化大型露天煤矿。南露天煤矿位于内蒙古自治区通辽市霍林郭勒市境内，地质储量1353 Mt。核定生产能力18 Mt/a。设置12个职能部门和12个基层单位，机械化程度100%。

南露天煤矿剥离采用单斗—卡车的间断生产工艺和单斗—卡车—破碎机—带式输送机—排土机的半连续工艺相结合的综合工艺，采煤采用单斗—卡车—破碎机—带式输送机的半连续工艺。开拓方式采用多出入沟，工作帮移动坑线开拓。剥离方式采用水平分层，端工作面平装车。采煤方法采用顶板露煤、倾斜分层的采煤方法。

二、2019年主要技术经济指标

2019年实现盈利89713万元，职工人均年收入12.94万元，比2018年人均增加2.06万元。原煤产量18 Mt，剥离量6.71×10^{7} m^{3}，剥采比3.73 m^{3}/t，回采率96.6%，原煤工效44.49 t/工。

三、安全高效矿井建设的主要做法

（一）生产组织

稳步提升道路质量，保证运输安全。一是采取空重车分道行驶、卸载点分流运行等措施，全力保证行车安全。二是设置外委设备独立运输线。三是完善各路口安全标识牌，厂区各主干道安设测速仪器，确保车辆行驶安全。

保证煤炭装车外运工作。在5月装车系统检修期间，力保煤炭外运装车，完成外运装车任务1.83 Mt，单日平均装车17列，单月超计划完成煤炭外运0.57 Mt，刷新了淡季外运装车记录。

持续推进安全生产标准化达标建设工作。全年共组织开展专项检查8

次，发现问题68项，其中内业32项，外业36项，全部完成整改，于10月顺利通过自治区安全生产标准化一级矿井验收。

4714供电线路变电站移设。按设计对六号路东侧1号、3号、17号移动站向东移设，灵活运用电站空口及闲置电站，减少影响产量207400 m^3。

严格按照年度采矿设计，分解到月度、周、日执行。坚持每周组织现场周计划，每天组织各生产部门召开生产碰头会，解决各部门在生产中遇到的难题，保证了生产的稳定有序。

扎实推进南采区横采内排工程。南采区横采工作帮向北推进510 m释放排土场空间约6×10^7 m^3。

有序开展六号路降深工程。制定专项设计，规划分步施工步骤及时间，已完成降深48 m。

优化运输系统，降低生产运距。根据现场条件，新建西帮运输系统，整合现场运输系统，全年运距较年初计划减少了0.22 km。

加强现场采矿计划监督。制定月、周采矿计划，针对重点位置，制定专项设计，并设专人监督，于8月开展年中调整设计，2019年设计符合率96.63%。

（二）科学管理

健全安全生产组织机构，划分安全职责。一是配备注册安全工程师负责全矿安全生产监督和指导工作。二是聘任高学历、高能力、有经验的青年员工更新基层单位安全员队伍，并在各班组配备兼职安全员。

严抓安全风险分级管控、事故隐患排查双重预防性工作机制。一是健全了全风险分级管控体系。二是定期开展各级安全隐患排查和整改工作。三是完善《反违章管理办法》，分类列举出262项典型违章，将处罚力度提升一倍，并在基层部门实行“典型违章十条”和“安全积分制”等管理举措。

强化事故警示教育、事件经验反馈，提升全员安全意识。一是建设事故警示教育基地，并将11月21日设立为南露天煤矿“安全生产警示日”。二是严格开展事件经验反馈，针对各级事故通报，结合实际制作“警诫卡”，开展事故警示教育和经验反馈。三是组织开展安全微电影、小视频拍摄、展播活动。

大力推进班组安全建设，提升班组安全管理水平。一是通过“班组长座谈”“班组检查”“违章、隐患数据分析”等方式完善班组建设。二是将全年培训计划中班组安全、技能培训比重提升至70%，前9月完成培训2513人/次。三是规范班组“三会一活动”，开展事故警示教育和事故经验反馈，提高员工风险防范意识。四是通过设置示范班组和全面检查排名，促进班组安全管理水平提升。

强化作业现场安全管理。一是制定《南露天煤矿作业区检修场地设置标准》并设立3个标准化综合检修区。二是明确了采（排）土场、道路技术标准，增加安全警示标志牌2132 m^2、反光警示柱200根。三是定期对设备安全装置的有效性进行检查。

保障安全生产费用提取和使用。2019年提取和使用安全生产费用9000万元，完备了配套设施，提高了应急保障能力。

（三）技术创新

推广了OA、ERP办公自动化系统，建立了边坡实时监测系统；生产调度指挥方面采用矿山GPS卡车调度系统，实现了全部网络化。

通过建立GNSS自动监测点、人工监测点、人工检测桩以及现场巡视等方式，对边坡实施全方位实时监测管理，设专人实行日检查、周汇报。增加监测点覆盖率，2019年新增自动监测点18个，基本达到全覆盖。

内蒙古白音华蒙东露天煤业有限公司

一、矿井概况

白音华蒙东露天煤业有限公司位于西乌珠穆沁旗白音华能源化工园区，是一家集煤炭生产、加工、销售于一体的国有大型露天煤矿。2005 年 7 月开工建设，2012 年 5 月通过一期工程竣工验收，核定生产能力 5 Mt/a。2017 年 10 月 18 日，国家煤监局复函同意生产能力核增至 15 Mt/a。

白音华二号矿煤炭地质储量 997 Mt，可采储量 617 Mt，剩余服务年限 37.4 a。

二、2019 年主要经济技术指标

白音华二号矿截止到 2019 年末，资产总额 58.01 亿元，2019 年原煤产量 15 Mt，销售产量 15 Mt，剥离量 $1.07\times10^{8}\ m^{3}$，剥采比 $7.14\ m^{3}/t$，原煤工效 31.16 t/工。

三、安全高效矿井建设的主要做法

（一）机械化程度

白音华二号矿是国内最先进的特大型露天煤矿之一，主采设备 85% 进口，供货商均为国内外最知名的矿山设备制造商。引进了白俄罗斯 130 t 自卸卡车、太原重工 20 m^3 及 35 m^3 电铲、美国比塞洛斯 50 m^3 电铲和卡特 5 m^3 液压正铲、德国蒂森克虏伯自移式破碎机及皮带桥、塔克拉夫排土机等世界先进的采矿设备，剥离及采煤工程机械化程度 100% 。

（二）开采方法及回采率

白音华二号矿剥离采用单斗—汽车间断工艺与单斗—自移式破碎机—带式输送机—排土机半连续生产工艺；煤炭生产采用单斗—汽车—半移动式破碎站与单斗—自移式破碎机—带式输送机相结合的半连续生产工艺。白音华二号矿半连续系统的投入使用，可实现带式输送机连续运输代替汽车间断运输，从而达到以电代油、提高运输爬坡高度和生产效率、降低运行成本的目的。

白音华二号矿设计回采率92.8%，通过优化设备工艺及开采方法，提高煤炭资源利用率，2019年资源回采率达到96.28%。

（三）信息化、自动化及智能化建设

白音华二号矿建设了安全生产管理平台，通过融合在建的多个生产相关系统，实现了生产数据的自动计量及自动化采集。安全方面实现从视频监控、车辆运行状态监控、矿区门禁，到人员精准定位及安全隐患的闭环化管理，为矿区安全生产提供了保障。再加上计划协同管理系统、设备管理系统等，实现了矿区生产、安全、设备、综合信息管理的自动化、流程化、一体化管理。

白音华二号矿投入卫星定位监测地图、高清全景监控、“三位一体”隐患排查系统、生产调度决策辅助平台、监控无人机等物防技防信息化系统，通过信息化系统加强生产各环节安全监管，促进作业人员自主安全意识的有效提升。

白音华二号矿针对人员驾驶疲劳等隐患，建设车辆驾驶辅助预警系统，全面实现疲劳预警、车距预警、人员验证等9项预警功能，极大地减少了驾驶员超速、疲劳驾驶、车距过近等违章现象，达到了风险预控效果。

白音华二号矿积极推进无人驾驶、无人领料、自动堆取料机、变电站无人值守、胶带巡检机器人等矿山智能化项目进展。通过先进的技术手段，减少现场作业人员及管理人员，全面提高安全生产管理水平。

（四）安全管理创新

环形排土工艺。白音华二号矿对原有排土程序进行优化，通过跟踪环形排土程序，结合排土场发展，进一步优化环形排土程序，增加环形排土出入口，实现车辆有序排土，确保车辆安全间距符合标准，减少待车时间，利用多个环形线路出入口，避免车辆出入交叉，既提高了自卸车排土作业的安全性，降低了排土作业安全风险，又保证了生产的连续高效。

承包商设备大型化。外委承包商宽体自卸车及钩机已全部实现设备大型化，挖掘机铲斗容积达到9 m^3，宽体自卸车载重量超80 t，大型化率达到100%。设备大型化充分发挥设备作业效率，有效降低了生产现场车流密度，减少现场作业的人员及设备数量，运输设备本质化安全水平有效提升。

安全生产标准化建设情况。白音华二号矿始终坚持煤矿安全生产标准化动态管理，每月组织开展一次自评考核，严格对照标准进行整改完善，不断提高安全生产标准化水平。2018年1月5日，白音华二号矿顺利通过一级安全生产标准化动态达标验收。

建立承包商调度室。强化承包商一体化管理，建立承包商调度室，与矿级调度室联动机制，各承包商每天共同参加公司早调度会，统一协调生产工作。

（五）生态文明建设

绿色矿山建设。白音华二号矿紧紧围绕建设绿色矿山核心主题，以矿山复垦方案为依据，确立了“建设林、草、矿三位一体的人工生态型矿区”的矿山复垦规划，突出建设“景观式”排土场、“草原生态式”排土场、“园林式”厂区的生态恢复目标，打造北方高寒地区矿山生态修复治理标杆，矿山生态治理工作取得初步成效，复垦绿化率由原来的73.9%提高到99.2%，植物覆盖度提升至70.51%。二号矿顺利列入全国绿色矿山名录。

建立大气环境监控系统。白音华二号矿目前已安装三套环境监测系统，此系统可实时对厂区风速、风向、温湿度、PM2.5、噪声等环境因素进行监测，当出现6级或风速12 m/s以上强风天气时及时报警，帮助生产指挥人员判断作业环境条件。

鄂尔多斯市昊华精煤有限责任公司高家梁一号矿

一、矿井概况

高家梁一号矿位于鄂尔多斯万利矿区南部，伊金霍洛旗纳林陶亥镇。井田规划面积47.01 km^2，地质构造简单，无断层；低瓦斯，涌水量小；井田范围内具有工业开采价值的煤层共6层，其中4层为主采煤层。各煤层均为低灰分、低硫、特低磷、发热量高的不黏煤，是良好的环保型民用及动力用煤。矿井工业储量725 Mt，可采储量486 Mt。

矿井设计生产能力6 Mt/a，2018年10月生产能力核增至7.5 Mt/a，剩余服务年限43 a。矿井采用斜井、立井多水平开拓方式，综合机械化采煤工艺，矿井主（副）斜井、风井场地集中布置，在工业广场东南约3 km新增一号回风立井。采掘综合机械化程度100%（采掘机械化、辅助运输胶轮化、主运输皮带化、安全监控自动化、生产调度信息化）。配套建设“浅槽重介”选煤厂及铁路专运线和矿区公路。

矿井依法取得采矿许可证、安全生产许可证、矿长安全资格证、营业执照等证件，所有证照齐全、合法、有效，特殊工种持证率100%。

矿井井下布置有2个综采工作面和5个掘进工作面，保证了矿井的生产能力。

二、2019年主要技术经济指标

2019年完成原煤产量7.39 Mt，矿井最高月产达745000 t。全年总进尺18841 m，最高月进尺470.6 m；实现利润73027万元；原煤工效40.03 t/工，最高原煤工效实现50.37 t/工。

2019年高家梁一号煤矿安全形势平稳，未发生重伤以上人身事故。通过国家一级安全生产标准化矿井验收。

三、安全高效矿井建设的主要做法

（一）持续推进“五精”管理和“三基九力”团队建设

制定《关于进一步推进“五精”管理、打造“三基九力”团队的实施方案》，做到人员落实、组织落实、时间落实。

组织召开“三基”工作推进会，形成了基础工作清单、基层工作清单、基本功修炼清单，解决了职责不清、学习力不强、标准不高、理念不强等问题。

以点带面，示范引领，全面推进标准化工作。制定《井下工作面全面推进“五精”管理标准化工作方案》，明确重点推进内容、完成时间和达标标准，评选示范工作面和岗点，细化、完善、统一了示范工作面（岗点）文明定置标准。

持续推进地面各厂房、库房、食堂及办公室定置达标工作，创建矿区工作文明化。

精确技能比武项目，培育工匠人才，着重推进班组建设，积极开展“五好班组”和“六类十佳”评选，共奖励 21.77 万元；深入开展全员创新、小改小革，建立完善全员创新管理办法，2019 年共评选创新 37 项、小改小革 148 项，合理化建议 224 条，节约资金约 4754.01 万元，发放奖励 71.64 万元。

（二）着力加强安全管理，促进自主管理提升

加大反“三违”力度。制定“事故人”清单，对达到标准的人员立即停工；建立分管领导责任负责制，对重点人管控不到位发生违章行为的联责分管领导。

提高区队自主管理能力。建立正向激励机制，制定“无违章班组和无工伤区队”奖励办法。对实现月度、季度、年度无违章班组成员及区队管理人员给予多重奖励，最终实现以个人无违章保班组无违章，以班组无违章保区队无违章，以区队无违章保矿上无工伤的层层保障体系。

建立员工汇报隐患奖励办法。对员工发现的风险漏洞、规程措施不符或管理薄弱环节等问题，经核实后给予相应经济奖励，形成了人人都是安全员的氛围。

深入开展隐患排查和风险辨识工作。着重开展现场风险辨识，尤其是零星工程和发生变化后的工作，必须组织区队干部、班长及有经验的老工人进行现场风险辨识后再工作，重点针对环境风险、设备工具等进行辨识。

对重点单位精准帮扶。重点单位由矿领导包保，并定期参加包保单位的班前会和隐患排查会、安全生产会和安全警示培训，出现工伤，联责包保矿领导并要求包保责任人到区队办公主持工作。

强化节假日和重要敏感时段的现场管控。实行敏感时段中层以上管理人员值守及井下双班双岗带班制度，生产及井辅单位技术员及以下管理人员不允许单独带班。

强化年末岁尾的现场管控。明确工作目标；加强值班值守，矿副总及以上领导以身作则，率先垂范，身体力行，严格执行值班制度和请假管理制度；加强现场盯岗管理，明确矿领导巡视和盯岗内容，对矿每日根据施工风险或工作现场出现的变化确定的重点工作面分级进行管控；强化单独岗点、边远作业场所及管理盲区的现场管理，制定管控方案，对出现零星工程和交叉作业时，主控部门或主管领导必须召开现场会，并编制安全技术措施，安排区队管理人员盯岗；强化督查检查。

（三）强化经营管理，为企业高效运转提供内生动力

全力开展融合改革各项工作，努力实现协同发展最大效益。根据昊华能源公司整体战略，外埠煤矿采购、销售业务采取统购统销经营模式，按照新的运营模式，矿与合作公司积极协作，建立了畅通的沟通机制，实现了销售、采购业务的高效运行。

全力开展“降本降造，提质增效”各项工作。一是强化经营政策管理。根据昊华能源公司下达的总体经营目标和绩效考核政策，重新修订了矿经济政策及管理办法，并对挂钩方式、薪酬体系等相关政策做了一系列的调整，使其能够更精准、精确的落到实处。二是强化预算考评管理。围绕公司下达的成本费用指标，按照矿各层次、各部门职责进行费用指标分解，并按照分解指标进行跟踪、分析、考评。三是强化 PDCA 闭环管理。确立党委成员调研机制，党委成员带头深入矿主要生产、经营部门进行调研，解疑释惑、分析问题、解决问题、明确目标、提出要求，对确定重点事项和工作，以五定表的形式细化分解对接单位和分管领导，压力层层传导，激发员工内在潜能，降本增效。四是强化财务资金管理。规范资金支付相关内容及流程，将闲置资金通过各种形式的存款合理利用，增加公司收益，提高资金利用率。

（四）安全生产有条不紊，科技创新卓有成效

引进矿用隔爆兼本安型分布式光纤测温系统，对内因火灾进行早期预测预报和外因火灾初期的定位。引进探水钻车，提高钻探效率，减轻工作强度；根据探水钻车的性能优化工作面探放水设计，延长探放水周期。

通过融合通信分站“一站式”实现4G通信、精确定位、WiFi信号覆盖，实现“一站、一线、一网”的建设，从而实现井口唯一性考勤、人员机车定位、4G移动通信及车辆移动通信、井下红绿灯控制、弯道行车安全提示的功能。

强化节能减排管理。开展技术革新工作，在综采、掘进工作面推广使用新技术、新工艺、新设备和新材料。

实施了多项节能降耗的措施，包括井下辅助运输部分车辆采用防爆电动车代替防爆柴油车；大功率持续运行设备，如主要通风机、带式输送机等采用变频调速节能技术；安装了太阳能高效集热器加热洗浴用水减少燃煤锅炉使用，保障生活的同时降低了企业运营成本。

积极采用前沿设备，引进智能化综采成套设备、掘锚一体机成套设备，大力推进综采智能化，掘进支护连续化，提高生产效率，减轻劳动强度。

成立了总工程师创新工作室，建立了工作室管理机构和制度，持续推进技术创新。

通过高效生产和技术技能创新，有效地提高了生产效率，降低了运营成本，使创新工作成为公司可持续发展的有力支撑和不竭动力。

鄂尔多斯市转龙湾煤炭有限公司转龙湾煤矿

一、矿井概况

转龙湾煤矿行政区划隶属伊金霍洛旗纳林陶亥镇，位于鄂尔多斯市东胜区南东 31 km，属神东矿区东胜区。井田面积 43.46 km^2，矿井总资源量 548 Mt。

2011 年 1 月 28 日，鄂尔多斯能化公司通过竞拍方式以 78 亿元获得转龙湾矿井采矿权；2011 年 5 月，转龙湾煤矿项目筹建处成立；2012 年 5 月，矿井开工建设；2014 年 9 月 2 日，矿井各系统形成，投入运行；2016 年 11 月 24 日，取得鄂尔多斯市煤炭局的联合试运转批复，矿井进入联合试运转；2018 年 8 月 17 日，通过自治区煤炭局组织的竣工验收，矿井正式进入生产经营阶段；2018 年 9 月 28 日，通过国家一级安全生产标准化验收；2018 年 12 月 29 日，取得了自治区能源局千万吨产能批复，生产能力核增至 10 Mt/a。

矿井采用主斜井、副斜井、回风立井开拓方式。主采煤层为 4 层：Ⅱ-3、Ⅲ-2、Ⅳ-2、Ⅴ-1，现开采Ⅱ-3 煤层，共划分 3 个采区，平均埋深 190 m，煤种为不黏煤，煤尘具有爆炸性，煤层为Ⅰ类容易自然发火煤层，自然发火周期为 48 d，水文地质类型为中等。

选煤厂为矿井配套项目，工艺为跳汰洗选和 TDS 块煤分选，产品有 30～80 mm 的块煤，13～30 mm 的籽煤及小于 13 mm 的末煤。

二、2019 年主要技术经济指标

2019 年，煤炭产量 8.4 Mt，掘进进尺 12714 m，营业收入 225252.12 万元，完成成本 176.62 元/t，利润总额 33661.05 万元。

三、安全高效矿井建设的主要做法

（一）抓牢接续基础，保障高效生产格局

正常的生产接续是保障矿井持续高产高效的前提，转龙湾煤矿充分结合采场条件和各采掘区队实际生产水平，以保持高产高效生产为原则，科学排

定生产接续计划，助推矿井高效生产。

作为投产不久的新矿井，转龙湾煤矿以全面打开矿井生产格局为目标，以厚、薄煤层配采为原则，规划矿井中长期接续计划。目前矿井 3 个采区中，一、二采区生产布局已全面打开，三采区正在开拓中，为矿井科学摆布生产组织提供基础保障。

（二）加快装备升级，助力安全高效

坚持科技引领的发展理念，以智能化建设为抓手，围绕采、掘、运、销，积极开展装备升级改造。

建设智能化综采工作面。2019 年 10 月矿井创建成了智能化综采工作面。实现了工作面自动跟机移架，平均跟机移架时间由原来的 21 s 缩短到 15 s 以内；实现工作面中部采煤机记忆割煤，两端头采煤机程序化割煤，中部割煤速度平均 10 m/min 以上。工作效率大幅提升，平均割煤刀数由原来每天 12 刀，提高到 16 刀；工作面自动化跟机率达到了 100%；单班生产人数减少 4 人。

建设智能化综掘工作面。以掘锚一体机为基础，后配套转载机、自移机尾等设备，安装了可视化集中控制系统。实现了掘锚一体机遥控截割、煤流运输集中控制等功能，较传统综掘工艺工作效率提高了 150%，实现最高日单进 45 m。

开展主运输系统升级改造。矿井主运输安设了智能煤流控制系统，可根据实际煤流量，智能分析、调整带式输送机运行速度，节约能耗，降低磨损，并对系统运行情况进行故障预判和报警，大幅提升主运输系统安全、高效、稳定运行。

升级煤炭发运系统。安装了智能化称重发运系统平台，对客户信息、销售煤种、车辆信息、票据、派车、调度等数据进行信息化自动统计。推行“一卡通”、“进、装、出”环节管理。实现运煤车辆司机凭二维码自助办卡，发运全程司机不下车，运煤车辆从空车进场到装煤出场平均用时 5 min，单车装车时间缩短至 28 s 以内，发运效率大幅提升。

（三）多措并举优化生产组织，实现提速提效

坚持分秒必争的理念，打破传统思维定式，开展全方位的生产组织优化工作。

优化劳动组织。为最大限度地提高开机率，充分借鉴公司内、外部矿井先进经验和不断论证、调整、再论证，最终形成符合矿井实际的生产劳动组织。每天检修时间由原来的早班全班检修，到每周一、三、五早班检修 4 h，

二、四、六早班检修 2 h，周日不检修，再到现在的每天检修 4 h；采掘工作面充分利用两班次 1 h 的交叉时间，上一班次进行工作收尾、下一班次进行开工准备，实现不停工交接班。

强化生产考核。突出系统联动，最大限度地发挥系统效能，逐月制定《安全生产组织保障方案》，根据生产任务细化分解采、掘、运、洗、销各环节任务目标和考核奖励政策，压实各单位责任，严格落实生产任务日通报、旬统计、月兑现，全面提升全员抓生产的工作积极性。

矿井虽然在生产组织上取得了一定成绩，但较全国安全高效矿井还存在一定差距，面对新的发展格局，矿井将发扬“坚韧不拔、勇往无前、忠于职守、甘于奉献”的精神，坚定拼搏奉献的决心，立足当前、着眼长远，持续深化、提升矿井发展质量，为打造全球清洁能源供应商和世界一流能源企业做出积极贡献。

内蒙古双欣矿业有限公司

一、矿井概况

内蒙古双欣矿业有限公司是由山东能源淄矿集团与内蒙古双欣能源化工公司共同成立的煤炭生产企业，注册资金5亿元，其中淄矿集团出资55%，双欣能源化工出资45%，由淄矿集团控股并负责生产经营。矿井井田东西长约5.70 km，南北最宽约5.10 km，总面积18.6697 km^2，行政区划隶属鄂尔多斯市东胜区铜川镇管辖，开采深度为标高+1456～+1228 m。

矿井于2008年11月6日破土动工，2011年5月18日实现联合试运转，2012年3月7日正式移交生产，矿井设计生产能力5 Mt/a,核定生产能力5 Mt/a。

自矿井移交生产以来，内蒙古双欣矿业有限公司一直坚持以建设安全高效矿井为目标，实施科技兴矿，优化资源配置，依靠精细化管理，狠抓安全质量标准化建设，矿井连续10年实现了安全生产，企业得到了全面持续稳健发展。

矿井可采储量279.39 Mt，矿井服务年限为39.9 a，截止到2019年底，矿井剩余可采储量223.31 Mt。矿井采用主、副斜井和回风立井混合分1344 m和1260 m两个水平开拓，中央分列式通风，其中主、副斜井为入风井，回风立井为回风井，矿井现有一个生产水平，即1344水平，1260水平无采掘活动。

二、2019年主要技术经济指标

2019年生产天数326 d，完成原煤产量4.8 Mt，完成掘进总进尺17125 m，三个煤量符合标准，采掘关系正常，采掘机械化程度达到100%，工作面单产31.43 t/(个·月)，原煤工效28.46 t/工，41采区回收率76.4%，22采区回收率82.83%；销售收入98187.5万元，利润24063万元。职工收入水平稳步提高，2019年职工人均收入达到16.96万元。

三、安全高效矿井建设的主要做法

（一）强化安全管理，为安全高效矿井创建奠定基础

公司始终将敬畏生命、敬畏法律作为抓好安全生产的思想基础，积极构

建“人各有责、事事定责、严肃问责”的安全生产责任体系，由党委对安全履职工作把关定调、牵头抓总，树立安全履职工作权威，建立起了从矿班子到班组长的安全履职清单。认真落实“党政同责、一岗双责、齐抓共管、失职追责”，逐级签订安全生产目标责任书和承诺书，切实扣紧了安全生产责任链，实现了责任横到边、纵到底。坚持把责任“挺”在前面，按照“谁主管谁负责、谁分管谁负责、谁签字谁负责”的原则，持续强化各部门安全生产第一责任人的行政责任落实、强化以总工程师为核心的技术责任落实、强化以党政工团齐抓共管为保障的群防群治责任落实、强化以安监队伍为主体的监督责任落实，明确了各专业的安全管理责任。严格落实管理人员24 h 值班、轮流带班制度，值班领导每天对井上下安全重点进行全面调度询问，区队值班人员汇报安排工作落实情况、跟班人员汇报现场安全生产情况、安监人员汇报安全检查情况，全面执行安全“一票否决”制，严肃安全问责追究，对安全隐患、安全事故实行主要领导问责制，对涉及安全问题的责任人、安监员、分管领导实施联责考核，形成了全员抓、抓全员、齐抓共管的局面。

（二）严格标准，持续开展安全生产标准化建设

一是规范资料整理，强化质量把关。设立安全生产标准化资料室，对各专业资料进行了统一管理，对照标准要求加强资料整理，规范现场管理，确保了各专业资料全面、现场达标。在严格落实安全质量班评估、旬验收、月验收和树优评差等制度的同时，对每个工作面、每台设备、每项施工实行分工检查，严格把关施工质量，确保现场工程质量动态达标。二是持续强化安全生产标准化动态达标。按照煤矿安全生产标准化基本要求，进一步在抓深化、抓创新、促提升上下功夫，加强协调沟通，严格标准落实，树立“朴素”质量标准化观念，强化现场督查指导，在保证安全的基础上，做到标准明确、内容具体、考核严格，促进了全面达标。三是严格精细化管理。加强现场工程质量管理，重点对各单位精细化管理、文明生产、物料码放、采煤工作面支架齐直、掘进工作面锚杆打设等方面进行了检查，从而提高了安全生产标准化水平。

（三）夯实“三重保障”，建设安全高效型矿井

2019 年以来，公司按照“机械化换人、自动化减人”思路，高标定位、高点起步、高质运营，积极上装备、强管理、提效率，通过工艺改造和系统优化，形成了“月进千米、单面高产、动态达标”三并重发展规划。

一是以精益生产夯实高效掘进保障。坚持高标定位，在掘进工作面推广

设备“包机制”“菜单式”和“标准化”三项管理法，落实包机人对设备的参数检测、使用保养等责任，要求其按设备“菜单”进行巡检，按标准化说明书规范操作，变事后维修为事前保养，有效提高了设备性能，掘进机械事故影响时间同比降低 23% 。根据掘锚机自配锚杆机最大倾斜调节角，将锚梁位置移至距顶板锚杆 0.3 m 处，实现了锚杆、锚索同步支护和掘进、支护、带式输送机运输平行作业，有效缩短了循环作业时间。按照“统分结合”的思路，全面推行分岗作业工作法，将掘进、支护、运料和外围辅助等工序合理穿插、同步推进，班进最好水平达 27 m，创造了超强支护巷道中掘进 1591 m 的新纪录。二是以装备升级夯实集约生产保障。坚持“向机电设备要效益”理念，紧盯科技前沿引进先进装备，强化内部创新加速技术升级，外引内创、外力内用，着力推动掘进装备“硬件”升级，全力保障高效掘进，全力推行“机械化换人、自动化减人”战略。对综采工作面运输巷、刮板输送机驱动进行变频改造，首次在工作面运输巷安装 1.4 m 宽可伸缩式皮带，生产效率大幅提升，原煤单耗由 6.64°/t 降至 6.38°/t，每年节约电费、人工费、材料费等费用约 1100 万元。结合工作面水质情况引进两台可移式自动配液装置，液压系统全面改善，顶板得到有效控制，机械事故影响时间同比下降 20.5% ，煤炭回收率由 69% 提升至 75% 。同时，针对原设备列车自移装置迁移后电缆无法均衡伸缩，易造成电缆管路外皮磨损的实际，创新在电缆车前后安装了液压装置，可均匀调节电缆车伸缩量，实现了缆线的安全拖移。三是以配位聚合夯实协同发展保障。注重与区队自治相结合，在全矿集中休假的原则下，允许掘进工区根据产量进尺情况自主安排休假时间、休假方式，保证生产生活互不影响、两不耽误。打破区队、岗位、工种界限，在掘进工作繁忙时，可允许跨区队聘请“临时工”，培训合格后入编管理，参与外围施工，任务结束后回归原岗位。注重与市场化结合，区队打破倍数工资制，实行副职日薪与所跟班次进尺、工程质量、各项单耗等挂钩联动，每天一考核一通报，日清日结，有效提高了区队干部的履职责任感和创效积极性。注重与班组建设相结合，持续下放班组人力资源配置、生产组织、薪酬分配和独立核算“四项权利”，由班组长根据月度计划“认领”工作任务，根据职工的工作表现分配薪酬，班组之间比业绩、职工之间比收入成为“新常态”。注重与对标管理相结合，以工效最大化为导向，研究制定了《对标管理考核办法》，设立“创标奖”，以公司月度计划为标准，由区队自主提出月度创标计划，凡月底创标的，全部高价收购，并为创标单位送贺信、赠锦旗、安排“荣誉餐”，有效激发了干部职工工作热情。

内蒙古同煤鄂尔多斯矿业投资有限公司色连一号煤矿

一、矿井概况

色连一号煤矿位于内蒙古自治区鄂尔多斯市境内，行政区划隶属东胜区罕台庙镇管辖。具体位置在东胜区政府所在地的西北方向约13 km，东南距东胜区最近6.5 km。开采侏罗系中下统延安组煤层，井田南北长8.2 km，东西宽4.9 km，面积35.74 km^2。

矿井属低瓦斯矿井，水文地质条件中等。采用斜井、立井混合开拓方式，共设两个生产水平，一水平布置在4－1煤层，水平标高＋1176m，开采$2-2_{上}$、$2-2_{中}$、3－1、$4-1_{上}$和4－1煤层；二水平布置在$6-2_{中}$煤层，开采$5-1_{上}$、5－1、$6-1_{上}$、$6-2_{中}$和$6-2_{下}$煤层。由于主斜井与井下大巷顺向布置，采用主斜井直接延深、辅助暗斜井及回风暗斜井相连2个生产水平。

截至2019年末，矿井剩余地质储量738.86 Mt，可采储量330.50 Mt，矿井核定生产能力5 Mt/a，服务年限47.2 a。

二、2019年主要技术经济指标

2019年百万吨死亡率为零，矿井综合单产398724 t/(个·月)，原煤工效56.7 t/工，原煤生产实际工日83000工日，计划/完成成本199.53/151.31元/t，综采工作面最高月产425000 t，最高日产14200 t，采掘机械化程度100%，平均工作面个数0.98，中厚煤层采区回采率81.6%，厚煤层采区回采率78.5%。职工年均收入12.49万元。

三、安全高效矿井建设的主要做法

（一）优化采掘部署，合理安排队组，实现高产高效

根据全矿生产实际，从衔接、设备、成本、工资等多方面考虑，制定科学合理的开采方案，不断优化生产布局，完善生产系统，减少开采环节，确

保采掘部署高效合理，夯实生产准备落实工作。并加强工作面搬家倒面管理，抓好工作面安装调试工作，尽快形成生产条件，确保搬家倒面不减产。

坚持“采掘并举、掘进先行”原则，科学安排全年采掘接续，强化掘进目标管理，做好采掘接续管理落实工作。各采掘队不断优化施工方案，加强施工队伍和工时利用率管理，组织快速掘进技术攻关，开展开拓掘进大会战，制定工资挂钩考核激励机制，着力提升单产单进水平，确保采掘接续平衡。突出工程质量管理，严格按照作业规程作业，做到一次成巷不留尾工，减少尾工处理影响的时间。牢固树立为一线服务思想，千方百计为掘进创造条件，加强材料、物资和车皮供应，及时协调解决生产过程中的各种问题，为生产一线创造良好条件。

（二）积极进行科技创新，推广新技术、新工艺、新装备，优化采掘工艺

激发活力育人才。紧紧围绕“1311”选人用人思路，大力培养优秀年轻技术人员，采用“师带徒”“轮岗实践”和“内培外训”等多种方式提升技术人员的业务水平。同时，积极开展与设计院、科研所和设备生产厂家的技术交流和协同攻关，开展新技术、新设备和新工艺的知识讲座，组织技术比武活动，促进专业与岗位对接、理论知识与现场实际对接、专业素质提升与终身学习对接，大力培养符合公司发展需要的创新型人才。

技术攻关促效益。色连一号煤矿顶底板为泥质沙岩，遇水泥化，搬家倒面周期长。为了解决这个难题，生产部技术人员集思广益，大胆创新。采用预打地锚加固底板技术，代替了之前的回撤通道底板硬化方法，将搬家时间大大缩短，效率提高了30%。通风区技术人员研制出矿井新型ZMK型自动无压风门，利用本质安全型风门开闭和红外线传感器实现了风门的自动开闭，确保了安全，消除了事故隐患。积极推进巷道支护优化和小煤柱开采工作，取得了良好的经济社会效益。

（三）强化现场管理，推动高效快速掘进

各掘进巷道严格按尺寸施工，任何地点巷道净宽、净高均不得小于设计值，超宽、超高值不大于质量标准规定。当巷道因地质条件影响超高超宽时，由施工单位吊设工字钢棚梁，然后用木料进行刹顶，并且喷浆巷道必须拉线喷浆。

同时，要按照国家和集团公司相关文件规定，严格执行《强化涉事故隐患精准整治令》（第1号）和《强化安全管理的二十个一律》。掘进作业应按循环作业图表施工，完成考核周期内进尺计划，配备满足作业要求的工种。必须建立交接班制度，交接班台账应记录工作面隐患和工作量。

（四）加强培训，完善考核，提升作业人员业务素质

定期组织人员参加公司举办的规程措施编制培训班，提高技术人员业务素质和规程编制能力，突出了规程编制的系统性、针对性和可操作性，健全了技术管理体系。

掘进作业场所应按要求悬挂规范的巷道布置图、施工断面图、设备布置图、临时支护图和避灾路线图等说明牌板，保证牌板清晰明了，位置合理。定期组织各掘进队组进行安全教育培训，强化安全意识、技术操作和防范技能，杜绝“三违”。利用业余时间和班前会，开展学习了《煤矿安全生产标准化及考核评级办法》的活动，将各项具体工作明确责任到人，提升掘进队组人员的技整体业务素质和技术水平，为文明生产和施工质量提供技术保障。

（五）倡导节支降耗、实现成本低控

超前组织协调。针对井下设备衔接任务重、环节多等特点，把综采搬家不停产作为生产衔接“零缝隙”的关键节点，提前召开组织协调会，根据现场实际及时调整、完善设备拆除和安装方案，灵活协调安排，优化组织程序。同时对设备衔接中的安全技术措施进行会审，并准备好各种材料设备，为设备衔接工作提供安全保障。

紧抓关键环节。进一步优化综采搬家准备的流程和工艺，从设备运输、工序衔接、过程监管、验收考核上下功夫，缩短搬家时间、提高稳装质量，做到安全、快速、优质、低耗，一次试产成功，为安全高效生产赢得主动。如针对我矿煤层属于松软围岩的特点，工程技术人员利用预打地锚加固技术代替回撤通道底板硬化方法，实现了回撤通道的加固，保证了液压支架的顺利回撤，缩短了工期，节约了成本。

严格程序落实。严格制定《综采工作面设备搬家衔接工作计划》，明确规定了人员职责、设备衔接、奖惩考核等制度，要求做到班组长以上人员人手一份。严格按照计划安排进度，组织施工，拆、装、运、安的工序衔接、环环相扣，只能提前，不能滞后，确保安全生产工作顺利进行。各职能部门分别负责工作面设备的各项安全技术措施的落实情况，并对“搬家倒面”具体操作进行督查，对存在的问题要求队组及时“三定五落实”处理。

优化了辅助运输方案，从维修保养和检车频次着手。由具有无轨胶轮车维修资质的单位对车辆进行专业的维修、保养，提高车辆的使用寿命，从而降低车辆的折旧成本；提高无轨胶轮车辆的检车力度，车辆由每月一检变更为每周一检，降低了车辆的待修率，节省了车辆的维修费用。

内蒙古黄陶勒盖煤炭有限责任公司 巴彦高勒煤矿

一、矿井概况

巴彦高勒煤矿位于内蒙古自治区鄂尔多斯市乌审旗呼吉尔特矿区南部，隶属于乌兰陶勒盖镇，东部、南部是内蒙古自治区与陕西省省界，北邻沙拉吉达井田，西部是未开发的二号勘查区。井田东西长6.5～10.6 km，南北宽7.8 km，井田面积65.2734 km^2。煤质为低～中水分、低灰、低硫、高热值的不黏煤，是良好的动力和化工用煤。矿井设计可采储量592.4 Mt，矿井设计生产能力4 Mt/a，矿井设计服务年限105.8 a。

井田构造形态总体为一向北西倾斜的单斜构造，倾向300°～320°，地层倾角1°～3°，井田构造属简单类型。矿井水文地质类型为复杂型，属瓦斯矿井。

矿井采用立井开拓，在工业场地布置主、副、风三个井筒。井下主运输采用带式输送机，辅助运输采用无轨胶轮车。采用长壁式综合机械化采煤法，一次采全高采煤工艺，全部垮落法管理顶板。

二、2019年主要技术经济指标

2019年巴彦高勒煤矿实际生产原煤3.85 Mt，完成进尺5588 m，综采机械化程度100%，掘进机械化程度100%。原煤生产实现利润14180万元，原煤效率40 t/工，矿井综合单产320906 t/(个·月)，原煤百万吨死亡率为零。

三、安全高效矿井建设的主要做法

（一）打造智能监管系统，实现矿井安全生产

创新开展了“人因、险兆、安全文化与安全管理科学思维”培训和全员心智重塑培训，同步建成了智能安全培训云平台系统，应用了煤矿安全VR警示教育体验系统，打造了智能化、智慧化安全监管系统。从严加强安

全管理人员履职考核，深推“双卡”使用，建立与打造一流企业和明星企业相适应的员工素质提升机制，实现了矿井安全生产目标。

（二）优化采场布局，合理高效均衡生产

13盘区中部布置首个回采工作面，采取6m小煤柱两侧顺序跳采方式，解决了煤层应力集中巷道变形严重，采、掘工作面相互制约等原因造成的工作面接续紧张问题，实现了安全、高效、均衡生产；小煤柱开采增加回收煤炭资源370000 t，创造经济效益1800余万元。

（三）加强矿井技术管理，确保顶板安全

引进了中空注浆锚索补强305工作面回风巷见方区域支护，确保工作面安全推过见方区域；推广了让压管+球型垫圈帮部支护方式，配合高强度JM锚索梁顶板支护，持续提高巷道支护耦合让压性能；落实冲击地压防治工作要求，调整巷道支护参数，延长工作面超前支护长度。

（四）实施装备设施升级，提升矿井智能化水平

大力推进智能化工作面建设。引进7LS7－LWS923型久益采煤机、两巷超前远程遥控、设备列车一键自动迁移等智能化子系统，实现成套设备自主联动智能化生产，达到减人提效目的。

积极推进综掘机远程遥控改造工作。完成首台EBZ230型掘进机远程遥控系统的升级改造，实现人机分离、远程遥控、一键启停等功能。

优化矿井运输、排水系统。完成“井下主煤流智能控制系统”安装及调试，有效防止上仓带式输送机过载停机。升级改造现有3部主运带式输送机，实现了带式输送机集中远程控制、运行参数实时监测，提升了煤流运输系统的安全性、可靠性、灵敏性。完成了中央泵房排水系统自动化升级改造，并安设泵房远程门禁监控系统，实现了泵房无人值守；盘区主要大巷内安装了分布式集中排水系统，实现井下9处零星排水点无人值守。

优化供电系统。完善井下各变电所电力监控、计量系统，并配套安设变电所门禁系统，实现了井下3个主要变电所无人值守，提高了供电系统的安全性、可靠性。

（五）明确管控重点，突出重大灾害治理

提高矿井水害防治能力。安设了11盘区地下水库智能化监测系统，实现了水闸墙围岩变形、积水水位、水压、放水量等情况的实时监测，提升了矿井防治水工作技术水平，提高了水害防治能力。

加强“一通三防”管理。优化了采空区智能气体检测分析系统，实现了对采空区气体指标的远程实时监测、准确采集分析。采用大巷智能空气净

化系统，通过地面控制水幕开闭改善了进风巷道的空气质量。

（六）加大创新投入，实现科技保安

2019 年获得了内蒙古自治区高新技术企业认定；完成“三大创新”项目 94 项，创效 7234 万元。授权发明专利 2 件，受理实用新型专利 36 件，授权商标专利 1 个，学术论文见刊 29 篇。

（七）深化精益市场机制，加强成本管控

健全要素市场，持续完善价格、计量、核算、考核等体系，将精益市场化触角延伸至经营管理各个方面。持续稳固精益管理四大支柱工具在现场的应用，不断提高设备保养完好率和开机率；将精益管理与“五全”管理相融合，通过信息化手段，形成基础完善、体系融合、手段先进、机制灵活、运作精益的管理模式。

黑龙江龙煤鸡西矿业有限责任公司东山煤矿

一、矿井概况

东山煤矿位于鸡西含煤盆地南部条带中段，井田南北倾向长约 6.2 km，东西走向宽约 6.0 km，面积为 37.1273 km^2，开采标高为 -40 ~ -700 m，属正常生产矿井。有鸡图公路在矿区北侧约 2.5 km 处通过，距鸡西市区约 9 km，距恒山车站约 2 km，行政区划属鸡西市恒山区管辖。矿区内有铁路专用线通往恒山车站，交通方便。

矿井开拓方式为立斜井多水平石门分区式开拓。井田按标高划分为三个水平，一水平标高 110 m，现为报废水平；二水平标高 -40 m，为报废水平；三水平标高 -350 m，为生产水平。

全矿井共有 5 条井筒，其中入风井 3 条：下料斜井、皮带井、排矸井；回风井 2 条：南风井、西风井。

采用采煤工作面走向长壁后退式综合机械化采煤，采区采面以单翼开采为主，自上而下回采。工作面为全部垮落法管理顶板。

二、2019 年主要技术经济指标

2019 年百万吨死亡率为零，计划年产 2.1 Mt，实际完成 2.06 Mt，计划掘进进尺 18500 m，实际完成 19197 m，实际综合单产 83100 t/(个·月)，原煤工效 8.18 t/工。矿井采煤机械化程度 100%，掘进装载机械化程度 100%，综掘机械化程度 75%；采区回收率达到了 83.5%。

2019 年利润计划 12300 万元，完成 17000 万元。成本计划 368 元/t，完成 353 元/t；矿井职工年均收入 66216 元，比 2018 年增长 3120 元，增长 4.9%。

三、安全高效矿井建设的主要做法

（一）突出重点，筑牢安全基础

突出抓好瓦斯治理。坚定不移地贯彻落实瓦斯治理“十二字”方针，牢固树立“瓦斯超限就是事故”理念，狠抓瓦斯治理刚性规定落实，强化监测、监控，坚决做到不抽不采，抽采达标。全年打钻完成 130500 m，超计划 45500 m，抽放纯瓦斯量 $9.53\times10^6\ m^3$，超计划 $2.23\times10^6\ m^3$，发电量 1.03×10^7 kW · h，瓦斯利用率达 40%，持续保证了地面瓦斯发电。

严抓安全生产标准化。坚持从零起步、从基础抓起、从运转环境入手，强力推进安全生产标准化，坚持做到：目标、责任、制度“三落实”，设计、施工、验收“三严格”。制定了《安全评级办法》和《安全生产标准化责任追究办法》，每月对采掘队组进行一次联合验收定级，对达不到优良品的队组按矿《安全评级办法》进行处罚，每季至少召开两次正反两方面标准化现场会，评最佳促最差，以点带面，有效推动了安全生产标准化工作。公司先后在我矿召开了采煤、通风、“四化”建设和掘进专业现场会。

健全安全风险管控机制。进一步完善了矿、井、段三级安全生产责任制，重点抓了干部入井带班制度和事故追查制度，形成了明责、知责、履责、问责的责任管理体系。制定了《班组长现金奖励管理办法》《入井工人现金安全奖励实施办法》《“三违”人员黑名单管理办法》及《井下出现停产干部限时到现场的刚性规定》等激励约束机制，使安全质量与奖惩挂钩。

（二）强化管理，推进高产高效

抓设备选型。针对 163 队开采西采区 6D 右一采面，采高 1.4 m 的实际，经过反复论证，选择 MG2×100/455－BWD 型采机和 SGZ630/320 型刮板输送机，通过对采机改造，创出了龙煤集团薄煤层开采月产 70000 t 的最好水平，5 月 31 日公司在此工作面召开了采煤专业现场会。

抓现场管理。坚持正规循环作业，做到现场交接班，强化设备包机制。为解决 161 队回采西采区左二副巷矿压大的难题，采取多次全线拉底，补强支护，保证了安全回采。抓安装回撤。每次安装、回撤前，组织各专业人员现场办公，对工作面进行严格验收，确保采煤队组不出现停产状况，特别是五采区 1 号层左二面，仅用 18 d 就完成安装。抓资源回收。每个采面结束前，组织专业人员到现场查看分析，在不影响保护煤柱的前提下，最大限度地回收资源。西采区 6A 右二面，经过两次转采，多回收煤炭 30000 t。

抓“四化”建设。安装了主要通风机远程在线监视及控制系统，实现了主要通风机远程监视及控制，具备了主要通风机无人值守条件。安设主提皮带集控系统，对带式输送机进行全过程在线监视、控制，减少了操作人员。新设压风机远程监控系统，对压风机进行实时监视及控制。新增断水及风包温度等保护，可实现压风机无人值守。安装提升绞车远程监控系统，可实时监控提升机的运行状态，保存历史运行记录，保证主提升机可靠运行。投用东四排水自动化系统，实现了抽排水的无人值守，整个项目完成后，可减少岗位点人员 41 人，月减少人力成本支出 20 余万元。

（三）提高单进，积攒发展后劲

在提高单进上，继续推广综掘机械化，严抓掘进超前准备，保证综掘合理接续，减少搬家倒面影响，综合单进达到 167.7 m/(个·月)，居全公司之首。在队组建设上，增加综掘队组个数，对符合条件的半煤岩工作面均投入综掘机，持续推进重点队组创水平，全面提高总进尺。全年共计创水平 16 次，其中：8 月 101 队进尺 632 m，破公司纪录；303 队、302 队全岩矿车出货完成 100 m，达到公司创水平标准；208 队半煤岩连续化超 200 m，获得创水平奖励。

黑龙江龙煤鸡西矿业有限责任公司城山煤矿

一、矿井概况

城山煤矿位于鸡西市城子河区，距鸡西火车站 3.5 km。矿区铁路专用线与哈密国铁线相连。矿区有哈尔滨市、鸡西市、密山市、虎林市客货车通过，公共汽车可直达鸡西市，交通十分便利。

井田走向长 7.6 km，倾斜长 5.0 km，面积 38.0 km^2。地质储量 197.80 Mt，可采储量 113.21 Mt。

矿井开拓方式为立井多水平分区式开拓，现有两个生产水平（一水平和二水平），单水平生产。采用走向长壁或倾斜长壁采煤法，采用全部垮落法管理顶板。

二、2019 年主要技术经济指标

2019 年计划产量 1.9 Mt，实际完成 1.9 Mt，完成计划 100%；计划掘进进尺 20000 m，实际完成 23720 m，完成计划 117%；百万吨死亡率为零；进行了一级安全生产标准化矿井初次验收；原煤工效 7.057 t/工，综合单产实际完成 157400 t/(个·月)；矿井采煤机械化程度 100%，掘进装载机械化程度 100%，综采机械化程度 100%，综掘机械化程度 40%；采区采出率达到了 83.3%。

2019 年计划利润 45900 万元，完成 49029 万元。成本计划 290.64 元/t，完成 294.17 元/t。矿井职工人均年收入 75624 元，高于本省煤矿平均水平。

三、安全高效矿井建设的主要做法

加大灾害防治，合理释放安全产能。重点对标执行《防治煤与瓦斯突出细则》，全面落实以抽采为主的治本之策，严格执行“一矿一策”“一面一策”瓦斯治理措施，使灾害防治工作不断取得新进展。一是强化矿井瓦斯治理。二是强化“防冲”管理。完成了 3 号、24 号、36 号煤层危险性评价及一水平东二 3 号采区、二水平东部 3 号采区等冲击危险性评价与防冲设计。三是强化“防突”管理。对揭煤工作面取样化验 200 余次，采用瓦斯突出预测仪和参数测试仪先后对掘进工程进行 600 余次测试，掌握了重点防突区域的有关参数和数据，为超前预防煤与瓦斯突出，保证掘进生产提供了基础保障。

发挥优势，科学组织，确保原煤总量规模。发挥综采优势。一是 145 综采队回采二水平东二 3 号左一面期间工作面遇到落差 8 m 的大断层，为建队以来所罕见。在矿领导的高度重视与工程技术人员现场以科学为依据的精确指导帮助下，145 队顺利度过断层，并在当月回采原煤 120000 t。二是安装队在安装回撤过程中，紧紧抓住小运输管理，坚持每天检查拖动设备完好情况、大绳状况、矿车连接等基础工作内容。严格执行拉放车安全措施，在回撤面抽支架、支架调向、平台装车等工序操作时，专业领导和安装队干部分班盯守，现场指导工人操作，严格按照生产工序和作业规程兑现作业，保证回撤安装期间作业人员安全。

优化布局，细抓质量，狠抓接续，增强矿井安全高效发展后劲。抓接续保循环。在实际工作中，根据采场接续方向合理安排掘进队组，有计划地为揭煤、过钻孔等需要停工打钻的队组准备好备用面。抓支护促优化。一是深化支护定制理念。立足巷道的使用周期，结合巷道围岩特点、服务年限、围岩收敛变形要求等制定支护方案。二是抓劳动组织管理，优化施工工序。三是合理进行工艺、工序优化。抓循环提单进。通过长时间学习与实践，经认真的分析与研判，总结出全岩大断面队组提高单进最佳捷径——抓好小班大循环。严格落实交接班制度，抓好现场交接班。抓检修重配合。一是严格实行包机责任制，加强设备维护保养，为快速掘进提供设备保障。二是实行设备有计划检修，将生产影响降到最低。三是由采区辅助队分担掘进队组外围运转环境、物资及设备运输，给工作面生产创造条件。四是加强辅助配合。机运专业加强了副井、主要运输大巷的运输管理，加强了地面翻矸系统的管理，积极配合矿车循环速度，确保车皮供应。强化政策激励。针对掘进每一项工程，矿党政领导亲自带头制定一系列的单价定额，工资向掘进队伍倾斜，实行掘进进尺台阶加价激励政策，加大奖罚力度。

黑龙江龙煤鸡西矿业有限责任公司杏花煤矿

一、矿井概况

杏花煤矿位于黑龙江省鸡西市鸡东县和城子河区交界处，行政区划隶属鸡西市鸡东县管辖。

井田东西走向长 8. 2 km，南北宽 4. 2 km，井田面积约为 35 km^2，开采标高在 240 ~ -800 m 之间。煤层稳定程度中等，可采煤层平均总厚度 14. 79 m，其中 23 号、28 号、30 号、54 号为全部可采，其余为部分可采。地质储量 208. 31 Mt，可采储量 60. 37 Mt。

矿井开拓方式为立斜井多水平开拓。井田按标高划分为二个水平，一水平标高 -300 m；二水平标高 -630 m。目前二水平为生产水平，

矿井采用走向长壁或倾斜长壁后退式采煤法，回采工艺为综采，均采用全部垮落法管理顶板，矿井单产已达到国家行业一级水平。

二、2019 年主要技术经济指标

矿井 2019 年计划产量 2 Mt，因受水情影响实际完成 1. 88 Mt，完成掘进总进尺 17097 m，比计划 16000 m 超掘 1097 m，百万吨死亡率为零，综合单产 70000 t/(个・月)，属高瓦斯矿井，原煤工效 5. 624 t/工。

2019 年盈利 3483 万元，成本计划 301. 14 元/t，完成 294. 83 元/t；矿井职工人均收入 67527 元。

矿井采煤机械程度 100%，掘进装载机械化程度 100%，综合采煤机械化效率 100%，综合掘进机械化效率 56. 7%；采区回收率达到了 86. 8%。

三、安全高效矿井建设的主要做法

（一）不断增强“三种意识”，开展灾害防治，坚守安全

一是增强瓦斯煤尘灾害治理意识。严格落实瓦斯治理刚性规定和安全评估体系，坚决执行瓦斯治理“一面一策”刚性措施，配备了专职打钻队和

JDY－3200L型履带式钻机，针对个别工作面瓦斯大的实际，采取采前预抽与施工仰角打钻等综合瓦斯治理措施取得了良好的效果。2019年度瓦斯抽采量计划$1.20\times10^7\ m^3$，实际完成$1.76\times10^7\ m^3$，打钻计划11000 m，实际完成16724 m。全年各项计划指标全部超计划完成。不断健全完善井下防尘系统，全年清洗巷道320000 m。二是增强水患防范治理意识。严格落实“预测预报、有疑必探、先探后掘、先治后采”的探放水方针。三是增强安全生产过程管控意识。坚持把“抓细节安排、抓岗位责任、抓协调配合”作为工作重点，不断强化干部职工的安全意识。全年查出各类安全隐患合计19531条，全部落实跟踪整改，整改率100%。

（二）科学调整，优化工程布局，保证接续

积极组织开拓掘进会战，保证了采掘均衡发展，充分发挥现有技术、装备、工艺的基础优势，狠抓掘进小班正规循环兑现率。现构成开拓煤量11 Mt，可采期5.5 a；准备煤量6.5 Mt，可采期39个月；回采煤量1.1 Mt，可采期7.3个月，“三量比”实现了均衡发展，保证了近期有采场、长远有接续。

（三）科学统筹进行系统改造，提效增能

一是加大二水平东、西主运线路的维修力度，保证全矿安全运输。二是实施机电系统改造。完成了主、副井绞车首、尾绳及二水平钢带机钢丝绳的更换等工作。

（四）坚持深度挖潜，努力培育效益增长点

一是创新材料物资供应管理机制。全年回收回撤井下不用的钢轨、钢管、电缆、皮带等物资，创效456万元，节省新品投入186万元，新增36种修旧制新项目，修旧完成621万元，制新完成585万元。二是提升煤质促提效。严格落实煤岩分离、分装、分运和“三捡四不上”制度，做到采、掘、运、提、洗全过程监管，发动全员抓煤质促提效的解困合力实现了高度统一，全矿上下改革解困的信心和决心进一步坚定。三是发挥洗煤经济漏斗作用。针对煤炭市场疲软的现状，调整产品结构，提高产品质级，实现洗选效益最大化，通过坚持不懈的努力，使我矿矸中带煤控制在了1%以下，商品煤综合回收率提高0.98%。

黑龙江龙煤鸡西矿业有限责任公司新发煤矿

一、矿井概况

新发煤矿成立于1997年10月，核定能力为0.9 Mt/a。其所在地为黑龙江省鸡西市西郊乡新发村北，在鸡西市西北距市中心5.5 km，行政区划为黑龙江省鸡西市鸡冠区西郊乡管辖。

新发煤矿井田东西向长7.8 km，南北向长4 km，井田面积32.67 km^2。开采标高为+50～-900 m，属正常生产矿井。

矿井开拓方式为立井单水平上下山开拓，分区式开采，生产水平标高-250 m，现有西五采区、西六采区两个生产采区。

采用走向长壁后退式综合机械化和高档机械化采煤，采区采面以两翼开采为主，自上而下回采。工作面采用全部垮落法管理顶板。

二、2019年主要技术经济指标

2019年原煤产量完成0.9 Mt，完成公司计划；掘进总进尺完成20054 m，比计划17500 m超掘2554 m；百万吨死亡率为零；综合单产完成33750 t/(个·月)；原煤工效5.1 t/工。

2019年利润计划14856万元，完成19119万元。成本计划516.51元/t，完成497.25元/t；矿井职工人均收入70065元。

矿井采煤机械程度100%，掘进装载机械化程度100%，综合采煤机械化效率75%，综合掘进机械化效率46%；采区采出率达到了85%。

三、安全高效矿井建设的主要做法

（一）实施综合治理，推进了安全平稳发展

牢固树立“安全第一”思想，围绕“长治久安”目标，深入开展“一反两检”专项行动，安全意识得到进一步提高。集中开展“安全专项整治”和“风险辨识”活动，把整治重点向井下倾斜，增强了现场管理水平。

（二）紧盯灾害治理，保障了采掘生产稳定

加强了通风管理。推进矿井通风系统改造升级，完成了西六采辅助回风巷、西六采回风巷和总排风巷的贯通工作，降低了通风阻力，使矿井风量分配更加合理。

加强了瓦斯治理。全年施工抽放钻孔 251000 m，超计划 59000 m；采用本层、穿层、高位、仰角、掘进超前抽采等措施综合治理瓦斯。全年抽放瓦斯 $3.695\times10^{7}\ m^{3}$，超计划 $3.95\times10^{6}\ m^{3}$。矿井抽采率和本煤层抽采率分别达到 50%、74%。

加强了防突管理。在公司瓦斯治理“八个到位”理念指导下，严格执行“两个四位一体”防突措施，加强打钻和管路铺设施工作业，做到“孔到位、管到底”。全年保护层开采 $2.163\times10^{5}\ m^{2}$，解放煤量 945000 t。

（三）打通关键环节，推进了高产高效建设

2019 年，公司一如既往地在人、财、物和政策上全力支持掘进。

提高单进水平。充分利用公司政策，调动掘进积极性。公司 140 次创水平中新发煤矿有 51 次，占 36.4%。全年总米、开拓、重点工程等均完成考核指标，综掘单进、半煤连续化单进、岩巷单进均位于公司前列，尤其是 50 综掘一个队组全年完成进尺 4000 m，综掘单进位列全公司第一名。

提升质量标准。坚持抓安全质量标准化建设不放松，严格兑现过断层、揭煤、贯通期间安全措施；牢牢抓住支护、爆破、运输、局部通风等重点环节开展集中整治，质量标准有了新的提升。2019 年通过强化劳动组织，推广“四新”应用，释放了安全产能。

采掘接续平稳。现有生产面 2 个，剩余储量 0.29 Mt，已构成采面 2 个，可采储量 0.18 Mt。截至 2019 年末开拓煤量完成 12.31 Mt，可采期 11.19 a；准备煤量完成 1.77 Mt，可采期为 19.31 个月；回采煤量完成 1.03 Mt，可采期为 12.47 个月。“安全三量”基本合理。

劳动组织合理。充分发挥 101 综采队安全高效能力，紧紧抓住采面安装、回撤等生产准备工作，做到了搬家不停产。在生产过程中，不断捋顺机制，保证设备完好，提高开机率，从“环、机、人”三个方面保证了安全高效。

大力推广“四新”应用。持续推广“110 工法”，引进了新型履带式双头钻机，效率提高了 200%，全年完成留巷进尺 1508 m，多回收煤炭 35000 t，节省进尺 1750 m，为瓦斯治理节余了 6 个月时间。综采工作面开切眼继续采用采煤机开帮工艺，全年完成 350 m，节省人工费 40 万元，节约工时 2 个月。投用“自动集成净水配液站”，工作面支架液压组件维修率比同期下降60%。

着力解决制约瓶颈。更换了西六主运道 43 kg 钢轨 2400 m，提升了运输能力。利用高低差设排水管治理 101 队煤层顶板裂隙水患，收到了良好的效果。

积极推进革新项目。研制了防倒卡子、挡矸盖板、可伸缩挡煤板、风动打扣锤、风动锚索剪短器等一批好用实用的新设备。

（四）推进管理升级，提升了经营运行质量

加强煤质管理。从工程设计、设备选型、“分提分运”、手选落地、洗煤加工等各个环节抓提质，有效降低原煤入洗灰分，全年入洗原煤综合热值 14737 J/g，超计划 510.79 J/g。

加强材料管理。在材料未使用前，杜绝不合理投入，从源头堵塞漏洞。通过回收复用和平衡调剂减少新品投入 1060 万元。加工厂不断加大修旧制新力度，完成产值 606 万元。

加速推进内部市场化。不断加快内部市场信息化软件开发速度，将“大数据、互联网、智能化”融入内部市场化工作中，完善了修旧制新、物料配送、对标管理、软件开发等多项制度。

黑龙江龙煤鹤岗矿业有限责任公司峻德煤矿

一、矿井概况

峻德煤矿由鹤岗矿务局设计处于1973年设计，1975年8月动工建设，1981年11月26日正式投产。矿井设计生产能力1.5 Mt/a，1989年1月开发二水平改扩建，设计生产能力3 Mt/a，于2000年10月1日改扩建竣工，核定生产能力3 Mt/a。2008年矿井进行产业升级改造，矿井核定生产能力达到4 Mt/a。

峻德煤矿水、火、煤与瓦斯突出、冲击地压等灾害严重，矿井瓦斯等级为突出矿井。

二、2019年主要技术经济指标

峻德煤矿为煤矿安全生产标准化管理体系一级矿井，矿井百万吨死亡率为零。采煤机械化程度100%，掘进装载机械化程度98.02%，综掘机械化程度98.02%，矿井综合单产155000 t/(个·月)，原煤工效13.444 t/工。职业健康检查率100%，危害因素检测达标率97%，吨煤开采综合能耗53.5 kW·h，塌陷土地治理率78.4%，煤矸石利用率65.9%，矿井水利用率71.63%，抽采瓦斯利用率56.5%。

三、安全高效矿井建设的主要做法

（一）依靠科技创新，促进生产发展

攻克大倾角长工作面开采技术难题。峻德煤矿煤层倾角较大，综采工作面倾角平均30°以上，给综合机械化采煤带来了困难，峻德煤矿组织科技人员进行技术攻关，优化设备配选型，强化三机配套管理，解决了支架倾倒，采煤机、运输机、液压支架下滑和工作面产生飞块伤人的难题，大倾角工作面综合机械化采煤取得了成功，单面最高月产192315 t。

积极进行煤巷下山综掘技术探索创新，通过不断总结经验，30°以下坡

度煤巷下山全部采用综掘工艺施工，提高了掘进工作面单进水平、掘进机械化程度，减轻了工人的劳动强度。

采用机轨合一的掘进方式，在施工机道时直接铺设1.2 m宽的主运皮带，掘进移交时采煤可直接使用，既减少了皮带安撤重复工作量，又为综采安装节省了时间。

（二）提升技术装备水平，推进矿井“四化”建设

峻德煤矿坚持以安全高效矿井建设为方向，大力发展综合机械化生产，引进大功率采煤机、大阻力液压支架，努力打造安全高效采煤工作面，矿井产量稳步提升，综采机械化程度达到100%。通过大力发展综合掘进机械化生产，掘进装载机械化程度达到98.02%。采、掘工作面全面推广单轨吊工艺，提高生产效率，减轻工人的劳动强度。主要设备、泵房全面推广远程集中控制系统，实现无人值守。建设智能化矿山，实现安全生产经营管理信息化、自动化。对水、火、瓦斯、顶板等矿井重大自然灾害进行智能预警，不断提升矿井安全保障能力。

（三）强化矿井灾害治理，促生产

“一通三防”管理。加强通风管理工作，优化通风系统，井下所有采区均实现独立通风，通风系统稳定可靠。在瓦斯防治上，贯彻落实瓦斯治理“先抽后采、监测监控、以风定产”十二字方针。加强瓦斯抽采工作。矿井建有地面永久抽放系统，井下移动抽放系统。加强监测监控工作，通过监测监控系统对井下所有采掘工作面及作业点的瓦斯浓度、风速、一氧浓度、风门及风机运转情况进行实时监测，报警仪灵敏可靠，实现超限断电。

切实做好防灭火工作。牢固树立“生产在防火”观念，建成矿井防灭火灌浆系统。对采掘工作面采取采空区注氮气、煤巷喷碹、注灰、注凝胶、注水、注新型防灭火材料及采后封闭等措施进行防火。

加强防尘管理。完善了防尘系统及设施，建地面静压水池、井下水仓，完善矿井防尘管路系统、隔爆设施，全部实现自动喷雾。

加强冲击地压治理。与大专院校合作，请潘立友、张治高、张士斌、朱斯陶等防冲方面专家来矿指导防冲工作，对工作面现行措施进行研判，不足之处及时指出，峻德煤矿根据研判结果调整防冲治理措施，确保措施科学合理。

（四）加大安全生产标准化管理力度

加强安全风险管控和隐患排查工作。坚持“安全第一、预防为主、综合治理”的安全生产方针，建立健全安全风险分级管控体系与事故隐患排

查治理体系。坚持“三、六、九”大检查和隐患排查制度，定期召开隐患排查专题会议，对全矿各个作业地点安全隐患进行排查，对发现的隐患落实整改责任、制定整改标准、限定整改时间及时进行处理，确保了安全生产。

强化安全培训工作。2019 年以来，矿安全培训中心坚持依法培训、按需施教的原则，努力提高安全培训质量和工作标准，开展多种形式的安全培训工作，以适应安全生产工作需要。全矿安全教育培训工作得到上级领导的好评，峻德煤矿荣获“龙煤集团 2019 年度安全教育培训先进单位”荣誉称号。

大力推进安全质量标准化建设。把质量标准化建设作为安全生产的第一道防线，以工作面、机运系统、“一通三防”达标为重点，井上下全面推进质量标准化建设工作，2019 年，峻德煤矿被评为煤矿安全生产标准化一级矿井。

（五）强化经营管理，提高经济效益

坚持以安全生产为基石，抓住销售龙头增收，抓实企业管理降本，强化开源节流，实现企业效益最大化目标。一是抓住“进口”，提质增效。利用原煤二次筛选工艺，优化产品结构，加大优质煤入洗，“靠质换量”增收，多创收 5725 万元。二是抓住“出口”，供管降本。全年总成本同比下降 508 万元，加大修造管理，修造品种达到 4324 种，同比增加 2557 种，完成产值 6299.8 万元。三是抓住“管理”，稳步发展。建立精细化运行管理机制，逐步形成峻德特色的“125”精细化管控模式。扎实推进非煤产业发展，全年瓦斯发电创收 2152 万元，瓦斯气输出创收 540 万元，许晓林工作室修造创收 241 万元，净水厂回收煤泥 4000 t，创收 170 万元以上。

中煤新集能源股份有限公司刘庄煤矿

一、矿井概况

刘庄煤矿位于淮南煤田西部，行政区划属阜阳市管辖，南距颍上县城约20 km，西至阜阳市约40 km。2018年核定生产能力为11 Mt/a。矿井采用立井、主要石门、集中大巷。分区开拓的开拓方式，分区通风、集中出煤，矿井目前为1个水平开采，一水平标高为－762 m。东区工业广场内布置主、副、矸石、中央风井，东风井场地布置东回风井。西区工业广场内布置进风井和回风井。矿井不断完善安全生产系统，通风、供电、提升、运输、排水、瓦斯抽采等主要系统布局合理，安全可靠。

二、2019年主要技术经济指标

2019年生产原煤10.31 Mt，采煤机械化程度100%，掘进机械化程度100%，综掘程度75.1%。全年矿井综合单产368600 t/(个·月)，原煤工效13.36 t/工。矿井全年盈利17.93亿元，在岗职工人均工资12.08万元。矿井百万吨死亡率为零。

三、安全高效矿井建设的主要做法

（一）创新矿井特色安全管理体系

2019年，刘庄煤矿以公司安全生产工作思路为指导，坚持刘庄特色的“543”安全管理基本思路，即坚持“五个以为”，着力“四个管理”，做到“三个务必”，系统性风险管控和零星事故防控并重，持续构建“123456789”安全管理体系，促进矿井安全管理更加规范精准、更加精细精益，实现矿井长治久安。

“123456789”安全管理体系：一个理念（矿井可以实现本质安全）、两个抓手（“作业流程”管理、“四不放心”排控）、三个严禁（严禁抢产量、拼进尺，严禁撇勾延点，严禁擅自安排生产单位变更措施、调整生产工序或施工工艺）、四个管理（系统性风险管理、生产秩序管理、“作业流程”管理、细节管理）、五大工程（班组建设、安全生产标准化、风险预控、智能矿山、“查大治大防大”）、六项检查（查自己、查领导、查思想、查制度、查管理、查隐患）、七项制度（安全账户、“三违”积分考核、事故警示教育、群监员（兼职安监员）、安全督查、安全包保、隐患排查奖惩）、八项规定（开工前风险评估、安全会诊、重点工作分管矿领导跟班、重要隐患区队长入井整改、瓦斯报警就是事故、车辆掉道就是事故、零星工程管控、零散作业及外来人员入井申报）、九项评比（作业流程、安全生产标准化、精品工程、“三个”环境、优秀班组长、明星员工、党员包保明星、优秀五大员、全员安全隐患排查）。

（二）大力开展技术创新，提高安全经济效益

积极推进“四新”技术应用，引进液压锚杆（锚索）钻车、巡线无人机、履带钻机、水仓清挖机等先进设备，推广应用双液浆注浆、定向长距离大直径钻孔、双单轨吊打运、柔性大锚杆等新工艺，进一步提高单产单进效率、降低支护成本。

推广应用大直径钻孔抽采工艺代替高抽巷工程，有效节省人力、物力投入，缩短施工工期，降低后期生产准备影响时间，提高安全系数。

创新推行“双液浆”注浆工艺，超前加固并封闭区段小煤柱，有效解决“沿空掘巷”矿压治理问题，并推广应用到巷道密闭墙跑风、漏气治理，降低修护成本。

推广应用履带式钻机，坚持钻机紧追综掘机，做到“随掘随打”“追机作业”，取消巷帮钻场，降低掘进成本。

（三）发挥技术先导作用，提高安全生产效率

推广“大掘进”格局，统筹兼顾掘进工程，超前施工钻场、机头电机硐室、配电点、管路吊挂锚杆等附属工程，形成“掘进为安装考虑，回采为回撤、封闭考虑”的“一盘棋”思想。

深化创新改革举措，实现矿井提质增效。坚持每半年开展“五小”成果评选活动，加大创新成果推广力度。

收集重点区域矿压资料，做好矿压规律分析总结，根据现场顶板岩性，因地制宜制定锚杆、锚索支护参数，避免支护浪费，缩短循环周期，提高循环率。

（四）装备自动化控制系统，提高单产水平

在151105工作面完成自动化系统安装，通过工作面操作台的总控设备，对工作面运输巷供电、泵站、转载机、破碎机、运输机、液压支架电液控制系统等设备监控信息全面集成，实现了对工作面各系统的综合自动化控制。

工作面运输巷计算机通过工业以太环网和矿井、公司远程集控中心实现信息交流与通信控制，且在地面集控中心综合自动化平台，实现对工作面设备的远程集中监控和“一键式”开停，实现了综采工作面安全、高效开采；通过现场高清摄像头对设备的实时工作状态进行全程监控，达到减人提效的效果；在带式输送机巷受压变形段巷道刷扩中投用挖底机，代替人工刷扩，大幅降低了职工劳动强度。

（五）掘进配套机械化，单进水平稳步提升

持续推广 CMm^2-24 型全液压锚杆（索）钻车等成熟设备；长距离岩巷推广使用 EBZ260H、260W 型岩巷综掘机，引进掘锚护一体机、掘探钻一体机、远距离喷浆机等新型多功能掘进和后配套设备，实现掘进、支护平行作业。采用带式输送机 + 链板机 + 矸石窨出矸，配套大功率耙矸机、装岩机、综掘机等机械化出矸设备，形成岩巷连续快速出矸作业线，提高掘进工效。采区上山、工作面运输巷及瓦斯抽排巷，全面推广单轨吊进行物料运输，建立“网络化”运输系统，提高运输效率。优化工作面煤矸运输系统，实现矸石连续运输。掘进工作面全部安装空冷器、除尘风机，为职工营造良好的作业环境。

（六）创新实践工作面安撤工艺，缩短工作面安撤时间

积极推广开采超前预掘工作面回撤通道等新工艺试验，继续探寻适合矿井条件的快速安装、回撤工艺，突破传统思维，创新推广安撤新工艺，大幅度提高安撤效率。

中煤新集能源股份有限公司口孜东矿

一、矿井概况

口孜东矿是由中煤新集能源股份有限公司出资组建的有限责任公司。矿井于2007年7月正式开工建设，2012年3月建成联合试运转，2014年12月正式竣工验收，三证一照齐全有效。

矿井井田东与刘庄井田、西与口孜西井田相接，井田走向长7.4 km，倾向宽3.0～7.3 km，面积约33.6 km^2。矿井保有资源储量707 Mt，可采储量380 Mt，其中一水平－967 m以浅可采储量230 Mt。矿井主要可采煤层1号、5号、8号、11－2号、13－1号等5层，平均总厚21.79 m；剩余服务年限56.3 a。

矿井水文地质类型划定为复杂型，高瓦斯矿井，矿井各可采煤层均有煤尘爆炸危险，煤层的自燃倾向性介于不易自燃～很易自燃之间。

矿井采用立井、主要石门和分组大巷开拓方式，采用中央并列式通风方式。矿井工业场地内共布置有3个井筒，分别为主井、副井和中央回风井。全井田划分为2个水平开采，一水平标高－967 m，二水平标高暂定为－1200 m。

二、2019年主要技术经济指标

2019年口孜东矿按“一井一面”格局，采掘接替正常，矿井“四量”符合相关规定。2019年共生产原煤4.41 Mt，商品煤3.75 Mt；完成掘进进尺9715.8 m，其中开拓进尺1100.9 m；矿井采煤机械化程度100%，掘进机械化程度100%。矿井综合单产365395 t/(个·月)，原煤工效13.515 t/工。矿井全年盈利3.92亿元，职工人均年收入11.85万元。矿井百万吨死亡率为零。

三、安全高效矿井建设的主要做法

（一）完善安全管理体系建设，确保矿井安全高效生产

坚持依法治安，强化红线意识。口孜东矿为主动适应经济发展新常态，

采取多项措施开展学习贯彻活动，统一全矿干部职工的思想认识，把员工生命安全放在一切工作的首位，坚持安全生产“零死亡”目标不动摇，全力防范各类事故的发生。

坚持从严治安，推动责任落实。按照“分级管理、逐级负责”和“一岗双责、责任到人”的原则，严格落实领导干部分工负责制、业务保安责任制和岗位安全责任制，层层签订安全目标责任书，严格安全目标考核，确保安全压力逐级传递，安全责任有效落实，坚决消除责任盲区和管理空档。

坚持科技兴安，突出技术引导，确保矿井安全高效持续健康发展。一是加大科技攻关，持续推进深井支护改革。巩固推广锚架充支护研究成果；重点推进“十三五”国家重点研发计划“煤矿千米深井围岩控制及智能开采技术”项目课题；加大深浅孔注浆支护技术研究。二是深入开展产学研合作，做好“一通三防”工作。积极开展《1405（8）采区5煤层首采面瓦斯综合治理及防灭火技术研究》《智能通风系统研究与实践》等项目研究。三是建立矿井水害实时监控预警系统，做好地质异常体探测工作，为巷道掘进和采区布置提供有力技术支撑。

坚持全员治安，创新管理模式。一是完善制度建设，健全安全管理体系，为安全生产决策、指令的实施提供必要的组织机构保障；完善“一岗双责”的岗位责任制、规范的安全技术标准和操作规程、行之有效的安全管理规章、安全教育培训制度等。二是强化职能监管，保障安全管理效果。开展各岗位工种卡片式管理的安全确认模式，对整个作业流程进行超前防范、过程控制、班后确认；建立隐患排查、整改、责任追究制度，按照月度、季度、年度进行隐患排查，隐患整改实行“闭环”管理，对不能按期整改的单位和责任人进行责任追究。

（二）优化机电系统，提升矿井智能化水平

持续推进PSI二期系统建设，为全面实现矿井提升、抽风、压风、排水、运输、供电、瓦斯抽放、制氮等系统的数据集成，实现自动化系统向智能化系统的转变做基础。

对主运系统带式输送机集控系统安装及调试，实现主运煤带式输送机机头启停。121302自动化开采少人工作面的建设，实现121302工作面生产设备的一键启停，控制台集中控制。

完成井下工业以太网的万兆升级工作，通过万兆网全矿应用，实现了系统各项数据的融合，减少了系统的重复建设。

（三）机械化换人，自动化减人，提高劳动效率和安全生产水平优化矿井检修组织，实施节假日检修和换绳车换绳工艺，比传统换绳工艺节省 2 d。

辅助运输方面：掘进工作面迎头采用调度机车进行转料，比传统无极绳运输、人工扛料要减少 4 ~ 6 人；单轨吊打运支架 1 个安装工作面要减少 10 ~ 20 人，大大提高了打运效率。

对井下中央变电所、西翼采区变电所设备进行集中控制，实现了在地面 110 kV 变电所对井下中央变电所及西翼采区变电所的监测监控，减少岗位值班人员 8 人。

对主运输控制系统进行改造，北、西翼煤仓出货点给煤机和驱动部集中连锁控制，实现无人值守，减少人员和成本。

完成了 121302 和 111302 工作面自动化开采工作面的建设，实现了工作面开采一键启停，达到了公司要求的继续保持一个自动化开采工作面的要求。

中煤新集能源股份有限公司新集二矿

一、矿井概况

新集二矿位于淮南市凤台县城西约12 km处，东西走向最长约6 km，南北倾向最宽约5 km，面积约22 km^2。矿井于1993年7月1日动工兴建，1996年10月1日正式投产，设计生产能力为1.5 Mt/a，后改扩建生产能力为3 Mt/a。2007年9月经上级主管部门核定生产能力为2.9 Mt/a，2018年根据煤安监司函办〔2018〕91号进行生产能力复核，复核后生产能力为2.7 Mt/a。矿井配套有设计年入洗能力4 Mt原煤的选煤厂，装机容量3000 kW，实际年发电能力1.00×10^7 kW·h的瓦斯电站，并建有装机容量12 MW煤泥煤矸石电厂。矿井各项证照齐全有效。

矿井地质类型为极复杂型，水文地质类型为复杂型，瓦斯等级鉴定为煤与瓦斯突出矿井。

截至2019年12月31日，矿井保有资源储量425.27 Mt，剩余可采储量173.35 Mt，剩余服务年限45.9 a。至2019年12月末开拓煤量为17.78 Mt、可采期6.6 a；准备煤量为4.37 Mt、可采期21.8个月；回采煤量为1.26 Mt、可采期6.9个月。“三量”符合规定服务期要求。

二、2019年各项指标完成情况

2019年全年按“一井两面”生产，采煤机械化程度100%，掘进机械化程度100%，综掘机械化程度76.3%，矿井综合单产达到139057 t/(个·月)，矿井全年生产原煤2.57 Mt，全年生产天数为352 d，原煤工效10.402 t/工。矿井百万吨死亡率为零。

三、安全高效矿井建设的主要做法

（一）创新矿井特色安全管理体系

新集二矿围绕“稳、准、新、严、狠、细、实、盯、商”安全生产“九字工作方针”新理念，从思想和行动上严格对照，积极落实到日常工作，推动矿井安全、稳定、高质量发展。

以建设“灾害治理智能化示范矿井”为目标，变防为治，健全灾害治理体系，投用 GY－4500/6 型制氮设备，同时优化瓦斯分源抽采系统，实现高负压系统分区域抽采、低负压系统分机组运行。稳步推进地面超前区域探查治理工程，为矿井灾害治理提供物质保障和理论保障。深入推行“震波 MSP 物探与大、小循环钻探”相结合的综合超前探查手段，准确控制掘进前方煤层及构造情况，杜绝误揭突出煤层。

坚持“风险可控，事故可防”的管理理念，建立矿领导、职能科室、基层区队、安监部门“四位一体”管理机制，事故隐患治理做到责任、措施、资金、时限和预案“五落实”，真正做到“把风险挺在隐患前面，把隐患挺在事故前面”。截至 2019 年 12 月 31 日，已实现安全生产 2434 天，创造了新集二矿建矿以来安全周期最长纪录。

（二）科学平衡采掘节奏，生产接续顺畅高效

针对矿井采掘头面瓦斯地质条件复杂等诸多不利因素，合理控制采面接替，保持生产接续均衡稳定。定期组织采掘接替分析会议，超前分析谋划矿井生产接续存在问题，及时制定针对性解决方案，并适时调整施工力量，全力保证采掘接替稳定。突出管理重点，克服防灭火、瓦斯异常涌出等诸多困难，坚持“精益采煤”理念，做到煤炭资源科学开采、应采必采，实现工作面的安全回采。加强安撤工程关键节点控制，及时更新或调整接替计划，以日为基点，严格工期考核，精心安排生产准备队伍，实现“安撤”主线顺畅；强化掘进前生产准备工程，适时抽调巷修、开拓等小队伍超前准备，实现综掘队伍的连续进尺，提高单进。

（三）发挥技术先导作用，提高安全生产效率

推广“大掘进”格局，统筹兼顾掘进工程，超前施工钻场、机头电机硐室、管路吊挂锚杆等附属工程，形成“掘进为安装考虑，回采为回撤、封闭考虑”的“一盘棋”思想，做好生产衔接管理。

落实会商制度，促进多专业沟通融合，超前统筹谋划各类工程，超前分析生产技术管理的难点及重点，制定针对性的管控措施，做好超前预控、过程监管。

优化工作面底板巷布置方式，提高钻孔施工精度。工作面由单条底板巷调整为“U”形底板巷布置，构成全风压通风系统，缩短单孔孔深、增加钻孔施工角度，提高瓦斯治理钻孔施工精度。

创新实施煤仓与矸石仓配合使用实施方案，建立煤矸分流系统，实现煤矸分流，减少运输系统维护费用和洗选工作量，提高矿井源头煤质。

（四）抓好装备升级，加快推进“四化”建设

推进矿井设备更新升级工作，重点引进掘锚一体机、掘探一体机、空气压缩机、大功率岩巷掘进机、液压锚杆钻车、单轨吊、小型履带钻机等钻掘装备，提高矿井“四化”水平。

（五）坚持差异化考核，提升激励精度

坚持推进市场化竞争机制，充分发挥收入分配的杠杆调节作用，实现产量、进尺、生产成本等指标的全面提升。同时兼顾“小队伍”稳定，针对因矿井生产接续需要，部分掘进队伍进行生产准备施工，不具备创单进条件现状，统筹考虑作业条件、难度系数，制定对应薪酬分配政策，确保职工利益得到保障，保持队伍稳定。

淮北矿业股份有限公司孙疃煤矿

一、矿井概况

孙疃煤矿位于安徽省淮北市濉溪县孙疃镇境内，淮北煤田中部童亭背斜东翼之北段，南与任楼矿井接壤，北与杨柳井田毗邻。截至2019年底，资源储量579.62 Mt，可采储量281.39 Mt。设计生产能力1.8 Mt/a，核定生产能力2.7 Mt/a，矿井剩余服务年限为74 a。

矿井于2008年6月26日正式竣工投产，2009年达到国家煤炭工业安全高效矿井行业一级标准，2013年达到国家煤炭工业安全高效矿井行业特级标准，2017年达到国家安全生产标准化一级矿井，2019年度获批国家绿色矿山称号。

井田为南北走向、向东倾斜的单斜构造，煤层倾角平均约16°。主采煤层为7_2、8_2、10煤，平均厚度分别为1.54 m、1.79 m、2.67 m。各煤层均具有煤尘爆炸危险性。其中7_2煤层属于Ⅰ类容易自然发火煤层，8_2、10煤层为Ⅱ类自然发火煤层。矿井采用立井、集中大巷、分区石门开拓方式。

矿井为高瓦斯矿井，2019年矿井最大瓦斯绝对涌出量为10.12 m^3/min，最大相对瓦斯涌出量为2.31 m^3/t。

矿井水文地质类型为中等，正常涌水量为202 m^3/h，近五年最大涌水量为241.9 m^3/h，主要水害为10煤底板灰岩水。

二、2019年主要技术经济指标

2019年矿井生产原煤2.06 Mt，全年杜绝了重大非人身事故，百万吨死亡率为零。采煤机械化程度100%，掘进装载机械化程度100%，综掘机械化程度99.3%。矿井采用“一井两面”布置，均采用走向长壁采煤方法，顶板管理采用全部垮落法。采区采出率81.5%。矿井2个综采队均为中厚煤层综合机械化开采，矿井综合单产为96047 t/(个·月)，原煤工效为10.56 t/工。

2019年实现销售收入98056.51万元，利润25047.9万元，在岗职工人均年收入9.84万元。

矿井在工业广场建立了矿井水净化处理站和工业广场生产、生活污水处理站等两套污（废）水处理系统，各项指标均达到《污水综合排放标准》（GB 8978—1996）要求。

三、安全高效矿井建设的主要做法

（一）强推科技创新，以“两标两创”为抓手，驱动矿井高质量发展

创新是引领发展的第一动力，矿井全力实施“科技兴矿”的战略，始终把创新工作摆在发展全局的核心位置。

矿井以“两标两创”（矿标、对标，管理创新、技术创新）为抓手，紧密结合矿井实际，聚焦矿井发展中的重点、难点，组建科研团队，确立科研项目，集中力量进行课题攻关，着力破解安全生产难题。

全年发布矿标 101 项，课题攻关结题 11 项，科研项目立项 6 项（获奖 2 项），“五小”实用技术获奖 12 项，技术论文征集发表 8 篇。为矿井安全高效发展做出了杰出贡献。

（二）强推“四化三减”，采掘提效取得新突破

矿井大力推进掘进、巷修、安拆机械化、切眼扩安一体化、综采智能化；创新“降钻锚注平”支护工艺；研究综采综掘安全高效过断层工艺技术；攻克揭煤、破碎带施工等制约掘进提效短板。

2019 年矿井 10111 智能化采煤工作面成功投产，1013 智能化掘进工作面顺利建成；3 部柴油机单轨吊投入运行，全面代替地轨运输。地面智能选矸系统大幅提升分选质量，实现减员 77%，全年节约洗选成本 416 万元。

“四化三减”提高了矿井安全生产管理水平，采掘提效取得新突破。

（三）做好“四个到位”，推进矿井高效安全生产

风险管控到位。一是定期分析研判。二是明确管控措施。三是规范风险发布。四是强化过程管控。

隐患排查到位。压实隐患排查层级责任，固化矿井月排查、系统半月排查、科区日排查、班组班排查、岗位自查“五级”隐患排查体系。

灾害治理到位。加大安全投入、大力实施治灾工程。严格落实瓦斯治理“一矿一策、一面一策”，牢牢掮住六项指标，采取地面井、定向长钻孔、顺层孔等瓦斯治理措施，确保瓦斯治理达标。水害治理采取区域疏降、超前疏降等水害治理措施，先达标后采掘。

标准落实到位。倡导思想引领，打造创新团队，坚持从小、从细、从高、从严的创建标准，广泛开展井上、下安全生产标准化立体创建。

（四）强化“三个保障”，持续提升矿井安全发展水平

强化制度保障。坚持问题导向，持续完善矿井标准化管理工作机制，对各专业、各要素提出了明确的创建目标，实行重奖重罚。通过建立激励机制，进一步增强体系创建的内生动力，保证推进效果。

强化培训保障。坚持党管培训不动摇，落实法定要求刚性培，主体专业重点培，“三项岗位人员”复训率、合格率、持证上岗率均达到100%。

强化作风保障。坚持把“严细实精”作风落实到体系创建的每个环节，常抓不懈，久久为功。

淮北矿业股份有限公司临涣煤矿

一、矿井概况

临涣煤矿位于安徽省淮北市濉溪县境内，北距淮北市 40 km，东距宿州市 30 km，井田位于童亭背斜北部倾伏端，西以骑路周断层为界，西北以骑路周断层与海孜矿为界，东至大辛家断层，南至东南以赵口断层和小陈家断层为界，并分别与童亭矿和杨柳井田接壤，西南起太原组顶界，矿井东西长 13 km，南北宽 4 ~5 km。矿井开采煤层为 7、8、9、10 煤层，煤种为焦煤、1/3 焦煤。截至 2019 年底，矿井保有资源储量 325. 84 Mt，剩余可采储量 173. 90 Mt。矿井开采的 7、8、9、10 煤层经中国矿业大学矿山开采与安全教育部重点实验室鉴定，均为突出煤层。

矿井 1985 年建成投产，设计生产能力 1. 8 Mt/a，2019 年 7 月核定生产能力为 2. 6 Mt/a，矿井剩余服务年限为 47. 8 a。采取立井石门分水平开拓方式，沿倾斜方向分三个水平开采，标高分别为 -450 m、 -650 m、 -800 m。目前矿井生产采区 3 个，分别为Ⅰ11、Ⅱ2、西六。

矿井为混合式通风方式，抽出式通风方法。矿井有 4 个进风井，2 个回风井，各采区均实现分区通风，矿井通风系统稳定、可靠。

主井装备两套提升系统，均采用 JKD -2. 8 ×6 型塔式多绳摩擦式提升机；副井装备两套提升系统，均采用 JKD -2. 8 ×6 型塔式多绳摩擦式提升机；东部井装备一套提升系统，采用一台 JKMD2. 8 ×4P 型落地式多绳摩擦轮提升机。井下主运带式输送机系统，现分为东翼主运带式输送机系统、西翼主运带式输送机系统、Ⅱ3 主运带式输送机系统。井下运输大巷辅助运输采用 CT12/9 GP 型蓄电池电机车牵引 MGC3. 3 -9B 型、MGC1. 7 -9B 型固定式矿车排矸、运料，PRC -18 平巷人车运送人员，KPCS -148 型柴油机单轨吊运输西六采区物料及人员。

二、2019 年主要技术经济指标

2019 年矿井实际完成产量 1. 99 Mt，其中机采产量为 1. 87 Mt。矿井安全形势良好，百万吨死亡率为零。

矿井共有 2 个综采区，采煤机械化程度 100%。6 个掘进队，其中 2 个岩巷队和 4 个煤巷队，掘进机械化程度 100%，综掘程度 93.5%。采用“一矿两面”布置，目前采区接替正常。采煤工作面均为综采工艺开采，矿井开采煤层均为中厚煤层，采区采出率 80.9%；2 个综采队均为中厚煤层综合机械化开采，2019 年综采一队年产量 973368 t，综采二队年产量 896468 t，矿井综合单产为 83079 t/(个·月)。

2019 年集团公司计划利润指标 10590 万元，实际完成 14832.33 万元，计划成本指标 350.78 元/t，完成成本 341.73 元/t，在岗职工人均年收入 10.19 万元。

三、安全高效矿井建设的主要做法

强化劳动用工和定员管理，严格按照“配齐配强一线队伍、优化精简辅助人员、严控地面机关人员”的原则，努力提高采掘工效，出台了大班人员管理规定，大大精简了地面勤杂人员，充实采掘一线队伍。优化岗位设置，坚持“无人则安、少人则安”“多上设备少用人、自动化上去必减人”的原则，充分发挥自动化、信息化作用，推进机构、岗位合并，确保辅助和地面机关人员按集团公司要求精简分流到位。利用井下作业人员定位系统和地面虹膜考勤系统，并与人力资源考勤系统对接，强化日常考勤管理，严格出勤不正常人员管理，每月考核、惩处，促进队伍精干高效。

（一）强推“四化三减”增效

单产提效。加强综采工作面“三机”配套建设，推广使用端头支架、超前支架、电液控、智能化设备等实用技术，提高工效。

单进提效。拓宽锚网支护使用范围，提高煤巷锚杆支护率，为推广机械化奠定基础。优化巷道设计，根据巷道不同用途、服务时间，选择断面、支护方式，为推广掘进机械化，实现高效快速掘进提供保障。

巷修提效。合理安排巷修支护方式，尽可能采用锚网索支护，减少 U 型钢架棚支护，提高巷修效率，为推广巷修机械化创造条件。推行巷修机械化，推广使用柴油式巷修机等设备，建立巷修后运连续化，提高巷修效率。

钻机提效。应用大功率、高扭矩钻机，提高钻进效率。积极推广应用定向长钻孔施工工艺，降低瓦斯治理成本，提高治理效果。加强地质探查，严格落实钻孔上图分析制度，优化钻孔设计，降低钻孔补孔率，严格控制底板巷层位，减少钻孔工程量。

（二）提质、降本增效

提质增效。优化设计提煤质。查清地质构造，严格落实采掘工作面断层三级筛查制度，严禁落差大于 10 m 断层进入工作面；工作面遇断层合理制定分段、分装、分运、分提方案，掘进和修护设计考虑独立排矸系统，从源头上控制矸石混入原煤。加强管理提煤质。强化现场管理，杜绝掘进破顶丢底煤施工，严格控制回采工作面过岩石段采高，严禁掘进及修护矸石混入煤流。

降本增效。加大材料回收复用力度，强化大型材料和周转物资管理。拓展修旧利废范围，严格考核，控制外修。盘活库存积压物资，严控新材料积压。工作面采取注浆减沉开采，减少迁村费用。

（三）强化矿井科技创新氛围

2019 年度矿井承担集团公司科研项目 5 项；完成小改小革项目 58 项，其中 14 项获集团公司奖励；完成技术创新论文 6 篇，其中 3 篇获集团公司奖励；取得发明专利 2 项，矿井科技创新氛围浓厚，优秀人才不断涌现，激发了矿井发展活力。

淮北矿业股份有限公司祁南煤矿

一、矿井概况

祁南煤矿位于安徽省宿州市埇桥区祁县镇境内，北距宿州市约 23 km，南距蚌埠市约 70 km。北部以第 10 勘查线与桃园煤矿毗邻，东部以 F22 断层与祁东煤矿相接。

矿井 1992 年 12 月 26 日破土动工，2000 年 12 月 26 日正式投产，设计生产能力 1. 8 Mt/a，设计服务年限 132. 8 a，经两次改扩建后，2009 年核定生产能力 3 Mt/a，2019 年核定生产能力 2. 6 Mt/a。

二、2019 年主要技术经济指标

2019 年矿井实际完成产量 1. 89 Mt，均为机械化开采。矿井安全形势良好，百万吨死亡率为零。矿井年度计划利润 6368 万元，实际完成利润 8448 万元，实现销售收入 71909. 53 万元，在岗职工人均年收入 10. 625 万元。矿井共有 2 个综采队，采煤机械化程度 100% 。3 个掘进队，其中 1 个岩巷队和 2 个煤巷队，掘进装载机械化程度 100% ，综掘机械化率 94. 8% 。采煤工作面均为综采工艺开采，矿井为中厚煤层开采，采区采出率 81. 6% 。

三、安全高效矿井建设的主要做法

（一）狠抓设计源头，强化地质保障

严格落实“地质先行，保障有力，探资源，控断层，治灾害”的总体要求，按照“全资源、大联合、盯中心、利治灾、顺断层、先区段、后系统、平直简、一次设计、分步实施”32 字设计方针，狠抓地质和设计工作，为采掘提效做好源头保障工作。优化采区、工作面和巷道工程设计，为采掘提效创造条件。

（二）强推“四化三减”，实现全面提效

采煤提效。采煤工作面使用端头、超前支架，减少职工劳动强度。机巷使用自移式开关列车，减少拉移开关列车时间。配精配强一线人员，充实一线力量，强化机电人员管理，加强设备检修，提高设备开机率。智能化工作

面开采，减少了采煤工作面现场操作人员，煤机记忆截割及支架成组推移刮板输送机，实现了无人跟机作业，节约了人工成本，提高了资源利用率。

掘进提效。优化支护设计，3_2 煤、6_1 煤、7_1 煤工作面两巷全面推行煤锚支护。优化机、风巷地质探查孔设计、瓦斯钻孔设计，减少对掘进的影响时间。统筹做到“钻掘平衡、掘钻平衡”，减少掘进和打钻的相互影响时间。统筹实施工作面“一站到位”方案，减少安装前准备工程。积极推广成熟的新装备、新工艺，使用掘进机械化装备，减少后运人员，充实一线人员。优化岩巷施工方案，大力推进岩巷综掘施工。

巷修提效。具备机械化修复条件的巷道必须使用机械化设备修复。优化修复方案，推行“卧、锚、注”工艺，保证修复效果，减少巷道失修率。

钻机提效。推广使用大功率钻机，提高钻机效率。推广使用定向钻孔技术，大大提高钻孔施工效率。配足配强钻探人员，提高开机率。优化钻孔设计，降低钻孔补孔率，减少钻孔工程量。

加大科技创新力度，提高矿井信息化水平。充分发挥科技优势，建立、更新了瓦斯监测、人员定位、生产调度、安全体系平台、工资查询、职工考勤管理、精细化管理、经费管理等信息系统，实现了安全、生产及经营等信息集中传输及应用，提高了矿井信息化水平。

安徽省亳州煤业有限公司袁店一井

一、矿井概况

袁店一井煤矿位于安徽省濉溪县袁店集附近，东北距宿州市约 40 km、距淮北市约 42 km。

井田西以袁店断层为界与袁店二井毗邻；东以 3_2 煤层 -1000 m 的水平投影线和 39467500 经线与张油坊井田接壤；南至杨柳～五沟断层（与五沟煤矿相邻）及 10 煤层露头 8 线；北到 3_2 煤层 -1000 m 水平投影线，走向长约 6.9～13.6 km，南北宽 1.2～3.4 km，面积 37.2245 km^2。

矿井于 2007 年 6 月 16 日开工建设，2011 年 12 月 23 日正式投产，设计生产能力 1.8 Mt/a，核定生产能力 1.8 Mt/a。

矿井可采煤层有 3_2、5_1、6_3、7_2、8_1、8_2、10 等 7 层煤层，主要煤种为肥煤、1/3 焦煤和焦煤，平均总厚为 13.51 m，占含煤平均总厚的 94%；其中 3_2、7_2、8_1、8_2、10 为主采煤层，较稳定，平均总厚 12.40 m，占可采煤层平均总厚的 91%；现开采 8_1、8_2、10 煤层。截至 2019 年 12 月末矿井剩余地质储量为 352.53 Mt，可采储量为 141.31 Mt。

二、2019 年主要技术经济指标

2019 年矿井未发生人身伤亡事故和较大涉险事故，实现了安全生产。矿井实际总产量完成 1.65 Mt，其中机采总产量 1.57 Mt，工作面综合单产 71670 t/(个·月)，采煤机械化程度 100%，综掘机械化程度 97%。矿井为厚煤层开采，采区采出率 83.2%，原煤工效 7.13t/工。实现销售收入 61019.51 万元，计划成本 348.93 元/t，实际完成 345.53 元/t，计划利润 9150 万元，实际完成 10963.67 万元，在岗职工人均年收入 10.99 万元。

三、安全高效矿井建设的主要做法

（一）采掘提效

采煤提效。使用端头支架和超前支架，降低劳动强度，减少用工，减少两巷超前管理影响时间。加强综采机电设备管理，保证检修质量，提高开机率。

掘进提效。强化地质技术保障，严抓设计源头，精准设计，优化巷道布置，合理设计巷道层位、断面、坡度、支护等，为掘进机械化、后运连续化创造条件。

钻机提效。统筹钻机施工与掘进作业时空关系，减少影响。严格按机组实行内部市场化考核，提高单机效率。顺层钻孔采用 ZDY6500 型大功率钻机及配套钻杆，前掘后钻，做到巷道贯通顺层孔基本结束。

（二）深化“四化三减”

全面推进机械化。综采、综掘机械化 100%，综采、综掘工作面全部按标准配置。掘进工作全面实施“一站到位”，采掘通用性装备均按采煤标准配置。

提高信息化、自动化水平。对人员定位系统、矿井环网系统、工业电视系统、远程监控系统进行扩容；增加关键点视频监控设备（包括采掘工作面），搭建可视化系统软硬件平台，将现有视频设备融合；瓦斯抽采治理巷道安装无线覆盖和视频传输设备。矿井使用应急广播系统，紧急情况下，调度人员可以启动紧急广播，在井下各广播站点全线播放紧急报警声和告警语音，为井下工作人员提供必要的声讯信息；同时调度人员的指挥命令也可通过麦克风进行全线广播。矿井使用 KJ303 煤矿人员位置监测系统，能够对井下各系统及地点人员情况及时掌握，并有齐全的考勤辅助功能，在此基础上现又新增了面部考勤机，与 KJ303 煤矿人员位置监测系统配合使用，形成了完善的地面及井下考勤系统。矿井使用“煤矿精益管理信息系统”，材料的计划、审批、采购、发放包括材料考核结算、财务成本考核全部实现信息化管理。矿井以淮北矿业协同办公系统作为主要网上办公系统，还有短信平台、各单位和组织等设立的 QQ、微信群作为辅助的网上办公系统。

积极推广新工艺新技术。积极开展巷道支护技术攻关，着力解决 8 煤放顶煤沿底掘进巷道支护工艺，提高单进水平。积极推行综采切眼扩安一体化装备和综采拆除通道机械化作业，降低劳动强度，减少用工；安拆使用单轨吊整架运输方式，实现工作面安全快速安拆。积极推广综采智能化开采技术，2019 年底安装 824 智能化放顶煤工作面，实现地面指挥中心远程控制。

（三）提质增效

优化设计提煤质。严格落实采掘工作面断层三级筛查制度，查清地质构造；工作面遇断层合理制定分段、分装、分运、分提方案，掘进和修护设计考虑独立排矸系统，从源头上控制矸石混入原煤。

加强管理提煤质。强化现场管理，杜绝掘进破顶丢底煤施工，严格控制回采工作面过岩石段采高，严禁掘进及修护矸石混入煤流。

分装分运提煤质。井下建成三个煤仓，做到灰分低的煤与灰分高的煤分装，两个主井系统可以做到分运，地面选煤厂能直接筛选灰分高的煤，主动降低灰分，提高煤质。

（四）积极推广单轨吊辅助运输，全面实现后运连续化

矿井采用电机车配合单轨吊的运输方式，实现了采区内部单轨吊全覆盖，辅助运输材料从副井通过电机车运输至单轨吊换装站，由单轨吊直接运输至施工地点。在此过程中，只有一次在单轨吊换装站的转载，减少了转载的次数，减少了绞车的维护人员，实现辅助运输的连续化，杜绝了因转载发生的事故。

（五）生态文明

严格遵守《中华人民共和国环境保护法》等有关法律法规规定，以建设花园形矿区为目标，全面加大生态环境整治力度。污水排放均达到国家要求，污水排放治理，已通过国家专业验收，排放均达标。矿井水经水厂处理后可作井下消防、防尘洒水、防火灌浆用水等，矿井水利用率可达 100% 。

煤和矸石外运采用封闭式皮带长廊，杜绝了粉尘的飞扬。同时在各转载点增设灭尘喷雾，确保运输过程中的防尘降尘；在风井扩散塔上安装吸音塔，使扩散塔排风噪声大大降低；定期对全矿职工健康进行检查，保证职工身体健康，降低职业病发病率；矿井空地绿化率 95% 以上，已建成了一个现代化的花园式矿井。

（六）建立健全安全风险分级管控与隐患排查双融合机制，提高事故防范能力

认真落实风险管控“六项机制”及隐患排查治理制度，全面推进矿井、系统、科区、班组（岗位）四个层面风险与隐患融合管理，明确各层级风险管控与隐患排查治理责任，全方位、全过程防风险、除隐患。以风险管控效果动态调整隐患排查重点，以隐患总结分析完善风险管控措施，实现“两个专业”机构、检查、分析、考核融合管理，全面提高风险管控与隐患整治效果。

（七）推进“内部市场化”，全员算账意识增强

市场经济机制的引入，把干部职工的经济利益和本单位经营效益紧密地联系在一起，干部职工都学会了算大账、算细账，自觉节支降耗，降低成本，效益观念、市场观念得到了确立。过去每个单位都说人不够用，但人越

多、扯皮越多、效率越低。内部市场化把各个市场主体之间的经济往来用价格结算连接起来，通过价格结算决定收入高低，新的利益分配机制促使各单位、岗位自发地合理安排工序，优化劳动力资源配置，杜绝了窝工现象，对各岗位进行整合，形成一专多能、一人多岗、一岗多责的用人机制，有效激活职工内在动力，实现了人力资源精干高效。

同时做到了各主体市场结算均按市场规则进行，杜绝了人为因素，内部市场化在管理上体现了分权经营思想，扩大了科区自主经营权，通过合理制定单价，对苦脏累险、技术含量高的工作给予倾斜，改变了行政式管理中工作挑三拣四、扯皮拖拉现象，工作效率提升。

淮北杨柳煤业有限公司

一、矿井概况

杨柳矿位于安徽省淮北市濉溪县境内，南部以杨柳断层为界，与孙疃煤矿接壤；西北部以小陈家、大辛家断层为界，与临涣煤矿毗邻；西部以太原组一灰顶界露头线为界，与童亭矿相邻，东部至 3_1 煤层 -1000 m 水平投影线和大牛家、杨柳断层。截至2019 年底，剩余资源储量296.42 Mt，可采储量151.97 Mt。设计生产能力1.8 Mt/a，矿井剩余服务年限为48 a。

杨柳矿2010 年12 月23 日投产，矿井采用立井、石门开拓方式，中央边界式通风方式。含煤地层为石炭、二叠系，可采煤层有 3_1、3_2、5_1、7_2、8_1、8_2、10 煤层，其中 3_2、8_2、10 煤为主采煤层。主井提升采用1 台JKMD - 3.5 ×4（Ⅲ）型落地式多绳摩擦式提升机，副井采用1 台JKMD - 3.5 ×4（Ⅲ）型落地式多绳摩擦轮提升机。井下设立专门的带式输送机运输大巷，实现煤炭运输皮带化。矿井整个西翼采区实现了井底车场至采区内部柴油单轨吊辅助运输网络化、全覆盖，提高了安全保障能力和生产效率。

二、2019 年主要技术经济指标

2019 年矿井实际完成产量1.55 Mt，其中机采产量为1.50 Mt。矿井安全形势良好，百万吨死亡率为零。全年实现利润11809.21 万元，与利润计划指标9320 万元比，超出2489.21 万元，在岗职工人均年收入10.1 万元。矿井共有1 个综采区，采煤机械化程度100%，综合单产125000 t/(个·月)。4 个掘进队，其中3 个煤巷队和1 个岩巷队，掘进机械化程度100%。矿井为中厚煤层，采区采出率83.7%，原煤工效8.7 t/工。

三、安全高效矿井建设的主要做法

（1）坚定“科学技术是第一生产力”理念不动摇，坚持走科技兴矿之路。杨柳矿与重点高校合作，开展了《矿区突出煤层敏感指标考察》《太原群上组薄层灰岩地球物理化学识别方法》《杨柳1074 工作面多煤层注浆充填不迁村开采》《杨柳103 采区总回风巷采动影响分析及加固支护技术研究》《矿井通风智能化管理辅助决策系统研究》等科研项目研究，通过这些科研项目的研究和推广，大幅度地提高了安全管理水平，同时取得了巨大的经济和社会效益。

（2）坚定推行“四化三减”决心不动摇。通过“四化三减”，不断提高机械化、自动化、信息化、智能化建设水平，以减人员、降成本，来提高工作效率，确保矿井健康稳定发展。采煤工作面全部实现智能化开采，在1074智能化综采工作面首次采用“扩安一体化”、柴油单轨吊整架运输新技术取得圆满成功，即保证了扩安期间安全，又提高了安装效率。下一步，杨柳矿将不断提升“四化三减”在矿井安全高效发展中的地位，重点推进柴油单轨吊运输、掘钻一体化工艺、变电所无人值守改造等工作，切实用“四化三减”减人提效。

（3）坚定降本增效举措不动摇，经营管理在深挖内潜、提质降耗中实现突破。坚持两眼向内，在压力中深挖潜力，降本增效效果显现。实施内部市场化管理，大力开展修旧利废、回收复用等工作，有效激发了基层各单位深挖内潜的工作动力。煤质管理稳定可控，严格落实分装分运、控制煤质水分等有效措施，确保了外运商品煤质量。

（4）深入扎实推进卓越班组建设，建设高素质的职工队伍，努力打造煤炭行业一流班组。不断提升班组长素质，坚持举办班组安全自主管理与风险预控大赛，开展“群英会”班组长交流等活动，从建立和刷新后备班组长人才库、实行班组长职位公推公选、日常管理激约机制并存、突出综合素质提升等方面入手，形成了“储备、选拔、管理、培养、晋级”五位一体的班组长队伍梯级培养系统建设，公推公选率达到100%。把轮值管理与班组日常工作有机融合，推行实施了“班组三步轮值法”，进一步规范了班组管理组织结构和管理流程，明确了每一位班组成员在班组自主管理中所要担负的责任和起到的作用，并且实行了科区管理干部包保、技术人员协保制度，确保此项工作的扎实推进，从而不断加强班组自主管理工作，激发班组活力，不断夯实矿井管理基础。

安徽省亳州煤业有限公司袁店二井

一、矿井概况

袁店二井煤矿隶属于安徽省亳州煤业有限公司，为淮北矿业集团下属子公司，位于安徽省濉溪县与涡阳县的交界处，行政区划属于涡阳县，东距宿州市约55 km、东北距淮北市约52 km、西距涡阳县城约35 km。2007 年6 月破土动工，2011 年12 月建成投产，原设计生产能力0. 9 Mt/a，2018 年重新核定矿井生产能力为1. 5 Mt/a。

矿井开拓方式为立井多水平，共划分两个水平，一水平标高为 -560 m；二水平标高为 -750 m（正在开拓准备）。矿井共有3 个安全出口，分别为副井、主井、中央风井。

矿井内可采煤层共5 层（3_2、7_2、8_1、8_2、10 煤层），可采煤层总厚度为7. 94 m，其中7_2、10 煤层为主要可采煤层，赋存较稳定，总厚度为6. 17 m。截至2019 年12 月底，矿井剩余可采储量73. 20 Mt。

矿井为低瓦斯矿井，全矿最大绝对瓦斯涌出量3. 38 m^3/min，最大相对瓦斯涌出量1. 31 m^3/t。7_2、10 煤煤层自燃倾向鉴定为Ⅱ类自燃煤层，煤尘具有爆炸危险性。

二、2019 年主要技术经济指标

2019 年实现利润25040 万元，在岗职工人均年收入9. 6 万元。采煤机械化程度为100% ，掘进机械化程度为100% 。采用厚煤层综采采煤工艺开采，采区采出率80. 4% 。目前，矿井有2 个回采工作面，采用走向长壁采煤方法，顶板管理采用全部陷落法。有9 支掘进队伍，均为综掘队；原煤产量1. 24 Mt/a，综采单产80000 t/(个·月) 以上，原煤工效7. 128 t/工。

三、安全高效矿井建设的主要做法

（一）矿井劳动定员管理

严格按照“一线足、二线紧、三线精”的用工原则，向采掘一线、高技能、高价值岗位择优配置，控制用工总量。调整人员结构，实行动态管理，差异化定员，井下作业人员定位系统与人力资源考勤系统对接，强化日常考勤管理，对于“四长”人员一月一统计，一月一处理。运用人力资源大数据模块，认真分析、全面了解各板块、系统人力资源结构情况，及时为矿井安全生产提供准确信息，满足矿井日常人力资源的动态调整。继续加大人力资源开发力度，提高技能人员素质，促进队伍精干高效。

（二）体系统领保安全

坚持体系统领全要素考核，做实体系切块工资月度考核兑现，每月评比体系建设示范科区和先进个人，推动体系建设向班组、向岗位、向现场延伸。抓牢安全生产标准化创建，推行“模块+清单”管理模式，收购标准化工程，每月评比安全生产标准化创建先进单位和先进个人，培训与应急管理专业获集团公司标杆专业。措住重大灾害防控不放松，盯住老空区、沿空掘进、初采收作等防火重点区域、时段的防火管理，严格落实集团公司防治水“五条铁规”。固化风险隐患双预控机制，落实风险隐患排查治理四级责任制，开展无极绳风险专项辨识，安全防控体系更加完善。建立安全管理“三会一课”制度和安全评估机制，落实“周、旬、月”安全评估，实现有的放矢、超前防控。

（三）内部市场激活力

做实内部市场化建设，充分发挥市场化激励作用，全面实施市场化收购，推行“两量一价”机制，引导干部职工上标准岗、干标准活、收标准尺。积极拓宽市场化广度和维度，完善市场化价格体系，修订采掘产品、辅助单位服务收购价格，规范单项工程、后勤物业服务结算价格，市场化建设基础更加扎实，内部市场更具活力。

（四）强化培训提素质

全面推行“3331”员工教育培训模式，实施“金蓝领”素质养成计划，强化班组长综合素质培训和工匠大师培养力度。实行培训效果收购，以市场化助推培训，严格兑现月度培训切块工资。密切校企合作，联办3期管理干部素质提升班，选送33名管理干部到煤电技师学院学习深造。加强安全意愿培训，开展“我要安全、我要健康、珍爱生命、从我做起”专项培训，开办“三违”人员安全意识培训班，筑牢思想上不愿“三违”的堤坝。

（五）严抓作风强执行

大力弘扬“一声令下，全面执行到位”的管理文化，下发《袁店二井煤矿“蜗牛奖”评比认定办法》，给予重要决策部署推进不力，不谋事、不干事的管技干部颁发“蜗牛”奖，倒逼干部执行力提升。建立“党群驿站”，严格落实管技人员召回工作制度。

（六）创新引领促生产

以问题为导向，创新技术、创新工艺、创新管理。成功召开巷修机械化工作推进现场会，创新高地应力下围岩治理模式，改进吊挂皮带，综合运用“柴油单轨吊 + 吊挂皮带 + 巷修机”，实现“掘、装、运、支、辅”五大工序机械化协同作业，解决了在掘巷道围岩治理难题。上海创力研发的全国首台大倾角矿用盾构机“淮盾 1 号”成功在袁店二井试运行，开辟了岩巷安全快速掘进新道路。成功召开掘进后配套装备应用现场会，实施“一条巷道一条皮带”，在巷道创新应用多点驱动和转弯装置，破解了后路运输难题。积极参与省、集团公司创新项目申报，2 项创新成果获安徽省重大合理化建议，2 项创新成果获集团公司管理现代化创新项目，3 项创新成果获集团公司科学技术奖。

淮南矿业（集团）有限责任公司谢桥煤矿

一、矿井概况

谢桥煤矿隶属于淮南矿业（集团）有限责任公司，是该公司主力矿井之一。矿井设计生产能力4 Mt/a，2012年技改后核定生产能力9.6 Mt/a。矿井保有资源储量539.59 Mt，剩余可采储量314.70 Mt，煤种为气煤和1/3焦煤，水文地质类型属极复杂型，属煤与瓦斯突出矿井。矿井采用立井、集中运输大巷、分区石门和上下山开拓方式。正在开采的煤层为13-1、11-2、8、6、4-2煤层，均为Ⅱ级自燃煤层。

二、2019年主要技术经济指标

2019年矿井生产原煤8.07 Mt，最高月产759700 t，最高日产27181 t，建成一支年产3 Mt综采队。平均工作面个数2.76个，矿井综合单产243600 t/(个·月)，原煤工效17.62 t/工。原煤生产全部成本307.73元/t。在岗职工人均年收入11.71万元。矿井全年百万吨死亡率为零。

全年完成掘进总进尺30068 m，其中，煤巷进尺18000 m，岩巷进尺12068 m，煤巷最高单进330 m/(月·头)，岩巷最高单进200 m/(月·头)。

矿井共有3个采煤队，全部采用走向长壁综合机械化采煤法，综合机械化程度达100%。

三、安全高效矿井建设的主要做法

随着开采深度的增加，高地压、高瓦斯、高地温治理难度逐步增加，谢桥煤矿需要进一步增加支护强度，控制地压，改进瓦斯抽采工艺，提高抽采效果，推行实施降温系统。

以集约安全高产高效矿井建设为方向，牢固树立“一切事故皆可避免”安全管理理念，以经济效益为中心，创建本质安全型矿井。以12324智能化工作面开采技术管理为引导，坚持“装备一流、管理一流”的指导思想，推进机械化、自动化、信息化、专业化“四化”融合，推行“采煤机械化、掘进机械化、修护机械化、前探支护机械化、可视化、后运连续化、乘人机械化”七项措施，积极引进并推广运用新设备，持续推进机电设备升级换代，不断提高系统生产能力。超前谋划，创新发展，砥砺奋进，坚持建设安全、经济、文明、和谐、绿色矿井的方向，坚定不移地完成煤业公司下达的各项任务，努力实现安全生产年。

淮浙煤电有限责任公司顾北煤矿

一、矿井概况

顾北煤矿隶属于淮南矿业集团公司和浙江能源集团公司均股组建的淮浙煤电有限责任公司，由煤炭工业合肥设计研究院设计，设计生产能力 3 Mt/a，主要系统预留 6 Mt/a 的生产条件。2013 年，扩建项目通过验收，矿井生产能力提高至 4 Mt/a。矿井保有资源储量 633.09 Mt，剩余可采储量 273.97 Mt，煤种为气煤和 1/3 焦煤，水文地质类型属复杂型，属煤与瓦斯突出矿井。矿井采用立井、石门、分组集中运输大巷开拓方式。正在开采的煤层为 13_{-1}、11_{-2}、6_{-2}和 1 煤层。

二、2019 年主要技术经济指标

2019 年度生产原煤 4 Mt，平均工作面个数 1.91 个，矿井综合单产为 174500 t/(个・月)，原煤工效 13.25 t/工，原煤灰分全年为 35.66%。吨煤成本 390 元，销售收入 185278 万元，利润 9276 万元，职工年人均收入 12 万元。矿井安全生产标准化达行业一级标准。全年百万吨死亡率为零。

2019 年度回采 4 个综采工作面，回采方式为后退式倾向（走向）长壁综合机械化采煤，综合机械化程度为 100%。

全年煤、岩巷掘进总进尺完成 14600 m，其中煤巷进尺 10160 m，岩巷进尺 4440 m。煤巷最高月进尺 300 m/(月・头)；岩巷最高月进尺 110 m/(月・头)。

矿井共有 2 个采煤队，全部采用倾向（走向）长壁综合机械化采煤法，综合机械化程度达 100%。

三、安全高效矿井建设的主要做法

2018—2019 年，顾北矿紧紧围绕建设特级安全高效矿井这一目标，坚持以人为本的管理理念，以科技创新为依托，以安全质量为保证，走煤电一体化道路，实施可持续发展战略，科学决策，严格管理。

随着煤炭经济下行，高地压、高瓦斯、高地温、承压水治理成本增加，顾北煤矿需要进一步合理确定支护强度，改进瓦斯抽采工艺，提高抽采效果，推行集中降温系统，加强探放水措施以确保开采安全、经济。

以集约安全高产高效矿井建设为方向，牢固树立“一切事故皆可避免”安全管理理念，以经济效益为中心，创建本质安全型矿井。坚持“装备一流、管理一流”的指导思想，推进机械化、自动化、信息化、专业化“四化”融合，推行“采煤机械化、掘进机械化、修护机械化、前探支护机械化、可视化、后运连续化、乘人机械化”七项措施，积极引进并推广运用新设备，持续推进机电设备升级换代，不断提高系统生产能力。动态保持一级安全生产标准化矿井水平。超前谋划，创新发展，砥砺奋进，坚持建设安全、经济、文明、和谐、绿色矿井。

安徽恒源煤电股份有限公司钱营孜煤矿

一、矿井概况

安徽恒源煤电股份有限公司钱营孜煤矿位于安徽省宿州市西南，矿井于2010年6月投产，设计生产能力1.8 Mt/a，设计服务年限84.1 a。选煤厂配套洗选能力为2.4 Mt，2012年核定年生产能力为3.85 Mt。矿井地质储量544.68 Mt，可采储量211.84 Mt，主要煤种为气煤。

矿井开拓方式采用立井、主石门及大巷开拓方式。全井田划分为二个水平开采，一水平标高 -650 m，二水平标高 -1000 m。矿井移交时通风系统为中央并列式，矿井西三采区生产时，为解决西三采区通风线路长、通风阻力大的问题，在井田西翼浅部增设一个回风井（西回风井），形成混合式通风系统。矿井通风方式采用机械抽出式负压通风。

二、2019年主要技术经济指标

矿井安全形势稳定，杜绝了重伤以上人身事故和二级以上非人身事故，截至2019年12月31日矿井已达到安全生产1965 d。

2019年主采煤层为3_2煤，平均煤厚2.87 m，为中厚煤层，矿井采区采出率为83.1%，原煤总产量3.64 Mt，综采机械化程度100%；掘进总进尺10028 m，掘进装载机械化程度100%，其中煤巷进尺8433 m，岩巷进尺1595 m，综掘进尺8062 m，综掘机械化程度83.9%。平均工作面个数0.93个，综合单产310345 t/(个·月)，原煤工效14.17 t/工。

2019年计划利润63500万元，实际完成利润64600万元，职工人均年收入8.3万元。

三、安全高效矿井建设的主要做法

（一）技术及管理创新方面

强化综合施策，提高原煤产量。实施科技攻关活动，优化劳动组织和作业流程，合理组织配采，实现$W3_221$工作面里外切眼、$W3_222$工作面中部切眼快速对接，保持了矿井产量持续稳定。落实精准过断层理念，持续开展地质预测预报和工作面探煤工作，为 $W3_2$21 工作面过 DF70 断层组提供了技术支撑。发挥“一通三防”、地质防治水日分析平台作用，动态关注现场变化，及时采取针对性措施，消除采空区自然发火威胁，为工作面高效回采提供了保障。加快西三采区开拓工程施工，合理人员配置，优化劳动组织，使用带式输送机配合矿车出货，实现了连续出矸，西三带式输送机上山单月进尺最高 125 m。及时调整西三带式输送机上山施工角度，减少近煤层施工防突措施影响时间，西三采区贯通稳步进行，矿井中长期接替得到有效保证。

积极推进机械化。结合矿井采场条件，综合运用先进科技，加大设备投入，引进柴油机单轨吊、气动单轨吊、掘锚护一体机等新设备，探索实现柴油机单轨吊、气动单轨吊、电缆单轨吊三轨合一，成立齿卡轨车、柴油机单轨吊专业化运输队，辅助运输更加安全、高效；发挥好现有设备功能，在实现千米定向钻机一机多用的前提下，积极探索，提高千米定向钻机钻进效率，实现了单孔施工 806 m，创造了全省井下水文地质类钻孔的最深纪录。引进带式输送机集控设备，解放了劳动力，实现了减人提效，在 $W3_2$11 风巷、$E3_2$13 两巷、西三采区带式输送机上山应用效果较好；实施矸石山排矸系统自动一体化升级改造，通过减少操作环节，提高设备运行效率，实现了减人提效和降低风险点双重目的。

自主创新成效显著。强化挖潜提效，发挥区位优势，承接了钱营孜电厂输煤栈桥系统维护、物业管理等工程，年合同金额 780 余万；机厂加工的蝶形托盘等生产物资，进入公司供应系统，全年创收 240 万元；抢抓市场机遇，营鼎建材投入自动配水系统，配置自动码坯机，提高了市场竞争力，实现利润 15 万元，历史上首次盈利。激发修旧利废潜能，持续做好回收物资的分拣、修复，坚持物资设备“有旧不发新”原则，做好材料及设备发放管理；持续政策引导，调动基层单位回收积极性，压实修旧利废职责，做到能修尽修，激发降本增效潜能。2019 年累计回收、修复、复用材料约 7.6 万件，累计创收 1830 万元。扩孔改造普通轨，运行卡轨式无极绳梭车，减少新型梭车投入 60 万元。使用 OA 办公平台，实现文件处理手机实时操作，提高了管理效率。安设仪器智能发放管理系统，采用智能刷卡与人员信息相互绑定技术，优化了业务流程，提高了工作效率。依托蓝色创新网络平台，全年征集召开了关于合理化建议、“五小”科技、持续改进、创新成果的评选会，共评选出合理化建议 65 项，“五小”科技 24 项，持续改进 28 项，创新成果 21 项，分季度评审表彰，有效激发全员改进创新热情。重视成果转化，成立创新成果推广应用领导小组，择优推广优秀创新项目，其中风动单轨吊管线拖拽装置、八类危险作业行为警示牌板推广应用效果较好。

（二）安全生产情况

2019 年矿井安全形势稳定，强化对标管理，压实整改责任，全员共同参与，井下现场及地面安全标准化有了质的提升，按照国家一级安全生产标准化矿井现场考核验收及命名公告，实现安全生产 1982 天。

强化落实安全责任制。围绕“人、机、物、环、管”五大要素，构建了覆盖全矿 600 个岗位的责任体系；深入推行“12365”安全管理体系，推动尽职履责；加大安全处罚力度，从严追究事故单位和个人；认真开展“工人违章干部反省”活动，反思在设计、制度、执行等方面的深层次问题，源头根除安全隐患。

织密织牢安全防护网。强化安全风险分级管控，开展专项辨识评估，建立管控清单，动态排查现场风险，悬挂风险管控牌板，落实风险管控措施。完善“五级”隐患排查体系，构建区队自主、专业互动、职能监管的安全监管格局，以安全生产“三位一体”信息化管理平台实现分级治理、分级督办、分级验收。编制各岗位安全确认卡，录制 20 个关键工种“手指口述”小视频，在对标学习中规范职工行为；开展 20 学时脱产培训，以“干什么就学什么”为出发点，强化技能提升与安全文化教育，把牢安全培训关口，提升自保互保意识。按计划组织应急演练，圆满完成井下水灾救援综合应急演练上级观摩任务。

巩固提升安全标准化。扎实推进安全生产标准化建设，将创建效果与效益工资挂钩，采取正向激励与负向约束双向机制，加大考核兑现力度，全年四个季度矿井安全生产标准化及千分制考核取得了集团公司 3 次第一、1 次第二的优异成绩。积极开展“示范工程”创建，完善标准规范，认真组织实施，$E3_2 11$ 工作面、西三带式输送机上山、西二运输上山、西二轨道上山、瓦斯泵站等通过了矿“示范工程”验收。

安徽恒源煤电股份有限公司任楼煤矿

一、矿井概况

任楼煤矿位于濉溪县境内，南接蒙城，北临宿州，连接京沪、徐阜的青芦铁路横贯其中，东靠合徐高速公路。各可采煤层均具有爆炸危险，部分煤层具有自燃倾向，属高瓦斯矿井，煤种为优质肥气煤，具有“三低、两高”的优点，即低硫、低磷、低灰，高发热量、高挥发分。井田工业储量296.87 Mt，主要可采煤层工业储量229.70 Mt，矿井可采储量176.61 Mt。采用一对立井分水平主要石门开拓方式，分煤组布置运输大巷。矿井采用分水平走向长壁全部垮落开采方式。

任楼煤矿于1997年12月30日正式投产，矿井设计生产能力1.50 Mt/a，服务年限为84 a。自投产以来，矿井坚持科技兴矿之路，大力发展综合机械化采掘，产量逐年上升，2000年矿井产量首次突破2.00 Mt，2001年矿井改扩建，核定生产能力为2.10 Mt/a，2005年矿井核定生产能力为2.80 Mt/a，2016年矿井核定生产能力2.40 Mt/a。

二、2019年主要技术经济指标

2019年生产格局为“两综采、一准备”，综采机械化程度100%。四综掘，两炮掘，掘进装载机械化程度100%，岩巷进尺2588 m，综掘进尺4552 m，炮掘进尺2588 m，综掘机械化程度达63.6%。原煤产量2.27 Mt，掘进进尺7110m。百万吨死亡率为零。平均工作面个数1.98个，综合单产为89630 t/(个·月)。原煤期末人数为1295人，计效工数累计272579工，原煤工效8.31 t/工。主采煤层有7_2、7_3、8_2煤，属于中厚煤层，采区采出率87.8%。实现利润36498万元，吨煤成本315元。

三、安全高效矿井建设的主要做法

（一）安全管理持续加强，筑牢安全管理基础

严格执行国家安全生产法律法规及公司安全生产管理规定，认真落实安全生产责任制，始终把安全工作放在首要位置，坚持“管理、装备、素质、

系统”并重，牢固树立“四零”理念，构建安全风险分级管控、隐患排查治理和质量达标“三位一体”安全生产标准化体系，抓重点、夯基础、强管理、重落实、严问责，确保生产系统安全可靠，重大灾害防治有效，事故隐患及时消除，杜绝了“一通三防”和防治水事故，杜绝了二级及以上非人身事故。

加强安全重点防控，严格落实“一通三防”、防治水灾害防治措施，狠抓灾害治理全过程管控，突出新区双探、排水系统管理、精准过断层、过断层探查等重点工作，全年共完成钻孔工程 148700 m，开采保护层面积 178000 m^2，瓦斯抽采量 5.57×10^6 m^3，矿井瓦斯抽采率达 56.4%。

不断健全管理机制，压实安全责任，修订完善《安全生产责任制》；汇编机电、运输、通防等各项制度；建立安全打假机制，制定《查处安全生产造假行为专项治理实施方案》；规范辅助运输管理，制定《车辆掉道事故管理办法》；强化安全监控作用，制定《视频监控信息系统检查分析办法》。

强化安全风险分级管控、事故隐患排查治理双重预防工作机制，严格开展安全风险评估、事故隐患排查治理。对标国家煤监局的验收、省市及集团公司检查中发现的问题，举一反三，落实整改。实施隐患前置管理，对上级安全监管、监察部门及矿日常排查的隐患进行追责，有效提高了事故隐患排查治理的质量和效果。

强力推进标准化创建，提高安全生产标准化考核工资比重，制定强推项目 13 个。大力开展“示范工程”创建，及时召开标准化现场会，推广好经验、好做法。坚持问题导向，开展对标排查，每月召开安全生产标准化推进会，查找不足，改进提高，不断提升标准化水平。2019 年通过国家一级安全生产标准化矿井现场检查考核。

（二）集约高效生产，确保生产均衡稳定

科学谋划布局。$7_2$510N、$7_3$55 工作面推行“一站式”设计；加快Ⅱ$5_1$12N 工作面回采进度，提前准备 $7_2$510N 大采高工作面；优化回采接替，及时调整安拆回采方案，有效保证了工作面的安装和拆除进度，为生产有序接替奠定了坚实基础。

合理组织生产。$7_2$55、Ⅱ$5_1$12N 工作面通过实施精准过断层，减少工作面断层影响长度，加快推进速度，降低煤质灰分。调控 $7_2$55、$8_2$31 工作面产能分配，实施分提分选，提高精煤产出率；对煤质灰分低的 $7_2$55 工作面实行精采细采，提高 7_2、7_3 煤合层区回采采高，能采尽采，保证了全年产量任务。

深化掘进攻坚。以集团公司开展的“掘进攻坚”活动为抓手，严格考核奖罚，每天召开掘进分析会，明确重点，制定措施，保证生产任务落到实处。$8_2 58$ 机巷掘锚一体机作业线创下月度进尺 282 m 的好成绩，Ⅱ$7_3 24$S 机巷在极近距离煤层下伏巷道掘进创下月度进尺 303 m 佳绩，实现矿井工作面有序接替。

（三）强化内部管控，提升经营管理水平

实施成本联控考核。细化分解各项指标，指标完成情况与收入挂钩，月度考核分析，严格兑现奖罚，提高各单位主动参与经营管理的积极性。严格材料审批，制定限购清单，最大限度利用回收物资；开展井下材料集中整治活动，实现材料消耗全方位控制。

规范内部市场建设。构建了四级考核体系，推行链式结算考核，实施“市场化＋”融入工程，充分发挥工资分配对安全生产、煤质管理的激励作用。开发修旧利废信息化管理系统，加大修旧利废流程管理力度，完成修旧利废产值 2924 万元，年度计划完成率 115％ 。

严抓煤质管理。健全煤质管理机构，建立煤质监督管理体系，实施质量过程管理，加强井下煤质管理监督。所有煤巷掘进工作面安装使用分装分运系统，采煤工作面实施精准过断层，保证了矿井在地质变化最复杂，煤质较差时期的经济效益，全年多选精煤 162100 t。

（四）实施创新驱动，助推发展方式转型

“四化”程度不断提高。落实集团公司“55285”工程，成立自动化开采领导小组，开展智能化开采技术攻关，$8_2 58$ 自动化工作面 8 月 16 日实现地面联调联试，10 月 1 日试采成功，11 月 12 日实现常态化运行，12 月 20 日成功召开常态化运行现场会。创建了 $8_2 58$ 机巷、中六运输大巷、$7_3 55$ 机巷掘锚护一体化作业线和中六轨道大巷（中段）钻眼、装岩、运输一体化作业线；建成了双千兆生产系统信息化环网、地面水文观测孔水位遥测及报警、矿井水位水温在线监测、围岩在线监测系统；对安全监测监控、模块化机房和安全监控中心站数据传输保障系统进行了升级改造。达到安装拆除机械化、供电供液远程化、掘进主运集控化、辅助运输连续化、巷道修护机械化。

“四新”应用不断推广。引进久米纳矿用无机加固复合砂浆、中空注浆锚索等新材料，推广使用 $8_2 58$ 工作面沿空掘进小煤柱加固、$8_2 58$ 机联巷托煤顶巷道超前注浆、软岩锚索全长锚固等新技术，推行单元式支架替代切眼刷大所用传统木垛＋单体和采煤工作面两巷单体挑棚超前支护，提高了安全系数和工作效率。

安徽恒源煤电股份有限公司五沟煤矿

一、矿井概况

五沟煤矿隶属于皖北煤电集团，位于安徽省淮北市濉溪县五沟镇境内，距宿州市 35 km，淮北市 50 km。井田南北长约 4.5 km，东西宽约 1.5 ~5.5 km，面积约 21.65 km^2。矿井可采储量 72.47 Mt。矿井于 2008 年 5 月 22 日联合试运转，2008 年 9 月 12 日正式投产，设计生产能力 0.6 Mt/a，矿井服务年限 52 a。2016 年 9 月核定生产能力 0.9 Mt/a，截至 2019 年底，矿井剩余服务年限 22.4 a。

井田共有可采煤层 8 层，平均可采总厚 15.27 m，其中 7_2、8_1、8_2、10 煤层为主要可采煤层，平均可采总厚 10.69 m，占可采煤层的 70%。井田主要煤种为肥煤和焦煤。采用立井、主要大巷及石门开拓方式，井田划分 1 个生产水平，水平标高 -440 m。通风方式为中央并列式，机械抽出式通风。

二、2019 年主要技术经济指标

2019 年原煤产量 862566 t，计划盈利 18113.04 万元，实际利润 18397.07 万元，无死亡事故，百万吨死亡率为零，截至 2019 年 12 月 31 日，矿井实现连续安全生产 7 周年，安全投入资金按原煤产量吨煤 50 元计提。采煤机械化程度 100%，掘进装载机械化程度 100%，综掘机械化程度 69.5%。采用单一走向长壁采煤法和单一倾斜长壁采煤法开采，2019 年采区采出率为 81.7%。回采量 790067 t，平均工作面个数为 0.93 个，综合单产 70795 t/(个·月)。期末原煤生产人数 689 人，计效工数累计 143050 工，原煤工效 6.03 t/工。

三、安全高效矿井建设的主要做法

（一）实施风险预控，完善风险管控清单

完善安全风险查找、研判、防范、预警、处置、责任“六项机制”工作流程。年初制定了《安全风险分级管控实施办法》《事故隐患排查治理工作制度》，通过实施 1 +4 安全风险辨识评估，形成重大安全风险管控清单，

对存在重大安全风险的区域、时段，明确管控措施和方案。

（二）实施“把关控变”，加强过程安全控制

在作业现场安全风险管控上，创新实施“把关控变”管理，对作业过程和具体工作单元中的安全风险进行梳理，对所有可能导致事故发生的安全风险关键点、关键项及各种变化因素，明确责任人和把控措施，在作业过程中进行有针对性的监管防控，使各类风险始终处在可控状态。

（三）实施走动式管理，提升现场管控质量

为充分发挥技术人员的能动性，提高走动式管理质量，五沟煤矿创新实施“四个一”走动式管理模式，使技术人员能够及时充分了解井下安全生产动态，全方位发现并解决安全生产中存在的技术管理问题。

（四）技术创新、管理创新取得的成果

创新利用1018里机风联巷作为1018里工作面撤架通道，1018里工作面比原设计推进长度多30 m，多回收煤炭资源约25000 t。

开展不等长工作面不停产连续接架回采研究。1034工作面为不等长综采工作面，2019年完成不停产连续接架，工作面支架从91架连续接架至127架，实现了不规则综采工作面安全生产，较传统矩形工作面多回收煤炭资源约25000 t；1018里工作面支架从40架连续接架至80架，实现不停产连续接架生产，较传统矩形工作面多回收煤炭资源约50000 t。

解放思想，打破传统过断层方式，科学实施综采工作面精准过断层。1034工作面通过采取加强地质探查、规范过断层设计、提高装备水平、强化现场督导等措施，实现了安全高效精准过断层。1034工作面过断层期间，一是加强地质探查，通过施工探查孔，精准探查煤层赋存，精确定位煤层、老巷及断层组的空间层位关系；二是规范过断层、过老巷设计，通过工作面资料收集，绘制工作面预想剖面图及工作面当日素描图，准确反映工作面与断层、老巷之间的层位关系，科学指导安全生产；三是采用重型滚筒配套硬岩截齿，取代传统的工作面滚筒与截齿，提高过构造带期间的施工效率。

开展一采区西翼浅部“四含”改造方案可行性研究，释放压滞的煤炭资源，提高矿井可采储量，延长矿井服务年限。

自主研究设计煤矸自动化分装分运装置，在所有掘进面投入使用，杜绝掘进矸石进入系统，提高煤质，精煤产率达55%。

强推锚网支护，彻底取消29U型钢棚、单体等作为永久支护，2019年以来，锚网支护率达100%，减少生产成本投入。

1026风巷与1022机巷局部顶板压力大、围岩较为破碎段，积极引进

9 m长锚索，确保锚索锚固在稳定岩层中，保证锚网支护强度，确保巷道支护安全。

创新实施1034工作面撤架通道，取消传统架棚支护，减少工字钢及单体材料投入，创新实施“高性能锚网带索”支护，保证巷道支护强度。

创新实施压风机热利用、超磁分离净化水新工艺、矿井水深度处理等环保节能项目，锅炉燃煤量减少了30%，矿井水利用率达到了100%，地表取水量减少了60%，每年创造经济环境效益300万元。

创新实施了《皮带机集控系统自主开发研究》《综采工作面起吊行车改进》《煤泥回收系统改造》等项目。其中，在皮带机集控系统研究上，自主开发了PLC控制程序、利用组态王软件开发了人机交互界面，组建了数字化光纤通信专用网络，节约成本20余万元，提高了矿井本质安全水平。

安徽恒源煤电股份有限公司煤矿

一、矿井概况

安徽恒源股份有限公司煤矿位于安徽省淮北市刘桥镇，矿井设计生产能力为0.6 Mt/a，服务年限84 a，矿井地质储量110.70 Mt，可采储量62.39 Mt。技改后扩建为年产1.20 Mt，2006年核定生产能力为2.00 Mt/a，配套洗选能力为1.50 Mt/a。

矿井属瓦斯矿井，煤层无自然发火倾向，煤尘无爆炸危险性，矿井地质构造类型属Ⅱ类Ⅱ型，矿井水文地质条件为复杂型即二类三型。

矿井开拓方式采用分水平上下山开拓方式，一水平采用立井、主石门、集中运输大巷开拓方式；二水平采用暗斜井、集中运输大巷的开拓方式，一水平标高 -400 m、二水平标高 -600 m，矿井设三对井筒，副井进风，风井回风，通风方式为中央边界式。

二、2019年主要技术经济指标

2019年原煤产量1.922 Mt，百万吨死亡率为零。主要可采煤层为2层，均属于中厚煤层；2019年采区采出率为84.5%。采煤机械化程度100%，综采机械化程度100%；掘进总进尺9564 m，掘进机械化程度100%，综掘机械化程度53.9%。平均工作面个数为1.91个，综合单产81042 t/(个·月)。期末原煤生产人数为1156人，计效工数累计260576工，原煤工效为7.38 t/工。

2019计划利润25825万元，实际完成利润29104万元，计划成本328元/t，实际成本310元/t，人均年收入8.4万元。

三、安全高效矿井建设的主要做法

（一）大力发展安全高效矿井的综合配套技术，最大限度地减人提效

在生产准备工作中利用与中国矿业大学合作开发的生产计划编排软件，坚持长远和动态管理相结合原则，及时编制了一年采掘接替计划、三年滚动计划、四年远景规划。根据生产条件复杂多变，技术部门及时运用软件技术

进行调整，重点抓好综采准备工作，使生产和生产准备工作协调发展。

（二）坚定不移走现代化矿井发展道路，持续推进“四新”运用和“四化”建设

积极推进自动化工作面建设，2019 年完成了Ⅱ634 自动化工作面准备，综采工作面由“两综”变成“一综一自”，实现工作面减人提效。引进、推广“110 工法”无煤柱开采新技术，积极探索研究沿空巷道围岩变形规律及控制技术，成功完成Ⅱ633 机巷留巷，提高煤炭资源回收率，实现单翼工作面连续回采。积极引进巷道挖底机、风动单轨吊、柴油机单轨吊、普轨卡轨无极绳绞车、综掘机迈步式临时支护、新型喷浆机、新型喷浆（注浆）加固材料、掘锚护一体机、履带式全液压钻机等新材料、新设备，创建多条掘修机械化快速作业线。

（三）深化动态设计，完善工艺流程

在岩巷掘进中采用快速掘进排矸作业线，改变了传统的绞车接力提升出矸的方式，从工作面到后运实现了全部机械化的扒装、运输，出矸系统环节减少，再加流畅简洁，斜巷轨道运输安全事故大大降低。梭车或地仓配套设施的使用，使工作面的矸石很快排出，有利于工作面各工序平行施工作业，有效地缓解了车皮一时不能到位而影响生产的局面。同时，也减少了后运工的投入，降低了工人劳动强度，弥补了其他岗位人员的不足，加快了循环进度，提高了掘进单进水平。优化爆破参数方面，采用中深孔不同阶微差斜眼掏槽、反向装药结构、全断面一次爆破施工工艺。主要抓好发爆器在发放之前“体检”，确保发爆器的完好；提高电雷管导通效率，增强导通的科学性；提高验炮工作准确性；优化联线方式，采用了串并串的联线方式，提高爆破效果。

（四）推进采掘工作面综合防尘治理

完善各种手段对采掘工作面的粉尘进行了有效治理。综采工作面引进跟机智能除尘喷雾，大大提高了工作面回采期间除尘效率。在回风巷内设置水幕，各转载点及爆破防尘喷雾，降低了回风流中粉尘浓度，减轻了作业人员的危害。为了给采掘生产一线的职工创造一个更加良好的作业环境，减轻粉尘对他们的危害，对采掘工作面进行了煤层注水，通过不断优化煤层注水钻孔布置及钻孔参数，从源头上对煤尘进行预防，同时也是防治井下灾害，保证矿井和工人安全的综合性措施，其推广应用可有效地降低煤矿井下采煤工作面的灾害事故，改善环境，提高工效，促进安全生产。

（五）优化产品结构，提高煤炭质量

矿井受主井提升能力制约，原煤产量提升空间有限，因此，为创造更高的经济效益，从煤炭产品结构入手，提高块煤率作为新的经济增长点。技术部门按照“增产增效、提质增效、优化产品结构增效、降本增效”的思路，从设计源头抓起，优化采场布置，优化系统设计，合理的安排四六煤回采配比，为提高煤质创造条件。

安徽恒源煤电股份有限公司祁东煤矿

一、矿井概况

祁东煤矿位于安徽省宿州市与固镇县的交界处，井田东西走向长约 9 km，南北宽约 3.5 ~ 5 km，面积约 35.4275 km^2。2019 年末全矿井保有储量 268.93 Mt，探明、控制的经济基础储量 143.27 Mt，可采储量 135.33 Mt。矿井于 2002 年 5 月投产，设计生产能力 1.50 Mt/a，设计服务年限 112.4 a；2016 年 9 月重新核定生产能力 1.80 Mt/a。2019 年选煤厂配套洗选能力 1.80 Mt/a。回采工艺为综合机械化采煤，自然冒落法管理顶板。本井地层富水性弱，煤层瓦斯含量较高，2019 年 8 月瓦斯等级鉴定为煤与瓦斯突出矿井。

二、2019 年主要技术经济指标

2019 年原煤产量 1.72 Mt，其中回采煤量 1.56 Mt，掘进煤量 156000 t，期末原煤生产人数为 977 人，计效工数累计 218585 工，原煤工效 7.85 t/工；掘进总进尺 6510 m，综采机械化程度 100%，掘进装载机械化程度 100%，综掘机械化程度 57.4%。平均工作面个数为 1.83 个，综合单产 71039 t/(个·月)。2019 年矿井回采工作面均为中厚煤层，采区采出率为 85.3%。

2019 年度共提取各项安全费用 8578.3 万元，投入安全费用 4840.93 万元，矿井安全形势稳定，截至 2019 年 12 月 31 日矿井实现安全生产 650 天，百万吨死亡率为零。实现利润 30202 万元，人均年收入 9 万元。

2019 年荣获“一级安全生产标准化矿井”称号。

三、安全高效矿井建设的主要做法

（一）加强“四新”投入

矿井积极引进新技术、新工艺、新设备和新材料，目前矿井回采工作面已引进采用支架电液控工作面及自动化工作面，提高自动化程度，降低职工劳动强度；掘进工作面已安装两条岩巷掘进作业线，一条为钻装机组作业线，一条为凿岩台车 + 挖装机作业线，显著提升打眼、出货效率，人均工效不断提升。煤巷掘进方面引进了煤巷掘锚护一体机，实现煤巷高效、快速掘进。

矿井还实施了“110”工法等新技术、新工艺，引进了单元式支架、巷道修复机、360°旋转液压挖掘机、柴油机单轨吊、湿式喷浆机、安装平台、机械拆除手等新设备，均有效降低了职工劳动强度、改善了作业环境、提升了经济效益。积极使用新型无机复合注浆材料，实现全长锚注工艺，有效提高修护巷道帮顶支护强度。使用新型锚注装置配合支护锚杆实现网络注浆，相比以往使用的传统注浆方式，新型注浆装置与锚杆支护相结合，由原来的2次加固（支护锚杆+注浆锚杆），融合为1次混合加固，减少了施工工序，提高了修复效率。

（二）防治水、瓦斯治理技术创新

防治水治理：在新采区Ⅱ三采区创新水害治理，Ⅱ三采区辅助运输下山施工钻场对其他4条新区巷道，实施区域集中超前探查，掩护了相邻新区巷道，实现安全、高效、连续生产。较传统探查方式（在各巷道分次实施超前探查）减少了大量停头时间，显著降低了钻探工程量，提高了钻探效率及安全系数，加快了接替进度，缩短了Ⅱ三采区准备周期，缓解了Ⅱ三采区掘进接替紧张局面。

瓦斯治理：矿井针对瓦斯综合治理技术问题，在自主攻关的同时，不断加强与科研院校的合作，并通过试验应用新技术、新工艺、新装备，完善了矿井瓦斯综合治理技术管理体系。千米钻机定向高位钻孔抽采采空区瓦斯技术、定向拦截钻孔抽采邻近层卸压瓦斯技术，已在矿井多个工作面成功实施，瓦斯抽采浓度高、稳定性好，钻孔有效利用率高，大量减少巷道工程和钻孔工程。

与中煤科工集团西安研究院进行合作，试验研究地面分段压裂水平井瓦斯预抽技术。目前分段压裂水平井组即W型双对接钻井已实现连续产气100多天，平均日产气量1000 m^3，最高日产气量达2639 m^3，标志着矿井分段压裂水平井预抽瓦斯技术已经成熟，实现了从地面直接抽采井下瓦斯，在煤与瓦斯突出灾害区域治理上有了新的途径，为矿井深入治理瓦斯创造了条件。

（三）安全生产管理经验

抓住一条主线，即一级安全生产标准化矿井创建。一是始终抓住矿井一级安全生产标准化创建这条主线，加强日常管理。二是充分发挥典型示范引领作用，提高安全管理水平，确保矿井安全生产标准化达到一级并长期保持。

夯实两个基础，即隐患排查和风险管控。一是牢牢抓住隐患排查和风险管控两项安全基础工作，实现安全管理关口前移。二是建立五级安全隐患排查机制，进一步落实各级管理责任。三是构建隐患追责体系，切实做到“把风险管控挺在隐患前，把隐患排查治理挺在事故前”。

推动三项建设，即安全培训、“四化”建设、齐抓共管。强化安全培训。改进培训方式，整合培训资源，完善培训体系，提高职工素质。推进“四化”建设。一是大力推进机械化、自动化、信息化和智能化建设。二是积极开展“五小”科技创新、课题攻关、合理化建议等活动，产生更多科技成果，促进科技成果转化。三是生产技术部认真履行主体责任，一周一统计、一月一推进，推动技术创新、工艺创新、装备升级等。四是实行机械设备“机长制”，进一步强化管理，明确责任。落实齐抓共管。党政工团齐抓共管，共同培育安全文化。一是严格落实安全生产责任制，强化“党政同责、一岗双责、失职追责”。二是持续开展“工人违章、干部反省”活动。三是严格落实职能科室、辅助单位的专业指导、管理和监督职能，实行专业管理问责制。四是加大对违章作业、违章指挥人员的处罚力度，精准惩处，严厉打击，营造不想违、不能违、不敢违的氛围，让安全成为习惯。

（四）突出抓好重大灾害防控和动态变化管理

重大灾害防控。瓦斯防治方面，重点加强受采动影响区域煤层、瓦斯等变化情况分析，提高敏锐性，严格落实两个“四位一体”综合防突措施。防灭火方面，深入开展火灾重大风险辨识评估和隐患排查治理工作，严格执行“超前预警、综合防治”煤层自然发火防治措施。防治水方面，坚持“理念先进、基础扎实、勘探清楚、科技攻关、综合治理、效果评价、应急救援”的防治水工作体系，切实防范水害事故。

动态变化管理方面。强化风险意识，高度重视变化管理，构建“超前研判变化、科学减少变化、及时应对变化、有效控制变化”的动态变化管理机制。采取“预测、汇报、控制、考核”的管控流程。同时，强化非正规作业环节、变化环节和工序转换环节的安全管控，实行重点调度和重点管控。

中安联合煤化有限责任公司朱集西煤矿

一、矿井概况

矿井位于安徽省淮南市潘集区贺疃镇，东部与朱集东煤矿相邻；南部以F66断层为界与潘北煤矿（东南）、丁集煤矿（西南）毗邻；西部以F202、F203断层为界与大兴集勘查区相邻；北部以F200、F201断层为界与大兴集勘查区相邻。矿井东西走向长约10.5 km，南北倾向宽约3.1 km，面积为32.6108 km^2。矿井于2016年6月投产，设计生产能力4 Mt/a，设计服务年限72.6 a。选煤厂配套洗选能力4 Mt/a。2019年生产能力核减至3.20 Mt/a。矿井地质储量849.32 Mt，可采储量399.43 Mt，主要煤种为气煤、1/3焦煤。矿井水文地质类型为中等。开拓方式采用立井多水平开拓方式，中央并列式通风方式。

二、2019年主要技术经济指标

截至2019年12月31日，矿井已达到安全生产1229天。2019年原煤总产量1.50 Mt，综采机械化程度100%；掘进总进尺10051 m，掘进装载机械化程度100%，其中煤巷进尺3366 m，岩巷进尺6685 m，综掘进尺7580 m，综掘机械化程度为75.4%。矿井回采原煤产量为1.38 Mt，平均工作面个数为0.99个，综合单产115915 t/(个·月)。期末原煤生产人数为1257人，计效工数累计251607工，原煤工效为6.04 t/工。目前主采煤层为11－2煤，平均煤厚1.57 m，为中厚煤层，矿井采区采出率为88.5%。

2019年计划利润－87896万元，实际利润－86464万元；原煤吨煤成本计划788.5元/t，实际成本762.3元/t。

三、安全高效矿井建设的主要做法

（一）加强技术管理，促进矿井高产高效

根据矿井实际生产情况，积极优化13501工作面布置，利用原有巷道拨门施工工作面巷道，节省了瓦斯治理巷道约240 m。对13煤四采区设计进行优化，增补施工二号轨回联巷，提前形成采区全负压通风，保证了13402

工作面巷道提前进点施工；推进安全技术经济一体化，实施支护动态差异化管理，在11401轨道巷施工过程中实时进行支护差异化管理，12月该巷道进尺246 m，创造了矿井建矿以来半煤岩巷道施工单进记录，实现11401工作面2019年顺利贯通的目标。

（二）积极加快推进“四化”建设

矿井严格落实集团公司“55285”工程计划推进工作，引进使用气动单轨吊、巷修机、机载临时支护、单元式支架、EBZ－260型综掘机等新设备。在煤巷掘进方面，建设了3条综掘机＋带式输送机＋后路巷道修复机挖底快速作业线；在岩巷掘进方面，建设了6条综掘机＋带式输送机配合无极绳（气动单轨吊）的快速掘进及运输系统作业线；在巷道修护方面，建设了4条巷道修复机＋带式输送机、双巷修机（挖底机与巷修机平行作业）的快速修护作业线。同时大力支持开展“五小”科技、合理化建议、CIA改进、课题自主攻关等创新创效活动，推动矿井“四化”建设水平不断提高。

（三）安全生产

强化安全责任落实。按照“党政同责、一岗双责、齐抓共管、失职追责”和“管生产必须管安全、管经营必须管安全、管业务必须管安全”的原则，制定了各级岗位人员的安全生产责任制。强化追责问责，以作风建设推进责任落实，持续开展作风督查，建立负面清单，月度通报公示，并纳入基层领导班子和管技人员绩效考核，全面规范安全生产行为。

强化安全双重预防机制。一是加强安全风险管控。立足“查大系统、控大风险、治大灾害、除大隐患、防大事故”工作目标，对重大灾害进行查找、辨识、评估，形成安全风险清单，明确管控措施和工作方案。分管领导每旬组织开展分析评估，专业副总每月安全办公会专题汇报风险管控措施落实情况，确保管控到位。二是加强隐患排查治理。牢固树立“发现不了隐患就是最大隐患”理念，严格落实“五级”隐患排查治理机制。每旬各专业由矿分管领导亲自组织，实施“菜单式”隐患排查，提高了隐患排查质量。构建了隐患及整改通报制度和隐患责任倒查机制，确保事故隐患得到有效控制。

强化重点环节管理。矿井严格执行夜班、交接班、节假日等特殊时段的安全督查工作。切实做好零星工程的安全管理，加强巷道贯通、拨门作业、破碎顶板下掘进、采掘工作面过地质构造带等安全监督工作，有效控制和减少人身伤害事故的发生。

新汶矿业集团有限责任公司孙村煤矿

一、矿井概况

孙村煤矿位于新汶煤田中部。新中国成立之前为小煤窑开采。1948 年末由人民政府接管，1962 年 -400 m 水平延深设计确定矿井生产能力为 0.6 Mt/a；以后经不断改造，矿井生产能力逐渐提高，2019 年核定生产能力为 1.12 Mt/a。主井口标高为 175 m，主采煤层为 2、4、11 层等；属低瓦斯矿井；除 13 层煤为三类不易自燃外，其余煤层均为二类自燃倾向煤层；2、4 层煤均具有弱冲击倾向性；矿井为立井、斜井多水平混合开拓；采用走向长壁后退式综合机械化采煤、全部垮落法控制顶板。2019 年生产原煤 1.08 Mt。开采水平为 -400 m 和 -800 m 水平，开采深度已达 1190 m。

二、2019 年主要技术经济指标

2019 年计划利润 15000 万元，完成 21600.37 万元，超额盈利 6600.37 万元。计划原煤产量 1.1 Mt，完成 1084633 t，欠计划 15367 t；计划掘进进尺 14000.0 m，完成 14131.0 m，超计划 131 m；综合成本计划 631.5 元/t，完成 622.35 元/t，比计划下降 9.15 元/t；原煤工效为 9.1 t/工。

三、安全高效矿井建设的主要做法

（一）高产高效建设

开展“综采、综掘攻关年”活动，促进安全高效发展。开展“综采攻关年”活动，探索出工作面安全高效新模式。一是在 2318 面投用电液控支架，实现遥控拉架、成组推刮板输送机等功能，达到减人提效；二是在 2215 面安装使用桥式转载机配合破碎机，减少人员 6 人；三是泵站实现无人值守，减少岗位工 12 人；四是自制加工电缆自动拖移装置，减少电缆看护工 1 人。开展“综掘攻关年”活动，推进掘进提效。一是投用 4 部综掘机，掘进效率显著提高；二是在 -800 m 后一下山区集运下山应用远程操控综掘机，实现远程控制；三是投用 2 部履带式挖掘装载机，取代绳式牵引耙装机；四是引进小型电动单轨吊，解决长距离掘进工作面辅助运输难题。

推进智慧矿山建设，提高智能化水平。在31121、2412外、2422等工作面全部实现智能化开采。智能辅助系统建设。一是建成智慧矿山集控中心，实现所有生产数据的上传、监控、远程集中控制；二是完成原煤运输系统集控改造，实现地面集控操作，减少岗位工120余人；三是完成压风机、通风机、泵房、索车自动化和副提系统自动化控制；四是完成了UWB精确定位安装，实现人员精确定位。

依托装备升级改造，助力系统提速增效。完成后一集运巷、31121跟面带式输送机永磁电动滚筒改造，实现系统“免维护”。矿内降压站实现“安全监测智能化、设备操作状态可视化、远程视频巡检自动化”。地面副井及北立井电控系统改造，提高系统运行安全性。

突出灾害治理，及时消除安全隐患。一是严格落实“以卸压开采为主、机械防冲为辅”的防治措施，消除了冲击地压威胁；二是完善束管、注浆系统，落实注浆、注氮等综合防治措施，严防煤层自燃事故；三是采用通风降温与机械制冷降温结合的方式对深部高温地点进行重点防治，改善作业环境；四是加强底板水威胁工作面的隐患排查，保证安全生产。

加强劳动定员管理，防止超强度、超能力、超定员生产。一是坚持正规循环作业，均衡生产，严禁超能力生产；二是采用先进开采技术、生产工艺和技术装备，简化生产系统，实现一岗多能；三是实行“5577”劳动组织模式，以10 h高质量准备检修保障14 h满负荷高效生产，取消夜班生产；四是在井口设置电子显示屏，在采区及各采、掘工作面入口设置定员牌板。

（二）创新安全管理模式，促进安全管理水平的不断提高

一是健全体系，构建双防长效机制。构建矿、专业、单位、班组、岗位五级双防管理体制体系。推广“安监处+”管理模式，保障矿井安全智慧生产。二是实施“借鉴监察”，提升安监员综合素质，对照问题，安监处组织监督检查。三是夯实“三全”基础，强化安全监管“软实力”，保证矿井安全持续稳定。

（三）经营管理方面

以开展群众性资源节能节约活动为总抓手，强化经营管理，层层签订目标经营责任书，实现岗位资产及岗位职能高效对接；严格电费、维修费、租赁费控制及各类非生产性和建设性支出，实现自我控制和管理。

（四）科技创新方面

紧紧围绕安全生产、经营管理、非煤产业等方面的技术难题和薄弱环节，大力实施“科技兴安”“科技兴矿”战略，依靠科技进步，强化技术支

撑，推动企业又好又快发展，使百年老矿重新焕发生机。全矿共申报创新成果836项，合理化建议1776条，发表论文186篇。

（五）队伍建设方面

一是深化“学习型企业”创建活动，开展职工岗位技能大赛；二是通过开展专题讲座、脱产培训等形式，提高员工的正规操作能力和业务理论水平；三是建立科学用人机制和激励机制，引进高等人才，激活企业人才管理机制，搭建各类人才岗位职业舞台；四是大力营造“勇于创新、尊重创新、激励创新”的浓厚氛围，增强全员创新意识和创新能力。

新汶矿业集团有限责任公司翟镇煤矿

一、矿井概况

山东新汶矿业集团翟镇煤矿地处山东省新泰市翟镇境内，地理坐标为东经117°40′，北纬35°54′，东距新泰市9 km，西距泰安市70 km，新泰至泰安二级公路从井田中部穿过，铁路专用线与相距13 km的磁莱线谷里站接轨，交通便利。

矿井位于新汶向斜中段轴部，－400 m单水平开采，立井开拓，属低瓦斯矿井。主采煤层为2、4、15层，采煤方法均采用走向长壁后退式综合机械化采煤法、全部垮落法或充填法控制顶板。1993年12月建成投产，设计工业储量为153 Mt，可采储量为78 Mt。设计生产能力1.2 Mt/a，核定生产能力1.7 Mt，2019年实际产量1.6 Mt。

二、2019年主要技术经济指标

2019年计划原煤产量1.6 Mt，完成1.6033 Mt，超计划3300 t；计划掘进进尺18000 m，实际完成18028 m，超计划28 m；原煤工效为7.152 t/工；盈利8841.99万元；年人均工资为9.369万元。

三、安全高效矿井建设的主要做法

（一）生产组织不断优化，采掘智能化持续升级

以稳产高效为前提，以打造新旧动能转换标杆矿井为目标，始终坚持“技术服务生产、创新引领生产”理念，全力推动生产布局优化、采掘提速提效，保持矿井持续、稳定、良好的发展局面。

优化生产布局。一是优化开拓布局。下半年开始开拓后三采区15层煤，力争2021年实现2个后组面同时生产，通过逐步压减前组煤产量和科学配采，实现矿井可持续发展。二是实施充填开采。制定了“七采扩大区→三采4层扩大区→工广煤柱”的密实充填开采整体规划，加快解放呆滞煤量。三是持续找煤扩量。实施后羊村和于家庄搬迁、工广压煤开采方案研究，为矿井可持续发展提供储量保障。

实施精采细采。一是实施机械带采。前组煤工作面采用巷修机等带采煤柱，最大限度回收资源。二是推广沿空留巷。目前已在 15 层煤、4 层煤成功实施，逐步全面推广，2019 年实现留巷长度 1700 m。三是伪顶全采工艺。重点对四采东翼、六采西翼、三采 4 层东翼等采用伪顶全采工艺，多回收上分层资源 150000 t。四是研究三采 4 层和六采东翼 4 层煤撇底煤复采，多回收资源 150000 t。

掘进提效。一是试验使用远程控制综掘机，单排截割最短用时 30 min，截割效率提高 50%。二是应用自动锚索钻车，实现打眼、接钎、退钎等一键启停，施工效率提高 30%。三是掘进带式输送机实行集中控制，减少岗位工 56 人。四是积极试验应用新设备、新工具。推广应用气动联网机、中速锚固剂、智能涨拉器和智能注浆泵。

采煤提速。围绕“高效能、自动化、智能化”总体思路，以 11503 W 面为示范,对工作面改造升级三机配套,采煤机速度由 3 m/min 提升至 6 m/min，采煤效率提高 40%。

（二）深化双重预防，保证安全生产

近年来，翟镇煤矿始终坚持“安全第一，预防为主”的安全生产方针，以依法合规生产为前提，创新管理、严管严控，不断探索科学管理新模式，确保安全生产形势持续稳定，实现了第 16 个安全年。

推进双重预防机制建设。建立双防账号 2000 余个，投入双防手机 130 余部，现场风险、隐患、违章通过手持机实时录入共享，实现“一部手机管现场”。矿井先后承办了全省双重预防信息平台对标优化座谈会、全省煤矿双重预防机制建设现场推进会等会议。

加强重大灾害防治。一是加强采空区水探放和后组煤底板承压水补充勘探，累计疏放采空区积水 11013 m^3；二是加强有害气体治理，装备色谱仪、液态二氧化碳罐车，投入 40 台烟雾传感器、59 台一氧化碳传感器，有害气体监测水平显著提升。

（三）大力推进技术创新，助力矿井高产高效

编制完成矿井中长期创新规划，获得专利 53 项（其中发明专利 2 项），获得中煤协会三等奖 2 项。“翟镇煤矿智慧矿山生产模式及关键技术研究”“近距离煤层上行开采巷道合理布局与围岩控制研究与应用”分别获得中国煤炭工业协会三等奖。

持续找煤扩量，延长服务年限。一是 2019 年通过实施系统优化改造换煤，解决了西大巷、西翼运输大巷压煤问题，找煤扩量 500000 t，年度寻找

净增煤量 930700 t，超计划 430700 t；二是 2020 年拟在六采扩大区 2 层煤、三采 4 层煤扩大区开展找煤工作，预计实现找煤 780000 t。

投用新风井，释放可采资源。自 2018 年 9 月起，进行了新风井技术改造，在工业广场内新建回风立井 470.7 m，井底新掘总回风大巷、南翼集中回风巷、西翼总回风巷共计 1672 m。2019 年 12 月新风井竣工投用，解放矿井压覆资源可采储量为 6796000 t，提高风量 2000 m^3/min，负压降低 100 Pa，主要通风机电耗节约电费约 84 万元/a。

升级留巷工艺，提升留巷效率。一是创新采用“注浆锚索 + 切顶爆破 + 切顶挡矸钢棚 + 单体”联合支护方式，提高留巷效果；二是应用全角度自移履带式钻车，采用 ZQLC－1300/10.8S 轻型气动履带式钻车，实现打眼角度 0°～180°调控，打眼效率提高 50%。

实施新型超前，持续降本增效。一是 2019 年率先在 11504W 工作面进行新型超前支护工业性试验，超前支护强度为原支护强度的 1.97 倍，支护效率提高 35%。二是建立矿井新型超前支护体系。通过规范掘巷施工设计，实现掘进、回采、留巷联合支护；三是在前组煤使用注浆锚索替代超前单体支护，每月减少单体投入 608 棵，每面每班可减少职工 3～4 人；四是对井下所有工作面实行“一面一策”，通过支护参数优化，补强锚索材料费由 13.9 万降至 9.7 万元，节支 4.2 万元。

新汶矿业集团有限责任公司华丰煤矿

一、矿井概况

华丰煤矿位于新汶煤田最西端的相对独立的井田。矿井煤系地层为石炭二叠系，煤系中共含煤19层，可采煤层为4、6、11、13、15、16号共6个煤层，合计总厚度为13.01 m；其中主采煤层为4、6、11号等；矿井为低瓦斯矿井；煤层均为二类自燃倾向煤层；2、4层煤均具有弱冲击倾向性，属冲击地压煤层；矿井斜井多水平开拓；采煤方法均采用走向长壁后退式综合机械化采煤法，全部垮落法控制顶板。2019年根据上级文件要求，核减产能后按960000 t/a组织生产。2019年实际生产原煤945231 t。目前已进行了 -90 m、-210 m、-450 m、-750 m、-1100 m等5个水平的开采，主要开采水平为-1100 m水平（及下山区两个压阶段），开采深度已达1380 m。

二、2019年主要技术经济指标

2019年计划原煤产量960000 t，完成945231 t，欠计划14769 t；掘进进尺计划8697 m，完成9009 m，超计划312 m；原煤工效为4.22 t/工；计划利润2606万元，完成21078.18万元，盈利18472.18万元。综合成本计划642.69元/t，完成564.52元/t，比计划下降78.17元/t。

三、安全高效矿井建设的主要做法

（一）高产高效建设

1. 积极开展“综采、综掘攻关年”活动，促进安全高效发展

为打造高产高效工作面，扎实开展“综采攻关年”活动，颠覆传统思维，逐步探索出工作面安全高效新模式。2019年建成两个智能化工作面，分别为2613工作面及11110工作面，具备地面操控功能，井下人员干预及巡查，生产班人员降至每班6人。

牢固树立“掘进主动带动全盘”的理念，积极开展“综掘攻关年”活动，推进了掘进提效。一是投用两部综掘机、两部扒渣机，掘进效率显著提高，掘进实进尺同比增加300 m、提高20%，保证了接续按期兑现到位。二

是在 1413 上平巷综掘机、2613 上平巷扒渣机安装远程操作系统，通过机载数据采集器采集和提取各个测量点的数据，通过无线传输、视频监控和网络通信技术将状态参数呈现在掘进机后方的远程控制台上及地面，实现一键控制。三是投用两部履带式挖掘装载机，取代传统的钢丝绳牵引耙装机，实现全段面耙渣、耙煤。四是坚定不移推广应用注浆锚索，巷道修复量大幅减少，巷修人员减至 60 人。五是在 11110 下平巷引进小型电动单轨吊，每班运料人员由原来的 4 ~5 人减少为 2 人，解决了长距离掘进工作面辅助运输难题。

2. 依托装备升级改造，助力系统提速增效

通过装备升级改造，从本质上提高矿井装备水平，全面改善设备状态，提高了系统运行效率与安全可靠性。

原煤运输系统方面。一是顺利完成地面钢缆机、－326 钢缆机、－750 钢缆机更换新型液压站改造，提高了安全制动可靠性；二是完成－750 转载带式输送机、－1010 岩巷永磁带式输送机改造。永磁直驱调速带式输送机具有高效、节能、低噪声、免维护、输出转矩大、启动平稳、结构紧凑、体积小、重量轻等优点。系统总的传递效率要比液力耦合器驱动的效率要提高 5% ~10%，且维护量相对减少，安全运行可靠性提高，安全效益高；三是主运带式输送机井身安装防火自动报警洒水装置，每一个自动洒水点设置一个温度传感器、一个烟雾传感器及一个主机控制器，实现机道内所有自动报警灭火装置自动洒水及报警功能。

供电系统方面。完成－750 西翼配电所更换具有新型断路器的高压板，该高压板安装无线温度传感器、现场安装直流屏控制电源，采用智能型保护器，设备本身能够实现“五遥”功能，能够通过波形分析查找故障原因，具有网络综合选漏功能，支持站控层 GOOSE 功能，实现防越级跳闸。

提升运输方面。－750 辅助下山绞车完成电控改造，更换变频调速电控系统，节电 30%，调速性能更加稳定可靠。同时，各斜井绞车更换了具有冗余功能的液压站，实现提升机安全平稳停车，确保制动系统安全可靠。

3. 突出灾害治理，及时消除安全隐患

强化冲击地压综合治理措施，确保实现“有震无灾”。强化防冲技术，构建防冲技术支撑；严格落实冲击地压治理防范措施：优化开拓布局，合理工作面推采方向，采用综放开采技术。强化冲击地压预测预报技术：采用煤粉监测、工作面矿压监测、微震监测、矿震监测、地音监测、冲击地压实时在线监测预警系统等措施。坚决落实冲击地压治理措施：主要采取开采解放

层、煤层注水、施工大直径煤层孔卸压、零煤柱、负煤柱布置等卸压治理措施。强化冲击危险区防护措施：控制开采强度，严格落实防冲区域限员管理制度、物料防冲固定措施。

（二）创新安全管理模式，促进了安全管理水平的不断提高

1. 强化“五个一”精准文档管理

落实精细化管理，在双防办公室建立档案室，将上级、矿井、安监处三级文件按照外业文件、内业资料两大科，双防资料、迎检资料、处内资料三大类，严格电子、文本双档案管理，实行“一检查一纪要一报告一呈报一回头”的“五个一”上级迎检管理模式。

2. 创新“安监处＋”安监模式，借力借智联合保安

针对信息化、智能化新形势、新任务，推广“安监处＋”管理模式，探索实施“安监处＋部室业务保安”“安监处＋区队自主管理”“安监处＋信息智能化”，与时俱进，保障矿井安全智慧生产。

3. 开发“本土化”课程，培训效果更接地气

为增强培训的针对性和实效性，先后开发了孙村煤矿连采连充工艺简介、综采工作面沿空留巷施工工艺、高预应力中空注浆锚索使用、冲击地压的监测及防治措施、煤矿辅助运输发展现状及前景思考等“本土化”课程，已组织了9期从业人员培训，366人参加相关知识的学习。连采连充工艺、综采工作面沿空留巷施工工艺两个课程被新矿职大列入了集团公司管理人员“七新知识”培训的课程。

（三）经营管理方面

以创建“节能效益型企业”，全面开展群众性资源节能节约活动为总抓手，以深化链式管理、岗位区域利益管理和岗位资产经营责任制为主线，强化经营管理，层层签订目标经营责任书，将各类生产费用逐步分解落实到部门、区队、班组以及个人，建立区队控制、部门联责的考核制度，实现岗位资产及岗位职能高效对接；运作物资管理系统，强化全面预算管理，严格电费、维修费、租赁费控制及各类非生产性和建设性支出，实现自我控制和管理；强化资金、材料和单项工程预算管理，抓好各项节能降耗措施的落实；抓好煤质管理，合理组织分打分装和多品种配采，稳定煤炭质量，维护好市场信誉，满足用户需求；抓好精煤洗选和销售管理，充分发挥重介、动筛系统的设备优势，实现原煤全部入选，制定“买煤—配煤—售煤”措施，以精煤增产、增销提升矿井经济效益。

枣庄矿业集团新安煤业有限公司

一、矿井概况

新安煤业有限公司位于山东省济宁市微山县留庄镇境内，是枣矿集团自筹资金建设的一座现代化矿井，为省属国有重点煤矿。矿井于1998年4月建设，2002年1月建成投产，核定生产能力4.2 Mt/a，水运、铁路交通便利。

截至2019年底，矿井累计探明资源储量305.24 Mt，井田内可采煤层为3（$3_{上}$）、$3_{下}$、$12_{下}$、14、16共5层煤，矿井水文地质类型属于中等类型，瓦斯鉴定等级为低瓦斯矿井，矿井所采煤层均具有煤尘爆炸性，煤层的自燃倾向性等级均为Ⅱ类，属自燃煤层。矿井平均地温梯度为2.42 ℃/100 m，现开采区属地温正常区，无地温危害、无冲击地压危险。

二、2019年主要技术经济指标

2019年矿井原煤产量3.96 Mt，布置2个工作面同时生产，综合单产为165000 t/(个·月)，原煤生产期末有效人数为1090人，原煤生产实际有效工日数为287383工，原煤工效为13.79 t/工。年度职工人均收入12.05万元，比去年同期增资1.17万元，增幅10.8%。利润计划65000万元，完成83525万元，商品煤单位成本计划389.36元/t，完成316.66元/t。截至2019年12月31日，矿井累计安全生产时间6657 d。

三、安全高效矿井建设的主要做法

（一）生产组织着眼于“效”，提质增效，全力推进稳产保量

矿井始终坚持“贴紧现场、把牢源头、正规循环”，以“智能化建设”“三减三提”为着力点，积极优化矿井各大系统，切实解决生产环节复杂、成本高、效率低等问题。一是抓接续，保源头产效。坚持“两手抓、两不误”，科学规划矿井长远接续，持续优化采场布局，优化生产组织，始终保持“一主一辅”生产格局，强化现场技术指导，保证了3117、3412两个大倾角俯采工作面交替生产、补产配采，正常接续。二是抓协调，保组织工

效。实施内部挖潜、一岗多能、减员增效，打破专业界限，实行跨工种、跨岗位深度融合，打造复合型工作岗位，实现了减人不减产、质量不下滑、工效最大化；利用智能化装备实行远程自动化控制，累计减少岗位工 66 人。利用 OA 协同办公系统实现了请示汇报、任务下达、团队协作等功能，提高了事件处理的工作效率和执行力。三是抓辅助，保系统能效。优化“一通三防”系统建设，实现便携仪智能收发、记录，做到束管监测系统对密闭内气体实时在线监测等。在 3313 工作面安设摄像头 40 余个，实现了对各生产环节、安全情况的远程可视化集中监控。在资源回收方面积极开展对标，全年采区回收率为 88.5%，高出标准 13.5 个百分点。

（二）技术创新聚焦于“新”，创新创效，加快智慧矿山建设

矿井以“智慧矿山”建设为契机，加快推进新装备、新工艺、新模式的推广应用，采掘机械化程度均达到 100%，有效解决了“环节多、效率低、不安全”等问题。一是引进新装备。在山东省内率先使用 6.5 m 大采高综采智能化成套装备，一键启停、远程操控、在线监测、煤机记忆截割、支架自动跟机、乳化液自动配比等技术综合运用，工作面施工人员由每班 19 人减少到 7 人，工效提升 63%，单产水平较传统工艺提高了近 50%。引进上海创力 EBZ－220B 型悬臂式遥控掘进机并配置干式除尘风机，综掘机司机在百米范围内通过遥控装置一键启停、精准定向、自动截割、位姿调整等远程操作，实现了掘进过程的无人化、智能化，工效提升 26%。积极应用液压锚杆钻车、离心式矿用湿式混凝土喷射机及微型挖掘机器人等先进设备，年创效 240 余万元。二是推行新工艺。立足“抓超前、抓有序”，科学制定生产方案，顺利完成了 6.5 m 大采高支架井下整架转运，并创出一天回撤、转运、安装 9 架的较好成绩。面对生产过程中不规则大倾角俯采、过断层、过探巷、过压力区及频繁合茬等诸多复杂因素影响，实行“排兵布阵、挂图作战”，成立重点盯靠包保组，严格措施现场落实。三是探索新模式。优化劳动组织，实现少人则安。井下全面取消夜班，彻底改变了煤矿工人“一天三班倒、24 小时连轴转”的传统作业模式。采煤、掘进专业创新实施“插班检修”生产模式，工效同比提高 30%。同时，将富余人员充实到地面零星工程、综合后勤等岗位，扩大服务范围，提升人力资源利用率。

（三）科学管理致力于“精”，精准管控，促进矿井集约高效

矿井坚持以效益为导向，以规范提质量，加快生态文明建设，实现了经济绿色规范运行。一是精益求精，控本增效。建立“降本＋增值”双向管控机制，严把计划审批、材料领用、用料监督、有旧不批新“四道关口”，

全年审批材料同比减少 5400 余万元，实现了低成本运行。全面树立“零废品”理念，全年回收物资 1777 万元，复用 692 万元。二是精打细算，挖潜增效。在精煤增效上，针对重点用户对精煤硫分的指标需求，将精煤灰分平均保持在 7.44%，不仅创造经济效益 356 万元，而且得到了用户的好评。在洗煤优化上，实施洗选加工全流程、全环节、全品种的“小指标”质量精准管控模式，严格落实“一降两稳”措施，完成各类技术改造 19 项，8 级精煤水分平均 9.9%。三是精心打造，绿色高效。采用水力循环澄清池和无阀滤池处理工艺，配置紫外线消毒设施，矿井水处理后主要污染物浓度达到Ⅲ类水标准；矿井为各类噪声排放设施配备了相应的防噪、降噪设施，并定期检查、维护；工厂绿化覆盖率达到可绿化区域面积 100%，被评为“花园式矿井”。

枣庄矿业集团高庄煤业有限公司

一、矿井概况

高庄煤业有限公司为国有大型煤矿，隶属于枣庄矿业集团，位于山东省济宁市微山县付村镇。高庄煤业有限公司是由兖州煤炭设计研究院设计的一座年设计生产能力为900000 t的全水力化采煤矿井。矿井于1997年10月1日试出煤，2002年技改工程完成后，矿井生产能力提高至1.8 Mt/a；2020年8月26日，核定生产能力为3 Mt/a。

矿井开拓方式为立井分区式集中下山开拓，设主井、副井、风井3个井筒。由于邵集断层从井田的中部穿过，将井田分为东、西两翼；东翼布置西一、西三和西七3个采区；西翼布置西五、西十一和西十三3个采区。目前，西一采区、西五采区已回采完毕，原煤生产主要集中在西三和西十一采区。

二、2019年主要技术经济指标

2019年公司实现安全生产。原煤产量完成2688300 t。掘进总进尺完成12228 m，其中综掘进尺10300 m。采掘机械化程度达100%。矿井综合单产95926 t/(个·月)。原煤工效8.157 t/工。实现利润92995万元，人均收入12.13万元。

三、安全高效矿井建设的主要做法

高庄煤业有限公司自建成投产以来，在创业、起步、发展、超越的历程中，全力实施“文化强企、素质兴矿”战略，不断拓展、丰富企业文化的外延和内涵，并为之付出艰辛努力，收到良好的成效。高煤公司牢固树立明责任、勇担当、求创新、谋发展的意志和决心，扎实推进本质安全、集约高效矿井建设。

（一）“安全第一”保障企业发展

公司高举严管真爱大旗，牢固树立“高于一切、重于一切、先于一切、决定一切”的安全观，深刻领悟“企业不消灭事故、事故就消灭企业”的内涵，完善和落实安全生产责任制和双重预防机制，防范和化解安全、稳定、环保等重大风险，全力以赴保障安全生产。一是强化安全意识培育。充分利用各种宣传媒介和手段，加强安全文化、安全理念的宣传灌输，学懂、弄通、执行好安全规程、防冲细则和重大事故隐患判定标准等法律法规，杜绝违法违规行为。深入开展事故案例警示教育，继续开展“五描述一操作”实操演练，提升员工按章作业的自觉性。二是强化现场安全管控。各层级安全生产管理人员执行好现场预知、风险预判、信息预报、措施预防、物资预备、专业预控“六预”管理，树立“掉顶就是事故”“车辆掉道就是事故”“煤尘堆积就是事故”“隐患不除就是事故”的理念，强力开展“安全整治年”活动。三是强化制度刚性执行。坚持“严干部、严流程、严小事”，紧盯流程不放松，抓住小事不放过，把苗头性问题当作大问题来对待，把小事故当作大事故来处理，放大分析，从严追责，抓安全就要对事不对人、实事求是、红脸出汗。

（二）优化工艺工序实现集约高效

按照建设安全高效矿井的要求，积极推进采掘装备现代化、生产组织集约化。一是实施大采高工作面综掘机开帮造回撤条件新工艺探索。在原有采煤机开帮、单体配合大板梁支护顶板难以满足现场需要的条件下，以“减少开帮空顶时间”为导向，立足“安全、高效”，创新实施了大采高工作面综掘机开帮造回撤条件新工艺探索，使用 EBZ－160 轻型综掘机开帮，使用锚网带锚支护顶板，大幅降低顶板事故风险。二是提升安撤装备水平，实施安撤系列化装备升级。为进一步落实集团公司“严禁生拉硬拽、严禁手拉葫芦起吊大件”等要求，大力开展安撤系列化装备升级，因地制宜地引进了齿轨牵引车、三角区扇形支架、撤架平台、撤架叉车、装车机构、框架式起吊支架、单臂吊等系列化安撤设备，全面提升了安撤装备水平，革新了施工工艺，降低了职工的劳动强度，增强了安全保障能力。三是盯住端头支护，打通取消单体最后 1000 m。在全面应用巷道支架、单元支架以及端头支架的基础上，采煤专业瞄准“端头密集支护”问题，积极联合厂家，成功研发了 ZQ2000/22/45 型单元式端头支架，彻底取消工作面两端头的单体支护，降低了职工劳动强度、增强了两端头的支护强度，提高安全系数。

（三）智能矿井建设提档升级

公司建成了井下万兆工业环网，打通数据传输瓶颈，所有采煤工作面全部配置新一代智能化操作系统；已完成 4 台综掘机遥控操作升级改造，实现 300 m 以上可视化远程遥控；与高校合作研发了多功能装卸料机器人，实现散装物料机械化装卸；完成了地面注浆站智能化改造和副井罐笼双系统自动化改造，引入智能化矿灯，引进应用单轨吊运输系统，井下机房硐室、主运带式输送机实现无人值守。

（四）创新发展活力充分释放

2020 年以来，联合厂家研发制造了端头支架，实现了工作面端头复杂区域取消单体支护；应用了侧卸式装载机，大幅提高巷道开门、拐弯等短距离工程施工速度；引进齿轨牵引车、三角区扇形支架等安撤系列化设备，革新了安撤施工工艺；创新实施了大采高工作面综掘机开帮造回撤条件新工艺，施工效率大幅提升；引进深孔预裂治理技术，为工作面安全开采及冲击地压防治积累了经验。公司工会积极争取上级创新工作室补助资金 15 万元，打造了众创联盟创新工作室，先后获评“煤炭行业技能大师工作室”“山东省示范性创新工作室”，管理创新、技术革新成果丰硕。

枣庄矿业（集团）有限责任公司蒋庄煤矿

一、矿井概况

蒋庄煤矿是枣庄矿业（集团）有限责任公司的支柱矿井之一，1979 年 12 月 28 日开工建设，1989 年 6 月 24 日建成投产。矿井设计生产能力为 1.5 Mt/a，经技术改造，2007 年核定生产能力为 2.75 Mt/a。

井田面积为 36.463 km^2。井田主要含煤地层为下二叠统山西组和上石炭统太原组，最大含煤地层平均总厚为 310 m，共含煤 19 层，煤层平均总厚 8.12 m，含煤系数为 2.89%。

井田内断层导水性弱，水文地质条件属中等类型；矿井属低瓦斯矿井，无高瓦斯区和瓦斯异常区；3 上、3 下、16 煤煤尘均有爆炸危险性，煤尘的爆炸指数分别为 33.27%、35.14%、43.75%。煤层均有自然发火倾向，为自燃煤层；矿井无冲击地压危害。

二、2019 年主要技术经济指标

截止到 2019 年底，矿井已连续安全生产 2615 d。

2019 年全年完成原煤产量 2035288 t，月平均单产 169607 t，原煤工效达 10.97 t/工。全年完成掘进总进尺 11266 m，超集团公司计划 741 m，万吨掘进率为每万吨 60.59 m。采煤方法为单一长壁后退式全部垮落采煤法，采煤工艺为综采工艺；掘进有炮掘和综掘两种工艺；矿井采区采出率为 88.8%。采煤工作面采煤工艺为综采，采煤机械化程度为 100%。掘进有炮掘和综掘两种工艺，矿井综掘机械化程度为 60.4%；矿井掘进装载机械化程度为 100%。

完成营业收入 214607 万元，实现利润总额 59633 万元。职工人均收入 11.08 万元，比 2018 年增幅 8.31%。

三、安全高效矿井建设的主要做法

（一）风险防控能力实现新提升

持续深化全层级自主管理，严格落实安全包保责任，制定“约谈十条”，采取“约谈惩戒+组织措施”，提高了各层级安全自主履职效能；坚持“隐患可防可控可治”理念，推行随机抽签、现场剖析式安全检查和“查后查”安全闭合督察，规范了安全监管流程，促进了隐患排查治理；创新“互联网+安全”管控模式，开发应用AI安控系统，促进了职工行为规范和现场安全生产。

（二）控本增效实现新提升

实施物资材料“菜单式”回收、“跟踪式”管理、“回收物资井下直接周转”、季度清仓查库长效机制等管理模式，物资材料管理更加规范。开展经营对标管理，发挥矿井成本“大数据”分析平台作用，逐月压控成本费用，全年降本增效2600余万元。

（三）“三减三提”建设实现新提升

围绕装备升级，应用电液控支架、采煤记忆截割、运煤系统集中控制等先进设备，采煤工效提高12%；应用液压掘进钻车、远距离喷浆系统、锚杆支护钻车、自卸式矸石仓等适用设备，打造了2条“高效快掘作业线”；主运带式输送机实现地面自动化集控，南翼主运带式输送机通过永磁直驱改造，实现了提速和自动节能调速；围绕“智能化”选煤厂创建，研发国内首创的“浮选尾矿矿浆灰度的AI视觉识别系统”，已申请国家实用新型专利。

（四）产销协同实现新提升

一是实施3上、3下煤配采，高低灰、高低硫煤配洗及外调内配，提高了精煤质量和回收率。二是改变以往单纯增加提升量来对冲效益压力的思维模式，通过构建产销协同价值链，为客户提供有效供给，达到客企双赢。三是针对阶段性煤质变化，组织不同煤种配洗，新建的封闭煤棚和智能储装运系统，形成“精煤落地存储、定量回煤装车”储运新模式，率先实现3个煤种同时配洗，提高了煤炭配洗的灵活性。

（五）深化改革激发新活力

深入开展“揭榜挂帅”创新示范活动，升级打造3个劳模创新工作室，建立9个岗位工种“集智研讨站”，发挥了集智创新、协同攻关的作用。相继研发应用了无人值守变电所门禁系统、井下自动洒水车、短距离多用途起吊专用车等300余项创新成果，申报的《岩巷精准快掘新工艺及关键技术与装备》等8个科技创新项目分获行业类二、三等奖。

枣庄矿业(集团)付村煤业有限公司

一、矿井概况

枣庄矿业（集团）付村煤业有限公司，是一座年设计生产能力 1.2 Mt 的现代化国有重点煤矿，现已达到 3 Mt 生产能力，煤炭储量丰富，品种优良，平均灰分为 16% ~18%，硫分小于 0.6%，低位发热量为 26376.84 kJ/kg，可用作良好的炼焦配煤和优质动力煤。矿井地处微山县境内，南临微山湖，西抵邵阳湖，矿区专用铁路与京沪铁路接轨，京杭运河流经付村井田西部，毗邻 104 国道，水路交通运输十分方便。

二、2019 年主要技术经济指标

2019 年实际完成原煤产量 2627245 t；百万吨死亡率为零，连续实现安全生产 18 周年；原煤工效完成 11.091 t/工，掘进总进尺完成 12100 m；综采机械化程度达到 100.00%；掘进机械化程度达到 100.00%。消灭了各类重大非人身事故的发生，矿井安全生产标准化考核 11 个专业均达到一级。

三、安全高效矿井建设的主要做法

（一）科学谋划、聚力攻坚，扎实推进“智慧矿山”建设

2019 年付煤公司被枣矿集团确立为“智慧矿山”建设试点单位，矿井与山东蓝光软件有限公司合作，完成了“智慧矿山数据仓库系统”“智慧矿山保障系统”“智慧矿山协同管控系统”“智慧矿山应急指挥系统”四大模块、11 个子系统的搭建工作。一是建立地面工广和井下井田区域三维空间模型，实现了付煤公司全矿井地面工广到井下巷道采场布置、地质体的透明管理，为“井上下透明矿山”建设奠定了坚实基础。搭建三维可视化平台，集成通防监测监控系统、矿井供电系统、人员定位系统、工业视频系统于一体。二是建立通风网络结构模型和通防设备技术参数库，生成矿井通风网络图和动态风流流向图，实现了自然分风解算功能。同时实现了安全监测监控数据和信息在井上下“透明矿山”上的实时显示、查询。三是建立机电设备布置图和机电运输设备技术参数库，在“一张图”上绘制了井下机电设

备布置图、井下原煤系统运输图和井下辅助运输系统图，完成了公司矿井机电运输专业数据仓库的建立，为通风、供电、排水的可视化智能管理提供了充足的数据支撑。

（二）紧盯项目、深化延伸，有序拓展“一提双优”发展

一是扩大“四新应用”。巩固综采自动化、智能化生产新技术，综机维修基地充分发挥专业化队伍、装备优势，完成首批支架自修，进一步提升了综合维修能力，具备承接外委支架维修条件。应用锂电池单轨吊机车加快智能机器人研发，完成山东能源集团18项成果“一提双优”建设项目现场考核验收。二是优化生产系统。结合生产布局，优化通风系统，降低系统能耗，全年封闭非在用巷道2100 m。从设计源头出发，通过辅助巷道及工程的施工完成了对东六、东十采区通风系统、排水系统及运输系统的优化，从根本上保证了系统的安全可靠性。三是优化劳动组织。成立专业物料运输队，利用“互联网＋”和物资智能配送系统，对井下生产物料转运实行专业化管理、智能化操作、集中化配送，优化减少岗位工28人。推行岗位合并，安监员兼职瓦检员、副工长兼职验收员、带式输送机工兼职取样工等举措相继实施，掘进后部2部以上带式输送机运输全面推广带式输送机集控系统，平均减少用工95人/d。通过取消夜班、试行周末集休模式，让职工作息回归自然，有效降低了薄弱时段带来的安全压力，夯实了安全管理基础。

（三）传承创新、超前预控，持续稳定安全形势

围绕上级一系列安全生产指示精神，持续加大安全管理力度，扎实推进安全管理“九大体系”建设，构建全层级诚信评价体系，全方位提升安全保障能力，实现了安全生产。一是健全管理机制。完善各级安全责任，严抓上级安全生产法律法规、作业规程、管理办法落实。认真开展“三项对标整治”，从严推进“双重预防机制”建设，完善《安全风险分级管控标准化实施细则》，严格风险辨识、隐患排查治理、薄弱人物管控“三个清单”管理。坚持安全问题“一票否决”，严肃追究各级人员职责。二是坚持管理创新。开发完善了“安全生产智能增值管理系统”八大功能，为安全管理人员、特种人员及安监员配备了井下智能手机和智能矿灯，通过推广安全生产信息“二维码”管理，实现了作业环境、作业行为、生产过程信息的智能化采集、即时化上传和设备参数、操作规范、常见故障及应急处置等知识的“一键式”查阅。围绕构建诚信安全、本质安全矿井，搭建全层级安全诚信体系平台，指导矿井安全绩效收入分配，考核过程实现公开透明，兑现安全诚信奖励800余万元。三是严格现场管控。把班组长、重点骨干安放到重点

区域、关键环节，发挥领导带班、包保跟班、工作组现场驻扎作用，提升现场监管质量。科学分析安全管控重点，重点围绕“一通三防”“雨季三防”、顶板管理、提升运输管理、安装撤除管理、停产复工管理等，为现场量身制定安全管控措施，做到精准管控。以“安全生产标准化样板矿井”创建为抓手，继续推进矿井“标准化建设，模块化管理”，不断创优安全生产环境。全面加强职业危害防治，开展职业危害、职业病健康查体 1113 人次，查体率达 100% 。四是注重素质提升。坚持精准培训和动态考核相结合，开发应用安全“e 课堂”，分类分批抓好各类培训工作，累计培训各类人员 2646 人次，做到了培训率、合格率、持证上岗率 3 个 100% 。投入 110 余万元，建成了枣矿集团唯一一个特种作业人员操作考试点，涵盖了 11 个作业类别、15 个工种，每年可承担枣矿集团所属煤矿及周边地方煤矿开展煤矿特种作业人员实操培训及考试考核 1800 余人次。五是严抓地面安全。开展各类安全宣教活动 9 次，做好不同时期职工的思想宣传、安全宣教工作，筑牢超前防控线。坚持“网格化”和“信息化”抓地面安全管理，运用好地面微信安全管理平台，全年排查整改地面隐患 920 条。

枣庄矿业(集团)有限责任公司柴里煤矿

一、矿井概况

柴里煤矿位于山东省滕州市西岗镇境内，地处鲁西南平原，地势平坦，地面标高 +35.30 ~ +43.73 m，井田面积为 29.3312 km^2，是鲁西南地区煤炭生产的重要基地之一。柴里煤矿于 1961 年 11 月建井，于 1964 年 10 月投产，最初的年生产能力为 0.3 Mt，经过三次改扩建，现设计能力为 2.4 Mt/a，2006 年核定矿井生产能力为 2.75 Mt/a，2013 年 12 月重新核定矿井生产能力为 2.4 Mt/a。矿井分为 -110 m 和 -490 m 两个水平，主采煤层为下二叠统山西组下部的 3 煤层，其余煤层为薄煤层仅局部可采。3 煤层厚度达到 1.40 ~ 14.50 m，以中研分界，将其分成 3 上煤层和 3 下煤层。到 2019 年底，剩余可采储量为 15.06 Mt，矿井服务年限为 6.28 a（按 2.4 Mt/a 计算）。

二、2019 年主要技术经济指标

2019 年原煤产量计划 2.34 Mt，实际完成 2.01 Mt；掘进进尺完成 19516 m，超计划 841 m；采、掘机械化程度均为 100%，综掘程度为 70%；原煤工效为 11.966 t/工；精煤产量实际完成 1603900 t；商品煤销量完成 1848700 t；商品煤成本计划 651.18 元/t，实际完成 672.25 元/t；利润计划 24540.19 万元，实际完成 31194.52 万元；百万吨死亡率为零；职工人均收入为 11.03 万元，增幅 9.68%。

三、安全高效矿井建设的主要做法

（一）促“一提双优”建设，推动矿井高质量可持续发展

立足矿井持续发展，不断加大“一提双优”投入。2019 年，在新上 ZY6800 - 24/50D 型液压支架、ZQ4000/20.6/45 型巷道超前支护液压支架等装备升级上投入 11752 万元，有效提高采煤工作面支护强度和支护性能；按照机电运输自动化平台建设要求，装备电动滚筒带式输送机、压风机及监控系统升级等系统改造上投入 3074 万元，优化了机电运输系统，实现井下带式输送机运输、压风供风实现远程操作监控。

（二）强化从严管理，实施正规循环，促安全形势持续稳固

该矿聚焦“红线、底线”，突出机制保障，强化从严管理，加大行为防控，保持了矿井安全生产形势的持续稳定。面对矿井接续紧张、采场复杂以及装备老化等诸多困难，该矿始终坚持正规循环、规范操作，大力实施系统优化、装备升级，稳固了主业创效源头。

2019 年 1—12 月平均正规循环率达到 95.14%，同比增长 0.72%。实现了正规循环作业、规范化操作，杜绝了非正常撇勾延点，有效提高了职工的幸福指数。

（三）抓源头舞龙头，产销协同持续深化

充分发挥产销协同创效基地作用，建立健全产销协同“1336”管理体系，加大工作面合理配采，严把原煤过程管理关，精采细采，科学配采，确保了煤质稳定，2019 年实现提质增效 1700 余万元。扎实推进枣矿集团“一提双优”建设，实施智能化选煤厂建设，顺利完成了选煤厂集中控制系统改造、调度指挥系统建设、水平衡系统构建、故障分析预警系统平台搭建、压滤机联机自动化等项目，大大提高了精煤的回收率。不断优化营销策略，一方面加大与客户的沟通协调，加大促销力度；另一方面提高精煤质量，积极开发适销对路的产品，有效改善了产品质量与结构，较好地满足了客户需求。

（四）优化组织结构严考核，减人提效重点化

编制了采掘、机电运输、通防劳动组织优化方案和单班入井限员方案，加快实施了采掘、机电运输、通防专业劳动组织优化，提高了原煤生产人员效率。根据“三供一业”移交要求，制定了“三供一业”移交人员安置方案，共优化分流 94 人。强化了劳动用工管理，坚持每月开展检查活动，全年对 20 名“五长”人员给予依法合规处理。积极维护职工权益，按照上级要求调整了退休人员 2019 年养老金，月增加 149 万元，人均增加 273 元/月，并补发 1—7 月待遇 1046 万元；申报职工异地就医报销材料 742 人次，审核报销费用 713 人次，费用 546 万元。

（五）安全生产情况

一是高举从严管理大旗，深化全层级自主管理，全面激发各层级安全管理内生动力，全年隐患条数、“三违”总数和工伤事故率同比分别降低 2%、5% 和 16%，推动了矿井安全发展。二是坚持制度为尊，研究出台安全管理文件 29 份，打造了“年有规划、季有主线、月有主题”的制度体系。健全“理论 + 实操”培训模式，累计举办各类培训班 259 期，提高了以技保安能

力。三是突出工作标准化、流程精细化、结果精品化，完善过程监督、考核评比激励机制，建成精品工程 157 个、示范工程 36 个，优良品率同比提高 5 个百分点，工程质量对安全管理的带动和保障作用充分彰显。四是坚持以自动化、智能化推动矿井稳产提效，成立 5 个工作专班，建成 4 个智能化工作面、3 条快速掘进线，采、掘直接工效分别超考核指标 16 个和 5 个百分点。五是落实“5788”定员标准和机运“一科三区”、通防“一科两区”制，压减采掘直接工 517 人，压减辅助区队 3 个，“少人则安、少时则安”的管理理念正深入人心、逐步落地。六是打破传统思维，与高等院校合作开展高预应力锚杆支护课题研究，在 3 上煤掘进巷道及 3 下煤上方无老巷的实体巷道推行锚网索主动支护，结束了建矿 50 多年来以架棚为主的巷道支护方式，大幅降低职工劳动强度，并消除了架棚上方空顶区松动煤体自燃隐患。七是持续深化了“一面双全”设计和资源回收严格考核机制，采掘正规循环率分别提高了 16% 和 26%，分别达到了 98% 和 95% 以上，设计实施一面双全管理，科学优化采区和工作面设计，对 237 采区、239 采区充分利用原有老巷道进行准备巷道布置，237 采区减少岩巷 1300 余米，煤巷 700 余米，239 采区利用老巷道布置节省巷道 1000 余米，科学优化了 23631 和 23632 两个工作面的布置，在 23 上 631 工作面轨道巷实施沿空留巷技术，采用“注浆锚索梁 + 超前预裂 + 钢棚切顶 + 单体支护”的支护方案，按留巷长度 300 m 及多回收煤炭资源 14000 t 计算，节约资金约 1000 万元，同时深挖村庄下压覆资源回收，最大限度提升资源回收，为矿井均衡有序稳定生产提供了坚强保障。

（六）科技创新管理

该矿着眼企业长远发展，坚持走改革创新之路，建立健全了“136”双创工作管理新模式（即“1”个科技创新管理体系、“3”个创新创效平台、“6”项考核激励机制），使该矿科技创新工作实现了程序化管理、制度化落实、规范化运作的良好局面。

枣庄矿业（集团）有限责任公司田陈煤矿

一、矿井概况

田陈煤矿是一座省属国有大型现代化矿井，是枣庄矿业（集团）有限责任公司骨干矿井之一，位于滕南煤田中部，行政区划位于滕州市张汪镇和微山县欢城镇境内。本井田地势平坦，东北高，西南低，为一由东北向西南缓慢下降的滨湖冲积平原，地面标高为 +54.98 ~ +35.11 m，高差约 20 m。田陈煤矿位于滕南矿区中部。北与金庄生建煤矿相邻；西部北段（至第七勘探线）以刘仙庄断层、西部南段以尹洼断层与蒋庄井田毗邻；东部以 3 下煤层 -800 m 水平为深部边界；井田南部与许楼井田、欢城井田、岱庄井田相邻。矿区南北长约 10.0 km，东西宽平均 4.8 km，面积约为 48.05 km^2。

矿井采用立井盘区式多水平开拓方式，根据矿井初步设计，将井田划分为两个水平开采，第二水平共划分为 5 个采区，分别为北三、北五、七一、七二、七三采区，其中七三采区已关闭，七二采区目前正在准备，七一采区为主采区。

二、2019 年主要技术经济指标

2019 年生产原煤 1419000 t，原煤工效达 6.73 t/工；综合单产为 66900 t/(个・月)；平均工作面个数 1.67 个；采煤机械化程度达 100%，掘进机械化程度达 100%；全年死亡人数为零，百万吨死亡率为零。

三、安全高效矿井建设的主要做法

（一）优化生产布局与劳动组织，促进集约高效生产

科学组织、生产均衡有序。在采煤方面，继续大力推进“主辅结合”的生产模式，合理组织 3 下 7109、3 下 7120 两个工作面均衡生产，保障了矿井产量稳定。同时，坚持集约高效生产格局，在 3 下 7109 工作面采场适宜的有利时机，阶段性实现了“一面保全矿”的良好局面。在开拓掘进方面，以抓当前顾长远思路为根本，坚持顾全局、抓关键的原则，科学分析、强力组织，合理配置力量，优化施工地点，突出开拓重点的生产模式。针对

掘进效率问题，找准制约生产的支护、出矸等关键环节，各个击破，最大限度地发挥效能，保证了生产接续的良性循环。

强化技术管理、技术支撑能力进一步增强。在优化设计方面，从设计源头入手，坚持系统思考，不断优化采掘生产布局，对 3 下 302、7115、7122 设计方案进行优化调整，降低施工难度，最大限度回收资源，实现了源头提效；完成了直径 12 m，容量在 2600 t 的煤仓设计，七二采区仓储总量将达到 3800 t，为下一步实现减班运输、周末集休奠定了仓储基础。在地质补勘方面，本年度井下补勘共施工探放水孔 2 个，地质孔 72 个，累计 3130 m；探明构造复杂区域，有效避免了无效巷道的工程浪费，为优化开拓布局指明了方向。

持续优化劳动组织。推进劳动组织再优化，基层区队实施扁平化管理，管辅人员按“五大员 + 万能员”配置，“工长”现场跟班兼职验收员，采用“生产、写实、培训，加集休”的“3 + 1 劳动组织模式”；在大力推广装备升级，不断提升工效水平，采掘专业率先实现了“三六”制生产，取消了夜班作业，在保证产量不减、进尺不降的情况下，职工的获得感、幸福感、归属感得到显著增强。

（二）坚持系统优化，降低成本投入

优化采场布局。坚持顶层设计、合理布局，根据矿井资源赋存及各采区接续情况，制定了矿井中长期发展的规划，综合考虑矿井产量、煤质配采等因素，形成了“北区主采保证矿井产量，本部边角块段合理配采”中长期生产格局。

抓好采区收缩。北三采区已收缩至 −705 车场，全年共封闭巷道 1850 m，回撤设备 43 台，优化中央风井通风系统，减少矿井通风机用电量 20000 kW · h，风量缩减了 490 m^3/min，矿井负压降低 10 Pa。

实施煤仓扩容。继 2018 年施工北区一号煤仓后，又在七二采区规划容量 2600 t 的大储量煤仓，七二采区生产后，可有效缓解北区主运输仓储能力不足的问题，并为周五工作制打下坚实基础。

运输系统升级。强化机电运输系统升级，强力带式输送机、变电所、泵房、架空乘人装置均实现了自动化远程集控，逐步取消小绞车、推广无级绳绞车、单轨吊，应用矿车定位系统，实现了辅助运输系统升级，运输效率提高了 20% 。

（三）坚持技术革新，提升生产效率

打造工作面安撤全流程机械化作业。全面推广使用了 SYD − 10 × 2 型双臂液压吊装机、TYA300 型安装调架平台、YSQJ 型运输设备起吊机、ZCJ－30 型机械手、ZSSCZ 型综机设备绳式拆装装置、SZZ22/43 型三角区支架等安撤系列化装备，彻底解决了使用绞车强拉硬拽的撤除方式与设备安装使用手拉葫芦起吊效率低、不安全的问题。组合构建支架撤除新工艺，实现支架安撤全流程机械化作业，提高液压支架组装、拆解效率 35%，综采工作面安撤人员减少 34.2%，提升安装效率 40% 以上。

推行超前支护技术改革。一是采用巷道单元支架支护顶板，并配合成单轨吊循环挪移，完全取代了单体液压支柱等非机械化支护方式，实现了超前维护与工作面设备同步推移机械化、自动化作业，支护强度提高 300%，减少支护用工 80%，保证了工作面端头与巷道连接区安全、高效支护。二是成功应用注浆锚索超前支护技术，在 7121 轨巷、503－1 两巷、7120 运巷，成功应用注浆锚索超前支护技术，形成了“超前加固、主动支护、矿压观测、取消单体”的支护模式，简化了生产工序，切实减少了危险区域人员，生产班每班维护人员由 4 人减少至 1 人。

（四）紧抓机遇，合理安置，持续推进企业瘦身

打破体制机制束缚，允许在职职工自主创业，并办理中止劳动合同，为职工创业、考编等提供政策支持。田陈煤矿通过持续优化人力资源，从事安全生产员工较 2019 年减少 526 人，其中，采掘生产一线员工共减少 138 人，采煤专业核减 60 人，掘进专业核减 78 人，辅助单位核减 388 人。

（五）人力资源优化整合，组建精干队伍

田陈煤矿积极推动机关部室、采掘辅助区队整合，实行大部室、大区队的理念，优化组织结构进行扁平化管理，提高工作效率。

机关成立生产技术部、党群工作部、经营管理部三大部室，分流部分机关人员充实到基层区队；安监处精减科室人员，分流部分人员充实到物业站、北井等地点。

采掘区队方面，倡导生产和安撤的“互通融合、后路服务”，综采二区负责辅助生产和安撤，采煤综合服务工区负责后路服务，确保生产、安撤有序施工。

辅助区队方面，整合地面检修资源，将四个检修车间合并成立制修中心，实现检修资源优化整合，为减少设备外委修理，提高检修质量及检修效率奠定了基础。

（六）强化人才保障，培育高素质人才队伍

田陈煤矿充分利用近几年分配大学生群体，努力打造一支高素质、高水

平的青年人才队伍，培养一批业务素质过硬、管理能力突出的后备人才，先后组建多支大学生班组。通过重点培养，田陈煤矿已有 15 名大学生班组里的成员通过竞聘走上技术、管理岗位，大学生采煤班和掘进班持续保持着安全生产“零事故”的纪录，并多次荣获上级及矿“金牌班组”等荣誉称号。人才队伍的建设和培养有力地保障了矿井在新旧动能转换、装备升级、劳动组织革新进程中的顺利前行。

枣庄矿业(集团)有限责任公司滨湖煤矿

一、矿井概况

滨湖煤矿设计生产能力 0.45 Mt/a，设计服务年限为 60 a。2003 年 11 月破土动工兴建，2005 年 5 月建成投产。2010 年矿井核定生产能力为 1.1 Mt/a。矿井建有一座年入选 1.2 Mt 的选煤厂。

滨湖矿井井田位于滕北煤田，行政区划归滕州市管辖。《国土资矿划字〔2004〕024 号》文批准的井田范围由 19 个拐点坐标圈定。南与新安矿井、王晁矿井相邻；东与锦丘矿井相邻；北与北徐楼矿井相邻；西与鱼台井田相邻。井田东西长 8.47 km，南北宽 5.20 km，面积约 44.019 km^2，其中湖区面积占井田面积的 76.5%，沼泽地占 12.5%，陆地占 11%。开采深度为 -400 ~ -1500 m。

矿井自安全高效矿井评选以来，均被评为特级安全高效矿井。

二、2019 年主要技术经济指标

2019 年生产原煤 1.1 Mt，原煤工效达 13.75 t/工；综合单产 57300 t/(个·月)；平均工作面个数 1.54 个；采煤机械化程度达 100%，掘进机械化程度达 100%；全年死亡人数为零，百万吨死亡率为零。

三、安全高效矿井建设的主要做法

(一) 推进装备升级，坚持机械化换人、自动化减人

持续进行采煤装备升级，应用了国内领先的薄煤层智能化开采工艺。通过在这些工作面实践应用，工作面由原来的 9 人，减少至 1 名支架工、1 名采煤机司机、1 名运输系统巡查工、1 名操控台监控工和 1 名工长，5 人就可完成割煤、移架、运输等操作，在减少岗位人员、优化生产、提高劳动工效上都有了质的突破。该机组的使用，填补了山东省薄煤层智能化采煤的空白，提高了矿井安全高效生产水平，并为全国薄煤层自动化生产提供了有益借鉴。在 12212 工作面成功召开全国煤矿薄煤层智能开采现场推进会，得到了国家煤矿安全监察局、中国煤炭工业协会等领导的一致好评，薄煤层智能

化开采技术走在了全国的前列。

（二）优化劳动组织管理

一是采掘单位实行“三六”制作业方式，弹性检修，取消夜班生产，减少人员现场工作时间；二是所有下井人员采用井下智能定位系统考勤，对井下所有作业人员实行全程微机监控；三是各采掘工作面均实行了“限员挂牌”制度，采煤工作面每班工作人员不超过 10 人（包括后路），掘进工作面每班工作人员不超过 8 人，减少了现场工作人员。

（三）不断优化生产系统

一是在运输系统方面，推广无极绳绞车升级改造，161 采区一部无极绳绞车每次可提升 8 辆矿车，提高工效 92% 。同时在 161 采区西集材第一、二部无极绳绞车安装了移动视频监控系统，实时视频监控，确保安全运输。二是优化升级工作面巷道带式输送机运输系统，使用 160 ×2 带式输送机代替两部 150 带式输送机，并且使用了拐弯输送带，降低了设备占用。三是西翼安装了两部乘人缆车，减少了职工非生产性体力消耗。四是安装了主运带式输送机集控系统，通过实现五部主运带式输送机集控，每班减少作业人员 4 人；采掘工作面使用简易带式输送机集控 4 套，提高了带式输送机的运行效率，每班减少作业人员 6 人。通过不断优化主运及巷道辅助运输系统，大大减少了设备和岗点工占用，各流程工效得到质的提升。五是优化采区系统，根据采掘接续及采场调整，及时封闭 122 东集材，有效降低了风阻，减少了设备及矿井物资的占用。六是提升仓储能力，井下仓储能力由 4300 t 提升至 7700 t，满足了高产高效工作面对仓储能力的需求。

（四）持续优化生产工序流程

一是优化工作面设计，工作面倾斜长度优化至 230 m，走向长度为 1400 m，提高工作面生产能力，减少了工作面搬家撤除次数，降低了万吨掘进率。二是积极探索综采工作面支护和巷道支护，工作面巷道采用注浆锚索式超前支护，在满足支护强度的前提下，大大减少人工支护的劳动强度，取消了单体液压支柱，增大了安全系数。

（五）科学组织现场施工

掘进专业通过开展区队星级竞赛活动，从安全、质量、进尺等方面进行严格考核，有效提升了区队抓安全、赶目标的积极性，确保了优质快掘。开展掘进会战，实施目标管理，保证了工作面的正常接续。半煤岩综掘，取得月进 646 m 的好成绩。继续安装使用了 EBZ230A 型综掘机取代炮掘施工，加快了掘进装备升级换代，提高掘进效率。机载前探梁取代传统人工挪移式前探梁，既确保了施工安全，又节省了人力，实现优质快掘，配备推链式喷浆机取代传统喷浆机，加快喷浆速度。每班节约人工 3 人，月进由 120 m 提高到 180 m，提高进尺 60 m/月。

（六）致力打造“五大智能系统”，持续推进智慧矿井建设

打造智能化采煤工艺。目前，该矿装配的两套智能化采煤机组，运行状态较好，生产稳步上升。同时推进工作面两巷阶段式远程供电供液技术的调研应用，从源头上提升智能化采煤水平。确保矿井全面实现智能化采煤工艺。

打造智能可视集控系统。在主运一部、二部，161 采区带式输送机安装带式输送机可视集控装置，实现调度指挥中心可远程控制主运带式输送机开停。同时推进主副井、通风机、压风机等在线上传工作。

打造智能选矸系统。在 −465 m 煤仓安装 TDS 智能选矸系统，该系统能实现从运输系统上将 +50 mm 以上粒度的煤矸进行自动分离，可大大降低原煤中的含矸率，提高煤质发热量。

打造智能选煤系统。将选煤控制信号集中到选煤调度室，在调度室内实现选煤系统所有设备的集中控制，车间厂房内仅设有设备巡检工，不再专门设置岗位人员，提高工作效率。打造重介选煤生产全过程工艺平衡自动化，运输系统负载随动自动化，提高监控水平。

打造智能调度指挥系统。将该矿调度指挥中心建设成集智能化开采控制、煤流可视集控、智能选煤接入、安全监测监控系统于一体的智能调度指挥中心。

枣庄矿业(集团)济宁七五煤业有限公司

一、矿井概况

山东省七五煤业公司，原名为山东省七五生建煤矿，2016 年 7 月 1 日划转到山东能源枣矿集团。2020 年 4 月正式改名为七五煤业有限公司，七五煤业有限公司始建于 1973 年 6 月，1979 年 1 月投产，位于微山县欢城、夏镇境内。井田范围南北长约 7.7 km，东西宽约 7.5 km，井田面积约 46.1929 km^2，截至 2019 年底，矿井保有资源储量 264.74 Mt，设计可采储量为 74.47 Mt，剩余服务年限为 53.2 a。现已开采煤层为 $3_{上}$、$3_{下}$ 煤层，根据山东省能源局 2019 年第 3 号公告，矿井生产能力为 1 Mt/a。配套建设有入选能力 0.9 Mt/a 选煤厂。

二、2019 年主要技术经济指标

2019 年七五煤业公司死亡人数为零，百万吨死亡率为零；全年完成原煤产量 968010 t，矿井综合单产 67376 t/(个·月)，原煤工效为 7.94 t/工，采区采出率：中厚煤层 85.97%，厚煤层 86.2%；全年完成掘进总进尺 7020 m，万吨掘进率每万吨 72.5 m；完成营业收入 54181.61 万元，实现利润总额 32262.29 万元；职工人均收入 12.28 万元。

三、安全高效矿井建设的主要做法

（一）筑牢安全生产基石，安全质量管理实现新提升

牢固树立安全红线意识，坚持底线思维，多管齐下，多措并举，保持了稳定的安全生产形势。一是以责促安，层层压实安全生产主体责任，逐级签订安全生产责任书，实施正规循环率、机械事故率、正点开机率“三项考核”，采掘头面正规循环率达到 98% 以上。二是以质保安，狠抓质量标准化建设，筑牢安全生产“防火墙”，从制度、设计、施工、保障等多层面入手，不断完善动静态验收机制，进一步落实班评估、旬检查、月定级、季奖惩，以质量标准化的渐近提升，保障矿井安全生产。三是素质强安，利用教培中心多媒体和培训资源，以“管理干部上讲台、技术大拿任讲师，精准

培训到现场”多种方式，积极开展岗位练兵和技术比武活动，持续提升全员素质。坚持对“本质安全人”“安全夫妻”“安全师徒”同台奖励，共奖励金额31.2万元，让“本质安全人”有更多出彩机会。四是创新教育形式和载体，自创自制的《杜小五历险记》安全系列微视频分别获得山东省总工会微视频大赛一等奖、全国总工会网络正能量微视频大赛二等奖，并登录新华网首页，被中国煤炭网等国内主流媒体转载，在社会上引起了强烈反响。

（二）有序攻坚“一提双优”，智慧化矿井建设实现新提升

装备升级方面。采煤专业建成智能化综采工作面，通过工作面远程集中控制功能，实现采煤机记忆截割、液压支架跟机自动化、工作面视频监控，“一键启停”和“顺序启停”功能，效能发挥达到80%。掘进专业建成1条岩石快速作业线和3条煤巷远程遥控综掘线，其中在南翼轨道大巷开拓使用EBZ－260掘进机＋挖掘式装载机＋锚杆锚索钻车＋巷道修复机＋移动矸石仓为装备基础的岩石快速作业线，彻底取消人工打眼，实现掘进、支护、运输、仓储、修复一体化不间断施工。辅助运输形成了“气动单轨吊＋可视化无极绳＋无轨胶轮车＋集控化带式输送机”等多种行之有效的运输体系。机电专业：一是对主通风机进行改造，进一步提升矿井通风能力；二是全面推广带式输送机永磁直驱，减少转载搭接带式输送机3部，实现原煤集约、高效运输；三是推广斜巷无极绳绞车连续运输，实现集中轨道巷至工作面巷道的“一站式”运输，消除人力跟车安全隐患；四是副井口推广应用可视液压推车机，减轻职工劳动强度，提高运输效率；五是安装了巷道全封闭视觉智能监控管理系统，实现对巷道人员出入的全面监视；六是采用先进的物联网和云平台架构技术，将主提、主运、排水、压风、通风等五大自动化系统集成，构建机电运输综合自动化平台，实现了集中控制、无人值守。通防专业：一是持续优化通风系统，封闭闲置巷道5800 m，降低风量800 m^3/min，降低风阻180 Pa；二是建立无人值守矿灯自动发放系统和智能虹膜矿灯架，创建了无人值守瓦斯便携仪管理平台，井下全面使用自动洒水降尘装置；三是安全监测专业使用KJ90X安全监控系统将监测监控、应急广播、调度通信、人员定位的“四网融合”，并实现应急联动。安全监控专业建成了WiFi无线宽带集群全覆盖通信系统，铺就了智慧化矿山建设“高速路”。煤质办自主研发了“3D－MAP”数字化智能煤质管理平台，通过平台模式，反映矿井采场空间结构特征，工作面煤质变化趋势，快速快捷指导生产、洗选、销售，产、供、销、配一体化协同。洗选专业：一是针对选煤厂设备老化进

行改造，入选能力由设计的0.6 Mt提高到0.9 Mt，达到“全入洗”要求；二是深化产销协同，根据用户需求进行“订单式”生产。确保质量可靠，品质一流。

优化劳动组织方面。一是依托采掘智能化装备优势，打破岗位工种界限，推行区域化动态综合作业，实现了采掘单位取消夜班生产；二是推行扁平化管理，形成了机运专业“一科两区”、通防专业“一科一区”组织结构。其中通防专业发展全员都是特殊工种，一人持双证、多证，实行了安监员兼职瓦斯检查员；局部通风机、风筒、防尘管路、设施属地化管理；测风、测尘、密闭巡查三工种融合；安全监测工、防灭火巡查、气体取样工融合；通风设施、隔爆设施、钻机工融合等优化方式办法。

（三）打造地面花园式矿山，矿山生态治理实现新提升

坚持抓环保就是抓发展，先后获得“能源集团环境保护工作管理标杆单位”“济宁市重污染天气绿色标杆企业”称号，享受环保差异化管控政策。建成了济宁市第一个全封闭的煤场，实现了全封闭、全硬化、全喷淋、全雾化、全冲洗。

（四）严细管控，节支降本，经济运行质量实现新提升

坚持刚性考核，经济运行质量稳步提升。一是产销协同优势彰显。持续优化生产布局、劳动组织和生产工艺，“一面生产”平稳有序。坚持精煤战略，持续优化商品煤、客户和运输“三个结构”，精煤销量同比提高19.5%。二是挖潜创效成果显著。推行价值链管理，利用全面对标、全面预算、市场化考核结算等管理手段，制定完善了具有七五特色的63项内控制度和29类1000余项设备的维修结算标准，倒逼各专业、各单位降本增效，修旧利废产值同比提升16%。

山东省三河口矿业有限责任公司

一、矿井概况

三河口矿业公司位于山东省滕县煤田南部，行政区划隶属济宁市微山县付村街道管辖，井田面积9.543 km^2。矿井始建于1982年8月，于1994年1月正式投产，设计生产能力0.6 Mt/a，2015年核定生产能力0.7 Mt/a。矿井为煤与瓦斯突出矿井。矿井南与微山金源煤矿接壤，西与枣矿集团付村煤业公司为邻，东、北与七五煤矿为界。

井田位于京沪铁路线西侧，距官桥车站约16 km，其东面有微（山）—济（宁）公路通过，沿其向南6 km可达微山县及江苏省，北经欢城可达滕州、济宁等地，交通便利。水路距京杭大运河最近码头汇子港4 km，向南可进苏、皖、浙等省，向北可达河北省，水陆交通十分方便。

二、2019年主要技术经济指标

2019年完成原煤产量564428 t，完成掘进进尺6906 m，其中开拓进尺1941 m，原煤工效5.536 t/工，矿井综合单产41071 t/(个·月)，采区采出率84.5%，职工年人均收入10.5万元。

二、安全高效矿井建设的主要做法

（一）持续优化工作面设计，促进矿井高效发展

（1）加大对地质构造的探测分析，合理布置回采巷道，最大限度回收煤炭资源，根据现有生产布局，重点考虑采区煤柱、断层边角煤柱的开采方案，加大找煤扩量力度，尽可能延长南翼服务年限。

（2）布置工作面时，要根据现场实际情况考虑布置小型煤仓（或溜煤眼）的可行性，以减少掘进岩巷的施工，并进一步优化工作面通风、运输系统，确保生产系统可靠。

（3）进一步优化采掘生产布局，释放系统功效。合理编排、布局采掘工作面布置，根据施工进度及时修正，避免采掘相互影响，超前考虑采掘接续，科学组织掘进施工，及时调头换面，盘活局面，提高系统的利用率。

（4）进一步优化矿井通风系统，根据采场变化情况，及时封闭闲置巷道，并适时收缩封闭采区，缩短通风路线，简化通风网络，优化通风系统，降低通风阻力，节约有效风量，确保每一台运转的主要通风机能耗指标达到三级标准，并持续开展上等级活动。

（5）合理调整开拓布局，加快老区收缩和新区开拓，根据二、三采区剩余可采储量，优化工作面布置，进一步优化矿井通风、抽采及运输系统，完善供电和排水系统，加快 -465 m、 -555 m 水平的收缩、回撤，提升系统安全保障能力；以本安智能生态为方向，以智能化矿山、绿色矿井为目标，高起点高标准打造一采区，一采区投产后，在采煤机械化水平基本达到100% 的基础上，煤巷机掘进尺不低于 80%，掘进装载机械化程度应达到100%，单产单进水平提高 30%。

（二）持续优化劳动组织

（1）变革作业方式，严控入井人数。实现对矿井主排水泵房、主运带式输送机、井下变电所的远程控制自动化，实现无人值守，在地面进行集中控制，对精简的岗位司机进行技术培训，对相近岗点进行区域融合，减少了岗位人员，提升巡检和维修水平。

（2）实现“定编定岗定员”全覆盖。以人均效率和人员素质“双提升”为目标，延伸扩大定编限员范围，由采掘向辅助延伸、由煤矿向非煤延伸、由本部向外部延伸，突出市场化原则，优化劳动组织，调整用工结构，建强专业化队伍，合理配置人力资源，实现定编定岗定员全覆盖。

（3）紧盯“定员”“限员”“控员”三大任务，推动劳动组织“控规模”与“提素质”同步、“瘦身”与“健身”并重，实现人员配置优化协同高效。严控单班入井人数，积极创造条件减少井下作业人数，按照人员结构、技能结构进行优化调整，突出“操检合一”。

（4）优化劳动组织，精简管辅人员。实施扁平化管理，减少区队机构设置和管理层级人员数量，对机运工区和运输工区管理范围和职责重新进行划分和界定，对两工区人员重新进行组合和优化。区队层级管辅岗位设置 5 大员（区长、书记、主管技术员、常务副区长、机电技术员）和 1 名万能员，实行“工长制”现场跟班兼职。

（5）推进“五天工作制”生产新模式。在二、三采区取消夜班的基础上，结合系统优化进展，在一采区 $3_{上}$ 101 工作面投产时，矿井实现“五天工作制”生产新模式。

（三）建成安全质量标准化一级矿井

树立质量标准化达标新观念，由静态达标向动态达标转变，由结果达标向过程达标转变，进一步延伸扩展质量标准化内涵，以此构建本质安全型矿井。实现迈入本质安全型矿井行列，达到安全示范矿井标准。

枣庄矿业(集团)济宁岱庄煤业有限公司

一、矿井概况

济宁岱庄煤业有限公司是枣庄矿业（集团）公司在2016年根据山东省监狱体制改革相关要求进行接管的矿井，原设计年生产能力0.21 Mt/a，1989年进行了改扩建，改扩建生产能力0.6 Mt/a，2013年核定年生产能力0.7 Mt/a。2017年被命名为行业二级安全高效矿井。

井田位于滕南煤田中西部，井田面积7.8525 km^2，可采或局部可采煤层5层，分别为$3_{上}$、$3_{下}$、$12_{下}$、14、16煤层。$3_{上}$煤层平均厚度2.49 m，$3_{下}$煤层平均厚度3.58 m，结构较简单稳定。矿井的最大开采深度390 m，无冲击地压倾向性。

矿井水文地质条件属中等类型，预计矿井正常涌水量为94 m^3/h，最大涌水量为141 m^3/h，矿井的正常涌水量为50 m^3/h左右。

矿井历年瓦斯审定等级均属于低瓦斯矿井，无高瓦斯区和瓦斯异常区，$3_{上}$、$3_{下}$煤的煤尘均有爆炸危险性，煤尘的爆炸指数分别为41.95%、36.16%。煤层均有自然发火倾向，为Ⅱ类自燃煤层，$3_{上}$煤最短发火期为69 d，$3_{下}$煤最短发火期为76 d。

二、2019年主要技术经济指标

2019年公司完成营业收入41961.56万元，利润总额7829.5万元。全年完成原煤产量461100 t，矿井综合单产44068 t/(个·月)，原煤工效4.27 t/工，采区采出率89.1%；完成掘进总进尺6068 m，万吨掘进率为131.6 m。采区采出率89.1%，采煤机械化程度100%，综掘程度100%。

2019年职工人均收入10.06万元，较2017年增长10%。

三、安全高效矿井建设的主要做法

（1）坚持夯实安全基础。面对高压严管的“新常态”，健全完善“依法依规、深度协同、智能高效”的安全生产保障体系，安全大局稳中向好。提升思想认识，坚守安全生产“高压线”。严格落实上级系列安全生产会议精神。安全意识、警示和亲情“三项”教育抓长抓常，“安全为了谁”“我与安全大讨论”“我为安全献言献策”“家人叮咛促安全”“六月安全月”活动成效良好，“严格管理、诚信履职”反思教育走深走实，“安全高于一切、重于一切、先于一切、决定一切”的安全观、“安全是最大政治、最大业绩、最大效益、最好形象”的政绩观和“生命至上、安全第一”的人本观深入人心。强化隐患排查，织密安全生产“防护网”。推广使用了井下手持机，坚持专项检查与“暗点曝光”相结合，统筹地面与井下“安全体检”全覆盖，加强“两节两会”“中秋国庆”等特殊时期、上级检查频繁和停产检修放假等特殊时段的安全。深入开展依法合规、重大事故隐患、安全生产系统“三项对标整治行动”，发挥“双重预防”机制作用，完善“五级六步”隐患排查治理体系，落实“周预判、五明确安全管理”“工序岗位双达标”“安全合作伙伴”管理措施，实现了对不同季节、关键区域的有效管控。

（2）实施科技兴安战略，建设智慧化矿山。一是装备了首个智能化采煤工作面，回采工效提升 70% 以上；智能化装备应用连续三个月在集团月度评比中取得前两名的好成绩。二是完成主运系统远程自动化改造、主提升系统的升级改造，实现集中煤流运输可视化智能管理，提高了提升运输环节的安全性；压风、通风、排水三大系统集控自动化率均为 100% 。三是在矿区首家安装工作面一体化无线物联网降尘系统，首家实现监测监控、人员定位、通信联络三网融合，率先实现瓦斯便携仪及矿灯智能发放，“智慧化矿山”建设实现新提升。四是进行通风系统“瘦身”，封闭巷道 2140 m，节约风量 950 m^3/min。

（3）合理优化劳动组织，坚持正规作业循环。根据集团公司定员要求及煤矿的实际情况，煤矿推行采掘“5788”劳动定员模式，通过实行全员定编定岗定员，实现了人力资源科学合理优化配置，在实现“取消夜班作业＋采掘周末集休”生产组织模式、杜绝“三人以上同时作业岗点”、成立物料运输专职队伍、实行生产现场工长负责制、推行机电通防专业区域化管理的基础上，按照“5788”新定员标准实施了采煤 AB 班轮岗轮训作业，精简现场作业人员，顺利实现了“单班入井限员 100 人”目标。

（4）源头稳产龙头提质，均衡有序的生产组织有力支撑了矿井发展。持续深化产销协同效能，坚持“以市场为导向、以客户为中心”，推动采场与市场有机衔接、“源头”与“龙头”遥相呼应，煤炭生产销售实现了良性循环，矿井高质量发展实现新提升。以稳促产，稳住了“源头”。2019 年组织 32321、32503 两个不规则工作面生产，有力保障了生产接续。克服工作面沿空回采、边采边加、安撤接续、断层老巷、顶板破碎等实际困难，提升超前管控、异常变化管理、技术指导能力，及时抓好采场接续调整，强化安撤全流程规范施工，科学把控地质复杂工作面推采进度，有效释放工作面效能，实现了稳产高效。坚持“一手抓建设，一手抓培训”，抽调湖西井及本部基层区队人员到淄矿集团岱庄煤矿进行充填开采跟班实操培训，为 2020 年实施充填开采做实队伍保障。以稳保质舞活了“龙头”。以效益最大化为目标，加强源头龙头互通互联，建立“优产 + 内配 + 精销”产销协同创效新模式，实施“大精煤”战略，确保了产销稳定。抓好生产源头、洗选加工、产品储装运全过程的煤质管控，坚持原煤全入洗，通过井下配提、精准外调内配、跨矿配洗、回煤配煤入洗等措施稳定了精煤质量，既缓解了矿井接续、产量及煤质压力，也拓宽了经营煤炭创效的路径。

（5）经营管理内控外延，稳中有升的经营质量有力支撑了矿井的发展。坚持将防范风险、减亏增盈、健康发展作为重点，积极构建“大经营”管理新格局，不断提升管理质量和协同创效水平。加强全面预算管理。以全面预算为总抓手，强化“节俭办矿、极致降本、开源节流”目标导向，重点关注成本费用较大的关键环节，将经营指标细化分解到专业科室、班组个人，每月考核分析生产经营指标完成情况，使全面预算管理落到实处，努力降低经营成本。坚决杜绝预算外项目和预算外资金支出，增强预算的执行力和控制力，严控非生产性支出及不合理成本增资因素。强化成本管控力度。自主设计并施工完成了三采区 2 号煤仓扩容，为停采不停运及周末集休创造了条件，节约外委资金 120 余万元；推行回收物资复用再造和强化修旧利废零废弃“双落实”，规范完善内部市场化管理，加强材料发放、领用全过程控制，严格材料计划审核，杜绝材料的积压、丢失和浪费。

枣庄矿业集团滕东煤业有限公司

一、矿井概况

滕东煤业有限公司2005年1月开工建设，2009年7月基本完成了矿井项目建设，2009年9月试生产，2010年6月投产验收。设计能力为0.45 Mt/a，服务年限59.5 a。核定生产能力0.45 Mt/a。2019年3月，按照《关于调整全省采深超千米冲击地压核定生产能力的通知》（鲁能源煤炭字〔2019〕43号）文件,产能核减为0.36 Mt/a。设计开采深度－800～－1200 m，主采煤层为$3_{下}$煤，具有低中灰、低磷、低硫、强黏结性、高发热量等特点，为优质动力燃料用煤。

矿井现设置主、副两个井筒，主井兼作回风井。开拓布局为立井单水平，水平标高为－865 m，共布置北翼轨道、带式输送机和回风三条大巷。现一采区共布置轨道下山、回风下山和带式输送机下山等三条下山，底部设置排水泵房和变电所。矿井单水平－865 m水平开采，建有一座年入洗能力0.6 Mt的选煤厂。

二、2019年主要技术经济指标

2019年公司生产原煤0.359 Mt，原煤工效达3.11 t/工；矿井综合单产30000 t/(个·月)，平均工作面个数0.90个，采煤机械化程度100%，掘进机械化程度100%。全年死亡人数为零，百万吨死亡率为零。

三、安全高效矿井建设的主要做法

（1）采煤工作面。开采的$3_{下}$115智能化工作面实现了对综合机械化采煤工作面设备的协调管理与集中控制，实现了工作面液压支架电液控制系统跟机自动化与远程人工干预控制相结合的自动化采煤工作模式。该工作面可以在工作面巷道或地面调度中心对采煤机工况和液压支架工况进行监测与远程集中控制，实时监控工作面综采设备运行工况和煤壁及顶板的空间状况。当设备异常或工作面空间形态异常时，可以在指挥控制中心通过远程人工干预手段对设备进行远程调控。

（2）掘进工作面。煤巷综掘工作面均实现了远程遥控掘进，操作台距离掘进机 400 m。施工采用智能掘进系统进行远程遥控掘进机切割落煤配合电动滚筒输送机、带式输送机运输出煤的方法进行施工。远程控制系统采用多种传感设备感知现场环境（包括视频和数据），通过远控装置将操作工位远撤至安全距离外，同时提高掘进工作面自动化程度。远程控制系统能够满足掘进机原本操控/无线遥控/远程控制三种模式的操控；系统留有数据传输接口，以便于掘进机与带式输送机之间的无缝链接；系统在远端能实时显示掘进工作面整体环境图像、传送掘进机运行工况；系统视频监控系统、音频监控系统、数据传输系统、无线遥控系统、远程操作系统等组成。

（3）防冲智能化钻车。防冲智能卸压钻车（防冲智能钻孔机器人）。滕东煤矿 2019 年 11 月便使用了智能遥控履带型钻车，该钻车可以远距离遥控操作，实现了遥控行走、遥控角度旋转，增加了卸压效果，节省了人力，但钻杆还得靠人工更换，整体使用效果较好。

（4）主要通风机。两台主要通风系统，通风机上位机可实时监测采集的风量、风压、电机电压、电机轴承温度、电机转子温度、电机电流、电机转速、变频器运行频率、风机水平振动、风机垂直振动、叶片角度、主电源状态、风机启动状态、风门蝶阀状态、风机正反转、声光报警等。具有工况画面，界面、图表实时（历史）显示趋势图、曲线图等。对通风机运行故障（温度、振动等）实现在线报警；显示当前运行机号、正反转信号，风机开停状态，风机运行方式等。在模拟动画图上实现监测参数显示，将监测参数存储到数据库中，可以以数据曲线和趋势图等多种方式重现监测结果。主要通风机房实现集控后，全部操作由地面集控中心操作，减少通风机司机 8 人。

（5）固定岗位无人值守与远程监控。已实现井下 4 部主运带式输送机、7 部给煤机和放煤口实现地面操作、集控无人值守；4 台压风机房（在建 1 台）、2 台通风机房、4 台中央泵房远程集控，无人值守。地面副井环形车场实现智能化遥控推车。井上下形成了机电专业环网，布设机电环网 10000 余米，安装井上下环网交换机 12 台、高清数字摄像仪 67 台、液晶数字 46 寸大屏 20 块。

（6）智能水文监测系统。使用 KJ402 矿井水文监测系统，该系统分地面和井下两部分，分别为地面降雨量自动观测站、井下水文长观孔 2017－1、2017－2 自动观测站和涌水量自动监测站；安设涌水量监测站 3 个，分别布置在中央水仓入口、一采区水仓入口、北翼轨道大巷排水沟内。该系统正常运行，能够对降雨量和矿井涌水量进行不间断的观测，数据实时上传矿调度室，为暴雨期间停产撤人提供可靠数据。

（7）人员位置监测精准定位系统。井下人员定位系统由区域定位升级为精准定位，在井下各重点区域，包括巷道、硐室、工作面等位置，安装了精准定位分站和读卡天线，覆盖井下所有位置，达到了厘米级的定位标准，结合唯一性检测装置和GIS地理信息系统，可实现对1000个标识卡的实时监测和双向呼叫。系统可实时检测定位设备和标识卡状态，以最快的速度解决设备故障；具有人员查询、考勤管理、轨迹演示等功能，可对人员轨迹实现快速准确的检测和复现。

山东唐口煤业有限公司

一、矿井概况

唐口煤业有限公司是淄矿集团在济北矿区建设的第四对现代化矿井，位于济宁市任城区南张镇，2006 年 1 月建成生产，是集团公司乃至山东能源的主力矿井，核定生产能力为 3.9 Mt/a。矿井为立井开拓方式，在北部工业广场内布置主、副、风三个井筒，南部工业广场内布置副井、回风井两个井筒。公司主要生产在 530、630、730 及 1030 采区，共布置 2 个综采工作面和 10 个掘进迎头，采用智能化综放开采及远程遥控掘进施工工艺。

二、2019 年主要技术经济指标

2019 年矿井产量 3998750 t，综合单产达 148601.73 t/(个·月)，原煤工效 13.8 t/工，利润完成 133593.3 万元，综采、综掘机械化水平分别达到 100% 和 83%，百万吨死亡率为零。

三、安全高效矿井建设的主要做法

（一）生产组织情况

（1）坚持集约高效生产，合理规划生产布局。牢牢把握“三减三提”指导思想，深入贯彻安全、高效、绿色、智能发展理念，按照“肥瘦配采、大小结合”的原则，确立了以 530 和 630 采区大面顺序开采为主线，科学调控 730 和 1030 采区小面跳采的稳定生产布局，在此基础上合理规划 430 和 930 采区充填接续，最终形成“两采一充”高效生产格局。

（2）坚持系统装备升级，积极推进“智慧矿山”建设。2018 年以来，公司建成了集采煤、掘进、机电、运输、冲击地压防治等 11 类生产元素于一体的“唐煤云智能管控平台”，开启井上下三维全景生态模式。完成了采煤工作面时序放煤自动控制，综掘机“数字孪生”远程遥控，集合“六个智能防冲”的全域化智能防冲体系建设，主煤流、主供电、主提升、主排水等系统均实现远程集控、无人值守，全面取消夜班生产。

（二）科学管理方面

（1）扎实推进煤矿安全生产标准化建设。深入推进安全生产标准化建设，制定下发《安全生产标准化实施推进方案》，从公司领导到专业部室对各专业组及采掘单位实行挂靠管理制度、专业口副总具体落实开展、相关人员主动工作的三级管理体系，明确了各专业组职责。持续加强采掘工作面、主要巷道、固定硐室、外围作业、零星岗点、安全设施、提升运输等方面动态达标，构建了“三纵三横”安全生产责任落实体系为主要内容的“112433”精益安全质量管理，采取“四不两直”方式每月组织各生产部室联合动态抽检，强化实时动态治理，将检查验收分数与内部市场化相结合，根据月度验收分数调整人工费单价，逐步实现了常规管理向动态管控转变。

（2）全面加强重大灾害治理。认真研究冲击地压、水、火、瓦斯等灾害防治方案，严格落实防冲、规范重点灾害治理和特殊作业管控流程，实现“一矿一策、一面一策”精准治理。加强冲击地压防治，严格执行“三限三强”“两面三刀”“双八条”等刚性规定，认真研究落实“三个全面”“稳沉2年、间隔千米”等新要求，坚持“爆破断顶为主、煤层卸压为辅”的防冲策略，持续推进智能防冲建设成果，加大爆破断顶工艺调研，提升断顶效率。进一步摸清卸压工程与采掘生产的应力场分布状态，合理确定“卸压”与“生产”的时空关系，实现最佳的卸压效果，逐步从源头上减少采掘集中和动力相互扰动威胁，努力实现“三零”目标。加强“一通三防”管理，牢固树立“瓦斯超限就是事故”的理念，强化瓦斯抽采，加强通风管理，用好监测监控系统，坚决实现“零超限”。加大对采空区自然发火监测，安装采空区光纤测温系统，增加采空区自然发火监测参数；加强工作面回采期间及工作面巷道沿空段掘进期间瓦斯治理，维护好瓦斯抽采系统，积极探索瓦斯抽放硐室无人值守、远程监控、定时巡检管理。加大水害防治，全面落实“探、防、堵、疏、排、截、监”七项综合措施，突出抓好工作面沿空工作面巷道掘进过程中老空水探放，确保工作面安全回采。

（三）科技创新方面

突出创新改革，破解高质量发展的制约。坚决依靠创新挖内潜、降成本、增效益，充分发挥双创平台优势，积极对接“蚂蚁城”，加强过程管控，紧紧围绕三减三提、智慧矿山、灾害防治等“卡脖子”技术，积极对接各大科研院校，着力在优化工艺、技术推广、提高效率、安全生产等方面下功夫，解决好现场一系列实际问题。坚持以平台聚人才，以人才担课题，按照“与业务科室对接、与科研院所对接、与生产现场对接”的三对接原则，采用技术理论培训、实训基地演练+作业现场应用的模式，邀请技术骨干、院校名师、科研专家，集中开展技术攻关、学习交流等活动，大力营造崇尚知识、鼓励创新的良好氛围。着力推进“唐煤科创服务平台”研发进程，制定创新项目评价和科技成果转化制度，充分利用线上科技市场平台，提高成果转化，实现内部成果推广减少外购、形成产品外部销售收益的目的。

临沂矿业集团菏泽煤电有限公司彭庄煤矿

一、矿井概况

彭庄煤矿位于山东省西南部，巨野煤田北侧，郓城县城东 14 km，嘉祥县城北约 32 km，西侧有郭屯井田和郓城井田，东部为梁宝寺井田，西南有赵楼、龙固、万福井田，行政区划属菏泽市郓城县管辖。井田面积约 67.19 km^2，核定生产能力 0.8 Mt/a，主采煤层为 $3_{下}$ 煤，平均厚度 2.22 m。矿井采用立井开拓方式，采煤方法为走向长壁后退式开采，全部冒落法管理顶板。井底车场水平标高为 -420 m。矿井井口标高为 +42.5 m，该地区历史最高洪水位为 +41.6 m。在工业场地内布置主、副两个井筒，主井兼作回风井。矿井采用中央并列抽出式通风方式，副井进风，主井回风。

二、2019 年主要技术经济指标

2019 年原煤产量完成 0.688 Mt，全年总进尺完成 5876.9 m。吨煤成本 658.51 元（商品煤）。安全费用提取 2063.75 万元，使用 2867.30 万元。维简费用提取 584.73 万元，使用 474.99 万元，2019 年实现利润 0.87 亿元。企业员工的收入也在逐步提高，据统计 2018 年员工人均工资 10.17 万元，2019 年员工人均工资 10.7 万元，比 2018 年提高了 5.2%，高于山东省（区、市）煤矿平均水平。

三、安全高效矿井建设的主要做法

（一）安全生产建设情况

2019 年，按照“管理、装备、培训”三并重的原则，克服地质构造复杂等诸多困难，合理组织生产，不断提高矿井装备水平，深化安全文化建设，狠抓安全技术教育培训工作，提高全员安全责任意识和整体操作技能，实现了安全年，年百万吨死亡率为零。

1. 主要安全生产建设工作经验方面

（1）始终把安全工作当作头等大事，坚守依法合规生产主线，强化薄弱环节管控，持续夯实安全基础。全面推行层级落实、授权负责、自主管理，深化“权责对等、岗位认知、激励撬动、绩效考核”安全举措，强化全员安全追责考核，将安全工资占比提高至40%，切实增强了全员履职尽责意识。持续完善双重预防体系，投用安全生产共享平台，建成矿井“智控中心”，形成了以大数据为核心的安全监控预警体系，有效增强了安全生产的预见性、针对性和精准性。

（2）强化安全生产标准化建设。认真贯彻落实上级主管部门和集团公司、煤电公司召开的一系列安全生产会议精神，积极贯彻落实临沂矿业集团有限公司临矿安发〔2019〕172号《关于开展安全生产标准化创建提升专项整治季活动的通知》和临菏煤电安发〔2019〕258号《关于进一步加强井下安全生产标准化工作的通知》要求，彭庄煤矿制定下发彭煤矿发〔2019〕224号《彭庄煤矿安全生产标准化整改方案》，成立安全生产标准化整改领导小组，设立安全生产标准化监督考核办公室，制定安全生产标准化通用标准、采掘工作面线性化管理标准、物料管理定制化标准化等，按专业成立12个安全生产标准化提升小组，全面开展井上下安全生产标准化整治活动，在对煤矿安全生产标准化现状进行大排查、大对标的基础上，查出安全生产标准化问题323项，以此为依据制定标准化提升治理配档表。通过包挂到头、责任到人，协助区队创建亮点工程40余项，如综采工区的井下爱国教育基地、运搬工区的猴车头文化宣传墙、机电工区标准化井下配电硐室、各掘进区队的带式输送机机头封闭式除尘罩、井下开关的悬空托架等。通过定期组织各单位开展对标学习现场会，对标准化亮点进行全矿推广，做到树标杆、学先进，全面促进井下安全生产标准化提升工作。

2. 安全管理方面

消灭了人身事故和二级以上非伤亡事故，矿井百万吨死亡率为零，实现了安全生产。

（二）降本增效工作开展情况

（1）对标管理，采掘头面、班组内部之间对标。针对生产任务、人工工效、材料费、出勤率、安全质量和千分制执行六个方面进行对标，寻找差距，分析原因，制定改进措施。

（2）精益生产。主要通过设计优化、“一站式”运输、正向激励、快速掘进、精细化采煤、科技创新、强化煤质管控等方面增加经济效益。

（3）精益能耗管理。主要通过层层分解用电指标，严抓制度考核、优化系统，确保峰谷平占比利益最大化、抓好无功补偿，提高供电质量、合理调度，提高设备满载率等方面降低能耗。

（4）精益物资管理。主要通过加强材料费用的全面预算管控、细化材料定额、抓好周转物资回收等方面，加强材料费用的全面预算管控。

（5）精益营销。把精准预算管理作为市场化经营的目标，打造一体化预算管理体系，提高人工费、材料费、电费及其他费用预算管理水平，夯实市场化管理基础，通过强化预算编制和预算执行的动态预警、考核分析，制定预算调节标准，完善“静态预算”与“动态预算”调节机制，确保每项费用预算目标和市场化经营结果的一致性。

兖州煤业股份有限公司东滩煤矿

一、矿井概况

东滩煤矿隶属兖州煤业股份有限公司，位于山东省邹城市境内，地处邹城、兖州、曲阜三市（区）接壤地区，行政区划属邹城市中心店管辖。井田位于兖州煤田的东部，东以峄山断层为界，南至皇甫断层与南屯井田相邻，西南与鲍店井田相邻，西北兴隆庄井田相邻，北及东北与星村煤矿相邻。井田南北长约 12.5 km，东西宽约 4.8 km，面积 59.96 km^2。1979 年开工建设，1989 年 12 月 23 日投产，设计生产能力 4 Mt/a，核定生产能力 7.5 Mt/a。

截至 2020 年 12 月底，矿井保有资源储量 557.918 Mt，其中基础储量 234.25 Mt，资源量 323.668 Mt，储量 106.321 Mt；3 煤层保有资源储量 329.267 Mt，储量 67.975 Mt。

二、2019 年主要技术经济指标

2019 年产量达 7.49 Mt，精煤产量 3.4 Mt，营业收入 47 亿元，利润总额 26 亿元。

三、安全高效矿井建设的主要做法

（1）沉着应对、共克时艰，经济指标在困难叠加中较好完成。2019 年东滩煤矿受 $63_{上}$03 工作面矿震影响，工作面限推降产，前 7 个月影响产量高达 0.506 Mt。面对前所未有的严峻形势，全矿上下众志成城打好“保采稳产”攻坚战，8—12 月弥补产量 0.22 Mt，尤其是四季度商品煤产量创出历史新高。发挥“产、选、运”联动优势，突出“精煤制胜”关键策略，在商品煤总量减少的情况下，精煤同比增加 0.19 Mt，增效 6468 万元。全年实现营业收入 47 亿元，比目标增加 2.9 亿元；利润总额 26 亿元，比力争增加 2 亿元；完全成本比力争降低 9 元/t，在克难奋进中彰显了“东滩担当”。职工收入也随着效益提升实现稳步增长，在岗职工年平均收入 86426 元，同比增加 9585 元，增幅为 12.5%；特别是井下一线职工，人均年收入 12.6 万元，同比增加了 14.3%。

（2）智能矿井建设迈上新台阶。牢牢抓住全国煤矿智能化建设现场会召开契机，投入巨资升级换代一批现代化装备，建成 1 个智能采煤工作面、1 个综掘工作面和公司首个智能化选煤厂，成功跻身国家首批智能化示范煤矿行列，迈入了转型发展快车道。综采工作面液压支架实现自动跟机、自动割三角煤等功能，自动化率达 80% 以上。智能综掘工作面实现远程遥控截割，作业人员减至 8 人。提升、运输、供电、通风、压风、排水六大系统全面升级，实现了重点设备智能巡检、重要场所无人值守和重点岗位流动巡检。推广应用胶轮车、单轨吊运输设备，东翼和南翼全部用胶轮车运送人员，形成了入井至作业地点“半小时”工作圈。搭建万兆工业以太环网、5G 网络、工业云数据中心，助推智能化建设向全方位、多领域深化拓展。

（3）强基固本、严防严治，安全周期再创记录。把冲击地压、矿震等重大灾害防治作为事关矿井生存发展的大事、要事来抓，设置防冲科，配置专职副总，扩充防冲队伍，投入 1350 万元购置定向钻机成套装备，在国内首次实施井下水力压裂技术，有效减少了矿震次数和能量，打赢了紧要关头的“煤矿生存保卫战”，2019 年顺利实现第 13 个安全年。全面开展安全生产标准化大提升活动，实施标准化包保和头面专项整治，在煤业公司三季度评比中荣获第一名，作为唯一一家代表集团公司的矿井顺利通过一级安全生产标准化验收。安全自主管理逐步深化细化，在精简专职安监员 19 人、71 名工班长兼职瓦检的情况下，隐患同比降低 34%、“三违”同比减少 29%，实现由人盯人被动监管向自主管理的转变，成为集团公司试点标杆矿井。

（4）深挖内潜、降本提效，经济效益在攻坚克难中成效卓著。突出精益管理，采取“一提一增三减”措施，累计增盈 2.1 亿元。“一提”，就是提高采出率，严格精采细采激励考核，综合采出率完成 88.3%，超出标准 3 个百分点，多产原煤 0.238 Mt，增效 1.43 亿元。“一增”，就是增定制，发挥煤泥干燥系统创效优势，全年定制配煤 0.178 Mt，创效 4346 万元。“三减”，一是减材料费，开展“三大对标”活动，材料费用较预算节约 119 万元，同比下降了 1276 万元，完成修复物资原值 6860 万元，冲减成本 3430 万元。二是减煤泥，采取脱粉工艺、浮选、沉降回收等一系列措施，回收尾煤泥产率减少 7%。三是减转港，采取“增火车、增地销、减集港”方式，销售费用同比降低 2443 万元。

（5）试点先行、多措并举，完全市场在纵深推进中全面铺开。将完全市场化建设作为生产经营管理的重要抓手，年初召开完全市场化建设推进会，签订经营目标责任书，从 12 个试点逐步扩展为全矿覆盖。工程施工市场实行“一工程一预算一验收一结算”，挂钩考核安全、质量、采出率、进尺等指标，实现了精采快掘。原煤、掘进生产线推行自主组阁，富余人员进入人力资源市场创收，通过专业瘦身、系统优化，精简各类用工 134 人。通过办理退休、合规清退等措施，2019 年在册职工减少 677 人，节约人工成本 2739 万元。98 个班组实行承包经营、47 个班组实行承责经营、5 个班组实行项目部管理、2 个班组实行事业部经营、161 人实行岗位货币化管理，形成了“完全市场化 + 精细化管理 + 经营分析提升”新模式。

（6）科技引领、人才支撑，发展根基在创新创造中夯实筑牢。一是把科技创新作为推动矿井高质量发展的重要支撑。2019 年取得各类成果 268 项，荣获中国煤炭工业科技二等奖 1 项、三等奖 2 项，国家授权专利 11 项。建成 3307 自动化采煤工作面，$63_{上}$07 运顺掘进应用全液压锚杆钻车，1310 开切眼、3302 轨顺后配套系统实现集中可视化控制，普掘应用全液压凿岩台车，机电集控系统改造逐步完成，减轻了职工劳动强度，提高了安全系数。开展大倾角工作面回采技术攻关，解决了支架歪斜和输送机“上窜下滑”等难题，实现 25°倾角下的安全回采。大力培养技术技能人才，在集团公司第八届职工岗位技能比武中，煤矿冠军人数、获奖人数及总数高居集团公司第一名，彰显了勇争一流的大矿风采。召开科技大会及技能比武表彰会，奖励各类科技成果 107.3 万元，奖励比武先进单位和个人 120 万元，充分表明矿井尊重创造、求才若渴的鲜明态度。二是针对 $63_{上}$06 工作面矿震难题，东滩煤矿联合北京科技大学、中国石油大学和胜利油田多家单位，引入石油系统的压裂技术，从地面自开切眼位置向外施工 6 个钻孔，对 $63_{上}$06 工作面上方的关键岩层分层进行压裂，通过对关键岩层进行压裂，回采期间震动事件、震级有所下降，大能量矿震次数明显减少，压裂效果初步显现。三是为解决带式输送机机尾拖移困难、迎头支护与拖移带式输送机机尾无法平行作业的问题，东滩煤矿综掘一区创新团队历时 6 个月的研究及试验，2019 年在 3302 运顺综掘工作面成功试用自移机尾。该自移机尾改造费用约 30 万元，厂家自移机尾价格约 100 万元，改造投入少、成本低，同时提高了掘进施工效率及安全系数，降低了职工劳动强度，为智能化掘进工作面建设起到了推动作用，具有广泛推广应用价值。

兖州煤业股份有限公司济宁三号煤矿

一、矿井概况

济宁三号煤矿为设计年产 5 Mt 的特大型现代化煤矿，矿井于 2000 年 12 月 28 日正式投产。矿井位于济宁市南郊石桥乡境内、微山湖畔，东连京沪铁路，西通京九、京广两条铁路大动脉，南经大运河直达苏杭，北靠临荷公路及 327 国道。矿区地势平坦，地理位置优越，交通畅通，运输便利。

井田南北走向长 10 km，东西倾斜宽 10～13 km，面积 110 余平方千米。地质储量 880 Mt，工业储量 800 Mt，可采储量 530 Mt，其中 3 层煤 400 Mt，占可采储量的 74.7%。

矿井为立井开拓，主、副、风井均布置在同一工厂区内。井田分为两个水平开采，第一水平在 －518 m，集中开采东部煤田；第二水平 －880 m 设在西区，主要开采西部煤田，集中在同一水平 －518 m 生产出煤。

二、2019 年主要技术经济指标

2019 年矿井百万吨死亡率为零。综采机械化程度 100%，大于规定的 95%；掘进机械化程度 100%，大于规定的 95%；矿井综合单产为 198000 t/(个·月)，原煤工效 22.93 t/工。通过合理配采、动态管理等手段，2019 年采区采出率完成 81.89%。其中厚煤层采区采出率完成 82.92%，高于规定采出率 6.15%；中厚煤层采取采出率完成 88.16%，高于规定采出率 5.85%。

三、安全高效矿井建设的主要做法

（一）加快智能化矿山建设，优化矿井生产组织

坚持以“高可靠、重装备、用人少”为方向，实施装备、工艺、系统三个优化，推广使用先进技术与控制装备，全力打造智能化生产新模式。一是优化采掘智能化生产组织。在采煤方面，实施采煤机智能化改造，建立井下、地面两级集控中心，依靠采煤机自由工艺段记忆截割、液压支架自动跟机动作、“多系统”通信集中调度和互联互通。在掘进方面，应用智能化掘

进机，逐步实现自动定位、自适应截割、故障智能排除等功能，建成一条高效综掘作业线，联排支架 + 双臂钻车 + 掘进机自主截割 + 1M 带式输送机 + 可视化集中控制 + 集控中心。二是优化矿井各生产系统智能化升级。建设主要通风机在线监控监测系统，完善后台监控系统报警功能以及视频监控；改造主井、副井提升系统在线监测监控，增加提升机的所有运行及监控数据传输显示，实现所有运行及监控数据上传；开发井下各泵房联合排水控制程序，实现多个泵房智能联合排水。

（二）夯实安全管理基础，超前预控、科学管理，为矿井生产保驾护航

以“抓质量、保安全”为主线，始终保持“严抓、严管、严考核”高压态势，做到“六个注重”，夯实安全根基。

（1）注重安全教育培训。全年认真落实全国安全生产月、安全生产教育日等系列活动要求，通过安全警示教育专题会、班前五分钟、事故案例警示、安全宣讲等形式，强化全员安全意识。

（2）注重安全风险预控。全面推进双重预防机制建设与现有管理制度的有机融合，抓好兖矿安全生产双重预防信息系统平台建设，实现安全风险与隐患记录、跟踪、统计、分析、上报等全过程信息管理。

（3）注重区队班组建设。推进“865”班组安全自主化管理机制，抓实班前班后会检查，实行现场与资料对照检查的方式，推进区队基础管理；实行安全自主班组 ABC 分级管理。

（4）注重安全生产标准化建设。坚持“一头一面一策”原则，实施安全生产标准化量化考核，分采煤、掘进、机电硐室制定考核量化标准，建立精品工程激励考核政策，实现了由单一性向综合性考核转变；强化工程质量源头控制，严格工程质量检查验收管理，实行工程终身制和反向追溯问责。

（5）注重安全网格化管理。强化落实网格监管的检查、考核，定期到井下所有地点进行全覆盖检查，地面重点场所检查实行分管领导负责制，实现全方位、无缝隙监管；完善矿、科室、区队（车间）、班组、岗位“五级五落实”安全责任防控体系和安全网格监管机制。

（6）强化重大灾害治理。重抓冲击地压防治，完善防冲管理制度，优化矿井开拓布局，强化监测监控预警，规范应急处置流程，严格落实治理措施，杜绝了矿震和大能量震动事件发生，实现了采掘头面的安全生产。严抓水害防治，掘进巷道开展沿空掘进放水工作；采煤工作面进行顶、底板“双物探”，疏放老空积水。严控高温热害影响，对矿井深度开采、温度较高的采场，通过加大采区供风，综掘工作面安装局部制冷机组，有效降低高

温热害影响，现场作业环境得到明显改善。

（三）实施精益管理，提升经济运行质量

将精益理念渗透到安全生产各个环节，以科学、规范、高效的管理体系“挖潜创效”，助推矿井创新创效发展。

（1）从完全市场上优化。立足矿井发展实际，运行实施了济三“5636”完全市场化体系，矿井市场化运作质量不断提升。规范专业线结算运行，按照签订的专业线经营目标责任书，严格对各专业线经营者进行考核兑现、核减绩效工资。创新市场化推进模式，按照“稳妥、成熟、积极”的原则，实施班组自主组阁试点运行，提高职工出勤率，区队人力资源市场有效激活，实现区队、职工增收；拓宽岗位货币化建设，举办人力资源市场“双选会”，实现单位“择需用人”，职工“择需选岗”。推进工程承包经营，推广零星工程阳光竞拍，对普掘、综掘工作面实施承包经营，各项考核费用显著降低，巷道成型及标准化明显提升。修旧利废实行阶梯式结算模式，坚持“利废为主、修旧为辅”，充分调动修旧利废的积极性，实现修旧利废创效。

（2）从成本控制上优化。强化精细管理，材料费、电费、修理费等占比大的可控成本项目重点考核、月度提前预警，过程管控到位。矿每季度组织一次全面预算、资金计划管理工作考核评比兑现工作。生产源头设计优化降本，提高综掘供电电压等级；升级掘进迎头电压，减少线路损耗；实施供排水整治工程。优化创新创效管理方式降本，依托创新创效成果转化平台、“双创”平台、“劳模创新工作室”三大创新平台，拓展创新创效广度和深度。

（3）从洗选发运上优化。发挥选煤中心全重介全分选工艺的洗选优势，强化设备维修维护，通过加大粗煤泥 TBS 分选和细煤泥浮选，大幅提升精煤煤泥干燥量，实现了湿煤泥零地销目标。坚持“精煤致胜”战略，紧紧抓住 3—7 月精煤市场转好的有利时机，优化调整产品结构，生产适销对路产品，加大洗选力度，不断放大“采场、市场、现场”三场对接协同效应，为完成全年任务目标打下了坚实基础。

（四）加强技术创新和人才培养，提高矿井综合实力

（1）加强科研管理，提升自主创新能力。矿井深入贯彻“科技兴矿、科技保安”的发展战略，加大科研研发投入，提高研发投入强度和矿井创新发展水平。结合矿井发展实际，制定中长期工作规划和部署，以解决制约矿井发展的关键技术为主攻目标，提升自主创新能力，积极开展科技创新活动。

（2）坚持机制创新，多渠道加快各类人才培养。坚持创机制、建平台，着力培养一批高精尖人才队伍，为矿井建设提供智力支持和人才保障。一是强化用人机制创新。推进以能力和实际业绩为导向的选人用人制度改革。加快专业技术、经营管理、优秀技能“三支人才”队伍建设，建立“定向培养、岗位锻炼、交流任职”育人机制；着眼矿井长远发展，做好中长期人才队伍规划与储备。二是发挥创新创效平台作用。利用“金点子、银点子”“双创”“劳模创新工作室”等平台，培育一批高层次、高技能、实战性技术人才。抓好人才培养、技术引进、成果推广等工作，把技能比武作为打基础、练本领的有效途径，制定技能人才推举配套体制，积极推举优秀技术技能人才，培育打造一批公司级以上技术能手。

兖州煤业股份有限公司兴隆庄煤矿

一、矿井概况

兖州煤业股份有限公司兴隆庄煤矿位于山东省济宁市兖州区境内，井田横跨兖州区、曲阜市，矿井于1981年12月21日投产，2020年核定能力6 Mt，井田走向长10.6 km，倾斜长4.7 km，面积54 km^2。现主采山西组底部的3煤，平均厚度8.65 m，煤层产状平缓，煤质稳定。属低瓦斯矿井，煤尘有爆炸危险性，爆炸指数37%～42%，煤层有自然发火倾向，发火期3～6个月。矿井为竖井开拓，采用两翼对角式通风方式。主采煤层采用综采放顶煤一次采全高回采工艺。

二、2019年主要技术经济指标

2019年煤矿原煤产量完成5519999 t，掘进进尺完成10055 m，采区采出率达到80.5%，原煤工效17.002 t/工，实现利润155349万元，连续安全生产19周年。

三、安全高效矿井建设的主要做法

（一）居安思危，超前预控，安全持续稳定

始终把安全放在各项工作的首要位置，深刻吸取各类安全事故教训，全年投入安全费用14210万元，完成安全技措项目289项。开展规程措施、顶板管理、综机管理、供用电不良行为“零容忍”等安全整治活动10余项、井下灾害天气停产撤人和火灾事故等应急演练20次。严格质量控制、文明生产，工程优良品率达到98%以上。

（二）克难攻坚，精心组织，煤炭产量稳定高效

（1）按照“协调开采、均衡生产”的思路，克服夹矸层厚、仰采角度大、过断层、过老巷、沿空开采，辅采面过断层和老巷、防冲任务重等困难条件，超前制定落实沿空开采、过断层和老巷等专项安全技术措施，加强正规循环作业管理，实施精采细采，保持均衡稳产，全面完成了年度矿井生产任务指标，实现了矿井均衡生产。

（2）采煤生产均衡高效。坚持统筹规划、科学布局，全年共组织了10308、3303（下）、10304、3306（下）4个工作面生产。其中，在10304孤岛工作面大角度仰采期间，历时3个月安全顺利完成最困难阶段的推进，一举创出十采区下部仰采工作面开采最好水平，为矿井长期生产及接续稳定打下坚实基础；在3306（下）工作面，初采期间用20 d顺利完成了120 m旋转开采，末采期间60 m反向调斜，创出了矿井停采调斜最高水平，为边角煤工作面开采积累了宝贵经验。

（3）掘进水平显著提高。坚持以“提单进水平、保重点接续”为目标，掘进专业严抓一次成巷，实现了巷道设计、支护体系、装备配套、生产组织、工程质量“五个升级”。优化巷道设计，通过应用任意角度拐弯带式输送机及增加中间驱动，减少带式输送机机头硐室4个，有效减少附加掘进工作量。在普掘工作面投入自动拌上料机组、远程喷浆机，在一采上部运煤巷实现一次性远距离喷浆200 m不移机，月进尺连续两个月突破百米大关，创造了普掘单头单月进尺较好成绩。加快装备升级，通过应用锚杆钻车、巷修机、单臂钻车、双臂钻车等先进装备，大大提高了巷修施工效率。优化劳动组织，实现无缝对接。严格落实验收员制度，确保综掘巷道支护质量、底板平整及成型有效管控，综掘质量意识明显提高。

（4）辅助运输颠覆变革。全年施工单轨吊轨道11400 m，取消架空线，全面形成了采区单轨吊运输网络，推动辅助运输系统颠覆变革，在公司首创单轨吊进面撤除工艺，职工劳动强度大幅降低，运输效率显著提高。在10308工作面撤除中，创出单日撤除18组整体支架、从开始撤除到封面仅用35 d的较高水平。

（5）设备管理再创佳绩。开展“矿井供电集中整治”“主要运输带式输送机全面整治”等“每月一主题”专项整治行动，机电设备管理更加标准化、规范化。全年共完成副井提升机更换双罐笼、主井3A提升机闸控系统改造等84项检修项目，投入新型低压电磁开关565台，提高了机电系统保障能力。在2019年中国设备管理大会上，被评为“年度设备管理和技术创新标杆企业”，成为2019年全国煤炭行业中唯一获得此项荣誉的煤矿企业。

（三）深挖内潜，节支降本，降本提效取得新成效

推行修旧利废精细化管理，全年完成修旧利废产值4315万元。突出抓好电力市场，电力消耗比去年同期减少11 GW·h。井上物流市场实行车辆定位管理，油料消耗同比降低10%以上。通过开展设计优化，减少生产安撤环节；通过系统简化，实现煤流集中运输；通过精采细放，提高回收率，

全年创效约 8900 余万元。

（四）强化入洗，优化品种，洗选发运效果显著

（1）“聚宝盆”作用有效发挥。不断加大浮选和洗矸掺配力度，全年掺配洗矸 167500 t，浮精 19200 t，干化煤泥 116000 t，整体增加商品煤销量 312000 t。创效达 1.48 亿元。并荣获“全国优秀高效选煤厂、行业级质量标准化选煤厂、优质高效选煤厂厂长”等三项业界最高荣誉。

（2）协同营销能力显著提升。认真做好协同营销工作，适时调整产品结构，规范现场发运秩序，全年完成商品煤销量 5583100 t，地销 2735000 t，精煤销量占商品煤总量的 45.2%，结构效益明显。

（五）改革创新，科学管理，矿井发展活力得到增强

组织完成了“特厚煤层错层区段煤柱尺寸优化与应用”“基于大数据平台的煤矿供电快速恢复及安全稳定自动化系统研究”“综掘工作面掘锚一体化技术研究”3 个项目的科技成果鉴定工作，均达到国际先进水平。“综放工作面液压支架工况光纤监测技术”“基于分布式技术的煤矿快速智能安全监控系统”荣获 2019 年度中国安全生产协会首届科技进步奖三等奖。

兖州煤业股份有限公司鲍店煤矿

一、矿井概况

鲍店煤矿位于兖州煤田中部，井田面积 37 km^2，于 1986 年 6 月 10 日建成投产，配有同等产能的现代化选煤厂一座，是我国自行设计施工的大型现代化矿井。采用一对主、副立井开拓，南北翼分别设通风立井，采用两翼对角抽出式通风方式。井田分为两个水平，现生产水平为 -430 m，主采 3 层煤（$3_上$、$3_下$）；第二开采水平为 -590 m，主要开采 $16^上$ 煤、17 煤。截至 2019 年年底，保有资源储量 338. 597 t，储量 68. 98 Mt。坚持把智能化建设作为提高安全生产保障水平、实现职工体面劳动的关键举措，深入实施自动化、信息化、智能化升级改造，全力推动装备、工艺、系统“三个优化”，矿井智能化建设成效显著、安全保障能力显著增强，有效形成了“少人则安、无人则安”安全生产新格局。2019 年 6 月 27 日，高质量承办了集团公司智能化开采现场推进会。先后迎接了国家应急管理部、国家矿山安全监察局、省委书记刘家义等上级部门和领导来矿参观调研 40 余次，均给予高度评价。

二、2019 年度主要经济技术指标完成情况

截至 2019 年 12 月 31 日，实现安全生产 7080 d，安全产煤 120159192 t，百万吨死亡率为零。完成原煤产量 5998058 t，实现利润 16. 0292 亿元，矿井职工人均收入 86386 元，吨煤成本 288. 82 元/t，比计划降低 9. 37 元/t。矿井采煤机械化程度 100%，掘进机械化程度 100%。其中，综采程度 100%，综掘程度 92. 3%。矿井综合单产 212896 t/(个・月)，原煤生产期末人数 1665 人，原煤工效实际完成 17. 442 t/工。中厚煤层回收率达 86. 3%，厚煤层回收率达 80. 3%。

三、安全高效矿井建设的主要做法

（一）强化“三个能力”，管理模式规范严密

一是强化责任落实执行力。健全完善“明责知责、履职尽责、失职追

责”安全生产责任体系，规范运行“5432”层级考核机制，严格执行领导干部值班、跟班、带班以及外出请销假和应急处置汇报程序，安全管理领导力、执行力和落实力得到大幅提升。

二是强化监督检查约束力。坚持“严管理、严考核、严追究、严问责”的高压态势不动摇，定期开展“求实”检查、拉网式安全大检查，以及辅助运输、安装撤除、供电管理等一系列专项整治活动，一体推进双重预防体系、安全诚信体系和安全生产标准化建设，有力保障和维护了安全生产稳定局面。

三是强化基础建设保障力。加大自主管理区队班组建设力度，全面推行专业自管、区队自治、班组自主、个人自律四层级自主管理，全员作业行为日趋规范。严格工程质量检查验收，全面推行工程质量终身负责制，用好、用实“433”结构工资制，安全生产标准化实现了由静态达标向动态达标的转变。

（二）提升“三化水平”，生产组织集约高效

一是提升采掘组织“高效化”水平。建成7302智能化综放工作面建设，顺利实现设备一键启停、液压支架自动跟机、采煤机记忆截割、时序自动放煤等功能，国内首家实现综放工作面智能化生产的常态化运行，达到“国内一流、世界领先”水平。7304工作面巷道投入使用掘锚一体机，配备带式输送机自移机尾、可视化集中控制系统等先进装备，矿井安全高效快掘能力大幅提升。

二是提升辅助运输“连续化”水平。推广使用单轨吊、胶轮车等运输装备，井下全部取消架线电机车，主力采区彻底消灭小绞车和矿车，物料和设备采用集装箱连续化运输，形成无轨胶轮车快速化运人、单轨吊连续化运料相结合的安全高效运输新模式，成功打造人员入井至作业地点“半小时”工作圈。

三是提升机电管理“远程化”水平。全面实施机电系统自动化、智能化升级改造，将通风、压风、排水、提升、供电、主煤流运输系统融入智能集控中心，实现重点区域、关键岗位“远程控制、无人值守、动态巡检”。其中，南北风井风机均可一键切换、一键反风；供电系统准确显示井下电网运行状况，设备发生误动作时，可远程对电网进行快速恢复。

（三）聚焦“三项重点”，技术创新成效显著

一是聚焦科技项目创新。加快科技创新成果转化，《构造控制区多重采动诱发动力灾害机理及防治技术》等2项成果分别获中国煤炭工业协会、

中国安全生产协会科学技术三等奖，《一种钢丝绳收绳装置》等 12 项专利、《矿井安全管理智能视频识别系统》等 2 项软件著作权被国家知识产权局受理。

二是聚焦技术管理创新。深入实施“三减三提”，重点围绕开拓布局、工艺系统、劳动组织“三个关键”，优化七、八采区工作面布置，累计减少工作面 12 个、回采巷道 13300 m，综合创效 1. 37 亿元。其中，通过优化调整西南部区段宽度，工作面由 7 个减少至 5 个，减少掘进巷道 2200 m。

三是聚焦灾害防治技术创新。扎实开展矿震防治技术研究，通过采取严格落实卸压措施、从严控制推采速度、实施顶板爆破卸压等有效措施，杜绝了大能量矿震事件。加强隐蔽致灾因素排查探测、水害类型分析评估和疏排水系统运行维护，对存在水害威胁的工作面，采用物探与钻探相结合的方法进行探测验证，各类水害隐患得到有效治理。扎实开展瓦斯与煤自燃耦合规律、监测预警、胶体阻化、膨胀充填、协同预控等五个方面的研究与应用，通过采取喷浆堵漏、压注凝胶、人工取样、监测监控等综合措施，连续 15 年杜绝自然发火事故。

兖州煤业股份有限公司济宁二号煤矿

一、矿井概况

济宁二号煤矿位于山东省济宁市高新区境内，隶属兖州煤业股份有限公司。

井田东起孙氏店断层，西至京杭运河与安居煤矿为邻，北起兖（州）新（乡）铁路与许厂矿相隔，南至3910000纬线与济宁三号煤矿毗邻，东西宽10 km，南北长6～11 km，面积87.1067 km^2。

矿井于1989年12月开工建设，1997年11月建成投产，设计生产能力4 Mt/a，2020年矿井核定生产能力为3.9 Mt/a，设计服务年限67.5 a。采用竖井多水平开拓。全矿井分为两个水平：第一水平为－555 m，第二水平为－740 m。矿井采用中央并列抽出式通风，即副井进风，中央风井回风。主要水平大巷分区开拓，沿煤层布置，采区前进式、工作面后退式开采。厚煤层采用综采放顶煤开采，中厚煤层采用普通综采，全部垮落法管理顶板。

二、2019年主要技术经济指标

矿井2019年通过煤矿安全生产准化一级矿井国家验收，矿井百万吨死亡率为零，截至2021年1月31日已实现安全生产5821 d。

2019年采煤机械化程度100%，掘进装载机械化程度100%，综掘机械化程度100%。完成原煤产量4192700 t，掘进进尺完成14109 m，精煤产量2178500 t，刷新煤矿精煤生产记录。矿井综合单产160985 t/(个·月)。完成原煤产量4192700 t，原煤工效15.558 t/工。矿井采区采出率完成81.49%，其中中厚煤层采区采出率完成84.54%、厚煤层采区采出率完成80.96%。

2019年在保证安全生产各项投入的前提下，利润计划75500万元、完成119665万元；成本计划296元/t、完成283.54元/t；职工年人均收入8.255万元，高于同行业平均水平。

三、安全高效矿井建设的主要做法

（1）加强组织领导，营造实施安全高效矿井建设的氛围。一是成立安全高效矿井建设实施领导小组。成立了以矿长为组长的安全高效矿井建设实施领导小组，统一思想、统一认识，认清形势，厘清思路，并付诸实践，讲究工作实效。二是深入现场解决生产实际难题。各级领导深入现场，及时解决现场出现的各种困难和问题，对工程质量、生产接续、设备配套等关键环节，集中时间、集中精力，认真加以解决。三是加大宣传教育力度。加大宣传安全高效矿井建设的重大现实意义，使广大职工切实认识到，实施安全高效矿井建设是提高经济效益、改变经济工作局面、保证矿井可持续发展的重要途径，是提高职工物质生活水平的有力保障。

（2）科学合理生产组织。系统梳理接续布局和采场情况，矿井加快调整步伐，科学合理组织生产，采取多出好煤、多产精煤，全力提升综合效益的生产思路。一是抓组织协调，保生产平稳有序。坚持主辅搭配、均衡生产原则，共动用6个工作面组织生产。优化精采细采方案，$23_{下}12$、$93_{下}09$工作面根据实际情况优化终采线设计，多回收煤炭资源50000 t。面对$23_{下}09$工作面开切眼顶板破碎、大面积悬顶等困难条件，采取多项措施，保证了工作面推进；积极克服$93_{下}09$工作面泥岩软底影响，45 d通过了187 m泥岩段，合理有效利用矿井检修时间完成了2次合面。二是抓“两大会战”，促接续高效组织。持续开展高效掘进和生产接续“两大会战”，组织开展了掘进攻坚提升活动，不断优化巷道参数及施工工艺，大力推进高标准一次成巷。

（3）强化技术创新，抓优化升级，提系统保障能力。依靠科技进步积极实施矿井工艺技术、工作面设计、采掘装备、生产系统和人员组织“五个优化”。坚持“立足实际、突出实用、确保实效”原则，积极实施装备、工艺、系统“三个优化”。一是完成了$23_{下}09$、$93_{上}15$智能化工作面升级改造和十三采区辅运下山、带式输送机下山掘进工作面自动化装备升级。二是推进辅助运输系统无轨化升级改造，施工单轨吊线路9150 m，全面取消了40 kW以下调度小绞车；投入集装箱68个，实现了5个采掘作业地点单轨吊集装化运输；硬化路面3000 m，实现了$33_{下}02$轨运顺、$123_{上}02$运顺3个作业地点胶轮车快速化运输。三是推进机电系统装备升级，完成了主要通风机一键倒机自动化系统、压风机自动化控制系统的升级改造，实践了新型自动隔爆设施，提高了关键系统稳定性。四是着力提升辅助运输系统“四化”水平，建设单轨吊采区运输网络，实施集装化运输系统，扩展工作面巷道胶轮车运输技术，实现采区掘进期间材料快速化运输，提高了运行效率。

兖州煤业股份有限公司赵楼煤矿

一、矿井概况

赵楼煤矿位于山东省菏泽市境内，巨野煤田中部，北邻日兰高速公路，南靠新兖铁路，西依京九大动脉，东邻京杭大运河，地理位置优越，交通便利。矿井井田面积143.3549 km^2，2005年1月开工建设，2009年12月正式投产。矿井采用立井、单一水平开拓方式，中央并列抽出式通风，综采放顶煤回采工艺。

矿井依托先进技术、高效管理、集团品牌等优势，高标准、高质量、高效率推动绿色、安全、高效生产，整体规模当量逐年提升。建矿以来，矿井先后荣获中国煤炭行业优质工程奖、国家优质工程银质奖、安全生产标准化一级矿井、省级文明单位等多项荣誉称号。

二、2019年主要技术经济指标

截至2020年12月31日，煤矿实现安全生产11周年，连续安全生产4293 d，百万吨死亡率为零；矿井采煤机械化程度100%，掘进机械化程度100%。矿井配套建有同等能力选煤厂，原煤入选率100%，矸石利用率100%。选煤厂建有煤泥水处理系统，实现了洗煤水闭路循环、零排放。

三、安全高效矿井建设的主要做法

赵楼煤矿以安全高效矿井创建为契机，通过几年不断发展，矿井呈现出安全好、产量稳、成本降、效益优、人心齐、面貌新的良好局面。

（一）致力于严管理、强预控，安全管控能力持续提升

（1）突出动态宣贯上级部署，实现“同轨同步”。认真贯彻落实国务院和省政府一系列安全指示精神，通过安全办公会、安全活动日、班前班后会等手段，营造浓厚的安全生产氛围。

（2）突出精细安全项目管理，实现“三个提升”。通过持续开展“三类人员”专项整治、严格领导干部24 h调度值班等管理制度落实，实现安全责任落实提升。定期召开安全风险分级管控和隐患排查治理“双防”会议，

实现隐患排查整治提升。建立多层级安全诚信档案，实现矿井综合管理水平大幅提升。

（3）突出特色安全体系建设，实现“三个加强”。加强安全生产网格化管理，实现井上下区域安全网格化管理。加强双重预防机制建设，严抓安全风险辨识和隐患排查治理体系建设。加强职业健康安全体系建设，实现由保职工安全向保职工健康的转变。

（二）致力于稳产量、提工效，生产组织能力持续提升

（1）科学摆布谋接续。突出抓好设计、施工、掘进、回采、安撤及封闭等全过程流程化管理，确保生产组织有序衔接。科学调整布局，倒排工期进度，突出抓好了矿井开拓布局优化，保证矿井生产接续稳定。

（2）全力以赴保系统。突出煤流运输系统、通风系统等专项整治和安全管理，不断强化系统保障。

（三）致力于攻难关、抓科研，科技保安能力持续提升

（1）强化与科研院校合作。加强与科研单位联合开创“产学研”联动机制，在巷道支护、冲击地压防治、高温热害治理等领域开展合作，实现科技成果转化及科技项目创新与发展。

（2）强化采掘装备升级。采用 MG900/2395 - WD 型交流电牵引采煤机、ZF17000/22/42 型液压支架等新型设备，提高工作面厚煤层综采放顶煤生产效率。投入 EBZ230 掘进机、EBH320 岩石掘进机等先进掘进设备，进一步提升了矿井机械化程度和掘进效率。

（3）强化无人值守装备应用。通过装备风水电计量及电力远程监控系统，对井下风水电进行远程计量及监控。通过一系列自动化项目建设，实现了井下变电所无人值守，实现实时数据查看、计量及监控，及时掌握井下风水电使用情况。

（四）致力于抓预防、严整治，矿井防灾能力持续提升

（1）注重“一通三防”管理。加强防灭火管理，严格落实综合防治措施，保证了矿井防灭火安全。组织开展井下全覆盖“一通三防”专项检查，针对通风系统、高温热害、火工品管理、安全监控、人员定位、紧急避险等方面进行了重点排查。

（2）注重冲击地压防治。严格落实各项防冲安全技术措施，引进使用大功率、大扭矩卸压施工钻机，严格落实“强监测、强卸压、强支护、强防护”防冲“四强措施”，实现了防冲安全隐患闭环管理，有力保障了矿井安全高效生产。加大防冲智能化投入，建成了防冲多参量预警平台，率先完

成省内人员精确定位系统示范化矿井建设，实现超员自动声光报警、群呼单呼、双向呼叫等功能。

（3）注重矿井防治水管理。加强矿井3煤层顶、底板砂岩水、三灰水监测，对采空区积水情况、井上下水位观测数据和采区地质构造及时分析总结，定期组织防治水专项检查，保证了矿井防排水安全。

兖州煤业股份有限公司南屯煤矿

一、矿井概况

南屯煤矿位于山东省邹城市西部北宿镇、太平镇和中心店镇境内，井田东西长 10. 5 km，南北宽 6. 2 km，面积 51. 69 km^2。矿井于 1973 年 12 月 26 日建成投产，设计生产能力 1. 5 Mt/a，1986 年由江苏煤矿设计院设计改扩建工程，设计生产能力 2. 4 Mt/a，2019 年矿井核定生产能力 3 Mt/a，2020 年矿井核定生产能力 2. 7 Mt/a。

南屯煤矿属于大型矿井，开拓方式为立井开拓，矿井通风方式为中央并列与一翼对角混合式，通风方法为抽出式，矿井水文地质类型为中等，属于低瓦斯矿井，煤尘爆炸指数 $3_{上}$ 为 39. 18%、$3_{下}$ 为 35. 38%，煤层为Ⅱ类自燃煤层，最短自然发火期 $3_{上}$ 为 56 d、$3_{下}$ 为 58 d。根据《南屯煤矿生产地质报告》预计上组煤正常涌水量 344 m^3/h，最大涌水量 517 m^3/h。预计南屯煤矿下组煤正常涌水量 90 m^3/h，最大涌水量 190 m^3/h，总排水能力 2130. 1 m^3/h。

二、2019 年主要技术经济指标

截至 2021 年 1 月 31 日，煤矿实现安全生产 15 周年，连续安全生产 5475 d，百万吨死亡率为零。矿井采煤机械化程度 100%，掘进机械化程度 100%，综掘机械化程度 100%。矿井煤矸石全部用于回填塌陷区，利用率 100%，矿井原煤入选率 100%，矿井水综合利用率 100%。

三、安全高效矿井建设的主要做法

（一）坚持强严管理抓安全，保持了“南屯标准”

弘扬以严治矿的优良传统，延续“三铁”精神的力度和标准，把职工生命健康和矿井安全生产实实在在地放在心上、抓在手上、落实到行动上。一是严抓主体责任落实。全年重新修订安全管理制度、岗位安全责任制等，每季度均制定安全生产规划，细化分解安全目标和安全责任，明确各级安全生产主体职责。二是严抓安全教育培训。开展安全主题教育，一季一主题，每季有效果。组织各层次安全培训 9300 人次，作业规程、网络平台考试

7800 人次，实现全员全覆盖。发挥基层自主培训作用，推行“干部上讲堂、培训到基层”，全员理论知识和实操应用水平大幅提升。三是严抓现场监控监管。紧盯冲击地压、一通三防、防治水、综机安撤等重点，实行“一面一策”分类治理，狠抓防治技术、系统装备、监测监控、人员素质四个提升，切实提高防范重大灾害的能力。通过实施双防机制、网格化管理、安全生产标准化、“双十”流程管控等一系列“组合拳”，动态预警和应急处置相得益彰，在现场形成基层牢固、履责到位的安全监督格局，保证监管无缝隙。四是严抓质量考核剖析。深化安全生产质量标准化建设，坚持考核激励与专业评差、末位警示相结合，提升安全工作质量。开展工程质量评比、专业评促、末位警示，做到每周一通报、每月一考核、每季一评促，把严抓严管、重奖重罚真正落到实处。

（二）狠抓生产接续保产量，诠释了“南屯担当”

面对公司下达的增产计划，全矿干群顾全大局、勇挑重担，着力破解特殊采场和困难条件，完成全年生产任务，在组织需要的时候，再一次生动展现了南煤人的责任和担当。一是精心组织生产。先后投入 4 个工作面生产，克服频繁揭露老巷、顶板破碎及具有冲击地压危险等因素制约，抓超前、抓细节，精心组织、安全顺利完成特殊采场和极端困难条件开采，有效发挥了产量支撑作用。二是精心建设智能化矿山。$93_{上}21$ 综放工作面液压支架实现电液控控制。九采区 –440 m 皮带下山综掘工作面建成智能化掘进工作面，投入使用组合开关和锚杆钻车，实现多岗合一，减少了人员，减轻了工人劳动强度。深化辅助运输示范化矿井建设，消灭架空线、小绞车，大巷使用蓄电池电机车运输，采区实现单轨吊网格化连续运输，减少了运输环节，提高了劳动效率。三是精心规划长远接续。编制了三年、五年、十年中长期开采规划，统筹做好边角煤工作面与三采东区主采工作面的合理配采，并对九采区剩余块段进一步优化布局。制定了井筒煤柱、工业广场压煤开采研究方案，尽快解放中央风井保护煤柱，确保矿井可持续发展

（三）围绕降本提效增后劲，激发了“南屯潜力”

咬紧经济目标，把行之有效的老办法和创新求实的新手段结合起来，把公司的政策和南屯的情况结合起来，不断优化经营管控模式，持续释放措施红利，矿井实现了成本降、效益升。一是深化节能降耗管控。材料管理实行现场跟踪督导，检查整改问题 1363 条，材料消耗同比降低 172 万元。9 项主要材料单耗有 6 项同比降低。修旧利废金额全年完成 2300 万元，超计划 595 万元。10 项节能指标全部超额完成，获得济宁市节水型企业称号。外转

供电同比减少 691000 kW·h。二是深化洗选发运创效。把科学配煤作为提质创效的着力点，在确保整体煤质合格的前提下，积极组织浮精、煤泥及高硫煤掺配销售。优化煤炭品种，增加了 1 号动、2 号精两个价格比较高的品种，在提高吨煤单价的同时，积极开发地销煤客户，降低了营销费用。三是深化人力资源改革。优化人力资源配置，接收华聚南屯电厂分配人员，调配北宿留守处 49 人，深入推进“五项整顿”“六定”工作。四是深化完全市场推进。实行专业自治、授权经营，分管副矿长纳入专业市场管理；专业线自主选取“承包经营、承责经营、事业部经营”等方式进行自主管理。

兖州煤业股份有限公司杨村煤矿

一、矿井概况

矿井1989年6月20日投产，原设计生产能力0.6 Mt/a，1995年，经山东省煤炭工业局批准增加3煤层，矿井保有资源储量增加81.291 Mt，可采储量增加21.216 Mt，2006年，矿井生产能力重新核定为1.15 Mt/a。

矿井地处山东省济宁市高新区王因办事处境内，井田位于兖州煤田西北部，南北长约9 km，东西宽约5.4 km，面积约27.46 km^2。

工业广场布置一对主、副井，主井使用8 t箕斗提升原煤，副井使用单层罐笼提升人员、材料等；南北翼各设一个风井，采用两翼对角抽出式通风方式。矿井采用立井单水平开拓，煤层分采区上下山联合布置开拓，大巷水平 -273 m、总回风巷水平 -190 m，分别设在17、$16_上$煤层位。

二、2019年主要技术经济指标

2019年完成原煤产量1.137 Mt，机械化程度100%。完成掘进进尺3270 m，机械化程度100%。综合单产71901 t/(个·月)；原煤工效7.414 t/工。全年完成利润3.3亿元，吨煤成本256元。杜绝轻伤及以上人身事故和三级及以上非人身事故，百万吨死亡率为零。

三、安全高效矿井建设的主要做法

（一）不断创新安全培训方式

举办“一季一主题”专题讲座，开展全员脱产培训28场次1083人，各类专题培训6场次553人次，开展第七届“超越杯”11个单位246人参加练兵，择优选拔9个工种19名选手参加集团公司第八届职工岗位技能比武，其中7个工种11名选手获得公司前10名。组织网络平台学习7386人次，按比例抽考1860人次，奖励345人次6.9万元，处罚178人次1.78万元。

（二）在压实责任上下功夫

修订全员543个岗位责任制，完善安全技术操作规程12类177个工种，制定涵盖6类部门职责、6类样本、5类奖罚标准的业务联系书管理规定，明确35项检查清单、17类检查内容、4类方式方法、17类管控流程，构建井下三大安全生产网格体系，明确7个专业网格化管理及区域网格设备设施管理明细，实施5个层面、5级差异化管理，确保了责权清晰、落实规范。

（三）企业文化建设成效彰显

坚持文化自信，实施文化治企，深入推进“幸福杨村”主题文化系统工程，开展第九届矿班组长节、职工节和第八届矿企业文化周等活动。广泛宣传幸福杨村主题文化新成果《杨村赋》，建成并使用《现代煤矿幸福评价系统》，持续升级幸福杨村软实力，职工群众的获得感、幸福感、自豪感不断攀升。

（四）资金投入有效保障

全年使用生产安全费用2264.96万元，完成项目152项，投入矿用综采面自动喷雾降尘装置配件、运输（提升）系统安全防护设备设施，进行主副井提升机液压站改造、20T锅炉房综合治理工程，更换主井装载定量仓，完成泗河下开采可行性论证及开采方案、井筒监测系统升级改造及涌水量、长观孔遥测系统维护等。

（五）坚持科技创新支撑

紧紧围绕矿井安全生产实际，积极开展技术创新、管理创新，表彰优秀工程技术员10名、优秀科技工作者（“双十佳”）10名、科技进步成果75项、企业管理现代化成果10项、优秀论文41篇、优秀专利31项。

（六）优化设计创效益

坚持“安全可靠、经济合理”，优化生产组织，坚持一厚一薄工作面；改变331开切眼扩刷工艺，工效提高125%，优化工作面巷道施工顺序，使工作面提前1个月安装完毕，增加了设备检修时间，做到了搬家倒面不减产，达到集约高效、均衡稳定的目的。

（七）减员提效成效显著

优化人员配置，完成地面向井下辅助、井下辅助向采掘转移55人。清理离岗、转岗培训、办理退休、对外转移人员333人。优化323工作面设备安装运输路线设计，轨道运输距离缩短2150 m，减少调度绞车7部、21人，节约人工费用25.2万元、设备租赁费用1.74万元。

（八）深挖内潜务实有效

明确矿井年度3大整体目标，运行设备共享平台，调入调出设备59套，盘活原值298万元。投用地面矸石运输系统，外运矸石166800 t回填采煤塌陷区；工作面回填炉渣 29000 袋、充填巷道两处 92 m，实现固体废物循环利用。

（九）科学回收煤炭资源

利用高压水致裂煤（岩）体理论，在综放工作面两端头采取向顶煤注入高压水及拆除锚杆等紧固件等方法，促使顶煤裂隙发育，缩短垮落周期，达到提高煤炭资源回收率的目的，同时，有效解决两端头采空区悬顶超过规定的问题，降低采空区自然发火概率，319、323 综放工作面共增产 15300 t、创效 563 万元。

河南省正龙煤业有限公司城郊煤矿

一、矿井概况

城郊煤矿位于河南省永城市宝塔路。隶属河南能源化工集团永煤公司，2003 年 10 月投产，矿井原设计年生产能力 2.4 Mt，2009 年核定年生产能力为 5 Mt，矿井可采储量 402 Mt，现采二$_2$ 煤层属低灰分、特低硫、特低磷、高发热量、易选的优质无烟煤。

矿井属瓦斯矿井，煤层无煤尘爆炸危险，煤层属不自燃煤层（Ⅲ类）；矿井水文地质条件、工程地质条件属中等类型，矿井采用立井多水平上下山开拓方式，布置 6 个井筒。矿井采用综合机械化采煤工艺，一次采全高，后退式长壁采煤法，全部垮落法管理采空区顶板。

二、2019 年主要技术经济指标

2019 年煤煤矿杜绝轻伤以上人身事故和三级以上非伤亡事故，安全态势持续平稳，全面实现“零”目标；全矿生产原煤 3888800 t，矿井总进尺 17535 m，矿井综合单产 113754 t/(个·月)。实现利润 12.93 亿元，圆满完成了公司下达的各项指标，职工年均收入 101595 元；原煤生产期末人数 1628 人。原煤生产人员效率 9.82 t/工，采煤机械化程度 100%，掘进机械化程度 100%，锚杆支护率 100%。矿井水平接替正常，“三量”均在规定范围内，采区和工作面开采程序符合规定，采区采出率 86.4%。

三、安全高效矿井建设的主要做法

（一）秉承先进理念，科学管理，打造本质安全型企业

一是强化管控措施。积极推进双重预防体系建设，加强对各系统、各采掘头面的风险研判，对井上下重点地点、偏远地区进行专盯检查，全面促进风险隐患管控效果，为安全生产保驾护航。二是强化责任追究。落实经济手段和管理手段“两手抓”的责任追究机制，重点对查“三违”、反“三松”、查处各类人身未遂事故、典型安全隐患实施积分考核，加强安全履职效果。三是强化激励政策。坚持安全“双基”考核“正向激励”的原则，

评选安全管理正反面典型区队，全面实施优秀班组创建管理办法，提高岗位员工的安全意识，提升班组防范事故、保证安全的工作能力。四是推行作业流程。全力实施“危险预知、安全站位、安全确认、流程作业”四位一体管控模式，持续加大现场不安全因素管控力度，使现场安全管理递进提升。五是严格依法治矿。认真宣贯落实《防突细则》和河南省安全生产条例，对照标准抓好执行工作。

（二）坚持科学调控、集中攻坚，生产组织水平强劲提升

一是简化生产系统。城郊煤矿主动调整采掘接替布局，加快老采区关闭进程，简化矿井生产系统，2019 年矿井仅有十一、十四及北翼煤柱 3 个生产采区，将以往“点多面广”的生产布局转变为简单化、集约化的生产布局。二是科学生产布局。按照“优化接替单元”和“两翼均衡生产”的原则，优化十一、十三、十七及二十二采区，采取“带区式”设计，减少岩巷 12400 m。三是合理规划大储量工作面。积极推进“大斜长，长走向”工作面布置，不断优化设计。五是加强机电运输管理。确保设备安全可靠。加强机电设备的日常维护和预防性检修，成立技术攻关小组，提高设备运行质量，综合完好率达 96.5%，有效地保证了生产的连续性。六是推广应用新装备。完成了主井双国产化电控系统改造、井下变电所、泵房、地面压风机房无人值守的改造，主煤流系统集中控制，实施地面压风机余热利用等项目；投用了重型化综采设备，全面实现采掘作业机械化；实施采掘工作面局部降温工程，降低高温季节采掘工作面温度，改善工人作业环境。七是强化生产组织协调。合理分解生产任务，实施科学调度，井下物流、煤流通畅，超额完成了全年生产任务。

（三）大力实施科技兴矿，提升安全生产保障能力

（1）岩巷推广钻装锚一体机实现快速掘进。矿井引进 CMZY2－150/25 型钻装锚机组，集液压钻车、挖掘式装载机和锚杆钻车功能于一体，实现了岩巷全工序机械化，配合自主研发的连续出矸装置，单班掘进效率提高 20%，挖装能力提高 25%，出矸效率提高了 3 倍，确保了矿井在转型升级期间 1.5 万专回工程提前完工，劳动生产率和安全系数大幅提升，职工劳动强度大大降低。

（2）煤巷引进掘锚护一体机实现快速掘进。矿井引进 EBZ220MH 掘锚一体机，将切割、装运、行走、临时支护、锚杆支护等功能集于一体，遥控液压锚杆机代替传统风动锚杆机、风动帮锚机，实现巷道支护远距离遥控操作，缩短了临时控顶时间，提高了支护效率，最高日掘进速度突破 17.2 m，

平均日掘进速度 10.6 m，掘进速度提高了 31.7%，显著提高了煤巷掘进速度与工效。

（3）机械化超前支护和机尾自移装置。在综采工作面全面推广 ZQL2 × 3200/17.5/35 型超前支架，代替传统的单体支柱架棚支护方式，提高了两巷超前范围的支护强度和安全系数，每班减少用工 8 个，每个循环支护时间由 20 min 缩短为 5 min。同时采用机尾自移装置，由生产班转载机司机兼职拉移机尾，每班减少用工 4 个，时间由 1.5 h 缩短为 10 min。

（4）高强度柔性网配合单轨吊回撤新工艺。整体柔性网一次收尾仅需 2 片网，而以往则需要 1500 片塑编网。人工联网长度由 3400 m 减少到 12 m，避免人员进入煤壁联网作业的危险，收尾的整体工效提高 1 倍。在回撤期间利用单轨吊全程运输，减少了 4 ~ 12 部绞车。支架回撤效率由过去每班 5 台提高至 12 台，工效提高了 2.4 倍。

（5）应用综掘机机载临时支护和电缆自移装置。在综掘工作面广泛应用综掘机机载临时支护和电缆自移装置，提高了掘进效率，增强了支护安全，降低了职工劳动强度。每套综掘机机载临时支护和电缆自移装置可减少用工 6 个。

（6）积极推广“长走向、大斜长”工作面设计。2019 年矿井回采的 21106 大斜长工作面，开切眼长度达 360 m，单面储量 1.97 Mt，1 刀煤的产量相当于以前的 2.5 倍，端头支护、移架等辅助用工减少 80%。同年回采的 21403 长走向工作面，走向长度达 2300 m，单面储量 1.99 Mt，大储量工作面的万吨掘进率降低 30% ~40%，每个面可减少 1000 m 巷道。同时提高了煤炭资源回收率，减少了搬家倒面次数。

（7）构建单轨吊辅助运输网络。该系统使用 DLZ210 型、DLZ110 型柴油单轨吊运输机车和 DX100 型防爆特殊型蓄电池单轨吊，向前单轨吊进入开切眼运输，向后单轨吊组网高效运行。矿井现有柴油机单轨吊 6 台，蓄电池单轨吊 2 台，气动单轨吊 7 台，建成了总长约 10000 m 的辅助运输网络，取代了绞车和轨道运输系统，有效解决掘进、回采期间的辅助运输和工作面安装、回撤期间物料、设备、人员运输问题，减轻职工劳动强度，提高作业安全性。

（8）积极装备井下降温装置。采用约克大功率离心式制冷机组，闭式冷却塔，冷冻水温度降低到 4 ℃，实现了采掘工作面的降温工作，降低了工作面温度，改善了职工工作环境。

河南龙宇能源股份有限公司陈四楼煤矿

一、矿井基本情况

陈四楼煤矿是河南能源化工集团永煤公司开发建设的第一对大型现代化矿井，矿井可采储量 201.8 Mt，设计生产能力 2.4 Mt/a。矿井 1990 年 7 月开工建设，1997 年 11 月建成投产，2001 年达到设计生产能力。2009 年矿井核定生产能力 4.5 Mt/a，煤种为特低磷、特低硫、中低灰分、高发热量的优质无烟煤。2015 年 4 月 24 日矿井升级为煤与瓦斯突出矿井，煤层不易自然发火，煤尘无爆炸性。水文地质类型为中等。矿井采用立井单水平上下山开拓，生产水平布置在 -440 m，开采的二$_2$煤，平均煤厚 2.8 m。

矿井采煤方法为长壁后退式，采煤工艺为综采，采空区顶板管理方法为全部垮落法。煤巷掘进全部为综掘，主要岩巷工程全部采用岩巷综掘机掘进或岩巷作业线（“液压钻车钻眼爆破 + 挖掘装载机装载 + 带式输送机运输机运矸”）掘进，小型岩巷工程采用风动凿岩机钻眼爆破掘进。

二、2019 年主要技术经济指标

2019 年煤矿完成原煤产量超过 2.93 Mt，百万吨死亡率为零。完成掘进进尺 14000 m，其中开拓进尺 1765 m。综采机械化程度 100%，掘进机械化程度 85.5%。采掘关系正常，三个“煤量”符合规定，采区采出率 93%。矿井综合单产 136400 t/(个·月)。原煤生产期末人数 1053 人。原煤工效 11 t/工。

2019 年煤矿利润计划 55351 万元，实际完成 56817 万元；完全成本 367.23 元/t，较计划（367.76 元/t）降低 0.53 元/t。职工年人均收入 9.4 万元。

三、安全高效矿井建设的主要经验做法

（一）深化“双重预防体系”建设，筑牢安全生产根基

陈四楼煤矿积极推进“双重预防体系”示范单位创建工作，构建了“123456”“双重预防体系”模式，确保做到“双重预防体系”与矿井安全

管理和职工规范作业“有机融合”并落地生根，切实把风险管控挺在隐患排查治理前面，把隐患排查治理挺在事故前面，严防各类生产安全事故发生。2019 年 8 月 17 日，顺利通过河南能源集团公司组织的“双重预防体系”示范单位验收。一是围绕一个中心，即以事故防范为中心。二是构筑两道安全“防火墙”，即构筑风险分级管控和隐患排查治理两道“防火墙”。三是压实三条安全责任链，即分别压实以矿长、队长、班长为第一责任者的行政责任链，以总工程师为核心的技术责任链，以安监队伍为主体的安监责任链。四是推进“四位一体”岗位标准化，即推进危险预知、安全确认、安全站位和正规循环作业为一体的岗位标准化。五是促进五个有机融合，即促进风险分级管控分别与隐患排查治理、安全生产标准化、安全“双基”建设、信息化管理系统、培训管理有机融合。六是实现六个超前管理，即实现设计超前、地质超前、抽采超前、培训超前、装备超前和措施超前。

（二）积极推进“四化”建设

一是 2803 工作面以及 MZ201 工作面安装使用大功率重型综采设备，践行“多上设备、少上人”的理念，持续提升采煤机械化水平，达到减人提效增安效果。二是综采工作面逐步推广应用采煤工作面快速回撤设备，有效提高了回撤效率及安全系数。三是岩巷掘进工作面推广应用 EBZ－318（H）型岩巷综掘机，煤巷掘进工作面推广应用 EBZ－200 型煤巷掘进机，提高巷道单进水平，降低工人劳动强度，同时为瓦斯灾害治理赢取时间与空间。四是以河南省两化融合试点矿井为契机，不断提高现有机械装备水平，形成了以机械化为基础，自动化为条件，智能化为目标的建设思路，实现了排水、电力、煤流运输等主要生产环节的自动化运行。五是矿井设有调度信息化系统、科技市场、主动预防、机电管理、经济技术档案和培训系统，对生产、经营、设备管理和人员培训提供了有力保证，智慧管控平台可以随时了解矿井生产环节、对关键节点进行数据统计及问题推送。六是按照“创建一流智慧矿山”标准制定了建设方案，先后建设完成了千兆＋万兆的双工业环网平台，保障井下监控系统高效运转；建设了河南首座全自动化注浆站；实施了井下管网监控系统，降低了人员巡检的强度。

（三）推广大采长工作面回采技术，提高煤炭资源回收率

推广一面三巷大采长工作面回采技术，增加单工作面储量，提高煤炭资源回收率。21212 工作面、2803 工作面均采用“一面三巷”布置方式，少掘进两条回采巷道（共计 1800 m），多回收煤炭资源 37000 t。

（四）探索超前主动支护技术，提升超前支护效果

一是总结分析 21212 中间巷矿压显现规律，在 21015 工作面运输巷、2803 中间巷和 2803 工作面回风巷推广应用锚索主动支护技术替代超前液压支架支护。二是积极与高校交流合作，明确巷道超前主动支护适用条件，确定主动支护稳定性判别标准和安全性评价指标，并持续优化巷道支护设计，做到“成本投入最优、支护效果最佳”，以提高矿井安全生产和经济效益。三是通过研究不同埋深及赋存条件下巷道围岩变形破坏机制，进一步提升采煤工作面超前主动支护效果，形成适合陈四楼煤矿的超前主动支护综合配套技术。

（五）推广“沿空留巷”技术，为瓦斯治理创造时间与空间

通过推广预裂切顶无煤柱留巷支护技术，不断优化支护设计，确保留巷成巷效果，提高了工作面准备效率与煤炭资源回收率，降低了万吨掘进率及生产成本，21701 工作面运输巷、21702 工作面回风巷、2802 工作面回风巷累计留巷 2450 m，多回收煤炭资源 50000 t，同时有效保护了原巷道内施工的顺层钻孔，节约重复施工钻孔 600 余个，避免重复施工钻孔进尺 6 万余米，提前治理了相邻工作面瓦斯，为矿井瓦斯治理赢得了时间。

（六）推广“小煤柱沿空掘巷”施工工艺，实现安全快速掘进

掘进工作面推广实施“小煤柱沿空掘巷”技术，煤柱宽度由 5 m 减小为 2 m，将巷道布置在卸压区中，消除突出危险，实现安全快速掘进，提高了煤炭资源回收率。小煤柱沿空掘巷施工技术已在 21008 工作面运输巷、2515 工作面运输巷、2515 工作面回风巷、2509 工作面运输巷、21212 工作面运输巷、21212 工作面回风巷、21015 工作面回风巷成功实施应用，取得良好的效果，矿井累计实现小煤柱沿空掘巷 4435 m，多回收煤炭资源 54000 t，通过采空区卸压带保护，有效降低了掘进期间突出危险，实现了掘进巷道的施工安全。

（七）优化设计和布局，简化生产系统

一是持续梳理采掘接替，找出采掘接续顺序潜在规律，明确接替主线，实现采掘接替平稳有序，持续推进“一井两面”安全高效矿井建设，逐步实现矿井南北两翼均衡生产模式。二是六采区东、西翼及二十采区下部均采用一条机轨合一巷与一条专用回风巷的双巷布置方式形成采区生产系统，采区准备巷道由三条简化为两条，减少采区准备工程量，加快采区准备进度。三是十二采区下部规划工作面已回采结束，重新设计一条末端联络巷将采区进回风巷连通，封闭末端联络巷以里的巷道，缩短通风路线，减少巷道维护

工程量，简化采区生产系统。四是十采区 21015 工作面回采结束后，提前对十采区煤柱资源进行回收，届时将永久关闭十采区，缩短采掘战线，优化矿井采掘布局及生产系统。

河南龙宇能源股份有限公司车集煤矿

一、矿井概况

车集煤矿是河南能源化工集团永煤公司开发建设的第二对生产矿井，井田南北走向长 14 km，东西倾向宽 3～5 km，面积 61.44 km^2。于 1992 年 10 月开工建设，1999 年 12 月 29 日正式生产，现由永煤公司属下的河南龙宇能源股份有限公司管理。矿井原设计年生产能力 1.8 Mt，2016 年矿井核定年生产能力 1.8 Mt，2019 年实际生产原煤超过 1.8 Mt。截至 2019 年底矿井可采储量达 1.8 Mt，其中二$_2$ 煤 28.7 Mt，三煤组 14.4 Mt。

矿井采用立井单水平上下山开拓方式，水平运输大巷布置在 －550m 水平。根据矿井开拓巷道布置，采用长壁采煤法，一次采全高，全部垮落法管理顶板。

二、2019 年主要技术经济指标

2019 年矿井综合单产 80933 t/(个·月)；原煤工效 6.5 t/工；采区采出率达到 91.6%；矿井采用综合机械化采煤工艺，综采机械化率 100%。煤巷掘进全部采用 EBZ 型综掘机掘进，机械化率为 100%。岩巷机掘进采用岩巷作业线、岩巷综掘机、钻装机组等机械化工艺掘进，掘进机械化率为 100%。

三、安全高效矿井建设的主要做法

2019—2020 年，矿井以安全高效为目标，牢固树立安全“零”理念，强化安全管理，狠抓内在质量，持续推行一级安全生产标准化矿井建设，实现了安全高效发展。

（一）持续强化安全管理

健全安全体制机制，夯实安全管理根基。建立各级人员及各部门安全生产责任制，明确职责范围，保证安全责任明晰；建立矿井安全奖惩、事故隐患排查治理、安全办公会议等安全生产规章制度，保证安全管理有据可依；建立各工种操作规程，保证操作有章可循。

深入开展风险管控，严控各类安全风险。矿井全面建立并完善了安全风险分级管控体系，并严格按照标准化要求开展了安全风险分级管控工作。遵循“以年度辨识为基础、以专项辨识为补充”的原则，按照安全风险辨识“1 +8 +8”工作模式，深入开展了安全风险辨识，科学确定了各类安全风险；按照安全风险管控“1 +3”工作模式，针对各类风险逐条制定了管控措施，实行了安全风险分级、分层、分类、分专业管控。重点加强重大安全风险管控，定期分析管控措施落实和管控效果，及时查找不足、弥补漏洞，坚决将风险管控挺在事故隐患前面，彻底切断安全风险向事故隐患转变的通路。

认真排查安全隐患，筑牢安全生产根基。矿井始终牢固树立“隐患就是事故”的理念，全面开展事故隐患排查治理工作，确保矿井安全管理实现本质安全。制定了安全生产事故隐患排查治理和监控、安全生产事故隐患汇总建档和统计分析、安全生产事故隐患排查治理专项资金使用、安全生产事故隐患报告和举报奖励等制度，制度体系完善。建立了矿长对隐患排查治理全面负责的矿井、专业、区队、班组、岗位“五级”隐患排查治理体系，逐层推进隐患排查治理工作，通过多层次、多角度、全方位的隐患排查，实现了安全超前防控。

（二）信息化与自动化

综合自动化系统。矿井已经建成综合自动化系统有电力监控系统，主排水自动控制系统，带式输送机集控系统，主井提升系统，副井提升系统，南/北风井主要通风机控制系统，压风机集控系统，IP 广播系统，工业电视系统，无线通信系统，WinCC 自动化平台系统，调度指挥系统，人员定位系统，水文监测系统等共计 16 个自动化子系统，均运行正常。矿井主要供电、提升、压风、排水、通风、运输等环节均实现了自动化运行。

工业网络。矿井综合自动化网络采用西门子万兆和千兆工业网络交换机，网络覆盖全矿所有主要场所，所有交换机均配备了不间断电源，保证了网络系统运行的高可靠性。实现了所有系统信息的集中采集和传输。

办公信息化系统。矿井建成了以 H3C 交换机为核心的主干千兆、桌面百兆级的办公局域网络和覆盖矿井主办公区域的无线 Wifi 网络；依托矿千兆局域网络，建立了安全信息管理系统、科技创新信息管理系统、协同办公系统、培训机考系统、证件管理系统、内部市场化、等系统的信息化管理，所有接入矿内局域网的计算机，均可实现对所有系统的访问和使用，同时可通过矿内网络，对各系统进行访问和查看。

智慧管控平台。智能管控平台包括车集煤矿“一张图”综合信息服务平台，基于 GIS 煤矿生产技术图形协同管理系统，安全生产“一张图”管理信息系统，生产技术“一张图”管理信息系统，综合经营管理信息系统，基于虚拟矿井的培训演练系统，智能视频安全管控系统，基于 3DGIS 技术的虚拟化矿山建设等共计 10 余个子系统。系统已完成建设并投入试运行。

（三）矿井经营管理

车集煤矿在两级公司的正确领导下，牢固树立“忠党报国、奉献河南”的企业信念，秉持“团结拼搏、务实创新、担当作为、追求卓越”的企业精神，以开展“增强忧患意识，树立过紧日子思想，推进全员降本增效”活动为切入点，以“五个载体”为抓手，通过狠抓成本管理、强化修旧利废等一系列措施，保持了矿井生产经营平稳运行。

一是严格按照公司生产经营有关文件精神及相关要求，以提高利润、降低成本为目标，狠抓提质增效、降本降耗，不断增强矿井核心竞争力，全面提升矿井盈利水平。细化分解成本指标，对 2019 年永煤公司下达的各项生产经营责任目标进行认真细致地分解，明确分管矿领导、科室职责，加大成本指标考核力度。开展成本考核对标排序。根据每月市场结算情况，对所有区队、科室分系统进行对标排序，排序结果纳入降本增效活动考核，对分系统内第一名奖励绩效工资的 5%，最后一名扣减绩效工资的 5%。

二是持续开展内部市场化工作，根据去年定额、价格执行情况，充分结合当年各项生产经营指标，重新修订了 2019 年内部市场结算定额、价格。开展“精准绩效考核”，合理设置考核项目，通过明确岗位职责和工作项目清单，将考核指标精确到科室、个人，抓住关键人员、关键岗位，确保绩效考核的“指挥棒”更加精准，以精准考核促履职尽责。

三是抓实修旧利废，深挖内部潜力。2019 年，车集煤矿采取各种措施，深挖内潜，修旧利废、回收复用创效明显，全年预计回收复用金额达 1665 万元，修旧利废金额约 850 万元。一是开展替代工程，利用边角余料、报废材料自制加工成生产中需要的小件物资或用于替代其他价值较高的物资。利用报废 U 型钢、风水管路加工铁背板，利用废罐道梁改制锚索梁，修复各类钢带、托盘，利用报废锚杆加工管子挂钩等，创造价值 200 余万元。二是充分利用“游弋工作室”平台，组织机电专业技术人才，利用业余时间开展电气元件的维修业务。2019 年工作室共修复接触器 400 余件、隔离开关和软启动装置 50 余台等，累计价值达 50 多万元。

（四）绿色开采

为发展资源节约型、环境友好型矿山，车集煤矿坚持“绿色、低碳、环保、节能”原则，对“三废”实施资源化开发利用，资源节约开发、综合利用指标居国内领先水平。2019 年以来实施了多能源梯阶式供热工程，彻底取代燃煤锅炉，减少了污染物的排放量。矿井水得到工业生产和生活循环利用，实现了矿井水“零排放”。生活污水经处理站处理后供矿内植被、降尘、厕所冲厕、注浆站用水，实现生活污水“零排放”。

永煤集团股份有限公司新桥煤矿

一、矿井概况

新桥煤矿位于永城市新桥镇，为河南能源化工集团永煤公司本部开发建设的第四对现代化矿井，2007 年 12 月竣工投产，核定生产能力 2.1 Mt/a。井田南北走向长 14 km，东西倾向宽 1.6 ~4 km，井田面积约 35 km^2。矿井水文地质条件中等，为低瓦斯矿井。

矿井通风方式为混合式，矿井副井、南进风井进风，主井、南回风井回风。

矿井采用立井上下山开拓方式，大巷水平标高为 -550 m，采煤方法为长壁后退式综合机械化开采。

二、2019 年主要技术经济指标

2019 年煤矿杜绝轻伤以上人身事故和三级以上非伤亡事故。新桥煤矿全年生产原煤 2.09 Mt，原煤工效 11.46 t/工。实现利润 3.7732 亿元，完成利润指标。职工年人均收入 10.2 万元，高于煤炭行业的平均水平。采煤机械化水平和掘进机械化水平均达到 100%。采区采出率达到 88.5%。矿井综合单产 0.1799 Mt/(个·月)。

三、安全高效矿井建设的主要做法

（一）持续发力“一优三减”，优化系统布局

（1）优化生产布局。采区推广带区布置，系统简单、运输方便，可更高效快速形成工作面。推广“大采高、大斜长、大储量、长走向”工作面，保证采掘接替长久稳定。

（2）优化生产系统。优化矸石运输系统，采用“带式输送机 + 矸石仓”出矸模式，大幅减少人员作业班次、降低系统安全风险。

（3）优化劳动组织。矿井于 2020 年 1 月开始主井双煤仓联合运行，主井仓储能力达到 2600 t，优化劳动组织后，取消了夜班采掘作业。

（二）扎实推进“四化”建设，加快系统升级

（1）加快“机械化换人”。新桥煤矿建成首个自动化综采工作面，可实现井上下一键启动、采煤机记忆割煤，工作面液压支架、刮板输送机、转载机、破碎机及带式输送机自动推移等功能。

（2）加速“自动化减人”。矿井建设22个工业控制子系统，其中电力监控系统、主排水集控系统、主煤流集控系统、压风机自动运行系统已实现远程集控、无人值守。

（3）完善信息化设施。通过云平台建设，实现资源、业务、数据，网络集中承载和统一调度。完成视频监控系统升级，实现矿井视频监控系统全数字化，提高视频传输质量。

（三）融合铸造信息化平台，构建智慧矿山

（1）基于最新的空间信息、云计算、大数据、物联网、移动互联、人工智能等技术，研发构建一张图智慧管控平台，涵盖了煤矿一张图综合信息系统、基于GIS的图形协同管理系统、安全生产一张图管理信息系统、综合经营管理信息系统等。

（2）矿井安全生产运营情况呈现出“看得见、管得了、控得住”和“一盘棋、一张网、一张图、一个库”的现代化科技管理崭新面貌。矿井主动同中国联通、中国电信以及中国移动联系沟通，计划搭建专属5G网络，为智能综采工作面、智能巡检系统以及VR可视化检修打好通信技术基础。

（四）持续加大科技攻关，激发科技创新

（1）与中国矿业大学合作开展巷道支护技术攻关，通过进一步优化巷道支护参数，减少了巷道变形，避免了采煤工作面回采期间拉底、扩帮等工程，降低采煤工作面单班入井人员。采煤工作面巷道采用协同锚固技术，顶板、帮部采用锚索+钢带进行加固，代替单体柱支护和超前液压支护形式。

（2）通过抓重点科技项目引领、抓创新积分对标排序，有效激活了全员创新动力，提升了全员创新实力，发挥出了技术、管理创新在保障矿井安全生产中的引领作用。全年各单位申报各类创新成果438项，通过评审收购314项，收购奖励76.35万元。全年申报专利15项，受理专利8项；授权发明专利7项。

永煤集团股份有限公司顺和煤矿

一、矿井概况

顺和煤矿位于河南省永城市城关镇北 20 km，矿井主采$二_2$煤层，平均煤厚 2.17 m，设计生产能力 0.6 Mt/a，矿井$二_2$煤开采地质类型为极复杂类型，水文地质条件中等，属煤与瓦斯突出矿井。2018—2019 年，顺和煤矿杜绝了轻伤以上人身伤害事故和三级以上非伤亡事故，矿井安全生产形势和经营指标均保持稳定并持续向好。

二、2019 年主要技术经济指标

顺和煤矿自投产以来始终保持百万吨死亡率为零的纪录。2019 年顺和煤矿生产原煤 0.396 Mt；掘进总进尺完成 4863 m，其中综掘进尺 4316 m。实现利润 1500 万元，职工年人均收入 9.35 万元，高于煤炭行业的平均水平。矿井采煤机械化水平 100%，掘进机械化水平 100%，综掘机械化达到 89.6%，锚杆支护率达到 100%，采区采出率达到 95%，矿井综合单产 34000 t/(个·月)，原煤工效 3.79 t/工。

三、安全高效矿井建设的主要做法

（一）减人提效，打造轻型智能化矿井

（1）技术突破实现减人。通过建立主副井监测系统、工作面顶板矿压观测、水文地质等远程监测系统，实现了矿井关键系统运行过程的实时监测；通过人员定位、无线通信、IP 广播、视频监控等 4 个系统的数据融合，实现了生产调度、应急救援一体化；通过对矿井电力监控、主排水、主要通风机、主煤流带式输送机、矿井压风等 5 大系统的远程操作，实现了重点区域、重点岗位无人值守，此外顺和煤矿瓦斯抽放泵站在实现了数据在线显示的基础上，实现了远程开停，具备了无人值守的技术条件。

（2）完善装备实现换人。采煤工作面机械化率 100%，掘进工作面综掘化率 89.6%。其中，2110 轨道巷推广应用的超前支护液压支架，降低了工人劳动强度，工作效率及安全系数明显提高；在 2402 带式输送机工作面巷道底抽巷的岩巷掘进工作面推广使用318重型综掘机，可大幅降低职工作业强度，减少用工量，降低职业危害；在2404带式输送机工作面巷道底抽巷抽采钻场推广应用深孔液压履带式钻车，减少了人工移钻、稳钻工序的时间和劳动量，避免了主要风险环节，提高了工作效率。

（二）多措并举，全面深化提质增效

（1）强化系统设计，减少中间环节。一是立足西翼发展布局，规划并施工集中大煤仓、矸石仓，实现煤流、矸石的高效运输和缓冲存储，为矿井高效发展打下坚实基础。矿井西翼集中矸石仓12月施工完毕并投入使用，井底2号煤仓在2020年7月投入使用，采煤队取消夜班生产，真正将矿井的发展红利转化为职工幸福生活的福利。二是规划并实施“一巷多用”施工方案，前期工作面的底抽巷作为后期工作面的集中运输巷、回风巷，缩短工作面圈面周期的同时，大幅降低了矿井的万吨掘进率。

（2）积极升级装备，提高劳动效率。一是引入并成功运用EBZ318H岩巷掘进机，在2019年3—5月连续实巷进尺突破200 m，刷新了河南能源永煤公司同类巷道综掘施工新标杆，并成功举办河南能源岩巷安全高效快速掘进现场推进会，展现了矿井在安全高效生产方面的良好形象，亮出了顺和名片。二是升级辅助运输装备，提高辅助运输效率。结合矿井采掘施工情况，升级防爆柴油单轨吊、防爆柴油搬运车等，提高了施工效率。三是装备履带式锚杆锚索钻车。利用履带式锚杆锚索钻车实现沿空留巷顶板锚索加固施工及切缝钻孔施工的高效化、便捷化。

（3）深入实施减人战略，无人则安。结合“智慧能化”建设，深入推进机械化、智能化、自动化减人提效方案实施，通过装备新型设备和信息系统减少作业人员，实现“少人则安、无人则安”。利用集中控制、远程控制等实现多部设备的“一人管理”，利用在线监测监控系统等，实现对井下瓦斯、压力等参数的监控和记录分析，实现减人提效、无人增安。

（4）推进科技创新，实施科技兴矿。一是研究适应矿井的支护方案，通过优化支护，变更回采超前及端头段支护工艺，利用“单元式”液压支架或锚索（梁）进行超前支护，降低职工频繁打柱倒棚施工的劳动强度。二是研究并推广应用瓦斯治理新技术和工艺流程，提高瓦斯抽采效率。研究、推广应用煤层高效增透、深孔定点取样、随钻测斜技术及装备，结合河南能源研究总院开展“以孔代巷”区域瓦斯治理技术研究，强化瓦斯治理效果与效益。

（三）完善体系，创新方法，提升矿井安全管理品牌形象顺和煤矿紧紧围绕两级公司“012345”主动预防型安全管理体系，狠抓管理创新，采取了一系列既利当前又惠长远的安全管理机制，促进了矿井安全管理持续提升。

（1）创新实施安全管理“契约化”和“期权化”。煤矿根据内部单位和外委单位的不同管理特点，针对性地制定了“契约化”和“期权化”管理办法。针对内部基层区队，月初下达安全生产契约化管理任务书，明确当月要完成的安全目标、标准化达标规划等安全任务指标，月底进行考核兑现。对外委单位的考核设置安全期权模式，将需要考核的重点安全和标准化事项全部用期权量化，每月根据双基、标准化、安全效果的考核结果进行兑现和奖罚。

（2）程序化开展安全检查过程前移。构建风险辨识（管控作业风险）、安全确认（排查静态隐患）、流程作业（规避动态隐患）、规范操作（规避动态隐患）、安全站位（切断事故链）的安全检查程序，由以往安全检查中侧重查隐患向查苗头、查风险转变，在安全检查中强调程序化和超前化。在安检员、管理人员查隐患的同时坚持排查安全风险，对现场存在的托顶煤、过断层、大件设备安装拆除等安全风险高的关键工程，每天进行检查排查并汇总至矿井安全日报表，由矿领导在早调度会进行风险预警，由区队进行严格管控，由安检员、科室人员进行严格落实，实现了安全管理的关口前移。

安阳鑫龙煤业（集团）红岭煤业有限责任公司

一、矿井概况

红岭煤业有限责任公司隶属河南能源化工集团永煤公司安阳鑫龙煤业，于1970年8月动工兴建，1977年12月简易投产，设计生产能力0.3 Mt/a。1983年10月后历经多次改造，截至2019年年底矿井核定生产能力0.9 Mt/a。

红岭井田地处太行山区和华北平原过渡地带，属典型的丘陵地形，地势西高东低。行政区划属安阳县管辖，位于安阳市西北38 km，紧临河北省磁县。井田浅部以F_{B58}断层为界，北部与主焦煤矿相邻，南部与安阳县白莲坡煤矿相邻，深部以－800 m等高线为界。井田东西宽3.3 km，南北长3.6 km，面积约7.065 km^2。

采用走向长壁后退式综合机械化放顶煤采煤工艺，全部垮落法管理顶板。

二、2019年主要技术经济指标

2019年煤矿生产原煤0.817 Mt，全年实现利润2.5433亿元。员工年平均工资8.69万元，同比增加30%。

2019年煤矿共有4个煤巷掘进工作面，均为综掘，总进尺2724 m。采煤机械化程度100%。矿井水平、采区、工作面接替正常，开采程序符合国家相关规定，采区采出率87.68%。

2019年煤矿全年原煤产量0.817 Mt，矿井综合单产68000 t/月，全年计效工数154521工，原煤工效5.35 t/工。

三、安全高效矿井建设的主要做法

（一）创新安全管理

为加强作业地点各环节的安全风险预控管理，提高岗位工种危险源辨识能力，安全监察部结合安全培训中心制作了《岗位工种危险源辨识卡》，悬挂到各作业地点，提高了施工人员对岗位危险源的系统性认识，细化了开工前安全确认流程，促进了员工“我会安全”意识的提升。为实现安全与生产的和谐统一，主动到区队广泛征求安全管理存在的不足和缺点，根据各单位提出的意见和建议，认真反思工作上的漏洞和不足，促进了工作方式转变。实施了反“三违”以批评教育为主、查隐患以现场整改为主、工作落实以现场服务指导为主的方法，收到了较好的效果。

（二）创新技术管理

推广使用岩巷掘进机，提高了单进水平，减轻了职工劳动强度，安全程度大大提高；综采设备升级强化工作面支护管理效果，提高了单产水平。推广煤巷锚网支护，加快掘进施工速度，为后期安全高效回采打好基础。全断面圆形喷雾、高压管路接口防崩链已获得国家实用新型专利。

（三）提高标准管理

一是超前风险管控，按要求风险分析，做到风险超前防控。二是提高达标认识，做到“上标准岗、干标准活”。三是加强交流促进，做到“人无我有、人有我精”。四是提升自身定位，做到“逢一必争、逢冠必夺”。五是树立基层标杆，做到“鞭策后进，激励先进”。

（四）信息化管理

红岭煤矿在矿领导集中办公的基础上，投用了 OA 办公系统、主动预防型安全信息化管理系统、ERP 企业管理系统、智慧矿山平台等信息化软件，与鑫龙煤业、永煤公司联网，矿内公楼之间采用千兆的网络接口，楼层之间及交换机到桌面采用百兆的网络接口，在交换机房配有 12 个专用服务器，运行生产技术管理系统、风险预控管理系统、安全管理信息系统、矿井安全监控系统、煤矿安全办公系统、煤矿作业规程编制和管理应用系统、培训管理系统、地面图像监控系统、井下人员定位系统、财务管理软件、供应管理系统、煤矿地测管理系统及计算机常用的共享软件，网络运行非常稳定。

各级管理人员可以通过终端发送、接收、查询办公文件或信笺，同时能够实现手机办公。通过内部市场化系统了解本单位的材料费用和考核情况、物资库房配件和材料的到货、库存、单价、出库情况等。

矿井调度、安全监测监控、机电管理、配件管理、计划、财务、工资、人事等均实现了计算机网络化管理及无纸化办公。

（五）环境保护

公司严格遵守国家环境保护法律法规，持有合法有效的排污许可证。排出的矿井水经过处理后成为周边村庄可靠的农田灌溉水源；地面瓦斯抽放泵站和瓦斯发电站将井下抽出的瓦斯变废为宝，日发电量可达 1 万余度；矸石集中处理并将矸石山绿化改造，昔日的“黑山”已变成了绿树成荫、芳草遍地的“绿山”；原地面压煤村庄已整体搬迁完毕，地面已进行复垦。

采掘工作面加强煤层注水管理，岩巷掘进工作面使用除尘风机，严格执行各项文件、制度要求强化除尘、降尘措施落实，尽最大努力创造良好的作业环境。按照职业病防治法等规定定期开展职工职业卫生检查和职工健康检查，个体防护措施到位，降低职业病发病率。

安阳市主焦煤业有限责任公司

一、矿井概况

主焦煤矿隶属河南能源化工集团永煤控股安阳鑫龙煤业，矿井位于河南省安阳市殷都区伦掌镇境内，井田位于豫、冀两省交界处，1972 年投产，矿井原设计能力 0.3 Mt/a，2012 年改扩建后设计生产能力 0.6 Mt/a，核定生产能力 0.6 Mt/a，设计服务年限 30.8 a，井田面积约 8.2488 km^2。截至 2019 年年底，矿井剩余地质保有储量 42.26 Mt，可采储量 18.11 Mt。

矿井所采煤层为二$_1$ 煤层，自燃倾向性为不易自燃，水文地质类型中等，正常涌水量 150 m^3/h，最大涌水量 200 m^3/h。

2019 年被鉴定为高瓦斯矿井，相对瓦斯涌出量 15.93 m^3/t，绝对瓦斯涌出量为 18.53 m^3/min。煤层具有爆炸危险性，爆炸指数为 19.26%。

矿井采用走向长壁后退式综合机械化放顶煤采煤法，全部垮落法管理顶板，矿井水平、采区、工作面接替正常，开采程序符合国家和上级规定，采区采出率 90.7%。

二、2019 年主要技术经济指标

2019 年杜绝轻伤以上人身事故和三级以上非伤亡事故，安全态势持续平稳，全面实现“零”目标。实现利润 14014.94 万元，职工年均收入 96300 元，比 2018 年增长 4.88%。矿井掘进总进尺 2836 m，其中开拓进尺完成 455 m。全矿生产原煤 532000 t，矿井综合单产 45100 t/(个·月)。原煤生产期末人数 418 人，原煤工效 4.4 t/工。采煤机械化水平 100%，综掘机械化程度 76.8%，采区采出率 90.7%。

三、安全高效矿井建设的主要做法

（一）深入开展“一优三减”和“四化”建设，推进矿井安全高效发展

（1）优化矿井主要通风系统，对原拐点多、V 字形的老回风巷进行优化改造，减少了主要回风巷拐点，扩大了通风断面，矿井通风阻力由原来的 2300 Pa 降到了 1800 Pa。

（2）通过负荷调整、优化，去除 –350 m 配电点高低压供电设备 23 台，优化供电设计，减少供电环节。

（3）对采煤工作面上下巷的超前支护形式进行革新改造，由原来的单体支柱更换为超前支架，投用了带式输送机自移机尾装置、单轨吊电缆移动装置，提高工作面安全系数同时降低员工劳动强度。

（4）在底抽巷岩巷掘进工作面采用“EBZ –260 型岩巷掘进机 + 带式输送机运矸”的综掘施工工艺大幅提高了岩巷掘进机械化水平，为矿井采掘接续平衡提供可靠保证，同时投用岩巷干式除尘器，大大降低巷道内粉尘浓度，确保员工身体健康。

（5）购置履带式设备搬运车、巷道修复机等机械装备，实现巷道扩刷、装载输送一体化和机械化作业，替代巷道修复过程中的人工架设、破碎、装载、转运等作业，进一步提高矿井机械化水平。

（6）井下投用无线通信系统，实现通信有线无线一体化、井下通信移动化、井下现场可视化；地面引进无人机巡视架空线路，确保矿井供电安全。

（二）更新安全设施，落实管控措施，提高系统安全保障能力

（1）更换了主井提升机盘型制动闸 16 组蝶形弹簧，8 对 16 个制动器，将主井底钢丝绳式缓冲托罐装置更换为钢带式。

（2）对副井提升机备用信号进行了升级，使其与安全门、摇台具备闭锁、联锁功能，提升机液压站由恒力矩改造为恒减速液压站并安装重力下放系统，提高主提升系统安全系数和应急救援能力。

（3）对井下高爆开关断路器增加了失压延时功能，对井下 20 台局部通风机低压馈电开关增加了欠压延时功能，提高了供电安全可靠性。

（4）–40 m、–210 m 轨道暗斜井和 23 采区轨道下山安装了斜巷综合视频监控系统，实现斜巷提升运输期间的动态监控。

（5）–350 m 水平皮带集中运输巷带式输送机上安装一套钢丝绳在线监测装置，实时监测带式输送机钢丝绳芯的运行状况，进一步保证主运输系统运行可靠。

（6）对架空乘人装置电控装置升级改造，扩展了猴车保护试验与显示功能（包括断轴保护、打滑保护等），完善、改进了启动声光预警、打点通话、防掉绳、防脱绳、防异物等保护和安全设施。安装了断绳抓捕装置，挖设缓冲沙坑、安装柔性防护网等，筑牢架空乘人装置安全运行的最后一道安全防线。

（三）强化灾害治理，为单产单进水平提升保驾护航

（1）采用水力冲孔增透技术，提高矿井瓦斯抽采效果。2019 年 4 月购进了 3 套河南铁福来公司生产的水力冲孔装备（清水泵站和振动筛固液分离机），用于2303 工作面底板巷水力冲孔增透钻孔施工，冲孔后的单孔流量较普通穿层钻孔力量增大 1.5 倍，大幅度提高矿井瓦斯治理效果。

（2）创新冲孔装运计量，实现“钻、防、冲、转、计、筛、运、监”一体化。为减轻水力冲孔时清煤人员的劳动强度，实现水力冲孔煤粉自动快速计量转运，根据现场实际情况，矿上自主研发和加工了“专用煤粉运转自动计量装置”。在钻机施工现场带式输送机侧安装固定自制的煤粉计量箱，提高了现场计量效率且水力冲孔期间可减少一个清煤人员。

（四）提高政治站位，积极主动作为，打好环境治理攻坚战

（1）对两台燃气锅炉进行了低氮燃烧改造，改造后氮氧化物排放指标由 80 mg/m^3 降到 30 mg/m^3 以下。

（2）安装和完善了地面煤场大棚内的喷淋、照明等设施并投入使用，地面从煤场到磅房安设了车辆冲洗装置，翻罐笼出车侧安设了矿车清洗装置。

（3）矿井上下联动，从地面部室和各区队抽调人员，对矿区内环境卫生、设备物料码放从净化、美化、绿化等方面进行全面整治，成效显著并得到了保持。

（4）顺利完成了地面生活水处理设施的升级改造，生活水处理能力由 200 m^3/d 提高到 500 m^3/d。

（5）购置投用一台多功能扫路车，地面安装了无组织排放在线监测设备，实时监测生活水和厂区内扬尘，做到达标排放。

（五）强力推进双重预防体系建设，提高矿井安全预防力

（1）建立完善工作推进机制。一是利用悬挂大幅标语和微信平台、办公系统进行“双重预防体系”建设广泛宣传，营造全员参与良好氛围。二是开展全员“双重预防体系”建设专项培训和早调度会议日学习活动，进行了集中考试检验学习效果，让各级干部员工对体系建设中岗位职责及工作方式有了进一步的提升。三是由矿长组织各分管矿领导、副总工程师、各专业部室和区队对矿井安全生产工作进行了全面细致的风险研判。

（2）健全风险辨识分级管控体系。将安全生产标准化作为工作重点，构建了一套基于煤矿实际的“双重预防体系”管理体系。一是由矿长牵头组织，对存在的风险进行辨识、评估，确定风险等级，逐条制定安全管控措

施进行落实管控。二是在矿井入口及重大风险区域对存在的风险点、风险描述及后果、风险等级、危险有害因素、风险管控措施、应急措施、应急电话、管控责任人等信息在醒目位置进行了公告。同时，在各岗位设置安全风险告知卡，告知员工本岗位存在的主要危险有害因素、后果、风险管控措施、应急措施、应急电话等信息，进一步提高各岗位员工安全风险意识及风险失控应急处置能力。三是每天早上组织开展安全风险摸排会议，由带班领导每班对重大安全风险管控措施进行跟踪落实，发现问题及时安排整改，保证了重大安全风险管控措施落实到位。

（3）打造线上线下智能化平台。按照《河南煤矿安全监察局关于构建河南省煤矿双重预防体系“一张网”的通知》（豫煤安监技装函〔2019〕66号）文件要求，矿井按照领导、部室、区队“三级”管理分配了系统账号，明确专人负责系统管理，及时查看国家、省法律法规及会议文件，及时上传安全风险辨识评估和事故隐患排查治理相关资料、数据，确保系统稳步运行。

主焦煤矿通过积极推进“一优三减”和“四化”建设，不断完善生产系统，强化安全管理，确保了矿井高产高效和安全生产。

河南永锦能源有限公司云盖山煤矿一矿

一、矿井概况

云盖山煤矿一矿隶属河南能源化工集团永煤控股永锦能源有限公司，位于河南省禹州市磨街乡境内。云盖山煤矿一矿 1994 年 9 月建井，1997 年 10 月投产。原设计生产能力 0. 3 Mt/a，2009 年核定生产能力 0. 45 Mt/a。矿井井田面积 8. 34 km^2，岩层走向大体 NE40°～50°，地层倾角 14°～22°，主采$二_1$煤，属于贫瘦煤，平均厚度 3. 73 m，矿井属煤与瓦斯突出矿井，煤层自燃倾向等级为Ⅲ类，属不易自燃煤层，具有爆炸危险性。

二、2019 年主要技术经济指标

2019 年煤矿杜绝轻伤以上人身事故和三级以上非伤亡事故，安全态势持续平稳，全面实现“零”目标。全矿生产原煤 402530 t，矿井掘进总进尺 1935 m，采区回采率 82%，原煤生产期末人数 510 人，原煤工效 3. 093 t/工，采煤机械化水平 100%，掘进装载机械化程度 100%。实现利润 78. 1 万元，职工年均收入 9. 5 万元，比 2018 年增长 15%。

三、安全高效矿井建设的主要做法

（一）合理集中生产，打造安全高效矿井

煤矿在 22 采区布置一个综采工作面生产、一个煤巷综掘工作面、一个岩巷综掘工作面，在 23 采区布置一个炮掘开拓岩巷工作面，从而大大提高矿井集中生产、集中管理，为打造安全高效矿井奠定了坚实基础。

（二）新技术、新设备、新工艺

（1）云盖山煤矿一矿已完成风井瓦斯泵站、主要通风机房、压风机房、150 m 变电所、泵房、辅助运输以及主煤流运输系统集中综合自动化项目，实现远程监控无人值守。在此基础上矿井计划将地面电力监控、污水处理排放等系统纳入自动化、智能化建设，不断提升矿井自动化建设水平。

（2）22 采区东翼受地面未搬迁村庄保护煤柱和主要导水断层影响，暂时无法布置回采工作面，因此矿井采面接替只能布置在 22 采区西翼，采面

顺序接替紧张，形成上采面回采期间，接替采面回风巷无法施工的不利局面。为确保矿井接替正常，矿井通过对采区、采面设计优化，采用沿空留巷新工艺，对回采工作面运输巷切顶卸压、巷内复合支护沿空留巷技术作为接替面的回风巷，从而减少接替采面一条巷道施工，缓解接替紧张。对于突出煤层，可以节省大量的防突费用，为瓦斯治理工作争取时间，同时避免了采空区积水威胁。

（3）对综采工作面支架升级改造，云煤一矿采煤工作面原使用 ZF3000/16/26 型四柱支撑掩护式放顶煤支架，支护强度相对较低，支架在使用过程中安全阀频繁开启，煤壁经常出现片帮、冒顶，拔后柱、支护效率低。为从根本上解决此问题，矿井与北京天地科技设计院、重装公司合作，结合云盖山井田煤层赋存特征，设计生产了 ZFY4800/17/32 型两柱式放顶煤工作面支架取代原有的四柱式支架，两柱掩护式放顶煤支架相对四柱式支架具有稳定性好、移架速度快、支护强度高、避免反复支撑顶板、能有效控制煤壁片帮等优点，是放顶煤支架的发展方向；矿井 22204 综采面是云盖山井田首次使用两柱式放顶煤支架的工作面，制约安全生产的煤壁片帮问题得到有效解决，现场作业环境及安全条件大为改观，成功实现了综采设备的换代升级，为相似地质条件的其他矿井推广应用两柱掩护式放顶煤支架树立了典范。

（4）深部临断层附近穿层软岩开拓巷道支护技术研究与应用，矿井 －330 m 水平巷道临近下白峪断层附近，岩层硬度系数较低，给巷道支护造成较大困难。为保证巷道支护强度达到要求，矿井与河南理工大学结合实施了《深部临断层附近穿层软岩开拓巷道支护技术研究》项目，通过对现场支护现状调研，分析断层附近穿层软岩开拓巷道的围岩分类研究，掌握现有支护方案对围岩的控制效果，并对普通锚杆（索）和注浆锚杆（索）锚固参数研究，优化锚固支护参数，进行了云盖山一矿临断层附近穿层软岩开拓巷道锚网索参数选取标准的研究，有效地解决了巷道在软岩内支护困难及支护强度等问题。

（三）在防治煤矿瓦斯（突出）等方面取得的经验与措施

（1）按照矿井“一矿一策”“一面一策”原则制定瓦斯治理方案。矿井根据每个工作面不同的原始瓦斯含量及原始瓦斯压力，采取不同的瓦斯治理钻孔布置方案，提高了钻孔设计的科学性、可靠性。

（2）开展技术创新，持续提升瓦斯治理效果。一是矿井制作了抽采钻孔漏气测试装置，每月对所有施工的抽采钻孔进行气密性试验，对于封孔不合格的钻孔，不予结算封孔工资。二是穿层钻孔采用逐段均匀冲孔的方法，实现了人工全煤段下筛管，提高了抽采效果。

（3）强力推进瓦斯治理“三化一工程”建设。矿井将每个抽采钻孔当作一项工程进行管理，从钻孔设计到抽采效果分析，确保每个钻孔施工到位、抽采到位。钻孔设计、施工记录、验收记录、视频记录、钻孔抽采参数测定记录均建档保存。井下所有瓦斯治理钻孔施工地点均配备高清摄像装置，钻孔施工实现了全过程视频录像，地面通风调度人员对钻孔视频进行监督储存，实现了“一孔一视频”的存档要求。严格执行集团公司瓦斯治理示范矿井和瓦斯抽采标准化制度，重点对钻孔设计、开孔定位、封孔联网、抽采计量、牌板管理、抽采达标管评判等方面制定考核标准，稳步提升抽采标准化工作。井下瓦斯抽采区域每间隔200m设置瓦斯抽采分单元在线监测及人工测量孔板流量计。

（4）积极推广并改进“两堵两注－通管直连”封孔工艺。为进一步提升钻孔瓦斯抽采效果，在底抽巷推广应用“两堵两注－通管直连”封孔工艺。为了解决软煤中通管全程不易下筛管的问题，矿井采用了“孔内硬管＋孔口通管”相结合方式，采用二次连接的工艺，既保证了下筛管率，又减少了钻孔连接接头，从而减少了钻孔漏气。

（5）矿井在用瓦斯治理钻机全部使用自移式钻机，自移率100%，大功率钻机（4000 N·m以上）占比100%，提高了打钻功效，实现了分源抽放，打钻“三防”装置配备齐全，可有效防治瓦斯超限。

（6）不断完善矿井瓦斯治理理念。将瓦斯抽采作为瓦斯治理的重要手段，树立“应抽尽抽、应抽必抽”的瓦斯治理理念。强化防突工作的“四真”管理（真打钻、真抽放、真指标、真评判），确保抽采效果达标，将矿井的高瓦斯区域降为低瓦斯区域。

（7）加大穿层钻孔水力冲孔卸压增透技术的实施力度。通过正向激励手段鼓励施工单位多冲煤。优化穿层钻孔设计参数，在确保瓦斯治理效果的同时提高瓦斯治理效率。

（8）加强矿井瓦斯管理重点头面瓦斯治理工作。摸索出煤巷掘进区域“三位一体”瓦斯治理模式。针对矿井$二_1$煤层煤体松软、透气性差的特点，制定了“穿层钻孔预抽＋卸压带抽采＋穿层孔超前注水”的综合瓦斯治理方案，在消突、降低瓦斯涌出量和改变煤体应力分布等方面起到了积极效果，有效预防了片帮、冒顶和瓦斯涌出不均衡的情况，实现了2019年全年煤巷掘进零瓦斯超限、零突出。

河南永锦能源有限公司云盖山煤矿二矿

一、矿井概况

云盖山煤矿二矿隶属河南永锦能源有限公司，位于禹州市磨街乡刘门村，东距禹州市35 km，有水泥公路与禹州－磨街公路相通，交通便利。矿井始建于1997年4月，2003年1月投产。原设计生产能力0.15 Mt/a，2006—2008年对矿井进行了技术改造，改造后核定生产能力0.45 Mt/a。2019年实际生产原煤0.4046 Mt。

矿井采用两立井一斜井混合开拓，中央并列式通风，主要开采二$_1$煤层。

二、2019年完成主要技术经济指标及说明

2019年杜绝重伤以上人身事故和二级以上非伤亡事故，矿井连续近十年实现安全生产；全矿生产原煤0.4046 Mt，综合单产为34924 t；采区采出率83%。矿井掘进总进尺2640 m，其中综掘进尺完成2640 m，利润计划1624万元，完成1720万元，成本计划370元/t，完成363元/t。原煤生产期末人数465人，原煤工效3.55 t/工。采煤机械化水平100%，综掘机械化程度100%。

三、安全高效矿井建设的主要做法

（一）优化开拓方式

矿井岩巷通过层位论证，根据岩石硬度合理选择层位，成立了矿长亲任组长的快速掘进攻关小组，以实现岩巷层位选得对、割得动、煤巷割得快、运得快、支得住为目标，解决“永久支护设计最优、除尘风机除尘优化、综掘机趴窝”等具体攻关项目为抓手，建立攻关小组微信群，实现安排与执行联动，直接协调解决生产过程中出现的各种问题，做到“小事不过班、大事不过天”，综掘进度技术稳步提升。

（二）合理集中生产

矿井依托雄厚技术力量，在巷道锚杆支护方面积累了大量的经验，研究“三沿”（沿顶掘进、沿底回采、沿空留巷）开采技术，结合矿井实际情况，

沿空留巷采用切顶卸压复合支护方式效果明显，有效提升掘进及采出率。

回采巷道，沿顶掘进采用锚网索主动支护，另外与河南理工大学合作，通过对沿空留巷围岩应力分布、采空区顶板活动规律、顶板控制及巷旁支护等的分析，确定卧底绞顶在巷道原有支护的基础上切顶卸压、锚索加固及U型拱支护的厚煤层沿空留巷支护工艺。此技术的应用可降低煤矿万吨掘进率及防突费用，缓解采掘接替，减少生产成本。

（三）新技术、新工艺、新装备

2019年矿井安装自动化项目5项，分别为供电系统、主排水系统、主煤流系统、主井、副井提升系统自动化，在矿井通风机房及主提升系统方面不断升级装备。

煤矿始终坚持问题和目标为导向，增强红线意识、风险意识和忧患意识，强化瓦斯“零超限”“零突出”目标管理，从“技术、投入”方面精准施策，在新技术、新装备的应用方面，加大安全投入，夯实安全基础，积极推广应用大扭矩、大功率钻探设备，购置ZDY12000LD型深孔定向钻机（履带）、彻底解决了穿层钻孔孔深限制问题。

（四）安全、培训管理

1. 安全管理

矿井认真落实《安全生产法》《国务院办公厅关于进一步加强煤矿安全生产工作的意见》《煤矿矿长保护矿工生命安全七条规定》等一系列管理规定，依法组织生产，证照齐全，有固定人员进行管理，负责证件办理、管理、信息提醒、业务沟通等管理工作。

强化各级管理人员跟、带班、值班管理，制定了矿井管理制度，加强跟值带班质量跟踪落实，实行了安全信息月报和日报管理，加强过程管理分析，以三个零容忍“安全事故零容忍、安全隐患零容忍、不安全行为零容忍”，加大安全责任追究力度，强化责任制落实。

2. 培训管理

按照“培训不到位是最大的安全隐患”的管理思路，加强安全意识培训。一是通过“1+10”（1个教师辅导、10名学员）定向培养，做好各岗位员工技能培训，为职业技能等级提升打基础。二是适时开展实操比武和作业现场施工流程化对标考核，规范现场操作。三是为优秀职工开通在职教育通道，全年完成112人学历晋升再教育。四是利用“每周一案例，每日一提问，每月一考核”和“班前学习十分钟”等有效的加强手段，促进职工安全生产知识的积累。五是加强各岗位持证管理，依据煤矿培训相关规定完成全员培、复训或“七新”培训。2019 年根据新大纲重新编制了 20 个工种的培训教材，对 570 名其他从业人员全部重新培训一遍。六是积极开展“大教育”活动。全力做到“四学四提升”（学法规，学技术，学案例，学技能；提升领导干部的法律、法规素养，做到依法治安；提升管理人员和技术人员业务水平、技术水平，做到科技保安）。

（五）瓦斯治理、防尘、防灭火取得经验和措施

1. 瓦斯治理方面

（1）推进“三化一工程”建设，针对瓦斯治理钻孔，实现全程视频录制，对拔杆、封孔、注浆等关键环节，采取分段截取视频，全面实现钻孔、打钻视频化。开展瓦斯抽采精品路线建设，做到抽采管理精细化、抽采系统精细化、管路连接精细化、钻孔封孔精细化，严格落实钻孔“钻到位、管到底、严密封、水放净、高负压、严管理”，实现瓦斯抽采标准化。在瓦斯抽采方面，建立了单孔瓦斯抽采浓度、抽采纯量考核和分析机制，实现采掘工作面 200 m 分单元精细化计量，保证瓦斯抽采精准计量。通过建立瓦斯治理钻孔单孔信息台账，把打钻视频、验收视频、封孔注浆视频、钻孔抽采等进行分析，真正实现“一钻孔一工程”。

（2）每天调阅瓦斯监控曲线，进行瓦斯涌出动态分析，掌握瓦斯变化趋势和异常规律，针对异常区域及时采取处置措施。加大监控系统巡查力度，加强监控设备调校，实施监控探头保护措施，降低监控设备故障率，杜绝出现误报警。坚持“三沿”瓦斯管控，重点做好沿空掘巷期间采空区有毒有害气体管理、沿顶掘进期间防片帮流煤管理、沿底回采期间上隅角瓦斯管理等。矿井近四年实现了零超限、零误报警。

2. 防尘方面

矿井地面建立静压水池并设有备用水池，水量充足，不小于井下连续 2 h 的用水量，且其容量不小于 200 m^3；矿井建立完善的综合防尘系统，矿井主要进、回风巷、胶带运输巷、采区进回风巷、采面进回风巷、掘进巷道、煤仓、运输转载点、装载点等处按照规定设置防尘管路，所有带式输送机巷内的防尘管路每隔 50 m 设置 1 个支管和阀门，其他巷道每隔 100 m 设置 1 个支管和阀门。

矿井改进煤层注水方式，矿井采取浅孔注水和深孔注水结合的方式进行煤层注水，对煤层含水率的增加有着显著效果，采用供水管道通过钻孔向煤层注水，预先湿润煤体，提高煤层含水量，降低煤尘生成量，将水均匀地注入煤体，其水分达 4% 以上，有效的从根源上减尘。

3. 防火方面

矿井地面设置有消防水池，容积不小于 200 m^3，贮水量不小于井下 2 h 的连续用水量，设有备用消费消防水池，其水量不小于永久性消防水池的一半，同时配备消防泵、消防栓、消防管路，消防管路能够直通煤场、木料场、主、副井口等主要场所。井下消防管路系统敷设到所有采掘工作面和需设置的地点，每隔 50 m 安装一个消防栓，各机电硐室、配电点、料场、爆破材料发放硐室都配有足够的消防器材。

河南永华能源有限公司嵩山煤矿

一、矿井概况

嵩山煤矿隶属河南能源化工集团永华能源有限公司，经过技术改造于2010年12月26日竣工投产，设计生产能力0.6 Mt/a。2015年嵩山煤矿核定生产能力1.2 Mt/a。

井田开采煤层为二叠纪山西组$二_1$煤层，煤层厚度为0～12.15 m，平均4.8 m。煤层属低中灰、低硫、低磷、低砷、高熔粉状无烟煤。矿井属低瓦斯矿井。煤尘无爆炸危险性，煤层自燃倾向等级属Ⅲ类不易自燃煤层。矿井无地温、冲击地压异常区。水文地质条件中等。矿井采用立斜井单水平上下山开拓，井底车场为卧式环形车场。副井井筒深度668 m，副井落底标高−365 m。矿井通风方式为混合式，通风方法为抽出式。矿井采用单一走向长壁采煤法，全部垮落法管理顶板，采煤工艺为综采放顶煤。

二、2019年矿井完成的主要生产技术经济指标

2019年无轻伤以上人身事故和三级以上非伤亡事故，安全态势持续平稳，全面实现“零”目标。全矿生产原煤1173600 t，矿井综合单产137300 t/(个·月)。矿井掘进总进尺3500 m，其中开拓进尺完成1300 m。销售收入31349.26万元，实现利润1704.61万元。采区采出率78%，职工年均收入71268元，原煤生产期末人数660人，原煤工效7.01 t/工。采煤机械化水平100%，综掘机械化程度46%，掘进机械化程度85%，岩巷锚杆支护率达到90%。

三、安全高效矿井建设的主要做法

（一）优化开拓布局，实现矿井安全高效

技改设计充分考虑上山长度，同时兼顾满足一级提升需要，将全井田划分为一个水平。运输大巷水平标高为−365 m，形成一个水平，上、下山开采，减少开采水平。这种开拓方式使地面主要生产环节（出煤、贮存、装车外运）可以高度集中，其他辅助环节（提矸、下放物料）可适当分散。

充分利用主井和大巷的设备能力，有利于使用大型高效的技术装备，有利于解决全矿辅助运输距离较长运输量大的问题。

（二）优化采区布置，合理集中生产

嵩山煤矿原21采区相邻采区为23采区，为减少掘进工程量及采掘接替，对21采区与23采区合并优化，合理利用西翼带式输送机运输巷作为2112带式输送机岩石集中巷，利用原21采区岩石集中巷作为采区总回风巷，减少2293 m岩巷工程，减少工程投入。

（三）引用新技术、采用新设备、打造新工艺，持续推进安全高效矿井建设

（1）开创偃龙矿区复杂“三软”煤层综采先河，提高了工作面机械化程度。2010年年底，嵩山煤矿进行综采工作面的安装并一次试采成功，开创了偃龙矿区复杂“三软”煤层综采先河。

（2）积极开展矿井“三软”煤层巷道支护自主攻关。为了解决“三软”煤层煤巷支护问题，矿井技术人员对生产施工过程中的疑难问题进行技术攻关：①攻关解决了锚索成孔困难与安注锚固剂频繁失败等难题，提高了锚索施工进度、保障了锚索施工质量；②通过应用钻孔吹孔技术排出孔内煤粉，解决钻孔煤粉问题，大大提高了锚索的锚固效果；③对井下工作面巷道进行钢棚+锚索复合支护方式试验，取消了U型钢棚中柱，增大了巷道有效断面；④对巷道进行钢棚+长短锚索+大托盘+双层网复合支护方式试验，通过优化改进巷道支护，利用主动与被动相结合的方式，增强了巷道支护强度。通过打设深部与浅部锚索，采取深、浅交替锚固的方式，稳定巷道围岩，减缓巷道变形，提高锚索锚固力及预紧力。优化锚固三径匹配，增加锚索深部组合拱结构支撑，从而协同控制了“三软”煤层煤巷支护，经受了采煤工作面采动压力的考验，减少了维修次数，降低了工人劳动强度，保证安全生产。

科技项目获奖情况：《三软煤层强破坏围岩压实再生区沿空送巷支护技术及示范应用》获得省部级中关村绿色矿山产业联盟绿色矿山科学技术二等奖。

（3）推广先进换绳工艺，减少主副井换绳时间。嵩山煤矿在永煤公司率先采用YHC型换绳车更换主井提升钢丝绳，换绳车通过多组无极承载单元输送钢丝绳，在保证不损绳的前提下，完成钢丝绳的收放工作。与传统换绳方式相比，使用换绳车进行换绳工作，新旧首绳井口直接互换，连续收放，所有操作在井口完成，不需要打绳卡、棚罐，不损伤钢丝绳，参与作业

人员少，不仅大大缩短了换绳时间，减少了人员配备减轻了工人劳动强度，提高了换绳效率，保证了换绳安全，提高了换绳质量，延长了钢丝绳使用寿命。

（四）确保安全投入，严格成本管控

2019 年煤矿修旧利废达到 718 万元，在煤矿属于“三软”煤层、支护成本较高的情况下，2019 年吨煤材料费为 34.98 元，材料费下降 101.81%。在电力控制上主要控制大功率设备的开停时间，“谷”时开启水泵，峰时停止，有效降低费用，加大日常的监督检查，杜绝设备空运等现象。

矿井高度重视安全工作，牢固树立安全第一的意识，在安全管理上坚持“安全投入一分钱也不能少”的原则，足额使用安全费。

在煤炭价格相对较低，利润严重下滑的情况下，确保安全生产，通过增加产能，狠抓煤质管理，努力增加收入，通过减员增效、外围工程内部干、严控材料费、电费、其他非生产性支出等措施，做到安全高效生产。

三门峡龙王庄煤业有限责任公司

一、矿井概况

龙王庄煤业有限责任公司隶属河南能源永煤公司洛阳区域公司，位于河南省陕县观音堂、张村乡与渑池县英豪乡交界处，矿井周边交通方便，连霍高速公路、陇海铁路和310国道从井田南沿通过。

矿井2004年6月16日开工建设，2009年6月6日竣工投产，原设计生产能力0.45Mt/a，2015年8月核定生产能力0.7Mt/a。2019年原煤产量完成0.66 Mt。

矿井采用立井单水平上下山开拓方式，布置3个井筒。矿井采用综合机械化放顶煤采煤工艺，后退式长壁采煤法，全部垮落法管理采空区顶板。

二、2019年主要技术经济指标

2019年煤矿无轻伤以上人身事故和三级以上非伤亡事故，安全态势持续平稳，全面实现“零”目标。原煤产量计划0.7 Mt，实际完成0.66 Mt，完成全年计划的94.4%。开拓进尺全年完成903 m，总进尺完成2326 m；原煤生产期末865人，矿井全员工效763.9 t/人。计划利润1893万元，全年完成1956万元，完成全年计划的103.3%。

龙王庄煤矿采煤机械化程度达到100%。已采购的两台EBZ－132型综掘机均投入使用，2020年煤巷掘进机械化程度达到100%。通过煤巷支护技术革新与推广，计划2021年12月实体煤巷道锚网支护率达到100%。

三、安全高效矿井建设的主要做法

（一）简化生产系统，优化生产工艺

（1）精简采区，优化采掘布局。正在回采的一采区煤柱工作面回采结束后将封闭一采区，减少一个采区。后期形成采煤工作面个数与掘进工作面个数比例为1:2。

（2）优化采掘设计。2019年完成了1206工作面设计，利用老工作面车场系统设计新工作面，减少岩巷掘进量。在“三软”煤层推广使用锚网带支护工艺。

（3）推广柔性网收尾回撤。综采面收尾使用整体聚酯纤维增强塑料网，一次上网仅需3片网，人工联网长度大幅降低。减少人员进入煤墙作业频率，提高了回撤期间安全系数。仅通过联网这一道工序较以往使用塑编网工效提高3~4倍。

（4）岩巷推广“光面爆破+先喷后锚”施工工艺。推广应用了“光面爆破+先喷后锚”岩巷支护工艺，即岩巷的支护工艺按顺序为光面爆破、初喷封闭围岩、锚网索支护一次成巷3个步骤。

（二）引进先进设备，提高单产单进

（1）综采装备重型化。为保证生产正常接替，2019年又购进一套综采设备，即MG200/456－WD4采煤机、SGZ630/400刮板机、SZZ630/160转载机、ZF4000/16/24液压支架、ZT19600/18/37端头支架。

（2）煤巷推广综掘工艺。已购置两台EBZ－132综掘机，计划在1206带式输送机运输巷掘进时投入使用，2020年煤巷掘进机械化程度达到100%。

（三）“四化”建设开展情况

（1）装备升级及掘进机械化率：2019年矿井正规煤巷装载机械化率为100%。

（2）自动化、信息化建设情况：龙王庄煤矿已实现主煤流带式输送机集控系统，地面压风机无人值守与智能巡检系统已经投入使用，压风余热远程监测控制平台已经投入使用。矿井2011年5月份装备了由重庆煤科院设计的KJ251A型人员定位系统，监控中心站设有监控主机两台，实现双机热备，通过客户端可以查询井下人员数量、活动轨迹及分布情况，具有数据储存、异常报警、输出控制、打印各种表格等多种功能。人员定位系统软件已升级，增设超员预警模块，当区域人数超过限员提示预警。井下供电自动化监控系统2019年底实现试运行，减少人员配置。

（3）智能矿山、智能化工作面建设情况：龙王庄煤矿在用的信息管理系统有监测监控系统、人员定位系统、水文地质监测系统、应急广播系统、通信联络系统、内部市场化信息管理系统、视频会议系统、洛阳区域公司安全信息综合平台。同时，矿井与上级部门对接组建河南能源主动预防系统平台、河南能源安全生产智慧管控平台、国家安全生产标准化信息管理系统、河南省煤矿安全生产信息管理系统等，配合地方监管执法情况、国家监察执法情况的信息管理平台等。

河南大有能源股份有限公司常村煤矿

一、矿井概况

常村煤矿是河南能源义煤公司的骨干生产矿井之一，位于河南省义马市东区常村境内。矿井始建于1958年，1988年完成改扩建，2008年矿井产能升级，设计生产能力1.8 Mt/a，核定生产能力为1.8 Mt/a。

矿井主采煤层为2-1煤、2-3煤，属于冲击地压矿井，煤层为弱冲击倾向性，顶板岩层无冲击倾向性。瓦斯等级鉴定结果为低瓦斯矿井，煤层的自燃倾向性等级为Ⅱ类，属自燃煤层。煤尘具有爆炸性，煤尘爆炸性指数38.12%。矿井正常涌水量180 m^3/h，最大涌水量360 m^3/h，水文地质条件中等。

二、2019年主要技术经济指标

2019年煤矿全年生产原煤1730200 t，工作面平均个数1.39个，综合单产103700 t/月，考虑冲击地压矿井调整系数后，综合单产172800 t/月。期末原煤生产计效人数1049人，平均原煤工效为6.18 t/工，考虑冲击地压矿井调整系数后，平均原煤工效为10.3 t/工。2019年煤矿全年利润计划1500万元，实际完成利润3236.74万元，全年生产成本计划282.14元/t，实际成本257.39元/t，职工年人均收入63487元。

2019年动用资源储量为1.816 Mt，采出量为1.633 Mt，损失量为0.183 Mt，采区采出率89.9%。

三、安全高效矿井建设的主要做法

（一）劳动定员管理

常村煤矿建立并不断完善定员管理制度，科学合理岗位劳动定员，劳动组织优化并且严格按照核定能力组织生产。

矿井共有采掘区队10个，861人。综机安装队73人，负责工作面安装、拆除以及回采工作面上下巷维护服务工作；综采一队148人，负责21162工作面回采，2019年平均单产47700 t/月，21162工作面回采结束后负责21170上下巷维护；综采二队136人，负责21170工作面回采工作，2019年平均单产95800 t/月；掘进一队83人，负责21162工作面上巷维护服务及外围巷道修护工作；掘进二队86人，负责21002下巷掘进工作，2019年平均单进91m/月；修护一队68人，负责外围巷道维护工作；修护二队71人，负责21002上巷掘进工作，2019年平均单进水平87m/月；修护三队73人，负责21162工作面下巷维护服务工作；杨村修护队65人，负责21采区外围巷道修护工作；防冲队58人，负责冲击地区区域防冲卸压工程和探放水工程。

（二）科技创新

加大科技创新投入，推进成果转化。一是煤矿按照河南能源和义煤公司科技工作总体安排部署，不断完善科技创新机制，成立了常村煤矿技术创新与科技市场领导小组，完善了常村煤矿技术创新与科技市场管理办法，补充了常村煤矿科技创新成果市场评价专家库。

二是下发了常村煤矿科技（管理）创新、科技成果推广项目计划，三年来共下发245项，其中科技攻关94项、技术革新65项、科技成果推广42项，管理创新34项。

三是《矿井深部冲击地压区域巷道掘进技术的研究与应用》获得了由中关村绿色矿山产业联盟颁发的2019年度绿色矿山科技进步奖三等奖，《以培育煤炭企业新动能为目标的管理系统集成平台构建与探索》《煤炭企业基于管理集成系统的作业成本管理研究与实践》分别获得了由中国煤炭工业协会颁发的2019年度管理现代化创新成果二等奖和三等奖。

四是推进科技成果转化。开展的《冲击地压高应力回采巷道支护改革技术的研究》项目，根据煤矿采深较大、采掘相互干扰、矿压显现明显、应力多次叠加的复杂地质条件，通过优化锚网支护设计及施工工艺，最大限度发挥锚网支护的高预应力和高强度，形成真正意义的高强锚网支护体系，有效控制围岩变形，进一步弱化架棚等被动支护，实现降低支护成本和职工劳动强度，提高掘进效率，预计可节约支护成本115万元。开展的《强冲击、大蠕变冲击地压巷道卸支平衡技术研究》项目为了解决巷道浅部（3～5 m范围内）主动支护与深部（5～25 m）煤体主动卸压区平衡，煤矿在21170下巷施工的卸压钻孔浅部孔体安装特质钢护管，确保主动支护体范围内煤体的完整度和密实度，达到冲击地压巷道卸压平衡的目的，可大大降低巷道变形速度及矿井巷道扩修成本。开展的《多种新型环保防灭火材料特性试验分析及选定》，通过对多种新型环保防灭火材料特性进行试验分析，最终选择出一种适合煤矿的防火材料，即常盛公司的 MKF 促凝剂，既改善了工作面作业环境，又优化了材料与水玻璃混合成胶初凝时间、终凝时间和成胶效果，满足煤矿的实际防火需要，节约成本约 220 万元。

河南大有能源股份有限公司耿村煤矿

一、矿井概况

耿村煤矿位于义马煤田中部，1975 建矿，设计生产力 1.2 Mt/a，1988 年进行改扩建，扩建后生产能力达到 2.4 Mt/a。2016 年核定生产能力 3.6 Mt/a，现主要开采煤层为 2－3 煤，为长焰煤，属基本全区可采的较稳定煤层，底部多为煤矸互叠层，顶板为黑色泥岩，直接底板为炭质泥岩或煤矸互层，间接底板为砾岩。煤层储量利用厚度平均为 8.69 m，煤层倾角 8°～14°，开采深度 630 m 左右，矿井正常涌水量为 93 m^3/h，最大涌水量为 130.1 m^3/h。矿井地质复杂程度中等。煤种为长焰煤，属易自燃煤层，煤尘具有爆炸性，瓦斯鉴定等级为高瓦斯矿井，冲击地压矿井。矿井开拓方式为斜立井单水平上下山开拓，矿井通风方式为混合抽出式。

二、2019 年主要技术经济指标

2019 年煤矿生产原煤 3522920 t，原煤工效 144.47 t/工。销售收入 86447.46 万元，其中煤炭业务收入 85175.12 万元，其他业务收入 1272.34 万元。原煤总成本 64344.41 万元，考核后原煤单位完全成本 176.99 元/t，较计划 192.21 元/t 下降 15.22 元/t。实现利润 33581 万元，较计划多实现利润 4881 万元。在岗职工年人均收入 69255 元。

三、安全高效矿井建设的主要做法

（一）劳动定员管理

（1）劳动组织优化情况、科学合理岗位定员、人力资源合理利用。煤矿进行了人力资源结构调整，机构精简后，对新机构开展定编定员，同时根据生产布局随时调整定员，不断优化劳动组织，减少不合理人员配置，进一步明确了各单位的职责范围，达到人尽其责，人尽其用，人员高效合理运转。通过定岗定员，减少了重复岗位、重复人员的设置，2019 年全矿清理整顿 286 人，在岗压缩 533 人，劳务输出 207 人，提高了原煤效率，提高了在职职工收入。

（2）按照核定能力组织生产。在生产过程中本着“安全、稳产、高效”的工作要求，以锻炼职工队伍，提高生产效率为目标，加强工作面设备检修，稳定生产时间，既保证了原煤产量，又保证了检修时间。开掘系统狠抓开掘创水平，严格按照集团公司支护改革和提高单产单进水平的要求，积极探索安全、快速前提下的掘进技术。

（二）科技创新

2019 年，耿村煤矿在上级部门的领导下，坚持走“以人为本、科技带动、创新发展”的道路，努力营造“大众创业、万众创新”的良好氛围，紧紧依靠科技创新，积极推进以“注重实用、解决难题、降本增效、提升安全”为核心的科技市场运作，为矿井的安全发展注入了生机、奠定了基础。

2019 年耿村承担了义煤公司 2019 年科技项目计划中的 6 项，其中 4 项已按时间节点完成。《选煤厂煤质检测过程工艺优化研究》项目的实施降低入洗下限实验，洗煤厂筛下混煤提高了 90 kcal 左右，在筛孔的调整工艺上积累了大量的经验，煤泥水通过调控成功适应了不同粒度下的生产环境要求，试验为耿村矿煤质提升工作做出了积极的贡献。《易自燃煤层创新注胶工艺及环保型防灭火材料防火体系研究》通过采用新的注胶工艺实现了远距离传输注胶材料，不仅节省了大量人力物力，而且注胶时更安全、更高效；新型环保材料不但对人体无害，而且不会造成环境污染；新的防火体系确保了易自燃煤层掘进及回采期间无自然发火隐患出现，实现矿井安全、高效的生产。《高负压特深矿井复杂通风系统巷修降阻优化技术研究》通过对矿井高阻段巷道支护改革，对无用巷道封闭，简化通风系统等方式，采取巷道扩修、封闭无用巷道、施工进风通道等方法，能够大幅度降低通风阻力，提高通风能力，效果显著，满足矿井通风的需要，优化矿井通风系统，有效地解决制约矿井安全生产的重大问题。《耿村煤矿高瓦斯冲击地压工作面高抽巷异常期间瓦斯治理技术研究》通过利用高抽巷探孔抽放、卸压带浅孔抽放、卸压孔抽放后，工作面风流、上隅角、回风流等地点瓦斯浓度明显下降，工作面上隅角平均瓦斯浓度从实施卸压孔抽放前的 0.8% 降至 0.4% 左右，实施高抽巷探孔抽放、卸压带浅孔抽放、卸压孔抽放后有效解决了工作面瓦斯浓度偏高的问题，保证了工作面安全生产。

河南大有能源股份有限公司千秋煤矿

一、矿井概况

千秋煤矿于1956年筹建，1958年投产，核定生产能力1.5 Mt/a。矿井开拓方式为立井、斜井多水平上下山开拓，井田走向长4.0～8.5 km，倾斜宽1.4～4.0 km，井田面积17.6455 km^2。东临北露天矿，西临耿村矿，南到F_{16}断层，北至煤层露头线。

矿井主要开采侏罗系义马组2－1煤、2－3煤（合并后称2－3煤），煤种为长焰煤，属容易自燃煤层，有煤尘爆炸危险，矿井水文地质条件中等，正常涌水量357 m^3/h，最大涌水量400.7 m^3/h。

二、2019年主要技术经济指标

2019年煤矿生产原煤1.151 Mt，完成全年计划的96%，原煤工效10.05 t/工，商品煤销量1089900 t，完成全年计划的91%。销售收入32227.21万元，其中煤炭业务收入27532.43万元（市场价），其他业务收入1068.81万元。商品煤售价252.63元/t（市场价）。原煤总成本31234.63万元，考核后原煤单位完全成本271.37元/t，较计划288.52元/t下降17.15元/t。实现利润992.58万元，较计划增盈792.58万元。在岗职工年人均收入66984元。

三、安全高效矿井建设的主要做法

（一）生产组织

（1）采煤方面：MZ101综放工作面采用“三八制作业”，由每天“两班生产、一班检修”调整为“两班半生产半班检修”，同时根据工作面地质状况，安排检修时间，最大限度保证生产时间，用时间保障生产任务的完成。

（2）掘进方面：矿井每月合理下达开掘工程计划，按照计划认真考核、落实，相关科室重点督促，服务指导到位。采掘区队根据矿井下发的月度计划，结合本队职工出勤情况，将安全、质量、进尺等指标分解到班组，班组再进一步细化分解到各个岗位，确保责任到人、任务到人、时限到人。在施工组织上，最大限度地实现正规循环作业及平行作业，对各项施工进行合理安排，实现多工序交叉施工，提升施工进度。

（二）科学管理

（1）完善管理机制、提升治理效能。一是加强安全制度体系建设。贯彻落实有关法律规定及两级公司的各项要求，持续建立完善安全管理各项制度，清晰定位分级管理，建立责任清单，强化监督问效和制度执行。二是加强“双重预防”体系建设。务实推进安全风险管控和事故隐患排查治理，重点抓好异常信息分析研判、安全风险辨识、管控措施制定和岗位落实工作，健全安全检查和安全隐患排查整改、统计分析及报告制度，持续开展重复反弹隐患整治和隐患“清零”活动。三是加强安全诚信体系建设。建立健全安全诚信管理制度，建立员工安全诚信档案，持续加大对安全生产领域弄虚作假行为的打击力度。

（2）严格考核追究，强化制度落实。一是强化安全环保责任追究。凡存在重大安全风险辨识管控不到位、重大隐患排查整改不认真、重大灾害治理措施落实不到位、强令违章冒险作业的要追责到人，同时倒查领导层、管理层、技术层、执行层的管理责任，做到事前事后“双追责”。对完不成年度安全环保“双零”目标的单位，评先评优实行“一票否决”。二是强化安全绩效考核。在坚持月考核、月兑现不变的基础上，持续深入、持续优化，强化对责任制落实、重大灾害治理、“双重预防”体系运行、突出问题、典型事件等安全管理效果的考核。三是建好用好安全环保激励机制。实施安全生产标准化动态考核机制，对采掘工作面持续保持动态达标的给予重奖，出现管理滑坡的给予重罚。

（3）坚持超前预防，强化重大灾害治理。一是加强冲击地压防治。坚持“区域先行、局部跟进、分区管理、分类防治”的治理原则，科学优化生产布局、合理规划采掘顺序，严格落实冲击地压灾害治理工程计划，严格执行冲击危险巷道安全管理制度，确保冲击地压“零伤害”目标实现。二是加强火灾防治。坚决践行“超前预防”的原则，抓实“超前研判、稳步推进、强化灌注、快速回撤和严密封闭”五项措施，对火灾风险、隐患做到早发现、早管控、早治理，将事故隐患消灭在萌芽状态。三是加强水害防治。严格落实“预测预报、有疑必探、先探后掘、先治后采”的防治水原则和“探、防、堵、疏、排、截、监”综合措施，推进防治水工程精细化管理，强化水害治理工程效果检验和评价。

（三）科技创新

矿井依靠科技创新攻坚克难，积极推广应用新技术、新装备，加大科技成果转化力度。2019 年煤矿评审科技创新成果共计 21 项，其中技术创新成果 8 项、推广应用成果 7 项、“五小”成果 11 项、专利 2 项；在科技投入资金方面，煤矿共计归集河南省科技项目资金 803 万元，可抵免税费约 401.5 万元；在科技成果申报方面，煤矿共申报河南能源科技成果进步奖 11 项。

河南大有能源股份有限公司新安煤矿

一、矿井概况

河南能源化工集团有限公司义煤公司新安煤矿位于洛阳市新安县石寺镇，是河南省20世纪80年代初煤矿建设重点项目之一，矿井于1978年12月开工兴建，1988年12月27日建成投产，设计年生产能力为1.5 Mt/a，核定生产能力1.8 Mt/a，是河南能源义煤公司主力生产矿井之一。

新安煤矿为煤与瓦斯突出矿井，矿井相对瓦斯涌出量9.05 m^3/t，绝对瓦斯涌出量27.34 m^3/min。$二_1$ 煤层煤尘具有煤尘爆炸性，煤自燃倾向等级为Ⅲ类不易自燃煤层。

矿井水文地质条件为极复杂型，最大涌水量1300 m^3/h，正常涌水量727 m^3/h，主要水害有底板奥灰承压水、老空水、小浪底库区水和顶板砂岩水。

二、2019年主要技术经济指标

2019年煤矿计划产量1.55 Mt，实际1.66 Mt，原煤工效6.7 t/工。总进尺计划9735 m（其中开拓进尺1140 m），实际10125 m（其中开拓进尺2210 m），超额完成390 m。计划销量1.55 Mt，实际销量1.714 Mt，较计划增加0.164 Mt。2019年计划21353 kJ/kg，实际21709 kJ/kg，较计划增加356 kJ/kg。计划完全成本373.09元/t，实际359.13元/t，较计划减少13.96元/t。计划利润6800万元，实际利润7522万元，较计划增加了722万元。

三、安全高效矿井建设的主要做法

（一）生产组织方面

（1）发挥现有机械化设备掘进效率，结合现场实际情况，制定出一系列优化措施，由于改进了15区轨道下山储矸出碴系统，煤矿对正头截割时间进行了压缩，由原来的1 h截割一排，缩短至35 min截割一排，大大减少了截割时间，从而增加了锚杆打设时间，提高了整体综掘效率。

（2）优化施工工艺，布置平行作业。持续推广窄煤柱沿空掘巷及托顶煤锚网索施工工艺，实行煤巷沿空掘巷深孔预裂爆破工艺，由原来的每班爆破掘进，改为深孔爆破一次可掘进 5 m 循环，减少了每班 2 h 的爆破工序，同时也保证了掘进安全，可极大地增加掘进效率。推广煤巷沿顶掘支平行作业，优化施工工序，滞后锚底根锚杆，有效提高单进效率至 5.6 m/d。

（3）合理安排生产计划，沟通协调灾害治理工程。在生产计划安排中，做到按照接替计划及公司计划统筹安排，确保不低于最低完成目标，加强与科室、区队沟通，制定详细周密的防突打钻及防治水打钻工程量，做到按计划、按节点的施工，减少因灾害治理超计划时间影响生产的现象，另外可根据条件增加专业化队伍施工人员，解放开掘区队人员从而投入到其他平行作业中。

（二）安全生产基础工作

1. 安全工作成效

（1）实现安全“零”事故，矿井消灭重伤、二级非伤亡及以上等级事故。

（2）职业病危害事故为零，职业病发生率实现“零增长”。

（3）继续保持国家一级安全生产标准化水平。

2. 安全措施

（1）以“双重预防体系”建设为基础。坚持安全生产双重预防体系“五零”管理模式。持续强化重大安全风险管控措施落实及事故隐患排查治理工作，狠抓人的不安全行为管理，持续打击安全生产造假行为，保持责任落实高压态势。

（2）持续优化和加强安全“双基”建设考核，不断强化对责任制落实、“双重预防体系”运行、重大灾害治理、安全生产标准化、突出问题、典型事件等安全管理效果的考核。

（3）按照“以奖促培，以考促学”的思路，不断提高基层“班前会、安全活动会”召开质量，建立完善素质提升激励措施。掀起“知法规、学标准、明规程”的活动热潮，切实提升全员自主安全管理能力，打造知识型、技能型、创新型高素质职工队伍。建好用好企业微信安全培训自主学习平台，探索实行积分有奖管理制度，充分调动员工培训学习的积极性。

（4）大力实施安全生产标准化“13223”管理模式，逐步实现安全生产标准化精细化动态达标，分时段、分区域进行精品示范工程创建。

（5）做好职业卫生管理“八个达标一杜绝一维护”，即职业卫生培训达标、职业病申报达标、职业病告知达标、工伤保险签订达标、劳保用品发放达标、职业病危害警示标识设置达标、日常监测覆盖率达标、职业健康检查达标、杜绝职业危害事故、维护职工合法权益。

（6）建立健全安全诚信管理办法，通过积分制对安全失信单位及个人列入诚信黑名单，进行联合惩戒，并严格准出管理。

（7）对安检部门管理人员实行包区、安检员实行包头（面），工资绩效与现场安全管理水平挂钩，实现安全生产长效机制。

（8）强化安全环保责任追究。关口前移实行隐患追责，由查事向查人追责前移、由事故追责向隐患、风险追责前移，对完不成年度安全环保“双零”目标的单位，评先评优实行“一票否决”，对触犯河南能源瓦斯、水害和冲击地压防治“十条红线”的，干部一律免职，工人一律解除劳动合同，做到失职照单追责。

河南大有能源股份有限公司石壕煤矿

一、矿井概况

石壕煤矿位于河南省三门峡市陕州区东部，行政区划归陕州区观音堂镇管辖，属国有企业，隶属义煤公司，原设计生产能力为 0.60 Mt/a，于 1971 年 12 月开始筹建，1984 年 12 月投产，至 2004 年达产。《河南省煤炭工业管理办公室关于河南能源化工集团石壕煤矿生产能力核定结果的批复》（豫煤行〔2018〕75 号），批复 2018 年生产能力核定结果为 1.20 Mt/a。井田内二$_1$ 煤层厚 0 ~ 37.03 m，平均 5.05 m，煤层倾角 11° ~ 16°，最低可采厚度 0.7 m，全区可采面积在 90% 以上，可采性指数为 0.89，变异系数为 74.6%。矿井水文地质复杂程度为中等，煤种为焦煤，属不易自燃煤层，瓦斯等级鉴定属低瓦斯矿井。采用立井单水平上下山开拓方式，分区式通风方式，走向长壁采煤方法。

二、2019 年主要技术经济指标

2019 年煤矿原煤产量 1.198 Mt，实现利润 5058.68 万元。综采机械化程度 100%，综掘机械化程度达到 62%，掘进总进尺 5009 m。原煤生产期末人数 560 人，原煤工效 7.29 t/工。百万吨死亡率为零。

三、安全高效矿井建设的主要做法

（一）科学管理

（1）牢固树立“发展决不能以牺牲安全为代价”的红线意识，深刻吸取义马气化厂“7·19”事故教训，扎实开展“防风险、除隐患、保平安、迎大庆”专项行动和“四问四答”活动，深入开展安全“双基”建设、重大灾害治理和采掘标杆队伍建设，安全形势保持了平稳发展的良好态势。“三化三变”是我矿安全发展的整体工作思路。“三化”即安全管理程序化、行为操作规范化、质量达标动态化；“三变”即优良工程向精品工程转变、质量标准化向精细化转变、落后工艺向机械化转变。

（2）按照“把风险挺在隐患前面，把隐患挺在事故前面”的原则，进一步强化安全风险管控和隐患治理，实现矿井安全纵深防御、关口前移、源头治理的目标。一是建体系，成立了“双重预防”体系领导小组，制定下发了“双重预防”体系实施方案、管理制度和实施细则，去耿村矿参加了“双重预防”体系建设座谈交流会。二是重培训，矿分两期在矿培训中心对生产系统科室、区队班组长以上管理人员进行了集中培训，培训398人。区队自培3次累计达4500多人次。通过学习培训，全面提高干部职工安全风险管控意识和隐患排查治理的自觉性。三是强推进，制作了矿井风险分布四色图、比较图，制作岗位风险告知卡（便携式）1500张，制作38个岗位的风险告知牌162块，设立风险辨识点145个，建立矿井安全生产风险库5335条，辨识评估出矿井8项重大风险、专项辨识15次、21项较大风险，形成风险清单，完善了管控措施，实行“跟班队干、班组长双重预防安全确认流程表”制度，按照“1+8+8工作模式”对各类风险进行有效管控。

（二）科技管理

一是在支护强度满足安全生产的前提下，大力推广应用废旧U型钢代替锚杆、锚索托盘，废旧强力皮带代替钢带梁等技术，减少支护材料的投入。二是在综采工作面上下端头自行设计制作自移式液压组合抬棚支架，节省了Π型梁、单体柱等支护材料，操作方便，减轻了职工劳动强度。三是采用微细抑尘喷雾，雾化面积大，路面无积水，降尘效果好。四是自行设计制造工业场区电机车高架线和路口架空线自动升降装置，美化了场区，保证了安全。五是利用废旧钢材制作铁轨枕，杜绝使用水泥轨枕，既达到了重复使用的目的，又节约了材料费用。六是加大回收复用力度，将井下废旧管子、小件回收后，经过改造重新投入使用，达到节支降耗的目的。

洛阳义安矿业有限公司正村煤矿

一、矿井概况

正村煤矿位于新安县正村镇、仓头镇境内。矿井于2005年2月开工建设，2009年6月26日竣工投产，设计生产能力1.2 Mt/a，核定生产能力为1.2 Mt/a，矿井可采储量94.822 Mt，服务年限55.8 a，开采深度550～950 m。

矿井采用立井两水平分区式上下山开拓。主井、副井、风井均为立井，通风方式为中央并列式，采用走向（倾斜）长壁后退式综合机械化采煤法。矿井水文地质类型中等，$二_1$煤层为Ⅲ类不易自燃煤层，煤尘具有爆炸危险性，矿井属于煤与瓦斯突出矿井。

二、2019年主要技术经济指标

2019年煤矿原煤产量991880 t，计划0.9 Mt，超计划91880 t。掘进总进尺5747 m，计划进尺4983 m，超计划764 m。原煤工效14.9 t/工（折算后）。企业利润1506万元，计划1000万元，超计划506万元。采煤机械化程度100%，掘进机械化程度75%，综采程度100%，综掘程度69%。百万吨死亡率为零。年人均工资6.65万元。

三、安全高效矿井建设的主要做法

（一）安全生产

1. 安全生产标准化

矿井2018—2019年未发生死亡事故且消灭一级非伤亡事故。安全生产标准化建设规划等级为一级，且于2018年5月18日经矿井一级标准化矿井考核组评定为一级标准化矿井（得分90.62分），并于2018年8月17日应急〔2018〕65号上公布。

矿井月度安全标准化自查评分均在90分以上，经义煤公司月度双基及标准化考核均达到一级标准化矿井要求。

2. 双重预防体系建设

根据《中共中央国务院关于推进安全生产领域改革发展的意见》《河南省人民政府安全生产委员会办公室关于印发河南省煤矿安全生产风险隐患“双重预防体系”建设实施方案的通知》（豫安委办〔2019〕32 号）及两级公司关于推进安全生产风险隐患“双重预防体系”建设的要求，结合矿井实际，制定了《义安矿业安全生产风险隐患双重预防体系建设实施方案》等文件，并严格按照方案要求，扎实推进。

着力强化安全风险辨识环节管理，不断深化双重预防体系“落地”的核心要素，采用“自上而下和自下而上”相结合的方式开展风险辨识，特别是在岗位安全风险的辨识过程中，组织所有职工参与本岗位安全风险辨识的全过程，确保辨识内容符合实际。同时按照作业活动安全风险、设备设施安全风险、作业场所安全风险三大项逐一对生产过程中的安全风险进行辨识、评估。截至 2019 年年底，矿井存在安全风险 3526 条，其中重大风险 9 项 132 条，较大风险 462 条，一般风险 1003 条，低风险 1929 条，形成了《洛阳义安矿业安全风险清单》，同时，公司按规定开展了“8 + 8”安全风险辨识，每月开展专项安全风险辨识评估、现状安全风险评估。绘制了矿井安全风险四色分布图、作业活动比较图，在作业场所悬挂了安全风险管控清单牌板、安全风险警示标识等，向职工发放了岗位风险告知卡。

在隐患排查治理方面，采用“1 + 3 + 1”的事故隐患排查治理模式，即由总经理每月组织一次覆盖各专业的综合性隐患排查；分管副职每旬组织一次专业系统隐患排查；班组每班组织一次现场隐患排查和安全确认。建立了矿井、系统、区队、班组、岗位五级事故隐患排查治理体系，编制了系统、岗位事故隐患排查清单，实行每周一安全活动日制度，每月定期召开矿井综合事故隐患排查，每旬分系统召开系统事故隐患排查，每天安排安全管理人员、工程技术人员、安检员进行例行巡查，实现了事故隐患从排查发现到治理销号的全过程管理。

全矿开展“双重预防体系”专项培训，分别利用早调会、班前会、学习会等形式对职工、干部进行教育培训，努力做到人人知双控、人人懂管控，每天由安全副总经理负责在早调会上不定时对矿井管理人员进行现场提问及每周由管理人员在安全大检查时对岗位人员应知应会进行现场提问，每周对提问情况及学习情况进行通报并考核。

（二）原煤生产人员效率

义安矿业公司有组织机构 33 个，其中生产科室 7 个，管理科室 7 个，地面单位 4 个，区队 15 个，机构设置健全，精简高效。根据安全生产的需要及时调整定员，实现动态化管理，促使各单位主动优化劳动组织，优化人员配置，减少用工总量，继续加大清理整顿力度，依法依规解除长旷及低效人员的劳动合同，实现减人提效。及时为到龄人员办理退休手续。2019 年全年减员 280 人，原煤生产效率大大提高，原煤工效达到 14.9 t/工（折算后）。

（三）技术创新

2019 年通过制定《洛阳义安矿业有限公司科技工作综合管理办法》《洛阳义安矿业有限公司创新考核办法》等，不断激发技工作人员的积极性。2019 在科技创新方面累计投入 1268.2 万元，完成科技项目 24 项，其中技术攻关项目 2 项、技术革新项目 22 项，完成推广项目 5 项，获得国家实用新型专利 3 项，义安矿业的科技实力进一步得到了增强。

义煤集团新安县云顶煤业有限公司

一、矿井概况

云顶煤业有限公司位于新安县城西北约 15 km 的铁门镇云顶村境内，2005 年 10 月 18 日开工建设，2009 年 12 月投产，总投资 5.16 亿元，矿井“证照”齐全。井田面积 4.9435 km^2，地质储量 28.0395 Mt，可采储量 15.011 Mt，设计生产能力 0.45 Mt/a，核定生产能力 0.8 Mt/a，尚可服务 13.7 a。矿井开采煤层为石炭二叠系山西组二$_1$煤，煤层厚度 0.26 ~ 15.08 m，平均厚 4.32 m。2019 年年末剩余可采储量 14.2475 Mt。煤层结构简单，开采深度 －200 ~ ＋190 m。工作面煤层倾角 6° ~ 1°2′，煤层厚度 0.26 ~ 15.08 m，平均厚度 4.32 m。矿井正常涌水量 90 ~ 95 m^3/h。煤尘具有爆炸性，自燃倾向性为Ⅲ类（不易自燃）煤层。矿井瓦斯等级为煤与瓦斯突出矿井。2019 年度瓦斯等级鉴定：矿井绝对瓦斯涌出量 3.44 m^3/min，相对瓦斯涌出量 2.94 m^3/t。

矿井采用立、斜井混合式开拓，单水平上下山开采。采煤工作面采用走向长壁后退式采煤法，综采放顶煤回采工艺，全部垮落法管理顶板。

二、2019 年主要技术经济指标

2019 年公司计划原煤产量 0.6 Mt，实际完成 0.6615 Mt，其中回采产量 0.6222 Mt，掘进煤量 39300 t。计划掘进进尺 3020 m，实际完成 3030.9 m。开拓进尺计划 1530 m，实际完成 1557.4 m。原煤工效 5.14 t/工，计划成本 340 元，实际 327.39 元。计划利润 4800 万元，实际完成 7257.43 万元。2019 年人均工资 6.5 万元，较 2018 年下降 1.06%。

三、安全高效矿井建设的主要做法

（1）强化支撑保障，筑牢安全根基。一是强化安全投入管理。坚持“按需投入、科学合理”的原则，严格安全费用监管，既要杜绝因投入不到位造成隐患，也要避免因投入不当造成浪费。二是强化精准科技攻关。坚持问题导向，围绕瓦斯综合治理、水害防治、煤尘防治、巷道支护和硬岩快速钻进等技术难题，大力开展技术攻关。三是强化安全技术管理。强化异常信息分析处置，对发生的各类异常信息要动态收集、准确研判、系统分析，果断采取措施，科学有效处置，切实把安全建立在技术有可靠保障的基础上。

（2）完善管理机制、提升治理效能。一是加强安全制度体系建设。贯彻落实有关法律规定及两级公司的各项要求，持续建立完善安全管理各项制度，清晰定位分级管理，建立责任清单，强化监督问效和制度执行。二是加强“双重预防”体系建设。务实推进安全风险管控和事故隐患排查治理，重点抓好异常信息分析研判、安全风险辨识、管控措施制定和岗位落实工作，健全安全检查和安全隐患排查整改、统计分析及报告制度，持续开展重复反弹隐患整治和隐患“清零”活动。三是加强安全诚信体系建设。建立健全安全诚信管理制度，建立员工安全诚信档案，持续加大对安全生产领域弄虚作假行为的打击力度。

（3）按照“以奖促培，以考促学”的思路，不断提高基层“班前会、安全活动会”召开质量，建立完善素质提升激励措施。掀起“知法规、学标准、明规程”的活动热潮，切实提升全员自主安全管理能力，打造知识型、技能型、创新型高素质职工队伍。建好用好企业微信安全培训自主学习平台，探索实行积分有奖管理制度，充分调动员工培训学习的积极性。

（4）强化安全环保责任追究。关口前移实行隐患追责，由查事向查人追责前移、由事故追责向隐患、风险追责前移，对完不成年度安全环保“双零”目标的单位，评先评优实行“一票否决”，对触犯河南能源瓦斯、水害和冲击地压防治“十条红线”的，干部一律免职，工人一律解除劳动合同，做到失职照单追责。

义煤集团新安县郁山煤业有限公司

一、矿井概况

郁山煤业有限公司的前身是新安县郁山煤矿，1958年建井，1959年10月简易投产。矿井设计规模0.3 Mt/a，现核定生产能力0.5 Mt/a。2018年9月25日“河南省煤炭工业管理办公室”以（豫煤行〔2018〕251号）“关于义煤集团新安县郁山煤业有限公司生产能力核定结果的批复”同意郁山煤业生产能力由0.3 Mt/a提升到0.5 Mt/a。矿井近三年的实际产量：2017年生产原煤0.32 Mt，2018年生产原煤0.35 Mt，2019年生产原煤0.463 Mt。

截至2019年12月底，保有地质储量15.067 Mt，可采储量7.9585 Mt，服务年限16 a，煤种为主焦煤，属二级安全生产标准化矿井。

二、2019年主要技术经济指标

2019年公司生产原煤463000 t，完成全年计划的92.6%。商品煤销量0.463 Mt，完成全年计划的92.6%。销售收入6500.84万元，其中煤炭业务收入6426.29万元（市场价），其他业务收入74.55万元。原煤总成本33234.63万元，考核后原煤单位完全成本271.36元/t，较计划308.8元/t，下降37.44元/t。考核后利润-2975.74万元，在岗职工人均实发工资72100元。年末资产总额40475.08万元，负债总额59278.78万元。

三、安全高效矿井建设的主要做法

（一）技术创新

矿井依靠科技创新攻坚克难，探索与研究大断面巷道快速掘进技术及复杂条件下综合机械化采煤工艺，提高单产单进水平。积极推广应用新技术、新装备，保证提升运输系统安全可靠性。优化通风系统，加强通风管理，保证矿井通风安全。

科技创新成果方面，《“三软”不稳定大倾角煤巷围岩控制技术及应用》被列为2019年义煤公司科技项目计划重点项目，该项目通过在21021上、下巷实施，提高了巷道掘进速度和施工效率，缓解矿井生产接续紧张的局面，保证了巷道的围岩稳定，同时该项目的成功实施为“三软”大倾角不稳定煤层巷道支护提供示范效应，该项目2019年底通过义煤公司验收，并被推荐申报河南能源第七届科技进步奖。《煤矿井巷立体运输系统的探索应用》项目实施解决了煤矿带式输送机运输与轨道运输交叉处相互影响、冲突及带式输送机无法转弯的难题，为矿井采掘头面采用立体运输及空中转弯带式输送机提供了技术保障和实物参照，该项目2019年底通过义煤公司验收，被推荐申报河南能源第七届科技进步奖。

2020年公司按照科技是第一生产力的总要求，不断加大新装备、新工艺的投入，推广应用新技术。以“科技创新真解放”为指导思想，在科技工作的基础性、实用性、应用性上下功夫，努力在煤炭生产建设中多出成果、出好成果。

（二）安全管理

（1）完善管理机制、提升治理效能。一是加强安全制度体系建设。贯彻落实有关法律规定及两级公司的各项要求，持续建立完善安全管理各项制度，清晰定位分级管理，建立责任清单，强化监督问效和制度执行。二是加强“双重预防”体系建设。务实推进安全风险管控和事故隐患排查治理，重点抓好异常信息分析研判、安全风险辨识、管控措施制定和岗位落实工作，健全安全检查和安全隐患排查整改、统计分析及报告制度，持续开展重复反弹隐患整治和隐患“清零”活动。三是加强安全诚信体系建设。建立健全安全诚信管理制度，建立员工安全诚信档案，持续加大对安全生产领域弄虚作假行为的打击力度。

（2）严格考核追究，强化制度落实。一是强化安全环保责任追究。凡存在重大安全风险辨识管控不到位、重大隐患排查整改不认真、重大灾害治理措施落实不到位、强令违章冒险作业的要追责到人，同时倒查领导层、管理层、技术层、执行层的管理责任，做到事前事后“双追责”。对完不成年度安全环保“双零”目标的单位，评先评优实行“一票否决”。二是强化安全绩效考核。在坚持月考核、月兑现不变的基础上，持续深入、持续优化，强化对责任制落实、重大灾害治理、“双重预防”体系运行、突出问题、典型事件等安全管理效果的考核。三是建好用好安全环保激励机制。实施安全生产标准化动态考核机制，对采掘工作面持续保持动态达标的给予重奖，出现管理滑坡的给予重罚。

（3）坚持超前预防，强化灾害预防。一是加强顶板防治。坚持“区域先行、局部跟进、分区管理、分类防治”的治理原则，科学优化生产布局、合理规划采掘顺序，严格落实并执行顶板管理制度，确保顶板事故“零”目标实现。二是加强煤尘综合防治。坚决践行“超前预防”的原则，抓实“超前研判、稳步推进、加强通风和降尘”措施，对有煤尘爆炸风险、隐患做到早发现、早管控、早治理，将事故隐患消灭在萌芽状态。三是加强水害防治。严格落实“预测预报、有疑必探、先探后掘、先治后采”的防治水原则和“探、防、堵、疏、排、截、监”综合措施，推进防治水工程精细化管理，强化水害治理工程效果检验和评价。

焦作煤业(集团)新乡能源有限公司赵固二矿

一、矿井概况

赵固二矿位于焦作煤田的东部，行政区划隶属新乡市辉县市。西南距焦作市 55 km，东南距新乡市 37 km，东北距辉县市 10 km，与新乡市、焦作市、辉县市、获嘉县均有柏油公路相通，经薄壁至山西省有公路相连。建有矿区铁路专用线。矿井地质储量 339 Mt，可采储量 140 Mt。矿井设计能力 1.8 Mt/a，服务年限 55.5 a。矿井 2011 年建成投产，开拓方式为立井单水平盘区开拓。地质构造复杂、埋深大、水压高、底板隔水层薄、顶板基岩薄是矿井的显著特点，煤层开采时需要采取措施进行治理。

二、2019 年主要技术经济指标

2019 年矿井原煤产量 1776600 t，综合单产水平 11.86 t/月，原煤工效 13.99 t/工。在确保各项安全投入的前提下 2019 年实现利润 18754.78 万元。矿井采掘机械化程度 100%，水平接替正常，采掘关系、回采方法、采区采出率符合规定。从业人员职业健康检查率、危害因素检测达标率、水利用率、煤矸石综合利用率、塌陷土地治理率均为 100%。2019 年未发生一起死亡事故及二级以上非伤亡事故，百万吨死亡率为零，为国家安全生产一级标准化矿井。

三、安全高效矿井建设的主要做法

（一）采掘接替及系统优化

按照“三优三减三提升”工作思路，不断优化生产布局、优化生产系统，坚持安全、高效、集约生产的原则，积极推进“大采长、长走向、大采高、大储量”工作面建设，打造“一井两面”“一主一副”生产模式，减少采煤工作面个数、控制掘进工作面个数，提高生产效率及生产水平。

（1）合理安排工作面主、配采。根据 12032 和 14011 工作面里段回采实际情况，合理调整两个采煤工作面的主采和配采，以14011工作面里段为主采，尽力延缓12032工作面回采时间，保证了14030工作面能够正常接替12032工作面。

（2）优化底分层掘进工作面超前支护技术。针对底分层工作面顶板锈结差、淋水大及巷道顶板不易控制的难题，在11012工作面巷道底分层掘进工作面采用水煤钻杆对顶板超前支护，有效控制了顶板冒落，极大降低了支护成本。

（3）优化劳动组织。在煤巷掘进区队逐步推行“二九一六”工作制，减少工作准备环节，煤巷单进水平明显提升，为工作面正常接替打下了基础。

（二）科学制定技术路线，强化重大灾害治理效果

（1）加大瓦斯治理力度，提升瓦斯综合治理能力。一是全面落实区域瓦斯治理中长期规划，持续推广应用“以孔代巷”项目成果，成功对14030工作面回风巷1634 m巷道进行了区域瓦斯治理、抽采达标评判，并实现了安全高效掘进。二是矿井在西带式输送机大巷、西轨道底抽巷穿层钻孔施工区域，积极应用超高压水力割缝增透技术，极大地提高了煤层透气性，瓦斯抽采纯量提高2倍以上。

（2）加大水害防治，实施井上下联合治理模式。一是针对14030工作面薄基岩开采，采取钻探、物探及注浆改造等措施，治理顶板水害。二是加大水害防治资金投入，新增的四盘区14050工作面、14060工作面、-910 m水仓及五盘区大巷地面区域水害治理工程，制定了地面专项防治水管理制度，并安排专人进行现场跟班管理。

（三）积极推广新装备、新材料、新工艺

结合矿井实际，采用液压支架调向平台、折叠式安装叉车、卸车机构、中部槽液压起吊车等快速回撤安装设备，利用柴油机单轨吊机车辅助运输方式，形成一次到位的安装回撤标准化流程，高效的同时确保了安全。12032底分层工作面11 d完成安装、14011工作面里段15 d完成回撤，创下公司安装回撤速度新纪录。

（四）大力推进智慧化矿山建设，提升安全保障能力

赵固二矿依靠科技进步，大力推进矿井“机械化、自动化、信息化、智能化”建设。一是14030工作面已建成河南省首个大埋深高矿压复杂地质条件下的大采高智能化综采工作面，实现了生产期间作业区域由原来28人减至9人，达到了“智能化减人”的效果，同时降低了职工劳动强度、改善了作业环境。二是河南省首个掘进机远程可视化控制系统在11012工作面

回风巷调试完成并投入使用。实现远程可视化掘进、自动定位截割，作业人员远离危险作业区域，在遇到水、火、瓦斯等重大灾害事故时，可最大限度减少人员伤亡，减少作业人员接触煤尘时间，降低职业病发病率。

通过智能化矿山建设，整个矿井实现井下各类岗位减员 172 人，提高设备自身安全可靠程度，提升矿井安全保障能力，有力推动矿井安全高效发展。

（五）管理创新多思路，构筑安全新保障

（1）健全创新机制。制定印发《赵固二矿创新创效激励办法（试行）》，细化创新创效考核办法，加大创新奖励力度，构建“以理念创新为立足点、思维创新为突破点、成果出炉为落脚点、成果转化为效益增长点”的创新管理模式，使广大职工的创新意识和能力不断增强，全面激发创新活力。

（2）创新创效成果丰富。全年累计投入科研资金 5718 万元，承担科研项目 14 项；征集创新创效项目 86 项，被上级部门收购 49 项；申报国家专利 9 项，其中国家发明专利 1 项、实用新型专利 8 项；发表学术论文 17 篇，其中核心期刊 4 篇、CN 类期刊 13 篇。

河南焦煤能源有限公司九里山矿

一、矿井概况

九里山矿位于河南省焦作矿区东部，井田面积 18.50 km^2。矿井于 1970 年建井，1983 年投产，设计能力 9×10^5 t/a，核定生产能力 1 Mt/a，剩余可采储量 62.346 Mt，剩余服务年限 44.5 a。矿井为煤与瓦斯突出矿井，主采二叠系山西组二$_1$ 煤层，煤层赋存较稳定，结构简单，倾角 10°～18°，厚度 0～12.93 m，平均厚度 5.36 m；矿井最大原始瓦斯含量 31 m^3/t，最大瓦斯压力 2.08 MPa，绝对瓦斯涌出量 57.6 m^3/min（抽采量 37.23 m^3/min），相对瓦斯涌出量为 11.73 m^3/t；煤层为Ⅲ类不易自燃煤层，煤尘无爆炸危险性；矿井水文地质类型为极复杂，预测正常涌水量为 3154 m^3/h，最大涌水量为 4415.6 m^3/h。

矿井采用立井双水平上下山联合开拓，一水平标高 -225 m，现有 14、15、16 三个生产采区；二水平标高 -450 m，正处于开拓延伸阶段。采煤方法为走向长壁采煤法，采煤工艺为综采或综放。

二、2019 年主要技术经济指标

2019 年矿井共计生产原煤 861800 t，其中回采产量 772000 t，综采工作面平均日产 2742 t，最高日产 3250 t，原煤工效 6.30 t/工。采煤机械化程度 100%。掘进总进尺 5642 m，其中综掘进尺 3310 m，综掘机械化程度 58.7%。全年利润 1059.8 万元，职工年人均收入 8.7 万元。全年未发生死亡事故及二级以上非伤亡事故，百万吨死亡率为零，为国家安全生产一级标准化矿井。

三、安全高效矿井建设的主要做法

（一）突出重点，科学防治，强力提升矿井灾害治理能力

1. 全方位提升瓦斯治理新成效

矿井采用“底板穿层钻孔全掩护 + 高压水力冲孔”预抽煤层瓦斯的区域瓦斯治理技术路线，建立了完善的防突体系并制定了相关技术规范，严格

落实两个“四位一体”综合防突措施，坚持“区域措施先行”的原则，真正做到“不掘突出头、不采突出面”。

加强防突管理体系建设。矿井成立专门的瓦斯防治管理机构及瓦斯防治队伍，建立完善了“一通三防”责任体系与技术管理体系，研究制定了矿井《安全生产异常信息报告和灾害异常信息分析评价处置制度》《顶层采掘工作面瓦斯动态异常分析制度》等制度，坚决杜绝瓦斯事故。

持续推广瓦斯抽采“三化一工程”建设。2020 年 4 月 21 日至 23 日，河南煤监局在该矿召开了瓦斯抽采“三化一工程”现场会。通过实施“抽采标准化、打钻视频化、计量精准化”，将“一个钻孔作为一项工程”进行管理，取得了“五提高、一降低、一缩短、一杜绝”的成效。“五提高”：一是冲煤量大幅度提高，单孔平均冲煤量为 6. 13 t，每米煤段冲煤量为 0. 68 t，较之前分别提高了 142% 和 172%；二是初始抽采浓度明显提高，单孔平均初始抽采浓度为 81. 6%，较之前提高了 52. 5%；三是百米煤孔日抽采量大幅度提高，百米煤孔日抽采量平均约为 118. 7 m^3，较之前提高了 23%；四是抽采瓦斯发电量明显提高，南风井瓦斯发电站日发电量达到 5. 16 kW · h，较之前提高了 57. 3%；五是顶层煤巷掘进工作面单进大幅度提高，16131 运输巷单进达到 120 m/月，较之前提高了 71. 4%。“一降低”即钻孔工程量明显降低。实施“三化一工程”后瓦斯治理工程量同比降低约 27%。“一缩短”即治理周期明显缩短。通过考察发现，实施“三化一工程”后可缩短 2 个月的瓦斯治理周期。“一杜绝”即杜绝了掘进工作面煤与瓦斯突出事故及瓦斯超限事故。15 煤柱集中回风巷自开口掘进以来未出现瓦斯动力现象及瓦斯超限事故。

积极推广新技术、新工艺、新设备的应用。一是积极与焦煤科研所合作，共同研究、改进防喷装置，根据现场使用效果，新的防喷装置具有固定牢、密封严、腔体大、组装快、质量轻、成本低、效果佳的优点。二是推广“两堵一注”囊袋式带压封孔工艺，钻孔抽出率可提高 20% ~40%，缩短瓦斯治理周期 1 ~2 个月。三是开发瓦斯抽采智能监测系统，通过安装分单元自动计量装置，建立基于煤层原始瓦斯含量、抽采单元内瓦斯储量、分单元抽采累计量和抽采趋势等参数的抽采达标预测模型，实现对工作面及分单元区域的瓦斯抽采效果的智能监测和评价。四是推广应用定向钻机，矿井已购进 2 台 ZYWL -4500D 型定向钻机，用于区域防突措施效果检验钻孔以及工作面高位抽采钻孔的施工，单孔施工最大深度达到了 300 m，实现了效果检验钻孔的定点取样以及工作面高位抽采“以孔代巷”。

2. 多举措实现水害治理目标

矿井坚持“预测预报→两探验证→执行措施→效果评价→合格开采”的水害治理技术路线，从“防”上下功夫，在“治”上大投入，采取“探、防、堵、疏、排、截、监”等综合防治措施，不断提高矿井水害治理水平，实现“零突水、零淹面、零影响”的水害治理目标。

严格落实“三专两探一撤”措施。矿井成立专业探放水队伍钻探队，配备专业技术人员及专用探放水钻机，坚持“物探先行，钻探验证”的工作模式，印发《九里山矿重大水患停产撤人制度》，在受水害威胁采掘工作面实行超前探放水，有效避免了采掘工作面生产活动中水害事故的发生。

完善水文动态监测系统。矿井于 2020 年 1 月完成了井下水文监测系统的升级改造，建立了微震监测系统，增强了水文地质条件动态监测能力，确保及时收集、分析水文异常信息，预防水害事故的发生。

规范防治水钻孔施工。编制了《防治水钻孔操作指南》，规范了钻孔从开孔到注浆、封孔等关键环节的操作标准，并推行钻探班组“包机制”管理法，实行钻孔质量“终身制”，确保防治水工程质量。

强化防治水工程管控。采用防治水工程现场不定期抽查、专项检查、每天汇报等形式，对水害治理工程注浆固管、透孔试压、封孔等关键环节进行质量管控。通过扎实有效的水害治理，矿井自 2007 年以来已连续 13 年未发生过水害事故，实现了“零突水、零淹面、零影响”的水害治理目标。

（二）高度重视，深入推进，扎实开展安全生产专项整治三年行动

高度重视，广泛宣贯。矿井认真贯彻落实习近平总书记关于安全生产重要论述及 8 月 28 日黄玉治副部长在全国煤矿安全生产专项整治三年行动进展情况汇报视频会议上的讲话精神，充分利用展板、标语、横幅、电子屏、全员安全培训等形式，广泛宣传专项整治行动的重大意义，切实将安全生产专项整治三年行动贯穿至矿井各个层面。

编制方案，规划目标。成立了以工程技术人员为主力的专项整治行动小组，结合矿井实际，精心编制了《九里山矿安全生产专项整治行动实施方案》，对标对表明确责任，细化分工，确定了 34 项专项整治责任分解清单。

河南焦煤能源有限公司古汉山矿

一、矿井概况

古汉山井田位于焦作矿区东部，行政区划隶属河南省焦作市修武县和新乡市辉县市管辖。井田走向长约 12 km，倾向宽 1.6 ~ 2.8 km，面积 25.635 km^2，主采山西组二$_1$ 煤，为低灰、低硫的优质无烟煤，煤层赋存稳定；矿井于 1991 年 12 月 26 日开工建设，2003 年 11 月 1 日通过验收正式投产。设计生产能力 1.20 Mt/a，核定生产能力 1.40 Mt/a，矿井剩余可采储量 78.1874 Mt，剩余服务年限 39.9 a。

矿井为煤与瓦斯突出矿井，煤层瓦斯含量 3.21 ~ 29.74 m^3/t，绝对瓦斯涌出量 63.65 m^3/min，相对瓦斯涌出量 21.56 m^3/t。主要充水含水层有二叠系砂岩裂隙含水层、太原群 L_8 灰岩岩溶裂隙含水层和 L_2、O_2 灰岩岩溶裂隙含水层，水文地质类型为极复杂型。煤层不易自燃，煤尘不具有爆炸性。

二、2019 年矿井主要技术经济指标

2019 年矿井生产原煤 1.229 Mt。单月最高产量 128000 Mt，综合单产水平 106700 t/(个·月)。原煤工效 7.09 t/工。在确保各项安全投入的前提下实现利润 502.1 万元，吨煤成本 516 元/t。采、掘机械化程度均为 100%。矿井水平接替正常，采掘关系、回采方法、采区采出率符合规定。从业人员职业健康检查率、危害因素检测达标率、水利用率、煤矸石综合利用率、塌陷土地治理率均为 100%。全年未发生一起死亡事故及二级以上非伤亡事故，百万吨死亡率为零，为国家安全生产一级标准化矿井。

三、安全高效矿井建设的主要做法

（一）瓦斯治理日益科学化

优化治理模式，全面实现工作面穿层钻孔消突模式，取消顺层钻孔。科学布置底抽巷，形成上、中、下三条底抽巷交叉抽采，穿层钻孔抽采实现全覆盖，推广通管直连新工艺，平均单孔抽采浓度由 60% ~80% 提高到 80% ~90%。改进研制新型防喷装置，采用“两级全封闭式”防喷装置 +

抽排风机有效解决了打钻瓦斯超限问题。自制小型煤水分离、自动计量装置实现了单孔冲煤计量。

（二）水害治理走向综合化

积极采取地面区域水害治理、井下局部治理、巷道掘进超前治理的综合治理新模式。

（三）重点项目取得重大突破

科学组织、超前谋划、综合治理，矿井实现并掌握了煤与瓦斯突出矿井综采放顶煤工艺，先后创新解决了上隅角瓦斯超限、上下风道切顶、煤层注水等多个难题。创新改革超前支护工艺，独立自主研制了自移式恒压超前液压支架，大胆创新实践注浆锚索施工技术，超前支护实现了机械化、锚索化。1604 综采放顶煤工作面最高单产突破 120000 t，“一井一面”安全高效生产模式已初步形成。

（四）重点工程考核机制新导向

围绕采掘接替目标，采取正向激励和组织问责机制，实施重点接替工程计划管理。1604 中间底抽巷三个月施工 2364 个穿层钻孔，为 1604 工作面 4 月份顺利安全回采创造了条件。15032、16032 工作面克服了顶板压力大、支护难度大、顶板淋水大的困难和制约，按照时间节点顺利贯通。浅部老空区水害治理项目顺利通过河南省相关部门的验收，消除了水患威胁，为矿井稳产高效创造了条件。

（五）积极推广新工艺、新技术、新设备

1604 综放工作面运输巷开展放顶煤沿空留巷工艺，减少巷道掘进量 920 m。在所有开拓准备巷道、底层回采巷道、工作面车场采用“锚网索 + 全断面注浆”加固工艺，提高了支护强度，实现了巷道“零返修”。在 1604 中间底抽巷、1606 中间底抽巷、东翼皮带大巷和底分层煤巷推广使用综掘工艺。1604 中间底板抽采巷连续三个月单进超过 260 m，创造了单月掘进 269 m 的河南省岩巷单进记录，16032 回风巷创造了单月掘进 218 m 的底分层煤巷单进记录。全年开拓人均工效提升了 48%，掘进人均工效提升了 31%。

（六）智能化建设实现减人提效

利用“互联网 + ”技术，结合矿井综合自动化平台、工艺环网和视频监控，实现了主井提升系统“无人值守”。引用综合自动化集中控制系统，实现生产系统集中控制、远程监控和无人值守管理，增强了系统的安全可靠性，减少岗位人员 57 人。

河南宝雨山煤业有限公司宝雨山煤矿

一、矿井概况

宝雨山煤矿位于登封煤田西端，地处登封、汝州及伊川三县市交界处。由武汉煤矿设计院设计，1998 年 9 月开工建设，2001 年 8 月投产，设计生产能力 0.6 Mt/a，2014 年 6 月通过产能升级技术改造，矿井生产能力核定为 0.9 Mt/a。井田走向长 10.5 km，倾斜宽 1.25 ~ 2.38 km，井田面积 20.86 km^2；可采煤层有两层，分别为五$_3$ 和二$_1$ 煤层，其中二$_1$ 煤层为主采煤层，煤层平均厚度 4.02 m，矿井保有资源储量 12.7369 Mt，剩余可采储量 45.235 Mt，预计服务年限 35.8 a。

矿井为煤与瓦斯突出矿井，水文地质类型为极复杂型，主采的二$_1$ 煤层煤尘具有爆炸危险性、煤层不易自燃。

二、2019 年矿井主要技术经济指标

2019 年矿井生产原煤 708900 t，完成计划的 101.3%；巷道掘进进尺 3356 m，完成计划的 101.7%；原煤工效 5.05 t/工，吨煤成本 337.3 元/t，营业利润实现 896 万元，人均年工资 8.6 万元。矿井消灭了人身事故和二级以上非伤亡事故，百万吨死亡率为零，实现了安全生产，为国家二级安全生产标准化矿井。

三、安全高效矿井建设经验总结

（一）安全生产、信访稳定和环境保护

（1）开展不间断的安全自查自纠活动。利用每月安全大检查、每周现场办公会和领导下井跟带班等形式，由矿领导带队，分专业对井上下所有工作地点的作业环境、设施设备及人员现场操作等情况进行全面、深入、细致检查，对检查出的问题闭环管理，专业系统跟踪落实。

（2）强化现场安全监管。矿井成立由安全矿长、机电副总、安监科科长带队的安全督查小分队，薄弱时段深入井下监督检查制度、措施在现场的落实情况，规范了干部管理行为和员工操作行为，对查出的“三违”或较

大隐患，除对责任人进行处理外，同时严肃追究相关管理人员责任，持续保持安全高压态势。

（3）落实矿井安全生产主体责任。下发了《宝雨山煤矿关于开展安全生产主体责任落实年活动的通知》《宝雨山煤矿关于进一步加强矿井安全包保工作的通知》等文件，矿领导、各业务科室管理人员每月至少 2 次对包保区队进行督导督查（包括现场检查、参加班前会和专题培训），无故不参加或参加次数不够的，对包保人员进行处罚。

（4）突出重点，强化薄弱环节管控。副总师以上矿领导及安全生产科室管理人员每周薄弱时段下井不少于 1 次，重点对顶板管理、提升运输及爆破管理等事故易发的薄弱环节进行重点管控。

（5）狠抓安全生产标准化，夯实安全生产基础。一是提升理念，做到井上下的生产作业场所整洁卫生，无积水、无杂物、无浮矸、无淤泥，设备、物料实现定置管理，摆放整齐有序。二是坚持常态化考核，每周至少组织一次标准化检查，“上尺、上线、上仪器”对现场质量标准化进行验收，严格奖罚兑现。三是矿领导及专业科室日常检查中发现工程质量差的，对班长和跟班队长可直接给予停工、经济处罚等相应处理。

（二）生产组织和技术管理

（1）高标准推进“三优三减三提升”，简化生产系统，落实“机械化换人、自动化减人”要求，在 12141 工作面实现综合机械化开采生产模式。

（2）在 1701 工作面掘进期间采用综掘工艺，加快掘进速度，为矿井正常接替争取时间。

（3）矿井回采巷道采用 U 型钢棚支护，巷道支护成本较高，施工人员劳动强度大。2020 年在 1702 工作面回风巷、运输巷采用锚网索支护，减少成本投入，确保利益最大化。

（4）11 东翼带式输送机运输巷服务年限较长，计划对带式输送机运输巷进行喷浆封闭 + 壁后注浆加强支护，延长巷道使用年限，减少巷道返修。

（三）结构调整

（1）煤质管理。一是牢固树立以市场为导向、以质量求生存的煤质意识，认真修订完善《煤质管理办法》和《煤场管理办法》并制定了保煤质措施，使煤质工作进一步制度化、规范化。二是严格煤炭质量标准化的考核，深入井上及井下各作业地点、系统和煤场，了解煤质情况，严格考核，及时兑现奖罚。三是利用各种平台宣传煤质重要性，增强员工煤质意识。四是针对 1701 及 11 上山煤柱工作面运输巷、回风巷对留有底煤段（底煤 1 ~

3 m，回采不沿底）采用超前褙杆落巷措施（两帮柱窝开挖，使支架下沉）确保工作面沿底推进，提高资源采出率，在十分困难的情况下力争保证发热量的提高，确保质量和安全的稳步提升。

（2）资金管理。严格资金管理，确保正常生产经营。进入 2019 年，为进一步加强对资金的监督管理，规范资金收支行为，提高资金使用效率，避免资金使用的违规违纪现象，确保资金安全，每月严格按焦煤批复的内、外部预算执行，足额使用承兑比例。

（四）自主创新

（1）优化原煤运输系统，实现局部运输线集中控制。矿井地面选煤系统共 11 部设备，包含：8 部带式输送机、1 部给煤机、1 部螺旋筛、1 部振动筛。各设备的运行参数（电压、电流、物料重量、各类保护、轴承温度、振动量、噪音等）通过总线传输至集中控制 PLC，由程序智能判断设备运行工况，通过各转载点高清数字摄像仪实时在上位机 WinCC 组态软件显示各设备的运行画面。地面选煤运输线集中自动化控制技术改造后，原地面选煤系统每天减少 12 个岗位，每年能节约人工费用 52 万余元。

（2）主煤流系统抑尘设施优化，改善作业环境。一是对 11 采区上山煤柱进风巷带式输送机机头与运输联巷刮板输送机机尾转载点封闭抑尘，改善了工作面进风流质量。二是对 11 采区煤仓下口给煤机与转载带式输送机落煤点进行封闭抑尘，效果良好，有效地改善了东大巷风流质量。三是对地面煤楼煤仓封闭，有效地改善了地面扬尘。

（3）主井底水煤运输系统改造，减员增效。原主井底水煤经 1 t 矿车装运，通过副井提升系统运送至平地，增大了地面环保压力；改造前该岗位采用人力推车方式，一班需要两人且工作环境不安全。现主井底接水煤处采用刮板输送机配合底卸式矿车运输沉淀之后，经 2 t 矿车运送至卸载站机头溜煤眼，进入主煤流系统运输，每班减少 1 人。

（4）主排水系统改造，避峰填谷。矿井正常涌水量 280 m^3/h，每天需要开启中央泵房 900 kW 水泵 18.5 h，无法避开尖峰、高峰时段电价，每天需电费 8189 元。矿井通过改造井下大巷水沟，将水流引至新泵房水仓，利用新泵房水仓缓冲容量避开了尖峰、高峰时段开泵，每天可节约电费 3928 余元，每年节约电费 143.4 万余元。

（5）优化矿井注浆系统。由于采掘接替计划调整，矿井近五年采掘活动均在 −150 m 标高以上，底板注浆加固等防治水工程量减少，矿井暂缓了地面注浆泵站的恢复，建立了井下注浆泵站。井下注浆泵站的建立，在满足矿井近期断层注浆加固、超前预注浆等防治水工程需要的前提下，减少了地面注浆系统运行及维护费用。

（6）优化排水系统。矿井$二_1$煤层赋存不稳定，煤层底板起伏大，沿走向布置工作面低洼处易积水，如 11 东翼皮带巷等存在多处临时水仓，排水路线长、日常维护量大，从东翼运输巷向皮带巷钻场施工钻孔至东翼皮带巷水仓，进行自流泄水；组织从 12141 底抽巷向 12141 工作面运输巷施工泄水孔排水，并施工透孔穿电缆、高压管等，减少管线铺设路线；从东翼回风巷向 1701 工作面采空区低洼处施工探放水钻孔，提前疏放采空区积水，减轻排水压力。

鹤壁煤电股份有限公司第三煤矿

一、矿井概况

鹤壁煤电股份有限公司第三煤矿位于鹤壁市山城区以北 4.4 km、鹤壁煤田中部，井田南北走向长 5.5 km，东西倾向宽 3.1 km，面积约 17.1 km^2。煤矿始建于 1956 年，1958 年投产，原设计生产能力 0.6 Mt/a，经技术改造，现核定生产能力 1.35 Mt/a。所采$二_1$煤层厚 5.95～9.23 m，平均 8.26 m，属稳定特厚煤层。

矿井属煤与瓦斯突出矿井，开采煤层为不易自燃煤层，自然发火期为 91～226 d。煤尘具有爆炸性，爆炸指数为 16.13%。

二、2019 年主要技术经济指标

2019 年原煤产量完成 1251363 Mt；掘进总进尺 7418 m，其中综掘进尺 4507 m，占总进尺的 60.76%；百万吨死亡率为零，杜绝了各类重大安全事故，消灭了重伤及二级以上非伤亡事故；采煤机械化程度 100%，综掘程度 60.76%，掘进装载机械化程度 100%；期末原煤生产人员 820 人；采煤工作面个数 0.95 个；矿井单产 107077 t/(个·月)；原煤工效 6.5 t/工，按 0.6 的系数折算后原煤工效 10.8 t/工。

三、安全高效矿井建设的主要做法

（一）升级采掘设备，提高机械化水平和单产单进

一是采煤方面，综放工作面全部使用 ZF6800/19/32 型支架和 ZFT25000/19/35 型端头支架，工作面运输巷配套使用 SZZ－764/200 型转载机和可缩带式输送机机尾，采煤工作面月单产水平最高达到 115000 t。二是煤巷掘进配套使用了 ZWY－120/55 型挖装机装煤、DQDC20 型单轨吊运输材料，极大提高了辅助运输效率，煤巷平均单进水平达到 120 m/月。三是岩巷在底板抽采巷配套应用了 EBZ318 综掘机械化作业线，平均进尺在 120 m/月以上，主要运输大巷掘进配套应用了 CMZY2－180－35 钻装机组机械化作业线，并配套使用 PYC6Z 远距离喷浆机和 LG600－100K 拌料机，切

实减轻了职工劳动强度，有效提高了单进水平。

（二）发展多种经营，实现减人提效

大力发展多种经营，妥善安置富余人员，为安全高效矿井建设解除了后顾之忧。先后分流了支护车间、幼儿园、水电公司、综采车间、机修车间等，进一步减少了原煤生产人员，提高了劳动效率，减轻了主业负担。

（三）强力推进质量标准化，夯实安全生产基础

质量标准化是企业的生命工程、效益工程、基础工程和形象工程，是改善安全生产条件、建立安全生产长效机制的根本途径，也是体现企业的安全、管理、经营水平的重要标志。矿井吨煤提取 5 元作为安全质量标准化专项资金，用于质量标准化单项工程，更新国家禁止使用、淘汰的设备，确保专款专用。坚持利用经济杠杆调动各单位的积极性，有力推动了全矿标准化工作向纵深开展。

（四）积极开发应用新技术新工艺，提高矿井技术水平

一是采煤方面，为解决工作面回风巷紧邻采空区、巷道变形大的问题，在工作面回风巷使用“U 型棚 + 锚索梁”联合支护技术，变被动支护为主动支护，增加了支护强度，提高了支护效果，有效控制了巷道变形量，为安全生产打下了良好基础。二是煤巷方面，全面推广使用全煤锚网支护技术，狠抓工程质量管理，制作锚网支护施工标准卡片，让职工随身携带，随时学习，清晰掌握锚网支护施工标准，同时还配备了扭矩倍增器，使锚杆扭矩一致，实现扭矩在巷道中力的平衡，提高了支护效果。三是岩巷方面，全面实行初喷浆后锚网再喷浆遮盖网的薄喷工艺，巷道揭露岩层多为稳定性较差岩层，巷道开挖后，围岩稳定时间较短，经过暴露风化，岩石会出现碎块掉落现象，割岩后，先进行初喷浆，围岩得到及时封闭，稳定性得到加强，顶板类轻微伤害事故降至零，施工现场安全性得到大幅提高。

（五）科技创新情况

坚持以创新求发展，认真落实各项科技管理制度，紧紧围绕“两创新、两带动”的工作方针，全面开展“技术创新”与“管理创新”工作，运用科学的市场化运行机制，充分调动广大科技工作者的创新积极性，促进了三矿的可持续发展。

2019 年申报实用新型专利 6 项，其中《一种井下耙岩机可调节探照灯》取得专利证书，《一种井下平巷人车可缓冲装置》《一种支架拔轴器》《一种风动底板平整器》《一种新型自压式胶带输送机用清扫装置》《一种用井下斜巷的模块化台阶》获得专利授权。全年共受理申报创新项目 125 项，完

成收购科技项目 109 项。其中四新推广 12 项、技术革新成果 11 项、优秀设计 6 项、管理创新成果 22 项、“五小”成果 38 项、论文 16 篇、专利 4 项，收购金额 222000 元。

三矿依靠科技进步，在安全高效矿井建设方面取得了一定成绩，但与兄弟单位相比还有不少差距。一是安全生产基础还需要进一步夯实，主要生产系统改造和质量标准化工作需要继续巩固和加强。二是深部开采高地压对巷道掘进和顶板维护影响很大，支护技术手段仍需进一步改进。三是科技研发激励机制还需进一步完善，技术人员待遇还需进一步提高。

鹤壁煤电股份有限公司第六煤矿

一、矿井概况

鹤壁煤电股份有限公司第六煤矿位于鹤壁市山城区，井田南北走向长9.5 km，东西倾向宽2.5 km，面积约18 km^2。煤矿始建于1958年，1964年投产，原设计生产能力0.6 Mt。1995年改扩建后设计生产能力1.20 Mt/a，2006年矿井核定生产能力1.30 Mt/a。井田内主要可采煤层为山西组$二_1$煤层，煤层平均厚度9.26 m，平均倾角27°。2019年年末，矿井剩余可采储量62.1083 Mt。

矿井属煤与瓦斯突出矿井，开采煤层为不易自燃煤层，煤层具有自燃倾向性，自然发火期为92～157 d。煤尘具有爆炸性，爆炸指数为22.28%～28.66%。

二、2019年主要技术经济指标

2019年百万吨死亡率为零。杜绝了各类重大安全事故，消灭了重伤及二级以上非伤亡事故。2019年实现利润14158万元，职工人均收入8.08万元，吨煤制造成本完成270.13元。采煤机械化程度100%，掘进装载机械化程度100%，综掘机械化程度78.68%。原煤产量完成1203700 t，原煤工效为6.03 t/工，按煤与瓦斯突出矿井（系数0.6）折算后原煤生产工效为10.05 t/工。矿井综合单产为97525 t/(个·月)，按煤与瓦斯突出矿井（系数0.6）折算后为162542 t/(个·月)。矿井掘进总进尺7016 m，其中岩巷3610 m、煤巷3406 m，综掘总进尺5520 m。

三、安全高效矿井建设的主要做法

（一）加强领导，营造氛围，强力推进安全高效矿井建设

一是根据矿井实际，成立了以矿长、书记为组长的创建工作领导机构，并分专业下设创建小组，明确时间、内容、单位、责任人，形成了党委主导、行政主体、部门联动、各专业技术人员共同参与的创建局面。二是营造舆论氛围，加强宣传攻势，充分利用广播、电视、显示屏、标语、简报和橱

窗等工具及各种会议，广泛宣传，促使全矿广大干部职工全身心投入到安全高效矿井创建活动中。

（二）强化瓦斯治理“三化一工程”，提升防灾、抗灾能力

一是瓦斯抽采标准化方面，结合矿井实际情况，制定了瓦斯抽采各项工序标准。二是计量精准化方面，实现了所有抽采地区分单元单独计量，并通过在线监测数据和人工实测进行对比，及时调校在线监测装置，确保瓦斯抽采计量精准。三是打钻视频化方面，实现了对所有钻孔施工全程监控。

（三）科学优化生产布局，奠定矿井安全高效基础

一是按照“能合则合”的原则，将原2144工作面与2142工作面进行优化设计合并，工作面斜长增加到200 m，增加了工作面服务年限，减少了工作面搬家倒面次数，创下了鹤煤公司本部矿井首个大斜长工作面。二是根据开采条件、机械设备能力和管理水平，将211采区向下三水平延深和209采区向下三水平延深优化为31采区，减少了采区巷道工程量，增加了采区服务年限。三是优化后，通过提高瓦斯治理效果、采用大型综采设备、布置大型工作面，矿井实现了“一井一面”生产模式。

（四）大力推进支护工艺改革，破解支护难题，提高支护效果

一是强力推行岩巷锚网施工新工艺，提高了巷道施工效率和质量，实现了新掘巷道不返修。二是积极推广全煤锚网支护技术，支护质量和强度得到明显提高，减少了采煤工作面回采期间超前替棚工序，切实提高了采煤工效。三是巷修支护由被动支护向主动支护转变，将传统的架棚支护变更为锚网喷支护，并在 -300 m 辅助运输巷、北十轨道及2144底抽巷扩修中成功应用，实现了返修巷道不复修。四是成立专业化注浆队伍，广泛应用壁后注浆技术，提高了巷道支护强度。五是采取多种手段进行巷道超前加固，采用施工预应力锚索、浅孔壁后注浆技术加固围岩等方式，改变了巷道围岩支撑结构，降低了巷道失修率，并在214避难硐室、2142工作面运输巷取得了良好效果。六是革新工作面末采工艺技术，降本增效显著，推广使用高强聚酯纤维柔性网代替传统的“金属网+塑带网”，不仅提高了工效，而且缩短了末采距离，提高了煤炭回收率。

（五）围绕“多上设备少上人”的发展理念，大力发展采掘机械化

一是升级电压等级，综采工作面电压提升至3300V，并采用动力负荷中心，实现了采煤工作面供电集中控制。二是升级综采装备，综采工作面支护装备升级为ZF6800/19/32液压支架，并配套了ZFT25000/19/35端头支架、ZQL2×4800/20/38型超前支架，运输设备配套了SGZ-764/630型刮板输

送机、SGZ－800/315 转载机和可缩带式输送机机尾，为高产稳产创造了条件。三是大力提升掘进机械化水平，投入使用综掘机、挖装机，掘进装载机械化程度达到 100%，综掘机械化率为 78.68%，进一步提高了单进水平。三是积极推广使用液压支架拆除安装设备，提升机械化水平，2019 年在两个工作面进行了应用，安拆效率及安全系数大大提高，工人劳动强度大幅降低。四是推进巷修机械化，在 214 瓦斯泵房扩修投入多功能巷道修复机，工效提高一倍，工人劳动强度大幅降低。

（六）科技引领，建设智能矿山，促进矿井高产高效创新发展

一是成立了智能化办公室，完成了井上下万兆环网和综合自动化控制系统建设，实现了带式输送机、压风、主排水等系统的集中控制。二是搭建统一视频平台和安全生产智慧管控平台，安装井上下无线 4G 通信系统、电力监控、“信、集、闭”系统等，完成了安全监测、人员定位、瓦斯抽采、水文监测等监测监控系统和调度通信、应急广播等通信系统的升级改造，实现了科技化减人，提高了员工工效，促进了矿井高产高效创新发展。

鹤壁中泰矿业有限公司

一、矿井概况

鹤壁中泰矿业有限公司前身为鹤壁煤电股份有限公司第四煤矿，位于鹤壁矿区北部，行政地域跨鹤壁和安阳两市。全井田面积约 23.4825 km^2，1958 年 3 月建井，1960 年 11 月简易投产，1992 年 12 月矿井第一次改扩建，设计生产能力 0.9 Mt/a。2005 年鹤壁煤电股份有限公司与泰国万浦集团公司共同出资成立中外合资公司（鹤壁中泰矿业有限公司）。2011 年 7 月矿井第二次改扩建成功，矿井设计生产能力为 1.5 Mt/a。2017 年矿井核定生产能力为 1.5 Mt/a。

矿井主采煤层为山西组二$_1$ 煤层，煤层倾角 8°～35°，平均 12°，煤厚 4.58～10.29 m，平均 8.0 m。矿井资源储量 230.555 Mt，截至 2019 年年底可采储量剩余 77.8 Mt。

矿井属煤与瓦斯突出矿井，煤层为不易自燃煤层，最短自然发火期为 119 d。煤尘具有爆炸性，爆炸指数为 16.34%。

二、2019 年主要技术经济指标

2019 年百万吨死亡率为零，杜绝了各类重大安全事故，消灭了重伤及二级以上非伤亡事故；实现利润 10425.31 万元，职工年人均收入 6.13 万元，吨煤制造成本完成 411.44 元/t；采煤机械化程度 100%，掘进装载机械化程度 100%，综掘机械化率 100%；原煤产量 1452891 t，原煤工效为 5.35 t/工，矿井综合单产为 77517 t/(个·月)；掘进总进尺为 8740 m，其中岩巷掘进 5052 m，煤巷掘进 3688 m。

三、安全高效矿井建设的主要做法

（一）扎实工作，积极推进安全高效矿井建设

面对复杂多变的经济形势，矿井以创建本质安全性企业为目标，以全面构建双重预防体系为建设着力点，以“三优、三减、三提升”为抓手，以保生存、促改革、降本增效为主线，实现了持续稳定健康发展，为安全高效

矿井奠定了基础。

（二）强化灾害治理，提升防灾、抗灾能力

区域瓦斯治理方面：一是全力推进以抽采标准化、打钻视频化、计量精准化及一孔一工程为主要内容的“三化一工程建设”，提高了瓦斯治理效果；二是大力推广水力冲孔“钻、冲、筛、量、运”一体化技术，形成了钻孔施工、水力冲孔、煤水分离、煤粉精确计量、煤粉运输各项工艺流程一体化；三是强化瓦斯治理监测监控管理，为抽采地区瓦斯抽采量连续监测提供了有力保障，实现了数据化管理。在水、火灾害的预防管理方面：一是防治水方面，重点抓好过老巷、贯通、揭煤及过断层等关键环节管理，深入开展水害预测预报、隐患排查和治理效果评价等工作，实现了水害超前治理；二是防灭火方面，加强注浆工作，推广应用新型防灭火材料，实现了快速封闭，杜绝了重大事故发生。

（三）强力推进安全生产标准化，提升矿井安全管理水平

一是以“精品线路、标杆工程”创建活动为抓手，健全奖惩考核机制，通过深入推进安全风险分级管控、事故隐患排查治理和安全质量达标“三位一体”的安全生产标准化体系建设，全面提升了安全生产标准化水平，夯实了安全生产基础。二是开展流动红旗竞赛和推出“亮点工程”创建工作。三是每月对各区队工程质量进行验收并对标排序，形成以点带线、以线带面的安全生产标准化工作氛围，不断夯实矿井安全生产基础。

（四）提升采掘装备水平，促进矿井安全高效发展

坚持“多上设备、少上人”的理念，以大力发展采掘机械化、提高采掘机械化率为出发点。一是大力发展采煤机械化，采煤工作面全部配套使用ZF5600/18/32 型液压支架和 ZFT25000/19/35 端头支架，工作面运输巷运煤配套使用 SZZ－764/200 转载机和自移式机尾，2019 年 10 月原煤产量达到145066 t，创造矿井原煤产量最高纪录。二是努力提高掘进机械化水平，全面提高单进水平。煤巷推广应用 EBZ－100 型、EBZ－160 型综掘机，辅助运输推广使用无极绳绞车和单轨吊运输；岩巷推广应用 EBZ－318H 型综掘机、CMZY2－150/25 型钻装一体机、ZWY－120/55L 挖装机，并采用“综掘机＋带式输送机＋矸石仓”“挖装机/钻装机＋带式输送机＋矸石仓”的作业方式施工。

（五）科技兴企，大力推广应用新技术、新工艺

一是坚持以人为本，全面实施科技创新工程，制定科技创新计划、科技管理奖励办法和科技管理制度，定期评先，提高了员工科技创新的积极性，

夯实了科技创新基础。二是深入开展全煤锚网支护技术研究及应用，根据矿井实际情况，积极与河南理工大学和徐矿合作并进行了实施，巷道支护强度和施工效率明显提高，有效减少了支护材料的费用，同时减少了工作面回采期间替棚工程量和职工劳动强度，为工作面安全高效生产打下了坚实基础。三是革新综采工作面液压支架拆除工艺，引进液压支架拆除机械手，并采用“掩护支架+液压支架拆除机械手”施工工艺，支架回撤安全可靠性、效率大大提高，职工劳动强度显著降低。四是大力发展机电运输综合信息自动化建设，将井下各个变电所和地面子系统数据进行连接，并将信号传输到调度室，实现了统一集中控制，并对井下带式输送机进行升级改造，实现了地面远程集中控制，减少了用人数量，提高了效率。

鹤壁煤电股份有限公司第九煤矿

一、矿井概况

第九煤矿位于鹤壁市北郊鹤壁集镇，鹤壁煤田北部，井田南北长平均4 km，东西宽平均2. 5 km，面积约10 km^2。1958年建井，1960年投产，设计生产能力300000 t/a。2009年改扩后设计生产能力600000 t/a。开采石炭二叠系山西组二$_1$煤层，煤层平均厚度6. 18 m，倾角8°~25°。截至2019年12月底矿井剩余可采储量14277000 t，剩余服务年限17. 5 a。

矿井属煤与瓦斯突出矿井，开采煤层为不易自燃煤层，自然发火期为114 d。煤尘具有爆炸性，爆炸指数为13. 9%。

二、2019年主要技术经济指标

2019年煤矿百万吨死亡率为零，杜绝了各类重大安全事故，消灭了重伤及二级以上非伤亡事故。全年完成煤炭产量549900 t，采煤机械化程度100%，掘进装载机械化程度100%，综掘程度68. 7%。原煤工效5. 07 t/工，按煤与瓦斯突出矿井（系数0. 6）折算后原煤工效为8. 45 t/工。全年完成掘进总进尺5039 m，其中岩巷2416 m、煤巷2623 m、综掘总进尺3462 m。矿井综合单产48392 t/(个·月)，按煤与瓦斯突出矿井（系数0. 6）折算后为80653 t/(个·月)。实现利润5821万元，职工人均收入6. 11万元，吨煤制造成本完成410元。

三、安全高效矿井建设的主要做法

（一）践行安全发展理念，多措并举筑牢安全生产基础

一是严抓“双重预防体系”建设和责任落实，制定了实施方案、完善了相关管理制度、配套了一系列管理办法，做到了体系建设各个层级责任明确、各个岗位职责清晰、各项工作程序清楚，夯实了安全生产根基。二是积极推行“12345”管理模式，形成了“抓系统、系统抓”的安全管理局面，保持了矿井安全稳定。三是稳步推进安全质量标准化，以创建标精品线路、标杆工程、示范项目为主线，实现了动态达标，为安全生产奠定了基础。

（二）大力推广采掘机械化，提效率、保接替

一是升级采煤设备，采煤机械化率100%。工作面全部使用了ZF5600型液压支架和ZFT25000型端头支架，首次在两巷配套ZQL2×4800型超前支架、机巷配套SZZ－764/200转载机和自移可缩带式输送机机尾，并引进了DYD90型电缆拖拽装置，保证了稳产高产。二是大力发展煤巷掘进机械化，实现了机械化全覆盖。投入使用综掘机和挖装机，后线配备单轨吊和无极绳绞车辅助运输，极大提高了单进水平。三是强力推进岩巷机械化，实现了快速掘进。结合巷道层位、断面等，配套了“综掘机＋带式输送机、液压钻车＋挖装机＋带式输送机”两种作业线，单进水平得到大幅提升，为采掘接替提供了保障。四是积极推广巷修机械化，提高了施工效率。首次在巷修头面应用了履带式挖装机，大大提高了效率，保证了施工安全。

（三）优化生产系统，为高产高效奠定基础

一是优化设计，积极推进“长走向、大斜长”工作面建设，减少采掘头面个数和搬家次数，设计的3103工作面储量达到2 Mt以上。二是改造辅助运输系统，破解排矸“卡脖子”问题，通过增加矸石仓、补掘相关巷道、分装分运等方式，实现了矸石仓储矸、主煤流带式输送机运矸，极大地提高了排矸效率，扭转了排矸制约岩巷掘进的被动局面。

（四）转变观念，积极推进支护工艺改革

一是积极开展全煤锚网支护技术研究及应用，作为鹤煤公司首个试点单位，积极与科研院校开展技术攻关，攻克了“煤柱”工作面使用锚网支护的技术难题，为安全高效生产提供了条件。二是岩巷强力推行锚网新工艺，切实提高了巷道内在施工质量，解决了巷道反复返修问题。三是巷修积极推广“锚网索＋壁后注浆”联合支护工艺，解决了返修巷道反复复修问题。四是更新升级施工机具和支护材料，合理“三径匹配”，全面推广使用锚杆钻机、高强度锚杆，淘汰了传统的风钻机具和普通螺纹钢或圆钢锚杆。

（五）积极推进智能化建设，促进矿井安全高效发展

一是构建矿井安全生产一体化集中管控信息平台。应用计算机、网络、信息、控制、智能和煤矿生产工艺等技术，实现了矿井生产决策、安全生产执行管理和监测控制等信息的有机集成，实现了集中监视、集中控制、集中指挥。二是提高安全生产保障能力，实现了调度指挥中心监测井下环境参数，集中控制井上、下机电设备，减少了井下作业人数，提高了安全管理水平。三是在原有信息化平台基础上，投资约500万元，装备完善了依托井下万兆环网、地面千兆环网和集中控制平台为通道的综合自动化生产控制、数

字化安全监控、信息化企业管理、集约化信息管理系统，构建了“矿山整体数字化、系统机构网络化、系统管理智能化、过程控制自动化、生产集约高效化”的综合信息化体系，使远程控制、无人值守变成现实，实现了带式输送机集中控制和 +15 m、 -420 m、34 采区泵房及压风机房无人值守。

（六）创新驱动，引领高质量发展

一是秉承科技促发展理念，遵循“生产难题哪里有，科技创新往哪走”的思路，坚持实用性为原则，完善科技创新管理模式，切实把科技创新成果转化为实际生产力。二是采取正向激励，加强科技创新成果收购兑现频次，让创新者名利“双收”，大大激发了全员创新的热情。2019 年共收购科技创新项目 103 个，科技创新转化率达 90%，有效地解决了生产技术难题，创造经济效益 700 余万元。

鹤壁煤电股份有限公司第八煤矿

一、矿井概况

第八煤矿位于鹤壁矿区南部，井田南北走向长 5.25 km，东西倾向宽 1.5 ~ 1.9 km，面积 7.9 km^2，1958 年建井，1960 年 5 月投产，矿井原设计能力为 0.1 Mt/a，1970—1974 年扩建为 0.6 Mt/a，2006 年矿井核定生产能力 0.81 Mt/a。矿井主采煤层为山西组$二_1$煤层，整体呈单斜构造，煤厚 1.9 ~ 14 m，平均煤厚 6.75 m，属较稳定煤层。矿井资源储量 42.8674 Mt，截至 2019 年年底$二_1$煤可采储量剩余 16.6187 Mt，剩余服务年限 14.6 a。

矿井属煤与瓦斯突出矿井，开采煤层为不易自燃煤层，自然发火期为 145 d。煤尘具有爆炸性，爆炸指数为 14.72%。

二、2019 年主要技术经济指标

2019 年煤矿百万吨死亡率为零，杜绝了各类重大安全事故，消灭了重伤及二级以上非伤亡事故。实现利润 3057 万元，职工人均收入 6.85 万元，吨煤制造成本完成 409.5 元；采煤机械化程度 83.4%；掘进装载机械化程度 90%，综掘机械化率为 90%；原煤产量 750436 t，原煤工效为 5.2 t/工，按煤与瓦斯突出矿井（系数 0.6）折算后原煤工效为 8.67 t/工；期末原煤生产人员 553 人，采煤工作面个数 1.5 个；矿井综合单产为 60733 t/(个·月)，按煤与瓦斯突出矿井（系数 0.6）折算后为 10122 t/(个·月)。

三、安全高效矿井建设的主要做法

（一）强化安全质量标准化，助推安全高效矿井建设

一是树立安全高效发展理念，以创建安全高效矿井为目标，以安全生产标准化为突破口，大力开展“练内功、抓细节”动态达标活动，促进了安全质量标准化稳步提升。二是针对机械化、智能化程度的提高，施工工艺的革新等安全管理水平不足的问题，大力开展业务培训，夯实了安全生产基础。三是坚持质量为本，强化质量就是经营收入，就是矿井可持续发展的动力，促使工程质量得到显著提升。

（二）大力发展采掘机械化，提高单产单进

一是努力加大采掘机械化推广应用步伐，2019 年 8 月彻底淘汰了悬移支架炮采放顶煤工艺，采煤机械化率达到 100%，综掘机械化率达到 90%，带动单产单进大幅提升。二是通过对综采放顶煤技术工艺的研究，解决了综采放顶煤开采所需设备的综合配置及瓦斯、煤尘、自然发火防治、煤炭回收率等技术问题，为单产提高创造了条件。三是大力推广煤巷锚网支护、岩巷锚网支护新工艺、U 型棚大断面支护，破解了支护难题，提高了单进水平。

（三）推进系统优化，提高抽采、供电、运输、排水能力

一是利用矿井技改工程对矿井各系统进行优化，在 -655 m 大巷敷设一趟 2000 m 的抽放管路，并将南翼地区全部带抽至新副井抽采泵站，提高了抽采效果。二是通过“南煤北运”工程，优化掉 128 运输线至大倾角运输线的 10 部带式输送机和 3 部给煤机，减少岗位人员 12 人。三是优化掉 3201 变电所、3203 配电点和 -5 m 变电所，撤销 -5 m 泵房，将 -5 m 泵房清水引至一水平泵房统一排出地面，供电、排水系统能力得到进一步提升。

（四）加快推进智能化建设，实现集中控制、提高工作效率

一是成立智能化建设领导小组，完成了广场通风系统、新风井通风系统、风井压风机房、一水平泵房、-655 m 泵房子系统安装工作。二是新建调度室集合了带式输送机集控、排水集控、安全监控、人员位置监测、瓦斯抽采、打钻视频等功能，实现了调度室对矿井的统一指挥，大大提高了工作效率。

（五）推广新装备、新技术，强化“三化一工程”管理，提升瓦斯治理能力

一是推广应用履带钻机，大大提高了钻孔施工进度，职工劳动强度大幅降低。二是推广“两堵一注”“两堵两注”“硬管直连”等新型封孔工艺，采用新型速凝膨胀材料囊袋式带压封孔技术，提高了封孔质量，保证了抽采负压和抽采浓度，瓦斯治理效果明显提升。三是积极推进水力冲孔工作，实现了“钻、扩、冲”一体化。四是强化“三化一工程”管理。抽采标准化方面：改造抽采管路，实现了一孔一证件、孔孔有管理牌；打钻视频化方面：实现了对所有钻孔施工全覆盖；计量精准化方面：对抽放系统进行改造，增设旁通管，安设计量装置，实现了所有抽采地区分单元单独计量。

（六）坚持科技兴矿战略，构建本质安全型矿井

一是全面实施科技创新工程，制定科技创新计划、科技创新管理办法，定期组织评先，提高了职工科技创新的主动性。二是发挥职工聪明才智，鼓

励全员改革创新。先后发明改造了液压可升降操作平台、刮板输送机链条本安型掐链器、架空人车双线型防掉绳保护等设备，减少了材料费用投入，增强了施工现场的安全管理水平。三是坚持推广信息化、智能化和支护工艺优化，积极推进智慧管控生产系统、安全管理信息共享共管系统，积极开展煤巷锚网支护技术研究应用，实现了安全高效。四是建立地面注浆站，对深部底板注浆防治水进行统一管理，实现了注浆管理规范化、高效化。五是参与集团公司安全生产智慧管控系统建设，将监测监控、排水供电、煤炭运输、通风压风、人员定位等多项子系统组网，实现了智慧管控、高效管理。

平顶山天安煤业股份有限公司四矿

一、矿井概况

四矿位于平顶山西部，距市中心 5 km，井田东西长约 2 km，南北倾斜长约 5.5 km，井田面积约 12 km^2，可采煤层 4 组 9 层。矿井于 1958 年建成投产，原设计能力 0.6 Mt/a。1985 年二水平投产，新增设计能力 0.6 Mt。后经多次技术改造，2019 年核定生产能力达到 2.24 Mt，实际生产原煤 2.237 Mt，连续多年保持煤炭行业特级安全高效矿井。

煤田自上而下分别为戊$_{8}$、戊$_{10}$、戊$_{9、10}$（合层）、己$_{15}$、己$_{16}$、己$_{16、17}$（合层），煤层赋存稳定，走向近东西，倾向近南北，煤层倾角 6°～14°，一般为 8°，属缓倾斜煤层；顶底板岩性主要为砂质泥岩、泥岩和砂岩。截至 2019 年年底，矿井剩余可采储量 94.982 Mt，剩余服务年限 24 a。矿井地质条件为中等，水文地质条件为中等。

二、2019 年主要技术经济指标

2019 年全矿杜绝了重伤以上人身事故，实现了“三零”目标，零星轻工伤同比下降 6%；原煤产量实际完成 2.237 Mt；开拓总进尺计划 15000 m，实际完成 15700 m；在煤与瓦斯突出的条件下，综合单产 88739 t；全年原煤工效 8.76 t/工；全年营业收入 13.85 亿元，同比增收 4.5 亿元；全年利润 2 亿元，同比增利 1.48 亿元；全年在岗职工人均收入达到 8.11 万元，同比增长 1.3 万元，高于行业平均水平，高于本省煤矿平均水平。

三、安全高效矿井建设的主要做法

（1）布局调整成效显著。着眼全局，谋划长远，丁九采区完成回收关闭，三水平己戊石门、戊九下延采区工程全面投用，特别是三水平工程历时十余年建设，通过最终竣工验收，标志着煤矿产品结构优化调整取得阶段性成果，为采区与水平实现良性接替，为矿井可持续发展打下了坚实基础。

（2）生产实现稳产高效。准备队在己$_{15}$－23090 自动化采面工作面单班生产原煤 1806 t，刷新煤矿低综采单班生产记录。综采一队己$_{16.17}$－23160 采面月产达 115000 t。安装队实现了大吨位支架快速安装，全年高效完成 6 次安装回收任务。效率比以往整体提高 1.5 倍以上。

（3）人力资源管理卓有成效。经营战线牵头组织召开多次会议，积极与集团相关部门交流沟通，争取到集团政策支持，核增三水平劳动定员 516 人，月增加工资指标基数 184 万元，为职工收入增长提供了重要保障。深化单位内部二级分配制度改革，在地测科、运输一队等试点单位取得明显效果，形成了主动找活干、要活干的良好局面。全年减员分流 529 人，清理整顿不能正常出勤人员 325 人，全员劳动效率同比提高 6%。转岗分流任务全面完成，安置集团关闭矿井分流职工 153 人。

（4）环保治理取得阶段性成效。按照市委、市政府大气环境综合治理要求，铁腕治污，多措并举，在加强洒水降尘等日常污染防治的同时，投入资金 2000 多万元，实施工业广场硬化、排矸场和储煤场封闭等 6 项重点治理工程，特别是企管科加强督办，克服工期紧张、任务量大等困难，按期完成储煤场封闭，有效改善了矿区环境质量，以 95.5 的高分顺利通过北部矿区涉煤企业环境综合整治验收。

平顶山天安煤业股份有限公司六矿

一、矿井概况

平煤股份六矿始建于1958年，1970年投产，设计生产能力0.9 Mt/a，矿井1984—1993年对二水平扩建设计生产能力达2.1 Mt/a，1995年对二水平进行了技术改造后设计生产能力达2.6 Mt/a，矿井核定生产能力3.2 Mt/a。三水平首采工作面于2019年11月安装。矿井开采方式为走向长壁后退式综合机械化回采工艺，自然垮落法管理顶板。开拓方式为立斜井多水平上下山联合开拓。通风方式为分区通风与中央并列混合式通风。矿井属于煤与瓦斯突出矿井，主要开采煤层为丁$_{5、6}$、戊$_{8}$、戊$_{9、10}$煤层，系缓倾斜近距离煤层群。

二、2019年主要技术经济指标

2019年杜绝了死亡和二级以上非伤亡事故，百万吨死亡率为零；实际原煤产量完成3.199 Mt；掘进总尺完成16380 m；完成打钻140 km，抽采1.5×10^7 m^3，区域瓦斯治理工程2000 m，保护层开采32 m^2，解放煤量1.36 Mt；综合单产126626 t/(个·月)；实现利润8021万元。

三、安全高效矿井建设的主要做法

（一）安全环保基础更牢

牢固树立新时期“四个重在”指导思想，严格落实安全主体责任，扎实推进“双重预防机制”建设，持续提升矿井安全管控水平，轻微伤事故同比降低16.2%，保持安全平稳态势。提升瓦斯治理水平，戊$_8$-32010机巷近距离保护层煤巷单进突破300 m，戊$_8$-22270近距离保护层工作面月产突破0.15 Mt。持之以恒推进安全生产标准化建设，全年进入集团标准化工作面考核前三名4次、专业考核前三名9次，建成集团级示范工程9个，精品工程覆盖井下70%以上，保持集团级示范采区一个。注重理论和实操相结合，全年累计培训20000余人次。践行“环保不好、企业不保”绿色发展理念，扎实推进绿色矿山建设，累计投入资金3900万元，完成山南矸石山综合治理、北一和北二矸石山搬迁，建成地面生活污水处理系统，完善井口除尘、井下洒水和喷淋设施，完成铁路路基覆土绿化、工业广场美化，实现固定面绿化覆盖率100%，顺利完成平顶山市“百日攻坚战”行动相关任务，在集团北部矿区环境综合整治验收中评为“优秀”。

（二）生产组织稳步推进

坚持难中求稳、稳中求进，克服回收、安装、过断层、运输环节多等困难，全年原煤产量3.199 Mt，在水平过渡时期依然保持产量稳定。丁$_{5、6}$－22240采面元月份创建矿以来突出工作面月产0.16 Mt最高水平，戊$_{9、10}$－22160采面自5月投产以来一直保持月产0.15 Mt以上、推进度180 m以上好水平，戊$_8$－32010工作面装备集团第四套智能化综采设备，达到智能化采煤标准，实现了减人提效。围绕保接替，大打开掘翻身仗，全年开掘有效进尺16400 m，同比增加4300 m。戊$_8$－32010机巷2月单头掘进352 m，创集团突出管理掘进工作面最好水平，戊$_8$煤层高位巷大断面岩巷保持平均月进200 m水平，首个采长300 m工作面戊$_{9、10}$－22290顺利开工掘进，于6月份创出大断面锚网索支护单头428 m的高水平。三水平戊二采区带式输送机上山下段贯通，标志着戊二上山采区主体工程全面完成，其他土建工程、安装工程按照时间节点顺利推进，为矿井可持续发展奠定了坚实基础。

（三）经营管控成效明显

围绕质量效益中心，按照“严管理、真考核、堵漏洞、补短板”原则，深化“人人都是经营者，岗位就是效益源”经营管理理念，矿井整体经营管理水平全面提升。材料费投入同比节约4930万元，完成区队材料库整合，月度计划准确率提高到95%以上，减少资金占用288万元，材料管理人员由118人降至46人。面对煤质管理环节多、难度大等困难，强化源头和过程管控，分采分运，注重洗选，商品煤综合发热量18878 kJ/kg，完成了集团煤质考核指标。

（四）科技创新助力绿色开采技术新工艺发展

加快“一优三减”“四化”建设步伐，智能化综采设备、系列化掘进装备上马运行，安全高效步伐进一步加快。在三水平高强机头硐室和绞车房硐室采用长短组合锚索、深浅孔注浆联合支护技术，创造建矿以来最大断面硐室施工记录，解决了困扰煤矿大断面硐室支护难题。推进通风降阻工程，完成专回巷修3200 m，确保了通风系统稳定可靠。加大智慧矿山建设力度，万兆环网一期工程投入运行，初步实现安全生产信息管理“一张图”，安全生产指挥管理更加高效。围绕矿井实际问题科技攻关，获得集团科技进步一等奖一项、二等奖一项、三等奖四项，知识产权奖两项，荣获集团“科技工作先进单位”称号。针对三水平高瓦斯、高成本保护层开采难题，实施“切顶留巷 + Y 型通风 + 高抽巷”多位立体瓦斯治理新模式，有望做到一面两巷无煤柱开采，既节省两条巷道，又达到了提高采出率、降低万吨掘进率、改善作业环境的目的。应用物资材料网上审批发放系统，实现材料申报、使用、消耗实时监控管理。应用“物联网 + 矿车定位”系统，有效提高了矿车周转效率。围绕安全生产、节支降耗、岗位创效，强化自主创新意识，收集“五小”创新成果 103 项，评出优秀成果 60 项，广泛应用到安全生产实际。实施管理人员、技术人员、技能人员分类分级管理，实现多通道发展。

平顶山天安煤业有限公司十二矿

一、矿井概况

十二矿位于平顶山矿区东部，距市区 7. 5 km，井田走向长 3 km，倾斜宽 4 km，面积 12 km^2。矿井始建于 1958 年 6 月，1960 年 7 月建成投产，经改扩建后，矿井核定生产能力 1. 3 Mt/a。根据国家煤矿安全监察局文件（煤安监司办〔2019〕3 号）要求，在现有核定产能基础上核减 20% ，2019 年 2 月河南省工业和信息化厅将十二矿生产能力变更为 1. 04 Mt/a。十二矿于 1989 年经重庆煤科分院鉴定为煤与瓦斯突出矿井。矿井主要开采己组煤，其中己$_{14}$煤层为非突出煤层，己$_{15}$、己$_{16、17}$煤层为突出煤层，有自然发火倾向性，自然发火期 3 ~6 个月。煤种为 1/3 焦煤、肥煤，低硫、低灰、高热值；截至 2019 年 12 月末，剩余工业储量 49. 599 Mt，可采储量 21. 215 Mt，圈定储量 16. 704 Mt，剩余服务年限 14. 6 a。

矿井采用 1 个主斜井、5 个立井、3 个水平上下山开拓，全井田划分为 3 个水平，一水平标高 -150 m，二水平标高 -270 m，三水平标高 -600 m。一水平、二水平均已回采完毕，三水平采区为主力生产采区。暂无新接替水平，无新接替采区。矿井采用走向长壁后退式综合机械化采煤法，全部垮落法管理顶板。

二、2019 年主要技术经济指标

2019 年，原煤产量完成 1. 04 Mt。实现安全生产，百万吨死亡率为零。原煤工效 5. 1 t/工。综采机械化程度 100% ，掘进机械化程度 97% 。综合单产 89659 t/(个 · 月)。实现利润 13233 万元，职工年人均收入 8. 58 万元，同比增长 22. 1% 。

三、安全高效矿井建设的主要做法

（一）科学高效组织生产，推动生产效率稳步提升

积极实施“稳产提效”工程，坚持向效率要效益，全年创出下分层单产、消突掘进工作面单进等多项历史最好成绩。围绕“提质增效促增收”

目标，强化现场管理，科学组织生产。综采队己$_{16、17}$—17200 工作面 3 月份推进 103 m，生产原煤 89900 t，实现下分层单产新突破。己$_{15}$—31050 工作面首次尝试边扩边安施工工艺，有效克服了深井煤层压力大、开切眼变形速度快的难题，大大缩短了己$_{15}$主采面接替时间，创造了良好的经济效益和安全效益。牢固树立“保接替是责任、干脱节是失职”理念，掘进二队在己$_{15}$—31050 进风巷施工期间，最高月进 294 m，创出煤矿消突工作面进尺最好成绩。掘进一队在己$_{15}$—31050 开切眼施工中，严格落实瓦斯治理措施，在保证安全的前提下，提前 3 天精准贯通。开拓队创出岩巷综掘月进 243 m 的好成绩。

（二）筑牢安全质量前提，安全高效基础持续巩固

树立安全红线意识，认真落实“四个重在”，突出重点，落实责任，开展“安全生产月”活动，举办了安全警示教育、安全知识竞赛，营造了浓厚的安全氛围。完善风险预控体系，坚持开展安全隐患大排查，采取“四不两直”方式，强化不放心地点安全管理。重拳出击整治安全“四风”，实施星级“安全伙伴”制度，零星人身事故同比下降 12%，矿井杜绝了八级以上人身事故和二级以上非伤亡事故。

（三）科学防治，坚定瓦斯治理路线

严格落实《防治煤与瓦斯突出细则》，积极构建“三位一体”瓦斯防治体系，薄煤层保护层开采技术逐步成熟，穿层治理实现全覆盖，矿井瓦斯防治“一张图”在全集团推广应用，“三化一工程”工作得到集团充分肯定。扎实开展“通风系统优化年”活动，圆满完成监测监控系统升级改造，高标准建成打钻视频监控系统，井下实现“一钻一视频，一孔一档案”。加强地质测量和探放水工作，寒武系承压水位下降 10 m。

（四）超前谋划，加快智慧矿山建设步伐

根据矿井实际，认真制定十二矿“一优三减”及“四化”建设三年规划，积极优化生产系统。抓住新一轮科技革命和智慧平煤神马建设机遇，扎实推进智慧十二矿建设，建成安全生产信息共享平台（一张图）、井下万兆网、4G 无线网、可视化视频监控系统建设。

（五）创新管理，突出质量效益中心

树牢“质量效益是中心”鲜明导向，坚持“安全生产经营一体化”理念，每月召开经营活动分析会，严格控制预算外资金支出，全年租赁费同比下降 705 万元，大力开展“双提双优”活动，优化设计 5 项，减少投入 400 多万元。深入开展节支降耗活动，吨煤成本较计划降低 39. 71 元。深化“保

煤质就是提效益”理念，完善煤质考核办法，落实各项保煤质措施。制定减人提效工作方案，严格落实煤矿井下单班作业人数限员规定，积极推进人力资源智能化系统建设，人事、薪酬、考勤模块投入运行。

河南平宝煤业有限公司

一、矿井概况

平宝公司由平煤天安与上海宝钢参股合资组建的河南平宝煤业有限公司开发建设，由中国煤炭科工集团武汉设计研究院有限公司按高瓦斯矿井设计，生产能力2.40 Mt/a，服务年限91.8 a。

煤矿2004年8月开工建设，2008年6月被沈阳煤科院鉴定为煤与瓦斯突出矿井，2010年8月9日竣工投产，2015年安全达产，2018年实现“一井一面”2.4 Mt/a的高效生产格局。

矿井探明地质储量580 Mt，工业储量480 Mt，精查范围内可采储量310 Mt。矿井主采二叠系下石盒子组戊$_{9、10}$和山西组己$_{15\sim17}$煤层，均为有突出危险煤层，煤层厚度稳定，结构简单。

矿井采用立井多水平开拓，工业广场布置主、副井筒，中央进风井、中央回风井距工业广场1600 m。通风方式为中央分列式，通风方法为抽出式，通风系统为三进一回，主、副、中央进风立井进风，中央回风井回风。

二、2019年主要技术经济指标

2019年煤矿生产原煤2.4 Mt，完成利润3.56亿元；完成开掘总进尺11550 m，其中综掘进尺完成4657 m。打瓦斯抽放钻孔648000 m，抽放瓦斯3.827×10^{7} m^{3}。职工年人均收入13万元，高于煤炭行业平均水平和我省煤矿平均水平。原煤工效7.86 t/工。杜绝了三级以上非伤亡事故及煤与瓦斯突出等重大事故，百万吨死亡率为零，实现了安全生产。

三、安全高效矿井建设的主要做法

(一) 坚持安全和环保同步发力，安全发展根基不断夯实

2019年公司认真落实集团“四个重在”安全工作思路，围绕“五杜绝一创建”目标，强力推进“双重”预防体系建设，建成首批省级“双重”预防体系标杆矿井。扎实开展“防风险、除隐患、保平安、迎大庆”“安全活动月”系列活动。狠抓安全生产标准化达标升级，注重安全培训工作，

加强区队班组建设，安全基础更加牢固。同时，树立“环保不好、企业不保”的理念，坚持走环保优先，绿色发展之路，落实集团近零排放五年行动方案，建立环保督查制度，环保综合整治得到加强，实现全天候环境卫生动态保洁。

（二）扎实推进“双提双优”，为矿井转型升级提供保障

（1）狠抓装备水平持续提升。瞄着国内一流的先进技术装备，依靠装备升级带动生产效率提升。2019 年年底计划招标一套国内最先进的智能化综采配套设备和 EBZ－318H 型大功率岩巷掘进机。推广应用垛式超前支护支架，取消单体液压支柱支护。在己$_{15-17}$—12110 中间抽放巷、机巷抽放巷尝试应用定向钻机。积极推广智能化矿山建设，完善井下主要运输系统和地面储装运系统，实现集中控制、自动化运行。

（2）大力提升区域瓦斯治理水平。坚持“一面多巷”瓦斯治理技术路线，高标准推进瓦斯抽采“三化一工程”建设，坚持穿层治理全覆盖，推广应用定向钻机、钻孔扶正器，提高打钻精准度；实施“穿岩释煤”预抽瓦斯及水力冲孔增透卸压等技术，治理效果不断提升。

（3）不断优化升级生产系统。围绕采掘接替，合理优化生产布局，从设计着手，重新对采面设计进行调整，减少工程量 6000 余米，节省资金投入近 1 亿元。

（三）狠抓工作面安全生产标准化工作，夯实安全基础

（1）应用新技术提高标准化。采面注水工作实施“三专”体制，即专用注水管路、专用注水钻孔、专人注水施工。采用多轮、分段、高低压、交错注水方法；每个钻孔每班注水 1.5～2 m^3，每天采面总注水可达 180～190 m^3，注水后煤墙明显湿润，片帮程度明显降低，大大降低了产尘量及煤壁片帮对生产的影响。

（2）强检修保正规循环。机电设备采用网格化管理，预防性检修和菜单式检修相结合，采面正规循环率达到 95% 以上。

（3）对标对表，强化基础管理。严格采高管理；支架初撑力不低于 26 MPa；采面采用惯导取直，两头设激光定位仪，人工参照激光辅助校准；严格控制运输机起落幅度和立柱倾角，保证支架姿态；动压区底板平整，做到“明架脚见巷角”。

（四）大力实施科技兴企战略，激发创新活力

（1）科技创新成效显著。2019 年公司以“安全可靠，创新创效”为目标，深入开展专项技术攻关，对快速掘进、水力冲孔、大功率钻机、云平台等 13 项课题进行专项攻关。全年完成科技创新新成果 35 项，荣获集团以上

各类科技成果奖励16项。其中《基于矿井地理信息云基础的智能矿山系统的构建》荣获中国煤炭工业科学技术三等奖、《深井热害治理工程实践综合技术研究》等2个项目荣获集团科技进步一等奖。中国煤炭工业协会在公司召开了集装箱式智能瓦斯抽采泵站应用现场会。

（2）人才培养取得实效。加快高学历、高素质科研人才培养，扩大公司主体专业人才培养规模，明确课题负责人，制定目标考核机制，每个专业完成1~2个重大攻关项目，并培养出一个由3~5人组成的科研人才团队；加大科普宣传，提高职工的科学文化素质，保持公司科技创新先进水平。

（五）美化环境、节约能源，大力推广节能环保项目

建设行业一流的降温系统。平宝公司现主采煤层属二级高温区，煤层赋存深、工作面走向长、通风距离远，采掘工作面一度出现地温高、湿度大等情况。为改善井下作业环境、保护职工身心健康，引进全省首台德国制造“三腔”换冷装置和波兰制造的大型空冷器，优化完善降温工程，在制冷中心实现制冷机组互为调度切换、控制阀组自动连续切换、供给联动、动态采集井上下设备数据、自动清理等功能，实现全智能操控；敷设降温管路1.5万余米，安装制冷风机29组，实现采掘头面全覆盖，巷道温度基本稳定在26℃以下，湿度下降5%~30%，大大改善了井下作业环境，彻底解决了影响职工健康、制约矿井发展的热害问题。自投运以来职工未出现过中暑现象，得到一致好评。

（六）信息化建设

平宝公司通过长期的智能矿山建设，实现了工业自动化、信息数字化，建立起基于网络的矿井监测、控制、管理一体化的信息集成系统，在集团率先建成精确人员定位系统并投入运行，对全矿井上下所有带式输送机运输系统进行升级改造，实现集中控制，同时还对现有工业环网进行升级改造，将矿区井上、下专业子系统采集的数据、音频、视频能通过万兆工业网实现实时传输，网络具有VLAN划分、路由等功能，并可对地面、井下环网中骨干交换机的供电UPS电源进行远程充放电管理。平宝公司智能矿山平台集成了GIS3.2“一张图”生产技术管理系统、业务平台系统、综合自动化的地面生产系统、主副井提升系统、原煤运输系统、井上下配电系统、排水系统、压风监控、人员定位、安全监测、4G通信等43个子系统；达到安全生产信息集成共享、业务一体化协同管理，实现了井上下信息沟通“零距离”和体系结构、数据接口、数据编码、数据库平台、用户界面的“五统一”。利用高效的信息化管理手段在矿井安全生产、组织效率优化等方面起到了推动作用。

平顶山天安煤业股份有限公司一矿

一、矿井概况

中国平煤神马集团平煤股份一矿（以下简称一矿）位于平顶山煤田中部，距平顶山市中心以北3 km，原设计生产能力1.5 Mt/a，经过两次改扩建，矿井年生产能力提高到4 Mt。按照《煤矿生产能力管理办法》《国家煤矿安监局办公室关于责令采深超千米冲击地压和煤与瓦斯突出煤矿立即停产进行安全论证的通知》（煤安监司办〔2019〕3号）要求，2019年生产能力由4 Mt/a核减为3.2 Mt/a。

煤矿采煤方法均采用走向长壁后退式，全部垮落法管理顶板。全矿有3个正规综采工作面同时生产，一个综采准备工作面备用。

二、2019年主要技术经济指标

2019年，全矿生产商品煤3.176 Mt，原煤工效6.9 t/工，完成开掘总进尺28898 m，实现销售收入14.06亿元，利润0.35亿元，在岗人均收入超过6.72万元。

三、安全高效矿井建设的主要做法

（一）优化生产布局，提升装备水平，提高单产单进水平

（1）优化生产布局，抓好采掘接替。一是组织相关部门搞好矿井年度及远期的采掘接替规划部署，优化矿井生产布局，结束二水平复采采区，减少生产水平，同时开发己组煤（己一采区），保证矿井采掘接替和产量持续稳定。二是优化采区、采面设计，调整三水平戊二下山、三水平丁二下山、三水平戊一下山采区区段布置方案，使采长由150 m增加到200～240 m，使采面储量增加到0.8 Mt以上，为高产高效创造条件。三是每季度召开一次采掘接替会议，适当调整采掘部署，每月的管委会上解决接替方面存在的问题，并对接替紧张的掘进工作面提出明确要求，给予政策激励，加快进度，确保采掘接替。

（2）多措并举提高单产单进水平。一是提高工作面机巷运输能力。将

所有综采工作面机巷带式输送机全部更换为1 m宽的带式输送机，大大提高了运力，杜绝因运输能力不足而限制采面生产。二是加强设备管理。加强“综机设备停产停运七条红线”刚性约束，紧抠支架检修、刮板输送机平直、机头搭接综采管理三大核心环节，定期对各工作面进行设备可靠性评价，及时发现问题，保证备件质量，减少事故影响。对机电设备管理专项考核，奖优罚劣，重奖管理好的单位及分管领导。坚持备品备件备在现场，以保证生产的连续性，减少事故损失。三是充分发挥生产调度的协调作用。由调度室牵头、生产矿长参加，认真组织好每天下午15：30的安全生产平衡会，及时协调解决安全生产中出现的问题。

（二）严格安全管理，确保矿井安全形势持续稳定

（1）创精品、促达标，提高安全质量标准化水平。坚持“安全、标准、整洁、实用”原则，深入落实煤矿安全生产有关规定、制度和标准，不断强化培训、制度、创建、监督、管控、考核等体系建设，以示范线路及“示范工程”创建为主线，强化主体达标创建，组织抓好正反现场会，奖优罚劣，实现均衡发展，以采、掘头面为重点，全面提升采、掘标准档次，不断向“一通三防”及机电运输等中间环节延深，以采掘头面示范效应引领各中间环节全方位、全过程达标，全面提升矿井达标水平。2019年，集中矿井达标力量，打造出了三水平丁戊二西大巷、三水平戊一下山轨道2条示范线路，建成采掘工作面、带式输送机道及局部通风系统25个示范标杆工程，矿井综合评分93.65分，保持国家一级安全生产标准化矿井、省一级“五优”矿井和集团示范化矿井称号。

（2）以“一通三防”、防突为重点，狠抓重大事故防治。坚定不移地推进瓦斯区域治理。健全完善瓦斯综合治理工作体系，认真制定、落实《矿井区域瓦斯治理规划》，大力开采保护层，实施顶底板预抽巷等区域治理工程，为进一步提高区域瓦斯治理水平提供了保障。强化现场瓦斯、防突管理。坚持每天排查一次“一通三防”和防突隐患，每周召开一次“一通三防”例会，每旬进行一次“一通三防”和防突安全检查，每月第一个安全办公会专题研究平衡“一通三防”，对高突头面签订防治瓦斯超限责任书，实行瓦检员、安检员双盯岗检查，干部包班监控，副总以上领导及业务科室干部包头面督查，强化高突头面现场瓦斯和防突管理，确保了矿井安全生产。

（3）严格任务考核，确保计划严肃。根据各采面实际情况，合理下达生产计划，计划一经核定下达就不折不扣地落实，确保计划的严肃性。矿上

把各单位生产任务完成情况与单位的工资分配、干部绩效考核和区队建设考核挂钩，特别是在干部考核上，第一个月完不成任务干部开平均工资，第二个月完不成任务干部开2000元生活费，对连续3个月或年度累计5个月完不成生产任务的单位党政正职给予免职。日常考核是对月考核的补充，当天完不成日计划，对单位正职罚200元现金，连续3天完不成生产任务的，单位正职在矿早会上做检查。

（三）坚持“科技兴矿”和人才强企战略

全矿科技人员在矿党政的领导下，大力践行“创新驱动发展”和“科技兴矿”战略，紧密围绕安全生产、经营管理、企业发展实际，积极开展科技攻关和管理创新活动，重点围绕安全环保、瓦斯治理、采掘高效、“一优三减”和“四化”建设、深井支护、清洁化生产等重点工作大力实施科技攻关，不断提高矿井安全高效水平和自主创新能力，努力实现高质量发展。

2019年一矿科技投入3160.00万元，占销售收入的2.24%。全矿共评出科技、社科、企管类成果奖170项，优秀论文312篇，其中，科技成果82项、知识产权成果17项、管理成果26项、“双创”成果6项、社科成果39项，成果、论文的数量和质量较往年有了明显提高。在集团公司科技进步与管理创新表彰大会上，煤矿被授予“科技工作先进单位”荣誉称号，并且有18项科技进步与管理创新成果获得表彰，其中省部级2项、集团级16项。

在经营形势十分困难的情况下，依然坚持科技投入，走出去、请进来，扩大对外技术交流与合作，积极与高等院校、科研院所开展技术合作，共同开发科研项目，在产、学、研相结合上做出了积极的努力和探索。与中平信息公司合作的《平煤股份一矿安全生产可视化调度系统的研究与应用》、与中国矿业大学合作的《深部巷道卸压修复加固控制技术研究》，与安徽理工大学合作的《矿井多水平多风机深部开采通风系统动态规划研究与实施》等项目的实施，有力地促进了矿井的安全生产和科技创新。

平顶山天安煤业股份有限公司二矿

一、矿井概况

平顶山天安煤业股份有限公司二矿位于平顶山矿区中部，平顶山市区北部，紧邻市区。二矿始建于 1955 年，1957 年 10 月投产，原设计生产能力 0.21 Mt/a，矿井在生产、发展过程中，经历了多次边界调整、水平延深和技术改造，2008 年核定生产能力为 1.7 Mt/a。

矿井开拓方式为斜立井多水平开拓，由主井、副井、皮带斜井、南斜井、西斜井和三水平进风井 6 个风井进风，由西翼回风井和三水平回风井两个回风井回风。采用单一走向长壁后退式采煤法，全部垮落法管理顶板，综合机械化采煤工艺。

矿井水文地质类型为中等，矿井涌水量 275～476.9 m^3/h，平均 337.9 m^3/h 左右。

2019 年年末，矿井剩余地质储量 94.564 Mt，剩余服务年限 17 a。

二、2019 年主要技术经济指标

2019 年煤矿原煤产量完成 1.684 Mt。开掘进尺 10550 m，其中开拓进尺 930 m，同比增加 100 m。全员工效 7.50 t/工，销售收入 104227.22 万元，实现利润 7997.94 万元，在岗职工人均收入 73389 元，同比增长 7.6%，高于本省煤矿平均水平。百万吨死亡率为零。

三、安全高效矿井建设的主要做法

（一）强化安全管理、创建精品工程，实现矿井本质安全

狠抓“一通三防”和防突管理重点。把瓦斯防治作为安全工作的重中之重，增强瓦斯管理意识，加大瓦斯治理工程和设备的投入，杜绝了瓦斯超限事故的发生。

把硬件投入作为安全建设的保证，狠抓井下安全避险“六大系统”建设，严格落实考核，足额提取使用安全费用，改善生产环境，提高矿井的防灾抗灾能力。2019 年，完成安全投入资金 11788 万元。

（二）科学组织生产，狠抓效率提升，着力建设高产高效型矿井

紧紧围绕集团公司下达的生产指标，按照安全高效、均衡生产的组织原则，深挖内部潜力，大力开展单产单进上水平活动，不断提高生产效率。

抓单进上水平。结合矿井实际，科学制订单进上水平规划，完善矿井生产系统，提高运输、提升能力，为单进上水平提供良好的外围保证。大力推进辅助运输机械化，切实降低职工劳动强度。坚持“大断面、重装备、强支护”理念，积极引进大功率综采设备，不断提高工作面的单产水平。

大力实施科技兴企战略。加大科技研发力度，深入开展技术创新、技术比武和合理化建议等活动，增强企业发展活力。

（三）强化成本管控能力，着力构建质量效益型矿井

牢固树立“质量效益为中心”的理念，努力实现矿井高质量发展，着力构建质量效益型矿井，加大物资管控力度，推行控总量、询盘点、超预警、严考核，重点管控支护材料、大额配件、维修租赁、闲置存量、计划外支出五个关键环节，减少不合理投入，最大限度发挥物资价值，做到物尽其用，把物资投入控制在科学合理的范围内。

实施“利润中心”考核，加大成本指标和煤炭质量的考核权重，指标完成情况与相关责任人工资挂钩，严格考核兑现。

（四）搞好环境保护，实现和谐发展

在环境保护方面严格遵守国家环境保护法律、法规。噪声治理采取了隔音、吸音和消声措施，治理后各声源边界排放的噪声达到《工业企业噪声排放标准》。二矿无外排水情况。矸石山抑尘网及洒水除尘工程按期竣工，矿区粉尘污染得到有效控制。矿区绿化率达 60%，达到可绿化区域面积的 83%。

平煤股份二矿建成环保节能型封闭煤场，彻底结束了二矿延续 60 年的露天煤场历史，真正实现了煤炭生产及储装运系统全流程封闭式运行，开创了产煤不见煤、煤场如花园的矿区新生态、企业新篇章。

（五）加快高效矿井信息化建设步伐

信息化建设方面，围绕“管理信息化、生产自动化、办公移动化、决策智能化”奋斗目标，加快信息资源整合，注重新工艺、新技术、新设备的推广应用，努力开创矿井信息化建设新局面。

经过多年来的不懈努力，二矿建成了数字化综合生产调度指挥中心，实现在地面调度指挥中心对井上下进行可视化集中调度，大大提高调度指挥效率，切实做到保障安全、服务生产。

平顶山天安煤业股份有限公司五矿

一、矿井概况

五矿位于平顶山矿区西部，是由中国平煤神马能源化工集团有限责任公司控股的平顶山天安煤业股份有限公司所属大型矿井之一。井田范围地表为龙山至擂鼓台的低山丘地带，南坡陡，北坡缓，呈单面山形，为本区地表分水岭。矿区内有连接京广、焦枝两大铁路干线的孟—宝支线、矿区铁路专用线；以平顶山市为枢纽与周边县市相通形成公路交通网，交通十分便利，煤炭外运便捷。矿井于1956年9月开工建设，1958年12月简易投产，设计能力1.2 Mt/a。2011—2016年矿井进行了产业升级，设计能力1.9 Mt/a，2017年河南省煤炭工业管理办公室公告生产能力1.9 Mt/a。

矿井主要开采己$_{15}$煤层、己$_{16、17}$煤层，其中己$_{15}$煤层作为己$_{16、17}$煤层的保护层开采，开采最大深度980 m。现有两个生产采区：二水平己三下延采区以及三水平己二采区。

二、2019年主要技术经济指标

2019年煤矿原煤产量完成1.68 Mt，开掘进尺8232 m，其中开拓进尺362 m。原煤工效7.394 t/工。销售收入102435.57万元，实现利润9000万元。在岗职工年人均收入71001.61元，同比增长11.17%，高于河南省煤矿平均水平。百万吨死亡率为零。

三、安全高效矿井建设的主要做法

（一）提升安全理念，推动安全发展

全矿认真落实集团各项工作部署，始终坚持“安全第一、预防为主、综合治理”安全生产方针，践行“传承发展、守正创新”工作方针，把握“六个坚持”基本方略，围绕新时期“四个重在”安全工作思路，深化“三不四可”“三基三抓一追究”，落实“三个责任”（基层区队安全主体责任、业务科室业务保安责任、安全部门监督检查责任），实行层级化安全管理，进一步提高安全工作执行力。通过强力宣贯，以全矿职工思想方法的转变带

动了行为方式的转变，实现了矿井安全形势持续平稳健康发展。

（二）持续推进“一优三减”及“四化”建设工作，创建安全高效矿井

（1）优化生产布局。稳步推进矿井“一矿两区两面”“一高一低”的生产格局。一个己$_{15}$煤层开采保护层工作面产量0.5～0.7 Mt/a，一个己$_{16、17}$煤层被保护层工作面产量1～1.2 Mt/a，全矿井年产1.6～1.9 Mt/a。

（2）优化巷道设计。合理确定工作面参数，适当加大工作面的走向长度，延长工作面生产周期。三水平己$_{15}$煤层工作面走向长度由1200～1300 m加大至1800～2000 m，己$_{16、17}$工作面倾向长度由原170 m左右加大至240～260 m，工作面圈定储量不少于1.6 Mt。

（3）优化生产系统。针对矿井主运输系统带式输送机多、环节多、系统复杂，人员占用多的问题，优化矿井主运输系统举措，提高主运输系统效率。

（4）优化劳动组织。通过实施“一人多岗、一岗多能”，机械化减人，自动化换人，优化劳动组织，择优组合，组建采、掘高产高效队伍。及时清退长期不上班人员，鼓励职工转岗再就业等措施再减少作业人员301人。

（5）加强“四化”建设。采掘工作面机械化、自动化智能化建设，提高单产单进水平，适当加大工作面的走向倾向长度，增加工作面储量，及时关闭资源枯竭采区，减少采掘工作面数量，提高生产效率。

（三）狠抓安全生产标准化，夯实安全基础

坚持“安全、标准、整洁、实用”原则，强化和落实安全生产主体责任，改善安全生产条件，大力推进矿井安全生产标准化建设。大力开展以采掘头面为重点的安全生产标准化示范工程创建活动，按照“典型引路、以点带面、持续改进、整体推进”的工作方法，规范管理，督促后进，改善作业环境，提高安全保障能力。采掘工作面实行生产即达标，回采（掘进）过程中保持动态达标，积极推动机电运输线路、硐室达标创建活动，打造“亮点工程、精品工程”。落实安全生产标准化现场会制度，采煤、掘进、机电运输、通风专业，由战线组织每月必须召开一次战线内部达标现场会，安检部门参与，推亮创新，切实发挥示范引领作用，不断提高矿井整体达标水平。

（四）加强经营管理，提高管控水平

（1）强化经营管控，加强资金管理。完善资金内部管控制度，实时监控货币资金状况，确保收支平衡，保证资金安全可控。从严控制资金支出，有效堵塞漏洞，提高风险防范能力。推行经营管理大考核会制度，确保考核

结果的公平性、公正性和规范性，实现矿井由生产型向生产经营型转变。

（2）加强成本管控。在保证安全生产的前提下，实施全员全要素全过程成本管控。强化用电管理，把电费指标分解到基层区队，加大电费管控力度。强化现场物资管控，严控定额指标，杜绝材料丢失、埋压、浪费现象。发挥“战线材料库”集中管理优势，确保材料管理取得实效。提高物资回收复用率，盘活闲置资产，减少新品投入，充分挖潜，降本增效。

（3）狠抓煤质管理。牢固树立“抓煤质就是保饭碗”“谁破坏煤质就是砸大家饭碗的”的理念，从源头做起，狠抓煤质全过程管理。成立煤质专业化队伍，深入现场，靠前指挥，采取有效措施，降低煤质灰分。进一步完善井下排矸系统，严格煤质变化预警预报。实行煤质灰分月度动态管理，重奖重罚，实现提质增收。

平顶山天安煤业股份有限公司八矿

一、矿井概况

平煤股份八矿（以下简称八矿）位于平顶山市区东部，距市区 12 km，矿井东西走向长 12.5 km，南北倾斜宽 3.36 km，矿区面积 41.42 km^2。八矿是我国自行设计和施工的第一座特大型矿井，设计生产能力 3 Mt/a，设计服务年限 65 a，于 1966 年 10 月 12 日兴建。1981 年 2 月 13 日一期工程投产，1984 年 12 月 30 日二期工程投产。2017 年核定生产能力 4.05 Mt/a。开采标高在 -80 ~ -740 m，2019 年年末，矿井剩余地质储量 357.709 Mt，剩余服务年限 32.3 a。

矿井采用立井、斜井多水平上下山混合开拓全井田。采用单一走向长壁后退式采煤法，全部垮落法管理顶板，综合机械化采煤工艺。

二、2019 年主要技术经济指标

2019 年原煤产量完成 4039773 t；开掘进尺 14718 m；原煤工效 10.07 t/工。在岗职工年人均收入 85326 元，高于本省煤矿平均水平。百万吨死亡率为零。

三、安全高效矿井建设的主要做法

（一）以安全管理为前提，夯实安全高效矿井建设坚实基础

坚持矿井主导、战线主推、基层主体，“双重预防”体系落地落实、见真见效，实现风险管控全覆盖、隐患整改全闭合。创新开展争创星级“安全伙伴”活动，全矿上下工作积极性空前高涨，职工安全意识显著提高。深化职工培训，职工安全意识、业务素质不断提升，荣获全国煤炭行业现代化远程教育培训先进单位称号。

（二）以效率提升为动力，助推安全高效矿井建设提档升级

优化生产布局，关闭丁一、己三采区和东风井，暂停丁四采区开发，合理收缩战场，实现集中生产。充分发挥安装回收指挥部的作用，提高安装质量，加快采面搬家速度，争取有效生产时间。坚持向改革要效益，明确层级

管理职责，释放各级管理权限，制定干部自主留守规定，实行周末基层区队党政正职值班制度，激发各级干部履职尽责的使命感和紧迫感。坚持“大断面、重装备、强支护”理念，积极引进大功率综采设备，不断提高工作面的单产水平。

（三）提质增效严控成本，实现安全高效矿井建设精益求精

牢固树立质量效益是中心的鲜明导向，围绕提高发展质量、提升效率效益，主动转变思维定式、改变发展方式、重塑管理模式，明确了“停丁组、缓戊组、先己组”发展方向，强力开发一水平己五、二水平己一采区，己组煤产量大幅提升，全年矿井收入跃居集团煤炭板块第一。提升全员经营意识，严把物资审批、采购、使用、回收关，着力解决大手大脚现象。推动物资集中化管理，取消区队材料库，建成战线管理材料库。

（四）推行瓦斯治理新技术，为安全高效矿井建设保驾护航

立足于彻底根除瓦斯顽疾，切实增强瓦斯防治的科学性、系统性和整体性，提出瓦斯防治“四个标准”，成立瓦斯异常信息管理办公室，绘制“多元信息预警图”，制定矿井区域打钻（抽采）考核验收管理规定。大胆进行改革创新、技术攻关，积极探索“掘打一体化”瓦斯治理模式，有效解决了打钻队伍不足、治理进度缓慢等问题。引进“水力造穴”钻机，提高治理效率，降低钻孔工程量，加快完善瓦斯抽采系统，多战线协同作战，形成了抽采管路超前区域钻孔的良好格局。

（五）大力实施科技兴企，引领安全高效矿井建设持续发展

坚持把科技创新作为推动矿井发展的强大动力，成立科技创新管理办公室，建立月度科技工作计划制度，荣获集团科技工作先进集体称号。激发基层自主创新，完成“五小”创新成果和合理化建议 129 项。不断提升矿井“四化”水平，广泛推广应用新装备。强力推动自动化升级改造，地面压风机房、井下 6 个主排水泵房、12 个变电所实现无人值守、远程集控。开展信息化技术研究，建成集团首个斜巷轨道全路况信息联动监测系统；构建了“一张图”共享服务平台，建成了集团首个机械装备系列化掘进工作面，首个智能化采面开工在即，示范化智能矿山建设初战告捷。

（六）狠抓环境治理，精心打造绿色、生态、安全高效矿井

大力推进生态文明建设，完成矿区周边道路修整、矸石山密闭大棚及排矸通道建设、铁道边坡治理、煤场治理和双燃混合动力锅炉安装等环保工程，覆土绿化面积 4000 多平方米，荣获平顶山市和集团节能减排竞赛活动优胜单位称号。加快矿区绿化美化亮化进度，荣获国家级绿色矿山称号。

平顶山天安煤业股份有限公司十矿

一、矿井概况

平顶山天安煤业股份有限公司十矿（以下简称十矿）位于平顶山煤田东部，平顶山市东北部，距市区中心约6 km，行政区划平顶山市卫东区。井田东西向长4.5 km，南北倾斜宽7.0 km。煤矿于1958年8月开工兴建，1964年2月移交投产，设计生产能力1.2 Mt/a。1982年进行改扩建，扩建后设计生产能力1.8 Mt/a，1992年进行技术改造，不增加设计生产能力。2011年，河南省工业和信息化厅以豫工信煤〔2011〕288号文批复十矿核定生产能力为3.3 Mt/a。2019年2月，河南省工业和信息化厅将十矿生产能力核减为2.64 Mt/a。可采煤层以开采戊、己组煤为主。矿井瓦斯和二氧化碳绝对涌出量分别为82.97 m^3/min和30.03 m^3/min，相对涌出量分别为15.58 m^3/t和5.64 m^3/t。

矿井布置生产水平一个（－320 m水平），准备水平一个（－870 m水平）。布置采区3个，分别为戊组中区、己四采区、己三采区。矿井开拓方式为多水平立井、斜井综合开拓；井田划分为东西两翼，采用采区前进、区段后退，上下山布置走向长壁顶板全垮落法开采工艺。

二、2019年主要技术经济指标

2019年煤矿原煤产量2.64 Mt，销售收入16.4381亿元，实现利润1.0311亿元，商品煤灰分39.6%，与计划相比降低3.4%，全员工效10.038 t/工，安全上实现百万吨死亡率为零的目标，实施瓦斯治理工程4003 m，完成瓦斯抽放钻孔488400 m，瓦斯抽放量22642000 m^3，发电量7596200 kW。

三、安全高效矿井建设的主要做法

（一）创建瓦斯综合治理示范化矿井为，狠抓“一通三防”及防突管理

强化“三化一工程”建设，提高防突水平。一是矿井按规定建立瓦斯抽采系统，根据瓦斯来源和浓度，实现分源抽采。二是全面实施“两堵一注”带压封孔技术，积极应用“通管直联”等其他先进的封孔工艺，提高

钻孔抽采效果。三是实施瓦斯治理措施打钻的打钻地点必须安装、使用打钻视频监控系统，区域钻孔施工做到视频全覆盖，实现“一钻孔一视频”，突出矿井（勘探工程处）建立打钻视频监控室。四是按抽采达标评判单元安装自动计量装置，依据自动计量监测系统统计、上报瓦斯抽采量。五是积极推广应用孔口定位装置、定向钻机等先进设备，提高钻孔施工质量。

（二）优化机电装备，提高生产效率

2019 年，十矿对已组运输系统进行升级改造，钢缆带式输送机改造成带宽 1200 mm 高强带式输送机，速度为 3. 15 m/s，运输能力 700 t/h。十矿主斜井高强带式输送机和己组三部高强带式输送机采用芳纶输送带和永磁电机新技术、新工艺，具有提高带式输送机输送效率、提高系统运行稳定性、节能及减少职工劳动强度等诸多优点。同时，实现了低速直连，运行更加安全；避免了润滑油的污染，系统噪声小，无噪声污染。

（三）创新管理，严格考核，推行内控体系

2019 年对全矿所有支出性费用进行细化、分解，使各项指标分解合理、到位，落实到各战线、科室、区队，与战线负责人、基层单位责任人直接挂钩，严格控制，不留空当。严格控制非生产性支出，压缩一切不必要的开支，大力压减办公费、差旅费、会议费、业务招待费等指标。对所有指标做到事前有计划、有预算，事中有控制、有检查，事后有核算、有分析，保证在可控状态下运行，做到全员参与、全程监督、全方位控制，每月、季度进行严格考核，奖惩兑现，实现成本管理的科学化、目标化、规范化，确保全年成本指标的完成。

（四）坚持科技兴矿，推动“安全高效”矿井建设

2019 年煤矿新投入了 ZY_{10000}—23/45D 支架（178 组）、MG—500/1180 采煤机、SGZ—900/1700 输送机、转载机等智能化设备，智能化装备的投入，拉开了河南省智能化综采的序幕，大大提高了井下现场的安全、效率，实现了智能化开采。加强现场安全管理，严格落实顶板、运输、设备检修等安全技术措施，各工作面正规循环率都在 95% 以上，综采三队高突智能化综采工作面月单突破 0. 12 Mt。

（五）加大环保投入，创建国家绿色矿山

2019 年 8 月 7—9 日，河南省自然资源厅组织专家对煤矿国家级绿色矿山建设工作组织验收，煤矿绿色矿山建设工作得到了专家们的一致认可、肯定与好评，取得了综合得分率 95% 的好成绩，顺利通过了国家级绿色矿山遴选验收。2019 年 12 月，煤矿国家级绿色矿山创建顺利通过国家自然资源部网站公示。

平顶山天安煤业股份有限公司十一矿

一、矿井概况

平煤股份十一矿位于平顶山市新城区北 3 km 的香山脚下，香山南麓，东距老城区 13. 5 km。矿井东西走向长 6. 6 km，南北倾斜宽 2. 54 km，井田范围 16. 8 km^2。矿井始建于 1972 年，1979 年简易投产。经过两次改扩建后，矿井核定生产能力为 2. 88 Mt。

二、2019 年主要技术经济指标

2019 年原煤产量完成 2. 4 Mt，开掘进尺 17519 m，原煤工效 10. 34 t/工，在岗职工人均收入 72072 元，高于河南省煤矿平均水平，百万吨死亡率为零。

三、安全高效矿井建设的主要做法

（一）推进双重预防体系，强化事故隐患排查治理

2019 年煤矿完成了安全风险隐患双重预防体系建设任务，被河南省安委会认定为“煤矿企业安全风险隐患双重预防体系”标杆企业，被河南省确定为平顶山市首批煤矿企业双重预防体系建设试点单位。在提高矿井安全风险能力方面以双重预防体系建设为抓手，强化安全风险分级管控和事故隐患排查治理。通过“驾照式”安全管理模式，开展阶段性安全专项整治活动，达到强根基的目的。

（二）积极研究探索采掘新技术，提升装备上水平

矿井引进先进采煤工艺，提高装备水平，重点推广电液控支架、端头支架，广泛采用远距离供液供电，逐步将采煤机截深提高到 800 mm 以上，支架工作阻力提高到 10000 kN 以上。

（三）优化安全生产系统，为矿井安全高效创造条件

一是优化通风系统，利用先进通风安全理论结合计算机软件技术，在通风系统调整过程中，制定多种方案进行优化，以建立安全、可靠、合理和经济的通风系统，更好地解决矿井通风系统存在的问题。二是优化运输系统，

对猴车进行改造和延长，实现无中转运人，缩短了人员的入井时间。安装架空乘人装置，实现了大巷内“人、物分运”；推广无极绳绞车，减少了操作人员，提高了安全性能，加快了物料运输速度。

（四）信息化与自动化

煤矿已建设完成覆盖全矿井上下的千兆以太环网和工业电视监控，通过集成和接入 14 大类自动化系统。主煤流运输系统实现井下 10 条用带式输送机及 5 台给煤机远程控制，地面煤楼 11 条带式输送机和 2 台给煤机远程集中控制；两个压风机房实现无人值守，压风机房 15 台设备实现无人值守模式运行，9 部架空乘人系统实现地面一键启停，7 个排水泵房 32 台泵全部实现一键启停，其中 3 个泵房实现全自动化运行。煤矿现有工业电视监控平台图像总数为 437 路，其中地面安防图像 155 路，生产系统工业视频 282 路。实现了运、储、下料各个转载点的可视化，现有应急扩播系统平台已完成主煤流运输巷及主要轨道运输 27 条线路，实现调度电话、移动通信、应急扩播系统互通。

（五）探索防突新技术，提高区域治理达标水平

（1）科学运用矿井瓦斯防治技术路线，坚持“一矿一策、一面一策”方针，确保瓦斯治得快、治得省。根据十一矿己$_{16、17}$突出煤层瓦斯赋存规律，针对不同区域采取不同的瓦斯防治技术路线。在确保安全可控的前提下，根据《防治煤与瓦斯突出细则》要求，对突出煤层分区域研究治理。通过施工低抽巷进行煤层原始瓦斯压力和原始瓦斯含量测定，在低抽巷施工穿层注水钻孔对煤层进行高压注水措施，减少生产过程中的产尘量，巷道成型好、月进度大幅提高，既减少了瓦斯治理时间，又降低了瓦斯治理工程投入，确保了矿井采掘正常接替。

（2）积极引进新技术、新装备、新工艺，提高瓦斯抽采效果和治理水平。装备了履带式钻机，各采煤工作面均装备了液压钻机，为施工“三探一防”钻孔和卸压钻孔提供了保障；十一矿、打钻工区先后引进 5 台随钻轨迹测量仪和多台大功率钻机，坚持采用“两堵一注”囊袋式带压封孔技术，确保了钻到位、严封孔。

（六）坚持绿色发展，创建生态文明

（1）多措并举完善综合防尘系统。注重技术创新，提高防尘效果。通过对己$_{16、17}$煤层上分层开采实行长孔动压注水工作，提高煤层水分。推广采掘工作面安装捕尘网，采面工作环境得到明显改善。完善生产区域洒水喷淋系统；带式输送机廊安装通风降尘设施；中央风井更换吸音片，降低噪声；

实现煤炭不落地，全部进仓封闭管理及矸石山建设喷洒淋浴等大大降低了扬尘污染，提高了矿区环境质量。

（2）矿井水和生活污水处理达标后全部复用。新建矿井水井下净化处理系统，采用膜处理技术，部分矿井水实现井下直接净化回用，剩余部分矿井水直接进入水厂，经处理后全部复用于井下生产防尘；工业场地生活污水全部进入氧化塘污水处理厂进行处理，处理后达到《污水综合排放标准》（GB 8978—1996）一级标准，全部复用于矿井生产。

（3）矸石山治理。十一矿二次改扩建未设计矸石山，仅设矸石临时周转场，新产生的矸石一方面进行矿山生态恢复治理，填埋采石坑并覆土绿化，做到了边开采边复垦；另一方面通过矸石砖厂制砖，实现综合利用。

（4）对矿院、西工区、生活区补栽苗木 15066 株，绿化面积达 4900 m^2。完成了工业广场和西工区矸石山绿化任务，绿化面积达 8600 m^2；配合矿环境污染治理工程完成生产路矸石山及煤楼周边覆土绿化任务，绿化面积达 27850 m^2，苗木长势良好，成活率达 100%。

平顶山天安煤业有限公司十三矿

一、矿井概况

平顶山天安煤业有限公司十三矿（以下简称十三矿）位于平顶山市东北17 km处，距襄城县9 km、郏县城东南18 km，辖区属许昌市襄城县紫云镇。

井田走向长15 km，倾向宽2.3～5 km，矿区面积53.64 km^2。西北起兴国寺正断层，东南止于沟里封正断层，东北浅部以二1煤层露头及襄郏一号正断层为界，西南深部以二1煤层底－800 m等高线为界，31勘探线以东以3115孔与3510孔连线和二1煤层－700 m底板等高线为界。

十三矿兴建于1993年12月，原设计能力1.8 Mt/a，2008年矿井生产能力核定为2.1 Mt/a。现有己一采区、己二采区、己三采区和己四采区生产作业。

2019年7月对矿井瓦斯和二氧化碳涌出量进行了测定，矿井瓦斯绝对涌出量为36.75 m^3/min，二氧化碳绝对涌出量为16.51 m^3/min。全矿井瓦斯相对涌出量为12.06 m^3/t，二氧化碳相对涌出量为5.42 m^3/t。十三矿所采煤层为自燃煤层，自然发火等级为Ⅱ级。矿井采用分区抽出式通风。

十三矿现开采的己组煤层，2005年5月9日由抚顺分院鉴定为突出煤层，矿井鉴定为突出矿井。

二、2019年主要技术经济指标

2019年，全矿累计完成原煤1.888 Mt；完成开掘总进尺15024 m，超计划1024 m，其中开拓进尺完成2929 m，超计划19 m；打瓦斯抽放钻孔655 km，抽放瓦斯1.052×10^7 m^3；杜绝了煤与瓦斯突出等重大事故，百万吨死亡率为零；完成销售收入8.85亿元，实现利润7500万元；在岗职工年均收入较上年增长12.6%。

三、安全高效矿井建设的主要做法

（一）规范管理，严格考核，确保安全零事故目标的实现

为确保“三杜绝”这一目标实现，研究制订了安全管理方面的相关文件，把职工培训、安全宣传教育、职工安全体系纳入结构工资进行考核；每

周组织一次全面的安全质量大检查；每周召开一次安全办公会，通报各战线现场安全质量隐患排查及所采取的整改措施情况；坚持每天科队晚八点安全例会制度，排查隐患，沟通信息，做到问题处理不过夜。十三矿把瓦斯管理作为矿井安全工作的重中之重来抓，对不同地点的不同情况，因地制宜采取不同措施进行治理，制定、完善了井下异常信息汇报分析制度，每天定时召开异常信息分析研判会议，从源头上消除了瓦斯危害，顺利实现了安全生产。

（二）抓典型，树标杆，全面搞好安全生产标准化达标工作

2019 年煤矿以安全生产标准化绩效考核、集团专业排名结果奖惩、矿对区队干部月度考核结果奖惩制度、矿对各专业月度考核奖惩制度、现场奖罚制度和目标奖惩制度为主体的管理体系，进一步规范了管理程序。

（三）严格管理，均衡生产，建设行业特级安全高效矿井

一是按照“以风定产”要求，坚持无突出危险区与突出危险区相协调开采、大采高与中等采高支架互补，合理配采，保证矿井长远稳定可持续发展。二是在科学论证基础上，优化布局，实施合理集中生产。矿井已形成“二综、二掘、二开拓”生产格局，采掘机械化程度均达到 100% 。三是严格落实定岗、定员管理制度，工资部门坚持每月对井下单位的定员进行核算，根据采、掘现场的变化状况，及时对有关单位定员情况进行调整。

（四）实施科技兴矿战略，促进矿井可持续发展

2019 年，荣获河南省煤田地质局科学技术奖一等奖 1 项，集团科技进步二等奖 2 项、三等奖 4 项，企业管理创新奖三等奖 1 项，社科成果奖二等奖 1 项，三等奖 1 项，参与专利 4 项，技术攻关协助成果奖一等奖 1 项，荣获煤炭工业优秀 QC 小组称号。进一步加强设计管理，提高设计的合理性和科学性。全年共完成各类工程设计 47 项，优化工程设计 13 项。

平顶山天安煤业股份有限公司朝川矿

一、矿井概况

平顶山天安煤业股份有限公司朝川矿属临汝煤田，矿区面积16.4565 km^2。朝川矿始建于1970年，由国家计划投资开发，武汉煤矿设计院设计，河南省洛阳地区朝川煤矿筹建处负责，河南省建井一处（原煤炭部45处）建井。1978年8月，成立洛阳地区朝川煤矿，1980年5月更名为“河南朝川矿务局”，隶属于河南省政府。1998年7月，“朝川矿务局”被平顶山煤业（集团）公司兼并，更名为“平顶山煤业（集团）公司朝川矿”，2005年底改名为“平顶山天安煤业股份有限公司朝川矿”，2016年朝川矿产业升级改造后，核定生产能力为1.8 Mt/a。

二、2019年主要技术经济指标

2019年，煤矿原煤产量完成1.5 Mt；开掘进尺6279 m；人员工效7.1 t/工；在岗职工年人均收入72072元，高于河南省煤矿平均水平；百万吨死亡率为零。

三、安全高效矿井建设的主要做法

（一）强化完善煤质管理、优化系统、减员提效

2019年煤矿对原有生产系统薄弱环节进行技术改造，优化矿井安全生产环境。一是着力解决制约效率效益提升的瓶颈问题，实现“一矿一区两面”布局。优化采面开采顺序、优化己二采区工程设计及黄庄井田开发方案、优化辅助提升运输系统，由原两套提升系统改为牛庄副井提升，实施主斜井架空乘人装置、斜巷架空乘人装置、己一架空乘人装置的自动化改造，实现远程控制和无人值守。停运－10 m、副斜井提升系统，对牛庄副井进风系统进行调整，同时对矿井主要通风机风叶角度进行了调整（由+3°调整为－3°），矿井负压由原来的2995 Pa降至2400 Pa，在确保矿井风量满足要求的情况下顺利完成矿井降阻目标。二是坚持提质增收，全方位管控煤质，由调度室和煤质中心根据采掘头面煤质情况、协调指挥各单位好煤与次煤生产

期间的开停机时间，严控煤炭质量，实现效益最大化。三是以“集团工资改革四家试点单位”为契机，加大劳动组织整顿力度，合并业务相近的区队、岗位，精简优化组织机构和岗位设置，推行岗位承包、职工一岗多责等形式，减少劳动用工；通过职工退养、清退不在岗人员、减少劳务派遣工、向非煤单位引流等方式减员，全年减员 320 人，生产原煤由原来的 1 Mt/a，增加到 1.5 Mt/a，利润 1.03 亿元，创建矿以来原煤产量历史新高。

（二）强化安全基础管理，推行正规循环作业，促进高产高效

坚持以抓管理、走正规、上标准、保安全、提效益的工作目标，把安全基础管理工作与安全生产标准化管理工作作为最大效益来抓，由点到面全方位、精细化管理。一是制定《关于加强 2020 年安全生产标准化工作的安排意见》《朝川矿安全生产标准化验收考核评比管理办法》等文件，建立健全目标制度，强化目标管理，全方位推进安全生产标准化工作进程。二是加大安全投入，从吨煤成本中列支 5 元，作为安全生产标准化建设专项资金，确保安全装备水平、安全基础设施得到进一步改善与提高。三是坚持达标计划与生产计划“三同时”，有力推动达标工作稳步提升。同时倡导“工资是劳动挣来的”价值导向，职工工资全部通过工作量化考核来真实体现，激发干部职工工作热情。

（三）提高矿井单产单进水平，提升综合管理水平

为深入开展“安全高效”矿井建设，提高采掘工程单产单进水平及工效，达到减人、减面、提效的目标，提高经济效益，煤矿采煤工作面全部布置综放设备，机械化产量占总产量的 95% 以上，全矿所有开掘工作面全部实现机械化装载，综掘进尺占总进尺的 75% 左右，积极推广使用锚网索注浆联合支护技术，巷道断面达到 20 m^2，逐步推进装备升级，先后投入 EBZ－260 型综掘机、ZWY－150 型挖掘机、侧装机等设备，降低职工劳动强度，有力推进高产高效矿井建设。

（四）己组煤综合机械化开采高产高效措施

一是在己$_{16、17}$—21180 采面引进 MG500/1170－AWD 型大功率割煤机，最大限度满足综采放顶煤工艺需求，采用成套液压泵站系统，实现设备一键启停、乳化液自动化配比。探索使用回收、安装车等快速安装、回撤设备，实现综采工作面安全高效安装、回撤。

二是不断优化综采工作面设计，为安全高效回采提供根本保证。工作面设计尽量避开落差大于 4 m 的断层，机巷避免拐弯，两巷断面满足最大设备运输要求。在回采过程中，加强生产技术管理，确保开机率在 75% 以上，

同时加强过老巷、断层、溶洞及底鼓管理，超前考虑，保证安全回采。

（五）加强科技创新，提升矿井科技水平

大胆取消三产单位，深挖地面工厂潜能，拓宽业务范围。自制加工金属网、锚杆、锚盘、U型钢支架、带式输送机附件等产品，使用回收旧材料和边角余料改制单体柱柱鞋、羊角挡等产品，自主研发单轨运料车、风水联动喷雾器等多项“五小”创新成果，充分发挥广大职工的聪明才智，使企业更好地依靠技术进步，提高企业经济运行质量，确保安全生产。

（六）加大环保投入，创建绿色矿山

煤矿在环境保护和绿色矿山建设方面，不断提升“环保也是生产力”的认识高度，把环境污染防治工作上升到与企业安全工作同等重要的位置。严格遵守国家环境保护相关法律、法规，对产生噪声区域采取了隔音、吸音和消声措施，治理后各声源边界排放的噪声达到了《工业企业排放标准》（GB 12348—2008）中Ⅱ类标准要求；建立节能型封闭煤场，减少扬尘；对矸石山采取降低山体、山体坡面平整（含修筑马道）、修筑档矸墙、山体锚固、绿化喷灌、山体覆土绿化、运矸石轨道封闭等措施，矸石堆放场地达到了国家标准；矿井污水处理厂进行升级改造，矿井水处理能力增加150 m^3/h，生活水处理能力增加30 m^3/h。矿井污水通过污水处理系统净化，净化后的清水供朝川化工科技公司、矿井工业用水、矿区生活用水，实现了资源循环综合利用，为建设绿色高效矿井打下坚实基础。

河南平禹煤电有限责任公司一矿

一、矿井概况

河南平禹煤电有限责任公司一矿（以下简称平禹一矿）位于禹州市北东约 8 km，行政隶属禹州市朱阁乡及古城镇，东距许昌市约 37 km，南距平顶山市 60 km，北距郑州市 80 km，新郑～禹州市～登封市的公路、禹州市神后镇至许昌铁路、平顶山至禹州市铁路等从矿区内通过，交通十分便利。

一矿于 1976 年 10 月投产，设计生产能力 0.6 Mt/a，经过产业升级改造后，现生产能力核定 1.5 Mt/a。井田面积 11.0428 km^2，主要开采二叠系山西组$二_1$、$二_3$煤层，$二_1$煤平均厚度 5 m，$二_3$煤平均厚度 1.8 m，煤层平均倾角 22°。矿井属低瓦斯矿井，水文地质条件中等。煤层具有煤尘爆炸性，煤尘爆炸指数为 14.82% ～15.87%，自燃等级为Ⅲ类，不易自燃煤层。截至 2019 年年底，保有资源储量 70.8184 Mt，其中$二_1$煤 53.503 Mt，$二_3$煤 17.3154 Mt；可采储量为 20.758 Mt，其中$二_1$煤 15.336 Mt，$二_3$煤 5.422 Mt。

二、2019 年主要技术经济指标

2019 年煤矿原煤产量完成 1.20 Mt，开拓总进尺完成 7230 m，全年实现了安全生产。2019 年杜绝了死亡和二级以上非伤亡事故，百万吨死亡率为零。在岗职工年均收入 8 万元以上,同比增长 12% ;全年原煤工效 8.18 t/工。

三、安全高效矿井建设的主要做法

（一）安全大局稳定

认真贯彻集团“坚持以安全环保为前提”的工作理念，把抓好安全、环保工作视为政治责任，摆在突出位置，抓深入、抓具体、抓落实，确保了矿井发展前提。安全方面，牢固树立红线意识、底线思维，坚持依法依规管矿治矿，严格按照集团“四个重在”新时期安全工作思路，以问题、目标和效果为导向，持续抓超前、重防范、严考核、求实效，圆满完成了“三零”目标，确保了安全平稳态势。

（二）逐步提升安全生产基础，生产组织亮点纷呈

按照“在坚持中巩固，在巩固中细化，持续发力推进，全面精细达标”的创建思路，结合煤矿实际情况，制定了安全生产达标规划，明确标准、明确责任、明确时间、明确资金，实现了创建工作突出重点、以点带面、全面推进。同时通过科学谋划布局，加强生产组织，保证正规循环，取得了前所未有的成绩，产量、进尺多项数据刷新了矿井历史最高纪录。

（三）推进科技创新减员提效，稳步推进智能化矿山建设

矿井大力推进“机械化换人、自动化减人”工作，提高了自动化水平，力争实现远程集控、无人值守。煤矿已经实现带式输送机运输集中控制，猴车运输无人作业；实现上仓带式输送机—手选带式输送机—振动筛—高强带式输送机等集中控制；实现东翼 -143 m、 -415 m 水平泵房、变电所和东翼空气压缩机房自动化无人值守，并全面实现采掘工作面临时排水点排水自动化。

（四）人力资源改革创新

紧紧围绕减人提效工作目标，从制度、人员和机制着手，大胆尝试、敢于变革，提效率、减人员、降成本成效明显。一是改革完善工资和奖金分配制度，强化延米单价、吨煤单价在绩效工资考核中的作用，实现区队队干工资与职工平均工资直接挂钩，适当提高地面普通岗位、机关管理人员工资待遇，有效发挥工资激励杠杆作用。二是加大劳动组织整顿力度，全年清理长期不在岗人员 369 人。三是积极推进后勤服务社会化，治安保卫交保安公司，市区通勤交公交公司，有效节减了开支、分流了人员。

（五）经营管控更加严细

始终高度重视降本增收工作，以材料费、电费、煤质等为管理重心，健全规章制度，强化执行落实，有效堵塞了管理漏洞。一是多措并举严控材料费用，缩短计划周期，采取网上采购，加强库存管理，严格现场考核，每月兑现奖惩，全年物资管理和材料考核罚款 52.13 万元，奖励 17.63 万元，奖罚金额同比提高了近 3 倍。二是强化井上下用电定额控制，落实“削峰填谷”管理办法，严格外传供电管理，全年用电量 7.684×10^7 kW·h，吨煤电耗 65 kW·h，同比下降 42.5%。三是加大回收复用、修旧利废和物资调剂工作力度，全年回收复用 2082 万元，修旧利废 1257 万元，从停产矿井调配各类设备物资 482 万元。四是严格煤质管理，加大煤质考核奖惩力度，落实源头管控措施，强化系统环节管理，全年煤质 18120 kJ，较年初计划提高了 955 kJ。

（六）鼓励创新，夯实安全高效基础

科学技术是第一生产力。为实施科技兴矿战略，促使矿井可持续发展，按规定足额提取专用资金，用于加大科技投入和高新技术的推广应用。成立了以矿长、总工程师为组长的科技兴矿领导小组，制定了年度科技工作计划，拟定科技攻关项目，加大科技投入和高新技术的推广应用；建立完善专业技术人才、技术工人和企业管理人员人才库，搭建科技创新平台，充分调动技术人才的工作积极性，涌现出一大批优秀技术骨干，为矿井的可持续发展起到了良好的技术支撑作用。

平顶山市瑞平煤电有限公司张村矿

一、矿井概况

张村矿位于汝州市小屯镇境内，井田东西走向长度 4.5 km，南北倾斜宽度 2.7 km，井田面积 9.87 km^2。张村矿地质构造和水文地质类型均属复杂型。可采煤层分别为五$_3$、五$_2$、四$_3$、四$_2$、二$_1$、一$_8$ 煤，主采煤层四$_3$、二$_1$ 煤层。2007 年 11 月投产，截至 2019 年年底，矿井剩余保有储量 71.1313 Mt，可采储量 32.597 Mt。经过产业升级改造，现矿井生产能力 1.5 Mt/a。主要可采煤层为二$_1$ 煤、四$_3$ 煤，其中二$_1$ 煤层煤厚 0.49 ~ 13.02 m，平均煤厚 4.2 m；四$_3$ 煤煤厚 0.42 ~ 5.37 m，平均煤厚 2.9 m。张村矿属低瓦斯矿井，煤尘具有爆炸性，煤层有自然发火现象。

张村矿均采用走向长壁后退式采煤法，全部垮落法管理顶板。全矿有 2 个综采工作面同时生产。

二、2020 年主要技术经济指标

2019 年煤矿生产商品煤 1.5 Mt，开掘总进尺 6600 m。原煤工效 7.87 t/工，综采机械化程度 100%，掘进装载机械化程度 100%，综掘机械化程度 100%。2019 年实现利润 4.2 亿元，在岗职工年均收入 7.36 万元。

三、安全高效矿井建设的主要做法

（一）狠抓“一通三防”、“水害”、安装、回收等安全管理重点，确保安全生产

牢固树立“低瓦斯矿井高瓦斯管理”的理念，把安全管理的重心、安全宣传教育的中心向加强瓦斯治理转移，提高全矿对瓦斯危害的认识，构筑防治瓦斯的坚强防线。从安装、回收工程准备、组织工程验收、安装回收进程等不同阶段进行安全把控，每个采煤工作面的安装回收，均组织通风、机电、地测、安检等业务科室参加联合验收，把好工程质量关。2019 年 4 月份，四$_3$—12070 开切眼锚网索支护大断面一次成巷，创单月进尺 140 m 的纪录。6 月份，四$_3$—12070 采面创 12 d 采面安装新纪录，同时创下一个圆班安

装15架的历史最好纪录。8月，通过统筹协调，$二_1$—12110采面如期完成安装，为2019年下半年安全效益双丰收打下坚实基础。

（二）深化安全生产标准化建设，打牢安全生产基础

以建设本质安全型矿井和保持河南省“五优”矿井为目标，进一步巩固达标成果，深挖内部潜力，细化工作标准，提升达标层次，不断提高一级安全生产标准化矿井水平。进一步规范安全技术管理，严格工程设计，做到了各种作业规程和措施始终服务于现场，实现了新开工头面全部达标，各系统点、线、面全方位达标、动态达标，着力打造精品工程、示范工程，推进了矿井质量标准化工作再上新台阶。

（三）强化各级安全生产责任制的落实，着力打造安全文化

进一步细化量化安全责任，把安全管理的责任向职能科室、基层管理干部、班组长、职工转移，一级抓一级，层层抓落实，使安全管理的压力传递到每一个职工，实现关口前移、重心下移。推行安全结构工资，把职工工资的20%与个人安全行为挂钩，规范职工安全行为。深入开展以人为本、遵章守纪、珍惜生命、注重安全的安全文化建设，深化以井口安全文化长廊、井下安全文化长巷为基础的井巷安全文化建设，建立完善的安全培训机制、安全宣传教育机制、安全目标考核机制，使安全文化建设融入安全制度建设，融入井下生产现场安全管理，深入职工心灵深处，形成内化于心、付诸行、人人自觉遵循的切实行动。

（四）抓好系统优化调整，提高系统能力，解决生产瓶颈

进一步优化了矿井供电、运输、通风、排水等各大系统，确保矿井正常运行。先后完成二煤一部高强带式输送机永磁电机更换、调度室调度台升级改造，水厂一体化处理设施的自动控制安装等项目，优化矿井供电系统，对110 kV变电站供电系统进行分列运行，对－600 m泵房、中央泵房水仓做好安全生产过程中的供电、设备检修等工作。

（五）优化劳动组织，优化采煤工艺，严抓正规循环

严格实行“三八”作业制度，严抓班与班的衔接，现场交接班，健全现场交接班制度。加强劳动组织调整与管控，合理利用现有人员，做到指挥科学、生产有序。提高生产班正点开机率和正规循环率，保证设备正常运行时间并每天在战线早会上通报，对无故完不成正规循环率的区队主要领导必须说明情况，分析原因，采取措施。7月，$二_1$—12070投产后实现月推进116 m，月产0.11 Mt的历史最好成绩。

（六）推广适用技术，促进顶板管理水平提升

张村矿坚持大力推广锚网索支护技术，顶板较完整的煤层工作面安装回收开切眼支护，采取锚杆、锚索联合支护方式施工大断面开切眼；在顶板破碎煤层开切眼中运用锚索加固技术，解决开切眼上口大断面运输通道支护难题，为安装、回收创造良好的作业条件。

（七）强抓现场管理，消除安全隐患，严格对各项指标进行考核

结合张村矿实际情况，牢记“三不四可”，持续深化“红线意识”，狠抓现场管理、质量标准化、班组建设，加大隐患排查和责任追究力度。除重大外界因素影响外，当月完不成矿下达生产任务的，区队管理人员工资按全队人均工资计算；连续 2 个月完不成生产任务的，区队管理人员工资按平顶山地区月最低生活保障金计算；连续 3 个月完不成生产任务，队长书记就地免职。每月矿将根据安全生产经营计划完成情况进行考核评比，对安全好并且超额完成生产任务的区队将给予 0.5 万 ~2 万元奖励。

平顶山市瑞平煤电有限公司庇山煤矿

一、矿井概况

庇山矿位于汝州市西北 13 km 处，行政区划属汝州市陵头乡。庇山矿井田东起陵头正断层（F_3），西至下鲁正断层（F_1）、南起各煤层露头，北至各煤层 -700 m 等高线，井田面积 6.15 km^2。

产业升级后产能由 0.3 Mt/a 提升到 0.85 Mt/a。矿井开拓方式为斜井立井综合开拓，布置 4 个井筒，即主斜井、副斜井、乘人斜井、回风立井。主斜井担任主提升，安装 TC80/23/450 型大倾角带式输送机，担负全矿井的提煤任务。副斜井装备一台 2JK3.0×1.5/30E 双滚筒绞车，担负升降材料、矸石及综采设备等辅助提升任务。乘人斜井装备为 RJY55-35/1800（A）型架空乘人装置。回风立井位于井田中部，安装有 2 台 FBCDZ-10-№31 型对旋轴流式通风机，1 台工作、1 台备用。

矿下以 -50 m 大巷为分界点，分成上下两个采区，主采二$_{1-8}$煤层，截至 2019 年年底可采储量 10.18 Mt，剩余服务年限 12 a。矿井现二采区布置有一个综采工作面；一采区布置有两个掘进工作面，综采工作面为二$_1$—12180 采面，掘进工作面为二$_1$—11112 风巷和二$_1$—11112 机巷。

二、2019 年主要技术经济指标

2019 年完成原煤产量 0.83 Mt；完成开掘进尺 4966 m（其中开拓 611 m）；实现销售收入 3.2 亿元，利润 0.49 亿元；保持职工收入稳步增长，同比增长 6.4%；杜绝了重伤及二级以上非伤亡事故，百万吨死亡率为零。

三、安全高效矿井建设主要做法

（一）狠抓安全生产标准化，实现安全生产

2019 年，煤矿二$_1$—12180 采面、二$_1$—11112 风巷创建成集团示范化采掘头面，矿井通过集团年度安全生产标准化验收，继续保持国家一级安全生产标准化矿井及省“五优”矿井。生产工艺方面保持正规作业循环，提升设备管理，严格按照业务分工、分片包干原则，坚决执行停机处理，严禁设

备带病运转，全年设备整点开机率均达到了80%以上，正规作业循环率达到85%以上。

（二）夯实安全基础，实现安全平稳发展

2019年，煤矿在集团的大力支持和矿党政领导的正确领导下，认真贯彻落实上级和矿安全工作部署，以“六个坚持”基本方略、“四个重在”安全管理理念为引领，全年杜绝了重伤及一级非伤亡事故，实现了“三零”目标。严格落实双重预防体系建设，全面管控整治安全风险隐患。夯实区队、班组基础，按照“做实矿井做强区队、做优班组”的思路，继续深入实施集团“1161”班组现场安全管控模式建设，持续开展“五优”班组、“三无”班组选树活动，深化班组长公开选拔机制建设，提高班组长各项待遇，实现责权利统一。承办了集团2019年度职工职业技能竞赛瓦检工实操比赛。孙耀民、李治国以优异成绩取得了集团第一、第五的好成绩。荣获集团2019年一季度“当好主人翁、建功新时代”劳动竞赛活动优胜单位荣誉称号。

（三）提升装备水平，实现减人增效

新增ZY5000－18/38型液压支架及综采配套设备，采高由原来的2.5 m提高到3.5 m，日产由1500 t提高到2219 t，最高日产3720 t。安装了SZZ－110型转载机和PL－400型破碎机，取代了SGB－40T型转载机和人工破岩，两台EBJ－200型掘进机单进突破380 m，最高日进尺18.2 m，减轻工人劳动强度，提高了机械化水平。6台ZDY3200L型煤矿用履带式全液压坑道钻机，加快打钻速度，解放有效的生产时间。完善了抽采系统，井下增加一组抽放泵站，实现了分源抽放，全年瓦斯抽采量4.1×10^5 m^3，打钻量35000 m。对三部高强带式输送机、中央泵房、中央变电所系统进行技术改造，实现无人值守、自动开停，圆满实现了减员增效。

（四）科技支撑力不断加强

2019年申报集团科技进步奖9项。完成“五小”创新成果50多项。全矿中层以上领导干部具有大专以上学历人员达到了62%，“五职”矿长、工程技术人员、特种和其他技术人员配备数量达到了准入规定。科研成果《大坡度高瓦斯复合顶板工作面安全高效开采技术研究与应用》获中平能化集团科技进步二等奖，《庞山矿二采区系统优化研究与应用》获集团科技进步三等奖，《庞山矿主排水系统优化与应用》获集团科技进步三等奖，《庞山矿大倾角“三软”煤层锚网索支护技术研究与应用》获集团科技进步三等奖。

（五）经营效益稳中有进

坚持稳产增效、提质增效、降本增效、管理增效，实现销售收入3.2亿元，保持职工收入稳步增长，同比增长6.4%。修订完善了《绩效考核及工资分配办法》，成立矿定价委员会，严格按照吨煤工资和延米单价结算工资。科学合理设置绩效考核要素和权重，加大了现场物资管理、修旧利废、回收复用等工作力度，实现了节支降耗。在各级领导的大力支持下煤矿新增一套煤炭风选设备，同时采取分装分运的措施确保煤质。

平顶山天安煤业有限公司九矿

一、矿井概况

平顶山天安煤业公司九矿有限责任公司位于平顶山市以西 12 km，行政区划属于平顶山市新华区管辖。矿区连接京广、焦枝两大干线的孟（庙）宝（丰）支线和矿区铁路专用线在该矿南部通过。矿区专用铁路线通过本矿井，铁路运输已形成。平（顶山）~宝（丰）公路、许（昌）~南（阳）公路从矿区通过，区内交通方便。井田走向长 2.3 km，倾斜宽 2.7 km，面积 5.98 km^2。矿井共开采有丁$_{5、6}$煤，己$_{16、17}$煤。其中丁$_{5、6}$煤为动力煤，己$_{16、17}$煤层肥煤、1/3 焦煤，低灰、低硫、低磷、发热量高，精煤采出率高，可选性与炼焦性能好，为优质炼焦用煤。

生产水平有丁二下山采区和己二下延采区。其中丁二下山采区工业储量为 2.411 Mt，可采储量 1.929 Mt；己二下延采区工业储量为 12.114 Mt，可采储量 9.086 Mt。

矿井采用立、斜井多水平混合开拓方式，走向长壁后退式综合机械化采煤法采煤，全部垮落法管理顶板，瓦斯相对涌出量 8.27 m^3/t，绝对涌出量 14.35 m^3/min，二氧化碳相对涌出量 3.20 m^3/t，绝对涌出量 5.56 m^3/min。

二、2019 年主要技术经济指标

2019 年，原煤产量完成 0.737 Mt，开掘进尺 7570 m，同比增长 370 m，实现安全生产，百万吨死亡率为零，原煤工效 4.23 t/工，综采机械化程度 100%，综掘机械化程度 83%，综合单产 61930 t/月，销售收入 3.49 亿元，实现利润 5092 万元，职工人均收入 6.5 万元；在瓦斯防治方面，完成瓦斯抽放 1.8257×10^6 m^3，完成打钻 123100 m。有效地保障了矿井的安全生产；矿区绿化、硬化率达到 100%，生产煤炭不落地，实现绿色环保。

三、安全高效矿井建设的主要做法

（一）强化生产组织，提高生产效率

（1）优化设计，简化系统，减人提效，组织正规循环作业。煤矿经过

充分论证，科学决策，对丁$_{5、6}$－22160综采工作面设备进行优化选型，使用了ZY6400－23.5/45型液压支架、MGTY500/1130－AWD型电牵引采煤机、SGZ－900/1050型输送机及配套设备，为采煤工作面组织生产提供了先决条件。

（2）精心准备接替战场，根据生产现场实际、接替需要，及时调整劳动组织，提高掘进机械化程度，安装使用EBZ－260型综掘机3台，EBZ－200型综掘机2台，所有岩巷工作面采用耙装机配合矿车，为提高掘进工作效率创造了条件，开掘进尺逐步提升，同比增长370 m，创煤矿年开掘总进尺最高纪录。

（二）科学管理，完善考核制度

（1）加大信息化和自动化投入，实现了办公网络化、自动化，提高了工作效率，减少了人员投入。矿井新建了数字化综合生产调度指挥中心、井下全方位人员定位系统、瓦斯监测监控系统、内部OA办公自动化系统、企业微信平台、物资管理信息系统以及重要场所视频监控系统，实现了关键岗位可视化，各大系统和主要设备实现了在线监测，矿井生产建设实现了“数字化”“信息化”“自动化”。

（2）不断建立健全考核制度。制定了《平煤股份九矿双重预防体系管理管理考核办法》《平煤股份九矿安全生产标准化考核管理办法》《平煤股份九矿经营指标管理考核办法》《平煤股份九矿关于经营绩效考核管理的规定》《平煤股份九矿物资管理办法》《平煤股份九矿修理费管理办法》《平煤股份九矿关于深化企业改革工作的安排意见》等多项经营管理方面配套管理办法。

（3）在日常考核过程中，坚持不断完善各项考核细则，更改不合理的考核办法，持续将新增目标要素如劳动竞赛、党建工作、民生稳定、改革创新等加入考核体系中去，不断完善加强整个体系的建设。在考核中以突出质量效益为重点，以安全为基础，不断优化绩效考核，同时，坚持刚性考核与柔性管理相结合，对各单位实行综合评级制度（分为A、B、C三个级别），严格奖惩兑现，实现重奖重罚，努力形成事前有目标、事中有控制、事后有考核的经营考核流程，实现了考核良性向导作用。

（三）落实科技兴矿战略，加强技术创新

（1）煤矿大力实施科技兴矿战略，加大人才引进，坚持求真务实，创新发展，加快科技成果向生产力的转化，围绕生产技术难题，鼓励科技攻关，激励技术创新。近两年来煤矿共10项科技成果获得集团公司科技进步奖、3 项专利获集团知识产权奖、21 篇论文获集团优秀论文奖。

（2）2019 年，计划投入科技资金 2180 万元，对《九矿井田两翼矿井采区封闭后水害威胁的研究分析与处理》《九矿己 16－17－22050 工作面复杂地质条件下精准瓦斯治理技术研究及示范》两个项目进行重点攻关。

平顶山天安煤业有限公司香山矿

一、矿井概况

香山矿位于平顶山煤田西部，在宝丰县周庄镇境内，东距平顶山市区约16 km，西距宝丰县10 km。香山矿始建于1958年，前身是地方国有煤矿，2003年5月27日被平煤集团收购重组，设计生产能力0.45 Mt/a，2009年矿井产业升级，2011年矿井核定生产能力为0.9 Mt/a。经过集团公司大量的设备和资金投入，香山矿的采煤机械化程度达到了100%，掘进机械化程度达到了75%，单产单进水平有了明显提高。在生产调度、安全监测、信息通讯等方面实现了网络化管理，是一座现代化矿井。

矿井为立井多水平分区式开拓，下山开采，全部垮落法管理顶板，走向长壁后退式采煤方法，综合机械化采煤工艺。开采水平为二水平下延，标高为-610 m，二水平下山部分工作面开采深度在-700 m左右，矿井布置一个综采工作面。

二、2019年主要技术经济指标

2019年矿井百万吨死亡率为零；全年计划0.9 Mt，实际完成0.898 Mt，单面最高月产81000 t，平均月产75534 t；全年计划开掘进尺4000 m，实际完成5832 m，煤（半煤岩）巷最高月进尺355 m。全年实现利润506.66万元，同比增长17.40%，原煤工效4.015 t/工。职工年人均年收入6.34万元，同比增长10.5%。综采机械化程度100%，掘进机械化程度75%，装载机械化程度100%。采掘关系正常，三个“煤量”符合规定，矿井采区采出率81.9%。

三、安全高效矿井建设的主要做法

（一）优化布局，简化系统，安全高效

围绕矿井发展长远规划，科学谋划，统筹布局，突出“安全高效、科学接替、恰到好处”的指导原则，及时调整生产战场，简化矿井生产系统，为适应矿井安全高效发展的目的，采煤工艺由炮采改为综采，综采机械化程

度达到了100%；矿先后引进4台EBZ－200型、1台EBZ－300型掘进机，1台EBZ－200（H）型全岩掘进机，及时淘汰落后的EBZ－160A型掘进机，掘进机械化程度75%，掘进装载机械化程度100%，矿井实现了产业布局优化、系统简单可靠、生产安全高效的目的。

（二）加大科技攻关力度，走新型工业化道路

以生产系统改造、采掘设备更新和工艺革新为重点，积极引进、吸收和转化新技术、新成果，推广应用新工艺、新设备、新材料，大力开展科研攻关和群众性技术革新改造活动，实现了采掘综合机械化和技术装备现代化，逐步走出了一条科技创新能力强、安全基础牢、产能效率高、经济效益好的科技兴矿、科技保安之路。重点完成了《大采长中厚煤层综采工作面安全高效回采技术研究与实践》《复杂条件下薄煤层综采工作面快速过地质构造带安全技术的研究与实践》《大采高上覆岩层硐室及巷道稳定性应用研究》《大埋深复合顶板综采工作面快速过薄煤带期间安全技术的研究与实践》《下分层综采工作面破碎顶板快速过断层技术研究与实践》《深部软岩巷道支护参数优化及快速掘进技术研究与应用》《采动影响围岩破碎巷道注浆加固技术的研究与应用》等科研项目。先后有20项成果获得集团公司科技进步奖，并多次被集团公司评为科技工作先进单位。

（三）积极稳妥推进减员增效改革

突出稳定有序，本着科学合理，在搞好思想宣传的基础上，深入基层、深入现场，分阶段进行了调查摸底、数据统计，结合安全生产实际，通过撤销机构、重新定编、加快岗位调整、转岗培训，达到了合理配置劳动力资源的要求。

河南神火煤电股份有限公司新庄煤矿

一、矿井概况

新庄煤矿是河南神火煤电股份公司的骨干企业，位于永夏矿区东部，豫、皖两省交界的河南省永城市东部，行政区划属苗桥乡管辖。矿工业广场西至永城市 24 km，东距安徽省淮北市 19 km，西傍京九铁路，西北 120 km 可达铁路交通枢纽商丘车站，东北 94 km 可达另一铁路交通枢纽徐州车站。

新庄煤矿采用立井、暗斜井延伸的开拓方式，矿井通风方式为混合式，通风方法为抽出式。综合机械化采煤工艺，倾斜长壁后退式一次采全高采煤法，采用全部垮落法管理顶板。煤与瓦斯突出矿井，煤层无自燃特性，煤尘无爆炸性，水文地质类型为中等，新庄煤矿 2017 年 8 月升级为煤与瓦斯突出矿井。

新庄煤矿 1995 年正式投产，矿井核定生产能力 1.8 Mt，2019 年实际生产原煤为 1.795 Mt。采面为倾斜长壁布置，顶板采用全部垮落一次采全高采煤法，采面长度 120～200 m，风、机巷平均长度为 925 m。

二、2019 年主要技术经济指标

2019 年，新庄煤矿实际生产 340 d，共生产原煤 1.7954 Mt，原煤生产期末人数平均为 722 人，原煤生产工日 190146 个，原煤工效 9.4 t/工。全矿实际完成 10994 m，其中综掘进尺 7540 m。

2019 年，煤矿共生产原煤 1.7954 Mt，全年累计实现内部利润 4162 万元，原煤生产成本 332.6 元。2019 年全矿累计人均工资 6648 元，比 2018 年人均 6331 元增长 5.01%。

三、安全高效矿井建设的主要做法

（一）新工艺、新技术释放发展潜力

（1）2019 年，煤矿首次引入采煤工作面覆岩离层充填减沉开采技术在 22201 工作面施行。实施覆岩充填减沉绿色开采技术，不仅大幅减少拆迁补偿及地面沉陷，而且缓解了接替紧张局面，解放回采煤量约 0.23 Mt。

（2）2019 年，同系煤层共采巷道支护技术研究与应用开始实施，通过围岩松动圈测定、协同机理研究，最终确定了新的支护方案，现场巷道变形减小，延长了巷道服务年限，减少巷道维修量20%左右。

（3）实施“采煤工作面超前一体化自承压支护技术”项目，使用超前全注浆锚索支护代替采面两巷单体支柱支护。变被动支护为主动支护，降低了职工劳动强度，提高了工效，单面圆班减少超前工 12 人，减少单体支柱 110 余根，节约施工成本近百万元。

（二）新设备、新装备增强发展动力

（1）创新推广“3 +1”快速掘进工作法，单炮循环时间缩短 5 h，单炮进尺平均达到 2. 4 m，单月有效生产时间多 6 个圆班，掘进进尺单月增加 27. 6 m。实现了岩巷掘进的双突破。为进一步提高我矿掘进单产水平，引进滑移式临时支护装备，实现了快速机械化临时支护与掘进机配套的作业装备的融合。

（2）根据“以孔代巷”区域瓦斯治理关键技术及成套装备研究成功经验，自主开展了“以孔减巷”项目，以定向钻孔解决块段瓦斯治理，达到一巷多用的目的。多措并举，2019 年共减少掘进底抽巷约 1000 m，实测定向钻孔单孔瓦斯初抽浓度达到 38% ~99. 9% ，抽采一个月后单孔最高瓦斯抽采浓度高达 78% ，抽采效率大幅度提升。

（3）购置大功率、大截深采煤机，长距离输送机及配套装备，提升采煤工效。

（三）新思路、新方法助飞发展活力

（1）采煤工作面深孔切顶泄压，实施巷道为 25 煤柱工作面东改造联巷，通过注浆锚索的使用，将超前单体柱被动支护改为超前主动支护，配合深孔切顶爆破（16 m），阻断采空区压力向两巷的传递，实现取消柔膜注浆留巷，节约成本，留巷效果明显提升。

（2）新采区设计在地质条件允许，安全、经济、合理的情况下，增加采区垂高，扩大采区开采范围。回采工作面设计推进长度增大，工作面长度加大，形成大储量工作面，减少工作面搬家次数。除边角煤、煤柱及受构造限制的块段外，工作面推进长度原则上不低于 800 m，采长不低于 200 m。

（四）智能化建设高效推进

通过大力推进“机械化换人、自动化减人”工程，着力提高矿井机械化、自动化、信息化和智能化水平，助推减人提效工作。一是完成了综合自动化系统平台验收工作，自动化平台及各个融入系统的子平台运行良好，为下一步的综合自动化进程和减人提效提供了硬件支持。二是完善了自动化子系统方案，33 部采区带式输送机和 8 部主运输带式输送机自动化改造工作即将完工。三是在采掘工作面及运输斜巷投入使用超前液压支架、滑移式临时支护装置、新型大功率硬岩掘进机、无极绳绞车等，提高了机械化程度，保障了采掘作业安全高效，降低了职工劳动强度。

河南神火兴隆矿业有限责任公司泉店煤矿

一、矿井概况

泉店煤矿位于禹州矿区东部的禹州市和许昌市之间，东距许昌市16 km，西距禹州市 21 km。井田东西走向长约 7.0 km，南北倾向宽 1.8 ~3.0 km，面积约16.6 km^2。泉店煤矿于2006 年3 月开工建设，2010 年5 月竣工投产。矿井原设计年生产能力 1.2 Mt，核定年生产能力 2.1 Mt，剩余可采储量 50.1335 Mt,剩余服务年限 23.87 a。矿井为低瓦斯矿井,水文地质类型复杂。

泉店煤矿采用立井单水平上下山开拓，开采水平标高 -540 m。主采二$_1$煤层和二$_3$煤层，倾角 15° ~29°，无自燃趋势，属Ⅲ类不易自燃煤层，煤尘具有爆炸性。二$_1$煤层厚度 0.38 ~10.38 m，平均 5.65 m，采用走向长壁采煤法，综采放顶煤工艺。二$_3$煤层煤层厚度 0 ~4.6 m，平均 1.71 m，采用走向长壁采煤法，一次采全高。

二、2019 年主要技术经济指标

2019 年，泉店煤矿实现了安全生产，百万吨死亡率为零，且无重伤及三级以上非伤亡事故。实际生产 346 d，共生产原煤 1.435 Mt，其中回采煤量 1.315 Mt，工程煤量 0.12 Mt，原煤生产期末人数平均为 751 人，原煤生产计效工数 196011 个，矿井原煤工效 7.3 t/工。综合单产 57675 t/(个·月)。二$_1$煤层采区采出率 75% ，二$_3$煤层采区采出率 80% 。2019 年矿井开掘进尺 8040 m，其中开准进尺 1368 m，回采进尺 6672 m。

2019 年实现利润 19512 万元，2019 年人均工资 8.35 万元，较 2018 年度人均工资 8.01 万元增长 4.24% 。

三、安全高效矿井建设的主要做法

（一）双重机制见成效

形成了“1 +8 +8 +2”安全风险分级管控和“1 +3 +2”的事故隐患排查体系，积极开展了及时辨识和每周辨识，每周业务科室进行一次全面安全风险评估，各区队每圆班进行一次全面安全风险评估，做好岗位隐患自查和危险源辨识工作，强化职工安全作业行为意识。结合各级管理部门检查问题，针对矿井各生产系统、安全生产隐蔽致灾因素、安全隐患等分专业开展了全面的透视排查，真较真、硬碰硬，狠抓隐患整改工作，使现场安全作业秩序得到进一步规范。

（二）标准化建设重提升

以动态保持和提升水平为工作原则，强力推行“不达标不生产”的严格措施，形成了安全生产标准化动态管理。对安全生产标准化进行重点推进，为2020年一级标准化矿井复验打好基础。

（三）开展劳动竞赛，提升单进水平

以月度安全生产激励政策为抓手，采取突破常规的奖惩举措，激发基层区队的比安全、创水平的实干激情。其中在3月份，掘进二队施工的$二_1$—14010工作面回风巷，实现进尺156 m的好成绩；在5月份，掘进三队施工的$二_1$—11050工作面回风巷，在面临三面采空、运输条件复杂的情况下，实现进尺226 m的好成绩。

（四）推广新工艺，提升生产效率

针对岩巷施工裂隙发育明显的特征，改进支护工艺，采用注浆锚杆代替普通注浆管，减少了人员投入，并节约了注浆成本。

积极引进预拉伸换绳工艺，使用YHC型换绳车完成主井首绳的更换工作，全程仅投入16人，耗时8 h，较矿井传统换绳最快纪录33 h节余27 h，大大节省人力、物力，减轻工人劳动强度，更加安全、高效。

在西翼14采区煤仓、22采区煤仓安装两台GLZ4000/2×3.7型液压破拱可变倾角振动给煤机，该设备维护量小，效率高，操作方便，较好地解决了堵仓、窜仓难题，大大降低了现场作业工人的劳动强度。

（五）进行技术改造，创造生产条件

在现有条件下，为了改善井下作业环境，采取了制冷系统降温工作，采煤工作面回风巷安装两套制冷风机，工作面运输巷制冷管理铺设到转载机头，购买冰块等措施，进行采面降温。还把以往疏压供水方式改造成井上直供，有效避免了水温影响，一定程度上改善了井下作业环境。新建的西风井工程投入使用后，井下作业环境会大幅度改善。

（六）科研攻关，优化设计，增量增效

$二_1$—14020工作面实现了薄基岩下的安全回采，回采区域上覆基岩最薄区域仅为29.3 m，比矿井初步设计留设的105 m防水煤柱提高了75 m，该工作面已回采完毕，累计多回收煤炭资源0.271 Mt，增加经济效益约

1.19 亿元。2019 年 3 月 10 日，《新近系含水层下提高开采上限技术研究》在中国煤炭工业协会组织的煤矿科技成果评审会上，经专家组鉴定“达到国际领先水平”。7 月 19 日在中国煤炭协会组织的评审中，荣获中国煤炭协会科学技术二等奖。

对二$_1$—14030 工作面进行优化施工工作面运输巷改造巷，提高采面采出率，增加回采储量 1620 t（50 m×4.5 m×5 m×1.42），增加经济效益约 117.77 万元。

二$_1$—14030 工作面收尾调斜，工作面运输巷超前回风巷 1∶3 割煤，调整工作面斜度，多回采三角煤约 9000 t，增加经济效益约 654 万元。

通过采煤工作面超前支护段安装超前支护液压支架，替代原先的单体柱+Π 型梁+跑马梁+半圆木绞架支护，每米节约半圆木 1.8 m^3，按采煤工作面月度推进 40 m 计算，木料 650 元/m^3，工作面月度节约木料 4.8 万元，同时节约大量劳动力。

科技创新“五小成果”保安增效。2018—2020 年累计收到基层区队及科室的 700 多篇“五小成果”，其中评选出 109 项优秀“五小成果”，其中一等奖 5 项，二等奖 15 项，三等奖 39 项，优秀奖 50 项。表彰科技创新优秀先进个人 10 人。煤矿评定的优秀五小成果，成功在煤矿及公司内部其他矿井采煤及掘进工作面推广应用，不仅改善了职工的作业环境，实现了减人提效，而且直接或间接实现经济利润约 800 万元，为矿井“一优三减”推进提供强有力的支撑。

（七）矿区环保和生态文明建设方面

泉店煤矿在生产过程中非常重视环境保护和资源利用，环保设施齐全、有效。矿井在水资源利用、水污染防治、外排水质监测、大气污染防治、固体废物管理、危险废物管理、突发环境事件应急预案等方面的建设和管理工作均符合上级部门的要求，环保信用信息评价方面信用良好。

矿区绿树环绕，环境优美，景色宜人。泉店煤矿工业场地占地面积为 20.5 hm^2，可绿化面积为 4.8 hm^2，工业场地实际完成绿化面积 3.0 hm^2，绿化率为 62.5%。

为全面提升矿井形象，创造优美的生产生活环境，矿党政班子明确提出了建设“魅力泉店”的新要求，矿政工、企管、后勤部门对矿井上下实施了亮化、美化工程。井下各车场、硐室进行了形式多样的亮点工程建设。对工业广场办公楼、食堂、宿舍墙面刷白 32000 m^2，建设了办公区至副井口的安全文化长廊，工业广场安设了大屏幕电视等，营造了浓厚的安全生产标准化宣传氛围。

河南神火煤电股份有限公司梁北煤矿

一、矿井概况

梁北煤矿隶属河南神火集团有限公司，矿井位于河南省禹州市以南约 7 km，东距许昌市 37 km，西经登封至洛阳市 160 km，向南至平顶山市约 62 km，向北经新郑至郑州 80 km。矿井于 1997 年开工建设，2004 年 12 月建成投产，设计生产能力 0. 9 Mt/a，正在进行 0. 9 ~ 2. 4 Mt/a 改扩建项目，2021 年改扩建项目竣工验收后生产能力提升至 2. 4 Mt/a，属于煤与瓦斯突出矿井。矿井采用立井单水平开拓方式，通风系统为分区式，通风方法为抽出式，开采水平为 -550 m，井口标高为 +130 m。

二、2019 年主要技术经济指标

2019 年矿井实现安全生产，百万吨死亡率为零，且无重伤及二级以上非伤亡事故；矿井实际生产 326 d，共生产原煤 0. 897 Mt，原煤生产期末人数为 641 人，矿井原煤生产工效为 4. 53 t/工。采煤机械化水平 100%，掘进机械化程度 100%，锚杆支护率 100%。实现利润 2. 09 亿元，2019 年人均工资 7. 75 万元，较 2018 年度增长 3. 4%。计划开掘进尺 9058 m，实际完成 10125 m，其中综掘进尺 7271 m，综掘机械化程度 71. 8%。

三、安全高效矿井建设的主要做法

（一）安全管理主要做法

严格落实安全生产主体责任，依法履行安全生产第一责任者的责任。严格落实“一岗双责”制度，各级领导干部在做好业务工作的同时，认真履行安全管理责任，靠前指挥、靠前管理、关口前移，经常深入基层一线，及时发现和解决安全生产存在的突出问题和难题。推行了“1 +6 + 3”管理模式，对安全生产管理状况进行月度考核。严格实行安全生产“一票否决”制度，把安全工作业绩与干部员工的帽子、票子、面子紧密挂钩。

（二）注重全员安全培训

矿井职工安全培训教育，以岗前培训、操作技能培训、专业知识培训为主线，采取矿井统培、区队自培、专家授课、领导干部上讲堂、个人自学等教育培训方式，重点强化对新工人、特殊工种、岗位工、区队班组长的培训，积极推进“四位一体”操作法，不断提高岗位水平和职业技能操作水平，达到作业规范化、标准化；确保安全管理人员、特殊工种和一般工种做到100%持证上岗。

（三）瓦斯防治主要做法

坚持科学理念是先导，矿井从封孔改进和煤层增透狠下功夫，重点做好“两堵一注”封孔管柱带压封孔技术的应用，保证防突措施有效及瓦斯发电的可持续性。

全力推动“两超前、两优先”战略，全方位保障防突工作超前、顺利开展。认真执行瓦斯抽采技术路线，按照“抽采为先、多措并举、应抽尽抽”方针，构建矿井“分源抽、高负压、大流量、综合抽”抽采系统；坚持“深钻孔、深封孔、严封孔”技术原则，提高抽采效率。

（四）2019年度技术创新方面取得的成绩

梁北煤矿底抽巷近距离穿层钻孔水力扩孔掩护下三软厚煤层煤巷实现“锚网索”支护代替钢棚支护技术研究。变被动支护为主动支护，掘进支护期间大大减轻了职工劳动强度，提高了煤巷掘进工效，降低了巷道支护成本，已在全矿所有的煤巷推广应用，支护效果良好。每米巷道比原来的工字钢棚支护节省成本3000元。煤巷单进由原来的60～80 m/月提高到120～140 m/月，最高达到150 m/月，效果显著。

梁北煤矿突出三软厚煤层柔模混凝土切顶卸压无煤柱开采技术应用成功，降低了巷道掘进率，合理改善了矿井技术经济指标，提高了采出率和生产效率，缓解了矿井采掘接续紧张局面。

与淮北平远软岩支护公司合作的大埋深软岩支护技术成功应用，一次修复，长期受益，真正控制了巷道变形，节约了材料费用，避免了巷道多次扩修，进行了挖潜增效，年可节约巷修费用1000余万元。

瓦斯抽采水平显著提升。与宿州华安矿山安全科技有限公司合作，在井下推广应用AB管柱式封孔工艺进行封孔，使用一个月后钻孔抽采浓度能保持在70%～100%，两个月后钻孔浓度能保持在50%～80%，半年后钻孔浓度仍能保持在20%～50%，同时底抽巷的抽采主管路浓度由10%提高至45%～70%。大幅提高了矿井安全生产保障系数，月度平均抽采瓦斯量 1.45×10^6 m^3，可发电 1×10^5 kW·h，创效约60万元。

自主研发了“一钻孔一工程”钻孔管理系统，可对每个钻孔从施工、穿煤、冲孔、封孔、抽采浓度、流量进行全方位管理，具备全流程协同工作、全寿命期使用、高效办公的优点，使钻孔管理达到“一个钻孔就是一项工程”的瓦斯抽采标准。

河南神火煤电股份有限公司薛湖煤矿

一、矿井概况

薛湖煤矿位于河南省永城市北部，属永城市管辖。井田中心南距永城市23 km，西至商丘市75 km，东至江苏徐州市80 km，至安徽淮北市40 km，与京九、陇海、津浦三条铁路干线有公路相连，北至陇海铁路砀山站38 km，交通便利。

薛湖煤矿井田面积73.95 km^2，地质储量192.991 Mt，可采储量85.527 Mt，矿井设计生产能力1.2 Mt/a，服务年限为50.9 a。煤矿属于煤与瓦斯突出矿井。矿井采用立井单水平、上下山开拓，水平标高 -780 m，主副井区地面标高 +38.4 m，井深818.4 m，属于深部矿井。采用倾斜长壁采煤法，后退式回采方式。

矿井通风方法为抽出式，通风方式为混合式，即主、副井进风，中央风井和东风井回风。

二、2019年主要技术经济指标

2019年无工亡，无三级以上非伤亡事故，实现了安全生产。采煤机械化程度100%，掘进机械化程度100%。实现利润负 -1.38亿元，年人均工资8.16万元。综采工作面综合月单产为54900 t；矿井原煤工效9.32 t/工，达到行业一级标准。

三、安全高效矿井建设的主要做法

（一）瓦斯抽采方面

针对穿层钻孔封孔不严导致钻孔抽采浓度低、抽采效果差的问题，研究推广了“管柱式两堵两注”封孔工艺，提高了钻孔抽采浓度和抽采量，始抽浓度由原来的40%左右提高到最低单孔抽采浓度84.2%，其余钻孔抽采浓度均在90%以上，单个钻孔封孔成本可节约232.6元，每年可为矿井节省230余万元。

完善了矿井瓦斯抽采“三化一工程”创新管理体系，有效地改善了钻孔施工环境，提高了矿井区域治理措施的施工效率，缩短了瓦斯治理时间，保障了矿井的安全生产接替，可缩短治理周期约3个月。

（二）辅助运输方面

加快辅助运输系统升级，29、27采区掘进工作面安装使用单轨吊替换调度绞车，减少运输环节，减轻职工劳动强度，运输效率提升一倍。

（三）新技术在综采工作面的使用

25030工作面首次实现了远距离供电、供液，机巷实现一部小型强力带式输送机运输，风巷超前采用超前支架，取消了单体柱支护，极大地解放了采面生产力，原煤单产屡创新高，原煤单产突破0.1 Mt/月。

（四）切顶留巷方面

在25050风巷、25040机巷进行了切顶卸压无充填沿空留巷施工，探索取消柔模砌体，实现工作面连续回采，累计留巷1500 m。留巷后巷道断面位移量较小，支护强度能满足现场使用要求，取得了较好的效果。切顶留巷较柔模混凝土留巷节约充填材料成本约3500元/m。工作面巷道通过锚索梁补强支护，已成功取消超前支护。

（五）岩巷大功率综掘机的使用

积极推进岩巷作业线建设，提高岩巷掘进效率。新增了两台岩巷EBZ318综掘机，分别用于29010风巷底抽巷、27采区轨道巷，循环进度由原来1.4 m提高到2.4 m；岩巷掘进最高单进达到206 m/月（巷道断面：5.2 m×3.8 m，为净宽×净高）。矿井开准大巷掘进实行先喷后锚工艺，实行一次成巷，降低了巷道失修率。

（六）水沙耦合深孔松动爆破技术在突出煤层煤巷快速掘进的应用

通过提高大埋深高应力低透煤层卸压增透效果，从而提高突出煤层煤巷快速掘进的卸压增透技术体系，对2306风巷施工流程进行了优化调整，单循环（5 m）所用时间比原施工工序所有时间减少50%。其中，4月2306风巷掘进进尺98 m，是3月进尺的2.33倍，掘进效率提高133%。

河南神火煤电股份有限公司刘河煤矿

一、矿井概况

刘河煤矿位于河南省永城市东北 21 km 处，永夏矿区东北部，属于永城市刘河镇管辖，是神火集团下属企业。永城市区西北距商丘火车站 95 km，东北距徐州市 88 km，南距安徽淮北～阜阳铁路百善集东站 30 km，区内公路四通八达，交通十分便利。

煤矿井田南北长 7.5 km，东西宽约 2 km，面积 15 km^2。矿井限采二$_2$ 煤层，开采标高为 -200～-800 m。

2006 年 12 月实现联合试运转，2007 年 8 月正式投产，矿井设计生产能力 0.3 Mt/a，矿井核定生产能力为 0.45 Mt/a。矿井采用立井开拓，主井、副井进风，中央风井回风，通风方法为抽出式，矿井通风方式为中央并列式。矿井为低瓦斯矿井，煤层为三类不易自燃煤层，无煤尘爆炸性。2019 年 7 月份，矿井进行了瓦斯等级及二氧化碳涌出量鉴定，矿井绝对瓦斯涌出量1.90 m^3/min，相对瓦斯涌出量 2.28 m^3/t；矿井绝对二氧化碳涌出量 3.81 m^3/min，相对二氧化碳涌出量为 4.58 m^3/t。

二、2019 年主要技术经济指标

2019 年刘河煤矿实现安全生产，百万吨死亡率为零，且无重伤及二级以上非伤亡事故。全矿生产原煤 0.4417 Mt，矿井总进尺 4788 m，矿井综合单产 38120 t/(个·月)；实现利润 5275 万元，圆满完成了公司下达的各项指标，职工年均收入 7.95 万元；原煤生产期末人数 196 人；原煤工效 6.44 t/工。采煤机械化水平 100%，掘进机械化程度 100%，锚杆支护率达到 100%。矿井水平接替正常，三量均在规定范围内，采区和工作面开采程序符合规定，采区采出率为 85%。

三、安全高效矿井建设的主要做法

（一）安全工作管理

（1）深入开展了“安全周期越长，思想隐患越大”的安全危机意识教育和“反松懈、反厌战、反麻痹”三反教育。

（2）创新重大灾害治理模式，确保安全管理常抓常新，在生产中牢固树立“生产零隐患、瓦斯零超限、职工零三违、矿井零三超、干部职工零距离”。

（3）安全管理上综合运用“木桶原理”和“链条理论”，指出煤矿安全管理水平的高低不是取决于最长的那块木板或最强的系统环节，而是取决于最短的那块木板或最薄弱的环节。这些新理念和新举措在实践中强势渗透，丰富了安全发展理念内涵，提升了安全管理水平意识。

（4）截至2021年已连续实现安全生产14年，保持了安全生产的良好势头。

（二）技术创新

1. 留巷基本方式

超前工作面采用D型聚能管进行预裂爆破切缝卸压，前期采用单体支柱配合工字钢进行顶板支护。回采时挡矸侧采用密集柱支护。待压力稳定时撤掉密集液压支柱，更换为工字钢棚配合单体液压支柱支护。

2. 挡矸方式

巷旁打设顶挡矸锚索和底挡矸锚杆用ϕ15.5钢丝绳连接作为挡矸固定装置，然后竖向铺设金属网。金属网与单体液压支柱之间铺设水平坑木增加挡矸网刚度。

3. 沿空留巷滞后工作面支护方式

（1）距离采面100 m范围内。因采空区侧压力不稳定，显现剧烈，对支护的要求较高。巷道支护方式采用单体液压支柱配合工字钢顶梁组合支护。采用“一梁三柱”的形式。

（2）距离采面100～200 m范围内。采空区压力相对较稳定，对支护的要求相对较低。可以更换采空区侧及下帮煤壁侧的单体液压支柱，只保留中间一排支柱，并将挡矸网与棚腿之间的空隙用小板填实。

（3）距离采面200 m之后（最终成巷段）的巷道。采空区压力已经稳定。此时可以撤掉所有单体液压支柱，全部采用工字钢棚支护。

2019年以来共留巷700 m，可多回收煤炭资源15000 t，同时也避免形成“孤岛”工作面和高应力集中区，后期对沿空留巷进行支护优化设计，对留巷段全部施工工字钢托梁，取消了原有的单体支柱支护，效果较好。

贵州金益煤炭开发有限公司木担坝煤矿

一、矿井概况

木担坝煤矿为国家电投集团贵州金元股份有限公司管理的矿井，是贵州省西电东送重点建设的配套项目，国家一级安全生产标准化矿井，中质协质量管理、职业健康与安全管理体系“三标一体化”认证矿井。矿区位于贵州省习水县东皇镇木楠村，面积6.2294 km^2，资源储量36.48 Mt，可采储量23.443 Mt，设计生产能力0.3 Mt/a，核定为0.6 Mt/a。采用斜井开拓，上下山分区开采，综合机械化采掘。矿井鉴定为煤与瓦斯突出矿井。全区可采煤层3层即C5、C8和C12煤层，平均煤厚分别为1.0 m、1.42 m和1.4 m，平均倾角20°，煤层属中灰、中硫、高热值无烟煤。

二、2019年主要技术经济指标

全年完成生产进尺3950 m，原煤产量594600 t，瓦斯发电12.1534 GW·h，实现营业收入19262.30万元，发生营业成本16011.98万元，单位成本269.29元/t，原煤工效7.71 t/工，实现利润3250.32万元，资产负债率72.14%。

三、安全高效矿井建设的主要做法

（一）多管齐下，全面提升安全管控能力

木担坝煤矿始终坚持“安全第一，预防为主，综合治理”的工作方针，牢固树立国家电投集团“任何风险都可以控制，任何违章都可以预防，任何事故都可以避免”的理念，认真贯彻落实各级政府和上级公司有关煤矿安全生产的各项要求，强化安全生产红线意识与底线思维，落实全员安全生产责任，按照年度安全重点工作部署，以推进安全管理体系建设为抓手，以强化现场管控和技术管理为手段，以深化瓦斯治理为重点，以落实安全责任为保障，多管齐下，实现了安全生产的持续稳定。一是坚持开展安全生产标准化、安健环、质量与环保和职业健康体系建设，不断提高矿井风险防控能力。二是加强对矿井瓦斯、煤尘、顶板、水害、火灾等重大灾害的管控与治

理，年初结合生产计划进行风险辨识，每月根据条件变化开展隐患排查与治理，杜绝重大事故发生。三是加大作业现场安全监管力度，特别是对重点工程、重要时段和关键环节进行有效盯防，采取安全员全程监管、区队班子轮流跟班和公司领导双带班等措施，确保现场施工安全。四是坚持常态化的反“三违”和隐患排查治理工作，确保检查与整改闭环，切实消灭事故隐患。五是严格执行安全员旁站式监督和领导入井带班，强化作业现场安全监管，及时协调和处置现场安全问题。六是根据煤矿安全生产季节特点，有针对性地开展专项检查和专项安全活动。七是推进区队班组建设，在基层班组推行“632 工作法”［现场管理 6S：整理（Seiri）、整顿（Seiton）、清扫（Seiso）、清洁（Seiketsu）、修养（Shitsuke）和安全（Safety）；安全培训三个一：每天一题，每周一课、每月一考；高危作业两张票：工作票、操作票］，有效提升现场标准化作业和员工安全意识。

（二）加强技术与劳动组织管理，确保采掘生产有序

生产组织上着力精心策划，周密部署，技术管理上注重优化设计和技术攻关，在生产组织上注重作业工序穿插和现场施工管理，确保按照计划时间、节点高效率地完成各阶段的工作，劳动生产效率不断提高。一是针对采面地质构造和煤层赋存复杂及顶板破碎、局部有淋水等情况，及时修改工作面设计，改变支护工艺，确保工作面安全、顺利掘进。二是加强工作面过断层、陷落柱及淋水带期间的生产组织管理，合理调整生产计划，将单项工程施工纳入月度计划，倒排工期，严格执行生产影响考核。三是实行重点工作主要领导负责制，由总经理亲自协调，逐层负责，确保各项工作协调推进和有效落实。四是实行重点工程激励机制，成立专项工作领导小组，制定奖惩标准，并严格兑现，提高班组和职工生产积极性。

（三）制定保障措施，推动重大专项工作开展

为确保实现全年总体工作目标，实施月度重点计划管理和年度重大专项工作督办。对年度重点、难点工作进行梳理，成立预留区勘探与“两证”变更（延续）、洗选项目建设、辅助系统智能化升级改造、矸石山绞车改造、瓦斯抽采与利用、瓦斯发电余热利用、抽放系统改造七个重大专项工作组，分别明确目标、时间节点和考核标准，由分管领导任组长牵头办理，在月度与周例会通报进展情况、落实补救措施，推动各项工作的有序开展。

（四）强化督办考核，着力提升内部管理

一是制定各部门 KPI 绩效考核项目和指标，逐月进行评价考核，确保各部门职责范围内工作高质量落实。二是实行月度重点工作督办制度，每月初

结合各部门（工区）工作实际制定本月重点工作计划，以公司月度重点工作安排拟文下发落实，相关部门进行督办并在周例会上通报进展情况，推动阶段性重点工作有效落实。三是制定专项管理提升措施，将标准化管理、信息化管理、对标管理和科技管理等纳入专项管理提升项目，分别明确提升目标，制定提升方案，落实奖惩标准，逐月考核评价。

陕西国华锦界能源有限责任公司锦界煤矿

一、矿井概况

锦界煤矿位于榆林市神木县境内，地处榆神矿区二期规划区的西北部，井田西临秃尾河，北接神府矿区，南靠锦界开发小区，东与凉水井井田毗邻。井田东西宽 12 km，南北长 12.5 km，煤矿井田面积 137 km^2，探明地质储量 2093 Mt，可采储量 1578 Mt，井田煤质优良，具有低灰、低硫、低磷、高挥发分、中高发热量等特点，属于长焰不黏煤，是优质动力、化工和工业用煤。锦界煤矿始建于 2004 年 4 月，是国家发改委批准的锦能煤电一体化建设项目的重要组成部分，于 2006 年 9 月 30 日建成并试生产。国家煤矿安全监察局核定生产能力为 18.0 Mt/a。矿井属低瓦斯矿井，现开采的 31 煤层为Ⅰ级容易自燃煤层。矿井采用立井、斜井、平硐两水平混合式开拓方式，大巷布置在井田中央，工作面沿大巷（集中巷）条带式布置。共布置 3 个采煤工作面、3 个掘进工作面。综采工作面采用条带式开采，一次采全高，采用单一长壁后退式全部垮落综合机械化采煤法。掘进工作面采用 12CM15 型连续采煤机掘进，配套梭车运输，4E00－2250－WT 型四臂锚杆机支护顶板。

二、2019 年主要技术经济指标

2019 年煤矿完成产量 17.935 Mt；完成掘进 51098 m；采区采出率 90.8%，工作面采出率 98.76%；完全成本 90.77 元/t，盈利 19.13 亿元；原煤工效 112.5 t/工。

三、安全高效矿井建设的主要做法

（一）紧绷安全之弦，矿井安全平稳运行

安全是头等大事，必须常抓不懈、持之以恒。锦界煤矿牢记安全生产，不忘初心使命，时刻紧绷安全之弦，实现了安全生产。狠抓安全责任落实，深化安全绩效考核，严肃追究问责，强化风险预控、隐患排查治理双控机制，突出安全教育培训和不安全行为管控，深入推进安全生产标准化建设，不断夯实安全生产责任制，矿井实现安全生产 2981 d。

（二）均衡组织生产，较好完成了生产任务

坚持均衡组织生产原则，紧盯系统薄弱环节管控。根据月初计划及外运等情况，合理安排生产及检修，最优化组织生产；积极与公司总调、用煤单位及销售集团沟通，将外运影响降至最低，确保生产组织均衡有序、设备运行安全可靠，实现良性循环及现场动态达标。安全高效完成了综采两撤两安、连掘综掘12次搬家倒面工作。

（三）狠抓经营管理，矿井运营水平明显提升

推进内部市场化及定额计件量化包干工作，完善工资分配结算体系，狠抓成本管控，落实各级管理责任，分解成本管控指标，积极内外对标，注重材料管理，全力做好降本增效工作，经营管理水平稳步提升。“一领三创”绩效考核全面推行。优化和延伸矿内考核指标，激励作用得到较好发挥。

（四）坚持创新驱动，科技创新成果丰硕

世界首套纯水介质液压系统、公司首套永磁直驱5400 m连掘带式输送机完成首秀，经济、环保效益明显。三个综采队全面推行自动化割煤工艺，创新应用预测+远程割煤法，综采自动化又向前迈出了重要一步。全液压掏槽机、自动液压钻机及车辆调度系统、智能云检修系统等新设备、新技术在矿井得到较好应用，极大解放和发展了生产力。成立了编撰委员会，完成了《锦界数字矿山研究与实践》编写工作。

（五）强化设备管理，为高效生产提供可靠保障

按照“日安排、周检查、月总结”工作思路，突出抓好设备日常检修及预防性检修，狠抓油脂管理，严格执行标准化检修工单，提高检修质量。严格落实“三长”抓机电制度，强化连带追责考核，努力提高设备开机率。2019年，机电设备综合完好率达98.01%，为矿井安全生产提供了可靠设备保障。狠抓辅助运输管理，各类车辆安全运行总里程3.6527×10^6 km，24台装载机及特种车辆运行2.54×10^4 h。

（六）重视培养人才，为矿井发展提供人力保障

积极探索人才培养、选拔、发展新路子，树立良好选人用人导向，建立良好选人用人机制，形成广纳贤才、唯才是用的制度体系，营造了风清气正、干事创业的良好氛围，调动了全员的积极性和上进心。着眼矿井发展大局，优化人力资源配置，把合适的人用在合适的岗位上，做到人尽其才、才尽所用。公开选任3名基层党支部副书记，择优提拔聘任3名副科级、1名正科级干部，在近年招聘优秀大学生中择优选拔14名技术员充实一线，接受锻炼，为矿井可持续发展提供人力资源保障。

中国神华能源股份有限公司大柳塔煤矿

一、矿井概况

大柳塔煤矿地处陕西省神木县境内大柳塔镇南端的乌兰木伦河畔，地理坐标为东经110°12′23″～110°22′54″，北纬39°13′53″～39°21′32″。井田内交通便利，经本区东界的有包头～大柳塔～神木二级公路，向北112 km至鄂尔多斯市、220 km抵包头市，向南62 km达神木县。

2013年12月核定生产能力18 Mt/a。大柳塔煤矿井田东西长10.5～13.9 km，南北宽9.1～10.5 km，面积126.8 km^2，井田内地层近似水平，地层平缓，为一倾向南西的单斜。矿井主采煤层为3层，自上而下依次为12煤、22煤和52煤。各主采煤层倾角均为1°～3°，埋藏浅（地表至22煤层底板垂深为120 m左右），平均厚度分别为6.45 m、4.22 m、5.6 m。截至2019年年末剩余保有储量883.08 Mt，可采储量494.679 Mt，剩余服务年限21.1 a。

二、2019年主要技术经济指标

2019年大柳塔煤矿煤炭产量17.73 Mt，掘进进尺27138 m，矿井生产成本为144.13元/t，原煤工效114.06 t/工。职工年人均工资收入为25.9万元，矿井实现年利润38.8亿元。采掘机械化程度100%，采区采出率为84.2%。

三、安全高效矿井建设的主要做法

（一）安全管理方面

自2000年以来，大柳塔煤矿连续被评为煤炭工业特级安全（高产）高效矿井，曾先后荣获全国“双十佳煤矿”、全国煤炭系统文明煤矿和全国精神文明建设工作先进单位等荣誉。

煤矿积极开展安全生产责任落实和责任追究考核工作。按照“职责定位+职责范围+职责清单”的模式，编制完善了从矿长到一线从业人员的全员安全生产责任清单，明确了不同层级、不同岗位的考核项目，量化了考核指标，细化了扣分标准，开展了安全生产责任考核和责任追究工作，安全生产责任得到了逐级有效落实，提高了作业人员的安全意识，降低了安全隐患，减少了作业过程中由于人为原因和危险源辨识不到位造成的小伤小碰等事故。

（二）生产管理方面

（1）推进标准化建设，夯实安全生产基础。制定了《综采、连采、机电及其他辅助区队挂牌管理制度》，并不断细化考核内容，提高考核的科学性和可操作性，根据日常检查和定期检查结果对区队进行分组考核，2019年矿井的整体形象得到了显著提升。

（2）加强员工培训，提高故障处理能力。按照煤矿下发的“加强机电基础管理，提高机电保障能力”活动的通知要求，分别对区队员工进行了普通电工基础性培训、理论基础强化培训、外派提高性培训，利用井下废旧件，建立了能够实现井下电气、机械、液压检修，带式输送机维护、“一通三防”等实用、有针对性的实操培训基地。通过各种各样的培训，大大提高了员工的故障处理能力。

（三）信息自动化建设

（1）首个厚煤层自动化综采工作面成功试用。52603 工作面实现了供电、供液和运输设备的集中控制，采煤机实现了自动化割煤，液压支架实现了自动化跟机拉架，工作面自动化程度正在逐步提高，为公司建成首个厚煤层自动化综采工作面奠定了基础。

（2）实现机器人巡检。52 煤五盘区变电所引进了轨道式智能巡检机器人，水泵房引进了轮式智能巡检机器人。用机器人替代专人巡检，实现变电所、水泵房无人化，可减少 8 名岗位工。

（3）依托一体化智能系统，考勤数据更加真实可靠。将井下人员定位系统、地面人脸考勤系统、企业微信打卡系统和请销假系统进行了整合，研发了一体化智能考勤系统，制定了详细的考勤规则，让考勤更加适应煤矿的生产特点，保证了考勤数据真实可靠，实现了信息化智能化考勤。

（四）生态文明建设

大柳塔煤矿在保证矿井持续、高质量发展的同时，加大矿区环保投资力度，全矿地面及井下环保设施齐全到位，设备运转率始终保持在 100%，完好率 100%，各种污染物排放均达到国家标准要求。

矿井水处理方面，将采空区矸石作为过滤、净化污水的载体，将井下污水直接注入采空区进行净化处理，每天可减少污水排放量 17352 m^3，每年节约各项污水处理费用696.68万元，矿井水利用率达到100%。

坚持煤矸置换原则，在井下综采面边角区段布置排矸巷，利用不用的旧巷堆放井下矸石，极大地减少了地面排矸量。

坚持“边开采，边复垦”的土地使用政策，建立了封育修复技术、人工辅助修复技术、沉陷区生态功能优化技术，形成了满足实际需要的沉陷区治理技术体系。

中国神华能源股份有限公司哈拉沟煤矿

一、矿井概况

哈拉沟煤矿位于陕西省神木县大柳塔镇境内，是一座千万吨级现代化煤矿。井田面积 72.1308 km^2，可采煤层 8 层，主采煤层为 3 层，共分四个水平开采，主采一水平 22 煤。截至 2020 年 12 月底井田剩余保有资源储量 537.3709 Mt，剩余可采储量 342.28 Mt，剩余服务年限 35.6 a。核定生产能力 16 Mt/a。

矿井开拓方式采用“平硐 + 斜井”联合开拓，大巷两翼盘区条带式开采。矿井提升、主运输均采用带式输送机运输，矿井辅助运输采用防爆型无轨胶轮车运输。矿井采用抽出式通风方法，中央分列式通风方式，1 号平硐、2 号平硐、斜风井、主斜井、进风立井为进风井，回风立井为回风井。

二、2019 年主要技术经济指标

矿井全年完成煤炭产量 15.55 Mt，原煤工效 110.54 t/工，矿井综合单产 0.6714 Mt/(个·月)。全年煤炭销量收入为 58.78 亿元，实现利润 36.44 亿元，职工人均年收入 26.92 万元，完全成本 149.41 元/t。

三、安全高效矿井建设的主要做法

（一）强化成本管控，深入降本增效

（1）矿井与各单位签订经营责任状，全面落实成本责任主体的管控责任。将奋斗目标直接分解到各区队、责任部门和责任领导。重新修订、细化材料消耗和量化定额，将成本管控结果在绩效考核和年终奖分配中二次运用。加大生产组织和设计优化，积极使用泵送支柱等新技术增加效益；通过制定一系列成本管控措施，完全成本较预算降低了 4426 万元，其中材料费、矿务工程费和电费三项费用 12.49 元/t，区队材料消耗比 2018 年降低 546 万元，下降了 8%。

（2）加大内部市场化管理检查、通报和考核排名奖罚等的力度，矿井层面完成了 45 项定额修订，补充了 2 项新定额，形成 321 个标准化劳动定额；实现了简道云系统及包干量化计件打分与工资分配挂钩兑现；推进简道云系统的二次开发运用，开发区队材料管理、请销假管理、简道云设备检修等11个系统和应用模块。通过市场化结算等手段，加大了工程自营和修旧利废力度，完成自营工程263万元，修旧利废设备2307台/套，连掘队掘进综合效率提高了25.4%，辅助区队劳务工出勤率提高了6%；生活服务费比计划节约2.4%，车辆专业化费用比计划节约2.2%。

（二）依靠科技创新，促进安全绿色发展

1. 综采工作面云雾除尘新技术应用

综采工作面传统的防尘措施用水量大、喷雾效果不佳。在22410、22518、22519综采工作面试验应用云雾喷雾新技术，在综采进风侧破碎机、转载处支架和回风巷处各安装除尘装置。经过测试，安装云雾除尘装置前呼尘平均浓度为32.5 mg/m^3，安装云雾除尘装置后呼尘平均浓度为5.7 mg/m^3；呼尘降尘效率为82%。通过应用云雾喷雾新技术保障了员工的生命安全和健康。

2. 综采工作面初采水力压裂放顶新工艺

综采工作面初采期间易形成大面积悬顶隐患，由于采用传统方法在开切眼内爆破预裂的方法控制顶板的初次垮落会产生有毒有害气体和冲击波，不利于现场的安全管理，针对这一问题，哈拉沟煤矿在开切眼安装设备前实施水力压裂放顶技术，根据工作面开切眼处顶板直接顶岩层厚度、岩性、采高等钻孔参数，正对开切眼正帮及两工作面巷道沿回采推进方向提前施工预裂钻孔，超前预裂工作面顶板。

通过水压预裂放顶避免爆破产生CO等有害气体，保证工作面安装后连续推进回采，且工作面支架等设备不再受爆破震动影响，工人劳动强度有效降低。

（三）精益技术管理，加快安全高效建设

1. 综采面回收大巷煤柱过空巷泵送支柱支护技术

将中央主运、辅运及回风大巷152～172联巷煤柱布置在22311综采工作面内，通过综采工作面进行回收。22311综采工作面需过三条大巷及多条联巷，总共26条联巷、长3021 m。在主动锚网钢带加强支护的基础上，采用泵送支柱作为辅助被动支护，通过调整不同区域泵送支柱的数量，即调整支护强度，实现了综采工作面安全、经济过空巷。

22311综采工作面采用泵送支柱支护技术，多回收煤炭资源0.111 Mt，实现利润2301.8万元，同时减少大巷的维修量和矿井总风量。

2. 连采机跨带式输送机大巷掘进风桥及机头硐室新工艺

22520 机头硐室卸载部及 22521 风桥掘进需跨越中央主运大巷，若采用炮掘挑顶，无专业的施工人员。通过统筹决定使用连采机施工机头硐室卸载部及风桥。首先利用带式输送机检修时间在大巷带式输送机上安设带式输送机保护装置，采用钢支架对大巷带式输送机进行保护，用道木、工字钢对水管、电缆进行防护，用钢管进行侧面防护。将带式输送机保护做好后，使用连采机在带式输送机保护装置上方进行挑顶。通过采用该工艺，节约了炮掘费用，提高了掘进效率和机械化程度，工期从原来的 40 d 缩短至 12 d，保证了工程质量和安全施工隐患。

3. 井下制浆注浆联合运行系统

传统的综采工作面采空区注浆系统隔离采空区效果不明显且成本高，机动性能差。通过对 22519 工作面回采期间采空区安全管理现状及存在的问题进行分析，对传统采空区注浆系统进行了优化和升级，综合考虑土源、水源、设备选型等因素采用集井下制浆与注浆为一体的联合注浆运行系统，即在井下注浆点附近建设临时搅拌站，将搅拌好的泥浆直接通过井下混凝土输送泵注入采空区。注浆工艺流程分为取土、井下运输黄土、筛土、刮板机上料、拌制泥浆及注浆 6 个过程。

本系统减少了传统地面注浆站的建设，降低了项目前期投资成本；而且黄土可提前运送至井下储土点，随注随用，降低了运输环节的影响因素；优化了原有拌浆和注浆系统，极大地提高了注浆效率，在实际运用中取得了显著成效。

4. 利用水位高差实现无能耗排水

利用采空区的自净功能，实现排水的清污分离，有效利用高差地理优势，由于出水点至入水点高差达 60 m，可将水流引入采空区，实现无能耗排水。不使用动力排水，减少了水泵安装调试、看护、日常维修等费用。实现了“无人则安”，提高了矿井安全性。每年可节约电费 55.414 万元、水泵购置费 3 万元、人工维护费 4 万元。

中国神华能源股份有限公司活鸡兔煤矿

一、矿井概况

活鸡兔煤矿是中国神华能源股份有限公司下属的一座特大型现代化矿井，地处陕西省神木县境内大柳塔镇南端的乌兰木伦河畔，活鸡兔煤矿地理坐标为东经 110°7′50″～110°16′28″，北纬 39°11′27″～39°16′49″，行政区划隶属神木市大柳塔试验区管辖。

2013 年 12 月核定生产能力 15 Mt/a。活鸡兔煤矿井田东西长 1.8～10.8 km，南北宽 4.2～9.6 km，面积约为 63.8 km^2，截至 2019 年年末，活鸡兔煤矿井田期末保有资源量 657.251 Mt，可采量 42.987 Mt，剩余服务年限 21 a。

活鸡兔煤矿井田的构造形态与神东矿区构造趋势基本一致，是一个缓缓西倾的单斜构造，地层倾角 1°左右。煤层底板起伏不平，呈现宽缓的“S”状展布的波状起伏，波幅宽 2500～800 m，幅高 5～10 m。井田内断裂不发育，查明的较大断裂有吴道沟断层（F_2 断层），井下生产揭露断层落差都很小，一般均在 2 m 以下，F_{31} 断层落差较大。水文地质类型划分为中等类型。

二、2019 年主要技术经济指标

2019 年煤炭产量 14.17 Mt，全矿掘进进尺 45072 m，矿井生产成本为 144.13 元/t，原煤工效 83.68 t/工。职工人均年收入 25.6 万元，矿井实现利润 31.66 亿元，采掘机械化程度 100%，采区采出率 83.2%。

三、安全高效矿井建设的主要做法

（一）安全管理方面

2000 年以来，活鸡兔煤矿被连续评为煤炭工业特级安全（高产）高效矿井，曾先后荣获全国“双十佳煤矿”、全国煤炭系统文明煤矿和全国精神文明建设工作先进单位等荣誉，起到了作为一座特大型井工矿井的表率作用。

煤矿针对现场作业过程中可能存在的安全隐患持续开展巡检、步行检查、夜查、动态检查和专项检查等工作，坚持整理形成“隐患责任追究日报表”。针对员工的行为规范化管理，实行不安全行为积分管理与安全风险抵押金挂钩考核机制，明确了“过五关、五做到”的矫正培训方式和内容，加大了体验式、实操式和震撼式培训占比，不断提高了作业人员的安全意识，降低了安全隐患，减少了作业过程中由于人为原因和危险源辨识不到位造成的小伤小碰等事故。

（二）高产高效方面

1. 推广标准作业流程，提升工作效率

通过班前会流程、现场流程箱、流程看板等学习为起点，结合现场应用不断优化为过程，通过现场抽查、监督等考核方式，实现标准作业流程在现场能够有效应用，达到规范设备操作的目的，从而提高检修质量，降低故障影响，提高开机率。

2. 加强员工培训，提高故障处理能力

按照煤矿下发的“加强机电基础管理，提高机电保障能力”活动的通知要求，分别对区队员工进行了普通电工基础性培训、理论基础强化培训、外派提高性培训，利用井下废旧件，建立了能够实现井下电气、机械、液压检修，带式输送机维护、“一通三防”等实用、有针对性的实操培训基地。通过各种各样的培训，大大提高了员工故障处理的能力。

3. 利用数字信息化，实现集中控制

实现了活鸡兔煤矿地面主要通风机房、压风机房、热风炉房、污水处理厂、黄泥注浆站和 35 kV 变电站六大系统的集中监控。南翼四盘区集运带式输送机实现无人值守，南翼一部、二部、12 煤集运带式输送机实现了智能调速。

4. 近距离煤层开采技术

针对近距离煤层的赋存条件及工作面布置特点，分析上煤层开采对下煤层开采的影响程度，制定煤层间距在 1～10 m 的上下煤层的合理采煤及顶板控制方法，巷道布置、掘进支护工艺，优化了 $12_{下}$203 综放面开切眼方案，解决了复合区北翼 12 煤工作面“楼上楼”的开采难题。实现下煤层安全顺利回采。

（三）生态文明建设方面

活鸡兔煤矿在保证矿井持续、高质量发展的同时，加大矿区环保投资力度，全矿地面及井下环保设施齐全到位，设备运转率始终在 100%，完好率达 100%，各种污染物排放均达到国家标准要求。

利用采空区净化水原理，将生产污水注入采空区后净化后，又将采空区净化水打入井下供水系统，多余污水排入地面污水处理厂，污水经处理后水质达到井下消防洒水的水质标准，一部分用于井下消防洒水，一部分进入地面洗选系统再利用，剩余部分用于地面绿化。

坚持“边开采，边复垦”的土地使用政策，积极开展与高等院校、科研单位的合作，寻求技术支持，建立了封育修复技术、人工辅助修复技术、沉陷区生态功能优化技术，形成了满足实际需要的沉陷区治理技术体系。先后被国家能源局煤炭司、国土资源部授予“中国最美矿山”“矿产资源节约与综合利用先进适用技术推广应用示范矿井”等荣誉称号。

中国神华能源股份有限公司榆家梁煤矿

一、矿井概况

榆家梁煤矿位于陕西省神木市店塔镇，井田内煤层赋存稳定，结构简单，属平缓单斜构造，煤质优良，属不黏煤，瓦斯含量低，属低瓦斯矿井。矿井井田东西长约 8 km，南北宽约 7 km，面积 56.34 km^2，地质储量504 Mt，可采储量 384 Mt，核定生产能力 13 Mt/a，设计服务年限 24 a，剩余服务年限 6 a。

榆家梁煤矿现有职工 587 人。矿井坚持精干高效的用人原则，机关设置“五办一中心”，分别为党政办、经营办、生产办、安管办、机电办和调度指挥中心；基层设 12 个生产及辅助区队，3 个综采队、1 个连掘队、1 个综掘队、7 个辅助队。

二、2019 年主要技术经济指标

矿井连续九年杜绝了重伤及以上安全事故，截至 2019 年 12 月 31 日安全周期达到 3375 d。

2019 年原煤产量完成 10.5482 Mt，原煤工效 65.51 t/工，回采工效 278.22 t/工；掘进进尺完成 19008 m；矿井完全成本 184.40 元/t，实现利润 17.52 亿元；煤质加权发热量完成 23605 kJ/t，提质创效 1.84 亿元。

三、安全高效矿井建设的主要做法

（一）生产组织

科学优化生产组织。强化生产调度指挥职能，超额完成春节保供、“百日会战”等阶段性任务，圆满完成全年生产任务。综采一队生产煤炭 6.42 Mt，为矿井产量任务完成做出了突出贡献。综采三队沿空留巷项目安全施工 1791 m，多回收煤炭 0.073 Mt，工作面标准化动态达标全年保持较好水平。连掘一队全年进尺超额完成 4045 m，完成单进水平提升 20% 的目标。加强综采工作面过特殊地质构造和上覆集中煤柱的管控，采用定向深孔水预裂对上覆集中煤柱进行提前压裂，全年共施工 19 个钻孔，进尺 4667 m，压裂段数 112 段，保证了综采工作面的安全回采。

（二）科学管理

安全基础管理不断夯实。扎实开展“责任落实年”活动，严格执行矿领导步行检查和业务部门包队制度，划分安全责任区，推进责任落实落细。智能化综采工作面的建成，开启了煤矿安全管理新模式，减少了作业人员，实现了“无人则安”。加强安全培训教育，全年举办各类培训 48 期共 3073 人次，促进了员工素质提升。推进安全文化建设，编印了安全故事书籍。扎实推进“双控”体系建设，深化隐患排查治理，严格问题整改落实。深入开展区域风险评估、全员危险源再辨识等活动，分级管理安全隐患。加强重大检修现场和高风险作业环节重点盯防，加大不安全行为管控力度，强化正向激励引导，增强了安全管控实效。

煤质管理成效突出。巩固“质量提升”活动成效，以采掘工程设计为源头，以现场煤质管理为主线，加强工程质量及煤质风险因素事前管控，全年煤质完成 23605 kJ/t，超计划 536 kJ/t，提质创效 1.84 亿元，提质增效成效显著，被评为行业级煤质管理工作标准化矿井。

机电和辅助运输管理迈上新台阶。加强设备标准化和全寿命周期管理，提高设备检修质量，综合开机率达到 99.38%。完成供水施救系统、43 煤主要通风机供电系统升级改造和 52 煤主井一部、二部带面更换，开展机电专项整治活动，保障设备安全高效运行。全矿实现无线网覆盖，建成井下 4G 环网，提高矿井信息化建设水平。加强辅助运输管理，规范提升驾驶员理论素养和技能水平，做好车辆维修监督管理，严格考核奖罚，辅助运输水平稳步提升。

组织绩效考核全面提升。深入开展“绩效考核提升年”活动，细化指标分解，将单进水平与管理人员薪酬挂钩，逐级落实绩效考核责任。强化预算执行和正向激励，突出发展质量、考核权重，多措并举强化成本管控，推行部分材料消耗单项考核与个人薪酬挂钩，全年完全成本节支 3429 万元。加大周转材料利用率，减少资金占用，闲置材料对外调剂创收 8885 万元。

（三）技术创新

创新驱动企业高质量发展。首创全国智能化综采工作面自主割煤技术，创新应用三维地质模型、智能机器人、自主割煤等六项核心技术，实现了“无人跟机、自主割煤为主、远程干预为辅”，推进了智能化开采技术探索实践，推动了传统能源转型升级。综采二队全体职工克服工作面采高低、现场作业空间狭小等诸多困难，坚持常态化推进自主智能割煤技术应用，为公司智能化建设积累了宝贵经验。承办了集团公司智能矿山建设现场会，成功亮相北京国际煤展会和太原能源革命展，得到了国家领导人的赞赏和肯定，引发 170 多家媒体热点关注，用 13 种语言进行了报道，为企业树立了良好形象。矿井坚持推进沿空留巷、沿空掘巷、高压水预裂等技术的发展应用，“五小”成果获得公司表彰奖励 12 项，员工发表论文 27 篇，获得授权专利 5 项，推进了科技成果转化为企业效益。

榆家梁煤矿在注重矿井现代化建设的同时，坚持建设安全、高效、绿色、环保矿井，大力促进矿井的可持续发展，扎实开展好安全、生产经营管理工作，狠抓员工教育培训、班组建设、成本管控、科技创新，加强精神文明建设，为打造一个“安全、健康、高效发展的绿色矿区”而不懈努力。

中国神华能源股份有限公司石圪台煤矿

一、矿井概况

石圪台煤矿是中国神华能源股份有限公司的主要生产矿井，位于陕西省榆林市神木北部，行政隶属神木大柳塔管辖。井田东西长约 10 km，南北宽约 8 km，面积 65.283 km^2，地理坐标东经 110°07′47″—110°14′55″，北纬 39°22′43″—39°28′01″。截至 2019 年年底，煤矿保有储量 660 Mt，可采储量 370 Mt，服务年限 22 a，核定生产能力 12 Mt/a。

矿井北距鄂尔多斯市 70 km，南距神木 90 km，矿区内有铁路和公路经过，距鄂尔多斯国际机场 30 km，交通便利。

二、2019 年主要技术经济指标

截至 2019 年年末矿井累计安全生产 4926 d，为国家一级安全生产标准化矿井。

2019 年煤矿完成产量 10.6 Mt，原煤工效 45.06 t/工，矿井综合单产 0.313 Mt/(个·月)。采掘机械化程度保持在 100%。采掘关系正常，矿井采区采出率为 84.37%。

2019 年煤矿实现利润 10.86 亿元，完全成本 185.57 元/t。职工人均年收入 27.34 万元，高于行业平均水平。

三、安全高效矿井建设的主要做法

（一）安全管理

强化安全主体责任落实，秉承“党政同责、一岗双责、失职追责”，按照“管生产必须管安全，管业务必须管安全”“谁分管谁负责”的原则，从“人、机、环、管”四个方面全面落实安全管理责任。通过责任制考核，“逐级负责、逐级落实”，将考核结果与绩效薪酬、评优评先挂钩。

按照“属地管理、危险源辨识、风险评估、分级管控”的原则，推行“年度+专项+岗位+区域”安全风险辨识评估模式，全面开展安全风险辨识评估工作，制定科学合理的风险控制措施，同时落实五级隐患排查体系，强化逐级监督和责任追究，形成上下协同、齐抓共管的局面。

对照《煤矿安全生产标准化管理体系基本要求及评分方法》认真研究制定达标升级方案，开展示范区队、示范班组创建活动。制定矿井标准化图集，形成“一井一图集、一队一图集、一面一亮点”的标准化管理图集。开展全矿井对标自查活动，促进矿井安全生产标准化水平的提升。

矿井设置专门的安全培训机构，配备专业的培训管理人员，创新培训方式方法，利用互联网技术、信息化手段，建立网络直播课堂、手机微课堂、视频课堂，激发员工参与培训的积极性、主动性。从员工实际需求出发，重点突出员工安全能力建设，坚持缺什么补什么、干什么学什么，区分不同的教育培训对象，分层面、分梯次进行精准滴灌，提升教育实效，培养知识型、技能型、创新型的煤矿职工队伍。

（二）高产高效

紧紧围绕安全、高效发展理念，大力开展精益化工作，通过完善精益化管理制度、标准和流程，健全考核评价机制，按照均衡稳产的组织原则，根据全年任务指标，结合采场条件，充分考虑设备状况、搬家倒面、外运影响等可预见的影响因素，在成本管理、生产组织、工程管理等各方面严格执行“精准计划、精准组织、精准验收考核”工作机制，严格过程管控，确保各项指标和工作任务按计划完成，达到提质、增效、降耗目的。

推广 TPM 全员生产性维护，检修工积极提升自主检修能力，提高检修效率，全面提高生产系统的运作效率，保证生产计划的顺利完成，有效降低了成本。同时，TPM 的推广应用转变了员工的思想观念，实现了自主检修，从以前的“要我检修”，转变为现在的“我要检修”。

切实结合实际情况，持续优化劳动组织方案，深挖生产组织潜力，在保证设备检修维护到位的情况下，提高检修效率，不断缩短检修时间，为生产赢得时间，保证产量提升。

主运输系统及连掘队运输系统全部实现了自动化远程控制，一键启停。根据生产需求进行远程操作，大大提高了生产效率。

（三）技术创新

创新应用一种带式输送机跑偏、纵撕保护装置，当带式输送机带面位置变化或宽度缩减时，通过机械装置与传感器信号装置连锁动作，实现带式输送机跑偏、纵撕保护功能。每年可减少故障影响时间 50 h，减少由于带面、机架等设备损伤造成的经济损失 100 余万元，减少处理故障所需人工 125 个，直接经济效益约 12 万元。

主要通风机蝶阀电控防爆改造，对主要通风机蝶阀电控主回路、控制回路进行隔离优化设计，并将其安装在 KXJ－80/1140（660）S 型水泵水位控制器开关的防爆腔体内，该项目节省防爆电控开关费用 70 万元。

井田边界三角区域综采工作面布置开切眼多段调斜技术研究应用，实现端卸式工作面开切眼最大调斜角度达到 25°，最大限度回收三角区煤炭资源，2019 年，在 31307 面应用增加资源回收量 40000 t。

（四）绿色开采

矿井地质环境保护与治理方面严格遵守国家法律法规及有关规定，2020 年 1 月被自然资源部纳入全国绿色矿山名录。

应用国家规定标准的环保型锅炉，废气排放符合排放标准。

井下产生的煤矸石不升井，排至井下废弃巷，并及时进行封闭；炉渣和生产垃圾在指定地点排放，集中处理，洗选矸石边排放边覆土，同时进行边坡绿化治理。

地面塌陷及裂隙治理。地表受采动影响的村民提前搬迁；地表形成的裂隙及时进行回填、塌陷破坏的植被、耕地全部进行生态环境恢复治理和土地复垦。

井下排水系统实现清污分排，清水同时作为生产复用水，污水经井下储水采空区沉淀过滤后排至地面工业广场污水处理厂处理达标后优先用于绿化灌溉，减少外排，提高水资源利用率。

（五）成本管控

煤矿通过完善成本考核制度，明确各个岗位的成本管控职责；完善了成本奖罚的依据；规范了材料的领用、使用、回收的全过程管理。

采用作业成本法，细化成本消耗环节，对成本消耗形成全方位管控。将成本横向分解到各业务部门、纵向落实到各区队。建立了部门成本责任制，考核与部门负责人、业务主管工资挂钩；针对区队日常消耗材料、周转材料等实行分类考核，同时要求各区队将成本指标再分解到小组、岗位、个人，层层落实责任，并将奖罚落实到个人，将成本压力传递到每位员工，全员参与成本管控，实现降低成本支出的目的。

陕西德源府谷能源有限公司三道沟煤矿

一、矿井概况

陕西德源府谷能源有限公司隶属国家能源集团（原神华集团），是煤电一体化建设项目，规划建设 2×600 MW+2×660 MW+2×1000 MW 燃煤空冷发电机组及配套三道沟煤矿，属国家规划的陕北能源化工基地重点建设项目，也是国家“西电东送”北线方案的重要组成部分。三道沟煤矿是陕西神府矿区新民开采区总体规划的 9 个大中型矿井之一，位于陕西省榆林市府谷县西北，距县城约 25 km。

三道沟煤矿井田东西长 17.7～20.7 km，南北宽 8.6～10.8 km，面积约 176.1346 km^2，地质储量 1542 Mt，可采储量 927 Mt，设计生产能力 5 Mt/a。井田内共含可采煤层 7 层，主采煤层为 5^{-2} 及 $5^{-2上}$ 煤，属易自燃煤层，井田地质构造简单，平均倾角 1°～3°的单斜构造，水文地质类型为中等，属低瓦斯矿井，采用平硐开拓，分区式通风，走向长壁综合机械化采煤工艺，巷道掘进采用连续采煤机掘进工艺。

二、2019 年主要技术经济指标

2019 年完成原煤产量 4.99 Mt，完成计划的 99.6%。全年总进尺 13912 m，完成计划的 112.67%。实现利润 62883.1 万元。原煤工效 75.5 t/工。

全年未发生人身伤害和二级以上非伤亡事故，矿井百万吨死亡率为零，安全生产标准化达到国家一级矿井建设标准。

三、安全高效矿井建设的主要做法

（一）生产组织方面

一是充分发挥生产调度职能，积极联系公司生产指挥中心、燃管中心、府谷电厂燃料部，加大商品煤上站、销售力度，确保煤厂库存合理，全面减少厂存原因对煤矿生产影响；二是合理安排掘进与综采作业速度，实时调配三、八盘区生产作业时间及放仓速度，确保煤质达标，满足销售需求。三是按照搬家倒面计划，全面降低过程影响，安全高效完成工作面三安三撤，保证生产接续有效衔接。四是合理安排各类设备检修时段，提高检修效率，降低设备故障，提升设备综合利用率。五是积极充分调度全矿资源，确保完成各项指标。

通过科学组织生产，充分调动全矿资源，主动化解生产、运输、销售三者之间存在的问题，圆满完成各项生产指标，提高了煤电一体化运行效率。

（二）科学管理方面

（1）加强班子建设，促进矿井和谐发展。深入贯彻党的十九大精神和习近平新时代中国特色社会主义思想，强化“四个意识”，坚定“四个自信”，坚决做到“四个服从”和“两个维护”，坚持以国有企业领导人员“20 字”标准为指导，突出加强政治建设、思想建设、能力建设、作风建设和廉政建设，着力打造“忠诚、干净、担当”的领导班子。

（2）认真落实四个“安全理念”，巩固提升安全管理。始终坚持安全是“1”，其他都是“0”，安全是干部的政治生命，安全是员工最大的复制，安全是企业最大的效益四个安全理念，在安全工作上如履薄冰，将安全工作执行到矿井运行的每个细节之中。牢固树立“管理零缺失、岗位零风险、人员零伤害”的安全理念，严格落实领导带班下井规定，积极开展全员安全培训教育，提高安全意识，推行岗位标准作业流程管理，做到“上标准岗、干标准活”，实现安全生产长治久安。

（3）狠抓安全生产标准化建设，巩固企业发展基础。把安全生产标准化作为安全、生产、技术和现场管理的重要平台，积极构建风险分级管控、隐患排查治理和安全质量达标三位一体的煤矿安全生产标准化体系。组织外部专家对矿开展安全生产标准化知识培训，夯实安全管理基础，提升抵御事故分析能力，使煤矿的安全生产一级标准化水平不断提高，促进煤矿长期安全平稳发展。

（4）加大环保投入，推进绿色矿山建设。废水防治方面，矿井建立了井下水复用系统，经井下超滤系统处理后用于井下生产系统，实现矿井水零排放；生态治理方面，完成塌陷区平整综合治理约 300 亩，种植了杜松、油松、樟子松、云杉等树种约 1300 余亩，投资 1100 余万元，将采空区荒山变为绿林，用行动践行了“绿水青山就是金山银山”的发展理念。

（三）技术创新方面

（1）更新探放水设备，综合防治措施力建成效。配备 1 台 ZDY1200S 全液压坑道钻机，4 台 ZLJ－2900 型煤矿坑道勘探钻机，1 台 ZDY－6000LD（A）煤矿用履带式全液压钻机，2 台瑞利波探测仪、1 台瞬变电磁仪、井上下微震监测系统一套，做到物探与钻探相互验证，查清采掘工作面采空区情况。

（2）优化排水系统，运转高效又节能。根据矿井实际涌水量情况，对排水系统进行了升级改造。通过改造，大巷排水系统能力提高至 600 m^3/h，四盘区 317 m^3/h，工作面 228 m^3/h，系统能力远大于矿井正常涌水量。

（3）应用无人机技术，实现全方位智能化勘测。陕北地形沟壑纵横，地形复杂，地物调查和沉陷观测难度大、风险高。购置无人机（P540 型）代替人工用于地物巡查、工作面地表沉陷观测，降低了地物巡查人员的工作量，实现全方位、无死角巡视。

（4）规范管理、源头治理，推动防尘工作再上新台阶。连采工作面实现了长压短抽的局部通风方式，安装了湿式除尘风机和配套的涡流控制器，煤机摇臂上增设风水除尘装置。形成了转载点全封闭负压风水喷雾，工作面运输巷和回风巷自动控制风流净化水幕降尘的综合防尘系统。通过现场测量工作面整体降尘效率达到 95% 以上。

陕西黄陵二号煤矿有限公司

一、矿井概况

陕西黄陵二号煤矿有限公司是由陕西陕煤黄陵矿业有限公司与江苏悦达集团合资组建的股份制企业。矿井井田位于陕西省黄陵县双龙镇境内，井田总面积 352 km^2，地质储量 945 Mt，可采储量 640 Mt，矿井煤层平均厚度 3.39 m。

矿井于 2004 年 5 月 16 日开工建设，2009 年 2 月 20 日竣工投产。核定生产能力为 8 Mt/a，配套年洗选能力为 8 Mt 的选煤厂。

二号煤矿采用斜井开拓方式，单一水平开采，全井田共划分 6 个盘区，主要巷道和采区巷道均沿煤层布置。生产格局为“一井两区、一区一面”，生产盘区为二、四盘区，矿井装备有两个智能化综采工作面、两个快速掘进工作面及 4 个综掘工作面。

二、2019 年主要技术经济指标

2019 年，黄陵二号煤矿共产销原煤 8 Mt，矿井综合单产 34.18 t/(个·月)，原煤工效 33.5 t/工，采区采出率 87.5%，掘进进尺 23211 m，单日最高进尺 26 m/日，实现利润 25.5 亿元，人均工资 15 万元，主要经济指标均超额完成计划任务，矿井各类指标继续保持全国和陕煤化集团一流水平。

三、安全高效矿井建设的主要做法

（1）优化布局、正规循环，生产能力迈上新台阶。合理安排矿井生产接续，确保“采掘抽”平衡，矿井各盘区间形成更加稳定的生产关系，保证 8 Mt/a 的生产能力，同时也为煤矿打造千万吨级矿井创造了条件。

（2）超前防范、治理到人，安全管理实现新纪录。二号煤矿把人的安全行为治理作为安全管理的重要抓手，持续开展岗位描述、“一队一特色”等活动，加强“四员两长”的管理考核，引导职工规范操作，职工安全意识和业务素质稳步提升。不断夯实矿井安全管理基础，安全生产周期突破 3000 d。

（3）强化担当、重点攻关，科技创新实现新突破。健全科技管理体系，积极探索实践煤矿开采关键技术，快速掘进技术应用取得成功，月单进最高达到624 m，掘进效率大幅提升。实施复杂条件下厚煤层小煤柱留设与巷道支护技术研究，将煤柱占煤量减少一半，提高了资源回收率。建设自动化快速平煤系统，装车效率不断提高。全年收集“五小”成果660项，发表论文184篇，授权专利27项，“煤油气共生大采高智能化综采技术研究与应用”项目荣获中国煤炭工业协会科学技术奖一等奖。

（4）攻坚克难，勇于突破，灾害治理取得重大进展。公司以瓦斯、油型气治理为重点，先后投资建设了井下大型瓦斯抽采泵站、二号风井瓦斯抽采泵站，购置了千米定向钻机等装备，积极与科研院所合作研究油型气分布规律并加强现场油型气治理效果，形成了一套切实可行的瓦斯、油型气治理体系。提出了“无尘化”开采理念，实施了多措并举的综合防尘手段，井下环境得到极大改善。公司杜绝了“一通三防”涉险事故，连续实现瓦斯“零超限”目标。

（5）综合智能，深度融合，全面推进智慧矿山建设。2019年以“无人则安”为原则，聚焦“四化”建设，瞄准新一轮科技革命和产业变革方向，大力推进互联网、大数据、人工智能同矿井安全生产深度融合，加快装备升级和信息化改造。在保持智能化常态开采下，继续开展了高效快速掘进研究并引入巡检机器人，实现无人值守，为创建平安智慧新矿山筑牢基础，矿井确定为国家首批智能化示范建设煤矿。

（6）明确思路，强化考核，企业管理水平日趋规范。公司通过全面推行以人为本的精细管理、全面预算管理、绩效工资考核、岗位价值精细管理、对标管理和准军事化管理，实施标准化的班前礼仪，建立了一套符合自身实际，适应现代化矿井发展需要的安全、生产、经营管理体系，为矿井的健康可持续发展提供了科学支撑。

（7）道德引领，人心思进，职工综合素质大幅提升。公司干部职工在工作、学习、生活中所表现出的坚定的理想信念、积极的人生态度、执着的事业追求、扎实的工作作风、顽强的意志品格、可贵的团队精神、高尚的道德情操集中体现了黄陵矿业人的高尚境界和优秀品质。

（8）蛟龙腾跃，魅力彰显，企业文化建设成效显著。公司把企业文化建设全面融入绩效工资考核和岗位精细管理，积极创建“5+5”岗位管理文化品牌，打造精品工程和“NOSA”安健环安全管理体系，促进文化建设与实际工作的深度融合，形成了具有二号煤矿特色的“蛟龙文化”体系，打造“黄陇第一矿”成为全体职工的共同目标，“树安全至高无上理念、做安全幸福黄矿人”成为全体职工工作、生活、学习的核心价值观，公司被命名为全国煤炭工业“企业文化示范矿”和“蛟龙”文化品牌矿。

（9）煤销千里，精干高效，企业综合实力持续增强。随着企业的发展壮大，职工生活水平均稳步提升；井下巷道整洁，管线平直，道路平坦，标识清楚，安全生产条件不断改善，公司成为国家级安全质量标准化矿井；地面环境实现了净化、美化、硬化、绿化、亮化，办公环境宽敞明亮，设施齐全，矿区面貌焕然一新。企业在发展壮大的同时，积极履行社会责任，2019年累计上缴国家和地方各类税费14亿元，为陕西省经济社会发展做出了积极贡献。公司被评为“全国文明煤矿”和“中国最美矿山”。

陕西煤业化工集团孙家岔龙华矿业有限公司

一、矿井概况

陕西煤业化工集团孙家岔龙华矿业有限公司位于孙家岔镇，归属陕煤陕北矿业公司管理。矿井井田东西长约 10.7 km，南北宽 7.9 km，井田面积为 54.39 km^2。矿井核定生产能力 8 Mt/a，总资源储量为 726.48 Mt，设计可采储量 464.18 Mt，2019 年年末剩余可采储量为 383.89 Mt，剩余服务年限 34.3 a。

矿井采用中央分列式通风方式，机械抽出式通风方法。矿井采用平硐开拓方式，共有四条井筒，主平硐带式输送机担负全矿井主运输、进风任务，副平硐和缓坡副斜井担负辅助运输及进风任务。回风立井担负矿井的总回风兼安全逃生出口任务。矿井采用走向长壁一次采全高采煤法，综合机械化后退回采工艺，全部垮落法管理顶板。

二、2019 年主要技术经济指标

矿井全年完成原煤产量 7.985 Mt，全年完成掘进进尺 12344 m。2019 年矿井实现利润 17.59 亿元。原煤期末生产人数 540 人，原煤工效 51.13 t/工，员工年平均收入 18.5 万元。综采机械化程度 100%，掘进机械化程度 100%。采区采出率 85.5%，综采工作面采出率 97%。矿井采掘关系正常，三个“煤量”符合规定。

三、安全高效矿井建设的主要做法

（一）把源头，超前规划稳定总量

设计不合理是最大的浪费，设计优化是最大的节约。公司在设计过程中坚持各专业大融合设计理念，保证设计精细，在源头上优化设计，减少投入，增加产出。

2019 年，公司完成了盘区工作面优化设计，综采工作面倾向长度由 330 m 增加到 400 m，掘进工程量相同情况下工作面可采储量增加 0.57 Mt，矿井万吨掘进率由 24.6 m 降至 21 m。同时，优化了综采工作面区段煤柱尺寸，将 302 盘区区段煤柱尺寸由 20 m 优化到 15 m，每个综采工作面可降低工作面煤炭资源损失约 0.04 Mt，整体提高盘区资源回收率，增加综采工作面单产，减少综采工作面搬家倒面次数。

在生产准备方面，秉持“十年粗排，五年详排，两年精排”原则编排生产接续，以便及时发现生产接续中存在的问题，从时间上打出一定的提前量主动接续确保矿井接续稳定正常。要提前知道哪里有煤，哪里的煤好，保证有煤出、出好煤，采掘接续稳定，产量正常，煤质接续稳定，销售正常。

（二）控过程，精细管理提高质量

孙家岔龙华矿业有限公司首先完成了综采工作面采煤机块煤滚筒的改装应用，同时在保证不堵仓的情况下提高破碎机锤头高度，从原煤生产源头提高块煤率。其次是在各转载点加装转载中部槽、地面原煤仓加装螺旋中部槽及洗选系统改造整体提高籽煤率等措施，从原煤运输过程中降低块煤损失。通过上述措施矿井块煤率从 16% 提高到 26%。

在煤质管理方面，首先从盘区、工作面设计和接续上充分考虑煤质接续的问题，保证布局可行，配采合理，煤质稳定正常。在采掘源头上进行工艺优化，控制源头矸石量，留顶煤开采降低顶板矸石量，薄煤层巷道拖矸掘进二次起底成巷，煤矸分采、分装、分运，保证煤泥矸石不上系统。同时，精细化管理过程，严格进行煤质考核。将煤质管理从粗犷向量化管理转变，提升“服务客户”的价值理念，让矿井产品质量上一个层次。

（三）抓系统，创新驱动促进均量

公司始终坚持“高起点、高技术、高质量、高效益”的原则，推广应用先进技术和管理理念，积极开展“机械化换人、自动化减人”行动，提升矿井生产机械化和自动化、信息化和智能化水平，提高工作效率，提高安全作业保障。

公司共建成“一个矿井万兆工业环网，一个巷道快速掘进系统，两个智能化综采工作面，五个远程集控系统”。矿井万兆工业环网采用赫斯曼万兆交换机，通过主辅两条线路形成环网，为井上下数据双向传输提供高速通道。引进山特维克掘锚一体机建成掘进工作面快速掘进系统，可实现掘进、支护、运输同步作业，锚杆、锚索多排多臂同步作业。30204、20112 工作面全部完成了智能综采工作面建设工作。主要完成大巷带式输送机远程集中控制、选煤厂的远程集中控制、井上下变电所的远程集中控制、井下水泵房的远程集中控制及主要通风机的远程集中控制。智能矿山的建设，累计减少人员 44 人，年累计节约人工成本 800 余万元。

陕西彬长大佛寺矿业有限公司

一、矿井概况

陕西彬长大佛寺矿业有限公司位于咸阳市彬州市境内。矿井设计产能 8 Mt/a，核定产能 7.5 Mt/a。井田面积 71.3 km^2。主采煤层为 4 煤，平均厚度 11.65 m。局部开采 $4^{上}$ 煤，平均厚度 2.88 m。2019 年年底矿井可采储量 560 Mt，服务年限 55.6 a。矿井采用斜井、立井综合开拓，共有五立三斜 8 个井筒，采用综合机械化长臂后退式采煤工艺。

二、2019 年主要技术经济指标

全年煤炭产量为 6.25 Mt；完成进尺 23087 m；全年百万吨死亡率为零，原煤工效 10.62 t/工，全年完全成本 237.74 元/t，盈利 9.34 亿元。全矿年人均工资 12.62 万元，同比增长 13.87%。

三、安全高效矿井建设的主要做法

（一）严格管理，安全环保基础工作得到加强

（1）落实安全责任。完善了 357 种安全生产责任制，“四员两长”实行菜单式考核，“三违”、隐患采用积分制和责任追溯制，安全监管、业务保安责任充分发挥，全员安全意识明显增强。

（2）加强现场基础管理。严抓零星工程管理和生产系统巡查，强化了岗位标准作业流程现场抽查考核，坚持每天“零点行动”动态检查，每周分析总结通报的安全生产情况，做到了过程落实、严格考核。

（3）突出双重预防机制建设。规范了安全检查标准，加大了隐患整改考核力度，按规定开展风险辨识，累计辨识出安全风险 582 项，实行建档管理，严查风险管控措施现场执行情况，防范安全管理漏洞。

（二）完善系统，灾害防治能力提升显著

（1）优化了通风系统。投运了木盘川主要通风机，实现了矿井分区域通风；封闭 18 处闲置巷道，矿井有效风量率提高了 10%；安装了局部通风机集控系统，局部通风可靠性大幅提升。

（2）完善了抽采系统。全年敷设抽采管路 19000 m，保证了瓦斯抽采工作有序开展；投用了打钻视频监控装备，全过程监管钻孔施工质量；加装了抽采管路在线监测装置，分单元测定瓦斯浓度，抽采效率提升显著。

（3）强化了防灭火管理。实行矿级、科队、班组三级巡查，在总回、风桥关键区域增设了 CO 传感器，密闭墙安设了压差计，做到了全覆盖巡查、分级预警、分类管控，降低了自然发火风险。

（4）加强了防治水管理。完成了排水系统优化，提高了系统可靠性。坚持超前疏放，精准施工探放水孔 61 个，有效减少了工作面涌水峰值，实现了 4 个工作面水灾“零影响”。

（5）应用高强度高预应力锚索支护体系。针对临空巷道回采期间变形剧烈的情况，采取高强度支护措施，保证了安全顺利回采。针对围岩松散巷道，采取了注浆锚索工艺，提高了围岩强度。

（三）优化组织，生产接续更加合理

（1）高度重视单进提升。坚持超前准备，保证了所有巷道按期开工；简化运输系统，所有工作面巷道均施工独立溜煤眼。根据围岩条件、支护性质，优化施工工艺，实行掘支平行作业，缩短了循环时间。应用了箱涵式风桥，减少岩巷 80 m。全年开拓大巷、回采巷道、高抽巷月单进同比分别提升 7.1%、7.8%、17.6%。

（2）科学谋划采掘布局。木盘川服务的采区开采方式由上下山式调整为条带式，减少巷道工程量 5400 m，为 $4^{上}$ 煤生产接续节约了 1 年准备时间；增加了采煤工作面倾向宽度，复用巷道节约进尺 4125 m，万吨掘进率降低 8.7 m。

（3）生产组织水平不断提升。深化了安全生产准备，编制了 59 项技术工作流程，推进工作程序化、操作标准化，全年安全顺利完成工作面“三安两撤”。

（四）科技创新，发展活力得到激发

（1）“四化”建设全面展开。完成了变电所、水泵房等 10 个集控系统建设，实现了远程监控、无人值守，减少岗位工 22 人。完成了综合自动化平台建设，实现了信息系统集中管理、手机终端远程访问。完成了安全生产信息共享平台 378 个数据菜单录入，实现了各专业数据、资料、图纸信息共享。完成了运销管控系统升级改造，实现了地销环节的全面调度监控。

（2）科研攻关成绩斐然。开展了“多风井联合运转稳定可靠性研究”科研项目，有效指导木盘川主要通风机投运和矿井通风系统调整；完成了供电系统防越级跳闸项目，提高了供电系统安全可靠性。自主开展了41211、41213工作面地表移动规律研究，科学指导保护煤柱设计和沉陷区治理工作。

（3）全员创新硕果累累。全年收集创新项目287项，表彰奖励137项；征集“五小创新”“三小一练”成果179项；全员创新热情度和创新质量明显提高，在陕西省第五届职工科技节上，4个创新项目分别斩获银奖一项、铜奖三项。

（五）量化考核，经营管理成效显著

（1）深入推进量化考核，创新经营考评方式，细化经营考核办法，从考核对象、成本指标、人员职责、奖惩标准等方面入手，将成本压力同步传递到各级人员，全年成本控制效果良好。

（2）修订完善了定额手册，科学指导全面预算工作，全年预算偏离度控制在3%以内。

（3）优化了材料管理模式，加大奖惩力度，全年回收复用、修旧利废节约资金1971万元。

陕西陕煤黄陵矿业有限公司一号煤矿

一、矿井概况

陕西陕煤黄陵矿业有限公司一号煤矿位于陕西省延安市黄陵县店头镇，是国家“八五”重点建设项目，20 项兴陕工程之一。矿井原设计生产能力 4.2 Mt/a，2001 年由原国家计委进行 1 Mt/a 阶段性投产验收，经过不断技术改造，2010 年核定矿井生产能力 6 Mt/a。矿井井田面积 184 km^2，二号煤为唯一可采煤层，煤层厚度 0.8 ~ 4.69 m，平均厚度 2.18 m，地质储量 425 Mt，可采储量 332 Mt，煤层倾角 0° ~5°，属于单一近水平煤层。井田开拓方式为平硐开拓，采用中央并列与中央分列混合抽出式通风。矿井为高瓦斯矿井，水文地质类型为复杂型。矿井采用综合机械化长壁后退式采煤工艺，全部垮落法管理采空区顶板；掘进采用综合机械化掘进工艺，采掘机械化 100% 。矿井主运输方式为带式输送机运输，辅助运输方式为无轨胶轮车运输。矿井管理机构健全，管理制度完善。一号煤矿先后建成了较薄煤层、中厚煤层智能化无人开采工作面，在国内率先实现地面远程操控采煤常态化，持续推动了智能化开采技术的创新升级；同时完成了井下万兆工业以太环网改造，实现了井下主要带式输送机、主排水泵、变电所系统的地面远程操控，全面提升了系统安全保障能力，为矿井可持续发展提供了技术保障。

二、2019 年主要技术经济指标

2019 年矿井原煤产量 5.984 Mt，矿井综合单产 257685 t/(个·月)，原煤工效 18.45 t/工，实现产销平衡。全年完成掘进进尺 34243 m，吨煤成本 213.92 元，利润 21.89 亿元。

三、安全高效矿井建设的主要做法

（一）矿井生产组织情况

一号煤矿采用平硐式开拓，盘区式布置，智能化长壁后退式采煤法采煤。综采工作面采用采煤机自动记忆割煤，支架自动跟机拉架，三角煤自动斜切进刀，泵站、供电等生产系统实现远程自动化控制。

矿井采用“三·八”作业制，八点班检修，四点班、零点班生产。

（二）安全高效管理经验

（1）以安全铸魂为基，筑牢安全防线。一号煤矿始终坚持开展安全生产月和百日安全无事故活动，深入推行人的安全行为治理，全面整合“四治理一优化”、NOSA 安健环风险管理、双重预防机制等安全管理措施，构建了“14751”人的安全行为治理推进模式。落实“安全互检，双向考核”等措施，全面加强“四员两长”管理，推动安全管理向深、向实发展，形成了“四员两长”3536 管理模式，把“四员两长”锻造成为作业现场的协同管理链，把各自为战的“点线”织成协同作战的“六位一体”安全生产网，筑牢安全防线，杜绝了轻伤及以上事故。

（2）管控措施持续发力，降本增效成效显著。一号煤矿坚持施工设计“一工程三方案”优化比较，通过优化设计、优化措施，2019 年累计减少巷道施工 144 m，节约成本 199.5 万元；通过积极开展“差异化”支护方式，累计降低支护费用 345.8 万元；通过全面落实修旧利废和回收复用管理措施，累计回收复用材料、配件价值达 505.57 万元。2019 年提前完成了追赶超越目标，实现利润 21.90 亿元，创建矿以来最好水平。

（3）加强人才队伍建设，全员综合素质全面提高。一号煤矿初步探索了“1515”员工队伍建设模式，通过对可行性进行调研实施后，建立了一支结构合理、作风过硬、一专多能的高技能员工队伍，实现人才与发展的同步提升，快速有效推动矿井高质量发展转型。以岗位培训为重点，累计培训从业人员、特种作业人员及专项培训人员等共计 4323 人次。落实常态化开展全员安全培训考试工作，充分发挥全员考试 App 和全员考试机房的载体作用，自运行以来参加考试共 6665 人次，矿井“素质兴安”能力全面增强，真正达到了以考促学、提升素质、查漏补缺的目的。综采一队荣获全国工人先锋号，选煤厂荣获共青团中央五四红旗团支部荣誉称号，三人荣获全国煤炭企业优秀大学毕业生荣誉称号，5 人获得煤炭行业技能大师荣誉称号。

（三）科技创新

科技创新是企业发展的第一动力。一号煤矿依托智能化矿井建设，提高矿井科技装备水平。2019 年按照“科技引领未来、创新驱动发展”的总要求，全力助推智能化矿井建设。重新修订下发了《科技创新工作考核管理办法》等十项管理制度，明确了 2019 年科技工作目标。完善了劳模创新工作室、青年创新创效工作室、技能大师工作室的体系和运行制度，加强了每季度的专业知识讲座和工程技术人员“微课堂”授课活动，拓宽全矿科技人才创新思路，全年“微课堂”授课16次。以“3＋9＋3”管理模式为引领，创新推行了“33459”科技管理新模式，确立科技管理体系、畅通资金保证渠道、完善考评奖惩机制、规范成果鉴定流程，同时利用劳模工作室及三个创新平台的联动优势，激活全矿创新热情，壮大科技人才队伍。2019年完成了7项科技项目，完成全员科技创新成果145项，发表省级核心期刊及以上论文96篇，专利申报30项。在科技创新方面率先实现了安全生产信息共享平台应用，实现了安全生产管理的协同调度、集中管控，实现“信息采集全覆盖、数据资源全共享、统计分析全自动、业务管理全透明、人机状态全监控、生产过程全记录、全员有限共享”的目标，推动管理从单纯依靠人的管理、制度管理向人工智能大数据动态诊断分析决策转变。

陕西彬长胡家河矿业有限公司

一、矿井概况

陕西彬长矿区胡家河矿井地处陕西黄陇侏罗纪煤田彬长矿区中部的亭口镇。该矿设计生产能力 5.00 Mt/a，核定生产能力 4.50 Mt/a，井田矿井可采储量 395.44 Mt，服务年限 60.8 a。胡家河矿井采用立井单水平开拓，共三条井筒，分别为主立井、副立井、回风立井。采用综合机械化长臂后退式采煤工艺。胡家河矿属高瓦斯矿井，煤层自然发火期短，冲击地压显现明显，水文地质条件复杂，各类灾害交织。

二、2019 年主要技术经济指标

2019 年完成原煤产量 4838100 t，掘进进尺 11040 m，百万吨死亡率为零，实现安全生产。矿井完全成本 285.23 元/t，实现利润 58847.29 万元。职工队伍收入稳定，人均收入达到 13.96 万元，同比增长 2%。

三、安全高效矿井建设的主要做法

（一）狠抓责任落实　夯实安全基础

（1）引进了 NOSA 五星安健环管理体系，不断深化安全生产标准化创建和安全基础管理工作，突出超前预防、过程管控。编印了《生产经营管理规章制度汇编》和《岗位（工种）责任制汇编》，坚持每周一次覆盖井下全方位的检查，从严从速查找、处理隐患，狠抓要害场所的安全管理，防控重大危险源，实现了职工操作规范、现场动态达标、设备运行稳定、设施齐全可靠、防范措施有效、预案落实到位的目标，全面提升了安全管理水平，实现安全高效生产。

（2）强化“四员两长”精细化管理。“四员两长”作为安全管理的前沿、基层管理的细胞，在安全生产和监督管理方面的作用至关重要，细化“四员两长”精细化考核管理办法，充分发挥了“四员两长”在现场管控措施落实的重要作用，有效确保了规章制度、规程措施在现场的落实，筑牢现场安全生产第一道防线。

（二）深化灾害治理　提升防控能力

胡家河矿结合历年来在灾害防治方面的先进经验，从灾害的征兆、预防、治理提炼修订完善了矿井《灾害防治工作手册》《生产安全事故应急预案》为矿井灾害治理提供可靠的技术资料和技术指导，切实提高了技术管理水平。

防治水方面，在设计源头优化工作面巷道层位及开采布置，为工作面水害治理及安全回采奠定了基础；在综放工作面回采期间，采用“波浪式”推采工艺和“四级沉淀”法，有效解决了水煤泥问题；通过对主排水管路改造，实现了矿井清水、污水分离。

“一通三防”方面。一是开展“一通三防”网格化巡查，对井上下密闭墙、风门、监测系统、抽采系统以及地面要害场所巡回检查，排查“一通三防”隐患问题，确保各系统正常运行。二是优化矿井通风系统，推广应用局部通风机集中控制系统，缩短掘进工作面供风长度、封闭闲置联络巷道，有效提高了通风系统的稳定、可靠性。三是应用“煤自燃智能监测预警系统”，结合“矿井自然发火综合在线监测系统”，实现了采空区气体实时收集、分析、预警功能，为防灭火措施适时调整提供可靠数据支撑。四是引进钻场监控管理系统，钻孔施工实现线下与线上“立体监控、智能验孔、闭环巡查”；五是应用超高压水力割缝增透工艺，有效提高煤层的透气性和瓦斯抽采效率，单孔抽采瓦斯纯量较原预抽工艺提高 2 倍。

冲击地压防治方面，一是开展“超高压水力割缝技术试验研究”项目，针对胡家河单一厚煤层冲击危险高瓦斯开采，采用超高压水力割缝强化卸压防冲及预抽瓦斯效果试验研究，丰富防治手段，提高防冲及瓦斯预抽效果。二是依托“煤矿典型动力灾害监测预警技术集成及示范”项目，在工作面使用双震源 CT 反演监测系统对超前 400 m 范围应力分布情况进行反演，通过“可视化”云图进行超前预评判和效果检验，利用监测数据集成分析技术，实现冲击危险区域的自动定位与智能判识。三是弱化关键层，通过高密度预裂措施弱化顶板。四是改变巷道受力结构，以“钻－爆”交替弱化底角深部围岩，减弱应力集中程度。通过加强支护、弱化顶板、改变围岩应力结构等方式，达到“支的牢、吸能强、受力弱”的防冲抗震效果。

（三）科学组织生产，强化经营管控

矿井以安全生产标准化为抓手，以经营指标管控为重点，强化工作落实力度，平稳有序地组织生产经营。掘进工作面通过细化工程质量验收和考核制度，狠抓现场工程质量管理，优化巷道层位、支护参数设计，推动

"331" 目标、安全快速掘进目标的实现，不断提升掘进单进水平；采煤工作面通过超前煤层注水，工作面两巷帮部超前预裂顶煤，同时采取多轮顺序循环放顶煤、四级放煤工艺等措施，确保综合采出率达到 85% 以上。矿井"抽、掘、采"平衡，生产效率得到有效提升，最终实现了全矿掘进、原煤生产任务超前完成。

为了更好地提升经营管理，胡家河矿大力推行内部市场化管理系统，编制完成了劳动定额手册、材料及电力消耗定额手册，形成了矿井对区队、区队对班组、班组对个人的三级结算体系，并与缓步能源公司共同研发了"内部市场化管理系统"，实现了"日清日结、班清班结"的目标。通过修订完善内部市场化综合单价、细化分解各项经营指标，实现了全面预算同内部市场化的有机结合，调动了员工积极性，提高了工作效率，保证了全年生产经营指标顺利完成。

（四）推动科技创新，实现安全高效

（1）加强科技项目过程管理。规范科技项目管理流程，从项目立项申请开始，到项目申报书、备案表、建议书、研究报告大纲、验收证书、鉴定证书等样稿和要求；严格按照制度要求审查各种材料，指导各项目资料收集、验收材料编写，在工作中指导和规范科技项目管理流程，确保了项目资料规范、完整。

（2）积极开展职工技术创新。制订了《全员岗位创新管理办法》，开展了以"五小"、金点子、管理创新、人文创新为代表的职工技术创新活动，形成了引导员工立足岗位参与企业创新创效实践的载体，发现了一批基层创新能手。同时对评选的优秀创新成果进行奖励、公示，制作宣传牌板，激发员工创新热情。

陕西煤业集团黄陵建庄矿业有限公司

一、矿井概况

陕西煤业集团黄陵建庄矿业有限公司是由陕西陕煤蒲白矿业有限公司、华电煤业集团有限公司、国电山东电力有限公司，按4∶3∶3比例联合出资组建的股份制企业，2005年6月在黄陵县注册登记，属于国有重点企业的生产矿井。矿井位于黄陵县腰坪乡境内，井田面积为48.0 km^2，地质储量312 Mt,可采储量206 Mt,主采煤层为4^{-2}号煤,矿井设计生产能力2.4 Mt/a,核定生产能力5 Mt/a。矿井采用斜井单水平开拓方式，采用抽出式通风方法，中央分列式通风方式。主副斜井进风，回风斜井回风，矿井瓦斯等级鉴定为低瓦斯矿井，煤层为Ⅱ类自燃煤层。

二、2019年经主要技术济指标

全年完成原煤产量4482400 t,掘进进尺11913 m,矿井综合单产197000 t/(个·月)，利润10.79亿元，原煤工效18.9 t/工。

2019年消灭了人身事故及二级以上非伤亡事故，矿井百万吨死亡率为零，质量标准化一级，未发生任何环境污染事故。

三、安全高效矿井建设的主要做法

（一）完善标准化制度体系，夯实标准化建设基础

为进一步夯实标准化建设基础，促进标准化工作上台阶，公司在总结经验的基础上，先后修订完善各类管理制度、考核办法12项。一是建立井下区域标准化责任包保制度，落实了各级责任。二是建立标准化重点工作月度考核制度，确保了标准化重点工作有序推进。三是建立问题整改责任追究办法，对未按期整改、反复出现问题的进行责任追究，杜绝了问题整改不彻底、反复出现等现象。

（二）突出重点工程，推进标准化建设

（1）孤岛工作面开采方面。结合相邻矿井孤岛工作面开采经验，根据矿压分布规律，优化孤岛工作面两巷支护参数，回采前对两巷实施注浆锚杆

（索）加固，首次引进使用超前单元支架，将支护强度由 100 kN 增至 4000 kN；同时超前对顶板采用 CO_2 炮深孔爆破泄压技术，释放工作面压力，减小了采动压力影响；为掌握孤岛工作面矿压分布规律建立了矿压在线监测系统，对孤岛工作面顶板压力、顶底板移近量、两帮收敛量、锚杆锚索应力变化等进行实时监测。

（2）全员创新方面。建成“技能大师工作室”“创新工作室”和“劳模、工匠工作室”，为职工技术研修、技术攻关、技术技能创新和带徒传技搭建了平台、提供了便利，有效推动了技能大师实践经验和创新成果的传承推广。截至 12 月底，各基层区队申报创新项目 35 项，经过评审，对 12 项优秀创新成果进行了奖励并应用于生产现场。

（3）新技术应用方面。安装四套 X 光在线检测装置，实时监测带式输送机钢丝绳变化，有效提高了带式输送机检测水平与效率；安装 13 组 ZSB127 无轨胶轮车失速报警装置（斜巷运输防跑车装置），实时检测车辆行驶速度，确保辅运大巷车辆运行安全；209 孤岛工作面应用远距离供电供液技术，减少工作面设备列车，简化了工艺环节，提高工作面安全系数。

（三）坚持有效管理手段，助推标准化上台阶

（1）对标工作扎实开展。对标项目“VR 煤矿警示教育平台系统开发研究”获集团公司最佳实践奖第三名。建成投用创新工作室，为科技创新和技术革新搭建了平台。对标防尘管理，确定了“井下亮起来，现场干净起来，空气清新起来”的清洁矿井建设目标。

（2）“三精”建设成效凸显。通过科学设计、精细施工、严格验收等措施，建成精品工程 10 个，其中精品采区 1 个（三盘区），精品线路 1 条（辅助运输巷），精品掘进工作面 3 个（212 回风巷、205 运输巷、四盘区辅助运输巷）、精品采煤工作面 2 个（304 综放工作面、209 综放工作面）、精品硐室 3 个（2 号永久避难硐室、三盘区变电所、209 远距离供电供液硐室）。

（四）严格“四员两长”管理，筑牢现场安全防线

（1）制定《关于推行〈煤矿“四员两长”考核管理办法〉的通知》，完善了考核管理办法，明确了职责权限，并将“四员两长”管理与班组安全网络管理办法有机结合，进一步强化了现场安全管理工作。

（2）严格考核奖惩。针对“四员两长”专业多、管理覆盖面广，每月组织相关部室对“四员两长”工作情况进行全面考核，并将考核结果与安全绩效工资挂钩，促进现场“关键少数”担当履职。

（五）丰富安全宣传教育，提升员工安全意识

（1）全覆盖开展安全大讨论，汇集共识、提升认同，夯实安全第一思想。

（2）开展小故事大道理安全讲堂、VR模拟安全警示教育、事故案例讲评活动、“三违”代表现身说法，收集案例剖析材料325份，将安全理念转化为职工的自觉行动。

（3）开展安全“七进”活动，组织专题安全讲座，承办蒲白第一安全责任者讲事故案例竞赛、“你安全我幸福”安全文艺会演，组织开展“安全生产月”“百日安全”系列宣教活动和宣传言论，安全氛围浓厚，员工安全意识显著提升。

陕西建新煤化有限责任公司

一、矿井概况

陕西建新煤化有限责任公司地处黄陵县境内，距县城约 60 km，是由陕西陕煤蒲白矿业有限公司出资 51%、陕西黄河矿业（集团）有限责任公司出资 49% 合资组建的股份制煤炭企业。井田位于陕西省延安市建庄区的南部，面积约 41.9796 km^2。主采煤层为 4^{-2} 号煤层，平均厚度 6.78 m。矿井地质储量 190 Mt，可采储量 120 Mt，服务年限 29 a。采用斜井单水平开拓，中央分列抽出式通风，主斜井、副斜井进风，回风立井回风。矿井瓦斯等级为高瓦斯矿井，煤层为Ⅱ类自燃煤层，“中等”水文地质类型。采煤方法为走向长壁综采放顶煤回采工艺，全部垮落法管理顶板。采用一井一区一面生产，两个掘进头保证正常生产接续，矿井各系统正常。

二、2019 年安全生产完成情况

2019 年煤矿完成原煤产量 3.976 Mt，其中回采 3.764 Mt，掘进 0.212 Mt。掘进进尺完成 8378 m。完成利润 83523.3 万元，完全成本完成 171.1 元/t，人均工资达到 12.43 万元。煤炭发热量平均 21625 kJ/kg。原煤工效 15.8 t/工。采煤机械化程度 100%，掘进机械化程度 100%。矿井综合单产 323368 t/(个·月)，综合单进 375.35 m/(个·月)。

实现“零”死亡安全目标，截至 2020 年 3 月底，矿井实现安全生产 3082 d。

三、安全高效矿井建设的主要做法

（一）安全生产管理

2019 年公司通过不断夯实安全管理基础，注重强化现场管理，扭住重大工程、重点项目不放松，将“四员两长”精细化考核与“11331”班组安全网络有机融合。4207 工作面实现了全线安全推采，4203 工作面实现长距离精准贯通。全年累计开展安全培训 74 期 13854 人次，处理“三违”492 人次，同比下降 3%，未发生重伤以上安全事故，顺利实现安全年目标，保持了安全生产九周年纪录。

（二）标准化建设

2019 年建成了 4207 精品采煤工作面，4212 运顺精品掘进面、主运一条线精品线路、42 盘区辅运线路、14 联巷至 4203 运顺标准化亮点线路及 42 盘区中段配电点硐室、3 号瓦斯抽放硐室等精品硐室，42 盘区 3 个标准化测风站、4206 长距离供电供液集中控制硐室以及 2 号中央水仓集中控制硐室等精品工程。2019 年上半年股份公司组织标准化验收，取得了第三名的好成绩。

（三）成本管控

严格执行成本管理考核办法，将成本分解细化到各部室、区队。积极推进全面预算管理，规范材料审批、领用程序。抓好材料管理，与班组、个人工资挂钩考核，全年井下生产材料浪费共处罚 82.6 万元，全部兑现到人。加大修旧利废和交旧领新制度，加大自制件加工、维修，全年累计节约资金达 400 多万元。瓦斯高效抽采科研项目顺利通过股份公司验收，拨付到账 40 万元科技引导资金。全年安全形势向好，矿业公司奖励 180 万元。各项管理措施的落实落地，进一步释放了管理红利，提升了利润空间。

（四）科研攻关

一是建立了瓦斯治理实验室，瓦斯治理从“治得住向治得省转变”。二是积极在工作面应用 CO_2 预裂增透技术、采用“两堵一注”水泥带压封孔技术，提高了瓦斯抽采率，瓦斯快速治理技术获得中国煤炭工业科学技术一等奖。三是首次引进综采工作面长距离供电、供液系统。四是积极探索应用“窄煤柱”开采技术，综采工作面大断面独立锚索加固技术，带式输送机智能防撕裂装置和异物输送带智能监测装置等八十余项新技术、新设备的应用，使科技创新取得新突破。五是加快四化建设，全年计划建设项目 11 大项、27 小项，完成 26 项，辅助系统形成了“1 + 4”总调 + 分控中心模式，完成了监测监控系统升级改造并通过验收，建成了智能化无人值守装运系统，积极建设 4212 矿井智能综采工作面和 4209 运顺快速掘进系统，逐渐向本安型智慧化矿山目标迈进，夯实公司高质量发展基础。

（五）绿色矿山建设

2019 年公司为进一步落实公司国家级绿色矿山建设规划，严格按照《国家级绿色矿山建设规划》相关要求稳步推进绿色矿山建设工作。一是公司进一步加强矿区环境面貌的整治，矿区布局合理。二是煤炭资源开采选择资源节约型、环境友好型开采方式，最大限度地回收煤炭资源。三是加强共伴生资源综合利用，煤矸石采取填沟造地委托第三方处置，综合利用率达100%以上。

（六）企业文化建设

2019年开展了班组长节、金秋助学等活动，完成了企业文化室、创新工作室基础性工程，举办了第二届“阅读节”读书演讲比赛，举办了“道德大讲堂”“法律大讲堂”，表彰了“最美员工”“身边好人”，出版发行了110万字的《建新煤化公司志》，开展了消费扶贫活动，参加了矿业公司“建庄杯”篮球赛并取得了第二名的好成绩，开展了“逐梦新时代·巾帼绽芳华”——女职工在行动读书活动和“青年话安全”演讲比赛，举办2019年“安全生产摸大奖”活动。

陕西彬长文家坡矿业有限公司

一、矿井概况

文家坡矿井位于彬长矿区东部，东以矿区彬县古河道无煤区为界，西与小庄井田、胡家河井田相邻；南与火石咀井田相邻，北至七里铺—西坡背斜南部煤层尖灭线。东西宽 9.86 km，南北长 11.69 km，面积 79.6903 km^2，井田资源量729 Mt，可采储量345 Mt，服务年限61.6 a。行政区划属彬州市管辖，跨北极镇、西坡乡、小章镇和新民镇4个乡镇。隶属陕西彬长矿业集团。矿井设计生产能力4 Mt/a，2016 年8 月正式投入试生产。

矿井主采煤层为4 煤，平均厚度 11.71 m，煤层具有弱冲击倾向性，属弱冲击危险。水文地质类型为“复杂”型，矿井正常涌水量500 m^3/h，最大涌水量730 m^3/h。煤层伪顶多为黑色炭质泥岩，厚度小，直接顶为较易冒落的泥岩、粉砂岩、砂质泥岩，岩石饱和抗压强度为 0.4 ~ 25.8 MPa，属Ⅱ类顶板，基本顶为中砂岩、粗砂岩，其岩石饱和抗压强度为 6.7 ~ 17.2 MPa，属较稳定型（Ⅱ）。煤层自燃倾向性鉴定为Ⅱ类自燃煤层，煤尘具有爆炸性。井田平均地温梯度为 3.22 ℃/100 m，其中非煤系地层平均为 1.93 ℃/100 m，煤系地层平均为 4.36 ℃/100 m。2019 年矿井瓦斯等级鉴定结果：绝对瓦斯涌出量 3.05 m^3/min，相对瓦斯涌出量 0.39 m^3/t，无瓦斯动力现象，无瓦斯喷出情况，属低瓦斯矿井按高瓦斯矿井进行管理。

二、2019 年主要技术经济指标

2019 年矿井原煤产量 3.24 Mt，掘进进尺 12337 m，其中开拓 5902 m。计划成本 345 元/t，实际完成成本 334 元/t，比计划节支 11 元/t。计划利润总额 1.3 亿元，在保证安全生产各项投入的前提下，实现稳产高产，产量达到 3.24 Mt，营业收入 13.7 亿元，实现利润 1.44 亿元。职工队伍收入稳步增长，人均收入达到 14.3 万元，涨幅 14.17% 。

三、安全高效矿井建设的主要做法

（一）生产组织方面：优化接续调整，合理生产布局，矿井实现高产高效

（1）单产单进水平逐步提高。一是积极推进快速掘进施工，矿井购置一台液压锚杆钻车，自投入使用以来，采取优化支护参数、施工工序等措施，顺利完成快速掘进计划阶段目标，日进尺已达 12 m，下一步着重细化施工管理，随着操作熟练程度的提高，狠抓工序衔接，实现日进尺 14 m，单进 400 m 既定目标。二是坚持走机掘路线，优化采掘布置，提高劳动效率。三是业务部门做好技术服务工作，强化组织协调，定期召开专题会议解决生产中的矛盾点和难点。

（2）加强生产组织，实现全年生产任务目标。一是超前制定完善 4103 工作面末采回撤、4104 工作面初采初放、过断层等非正常生产时期的施工方案、应急预案以及专项措施，做到超前管理，确保全年生产任务目标的完成。二是全年开展了掘进会战、矿井单进创水平等系列活动，调动队伍积极性。通过系列创优争先活动，各单位的战斗力、凝聚力有了较大提高，矿井逐步向高产高效目标迈进。

（二）科学管理方面：坚持超前治理，科技治灾不放松

（1）突出重点，狠抓“一通三防”管理。一是着力优化通风系统，及时封闭无用巷道，减少井下不必要用风，提高矿井通风系统稳定性和可靠性。二是严格落实“0.5% 重点关注、0.7% 预警、0.8% 断电”瓦斯管理制度，实现了瓦斯“零”超限目标。三是严格落实回采工作面及封闭巷道防灭火措施，积极采用以注氮气、气雾阻化为主，黄泥灌浆、上下隅角堵漏、人工检测与束管监测等相结合的综合防灭火措施，实现矿井“零发火”目标。四是积极推进“无尘化”矿井建设，建立防尘管理机制，划分消尘责任区域，定期系统消尘，消除煤尘堆积现象。

（2）细化安排，积极开展地测防治水工作。一是开展回采工作面水文勘探工作，采用电法勘探查明工作面煤层顶板向上 160 m 范围富水异常区范围，并编制探放水设计对电法勘探圈定的富水异常区进行钻探验证，消除水害隐患。二是完成了矿井水文动态监测系统升级改造，对矿井主要含水层水位水质和矿井涌水量进行动态监测。三是与科研单位合作开展《文家坡综采工作面顶板裂缝监测与防治水技术研究》科研项目，对覆岩移动破坏规律、地表塌陷与地裂缝、水文地质条件和导水裂隙带发育特征进行研究，总

结分析在相似地质条件、水文地质条件的回采条件下导水裂隙带发育高度和地面塌陷的机理，提出可行的防治水技术措施，提高矿井水害防治的综合能力。四是完成矿井水文监测系统升级改造，安设了水位遥测系统，实现了水位、水温、水质长期动态监测。五是实施井下工作面“滞后排水”“清污分离”工艺，提升矿井防治水能力，全年累计完成泄水钻孔 50 个、进尺 2050 m，探放水钻孔 10 个、进尺 1842 m，泄水横川 4 个、进尺 178 m，累计疏放水量 3×10^{6} m^{3}。

（3）多措并举，确保矿井“零”冲击。监测方面：矿井配备有微震、地音和顶板矿压监测等三套监测系统，制定了集微震监测法、地音监测法、矿压监测法和钻屑法为一体的多参量综合预警指标，实现了对矿井各采掘区域的实时监测。卸压解危方面：矿井目前采用顶板预裂爆破法、底角爆破法、大直径钻孔卸压法等多种卸压解危方法，有效降低了采掘工作面冲击危险。效果评价方面：矿井目前采用微震监测法、地音监测法和钻屑法进行卸压效果评价；监测数据显示，采掘工作面在采取卸压解危措施后冲击危险性普遍显著降低。安全防护方面：入井人员穿戴防冲服和防冲帽等防护用品，加强个体防护；对采掘工作面设置防冲安全警戒，悬挂警示牌，对警戒区实行“限员”管理，严格控制作业人数；对警戒区内的设备材料实行“限位”管理，设备材料绑扎固定，小件工具装箱存放；对采煤工作面超前区域安设了液压防冲支架，大幅提高了支护强度。

（三）技术创新方面：科研攻关，打造创新型矿井

（1）坚持科研攻关及新技术引进。2019 年文家坡矿共开展科研项目 6 项，推行应用新工艺 7 项，论文发表 10 篇，申报专利 30 项，完成岗位创新成果 93 项，科技研究取得了新的进展，其中在 4104 工作面增设的制冷降温设备，自运行以来，工作面温度降低 5 ℃以上，降温效果明显。

（2）强化采掘部署技术创新。回采巷道“一巷”两用。为有效解决工作面水害影响，减小巷道掘进工程量，回采工作面取消专用泄水巷，实施滞后排水方案，即利用相邻工作面现掘巷道，通过布置泄水横川、疏水钻孔等与回采工作面相连，有效疏放回采工作面及采空区涌水。截至 2019 年年底，回采工作面滞后排水效果良好，4102 – 4105 工作面累计减少巷道掘进工程量 7510 m，节约资源 230 余万吨。

陕西陕北矿业韩家湾煤炭有限公司

一、矿井概况

韩家湾煤炭有限公司隶属陕北矿业公司，前身为兰州军区矿业管理局韩家湾煤矿。井田地处陕西省神木市大柳塔镇境内，位于陕北侏罗纪煤田神华矿区石圪台井田及前石畔井田交接部位，东西长约5 km，南北宽约2.6 km，井田面积12.4206 km^2。井田保有地质储量150 Mt，矿井可采储量约85.39 Mt。

矿井地质构造简单，瓦斯等级属低瓦斯矿井，水文地质类型为中等，正常涌水量约166.67 m^3/h，最大涌水量约200.75 m^3/h，矿井采用中央并列抽出式通风，采用双回路供电。2009年6月矿井产业升级技术改造后生产能力1.5 Mt/a，2012年矿井生产能力核定为4 Mt/a，2016年10月，根据国家产能减量置换有关要求，矿井生产能力核减为3 Mt/a。截至2019年年底剩余保有地质储量64.47 Mt，可采储量38.59 Mt。

二、2019年主要技术经济指标

2019年煤矿原煤产量2.99 Mt，掘进进尺12020 m。煤炭销售收入83663.05万元，矿井综合单产259224 t/(个·月)。在籍原煤生产人数325人，原煤工效31.24 t/工，百万吨死亡率为零。

三、安全高效矿井建设的主要做法

（一）精心组织生产，全员工效稳步提升

（1）合理安排生产布局。坚持“一采一备”总体部署，超前谋划生产布局，确保生产接续正常，保证采掘及回撤安装各项工作有机衔接；优化生产系统、劳动组织、生产工艺，加强生产调度指挥，狠抓煤质管控，实现全年安全高效稳产。

（2）全力推进“110工法”开采技术应用准备工作。自主完成了“110工法”开采设计、切顶爆破、后巷支护、顶板监测等一系列核心设计及工作面智能化设备安装调试，为智能化+110工法技术推广实施奠定了基础。

掘进期间积极探索应用“综掘机+两臂锚杆机”快速掘进新工艺、新技术。

（3）深化重大灾害防治。完善重大灾害防治顶层设计，编制矿井重大灾害防治三年规划，全面摸排矿井重大灾害治理情况和存在的问题，优化灾害治理方案。

（4）强化技术支撑。深入研究回撤工艺技术，强化精准贯通和支护强度，保证回撤安全高效。持续加强《浅埋房柱采空区勘察及其近距离煤层安全开采技术研究》等项目研究，积极探索矿山开采新技术，为多煤层蹬空开采提供技术支撑。

（5）持续开展标准化创建工作。成立了“标准化办公室”，推行“1248”安全生产标准化管理体系，加强过程精细管控，实现 11 个专业动态达标，强化现场作业标准和作业流程操作监管，推动安全生产标准化管理创出特色、形成示范，以“安全生产标准化示范区队”创建带动矿井全面达标，严格质量结构工资考核，使矿井安全生产标准化水平不断提高。

（二）坚持科学管理，内生动力强劲迸发

（1）完善双重预防机制。严格执行“1+4”工作模式和“3+1”管控模式，开展了年度安全风险辨识评估，建立了安全风险“一图一库两清单”，严格落实各项管控措施，超前防范化解重大安全风险。全年共开展四项专项整治、“安全攻坚行动”和“大排查、大整治、大提升”活动，组织安全检查 72 次，查处隐患 1099 条，整改率达到 100%。

（2）加强对标管理。按照“三层九类、闭环对标”工作思路，健全完善对标管理体系，坚持以问题和短板为导向，优化对标交流方式方法，注重管理实践推广应用，构建“对标—创新—发展”的良好工作格局。

（3）提升卓越绩效管理。结合公司战略目标和发展路线图，健全指标评价体系，按照四个维度科学设置 KPI 指标，优化全面预算综合平衡计分卡绩效考核管理办法，完善卓越绩效考核管理体系。

（4）加强品牌建设。落实优质开采，严格煤质管控，确保“榆林煤”品牌持续做优。按照“效益优先、风险可控”的原则，多渠道多方式开发、巩固客户，进一步提高销售话语权。

（三）强化技术创新，智能矿井有序推进

（1）创新工作格局。成立了全员“双创”工作领导小组，完善了创新工作机制，形成“党政统一领导、工会组织牵头、技术引导支撑、劳模骨干示范、全员积极参与、成果推广落地”的“双创”工作格局。

（2）创新成果喜人。全年共取得创新成果 500 余项，创造经济效益四千余万元。《一种移动式隔爆水棚》等16项创新成果获国家专利授权，7项参加榆林煤博会展出；在陕西省第五届科技节创新成果评比活动中，荣获金奖1项、银奖5项。

（3）加大新技术推广。推行“超前介入、精准贯通、双头回撤”方法，在综采工作面回撤中不断刷新纪录；积极推广水力压裂、自移设备列车、球形滚筒、巡巷机器人、嫁接自移式隔爆水棚等十项新技术、新装备，升级了九大类安全监测监控系统、井下80%的机房硐室实现无人值守，综采自控设备列车组在综采工作面得到了运用，率先使用巷道修复机掏槽密闭，智能化洗煤厂改造升级等33个项目取得阶段性成果。

（4）推进智能矿井建设。2019年，公司投资1.82亿元开展智能矿山建设。完成了主运输、机房硐室等八个生产辅助系统自动化集中控制。新建了万兆工业以太环网，实现了矿井工业控制系统和视频监视系统的高速、稳定传输。建成了智能化自动装车系统，装车效率提高40%，实现了装车“零”误差。建成了智能化洗煤厂、完成了4^{-2}煤“110工法”智能化工作面安装调试工作，公司向智能矿井建设迈出了坚实的一步。

陕西陕煤韩城矿业有限公司象山矿井

一、矿井概况

象山矿井位于陕西省韩城市市区西北约 4 km 处，隶属陕西陕煤韩城矿业有限公司。井田面积 25.04 km^2，开采标高 +400 ~ +100 m，设计生产能力 2.4 Mt，证照齐全。主采煤层为 3 号、5 号煤层，属高瓦斯矿井，矿井水文地质类型为“复杂型”，矿井正常涌水量 298 m^3/h，最大涌水量 375 m^3/h。煤尘具有爆炸危险性，3 号煤为Ⅲ类不易自燃煤层，5 号煤为Ⅱ类自燃煤层。矿井采用平硐暗斜井开拓方式，主要大巷布置于 +150 m 水平。

矿井按照一个 3 号煤工作面和一个 5 号煤工作面的生产布局组织生产，采煤方法采用综采一次采全高，全部垮落法管理顶板。矿井通风方式为抽出式，矿井地面建有 2 套地面永久瓦斯抽放泵站，瓦斯抽采能力 1000 m^3/min，抽放泵站抽出的瓦斯并入瓦斯发电厂进行发电，日发电量在 40000 kW · h 以上。

二、2019 年主要技术经济指标

2019 年，象山矿井生产原煤 238800 t，完成掘进进尺 12967 m，比计划 12000 m 超掘 967 m。矿井综合单产完成 96900 t/月。2019 年全年实现营业总收入 8.96 亿元，比计划 8.17 亿元增加 0.79 亿元。全年实现考核盈利 1.72 亿元，比公司下达计划 1.69 亿元增盈 0.33 亿元。原煤生产期末人数 1157 人，原煤生产人员工效为 9 t/工。矿井质量标准化达到国家一级标准。全年百万吨死亡率为零，杜绝了重伤以上人身事故和各类非人身事故。

三、安全高效矿井建设的主要做法

（一）着力“精”，落实“大瘦身”工作部署，科技先行，加快安全高效步伐

在保障安全的前提下，减头、减面、减系统、减机构、减人员、减投入是实现安全高效的具体行动。象山矿井通过技术改造，加大设备投入，推行集中控制系统，达到减人提效的效果。矿井生产采区为南一下山采区，准备

采区为南二采区，按照“一井两面”进行采掘部署。应用现代化设备，解放人力。2019 年先后投入 4 台掘进机，掘进机械化程度的提高为缓解矿井采掘接续提供有力的保障，2019 年综采机械化程度达到了 100%，综掘机械化程度达到 79%。

从 2013 年开始象山矿井引进沿空留巷技术，经过近 6 年时间的研究探索，由最初的柔膜墙（泵注混凝土墙体）到现在的切顶卸压沿空留巷，沿空留巷技术已服务于 5 个 3 号煤综采工作面。沿空留巷技术的推广应用，实现了回采“1”个工作面，只需掘进“1”条工作面巷道，保留“0”个煤柱，达到工作面间无煤柱开采，减少了掘进巷道要求，节约了人力及巷道掘进费用的投入，减少了运输压力，为采掘接续正常提供了保障，并且采用沿空留巷技术后巷道围岩得到控制，巷道变形量变小，真正体现了安全高效的要求。

（二）聚焦“管”，通过安全监管措施，提升全员安全素质，推动矿井安全高效发展

（1）“两个加强”，安全高效动真格。通过加强隐患排查治理和安全风险分级管控“双重预防”机制建设，利用井下手机智能掌控系统，随时随地上传隐患，实现隐患透明化，形成了安全风险自辨自控、隐患自查自改的安全管理运行机制，确保做到隐患排查无漏洞、治理无漏项；通过加强重点工作和薄弱环节安全管理，并通过抓“三违”、查隐患，做到安全管理不留死角，安全高效动真格。

（2）“一个提升”，安全高效出实招。象山矿井通过加强“四员两长”精细化管理，进一步夯实现场安全管理。通过重新划分业务范围，明确考核责任主体，形成了制度严谨、培训计划周详、井下作业现场日常考核、部室管理人员抽查考核及奖惩当月兑现一套系统的管理考核模式，同时通过落实“四员两长”政治待遇、工资待遇、生活待遇，提高“四员两长”的工作积极性和主观能动性，让“四员两长”充分认识自己岗位的重要性。2019 年 5 月 29 日，在股份公司召开煤矿“四员两长”管理对标交流现场推进会中，象山矿井作为现场对标观摩单位，介绍基本情况、“四员两长”精细化管理、双重预防机制建设情况。随后澄合矿业公司、铜川矿业公司相继交流学习获得一致好评，矿井安全形势持续平稳。

（三）突出“严”，夯实安全根基，强化安全高效基础

（1）抓治理，开展三级安全评估工作。每月坚持对矿井安全生产现场进行安全评估，做到超前预防，创造安全工作环境。每季度对矿井生产系统

进行全面安全评估，对井下进行全方位的安全排查评估，解决制约安全生产的瓶颈。对所有掘进头开口前组织相关部门进行安全评估，完善了安全风险辨识评估范围、辨识评估办法和工作流程等。

（2）抓过程，开展“五级”安全确认。在区队班前会确认的基础上，矿井加强了入井前、开工前、班中、班后安全确认的监督考核，保证了作业全过程始终处于受控状态。

（四）推行“优”，合理安排，精心布局，为安全高效发展奠定基础

象山矿井围绕灾害治理、采区接续、系统优化等重点工作，合理安排、精心组织、优化生产布局，为实现矿井安全高效发展奠定基础。执行矿领导和生产部室包队管理制度，并将生产任务分解量化考核，制定出掘进工作面快速掘进激励政策，优化施工工艺、简化施工工序、加快施工进度，加快工作面安装回撤步伐。为提高掘进单进水平，矿井按照“一面一策”和“一队一策”的工作思路，对不同条件的工作面，不同的区队，制定不同提高单进的具体措施。以机电设备的现场管理为重点，机电设备机环双检、强制检修制度，充分利用日检、月检、旬检时间，严格检修质量，减少故障误时，进一步提高机电设备管理水平。

（五）提倡“净”，坚信绿水青山就是金山银山，建设绿色花园式现代化矿井

象山矿井以打造花园式现代化矿井为理念，以建设国家一级标准化矿井为目标，在历时 3 个月的条件下使矿井旧貌换新颜。一是“产煤不见煤、原煤不落地”。通过建设了 8 个原煤仓，昔日“逢雨黑水淌，遇风煤尘飞”的现象一去不返，实现出煤不见煤目标。二是重视环保项目建设，投资 500 万元，通过道路硬化、场地绿化、水沟改造、消尘设施完善等一系列工作，改善矿区环境。三是矸石山种花草。在人们的印象中，矸石山黑乱差，煤矿是黑色的代名词，领导干部与广大职工的齐心协力使昔日的矸石山由黑变黄、由黄变绿，使其成为一道美丽的风景。“香根草”郁郁葱葱，“洋干菊”争奇斗艳。

陕西双龙煤业开发有限责任公司

一、矿井概况

陕西双龙煤业开发有限责任公司于1992年7月开工建设，2000年12月底建成简易投产，2003年5月开始扩建，2007年实行改制重组。2014年10月，矿井划拨黄陵矿业公司管理。公司现有员工618人，其中管理人员82人、职工536人。矿井下设14个部室，5个区队。矿井生产布局为1个智能化采煤工作面、2个综合机械化掘进工作面。矿井于2013年7月开始技改，2016年10月通过竣工验收，技改完成后，矿井生产能力达到0.9 Mt/a。

二、2019年主要技术经济指标

2019年公司实现利润17804万元，人均年收入17.52万元。在册职工559人，原煤生产人数427人，原煤工效7.5 t/工。煤矿安全生产标准化达到国家一级标准，未发生较大及以上安全生产事故。百万吨死亡率为零。

三、安全高效矿井建设的主要做法

（1）强化材料管理。重新编制矿井材料管理办法，把全年的材料成本控制分配到每月及每个职能部门中，严格执行材料、配件管理办法、交旧领新等管理制度，利用材料管理系统软件，加强物资管理工作的各项环节。拓宽了代储代销范围，对润滑油脂、采煤机配件、木材等物料，根据计划需求，用多少采购多少，从物资分公司直接采购，减少中间环节，做到价格收益的同时，逐步减少了库存物资。

（2）强化设备管理。推行设备全生命周期管理，严格落实机环双检制度，抓好包机制度和巡检点检制度，加强设备日常维护保养，保证设备正常运转，减少设备故障影响，设备影响率比上年同期降低了32%。

（3）强化工艺管理。通过减少掘进工程量和后期附属工程量，降低生产投入，减少资源损失。认真钻研瓦斯抽采技术，选择合理的钻孔布置方式及钻孔间距，将本煤层10个钻孔由原来的钻场集中扇形布置变更为沿巷帮平行布置，并根据煤层裂隙透气性及7 m抽采半径，将钻孔间距调整为

10 m，满足抽放要求的同时减少了钻孔数量。

（4）强化预算管理。年初即对全年的经营目标进行了层层分解，责任落实到部室、区队和岗位，坚决做到了无预不支，保证了预算的权威性。

（5）强化劳动定员管理。建立并不断完善劳动定员管理制度，以人为本，以岗定员、科学定员，优化劳动力配置，挖掘各工种内部潜力、提高工时利用率，合理减少工人作业时间，降低工人劳动强度，使人与机、人与岗位达到最佳结合，确保安全高效的组织生产。

（6）强化内部挖潜。将基本功修炼与岗位提升相结合，不断提升职工综合素质和劳动技能，扩大修旧利废范围，能修理的绝不外委，建立了废旧物资回收登记台账，采取激励措施，调动了广大职工的积极性，深挖内部潜力。2019 年，全矿修旧利废产生价值 258 万元。

（7）强化销售管理。注重市场导向，树立品牌意识，坚持“以质取胜”，强化煤质管理，做到了“每卡必争，滴水必控，剔矸除杂”，煤炭发热量达到 22688 kJ/kg，较预算 21771 kJ/kg 提高 917 kJ。同时，充分利用网上竞拍，建立客户信息平台，加强与公司营销部和运销公司的沟通交流，保证了销售的畅通。通过努力，2018—2019 年，煤矿原煤实现了产销平衡。

（8）加强科技管理：①科技管理体系方面，煤矿制定了《双龙煤业 2019 年科技工作安排》，并对《矿井技术创新管理办法》进行了修订；②2019 年煤矿科技项目共计投入资金 3453. 81 万元（其中公司科研项目 3059. 6 万元、自立项目 372. 211 万元、创新奖励 9. 5 万元、培训投入 12. 5 万元），科研投入占当年收入的 3. 33%；③按计划组织开展专业技术讲座。组织开展专业技术讲座一次，组织专业知识讲座 9 次；④在知识产权方面，发表论文 16 篇，向《黄矿科技》投稿 25 篇，申报专利 10 项，2019 年收到职工“五小”创新项目共计 145 项，通过评审，认定项目 89 项；⑤科研项目 2 项，均属厂矿级科研项目，分别为“双龙煤矿综采工作面智能化装备研究与应用”和“双龙煤矿井下无轨胶轮车尾气治理技术研究与应用”；⑥厂矿级自主科研项目 4 项，即“综采工作面瓦斯治理高位裂隙钻孔实施技术研究与应用”“局部通风机无人值守改造”“污水处理站无人值守改造”“压风机房无人值守改造”，项目均已施工完成。通过开展科技创新，改善了安全生产环境、改进了操作工艺、提高了工作效率、降低了生产成本。

（9）加强信息化与自动化建设。

①煤矿实现信息的集中监控、自动采集、集中传输及运用。双龙煤业已建设完成井上下万兆工业环网，环网交换机采用赫斯曼环网交换机，实现信

息的自动采集、集中传输。②煤矿对供电、提升、运输、通风、排水、压风、瓦斯抽采等生产系统主要设备实施安全监控、自动化运行和可视化。双龙煤业在调度中心建设完成了综合自动化平台，该平台采用美国 GE 的 IFIX 组态软件，已集成井下中央变电所、盘区变电所、北运大巷带式输送机机头配电、风井场地变电所、主运输系统、主要通风系统、压风机房、中央水泵房、盘区水泵房、污水处理站和瓦斯抽采泵站的集中监测和控制，同时在现场完善了视频监控系统，达到无人值守、有人巡视的现场管理模式。③双龙煤业办公网采用黄矿专用网络，办公系统也沿用黄矿统一 OA 平台。

随着矿井各项管理水平不断提高，煤矿先后被陕煤集团授予“文明单位”，被中煤政研会授予全国煤炭工业“企业文化示范矿”“文明煤矿”“五精管理样板矿”“企业文化品牌矿”“国家安全生产标准化先进矿井”“2016—2017 年度安全高效特级矿井”等荣誉称号。截至 2019 年年底，煤矿实现安全生产周期 3939 d，连续 8 年被评为安全生产标准化一级矿井。

陕西陕煤韩城矿业有限公司下峪口煤矿

一、矿井概况

下峪口煤矿位于韩城矿区北部，黄河西岸，南距韩城市约 20 km，工业场地位于井田外韩城市龙门镇。走向长 6.3 km，倾斜长 4.8 km，面积 27.6105 km^2，地质资源储量为 14.29 Mt，可采储量 9.51 Mt。矿井采用平硐－立井联合开拓方式，矿井地质构造中等复杂，水文地质类型为复杂型，矿井现有 5 个井筒，分别为在工业场地内布置的主平硐及副平硐、在排矸场地布置的排矸立井、中央回风立井、姚家埝回风立井。矿井为煤与瓦斯突出矿井，煤尘具有爆炸危险性，煤层属不易自燃煤层，地质条件中等复杂。

二、2019 年主要技术经济指标

2019 年，煤矿完成企业利润 1.58 亿元，比计划 1.56 亿元多盈利 0.02 亿元。计划原煤产量 1.45 Mt，完成 1.49 Mt，完成计划的 103%。计划瓦斯抽采 1.32×10^7 m^3，完成 1.3619×10^7 m^3，完成计划的 103.2%。计划原煤成本 318.28 元/t，实际 310.39 元/t。计划综合售价 795.92 元/t，实际 723.67 元/t。计划原煤工效 5.6t/工，实际 5.73 t/工。采区采出率。2 号煤（薄煤层）85.5%、3 号煤（厚煤层）76.5%。

2018 年、2019 年连续 2 年杜绝了重伤及以上人身事故。

三、安全高效矿井建设的主要做法

（一）多措并举抓安全生产

一是积极加强生产组织。通过现场写实勘察、调整瓦斯灾害治理施工参数、优化爆破工艺和支护参数、推广“四六作业制”，提高综掘率等措施，优化了劳动组织，提高了单进水平，半煤岩巷月单进由 120 m 提至 150 m，全煤巷月单进由 160 m 提至 200 m，全岩巷单进由 70 m 提至 90 m；同时积极开展劳动竞赛，掘进四区获公司“单进创水平”劳动竞赛 9 月第二名、掘进一区获公司“单进创水平”劳动竞赛 11 月第一名、12 月第三名。二是积极推进标准化创建。制定了标准化“评优选差”考核管理办法，每月组织

“标准化专项活动”，举办了“23202 进顺标准化现场会”，开展了“精品工程”建设，创建了 7 个精品硐室。三是优化生产布局，加快接续调整。减少了一个采煤面，实现了“一井两面”生产；完成了 2－2 采区二号、三号运输巷施工，实现了主运、辅运分离；安装了 4 部无极绳绞车，淘汰了 70 余部小绞车。四是积极开展“四化”建设。实现了煤巷、半煤岩巷全部综掘化，提高了机械化水平；完成了井下工业环网改造，提高了信息化水平；完成了 2 号煤智能化综采工作面技术方案，完成了立井和姚家埝主要通风机、立井 500 m^3 瓦斯泵、污水处理站的集控改造，结合已完成的供电、供水、排水、压风自动化系统，为矿井智能化升级改造打下了坚实基础。

（二）环保治理大力推进

一是健全组织机构，成立了环境保护管理办公室，完善了环保管理制度。二是加大投入开展环保治理，在扬尘治理方面，累计投入 558 万元清理硬化了南煤场 4861.12 m^2 底板和工业广场 4039.5 m^2 场地，修缮了南北煤场大棚，绿化了选煤厂 1400 m^2 杂物区，购置了吸尘车进行排矸路吸尘，大幅降低了扬尘污染；在排矸治理方面，将选煤厂洗矸供给公司砖厂制砖，减少了矸石排放；在污水治理方面，投资 115 万元大修了生活污水处理站厌氧池，使水质达到黄河流域排放标准；投资 390 万元改造了总排水系统，将处理后的中水供龙钢公司生产使用，实现了污水零排放。煤矿正在积极治理环境，收集资料，制定方案，建设“绿色矿山”。

（三）经营管理深入细化

一是坚持推进全面预算管理。修订完善了全面预算管理执行方案，成立了全面预算管理专项工作组，细化了预算业务划分等五项考核内容，明确了相关工作时间节点与奖罚细则，完善了按业务口径划分领用材料票等内容，取得了良好效果。二是切实加强生产过程成本现场管控。成立了生产过程成本现场管控工作小组，按要求制定分月写实计划，组织人员下井对六个工作面进行了写实，完善了相关定额，制定了整改措施，提高了“业财融合”程度及成本预测真实性。三是积极实施降本增效措施。主动优化产品结构，将黏结达标和不达标的瘦精煤分开销售，增加收入 942 万元。积极拓展市场，减少库存精煤 7000 t，增加收入 566 万元。积极开展修旧利废和回收复用活动，完成修旧利废 1092 万元，回收复用 360 万元，有效减少了成本投入。

（四）职工素质稳步提升

一是坚持开展职工教育培训。全年组织培训 100 余期，参加 1 万余人次，有效提高了职工素质。选派人员参加“陕煤杯”全国煤炭行业职业技能竞赛，李洪枝、刘权、曹明分获个人第二、三名的好成绩。童太明被陕煤集团授予“陕煤工匠”称号。二是认真开展劳动用工专项整治。清退劳务派遣工 249 人（其中劳务派遣转合同制 50 人），完成清退任务的 104% 。此外还完成了生产区供暖系统改造、单身楼供暖二网改造、工业区西门、南门和北门及单身楼大门改造、选煤厂大门改造、工业区西门至综采车间道路拓宽、南煤场硬化、工业广场硬化、矿区绿化等工程，矿区面貌焕然一新。为姚家埝风井职工配备了住宿用品，在生产区增添了两台净水器，改善了工作条件。为全矿职工发放了两套工服、衬衣、安全文化衫、建矿 50 周年纪念品，提高了职工幸福感、认同感、获得感。

陕西陕煤韩城矿业有限公司桑树坪二号井

一、矿井概况

桑树坪二号井隶属陕煤韩城矿业有限公司，属国有重点企业，证照齐全。二号井位于陕西省韩城市东北约 35 km 的黄河西岸，行政区划隶属陕西省韩城市桑树坪镇管辖。井田面积 16.67 km^2，地质资源储量 110 Mt，可采储量 81.455 Mt。核定生产能力 0.9 Mt。主采 3 号煤层，属Ⅲ类不易自燃煤层，煤尘具有爆炸危险性。矿井绝对瓦斯涌出量 104.94 m^3/min，相对瓦斯涌出量 54.65 m^3/t，正常涌水量 123 m^3/h，最大涌水量 169 m^3/h，属于煤与瓦斯突出矿井和水文地质复杂型矿井。

煤矿开拓方式为斜井单水平开拓方式，生产水平为 +242 m 水平。矿井划分为 5 个采区，采掘活动主要在三采区，四采区为接续采区。煤矿已形成“一井一面”的生产布局。

二、2019 年主要技术经济指标

2019 年，矿井生产原煤 895500 t，完成掘进进尺 9367 m，其中开拓进尺完成 2740 m。矿井综合单产完成 65500 t/(个·月)。2019 年全年实现营业总收入 46057.3 万元，全年实现盈利 667.5 万元。职工人数 662 人，原煤工效 6 t/工。矿井安全生产标准化达到国家一级标准。矿井建设自 2012 年开工试生产以来，未发生过一次人身伤亡事故或重大工程质量事故，百万吨死亡率为零。

三、安全高效矿井建设的主要做法

（一）突出安全，安全生产标准化水平有了新提升

（1）严细安全监管。建立完善安全管理制度，健全完善安全监管、安全风险分级管控责任体系，认真履行“一岗双责”；开展对标管理，学习借鉴安全管理先进经验；深化“双预防机制”建设，形成了井下无线通信网络，完成了井下采掘工作面应急广播系统建设；严格执行领导干部值班、跟班、带班制度、“九个一律”规定、“五不生产”及“六抓六杜绝”新举

措；开展矿领导包保、部室包联区队活动；首次举行了矿井反风演习、大面积停电应急演练。百日安全活动中，生产口矿领导实行每周安全例会交叉任职管安全制度；12 月，率先取消了采煤队零点班。加大安全追责问责和隐患排查力度，对严重“三违”井口亮相，开展矿领导带领“三违”人员到班前现身说法。全年“三违”和隐患较上一年下降了 70% 和 40% 。

（2）严细标准化建设。以精细化管理为抓手，全面推进“三位一体”煤矿安全生产标准化建设。落实区队安全生产标准化职责，严格执行标准化结构工资制度，开展安全生产标准化评差树优。完成了北辅助运输巷 14 联巷旧管路拆除回收，对系统巷道亮化照明进行了重新吊挂；完成了北水仓至中央水仓 6 寸排水管路安设工程，对北带式输送机巷缆线吊挂进行了规范；建成了 3304 采面精品乳化液泵站、精品油脂硐室和精品配电点，对 3309 掘进面进行了精细化打造，该面已被公司评为“精细化工作面”；开展了机电运输、“一通三防”以及“白色垃圾”专项整治，收到显著成效。煤矿保持了国家安全生产标准化一级标准，并获得“省级职业卫生示范矿称号”。

（3）严细职工培训。制定了教育培训计划，建成了高标准电教室，编制完成了《全员安全培训考试系统试题库》。全矿职工培训形成了班前培训、双述培训，矿内培训、外出培训以及现场实操培训的新格局。全年共举办各类培训 90 期达 6274 人次。加快职业技能鉴定工作，完成了 7 名中级工职业技能鉴定申报审核。开展了“工匠杯”职业技能竞赛，12 人参加公司技能竞赛并取得了较好成绩。在公司率先开办了“智慧矿井人才培训班”，为矿井人才培养输送了新鲜血液。

（二）超前管理，生产组织与灾害治理形成新格局

（1）严细生产组织。加强矿井生产计划、采掘接续及设计超前管理，用了 20 天时间完成了兰利煤矿闭坑工程，矿井已实现“一井一区一面”格局。全年完成矿井采面设计、开拓巷道设计及其他设计 29 个，巷道贯通 21 条，巷道开口 16 处。积极推广新技术新工艺，优化了支护工艺快速掘进方案，月单进最高达到了 523 m。优化北区运输系统，完成了斜井架空乘人装置改造、北中运巷和北带式输送机巷内机轨合一工程，调整了三采区运输系统，完成了井下无轨胶轮车维修硐室建设。强化机电设备安全管理，完成了春检春试工作，开展了机电专项整治，保障了矿井供电系统可靠运行。

（2）严细灾害治理。全面优化通风系统，完成矿井总回通风南、北系统隔离工程，解决了历史遗留的通风系统重大问题。全年共构筑（拆除）通风设施 190 余道，巷道安全贯通 21 条，通风系统调整 28 次，排放瓦斯 8

次。优化抽采系统，完成抽放管路安装回撤 5010 m，更换管路吊挂绳索及补加管路螺栓 1500 m，更换了大孔径抽放管路、联巷闭墙压管抽放，解决了 3307 采面上隅角瓦斯问题，在 3304 采面二回施工高位裂缝钻孔，提高了抽采能力。瓦斯发电新增 3 台机组，发电量连创新高。严格执行两级“四位一体”防突措施，优化钻孔布置，解决了瓦斯预抽技术难题，实现了软煤层日钻孔 230 m 的全公司最高纪录。积极协调灾害治理与安全生产的关系，提高了瓦斯抽采率和利用率。

（三）攻坚克难，走出科研创效新路子

重视科技工作。召开了科研项目推进会，成立了以矿长、书记为组长的科研工作领导小组和由矿领导牵头的 9 个研发团队。建立了“543”科技管理机制，保障了科研工作的顺利推进。围绕制约矿井安全生产发展的瓶颈问题，开展科研活动。创新科研工作发展模式，先后完成极复杂条件下煤巷综合机械化快速掘进工艺、岩巷快速掘进关键技术、3 号煤瓦斯抽采效率技术、综采放顶煤工作面沿底留顶煤安装新技术、综采面快速安装及回撤技术、3 号煤动态防突技术研究、矸石不升井项目、实现了主要通风机远程控制、无轨胶轮车在线监测等。特别是与中煤科工重庆院长期合作，完成了三采区动态防突指标的考察，为快速掘进扫除了障碍，煤矿已经实现了 2～3 个条带超前治理，为矿井发展夯实安全基础。

（四）以人为本，和谐矿区建设呈现新局面

坚持以人为本的发展理念，从一点一滴做起关爱职工。加大对“两堂一舍”的管理，对职工食堂油烟排放系统进行了升级改造，为食堂和商业街更换了新的刷卡机。将职工月餐补金额从每人 200 元提高到 300 元。单身楼实行了公寓化管理，投资 100 多万元，给单身楼安装了空调等配套设施。完成了工业区饮用水改造工程，借鉴“PPP”模式，职工生活基本实现了洗、购、扫、卡智能化。新建了职工篮球场、羽毛球场，举办了职工篮球友谊联赛。大修拓宽了沿黄观光道路，新建了 230 个车位的停车场，更换了两辆 30 座的通勤车。加强矿区社会治安综合治理，规范了车辆的有序停放。加大矿区治安巡逻力度，开展了消防演练和防火知识宣传。组织参加了北风井山体农民烧荒杂草着火和韩城市桑树坪镇雷寺庄林场突发火灾的救援行动，履行了国有企业的社会责任。

陕西未来能源化工有限公司金鸡滩煤矿

一、矿井概况

金鸡滩煤矿隶属陕西未来能源化工有限公司，是陕西未来能源化工有限公司年产 1 Mt 煤间接液化综合利用项目的配套矿井。陕西未来能源化工有限公司由兖矿集团有限公司、兖州煤业股份有限公司、陕西延长石油（集团）有限责任公司共同出资组建。金鸡滩煤矿设计生产能力 8 Mt/a，设计服务年限 80. 2 a，矿井核定生产能力 15 Mt/a，矿井剩余服务年限 42 a。

截至 2019 年年末，金鸡滩煤矿保有资源/储量 1754 Mt，可采储量 598 Mt，基础储量 798 Mt，资源量 956 Mt。截至 2019 年年末，矿井开拓煤量 270. 58 Mt，准备煤量 270. 58 Mt，回采煤量 33. 87 Mt，矿井“三个煤量”符合规定。

二、2019 年主要技术经济指标

2019 年煤矿实际生产原煤 15 Mt，矿井综合单产 599435 t/月，原煤生产效率达 106. 5 t/工。实现利润 305622 万元，吨煤成本 135 元，矿井采区采出率 78. 49%。采煤机械化程度 100%，掘进机械化程度 100%。

三、安全高效矿井建设的主要做法

（一）信息化与自动化管理

矿井建设有安全生产信息调度平台，矿井安全生产信息实现集中监控、自动采集、集中传输及运用。矿井对供电、提升、运输、通风、排水、压风等生产系统的主要设备实施安全监控、自动化运行和可视化操作，煤矿实现了 OA 办公，符合煤炭工业特级安全高效矿井评审条件。

（二）采掘方法和生产系统

矿井采用主副斜井与立井联合开拓方式。现生产水平为一水平，现生产采（盘）区为一盘区，现开采煤层为 2^{-2} 及 $2^{-2上}$ 煤层。巷道掘进全部选用连续采煤机掘进工艺，采煤方法采用单一长壁后退式，矿井采用超大采高综放和超大采高一次采全高综采开采工艺，布置有 1 个综采工作面、1 个综放工作面和两个连采掘进工作面，符合《煤矿安全规程》相关规定。矿井采掘接续正常，开拓、准备、回采煤量符合规定，各生产系统安排合理。采掘方法和生产系统符合煤炭工业特级安全高效矿井评审条件。

（三）劳动定员管理

煤矿在册职工982人，原煤生产人员607人，矿井成立有安全生产委员会，负责全矿安全生产协调、落实国家有关安全生产的政策、法规、法令与监管工作。矿井实行矿、科（室）、区（队）三级管理模式。设矿长1名为矿井安全生产第一责任人，党委书记、总工程师、生产矿长、安全矿长、机电矿长、纪委书记等人员各1名，分管各自职责范围内的工作。设立生产技术科、安全监察科、调度室、机电科、通防科、地测科、综合管理科、经营管理科、地企科、项目建设办公室等科室，设置有综采一区、综采二区、连采工区、机电工区、运转工区、选煤厂、生产服务中心、煤炭发运中心等区队。

地面及井下均采用“三八制”作业。劳动用工实现合同签订率、用工备案率、培训合格率、参加社会保险率、年检率“五个百分之百”，三项岗位人员全部持证上岗，建立了完善的劳动定员管理制度，组织生产科学合理，劳动效率明显提高，符合煤炭工业特级安全高效矿井评审条件。

（四）做好科技创新工作

金鸡滩煤矿认真落实科学发展观，坚持走科技兴矿之路，不断增强煤矿自主创新能力和核心技术竞争力，创造条件开展科技创新工作，先后共推进各类科技攻关项目30项，推先、革新项目85项，其中重大项目19项，重点项目8项，一般项目3项。矿井成功应用世界首套7 m超大采高综放工作面成套装备及世界首套8.2 m超大采高综采成套技术与装备，顺利开展了水害分析治理、地表移动规律、煤层自然发火防治等成套关键技术研究。

根据矿井2^{-2}及$2^{-2上}$煤层一盘区西翼赋存特点，矿井研发了世界首套8.2 m超大采高综采技术及装备并成功应用，解决了超大空间、超强矿压、超高煤壁、强扰动岩层运动导致的围岩控制，液压支架高动压敏感结构特有的服役特性及失效机理，超大煤量自适应运输及大块煤破碎，装备系统协调运行及高效、高采出率开采等四大难题，实现了6～8 m坚硬厚煤层安全、高效、高回收率开采。根据矿井2^{-2}及$2^{-2上}$煤层一盘区东翼赋存特点，矿井研发了世界首套7.0 m超大采高综放技术及装备并成功应用，开发了“以采为主，以放为辅”的开采理念和关键技术，研制了超大采高综放工作面采、放、支、运成套装备，通过提高机采高度和优化液压支架设计等方法增加顶煤冒放性，实现了 9 ~ 13 m 坚硬厚煤层安全、高效、高回收率开采，为矿井实现跨越式发展提供了有力的安全技术保障，创造了丰厚的经济效益，促进了企业健康有序发展。

（五）安全管理严抓不懈

在矿井的生产过程中，通过加强矿领导带班，安监员跟踪作业现场管理，对重点环节、关键部位设专人盯守，对在生产作业过程中查出的隐患实行跟踪销号，从而实现安全闭环管理，作业现场动态安全达标。

矿井建立了安全生产责任制，签订了安全生产协议书，强化员工安全教育和业务培训，定期开展安全大检查，认真开展安全风险辨识、管控和事故隐患排查治理工作，开展班组“三上岗、一讲评”活动，切实保证了矿井安全生产。矿井安全生产形势平稳，连续 8 年零伤亡。

陕西长武亭南煤业有限责任公司

一、矿井概况

亭南煤业公司位于陕西省咸阳市长武县境内、彬长矿区中部，是山东能源淄矿集团响应国家西部大开发的号召，跨出省门在陕西投资建设的第一对现代化矿井。2002 年 10 月，矿井举行奠基仪式。2006 年 10 月，转入正式生产。矿井原生产能力为 5 Mt/a，2020 年 9 月“两类”煤矿重新核定生产能力为 4.5 Mt/a。矿井井田面积 35.5486 km^2，保有资源储量 370 Mt，可采储量 190 Mt，煤质为中灰、特低硫、低磷、中高发热量的优质烟煤，瓦斯等级鉴定为高瓦斯矿井。矿井采用立井单水平开拓方式，共划分为 4 个盘区，主要采用综采放顶煤采煤工艺，倾向长壁后退式综合机械化采煤。

二、2019 年主要技术经济指标

2019 年全年累计完成商品煤产量 4.999 Mt，全年实现销售收入 21.4 亿元，实现利润 8.66 亿元。2019 年，职工人均收入 16.24 万元。

三、安全高效矿井建设的主要做法

（一）发展质量在抓牢生产中稳中向好

深推“一提双优”建设，稳产能、抓掘进、推工程，发展基础不断夯实。把牢原煤生产效益源泉，破除安撤频繁难题，全年累计完成商品煤产量 4.999 Mt。顺利完成多灾害、重灾害 207 工作面的推采，积累了丰富的灾害综合防治经验，被列为“国家第一批建设冲击地压防治示范矿井”。高效推进绿色充填开采工程，克服起步晚、经验少等不利因素，积极创新施工工艺，创新实施了 1102 充填面“少卸多夯”充填法、“231”平行作业法等“精优作业法”，充填率、充实率分别达到 95%、80% 以上，全年完成充填产量 366000 t。狠抓安撤面管理不松劲，严格“五必须五严禁”安撤“钢规铁律”落实，优化劳动组织，明确程序标准，全年顺利完成“三安三撤”。引进了能源集团首套 TBM 全断面掘进机，投用了全岩综掘机、钻装机组、智能打钻机器人、带式输送机巡检机器人、机械化水仓清捞设备等，提高了装备水平，全年完成掘进进尺 19198 m，其中开拓进尺 5532 m。TBM 掘进机性能充分发挥，单进效率同比提高 3 倍，全断面岩巷掘进月进尺达 409 m，获得能源集团及集团公司高度评价。

（二）精益管理在深化融合中拓展提升

针对全国经济形势的发展变化，煤矿突出“内涵发展”“高质量发展”等理念，着力提升内力、深练内功，促进企业内涵发展、质效发展。着眼于提升矿井经营管理水平，推进管理机制创新，探索形成以内部市场化管理为基础，全面预算、全面对标、全面风险、全面质量、全员业绩考核“五全管理”融合的全新管理机制，促进了外部市场“降价压力”向内部市场“降本压力”的有效传导。坚持“以人为本、消除浪费、提高效率、降低成本、增加效益”目标导向，全方位深入推进“五全管理”、精益管理与内部市场化深度融合，通过探索实践，建塑了以“五全”管理体系为保障基础，以精益管理和内部市场化为两大支撑力，实现精益管理、内部市场化和“五全”管理三大融合，以价值创造为导向的亭煤“5231”特色一体化管理新模式，实现了投入精当、控制精细、质效发展。同时，煤矿积极探索安全管理创新，积极构建“336”全域安全治理体系，创造性推行了“1234”闭合管理法，常态化开展精益片区创建、“网格化”安全管理等，形成了具有亭煤特色的精益安全管理模式，促进了安全管理的升级提档，夯实了安全发展根基。

（三）创新创效在多措联动中显著增强

始终定位于建设科技型矿井，积极推进科技创新和应用，不断提高矿井机械化、智能化和信息化水平。引进代表国际、国内先进水平的大功率、数控式的排水、提升、运输、通风等装备。建立了覆盖全矿的综合自动化系统，实现了对带式输送机、供电、压风、主泵房水泵、提风机等系统的集中控制和自动化控制，做到了准确指挥生产、减少人员投入。建成以“智慧党建”为引领，“智慧安全、智慧生产、智慧经营”三体联动，精益市场化、双创管理“双轮驱动”的“132”综合运行平台，获得上级部门高度评价，有效提升了企业党建引领力和现代化治理能力。着力创建“智慧矿山”，建成陕西省首个智能化充填开采工作面、矿井首个放顶煤智能开采工作面。相继完善主要通风机数控化、供电系统自动化、提升运输系统电控数字化、带式输送机运输系统集控化等信息化、智能化改造。加强与有关科研院校（所）的技术合作和交流，先后与西安科技大学、沈阳煤科院、中国矿业大学等 10 余所高等院校、科研院所合作，完成了《复杂地质条件高瓦斯矿井 TBM 掘进围岩稳定性机理研究》等 4 项科研项目函评鉴定，其中《高阻矿井易自燃特厚煤层综放开采通风防灭火技术研究》鉴定达到国际领先水平。创新建立了技术交易市场，对 238 项技术创新项目、71 项管理创新项目、16 项科技项目和 10 项专利进行交易定价，从技术转让、技术咨询、技术承包三个方面开展工作，形成了“课题研创—培训荐才—技术交流—成果交易”的全链条创新成果培育转化体系，进一步厚培了全员创新土壤。

天峻义海能源煤炭经营有限公司

一、矿山概况

根据国家西部大开发战略的逐步推进，2003 年 4 月成立义海公司并通过青海省人民政府招商引资入驻木里矿区，公司于 2003 年 9 月开工建设。根据青海省发展和改革委员会可行性研究报告的批复，企业核准生产能力 1.2 Mt/a，设计服务年限 35 a。生产规模 1.2 Mt/a。开采方式为露天开采，所采煤种为 1/3 焦煤、1/2 中焦煤和弱黏煤。具有低硫、低磷、特低灰的特点，是优质炼焦配煤和良好的动力煤、民用煤。2010 年 4 月公司安全生产设施通过青海省相关部门验收，成为青海省木里矿区第一个合法开采的露天煤矿。2011 年 7 月通过青海省煤炭工业协会专家检查组竣工验收，2011 年 9 月正式投产。

二、2019 年主要技术经济指标

2019 年煤矿计划产量 1.2 Mt，实际完成产量 1.19 Mt，完成计划的 99.2%。2019 年利润计划 2.6463 亿元，实际完成 2.8263 亿元，完成计划的 106.8%。公司在岗人数 242 人，产量 1.19 Mt，原煤工效 18.35 t/工。煤炭采出率在 95% 以上。

三、安全高效矿井建设的主要做法

（一）科学管理

（1）创新安全管理。安检科及业务包保科室人员定期深入基层区队，通过座谈聊天等方式将国内露天矿发生的事故案例进行讲解分析，同时了解区队人员作业过程中存在的问题，通过现场安全教育增强职工安全意识，有效提高现场安全管理水平。

（2）根据排土场采坑回填环境的特殊性，在下坡急弯处设置隔离带，做到空重车分道行驶，避免雨雪天气车辆打滑碰撞。在其他下坡路段每隔 50 m 设置防撞墙，避免车辆因机械故障等原因突然失控造成事故。

（3）加强夜间提醒。现场值班人员会同施工区队值班负责人，在凌晨两点以后每隔半小时用对讲机进行查岗，做好夜间安全提醒及叮嘱，以免夜班施工人员出现睡岗、疲劳驾驶等情况。

（4）加强自主管理,推行安全协管措施。为提升现场安全管理效果,增强施工队伍自主安全管理意识。天峻义海要求施工队伍增加安全协管人员，实行三班制,参与现场安全巡查。摆脱以往单纯依靠安检科巡查管理模式。

（5）施行雨雪天气变换空、重车道措施。适时安排车辆变换空、重车道，有效降低车辆损坏率，保障生产时间。

（6）在坚持“打假”方面利用多种手段，在入矿培训前对特种作业操作证、驾照等证件查明真伪，对持假证的不予培训，严禁上岗作业。

（7）设置临时加油区。加油车下坑加油存在安全隐患,天峻义海组织设立固定加油点,配备消防设施,工程车辆到加油点集中加油,降低加油风险。

（8）安全工作程序化、精细化。为提高各施工作业区队自主管理能力，促进各施工作业区队明确安全工作内容，提高安全意识，增强安全管理，促进日常安全工作有目标、有计划、有内容，到达安全工作程序化、精细化，组织各施工作业区队编制月度安全生产目标工作计划。

（9）加强防疲劳管理，强制要求各区队夜班人员，在凌晨一点半到两点半期间停工休息，以有效控制“疲劳作业”。

（10）根据采坑道路实际，及时调整道路运输秩序，减少空重车交叉行驶。

（二）生态文明

1. 采坑边坡治理

根据青海省人民政府办公厅文件（青政办〔2014〕143 号）、（青政办〔2014〕174 号）和柴管煤〔2015〕1 号文件《关于开展采坑边坡治理工作实施方案》的指示精神要求，公司委托青海中煤地质工程有限责任公司，编制了《边坡稳定性分析与评价报告》，经过科学论证，设计出了合理的边坡治理方案。公司严格按照边坡治理方案进行治理，经过治理，采坑台阶边坡角度满足要求，坡面平整，台阶高度统一，工作面平盘平顺，到界的边坡全部进行复绿。2019 年天峻义海继续对采区不规范区域进行边坡治理，预计年底能完成治理总量约 $7.64\times10^{6}\ m^{3}$。

2. 采坑回填

2015 年 5 月以来，天峻义海按照青海省相关要求，《木里煤田综合整治工作实施方案》的文件精神和柴达木循环经济试验区管委会和木里煤管局的要求，将回填庆华公司采坑作为试点，根据庆华采坑现状，组织编制回填设计方案，严格按照国家露天煤矿安全生产标准化相关标准进行施工，2019年底完成回填总量约 $7.64\times10^{6}\ m^{3}$。经过回填，不仅有效降低了庆华公司的边坡整治成本，减少了滑坡的危害，而且还避免增加天峻义海排土场占地面积、减少绿化面积。

3. 环境保护

（1）建立健全环保管理办法制度。制定了《天峻义海环保管理办法》《天峻义海洒水降尘管理办法》，完善了《天峻义海环保责任制》及《天峻义海环保管理制度》。

（2）固废处理情况。与天峻县星光环卫科技公司签订生活垃圾清运处置协议。生活区内的生活垃圾统一收集存放、由保洁公司运往木里镇垃圾填埋场统一处理。截至2019年年底累计清理垃圾225.6 t。

（3）环境检测工作。按照环评要求公司与具有资质单位签订合同，定期对矿区生活污水、工业废水进行检测。分为月监测和季度检测，通过检测结果显示公司各项水质指标均达到相关环保要求。

（4）抑尘工作。公司有8辆洒水车，在日常生产中，循环使用采坑涌水站净化后的水源进行洒水，有效地抑制了道路扬尘。在南、北储煤场各建设挡风抑尘墙，对煤堆采取了防尘网覆盖措施。

结合实际情况，按"谁的区域谁负责""有尘就降"的原则，把采场、排土场、主干道、停车场、煤场防尘工作分片包干，明确责任划分，不定时洒水。把降尘工作纳入内部考核，做到了处处有人管、时时有人问。

（5）无害化废油处理情况。按照《中华人民共和国环境保护法》等相关文件规定，天峻义海建立危废库，用于储存废矿物油。并与青海美油美科技有限公司签订危废处置协议，严格遵循危废转移联单制度，进行危废处置。截至2019年底累计收集废矿物油19.82t，并对废矿物油进行转运。

4. 环境整治成果提升工作中取得的成效

（1）按照国家、当地政府及上级公司环保要求，在矿区开展植草复绿工作。2019年复绿352500 m^{2}，矿区平面、渣山及北生活区裸露区域已基本全部复绿完毕。

（2）安装道路自动喷淋。在东端帮及南端帮环坑道路每隔60 m安装一个自动喷头，共计安装35个，长约2.5 km。对环坑道路进行自动喷淋降尘。

（3）煤场自动喷淋。在南煤场安装4个半径为90 m的自动旋转喷淋，对煤场进行洒水降尘。

义马煤业集团青海义海能源有限责任公司大煤沟煤矿

一、矿井概况

大煤沟煤矿于2005年7月1日开工建设，2008年6月18日正式投产。大煤沟煤矿主要生产经营优质不黏煤，煤质发热量为3800～4500 kcal，可作为动力和民用煤。大煤沟煤矿井田低处海拔标高3440 m，最高3730 m。矿井建矿时设计生产能力0.9 Mt/a（其中井工矿0.6 Mt/a，露天矿0.3 Mt/a），为进一步降低吨煤成本，经相关部门重新核定生产能力，设计生产能力1.3 Mt/a(其中井工矿1 Mt/a，露天矿0.3 Mt/a)。

井工矿为三条斜井双翼片盘开拓，走向长壁后退式采煤法，综采放顶煤生产工艺。露天开采为一深凹小型露天矿，采用单斗挖掘机－汽车运输开采工艺。

二、2019年主要技术经济指标

2019年煤矿原煤产量完成0.996 Mt；煤炭销量完成0.996 Mt。开掘进尺完成1050 m（其中开拓进尺950 m，掘进进尺100 m）。计划利润2.56亿元，完成2.61亿元（26130.9万元）。原煤工效8.04 t/工。杜绝重伤及二级以上非伤亡事故，继续保持国家一级安全生产标准化矿井。

三、安全高效矿井建设的主要做法

（一）安全管理

持续开展安全“双基”建设及安全生产标准化达标创建工作，构建安全生产风险隐患“双重预防”体系，促进安全风险分级管控和隐患排查治理工作制度更加规范、健全，责任、措施更加精准、有效，提升矿井安全生产风险整体预控能力，全力打造本安型企业。一是加大各类隐患排查、整改力度，充分利用主动预防型信息平台，对各类隐患整改情况进行跟踪、落实，确保各类隐患及时整改到位。二是加强职工安全培训，开展“天天课堂”“安全宣誓”“技术比武”“安全知识竞赛”“集中学习”等丰富多彩的培训活动，提高安全培训的趣味性，逐步实现员工全员学、自主学，努力打造学习型企业，不断提高职工的安全意识及职工素质。三是严格执行矿领导跟值班制度，矿领导深入现场，紧盯矿井薄弱环节及重大安全风险管控措施的落实情况，发现问题现场及时协调解决。四是加强现场管理，强化精细化管理及过程监管，充分发挥典型带动作用，在全矿逐步形成了安全生产标准化工作“比、学、赶、帮、超”的氛围，促进矿井安全生产标准化动态达标。

（二）科技创新

成功组织义海公司大煤沟煤矿首届科技创新大会。加强与科研院校合作，积极开展科技创新活动，提高核心竞争力，努力向科技要安全，以科技促生产，全面提升矿井科学技术实力。与河南理工大学合作的科技创新项目，截至2019年11月已完成5项课题研究，科技创新前期直接投入152万元，其中科研经费103万元，支护材料费用49万元。

国家能源集团宁夏煤业有限责任公司枣泉煤矿

一、矿井概况

枣泉煤矿是国家能源集团主力生产矿井之一，位于宁东煤田灵武矿区南部。井田南北走向长 13 km，东西倾斜平均宽约 4 km，面积 56.681 km^2。全矿井地质储量 965 Mt，可采储量 526 Mt。矿井设计生产能力 5 Mt/a，核准矿井生产能力为 8 Mt/a，设计服务年限 75.6 a。

矿井东西翼均采用中央斜井单水平上下山开拓，三条斜井兼作首采区上山。原煤运输采用强力带式运输机连续运输，辅助运输采用缓坡斜井防爆无轨胶轮车辅助运输。矿井通风方式为分区式，通风方法为抽出式。工作面采用走向长壁综合机械化采煤法（综放），采用全部垮落法处理采空区。岩巷采取炮掘和岩巷综掘机进行掘进，煤巷均采取综掘掘进。

二、2019 年主要技术经济指标

2019 年煤矿产量完成 6.6 Mt，掘进进尺完成 22060 m。2019 年可控成本吨煤降低 16.65 元，其中矿务工程费全年节支 2999.59 万元，同比节支 5343.19 万元。

2019 年煤矿生产原煤 6.6 Mt，原煤工效 16.21 t/工，综合单产 227100 t/(个·月)，平均工作面个数 2.36 个，采煤机械化程度达 100%，掘进机械化程度达 100%。全年死亡人数为零，百万吨死亡率为零。

三、安全高效矿井建设的主要做法

（一）从严管控，安全生产形势稳中向好

2019 年，枣泉“四安五撤”，搬家倒面频繁，安全压力巨大。矿党政精准分析，超前谋划，周密部署，以强烈责任感和担当精神带领全员迎难而上，激情创业。

一是多层次压实安全责任。认真落实公司、矿一号文件，全年任务以

“五定表”形式分解到部室、区队、班组、个人，层层签订年度安全生产环保目标责任书，确保重点任务、全年发展目标按时间节点完成。

二是定节点理顺生产接续。优化工艺工序，加强劳动组织，完成“四安五撤”。合理规划矿井长远采区接续和煤层配采，统筹考虑 3 个采区生产、2 个接续采区建设和 1 个采区设计，确保采掘接续顺利。完成五、六分区运输大巷 6.3 km 的超长距离贯通工程，贯通导线长度达 12.5 km，采掘工作面累计过断层 13 条（次）（最大落差 25 ~ 33 m），过薄煤区 1 个，完成采空区积水疏放约 5.1×10^5 m^3，为采掘工作面开采奠定了坚实基础。

三是持续刷新采掘纪录。严格落实公司提高单产单进考核制度，召开了矿内推进动员会，修订了单产单进考核办法和生产影响管理考核办法，进一步明确了单产单进水平和生产影响范围界定，规范了各部室、区队考核标准，加强对生产影响的考核，促进生产效率不断提高。4 月份，创造了大断面全锚索支护巷道月单进 516 m 的宁夏掘进新纪录；8 月份，又将纪录刷新为 533 m。

（二）精益管控，经营管理提质绩效显著

多渠道培育领导干部抓经营管理的意识，修订了《枣泉煤矿综合绩效考评办法》，更有针对性地真实反映月度经营管理情况，通过分管领导、业务部室考核反馈信息，形成计划、实施、统计、考核全过程观测的管理机制，发挥各部室区队抓经营管理的激励、约束作用，优化成本管控，创造最大经济效益。

（三）坚持创新，智慧矿山建设稳步推进

全员应用智慧矿山“E 通新枣泉”矿山管理系统，对系统 APP 进行了 3 次改版升级，切入职工关注的热点，开发了枣泉工作台，完成了安全生产信息系统数据接入，持续做好“从看到用”的实用性功能开发，系统被评为中国煤炭行业两化深度融合优秀项目。智慧矿山服务器已搬迁至枣泉煤矿，已向国家能源集团申请开通枣泉煤矿智慧矿山专用公网。220704 智能化工作面已列为国家“2030”重点科研攻关项目、国家能源集团重点建设的 20 个智能化工作面之一，多网融合无线通信技术开发的手机终端已在 220704 工作面成功应用。2019 年，根据国务院国资委《关于印发中央企业创建世界一流示范企业名单的通知》（国资发改革〔2018〕130 号）和《关于国家能源集团创建世界一流示范企业实施方案有关意见的复函》（国资厅改革〔2019〕272 号）要求，国家能源集团将我矿列入了建设世界一流水平示范矿井行列。

加快自动化系统无人值守建设，成立了机电运输调度室，对井下主排水、主煤流运输、主要通风机通风系统进行改造，实现了东翼、西翼采区主要通风机通风系统、清水泵房、+950 m 水泵房、+980 m 水泵房、+929 m 水泵房远程控制。101、102 主运输带式输送机、东西井主驱主煤流运输带式输送机实现远程控制。完成了井下 7 个变电所 113 台高爆柜的改造，数据已上传至调度室电力监控后台，实现了“三遥”功能和防越级跳闸保护功能。

（四）乘势作为，安全教育培训扎实推进

紧紧抓住枣泉煤矿被确定为宁夏煤矿安全培训工作试点单位的有利机遇，借鉴淮北矿业“四化”培训经验，形成了枣泉“4×3”特色培训模式，全方位提升培训效果。已完成各类培训 214 期次，培训人员 4495 人次，全矿安全生产管理人员 135 人全部持证、特种作业人员 696 人持证，843 人持有技能等级证。

完善教学基础设施，建设了两个煤炭行业技能大师工作室和 1 个国家能源集团劳模工作室，建成了由安全事故展室、VR 体验间、警示教育反思室构成的安全事故警示教育基地，实现“互联网+”远程培训、“智慧培训”，推行可视化“掌上课堂特色班前会”，安全教育培训迈上新台阶。

国家能源集团宁夏煤业有限责任公司石槽村煤矿

一、矿井概况

石槽村煤矿位于宁夏回族自治区宁东煤田鸳鸯湖矿区中部，北距银川市70 km，西距灵武市43 km，是宁东能源化工基地规划建设的现代化大型矿井之一。井田南北长4.5 km，东西宽7 km，面积约31.4 km^2。开采深度范围+1150～+200 m。井田计算储量的煤层为12层，全井田可采煤层5层，局部可采煤层5层，矿井地质储量923 Mt，可采储量597 Mt，设计生产能力6 Mt/a，服务年限71 a。矿井项目概算总投资为23.73亿元，于2005年11月底破土动工，2011年8月18日，矿井联合试运转，现有员工1235人。

煤矿开拓系统为主斜井、副立井和回风斜井综合开拓方案。工业场地内设有主斜井、副立井、回风斜井。采用走向长壁全部垮落综合机械化采煤，中央并列抽出式通风，采掘装备均使用国内先进机械设备；各系统配备完善、可靠。

二、2019年主要技术经济指标

2019年煤矿完成商品煤产量3.6 Mt，进尺15227 m；完全成本327.1元/t，可控成本158.25元/t，原煤发热量19473 kJ/kg，较计划增加50 kJ/kg；实现利润1.9亿元。

矿井布置两个综采工作面、3个综掘工作面，综采、综掘机械化程度均为100%。

三、安全高效矿井建设的主要做法

（一）采区划分及开采顺序

石槽村煤矿采用主斜井+副立井+回风斜井单水平上下山综合开拓方式，井田划分为3组煤12个采区，11采区2－2煤已基本回采完毕，正在回采21采区中组煤，工作面采用走向长壁两翼布置。

（二）矿各系统情况

1. 通风系统

矿井风井安装了2台DB－Ⅱ－10－N30型轴流式主通风机，一台工作，一台备用；每台通风机配备YBF560－10型专用防爆电动机，电机功率为2×250 kW；风机风量为190～80 m^3/s，风压800～2800 Pa；主要通风机的工作方式为抽出式，采用变频技术调节风量，风机叶片安装角度为＋5°。2019年瓦斯等级鉴定结果：矿井绝对瓦斯涌出量为2.119 m^3/min，矿井相对瓦斯涌出量为0.284 m^3/t；采面最大井相对瓦斯涌出量0.355 m^3/t，矿井绝对瓦斯涌出量2.543 m^3/min，属于低瓦斯矿井。

2. 供电系统

石槽村煤矿工业广场设置35 kV变电站一座，共三回路电源。其中两回路电源取自永利110 kV变电所两段母线，导线型号为LGJ－300/6 km，两段母线分列运行；另一回路作为保安电源取自梅花井煤矿地面35 kV变电所，导线型号为LGJ－300/10 km。变电站内设主变压器2台，型号为SFZ11－31500/35/10.5自冷式有载调压变压器，运行方式为分列运行。矿井井下变电所数量6个，分别为＋900 m水平中央变电所（两回路供电）、11采区2号变电所（三回路供电）、＋900 m水平二号变电所（四回路供电）、22采区变电所（三回路供电）、＋715 m水泵房变电所（两回路供电）、＋610 m水泵房变电所。地面设有东部10 kV变电所（两回路供电），以10 kV电源向副立井高压配电室（2回路）、地面压风、制氮机房配电室（2回路）、地面矿井水外排泵房（2回路）、机修车间（1回路）、地面下料站（1回路）、两台动力变压器供电。矿井井上下变电所运行方式均为分列运行。

3. 防灭火系统

矿井采用灌浆、注氮两种防灭火措施。设有地面永久性灌浆站1座，注浆能力90 m^3/h。注浆主管路选用ϕ108×4.5 mm无缝钢管1趟，布置于回风斜井内。支管管路选用ϕ89×4 mm无缝钢管，布置于各水平石门至工作面回风巷到采空区内。矿井所需氮气由园区甲醇厂供给，氮气流量为1200 m^3/h，压力0.7 MPa，氮气纯度98%。注氮输氮管路选用ϕ125×4.5 mm无缝钢管1趟，布置于副斜井内。支管管路选用ϕ108×4 mm无缝钢管一趟，布置于各水平车场、带式输送机巷及采空区内。

4. 安全监测监控系统

安全监测系统型号为KJ66－F，系统终端设在矿调度室，安排专人24 h值守。中心站采用双回路供电并备有UPS不间断电源。系统可实现风电、瓦斯电、故障闭锁功能，同时具备自动和手动控制、查询、报警、故障统计、数据存储等功能，为矿井有毒有害气体实时监测、矿井火灾预测预报提供基础数据。

地面、井下共设监测分站18台，可对CH_4、CO、风速、负压、温度等参数和风门开关、风机开停状态、馈电状态、风筒状态等安全信息监测、监控。

（三）采掘接续情况

石槽村煤矿共有5个采掘区队，其中采煤2个，综掘3个。

综采一队负责回采220603综采工作面，设计可采长度1540 m，回采完毕后主要负责工作面安装、回撤等任务。

综采二队负责回采1102213综采工作面，可采长度剩余300 m，回采完毕后接续211002综采工作面。

综掘一队设有两个综掘组，一组负责施工210606工作面运输巷，二组负责施工220602工作面机头硐室。

综掘二队设有两个综掘组，一组负责施工211002工作面开切眼导硐，二组负责施工211205工作面机头硐室。

综掘三队设有两个综掘组，均负责2号回风斜井成巷工程。

（四）生产组织、科学管理

矿井严格实行“三八”作业制，生产基层区队严格按照岗位标准作业流程分工种作业，优化了劳动力组织，建立了严格的劳动定员制度，实行了下井人员入井证制度，有效提高了安全保证。

（五）技术创新方面

石槽村煤矿现有2个劳模创新工作室，65名工程技术人员，每年科技立项2项，申请专利5项，发表科技论文10篇。通过开展科技创新活动，充分调动广大专业技术人员的创新积极性，发挥广大职工的聪明才智，使企业更好地依靠技术进步，提高企业经济运行质量。2020年成功实施211203工作面小煤柱开采，多回采原煤60000 t，净利润300万元。对矿井整体无轨辅助运输系统进行研究，解决了受张家庙向斜影响辅运系统坡度超过规定的问题，各项实施设计方案多次获得两级集团公司奖励。对标学习其他矿井优秀创新创效经验，在新工艺、新材料、新技术上下功夫，如工作面巷道帮部锚杆托板使用废旧带式输送机制作，综采工作面超前单体采用连杆两两固定，综采工作面远距离供液供电等。

国家能源集团宁夏煤业有限责任公司金凤煤矿

一、矿井概况

金凤煤矿位于宁夏回族自治区吴忠市盐池县境内，隶属国家能源集团宁夏煤业有限责任公司。矿井于 2008 年 7 月 23 日开工建设，2011 年 8 月 18 日实现联合试运转，2015 年 2 月 16 日通过了项目竣工验收，矿井“三证一照”齐全合法有效。井田南北长 11.5 ~ 12.0 km，东西宽 1.9 ~ 3.5 km，面积 35.3392 km^2，井田地质储量 576.46 Mt，可采储量 320.36 Mt，服务年限 57.2 a。

金凤井田采用分区式布置，将井田划分为八个分区，在生产的为一分区。2019 年年底，一分区剩余开采储量 16.243 Mt，矿井二分区已开工建设，为一分区的接续分区，预计 2023 年 1 月接续一分区。根据接续计划，两个采区设计年生产能力合计为 4.0 Mt/a，矿井生产系统合理。

一分区内工作面分南北两翼布置，采用走向长壁后退式开采，全部垮落式控制顶板。

二、2019 年主要技术经济指标

2019 年计划产量 4 Mt，受地质条件影响，完成 3.75 Mt，完成掘进进尺 11535 m。完全成本完成 250.99 元/t，原煤发热量 18568 kJ，原煤块煤率完成 25.4%，采区采出率中厚煤层达到 82.75%，厚煤层达到 80.77%。2019 年度计划盈利 28326 万元，实际盈利 30974 万元，完成计划的 109.35%。

三、安全高效矿井建设的主要目标

（一）夯基固本，强化落实，安全环保平稳向好

对安全生产严抓严管，扎实推进安全生产标准化和安全风险预控管理。对各类事故快速追查快速处理。坚持岗位标准作业流程，强化全员安全意识再提升。修订完善了安全生产管理制度，实现了制度保安。坚持安全动态评

估，对安全不达标的坚决停工学习、整治。通过全员努力，杜绝了重伤及以上人身事故，顺利通过了国家一级安全生产标准化矿井的现场考核验收。

（二）深挖内潜，降本增效，经营效益稳步提升

制定了《金凤煤矿 2019 年增收节支、提质增效实施方案》，细化落实 36 条管控措施，实现提质增收 1785 万元、降本增收 676 万元。管理信息一体化实现了既定目标，搭建了小改小革、修旧利废、技术创新等政策平台，取得实用新型专利 6 项，新申报实用新型专利 6 项，完成技术创新成果 37 项，创造经济效益 979 万元，实现盈利 3.0974 亿元。

（三）长远谋划，合理布局，采掘接续日趋向好

统筹布局矿井采掘接续，有序推进中部采区收尾和北部采区开拓工程，在一分区布置完成了 011812、011816 工作面，延长了一分区服务年限，缓解了采区接续的紧张局面，按期完成了采煤区域村庄搬迁，协调实施了 388 国道改线工程，确保了矿井中长期稳定接续。

（四）科技引领，务求实效，技术创新再添活力

作为公司智慧矿井试点单位，按照“效益、务实、可靠、先进”的原则，以集中管控、应急联动、数据共享、移动互联、业务融合、智能分析为目标，完成了万兆工业环网、4G 通信系统、智能移动巡检及安全生产协同平台建设，实现了井上下的融合通信、视频互通、智能巡检以及薄煤层自动化开采、生产辅助系统的自动化控制等，初步形成了“自主创新、工控先行、精益运营、共享传承”的具有金凤特色的智慧矿井新模式。

（五）精准滴灌，教学相长，员工培训紧扣需求

对操作人员在全矿开展素质提升培训，通过师带徒、技术比武、请进来送出去的方式，提升员工理论、实操技能。派 24 名员工赴山东学习安全管理经验，增长一线员工安全管理见识。对管理人员利用每周安全大检查开展安全生产标准化知识考试，推动安全管理人员学标准、懂标准、用标准。鼓励安全管理人员考取注册安全工程师、爆破工程师，对报考人员配发教材，对取证人员给予经济补贴。对工程技术人员大胆提拔任用，激发工程技术人员干劲。对新毕业大学生分配到采掘一线锻炼，学习掌握安全生产管理经验，为矿井高质量发展储备力量。

国家能源集团宁夏煤业有限责任公司灵新煤矿

一、矿井概况

灵新煤矿始建于1989年，1999年10月23日正式投产，是宁东矿区第一对现代化矿井，设计生产能力为2.4 Mt/a，核定生产能力为3.2 Mt/a。采矿许可证、安全生产许可证、营业执照、矿长安全资格证“三证一照”齐全，合法有效。

矿井开拓方式为斜井单水平上、下山开拓，运输水平 +1050 m，在 +1050 m布置机轨合一大巷，矿井划分为6个采区，一、二、三、四采区回采结束，现在五、六采区正在生产。矿井属于煤层群开采，采区内分区段两翼跳采，开采顺序为采区内先上区段后下区段、先南翼后北翼，在区段内先上部煤层后下部煤层。采煤方法为单一煤层走向长壁全部垮落法。采煤工作面回采工艺为综采。采用双滚筒采煤机采煤，刮板输送机装煤，刮板输送机、转载机、带式输送机联合运输，液压支架支护顶板，采空区处理方法为全部垮落法。采、装、运、支、处五个环节全部实现机械化。

二、2019年主要技术经济指标

矿井完成产量3.2 Mt，其中回采产量3.16 Mt，掘进煤量0.04 Mt。掘进进尺12116 m，原煤期末生产人数930人，原煤工效13.34 t/工。利润完成7252.44万元。成本完成292.59元/t。员工人均年收入13.55万元。综采机械化程度100%，掘进机械化程度87.15%，掘进装载机械化程度100%。采区回收率80.9%。矿井综合单产151122 t/(个·月)。实现了安全生产长周期，消灭了轻伤以上人身事故，百万吨死亡率为零。

三、安全高效矿井建设的主要做法

（1）生产经营工作成效显著。实施了设备精益化管理，节约设备投入和检修费用473万元；在辅助区队实行了临时类、服务类工程承包，实现了由“发工资”到“挣工资”的转变。协调召开了灵信公司“三会”，清理长期无动态债务290万元、处置房屋资产7100多万元和原值2900多万元待报废资产，为矿井后续发展奠定了基础。积极配合地方政府推进棚户区居民搬迁工作，减轻了企业“三供一业”负担。完成了回民公墓搬迁前置程序，为六采区正常回采提供了保障。2019年，煤矿先后安全高效完成了3个综采工作面安装回收和8条巷道的贯通任务。积极推行“四六制”劳动生产组织，取消夜班生产，降低了安全生产风险，使职工安全感、幸福感进一步增强。

（2）矿井“标准化”水平提档进位。推行“安全责任网格化”管理、不安全行为“积分制”管理、跨级安全约谈、责任区负责制等创新举措，持续开展“精品工程”现场推进会。2019年先后有6个工作面被宁煤公司评为“精品工程”，荣获国家一级安全生产标准化矿井。

（3）生产技术工作主动发力。在5个工作面实施了“一巷一策”支护设计，节约材料费36万元；优化巷道交叉点施工设计，减少掘进出渣量20%、节省支护材料8%、缩短施工工期3～5 d；优化六采区+918 m水平巷道布置，缩短岩巷掘进工程量266 m。全年技术创新73项，创效1734万元，申报专利8项，其中《煤炭运输系统及煤炭运输方法》获得国家发明专利。

（4）节能环保工作稳步推进。践行“绿水青山就是金山银山”理念，投入500余万元，先后对遗留设备、厂房及地面杂物进行了清理，对一、五、六采区矸石场进行了绿化治理。高矿化度矿井水地下分质利用与浓盐水封存技术研究及工程示范项目按期推进。完成了煤炭储运系统改造立项，正在进行初步设计。同时，引进节能环保先进技术装备、选用先进的计量装置、应用高效能电动机、移动式水体净化装置，持续进行复垦绿化、煤尘防治、煤矸石处置等工作，有力推进了绿色矿山建设和生态矿山建设。

（5）员工培训工作再上台阶。以“3721”培训模式为主线，以“市场化培训管理”为手段，全年完成培训11417人次，完成计划的150%。滚动开展安全警示教育，建成投用了安全警示教育VR体验馆，实现了由“感官式培训”向“体验式培训”的转变。煤矿员工培训“一馆一阵地两室两基地”建设规划全部完成。积极开展岗位练兵、技术比武等活动，涌现出一批高技能人才，在宁煤公司第十一届职业技能竞赛中，煤矿蝉联四届“团体优胜单位”；综采二队马洪涛荣获自治区“塞上技能大师”称号、综采一队马宝柱荣获自治区“技术能手”称号。

（6）党建工作质量进一步提升。以“1447”党建工作新模式为基础，突出加强基层党组织建设，严格落实“三会一课”制度，进一步规范了基层组织生活。大力弘扬“社会主义是干出来的”实干创新精神，深入开展“岗位建功行动”，持续推进星级标准化党支部创建，大力培育和践行社会主义核心价值观，选树“道德模范”，强化形势任务教育，汇聚了发展正能量。

（7）幸福灵新建设实招满满。坚持以人为本，组织全员健康体检、执行带薪年休假、取消夜班生产、改善班中餐质量、增加误餐补贴、发放年节福利、落实公益中国扶贫购物政策、送生日蛋糕，员工获得感、幸福感进一步增强。

（8）信息化建设有突破。坚持“用信息化建设指导和统领现代化矿井建设”的指导思想，在矿井安全生产指挥、生产技术管理以及经营管理等方面，采用先进的自动化控制和信息化管理技术，建成了矿内局域网和办公自动化系统工业电视视频系统以及人员定位和矿井有线无线通信系统，实现了信息资源的共享。

（9）重点工程全覆盖。始终把工作面的回收与安装、顶板管理、机电运输、火工品、地面交通安全管理作为重点，加强采掘工作面上隅角、迎头等重点区域的有害气体管理，优化和完善矿井通风系统，切实做好防尘、防灭火工作，确保矿井安全和顺利实现“一通三防”和安全生产更长周期。坚持开展行车安全教育，将员工私家车管理纳入矿交通安全管理体系中，重点管理，杜绝交通事故。

国家能源集团宁夏煤业有限责任公司双马煤矿

一、矿井概况

双马煤矿位于宁夏回族自治区宁东煤田马家滩矿区北部，距宁夏灵武市东南约 60 km 处，行政区划属灵武市、吴忠市盐池县管辖。井田东西宽 4.0～4.9 km，南北长 13.7 km，面积约 68 km^2，矿井总地质储量 1528 Mt，设计可采储量 565 Mt。设计生产能力为 4 Mt/a，服务年限为 96 a。矿井于 2009 年 10 月开工建设，2015 年 12 月 3 日进行联合试运转。矿井证照齐全且合法有效。

矿井为“一井两面”开采布局，采用走向长壁后退式采煤方法，综合机械化一次采全高采煤工艺，全部垮落法管理顶板。

地面配套建设有智能化洗煤厂，设计生产能力 5 Mt/a，原煤可实现全级入洗。

二、2019 年主要技术经济指标

2019 年煤矿零死亡事故，无重伤及以上人身伤害事故，无三级及以上非伤亡事故。环保“零事件”，安全生产标准化保持二级标准。

2019 年预算原煤产量 4 Mt，实际完成 4 Mt，完成年度预算的 100%。掘进进尺年度预算 12700 m，实际完成 14495m，完成年度预算的 114.13%。完全成本年度预算 254.45 元/t，实际完成 245 元/t，较预算降低 9.45 元/t。利润年度预算 2.8 亿元，实际完成 2.92 亿元，较预算增加利润 0.12 亿元。发热量年度预算 17840 kJ/kg，实际完成 19364 kJ/kg，较预算提高 1524 kJ/kg。职工年均收入 17.15 万元，原煤工效 18.6 t/工。综合单产 186275 t/(个·月)，最高月产量 450550 t；综合单进煤（半煤岩）巷 218.9 m，岩巷 116.45 m。采区采出率中厚煤层 80.5%，厚煤层 82.3%，采掘机械化程度 100%。

三、安全高效矿井建设的主要做法

（1）构建安全风险分级管控和事故隐患排查治理双重预防机制。定期开展年度安全风险辨识评估工作，系统梳理矿井重大风险，建立了风险分级管控清单和高风险作业清单，严格监督管控措施落实到位。加强日常及上级单位查出的隐患问题整改销号，安排专人进行跟踪督办落实，确保按期销号，实现了闭环管理。

（2）扎实推进安全生产标准化工作，夯实安全基础。分层级深入开展“三规一标”培训，切实筑牢安全生产标准化工作基础。深入开展安全生产标准化整治，按照每天整一点、每周整一段、每月整一线的目标分专业进行整治。坚持开展每旬安全生产标准化检查，根据安全生产实际效果，以标准化建设目标和排查隐患问题为抓手，以实现安全生产为导向，不断调整提升完善安全生产标准化管理体系和运行机制，推动安全管理水平持续提升。

（3）强化安全管控，把好重要环节安全关口。重点对停复工、过地质构造带、大断面顶板支护、火工品使用、胶轮车运行、工作面安装回撤、大型设备下放安装等重要环节、重点工程管理，真正做到了高度重视，按章操作，严密盯防，确保安全可控。对外委施工单位，严把“五个关口”，认真落实“五个统一”，加强现场监督检查，确保了施工安全。

（4）提升精益管控，推进效益生产。矿井生产组织实现了采煤作业取消夜班，掘进作业夜班取消40%。由一支综采队伍负责两个综采工作面同时回采，实施“5380”生产组织模式，即早班5 h检修、3 h生产，中班8 h生产，夜班不生产。两个采煤工作面集中在中班生产，取消夜班生产的惯例，不仅减少了作业人员配置数量，而且缩减了设备运转时间和辅助区队人员和设备的投入，大大节约了人力、物力和费用。针对岩巷、半煤岩巷掘进效率较低的现状，积极推广应用EBZ－260和EBZ－200型综掘机，淘汰了落后的爆破掘进工艺，掘进效率大幅提高，掘进机械化率达到100%。

（5）推进管理创新，精心构建内部市场化运作，提升了企业效益。制定下发《双马煤矿推进内部市场化建设实施方案》，通过对矿井二、三、四级交易市场人工费、材料费的内部结算价格测算，基层区队人工费结算价格上线运行，实现了日清日结、班清班结，最终实现“企业增效、岗位增值、员工增收”的目标。

国家能源集团宁夏煤业有限责任公司白芨沟煤矿

一、矿井概况

白芨沟煤矿矿区公路与109、110国道相连，距石嘴山市（大武口）38 km，平罗－汝箕沟支线铁路经呼鲁斯太、石炭井在西大滩车站与包兰铁路干线相接，进入矿区35 km，交通便利。行政隶属宁夏回族自治区石嘴山市大武口区，是国家能源集团宁夏煤业有限责任公司在汝箕沟矿区的一座生产优质“太西”无烟煤的井工矿井。截至2019年年底煤矿保有资源储量为122.4539 Mt，可采储量为80.4269 Mt，剩余服务年限35.9 a。

矿井始建于1966年，投产于1972年。2007年核定生产能力1.6 Mt/a，2008年宁夏回族自治区煤炭工业局以宁煤局发〔2008〕44号文《关于神华宁夏煤业集团有限责任公司白芨沟煤矿安全系统改造初步设计批复》设计生产能力1.6 Mt/a。

矿井采用微倾斜带式输送机斜井、单水平上下山方式开拓，采区式准备。经过历次技改，矿井实现了“一井一面”生产格局，现有1个生产采区，3个采掘队。其中1个综采队、2个综掘队。矿井采煤方法采用走向长壁、倾斜分层、金属网假顶全部垮落法。矿井采用综合机械化开采，主采二$_3$层煤。矿井煤巷以综掘工艺为主，岩巷以炮掘工艺为主。装渣运输均为防爆装载机配合无轨防爆胶轮车运输。

二、2019年主要技术经济指标

2019年煤矿原煤产量完成1.598 Mt，掘进进尺完成4995 m，消灭了重伤及以上人身事故，杜绝了重大非伤亡事故的发生，安全生产标准化达到了国家二级矿井水平，实现安全生产，百万吨死亡率为零；采煤机械化程度100%，掘进机械化程度83.2%，采区采出率75.8%。综合单产为150800 t/(个·月)；原煤工效10.21 t/工，2019年职工人均收入远高于宁夏回族自治区在岗职工社平工资。

三、安全高效矿井建设的主要做法

（一）落实安全生产责任，强化业务保安职责

（1）完善安全生产责任制。以“责任落实、制度落实”为核心，以“党政同责、一岗双责”为原则，根据法律法规及集团公司安全管理制度，细化各级领导、科室、区队、班组长、员工的安全责任和体系运行职责。

（2）落实安全监管责任。按照“分级管理、分线负责”原则，分公司对系统性生产和环境安全负责，注重重大危险源的排查治理，抓好制度保安、文化保安。

（3）强化安全警示教育，注重实效。利用各种宣传载体，以多种形式，经常性开展全员事故案例警示教育。深入推广“一案五问一改变”递进式学习法，利用“微信”等信息平台开展日常安全警示教育。

（二）坚持高效均衡生产，巩固稳产生产秩序

（1）紧盯产量任务不放松。面对工作面地质条件变差、工作面搬家倒面困难等影响，组织动员广大员工干部攻坚克难，在确保安全的前提下实现了生产任务最大化。

（2）加强机电运输安全管控。强化设备点检和动态检查，提高设备运行效率。每季度开展一次系统风险源评估，加强非计划作业动电、动液、动机的危险源辨识，坚决遏制零敲碎打事故。突出抓好带式输送机、胶轮车、架空乘人装置等运输管理，开展供用电及压力容器专项整治活动。进一步规范保护设施安装、维护与使用管理，消除设备缺陷。

（三）夯实基础，提升经营管理精细化水平

树牢“会算账、算好账、算细账”的经营管理理念，确立了降本增效、提质增效、挖潜增效三个有效抓手，制定降本增效活动目标和具体管控措施，将各类费用项目全部分解到基层区队进行一级承包，各区队按照班组、机台、单车和个人再进行二级分解承包，单独核算，促进矿、区队、班组、员工四级核算落地落实。

（四）坚持创新驱动发展，培育矿井核心技术优势

为贯彻落实“科学技术是第一生产力”的方针，根据矿井煤炭资源赋存情况、开采条件、管理水平和从业人员综合素质等因素，结合矿井长远发展规划，找准矿井安全生产的难点及制约单产、单进水平提高的因素，通过科技创新工作简化生产系统，优化劳动组织，大力推广应用新技术、新工艺、新材料，不断提高生产技术装备水平、管理水平、经济效益及工作效率，实现科技降耗、提质增效的目的，确保白芨沟煤矿安全生产。

国网能源哈密煤电有限公司大南湖一号矿井

一、矿井概况

大南湖一号矿井位于新疆哈密市境内，行政区划归属哈密市南湖乡管辖，北距哈密市区 84 km。井田南北长 9.4 km，东西宽 8 km，面积约 75.28 km^2。主要含煤层段含煤层共计 29 层，可采煤层 23 层；井田内地层产状平缓，倾角一般 3°~13°，地质储量 5414 Mt，可采储量为 2936 Mt。设计生产能力 10 Mt/a，服务年限 195 a。

矿井采用主斜井，副、风立井综合开拓方式，分三个水平进行开采，分别为 +235 m、+135 m、+10 m。矿井采用中央并列抽出式通风，主斜井、副立井进风，风立井回风，井深分别为 1209 m（倾斜长度）、285 m、267 m。矿井采用综采放顶煤工艺。矿井瓦斯含量低，属低瓦斯矿井；开采煤层均属容易自燃煤层，自然发火期为 37 d；煤尘具有爆炸危险性。

二、2019 年主要技术经济指标

2019 年煤矿原煤工效 48.76 t/工，掘进进尺 4583 m，最高月产 705000 t，最高日产 34052 t，最高月进尺 524 m，最高日进尺 22 m，安装最短时间 33 d，完全成本 115.55 元/t。

三、安全高效矿井建设的主要做法

（一）安全管理方面

（1）强化安全生产责任落实。按照“党政同责、一岗双责、齐抓共管、失职追责”的原则，完善安全生产责任制清单，层层签订安全生产责任书，确保安全责任落实到位。

（2）全面强化双控体系管理。按照自治区和集团公司构建双重预防机制要求，进一步完善双控体系系统及相关制度、流程，完成基础数据库建设，推进信息管理系统的应用。

（二）劳动组织方面

（1）单产、单进水平均创历史新高。回采工作面通过调整检修班劳动生产组织采取“检修+”劳动组织形式，日生产原煤屡创新高，12 月原煤产量创 705382 t 的历史最高纪录。掘进工作面通过“十个一”质量管理体系的推行，取得了综掘工艺下 524 m/(月·头）历史纪录。

（2）主动担当，自主“搬家倒面”。在正常生产不受影响的前提下，采取“专业施工、分工协作”的方式，自主进行工作面安装回撤。通过“网络+”组织模式，提高工作效率，1306 工作面安装实际用时 33 d，较计划提前 27 d。1305 工作面回撤历史 37 d。

（3）强化材料管理。建成“班组材料核算管理系统平台”，通过加强材料管理，执行月考核月兑现，落实到人，大幅提高全员的节约意识。

（三）科学管理和技术创新方面

（1）“一通三防”管理科研化、科技化。邀请中煤科工集团沈阳研究院有限公司、中国矿业大学、西安科技大学等单位的专家、教授就回采工作面 CO 治理问题到矿传授防治经验和技能，联合开展了多项科研项目。完成安全监控系统升级改造形成独立环网，实现了监控、人员定位、应急广播三网融合。利用矿井水代替生活水进行灌浆，极大节约了灌浆成本。

（2）深入开展与坑口电厂“三来三去”项目。一是深入开展“煤来电去”直供电项目，全年直供电项目负荷占矿井总负荷的 65%。二是取消场内蒸汽锅炉自行供暖方式，采用哈密电厂余热供暖，“煤来汽去”项目得到了充分利用。三是积极推进“煤来气去”项目，与太原理工大学合作研究“火电厂烟气预防采空区煤炭自燃及预处理装备研究”项目，已进入施工阶段。四是充分利用“煤来灰去项目成果”，与中国矿业大学合作开展了“灰渣矿坑利用和灰渣综合利用研究”，实现采用电厂粉煤灰井下密闭灌浆、混凝土掺配等粉煤灰综合利用，全年灌浆使用粉煤 4395 m^3，全年混凝土掺配 895 m^3。

（3）加强机电运输管理，提升矿井机电设备智能化水平。对主要通风机变频器升级改造，增加了自动旁路功能，使主要通风机单台供电实现双回路。实现了支架电液控升级和刮板输送机变频调速升级改造。

（4）充分利用科研力量，解决矿井“三软”煤层顶板管理存在的难题。开展顶煤水压预裂、小煤柱、采场覆岩涌水裂隙演化规律研究等科技项目，推进矿井高质量发展。

（5）积极推进“五小”成果建设。自制材料拖车、气动溜煤眼自制阀门装置等“五小”成果的实施，提高了现场标准化水平，减少人工转运材料环节，降低职工劳动强度。

新疆伊犁犁能煤炭有限公司
皮里青露天煤矿

一、矿井概况

皮里青露天煤矿由中国中煤能源集团新疆能源有限公司控股（占股64.86%）和新疆国发投资有限公司（占股35.14%）共同投资组建，行政区划属伊宁县管辖，核定生产能力为1.5Mt/a。皮里青露天煤矿采用公路运输开拓，单斗—卡车间断式开采工艺，煤炭开采使用前装机采煤，挖掘机辅助配合作业；上部岩土层剥离采用液压挖掘机配合自卸卡车进行装运。2018年煤矿荣获国家级一级安全生产标准化矿井。

二、2019年主要技术经济指标

2019年，煤矿全年实际煤炭产量为1.5 Mt，在籍原煤生产人数为269人，原煤工效20.09 t/工。煤炭销售收入18317万元，实现利润3055.4万元，职工年年均收入12.95万元。

三、安全高效煤矿建设的主要做法

（一）安全生产方面

（1）从管理、装备、投入、培训四方面全面推进标准化建设，依据责任划分、目标任务、监督检查、考核奖惩进行了具体的规定，制定了232项各类管理制度，107项《安全生产责任制》，形成完备的检查考核体系。

（2）坚持“达一级、抓巩固”的原则，下设13个专业小组，以建设“五型十佳”班组为目标，开展岗位标准化建设等活动，不断夯实班组基础，筑牢安全生产第一道防线，为安全高效矿井建设夯基垒台，落实“基层减负年”相关要求，把更多精力集中到生产现场。

（3）紧盯生产薄弱环节，全面落实安全发展理念，健全风险分级管控管理制度，制定管控措施，着力开展边坡、防治水、排土、采装等专项整治等活动。在矿坑重点帮坡设置了GPS边坡监测站，对边坡稳定性进行时时监测。

（二）强化生产组织，创新管理模式

（1）对承包商安全管理统一纳入公司安全管理体系，实行“五统一”（体系建设、生产调度、安全培训、监督检查、考核奖惩）管理。优化提煤车辆管控，公司与具备营销资质的煤炭公司签订提煤安全协议，落实提煤车辆准入机制，颁发提煤许可证，持证拉煤。

（2）2019 年 5 月后每月中、下旬停产 1 天，集中进行设备检修。同时取消夜班生产、销售，降低了夜间作业安全风险。

（3）利用大型挖装设备，对部分煤层、矸石开展免爆强挖技术，节约生产成本。

（三）依靠科技进步，解决生产难题

（1）以科技创新为引领，激发员工科技创新活力。建立了“黄永刚”创新工作室，荣获自治区创新工作室称号，积极推广应用安全生产实用性技术、工艺、装备、管理等科技创新成果，2019 年申报 54 项创新项目并发放奖励，提高了员工科技创新积极性，以科技创新巩固安全生产成效，科技项目投入 180 万元，以科技创新助推安全高效矿井建设。

（2）推广倾斜煤层集中倒运，设置半固定式筛分装运系统，减少筛分点、作业人员、设备数量，降低多设备平行作业的安全风险，提高装车效率，实行“一装车、一等侯”的生产作业循环。

（3）开展“大众创新”等活动，设计了车辆装载区凹型车槽，推广应用单向环形运输系统，提煤车辆空重车分离运输等设计工作，激发全员创新创效。

（4）持续完善内排设计，实现排土作业由外排逐步转向内排的过渡，2019 年实现内排 3.07×10^6 m^3，实现生产经营提质增效。

（四）采掘机械化方面

（1）加快机械设备更新换代，淘汰落后设备，采装设备配置无线通信装置，以“五小”改革为抓手，销售装载设备安装电子称重系统。剥离采用液压挖掘机作业，斗容量为 2.4～4.5 m^3，配置吨位为 32～55 t 自卸卡车进行装运。

（2）爆破作业采用混装车进行现场作业，采用混合电子雷管逐孔微差起爆网络，减少了爆破震动强度，雷管通过动态密码时时匹配，采用北斗定位系统跟踪、监控，并与公安民用爆破物品管理系统联网，定位定点后才能起爆，提高了爆破的安全性。

（3）通过加大安全投入力度，加快装备升级改造，机械化程度达到100%。

（五）信息化与自动化建设方面

调度信息中心全面负责信息化建设工作，建立了调度信息一体化监控网络平台，OA办公自动化系统、安全风险预控管理系统、智能边坡监测系统、销售门禁系统、物资采购系统、合同法务系统、劳动力管理等9个系统，实现了集行政、调度、生产、物资、合同、人资为一体的信息化系统。使生产办公、安全、技术等管理水平稳步提升，作业现场实现了远程监控与实时回传。

（六）环境保护和生态文明建设方面

（1）持续开展绿色矿山建设，按照环境治理方案，在矿区周围进行绿化，种植爬山虎、榆树、红柳、播撒苜蓿及各类耐旱杂草，绿化约520亩。设专职队伍进行管理，提高了植被成活率。

（2）完善绿化基础设施，以蓄、沉相结合的方式，修建了高位水池、低位蓄水池，有效平衡了坑内抽排水与排土场绿化灌溉用水，达到水资源高效利用。

（3）持续落实产学研相结合的发展模式，在采煤过程中产生的粉尘，探索实施了采场喷淋除尘研究，可远程操作设施，对粉尘大的采煤点、采场内运输道路进行喷淋压制除尘，减少粉尘危害，保护周边环境，营造健康、环保、绿色的作业环境。

乌苏四棵树煤炭有限责任公司八号井

一、矿井概况

八号井位于新疆维吾尔自治区乌苏市西南43 km处，隶属乌苏四棵树煤炭有限责任公司，为国家电投集团新疆能源化工有限责任公司全资子公司。井田面积约5.18 km^2，于2004年5月开工建设，2007年9月竣工投产，生产能力1.2 Mt/a，开拓方式为斜井开拓，开采水平为+1154 m水平，可采煤层属自燃煤层，属于低瓦斯矿井，水文地质类型中等。

采煤工艺为综合机械化放顶煤采煤工艺，掘进工艺为机掘工艺。

二、2019年主要技术经济指标

2019年煤矿原煤产量1.2 Mt，采区采出率85.12%，工作面采出率94.90%。采煤机械化程度100%，掘进机械化程度98.5%。原煤生产期末人数351人，原煤工效13.7 t/工。矿井综合单产99870 t/(个·月)。

三、安全高效矿井建设的主要做法

秉承“任何风险都可以控制，任何违章都可以预防，任何事故都可以避免”的理念，坚持系统观念和底线思维，不断增强红线意识，紧紧围绕“管理、装备、素质、系统”并重，突出抓好以矿长为首的安全生产责任体系、以总工程师为首的技术管理责任体系和以安全副矿长为首的安全监管责任体系建设，健全完善安全生产责任体系和激励工作机制，扎实推进安全生产标准化动态达标，加强风险预控管理，严厉打击“三违”行为，坚决消除各类事故隐患。

（1）树立正确安全理念。安全理念是企业看待和处理安全问题的观念、态度和行为准则的集中表现，公司始终秉持贯彻国家电投集团“任何风险都可以控制，任何违章都可以预防，任何事故都可以避免”的安全理念，结合煤矿特点和安全文化，将安全生产标准化和安健环体系建设充分融合，逐步完善风险分级管控和隐患排查治理双重预防机制，建立以风险管控为核心的安全管理体系，编制岗位隐患排查清单，形成了安全风险分级管控和全员排查治理隐患，切实防范和遏制各类事故发生。2013 年以来，杜绝了重伤事故，轻伤事故逐年减少。

（2）强化安全生产责任制落实。一是细化、量化各层级年度安全生产目标责任书，按照岗位层层分解安全生产管理指标，实施安全生产双向承诺，每年签订并公开承诺书。二是将安全生产“零重伤”纳入激励考核体系，保持责任追究高压态势，同时设置公司安全生产“零伤亡”专项奖和特别奖。三是持续推行全员安全风险抵押制度，细化考核措施，严格兑现奖惩。四是在各级党组织年度民主生活会（组织生活会）中增加安全生产专题，围绕安全生产责任落实，开展批评与自我批评。五是监督人员立足于抓早、抓小、抓预防，对出现履职不到位、责任不落实的苗头性问题，及时进行提醒、提示、通报、约谈。

（3）加强班组安全建设。一是重点围绕示范班组建设，在人财物、考核激励、培训教育、评先评优等方面给予政策支持。结合单位实际，确定班组硬件建设目标，按照节俭实用、尽力而为、建管并举的原则，加大资金投入力度，为班组建设配备必要的设施设备，努力改善工作和生活条件，提高班组管理效能。二是实施领导班子成员班组包保制，年初编制发布班组包保计划，包保领导必须定期深入基层班组，参加班组安全活动，检查、指导、推动、提升班组安全管理水平。

（4）强化现场安全管控。一是充分运用风险评估结果，落实风险预控措施，有效管控各环节的安全风险，对于吊装、设备检修、工作面搬家等风险较高的作业，实行“三到位一到场”制度，从思想意识、管控措施与技术手段上保障作业安全。进一步严格执行工作票、操作票、工作许可、工作监护、安全确认等制度，保证程序规范、操作准确、杜绝违章。二是加强设备日常巡检、日常消缺、定期维护检修等工作，确保设备安全、稳定、可靠运行，安全警示标志、声光报警装置、安全防护设施等完好。三是严格实施承包商“等同管理”，对承包商的现场违章，严格执行“4 个 1”罚则。把外委项目纳入本单位安全管理体系，细化管控措施，确保管控到位。

（5）持续提高安全生产保障能力。坚持“管理、装备、素质、系统”并重原则，不断引进先进实用技术、装备、工艺，优化生产系统，提升功效。一是落实设备包机责任，建立设备点检表单，规范设备维护，定期召开机电例会，分析设备管理中存在的问题，制定改进措施，打通生产系统中的“肠梗阻”。二是加大装备投入，完善灾害监测和治理系统，学习借鉴先进灾害治理手段，每年更新和淘汰落后设备，保证生产系统设备运行可靠。三是推进科技创新和“四化”建设，针对安全生产、安全管理、安全技术中存在的问题，开展以降本增效、技术攻关、应征揭榜为重点内容的创新活动，引进集中控制系统和智能选煤设备，最大限度减少固定岗位人员。

附录一　财政部　税务总局　国家发展改革委　关于延续西部大开发企业所得税政策的公告

（2020 年 4 月 23 日财政部公告 2020 年第 23 号）

为贯彻落实党中央、国务院关于新时代推进西部大开发形成新格局有关精神，现将延续西部大开发企业所得税政策公告如下：

一、自 2021 年 1 月 1 日至 2030 年 12 月 31 日，对设在西部地区的鼓励类产业企业减按 15% 的税率征收企业所得税。本条所称鼓励类产业企业是指以《西部地区鼓励类产业目录》中规定的产业项目为主营业务，且其主营业务收入占企业收入总额 60% 以上的企业。

二、《西部地区鼓励类产业目录》由发展改革委牵头制定。该目录在本公告执行期限内修订的，自修订版实施之日起按新版本执行。

三、税务机关在后续管理中，不能准确判定企业主营业务是否属于国家鼓励类产业项目时，可提请发展改革等相关部门出具意见。对不符合税收优惠政策规定条件的，由税务机关按税收征收管理法及有关规定进行相应处理。具体办法由省级发展改革、税务部门另行制定。

四、本公告所称西部地区包括内蒙古自治区、广西壮族自治区、重庆市、四川省、贵州省、云南省、西藏自治区、陕西省、甘肃省、青海省、宁夏回族自治区、新疆维吾尔自治区和新疆生产建设兵团。湖南省湘西土家族苗族自治州、湖北省恩施土家族苗族自治州、吉林省延边朝鲜族自治州和江西省赣州市，可以比照西部地区的企业所得税政策执行。

五、本公告自 2021 年 1 月 1 日起执行。《财政部　海关总署　国家税务总局关于深入实施西部大开发战略有关税收政策问题的通知》（财税〔2011〕58 号）、《财政部　海关总署　国家税务总局关于赣州市执行西部大开发税收政策问题的通知》（财税〔2013〕4 号）中的企业所得税政策规定自 2021 年 1 月 1 日起停止执行。

特此公告。

附录二　西部地区鼓励类产业目录(2020 年本)

为推进西部大开发形成新格局，促进西部地区产业结构调整和特色优势产业发展，制定本目录。

本目录共包括两部分，一是国家现有产业目录中的鼓励类产业，二是西部地区新增鼓励类产业。

在符合市场准入政策的前提下，本目录原则上适用于在西部地区生产经营的各类企业，其中外商投资企业按照《鼓励外商投资产业目录》执行。

一、国家现有产业目录中的鼓励类产业

（一）《产业结构调整指导目录（2019 年本）》（国家发展改革委令第 29 号）中的鼓励类产业。

（二）《鼓励外商投资产业目录（2020 年版）》（国家发展改革委、商务部令第 38 号）中的产业。

以上目录如修订，按新修订版本执行。

二、西部地区新增鼓励类产业

西部地区新增鼓励类产业按省、自治区、直辖市分列，原则上适用于在相应省、自治区、直辖市生产经营的内资企业，并根据实际情况适时修订；如所列产业被国家相关产业目录明确为限制、淘汰、禁止等类型产业，其鼓励类属性自然免除。

（一）重庆市

1. 电弧炉短流程炼钢（《产业结构调整指导目录》限制类、淘汰类项目除外）；高强度建筑用钢，汽车、电子信息、装备、轨道交通、航空航天等产业用金属材料；铸锻轻合金材料；镁合金深加工产品；金属基粉体及表面处理新材料；锰基等新材料（《产业结构调整指导目录》限制类、淘汰类项目除外）

2. 化工新材料生产（《产业结构调整指导目录》限制类、淘汰类项目

除外）

3. 锶矿（天青石）等金属矿精深加工；毒重石、岩盐、萤石、重晶石等非金属矿精深加工；高性能玻璃纤维及复合材料（《产业结构调整指导目录》限制类、淘汰类项目除外）；年生产能力1000万吨及以上机制砂石项目

4. 新型节能、隔音、防火门窗及配件的开发与生产

5. 节能环保材料预制装配式建筑构部件生产

6. 核设备、高精密核仪器、仪表的开发制造

7. 压缩天然气（CNG）汽车加气站成套设备及装置（汽车储气钢瓶、压缩机、储气罐、深度脱水装置、脱硫罐、冷凝管、油水分离器等）研发及制造

8. 矿山安全仪器、矿山应急救援装备研发及制造

9. 高压输变电及控制设备的研发及制造

10. 达到一级能效的压缩机、电机、变频器、磁控管等家用电器关键零部件制造

11. 钟表计时、珠宝加工等精密加工产业技术开发及设备制造

12. VR/AR/MR等沉浸式互动式娱乐设施设备、数字舞台灯光、智能影音、内河游艇、数字印刷、玩具、文化用品等文化旅游装备及用品研发制造

13. 汽车整车、专用车（不包括仓栅车、栏板车、自卸车、普通厢式车、普通挂车）及零部件制造

14. 适用于丘陵山区的微耕机、拖拉机、农作物种植收获等中小型农具、农田建设所需农用工程机械及相关零部件的研发和制造

15. 摩托车整车及重要零部件制造

16. 船用齿轮箱和船用油泵油嘴、增压器、连杆、薄壁轴瓦、喷射控制单元等关键零部件研发生产，铸锻一体化工艺大抓力船锚生产

17. 氧化铁（Fe_2O_3）含量不超过0.02%的高档玻璃器皿生产

18. 教具教学仪器开发及生产

19. 公路、铁路客货运输

20. 笔记本电脑、通信产品整机和关键零部件的研发及制造

21. 三网融合类业务平台、通信、有线电视网络升级改造及设备制造

22. 5G、移动互联网、物联网、工业互联网、大数据、人工智能、区块链、绿色数据中心建设及运营

23. 风力、太阳能发电场建设及运营

24. 仓储、货代、船代、包装、装卸、搬运、流通加工、集拼集散、配送、多式联运服务、供应链服务以及单证、数据和信息处理等现代物流项目；口岸物流设施建设及运营；村级快递物流综合服务站建设及运营

25. 服务“三农”、小微企业、个体工商户的小额贷款金融服务

26. 服务外包、非金融机构支付服务

27. 城市及农村生活污水、黑臭水体、生活垃圾、畜禽粪便治理及厕所革命等城乡人居环境整治相关技术开发及应用

28. 医疗机构经营

29. 艺术及技能培训（音乐、演艺、美术、设计和传统手工艺）

30. 工业企业场址污染治理及修复技术研发及应用

31. 工业余热、余压、压差、发生气综合利用技术开发及应用

32. 再生铝、铝加工项目（《产业结构调整指导目录》限制类、淘汰类项目除外）

33. 特种陶瓷、日用陶瓷、卫生陶瓷、建筑陶瓷、陈设艺术陶瓷制造（《产业结构调整指导目录》限制类、淘汰类项目除外）

34. 电梯制造（《产业结构调整指导目录》限制类、淘汰类项目除外）

35. 化妆品制造（《产业结构调整指导目录》限制类、淘汰类项目除外）

36. 医药研发、生产、销售

37. 通过仿制药质量和疗效一致性评价的通用名药物的开发和生产

38. 新型化合物药物或活性成分药物、高附加值制剂产品的原料药及其关键中间体开发和生产

39. 药物筛选平台、临床技术转化平台、安全评价中心、中试放大平台、工程转化中心、研发定制平台、委托生产平台、公共检测中心等满足药物及医疗器械产品研发和生产所需的第三方技术服务平台

40. 富硒特色农产品开发

41. 园林绿化苗木生产

42. 影视节目、电竞、音乐、网络文学、知识付费、沉浸式互动式场景等数字内容创作生产、文化 IP 产业；数字媒体、数字出版、短视频、直播、网络表演等信息服务、数字营销、在线文化娱乐服务

43. 互联网生产服务、生活服务、科技创新、公共服务等平台建设

44. 特色地质文化村旅游开发；观光旅游、休闲度假、森林康养、温泉康养等服务

45. 页岩气开采地下水污染防治环保技术开发及应用

（二）四川省

1. 农产品质量安全检测技术研发、应用及设备制造

2. 农产品产地贮存、保鲜、烘干等初加工设施建设与运营（《产业结构调整指导目录》限制类、淘汰类项目除外）

3. 高效太阳能电池组件技术开发及生产

4. 核级石墨开发及生产

5. 高品质钛原料先进制造技术及应用（$CaO + MgO \leq 1.5\%$）；6 Mt/a 及以上钛渣生产技术（电炉容量≥25000 kVA）；钛材深加工及产品应用；氯化法钛白粉生产及配套氯碱生产、高盐废水处理（《产业结构调整指导目录》限制类、淘汰类项目除外）

6. 钒钛磁铁矿规模化高效清洁分离提取技术开发及应用（钒钛磁铁矿开采回采率、选矿回收率、综合利用率需符合国家有关标准）

7. 钨钼制品及钨钼丝材

8. 4 Mt/a 及以上炭黑新工艺开发及应用

9. 3000 吨/年及以上氧化钒清洁生产技术开发及应用（废水、废渣零排放）；钒制品先进制造技术开发及应用（钒基合金、钒基功能材料、钒精细化工产品）

10. 石墨烯和纳米碳材料、细结构石墨、生物炭、锂电池负极等新型碳材料的开发及生产

11. 生物乙醇制乙烯（以粮食为原料的除外）

12. 高精密核仪器、仪表开发制造

13. 压缩天然气（CNG）汽车加气站成套设备及装置（CNG 汽车储气钢瓶、压缩机、高压地下储气井、储气罐、深度脱水装置、脱硫罐、冷凝管、油水分离器等）制造与应用，液化天然气（LNG）汽车加气站成套设备及装置制造与应用

14. 无线电测试仪器、无线电监测系统或设备的研发、生产

15. 火力发电、水泥、钢铁等选择性催化还原法（SCR）脱硝催化剂及 SCR 烟气脱硝设备生产

16. 种子生产加工机械、烘干设备制造

17. 适用于丘陵山区的微耕机、拖拉机、农作物种植收获等中小型农具、农田建设所需农用工程机械及相关零部件的研发和制造

18. 汽车整车、专用车与零部件及配件制造（《产业结构调整指导目录》限制类、淘汰类项目除外）

19. 教育技术装备开发及生产

20. 公路旅客运输，水路、铁路货物运输；仓储、运输、货代、包装、装卸、搬运、流通加工、配送、信息处理等一体化服务；村级快递物流综合服务站建设及运营

21. 宽带网络建设及运营

22. 中药溯源电子码技术开发及应用

23. 服务外包

24. 服务“三农”、小微企业、个体工商户的小额贷款金融服务

25. 金融现代化技术开发及应用（移动支付、电子票据、金融 IC 卡等）

26. 医疗机构经营

27. 飞行员培训

28. 工业节能降耗技术开发及应用（余热、余压、压差、发生气综合利用等）

29. 核、化学、生物等领域的侦察、防护、消洗等防化应急装备开发制造

30. 农村生活污水治理、生活垃圾治理、畜禽粪便处理及厕所革命等农村人居环境整治相关技术开发及应用；高寒地区生活污水处理相关技术开发及应用；轻钢装配式和现代夯土技术等新型农房建造技术推广应用

31. 钒钛磁铁矿高炉—转炉冶炼工艺（钒钛磁铁矿入炉比例≥60%）（《产业结构调整指导目录》限制类、淘汰类项目除外）

32. 电子束辐照加工

33. 口腔科用设备及器具制造

34. 康复辅具器具制造

35. 页岩气装备制造和油气技术工程服务

36. 节能环保型建筑用铝合金模板产品开发、生产和应用

37. 高性能稀土永磁、发光、催化、合金等稀土功能材料及器件的开发、生产及应用

38. 40 MW 及以上燃气轮机及关键辅机研发制造，分布式能源用小型燃气轮机研发及装备制造

39. 智能化绿色化纺织服装加工

40. 硅光集成电路芯片、光分路器、光纤活动连接器、光电收发模块、光网络设备的研发和生产

41. 彩灯设计与制作

42. 科技推广与创业孵化服务

43. 茶叶种植及深加工

44. 果酒制造，糯红高粱种植

45. 木材储备加工交易、竹产品的生产及深加工，特色经济林产品生产及加工

46. 森林康养基地建设与服务

47. 藏医药、彝医药研发、生产、销售

48. 动植物药材资源的保护和可持续利用（《产业结构调整指导目录》限制类、淘汰类项目除外）

49. 移动电信服务（5G）

50. 测绘地理信息服务

51. 风力、太阳能发电场建设及运营

52. 安全玻璃、节能玻璃等高端玻璃深加工

（三）贵州省

1. 大功率液压台车用凿岩钎具及钎具用钢生产

2. 优碳钢钢丝（强度≥1670 N/mm^2）及其制品生产

3. 锰深加工新产品开发及生产（《产业结构调整指导目录》限制类、淘汰类项目除外）

4. 铝及铝精深加工（《产业结构调整指导目录》限制类、淘汰类项目除外）

5. 钛金属冶炼新工艺技术开发（直接用高钛渣、金红石电解生产金属钛），钛材深加工及含钛精细化学品新产品开发及生产

6. 钒深加工的先进工艺技术装备及新产品开发

7. 高性能镁合金开发及生产

8. “磷—电—化”一体化资源综合利用、精细磷化工（《产业结构调整指导目录》限制类、淘汰类项目除外）

9. 重晶石精深加工新产品开发及生产

10. 白云石精细加工及综合开发利用

11. 己二酸与尼龙66生产

12. 天然植物精细化工产品的开发（香精、香料、化学药、化工产品中间体）

13. 动植物药材资源的保护和可持续利用（《产业结构调整指导目录》限制类、淘汰类项目除外）

14. 高压柱塞式液压泵、液压马达等液压基础件研发及制造

15. 液力变速器研发及制造

16. 大型萃取装置（容器容积 50～3500 L，压力等级 9.8～35 MPa，温度等级 10～85 ℃）研发及制造

17. 适用于山区的轻便、耐用、低耗中小型耕种收机械研发及制造

18. 粉煤灰储运及利用成套设备制造

19. 汽车整车制造，专用汽车（不包括普通挂车、自卸车、罐式车、厢式车和仓栅式汽车）制造，汽车零部件研发及制造

20. 民族工艺品加工生产

21. 公路旅客、公路货物运输

22. 宽带网络建设及运营

23. 服务“三农”、小微企业、个体工商户的小额贷款金融服务

24. 服务外包

25. 医疗、康养机构经营

26. 彝医药、苗医药研发、生产、销售

27. 农林特产品、竹产品生产及深加工；食用菌种植及菌种培育，茶叶、蔬菜、刺梨、中药材、辣椒、水果、石斛、油茶种植及加工；生态畜牧、生态渔业

28. 高品质易切削钢

29. 膜用新材料研发制造及膜元件自动化生产

30. 煤炭地下气化开采技术开发与应用，煤炭地下气化发电成套设备制造

31. 煤炭开采 110/N00 工法配套智能化装备研发应用

32. 玄武岩纤维及后制品研发生产

33. 石材加工生产

34. 风力、太阳能发电场建设及运营

35. 跨境贸易、国际物流、货运代理、跨境电商、外贸综合服务等产业；仓储、运输、货代、包装、装卸、搬运、流通加工、配送、信息处理等一体化服务；村级快递物流综合服务站建设及运营

36. 氢加工制造、氢能燃料电池制造、输氢管道和加氢站建设

37. 民族特色食品生产及加工

38. 芳香植物种植、观光及产品加工

39. 工业节能降耗技术开发及应用

40. 蛋白桑、蛋白菊种植推广

41. 农林渔牧技术推广服务

42. 农村生活污水治理、生活垃圾治理、畜禽粪便处理及厕所革命等农村人居环境整治相关技术开发及应用

43. 笔记本电脑、通信产品整机和关键零部件的研发及制造

44. 20 MW 以下小型、微型燃气轮机研发及装备制造

45. 电梯制造（《产业结构调整指导目录》限制类、淘汰类项目除外）

（四）云南省

1. 花卉、绿化和观赏苗木培育

2. 高效太阳能电池组件技术开发及制造

3. 有色金属产品开发及精深加工（《产业结构调整指导目录》限制类、淘汰类项目除外）

4. 矿产资源综合利用及装备制造；园区资源利用高效化改造（详见《绿色产业指导目录》2019 年版相关解释说明）

5. 石油精细化工产品开发及生产（《产业结构调整指导目录》限制类、淘汰类项目除外）

6. 水溶性肥料、微量元素肥料、微生物肥料等新型肥料的开发及生产

7. 生物乙醇制乙烯（以粮食为原料的除外）

8. 绿色建筑材料制造、绿色建材认证推广

9. 城镇供水管网分区计量漏损控制建设和运营

10. 工业固体废物无害化处理处置、综合利用及装备制造

11. 锅炉（窑炉）节能改造和能效提升

12. 特殊环境（高原、湿热、高寒、重污染等环境）用发输变电、供配电及控制设备、高原型电工电器产品、中小水电成套设备研发及制造、智能化大型高效泵、城市排涝装备项目

13. 先进适用的制药及生物制剂成套设备制造（《产业结构调整指导目录》限制类、淘汰类项目除外）

14. 适用于高原山区的拖拉机、中耕机、微耕机以及水稻、玉米、马铃薯、甘蔗收割机等现代农机具的开发及制造

15. 汽车整车制造，专用汽车（不包括普通挂车、自卸车、厢式车和仓栅式汽车）制造

16. 蔗糖精深加工及废糖蜜、蔗渣、蔗叶、滤泥、酒精废液等副产品的综合利用（《产业结构调整指导目录》限制类、淘汰类项目除外）

17. 民族工艺品加工生产

18. 公路旅客运输

19. 宽带网络建设及运营

20. 口岸物流设施（物流仓库、堆场、装卸搬运工具、多式联运转运设施以及物流信息平台等）建设及经营；村级快递物流综合服务站建设及运营

21. 服务“三农”、小微企业、个体工商户的小额贷款金融服务

22. 服务外包

23. 医疗机构经营

24. 森林康养基地建设与服务

25. 轧钢氧化皮生产磁性材料

26. 高原湖泊水污染治理技术开发及应用

27. 工业节能降耗技术开发及应用（余热、余压、余气等利用）

28. 农村生活污水治理、生活垃圾治理、畜禽粪便处理及厕所革命等农村人居环境整治相关技术开发及应用

29. 水污染防治装备制造

30. 绿色铝产业（生产、精深加工及其应用）（《产业结构调整指导目录》限制类、淘汰类项目除外）

31. 绿色硅产业（生产、精深加工及其应用）

32. 铁皮石斛、油桐培育、种植、加工等，绿色有机茶、蔬菜、特色水果、优质中药材、咖啡等高原特色农业，竹产品的生产及深加工

33. 优质酿酒葡萄种植与酿造，青稞种植与食品深加工

34. 猪、牛、羊及小家禽畜（含高原畜产品）饲养和深加工；云南高原特色水产养殖和加工

35. 互联网、物联网技术服务，工业控制计算机及系统制造、通信系统设备制造

36. 在边境县市进行边境贸易进出口产品加工（《产业结构调整指导目录》限制类、淘汰类项目除外）

37. 有机垃圾生物式处理设备和移动式破碎筛分系统

38. 生产天然橡胶深加工产品如浅色标准胶、子午线轮胎专用胶、恒粘胶、高等级轮胎专用胶、脱蛋白橡胶系列产品，大型子午线轮胎生产线，特种专用天然橡胶或胶乳产品的研制与开发

39. 联合疫苗产业

40. 民族地区院内制剂产业

41. 藏医药、傣医药、彝医药研发、生产、销售

42. 种桑养蚕，各类丝胶蛋白产品、蚕蛹深加工产品等综合利用产品的生产；茧丝绸深加工

43. 滇中锂资源开发利用及产业链发展

44. 跨境电子商务零售中心和大宗商品进出口分拨物流中心建设

45. 核桃生产和初加工一体化成套机械设备及标准化技术研发和推广

46. 超高清视频产业制造：4K/8K 超高清电视机、4K 摄像头、监视器等制造

47. 风力、太阳能发电场建设及运营

（五）西藏自治区

1. 特色农林畜产品生产及加工

2. 高寒冻土地带可燃冰勘探和开发利用研究

3. 太阳能光伏发电系统检测、建设及运营，风力发电场建设及运营

4. 盐湖资源综合开发利用（《产业结构调整指导目录》限制类、淘汰类项目除外）

5. 西藏特色食品加工、饮品加工（《产业结构调整指导目录》限制类、淘汰类项目除外）

6. 民族工艺品加工生产

7. 公路旅客运输

8. 宽带网络建设及运营

9. 口岸物流设施（物流仓库、堆场、装卸搬运工具、多式联运转运设施以及物流信息平台等）建设及经营；村级快递物流综合服务站建设及运营

10. 医疗机构经营

11. 农村生活污水治理、生活垃圾治理、畜禽粪便处理及厕所革命等农村人居环境整治相关技术开发及应用

12. 三网融合类业务平台、通信、有线电视网络升级改造及设备制造

13. 藏医药研发、生产、销售

14. 服务“三农”、小微企业、专合组织的小额贷款金融服务

15. 特色产品溯源技术开发及应用

16. 食饮品外包装生产加工

17. 节能服务业

18. 天然饮用水（矿泉水）

19. 边贸产业（边贸市场建设、边贸企业培育）建设与发展

20. 在边境县市进行边境贸易进出口产品加工（《产业结构调整指导目录》限制类、淘汰类项目除外）

21. 科学研究和决策评价服务业

22. 自然资源及测绘地理信息技术开发和应用

23. 地质灾害勘查、监测、治理技术开发及应用

24. 利用太阳能和风能公路照明

25. 城镇道路桥梁和供水、供暖、污水垃圾处理等市政公用设施运营

26. 西藏乡土树种科研

27. 服务外包

28. 新型建材及装配式建筑材料研究、开发和应用

29. 新型墙体材料（《产业结构调整指导目录》限制类、淘汰类项目除外）

30. 石材开发（《产业结构调整指导目录》限制类、淘汰类项目除外）

31. 沙生植物种植与加工

32. 酒、饮料和精制茶制造，皮革及其制品制造和制鞋业，木材加工业，家具制造业，印刷和记录媒介复制业

33. 电力、热力、燃气及水生产和供应业

34. 居民服务、修理和其他服务业

35. 农、林、牧、渔产品批发，食品、饮料及烟草制品批发，纺织、服装及家庭用品批发，文化、体育用品及器材批发，医药及医疗器材批发，矿产品、建材及化工产品批发；综合零售，食品、饮料及烟草制品专门零售，纺织、服装及日用品专门零售，文化、体育用品及器材专门零售，医药及医疗器材专门零售

36. 初等教育、中等教育、高等教育、技能培训、教育辅助等教育服务业

37. 广播电视集成播控、录音制作、文艺创作与表演、文物保护、艺术表演场馆、图书馆与档案馆、博物馆、烈士陵园、纪念馆、群众文体活动等文化艺术服务业

38. 体育组织、体育场地设施管理、健身休闲活动等体育服务业

39. 住宿和餐饮业

40. 民族演艺服饰、乐器设计、生产和销售

41. 房屋、土木工程建筑业、建筑安装业、建筑装饰、装修和其他建筑业

（六）陕西省

1. 多元素共生矿资源综合利用

2. 高性能镁合金开发及生产、钛材深加工

3. 大型炼油、乙烯、芳烃生产装置生产的有机化工原料就地深加工（《产业结构调整指导目录》限制类、淘汰类项目除外），新型、环保型油田化学品（二氧化碳及新型试剂驱油驱气）技术开发及生产，均聚甲醛、6 Mt/a 及以上二甲基甲酰胺、6 Mt/a 及以上聚乙烯醇等精细化工产品生产

4. 生物法、化学法生产可降解材料，包括聚乳酸、丙内酯基可降解材料、聚丁二酸丁二醇酯、聚羟基烷酸等，以及可降解高分子材料与淀粉共混的环境友好材料，新型炭质吸附材料，生物化学品等

5. 百万吨级大型乙烯、百万吨级大型芳烃、千万吨级大型炼油等重大煤化工、石油化工、电站用装备关键用泵、控制阀、调节阀的研发及制造

6. 高效微排放燃煤锅炉、高效煤泥复合循环流化床工业蒸汽/热水锅炉、烟气余热锅炉、全自动燃气（油）热水/蒸汽锅炉等锅炉的制造（优于国家标准）

7. 超越一级能效的微耗电冷暖空调系统

8. 汽车整车研发及制造，专用汽车（不包括普通挂车、自卸车、罐式车、厢式车和仓栅式汽车）研发及制造，汽车零部件研发及制造

9. 适用于丘陵山区的微耕机、拖拉机、农作物种植收获等中小型农具、农田建设所需农用工程机械及相关零部件的研发和制造

10. 教具教学仪器及文化健康用品开发及生产

11. 宽带网络建设及运营

12. 5G、人工智能、物联网、工业互联网建设

13. 仓储、运输、货代、包装、装卸、搬运、流通加工、配送、信息处理等服务；村级快递物流综合服务站建设及运营

14. 医疗机构经营

15. 艺术及技能培训（音乐、演艺、美术设计、服装设计和传统手工艺）

16. 地质灾害勘查、监测、治理技术开发及装备制造

17. 再生水、雨水、矿井疏干水等非常规水处理利用与分配工程建设及运营，节水产品研发、制造与推广，水资源循环利用与节水

18. 棚室栽培等设施农业，苹果、茶叶、小杂粮、魔芋、食用菌等区域特色产品种植、生产、加工，奶山羊养殖及羊乳深加工制造，林产品生产及深加工

19. 服务“三农”、小微企业、个体工商户的小额贷款金融服务

20. 服务外包

21. 物流业相关的仓储设施建设和商贸服务、农产品物流业

22. 北斗卫星导航及时空信息产业，遥感、通信、导航等卫星应用服务，雷达、通信、导航专用设备研制生产

23. 核、化学、生物等领域的侦察、防护、洗消等防化应急装备开发制造

24. 矿山安全仪器、矿山应急救援装备研发及制造

25. 复合材料加工设备

26. 陆上风电机组设备制造

27. 高掺量粉煤灰建材制品生产：粉煤灰 70% 及以上掺量生产烧结砖、85% 及以上掺量生产陶粒制品、25% 及以上掺量生产混凝土、30% 及以上掺量生产其他建材产品（水泥除外）

28. 工业节能降耗技术开发及应用（余热、余压、压差、发生气等）

29. 石油、天然气、电力等能源储备设施和系统建设及运营，天然气调峰工厂、应急储气调峰设施建设及运营

30. 化工新材料、高端专用化学品的制造及深加工

31. 风电、光伏、氢能、地热等新能源及相关装置制造产业；太阳能光伏发电系统检测、建设及运营；风力发电场建设及运营；地热能勘探、开发和利用；地热、氢能等新能源产业运营服务

32. 300 Mt/a 及以上（焦煤 150 Mt/a 及以上）安全高效煤矿（含矿井、露天）建设与生产，安全高产高效采煤技术开发利用

33. 进行煤炭分质利用，生产烯烃系、芳烃系及烯烃、芳烃结合产品

34. 第三代化合物半导体、高功率半导体激光器芯片研发及生产，化合物半导体外延生长及芯片生产

35. 无石棉纤维增强硅酸钙板（轻质墙板、预涂装饰板、外墙保湿一体板等）体系产品的研发制造

36. 国土空间环境污染修复技术研发及装备制造、矿山地质环境治理技术开发及应用

37. 半导体材料、新型光伏材料等电子材料的研制和生产，大功率金属

氧化物半导体场效应晶体管（MOSFEF）和绝缘栅双极型晶体管（IGBT）器件的设计制造，低温共烧陶瓷（LTCC）滤波器、多芯片组件（MCM）、原膜通信电源、压电驱动器等产品的研发制造

38. 汽车用机械式变速箱、电控机械式自动变速箱（AMT）、新能源变速箱、动力换挡变速箱、液压机械无级变速器（CVT）等，盘式制动器、离合器、同步器、取力器、齿轮、锻件、铸件等汽车零部件，RV 减速器，商用车制动防抱死系统（ABS）、胎温胎压监测系统（TPMS）、驱动防滑转（ASR）、电子制动系统（EBS）、驾驶辅助系统（ADAS）等汽车电子产品制造

39. 对污水污泥的处理和处置，及其净化后的利用活动，固体废物治理、危险废物治理，农村生活污水治理、生活垃圾治理、畜禽粪便处理及厕所革命等农村人居环境整治相关技术开发及应用

40. 农用地、生态用地、污染土地、废弃工矿用地等土地整治、修复、评估技术开发及应用

41. 信创产业（国产化）软硬件研发、适配及应用

42. 商业航天及相关配套

43. 新一代航天运载火箭发动机研制、测运控系统建设等，空间飞行器有效载荷及电子系统与设备

44. 复合材料、激光防护材料的研制与生产

45. 半导体、集成电路、连接器、传感器、人工智能处理器、新型电子元器件、高端芯片研制生产

46. 煤层气燃气电站、箱式移动电站等新能源装备研制

47. 机器人及关键零部件制造，工业机器人、工业机器人精密谐波减速器、电动舵机系统、永磁交流伺服电机、高精度直驱力矩电机、无刷旋转变压器等智能设备研制

48. 核辐射加工、核辐照产业，放射性同位素生产与研发，轻型辐射屏蔽材料、核级锆材等研发生产

49. 新能源材料、钛/锆/镍/镁/锂等特种合金材料、特种非金属材料、特种橡胶材料、高硅氧玻璃纤维、高温合金、3D 打印材料、超导材料、特种陶瓷、石墨烯、吸波材料、含能材料等新材料研制生产

（七）甘肃省

1. 优质酿酒葡萄种植与酿造

2. 太阳能发电系统建设及运营

3. 风力发电场建设及运营

4. 利用天然气替代化工及有色金属材料深加工中使用的重油、柴油、煤技术开发及应用（天然气产业政策限制、禁止类项目除外）

5. 高温气冷堆炭堆内构件及涉核炭—石墨材料开发及生产

6. 节能环保大型矿热炉用炭材料开发及生产

7. 高性能镁、钛合金开发及生产

8. 镍铜钴及贵金属粉体材料开发及生产

9. 镍钴二次电池材料开发及生产

10. 羰基冶金技术及羰基镍开发及生产

11. 电子级氟化氢（HF）生产（《产业结构调整指导目录》限制类、淘汰类项目除外）

12. 石棉湿法浮选改性工艺应用（《产业结构调整指导目录》限制类、淘汰类项目除外）

13. 石墨烯和纳米碳材料、细结构石墨、生物炭、锂电池负极等新型碳材料的开发及生产

14. 高掺量粉煤灰建材制品生产：粉煤灰 70% 及以上掺量生产烧结砖、85% 及以上掺量生产陶粒制品、25% 及以上掺量生产混凝土、30% 及以上掺量生产其他建材产品（水泥除外）（《产业结构调整指导目录》限制类、淘汰类项目除外）

15. 300 Mt/a 及以上（焦煤 150 Mt/a 及以上）安全高效煤矿（含矿井、露天）建设与生产，安全高产高效采煤技术开发利用

16. 种子生产加工机械、烘干设备制造

17. 高性能真空设备制造：真空获得类、真空材料表面改性类、真空炉类、低温贮运容器类、真空专用设备

18. 重离子治癌设备研发及制造

19. 余热余能利用锅炉、生物质锅炉、垃圾焚烧处理锅炉及高参数大容量高效节能锅炉（窑炉）制造

20. 绿色镀膜成套装备研发及制造：真空离子镀膜，磁控溅射镀膜，蒸镀膜，离子注入、离子清洁等装备

21. 高效电机及其控制系统制造（额定功率 0.55 ~ 355 kW，额定电压 690 V 及以下的低压三相异步电动机；额定功率 355 ~ 25000 kW，额定电压 6 kV 或 10 kV 的高压三相异步电动机；高效永磁伺服电机）

22. 电网系统节电设备制造（比同类产品空载损耗下降 10% ~20%，负

载损耗下降 5%）

23. 太阳能多热源蔬菜低温联合干燥技术开发及应用

24. 公路旅客运输

25. 宽带网络建设及运营

26. 服务“三农”、小微企业、个体工商户的小额贷款金融服务

27. 服务外包

28. 医疗机构经营

29. 体育竞赛表演、体育场馆（高尔夫球场、赛马场除外）设施建设及运营，大众体育健身休闲服务

30. 文化资源数字化、网络化展示平台研发及应用

31. 粉煤灰生产新型油田固井减轻剂

32. 高炉解毒铬浸出残渣技术开发及应用

33. 藏医药研发、生产、销售，天然药、原料药、中成药的深加工（《产业结构调整指导目录》限制类、淘汰类项目除外）

34. 林产品的生产及深加工

35. 农村生活污水治理、生活垃圾治理、畜禽粪便处理及厕所革命等农村人居环境整治相关技术开发及应用

36. 村级快递物流综合服务站建设及运营

37. 沙漠灾害综合治理

38. 单台 100 Mt/a 及以上焦炉及焦炉煤气循环利用项目

39. 废钢、废铜、废铝以及稀有金属再生资源回收利用体系建设（《产业结构调整指导目录》限制类、淘汰类项目除外）

40. 石油、天然气、电力等能源储备设施和系统建设及运营

41. 年产 1000 万吨及以上的超大型机制砂石生产

42. 有机过氧化物生产（《产业结构调整指导目录》限制类、淘汰类项目除外）

（八）青海省

1. 沙生植物种植与加工

2. 太阳能发电系统建设及运营

3. 风力发电场建设及运营

4. 钾、钠、镁、锂、硼、锶、溴、碘、铷、铯等盐湖资源综合利用、系列产品开发及副产物利用（《产业结构调整指导目录》限制类、淘汰类项目除外）

5. 稀盐酸脱析制氯化氢

6. 六水氯化镁（$MgCl_2 \cdot 6H_2O$）连续脱水制无水氯化镁

7. 高性能镁合金开发及生产

8. 石棉湿法浮选改性工艺应用

9. 以各类无机盐产品生产过程中所产生的固体废弃物、副产物为主的循环利用

10. 地下深层承压卤水资源勘探、研究及开发

11. 道路安全维护、养护设备研发及制造

12. 汽车整车制造，专用汽车（不包括普通挂车、自卸车、罐式车、厢式车和仓栅式汽车）制造

13. 民族工艺品加工生产

14. 公路旅客、公路货物运输

15. 宽带网络建设及运营

16. 医疗机构经营

17. 工业余热发电技术应用改造

18. 农村生活污水治理、生活垃圾治理、畜禽粪便处理及厕所革命等农村人居环境整治相关技术开发及应用

19. 服务“三农”、小微企业、个体工商户的小额贷款金融服务

20. 村级快递物流综合服务站建设及运营

21. AAA级及以上旅游景区、星级酒店、旅行社的运营

22. 林草特色种植业、特色养殖业、林下经济产业、林产品的生产及深加工

23. 藏医药、蒙医药研发、生产、销售

24. 光伏设备及元器件制造

25. 新能源汽车充电站、充电桩建设

26. 石油、天然气、电力等能源储备设施和系统建设及运营

27. 高端、大规模集成电路用材料、电子特气及电子化学品

28. 服务外包

29. 移动互联网、物联网、工业互联网、人工智能、区块链建设及运营

30. 电子信息制造业

31. 小型家用电器、消费电子产品制造

32. 枸杞、沙棘、红景天、青稞、藜麦、奶制品等特色食品的生产和加工

（九）宁夏回族自治区

1. 地方特色优势农林产品（包括枸杞，优质高端乳品，优质肉牛肉羊，硒砂瓜、供港蔬菜等特色果蔬，水稻、小麦、玉米、土豆等优质粮食）的生产及深加工

2. 300 Mt/a 及以上（焦煤 150 Mt/a 及以上）安全高效煤矿（含矿井、露天）建设与生产；安全高产高效采煤技术开发利用及煤田火灾防治新技术装备研究与应用

3. 太阳能发电系统建设及运营

4. 风力发电场建设及运营

5. 硅系、锰系铁合金新产品（高纯硅铁、低钛微铝硅铁、高硅微碳锰、高硅硅锰、氮化硅铁、硅钙合金、硅钡铝合金等）的开发与生产，低硒锰片、脱氢锰片、氮化锰、低硫锰片、低氧化锰片的开发及生产（《产业结构调整指导目录》限制类、淘汰类项目除外）

6. 符合国家重要用途钢丝绳标准（GB 8918—2006）、直径在 20 ~ 60 mm的钢丝绳制品开发及生产

7. 钽、铌、铍、钛等稀有金属材料新产品、新工艺技术开发及生产

8. 多层陶瓷电容器用镍粉开发及生产

9. 高性能镁合金开发及生产

10. 20 Mt/a 及以上醋酸乙烯、6 Mt/a 及以上聚乙烯醇、10 Mt/a 及以上聚碳酸酯（PC）、6 Mt/a 及以上环氧乙烷、6 Mt/a 及以上聚甲醛、双加压法硝酸生产工艺、电子级高纯化学品生产，单套装置 5 Mt/a 及以上使用回转窑的石灰氮、使用液下投料低温循环分离法 1 Mt/a 及以上单氰胺、2 Mt/a 及以上双氰胺生产（《产业结构调整指导目录》限制类、淘汰类项目除外）

11. 高掺量粉煤灰建材制品生产：粉煤灰 70% 及以上掺量生产烧结砖、85% 及以上掺量生产陶粒制品、25% 及以上掺量生产混凝土、30% 及以上掺量生产其他建材产品（《产业结构调整指导目录》限制类、淘汰类项目除外）

12. 大型煤化工、石油化工、火电核电站、油气储运、海洋工程等领域用耐高压、耐高低温、低噪音等高端智能控制阀和智能定位器的研发及制造

13. 轨道交通牵引、制动、信号、供电、载荷等关键零部件，包括电力电子牵引变压器、电抗器、合金枕梁、制动盘、电气化铁路地面变电站用牵引变压器、车载牵引变压器等研发生产

14. 汽车整车制造（《产业结构调整指导目录》限制类、淘汰类项目

除外）

15. 煤炭气化及尾气综合利用、液化合成等洁净煤技术开发及设备制造

16. 食品加工

17. 民族工艺品加工生产

18. 公路旅客运输

19. 宽带网络建设及运营

20. 氮化铝粉、氮化铝陶瓷基片、氮化硅、氮化硅陶瓷制品的生产

21. 医疗机构经营

22. 矿热炉节能减排技术改造和余热发电回收利用

23. 服务“三农”、小微企业、个体工商户的小额贷款金融服务

24. 服务外包

25. 农村生活污水治理、生活垃圾治理、畜禽粪便处理及厕所革命等农村人居环境整治相关技术开发及应用

26. 村级快递物流综合服务站建设及运营

27. 石油、天然气、电力等能源储备设施和系统建设及运营

28. 高性能铝合金产品开发及生产

29. 生物发酵、化学合成氨基酸及相关衍生物的开发及生产

30. 模块化、物联网、系统化、智慧化电能表、水表、燃气表、热量表的研发及生产

31. 与动车轴承、轨道交通轴承、高铁轴承等精密轴承生产配套的专用数控加工机床、锻造辗环成套装备、轴承/齿轮模压淬火成套设备，用于精密零件的表面清洗、毛刺清理及吹干的通过式清洗机的研发及生产

32. 高原型智能化中低压配网成套开关设备、预制式箱式变电站/紧凑型箱式变电站、高压真空断路器及高原型高压真空断路器、低压微型断路器的研发及生产

33. 太阳能光热回转驱动减速器、光伏跟踪系统减速器、风能用偏航、变桨减速器的研发及生产

34. IGBT 逆变电源焊机、等离子切割机的研发及生产

35. 千万吨级综采设备配套用采煤机、刮板输送机、皮带输送机、防爆电机的研发生产；与综采设备配套的铸造、焊接中部槽、链环、减速机、托辊的研发生产；煤矿机械再制造（《产业结构调整指导目录》限制类、淘汰类项目除外）

36. 养殖成套装备：包括全混合自动化日粮饲料制备、搅拌、青贮取

料、撒料等成套装备；饲舍垫料抛撒、铺沙、粪便清理装备；智能精准配料系统装备；智能化成套饲料混合装备；水稻、小麦、玉米等主要农作物精量播种机械的研发及生产

37. 无机房乘用电梯及载货、医用、观光电梯，自动扶梯、自动人行道的研发及生产

38. 优质酿酒葡萄种植与酿造

39. 节能环保大型矿热炉用炭材料开发及生产

（十）新疆维吾尔自治区（含新疆生产建设兵团）

1. 葡萄酒和饮料生产（《产业结构调整指导目录》限制类、淘汰类项目除外）

2. 单层厚度50米及以上巨厚煤层开采技术开发及应用

3. 风力、光伏发电场建设及运营，太阳能发电系统制造

4. 300 Mt/a 及以上（焦煤 150 Mt/a 及以上）安全高效煤矿（含矿井、露天）建设与生产，安全高产高效采煤技术开发利用

5. 铁、锰、铜、镍、铅、锌、钨（锡）、锑、稀有金属勘探、有序开采、精深加工、加工新技术开发及应用，废铁、废钢、废铜、废铝以及稀有金属再生资源回收利用体系建设及运营（《产业结构调整指导目录》限制类、淘汰类项目除外）

6. 大型炼油、乙烯、芳烃生产装置生产的有机化工原料就地深加工（《产业结构调整指导目录》限制类、淘汰类项目除外）

7. 风电机组控制系统，风电机组用新型发电机、高速叶片、全功率变流器、变桨控制器、增速齿轮箱、主轴、轴承等关键部件，海上风电工程施工机械研发及制造

8. 轴承、齿轮等通用基础件制造

9. 金属切割及焊接设备制造

10. 建材机械及关键零部件制造

11. 塑料板、管及型材制造

12. 高压输变电及控制设备研发及制造，电线、电缆、光缆、电工器材制造，电容器及其配套设备制造，家用电力器具制造，电子产品及其零部件的组装、加工及销售

13. 钒钛磁铁矿开发、选冶联合工艺生产、综合利用及深加工

14. 干空气能应用装备研发及制造

15. 铸造、锻造、热处理、表面处理等基础工艺专业化服务（《产业结

构调整指导目录》限制类、淘汰类项目除外）

16. 小麦、玉米、棉花、大麦、豆类、番茄、辣椒、甜菜、红枣、啤酒花等农林作物种植及精深加工、采收机械化技术开发及应用

17. 乳制品的开发和生产

18. 方便食品、保健食品、调味品、生物发酵制品的生产

19. 棉秆采收专用设备研发及制造

20. 节水器材、种子加工、肥料、高效低毒农药、农牧机械加工组装等农业资料和农用化工产品制造

21. 汽车整车制造、专用汽车制造、汽车关键零部件生产（《产业结构调整指导目录》限制类、淘汰类项目除外）

22. 日处理甜菜3000吨及以上食糖生产线；甜菜糖精深加工及废糖蜜、甜菜渣等副产品的综合利用（《产业结构调整指导目录》限制类、淘汰类项目除外）

23. 具有地方特色工艺美术产品研发设计及制造

24. 演艺设备和乐器制造及销售

25. 公路旅客运输，公路、铁路货物运输及多式联运

26. 宽带网络建设及运营

27. 口岸物流设施（物流仓库、堆场、装卸搬运工具、多式联运转运设施以及物流信息平台等）建设及经营；仓储、货代、包装、装卸、搬运、流通加工、配送、信息处理等服务；村级快递物流综合服务站建设及运营

28. 服务“三农”、小微企业、个体工商户的小额贷款金融服务

29. 服务外包

30. 医疗机构经营

31. 艺术及技能培训（民族音乐、演艺、美术、设计和传统手工艺）

32. 粮、棉秸秆、果木等农、林副产物资源综合利用技术开发及应用

33. 城镇、农村（含兵团团场、连队）生活污水治理，生活垃圾治理，畜禽粪便处理及厕所革命等农村人居环境整治相关技术开发及应用

34. 花卉、沙生植物种植与加工，林产品的生产及深加工

35. 维医药、蒙医药研发、生产、销售，医疗卫生产品生产

36. 节水型渔业养殖及盐碱地渔农综合利用生态养殖模式示范与应用

37. 冷水鱼养殖开发与应用

38. 石油、天然气、电力等能源储备设施和系统建设及运营，储能电池材料、储能电池、储能电源系统及其关键部件、装备的开发与生产

39. 5G 移动互联网、物联网、工业互联网、大数据、云计算、人工智能、区块链建设及运营；网络技术；互联网生产服务、生活服务、科技创新、公共服务等平台建设及运营

40. 城镇智慧市政信息化技术、智慧社区（小区）信息化技术研发与应用

41. 纺织服装产业，可带动群众就业的假发、梭织、针织、服装、家纺、毛巾、手套、织袜、制鞋、手工地毯、机织地毯以及刺绣产品的设计与生产（《产业结构调整指导目录》限制类、淘汰类项目除外）

42. 幅宽 3.2 米及以上年生产规模 8 万吨及以上的白板纸、箱板纸及瓦楞纸生产线

43. 节能高效型三聚氰胺生产技术及其下游产品的开发和应用

44. 30 Mt/a 及以上羰基法合成醋酸技术及其下游产品的研发及应用

45. 碳酸二甲酯（DMC）开发与生产

46. 聚己二酸对苯二甲酸丁二醇酯（PBAT）生物可降解聚合物的生产及其可降解塑料制品、农用地膜的研发及应用

47. 新型环保建材生产，废弃物烧结新型墙体、部件及道路用建材生产

48. 1 Mt/a 及以上甲硫醇硫化法生产二甲基二硫及其深加工产业

49. 工业设计软件、基础数据库、资源信息库、成果展示库和快速模具手板打印中心、工程实验室服务平台等信息技术产品的研究开发、建设与推广应用

50. 煤制聚甲醛、煤经甲醇制烯烃、合成气制草酸酯、草酸酯加氢、合成气一步法制乙二醇等煤制乙二醇产业技术升级示范应用（《产业结构调整指导目录》限制类、淘汰类项目除外）

51. 农林产品产地贮存、保鲜、烘干等初加工设施建设和运营（《产业结构调整指导目录》限制类、淘汰类项目除外）

52. 畜禽产品开发及精深加工

53. 农用滴灌带、地膜回收再利用技术研发与应用

54. 高纯铝生产及其深加工，铝基结构材料、变形材料（高性能合金、航空航天用合金、型材及配件等）、铝基电子电工功能材料（电子铝箔、电极箔、LED 蓝宝石用粉体、半导体、液晶面板、芯片用材料、光伏导电银工粉体等）研发及生产，再生铝及铝的固废循环利用及处理（《产业结构调整指导目录》限制类、淘汰类项目除外）

55. 现代马文化产业

56. 在边境县市进行边境贸易进出口产品加工（《产业结构调整指导目录》限制类、淘汰类项目除外）

（十一）内蒙古自治区

1. 沙生植物种植与加工，林产品的生产及深加工

2. 兽用药品制造、饲用微生物添加剂开发及生产（《产业结构调整指导目录》限制类、淘汰类项目除外）

3. 蒙医药研发、生产、销售

4. 有机—无机复混肥料生产，有机肥料生产

5. 太阳能发电系统建设及运营

6. 风力发电场建设及运营

7. 高性能稀土永磁、催化、抛光、合金、储氢、发光等稀土功能材料、器件开发及生产，稀土钢开发及应用；高纯稀土化合物、高纯稀土金属、稀土助剂的开发及生产

8. 锗、铀等新材料研发及应用：重水堆、压水堆、气冷堆系列民用核电燃料组件制造、钍资源开发利用、高纯锗及光纤通讯生产

9. 6 Mt/a 及以上聚甲醛、6 Mt/a 及以上二甲基甲酰胺、6 Mt/a 及以上聚乙烯醇等精细化工产品生产

10. 15 Mt/a 及以上单套无水煤焦油深加工

11. 300 Mt/a 及以上（焦煤 150 Mt/a 及以上）安全高效煤矿（含矿井、露天）建设与生产，安全高产高效采煤技术开发利用

12. 无汞催化剂聚氯乙烯生产技术开发及应用

13. 六氟乙烷等精细氟化工产品生产（《产业结构调整指导目录》限制类、淘汰类项目除外）

14. 石墨烯和纳米碳材料、细结构石墨、生物炭、锂电池负极等新型碳材料开发及生产；先进高分子材料、石墨新材料、高端金属材料、高性能纤维及复合材料等新材料产业（生产、精深加工及其应用）

15. 煤系高岭土替代高铝矾土系列耐火材料产品及其他非金属耐火材料及制品生产

16. 大口径高压厚壁锅炉管生产

17. 磁感应强度 0.3 T 及以上的稀土永磁核磁共振影像设备的研发及制造

18. 牧区户用小型风机制造

19. 汽车整车制造，专用汽车（不包括普通挂车、自卸车、厢式车和仓

栅式汽车）制造

20. 90 吨及以上非公路矿用自卸车制造（《产业结构调整指导目录》限制类、淘汰类项目除外）

21. 毛绒棉纺织加工

22. 民族工艺品加工生产

23. 公路旅客运输，公路、铁路货物运输及多式联运

24. 宽带网络建设及运营

25. 进口木材加工

26. 口岸物流设施（物流仓库、堆场、装卸搬运工具、多式联运转运设施以及物流信息平台等）建设及经营；村级快递物流综合服务站建设及运营

27. 服务“三农”、小微企业、个体工商户的小额贷款金融服务

28. 服务外包

29. 医疗机构经营

30. 飞行员培训

31. 农村生活污水治理、生活垃圾治理、畜禽粪便处理及厕所革命等农村人居环境整治相关技术开发及应用

32. 传统蒙古包、蒙古族服装服饰的传承创新与开发应用

33. 新建 120 Mt/a 及以上天然碱综合开发利用项目

34. 石油、天然气、电力等能源储备设施和系统建设及运营，电储能技术开发与应用

35. 5G 网络建设及运营，5G 技术开发及应用

36. 人工智能技术开发及应用

37. 在边境县市进行边境贸易进出口产品加工（《产业结构调整指导目录》限制类、淘汰类项目除外）

38. 电子信息制造产业（新型显示除外），软件与信息服务业

39. 铝后加工产业链配套项目（《产业结构调整指导目录》限制类、淘汰类项目除外）

40. 现代马文化产业

41. 氢加工制造、氢能燃料电池制造、输氢管道和加氢站建设

（十二）广西壮族自治区

1. 农产品质量安全检测新技术开发及应用

2. 铜、铝、钨、镁、锡、铟、锌、铅、锑、稀土等高性能新材料开发

及精深加工（《产业结构调整指导目录》限制类、淘汰类项目除外）

3. 低品位难处理铝土矿综合利用

4. 生物乙醇制乙烯（以粮食为原料的除外）

5. 精细化工产品开发及生产（《产业结构调整指导目录》限制类、淘汰类项目除外）

6. 以锰矿为原料生产高纯硫酸锰、碳酸锰、四氧化三锰、锰酸锂以及电解金属锰为原料的电器元件、无汞碱锰电池、锂锰电池、不锈钢制品的先进生产技术开发及生产

7. 压缩天然气（CNG）汽车加气站成套设备及装置（CNG 汽车储气钢瓶、长管玻璃纤维缠绕气瓶、压缩机、高压地下储气井、储气罐、深度脱水装置、脱硫罐、冷凝管、油水分离器等）制造，液化天然气（LNG）加气站成套设备（含 LNG 储罐）及装置制造

8. 甘蔗种植机、收获机、剥叶机等中小型农机具研发及制造

9. 1.8 吨及以上挖掘机、1.6 吨及以上装载机、45 吨正面吊、电动叉车和 3 吨及以上内燃叉车、牵引车等工业车辆，应用 AI 技术、5G 技术、无人驾驶技术或新能源技术的工程机械产品，液压压路机、液压摊铺机、平地机、矿山机械制造（磨粉机、选粉机成套装备）和移动破碎筛分设备，挖掘机用回转减速机总成、行走减速机总成、装载机用驱动桥、装载机用动力换挡变速箱、装载机用铸造件、平地机驱动桥、推土机传动系统及元部件（变矩器、变速箱、中间传动总成、终传动总成），工程机械用液压元件、液压管路和液压成套设备，工程机械电控系统制造（《产业结构调整指导目录》限制类、淘汰类项目除外）

10. 汽车整车制造，专用汽车（不包括普通挂车、自卸车、罐式车、厢式车和仓栅式汽车）制造，关键汽车零部件及配件制造

11. 适用于丘陵和山区的拖拉机及农作物种植、收获等中小型农机具，农村水利、田间道路建设等农用工程机械及其关键零部件的研发和制造

12. 蚕茧丝绸、纺织及印染、服装精深加工

13. 民族工艺品加工生产、民族传统手工艺人才培训、民族艺术文化培训

14. 蔗糖精深加工及废糖蜜、蔗渣、蔗叶、滤泥、酒精废液等副产品的综合利用和热电联产，蔗渣制浆造纸副产品及废液利用（《产业结构调整指导目录》限制类、淘汰类项目除外）

15. 桑蚕产业资源循环综合利用

16. 仓储、运输、货代、包装、装卸、搬运、流通加工、配送、信息处理等一体化服务；村级快递物流综合服务站建设及运营

17. 服务“三农”、小微企业、个体工商户的小额贷款金融服务

18. 城市水系淤泥综合利用

19. 工业余热、余压、压差、发生气综合利用技术开发及应用

20. 内燃机及其零部件产品研发和制造（《产业结构调整指导目录》限制类、淘汰类项目除外）

21. 船用配套设备制造

22. 电线、电缆、光缆、电工器材制造，电容器及其配套设备制造

23. 橡胶加工专用设备制造（高性能子午线轮胎及智能制造技术与装备，节能、环保型橡胶机械成套设备制造）

24. 乙烯、丙烯、烷烃等有机化工原料生产及下游精深加工；盐化工（《产业结构调整指导目录》限制类、淘汰类项目除外）

25. 高岭土、大理石、花岗岩、膨润土等特色矿物资源的综合开发、利用及精深加工（《产业结构调整指导目录》限制类、淘汰类项目除外）

26. 超细重钙、改性重钙、超细轻钙、改性轻钙、纳米钙等高端碳酸钙生产、下游精深加工及配套产业（《产业结构调整指导目录》限制类、淘汰类项目除外）

27. 纳米碳材料、细结构石墨、生物炭、锂电池负极等新型碳材料开发及生产

28. 高端优质浮法玻璃、电子玻璃、汽车和光伏玻璃生产及下游精深加工

29. 电弧炉短流程炼钢及工艺（《产业结构调整指导目录》限制类、淘汰类项目除外）

30. 林木深加工及家具生产（《产业结构调整指导目录》限制类、淘汰类项目除外）

31. 康养基地建设与服务

32. 深度节能（氧化铝综合回收率达到 80%、吨氧化铝综合能耗低于 380 千克标准煤、吨氧化铝新水消耗低于 3 吨）的氧化铝及其制品

33. 偏析法生产精铝技术，高纯铝生产技术

34. 笔记本电脑、通信产品整机及关键零部件的研发及制造

35. 生物芯片及相关数据获取、处理设备和软件的开发及制造

36. 风力、太阳能发电场建设及运营

37. 农产品贮存、保鲜、烘干、加工设备研发生产，设施建设与运营（《产业结构调整指导目录》限制类、淘汰类项目除外）

38. 农村生活污水治理、生活垃圾治理、畜禽粪便处理及厕所革命等农村人居环境整治相关技术开发及应用

39. 茶叶和代用茶制造业

40. 广西特色优势农产品生产、初加工及精深加工

41. 高端医药及医疗器材生产及现代医药物流，壮瑶等民族药及民族医疗器械研发生产

42. 文化创意产业

43. 跨境贸易、国际物流、货运代理、跨境电商、外贸综合服务、市场采购贸易

44. 服务外包

45. 农村道路旅客运输

46. 在边境县市进行边境贸易进出口产品加工（《产业结构调整指导目录》限制类、淘汰类项目除外）

附录三　2018—2019 年度煤炭工业安全高效矿井（露天）技术经济指标

附表 3-1　2018—2019 年度煤炭工业安全高效矿井井工矿技术经济指标

序号	省（区）	井工煤矿名称	等级	原煤产量/10^4 t	原煤工效/(t·工$^{-1}$)	综合单产/[t·(个·月)$^{-1}$]	完成利润/万元
1	河北	开滦（集团）有限责任公司钱家营矿业分公司	特级	498.9553	15.525	151750	132200
2		开滦（集团）有限责任公司东欢坨矿业分公司	一级	449.68	13.819	103929	17895
3		开滦能源化工股份有限公司吕家坨矿	一级	330	15.959	112478	44884
4		唐山开滦林西矿业分公司	二级	95.907	5.167	60376	5980
5		唐山开滦赵各庄矿业有限公司	一级	54.79	7.840	63387	-6456
6		开滦（集团）有限责任公司荆各庄矿业分公司	一级	99.9	8.318	59173	-10171
7		开滦能源化工股份有限公司范各庄矿业分公司	二级	390	13.089	96561	83984.4
8		兴隆县平安矿业有限公司	二级	41.01	3.202	22394	489.4
9		冀中能源峰峰集团有限公司万年矿	特级	253	15.656	157941	21006
10		冀中能源峰峰集团有限公司梧桐庄矿	特级	275.4	11.229	133854	77000
11		冀中能源峰峰集团邯郸宝峰矿业有限公司九龙矿	特级	165	6.722	68662	15000
12		冀中能源峰峰集团有限公司羊东矿	特级	150	10.120	61404	—

附表3-1（续）

序号	省（区）	井工煤矿名称	等级	原煤产量/10^4 t	原煤工效/（t·工$^{-1}$）	综合单产/[t·（个·月）$^{-1}$]	完成利润/万元
13	河北	冀中能源股份有限公司东庞矿（东庞井）	特级	280.7	8.157	93190	76867
14		冀中能源股份有限公司东庞矿（北井）	特级	82	6.076	67715	6787
15		冀中能源股份有限公司邢东矿	特级	106.8	7.116	100723	10548
16		冀中能源股份有限公司葛泉矿东井	特级	76.8	5.621	58038	2405.2
17		冀中能源峰峰集团有限公司辛安矿	一级	131.6	8.198	103024	9552.9
18		冀中能源峰峰集团有限公司大淑村矿	一级	118.449	6.108	60517	5800
19		冀中能源峰峰集团有限公司大社矿	一级	105	6.027	44522	—
20		冀中能源峰峰集团有限公司新屯矿	一级	82.4	3.823	44365	—
21		冀中能源股份有限公司邯郸郭二庄矿	一级	180	7.455	74618	1500
22		冀中能源股份有限公司邯郸云驾岭矿	一级	138.32	7.934	83333	2172
23		冀中能源股份有限公司葛泉矿	一级	90.6	4.099	27717	13174.8
24		冀中能源股份有限公司章村矿	一级	87.43	3.416	33655	1662
25		冀中能源股份有限公司邢台矿	一级	79.7	5.004	40589	1391.73
26		冀中能源股份有限公司东庞矿西庞井	一级	38.8	4.251	30072	2004
27	山西	山西鲁能河曲电煤开发有限责任公司上榆泉煤矿	特级	471	19.511	412321	1551
28		中国神华能源股份有限公司保德煤矿	特级	284.03	18.153	316169	13832
29		中煤平朔集团有限公司井工一矿	特级	999.96	79.349	533295	30902

附表3-1（续）

序号	省（区）	井工煤矿名称	等级	原煤产量/10^4 t	原煤工效/（t·工$^{-1}$）	综合单产/[t·（个·月）$^{-1}$]	完成利润/万元
30	山西	中煤平朔集团有限公司井工三矿	特级	507.8864	24.790	206838	3325
31		山西中煤平朔北岭煤业有限公司	特级	89.98	16.298	102594	79.52
32		山西小回沟煤业有限公司	一级	95	12.025	74167	1024
33		山西保利铁新煤业有限公司	一级	61.5	4.645	55987	6909.32
34		山西省中阳荣欣焦化有限公司高家庄煤矿	一级	82.82	8.144	80333	16028
35		山西保利裕丰煤业有限公司	一级	116.22	7.385	73998	17706.26
36		山西保利平山煤业股份有限公司	二级	59.82	2.762	57724	799.79
37		山西中煤东坡煤业有限公司	特级	270	14.481	218717	267.62
38		山西中煤担水沟煤业有限公司	特级	90	6.918	77957	286
39		山西中新唐山沟煤业有限责任公司	特级	114.59	11.770	102222	4379.8
40		山西中新甘庄煤业有限责任公司	特级	119.38	12.913	101766	24946
41		中煤大同能源有限责任公司塔山煤矿	特级	299.84	23.925	268500	59152.16
42		山西朔州山阴金海洋五家沟煤业有限公司	特级	297	18.985	268333	59987.32
43		山西朔州山阴金海洋南阳坡煤业有限公司	特级	297	20.370	258065	23225.4
44		山西朔州山阴金海洋元宝湾煤业有限公司	特级	85.7	11.102	77654	8658
45		山西朔州山阴金海洋台东山煤业有限公司	特级	249.71	19.155	223754	14638.53
46		山西中煤华晋能源有限责任公司王家岭矿	特级	544	38.018	238536	240135

附表3-1（续）

序号	省（区）	井工煤矿名称	等级	原煤产量/10^4 t	原煤工效/（t·工$^{-1}$）	综合单产/[t·（个·月）$^{-1}$]	完成利润/万元
47	山西	山西华宁焦煤有限责任公司	特级	296.228	19.194	220548	165095
48		山西华晋韩咀煤业有限责任公司	特级	106	12.465	81333	8115
49		中煤昔阳能源有限责任公司白羊岭煤矿	特级	99.13	8.691	82333	22440.9
50		中煤昔阳能源有限责任公司黄岩汇煤矿	特级	71.6	4.687	66270	11014
51		山西锦兴能源有限公司肖家洼煤矿	特级	799.02	41.470	332388	190756.11
52		山西朔州平鲁区茂华白芦煤业有限公司	特级	179.52	14.599	151756	-3982.79
53		山西朔州平鲁区茂华下梨园煤业有限公司	特级	62.3	10.215	63667	1120
54		山西朔州平鲁区茂华东易煤业有限公司	特级	85.54	8.571	90933	854.9
55		山西石泉煤业有限责任公司	特级	119.76	8.560	97553	17372
56		山西天地王坡煤业有限公司	特级	300	10.537	139318	30137
57		太原华润煤业有限公司原相煤矿	特级	73.1	8.036	66210	24918
58		山西华润煤业有限公司福巨源煤矿	二级	28.43	4.441	26324	8303
59		同煤大唐塔山煤矿有限公司塔山白洞井	特级	84.41	7.297	64691	475
60		同煤大唐塔山煤矿有限公司	特级	1462.5	34.596	611111	335000
61		大同煤矿集团有限责任公司同忻矿（同煤国电同忻煤矿有限公司）	特级	734.65	29.995	302615	68617
62		大同市姜家湾煤矿	特级	75.6	7.952	62311	1180
63		大同市青磁窑煤矿	特级	119.8	8.669	80848	200.29

附表 3－1（续）

序号	省（区）	井工煤矿名称	等级	原煤产量/10^4 t	原煤工效/（t·工$^{-1}$）	综合单产/[t·（个·月）$^{-1}$]	完成利润/万元
64	山西	大同煤矿集团同生精通兴旺煤业有限公司	特级	59.8	8.673	60714	3007
65		大同煤矿集团同生树儿里煤业有限公司	特级	88.9	11.531	80208	4375
66		大同煤矿集团王村煤业有限责任公司	特级	98.9	9.451	80662	-69125
67		大同煤矿集团挖金湾煤业有限责任公司	特级	69.8	8.041	64671	-58822
68		大同市杏儿沟煤业有限责任公司	特级	92.1	10.199	100352	3715
69		大同煤业股份有限公司煤峪口矿	特级	238.5	13.355	197193	3780
70		大同煤业股份有限公司忻州窑矿	特级	59.8504	6.035	49423	-51660
71		大同煤业股份有限公司四老沟矿	特级	318	17.092	263745	-114250
72		大同煤矿集团有限责任公司晋华宫矿	特级	339.9	13.471	158478	-44141
73		大同煤矿集团有限责任公司马脊梁矿	特级	381.6	13.648	150050	-1305.8
74		大同煤矿集团有限责任公司云岗矿	特级	366.63	13.657	197572	41
75		大同煤矿集团有限责任公司四台矿	特级	179.1	13.357	148711	-84623
76		大同煤业股份有限公司燕子山矿	特级	441.2	19.622	177241	-53799
77		大同鹊山高家窑煤业有限责任公司	特级	167.47	18.019	137734	17600
78		山西煤炭运销集团炭窑峪煤业有限公司	特级	58.56	11.549	64955	3332.68
79		山西大同李家窑煤业有限责任公司	特级	88.53	11.003	104449	-7015.9
80		山西煤炭运销集团口泉煤业有限公司	特级	45.22	7.579	57022	5.58

附表 3－1（续）

序号	省（区）	井工煤矿名称	等级	原煤产量/10^4 t	原煤工效/（t·工$^{-1}$）	综合单产/[t·（个·月）$^{-1}$]	完成利润/万元
81	山西	山西煤炭运销集团和尚嘴煤业有限公司	特级	54.73	8.386	60952	1800
82		山西煤炭运销集团新旺煤业有限公司	特级	50.2	7.519	60847	4241
83		山西煤炭运销集团高山煤业有限公司	二级	35.1	6.130	30037	390.98
84		山西煤炭运销集团小窑头煤业有限公司	二级	24.49	3.019	24644	528
85		山西煤炭运销集团黄土坡煤业有限责任公司	二级	25.45	5.600	23233	146.7
86		山西铺龙湾煤业有限公司	特级	103.24	13.474	96315	420
87		山西煤炭进出口集团左云草垛沟煤业有限公司	特级	59.704	7.584	41667	411.55
88		山西煤炭进出口集团左云长春兴煤业有限公司	特级	450	46.076	387899	39913.17
89		山西煤炭进出口集团左云东古城煤业有限公司	特级	80	11.243	82222	135
90		山西煤炭进出口集团左云韩家洼煤业有限公司	特级	87.59	10.883	73242	2229
91		大同鹊山精煤有限责任公司	特级	109.6	12.882	91755	296
92		山西大同矿区大北沟煤业有限公司	特级	42.68	15.836	63418	8855
93		大同市吴官屯煤业有限责任公司	特级	62.99	8.054	34745	1051
94		大同煤矿集团轩岗煤电有限责任公司麻家梁煤矿	特级	967.3	32.227	384864	79530
95		大同煤矿集团同生峪沟煤业有限公司	特级	60.1	6.965	43933	1502.5
96		山西省朔州市小峪煤矿	特级	184.3	10.836	101609	1900
97		大同煤矿集团朔州朔煤王坪煤电有限责任公司	特级	168.4	10.377	106739	54

附表 3－1（续）

序号	省（区）	井工煤矿名称	等级	原煤产量/10^4 t	原煤工效/（t·工$^{-1}$）	综合单产/[t·（个·月）$^{-1}$]	完成利润/万元
98	山西	大同煤矿集团挖金湾虎龙沟煤业有限公司	特级	119.8	12.801	101087	1798.6
99		大同煤矿集团铁峰煤业有限公司南阳坡煤矿	特级	118.9	10.374	103191	1837.33
100		大同煤矿集团铁峰煤业有限公司增子坊煤矿	特级	118.9	10.393	103714	2136.5
101		大同煤矿集团圣厚源煤业有限公司	特级	89.6	11.268	98452	1556
102		大同煤矿集团同生安平煤业有限公司	特级	74.7	7.269	66761	927
103		大同煤矿集团同生千井煤业有限公司	特级	89.6	11.211	77190	－5820
104		山西怀仁联顺玺达柴沟煤业有限公司	特级	590.9	47.679	476025	76945.2
105		山西怀仁中能芦子沟煤业有限责任公司	特级	299.8	15.554	151414	7037
106		山西怀仁峙峰山煤业有限责任公司	特级	299	29.213	262750	2200
107		山西怀仁中能芦子沟何家堡煤业有限责任公司	特级	50.37	11.220	59964	6099
108		山西怀仁峙峰山吴家窑煤业有限公司	特级	86.23	12.886	74060	680
109		山西右玉教场坪煤业有限公司	特级	117.6	10.634	111607	1622.92
110		山西右玉东洼北煤业有限公司	特级	180	11.156	158100	21283
111		山西教场坪集团玉岭煤业有限公司	特级	85.0032	7.246	76759	6098
112		山西右玉玉龙煤业有限公司	特级	139.7	10.303	126540	10000
113		山西朔州平鲁区华美奥冯西煤业有限公司	特级	88	12.199	82397	5645
114		山西朔州平鲁区易顺煤业有限公司	特级	180	14.518	83333	400.21

附表 3－1（续）

序号	省（区）	井工煤矿名称	等级	原煤产量/10^4 t	原煤工效/（t·工$^{-1}$）	综合单产/[t·（个·月）$^{-1}$]	完成利润/万元
115	山西	山西朔州平鲁区芦家窑煤矿有限公司	特级	149.8	14.161	120833	9505
116		山西朔州平鲁区龙矿大恒煤业有限公司	特级	299.68	17.142	155110	12844.67
117		山西朔州平鲁区森泰煤业有限公司	特级	161.09	14.008	130278	2962
118		山西朔州平鲁区后安煤炭有限公司	特级	292.05	18.082	123356	18140
119		山西朔州山阴兰花口前煤业有限公司	特级	89.87	21.017	93147	6643
120		山西山阴芍药花煤业有限公司	特级	171.64	14.220	138486	1979.83
121		山西省山阴县华夏煤业有限公司	特级	294.2	27.708	239410	8500
122		山西朔州山阴中煤顺通辛安煤业有限公司	特级	300	31.466	299797	23647
123		山西山阴宝山玉井煤业有限公司	特级	210	20.425	166217	6100
124		山西山阴宝山腰寨煤业有限公司	特级	117.16	20.601	116443	8830
125		晋城蓝焰煤业股份有限公司成庄矿	特级	799.7702	13.195	216724	180562
126		山西晋城无烟煤矿业集团有限责任公司寺河煤矿东井	特级	372.3	8.581	320068	75996.46
127		山西晋城无烟煤矿业集团有限责任公司寺河煤矿西井	特级	333.6	8.520	246292	65886.98
128		山西晋城无烟煤矿业集团有限责任公司寺河煤矿二号井	特级	178.94	9.660	103867	－6743
129		山西长平煤业有限责任公司	特级	499.9981	13.102	197321	8298
130		山西晋煤集团沁秀煤业有限公司岳城煤矿	特级	149.45	8.352	120274	18446
131		山西晋煤集团坪上煤业有限公司	特级	71.937	5.057	55066	8266.56

附表3-1（续）

序号	省（区）	井工煤矿名称	等级	原煤产量/10^4 t	原煤工效/（t·工$^{-1}$）	综合单产/[t·（个·月）$^{-1}$]	完成利润/万元
132	山西	山西晋煤集团晋圣亿欣煤业有限公司	特级	296.86	20.640	222183	2960
133		山西晋煤集团沁水胡底煤业有限公司	特级	47.59	4.233	39355	-18510
134		山西晋煤集团阳城晋圣固隆煤业有限公司	特级	118.88	10.190	102869	10426
135		山西晋煤集团泽州天安海天煤业有限公司	一级	49.248	4.955	43541	7116
136		山西晋煤集团泽州天安苇町煤业有限公司	一级	46.57	4.258	44254	2089
137		山西煤炭运销集团阳城大西煤业有限公司	特级	59.5	6.342	57641	4606.64
138		山西煤炭运销集团南河煤业有限公司	特级	59.89	7.147	56699	3041.77
139		山西煤炭运销集团阳城西河煤业有限公司	特级	58.85	7.300	62738	3027
140		山西煤炭运销集团野川煤业有限公司	特级	89.97	6.969	78248	14258
141		山西煤炭运销集团掌石沟煤业有限公司	特级	84.06	7.175	85947	1365.59
142		山西煤炭运销集团首阳煤业有限公司	特级	76.62	10.166	65869	4914
143		山西煤炭运销集团四明山煤业有限公司	特级	81.2	9.999	103056	1515.37
144		山西煤炭运销集团盖州煤业有限公司	特级	89	8.209	79360	4517
145		山西煤炭运销集团裕兴煤业有限公司	特级	89.93	7.922	79990	16769
146		山西煤炭运销集团阳城四侯煤业有限公司	特级	90	7.228	80979	4348
147		山西煤炭运销集团七一煤业有限公司	特级	89.4	7.779	70562	2446
148		山西煤炭运销集团盛泰煤业有限公司	特级	119.09	10.844	100615	14350

附表3－1（续）

序号	省（区）	井工煤矿名称	等级	原煤产量/10^4 t	原煤工效/（t·工$^{-1}$）	综合单产/[t·（个·月）$^{-1}$]	完成利润/万元
149	山西	山西煤炭进出口集团鹿台山煤业有限公司	一级	47.89	5.060	53930	4179
150	山西	山西兰花集团莒山煤矿有限公司	一级	64.9	5.039	49575	566.7
151	山西	山西兰花集团东峰煤矿有限公司	特级	120	10.243	100358	23377
152	山西	山西兰花科技创业股份有限公司伯方煤矿分公司	特级	198.06	10.865	102137	51348
153	山西	山西兰花科技创业股份有限公司大阳煤矿分公司	特级	176.7	11.120	105156	48532
154	山西	山西兰花科技创业股份有限公司唐安煤矿分公司	特级	179.9075	10.836	160739	52320
155	山西	山西亚美大宁能源有限公司晋城市大宁煤矿	特级	319.8	17.759	263620	57695
156	山西	山西高平科兴游仙山煤业有限公司	特级	89.93	8.064	66184	4083
157	山西	山西高平科兴南阳煤业有限公司	特级	146.61	8.435	120608	28525
158	山西	山西高平科兴赵庄煤业有限公司	特级	115.57	10.382	59724	1660.53
159	山西	山西高平科兴新庄煤业有限公司	一级	73.24	6.104	68264	2025.73
160	山西	山西高平科兴米山煤业有限公司	一级	52.29	6.013	47276	536
161	山西	山西高平科兴平泉煤业有限公司	特级	72.14	8.028	65163	3450
162	山西	山西高平科兴牛山煤业有限公司	特级	110.99	10.367	62792	－4415
163	山西	山西高平科兴申家庄煤业有限公司	二级	34.3	2.087	65865	－25251.05
164	山西	山西高平科兴前和煤业有限公司	特级	90.3	11.653	84412	12157
165	山西	山西高平科兴龙顶山煤业有限公司	特级	109.6	10.662	100529	3110

附表3-1（续）

序号	省（区）	井工煤矿名称	等级	原煤产量/10^4 t	原煤工效/（t·工$^{-1}$）	综合单产/[t·（个·月）$^{-1}$]	完成利润/万元
166	山西	山西高平科兴云泉煤业有限公司	特级	82.62	7.166	65044	-1439
167		山西高平青龙同昌煤业有限公司	二级	89.94	6.100	34117	5654
168		山西阳城阳泰集团尹家沟煤业有限公司	特级	59.98	9.199	61133	1732
169		山西阳城阳泰集团西沟煤业有限公司	特级	55.6	8.159	60205	3346
170		山西阳城阳泰集团伏岩煤业有限公司	特级	69.97	5.498	47850	2417
171		山西阳城阳泰集团晶鑫煤业股份有限公司	特级	58.32	7.547	61667	8643
172		山西阳城阳泰集团晶鑫煤业股份有限公司武甲分公司	特级	83.9821	8.076	64630	8643
173		山西阳城阳泰集团白沟煤业有限公司	二级	42.8	6.486	33248	7662
174		山西阳城阳泰集团屯城煤业有限公司	特级	86.15	8.238	74885	26223
175		山西阳城阳泰集团西冯街煤业有限公司	特级	87.51	8.046	75504	11627.7
176		山西阳城阳泰集团小西煤业有限公司	一级	67.8	7.127	80714	2809.7
177		山西阳城阳泰集团竹林山煤业有限公司	特级	117.5	10.200	90816	31553
178		山西阳城皇城相府集团皇联煤业有限公司	一级	98.38	7.743	94209	5157
179		山西阳城皇城相府集团大桥煤业有限公司	一级	58.28	5.115	49231	2652
180		山西阳城皇城相府集团史山煤业有限公司	特级	62.92	7.122	59134	1506.8
181		山西阳城山城煤业有限公司	一级	51.3	5.083	41452	2562
182		山西沁和能源集团中村煤业有限公司	特级	75.13	7.352	60719	24673

附表 3-1（续）

序号	省（区）	井工煤矿名称	等级	原煤产量/10^4 t	原煤工效/（t·工$^{-1}$）	综合单产/[t·（个·月）$^{-1}$]	完成利润/万元
183	山西	沁和能源集团有限公司永安煤矿	一级	43.66	4.974	41816	6302.07
184		山西沁和能源集团南凹寺煤业有限公司	一级	55.65	5.306	46773	12321
185		沁和能源集团有限公司永红煤矿	一级	66.01385	4.437	57642	11863
186		沁和能源集团有限公司端氏煤矿	特级	91.55	6.428	81951	22740
187		山西沁和能源集团九鑫煤业有限公司	一级	51.4071	4.747	43497	2671
188		沁和能源集团有限公司候村煤矿	特级	109.78	8.146	91461	24680
189		山西陵川崇安苏村煤业有限公司	特级	81.07	7.171	68684	2536
190		山西陵川崇安关岭山煤业有限公司	特级	50.26	7.301	60398	11084.18
191		大同煤矿集团华盛虎峰煤业有限公司	特级	59.6	7.290	60150	6184
192		大同煤矿集团华盛万杰煤业有限公司	特级	58	7.181	66667	9619
193		霍州煤电集团河津腾晖煤业有限责任公司	特级	119.6721	10.360	100370	32272
194		霍州煤电集团河津薛虎沟煤业有限责任公司	特级	88.34	8.145	84968	9722
195		山西曙光船窝煤业有限公司	特级	90.88	10.110	100011	7638
196		大同煤矿集团阳方口矿业有限责任公司石湖煤矿	特级	254.2	13.384	235795	3540
197		大同煤矿集团轩岗煤电有限责任公司梨园河煤矿	特级	163.34	11.083	93661	-13360
198		大同煤矿集团同生同基煤业有限公司	特级	89.4	7.875	85938	1004
199		大同煤矿集团阳方口矿业有限责任公司程家沟煤矿	特级	89	7.280	78745	1656

附表 3－1（续）

序号	省（区）	井工煤矿名称	等级	原煤产量/10^4 t	原煤工效/（t·工$^{-1}$）	综合单产/[t·（个·月）$^{-1}$]	完成利润/万元
200	山西	大同煤矿集团同朔同盈煤业有限公司	特级	89	15.865	83534	6200
201		大同煤矿集团同生浩然煤业有限公司	特级	89	8.314	76013	2840
202		大同煤矿集团轩岗煤电有限责任公司焦家寨煤矿	特级	134.75	10.300	113816	8419
203		大同煤矿集团轩岗煤电有限责任公司刘家梁煤矿	特级	239	17.728	193585	3038
204		霍州煤电集团汾源煤业有限公司	特级	118.5383	10.073	113304	2358
205		霍州煤电集团晋北煤业有限公司	特级	119.9	10.192	101966	5234.96
206		山西宁武榆树坡煤业有限公司	特级	116.5217	11.227	95448	8553
207		山西世德孙家沟煤矿有限公司	特级	119.9304	14.018	98487	16012
208		阳泉煤业集团天安煤矿有限公司	特级	89.62	9.721	76093	6617
209		山西潞安集团潞宁煤业有限责任公司	特级	172.2108	10.224	149602	12429.64
210		山西潞安集团潞宁孟家窑煤业有限公司	特级	117.03	11.169	100326	2875.16
211		山西煤炭运销集团泰山隆安煤业有限公司	特级	222.6	22.960	194139	7757.37
212		山西煤炭运销集团有限公司王家岭煤矿（山西王家岭煤业有限公司）	特级	397.88	39.908	403518	10595
213		山西煤炭运销集团泰安煤业有限公司	特级	162	25.902	154837	3080
214		山西宁武大运华盛南沟煤业有限公司	特级	179.25	12.007	151924	4752.89
215		山西宁武张家沟煤业有限公司	特级	84.06	9.345	82302	7703.43
216		山西忻州神达栖凤煤业有限公司	特级	85.95	11.991	101594	3334.07

附表3-1（续）

序号	省（区）	井工煤矿名称	等级	原煤产量/10^4 t	原煤工效/（t·工$^{-1}$）	综合单产/[t·（个·月）$^{-1}$]	完成利润/万元
217	山西	山西忻州神达南岔煤业有限公司	特级	54.19	11.200	110021	1399
218		山西忻州神达晋保煤业有限公司	特级	149.3876	13.400	124492	12427.63
219		山西忻州神达望田煤业有限公司	特级	119.9888	11.084	102010	12356.9
220		山西忻州神达金山煤业有限公司	特级	86.4	10.896	79441	12980
221		山西忻州神达惠安煤业有限公司	特级	130.73	13.088	116300	1461
222		山西忻州神达大桥沟煤业有限公司	特级	82.7	13.407	85082	11107
223		山西忻州神达台基麻地沟煤业有限公司	特级	119.6	17.333	148756	17940
224		山西河曲晋神磁窑沟煤业有限公司	特级	215.5761	20.444	160767	9083.73
225		山西晋神沙坪煤业有限公司	特级	366.16	26.758	287899	42754.74
226		山西宁武大运华盛老窑沟煤业有限公司	特级	118.81	11.568	100718	5941.58
227		山西宁武德盛煤业有限公司	特级	76	9.001	45417	1815
228		山西华鹿阳坡泉煤矿有限公司	特级	19.5	15.282	109028	1576
229		山西华融龙宫煤业有限责任公司	特级	74.83	13.370	69086	2128
230		山西西山煤电股份有限公司西铭矿	特级	314.68	10.502	125321	1900
231		山西焦煤集团有限责任公司官地煤矿	特级	321.89	10.843	125076	1.2
232		山西焦煤集团有限责任公司杜儿坪煤矿	特级	355.6	11.695	122284	0.88
233		山西西山煤电股份有限公司西曲矿	特级	280	13.227	131055	20966

附表 3-1（续）

序号	省（区）	井工煤矿名称	等级	原煤产量/10^4 t	原煤工效/（t·工$^{-1}$）	综合单产/[t·（个·月）$^{-1}$]	完成利润/万元
234	山西	山西西山煤电股份有限公司马兰矿	特级	302.364	14.355	142947	39140
235		山西焦煤集团有限责任公司东曲煤矿	特级	311.0525	11.065	103968	12123
236		山西焦煤集团有限责任公司屯兰矿	特级	318	10.302	136375	23115.27
237		山西西山煤电股份有限公司镇城底矿	特级	162.62	8.709	84464	10039
238		山西古交西山义城煤业有限责任公司	一级	33.1	9.506	41803	573
239		山西阳煤集团南岭煤业有限公司	特级	88.75	10.227	72867	3170
240		山西煤炭运销集团古交福昌煤业有限公司	特级	59.31	13.703	61005	28173
241		太原煤气化股份有限公司炉峪口煤矿	特级	88.86	7.126	63187	3746
242		太原煤气化（集团）有限责任公司龙泉煤矿（太原煤气化龙泉能源发展有限公司）	特级	399.99	13.304	350568	17240
243		太原东山王封煤业有限公司	特级	37.8	7.198	62364	328
244		太原东山东峰煤业有限公司	特级	53.98	7.378	60954	1372
245		太原东山李家楼煤业有限公司	特级	56.41	8.574	80621	790
246		山西美锦集团东于煤业有限公司	特级	110.29	10.604	52831	14129.56
247		太原市梗阳实业集团有限公司麦地掌煤矿	特级	101.4	9.196	95884	9800
248		山西东辉集团赵家山煤业有限公司	特级	36.42	9.645	81366	3420
249		古交市矾石沟煤焦有限公司矾石沟煤矿	特级	43.5	9.574	67995	4290

附表 3－1（续）

序号	省（区）	井工煤矿名称	等级	原煤产量/10^4 t	原煤工效/（t·工$^{-1}$）	综合单产/[t·（个·月）$^{-1}$]	完成利润/万元
250	山西	阳泉煤业（集团）股份有限公司一矿	特级	749.52	16.992	212411	102769
251		阳泉煤业（集团）股份有限公司二矿	特级	804.0928	15.248	165677	70129
252		山西新景矿煤业有限责任公司	特级	449.97	10.096	132257	25886
253		阳泉煤业（集团）有限责任公司五矿贵石沟井	特级	499.19	9.472	144250	29195
254		阳泉市大阳泉煤炭有限责任公司	特级	119	8.123	100815	31888
255		阳泉煤业集团兴峪煤业有限责任公司	特级	89.7	8.117	75190	16636
256		阳泉煤业（集团）平定东升兴裕煤业有限公司	特级	88.82	7.742	73477	394
257		阳泉煤业（集团）平定裕泰煤业有限公司	特级	60	5.754	53495	339
258		山西圣天宝地清城煤矿有限公司	特级	130	12.443	111111	9057
259		阳泉市南庄煤炭集团有限责任公司	特级	181.48	10.924	162619	47559
260		山西煤炭运销集团盂县恒泰常顺煤业有限公司	特级	26.66	7.562	71667	630
261		山西煤炭运销集团旧街煤业有限公司	特级	60	7.199	54564	2609
262		山西煤炭运销集团阳泉二景和谐煤业有限公司	特级	64.56	7.270	68744	1026.82
263		山西煤炭运销集团盂县恒泰皇后煤业有限公司	特级	20.75	7.454	72159	936.65
264		阳泉市上社二景煤炭有限责任公司	特级	83.35	6.350	74536	4420.2
265		阳泉市燕龛煤炭有限责任公司程庄煤矿	特级	239.98	9.359	104229	26012
266		阳泉市上社煤炭有限责任公司	特级	159.98	6.742	67843	6710

附表 3－1（续）

序号	省（区）	井工煤矿名称	等级	原煤产量/10^4 t	原煤工效/（t·工$^{-1}$）	综合单产/[t·（个·月）$^{-1}$]	完成利润/万元
267	山西	山西煤炭运销集团保安煤业有限公司	特级	120	6.429	104363	2600.8
268		山西阳泉郊区神堂煤业有限公司	特级	69.34	6.893	56178	1983
269		山西阳泉盂县石店煤业有限公司	特级	79.5655	9.114	67733	3565.12
270		山西阳泉盂县辰通煤业有限公司	特级	59.09	6.362	60890	739
271		山西平定汇能煤业有限公司	特级	54.6	8.032	80293	7024
272		山西省阳泉荫营煤矿	特级	240	7.893	103148	13610
273		山西平定古州卫东煤业有限公司	特级	67.3802	8.675	54375	2725.24
274		山西汾西瑞泰井矿正珠煤业有限公司	特级	56.4	4.425	72513	742
275		山西汾西矿业集团两渡煤业有限责任公司	特级	96.28	8.694	82375	16479
276		山西汾西矿业集团南关煤业有限责任公司	特级	110.2	14.829	102282	52.2
277		山西新元煤炭有限责任公司	特级	239.7807	7.817	103853	31400.64
278		阳煤集团寿阳景福煤业有限公司	特级	89.3	8.303	71062	2218
279		阳煤集团寿阳开元矿业有限责任公司	特级	237.7195	8.187	100435	9222.89
280		阳泉煤业（集团）有限责任公司寺家庄矿	特级	397.43	10.281	176420	20034
281		山西平舒煤业有限公司温家庄矿	特级	71.69	7.131	59032	1786
282		阳泉煤业集团长沟煤矿有限责任公司	特级	160	10.167	139148	12822
283		阳泉煤业集团和顺新大地煤业有限公司	特级	119.86	7.499	97717	12050

附表 3-1（续）

序号	省（区）	井工煤矿名称	等级	原煤产量/10^4 t	原煤工效/（t·工$^{-1}$）	综合单产/[t·（个·月）$^{-1}$]	完成利润/万元
284	山西	山西寿阳潞阳祥升煤业有限公司	特级	90	7.183	81620	1924
285		山西寿阳潞阳麦捷煤业有限公司	特级	149.66	12.009	175253	3018.71
286		山西寿阳潞阳昌泰煤业有限公司	特级	113.296	11.423	104000	1065.23
287		山西寿阳潞阳瑞龙煤业有限公司	特级	59.31	8.117	60104	4521
288		山西寿阳潞阳长榆河煤业有限公司	特级	89.77	7.591	72619	1982
289		山西潞安集团和顺李阳煤业有限公司	特级	116.2	11.258	97391	7255
290		山西潞安集团和顺一缘煤业有限责任公司	特级	169.8	13.117	147161	7820
291		山西煤炭运销集团寿阳亨元煤业有限公司	特级	49.68	7.154	64417	306.8
292		山西煤炭运销集团榆次巍山煤业有限公司	特级	69.25	8.312	63416	-370
293		山西灵石华苑煤业有限公司	特级	88.5	7.300	60266	7180.25
294		山西煤炭进出口集团左权宏远煤业有限公司	特级	79.54	8.692	65928	560
295		山西和顺天池能源有限责任公司	特级	83.9	6.291	100995	5516
296		山西寿阳段王煤业集团有限公司	一级	267.97	10.878	110735	7592.39
297		山西寿阳段王集团平安煤业有限公司	一级	75.26	5.634	64579	23712.33
298		山西博大集团寿阳京鲁煤业有限责任公司	特级	120	8.388	60546	9650.94
299		山西介休义棠安益煤业有限公司	特级	68.26	8.692	55667	6400
300		山西介休义棠倡源煤业有限公司	一级	68.3	5.856	45526	9509

附表 3-1（续）

序号	省（区）	井工煤矿名称	等级	原煤产量/10^4 t	原煤工效/（t·工$^{-1}$）	综合单产/[t·（个·月）$^{-1}$]	完成利润/万元
301	山西	山西介休鑫峪沟左则沟煤业有限公司	一级	62.8	5.007	55019	150
302		山西介休大佛寺煤业有限公司	一级	100.92	8.017	83608	6562.68
303		山西昔阳丰汇煤业有限责任公司	特级	113.6	10.420	108583	14322
304		山西灵石红杏旺盛煤业有限公司	特级	86.01	9.237	72000	1450
305		山西灵石红杏广进宝煤业有限公司	一级	46.66	7.190	43878	1378
306		山西灵石昕益旺岭煤业有限公司	特级	87.9	8.219	61591	9273
307		山西灵石银源兴庆煤业有限公司	特级	82.94	8.066	96530	4667
308		山西灵石银源华强煤业有限公司	一级	59.6718	8.010	54127	3836.1
309		山西灵石银源新安发煤业有限公司	一级	58.49	8.838	54890	2747
310		山西灵石银源新生煤业有限公司	一级	50.68	6.244	43745	2410
311		山西灵石华瀛金泰源煤业有限公司	一级	87.8	6.540	73279	2546
312		山西灵石华瀛天星柏沟煤业有限公司	一级	56.94	8.744	47610	31811
313		山西灵石华瀛孙义煤业有限公司	二级	49.28	5.199	41784	1750
314		山西汾西矿业（集团）有限责任公司柳湾煤矿	特级	300	13.536	151255	18072
315		山西汾西矿业（集团）有限责任公司高阳煤矿	特级	450	16.436	189162	24052.69
316		山西汾西矿业集团水峪煤业有限责任公司	特级	399.2	13.468	204620	10844.69
317		山西汾西矿业（集团）有限责任公司贺西煤矿	特级	245.519	9.692	99871	18893.93

附表3－1（续）

序号	省（区）	井工煤矿名称	等级	原煤产量/10^4 t	原煤工效/（t·工$^{-1}$）	综合单产/[t·（个·月）$^{-1}$]	完成利润/万元
318	山西	山西汾西矿业（集团）有限责任公司双柳煤矿	特级	253.2019	10.289	198655	63505.41
319		山西汾西矿业（集团）有限责任公司曙光煤矿	特级	89.9	7.529	67543	7475.2
320		华晋焦煤有限责任公司沙曲一号煤矿	特级	320.0226	8.564	115060	10765
321		华晋焦煤有限责任公司沙曲二号煤矿	特级	140.7349	6.347	101592	4100.32
322		霍州煤电集团吕梁山煤电有限公司方山木瓜煤矿	特级	118.56	10.060	100540	1678.52
323		霍州煤电集团吕梁山煤电有限公司方山店坪煤矿	特级	235.3953	10.679	206236	8218
324		霍州煤电集团吕临能化有限公司庞庞塔煤矿	特级	615.2	13.897	298803	24361
325		山西西山晋兴能源有限责任公司斜沟煤矿	特级	1500	41.982	584843	255757
326		山西汾西中兴煤业有限责任公司	特级	199.1	12.059	148783	5540
327		山西汾西宜兴煤业有限责任公司	特级	164.9888	10.430	128906	12674.21
328		山西汾西香源煤业有限责任公司	特级	46.846	6.387	43797	4324
329		山西汾西正文煤业有限责任公司	特级	90	7.253	69553	1406.23
330		山西汾西正令煤业有限责任公司	特级	33.2	8.277	66239	2919
331		山西汾西正善煤业有限责任公司	特级	84.52	7.611	70200	189.98
332		山西汾西正旺煤业有限责任公司	特级	60.2	14.365	95717	1352.86
333		山西焦煤集团岚县正利煤业有限公司	特级	150	9.721	133481	14417.82
334		山西孝义西山德顺煤业有限公司	特级	58.72	8.674	61956	5420

附表 3－1（续）

序号	省（区）	井工煤矿名称	等级	原煤产量/10^4 t	原煤工效/$(t \cdot 工^{-1})$	综合单产/$[t \cdot (个 \cdot 月)^{-1}]$	完成利润/万元
335	山西	山西吕梁离石西山晋邦德煤业有限公司	特级	117.11	14.764	106078	15141.64
336		山西吕梁离石西山亚辰煤业有限公司	特级	40.743	5.543	32717	4790
337		山西煤炭运销集团锦瑞煤业有限公司	特级	14.22	10.120	108917	4692
338		山西煤炭运销集团金达煤业有限公司	特级	150	10.417	100989	19000
339		山西岚县昌恒煤焦有限公司	特级	89.97	7.204	69133	14853
340		山西离柳焦煤集团有限公司佳峰煤矿	特级	90	7.296	74526	10220
341		山西离柳焦煤集团有限公司兑镇煤矿	特级	119.96	9.482	98125	15014.74
342		山西离柳焦煤集团有限公司宏岩煤矿	特级	87.4	7.082	83841	7801
343		山西东江煤业集团有限公司	特级	139.5	11.382	111918	53018
344		山西吕梁离石金晖荣泰煤业有限公司	特级	113.06	10.252	101159	8600
345		山西吕梁离石永宁煤业有限公司	特级	85.2	8.429	99472	6828.32
346		山西吕梁离石贾家沟煤业有限公司	特级	99.62	14.009	59019	6694.71
347		山西吕梁离石王家庄煤业有限公司	特级	108.95	10.726	50072	10861
348		山西吕梁离石炭窑坪煤业有限公司	特级	116.2	14.184	50575	10440
349		山西吕梁中阳梗阳煤业有限公司	特级	199.47	12.816	88458	83225
350		山西吕梁中阳桃园鑫隆煤业有限公司	特级	76.76	7.502	64739	5437
351		山西中阳桃园容大煤业有限公司	特级	81.2	8.125	49072	8342

附表3-1（续）

序号	省（区）	井工煤矿名称	等级	原煤产量/10^4 t	原煤工效/（t·工$^{-1}$）	综合单产/[t·（个·月）$^{-1}$]	完成利润/万元
352	山西	山西中阳华润联盛苏村煤业有限公司	特级	81.32	7.198	62524	10050
353		山西中阳沈家峁煤业有限公司	一级	87.23	5.792	68516	8765.39
354		山西中阳暖泉煤业有限公司	特级	108.36	10.050	103628	10690
355		山西中阳张子山煤业有限公司	特级	85.75	10.434	57668	3762
356		山西柳林兴无煤矿有限责任公司	特级	128.4	13.180	126979	40722
357		山西柳林金家庄煤业有限公司	特级	69.22	15.354	106141	35590
358		山西柳林寨崖底煤业有限公司	特级	147.67	12.350	126755	60556
359		山西东辉集团邓家庄煤业有限公司	特级	119.7	10.339	111577	49850
360		山西东辉集团西坡煤业有限公司	特级	209.6	10.598	168956	89823
361		山西柳林煤矿有限公司	特级	148.66	13.569	138990	42287
362		山西柳林鑫飞下山峁煤业有限公司	特级	118.05	10.290	103697	19660.29
363		山西柳林鑫飞贺昌煤业有限公司	特级	89.61	7.973	76423	12566.69
364		山西柳林鑫飞毛家庄煤业有限公司	特级	149.99	10.545	133824	28401
365		山西柳林凌志兴家沟煤业有限公司	特级	111.29	10.925	106911	13094
366		山西柳林凌志柳家庄煤业有限公司	特级	105.29	8.137	112601	16955
367		山西宏盛安泰煤业有限公司	特级	149.8	10.381	115670	22646
368		山西柳林宏盛聚德煤业有限公司	特级	149.87	8.705	132882	47298

附表3－1（续）

序号	省（区）	井工煤矿名称	等级	原煤产量/10^4 t	原煤工效/（t·工$^{-1}$）	综合单产/[t·（个·月）$^{-1}$]	完成利润/万元
369	山西	山西柳林大庄煤矿有限责任公司	特级	113.46	12.690	101082	16258.06
370		山西柳林碾焉煤矿有限责任公司	特级	85.4	7.728	79074	11400
371		临县裕民焦煤有限公司	特级	89.7	10.310	75187	14317
372		山西楼俊集团赵家庄煤业有限公司	特级	38.49	8.216	86464	10277.5
373		山西柳林联盛郭家山煤业有限公司	一级	59.8	7.195	61042	19412
374		山西柳林汇丰兴业曹家山煤业有限公司	特级	78.2016	11.083	66199	10319
375		山西柳林汇丰兴业同德焦煤有限公司	特级	119.8	13.001	109835	36391
376		山西临县焉头煤业有限公司	特级	89.71	7.228	81260	4845
377		山西方山汇丰新星煤业有限公司	特级	119.8	11.299	100649	18045.71
378		山西兴县华润联盛峁底煤业有限公司	特级	82.16	10.218	79831	9093
379		山西兴县华润联盛关家崖煤业有限公司	特级	120	10.283	111044	11990
380		山西临县华润联盛黄家沟煤业有限公司	特级	120	13.664	100225	16259
381		山西临县华烨煤业有限公司	特级	116.1	12.008	48270	34267
382		临县胜利煤焦有限责任公司	特级	119.3	10.837	113006	24600
383		山西金地煤焦有限公司赤峪煤矿	特级	99.96	13.483	108333	302.9
384		山西方山金晖凯川煤业有限公司	特级	118.4	12.127	102622	34639
385		山西方山金晖瑞隆煤业有限公司	特级	119.8	10.297	102823	6800

附表3-1（续）

序号	省（区）	井工煤矿名称	等级	原煤产量/10^4 t	原煤工效/$(t \cdot 工^{-1})$	综合单产/$[t \cdot (个 \cdot 月)^{-1}]$	完成利润/万元
386	山西	大同煤矿集团临汾宏大隆博煤业有限公司	特级	83.12	11.496	66059	8710.26
387		大同煤矿集团临汾宏大锦程煤业有限公司	特级	89.5	8.700	80060	3251.36
388		大同煤矿集团临汾宏大洪崖煤业有限公司	特级	79.3	4.508	34510	2043
389		大同煤矿集团临汾宏大豁口煤业有限公司	特级	59.87	7.117	61022	3863.5
390		大同煤矿集团临汾宏大雪坪煤业有限公司	一级	44.74	10.493	44044	2338.72
391		山西临汾西山生辉煤业有限公司	特级	90	9.971	76357	5045
392		山西华晋明珠煤业有限责任公司	特级	90	7.149	72131	11933.4
393		山西华晋吉宁煤业有限责任公司	特级	300	16.021	249570	115065.31
394		山西古县西山登福康煤业有限公司	特级	47.55	5.488	38012	1018
395		山西古县西山鸿兴煤业有限公司	特级	44.26	7.355	61879	800
396		山西汾河焦煤股份有限公司回坡底煤矿	特级	120	8.628	109923	7001
397		山西汾河焦煤股份有限公司三交河煤矿	特级	299.3	13.412	150384	17024.8
398		霍州煤电集团紫晟煤业有限责任公司	特级	71.25	7.152	60039	35.7
399		霍州煤电集团有限责任公司李雅庄煤矿	特级	231.86	8.875	178579	7656
400		霍州煤电集团有限责任公司辛置煤矿	特级	263.15	8.466	108731	2853
401		霍州煤电集团洪洞亿隆煤业有限责任公司	一级	16.22	5.579	41883	8100
402		山西霍宝干河煤矿有限公司	二级	133.24	7.402	101731	415

附表 3－1（续）

序号	省（区）	井工煤矿名称	等级	原煤产量/10^4 t	原煤工效/（t·工$^{-1}$）	综合单产/[t·（个·月）$^{-1}$]	完成利润/万元
403	山西	阳泉煤业集团安泽登茂通煤业有限公司	特级	89.28	7.589	76957	49104
404		阳泉煤业集团翼城堡子煤业有限公司	特级	88.07	10.341	77034	13827
405		阳泉煤业集团翼城华泓煤业有限公司	特级	89.64	12.041	72772	6507.62
406		阳泉煤业集团翼城山凹煤业有限公司	特级	59.86	8.337	60517	1465
407		山西潞安集团蒲县伊田煤业有限公司	特级	85.3	10.418	95572	382
408		山西潞安集团蒲县黑龙煤业有限公司	特级	94.91	10.589	94967	1467
409		山西潞安集团蒲县黑龙关煤业有限公司	特级	51.61	7.870	71855	305
410		山西潞安集团蒲县开拓煤业有限公司	特级	60.02	11.392	61634	5031
411		山西潞安集团蒲县常兴煤业有限公司	特级	56.92	5.169	57169	745
412		山西潞安集团蒲县隰东煤业有限公司	特级	38.9	7.126	44350	587
413		山西蒲县华胜煤业有限公司	特级	67.92	7.448	88103	208
414		太原煤炭气化（集团）有限责任公司东河煤矿	特级	84.8	7.292	80476	14963.9
415		山西晋煤集团临汾晋牛煤矿投资有限责任公司	特级	88.55	8.306	73315	926
416		山西晋煤集团翼城晟泰青洼煤业有限公司	特级	52.28	7.110	62842	5040
417		山西煤炭运销集团同富新煤业有限公司	特级	37.17	7.185	45833	3010.9
418		山西煤炭运销集团蒲县昊兴塬煤业有限公司	特级	104.78	11.032	95578	24644.18
419		山西煤炭运销集团四通煤业有限公司	特级	128.75	10.931	107813	492

附表3－1（续）

序号	省（区）	井工煤矿名称	等级	原煤产量/10^4 t	原煤工效/（t·工$^{-1}$）	综合单产/［t·（个·月）$^{-1}$］	完成利润/万元
420	山西	山西煤炭运销集团金辛达煤业有限公司	特级	85. 65	10. 911	75298	12627
421		山西煤炭进出口集团蒲县豹子沟煤业有限公司	特级	62. 86	8. 789	76778	3547
422		山西古县老母坡煤业有限公司	特级	89. 99	7. 106	76721	38415
423		山西古县金谷煤业有限公司	特级	53. 58	7. 042	55132	503
424		安徽省皖北煤电集团临汾天煜恒昇煤业有限责任公司	特级	125. 42	10. 045	104140	12169. 6
425		安徽省皖北煤电集团临汾天煜恒晋煤业有限责任公司	一级	108. 7	9. 306	93796	23810
426		山西乡宁焦煤集团毛则渠煤炭有限公司	特级	89. 9	7. 460	80578	17295. 42
427		山西乡宁焦煤集团申南凹焦煤有限公司	特级	120	11. 141	97049	13843. 7
428		山西乡宁焦煤集团燕家河煤业有限公司	特级	46. 31	7. 755	47817	147
429		山西乡宁焦煤集团神角煤业有限公司	特级	85. 57	8. 705	79623	37140
430		山西乡宁焦煤集团台头煤焦有限责任公司	特级	110. 42	10. 466	99097	21166
431		山西蒲县宏源集团富家凹煤业有限公司	特级	136. 4777	10. 265	136494	18075. 45
432		山西蒲县宏源集团官庄河煤业有限公司	特级	104. 82	10. 380	95927	12019. 89
433		山西蒲县宏源集团凤凰台煤业有限公司	特级	81. 54	7. 115	75341	2050. 84
434		山西蒲县宏源集团郭家山煤业有限公司	一级	53. 69	5. 456	52927	5327. 84
435		山西蒲县蛤蟆沟煤业有限公司	一级	57. 53	12. 358	75309	7800
436		山西玉和泰煤业有限公司	特级	110. 22	12. 575	61202	31340

附表 3－1（续）

序号	省（区）	井工煤矿名称	等级	原煤产量/10^4 t	原煤工效/（t·工$^{-1}$）	综合单产/[t·（个·月）$^{-1}$]	完成利润/万元
437	山西	山西安泽玉华煤业有限公司	特级	140. 27	9. 405	81269	30497
438	山西	山西安鑫煤业有限公司	特级	105. 72	6. 765	50636	22729
439	山西	山西翼城首旺煤业有限责任公司	特级	93. 11	10. 167	101268	14566. 4
440	山西	山西潞安集团余吾煤业有限责任公司	特级	717. 71	17. 339	325284	117083
441	山西	山西潞安环保能源开发股份有限公司常村煤矿	特级	767. 82	12. 276	305668	84015. 9
442	山西	山西潞安环保能源开发股份有限公司王庄煤矿	特级	705. 2	18. 357	291645	115188
443	山西	山西潞安环保能源开发股份有限公司五阳煤矿	特级	200. 41	14. 577	188293	38931
444	山西	山西潞安郭庄煤业有限责任公司	特级	173. 57	10. 688	142156	16196
445	山西	山西潞安矿业（集团）有限责任公司高河煤矿（山西高河能源有限公司）	特级	663. 5	17. 890	259077	171128
446	山西	山西潞安集团司马煤业有限公司	特级	299. 89	13. 580	254040	75396
447	山西	山西潞安矿业集团慈林山煤业有限公司夏店煤矿	特级	129. 3669	10. 103	109079	11000. 5
448	山西	山西潞安矿业集团慈林山煤业有限公司慈林山煤矿	特级	60	8. 113	61911	5538
449	山西	山西潞安矿业集团慈林山煤业有限公司李村矿井	特级	282. 2	11. 149	223003	7537. 79
450	山西	山西潞安温庄煤业有限责任公司	特级	119. 638	10. 332	101932	2307. 21
451	山西	山西潞安集团华亿五一煤业有限公司	特级	86	10. 533	70175	1528
452	山西	山西潞安集团东盛煤业有限公司	特级	85. 6	8. 123	65488	1712

附表3-1（续）

序号	省（区）	井工煤矿名称	等级	原煤产量/10^4 t	原煤工效/（t·工$^{-1}$）	综合单产/[t·（个·月）$^{-1}$]	完成利润/万元
453	山西	山西晋煤集团赵庄煤业有限责任公司	特级	784.8543	15.111	256794	114998
454		山西晋煤集团赵庄煤业有限责任公司赵庄二号井	特级	118.64	7.950	88299	2725
455		山西晋煤集团长治仙泉煤业有限公司	特级	103.09	9.087	111294	4329
456		山西三元煤业股份有限公司	特级	254.05	15.248	210438	107733.98
457		山西长治郊区三元南耀小常煤业有限公司	特级	137.164	11.424	119869	36403
458		山西长治郊区三元南耀吉安煤业有限公司	特级	59.82126	8.449	63136	6173.5
459		山西长治王庄煤业有限责任公司	特级	239.23	14.171	201372	46607
460		山西煤炭运销集团三元古韩荆宝煤业有限公司	特级	120	10.577	93917	7430
461		山西三元煤业股份有限公司下霍煤矿	特级	240	16.673	195130	60251
462		山西马堡煤业有限公司	特级	150	11.188	127287	20516
463		山西新村煤业有限公司	特级	73.06	7.849	62101	2221
464		山西三元福达煤业有限公司	特级	120	10.339	112866	10060
465		山西煤炭运销集团三元石窟煤业有限公司	特级	59.85	8.111	60274	10500
466		山西省长治经坊煤业有限公司	特级	241.3	10.512	123808	48616
467		山西大平煤业有限公司	特级	120.2	15.296	102593	31209
468		山西霍尔辛赫煤业有限责任公司	特级	400	14.983	173097	92815
469		山西凌志达煤业有限公司	特级	139.44	10.546	114185	7767

附表 3－1（续）

序号	省（区）	井工煤矿名称	等级	原煤产量/10^4 t	原煤工效/（t·工$^{-1}$）	综合单产/[t·（个·月）$^{-1}$]	完成利润/万元
470	山西	长治县西山煤业有限责任公司	特级	83.11	9.008	66801	3150
471		山西长治红山煤业有限公司	特级	106.73	10.360	89606	8215
472		长治新建煤业有限公司	特级	104.58	10.069	95594	4706
473		长治红兴煤业有限公司	一级	76.9	9.017	71687	7680
474		山西长治羊头岭永丰煤业有限公司	特级	73.29	7.177	68714	10308
475		山西长治羊头岭红旗煤业有限公司	特级	89.2	9.626	72719	8084
476		山西长治联盛西掌煤业有限公司	特级	82.04	7.468	65911	1976
477		山西长治联盛太义掌煤业有限公司	特级	85.9	7.848	72736	2165
478		山西长治联盛首阳山煤业有限公司	特级	82.1	7.706	64337	1200
479		山西长治县雄山沟里煤业有限公司	特级	98.3	10.798	101598	9800
480		山西长治县雄山煤炭有限公司第五矿	特级	91.61	8.500	77640	20812
481		山西长治县振兴煤业有限公司	特级	79.72	11.675	65052	7256
482		山西襄矿晋平煤业有限公司	特级	239.03	10.605	100134	39136
483		山西襄矿新庄煤业有限公司	一级	89.35	6.474	73681	7001.31
484		山西襄垣七一新发煤业有限公司	特级	146.254	10.376	109287	24138
485		山西华晟荣煤矿有限公司	特级	178.67	14.007	149835	19373
486		山西东庄煤业有限公司	特级	117.84	10.870	103582	6872

附表3－1（续）

序号	省（区）	井工煤矿名称	等级	原煤产量/10^4 t	原煤工效/（t·工$^{-1}$）	综合单产/[t·（个·月）$^{-1}$]	完成利润/万元
487	山西	山西王家峪煤业有限公司	特级	119.9	10.319	101759	10865
488		山西通洲集团安神煤业有限公司	特级	59.63	9.023	30617	4936
489		山西通洲集团安达煤业有限公司	特级	100	9.000	51125	271.53
490		山西马军峪曙光煤业有限公司	特级	51.26	8.009	40591	11277
491		山西马军峪煤焦有限公司	特级	97.3634	11.308	77189	7100
492		山西沁新集团新达煤业有限公司	特级	76.5	7.278	68072	10787
493		山西沁新能源集团股份有限公司沁新煤矿	特级	99.67	8.326	80634	47860.58
494		山西沁新能源集团股份有限公司新源煤矿	特级	111.6	8.264	80874	16251
495		山西康伟集团孟子峪煤业有限公司	特级	50.8	6.463	48343	7620
496		山西康伟集团南山煤业有限公司	特级	64.127	7.883	55789	16064.6
497		山西沁源康伟森达源煤业有限公司	特级	96.03	10.975	40479	7805.88
498		山西汾西太岳煤业股份有限公司太岳煤矿	特级	148.54	10.730	114617	51236
499		山西新升煤业有限公司	特级	115.83	10.385	51413	9537
500		山西新超煤业有限公司	特级	80.99	8.286	75182	8052
501		山西长沁新兴煤业有限公司	特级	63.84	7.407	59111	10053
502		山西沁源凤凰台煤业有限公司	二级	29.99	7.316	39415	29
503		山西金晖隆泰煤业有限公司	特级	83.56	9.167	74942	5973

附表3－1（续）

序号	省（区）	井工煤矿名称	等级	原煤产量/10^4 t	原煤工效/($t\cdot 工^{-1}$)	综合单产/[$t\cdot(个\cdot月)^{-1}$]	完成利润/万元
504	山西	山西黄土坡鑫运煤业有限公司	特级	84.2	9.775	67912	8084
505		山西黄土坡鑫能煤业有限公司	特级	106.3	10.114	59970	5611
506		山西沁源梗阳煤业有限公司	特级	81.2	7.033	75709	7743.42
507		沁源明鑫煤矿有限公司	特级	63	5.804	57407	14250
508		山西长治县雄山常蒋煤业有限公司	特级	59.75	8.897	61548	11782
509		山西长治三元晋永泰煤业有限公司	特级	56.1	7.894	57456	3435
510	内蒙古	中国神华能源股份有限公司补连塔煤矿	特级	2730	112.358	732564	533823.64
511		中国神华能源股份有限公司布尔台煤矿	特级	2000	83.169	520833	94297
512		中国神华能源股份有限公司上湾煤矿	特级	1599.2	115.511	744519	337700
513		中国神华能源股份有限公司乌兰木伦煤矿	特级	473	30.939	205628	39700
514		中国神华能源股份有限公司金烽寸草塔煤矿	特级	434.66	44.520	382928	35337
515		中国神华能源股份有限公司柳塔煤矿	特级	280	26.987	229876	6552
516		中国神华能源股份有限公司寸草塔煤矿	特级	155.23	13.613	181615	2517.43
517		内蒙古平庄能源股份有限公司风水沟煤矿	特级	203.79	12.295	180833	5842
518		内蒙古平庄能源股份有限公司老公营子煤矿	特级	180	10.812	159843	5326
519		内蒙古平庄能源股份有限公司六家煤矿	特级	166.6	10.492	150750	6012.07
520		神华包头能源有限责任公司万利一矿	特级	950.5	50.675	413004	51583

附表3-1（续）

序号	省（区）	井工煤矿名称	等级	原煤产量/10^4 t	原煤工效/($t \cdot 工^{-1}$)	综合单产/[$t \cdot (个 \cdot 月)^{-1}$]	完成利润/万元
521	内蒙古	神华包头能源有限责任公司李家壕煤矿	特级	580.6	33.064	267311	56037
522		神华亿利能源有限责任公司黄玉川煤矿	特级	997.8	63.019	482778	60000
523		内蒙古蒙东能源有限公司敏东一矿	特级	460.1	23.360	383417	2311.43
524		大雁矿业集团有限公司第三煤矿	特级	210	10.404	175000	629.95
525		神华蒙西煤业股份有限公司棋盘井煤矿	特级	197	13.932	144890	—
526		国能乌海能源五虎山矿业有限责任公司	特级	134.22	10.121	100841	2797.57
527		国家能源集团乌海能源有限公司老石旦煤矿	特级	130.69	10.083	114022	1882.81
528		内蒙古利民煤焦有限责任公司	特级	149.4	10.218	119386	13266.18
529		国能乌海能源黄白茨矿业有限责任公司	一级	99.42	14.505	82706	660.67
530		中天合创能源有限责任公司葫芦素煤矿	特级	800	25.942	321600	3985
531		中天合创能源有限责任公司门克庆煤矿	特级	795	25.298	316650	36500
532		准格尔旗荣祥煤焦化有限责任公司山不拉煤矿	特级	120	10.610	107008	8402
533		华能扎赉诺尔煤业有限责任公司灵东煤矿	特级	641.427	24.679	526192	32694.2
534		华能扎赉诺尔煤业有限责任公司灵泉煤矿	特级	369	16.411	300833	15601
535		华能扎赉诺尔煤业有限责任公司铁北煤矿	特级	354	13.207	283333	6597.84
536		华能扎赉诺尔煤业有限责任公司灵露煤矿	特级	362.7	14.344	296500	4585
537		内蒙古蒙泰不连沟煤业有限责任公司不连沟煤矿	特级	1303.88	43.947	589153	35246

附表 3－1（续）

序号	省（区）	井工煤矿名称	等级	原煤产量/10^4 t	原煤工效/（t·工$^{-1}$）	综合单产/[t·(个·月)$^{-1}$]	完成利润/万元
538	内蒙古	陈巴尔虎旗天顺矿业有限责任公司天顺煤矿	特级	119. 87	13. 922	112173	5536
539		鄂尔多斯市神通煤炭有限公司	特级	90	11. 359	88080	965
540		内蒙古华电蒙能金通煤业有限公司	一级	69. 55	13. 691	82823	385. 9
541		内蒙古伊东集团宏测煤炭有限责任公司	特级	239. 7	46. 725	235000	1474. 1
542		内蒙古伊东集团窑沟扶贫煤炭有限公司（煤矿）	特级	166. 94	23. 986	185489	6461
543		内蒙古伊东集团宏鑫煤炭有限责任公司	特级	237. 5	25. 853	205185	12934
544		内蒙古伊东集团忽沙图煤炭有限公司忽沙图煤矿	一级	86. 4	10. 994	81818	5270
545		内蒙古汇能煤电集团羊市塔煤炭有限责任公司二矿	特级	166. 37	21. 194	141981	17565
546		内蒙古汇能煤电集团羊市塔煤炭有限责任公司一矿	特级	125	17. 850	101823	26011
547		内蒙古汇能煤电集团富民煤炭有限责任公司	特级	119. 22	19. 017	99370	—
548		内蒙古汇能集团尔林兔煤炭有限公司	特级	758. 6	21. 365	311183	154303. 2
549		准格尔旗弓家塔宝平湾煤炭有限责任公司	特级	231. 7	22. 892	193083	73850
550		内蒙古恒东集团宏亚煤炭有限公司	特级	139. 5	19. 861	138393	23157
551		内蒙古伊泰京粤酸刺沟矿业有限责任公司酸刺沟煤矿	特级	1799	54. 460	747079	177222. 72
552		内蒙古伊泰宝山煤炭有限责任公司宝山煤矿	特级	149. 45	11. 700	62271	9240
553		内蒙古伊泰煤炭股份有限公司大地精煤矿	特级	215. 6	23. 383	194129	10780
554		内蒙古伊泰煤炭股份有限公司塔拉壕煤矿	特级	600	102. 142	247368	12000

附表 3-1（续）

序号	省（区）	井工煤矿名称	等级	原煤产量/10^4 t	原煤工效/（t·工$^{-1}$）	综合单产/[t·（个·月）$^{-1}$]	完成利润/万元
555	内蒙古	内蒙古伊泰同达煤炭有限责任公司丁家渠煤矿	一级	142	20.312	121993	4944.13
556		鄂尔多斯市乌兰煤炭（集团）有限公司温家塔煤矿	特级	215.8	32.541	193353	25217.9
557		鄂尔多斯市乌兰煤炭（集团）有限公司温家梁三号煤矿	特级	63.5568	15.553	60189	7426.61
558		鄂尔多斯市乌兰煤炭（集团）有限公司石圪台煤矿	一级	66.72	18.870	70689	7747.15
559		内蒙古蒙泰煤电集团有限公司满来梁煤矿	特级	360	21.602	154555	34329
560		鄂尔多斯市蒙泰范家村煤业有限责任公司范家村煤矿	特级	239.6	24.353	211622	10937
561		特弘煤炭有限公司官板乌素煤矿	特级	188.27	23.222	170065	13665.4
562		满世煤炭集团罐子沟煤矿	特级	589	40.899	521062	86239.25
563		新能矿业有限公司王家塔煤矿	一级	575.7	32.543	293624	40287
564		兴隆能源集团有限公司黑岱沟煤矿	特级	138.94	25.883	134375	3364.64
565		准格尔旗美日煤炭有限责任公司	特级	120	23.337	111130	20362
566		鄂尔多斯市华兴能源有限责任公司唐家会煤矿	特级	814.67	49.340	668648	23718
567		准格尔旗永智煤炭有限公司	特级	164.9	19.576	139502	9750.93
568		内蒙古聚祥煤业集团有限公司阳塔煤矿	特级	212.4934	22.790	182312	14700
569		神陶煤炭运销有限责任公司营沙壕煤矿	一级	90.2	21.424	90562	10824.04
570		神山煤炭有限责任公司敖家沟西梁煤矿	一级	111	31.254	95128	9300
571		内蒙古西蒙悦达能源有限公司电力满都拉煤矿	一级	120	13.060	108696	1422.25

附表 3-1（续）

序号	省（区）	井工煤矿名称	等级	原煤产量/10^4 t	原煤工效/（t·工$^{-1}$）	综合单产/[t·（个·月）$^{-1}$]	完成利润/万元
572	内蒙古	内蒙古三鼎煤炭有限责任公司	一级	90.14	14.411	56057	5226.95
573		内蒙古四道柳煤炭有限责任公司	一级	56.93	7.856	51579	3580.33
574		内蒙古三维资源集团小鱼沟煤炭有限公司	特级	251.04	26.636	203623	25104
575		内蒙古准格尔旗力量煤业有限公司大饭铺煤矿	特级	507.82	56.491	419646	65400
576		鄂尔多斯市国源矿业开发有限责任公司	特级	262	41.234	485185	38610
577		准格尔旗弓家塔布尔洞煤炭有限责任公司	一级	237.18	30.665	188702	21150
578		神东天隆集团有限责任公司霍洛湾煤矿	特级	265.1	19.822	221484	47088.33
579		鄂尔多斯市昊华精煤有限责任公司高家梁一号矿	特级	739.01	39.592	359301	73027
580		内蒙古李家塔煤矿	特级	286	24.784	261207	32812.98
581		伊金霍洛旗呼氏煤炭有限责任公司（淖尔壕煤矿）	一级	119.5	8.897	98139	7476
582		内蒙古鄂尔多斯永煤矿业投资有限公司马泰壕煤矿	特级	593.44	45.754	509574	93078
583		鄂尔多斯市转龙湾煤炭有限公司转龙湾煤矿	特级	840	42.606	675000	6838
584		伊金霍洛旗东博煤炭有限责任公司	特级	120	13.940	107416	22085
585		内蒙古赛蒙特尔煤业有限责任公司赛蒙特尔煤矿	特级	299.52	31.667	244681	44255
586		内蒙古东新煤炭有限公司（伊金霍洛旗新庙镇敬老院煤矿）	特级	93.1	12.272	98734	2300
587		伊旗呼能煤炭有限责任公司丁家梁煤矿	一级	110	12.088	121534	300
588		鄂尔多斯市鸿森矿业有限责任公司贾家渠煤矿	一级	59.4	10.780	53703	5418

附表3－1（续）

序号	省（区）	井工煤矿名称	等级	原煤产量/10^4 t	原煤工效/（t·工$^{-1}$）	综合单产/[t·（个·月）$^{-1}$]	完成利润/万元
589	内蒙古	内蒙古燎原煤业有限责任公司	一级	65.07	14.400	54225	—
590		内蒙古友恒煤炭有限责任公司益民煤矿	一级	118.7	13.660	99180	22085
591		内蒙古油房渠矿业有限公司	一级	53.1	15.200	49950	580
592		伊金霍洛旗新庙阿会沟致富煤矿	一级	47.41	13.700	43416	157
593		鄂尔多斯市盛鑫煤业有限责任公司	特级	106.59	13.917	92433	434
594		鄂尔多斯市中北煤化工有限公司色连二号煤矿	特级	798	52.908	346296	24966
595		内蒙古双欣矿业有限公司杨家村煤矿	特级	480	28.460	314353	20552
596		鄂尔多斯市巴音孟克纳汇煤炭有限责任公司煤矿	特级	261.54	51.062	227801	1348.5
597		鄂尔多斯市恒泰煤炭有限公司碾盘梁一井	一级	152	15.004	130952	1800
598		内蒙古银宏能源开发有限公司泊江海子煤矿	特级	299.28	18.961	277111	7219.1
599		内蒙古同煤鄂尔多斯矿业投资有限公司色连一号煤矿	特级	471	56.747	398724	-21601
600		鄂尔多斯市正丰矿业有限责任公司	一级	105.39	7.469	87646	5878.53
601		内蒙古黄陶勒盖煤炭有限责任公司巴彦高勒煤矿	特级	385	40.000	306667	14180
602		达拉特旗苏家沟煤炭有限责任公司	一级	139.62	11.888	105608	4000.3
603		内蒙古鄂托克旗昊源煤焦化有限责任公司	二级	38.11	8.951	40200	—
604		呼伦贝尔呼盛矿业有限责任公司呼盛煤矿	特级	179.7	22.689	149750	6092
605		呼伦贝尔蒙西煤业有限公司	特级	174.8	25.300	145725	—

附表 3－1（续）

序号	省（区）	井工煤矿名称	等级	原煤产量/10^4 t	原煤工效/($t \cdot 工^{-1}$)	综合单产/[$t \cdot (个 \cdot 月)^{-1}$]	完成利润/万元
606	内蒙古	内蒙古牙克石五九煤炭（集团）有限责任公司胜利煤矿	一级	113	33.930	100000	—
607	内蒙古	内蒙古牙克石五九煤炭（集团）有限责任公司牙星分公司一号井	一级	146	11.400	60879	25353
608	内蒙古	乌海市乌化矿业有限责任公司	特级	73.35	11.216	63015	2914
609	内蒙古	内蒙古维维能源有限公司	一级	108.24	12.059	96099	6752
610	内蒙古	乌海市天誉煤炭有限责任公司	特级	113.7	12.000	97079	—
611	内蒙古	乌海市天裕工贸有限公司	一级	42.8	7.500	40230	1693
612	内蒙古	内蒙古蒙西库里火沙兔煤矿	特级	108.27	24.268	93984	1624
613	内蒙古	乌审旗蒙大矿业有限责任公司	一级	795.85	41.721	508877	77847.79
614	内蒙古	鄂尔多斯市伊化矿业资源有限责任公司	一级	594	22.931	263434	42547
615	辽宁	铁法煤业（集团）有限责任公司大平煤矿	特级	405	20.602	352605	65347
616	辽宁	铁法煤业（集团）有限责任公司小青煤矿	特级	247	13.526	117265	176
617	辽宁	铁法煤业（集团）有限责任公司大兴煤矿	特级	240	11.091	218391	1329
618	辽宁	铁法煤业（集团）有限责任公司晓南矿	特级	210	12.415	179348	3443
619	辽宁	铁法煤业（集团）有限责任公司小康煤矿	一级	260	7.621	243371	2613
620	辽宁	沈阳焦煤股份有限公司蒲河煤矿	一级	147.35	8.329	122792	6054
621	辽宁	沈阳焦煤股份有限公司红阳二矿	一级	135	4.345	94667	16958
622	辽宁	沈阳焦煤股份有限公司西马煤矿	一级	130.5	7.694	55733	6244
623	辽宁	抚顺矿业集团有限责任公司老虎台矿	特级	198.12	7.028	83086	50511

附表3-1（续）

序号	省（区）	井工煤矿名称	等级	原煤产量/10^4 t	原煤工效/（t·工$^{-1}$）	综合单产/[t·(个·月)$^{-1}$]	完成利润/万元
624	吉林	珲春矿业（集团）八连城煤业有限公司	一级	246.5	7.171	55990	565
625		珲春矿业（集团）板石煤业有限公司	一级	240	7.390	63982	36.9
626		辽源矿业（集团）有限责任公司金宝屯煤矿	一级	220	9.948	103735	269.5
627	黑龙江	黑龙江龙煤鸡西矿业有限责任公司东山煤矿	特级	205.7	8.176	83115	17000
628		黑龙江龙煤鸡西矿业有限责任公司城山煤矿	特级	190	7.002	157389	49029
629		黑龙江龙煤鸡西矿业有限责任公司杏花煤矿	一级	188.3	5.638	78245	3483
630		黑龙江龙煤鸡西矿业有限责任公司新发煤矿	一级	90	5.621	33763	19119
631		黑龙江龙煤鹤岗矿业有限责任公司峻德煤矿	特级	162.8	6.722	77530	-2246
632		黑龙江龙煤鹤岗矿业有限责任公司兴安煤矿	一级	173.5	5.098	73732	5789
633		黑龙江龙煤双鸭山矿业有限责任公司东荣二矿	特级	249.8	11.814	102375	79255
634		黑龙江龙煤双鸭山矿业有限责任公司东荣一矿	特级	86.5	7.303	69233	164
635		黑龙江龙煤双鸭山矿业有限责任公司东荣三矿	一级	173.2	6.561	75215	20100
636		黑龙江龙煤双鸭山矿业有限责任公司东保卫煤矿	一级	89.6	3.050	34708	19509
637		黑龙江龙煤双鸭山矿业有限责任公司集贤煤矿	二级	132.7678	3.717	40221	14779
638		黑龙江龙煤七台河矿业有限责任公司新立煤矿	一级	75.8	6.261	31583	6303.5
639		黑龙江龙煤七台河矿业有限责任公司新建煤矿	二级	98.4	2.744	27333	122.4
640		黑龙江龙煤七台河矿业有限责任公司新兴煤矿	二级	119.7	2.600	33250	1230.9

附表3-1（续）

序号	省（区）	井工煤矿名称	等级	原煤产量/10^4 t	原煤工效/$(t \cdot 工^{-1})$	综合单产/$[t \cdot (个 \cdot 月)^{-1}]$	完成利润/万元
641	江苏	上海大屯能源股份有限公司姚桥煤矿	特级	444.3	17.923	240000	145149
642		上海大屯能源股份有限公司徐庄煤矿	一级	178	12.615	118472	26312
643		上海大屯能源股份有限公司孔庄煤矿	一级	153.03	5.896	135577	-844.53
644		上海大屯能源股份有限公司龙东煤矿	一级	79.21	7.720	75182	-5337.3
645		江苏徐矿能源股份有限公司张双楼煤矿	特级	186.51	6.781	75938	47794
646	安徽	中煤新集能源股份有限公司刘庄煤矿	特级	1030.8	13.359	368604	179375.02
647		中煤新集能源股份有限公司口孜东矿	特级	441.41	13.515	365395	39195
648		中煤新集能源股份有限公司新集二矿	特级	257.18	10.403	139057	9479.96
649		淮北矿业股份有限公司许疃煤矿	特级	344.6	9.439	93872	44392
650		淮北矿业股份有限公司孙疃煤矿	特级	206	10.555	96045	25047.9
651		淮北矿业股份有限公司临涣煤矿	特级	199.4	7.697	82451	14832.33
652		淮北矿业股份有限公司祁南煤矿	特级	188.7	7.326	80287	8448
653		淮北矿业股份有限公司涡北煤矿	特级	121	5.669	80618	5546.44
654		安徽省亳州煤业有限公司袁店一井	特级	164.9	7.128	71671	10963.67
655		淮北杨柳煤业有限公司	特级	154.8	8.700	125167	11809.21
656		淮北石台矿业有限责任公司	特级	61.8	4.040	47525	12768
657		淮北双龙矿业有限责任公司	特级	62.03	5.705	50260	9650.76
658		淮北矿业股份有限公司桃园煤矿	一级	110.8	3.827	52309	2150

附表 3-1（续）

序号	省（区）	井工煤矿名称	等级	原煤产量/10^4 t	原煤工效/（t·工$^{-1}$）	综合单产/[t·（个·月）$^{-1}$]	完成利润/万元
659	安徽	淮北矿业股份有限公司童亭煤矿	一级	120.6	6.499	50504	9568
660		安徽省亳州煤业有限公司袁店二井	一级	124.4	7.130	77167	25040
661		安徽省淮河能源控股集团淮矿煤业分公司谢桥煤矿	特级	806.7	17.618	232488	108742
662		安徽省淮河能源控股集团淮矿煤业分公司顾桥煤矿	特级	894	13.686	248885	161518
663		安徽省淮河能源控股集团淮矿煤业分公司丁集煤矿	特级	548	16.304	250482	8721
664		淮浙煤电有限责任公司顾北煤矿分公司	特级	400	13.335	163613	9276
665		安徽省淮河能源控股集团淮矿煤业分公司朱集东煤矿	特级	392	13.486	157917	37672
666		安徽省淮河能源控股集团淮矿煤业分公司潘三煤矿	特级	352	13.912	136911	8000
667		安徽省淮河能源控股集团淮矿煤业分公司潘二煤矿	特级	254	7.848	101414	6077
668		安徽省淮河能源控股集团淮矿煤业分公司张集煤矿	一级	1223	17.962	207260	230021
669		安徽恒源煤电股份有限公司钱营孜煤矿	特级	364.3	14.232	310305	64600
670		安徽恒源煤电股份有限公司任楼煤矿	特级	226.5	8.310	89629	36498
671		安徽恒源煤电股份有限公司五沟煤矿	特级	86.2566	6.030	70797	18397
672		安徽恒源煤电股份有限公司煤矿	一级	192.2	7.376	81065	29104
673		安徽恒源煤电股份有限公司祁东煤矿	一级	171.6	7.850	71038	30202
674		中安联合煤化有限责任公司朱集西煤矿	一级	150.2	5.970	115909	-86464
675		宿州煤电（集团）有限公司界沟煤矿	一级	136.9	7.085	55680	12615
676		新光集团淮北刘东煤矿有限公司	二级	35.1	2.159	16349	3547

附表 3－1（续）

序号	省（区）	井工煤矿名称	等级	原煤产量/10^4 t	原煤工效/（t·工$^{-1}$）	综合单产/[t·（个·月）$^{-1}$]	完成利润/万元
677	山东	新汶矿业集团有限责任公司孙村煤矿	特级	108.46	4.547	28750	21600.37
678		新汶矿业集团有限责任公司翟镇煤矿	一级	160.3325	7.152	90765	8841.99
679		新汶矿业集团有限责任公司华丰煤矿	一级	94.52	3.252	23840	20178.18
680		枣庄矿业集团新安煤业有限公司	特级	396.2406	13.788	186063	83525
681		枣庄矿业集团高庄煤业有限公司	特级	268.83	8.157	95928	92995
682		枣庄矿业（集团）有限责任公司蒋庄煤矿	特级	203.5	10.978	173746	59633
683		枣庄矿业（集团）付村煤业有限公司	特级	262.72	11.091	117711	93531
684		枣庄矿业（集团）有限责任公司柴里煤矿	特级	201	11.995	82675	31194.52
685		枣庄矿业（集团）有限责任公司田陈煤矿	特级	141.9	6.728	66916	15708
686		枣庄矿业（集团）有限责任公司滨湖煤矿	特级	110	13.748	57316	5060
687		枣庄矿业（集团）济宁七五煤业有限公司	特级	96.8	7.938	67380	32262.29
688		山东省三河口矿业有限责任公司	特级	56.05	5.536	41075	16250
689		枣庄矿业（集团）济宁岱庄煤业有限公司	一级	46.11	4.270	40602	7829
690		枣庄矿业（集团）滕东煤业有限公司	一级	35.9	3.114	30000	－3018.13
691		山东唐口煤业有限公司	特级	399.88	14.120	141366	133593.35
692		淄博矿业集团有限责任公司岱庄煤矿	特级	111.2	10.265	54703	1253
693		山东新河矿业有限公司	特级	96	13.465	64444	21436

附表 3－1（续）

序号	省（区）	井工煤矿名称	等级	原煤产量/10^4 t	原煤工效/$(t \cdot 工^{-1})$	综合单产/$[t \cdot (个 \cdot 月)^{-1}]$	完成利润/万元
694	山东	山东许厂煤矿有限公司	一级	129.72	10.307	59891	18434
695		单县能源有限责任公司	特级	70.3	6.002	52833	20164
696		肥城白庄煤矿有限公司	一级	139.5	8.489	37862	11091
697		临沂矿业集团菏泽煤电有限公司郭屯煤矿	特级	223.2	8.810	100703	89000
698		山东东山古城煤矿有限公司	特级	165.54	10.154	78349	30567
699		山东东山王楼煤矿有限公司	特级	100.3	6.570	90805	14205
700		山东省邱田庄煤矿有限公司	特级	46.7	2.619	30800	2900
701		山东里能鲁西矿业有限公司	特级	87	7.882	60492	5448
702		山东里能里彦矿业有限公司	特级	79.38	4.451	33544	2814
703		山东东山新驿煤矿有限公司	一级	101.01	5.775	75842	6250
704		临沂矿业集团菏泽煤电有限公司彭庄煤矿	一级	68.8	7.027	55238	8701.5
705		山东省邱集煤矿有限公司	一级	53.07	6.360	46514	1068.56
706		山东东山矿业有限公司株柏煤矿	二级	22	1.238	10023	1865.38
707		兖州煤业股份有限公司东滩煤矿	特级	749.16	18.880	301364	230862
708		兖州煤业股份有限公司济宁三号煤矿	特级	640.17	22.927	221656	18900
709		兖州煤业股份有限公司兴隆庄煤矿	特级	551.9999	17.002	232627	155349
710		兖州煤业股份有限公司鲍店煤矿	特级	599.81	17.442	213211	160292

附表3－1（续）

序号	省（区）	井工煤矿名称	等级	原煤产量/10^4 t	原煤工效/（t·工$^{-1}$）	综合单产/[t·（个·月）$^{-1}$]	完成利润/万元
711	山东	兖州煤业股份有限公司济宁二号煤矿	特级	419.27	15.558	161114	119665
712		兖煤菏泽能化有限公司赵楼煤矿	特级	311.39	9.111	137652	115592.7
713		兖州煤业股份有限公司南屯煤矿	特级	262.06	7.588	127259	35847
714		兖州煤业股份有限公司杨村煤矿	特级	113.7	7.414	71900	6438
715		山东鲁泰控股集团有限公司鹿洼煤矿	一级	113.9297	4.950	44700	30981
716		山东济矿鲁能煤电股份有限公司阳城煤矿	一级	184.59	22.076	76063	33312.17
717		汶上义桥煤矿有限责任公司	二级	77.42	10.930	34652	20071
718		山东济宁运河煤矿有限责任公司	二级	70	19.005	32510	3337.99
719	河南	中煤河南新能开发有限公司王行庄煤矿	特级	110.87	9.696	99139	17792.5
720		中煤郑州能源开发有限公司教学三矿	二级	60.07	6.317	55122	1320
721		中煤新登郑州煤业有限公司	二级	74.2	4.303	69706	4071.9
722		河南省正龙煤业有限公司城郊煤矿	特级	388.8888	9.821	113755	129321
723		河南龙宇能源股份有限公司陈四楼煤矿	特级	292.67	11.012	136404	56817
724		河南龙宇能源股份有限公司车集煤矿	特级	179.98	6.509	80930	32333
725		永煤集团股份有限公司新桥煤矿	特级	208.8	11.459	179880	37732
726		永煤集团股份有限公司顺和煤矿	一级	39.6	3.786	34012	1500
727		安阳鑫龙煤业（集团）红岭煤业有限责任公司	一级	81.7	5.958	67832	25433

附表 3-1（续）

序号	省（区）	井工煤矿名称	等级	原煤产量/10^4 t	原煤工效/（t·工$^{-1}$）	综合单产/[t·（个·月）$^{-1}$]	完成利润/万元
728	河南	安阳市主焦煤业有限责任公司	一级	53.2	4.399	45147	14014.94
729		河南永锦能源有限公司云盖山煤矿一矿	一级	40.253	3.093	36593	78.1
730		河南永锦能源有限公司云盖山煤矿二矿	一级	40.4578	3.552	35038	1720
731		河南永华能源有限公司嵩山煤矿	一级	117.36	7.023	137333	1704.61
732		三门峡龙王庄煤业有限责任公司	二级	66.08	4.052	59259	1956
733		河南大有能源股份有限公司常村煤矿	特级	173.02	6.180	99881	3236.74
734		河南大有能源股份有限公司耿村煤矿	特级	352.29	11.996	150246	33581
735		河南大有能源股份有限公司千秋煤矿	特级	115.1	10.020	97706	992.58
736		河南大有能源股份有限公司新安煤矿	特级	166.1	6.707	73912	7522
737		河南大有能源股份有限公司石壕煤矿	一级	119.8	7.284	101111	5058.68
738		洛阳义安矿业有限公司正村煤矿	一级	99.19	8.942	89861	1506
739		义煤集团新安县云顶煤业有限公司	一级	66.15	5.135	54579	7257.43
740		义煤集团新安县郁山煤业有限公司	一级	46.3	4.800	37292	2975
741		焦作煤业（集团）新乡能源有限公司赵固二矿	特级	177.66	13.787	102820	18754.78
742		河南焦煤能源有限公司九里山矿	一级	86.18	6.317	74031	1059.8
743		河南焦煤能源有限公司古汉山矿	一级	122.9	7.091	92352	502.1
744		河南宝雨山煤业有限公司宝雨山煤矿	一级	70.89	5.047	57370	896

附表 3－1（续）

序号	省（区）	井工煤矿名称	等级	原煤产量/10^4 t	原煤工效/($t\cdot工^{-1}$)	综合单产/[$t\cdot(个\cdot月)^{-1}$]	完成利润/万元
745	河南	鹤壁煤电股份有限公司第六煤矿	特级	120.37	6.033	109579	14158
746		鹤壁煤电股份有限公司第三煤矿	一级	125.4	6.492	107079	3002.27
747		鹤壁中泰矿业有限公司	一级	145.29	5.350	77517	10425.31
748		鹤壁煤电股份有限公司第九煤矿	一级	54.9967	5.068	48389	5821
749		鹤壁煤电股份有限公司第八煤矿	二级	75.04	5.200	40489	3057
750		平顶山天安煤业股份有限公司四矿	特级	223.7	8.762	88739	20024
751		平顶山天安煤业股份有限公司六矿	特级	319.9	8.315	126615	8021
752		平顶山天安煤业股份有限公司十二矿	特级	104	5.056	89659	13233
753		河南平宝煤业有限公司	特级	240	7.859	216667	35900
754		平顶山天安煤业股份有限公司一矿	一级	317.6	6.954	91667	3528.18
755		平顶山天安煤业股份有限公司二矿	一级	168.4	7.495	73333	7997.94
756		平顶山天安煤业股份有限公司五矿	一级	168	5.970	73718	9000
757		平顶山天安煤业股份有限公司八矿	一级	403.98	10.065	105741	33600
758		平顶山天安煤业股份有限公司十矿	一级	264	10.038	84337	10311
759		平顶山天安煤业股份有限公司十一矿	一级	240	10.336	96181	32467
760		平顶山天安煤业股份有限公司十三矿	一级	188.8	7.806	75397	7500
761		平顶山天安煤业股份有限公司朝川矿	一级	150	7.090	63133	10358

附表 3-1（续）

序号	省（区）	井工煤矿名称	等级	原煤产量/10^4 t	原煤工效/($t\cdot工^{-1}$)	综合单产/[$t\cdot(个\cdot月)^{-1}$]	完成利润/万元
762	河南	河南平禹煤电有限责任公司一矿	一级	120	8.176	103667	3727
763		平顶山市瑞平煤电有限公司张村矿	一级	150	7.870	65679	42000
764		平顶山市瑞平煤电有限公司庇山矿	一级	83	6.310	67544	4930
765		平顶山天安煤业股份有限公司九矿	二级	73.7	4.233	61930	5092
766		平顶山天安煤业股份有限公司香山矿	二级	89.8	4.015	75538	506.66
767		河南省新郑煤电有限责任公司赵家寨煤矿	特级	288.93	13.132	124559	29800
768		郑州煤炭工业（集团）杨河煤业有限公司裴沟煤矿	一级	178.41	10.017	148290	9004.13
769		郑煤集团（河南）白坪煤业有限公司	一级	116.18	7.305	98237	5800
770		郑州煤电股份有限公司超化煤矿	一级	80.38	5.571	70668	2476
771		郑州煤电股份有限公司告成煤矿	一级	111.4	5.207	95286	4814.18
772		郑州煤炭工业（集团）有限责任公司大平煤矿	一级	59.17	4.393	49253	2450
773		郑州煤炭工业（集团）有限责任公司芦沟煤矿	二级	59.3	4.941	47005	1116
774		河南神火煤电股份公司新庄煤矿	特级	179.5	9.440	73925	4162
775		河南神火兴隆矿业有限责任公司泉店煤矿	特级	143.5	7.321	57675	19512
776		河南神火集团有限公司梁北煤矿	特级	86.9	10.627	85056	20900
777		河南神火煤电股份有限公司薛湖煤矿	一级	93.25	9.427	54881	-13752
778		河南神火煤电股份有限公司刘河煤矿	一级	44.17	6.439	38120	5275

附表 3-1（续）

序号	省（区）	井工煤矿名称	等级	原煤产量/10^4 t	原煤工效/（t·工$^{-1}$）	综合单产/[t·（个·月）$^{-1}$]	完成利润/万元
779	河南	郑州磴槽企业集团金岭煤业有限公司	一级	59.96	8.713	55066	6125
780	河南	郑宏恒泰（新密）煤业有限公司	二级	37.62	4.550	39745	8487
781	河南	河南省济源煤业有限责任公司一矿	二级	62.5	5.305	60597	6587
782	河南	河南省济源煤业有限责任公司九矿	二级	29.8	4.147	28669	2850
783	四川	四川华蓥山龙滩煤电有限责任公司	一级	119.5116	4.394	57033	12200
784	四川	四川嘉阳集团有限责任公司嘉阳煤矿	一级	98.53	11.820	41042	3665
785	贵州	贵州金益煤炭开发有限公司木担坝煤矿	特级	59	5.798	53049	3250.32
786	贵州	永贵能源开发有限责任公司西秀分公司	一级	59.98	5.068	52759	5833
787	贵州	永贵能源开发有限责任公司新田煤矿	一级	59.79	5.023	50458	2025.4
788	贵州	永贵能源开发有限责任公司轿子山分公司	一级	44.49	5.794	35716	3312.6
789	陕西	陕西国华锦界能源有限责任公司锦界煤矿	特级	1793.741537	112.658	470582	9919
790	陕西	中国神华能源股份有限公司大柳塔煤矿大柳塔井	特级	1773	114.065	729038	388022
791	陕西	中国神华能源股份有限公司哈拉沟煤矿	特级	1555	110.509	644767	367100
792	陕西	中国神华能源股份有限公司大柳塔煤矿活鸡兔井	特级	1417	83.753	614423	316561
793	陕西	中国神华能源股份有限公司榆家梁煤矿	特级	951.57	61.280	281759	175240
794	陕西	中国神华能源股份有限公司石圪台煤矿	特级	1060.01	45.059	300768	108659
795	陕西	榆林神华能源有限责任公司郭家湾煤矿分公司	特级	500	129.139	522204	67462

附表 3-1（续）

序号	省（区）	井工煤矿名称	等级	原煤产量/10^4 t	原煤工效/（t·工$^{-1}$）	综合单产/[t·（个·月）$^{-1}$]	完成利润/万元
796	陕西	陕西德源府谷能源有限公司三道沟煤矿	特级	498.12	74.924	190208	62883
797		榆林神华能源有限责任公司青龙寺煤矿分公司	特级	300	79.108	268817	30121.93
798		陕西南梁矿业有限公司	特级	296	26.541	148218	25500
799		延安市禾草沟煤业有限公司	特级	500	27.831	243296	126369
800		陕西华电榆横煤电有限公司小纪汗煤矿	特级	985	35.193	415720	84500
801		神木县隆德矿业有限责任公司	特级	150	14.020	123824	27078
802		华能铜川照金煤电有限公司西川煤矿分公司	特级	87.4	7.772	81835	8689.4
803		陕煤集团神木柠条塔矿业有限公司	特级	1798	77.054	510380	321900
804		陕煤集团神木红柳林矿业有限公司	特级	1493.79	73.564	478549	284599.1
805		陕煤集团神木张家峁矿业有限公司	特级	999.68	76.345	448553	196800
806		陕西黄陵二号煤矿有限公司	特级	800	32.395	315812	255000
807		陕西煤业化工集团孙家岔龙华矿业有限公司	特级	798.5	51.125	377144	175900
808		陕西彬长大佛寺矿业有限公司	特级	625	10.618	248401	93442
809		陕西陕煤黄陵矿业有限公司一号煤矿	特级	598.4	18.448	257685	218950
810		陕西彬长胡家河矿业有限公司	特级	483	10.089	406900	58800
811		陕西煤业集团黄陵建庄矿业有限公司	特级	448.24	18.058	195742	10.79
812		陕西建新煤化有限责任公司	特级	397.6	15.765	323368	83523.3

附表 3-1（续）

序号	省（区）	井工煤矿名称	等级	原煤产量/10^4 t	原煤工效/$(t \cdot 工^{-1})$	综合单产/$[t \cdot (个 \cdot 月)^{-1}]$	完成利润/万元
813	陕西	陕西彬长文家坡矿业有限公司	特级	324	14.147	269860	14400
814		陕西涌鑫矿业有限责任公司安山煤矿	特级	360	23.320	353376	32349.6
815		陕西陕北矿业韩家湾煤炭有限公司	特级	299	31.136	259944	28670
816		陕西陕煤韩城矿业有限公司象山矿井	特级	238.8	9.000	95703	17260
817		陕西陕煤铜川矿业有限公司玉华煤矿	特级	235.65	12.025	199601	29768.24
818		陕西陕煤铜川矿业有限公司下石节煤矿	特级	184.2	11.653	153509	11822.13
819		陕西陕煤铜川矿业有限公司陈家山煤矿	特级	170.2	11.706	144097	9919
820		陕西双龙煤业开发有限责任公司	特级	90	8.138	79502	17804
821		陕西陕煤韩城矿业有限公司下峪口煤矿	一级	149.41	5.615	43071	15862
822		陕西澄合合阳煤炭开发有限公司	一级	96.68	4.380	82481	2230.43
823		陕西陕煤韩城矿业有限公司桑树坪二号井	一级	89.55	6.000	64891	667.9
824		榆林市榆神煤炭榆树湾煤矿有限公司	特级	995	121.341	786565	277284
825		榆林市杨伙盘煤矿	特级	396	21.124	179554	90780
826		神木汇森凉水井矿业有限责任公司	特级	768	24.585	473401	102252
827		陕西有色榆林煤业有限公司	特级	798.88	62.086	665733	221957
828		陕西延长石油集团横山魏墙煤业有限公司	特级	333.4	22.615	312450	46841.97
829		陕西省崔家沟煤矿	特级	177	7.179	141667	5955

附表 3-1（续）

序号	省（区）	井工煤矿名称	等级	原煤产量/10^4 t	原煤工效/$(t \cdot 工^{-1})$	综合单产/$[t \cdot (个 \cdot 月)^{-1}]$	完成利润/万元
830	陕西	陕西未来能源化工有限公司金鸡滩煤矿	特级	1500	106.412	599417	305000
831		陕西长武亭南煤业有限责任公司	特级	499.9	14.761	149968	86600
832		彬县水帘洞煤炭有限责任公司	特级	134.5	12.502	122222	13592.7
833		陕西正通煤业有限责任公司	一级	193.1	4.343	210323	-75711
834		旬邑县中达燕家河煤矿有限公司	特级	136.89	10.770	128251	2961
835		陕西郭家河煤业有限责任公司	特级	470.16	13.753	385975	70335
836		陕西火石咀煤矿有限责任公司	特级	297.55	14.431	248394	22263
837		彬县煤炭有限责任公司蒋家河煤矿	特级	86.32	8.252	77614	7798.9
838		彬县煤炭有限责任公司下沟煤矿	一级	299.78	18.091	135970	16831
839		陕西金源招贤矿业有限公司	特级	240	10.422	263158	21000
840		神木市惠宝煤业有限公司	特级	238.8	26.274	225687	48000
841		神木市大柳塔东川矿业有限公司	特级	149.6	21.379	120506	26950
842		神木市新窑煤业有限公司	特级	147.26	18.279	128390	30592
843		陕西益东矿业有限责任公司	特级	102.8	17.767	118056	25700
844		陕西神木市孙家岔镇崔家沟合伙煤矿（普通合伙）	一级	98.5	24.187	84877	12017
845		神木市店塔外镇板墩焉村办煤矿	特级	86.12	20.757	74435	17100
846		府谷县宝山煤业有限公司	特级	102.2	26.188	100111	17374

附表 3－1（续）

序号	省（区）	井工煤矿名称	等级	原煤产量/10^4 t	原煤工效/（t·工$^{-1}$）	综合单产/[t·（个·月）$^{-1}$]	完成利润/万元
847	陕西	府谷县万泰明煤矿有限公司	特级	89	13.610	91564	9600
848	陕西	陕西旬邑县旬东煤业有限责任公司长安煤矿	特级	155.04	13.339	140616	11302.8
849	陕西	陕西黑龙沟矿业有限责任公司	特级	131.5	24.212	127183	46959
850	陕西	府谷能源投资集团沙沟岔矿业有限公司	一级	177	17.963	144022	7114
851	陕西	陕西省府谷县中能亿安矿业有限公司	一级	114.91	14.825	88132	9500
852	甘肃	华亭煤业集团有限责任公司砚北煤矿	特级	393.5	8.119	181534	47189.08
853	甘肃	华亭煤业集团有限责任公司华亭煤矿	特级	330	17.143	302198	47777.96
854	甘肃	华亭煤业集团有限责任公司东峡煤矿	特级	125	5.193	100742	7395.56
855	甘肃	华亭煤业集团有限责任公司陈家沟煤矿	特级	150	10.277	150573	18740.54
856	甘肃	华亭煤业集团有限责任公司新柏煤矿	特级	105	11.104	135205	8230.62
857	甘肃	华亭煤业集团有限责任公司新窑煤矿	特级	105	10.840	123724	6392.16
858	甘肃	华亭煤业集团有限公司马蹄沟煤矿	特级	120	11.031	131111	11943.86
859	甘肃	华亭煤业集团有限责任公司大柳煤矿	二级	200	12.454	125000	10302.52
860	甘肃	甘肃万胜矿业有限公司甜水堡煤矿二号井	特级	156.19	24.107	218289	－556.18
861	甘肃	甘肃省平凉市崇信县百贯沟煤业公司	一级	56.96	4.675	43239	5554
862	青海	义马煤业集团青海义海能源有限责任公司大煤沟煤矿	特级	99.6	8.036	93922	12205
863	宁夏	国家能源集团宁夏煤业有限责任公司羊场湾煤矿	特级	1018.67	13.230	220107	104700
864	宁夏	国家能源集团宁夏煤业有限责任公司梅花井煤矿	特级	912.17	17.715	275093	118123.18

附表 3－1（续）

序号	省（区）	井工煤矿名称	等级	原煤产量/10^4 t	原煤工效/（t·工$^{-1}$）	综合单产/[t·（个·月）$^{-1}$]	完成利润/万元
865	宁夏	国家能源集团宁夏煤业有限责任公司枣泉煤矿	特级	660	16.206	227122	80088.35
866		国家能源集团宁夏煤业有限责任公司红柳煤矿	特级	650.7	15.761	176384	29473
867		国家能源集团宁夏煤业有限责任公司石槽村煤矿	特级	383.68	13.232	179000	45755.34
868		国家能源集团宁夏煤业有限责任公司金凤煤矿	特级	375.05	15.478	209075	30974
869		国家能源集团宁夏煤业有限责任公司任家庄煤矿	特级	316.06	13.277	215278	4368
870		国家能源集团宁夏煤业有限责任公司灵新煤矿	特级	319.998	13.529	151102	7252.44
871		国家能源集团宁夏煤业有限责任公司麦垛山煤矿	特级	485.75	14.890	441592	20333.04
872		国家能源集团宁夏煤业有限责任公司双马煤矿	特级	400	18.601	186275	29200
873		国家能源集团宁夏煤业有限责任公司白芨沟煤矿	特级	159.8	10.210	150766	24646.35
874		宁夏王洼煤业有限公司王洼二矿	一级	293	11.982	257407	30761.7
875	新疆	国网能源哈密煤电有限公司大南湖一矿	特级	483.83	29.170	403192	45424
876		乌苏四棵树煤炭有限责任公司八号井	特级	120.45	13.330	130357	7957
877		黑龙江龙煤集团新疆能源公司黑眼泉煤矿	特级	120	30.963	125000	6327
878		徐州矿务（集团）新疆天山矿业有限公司俄霍布拉克煤矿	特级	749.9589	27.720	330495	108849.54
879		库车县榆树岭煤矿有限责任公司	特级	119.5	8.366	122222	64807
880		新疆龟兹矿业有限公司煤矿西井	特级	88.7	9.315	91916	45156
881	新疆生产建设兵团	中煤能源新疆天山煤电公司 106 煤矿	特级	37.89	12.520	110507	757.8

附表 3-2　2018—2019 年度煤炭工业安全高效矿井露天矿技术经济指标

序号	省（区）	露天煤矿名称	等级	原煤产量/10^4 t	剥采比	原煤工效/$(t\cdot 工^{-1})$	综合单产/$[t\cdot(个\cdot月)^{-1}]$	完成利润/万元
1	山西	中煤平朔集团有限公司安太堡露天矿	特级	1877	4.56	133.830	521389	72168
2		中煤平朔集团有限公司安家岭露天矿	特级	1999.85	5.37	124.063	555514	61801
3		中煤平朔集团有限公司东露天矿	特级	1999.83	6.86	258.239	555508	91800
4		大同煤矿集团忻州同舟煤业有限公司	特级	89.82	6.71	20.252	120726	12421
5		大同煤矿集团忻州同华煤业有限公司	特级	259.48	9.1	21.822	216230	5002.76
6		山西煤炭运销集团猫儿沟煤业有限公司	特级	119.83	5.48	21.551	128026	6786.43
7		山西煤炭进出口集团河曲旧县露天煤业有限公司	特级	658	5.02	133.604	548428	51671.71
8		山西忻州神达朝凯煤业有限公司	特级	120	7.87	17.753	109242	1081.3
9		山西忻州神达梁家碛煤业有限公司	特级	300	7.9	63.121	272954	4680
10		山西忻州神达花沟煤业有限公司	特级	120	11.85	25.218	108340	4729.54
11		山西煤炭运销集团和顺吕鑫煤业有限公司	特级	73.27	11.52	22.115	122121	1800
12		山西灵石天聚鑫源煤业有限公司	特级	149.5	8	20.950	124600	1890
13		山西华瑞煤业有限公司	特级	287.6	14.26	34.260	59875	32901
14	内蒙古	中国神华能源股份有限公司哈尔乌素露天煤矿	特级	2011	8.17	67.438	419133	90950.47
15		神华准能集团黑岱沟露天煤矿	特级	3081	6.01	86.028	513500	161113.16
16		神华北电胜利能源有限公司胜利露天煤矿	特级	1374	4.79	94.609	228974	3426.09
17		内蒙古平庄煤业有限公司元宝山露天煤矿	特级	1090	1.81	47.773	359583	61525

附表 3-2（续）

序号	省（区）	露天煤矿名称	等级	原煤产量/10^4 t	剥采比	原煤工效/（t·工$^{-1}$）	综合单产/[t·（个·月）$^{-1}$]	完成利润/万元
18	内蒙古	内蒙古平西白音华煤业有限公司	特级	504.84	2.08	35.193	84140	11420.08
19		大雁矿业集团有限公司扎尼河露天矿	特级	600	7.09	48.110	125000	31096.75
20		神华宝日希勒能源有限公司露天煤矿	一级	2805	4.64	132.927	389711	180090
21		神华包头能源有限责任公司水泉露天煤矿	一级	117.4	2.71	35.695	97817	5078.66
22		神华包头能源有限责任公司神山露天煤矿	二级	59.9	7.5	16.691	49998	675
23		华能伊敏煤电有限责任公司伊敏露天矿	特级	2199.87	4.65	98.869	732686	9479.37
24		北方魏家峁煤电有限责任公司露天煤矿	特级	592.8	5.69	54.695	494010	29325.65
25		扎鲁特旗扎哈淖尔煤业有限公司	特级	1800	6.36	46.779	305499	76375.64
26		内蒙古锡林郭勒白音华煤电有限责任公司露天矿	特级	1499.97	7.14	31.159	258799	15555.34
27		内蒙古霍林河露天煤业股份有限公司北露天煤矿	特级	999.96	2.53	38.276	208325	27929.43
28		内蒙古霍林河露天煤业股份有限公司南露天煤矿	一级	1799.9	3.73	44.491	402563	89713
29		内蒙古白音华蒙东露天煤业有限公司	特级	1397.09	6.97	38.635	267094	96596.27
30		内蒙古汇能煤电集团巴隆图煤炭有限公司	特级	334	7.2	42.145	287500	16700
31		内蒙古恒东集团汇隆煤炭有限责任公司	二级	300	7.9	13.359	95436	
32		内蒙古恒东集团恒博煤炭有限责任公司	一级	119	7.9	14.083	98000	10620
33		内蒙古恒东集团阳堡渠煤炭有限责任公司	二级	120	10.51	13.994	100000	2400
34		鄂尔多斯市乌兰煤炭（集团）有限公司后温家梁煤矿	特级	138.29	14.1	21.301	123554	16159

附表3-2（续）

序号	省（区）	露天煤矿名称	等级	原煤产量/10^4 t	剥采比	原煤工效/（t·工$^{-1}$）	综合单产/[t·（个·月）$^{-1}$]	完成利润/万元
35	内蒙古	鄂尔多斯市乌兰煤炭（集团）有限公司荣恒煤矿	特级	168.62	13.18	23.374	130784	19703
36		鄂尔多斯市乌兰煤炭（集团）有限公司满来梁煤矿	一级	143.9	7.09	20.492	123805	17527.5
37		鄂尔多斯市乌兰煤炭（集团）有限公司特拉布拉煤矿	二级	66.4	6.8	16.496	61481	7851.66
38		内蒙古蒙泰新鑫煤业有限责任公司新鑫煤矿	一级	118.03	7.42	9.983	48750	6051
39		满世煤炭集团点石沟煤矿	特级	178	5.2	20.659	148866	7386.88
40		准格尔旗窑沟乡厅子堰煤矿	特级	245.07	6	19.495	204225	3027
41		鄂尔多斯市大源煤炭有限责任公司柳林沟露天煤矿	特级	190.2	7.5	26.392	198000	29481
42		准格尔旗昶旭煤炭有限责任公司	特级	212.47	7.8	20.608	224124	21073.71
43		内蒙古西蒙悦达能源有限公司乌兰渠煤矿	一级	60	7.5	15.313	52083	2400
44		准格尔旗金正泰煤炭有限责任公司	特级	298	7.78	26.144	165609	21793
45		聚能煤炭集团有限责任公司壕赖梁煤矿	一级	147.6	6.57	23.436	154166	18944
46		内蒙古西蒙煤炭有限责任公司准旗弓家塔煤矿	一级	60	21.3	14.430	67567	5400
47		准格尔旗经纬煤业有限责任公司露天矿	一级	179.92	7.98	16.460	149933	3598.4
48		内蒙古生力资源集团富能煤炭有限责任公司	特级	102.95	7.34	14.770	115934	2742.58
49		鄂尔多斯市万兴隆工贸有限责任公司准旗东达煤矿	二级	90	13.15	10.465	93750	5670
50		准格尔旗川掌李家渠煤炭有限责任公司	一级	109.4	8.9	11.500	91166	12034
51		准格尔旗蒙祥煤炭有限责任公司	特级	159.14	5	22.842	132620	107470

附表3－2（续）

序号	省（区）	露天煤矿名称	等级	原煤产量/10^4 t	剥采比	原煤工效/（t·工$^{-1}$）	综合单产/[t·(个·月)$^{-1}$]	完成利润/万元
52	内蒙古	准格尔旗神山煤炭有限责任公司乌兰哈达煤矿	一级	208.96	9.34	16.610	89300	36672.39
53		伊金霍洛旗华能井煤矿有限公司	二级	60	6.83	9.556	54500	3700
54		鄂尔多斯市神伊煤炭有限责任公司	二级	60	6.3	9.514	55040	1920
55		伊金霍洛旗德隆矿业有限公司	二级	60	6.92	9.260	54545	2600
56		神东天隆集团有限责任公司武家塔露天煤矿	特级	299.73	11.96	47.033	303938	48488
57		鄂尔多斯市民达煤炭有限责任公司煤矿	特级	497	7.4	52.086	318590	31500
58		鄂尔多斯市巴音孟克纳源煤炭有限责任公司	特级	493.35	7.84	33.081	435052	6734.27
59		鄂尔多斯市嘉信德煤业有限公司煤矿	特级	210	6.9	23.458	184208	11254
60		鄂尔多斯市嘉东煤业有限公司	特级	147.03	7.24	40.318	131889	2310
61		鄂尔多斯市金阳煤炭有限责任公司金阳露天矿	一级	200.2	7	89.192	83417	7247.24
62		鄂尔多斯市永顺煤炭有限责任公司	一级	119.87	5.95	26.700	97894	9300
63		鄂尔多斯市兴盛达煤业有限公司	一级	120	9.88	23.135	114390	3000
64		鄂尔多斯市聚鑫龙煤炭有限公司	二级	59.99	8	18.926	55544	680
65		鄂尔多斯市巴音孟克煤炭有限责任公司	二级	59.5	12	25.709	55342	1500
66		鄂尔多斯市振兴煤业有限公司露天煤矿	二级	59.75	9	24.068	54121	765.1
67		鄂尔多斯市永恒华煤炭运销有限公司前进煤矿	特级	102.25	6.5	22.364	255625	9421
68		鄂尔多斯市建能能源有限责任公司泰生煤矿	二级	59.5	14.7	14.368	56992	3391

附表3-2（续）

序号	省（区）	露天煤矿名称	等级	原煤产量/10^4 t	剥采比	原煤工效/(t·工$^{-1}$)	综合单产/[t·(个·月)$^{-1}$]	完成利润/万元
69	内蒙古	内蒙古亿源煤业有限公司	二级	56.8	8.39	7.759	50896	-2544.38
70		鄂尔多斯市张家梁煤炭有限责任公司	二级	60	9	11.100	52083	800
71		内蒙古鄂尔多斯市潮脑梁煤炭有限公司露天矿	特级	398.5	8.6	25.850	83025	7970
72		内蒙古宝利煤炭有限公司煤矿	特级	113.87	7.1	34.061	94892	1636
73		达拉特旗高头窑李五兴煤矿	二级	60	11.01	23.154	52012	660
74		达拉特旗物华煤炭有限责任公司	二级	59.35	7.5	26.863	77284	1236
75		陕西宇佳投资置业有限公司达旗羊场煤矿	二级	90	7.5	20.869	75000	255
76		内蒙古蒙西煤炭有限责任公司	一级	117.1	8.2	29.263	52061	6843.5
77		内蒙古广纳煤业集团久丰矿业有限责任公司	二级	52.5	26.5	26.500	50401	7000
78		内蒙古广纳煤业集团利达矿业有限公司	二级	52.76	12.3	24.150	52851	7000
79		鄂尔多斯市蒙泰骆驼山煤业有限责任公司	二级	55.24	11.7	20.830	55336	7000
80		呼伦贝尔东明矿业有限责任公司东明露天矿	特级	298	4.2	21.800	248333	9785
81		内蒙古白音华海州露天煤矿有限公司	特级	499.97	6.17	27.350	208323	18000
82	辽宁	抚顺矿业集团有限责任公司东露天矿	二级	74.81	5.54	7.591	62344	-33063
83	云南	云南省小龙潭矿务局布沼坝露天矿	特级	719.38	2.08	68.056	299742	24122
84		云南省小龙潭矿务局小龙潭露天矿	特级	189.59	1.06	88.268	157992	10352
85		文山州煤业有限责任公司普阳露天煤矿	一级	86.2	2.28	12.250	71800	21990

附表 3-2（续）

序号	省（区）	露天煤矿名称	等级	原煤产量/10^4 t	剥采比	原煤工效/（t·工$^{-1}$）	综合单产/[t·(个·月)$^{-1}$]	完成利润/万元
86	陕西	陕西神延煤炭有限责任公司西湾露天煤矿	特级	824.22	5.58	122.074	688666	91790.88
87	青海	青海省木里煤业开发集团有限公司	特级	115.16	6	18.207	95966	28911
88	云南	国网能源哈密煤电有限公司大南湖二矿	特级	595	1.8	37.539	250000	31317
89		哈密市和翔工贸有限公司巴里坤别斯库都克露天煤矿	特级	119.85	6.8	29.450	176391	16428.64
90		哈密市和翔工贸有限责任公司巴里坤吉郎德露天煤矿	特级	199.24	7.3	28.293	166100	18596.75
91		新疆伊犁犁能煤炭有限公司	一级	150	3.8	20.095	125000	3055.4
92		中联润世新疆煤业有限公司	特级	311.66	6.51	36.313	86572	609

图书在版编目（CIP）数据

中国煤炭工业安全高效矿井建设年度报告.2020/中国煤炭工业协会编.--北京：应急管理出版社，2021

ISBN 978-7-5020-8874-3

Ⅰ.①中…　Ⅱ.①中…　Ⅲ.①煤炭工业—研究报告—中国—2020　Ⅳ.①TD82

中国版本图书馆 CIP 数据核字（2021）第 168171 号

中国煤炭工业安全高效矿井建设年度报告(2020)

编　　者　中国煤炭工业协会
责任编辑　武鸿儒　尹燕华　杨晓艳　赵金园
编　　辑　杜　秋
责任校对　邢蕾严　李新荣　孔青青
封面设计　安德馨

出版发行　应急管理出版社（北京市朝阳区芍药居 35 号　100029）
电　　话　010-84657898（总编室）　010-84657880（读者服务部）
网　　址　www. cciph. com. cn
印　　刷　北京盛通印刷股份有限公司
经　　销　全国新华书店

开　　本　710mm×1000mm $^{1}/_{16}$　**印张**　84 $^{1}/_{4}$　**字数**　1471 千字
版　　次　2021 年 8 月第 1 版　2021 年 8 月第 1 次印刷
社内编号　20210788　**定价**　360.00 元（上、下册）